TURING 图灵数学经典·19

U0725201

应用随机过程：
概率模型导论
第12版

[美] 谢尔登·罗斯（Sheldon Ross）/ 著

龚光鲁 / 译

人民邮电出版社
北　京

图书在版编目（CIP）数据

应用随机过程：概率模型导论：第 12 版 /（美）谢
尔登·罗斯（Sheldon Ross）著；龚光鲁译. — 北京：
人民邮电出版社，2025 —（图灵数学经典）— ISBN
978-7-115-67140-0

I. O211.6

中国国家版本馆 CIP 数据核字第 2025UV8872 号

内 容 提 要

本书是概率模型和应用随机过程领域的一部经典著作. 在详细介绍了随机变量、条件概率和期望等概率论基础知识之后，它全面涵盖了马尔可夫链、泊松过程、更新过程、排队模型、布朗运动等随机过程，以及其在工程学、物理学、生物学、运筹学、计算机科学、金融学、保险学、管理学和社会科学中的广泛应用. 此外，本书还讨论了随机模拟的技术和这一版新增的耦合方法，它们为分析随机系统的运行提供了有力的工具. 这一版还增加了更新理论、排队论的相关内容，以及泊松过程的一个全新推导. 本书大约有 700 道习题，并为带星号的习题给出了解答.

本书适合概率论与数理统计及其他相关专业的学生阅读，可作为随机过程基础课程的教材.

♦   著   [美] 谢尔登·罗斯（Sheldon Ross）

       译   龚光鲁

       责任编辑 张子尧

       责任印制 胡 南

♦   人民邮电出版社出版发行   北京市丰台区成寿寺路 11 号

       邮编 100164   电子邮件 315@ptpress.com.cn

       网址 https://www.ptpress.com.cn

       三河市君旺印务有限公司印刷

♦   开本：700 × 1000 1/16

       印张：44.25   2025 年 7 月第 1 版

       字数：818 千字   2025 年 7 月河北第 1 次印刷

       著作权合同登记号 图字：01-2020-6976 号

定价：139.80 元

读者服务热线：**(010)84084456-6009** 印装质量热线：**(010)81055316**

反盗版热线：**(010)81055315**

版 权 声 明

Introduction to Probability Models, Twelfth Edition

Sheldon Ross

ISBN: 9780128143469

Copyright © 2019 Elsevier Inc. All rights reserved.

Authorized Chinese translation published by Posts & Telecom Press Co., Ltd.

应用随机过程：概率模型导论（第 12 版）（龚光鲁 译）

ISBN: 9787115671400

Copyright © 2025 Elsevier Inc. and Posts & Telecom Press Co., Ltd. All rights reserved.

No part of this publication may be reproduced or transmitted in any form or by any means, electronic or mechanical, including photocopying, recording, or any information storage and retrieval system, without permission in writing from Elsevier (Singapore) Pte Ltd. Details on how to seek permission, further information about the Elsevier's permissions policies and arrangements with organizations such as the Copyright Clearance Center and the Copyright Licensing Agency, can be found at our website: www.elsevier.com/permissions.

This publication and the individual contributions contained in it are protected under copyright by Elsevier Inc. and Posts & Telecom Press Co., Ltd (other than as may be noted herein).

This edition of *Introduction to Probability Models, Twelfth Edition* by Sheldon Ross is published by arrangement with Elsevier Inc.

This edition is authorized for sale in the People's Republic of China only, excluding Hong Kong SAR, Macao SAR and Taiwan. Unauthorized export of this edition is a violation of the Copyright Act.

本版由 Elsevier Inc. 授权人民邮电出版社有限公司在中华人民共和国境内（不包括香港特别行政区、澳门特别行政区和台湾地区）出版发行．未经许可之出口，视为违反著作权法．

本书封底贴有 Elsevier 防伪标签，无标签者不得销售．

注意

此译本由人民邮电出版社有限公司负责．相关从业人员及研究人员必须凭借其自身经验和知识对书中所描述的任何信息数据、方法策略、搭配组合、实验操作进行评估和使用．鉴于医疗科学发展迅速，临床诊断和药物剂量尤其需要经过独立验证．在法律允许的最大范围内，爱思唯尔、原文作者、原文编辑及原文内容的贡献者均不承担与此译本有关的产品责任，也不对因疏忽或其他原因而造成的人身及/或财产伤害及/或损失承担责任，亦不对因使用书中提到的方法、产品、说明或思想而导致的人身及/或财产伤害及/或损失承担责任．

前　　言

本书是初等概率论与随机过程的引论，特别适用于这样的人群：他们想知道如何用概率论研究诸如工程、计算机科学、管理科学、物理学、社会科学及运筹学等领域中的种种现象.

大家普遍感觉，学习概率论有两种方法. 一种是启发式而不严格的方法，其意图是培养学生对学科的直观感觉，以使其能"从概率论的角度思考". 另一种方法试图用测度论工具严格地研究概率论. 本书用的是第一种方法. 然而，因为能"从概率论的角度思考"对概率论的理解与应用都极为重要，所以本书对于那些主要对第二种方法感兴趣的学生也是有用的.

这一版更新的内容

第 12 版几乎每章都有新的内容，也新增了例题和习题. 新增的 1.7 节说明了概率是事件的连续函数. 新增的 2.8 节证明了博雷尔–坎泰利引理，并以它为基础证明了强大数定律. 5.2.5 节介绍了狄利克雷分布，并详细分析了它和指数随机变量的关系. 值得一提的是，第 5 章介绍了一种适用于平稳和非平稳泊松过程的获取结果的新方法. 不过，这一版最大的变化是增加了讲解耦合方法的第 12 章，全章讲述了这种方法在分析随机系统时的作用.

课　　程

理想状态下，本书可用于为期一年的概率模型课程，也可用于一学期的概率论引论（采用第 1~3 章的内容及其他章的部分内容）或初等随机过程课程. 本书设计得足够灵活，适用于多种可能的课程. 例如，我曾用第 5 章与第 8 章，佐以第 4 章与第 6 章中的少许知识作为基本内容，开设了排队论的一个引论课程.

例题和习题

全书有很多例题和解答，还有大量供学生解决的习题. 有 100 多道带星号的习题，它们的解答放在正文的最后. 这些带星号的习题，可用于独立学习和备考.

结　构

第 1 章与第 2 章介绍概率论的基本概念. 第 1 章介绍了公理化框架, 而第 2 章引入了重要的随机变量概念. 2.6 节简单推导了正态总体的样本均值与样本方差的联合分布. 2.8 节给出了强大数定律的一个证明, 该证明假定随机变量的期望值和方差都是有限的.

第 3 章的主题是条件概率与条件期望. "添加条件" 是概率论中的关键工具之一, 是本书自始至终强调的. 在使用得当时, 添加条件的方法使我们能够轻松地解决看似很难的问题. 3.6.1~3.6.3 节介绍了添加条件在三方面的应用: (1) 计算机列表问题; (2) 随机图; (3) 波利亚坛子模型以及它与玻色–爱因斯坦分布的联系. 3.6.5 节介绍 k 记录值及惊人的伊格纳托夫定理.

在第 4 章我们将遇到第一个随机过程, 这是众所周知的马尔可夫链, 它被广泛地应用于研究现实世界的许多现象. 我们介绍了它在遗传学与生产过程中的应用, 还引入了时间可逆的概念, 并对它的用处做了阐述. 4.5.3 节基于随机游动理论介绍了一个可满足性问题的概率算法分析. 4.6 节介绍马尔可夫链在其暂态上的平均停留时间. 4.9 节引入马尔可夫链蒙特卡罗方法. 在 4.10 节中, 我们考虑最优决策模型——马尔可夫决策过程.

在第 5 章中, 我们致力于研究一类称为计数过程的随机过程. 特别地, 我们研究一种称为泊松过程的计数过程, 并讨论这种过程与指数分布间的紧密联系, 以及泊松过程和非时齐泊松过程的新的衍生物. 有关贪婪算法的分析、高速公路上超车次数的最小化、奖券的收集、HIV 寻踪的例子, 以及复合泊松过程的材料也包含在内. 5.2.4 节给出了指数随机变量的卷积的简单推导.

第 6 章介绍连续时间的马尔可夫链, 特别强调生灭过程. 如同在对离散时间的马尔可夫链的研究中一样, 时间可逆性被证实是一个有用的概念. 6.8 节介绍了在计算中重要的均匀化技巧.

第 7 章介绍更新理论, 它涉及比泊松过程更为一般的一类计数过程. 利用更新报酬过程, 我们得到了极限的结论, 并将它应用于不同的领域. 7.9 节介绍了当观察一系列独立同分布的随机变量时, 直至某种模式出现的时间的分布. 在 7.9.1 节中, 我们揭示怎样用更新理论来推导直至一个特定模式出现的时间长度的均值和方差, 以及直至有限个数的特定模式之一出现的平均时间. 在 7.9.2 节中, 我们假定随机变量等可能地取 m 个可能值中的任意一个, 并计算首次出现 m 个不同值所需平均时间的表达式. 在 7.9.3 节中, 我们假定随机变量是连续的, 并推导首次出现 m 个连续递增值所需平均时间的表达式.

　　第 8 章讲述排队论（即等候线理论）．在阐述关于基本价格恒等式和极限概率类型的预备知识后，我们考察指数排队模型，并说明如何分析这类模型．我们研究的这类模型有一个重要的类别，即排队网络．然后，我们研究允许某些分布任意的模型，这包括 8.6.3 节中涉及单条服务线的一般服务时间队列的优化问题，以及 8.8 节中涉及单条服务线的一般服务时间队列，其到达源是有限个潜在"顾客"（机器）．

　　第 9 章涉及可靠性理论．工程师和运筹工作者可能对这一章最感兴趣．9.6 节阐述了对于部件不必独立的并联系统，确定其期望寿命上界的一个方法，而 9.7 节分析了串联结构的可靠性模型——当其中一个部件失效时，其他部件进入休眠状态．

　　第 10 章涉及布朗运动及其应用．这一章讨论了期权定价理论，介绍了套利定理及其与线性规划的对偶定理的关系．我们展示了如何通过套利定理推导出布莱克-斯科尔斯期权定价公式．

　　第 11 章讲解统计模拟，这是对解析方法难以处理的随机模型进行分析的有力工具．这一章讨论了生成服从任意分布的随机变量的值的方法，以及减小方差以增强模拟有效性的方法．11.6.4 节引入了重要抽样这个有用的模拟技术，并且指出了在应用此方法时倾斜分布的用处．

　　第 12 章引入耦合的概念，并展示如何有效地利用耦合来分析随机系统．我们详细解释了怎样用它说明随机变量之间和随机过程之间的随机序关系，比如证明生灭过程在其初始状态下随机递增．这一章还讲述了耦合在界定分布间的距离、获取随机优化结果、界定泊松近似的误差，以及在其他概率论应用领域的作用．

致　　谢

　　我们很感谢对本书给出有益建议的众多审稿人．在我们致力于不断改进本书内容的过程中，他们的意见发挥了重大的作用．我们感激下面这些审稿人以及其他许多不具名的人士．

纽约市立大学的 Mark Brown　　　　　　　加利福尼亚大学河滨分校的 Rodrigo Gaitan
南加利福尼亚大学的 Yang Cao　　　　　　缅因大学的 Ramesh Gupta
南加利福尼亚大学的 Zhiqin Ginny Chen　　沙里夫理工大学的 Babak Haji
南佛罗里达大学的 Tapas Das　　　　　　　密歇根州立大学的 Marianne Huebner
本-古里安大学的 Israel David　　　　　　里海大学的 Garth Isaak
加利福尼亚技术学院的 Jay Devore　　　　Jiang Zhiqiang
纽约州立大学石溪分校的 Eugene Feinberg　威斯康星大学白水分校的 Jonathan Kane

宾夕法尼亚州立大学的 Amarjot Kaur

康考迪亚大学的 Zohel Khalil

波士顿大学的 Eric Kolaczyk

加利福尼亚州立大学长滩分校的 Melvin Lax

宾夕法尼亚大学的 Jean Lemaire

Xianxu Li

加利福尼亚大学伯克利分校的 Andrew Lim

密歇根大学的 George Michailidis

巴特勒大学的 Donald Minassian

纽约州立大学石溪分校的 Joseph Mitchell

伊利诺伊大学的 Krzysztof Osfaszewski

波士顿大学的 Erol Pekoz

锡拉丘兹大学的 Evgeny Poletsky

马萨诸塞大学罗威尔分校的 James Propp

维多利亚大学的 Anthony Quas

校对员 Charles H. Roumeliotis

卡尔加里大学的 David Scollnik

西北密苏里州立大学的 Mary Shepherd

华盛顿大学西雅图分校的 Galen Shorack

乔治梅森大学的 John Shortle

维也纳技术大学的 Marcus Sommereder

爱荷华大学的 Osnat Stramer

鲍灵格林州立大学的 Gabor Szekeley

普渡大学的 Marlin Thomas

阿姆斯特丹自由大学的 Henk Tijms

纽约州立大学宾汉姆顿分校的 Zhenyuan Wang

哥伦比亚大学的 Ward Whitt

佐治亚理工学院的 Bo Xhang

南加利福尼亚大学的 Zhengyu Zhang

维多利亚大学的 Julie Zhou

斯坦福大学的 Zheng Zuo

目　　录

第 1 章 概率论导论

1.1 引言

真实世界现象的任何实际模型都必须考虑随机性. 也就是说, 我们所关注的量往往不是事先可料的, 其内在变化必须在模型之中考虑. 为此, 我们使用的模型通常在实质上是概率性的, 这样的模型自然而然地称为概率模型.

本书的多数章节会涉及自然现象的不同概率模型. 显然, 为了既能掌握"如何建立模型", 又能对这些模型进行后续分析, 我们必须具备概率论的基础知识. 本章其余的内容和随后的两章就是关于这个主题的.

1.2 样本空间与事件

假设我们将完成一个试验, 其结果是事先不可料的. 尽管试验结果预先不可知, 但是我们可以假定所有可能的结果是已知的. 一个试验的所有可能结果的集合称为该试验的**样本空间**, 记为 S. 以下是一些例子.

(1) 如果试验是抛掷一枚硬币, 那么

$$S = \{H, T\}.$$

此处 H 表示抛掷的结果是正面, 而 T 表示抛掷的结果是反面.

(2) 如果试验是掷一颗骰子, 那么

$$S = \{1, 2, 3, 4, 5, 6\}.$$

此处的结果 i 表示骰子掷出的点数, $i = 1, 2, 3, 4, 5, 6$.

(3) 如果试验是抛掷两枚硬币, 那么样本空间由以下 4 个点组成:

$$S = \{(H, H), (H, T), (T, H), (T, T)\}.$$

如果两枚硬币都抛出正面, 结果就是 (H, H). 如果第一枚硬币抛出正面, 且第二枚硬币抛出反面, 结果就是 (H, T). 如果第一枚硬币抛出反面, 且第二枚硬币抛出正面, 结果就是 (T, H). 如果两枚硬币都抛出反面, 结果就是 (T, T).

(4) 如果试验是掷两颗骰子，那么样本空间由以下 36 个点组成：

$$S = \left\{ \begin{array}{l} (1,1),(1,2),(1,3),(1,4),(1,5),(1,6) \\ (2,1),(2,2),(2,3),(2,4),(2,5),(2,6) \\ (3,1),(3,2),(3,3),(3,4),(3,5),(3,6) \\ (4,1),(4,2),(4,3),(4,4),(4,5),(4,6) \\ (5,1),(5,2),(5,3),(5,4),(5,5),(5,6) \\ (6,1),(6,2),(6,3),(6,4),(6,5),(6,6) \end{array} \right\}.$$

这里，如果第一颗骰子掷出点数 i，且第二颗骰子掷出点数 j，那么称结果 (i,j) 发生.

(5) 如果试验是测量一辆汽车的寿命，那么样本空间由所有的非负实数构成，即

$$S = [0, \infty)^{①}.$$ ■

样本空间 S 的任意子集 E 称为一个**事件**. 以下是事件的一些例子.

(1′) 在上述例 (1) 中，如果 $E = \{H\}$，那么 E 是抛掷一枚硬币的结果是正面这一事件. 类似地，如果 $E = \{T\}$，那么 E 是抛掷一枚硬币的结果是反面这一事件.

(2′) 在例 (2) 中，如果 $E = \{1\}$，那么 E 是骰子掷出的点数为 1 这一事件. 如果 $E = \{2,4,6\}$，那么 E 是骰子掷出的点数为偶数这一事件.

(3′) 在例 (3) 中，如果 $E = \{(H,H),(H,T)\}$，那么 E 是第一枚硬币抛出正面这一事件.

(4′) 在例 (4) 中，如果 $E = \{(1,6),(2,5),(3,4),(4,3),(5,2),(6,1)\}$，那么 E 是两颗骰子掷出的点数和为 7 这一事件.

(5′) 在例 (5) 中，如果 $E = (2,6)$，那么 E 是一辆汽车的寿命为 2~6 年这一事件. ■

当试验的结果在 E 中时，我们就说事件 E 发生. 对于样本空间 S 的任意两个事件 E 和 F，我们可以定义新事件 $E \cup F$，它由所有在 E 中或在 F 中的结果组成. 也就是说，如果 E 或 F 发生，那么事件 $E \cup F$ 就发生. 例如，在例 (1) 中，如果 $E = \{H\}$ 且 $F = \{T\}$，那么

$$E \cup F = \{H, T\}.$$

也就是说，$E \cup F$ 是整个样本空间 S. 在例 (2) 中，如果 $E = \{1,3,5\}$ 且 $F = \{1,2,3\}$，那么

① 集合 (a,b) 定义为由满足 $a < x < b$ 的所有点 x 构成. 集合 $[a,b]$ 定义为由满足 $a \leqslant x \leqslant b$ 的所有点 x 构成. 集合 $(a,b]$ 与 $[a,b)$ 分别定义为由满足 $a < x \leqslant b$ 的所有点 x 与满足 $a \leqslant x < b$ 的所有点 x 构成.

$$E \cup F = \{1, 2, 3, 5\},$$

因此，如果掷骰子的结果是 1 或 2 或 3 或 5，那么 $E \cup F$ 发生. 事件 $E \cup F$ 常常称为事件 E 与事件 F 的**并**.

对于样本空间 S 的任意两个事件 E 和 F，我们也可以定义新事件 EF，有时写为 $E \cap F$，称为 E 与 F 的**交**. EF 由所有既在 E 中又在 F 中的结果组成. 也就是说，只有 E 和 F 都发生，事件 EF 才发生. 例如，在例 (2) 中，如果 $E = \{1, 3, 5\}$ 且 $F = \{1, 2, 3\}$，那么

$$EF = \{1, 3\},$$

因此在掷骰子的结果是 1 或 3 时，EF 就发生. 在例 (1) 中，如果 $E = \{H\}$ 且 $F = \{T\}$，那么事件 EF 将不包含任何结果，因此它不可能发生. 我们称这样的事件为**不可能事件**，并记为 $\varnothing$. （$\varnothing$ 是指不包含任何结果的事件. ）如果 $EF = \varnothing$，则称 E 与 F **互不相容**.

以同样的方式，我们定义两个以上事件的并和交. 如果 $E_1, E_2, \cdots$ 都是事件，那么这些事件的并记为 $\bigcup_{n=1}^{\infty} E_n$，它被定义为由至少包含于一个 E_n 的所有结果组成，$n = 1, 2, \cdots$. 类似地，事件 E_n 的交记为 $\bigcap_{n=1}^{\infty} E_n$，它被定义为由所有 E_n 中的共同结果组成，$n = 1, 2, \cdots$.

最后，对于任意事件 E，我们定义一个新的事件 E^c，称其为 E 的**对立事件**，它由样本空间中不属于 E 的所有结果组成. 也就是说，E^c 发生当且仅当 E 没有发生. 在例 (4) 中，如果 $E = \{(1,6), (2,5), (3,4), (4,3), (5,2), (6,1)\}$，那么 E^c 在两颗骰子的点数和不等于 7 时发生. 再注意，因为试验必然会导致某些结果出现，所以 $S^c = \varnothing$.

1.3 定义在事件上的概率

考察一个以 S 为样本空间的试验. 对于样本空间 S 的每一个事件 E，我们假定一个满足以下 3 个条件的数 $P(E)$.

(i) $0 \leqslant P(E) \leqslant 1$.

(ii) $P(S) = 1$.

(iii) 对于任意互不相容的事件序列 $E_1, E_2, \cdots$，即当 $n \neq m$ 时，$E_n E_m = \varnothing$ 的事件序列，有

$$P\left(\bigcup_{n=1}^{\infty} E_n\right) = \sum_{n=1}^{\infty} P(E_n).$$

我们将 $P(E)$ 称为事件 E 的概率.

例 1.1 在抛掷硬币的例子中，如果假定硬币抛出正面与抛出反面的可能性相等，那么有

$$P(\{H\}) = P(\{T\}) = \frac{1}{2}.$$

如果我们有一枚不均匀的硬币，它抛出正面的可能性是抛出反面的两倍，那么有

$$P(\{H\}) = \frac{2}{3}, \quad P(\{T\}) = \frac{1}{3}. \qquad \blacksquare$$

例 1.2 在掷骰子的例子中，如果假定 6 个数被掷出的可能性相等，那么有

$$P(\{1\}) = P(\{2\}) = P(\{3\}) = P(\{4\}) = P(\{5\}) = P(\{6\}) = \frac{1}{6}.$$

由 (iii) 推出，掷出偶数的概率等于

$$P(\{2, 4, 6\}) = P(\{2\}) + P(\{4\}) + P(\{6\}) = \frac{1}{2}. \qquad \blacksquare$$

注 我们来给概率一个比较形式化的定义：概率是定义在一个样本空间的事件上的函数. 这显示概率有一个非常直观的性质. 换句话说，如果试验不断地重复，那么（以概率 1）事件 E 发生的次数的比例正好是 $P(E)$.

因为事件 E 和 E^c 总是互不相容的，而且 $E \cup E^c = S$，所以根据 (ii) 和 (iii) 有

$$1 = P(S) = P(E \cup E^c) = P(E) + P(E^c),$$

也就是

$$P(E^c) = 1 - P(E). \qquad (1.1)$$

式 (1.1) 说明，一个事件不发生的概率是 1 减去它发生的概率.

现在来推导 E 中或 F 中所有结果的概率 $P(E \cup F)$ 的公式. 为此考虑 $P(E) + P(F)$，它是 E 中所有结果的概率加上 F 中所有结果的概率. 因为所有既在 E 中又在 F 中的结果在 $P(E) + P(F)$ 中都算了两次，而在 $P(E \cup F)$ 中只算了一次，所以必定有

$$P(E) + P(F) = P(E \cup F) + P(EF),$$

或者等价地有

$$P(E \cup F) = P(E) + P(F) - P(EF). \qquad (1.2)$$

注意，当 E 与 F 互不相容时（也就是，当 $EF = \varnothing$ 时），式 (1.2) 说明

$$P(E \cup F) = P(E) + P(F) - P(\varnothing) = P(E) + P(F).$$

由 (iii) 也可以得到这一结果.（为什么有 $P(\varnothing) = 0$？）

例 1.3 假定抛掷两枚硬币，且样本空间

$$S = \{(H, H), (H, T), (T, H), (T, T)\}$$

中的 4 个结果都是等可能的，因此每个结果的概率为 1/4. 设

$$E = \{(H, H), (H, T)\}, \quad F = \{(H, H), (T, H)\}.$$

也就是说，E 是第一枚硬币抛出正面的事件，F 是第二枚硬币抛出正面的事件.

利用式 (1.2) 可得到第一枚硬币抛出正面或第二枚硬币抛出正面的概率 $P(E \cup F)$：

$$P(E \cup F) = P(E) + P(F) - P(EF) = \frac{1}{2} + \frac{1}{2} - P(\{H, H\}) = 1 - \frac{1}{4} = \frac{3}{4}.$$

这个概率当然能够直接算出，因为

$$P(E \cup F) = P\{(H, H), (H, T), (T, H)\} = \frac{3}{4}. \quad\blacksquare$$

我们也可以计算事件 E 或 F 或 G 中任意一个发生的概率，做法如下：

$$P(E \cup F \cup G) = P((E \cup F) \cup G),$$

根据式 (1.2)，它等于

$$P(E \cup F) + P(G) - P((E \cup F)G).$$

现在，我们留给你来验证：事件 $(E \cup F)G$ 与 $EG \cup FG$ 是等价的. 因此要求的概率等于

$$
\begin{aligned}
P(E \cup F \cup G) \\
= P(E) + P(F) - P(EF) + P(G) - P(EG \cup FG) \\
= P(E) + P(F) - P(EF) + P(G) - P(EG) - P(FG) + P(EGFG) \\
= P(E) + P(F) + P(G) - P(EF) - P(EG) - P(FG) + P(EFG).
\end{aligned}
\tag{1.3}
$$

事实上，对于任意 n 个事件 $E_1, E_2, E_3, \cdots, E_n$，用归纳法可以证明

$$
\begin{aligned}
P(E_1 \cup E_2 \cup \cdots \cup E_n) = \sum_i P(E_i) - \sum_{i<j} P(E_i E_j) + \sum_{i<j<k} P(E_i E_j E_k) - \\
\sum_{i<j<k<l} P(E_i E_j E_k E_l) + \cdots + (-1)^{n+1} P(E_1 E_2 \cdots E_n).
\end{aligned}
\tag{1.4}
$$

式 (1.4) 就是**容斥恒等式**，用文字表达即为，n 个事件的并的概率等于这些事件一次取一个的概率之和减去这些事件一次取两个的概率之和，再加上这些事件一次取三个的概率之和，以此类推.

1.4　条件概率

假定掷两颗骰子得到的 36 个结果都是等可能出现的，因此每个结果的概率都为 1/36. 假定我们知道第一颗骰子的点数是 4，那么两颗骰子的点数和为 6 的概率是多少呢？为了回答该问题，我们做如下推理：已知第一颗骰子的点数是 4，则试验至多可能出现 6 个结果，即 $(4,1),(4,2),(4,3),(4,4),(4,5),(4,6)$. 由于这些结果本来就是以相同的概率发生的，因此它们应该仍有相同的概率. 这就是说，已知第一颗骰子的点数是 4，则出现 $(4,1),(4,2),(4,3),(4,4),(4,5),(4,6)$ 中的每一个结果的（条件）概率都是 1/6，而出现样本空间中的其他 30 个点的（条件）概率都是 0. 因此，所求的概率是 1/6.

如果事件 E 和 F 分别为骰子的点数和为 6 以及第一颗骰子的点数为 4，那么刚才得到的概率就称为已知 F 发生的条件下 E 发生的条件概率，记为 $P(E|F)$. 对于所有事件 E 和 F 均成立的 $P(E|F)$ 的一般公式将在下文中以同样的方式推导出. 也就是说，如果事件 F 发生，那么为了 E 发生，实际出现的结果必须是一个既在 E 中又在 F 中的结果，也就是必须在 EF 中的结果. 现在，因为已知 F 已经发生，所以 F 就成为新的样本空间，因此事件 EF 发生的概率就等于 EF 的概率相对于 F 的概率，即

$$P(E|F) = \frac{P(EF)}{P(F)}. \tag{1.5}$$

注意，式 (1.5) 只有当 $P(F) > 0$ 时才是完好定义的. 因此，当 $P(F) > 0$ 时，$P(E|F)$ 才有定义.

例 1.4　假定一顶帽子中混杂了写有 1 到 10 的 10 张卡片，然后抽取其中的一张. 如果我们被告知，被抽出卡片上的数至少是 5，那么它是 10 的条件概率是多少？

解　事件 E 记为被抽出卡片上的数为 10，而事件 F 记为被抽出卡片上的数至少为 5. 所求的概率是 $P(E|F)$. 现在，因为卡片上的数既是 10 又至少为 5，当且仅当它是 10，所以 $EF = E$. 因此，由式 (1.5) 可得

$$P(E|F) = \frac{1/10}{6/10} = \frac{1}{6}. \qquad\blacksquare$$

例 1.5　某家庭有两个孩子. 已知两个孩子中至少有一个是男孩，那么两个都是男孩的条件概率是多少？假设给定的样本空间为 $S = \{(b,b),(b,g),(g,b),(g,g)\}$，且所有结果都是等可能的（例如，$(b,g)$ 表示老大是男孩，老二是女孩）.

解　事件 B 记为两个孩子都是男孩，事件 A 记为两个孩子中至少有一个是

男孩，那么所求的概率为

$$P(B|A) = \frac{P(BA)}{P(A)} = \frac{P(\{(b,b)\})}{P(\{(b,b),(b,g),(g,b)\})} = \frac{1/4}{3/4} = \frac{1}{3}. \qquad \blacksquare$$

例 1.6 贝芙可以修计算机课，也可以修化学课．如果她修计算机课，那么得到 A 的概率为 1/2．如果她修化学课，那么得到 A 的概率为 1/3．贝芙于是掷硬币来决定．贝芙在化学课上得 A 的概率是多少？

解 事件 C 记为贝芙修化学课，而事件 A 记为不管她选修什么课都得到 A，那么所求的概率是 $P(AC)$．可以用式 (1.5) 计算如下：

$$P(AC) = P(C)P(A|C) = \frac{1}{2} \times \frac{1}{3} = \frac{1}{6}. \qquad \blacksquare$$

例 1.7 假定在一个坛子中有 7 个黑球和 5 个白球．我们不放回地从中摸取两个球．假设坛子中的每个球都是等可能摸取的，则摸取的两个球都是黑球的概率是多少？

解 事件 F 和 E 分别记为摸取的第一个球是黑球和摸取的第二个球是黑球．现在，当已知摸到的第一个球是黑球时，坛子中还有 6 个黑球和 5 个白球，所以 $P(E|F) = 6/11$．因为 $P(F)$ 无疑是 $7/12$，所以我们要求的概率是

$$P(EF) = P(F)P(E|F) = \frac{7}{12} \times \frac{6}{11} = \frac{7}{22}. \qquad \blacksquare$$

例 1.8 假定参加聚会的三个人都将帽子扔到了房间中央．这些帽子被弄混了，之后他们每个人在其中随机选取一顶．三人中没有人选到自己帽子的概率是多少？

解 解决此问题，首先计算其对立事件的概率，即至少有一个人选到自己帽子的概率．我们把事件 E_i（$i = 1, 2, 3$）记为第 i 个人选到自己的帽子．为了计算概率 $P(E_1 \cup E_2 \cup E_3)$，我们首先注意到

$$P(E_i) = \frac{1}{3}, \quad i = 1, 2, 3,$$
$$P(E_iE_j) = \frac{1}{6}, \quad i \neq j, \qquad\qquad (1.6)$$
$$P(E_1E_2E_3) = \frac{1}{6}.$$

为什么式 (1.6) 是正确的？首先考虑

$$P(E_iE_j) = P(E_i)P(E_j|E_i).$$

第 i 个人选到自己帽子的概率 $P(E_i)$ 显然是 1/3，因为他是等可能地从三顶帽子中任意选取的．另外，在已知第 i 个人选到自己帽子时，只剩下两顶帽子可以让

第 j 个人选取, 而且这两顶帽子中有一顶是他的, 这就推出他将以概率 1/2 选到自己的帽子. 也就是说, $P(E_j|E_i) = 1/2$, 因此

$$P(E_i E_j) = P(E_i)P(E_j|E_i) = \frac{1}{3} \times \frac{1}{2} = \frac{1}{6}.$$

为了计算 $P(E_1 E_2 E_3)$, 我们写出

$$P(E_1 E_2 E_3) = P(E_1 E_2)P(E_3|E_1 E_2) = \frac{1}{6}P(E_3|E_1 E_2).$$

然而, 在已知前两个人选到了自己的帽子时, 第三个人肯定也选到了自己的帽子 (因为没有其他帽子可选了). 这就是说, $P(E_3|E_1 E_2) = 1$. 所以

$$P(E_1 E_2 E_3) = \frac{1}{6}.$$

现在, 由式 (1.4), 我们有

$$\begin{aligned}
P(E_1 \cup E_2 \cup E_3) &= P(E_1) + P(E_2) + P(E_3) - P(E_1 E_2) \\
&\quad - P(E_1 E_3) - P(E_2 E_3) + P(E_1 E_2 E_3) \\
&= 1 - \frac{1}{2} + \frac{1}{6} \\
&= \frac{2}{3}.
\end{aligned}$$

因此, 三人都没有选到自己帽子的概率是 $1 - \dfrac{2}{3} = \dfrac{1}{3}$. ∎

1.5　独立事件

如果

$$P(EF) = P(E)P(F),$$

那么两个事件 E 和 F 称为**独立的**. 由式 (1.5), 这意味着如果

$$P(E|F) = P(E)$$

(或 $P(F|E) = P(F)$), 那么 E 和 F 是独立的. 也就是说, 如果 F 的发生并不影响 E 发生的概率, 那么 E 和 F 就是独立的, 即 E 的发生独立于 F 是否发生.

不独立的两个事件 E 和 F 称为**相依的**.

例 1.9　假定我们掷两颗均匀的骰子. 令事件 E_1 表示两颗骰子的点数和等于 6, 而事件 F 表示第一颗骰子的点数是 4. 那么

$$P(E_1 F) = P(\{4, 2\}) = \frac{1}{36},$$

而

$$P(E_1)P(F) = \frac{5}{36} \times \frac{1}{6} = \frac{5}{216}.$$

因此 E_1 和 F 不是独立的. 原因很显然: 如果我们关心的是掷出点数和为 6 的可能性 (用两颗骰子), 那么当第一颗骰子掷出的点数为 4 (或 $1, 2, 3, 4, 5$ 中的任意一个数) 时, 我们会很高兴, 因为还有机会得到点数和为 6. 另外, 当第一颗骰子掷出的点数为 6 时, 我们并不高兴, 因为已经不再有机会得到点数和为 6. 换句话说, 我们得到点数和为 6 的机会依赖于第一颗骰子的结果, 因此 E_1 和 F 不可能是独立的.

令事件 E_2 表示两颗骰子的点数和等于 7. E_2 是否与 F 独立呢? 答案为 "是", 因为

$$P(E_2 F) = P(\{4, 3\}) = \frac{1}{36},$$

而

$$P(E_2)P(F) = \frac{1}{6} \times \frac{1}{6} = \frac{1}{36}.$$

请你来直接说明为什么两颗骰子的点数和等于 7 这一事件独立于第一颗骰子的结果. ■

独立性的定义可以推广到多于两个事件的情形. 如果对于事件 $E_1, E_2, \cdots, E_n$ 的每个子集 $E_{1'}, E_{2'}, \cdots, E_{r'}$ ($r \leqslant n$) 有

$$P(E_{1'} E_{2'} \cdots E_{r'}) = P(E_{1'})P(E_{2'}) \cdots P(E_{r'}),$$

则称这些事件为独立的.

直观地看, 如果事件 $E_1, E_2, \cdots, E_n$ 中任意一些事件的发生并不影响其他任何事件发生的概率, 那么这些事件是独立的.

例 1.10 (**不独立的两两独立事件**) 假定从装有号码分别为 $1, 2, 3, 4$ 的 4 个球的坛子中抽取一个球. 设 $E = \{1, 2\}, F = \{1, 3\}, G = \{1, 4\}$. 如果所有 4 个结果都是等可能的, 那么

$$P(EF) = P(E)P(F) = \frac{1}{4},$$

$$P(EG) = P(E)P(G) = \frac{1}{4},$$

$$P(FG) = P(F)P(G) = \frac{1}{4},$$

然而

$$\frac{1}{4} = P(EFG) \neq P(E)P(F)P(G).$$

因此, 即使事件 E, F, G 是两两独立的, 它们也并非联合独立的. ■

例 1.11 有 r 个参赛人, 其中参赛人 i ($i = 1, \cdots, r$) 在开始时有 n_i ($n_i > 0$) 个单位 (财富). 在每一阶段, 参赛人中有两个被选中进行比赛, 赢者从输者那里

得到一个单位. 当参赛人的财富减少到 0 时就退出, 直至某个参赛人拥有所有的 $n = \sum_{i=1}^{r} n_i$ 个单位, 这个参赛人就是胜利者. 假定相继比赛的结果是独立的, 而且在每次比赛中两个参赛人等可能地获胜, 求参赛人 i 是胜利者的概率.

解　首先, 假定有 n 个参赛人, 每人在开始时有 1 个单位. 考虑参赛人 i. 他在每次比赛中以相等的可能赢一个单位或者输一个单位, 每次比赛的结果是独立的. 此外, 他将继续参赛, 直到他的财富变成 0 或者 n. 因为所有参赛人都是如此, 所以每个人都有同样的机会成为胜利者, 即每个参赛人以概率 $1/n$ 成为胜利者. 现在, 假设 n 个参赛人分成 r 组, 其中第 i 组有 n_i ($i = 1, \cdots, r$) 人. 也就是说, 参赛人 $1, \cdots, n_1$ 组成第一组, 参赛人 $n_1 + 1, \cdots, n_1 + n_2$ 组成第二组, 以此类推. 那么, 胜利者在第 i 组的概率是 n_i/n. 但是, 因为第 i 组在开始时的总财富为 n_i ($i = 1, \cdots, r$) 个单位, 而每次比赛由不同组的成员参加, 这就导致赢者所在的组的财富增加一个单位, 同时, 输者所在的组的财富减少一个单位, 所以容易看出胜利者出自第 i 组的概率恰好就是我们所求的概率. 进一步, 我们的推理也说明, 不管如何选择每场比赛的参赛人, 结论都是正确的.　　■

假定有一个试验序列, 每个试验的结果是成功或者失败. 事件 E_i ($i \geqslant 1$) 记为第 i 个试验的结果是成功. 如果对于所有的 $i_1, i_2, \cdots, i_n$ 有

$$P(E_{i_1} E_{i_2} \cdots E_{i_n}) = \prod_{j=1}^{n} P(E_{i_j}),$$

我们就说这个试验序列由独立的试验组成.

1.6　贝叶斯公式

设 E 和 F 是事件. 我们可以将 E 表示为

$$E = EF \cup EF^c,$$

因为为了使一个点在 E 中, 它必须既在 E 中又在 F 中, 或者只在 E 中而不在 F 中. 又因为 EF 和 EF^c 是互不相容的, 所以我们有

$$\begin{aligned}
P(E) &= P(EF) + P(EF^c) \\
&= P(E|F)P(F) + P(E|F^c)P(F^c) \\
&= P(E|F)P(F) + P(E|F^c)(1 - P(F)).
\end{aligned} \tag{1.7}$$

式 (1.7) 说明, 事件 E 的概率是已知 F 已发生时 E 的条件概率与已知 F 未发生时 E 的条件概率的加权平均, 权重为各个条件事件发生的概率.

例 1.12 考虑两个坛子. 第一个坛子中有 2 个白球和 7 个黑球，第二个坛子中有 5 个白球和 6 个黑球. 我们抛掷一枚均匀的硬币，由其结果是正面还是反面决定是从第一个坛子中还是从第二个坛子中抽取一个球. 已知取到的球是白球，抛掷的结果是正面的条件概率是多少？

解 令事件 W 表示取到的是白球，令事件 H 表示抛掷的硬币正面向上. 要求的概率 $P(H|W)$ 可以计算如下：

$$
\begin{aligned}
P(H|W) &= \frac{P(HW)}{P(W)} = \frac{P(W|H)P(H)}{P(W)} \\
&= \frac{P(W|H)P(H)}{P(W|H)P(H) + P(W|H^c)P(H^c)} \\
&= \frac{\dfrac{2}{9} \times \dfrac{1}{2}}{\dfrac{2}{9} \times \dfrac{1}{2} + \dfrac{5}{11} \times \dfrac{1}{2}} = \frac{22}{67}.
\end{aligned}
$$ ∎

例 1.13 一个学生在回答多项选择题时，她要么知道答案要么猜测答案. 假定她知道答案的概率是 p，而猜答案的概率是 $1 - p$. 假设她猜对的概率是 $1/m$，其中 m 是多选题选项的数量. 在已知该学生回答正确时，她确实知道答案的概率是多少？

解 分别令事件 C 和 K 表示该学生回答正确和她确实知道答案. 现在

$$
\begin{aligned}
P(K|C) &= \frac{P(KC)}{P(C)} = \frac{P(C|K)P(K)}{P(C|K)P(K) + P(C|K^c)P(K^c)} \\
&= \frac{p}{p + (1/m)(1 - p)} = \frac{mp}{1 + (m - 1)p}.
\end{aligned}
$$

例如，若 $m = 5$，$p = 1/2$，那么学生确实知道她回答正确的题目的答案的概率是 $5/6$. ∎

例 1.14 某实验室对某种疾病进行血液检测，当被检测的人确实有这种疾病时，其检测有效率是 95%. 可是，该检测也在 1% 的健康人中产生了"假阳性"结果（即如果一个健康人去检测，那么检测结果表明他得病的概率是 0.01）. 如果总体人群中有 0.5% 的人真有这种疾病，那么当已知某人检测结果为阳性时，他得病的概率是多少？

解 令事件 D 表示被检测的人得病，令事件 E 表示他的检测结果是阳性. 要求的概率为

$$
\begin{aligned}
P(D|E) &= \frac{P(DE)}{P(E)} = \frac{P(E|D)P(D)}{P(E|D)P(D) + P(E|D^c)P(D^c)} \\
&= \frac{0.95 \times 0.005}{0.95 \times 0.005 + 0.01 \times 0.995} = \frac{95}{294} \approx 0.323.
\end{aligned}
$$

因此, 检测结果是阳性的人中, 只有 32% 的人确实得了病. ■

式 (1.7) 可以以如下的方式推广. 假定 $F_1, F_2, \cdots, F_n$ 是互不相容的事件, 使得 $\bigcup_{i=1}^{n} F_i = S$. 换句话说, $F_1, F_2, \cdots, F_n$ 中恰好有一个事件将发生. 根据

$$E = \bigcup_{i=1}^{n} EF_i$$

和事件 EF_i ($i = 1, 2, \cdots, n$) 互不相容的事实, 我们得到

$$P(E) = \sum_{i=1}^{n} P(EF_i) = \sum_{i=1}^{n} P(E|F_i)P(F_i). \tag{1.8}$$

因此, 式 (1.8) 展示了, 对于给定的有且只有一个发生的事件 $F_1, F_2, \cdots, F_n$, 我们能通过首先对 F_i 中发生的一个事件取条件来计算 $P(E)$. 也就是说, 它说明了 $P(E)$ 等于 $P(E|F_i)$ 的加权平均, 每项的权重为其条件事件发生的概率.

假定现在 E 已经发生, 我们关心的是确定 F_j 中的哪个也发生了. 由式 (1.8), 我们有

$$P(F_j|E) = \frac{P(EF_j)}{P(E)} = \frac{P(E|F_j)P(F_j)}{\sum_{i=1}^{n} P(E|F_i)P(F_i)}. \tag{1.9}$$

式 (1.9) 称为贝叶斯公式.

例 1.15　你知道某一封信等可能地放在三个文件夹之一中. 若此信实际上在文件夹 i ($i = 1, 2, 3$) 中, 而你快速检查文件夹 i 后发现信的概率为 α_i (假定 $\alpha_i < 1$). 假定你检查了文件夹 1 且没有发现此信, 那么信在文件夹 1 中的概率是多少?

解　令事件 F_i ($i = 1, 2, 3$) 表示此信在文件夹 i 中, 而事件 E 表示检查了文件夹 1 但并未看到信. 我们要求 $P(F_1|E)$. 由贝叶斯公式, 我们得到

$$P(F_1|E) = \frac{P(E|F_1)P(F_1)}{\sum_{i=1}^{3} P(E|F_i)P(F_i)} = \frac{(1-\alpha_1) \times \frac{1}{3}}{(1-\alpha_1) \times \frac{1}{3} + \frac{1}{3} + \frac{1}{3}} = \frac{1-\alpha_1}{3-\alpha_1}. \quad ■$$

1.7　概率是一个连续事件函数

如果对于所有 $n \geqslant 1$ 有 $A_n \subset A_{n+1}$, 那么事件序列 $A_1, A_2, \cdots$ 是一个**递增序列**. 如果 $\{A_n, n \geqslant 1\}$ 是事件的递增序列, 那么我们定义其极限为

$$\lim_{n \to \infty} A_n = \cup_{i=1}^{\infty} A_i.$$

类似地, 如果对于所有 $n \geqslant 1$ 有 $A_{n+1} \subset A_n$, 那么 $\{A_n, n \geqslant 1\}$ 是事件的递减序列, 其极限定义为

$$\lim_{n \to \infty} A_n = \cap_{i=1}^{\infty} A_i.$$

现在我们来证明概率是一个连续事件函数.

命题 1.1 如果 $\{A_n, n \geqslant 1\}$ 是事件的一个递增序列或者是事件的一个递减序列，那么

$$P\left(\lim_{n \to \infty} A_n\right) = \lim_{n \to \infty} P(A_n).$$

证明 我们将证明 $\{A_n, n \geqslant 1\}$ 是事件的递增序列的情况，并把 $\{A_n, n \geqslant 1\}$ 是事件的递减序列的情况留作练习. 因此，假设 $\{A_n, n \geqslant 1\}$ 是事件的一个递增序列. 现在定义事件 B_n $(n \geqslant 1)$ 为在 A_n 中但不在事件 $A_1, \cdots, A_{n-1}$ 中的点的集合. 也就是说，我们令 $B_1 = A_1$，对于 $n > 1$，则令

$$B_n = A_n \cap \left(\cup_{i=1}^{n-1} A_i\right)^{\mathrm{c}} = A_n A_{n-1}^{\mathrm{c}}.$$

最后的等式成立是因为由 $A_1, A_2, \cdots$ 是一个递增序列可知 $\cup_{i=1}^{n-1} A_i = A_{n-1}$. 容易看出事件 B_n $(n \geqslant 1)$ 是互不相容的，并且有

$$\cup_{i=1}^{n} B_i = \cup_{i=1}^{n} A_i = A_n, \quad n \geqslant 1$$

和

$$\cup_{i=1}^{\infty} B_i = \cup_{i=1}^{\infty} A_i.$$

因此，

$$
\begin{aligned}
P\left(\lim_{n \to \infty} A_n\right) &= P\left(\cup_{i=1}^{\infty} A_i\right) \\
&= P\left(\cup_{i=1}^{\infty} B_i\right) \\
&= \sum_{i=1}^{\infty} P(B_i) \quad \text{（因为 } B_i \text{ 是互不相容的）} \\
&= \lim_{n \to \infty} \sum_{i=1}^{n} P(B_i) \\
&= \lim_{n \to \infty} P\left(\cup_{i=1}^{n} B_i\right) \\
&= \lim_{n \to \infty} P\left(\cup_{i=1}^{n} A_i\right) \\
&= \lim_{n \to \infty} P(A_n).
\end{aligned}
$$
∎

例 1.16 考虑一个由个体组成的总体，并且设第一代为最初的所有个体，设第二代为第一代的所有后代，一般地，设第 $n+1$ 代为第 n 代个体的所有后代. 令事件 A_n 表示第 n 代中没有个体. 因为 $A_n \subset A_{n+1}$，所以 $\lim_{n \to \infty} A_n = \cup_{i=1}^{\infty} A_i$. 因为事件 $\cup_{i=1}^{\infty} A_i$ 表示总体最终灭绝，所以由概率的连续性可得

$$\lim_{n \to \infty} P(A_n) = P(\text{总体灭绝}).$$
∎

习　题

1. 盒中有红、绿、蓝三个弹球. 考虑如下试验: 从盒中取一个弹球, 然后放回去, 再从盒中取第二个弹球. 此试验的样本空间是什么? 如果在任意情形下, 盒中的每个弹球都是等可能被抽取的, 那么样本空间中每一个点的概率是多少?

*2. 在取第二个弹球前不放回第一个弹球的情况下, 重做习题 1.

3. 抛掷一枚硬币, 直至正面连续出现两次. 此试验的样本空间是什么? 如果硬币是均匀的, 抛掷次数恰为 4 的概率是多少?

4. 设 E, F, G 是三个事件. 求 E, F, G 的下列事件表达式.

   (a) 只有 F 发生.　　　　　　　　　(e) 三个事件都发生.

   (b) E, F 都发生, 但是 G 不发生.　　(f) 三个事件都不发生.

   (c) 至少一个事件发生.　　　　　　(g) 至多一个事件发生.

   (d) 至少两个事件发生.　　　　　　(h) 至多两个事件发生.

*5. 一个人在拉斯维加斯使用下面的游戏策略: 他投入 1 美元于轮盘猜红色胜, 如果赢了, 他就离开; 如果输了, 他就再猜一次红色胜并投入 2 美元, 然后不管结果如何, 他都离开. 假定他每次投入赢的概率都是 1/2. 他离开时是赢家的概率是多少? 为什么这一游戏策略并未被每个人采用?

6. 证明 $E(F \cup G) = EF \cup EG$.

7. 证明 $(E \cup F)^c = E^c F^c$.

8. 若 $P(E) = 0.9$ 且 $P(F) = 0.8$, 证明 $P(EF) \geqslant 0.7$. 一般地, 证明
$$P(EF) \geqslant P(E) + P(F) - 1.$$

这称为**邦费罗尼不等式**.

*9. 如果 E 中的每个点都在 F 中, 我们就说 $E \subset F$. 证明: 若 $E \subset F$, 则
$$P(F) = P(E) + P(FE^c) \geqslant P(E).$$

10. 证明
$$P\left(\bigcup_{i=1}^{n} E_i\right) \leqslant \sum_{i=1}^{n} P(E_i).$$

这称为**布尔不等式**.

提示: 利用式 (1.2) 和数学归纳法, 或者证明 $\bigcup_{i=1}^{n} E_i = \bigcup_{i=1}^{n} F_i$, 其中 $F_1 = E_1$, $F_i = E_i \bigcap_{j=1}^{i-1} E_j^c$, 并且利用概率的性质 (iii).

11. 掷两颗均匀的骰子, 点数和为 i ($i = 2, 3, \cdots, 12$) 的概率各是多少?

12. 设 E 和 F 是某试验的样本空间中互不相容的事件. 假定重复做试验直至 E 和 F 有一个发生. 这个新的试验的样本空间是什么样的? 证明事件 E 在事件 F 之前发生的概率是
$$P(E)/[P(E) + P(F)].$$

提示: 证明原来的试验进行了 n 次, 而 E 出现在第 n 次的概率为 $P(E) \times (1-p)^{n-1}$, $n = 1, 2, \cdots$, 其中 $p = P(E) + P(F)$. 将这些概率相加就得到我们要的答案.

13. 双骰子博弈的玩法如下. 玩家掷两颗骰子, 如果点数和是 7 或 11, 她就赢. 如果点数和是 2、3 或 12, 她就输. 如果是其他结果, 就继续玩, 直至她再次掷到这个点数 (则她赢), 或者她掷到 7 (则她输). 计算玩家赢的概率.

14. 掷一次骰子赢的概率为 p. A 开始掷, 如果他输了, 骰子就转给 B, B 希望自己能赢. 他们反复掷这颗骰子直至有一人赢. 他们各自赢的概率是多少?

15. 推导 $E = EF \cup EF^c$ 和 $E \cup F = E \cup FE^c$.

16. 用习题 15 证明 $P(E \cup F) = P(E) + P(F) - P(EF)$.

*17. 假设三个人各自抛掷一枚硬币, 如果有一人抛掷的结果与其他人抛掷的结果不同, 游戏就结束. 不然, 他们就重新抛掷硬币. 设硬币是均匀的, 那么游戏在第一轮结束的概率是多少? 如果三枚硬币都是不均匀的, 并且抛出正面的概率为 $1/4$, 那么游戏在第一轮结束的概率是多少?

18. 假定生男孩和生女孩是等可能的. 如果一个家庭有两个孩子, 已知 (a) 老大是女孩, (b) 至少一个是女孩, 那么两个孩子都是女孩的概率分别是多少?

*19. 掷两颗骰子. 至少有一个是点数 6 的概率是多少? 如果这两颗骰子掷出的点数不一样, 那么至少有一个是 6 的概率是多少?

20. 掷三颗骰子. 三颗骰子中恰好有两颗出现相同点数的概率是多少?

21. 假定 5% 的男性和 0.25% 的女性是色盲. 随机地选取一个色盲的人, 这个人是男性的概率是多少? 假定男性与女性的人数相等.

22. A 和 B 博弈直到其中一人比另一人多出 2 点以上为止. 假定 A 独立地赢每一点的概率为 p, 他们总计玩了 $2n$ 点的概率是多少? A 赢的概率是多少?

23. 对于事件 $E_1, E_2, \cdots, E_n$, 证明
$$P(E_1 E_2 \cdots E_n) = P(E_1)P(E_2|E_1)P(E_3|E_1 E_2) \cdots P(E_n|E_1 \cdots E_{n-1}).$$

24. 在一次选举中, 候选人 A 得到 n 张选票, 候选人 B 得到 m 张选票, 其中 $n > m$. 假设在计票中, 所有可能的 $n+m$ 张选票的排列顺序都是等可能的. 令 $P_{n,m}$ 为自第一张起 A 总处于领先的概率. 求

(a) $P_{2,1}$,　　(c) $P_{n,1}$,　　(e) $P_{4,2}$,　　(g) $P_{4,3}$,　　(i) $P_{5,4}$,

(b) $P_{3,1}$,　　(d) $P_{3,2}$,　　(f) $P_{n,2}$,　　(h) $P_{5,3}$,　　(j) 猜测 $P_{n,m}$ 的值.

*25. 从一副 52 张扑克牌中随机选取两张.

(a) 它们组成一对 (就是它们有相同的数字) 的概率是多少?

(b) 已知两张花色不同, 它们组成一对的条件概率是多少?

26. 一副 52 张扑克牌 (包含所有 4 个 A) 被随机地分为 4 堆, 每堆 13 张. 定义

$$E_1 = \{\text{第一堆恰有一个 A}\}, \qquad E_3 = \{\text{第三堆恰有一个 A}\},$$
$$E_2 = \{\text{第二堆恰有一个 A}\}, \qquad E_4 = \{\text{第四堆恰有一个 A}\}.$$

用习题 23 的结论求在每一堆中都有一个 A 的概率 $P(E_1 E_2 E_3 E_4)$.

*27. 假定在习题 26 中定义了事件 E_i, $i = 1, 2, 3, 4$:

$$E_1 = \{\text{有一堆中有黑桃 A}\},$$

$E_2 = \{$ 黑桃 A 与红心 A 在不同的堆 $\}$,

$E_3 = \{$ 黑桃 A、红心 A 与方块 A 都在不同的堆 $\}$,

$E_4 = \{$ 四个 A 都在不同的堆 $\}$.

现在,用习题 23 求在每一堆中都有一个 A 的概率 $P(E_1E_2E_3E_4)$. 将你的答案与习题 26 的结果做比较.

28. 如果 B 的发生使 A 更可能发生,那么 A 的发生是否使 B 更可能发生?

29. 假定 $P(E) = 0.6$,在下列情况中,$P(E|F)$ 的值或取值范围分别是多少?

(a) E 和 F 互不相容,(b) $E \subset F$,(c) $F \subset E$.

*30. 比尔和乔治一起去射击. 他们同时射击一个目标. 假设比尔独立地射中目标的概率是 0.7,乔治独立地射中目标的概率是 0.4.

(a) 已知恰有一颗子弹射中目标,求它是乔治射中的概率.

(b) 已知目标被射中,求它是乔治射中的概率.

31. 已知两个骰子的点数和是 7,第一颗骰子的点数是 6 的条件概率是多少?

*32. 假定 n 个参加聚会的人都将他们的帽子扔在房间的中央. 然后每个人随机地选取一顶帽子. 证明没有人选到自己帽子的概率为

$$\frac{1}{2!} - \frac{1}{3!} + \frac{1}{4!} - \cdots + \frac{(-1)^n}{n!}.$$

注意,当 $n \to \infty$ 时它趋于 e^{-1}. 这是否令人惊奇?

33. 网球比赛的获胜者是第一个赢得两盘的球员. 当一名球员赢得一盘中的全部 24 分时,就称为黄金盘. 假设相继得分的结果是独立的,并且每一分被任一球员赢得的可能性相等,求一场比赛中至少有一盘是黄金盘的概率.

34. 甲有 40% 的机会修好坏掉的计算机. 如果甲修不好,那么甲的朋友乙有 20% 的机会可以修好. 求计算机被甲或乙修好的概率.

35. 连续地抛掷一枚均匀的硬币. 求抛掷的前四次是下列情况的概率: (a) H,H,H,H, (b) T, H,H,H. 并求模式 T,H,H,H 出现在模式 H,H,H,H 之前的概率.

36. 考察两个盒子. 一个盒内有 1 个黑弹球和 1 个白弹球,另一个盒内有 2 个黑弹球和 1 个白弹球. 随机选取一个盒子,并在此盒子中随机取一个弹球. 取出的弹球是黑色的概率是多少?

37. 在习题 36 中,已知取出的是白弹球,那么此球出自第一个盒子的概率是多少?

38. 坛子甲中有 2 个白球、1 个黑球,坛子乙中有 1 个白球、5 个黑球. 从坛子甲中随机取一个球,放到坛子乙中. 然后从坛子乙中取一个球,正好是白球. 从坛子甲转移到坛子乙的球是白球的概率是多少?

39. 假定商店 A、B 和 C 分别有 50 个、75 个和 100 个雇员,其中分别有 50%、60% 和 70% 为女性. 在所有的雇员中,不管性别,辞职的可能性是相等的. 现在一个雇员辞职了,并且是女性. 她在商店 C 工作的概率是多少?

*40. 某人的衣袋中放有一枚均匀的硬币和一枚两面都是正面的硬币.

(a) 他从中随机选取一枚,抛掷后结果是正面. 它是均匀硬币的概率是多少?

(b) 假定他抛掷同一枚硬币第二次，结果是正面．现在，它是均匀硬币的概率是多少？

(c) 假定他抛掷同一枚硬币第三次，结果是反面．现在，它是均匀硬币的概率是多少？

41. 在某个种类的鼠中，黑色基因是显性的，褐色基因是隐性的．假定一只有黑色双亲的黑鼠有一只褐色同胞．

(a) 它是纯黑鼠的概率是多少？（相对于拥有一个黑色基因与一个褐色基因的混种鼠．）

(b) 假设一只黑鼠和一只褐鼠交配后的五只后代都是黑鼠，该黑鼠是纯黑鼠的概率是多少？

42. 在盒中有三枚硬币．一枚是两面都是正面的硬币，另一枚是均匀的硬币，而第三枚是出现正面的概率为 75% 的不均匀硬币．当从这三枚硬币中随机选取一枚抛掷时，结果是正面．它两面都是正面的概率是多少？

*43. 蓝眼睛基因是隐性的，即一个人必须拥有两个蓝眼睛基因，这个人的眼睛才会是蓝色的．约（女）和乔（男）两人都有褐色眼睛，而他们的母亲都有蓝色眼睛．他们的女儿芙洛有褐色眼睛，她希望和蓝色眼睛的男人有一个蓝色眼睛的孩子．孩子有蓝色眼睛的概率是多少？

44. 坛子甲中有 5 个白球、7 个黑球．坛子乙中有 3 个白球、12 个黑球．我们抛掷一枚均匀的硬币．如果结果是正面，就从坛子甲中取出一个球，而如果结果是反面，就从坛子乙中取出一个球．假定选取到的是白球．抛掷结果是反面的条件概率是多少？

*45. 一个坛子中有 b 个黑球、r 个红球．从中随机选取一个球，但是当将它放回坛子中的时候，又加进了 c 个与之同色的球．现在我们再取另一个球．证明：已知取到的第二个球是红球，取到的第一个球是黑球的条件概率是 $b/(b+r+c)$．

46. 监狱看守通知三个犯人，已经随机地从他们中选定一人处死，而其余两人将被释放．犯人 A 要求看守私下告诉他哪一个同伴将被释放，并声称泄露这个信息是无害的，因为他已经知道至少一个同伴将被释放．看守拒绝回答这个问题，并指出如果 A 知道哪一个同伴将被释放，那么 A 被处死的概率就从 1/3 上升至 1/2，因为他将是剩下的两个犯人中的一个．对于看守的推理你有什么看法？

47. 对固定的事件 B，证明对于所有的事件 A，全体 $P(A|B)$ 满足概率的三个条件．由此推出

$$P(A|B) = P(A|BC)P(C|B) + P(A|BC^c)P(C^c|B),$$

然后直接验证以上方程．

*48. 在某个社区，60% 的家庭拥有汽车，30% 的家庭拥有房产，而 20% 的家庭既有汽车又有房产．随机选取一个家庭，求此家庭只拥有汽车或者只拥有房产的概率．

49. 对于事件的递减序列，证明命题 1.1 成立．

50. 如果 $A_1, A_2, \cdots$ 是一个事件序列，那么 $\limsup_{n\to\infty} A_n$ 定义为无穷个事件 A_n（$n \geqslant 1$）中点的集合，$\liminf_{n\to\infty} A_n$ 定义为除有限个事件 A_n（$n \geqslant 1$）之外的所有事件中点的集合．

(a) 若 $\{A_n, n \geqslant 1\}$ 是事件的递增序列，证明

$$\limsup_{n\to\infty} A_n = \liminf_{n\to\infty} A_n = \cup_{i=1}^{\infty} A_i.$$

(b) 若 $\{A_n, n \geqslant 1\}$ 是事件的递减序列, 证明

$$\limsup_{n \to \infty} A_n = \liminf_{n \to \infty} A_n = \cap_{i=1}^{\infty} A_i.$$

51. 星期一下雨的概率是 40%, 星期二下雨的概率是 30%, 星期一和星期二都下雨的概率是 20%. 已知星期一没有下雨. 星期二下雨的概率是多少?

参考文献

文献 [2] 对概率论一些早期的发展提供了丰富多彩的介绍. 文献 [3]、[4] 和 [7] 是近代概率论的卓越入门教材. 文献 [5] 是权威性的著作, 建立了近代数学概率论的公理基础. 文献 [6] 是对概率论及其应用的非数学介绍, 作者拉普拉斯是 18 世纪最伟大的数学家之一.

[1] L. Breiman. *Probability*, Addison-Wesley, Reading, Massachusetts, 1968.

[2] F. N. David. *Games, Gods, and Gambling*, Hafner, New York, 1962.

[3] W. Feller. *An Introduction to Probability Theory and Its Applications*, *Vol. I*, John Wiley, New York, 1957.

[4] B. V. Gnedenko. *Theory of Probability*, Chelsea, New York, 1962.

[5] A. N. Kolmogorov. *Foundations of the Theory of Probability*, Chelsea, New York, 1956.

[6] Marquis de Laplace. *A Philosophical Essay on Probabilities*, 1825 (English Translation), Dover, New York, 1951.

[7] S. Ross. *A First Course in Probability*, *Tenth Edition*, Prentice Hall, New Jersey, 2018.

第 2 章 随机变量

2.1 随机变量

在做试验时, 相对于试验结果本身而言, 我们通常主要对结果的某些函数感兴趣. 例如, 在掷骰子时, 我们经常关心的是两颗骰子的点数和, 而并不真正关心其实际结果. 也就是说, 我们也许关心的是其点数和为 7, 而并不关心其实际结果是否是 $(1,6)$ 或 $(2,5)$ 或 $(3,4)$ 或 $(4,3)$ 或 $(5,2)$ 或 $(6,1)$. 我们关注的这些量, 或者更正式地说, 这些定义在样本空间上的实值函数, 称为**随机变量**.

因为随机变量的值是由试验的结果决定的, 所以我们可以给随机变量的可能值指定概率.

例 2.1 令 X 为随机变量, 它定义为两颗均匀骰子的点数和, 那么

$$P\{X=2\} = P\{(1,1)\} = \frac{1}{36},$$

$$P\{X=3\} = P\{(1,2),(2,1)\} = \frac{2}{36},$$

$$P\{X=4\} = P\{(1,3),(2,2),(3,1)\} = \frac{3}{36},$$

$$P\{X=5\} = P\{(1,4),(2,3),(3,2),(4,1)\} = \frac{4}{36},$$

$$P\{X=6\} = P\{(1,5),(2,4),(3,3),(4,2),(5,1)\} = \frac{5}{36},$$

$$P\{X=7\} = P\{(1,6),(2,5),(3,4),(4,3),(5,2),(6,1)\} = \frac{6}{36}, \tag{2.1}$$

$$P\{X=8\} = P\{(2,6),(3,5),(4,4),(5,3),(6,2)\} = \frac{5}{36},$$

$$P\{X=9\} = P\{(3,6),(4,5),(5,4),(6,3)\} = \frac{4}{36},$$

$$P\{X=10\} = P\{(4,6),(5,5),(6,4)\} = \frac{3}{36},$$

$$P\{X=11\} = P\{(5,6),(6,5)\} = \frac{2}{36},$$

$$P\{X=12\} = P\{(6,6)\} = \frac{1}{36}.$$

换句话说, 随机变量 X 能取从 2 到 12 的任意整数值, 而且取每个值的概率由式 (2.1) 给出. 因为随机变量 X 必须取 2 到 12 中的一个值, 所以必须有

$$1 = P\left(\bigcup_{i=2}^{12}\{X=n\}\right) = \sum_{n=2}^{12} P\{X=n\}.$$

这可以用式 (2.1) 验证.　　　　　　　　　　　　　　　　　　　　　　■

例 2.2　再举一个例子, 假定我们的试验是抛掷两枚均匀的硬币. 令 Y 为抛出正面的次数, 那么 Y 是一个取值于 $0, 1, 2$ 的随机变量, 概率分别为

$$P\{Y=0\} = P\{(\mathrm{T},\mathrm{T})\} = \frac{1}{4},$$
$$P\{Y=1\} = P\{(\mathrm{T},\mathrm{H}),(\mathrm{H},\mathrm{T})\} = \frac{2}{4},$$
$$P\{Y=2\} = P\{(\mathrm{H},\mathrm{H})\} = \frac{1}{4}.$$

当然, $P\{Y=0\} + P\{Y=1\} + P\{Y=2\} = 1$.　　　　　　　　　　　■

例 2.3　假定我们抛掷一枚抛出正面的概率为 p 的硬币直至首次抛出正面. 令 N 为需要抛掷的次数, 假定相继抛掷的结果是独立的, 那么 N 是取值于 $1, 2, 3, \cdots$ 中的某个值的随机变量, 概率分别为

$$P\{N=1\} = P\{\mathrm{H}\} = p,$$
$$P\{N=2\} = P\{(\mathrm{T},\mathrm{H})\} = (1-p)p,$$
$$P\{N=3\} = P\{(\mathrm{T},\mathrm{T},\mathrm{H})\} = (1-p)^2 p,$$
$$\vdots$$
$$P\{N=n\} = P\{(\underbrace{\mathrm{T},\mathrm{T},\cdots,\mathrm{T}}_{n-1},\mathrm{H})\} = (1-p)^{n-1} p, \quad n \geqslant 1.$$

作为验证, 注意到

$$P\left(\bigcup_{n=1}^{\infty}\{N=n\}\right) = \sum_{n=1}^{\infty} P\{N=n\} = p\sum_{n=1}^{\infty}(1-p)^{n-1} = \frac{p}{1-(1-p)} = 1. \quad ■$$

例 2.4　假定我们的试验是观察电池在坏掉前能用多久. 还假定我们主要关心的不是电池的实际寿命, 而是电池是否至少能用两年. 在这种情形下, 我们可以定义随机变量 I 为

$$I = \begin{cases} 1, & \text{若电池的寿命是两年或更长,} \\ 0, & \text{其他情形.} \end{cases}$$

如果事件 E 表示电池能使用两年或更长, 那么随机变量 I 称为事件 E 的**指示随机变量**. (注意 I 的取值依赖于 E 是否发生.)　　　　　　　　　　■

例 2.5　假定相继地做独立试验, 每次试验有 m 种可能的结果, 其概率分别为 $p_1, \cdots, p_m$, $\sum_{i=1}^{m} p_i = 1$. 令 X 为直至每个结果至少出现一次所需的试验次数.

与其直接考虑 $P\{X = n\}$，我们不如首先确定 $P\{X > n\}$，这是在做 n 次试验后，至少有一个结果还没有出现的概率. 令事件 A_i 表示 n 次试验后还没有出现结果 i, $i = 1, \cdots, m$, 那么

$$
\begin{aligned}
P\{X > n\} &= P\left(\bigcup_{i=1}^{m} A_i\right) \\
&= \sum_{i=1}^{m} P(A_i) - \sum_{i<j} P(A_i A_j) \\
&\quad + \sum_{i<j<k} P(A_i A_j A_k) - \cdots + (-1)^{m+1} P(A_1 \cdots A_m).
\end{aligned}
$$

现在, $P(A_i)$ 是 n 次试验都产生非 i 的结果的概率, 所以由独立性得

$$
P(A_i) = (1 - p_i)^n.
$$

类似地, $P(A_i A_j)$ 是 n 次试验都产生既非 i 又非 j 的结果的概率, 所以有

$$
P(A_i A_j) = (1 - p_i - p_j)^n.
$$

由于所有其他的概率都类似, 因此

$$
\begin{aligned}
P\{X > n\} &= \sum_{i=1}^{m} (1 - p_i)^n - \sum_{i<j} (1 - p_i - p_j)^n \\
&\quad + \sum_{i<j<k} (1 - p_i - p_j - p_k)^n - \cdots.
\end{aligned}
$$

因为 $P\{X = n\} = P\{X > n-1\} - P\{X > n\}$, 所以利用代数恒等式 $(1-a)^{n-1} - (1-a)^n = a(1-a)^{n-1}$, 我们看到

$$
\begin{aligned}
P\{X = n\} &= \sum_{i=1}^{m} p_i(1 - p_i)^{n-1} - \sum_{i<j} (p_i + p_j)(1 - p_i - p_j)^{n-1} \\
&\quad + \sum_{i<j<k} (p_i + p_j + p_k)(1 - p_i - p_j - p_k)^{n-1} - \cdots. \qquad\blacksquare
\end{aligned}
$$

在前面的所有例子中, 我们关心的随机变量要么取有限个可能的值, 要么取可数个可能的值[①]. 这样的随机变量称为**离散随机变量**. 可是也存在取连续多个可能值的随机变量. 这称为**连续随机变量**. 如果假定汽车的寿命取某个区间 (a, b) 中的任意值, 那么表示汽车寿命的随机变量就是连续的.

随机变量 X 的**累积分布函数**（cumulative distribution function, CDF, 简称**分布函数**）$F(\cdot)$ 定义为, 对于任意实数 b, $-\infty < b < \infty$,

$$
F(b) = P\{X \leqslant b\}.
$$

---

① 如果一个集合的元素可以与正整数一一对应, 那么该集合是可数的.

用文字描述就是，$F(b)$ 表示随机变量 X 取一个小于或者等于 b 的值的概率. 分布函数 F 具有以下性质：

(i) $F(b)$ 是 b 的非减函数；

(ii) $\lim_{b\to\infty} F(b) = F(\infty) = 1$；

(iii) $\lim_{b\to-\infty} F(b) = F(-\infty) = 0$.

有性质 (i) 是由于对于 $a < b$，事件 $\{X \leqslant a\}$ 包含于事件 $\{X \leqslant b\}$ 中，所以前者概率较小. 有性质 (ii) 和 (iii) 是由于 X 必须取某个有限的值.

有关 X 的所有概率问题都可以用分布函数 $F(\cdot)$ 回答. 例如，对于所有的 $a < b$，我们有

$$P\{a < X \leqslant b\} = F(b) - F(a).$$

这是由于我们可以通过先计算 $\{X \leqslant b\}$ 的概率（也就是 $F(b)$）再减去 $\{X \leqslant a\}$ 的概率（也就是 $F(a)$）算出 $P\{a < X \leqslant b\}$.

如果我们想得到 X 严格小于 b 的概率，可以通过

$$P\{X < b\} = \lim_{h\to 0^+} P\{X \leqslant b - h\} = \lim_{h\to 0^+} F(b - h)$$

计算，其中 $\lim_{h\to 0^+}$ 表示在 h 递减到 0 时取极限. 注意 $P\{X < b\}$ 不一定等于 $F(b)$，因为 $F(b)$ 也包括 X 等于 b 的概率.

2.2　离散随机变量

正如上面提到的，最多取可数个可能值的随机变量称为**离散随机变量**. 对于一个离散随机变量 X，我们用

$$p(a) = P\{X = a\}$$

定义**概率质量函数** $p(a)$. 概率质量函数 $p(a)$ 最多在可数个 a 的值上是正的. 也就是说，如果 X 必须是值 $x_1, x_2, \cdots$ 之一，那么

$$p(x_i) > 0, \quad i = 1, 2, \cdots,$$
$$p(x) = 0, \quad \text{所有其他 } x \text{ 值}.$$

因为 X 必须取 x_i 中的一个值，所以有

$$\sum_{i=1}^{\infty} p(x_i) = 1.$$

累积分布函数 F 可以用 $p(a)$ 表示为

$$F(a) = \sum_{\text{所有 } x_i \leqslant a} p(x_i).$$

例如, 假定 X 的概率质量函数为

$$p(1) = \frac{1}{2}, \quad p(2) = \frac{1}{3}, \quad p(3) = \frac{1}{6},$$

那么 X 的累积分布函数为

$$F(a) = \begin{cases} 0, & a < 1, \\ \dfrac{1}{2}, & 1 \leqslant a < 2, \\ \dfrac{5}{6}, & 2 \leqslant a < 3, \\ 1, & 3 \leqslant a. \end{cases}$$

$F(x)$ 的图像如图 2-1 所示.

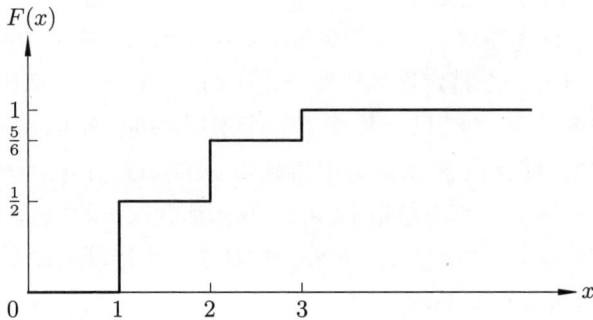

图 2-1 $F(x)$ 的图像

离散随机变量通常依据其概率质量函数分类. 我们现在研究一些这样的随机变量.

2.2.1 伯努利随机变量

假定做一个试验, 其结果可以分为成功或者失败. 如果我们在试验成功时令 X 等于 1, 而在试验失败时令 X 等于 0, 那么 X 的概率质量函数为

$$\begin{aligned} p(0) &= P\{X = 0\} = 1 - p, \\ p(1) &= P\{X = 1\} = p, \end{aligned} \tag{2.2}$$

其中 $p\,(\,0 \leqslant p \leqslant 1\,)$ 是试验成功的概率.

如果对于 $0 < p < 1$, 随机变量 X 的概率质量函数为式 (2.2), 那么我们称之为**伯努利随机变量**.

2.2.2 二项随机变量

假定做了 n 次独立试验，其中每次结果是成功的概率为 p，结果是失败的概率为 $1-p$. 如果令 X 表示 n 次试验中成功的次数，那么称 X 是参数为 n 和 p 的**二项随机变量**.

参数为 n 和 p 的二项随机变量的概率质量函数为

$$p(i) = \binom{n}{i}p^i(1-p)^{n-i}, \quad i = 0, 1, \cdots, n, \tag{2.3}$$

其中

$$\binom{n}{i} = \frac{n!}{(n-i)!i!}$$

等于从 n 个对象的集合中选出包含 i 个对象的不同分组的数目. 式 (2.3) 的有效性可以这样验证：首先注意，由独立性假设，对于包含 i 次成功和 $n-i$ 次失败的 n 个结果，其任意一个特定序列的概率是 $p^i(1-p)^{n-i}$，那么因为包含 i 次成功和 $n-i$ 次失败的 n 个结果一共有 $\binom{n}{i}$ 个不同序列，所以式 (2.3) 成立. 如果 $n=3$，$i=2$，那么在 3 次试验中得到 2 次成功共有 $\binom{3}{2} = 3$ 种方式，即 $(s,s,f),(s,f,s),(f,s,s)$，其中结果 (s,s,f) 表示前两次试验都成功，而第三次失败. 因为 3 个结果 $(s,s,f),(s,f,s),(f,s,s)$ 中任意一个出现的概率都是 $p^2(1-p)$，所以要求的概率是 $\binom{3}{2}p^2(1-p)$.

注意，由二项式定理可知，这些概率加起来是 1，也就是说，

$$\sum_{i=0}^{\infty} p(i) = \sum_{i=0}^{n} \binom{n}{i}p^i(1-p)^{n-i} = (p + (1-p))^n = 1.$$

例 2.6 抛掷 4 枚均匀的硬币. 假定结果都是独立的. 抛出 2 个正面、2 个反面的概率是多少？

解 设 X 为抛出正面（成功）的数目，那么 X 是参数为 $n=4$ 和 $p=1/2$ 的二项随机变量. 因此，由式 (2.3) 可得

$$P\{X=2\} = \binom{4}{2}\left(\frac{1}{2}\right)^2\left(\frac{1}{2}\right)^2 = \frac{3}{8}. \qquad \blacksquare$$

例 2.7 已知某机器生产的一个产品是废品的概率为 0.1，且与任意的其他产品独立. 在三个产品的样本中，至多有一个废品的概率是多少？

解 假定 X 是此样本中废品的数目，那么 X 是参数为 $n=3$ 和 $p=0.1$ 的二项随机变量. 因此，要求的概率为

$$P\{X=0\} + P\{X=1\} = \binom{3}{0}(0.1)^0(0.9)^3 + \binom{3}{1}(0.1)^1(0.9)^2 = 0.972. \qquad \blacksquare$$

例 2.8 假定在飞行中，飞机发动机出故障的概率为 $1-p$，而且各发动机相互独立. 假定如果至少 50% 的发动机保持运行，那么飞机就能完成一次成功的飞行. 当 p 取什么值时，4 台发动机的飞机比 2 台发动机的飞机更可靠?

解 因为假定每台发动机出故障或者运行独立于其他发动机的情况，所以保持运行的发动机的台数是二项随机变量. 因此，4 台发动机的飞机完成一次成功的飞行的概率是

$$\binom{4}{2}p^2(1-p)^2 + \binom{4}{3}p^3(1-p) + \binom{4}{4}p^4(1-p)^0 = 6p^2(1-p)^2 + 4p^3(1-p) + p^4,$$

而 2 台发动机的飞机的对应概率是

$$\binom{2}{1}p(1-p) + \binom{2}{2}p^2 = 2p(1-p) + p^2.$$

因此，要使 4 台发动机的飞机更安全，则需满足

$$6p^2(1-p)^2 + 4p^3(1-p) + p^4 \geqslant 2p(1-p) + p^2$$

或等价的

$$6p(1-p)^2 + 4p^2(1-p) + p^3 \geqslant 2-p.$$

这可以简化为

$$3p^3 - 8p^2 + 7p - 2 \geqslant 0 \quad \text{或} \quad (p-1)^2(3p-2) \geqslant 0,$$

等价于

$$3p - 2 \geqslant 0 \quad \text{或} \quad p \geqslant \frac{2}{3}.$$

因此，当发动机运行的概率 p 至少达到 2/3 时，4 台发动机的飞机更安全，而当概率 p 低于 2/3 时，2 台发动机的飞机更安全. ■

例 2.9 假定一个人的某个特征（例如眼睛的颜色或左利手）是由一对基因确定的. 假定 d 代表显性基因，而 r 代表隐性基因，从而一个有 dd 基因的人是纯显性型，有 rr 基因的人是纯隐性型，而有 rd 基因的人是混合型. 纯显性型与混合型的外貌相像. 孩子从父母那里各遗传一个基因. 如果对于某个特征，一对混合型的父母共有 4 个孩子，那么其中恰有 3 个孩子有显性基因的外貌的概率是多少?

解 如果我们假定每个孩子等可能地从父母那里遗传一个基因，一对混合型的父母的孩子有基因 dd、rr 和 rd 的概率分别为 1/4、1/4 和 1/2. 因为如果一个后代有显性基因的外貌，那么他的基因是 dd 或 rd，所以这样的孩子的个数服

从参数为 4 和 3/4 的二项分布. 从而所求的概率是

$$\binom{4}{3}\left(\frac{3}{4}\right)^3\left(\frac{1}{4}\right)^1=\frac{27}{64}.$$

■

术语备注　如果 X 是参数为 n 和 p 的二项随机变量, 那么我们就说 X 服从参数为 n 和 p 的二项分布.

2.2.3　几何随机变量

假定进行独立试验直到出现一次成功为止, 其中每一个试验成功的概率都是 p. 如果令 X 为直到出现首次成功所需要做的试验次数, 那么称 X 是参数为 p 的几何随机变量. 它的概率质量函数为

$$p(n)=P\{X=n\}=(1-p)^{n-1}p,\quad n=1,2,\cdots. \tag{2.4}$$

式 (2.4) 成立是因为 X 等于 n 的充要条件是前 $n-1$ 次试验都失败, 而第 n 次试验成功. 还因为假定相继的试验结果是独立的.

为了验证 $p(n)$ 是一个概率质量函数, 我们注意到

$$\sum_{n=1}^{\infty}p(n)=p\sum_{n=1}^{\infty}(1-p)^{n-1}=1.$$

2.2.4　泊松随机变量

对于取值于 $0,1,2,\cdots$ 的随机变量 X, 如果对于某个 $\lambda>0$, 有

$$p(i)=P\{X=i\}=\mathrm{e}^{-\lambda}\frac{\lambda^i}{i!},\quad i=0,1,\cdots, \tag{2.5}$$

则称 X 是参数为 λ 的**泊松随机变量**. 因为

$$\sum_{i=0}^{\infty}p(i)=\mathrm{e}^{-\lambda}\sum_{i=0}^{\infty}\frac{\lambda^i}{i!}=\mathrm{e}^{-\lambda}\mathrm{e}^{\lambda}=1,$$

所以式 (2.5) 定义了一个概率质量函数. 泊松随机变量在不同的数学领域中有广泛的应用, 这将在第 5 章中阐明.

泊松随机变量的一个重要性质是它可以用来近似参数 n 很大而 p 很小的二项随机变量. 为了明白这一点, 假定 X 是参数为 n 和 p 的二项随机变量, 并取 $\lambda=np$, 那么

$$\begin{aligned}
P\{X=i\}&=\frac{n!}{(n-i)!i!}p^i(1-p)^{n-i}\\
&=\frac{n!}{(n-i)!i!}\left(\frac{\lambda}{n}\right)^i\left(1-\frac{\lambda}{n}\right)^{n-i}\\
&=\frac{n(n-1)\cdots(n-i+1)}{n^i}\frac{\lambda^i}{i!}\frac{(1-\lambda/n)^n}{(1-\lambda/n)^i}.
\end{aligned}$$

现在, 对于很大的 n 和很小的 p 有

$$\left(1 - \frac{\lambda}{n}\right)^n \approx \mathrm{e}^{-\lambda}, \quad \frac{n(n-1)\cdots(n-i+1)}{n^i} \approx 1, \quad \left(1 - \frac{\lambda}{n}\right)^i \approx 1.$$

因此, 对于很大的 n 和很小的 p,

$$P\{X = i\} \approx \mathrm{e}^{-\lambda}\frac{\lambda^i}{i!}.$$

例 2.10 假定在书的一页上, 印刷错误的个数是一个参数为 $\lambda = 1$ 的泊松随机变量. 计算在此页上至少有一个错误的概率.

解

$$P\{X \geqslant 1\} = 1 - P\{X = 0\} = 1 - \mathrm{e}^{-1} \approx 0.632.$$ ■

例 2.11 假定每天在高速公路上发生的事故数是一个参数为 $\lambda = 3$ 的泊松随机变量. 今天没有发生事故的概率是多少?

解

$$P\{X = 0\} = \mathrm{e}^{-3} \approx 0.05.$$ ■

例 2.12 在一项试验中计算一克放射性物质在一秒内释放的 α 粒子的数目. 如果我们已知平均有 3.2 个 α 粒子被释放, 那么释放的 α 粒子数不多于两个的概率近似是多少?

解 如果我们将这一克放射性物质想象为由 n 个原子组成, 每个原子以概率 $3.2/n$ 衰变并且在随后的那一秒中释放一个 α 粒子, 那么我们发现 α 粒子的数目非常近似于一个参数为 $\lambda = 3.2$ 的泊松随机变量. 因此, 所求的概率是

$$P\{X \leqslant 2\} = \mathrm{e}^{-3.2} + 3.2\mathrm{e}^{-3.2} + \frac{(3.2)^2}{2}\mathrm{e}^{-3.2} \approx 0.380.$$ ■

2.3 连续随机变量

在本节中, 我们将关注可能值集合不可数的随机变量. 令 X 为一个这样的随机变量. 如果存在一个定义在所有实数 $x \in (-\infty, \infty)$ 上的非负函数 $f(x)$, 使得对于任意实数集合 B 有

$$P\{X \in B\} = \int_B f(x)\mathrm{d}x, \tag{2.6}$$

则称 X 为一个**连续随机变量**. 函数 $f(x)$ 称为随机变量 X 的**概率密度函数**(probability density function, PDF).

换句话说，式 (2.6) 说明了 X 在 B 中的概率可以由概率密度函数在集合 B 上求积分得到. 因为 X 必须取某个值，所以 $f(x)$ 必定满足

$$1 = P\{X \in (-\infty, \infty)\} = \int_{-\infty}^{\infty} f(x)\mathrm{d}x.$$

关于 X 的所有概率陈述都能用 $f(x)$ 来回答. 例如，设 $B = [a, b]$，由式 (2.6) 可得

$$P\{a \leqslant X \leqslant b\} = \int_{a}^{b} f(x)\mathrm{d}x. \tag{2.7}$$

如果在上式中设 $a = b$，那么

$$P\{X = a\} = \int_{a}^{a} f(x)\mathrm{d}x = 0.$$

换句话说，这个方程说明连续随机变量取任意**特殊值**的概率为零.

累积分布函数 $F(\cdot)$ 与概率密度函数 $f(\cdot)$ 的关系表示为

$$F(a) = P\{X \in (-\infty, a]\} = \int_{-\infty}^{a} f(x)\mathrm{d}x.$$

对上式两边求微分就得到

$$\frac{\mathrm{d}}{\mathrm{d}a} F(a) = f(a).$$

也就是说，概率密度函数是累积分布函数的导数. 概率密度函数的一个直观解释可以由式 (2.7) 得到：当 ε 很小时，

$$P\left\{a - \frac{\varepsilon}{2} \leqslant X \leqslant a + \frac{\varepsilon}{2}\right\} = \int_{a-\varepsilon/2}^{a+\varepsilon/2} f(x)\mathrm{d}x \approx \varepsilon f(a).$$

换句话说，X 在点 a 附近长度为 ε 的区间内的概率近似为 $\varepsilon f(a)$. 由此，我们明白 $f(a)$ 是随机变量在 a 附近的可能性大小的量度.

有几个重要的连续随机变量常常出现在概率论中. 下面我们就来学习这些随机变量.

2.3.1 均匀随机变量

如果一个随机变量的概率密度函数为

$$f(x) = \begin{cases} 1, & 0 < x < 1, \\ 0, & \text{其他,} \end{cases}$$

则称它在区间 $(0, 1)$ 上**均匀分布**. 注意上式是一个概率密度函数，因为 $f(x) \geqslant 0$，而且

$$\int_{-\infty}^{\infty} f(x)\mathrm{d}x = \int_{0}^{1} \mathrm{d}x = 1.$$

因为只当 $x \in (0,1)$ 时有 $f(x) > 0$, 所以 X 必须在 $(0,1)$ 内取值. 又因为对于 $x \in (0,1)$, $f(x)$ 是常数, 所以 X 等可能地 "接近" $(0,1)$ 中的任意一个值. 要验证这一点, 我们应注意, 对于任意 $0 < a < b < 1$,

$$P\{a \leqslant X \leqslant b\} = \int_a^b f(x)\mathrm{d}x = b - a.$$

换句话说, X 在 $(0,1)$ 的任意特定子区间中的概率等于该子区间的长度.

一般地, 如果 X 的概率密度函数为

$$f(x) = \begin{cases} \dfrac{1}{\beta - \alpha}, & \alpha < x < \beta, \\ 0, & \text{其他,} \end{cases} \tag{2.8}$$

则称 X 是一个在区间 (α, β) 上的**均匀随机变量**.

例 2.13 计算在 (α, β) 上均匀分布的随机变量的累积分布函数.

解 因为 $F(a) = \int_{-\infty}^a f(x)\mathrm{d}x$, 所以由式 (2.8) 可得

$$F(a) = \begin{cases} 0, & a \leqslant \alpha, \\ \dfrac{a - \alpha}{\beta - \alpha}, & \alpha < a < \beta, \\ 1, & a \geqslant \beta. \end{cases} \blacksquare$$

例 2.14 如果 X 在 $(0,10)$ 上均匀分布, 分别计算 (a) $X < 3$, (b) $X > 7$, (c) $1 < X < 6$ 的概率.

解

$$P\{X < 3\} = \frac{\int_0^3 \mathrm{d}x}{10} = \frac{3}{10},$$

$$P\{X > 7\} = \frac{\int_7^{10} \mathrm{d}x}{10} = \frac{3}{10},$$

$$P\{1 < X < 6\} = \frac{\int_1^6 \mathrm{d}x}{10} = \frac{1}{2}. \blacksquare$$

2.3.2 指数随机变量

如果一个连续随机变量的概率密度函数为, 对于 $\lambda > 0$,

$$f(x) = \begin{cases} \lambda \mathrm{e}^{-\lambda x}, & x \geqslant 0, \\ 0, & x < 0, \end{cases}$$

则称它是参数为 λ 的**指数随机变量**. 这类随机变量将在第 5 章中广泛地研究, 所以这里只计算其累积分布函数 F:

$$F(a) = \int_0^a \lambda \mathrm{e}^{-\lambda x} \mathrm{d}x = 1 - \mathrm{e}^{-\lambda a}, \quad a \geqslant 0.$$

注意 $F(\infty) = \int_0^\infty \lambda \mathrm{e}^{-\lambda x} \mathrm{d}x = 1$, 当然, 必须如此.

2.3.3   伽马随机变量

如果一个连续随机变量的概率密度函数为, 对于 $\lambda > 0$, $\alpha > 0$,

$$f(x) = \begin{cases} \dfrac{\lambda \mathrm{e}^{-\lambda x}(\lambda x)^{\alpha-1}}{\Gamma(\alpha)}, & x \geqslant 0, \\ 0, & x < 0, \end{cases}$$

则称它是参数为 λ 和 α 的**伽马随机变量**. $\Gamma(\alpha)$ 称为伽马函数, 定义为

$$\Gamma(\alpha) = \int_0^\infty \mathrm{e}^{-x} x^{\alpha-1} \mathrm{d}x.$$

对于正整数 α, 例如 $\alpha = n$, 用归纳法容易证明

$$\Gamma(n) = (n-1)! \, .$$

2.3.4   正态随机变量

如果 X 的概率密度函数为

$$f(x) = \frac{1}{\sqrt{2\pi}\sigma} \mathrm{e}^{-(x-\mu)^2/2\sigma^2}, \quad -\infty < x < \infty,$$

则称 X 是参数为 μ 和 σ^2 的**正态随机变量**（或简单地说, X 服从**正态分布**）. 这个概率密度函数的图像是一条钟形曲线, 关于 μ 对称（见图 2–2）.

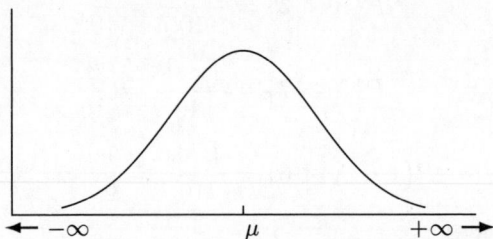

图 2–2   正态密度函数的图像

正态随机变量的一个重要性质是, 如果 X 服从参数为 μ 和 σ^2 的正态分布, 那么 $Y = \alpha X + \beta$ 服从参数为 $\alpha\mu + \beta$ 和 $\alpha^2\sigma^2$ 的正态分布. 为了证明它, 先假

定 $\alpha > 0$, 并注意随机变量 Y 的累积分布函数 $F_Y(\cdot)$[①] 为

$$
\begin{aligned}
F_Y(a) = P\{Y \leqslant a\} &= P\{\alpha X + \beta \leqslant a\} \\
&= P\left\{X \leqslant \frac{a-\beta}{\alpha}\right\} = F_X\left(\frac{a-\beta}{\alpha}\right) \\
&= \int_{-\infty}^{(a-\beta)/\alpha} \frac{1}{\sqrt{2\pi}\sigma} e^{-(x-\mu)^2/2\sigma^2} \mathrm{d}x \\
&= \int_{-\infty}^{a} \frac{1}{\sqrt{2\pi}\alpha\sigma} \exp\left\{\frac{-(v-(\alpha\mu+\beta))^2}{2\alpha^2\sigma^2}\right\} \mathrm{d}v,
\end{aligned}
\tag{2.9}
$$

其中最后的等式是由变量替换 $v = \alpha x + \beta$ 得到的. 因为 $F_Y(a) = \int_{-\infty}^{a} f_Y(v)\mathrm{d}v$, 所以由式 (2.9) 推得概率密度函数 $f_Y(\cdot)$ 为

$$
f_Y(v) = \frac{1}{\sqrt{2\pi}\alpha\sigma} \exp\left\{\frac{-(v-(\alpha\mu+\beta))^2}{2(\alpha\sigma)^2}\right\}, \quad -\infty < v < \infty.
$$

因此, Y 服从参数为 $\alpha\mu + \beta$ 和 $(\alpha\sigma)^2$ 的正态分布. 类似的结果在 $\alpha < 0$ 时也是正确的.

上述结果的一个推论是, 如果 X 服从参数为 μ 和 σ^2 的正态分布, 那么 $Y = (X - \mu)/\sigma$ 服从参数为 0 和 1 的正态分布. 这样的随机变量 Y 称为服从**标准正态分布**或**单位正态分布**.

2.4 随机变量的期望

2.4.1 离散情形

如果 X 是具有概率质量函数 $p(x)$ 的离散随机变量, 那么 X 的**期望值**定义为

$$
E[X] = \sum_{x:p(x)>0} xp(x).
$$

换句话说, X 的期望值是 X 的所有可能取值的加权平均, 权重为 X 取此值的概率. 如果 X 的概率质量函数为

$$
p(1) = \frac{1}{2} = p(2),
$$

那么

$$
E[X] = 1 \times \frac{1}{2} + 2 \times \frac{1}{2} = \frac{3}{2}
$$

就是 X 的两个可能取值 1 和 2 的一个普通平均. 如果

$$
p(1) = \frac{1}{3}, \quad p(2) = \frac{2}{3},
$$

---

① 当考虑多个随机变量时, 我们令 $F_Z(\cdot)$ 表示随机变量 Z 的累积分布函数. 类似地, 我们将 Z 的密度记为 $f_Z(\cdot)$.

那么

$$E[X] = 1 \times \frac{1}{3} + 2 \times \frac{2}{3} = \frac{5}{3}$$

是两个可能取值 1 和 2 的一个加权平均, 其中值 2 的权重是值 1 的两倍, 因为 $p(2) = 2p(1)$.

例 2.15 设 X 是掷一颗均匀骰子的结果, 计算 $E[X]$.

解 因为 $p(1) = p(2) = p(3) = p(4) = p(5) = p(6) = 1/6$, 所以得到

$$E[X] = 1 \times \frac{1}{6} + 2 \times \frac{1}{6} + 3 \times \frac{1}{6} + 4 \times \frac{1}{6} + 5 \times \frac{1}{6} + 6 \times \frac{1}{6} = \frac{7}{2}.$$ ■

例 2.16（伯努利随机变量的期望） 设 X 是参数为 p 的伯努利随机变量, 计算 $E[X]$.

解 因为 $p(0) = 1 - p$, $p(1) = p$, 所以有 $E[X] = 0 \times (1 - p) + 1 \times p = p$. 因此, 在一次试验中, 期望的成功次数正是试验成功的概率. ■

例 2.17（二项随机变量的期望） 设 X 服从参数为 n 和 p 的二项分布, 计算 $E[X]$.

解

$$
\begin{aligned}
E[X] &= \sum_{i=0}^{n} i p(i) = \sum_{i=0}^{n} i \binom{n}{i} p^i (1-p)^{n-i} \\
&= \sum_{i=1}^{n} \frac{i n!}{(n-i)! i!} p^i (1-p)^{n-i} \\
&= \sum_{i=1}^{n} \frac{n!}{(n-i)!(i-1)!} p^i (1-p)^{n-i} \\
&= np \sum_{i=1}^{n} \frac{(n-1)!}{(n-i)!(i-1)!} p^{i-1} (1-p)^{n-i} \\
&= np \sum_{k=0}^{n-1} \binom{n-1}{k} p^k (1-p)^{n-1-k} \\
&= np[p + (1-p)]^{n-1} \\
&= np,
\end{aligned}
$$

其中倒数第三个等式是通过令 $k = i - 1$ 得出的. 因此, 在 n 次独立的试验中, 期望的成功次数是 n 乘以一次试验成功的概率. ■

例 2.18（几何随机变量的期望） 计算参数为 p 的几何随机变量的期望.

解 由式 (2.4), 我们得到

$$E[X] = \sum_{n=1}^{\infty} np(1-p)^{n-1} = p \sum_{n=1}^{\infty} nq^{n-1},$$

其中 $q = 1 - p$,

$$E[X] = p \sum_{n=1}^{\infty} \frac{\mathrm{d}}{\mathrm{d}q}(q^n) = p \frac{\mathrm{d}}{\mathrm{d}q}\left(\sum_{n=1}^{\infty} q^n\right) = p \frac{\mathrm{d}}{\mathrm{d}q}\left(\frac{q}{1-q}\right) = \frac{p}{(1-q)^2} = \frac{1}{p}.$$

用文字描述就是, 直到首次成功所需做的独立试验的期望数等于任意一次试验成功的概率的倒数.

例 2.19（泊松随机变量的期望） 计算参数为 λ 的泊松随机变量的期望.

解 由式 (2.5), 我们有

$$E[X] = \sum_{i=0}^{\infty} \frac{ie^{-\lambda}\lambda^i}{i!} = \sum_{i=1}^{\infty} \frac{e^{-\lambda}\lambda^i}{(i-1)!} = \lambda e^{-\lambda} \sum_{i=1}^{\infty} \frac{\lambda^{i-1}}{(i-1)!}$$

$$= \lambda e^{-\lambda} \sum_{k=0}^{\infty} \frac{\lambda^k}{k!} = \lambda e^{-\lambda} e^{\lambda} = \lambda,$$

这里使用了恒等式 $\sum_{k=0}^{\infty} \lambda^k/k! = e^{\lambda}$.

2.4.2 连续情形

我们也可以定义连续随机变量的期望值. 如果 X 是具有概率密度函数 $f(x)$ 的连续随机变量, 那么 X 的期望值定义为

$$E[X] = \int_{-\infty}^{\infty} xf(x)\mathrm{d}x.$$

例 2.20（均匀随机变量的期望） 计算在 (α, β) 上均匀分布的随机变量的期望.

解 由式 (2.8), 我们有

$$E[X] = \int_{\alpha}^{\beta} \frac{x}{\beta - \alpha}\mathrm{d}x = \frac{\beta^2 - \alpha^2}{2(\beta - \alpha)} = \frac{\beta + \alpha}{2}.$$

换句话说, 在 (α, β) 上均匀分布的随机变量的期望值正是该区间的中点.

例 2.21（指数随机变量的期望） 设 X 是参数为 λ 的指数随机变量, 计算 $E[X]$.

解

$$E[X] = \int_0^{\infty} x\lambda e^{-\lambda x}\mathrm{d}x.$$

用分部积分法（$\mathrm{d}v = \lambda e^{-\lambda x}\mathrm{d}x$, $u = x$）得到

$$E[X] = -xe^{-\lambda x}\Big|_0^{\infty} + \int_0^{\infty} e^{-\lambda x}\mathrm{d}x = 0 - \frac{e^{-\lambda x}}{\lambda}\Big|_0^{\infty} = \frac{1}{\lambda}.$$

例 2.22（正态随机变量的期望） 设 X 是参数为 μ 和 σ^2 的正态随机变量, 计算 $E[X]$.

解
$$E[X] = \frac{1}{\sqrt{2\pi}\sigma} \int_{-\infty}^{\infty} x\mathrm{e}^{-(x-\mu)^2/2\sigma^2} \mathrm{d}x.$$

将 x 写为 $(x - \mu) + \mu$，得到

$$E[X] = \frac{1}{\sqrt{2\pi}\sigma} \int_{-\infty}^{\infty} (x-\mu)\mathrm{e}^{-(x-\mu)^2/2\sigma^2} \mathrm{d}x + \mu\frac{1}{\sqrt{2\pi}\sigma} \int_{-\infty}^{\infty} \mathrm{e}^{-(x-\mu)^2/2\sigma^2} \mathrm{d}x.$$

令 $y = x - \mu$，得到

$$E[X] = \frac{1}{\sqrt{2\pi}\sigma} \int_{-\infty}^{\infty} y\mathrm{e}^{-y^2/2\sigma^2} \mathrm{d}y + \mu \int_{-\infty}^{\infty} f(x)\mathrm{d}x,$$

其中 $f(x)$ 是正态分布的概率密度函数. 利用对称性，第一个积分必定为 0，所以

$$E[X] = \mu \int_{-\infty}^{\infty} f(x)\mathrm{d}x = \mu.$$ ■

2.4.3　随机变量的函数的期望

假定已知随机变量 X 和它的概率分布（即在离散情形下是它的概率质量函数，在连续情形下是它的概率密度函数）. 假定我们想计算的不是 X 的期望值，而是 X 的某个函数（例如 $g(X)$）的期望值. 应该怎样做呢？方法如下. 因为 $g(X)$ 本身是一个随机变量，所以它必有一个概率分布，这可以从关于 X 的分布的知识算出. 一旦知道了 $g(X)$ 的分布，我们就能根据期望的定义计算 $E[g(X)]$.

例 2.23　假定 X 有如下的概率质量函数：

$$p(0) = 0.2, \quad p(1) = 0.5, \quad p(2) = 0.3.$$

计算 $E[X^2]$.

解　令 $Y = X^2$，因此 Y 是随机变量，它分别以概率

$$p_Y(0) = P\{Y = 0^2\} = 0.2,$$
$$p_Y(1) = P\{Y = 1^2\} = 0.5,$$
$$p_Y(4) = P\{Y = 2^2\} = 0.3$$

取 $0^2, 1^2, 2^2$ 中的一个值. 因此，

$$E[X^2] = E[Y] = 0 \times 0.2 + 1 \times 0.5 + 4 \times 0.3 = 1.7.$$

注意

$$1.7 = E[X^2] \neq (E[X])^2 = 1.21.$$ ■

例 2.24　设 X 在 $(0, 1)$ 上均匀分布，计算 $E[X^3]$.

解 令 $Y = X^3$，我们计算 Y 的分布如下. 对于 $0 \leqslant a \leqslant 1$，

$$F_Y(a) = P\{Y \leqslant a\} = P\{X^3 \leqslant a\} = P\{X \leqslant a^{1/3}\} = a^{1/3},$$

其中最后的等式成立是由于 X 在 $(0,1)$ 上是均匀分布的. 对 $F_Y(a)$ 求微分，我们得到 Y 的密度，即

$$f_Y(a) = \frac{1}{3}a^{-2/3}, \quad 0 \leqslant a \leqslant 1.$$

因此

$$\begin{aligned}
E[X^3] = E[Y] &= \int_{-\infty}^{\infty} a f_Y(a)\mathrm{d}a = \int_0^1 a\frac{1}{3}a^{-2/3}\mathrm{d}a \\
&= \frac{1}{3}\int_0^1 a^{1/3}\mathrm{d}a = \frac{1}{3} \times \frac{3}{4}a^{4/3}\Big|_0^1 = \frac{1}{4}.
\end{aligned}$$ ■

尽管上述常规做法在理论上总能使我们由关于 X 的分布的知识计算出 X 的任意函数的期望，但幸运的是，我们有一个更容易的方法. 下面的命题说明了如何无须确定 $g(X)$ 的分布就能计算它的期望.

命题 2.1 (a) 如果 X 是具有概率质量函数 $p(x)$ 的离散随机变量，那么对于任意实值函数 g 有

$$E[g(X)] = \sum_{x:p(x)>0} g(x)p(x).$$

(b) 如果 X 是具有概率密度函数 $f(x)$ 的连续随机变量，那么对于任意实值函数 g 有

$$E[g(X)] = \int_{-\infty}^{\infty} g(x)f(x)\mathrm{d}x.$$ ■

例 2.25 将命题 2.1 应用于例 2.23，就得到

$$E[X^2] = 0^2 \times 0.2 + 1^2 \times 0.5 + 2^2 \times 0.3 = 1.7.$$

这当然符合例 2.23 中推导出的结果.

将命题 2.1 应用于例 2.24，就得到

$$\begin{aligned}
E[X^3] &= \int_0^1 x^3\mathrm{d}x \quad (\text{由于 } f(x) = 1, \ 0 < x < 1) \\
&= \frac{1}{4}.
\end{aligned}$$ ■

命题 2.1 的一个简单推论如下.

推论 2.2 如果 a 和 b 都是常数，那么

$$E[aX + b] = aE[X] + b.$$

证明 在离散情形下,

$$E[aX + b] = \sum_{x:p(x)>0} (ax + b)p(x)$$

$$= a \sum_{x:p(x)>0} xp(x) + b \sum_{x:p(x)>0} p(x)$$

$$= aE[X] + b.$$

在连续情形下,

$$E[aX + b] = \int_{-\infty}^{\infty} (ax + b)f(x)\mathrm{d}x$$

$$= a \int_{-\infty}^{\infty} xf(x)\mathrm{d}x + b \int_{-\infty}^{\infty} f(x)\mathrm{d}x$$

$$= aE[X] + b.$$ ■

随机变量 X 的期望值 $E[X]$ 也称为**均值**或 X 的**一阶矩**. $E[X^n]$ ($n \geqslant 1$) 称为 X 的 n **阶矩**. 由命题 2.1,我们注意到

$$E[X^n] = \begin{cases} \displaystyle\sum_{x:p(x)>0} x^n p(x), & \text{若 } X \text{ 是离散的,} \\[2mm] \displaystyle\int_{-\infty}^{\infty} x^n f(x)\mathrm{d}x, & \text{若 } X \text{ 是连续的.} \end{cases}$$

我们感兴趣的另一个量是随机变量的**方差**,记为 $\mathrm{Var}(X)$,它定义为

$$\mathrm{Var}(X) = E[(X - E[X])^2].$$

因此,X 的方差度量了 X 与其期望值之间的偏差平方的期望.

例 2.26(**正态随机变量的方差**) 设 X 是参数为 μ 和 σ^2 的正态随机变量,计算 $\mathrm{Var}(X)$.

解 我们记得 $E[X] = \mu$(参见例 2.22),于是有

$$\mathrm{Var}(X) = E[(X - \mu)^2] = \frac{1}{\sqrt{2\pi}\sigma} \int_{-\infty}^{\infty} (x - \mu)^2 \mathrm{e}^{-(x-\mu)^2/2\sigma^2}\mathrm{d}x.$$

用变量 $y = \dfrac{x - \mu}{\sigma}$ 替换得到

$$\mathrm{Var}(X) = \frac{\sigma^2}{\sqrt{2\pi}} \int_{-\infty}^{\infty} y^2 \mathrm{e}^{-y^2/2}\mathrm{d}y.$$

用分部积分法($u = y$, $\mathrm{d}v = y\mathrm{e}^{-y^2/2}\mathrm{d}y$)得到

$$\mathrm{Var}(X) = \frac{\sigma^2}{\sqrt{2\pi}} \left(-y\mathrm{e}^{-y^2/2} \Big|_{-\infty}^{\infty} + \int_{-\infty}^{\infty} \mathrm{e}^{-y^2/2}\mathrm{d}y \right) = \frac{\sigma^2}{\sqrt{2\pi}} \int_{-\infty}^{\infty} \mathrm{e}^{-y^2/2}\mathrm{d}y = \sigma^2.$$

$\mathrm{Var}(X)$ 的另一种推导方法将在例 2.42 中给出. ■

假定 X 是连续的，其密度为 f，并且令 $E[X] = \mu$，那么

$$
\begin{aligned}
\mathrm{Var}(X) &= E[(X-\mu)^2] \\
&= E[X^2 - 2\mu X + \mu^2] \\
&= \int_{-\infty}^{\infty} (x^2 - 2\mu x + \mu^2) f(x) \mathrm{d}x \\
&= \int_{-\infty}^{\infty} x^2 f(x) \mathrm{d}x - 2\mu \int_{-\infty}^{\infty} x f(x) \mathrm{d}x + \mu^2 \int_{-\infty}^{\infty} f(x) \mathrm{d}x \\
&= E[X^2] - 2\mu\mu + \mu^2 \\
&= E[X^2] - \mu^2.
\end{aligned}
$$

类似的证明在离散情形下仍然有效，所以我们得到一个有用的恒等式

$$
\mathrm{Var}(X) = E[X^2] - (E[X])^2.
$$

例 2.27 设 X 是掷一颗均匀骰子的结果，计算 $\mathrm{Var}(X)$.

解 如例 2.15 所示，$E[X] = 7/2$. 此外，

$$
E[X^2] = 1 \times \frac{1}{6} + 2^2 \times \frac{1}{6} + 3^2 \times \frac{1}{6} + 4^2 \times \frac{1}{6} + 5^2 \times \frac{1}{6} + 6^2 \times \frac{1}{6} = 91 \times \frac{1}{6}.
$$

因此

$$
\mathrm{Var}(X) = \frac{91}{6} - \left(\frac{7}{2}\right)^2 = \frac{35}{12}. \qquad \blacksquare
$$

2.5 联合分布的随机变量

2.5.1 联合分布函数

到目前为止，我们关注的都是单个随机变量的概率分布. 然而，我们常常对两个或更多个随机变量的概率感兴趣. 为了处理这样的概率，我们定义任意两个随机变量 X 和 Y 的**联合累积概率分布函数**为

$$
F(a,b) = P\{X \leqslant a, Y \leqslant b\}, \quad -\infty < a, b < \infty.
$$

X 的分布可以由 X 和 Y 的联合分布得到

$$
F_X(a) = P\{X \leqslant a\} = P\{X \leqslant a, Y < \infty\} = F(a, \infty).
$$

类似地，Y 的累积分布函数为

$$
F_Y(b) = P\{Y \leqslant b\} = F(\infty, b).
$$

在 X 和 Y 都是离散随机变量的情形下，可以方便地定义 X 和 Y 的**联合概率质量函数**为

$$p(x,y) = P\{X = x, Y = y\}.$$

X 的概率质量函数可以由 $p(x,y)$ 给出，为

$$p_X(x) = \sum_{y:p(x,y)>0} p(x,y).$$

类似地

$$p_Y(y) = \sum_{x:p(x,y)>0} p(x,y).$$

如果存在一个针对所有实数 x 和 y 定义的函数 $f(x,y)$，对于所有的实数集合 A 和 B 满足

$$P\{X \in A, Y \in B\} = \int_B \int_A f(x,y)\mathrm{d}x\mathrm{d}y,$$

则称 X 和 Y 是**联合连续的**。函数 $f(x,y)$ 称为 X 和 Y 的**联合概率密度函数**。
X 的概率密度函数可以根据 $f(x,y)$ 如下推理得到：

$$P\{X \in A\} = P\{X \in A, Y \in (-\infty, \infty)\} = \int_{-\infty}^{\infty} \int_A f(x,y)\mathrm{d}x\mathrm{d}y = \int_A f_X(x)\mathrm{d}x,$$

其中

$$f_X(x) = \int_{-\infty}^{\infty} f(x,y)\mathrm{d}y$$

就是 X 的概率密度函数。类似地，Y 的概率密度函数为

$$f_Y(y) = \int_{-\infty}^{\infty} f(x,y)\mathrm{d}x.$$

因为对

$$F(a,b) = P(X \leqslant a, Y \leqslant b) = \int_{-\infty}^{a} \int_{-\infty}^{b} f(x,y)\mathrm{d}y\mathrm{d}x$$

求微分得到

$$\frac{\mathrm{d}^2}{\mathrm{d}a\mathrm{d}b} F(a,b) = f(a,b),$$

所以与单变量情形一样，对概率分布函数求微分就得到了概率密度函数。

命题 2.1 的一个变体为，如果 X 和 Y 都是随机变量，而 g 是一个双变量函数，那么

$$E[g(X,Y)] = \begin{cases} \displaystyle\sum_y \sum_x g(x,y)p(x,y), & \text{离散情形,} \\[2mm] \displaystyle\int_{-\infty}^{\infty} \int_{-\infty}^{\infty} g(x,y)f(x,y)\mathrm{d}x\mathrm{d}y, & \text{连续情形.} \end{cases}$$

如果 $g(X, Y) = X + Y$，那么在连续情形下，

$$
\begin{aligned}
E[X+Y] &= \int_{-\infty}^{\infty} \int_{-\infty}^{\infty} (x+y)f(x,y)\mathrm{d}x\mathrm{d}y \\
&= \int_{-\infty}^{\infty} \int_{-\infty}^{\infty} xf(x,y)\mathrm{d}x\mathrm{d}y + \int_{-\infty}^{\infty} \int_{-\infty}^{\infty} yf(x,y)\mathrm{d}x\mathrm{d}y \\
&= E[X] + E[Y],
\end{aligned}
$$

其中第一个积分的计算是通过在命题 2.1 的变体中取 $g(x, y) = x$，第二个积分则取 $g(x, y) = y$.

同样的结果在离散情形下仍然成立. 再结合 2.4.3 节中的推论，对于任意常数 a 和 b，有

$$
E[aX + bY] = aE[X] + bE[Y]. \tag{2.10}
$$

对于 n 个随机变量，也可以用与 $n = 2$ 一样的方式定义其联合概率分布，我们将它作为练习留给读者. 式 (2.10) 对应的结果为，若 $X_1, \cdots, X_n$ 是 n 个随机变量，那么对于 n 个常数 $a_1, \cdots, a_n$ 有

$$
E[a_1 X_1 + a_2 X_2 + \cdots + a_n X_n] = a_1 E[X_1] + a_2 E[X_2] + \cdots + a_n E[X_n]. \tag{2.11}
$$

例 2.28 掷三颗均匀的骰子，计算其期望和.

解 设 X 为得到的点数和. 那么 $X = X_1 + X_2 + X_3$，其中 X_i 表示第 i 颗骰子的点数. 因而

$$
E[X] = E[X_1] + E[X_2] + \mathrm{E}[X_3] = 3 \times \frac{7}{2} = \frac{21}{2}.
$$ ■

例 2.29 作为式 (2.11) 有用性的另一个例子，我们用它来计算参数为 n 和 p 的二项随机变量的期望. 设随机变量 X 为 n 次试验中成功的次数，每次试验成功的概率为 p. 我们有

$$
X = X_1 + X_2 + \cdots + X_n,
$$

其中

$$
X_i = \begin{cases} 1, & \text{如果第 } i \text{ 次试验成功,} \\ 0, & \text{如果第 } i \text{ 次试验失败.} \end{cases}
$$

因此，X_i 是伯努利随机变量，期望为 $E[X_i] = 1(p) + 0(1-p) = p$. 从而

$$
E[X] = E[X_1] + E[X_2] + \cdots + E[X_n] = np.
$$

把这个推导与例 2.17 中的推导进行比较. ■

例 2.30　在一次聚会上，N 个人将帽子扔到房间的中央. 帽子弄混以后，每个人随机取一顶. 求取到自己帽子的人的期望数.

解　设 X 为取到自己帽子的人数. 我们最好通过 $X = X_1 + \cdots + X_N$ 计算 $E[X]$，其中

$$X_i = \begin{cases} 1, & \text{第 } i \text{ 个人取到自己的帽子}, \\ 0, & \text{其他情形}. \end{cases}$$

现在，因为第 i 个人等可能地在 N 顶帽子中取一顶，所以

$$P\{X_i = 1\} = P(\text{第 } i \text{ 个人取到自己的帽子}) = \frac{1}{N},$$

从而

$$E[X_i] = 1P\{X_i = 1\} + 0P\{X_i = 0\} = \frac{1}{N}.$$

由式 (2.11) 可得

$$E[X] = E[X_1] + \cdots + E[X_N] = \frac{1}{N} \times N = 1.$$

因此，无论聚会上有多少人，平均总有一人取到自己的帽子. ∎

例 2.31　假定有 25 种不同类型的奖券，而且每次得到的奖券等可能地是 25 种类型中的一种. 现在有 10 张奖券，计算其中类型数的期望.

解　设 X 为 10 张奖券中的类型数，用如下表达式计算 $E[X]$：

$$X = X_1 + \cdots + X_{25},$$

其中

$$X_i = \begin{cases} 1, & 10 \text{ 张奖券中至少有一张类型 } i \text{ 的奖券}, \\ 0, & \text{其他情形}. \end{cases}$$

现在

$$
\begin{aligned}
E[X_i] &= P\{X_i = 1\} \\
&= P(10 \text{ 张奖券中至少有一张类型 } i \text{ 的奖券}) \\
&= 1 - P(10 \text{ 张奖券中没有类型 } i \text{ 的奖券}) \\
&= 1 - \left(\frac{24}{25}\right)^{10},
\end{aligned}
$$

其中最后的等式得自 10 张奖券的每一张（独立地）以概率 24/25 不属于类型 i. 因此

$$E[X] = E[X_1] + \cdots + E[X_{25}] = 25\left[1 - \left(\frac{24}{25}\right)^{10}\right] \approx 8.38. \quad ∎$$

例 2.32 令 $R_1, \cdots, R_{n+m}$ 是 $1, \cdots, n+m$ 的随机排列. （也就是说，$R_1, \cdots,$ R_{n+m} 等可能地是 $1, \cdots, n+m$ 的 $(n+m)!$ 个排列之一. ）对于给定的 $i \leqslant n$, 设 X 是 $R_1, \cdots, R_n$ 中第 i 小的值. 求 $E[X]$.

解 如果设 N 为 $R_{n+1}, \cdots, R_{n+m}$ 中小于 X 的值的个数，那么 X 是 $R_1, \cdots,$ R_{n+m} 中第 $i + N$ 小的值. 因为 $R_1, \cdots, R_{n+m}$ 由从 1 到 $n+m$ 的所有数组成，所以 $X = i + N$. 从而，

$$E[X] = i + E[N].$$

为了计算 $E[N]$, 在 $k = 1, \cdots, m$ 时，若 $R_{n+k} < X$, 则令 $I_{n+k} = 1$, 否则令 $I_{n+k} = 0$. 利用

$$N = \sum_{k=1}^{m} I_{n+k},$$

可得

$$E[X] = i + \sum_{k=1}^{m} E[I_{n+k}].$$

现在，

$$\begin{aligned} E[I_{n+k}] &= P\{R_{n+k} < X\} \\ &= P\{R_{n+k} < R_1, \cdots, R_n \text{ 中第 } i \text{ 小的值}\} \\ &= P\{R_{n+k} \text{ 是 } R_1, \cdots, R_n, R_{n+k} \text{ 中最小的 } i \text{ 个值之一}\} \\ &= \frac{i}{n+1}, \end{aligned}$$

其中最后的等式得自 R_{n+k} 等可能地为 $R_1, \cdots, R_n, R_{n+k}$ 中最小、第二小……第 $n+1$ 小的值. 因此，

$$E[X] = i + m\frac{i}{n+1}. \qquad \blacksquare$$

2.5.2 独立随机变量

如果对于所有 a, b 有

$$P\{X \leqslant a, Y \leqslant b\} = P\{X \leqslant a\}P\{Y \leqslant b\}, \tag{2.12}$$

则随机变量 X 和 Y 称为独立的. 换句话说，如果对于所有 a, b, 事件 $E_a = \{X \leqslant a\}$ 与 $F_b = \{Y \leqslant b\}$ 独立，则 X 和 Y 是独立的.

利用 X 和 Y 的联合分布函数 F, 我们有，如果

$$F(a, b) = F_X(a)F_Y(b)$$

对于所有 a, b 成立, 则 X 和 Y 是独立的.

当 X 和 Y 是离散的时, 独立的条件简化为

$$p(x, y) = p_X(x) p_Y(y), \tag{2.13}$$

而如果 X 和 Y 是联合连续的, 则独立的条件简化为

$$f(x, y) = f_X(x) f_Y(y). \tag{2.14}$$

为了证明这个论述, 首先考察离散情形, 并假定联合概率质量函数 $p(x, y)$ 满足式 (2.13). 那么

$$
\begin{aligned}
P\{X \leqslant a, Y \leqslant b\} &= \sum_{y \leqslant b} \sum_{x \leqslant a} p(x, y) \\
&= \sum_{y \leqslant b} \sum_{x \leqslant a} p_X(x) p_Y(y) \\
&= \sum_{y \leqslant b} p_Y(y) \sum_{x \leqslant a} p_X(x) \\
&= P\{Y \leqslant b\} P\{X \leqslant a\},
\end{aligned}
$$

所以 X 和 Y 是独立的. 由式 (2.14) 推出连续情形的独立性可用同样的方式证明, 现将它留给读者作为练习.

关于独立性, 有如下重要结果.

命题 2.3　若 X 和 Y 是独立的, 那么对于任意函数 g 和 h,

$$E[g(X)h(Y)] = E[g(X)]E[h(Y)].$$

证明　假定 X 和 Y 是联合连续的, 那么

$$
\begin{aligned}
E[g(X)h(Y)] &= \int_{-\infty}^{\infty} \int_{-\infty}^{\infty} g(x)h(y) f(x, y) \mathrm{d}x \mathrm{d}y \\
&= \int_{-\infty}^{\infty} \int_{-\infty}^{\infty} g(x)h(y) f_X(x) f_Y(y) \mathrm{d}x \mathrm{d}y \\
&= \int_{-\infty}^{\infty} h(y) f_Y(y) \mathrm{d}y \int_{-\infty}^{\infty} g(x) f_X(x) \mathrm{d}x \\
&= E[h(Y)]E[g(X)].
\end{aligned}
$$

离散情形下的证明与之类似.　　　　　　　　　　　　　　　　　　　　　　■

2.5.3　协方差与随机变量和的方差

任意两个随机变量 X 与 Y 的协方差记为 $\mathrm{Cov}(X, Y)$, 定义为

$$
\begin{aligned}
\mathrm{Cov}(X, Y) &= E[(X - E[X])(Y - E[Y])] \\
&= E[XY - YE[X] - XE[Y] + E[X]E[Y]]
\end{aligned}
$$

$$= E[XY] - E[Y]E[X] - E[X]E[Y] + E[X]E[Y]$$
$$= E[XY] - E[X]E[Y].$$

注意，若 X 与 Y 独立，则由命题 2.3 推出 $\text{Cov}(X, Y) = 0$.

现在让我们考虑特殊情形，X 与 Y 分别是事件 A 与 B 是否发生的指示变量，定义

$$X = \begin{cases} 1, & \text{若 } A \text{ 发生,} \\ 0, & \text{其他情形,} \end{cases} \qquad Y = \begin{cases} 1, & \text{若 } B \text{ 发生,} \\ 0, & \text{其他情形,} \end{cases}$$

那么

$$\text{Cov}(X, Y) = E[XY] - E[X]E[Y].$$

此外，因为只有当 X 与 Y 都等于 1 时，XY 才等于 1，否则 XY 等于 0，所以

$$\text{Cov}(X, Y) = P\{X = 1, Y = 1\} - P\{X = 1\}P\{Y = 1\}.$$

由此可得

$$\text{Cov}(X, Y) > 0 \iff P\{X = 1, Y = 1\} > P\{X = 1\}P\{Y = 1\}$$
$$\iff \frac{P\{X = 1, Y = 1\}}{P\{X = 1\}} > P\{Y = 1\}$$
$$\iff P\{Y = 1 | X = 1\} > P\{Y = 1\}.$$

也就是说，如果结果 $X = 1$ 使 $Y = 1$ 更可能发生，则 X 和 Y 的协方差为正（由对称性容易看出反过来也成立）.

一般地，可以证明 $\text{Cov}(X, Y)$ 取正值表明在 X 增大时，Y 倾向于增大，而负值表明在 X 增大时，Y 倾向于减小.

例 2.33 X, Y 的联合密度函数是

$$f(x, y) = \frac{1}{y}e^{-(y+x/y)}, \quad 0 < x, y < \infty.$$

(a) 验证上述函数是联合密度函数.

(b) 计算 $\text{Cov}(X, Y)$.

解 为了证明 $f(x, y)$ 是联合密度函数，我们必须证明它是非负的（这是显然的），而且 $\int_{-\infty}^{\infty} \int_{-\infty}^{\infty} f(x, y)\mathrm{d}y\mathrm{d}x = 1$. 后者的证明如下：

$$\int_{-\infty}^{\infty} \int_{-\infty}^{\infty} f(x, y)\mathrm{d}y\mathrm{d}x = \int_{0}^{\infty} \int_{0}^{\infty} \frac{1}{y}e^{-(y+x/y)}\mathrm{d}y\mathrm{d}x$$
$$= \int_{0}^{\infty} e^{-y} \int_{0}^{\infty} \frac{1}{y}e^{-x/y}\mathrm{d}x\mathrm{d}y$$

$$= \int_0^\infty \mathrm{e}^{-y}\mathrm{d}y$$
$$= 1.$$

为了计算 $\mathrm{Cov}(X,Y)$, 注意到 Y 的密度函数是

$$f_Y(y) = \mathrm{e}^{-y}\int_0^\infty \frac{1}{y}\mathrm{e}^{-x/y}\mathrm{d}x = \mathrm{e}^{-y}.$$

因此, Y 是参数为 1 的指数随机变量, 从而 (见例 2.21)

$$E[Y] = 1.$$

$E[X]$ 和 $E[XY]$ 的计算如下.

$$E[X] = \int_{-\infty}^\infty \int_{-\infty}^\infty xf(x,y)\mathrm{d}y\mathrm{d}x = \int_0^\infty \mathrm{e}^{-y}\int_0^\infty \frac{x}{y}\mathrm{e}^{-x/y}\mathrm{d}x\mathrm{d}y.$$

因为 $\int_0^\infty \dfrac{x}{y}\mathrm{e}^{-x/y}\mathrm{d}x$ 是参数为 $1/y$ 的指数随机变量的期望值, 所以它等于 y. 从而有

$$E[X] = \int_0^\infty y\mathrm{e}^{-y}\mathrm{d}y = 1.$$
$$E[XY] = \int_{-\infty}^\infty \int_{-\infty}^\infty xyf(x,y)\mathrm{d}y\mathrm{d}x$$
$$= \int_0^\infty y\mathrm{e}^{-y}\int_0^\infty \frac{x}{y}\mathrm{e}^{-x/y}\mathrm{d}x\mathrm{d}y$$
$$= \int_0^\infty y^2\mathrm{e}^{-y}\mathrm{d}y.$$

用分部积分法 ($\mathrm{d}v = \mathrm{e}^{-y}\mathrm{d}y$, $u = y^2$) 得到

$$E[XY] = \int_0^\infty y^2\mathrm{e}^{-y}\mathrm{d}y = -y^2\mathrm{e}^{-y}\Big|_0^\infty + \int_0^\infty 2y\mathrm{e}^{-y}\mathrm{d}y = 2E[Y] = 2.$$

因此,

$$\mathrm{Cov}(X,Y) = E[XY] - E[X]E[Y] = 1.$$ ■

以下是协方差的一些重要性质.

协方差的性质

对于任意随机变量 X,Y,Z 和常数 c,

(1) $\mathrm{Cov}(X,X) = \mathrm{Var}(X)$,

(2) $\mathrm{Cov}(X,Y) = \mathrm{Cov}(Y,X)$,

(3) $\mathrm{Cov}(cX,Y) = c\,\mathrm{Cov}(X,Y)$,

(4) $\mathrm{Cov}(X,Y+Z) = \mathrm{Cov}(X,Y) + \mathrm{Cov}(X,Z)$.

前三个性质是显然的，最后一个容易证明，方法如下：

$$\begin{aligned}
\text{Cov}(X, Y + Z) &= E[X(Y + Z)] - E[X]E[Y + Z] \\
&= E[XY] - E[X]E[Y] + E[XZ] - E[X]E[Z] \\
&= \text{Cov}(X, Y) + \text{Cov}(X, Z).
\end{aligned}$$

将第四个性质推广可以得出如下结果：

$$\text{Cov}\left(\sum_{i=1}^{n} X_i, \sum_{j=1}^{m} Y_j\right) = \sum_{i=1}^{n} \sum_{j=1}^{m} \text{Cov}(X_i, Y_j). \tag{2.15}$$

可由式 (2.15) 得到随机变量和的方差的一个有用的表达式：

$$\begin{aligned}
\text{Var}\left(\sum_{i=1}^{n} X_i\right) &= \text{Cov}\left(\sum_{i=1}^{n} X_i, \sum_{j=1}^{n} X_j\right) \\
&= \sum_{i=1}^{n} \sum_{j=1}^{n} \text{Cov}(X_i, X_j) \\
&= \sum_{i=1}^{n} \text{Cov}(X_i, X_i) + \sum_{i=1}^{n} \sum_{j \neq i} \text{Cov}(X_i, X_j) \\
&= \sum_{i=1}^{n} \text{Var}(X_i) + 2 \sum_{i=1}^{n} \sum_{j < i} \text{Cov}(X_i, X_j).
\end{aligned} \tag{2.16}$$

如果 X_i（$i = 1, \cdots, n$）是独立随机变量，那么式 (2.16) 可化简为

$$\text{Var}\left(\sum_{i=1}^{n} X_i\right) = \sum_{i=1}^{n} \text{Var}(X_i).$$

定义 2.1 若 $X_1, \cdots, X_n$ 是独立同分布的，则随机变量 $\overline{X} = \sum_{i=1}^{n} X_i / n$ 称为**样本均值**.

下面的命题说明样本均值与样本均值偏差的协方差是 0. 它在 2.6.1 节中会用到.

命题 2.4 假定 $X_1, \cdots, X_n$ 是独立同分布的，具有期望值 μ 与方差 σ^2，那么

(a) $E[\overline{X}] = \mu$,

(b) $\text{Var}(\overline{X}) = \sigma^2/n$,

(c) $\text{Cov}(\overline{X}, X_i - \overline{X}) = 0, \ i = 1, \cdots, n$.

证明 (a) 和 (b) 容易证明，方法如下：

$$E[\overline{X}] = \frac{1}{n} \sum_{i=1}^{n} E[X_i] = \mu,$$

$$\text{Var}(\overline{X}) = \left(\frac{1}{n}\right)^2 \text{Var}\left(\sum_{i=1}^{n} X_i\right) = \left(\frac{1}{n}\right)^2 \sum_{i=1}^{n} \text{Var}(X_i) = \frac{\sigma^2}{n}.$$

为证明 (c)，我们进行如下推理：

$$\begin{aligned}
\text{Cov}(\overline{X}, X_i - \overline{X}) &= \text{Cov}(\overline{X}, X_i) - \text{Cov}(\overline{X}, \overline{X}) \\
&= \frac{1}{n}\text{Cov}\left(X_i + \sum_{j \neq i} X_j, X_i\right) - \text{Var}(\overline{X}) \\
&= \frac{1}{n}\text{Cov}(X_i, X_i) + \frac{1}{n}\text{Cov}\left(\sum_{j \neq i} X_j, X_i\right) - \frac{\sigma^2}{n} \\
&= \frac{\sigma^2}{n} - \frac{\sigma^2}{n} = 0,
\end{aligned}$$

其中倒数第二个等式用到了 X_i 与 $\sum_{j \neq i} X_j$ 是独立的，因而协方差为 0. ■

式 (2.16) 在计算方差时常常很有用.

例 2.34（二项随机变量的方差）　计算参数为 n 和 p 的二项随机变量 X 的方差.

解　因为这样的随机变量表示在 n 次独立试验中成功的次数，其中每次试验成功的概率都是 p，所以可以写出

$$X = X_1 + \cdots + X_n,$$

其中 X_i 是独立的伯努利随机变量，即

$$X_i = \begin{cases} 1, & \text{如果第 } i \text{ 次试验成功}, \\ 0, & \text{其他情形}. \end{cases}$$

因此，由式 (2.16) 可得

$$\text{Var}(X) = \text{Var}(X_1) + \cdots + \text{Var}(X_n).$$

然而

$$\begin{aligned}
\text{Var}(X_i) &= E[X_i^2] - (E[X_i])^2 \\
&= E[X_i] - (E[X_i])^2 \quad (\text{因为 } X_i^2 = X_i) \\
&= p - p^2,
\end{aligned}$$

故有

$$\text{Var}(X) = np(1 - p). \qquad ■$$

例 2.35（从有限总体中抽样：超几何分布）　考虑一个包含 N 个人的总体，其中一些人赞同某个提议. 特别假定总体中的 Np 个人赞同，而 $N - Np$ 个人反

对, 这里假定 p 未知. 我们关心的是通过随机选取总体中的 n 个人员并确定他们的态度, 来估计总体中赞同这个提议的人员所占的比例 p.

在上述情形下, 通常用样本中赞同提议的人员所占的比例作为 p 的估计量. 因此, 如果我们记

$$
X_i = \begin{cases} 1, & \text{如果第 } i \text{ 个选到的人赞同,} \\ 0, & \text{其他情形,} \end{cases}
$$

那么 p 通常的估计量是 $\sum_{i=1}^{n} X_i / n$. 现在计算它的均值与方差.

$$
E\left[\sum_{i=1}^{n} X_i\right] = \sum_{i=1}^{n} E[X_i] = np,
$$

其中最后一个等式成立是由于第 i 个被选中的人等可能地为总体 N 个人中的任意一个, 因而这个人赞同提议的概率为 Np/N.

$$
\operatorname{Var}\left(\sum_{i=1}^{n} X_i\right) = \sum_{i=1}^{n} \operatorname{Var}(X_i) + 2\sum_{i<j} \operatorname{Cov}(X_i, X_j).
$$

现在, 因为 X_i 是均值为 p 的伯努利随机变量, 所以

$$
\operatorname{Var}(X_i) = p(1-p).
$$

同样, 对于 $i \neq j$,

$$
\begin{aligned}
\operatorname{Cov}(X_i, X_j) &= E[X_i X_j] - E[X_i]E[X_j] \\
&= P\{X_i = 1, X_j = 1\} - p^2 \\
&= P\{X_i = 1\}P\{X_j = 1 | X_i = 1\} - p^2 \\
&= \frac{Np}{N} \frac{(Np-1)}{N-1} - p^2,
\end{aligned}
$$

其中最后的等式成立是由于如果第 i 个被选中的人赞同提议, 那么第 j 个被选中的人等可能地是其他 $N-1$ 个人中的任意一个, 而这 $N-1$ 个人中有 $Np-1$ 个人赞同提议. 因此, 我们得到

$$
\begin{aligned}
\operatorname{Var}\left(\sum_{i=1}^{n} X_i\right) &= np(1-p) + 2\binom{n}{2}\left[\frac{p(Np-1)}{N-1} - p^2\right] \\
&= np(1-p) - \frac{n(n-1)p(1-p)}{N-1},
\end{aligned}
$$

所以, 估计量的均值和方差为

$$
E\left[\sum_{i=1}^{n} \frac{X_i}{n}\right] = p,
$$

$$\mathrm{Var}\left[\sum_{i=1}^{n}\frac{X_i}{n}\right]=\frac{p(1-p)}{n}-\frac{(n-1)p(1-p)}{n(N-1)}.$$

注意，因为估计量的均值是未知参数 p，所以我们希望它的方差尽可能小.（这是为什么？）而且由前面我们知道，作为总体大小 N 的函数，方差随 N 的增大而增大. 当 $N\to\infty$ 时，方差的极限值是 $p(1-p)/n$. 这并不令人惊讶，因为当 N 很大时，每一个 X_i 将近似地是独立随机变量，所以 $\sum_{i=1}^{n}X_i$ 近似地服从参数为 n 和 p 的二项分布.

可以将随机变量 $\sum_{i=1}^{n}X_i$ 看作从含有 Np 个白球和 $N-Np$ 个黑球的总体中随机选取 n 个球所得的白球数.（将赞同提议的人标识为白球，将反对提议的人标识为黑球.）称这样的随机变量服从**超几何分布**，其概率质量函数为

$$P\left\{\sum_{i=1}^{n}X_i=k\right\}=\frac{\binom{Np}{k}\binom{N-Np}{n-k}}{\binom{N}{n}}. \qquad\blacksquare$$

当随机变量 X 和 Y 独立时，能根据 X 和 Y 的分布计算出 $X+Y$ 的分布很重要. 首先假定 X 和 Y 都是连续的，X 的概率密度为 f，Y 的概率密度为 g. 令 $X+Y$ 的累积分布函数为 $F_{X+Y}(a)$，我们有

$$
\begin{aligned}
F_{X+Y}(a)&=P\{X+Y\leqslant a\}\\
&=\iint_{x+y\leqslant a}f(x)g(y)\mathrm{d}x\mathrm{d}y\\
&=\int_{-\infty}^{\infty}\int_{-\infty}^{a-y}f(x)g(y)\mathrm{d}x\mathrm{d}y\\
&=\int_{-\infty}^{\infty}\left(\int_{-\infty}^{a-y}f(x)\mathrm{d}x\right)g(y)\mathrm{d}y\\
&=\int_{-\infty}^{\infty}F_X(a-y)g(y)\mathrm{d}y.
\end{aligned}
\tag{2.17}
$$

累积分布函数 F_{X+Y} 称为分布 F_X 和 F_Y（分别是 X 和 Y 的累积分布函数）的**卷积**.

对式 (2.17) 求微分，我们得到 $X+Y$ 的概率密度函数 $f_{X+Y}(a)$ 为

$$
\begin{aligned}
f_{X+Y}(a)&=\frac{\mathrm{d}}{\mathrm{d}a}\int_{-\infty}^{\infty}F_X(a-y)g(y)\mathrm{d}y\\
&=\int_{-\infty}^{\infty}\frac{\mathrm{d}}{\mathrm{d}a}(F_X(a-y))g(y)\mathrm{d}y\\
&=\int_{-\infty}^{\infty}f(a-y)g(y)\mathrm{d}y.
\end{aligned}
\tag{2.18}
$$

例 2.36（两个独立的均匀随机变量的和）　如果 X 和 Y 是独立的随机变量，都在 $(0,1)$ 上均匀分布，计算 $X+Y$ 的概率密度.

解　因为

$$f(a) = g(a) = \begin{cases} 1, & 0 < a < 1, \\ 0, & \text{其他}, \end{cases}$$

所以由式 (2.18) 得到

$$f_{X+Y}(a) = \int_0^1 f(a-y)\mathrm{d}y.$$

由此导出，对于 $0 \leqslant a \leqslant 1$，

$$f_{X+Y}(a) = \int_0^a \mathrm{d}y = a.$$

对于 $1 < a < 2$，我们得到

$$f_{X+Y}(a) = \int_{a-1}^1 \mathrm{d}y = 2 - a.$$

因此

$$f_{X+Y}(a) = \begin{cases} a, & 0 \leqslant a \leqslant 1, \\ 2-a, & 1 < a < 2, \\ 0, & \text{其他}. \end{cases} \quad \blacksquare$$

我们不继续推导在离散情形下 $X+Y$ 的分布的一般表达式，而是考察一个例子.

例 2.37（独立泊松随机变量的和）　如果 X 和 Y 是独立的泊松随机变量，均值分别为 λ_1 和 λ_2，求 $X+Y$ 的分布.

解　因为事件 $\{X+Y=n\}$ 可以写成互不相容事件 $\{X=k, Y=n-k\}$（$0 \leqslant k \leqslant n$）的并，所以有

$$\begin{aligned} P\{X+Y=n\} &= \sum_{k=0}^n P\{X=k, Y=n-k\} \\ &= \sum_{k=0}^n P\{X=k\}P\{Y=n-k\} \\ &= \sum_{k=0}^n \mathrm{e}^{-\lambda_1}\frac{\lambda_1^k}{k!}\mathrm{e}^{-\lambda_2}\frac{\lambda_2^{n-k}}{(n-k)!} \\ &= \mathrm{e}^{-(\lambda_1+\lambda_2)}\sum_{k=0}^n \frac{\lambda_1^k\lambda_2^{n-k}}{k!(n-k)!} \end{aligned}$$

$$= \frac{\mathrm{e}^{-(\lambda_1 + \lambda_2)}}{n!} \sum_{k=0}^{n} \frac{n!}{k!(n-k)!} \lambda_1^k \lambda_2^{n-k}$$

$$= \frac{\mathrm{e}^{-(\lambda_1 + \lambda_2)}}{n!} (\lambda_1 + \lambda_2)^n.$$

用文字描述就是, $X + Y$ 服从均值为 $\lambda_1 + \lambda_2$ 的泊松分布. ■

当然, 独立性的概念可以推广到多于两个随机变量的情况. 一般地, 如果对于所有的值 $a_1, a_2, \cdots, a_n$ 有

$$P\{X_1 \leqslant a_1, X_2 \leqslant a_2, \cdots, X_n \leqslant a_n\} = P\{X_1 \leqslant a_1\} P\{X_2 \leqslant a_2\} \cdots P\{X_n \leqslant a_n\},$$

那么 n 个随机变量 $X_1, X_2, \cdots, X_n$ 称为独立的.

例 2.38 令 $X_1, \cdots, X_n$ 是独立同分布的连续随机变量, 具有概率分布 F 和密度函数 $F' = f$. 如果设 $X_{(i)}$ 为这些随机变量中第 i 小的值, 那么 $X_{(1)}, X_{(2)}, \cdots, X_{(n)}$ 称为**次序统计量**. 为了得到 $X_{(i)}$ 的分布, 我们注意 $X_{(i)}$ 小于或等于 x, 当且仅当这 n 个随机变量 $X_1, \cdots, X_n$ 中至少有 i 个小于或等于 x. 因此,

$$P\{X_{(i)} \leqslant x\} = \sum_{k=i}^{n} \binom{n}{k} (F(x))^k (1 - F(x))^{n-k}.$$

微分可得 $X_{(i)}$ 的密度函数:

$$\begin{aligned}
f_{X_{(i)}}(x) &= f(x) \sum_{k=i}^{n} \binom{n}{k} k (F(x))^{k-1} (1 - F(x))^{n-k} \\
&\quad - f(x) \sum_{k=i}^{n} \binom{n}{k} (n-k) (F(x))^k (1 - F(x))^{n-k-1} \\
&= f(x) \sum_{k=i}^{n} \frac{n!}{(n-k)!(k-1)!} (F(x))^{k-1} (1 - F(x))^{n-k} \\
&\quad - f(x) \sum_{k=i}^{n-1} \frac{n!}{(n-k-1)!k!} (F(x))^k (1 - F(x))^{n-k-1} \\
&= f(x) \sum_{k=i}^{n} \frac{n!}{(n-k)!(k-1)!} (F(x))^{k-1} (1 - F(x))^{n-k} \\
&\quad - f(x) \sum_{j=i+1}^{n} \frac{n!}{(n-j)!(j-1)!} (F(x))^{j-1} (1 - F(x))^{n-j} \\
&= \frac{n!}{(n-i)!(i-1)!} f(x) (F(x))^{i-1} (1 - F(x))^{n-i}.
\end{aligned}$$

上面的密度十分直观, 因为为了使 $X_{(i)}$ 等于 x, $X_1, \cdots, X_n$ 这 n 个值中有 $i-1$ 个必须小于 x, 有 $n-i$ 个必须大于 x, 而且有一个必须等于 x. 现在, 指定 X_j 的 $i-1$ 个成员都小于 x, 另外的 $n-i$ 个成员都大于 x, 而余下的那个值等于 x, 则

其概率密度是 $(F(x))^{i-1}(1 - F(x))^{n-i}f(x)$. 于是, 由于将 n 个随机变量划分成这样三组的方法有 $n!/[(i-1)!(n-i)!]$ 种, 因此我们就得到了上面的密度函数. ■

2.5.4 随机变量的函数的联合概率分布

令 X_1 和 X_2 是联合连续的随机变量, 具有联合概率密度函数 $f(x_1, x_2)$. 随机变量 Y_1 和 Y_2 是 X_1 和 X_2 的函数, 有时需要得到 Y_1 和 Y_2 的联合分布. 特别地, 假定对于某些函数 g_1 和 g_2, 有 $Y_1 = g_1(X_1, X_2)$ 和 $Y_2 = g_2(X_1, X_2)$.

假定函数 g_1 和 g_2 满足下列条件:

(1) 由方程 $y_1 = g_1(x_1, x_2)$ 和 $y_2 = g_2(x_1, x_2)$ 可以唯一地解出 x_1 和 x_2, 以 y_1 和 y_2 为变量, 解可以表示为 $x_1 = h_1(y_1, y_2)$ 和 $x_2 = h_2(y_1, y_2)$;

(2) 函数 g_1 和 g_2 在所有的点 (x_1, x_2) 上都有连续的偏导数, 而且使得下面的 2×2 行列式在所有的点 (x_1, x_2) 上都有

$$J(x_1, x_2) = \begin{vmatrix} \dfrac{\partial g_1}{\partial x_1} & \dfrac{\partial g_1}{\partial x_2} \\ \dfrac{\partial g_2}{\partial x_1} & \dfrac{\partial g_2}{\partial x_2} \end{vmatrix} = \frac{\partial g_1}{\partial x_1}\frac{\partial g_2}{\partial x_2} - \frac{\partial g_1}{\partial x_2}\frac{\partial g_2}{\partial x_1} \neq 0.$$

在这两个条件下, 可以证明随机变量 Y_1 和 Y_2 是联合连续的, 联合密度函数为

$$f_{Y_1, Y_2}(y_1, y_2) = f_{X_1, X_2}(x_1, x_2)|J(x_1, x_2)|^{-1}, \tag{2.19}$$

其中 $x_1 = h_1(y_1, y_2)$, $x_2 = h_2(y_1, y_2)$.

式 (2.19) 的证明如下:

$$P\{Y_1 \leqslant y_1, Y_2 \leqslant y_2\} = \iint\limits_{\substack{(x_1, x_2): \\ g_1(x_1,x_2) \leqslant y_1 \\ g_2(x_1,x_2) \leqslant y_2}} f_{X_1, X_2}(x_1, x_2)\mathrm{d}x_1\mathrm{d}x_2. \tag{2.20}$$

联合密度函数现在可以由式 (2.20) 对 y_1 和 y_2 求微分得到. 微分的结果等于式 (2.19) 中等号右边的部分. 这是高等微积分的一个练习, 本书不会给出其证明.

例 2.39 如果 X 和 Y 是独立的伽马随机变量, 分别具有参数 α, λ 和 β, λ. 计算 $U = X + Y$ 和 $V = X/(X + Y)$ 的联合密度.

解 X 和 Y 的联合密度为

$$f_{X,Y}(x, y) = \frac{\lambda \mathrm{e}^{-\lambda x}(\lambda x)^{\alpha-1}}{\Gamma(\alpha)} \cdot \frac{\lambda \mathrm{e}^{-\lambda y}(\lambda y)^{\beta-1}}{\Gamma(\beta)} = \frac{\lambda^{\alpha+\beta}}{\Gamma(\alpha)\Gamma(\beta)} \mathrm{e}^{-\lambda(x+y)} x^{\alpha-1} y^{\beta-1}.$$

现在, 如果 $g_1(x, y) = x + y$, $g_2(x, y) = x/(x + y)$, 那么

$$\frac{\partial g_1}{\partial x} = \frac{\partial g_1}{\partial y} = 1, \qquad \frac{\partial g_2}{\partial x} = \frac{y}{(x+y)^2}, \qquad \frac{\partial g_2}{\partial y} = -\frac{x}{(x+y)^2}.$$

因此，

$$J(x,y) = \begin{vmatrix} 1 & 1 \\ \dfrac{y}{(x+y)^2} & \dfrac{-x}{(x+y)^2} \end{vmatrix} = -\frac{1}{x+y}.$$

最后，因为方程 $u = x+y$ 和 $v = x/(x+y)$ 的解为 $x = uv$，$y = u(1-v)$，所以

$$f_{U,V}(u,v) = f_{X,Y}[uv, u(1-v)]u = \frac{\lambda \mathrm{e}^{-\lambda u}(\lambda u)^{\alpha+\beta-1}}{\Gamma(\alpha+\beta)} \cdot \frac{v^{\alpha-1}(1-v)^{\beta-1}\Gamma(\alpha+\beta)}{\Gamma(\alpha)\Gamma(\beta)}.$$

因此，$X+Y$ 和 $X/(X+Y)$ 是独立的，其中 $X+Y$ 服从参数为 $\alpha+\beta$ 和 λ 的伽马分布，而 $X/(X+Y)$ 有密度函数

$$f_V(v) = \frac{\Gamma(\alpha+\beta)}{\Gamma(\alpha)\Gamma(\beta)}v^{\alpha-1}(1-v)^{\beta-1}, \quad 0 < v < 1.$$

这称为以 α 和 β 为参数的贝塔密度.

这个结果很有趣. 假定有 $n+m$ 个工作需要完成，每个工作（独立地）需要花费以 λ 为强度的指数时间. 又假定让两个工人来完成这些工作. 工人甲做工作 $1, 2, \cdots, n$，工人乙做其余的 m 个工作. 如果设 X 和 Y 分别为工人甲和工人乙的总工作时间，那么用前面的结果可以推出 X 和 Y 分别是参数为 (n,λ) 和 (m,λ) 的独立的伽马随机变量. 于是，独立于完成所有 $n+m$ 个工作所需的时间（即 $X+Y$），工人甲的工作时间所占的比例服从参数为 (n,m) 的贝塔分布. ∎

当 n 个随机变量 $X_1, X_2, \cdots, X_n$ 的联合密度函数已知时，我们想计算 Y_1, $Y_2, \cdots, Y_n$ 的联合密度函数，其中

$$Y_1 = g_1(X_1, \cdots, X_n), \quad Y_2 = g_2(X_1, \cdots, X_n), \quad \cdots, \quad Y_n = g_n(X_1, \cdots, X_n).$$

方法是一样的，即假定函数 g_i 有连续的偏导数，而且在所有点 $(x_1, \cdots, x_n)$ 上的雅可比行列式 $J(x_1, \cdots, x_n) \neq 0$，其中

$$J(x_1, \cdots, x_n) = \begin{vmatrix} \dfrac{\partial g_1}{\partial x_1} & \dfrac{\partial g_1}{\partial x_2} & \cdots & \dfrac{\partial g_1}{\partial x_n} \\ \dfrac{\partial g_2}{\partial x_1} & \dfrac{\partial g_2}{\partial x_2} & \cdots & \dfrac{\partial g_2}{\partial x_n} \\ \vdots & \vdots & \ddots & \vdots \\ \dfrac{\partial g_n}{\partial x_1} & \dfrac{\partial g_n}{\partial x_2} & \cdots & \dfrac{\partial g_n}{\partial x_n} \end{vmatrix}.$$

此外，假定方程组 $y_1 = g_1(x_1, \cdots, x_n), y_2 = g_2(x_1, \cdots, x_n), \cdots, y_n = g_n(x_1, \cdots, x_n)$ 有唯一的解，比如，$x_1 = h_1(y_1, \cdots, y_n), \cdots, x_n = h_n(y_1, \cdots, y_n)$. 那么，随机变量 Y_i 的联合密度函数为

$$f_{Y_1, \cdots, Y_n}(y_1, \cdots, y_n) = f_{X_1, \cdots, X_n}(x_1, \cdots, x_n)|J(x_1, \cdots, x_n)|^{-1},$$

其中 $x_i = h_i(y_1, \cdots, y_n)$，$i = 1, 2, \cdots, n$.

2.6 矩母函数

随机变量 X 的**矩母函数** $\phi(t)$ 对于所有值 t 定义为

$$\phi(t) = E[\mathrm{e}^{tX}] = \begin{cases} \displaystyle\sum_x \mathrm{e}^{tx} p(x), & \text{若 } X \text{ 离散}, \\ \displaystyle\int_{-\infty}^{\infty} \mathrm{e}^{tx} f(x)\mathrm{d}x, & \text{若 } X \text{ 连续}. \end{cases}$$

我们称 $\phi(t)$ 为矩母函数, 因为 X 所有的矩都能由 $\phi(t)$ 相继地求微分得到. 例如,

$$\phi'(t) = \frac{\mathrm{d}}{\mathrm{d}t} E[\mathrm{e}^{tX}] = E\left[\frac{\mathrm{d}}{\mathrm{d}t}(\mathrm{e}^{tX})\right] = E[X\mathrm{e}^{tX}].$$

因此有

$$\phi'(0) = E[X].$$

类似地有

$$\phi''(t) = \frac{\mathrm{d}}{\mathrm{d}t}\phi'(t) = \frac{\mathrm{d}}{\mathrm{d}t}E[X\mathrm{e}^{tX}] = E\left[\frac{\mathrm{d}}{\mathrm{d}t}(X\mathrm{e}^{tX})\right] = E[X^2\mathrm{e}^{tX}],$$

所以

$$\phi''(0) = E[X^2].$$

一般地, $\phi(t)$ 的 n 阶导数在 $t = 0$ 时等于 $E[X^n]$, 也就是说,

$$\phi^{(n)}(0) = E[X^n], \quad n \geqslant 1.$$

我们现在计算一些常见分布的 $\phi(t)$.

例 2.40（参数为 n 和 p 的二项分布）

$$\begin{aligned} \phi(t) &= E[\mathrm{e}^{tX}] \\ &= \sum_{k=0}^{n} \mathrm{e}^{tk} \binom{n}{k} p^k (1-p)^{n-k} \\ &= \sum_{k=0}^{n} \binom{n}{k} (p\mathrm{e}^t)^k (1-p)^{n-k} \\ &= (p\mathrm{e}^t + 1 - p)^n, \end{aligned}$$

因此

$$\phi'(t) = n(p\mathrm{e}^t + 1 - p)^{n-1} p\mathrm{e}^t,$$

所以

$$E[X] = \phi'(0) = np.$$

这就验证了例 2.17 所得的结果. 求二阶导数, 得到

$$\phi''(t) = n(n-1)(p\mathrm{e}^t + 1 - p)^{n-2}(p\mathrm{e}^t)^2 + n(p\mathrm{e}^t + 1 - p)^{n-1} p\mathrm{e}^t,$$

所以
$$E[X^2] = \phi''(0) = n(n-1)p^2 + np.$$

因此，X 的方差为
$$\mathrm{Var}(X) = E[X^2] - (E[X])^2 = n(n-1)p^2 + np - n^2p^2 = np(1-p). \qquad \blacksquare$$

例 2.41（均值为 λ 的泊松分布）
$$\phi(t) = E[\mathrm{e}^{tX}] = \sum_{n=0}^{\infty} \frac{\mathrm{e}^{tn}\mathrm{e}^{-\lambda}\lambda^n}{n!} = \mathrm{e}^{-\lambda}\sum_{n=0}^{\infty} \frac{(\lambda\mathrm{e}^t)^n}{n!} = \mathrm{e}^{-\lambda}\mathrm{e}^{\lambda\mathrm{e}^t} = \exp\{\lambda(\mathrm{e}^t - 1)\},$$

对上式求微分得到
$$\phi'(t) = \lambda\mathrm{e}^t \exp\{\lambda(\mathrm{e}^t - 1)\},$$
$$\phi''(t) = (\lambda\mathrm{e}^t)^2 \exp\{\lambda(\mathrm{e}^t - 1)\} + \lambda\mathrm{e}^t \exp\{\lambda(\mathrm{e}^t - 1)\}.$$

所以
$$E[X] = \phi'(0) = \lambda,$$
$$E[X^2] = \phi''(0) = \lambda^2 + \lambda,$$
$$\mathrm{Var}(X) = E[X^2] - (E[X])^2 = \lambda.$$

因此，泊松分布的均值和方差都是 λ.　　　　　　　　　　　　　　　　　　　$\blacksquare$

例 2.42（参数为 λ 的指数分布）
$$\phi(t) = E[\mathrm{e}^{tX}] = \int_0^{\infty} \mathrm{e}^{tx}\lambda\mathrm{e}^{-\lambda x}\mathrm{d}x = \lambda\int_0^{\infty} \mathrm{e}^{-(\lambda-t)x}\mathrm{d}x = \frac{\lambda}{\lambda-t}, \quad \text{对于 } t < \lambda.$$

从上面的推导我们注意到，对于指数分布，$\phi(t)$ 只对小于 λ 的 t 值有定义. 对 $\phi(t)$ 求微分得到
$$\phi'(t) = \frac{\lambda}{(\lambda-t)^2}, \quad \phi''(t) = \frac{2\lambda}{(\lambda-t)^3}.$$

因此
$$E[X] = \phi'(0) = \frac{1}{\lambda}, \quad E[X^2] = \phi''(0) = \frac{2}{\lambda^2}.$$

于是 X 的方差为
$$\mathrm{Var}(X) = E[X^2] - (E[X])^2 = \frac{1}{\lambda^2}. \qquad \blacksquare$$

例 2.43（参数为 μ 和 σ^2 的正态分布）　标准正态随机变量 Z 的矩母函数可如下求得：
$$E[\mathrm{e}^{tZ}] = \frac{1}{\sqrt{2\pi}}\int_{-\infty}^{\infty} \mathrm{e}^{tx}\mathrm{e}^{-x^2/2}\mathrm{d}x$$
$$= \frac{1}{\sqrt{2\pi}}\int_{-\infty}^{\infty} \mathrm{e}^{-(x^2-2tx)/2}\mathrm{d}x$$

$$= \mathrm{e}^{t^2/2} \frac{1}{\sqrt{2\pi}} \int_{-\infty}^{\infty} \mathrm{e}^{-(x-t)^2/2} \mathrm{d}x$$
$$= \mathrm{e}^{t^2/2}.$$

如果 Z 服从标准正态分布，那么 $X = \sigma Z + \mu$ 服从参数为 μ 和 σ^2 的正态分布，于是

$$\phi(t) = E[\mathrm{e}^{tX}] = E[\mathrm{e}^{t(\sigma Z + \mu)}] = \mathrm{e}^{t\mu} E[\mathrm{e}^{t\sigma Z}] = \exp\left\{\frac{\sigma^2 t^2}{2} + \mu t\right\}.$$

经过微分，我们得到

$$\phi'(t) = (\mu + t\sigma^2)\exp\left\{\frac{\sigma^2 t^2}{2} + \mu t\right\},$$
$$\phi''(t) = (\mu + t\sigma^2)^2 \exp\left\{\frac{\sigma^2 t^2}{2} + \mu t\right\} + \sigma^2 \exp\left\{\frac{\sigma^2 t^2}{2} + \mu t\right\},$$

所以

$$E[X] = \phi'(0) = \mu, \quad E[X^2] = \phi''(0) = \mu^2 + \sigma^2.$$

因此

$$\mathrm{Var}(X) = E[X^2] - E([X])^2 = \sigma^2. \qquad \blacksquare$$

表 2–1 与表 2–2 给出了一些常见分布的矩母函数.

表 2–1

离散概率分布	概率质量函数 $p(x)$	矩母函数 $\phi(t)$	均值	方差
二项分布，参数为 n, p，$0 \leqslant p \leqslant 1$	$\binom{n}{x}p^x(1-p)^{n-x}$，$x = 0, 1, \cdots, n$	$(pe^t + (1-p))^n$	np	$np(1-p)$
泊松分布，参数为 λ，$\lambda > 0$	$\mathrm{e}^{-\lambda}\dfrac{\lambda^x}{x!}$，$x = 0, 1, 2, \cdots$	$\exp\{\lambda(e^t - 1)\}$	λ	λ
几何分布，参数为 p，$0 \leqslant p \leqslant 1$	$p(1-p)^{x-1}$，$x = 1, 2, \cdots$	$\dfrac{pe^t}{1 - (1-p)e^t}$	$\dfrac{1}{p}$	$\dfrac{1-p}{p^2}$

矩母函数的一个重要性质是，独立随机变量和的矩母函数正是单个矩母函数的乘积. 为了理解这一点，假设 X 和 Y 是独立的，并且分别有矩母函数 $\phi_X(t)$ 和 $\phi_Y(t)$. 那么 $X + Y$ 的矩母函数 $\phi_{X+Y}(t)$ 是

$$\phi_{X+Y}(t) = E[\mathrm{e}^{t(X+Y)}] = E[\mathrm{e}^{tX}\mathrm{e}^{tY}] = E[\mathrm{e}^{tX}]E[\mathrm{e}^{tY}] = \phi_X(t)\phi_Y(t),$$

其中倒数第二个等式得自命题 2.3，因为 X 和 Y 是独立的.

另一个重要的性质是，矩母函数唯一地确定了分布. 这就是说，随机变量的矩母函数和分布函数之间存在一一对应的关系.

表 2–2

连续概率分布	概率密度函数 $f(x)$	矩母函数 $\phi(t)$	均值	方差
(a,b) 上的均匀分布	$f(x) = \begin{cases} \dfrac{1}{b-a}, & a < x < b \\ 0, & \text{其他} \end{cases}$	$\dfrac{e^{bt} - e^{at}}{(b-a)t}$	$\dfrac{a+b}{2}$	$\dfrac{(b-a)^2}{12}$
指数分布，参数为 λ，$\lambda > 0$	$f(x) = \begin{cases} \lambda e^{-\lambda x}, & x \geqslant 0 \\ 0, & x < 0 \end{cases}$	$\dfrac{\lambda}{\lambda - t}$	$\dfrac{1}{\lambda}$	$\dfrac{1}{\lambda^2}$
伽马分布，参数为 (n,λ)，$\lambda > 0$	$f(x) = \begin{cases} \dfrac{\lambda e^{-\lambda x}(\lambda x)^{n-1}}{(n-1)!}, & x \geqslant 0 \\ 0, & x < 0 \end{cases}$	$\left(\dfrac{\lambda}{\lambda - t}\right)^n$	$\dfrac{n}{\lambda}$	$\dfrac{n}{\lambda^2}$
正态分布，参数为 (μ, σ^2)	$f(x) = \dfrac{1}{\sqrt{2\pi}\sigma} \exp\left\{ -\dfrac{(x-\mu)^2}{2\sigma^2} \right\}$ $-\infty < x < \infty$	$\exp\{\mu t + \sigma^2 t^2 / 2\}$	μ	σ^2

例 2.44（独立二项随机变量的和）　如果 X 和 Y 分别是参数为 n,p 和 m,p 的独立二项随机变量，求 $X + Y$ 的分布.

解　$X + Y$ 的矩母函数为

$$\phi_{X+Y}(t) = \phi_X(t)\phi_Y(t) = (pe^t + 1 - p)^n (pe^t + 1 - p)^m = (pe^t + 1 - p)^{n+m},$$

而 $(pe^t + (1-p))^{n+m}$ 正是参数为 $n + m$ 和 p 的二项随机变量的矩母函数. 因此 $X + Y$ 服从参数为 $n + m$ 和 p 的二项分布. ■

例 2.45（独立泊松随机变量的和）　如果 X 和 Y 分别是均值为 λ_1 和 λ_2 的独立的泊松随机变量，求 $X + Y$ 的分布.

解
$$\phi_{X+Y}(t) = \phi_X(t)\phi_Y(t) = e^{\lambda_1(e^t-1)} e^{\lambda_2(e^t-1)} = e^{(\lambda_1+\lambda_2)(e^t-1)}.$$

因此，$X + Y$ 服从均值为 $\lambda_1 + \lambda_2$ 的泊松分布，这就验证了例 2.37 的结果. ■

例 2.46（独立正态随机变量的和）　证明：如果 X 和 Y 分别是参数为 μ_1, σ_1^2 和 μ_2, σ_2^2 的独立正态随机变量，那么 $X + Y$ 服从均值为 $\mu_1 + \mu_2$ 且方差为 $\sigma_1^2 + \sigma_2^2$ 的正态分布.

解
$$\begin{aligned} \phi_{X+Y}(t) &= \phi_X(t)\phi_Y(t) \\ &= \exp\left\{ \frac{\sigma_1^2 t^2}{2} + \mu_1 t \right\} \exp\left\{ \frac{\sigma_2^2 t^2}{2} + \mu_2 t \right\} \\ &= \exp\left\{ \frac{(\sigma_1^2 + \sigma_2^2)t^2}{2} + (\mu_1 + \mu_2)t \right\}, \end{aligned}$$

它是均值为 $\mu_1 + \mu_2$ 且方差为 $\sigma_1^2 + \sigma_2^2$ 的正态随机变量的矩母函数. 由于矩母函数唯一地确定分布, 因此结论得证. ■

例 2.47（泊松范式） 在 2.2.4 节中, 我们说明了对于每次试验成功的概率都是 p 的 n 次独立试验, 当 n 很大且 p 很小时, 成功的次数近似于参数为 $\lambda = np$ 的泊松随机变量. 这个结果可以实质性地加强. 首先, 每次试验不必都有相同的成功概率, 只需要所有的成功概率都很小. 为了说明确实是这样, 假设所有试验都是独立的, 第 i 次试验成功的概率 p_i（$i = 1, \cdots, n$）很小. 如果第 i 次试验成功, 则令 X_i 等于 1, 否则令 X_i 等于 0, 所以成功的总次数 X 可以表示为

$$X = \sum_{i=1}^{n} X_i.$$

由于 X_i 是伯努利（或二元）随机变量, 因此其矩母函数是

$$E[e^{tX_i}] = p_i e^t + 1 - p_i = 1 + p_i(e^t - 1).$$

现在, 因为对于很小的 $|x|$, 有

$$e^x \approx 1 + x,$$

又因为当 p_i 很小时 $p_i(e^t - 1)$ 也很小, 所以

$$E[e^{tX_i}] = 1 + p_i(e^t - 1) \approx \exp\{p_i(e^t - 1)\}.$$

因为独立随机变量的和的矩母函数正是其矩母函数的乘积, 所以由上面的结果得到

$$E[e^{tX}] \approx \prod_{i=1}^{n} \exp\{p_i(e^t - 1)\} = \exp\left\{\sum_i p_i(e^t - 1)\right\}.$$

但是上式等号的右边部分是均值为 $\sum_i p_i$ 的泊松随机变量的矩母函数, 于是可以认为这个泊松分布近似于 X 的分布.

其次, 对于成功次数近似服从泊松分布的试验, 不仅每次试验不必有相同的成功概率, 甚至不需要是独立的, 只要它们之间的依赖性很弱即可. 例如, 回忆匹配问题（例 2.30）, n 个人从由每人一顶的帽子组成的集合中随机选取一顶帽子. 将随机选取看成 n 次试验, 如果第 i 个人选到自己的帽子, 则称第 i 次试验成功, 并令事件 A_i 表示第 i 次试验成功, 由此推出

$$P(A_i) = \frac{1}{n} \quad \text{和} \quad P(A_i|A_j) = \frac{1}{(n-1)}, \quad j \neq i.$$

因此, 虽然这些试验并不是独立的, 但是当 n 很大时, 它们之间的依赖性很弱. 因为这样的弱依赖性和很小的成功概率, 所以当 n 很大时, 这个匹配数应该近似服从均值为 1 的泊松分布, 我们将在例 3.27 中证明这一点.

"当每次试验的成功概率都很小时, 在 n 次独立或者至多弱相依的试验中, 成功次数近似于一个泊松随机变量", 这个陈述称为**泊松范式**. ∎

注 对于一个非负随机变量 X, 常方便地定义它的**拉普拉斯变换** $g(t)$ $(t \geqslant 0)$ 为

$$g(t) = \phi(-t) = E[\mathrm{e}^{-tX}].$$

也就是说, 拉普拉斯变换在 t 处的值正是矩母函数在 $-t$ 处的值. 当随机变量非负时, 与矩母函数相比, 处理拉普拉斯变换的优点是, 如果 $X \geqslant 0$ 且 $t \geqslant 0$, 那么

$$0 \leqslant \mathrm{e}^{-tX} \leqslant 1,$$

即拉普拉斯变换永远在 0 与 1 之间. 和矩母函数的情形一样, 有相同拉普拉斯变换的非负随机变量也有相同的分布. ∎

我们也可以定义两个或更多的随机变量的联合矩母函数. 具体如下. 对于任意 n 个随机变量 $X_1, \cdots, X_n$, 联合矩母函数 $\phi(t_1, \cdots, t_n)$ 对所有的实值 $t_1, \cdots, t_n$ 定义为

$$\phi(t_1, \cdots t_n) = E[\mathrm{e}^{(t_1 X_1 + \cdots + t_n X_n)}].$$

可以证明 $\phi(t_1, \cdots, t_n)$ 唯一地确定 $X_1, \cdots, X_n$ 的联合分布.

例 2.48(**多元正态分布**) 令 $Z_1, \cdots, Z_n$ 是 n 个独立的标准正态随机变量. 如果对于某些常数 a_{ij} ($1 \leqslant i \leqslant m$, $1 \leqslant j \leqslant n$) 和 μ_i ($1 \leqslant i \leqslant m$),

$$X_1 = a_{11}Z_1 + \cdots + a_{1n}Z_n + \mu_1,$$
$$X_2 = a_{21}Z_1 + \cdots + a_{2n}Z_n + \mu_2,$$
$$\vdots$$
$$X_i = a_{i1}Z_1 + \cdots + a_{in}Z_n + \mu_i,$$
$$\vdots$$
$$X_m = a_{m1}Z_1 + \cdots + a_{mn}Z_n + \mu_m,$$

那么称随机变量 $X_1, \cdots, X_m$ 服从**多元正态分布**.

因为独立正态随机变量的和本身就是一个正态随机变量, 所以每个 X_i 都是正态随机变量, 具有如下均值和方差:

$$E[X_i] = \mu_i, \quad \mathrm{Var}(X_i) = \sum_{j=1}^{n} a_{ij}^2.$$

现在我们来确定 $X_1, \cdots, X_m$ 的联合矩母函数:

$$\phi(t_1, \cdots, t_m) = E[\exp\{t_1 X_1 + \cdots + t_m X_m\}].$$

首先注意，由于 $\sum_{i=1}^{m} t_i X_i$ 是独立正态随机变量 $Z_1, \cdots, Z_n$ 的线性组合，因此它也服从正态分布．它的均值与方差分别是

$$E\left[\sum_{i=1}^{m} t_i X_i\right] = \sum_{i=1}^{m} t_i \mu_i$$

和

$$\mathrm{Var}\left(\sum_{i=1}^{m} t_i X_i\right) = \mathrm{Cov}\left(\sum_{i=1}^{m} t_i X_i, \sum_{j=1}^{m} t_j X_j\right) = \sum_{i=1}^{m} \sum_{j=1}^{m} t_i t_j \, \mathrm{Cov}(X_i, X_j).$$

现在，如果 Y 是均值为 μ、方差为 σ^2 的正态随机变量，那么

$$E[\mathrm{e}^Y] = \phi_Y(t)|_{t=1} = \mathrm{e}^{\mu + \sigma^2/2}.$$

从而，我们得到

$$\phi(t_1, \cdots, t_m) = \exp\left\{\sum_{i=1}^{m} t_i \mu_i + \frac{1}{2} \sum_{i=1}^{m} \sum_{j=1}^{m} t_i t_j \mathrm{Cov}(X_i, X_j)\right\}.$$

这就证明了 $X_1, \cdots, X_m$ 的联合分布完全由值 $E[X_i]$ 与 $\mathrm{Cov}(X_i, X_j)$（$i, j = 1, \cdots, m$）确定． ∎

正态总体的样本均值与样本方差的联合分布

假定 $X_1, \cdots, X_n$ 是独立同分布的随机变量，每个随机变量的均值为 μ，方差为 σ^2．随机变量 S^2 定义为

$$S^2 = \sum_{i=1}^{n} \frac{(X_i - \overline{X})^2}{n-1},$$

称为这些数据的样本方差．为了计算 $E[S^2]$，我们利用恒等式

$$\sum_{i=1}^{n}(X_i - \overline{X})^2 = \sum_{i=1}^{n}(X_i - \mu)^2 - n(\overline{X} - \mu)^2. \tag{2.21}$$

它可以如下证明：

$$\begin{aligned}
\sum_{i=1}^{n}(X_i - \overline{X})^2 &= \sum_{i=1}^{n}(X_i - \mu + \mu - \overline{X})^2 \\
&= \sum_{i=1}^{n}(X_i - \mu)^2 + n(\mu - \overline{X})^2 + 2(\mu - \overline{X}) \sum_{i=1}^{n}(X_i - \mu) \\
&= \sum_{i=1}^{n}(X_i - \mu)^2 + n(\mu - \overline{X})^2 + 2(\mu - \overline{X})(n\overline{X} - n\mu) \\
&= \sum_{i=1}^{n}(X_i - \mu)^2 + n(\mu - \overline{X})^2 - 2n(\mu - \overline{X})^2,
\end{aligned}$$

随之得到式 (2.21).

利用式 (2.21) 得到

$$
\begin{aligned}
E[(n-1)S^2] &= \sum_{i=1}^{n} E[(X_i - \mu)^2] - nE[(\overline{X} - \mu)^2] \\
&= n\sigma^2 - n\,\mathrm{Var}(\overline{X}) \\
&= (n-1)\sigma^2. \qquad [\text{由命题 } 2.4(b)]
\end{aligned}
$$

从而，由上式得到

$$
E[S^2] = \sigma^2.
$$

我们现在来确定，当 X_i 服从正态分布时，样本均值 $\overline{X} = \sum_{i=1}^{n} X_i/n$ 与样本方差 S^2 的联合分布. 首先，需要引入卡方随机变量的概念.

定义 2.2　如果 $Z_1, \cdots, Z_n$ 是独立的标准正态随机变量，那么随机变量 $\sum_{i=1}^{n} Z_i^2$ 称为**自由度为 n** 的**卡方随机变量**.

我们现在计算 $\sum_{i=1}^{n} Z_i^2$ 的矩母函数. 首先注意到

$$
\begin{aligned}
E[\exp\{tZ_i^2\}] &= \frac{1}{\sqrt{2\pi}} \int_{-\infty}^{\infty} \mathrm{e}^{tx^2} \mathrm{e}^{-x^2/2} \mathrm{d}x \\
&= \frac{1}{\sqrt{2\pi}} \int_{-\infty}^{\infty} \mathrm{e}^{-x^2/2\sigma^2} \mathrm{d}x \qquad (\text{其中 } \sigma^2 = (1-2t)^{-1}) \\
&= \sigma \\
&= (1-2t)^{-1/2}.
\end{aligned}
$$

因此

$$
E\left[\exp\left\{t\sum_{i=1}^{n} Z_i^2\right\}\right] = \prod_{i=1}^{n} E\left[\exp\{tZ_i^2\}\right] = (1-2t)^{-n/2}.
$$

现在，令 $X_1, \cdots, X_n$ 为独立的正态随机变量，每个随机变量的均值为 μ，方差为 σ^2，并且用 $\overline{X} = \sum_{i=1}^{n} X_i/n$ 和 S^2 表示它们的样本均值和样本方差. 因为独立正态随机变量的和也是正态随机变量，所以 $\overline{X}$ 是期望值为 μ、方差为 σ^2/n 的正态随机变量. 此外，由命题 2.4 可知

$$
\mathrm{Cov}(\overline{X}, X_i - \overline{X}) = 0, \qquad i = 1, \cdots, n. \tag{2.22}
$$

又因为 $\overline{X}, X_1 - \overline{X}, X_2 - \overline{X}, \cdots, X_n - \overline{X}$ 都是独立的标准正态随机变量 $(X_i - \mu)/\sigma$（$i = 1, \cdots, n$）的线性组合，所以随机变量 $\overline{X}, X_1 - \overline{X}, X_2 - \overline{X}, \cdots, X_n - \overline{X}$ 的联合分布是多元正态的. 然而，如果我们令 Y 是均值为 μ、方差为 σ^2/n 的正态随机变量且与 $X_1, \cdots, X_n$ 独立，那么随机变量 $Y, X_1 - \overline{X}, X_2 - \overline{X}, \cdots, X_n - \overline{X}$ 也服从多元正态分布. 由式 (2.22) 可知，它们和随机变量 $\overline{X}, X_i - \overline{X}$（$i = 1, \cdots, n$）有相同的期望

值和协方差. 从而, 因为多元正态分布完全由其期望值和协方差确定, 所以可以得到结论: 随机变量 $Y, X_1 - \overline{X}, X_2 - \overline{X}, \cdots, X_n - \overline{X}$ 与 $\overline{X}, X_1 - \overline{X}, X_2 - \overline{X}, \cdots, X_n - \overline{X}$ 有相同的联合分布. 因此, 这就证明了 $\overline{X}$ 独立于偏差序列 $X_i - \overline{X}$ ($i = 1, \cdots, n$).

因为 $\overline{X}$ 与偏差序列 $X_i - \overline{X}$ ($i = 1, \cdots, n$) 是独立的, 所以它也独立于样本方差

$$S^2 = \sum_{i=1}^{n} \frac{(X_i - \overline{X})^2}{n-1}.$$

为了确定 S^2 的分布, 用式 (2.21) 得到

$$(n-1)S^2 = \sum_{i=1}^{n} (X_i - \mu)^2 - n(\overline{X} - \mu)^2,$$

两边除以 σ^2 得

$$\frac{(n-1)S^2}{\sigma^2} + \left(\frac{\overline{X} - \mu}{\sigma/\sqrt{n}}\right)^2 = \sum_{i=1}^{n} \frac{(X_i - \mu)^2}{\sigma^2}. \tag{2.23}$$

现在, $\sum_{i=1}^{n}(X_i - \mu)^2/\sigma^2$ 是 n 个独立的标准正态随机变量的平方和, 所以它是自由度为 n 的卡方随机变量, 于是它有矩母函数 $(1 - 2t)^{-n/2}$. 又因为 $[(\overline{X} - \mu)/(\sigma/\sqrt{n})]^2$ 是标准正态随机变量的平方, 所以它是自由度为 1 的卡方随机变量, 于是它有矩母函数 $(1 - 2t)^{-1/2}$. 此外, 我们在前面已经看到, 式 (2.23) 左边的两个随机变量是独立的. 所以, 由独立随机变量的和的矩母函数等于其矩母函数的乘积, 我们得到

$$E[\mathrm{e}^{t(n-1)S^2/\sigma^2}](1 - 2t)^{-1/2} = (1 - 2t)^{-n/2},$$

因此

$$E[\mathrm{e}^{t(n-1)S^2/\sigma^2}] = (1 - 2t)^{-(n-1)/2}.$$

因为 $(1 - 2t)^{-(n-1)/2}$ 是一个自由度为 $n-1$ 的卡方随机变量的矩母函数, 所以可以得到结论: 由于矩母函数唯一地确定随机变量的分布, 因此这个卡方分布就是 $(n-1)S^2/\sigma^2$ 的分布.

综合起来, 我们已经证明了下述命题.

命题 2.5 如果 $X_1, \cdots, X_n$ 是独立同分布的正态随机变量, 每个随机变量的均值为 μ, 方差为 σ^2, 那么样本均值 $\overline{X}$ 与样本方差 S^2 是独立的. $\overline{X}$ 是均值为 μ、方差为 σ^2/n 的正态随机变量, $(n-1)S^2/\sigma^2$ 是自由度为 $n-1$ 的卡方随机变量.

2.7 极限定理

本节从证明一个称为马尔可夫不等式的结果入手.

命题 2.6（马尔可夫不等式） 如果 X 是一个只取非负值的随机变量，那么对于任意 $a > 0$，

$$P\{X \geqslant a\} \leqslant \frac{E[X]}{a}.$$

证明 我们在 X 具有密度 f 且连续的情形下给出证明.

$$
\begin{aligned}
E[X] &= \int_0^\infty x f(x) \mathrm{d}x \\
&= \int_0^a x f(x) \mathrm{d}x + \int_a^\infty x f(x) \mathrm{d}x \\
&\geqslant \int_a^\infty x f(x) \mathrm{d}x \\
&\geqslant \int_a^\infty a f(x) \mathrm{d}x \\
&= a \int_a^\infty f(x) \mathrm{d}x \\
&= a P\{X \geqslant a\}.
\end{aligned}
$$

这就证明了结果. ■

作为推论，我们得到如下命题.

命题 2.7（切比雪夫不等式） 如果 X 是一个均值为 μ、方差为 σ^2 的随机变量，那么对于任意 $k > 0$，

$$P\{|X - \mu| \geqslant k\} \leqslant \frac{\sigma^2}{k^2}.$$

证明 因为 $(X - \mu)^2$ 是非负随机变量，所以可以应用马尔可夫不等式（取 $a = k^2$）得到

$$P\{(X - \mu)^2 \geqslant k^2\} \leqslant \frac{E[(X - \mu)^2]}{k^2}.$$

但是因为 $(X - \mu)^2 \geqslant k^2$，当且仅当 $|X - \mu| \geqslant k$，所以上式等价于

$$P\{|X - \mu| \geqslant k\} \leqslant \frac{E[(X - \mu)^2]}{k^2} = \frac{\sigma^2}{k^2}.$$

证明完毕. ■

马尔可夫不等式和切比雪夫不等式的重要性在于，在只有概率分布的均值或者均值和方差已知时，它们使我们能推得所求概率的上界. 当然，如果真实分布已知，那么可以精确地计算所求的概率，不需要求上界.

例 2.49 假设我们知道一个工厂每星期的产量是均值为 500 的随机变量.

(a) 这个星期的产量至少有 1000 的概率是多少？

(b) 如果每星期的产量的方差已知等于 100，那么这个星期的产量在 400 与 600 之间的概率是多少？

解 令 X 是一星期的产量.

(a) 用马尔可夫不等式:
$$P\{X \geqslant 1000\} \leqslant \frac{E[X]}{1000} = \frac{500}{1000} = \frac{1}{2}.$$

(b) 用切比雪夫不等式:
$$P\{|X - 500| \geqslant 100\} \leqslant \frac{\sigma^2}{100^2} = \frac{1}{100}.$$

因此
$$P\{|X - 500| < 100\} \geqslant 1 - \frac{1}{100} = \frac{99}{100}.$$

所以, 这个星期的产量在 400 与 600 之间的概率至少是 0.99. ■

下面的定理称为**强大数定律**, 是概率论中最著名的结果之一. 它可表述为, 一列独立同分布的随机变量的平均值以概率 1 收敛到这个分布的均值.

定理 2.1 (强大数定律) 假定 $X_1, X_2, \cdots$ 是一个独立同分布的随机变量序列, 令 $E[X_i] = \mu$. 那么, 当 $n \to \infty$ 时以概率 1 有
$$\frac{X_1 + X_2 + \cdots + X_n}{n} \to \mu.$$

举个例子, 假设做一系列独立的试验, 令 E 是一个固定的事件, 而 $P(E)$ 是在每次特定的试验中 E 发生的概率. 令
$$X_i = \begin{cases} 1, & \text{若在第 } i \text{ 次试验中 } E \text{ 发生,} \\ 0, & \text{若在第 } i \text{ 次试验中 } E \text{ 未发生,} \end{cases}$$

由强大数定律可知, 以概率 1 有
$$\frac{X_1 + \cdots + X_n}{n} \to E[X] = P(E). \tag{2.24}$$

因为 $X_1 + \cdots + X_n$ 表示事件 E 在这 n 次试验中发生的次数, 所以我们可以将式 (2.24) 表述为, 以概率 1 有事件 E 发生次数的极限比例是 $P(E)$.

在概率论中, 与强大数定律同样重要的结果是**中心极限定理**. 除了理论上的价值和重要性以外, 中心极限定理还为计算独立随机变量的和的近似概率提供了一个比较简单的方法. 它也解释了为什么有那么多自然"总体"的经验频率明显表现为钟形 (即正态) 曲线.

定理 2.2 (中心极限定理) 假定 $X_1, X_2, \cdots$ 是一个独立同分布的随机变量序列, 每个随机变量的均值为 μ, 方差为 σ^2. 那么当 $n \to \infty$ 时,
$$\frac{X_1 + X_2 + \cdots + X_n - n\mu}{\sigma\sqrt{n}}$$
的分布趋于标准正态分布. 也就是说, 当 $n \to \infty$ 时,
$$P\left\{\frac{X_1 + X_2 + \cdots + X_n - n\mu}{\sigma\sqrt{n}} \leqslant a\right\} \to \frac{1}{\sqrt{2\pi}} \int_{-\infty}^{a} e^{-x^2/2} dx.$$

注意，如本节中的其他结果一样，此定理对 X_i 的任意分布都成立. 这正是其强大之处.

如果 X 是参数为 n 和 p 的二项随机变量，那么 X 与 n 个独立且参数为 p 的伯努利随机变量的和同分布. （回忆一下，伯努利随机变量正是参数为 $n = 1$ 的二项随机变量.）因此，当 $n \to \infty$ 时，

$$\frac{X - E[X]}{\sqrt{\text{Var}(X)}} = \frac{X - np}{\sqrt{np(1 - p)}}$$

的分布趋于标准正态分布. 一般地，在 n 满足 $np(1 - p) \geqslant 10$ 时，这个正态近似就十分好了.

例 2.50（二项分布的正态近似） 令 X 为抛掷一枚均匀的硬币 40 次中出现正面的次数. 求 $X = 20$ 的概率. 使用正态近似的方法求解，并将结果与精确解比较.

解 因为二项随机变量是离散的，而正态随机变量是连续的，所以所求概率的一个较好的近似为

$$P\{X = 20\} = P\{19.5 < X < 20.5\}$$
$$= P\left\{\frac{19.5 - 20}{\sqrt{10}} < \frac{X - 20}{\sqrt{10}} < \frac{20.5 - 20}{\sqrt{10}}\right\}$$
$$= P\left\{-0.16 < \frac{X - 20}{\sqrt{10}} < 0.16\right\}$$
$$\approx \Phi(0.16) - \Phi(-0.16),$$

其中 $\Phi(x)$ 是标准正态随机变量小于 x 的概率，为

$$\Phi(x) = \frac{1}{\sqrt{2\pi}} \int_{-\infty}^{x} e^{-y^2/2} dy.$$

由标准正态分布的对称性可得

$$\Phi(-0.16) = P\{N(0, 1) > 0.16\} = 1 - \Phi(0.16),$$

其中 $N(0, 1)$ 是标准正态随机变量. 因此，所求的概率近似为

$$P\{X = 20\} \approx 2\Phi(0.16) - 1.$$

根据表 2-3，我们得到

$$P\{X = 20\} \approx 0.1272.$$

精确结果是

$$P\{X = 20\} = \binom{40}{20} \left(\frac{1}{2}\right)^{40},$$

它等于 0.1254.

表 2-3 标准正态曲线下方位于 x 的左边的面积 $\Phi(x)$

x	0.00	0.01	0.02	0.03	0.04	0.05	0.06	0.07	0.08	0.09
0.0	0.5000	0.5040	0.5080	0.5120	0.5160	0.5199	0.5239	0.5279	0.5319	0.5359
0.1	0.5398	0.5438	0.5478	0.5517	0.5557	0.5597	0.5636	0.5675	0.5714	0.5753
0.2	0.5793	0.5832	0.5871	0.5910	0.5948	0.5987	0.6026	0.6064	0.6103	0.6141
0.3	0.6179	0.6217	0.6255	0.6293	0.6331	0.6368	0.6406	0.6443	0.6480	0.6517
0.4	0.6554	0.6591	0.6628	0.6664	0.6700	0.6736	0.6772	0.6808	0.6844	0.6879
0.5	0.6915	0.6950	0.6985	0.7019	0.7054	0.7088	0.7123	0.7157	0.7190	0.7224
0.6	0.7257	0.7291	0.7324	0.7357	0.7389	0.7422	0.7454	0.7486	0.7517	0.7549
0.7	0.7580	0.7611	0.7642	0.7673	0.7704	0.7734	0.7764	0.7794	0.7823	0.7852
0.8	0.7881	0.7910	0.7939	0.7967	0.7995	0.8023	0.8051	0.8078	0.8106	0.8133
0.9	0.8159	0.8186	0.8212	0.8238	0.8264	0.8289	0.8315	0.8340	0.8365	0.8389
1.0	0.8413	0.8438	0.8461	0.8485	0.8508	0.8531	0.8554	0.8557	0.8599	0.8621
1.1	0.8643	0.8665	0.8686	0.8708	0.8729	0.8749	0.8770	0.8790	0.8810	0.8830
1.2	0.8849	0.8869	0.8888	0.8907	0.8925	0.8944	0.8962	0.8980	0.8997	0.9015
1.3	0.9032	0.9049	0.9066	0.9082	0.9099	0.9115	0.9131	0.9147	0.9162	0.9177
1.4	0.9192	0.9207	0.9222	0.9236	0.9251	0.9265	0.9279	0.9292	0.9306	0.9319
1.5	0.9332	0.9345	0.9357	0.9370	0.9382	0.9394	0.9406	0.9418	0.9429	0.9441
1.6	0.9452	0.9463	0.9474	0.9484	0.9495	0.9505	0.9515	0.9525	0.9535	0.9545
1.7	0.9554	0.9564	0.9573	0.9582	0.9591	0.9599	0.9608	0.9616	0.9625	0.9633
1.8	0.9641	0.9649	0.9656	0.9664	0.9671	0.9678	0.9686	0.9693	0.9699	0.9706
1.9	0.9713	0.9719	0.9726	0.9732	0.9738	0.9744	0.9750	0.9756	0.9761	0.9767
2.0	0.9772	0.9778	0.9783	0.9788	0.9793	0.9798	0.9803	0.9808	0.9812	0.9817
2.1	0.9821	0.9826	0.9830	0.9834	0.9838	0.9842	0.9846	0.9850	0.9854	0.9857
2.2	0.9861	0.9864	0.9868	0.9871	0.9875	0.9878	0.9881	0.9884	0.9887	0.9890
2.3	0.9893	0.9896	0.9898	0.9901	0.9904	0.9906	0.9909	0.9911	0.9913	0.9916
2.4	0.9918	0.9920	0.9922	0.9925	0.9927	0.9929	0.9931	0.9932	0.9934	0.9936
2.5	0.9938	0.9940	0.9941	0.9943	0.9945	0.9946	0.9948	0.9949	0.9951	0.9952
2.6	0.9953	0.9955	0.9956	0.9957	0.9959	0.9960	0.9961	0.9962	0.9963	0.9964
2.7	0.9965	0.9966	0.9967	0.9968	0.9969	0.9970	0.9971	0.9972	0.9973	0.9974
2.8	0.9974	0.9975	0.9976	0.9977	0.9977	0.9978	0.9979	0.9979	0.9980	0.9981
2.9	0.9981	0.9982	0.9982	0.9983	0.9984	0.9984	0.9985	0.9985	0.9986	0.9986
3.0	0.9987	0.9987	0.9987	0.9988	0.9988	0.9989	0.9989	0.9989	0.9990	0.9990
3.1	0.9990	0.9991	0.9991	0.9991	0.9992	0.9992	0.9992	0.9992	0.9993	0.9993
3.2	0.9993	0.9993	0.9994	0.9994	0.9994	0.9994	0.9994	0.9995	0.9995	0.9995
3.3	0.9995	0.9995	0.9995	0.9996	0.9996	0.9996	0.9996	0.9996	0.9996	0.9997
3.4	0.9997	0.9997	0.9997	0.9997	0.9997	0.9997	0.9997	0.9997	0.9997	0.9998

例 2.51　令 X_i（$i = 1, \cdots, 10$）是在 $(0, 1)$ 上均匀分布的独立随机变量. 估计 $P\left\{\sum_{i=1}^{10} X_i > 7\right\}$.

解　因为 $E[X_i] = \dfrac{1}{2}$，$\mathrm{Var}(X_i) = \dfrac{1}{12}$，所以由中心极限定理可得

$$
P\left\{\sum_{i=1}^{10} X_i > 7\right\} = P\left\{\frac{\sum_{i=1}^{10} X_i - 5}{\sqrt{10 \times \dfrac{1}{12}}} > \frac{7 - 5}{\sqrt{10 \times \dfrac{1}{12}}}\right\}
$$

$$
\approx 1 - \Phi(2.19)
$$

$$
= 0.0143.
$$

例 2.52　一种特殊型号的电池的寿命是随机变量，其均值为 40 小时，标准差为 20 小时. 一块电池用坏后，就换一块新的. 假定有 25 块这样的电池，它们的寿命是独立的. 求能使用多于 1100 小时的近似概率.

解　如果令 X_i 为第 i 块投入使用的电池的寿命，那么我们要求 $p = P\{X_1 + \cdots + X_{25} > 1100\}$，近似如下：

$$
p = P\left\{\frac{X_1 + \cdots + X_{25} - 1000}{20\sqrt{25}} > \frac{1100 - 1000}{20\sqrt{25}}\right\}
$$

$$
\approx P\{N(0, 1) > 1\}
$$

$$
= 1 - \Phi(1)
$$

$$
\approx 0.1587.
$$

现在我们介绍中心极限定理的一个直观证明. 首先假定 X_i 的均值为 0，方差为 1，并且令 $E[\mathrm{e}^{tX}]$ 为它们共同的矩母函数，那么 $(X_1 + \cdots + X_n)/\sqrt{n}$ 的矩母函数是

$$
E\left[\exp\left\{t\left(\frac{X_1 + \cdots + X_n}{\sqrt{n}}\right)\right\}\right] = E[\mathrm{e}^{tX_1/\sqrt{n}}\mathrm{e}^{tX_2/\sqrt{n}} \cdots \mathrm{e}^{tX_n/\sqrt{n}}]
$$

$$
= (E[\mathrm{e}^{tX/\sqrt{n}}])^n. \qquad （由独立性）
$$

现在，对于很大的 n，我们由 e^y 的泰勒级数展开得到

$$
\mathrm{e}^{tX/\sqrt{n}} \approx 1 + \frac{tX}{\sqrt{n}} + \frac{t^2 X^2}{2n}.
$$

取期望可得，当 n 很大时，

$$
E[\mathrm{e}^{tX/\sqrt{n}}] \approx 1 + \frac{tE[X]}{\sqrt{n}} + \frac{t^2 E[X^2]}{2n}
$$

$$
= 1 + \frac{t^2}{2n}. \qquad （因为 E[X] = 0，E[X^2] = 1）
$$

所以, 当 n 很大时, 我们得到

$$E\left[\exp\left\{t\left(\frac{X_1+\cdots+X_n}{\sqrt{n}}\right)\right\}\right] \approx \left(1+\frac{t^2}{2n}\right)^n.$$

当 $n \to \infty$ 时, 可以证明近似值变为精确值, 而且有

$$\lim_{n\to\infty} E\left[\exp\left\{t\left(\frac{X_1+\cdots+X_n}{\sqrt{n}}\right)\right\}\right] = \mathrm{e}^{t^2/2}.$$

因此, $(X_1+\cdots+X_n)/\sqrt{n}$ 的矩母函数收敛到均值为 0、方差为 1 的（标准）正态随机变量的矩母函数. 由此可以证明, 随机变量 $(X_1+\cdots+X_n)/\sqrt{n}$ 的分布函数趋于标准正态分布函数 Φ.

当 X_i 的均值为 μ、方差为 σ^2 时, 随机变量 $(X_i-\mu)/\sigma$ 的均值为 0、方差为 1, 从而说明

$$P\left\{\frac{X_1-\mu+X_2-\mu+\cdots+X_n-\mu}{\sigma\sqrt{n}} \leqslant a\right\} \to \Phi(a).$$

这就证明了中心极限定理.

2.8　强大数定律的证明

本节使用博雷尔–坎泰利引理对强大数定律进行证明.

博雷尔–坎泰利引理　对于事件 A_i $(i \geqslant 1)$ 的序列, 设 N 为发生的事件数. 如果 $\sum_{i=1}^{\infty} P(A_i) < \infty$, 那么 $P(N=\infty)=0$.

证明　假定 $\sum_{i=1}^{\infty} P(A_i) < \infty$. 如果 $N=\infty$, 那么对于每个 $n < \infty$, 事件 $A_n, A_{n+1}, \cdots$ 中至少有一个发生. 也就是说, 由 $N=\infty$ 可推得对于每个 n, $\bigcup_{i=1}^{n} A_i$ 都会发生. 因此, 对于每个 n,

$$P(N=\infty) \leqslant P\left(\bigcup_{i=n}^{\infty} A_i\right) \leqslant \sum_{i=n}^{\infty} P(A_i),$$

其中最后的不等式得自布尔不等式. 因为由 $\sum_{i=1}^{\infty} P(A_i) < \infty$ 可推得当 $n \to \infty$ 时, $\sum_{i=n}^{\infty} P(A_i) \to 0$, 所以由上式可知当 $n \to \infty$ 时, $P(N=\infty)=0$, 从而结果得证. ∎

注　博雷尔–坎泰利引理其实相当直观, 因为如果我们定义, 当 A_i 发生时指示变量 $I_i=1$, 否则 $I_i=0$, 那么 $N=\sum_{i=1}^{\infty} I_i$, 于是

$$E[N] = \sum_{i=1}^{\infty} E[I_i] = \sum_{i=1}^{\infty} P(A_i).$$

因此, 博雷尔–坎泰利引理指出, 如果发生的事件数的期望是有限的, 那么发生无穷多事件的概率为 0. 这很直观, 因为如果发生无穷多事件的概率为正, 那么

$E[N]$ 将是无穷大的. ∎

假定 $X_1, X_2, \cdots$ 是均值为 μ 的独立同分布的随机变量, 令 $\bar{X}_n = \frac{1}{n} \sum_{i=1}^{n} X_i$ 为前 n 个随机变量的平均数. 根据强大数定律有 $P(\lim_{n \to \infty} \bar{X}_n = \mu) = 1$. 也就是说, 当 $n \to \infty$ 时, $\bar{X}_n$ 以概率 1 收敛至 μ. 我们将在假定 X_i 的方差 σ^2 有限 (即假定 $E[X_i^2] < \infty$) 时证明该结果. 因为要证明强大数定律, 必须证明对于任意 $\varepsilon > 0$, $|\bar{X}_n - \mu| > \varepsilon$ 仅对有限个 n 值成立, 所以很自然地, 我们可以尝试用博雷尔–坎泰利引理来证明它. 也就是说, 如果我们能证明 $\sum_{n=1}^{\infty} P(|\bar{X}_n - \mu| > \varepsilon) < \infty$, 那么就能得到该结果. 然而, 因为 $E[\bar{X}_n] = \mu$, $\mathrm{Var}(\bar{X}_n) = \sigma^2/n$, 所以由切比雪夫不等式可得

$$\sum_{n=1}^{\infty} P(|\bar{X}_n - \mu| > \varepsilon) \leqslant \sum_{n=1}^{\infty} \frac{\mathrm{Var}(\bar{X}_n)}{\varepsilon^2} = \frac{\sigma^2}{\varepsilon^2} \sum_{n=1}^{\infty} \frac{1}{n} = \infty.$$

因此, 直接使用博雷尔–坎泰利引理并不奏效. 但是, 只要对论据做一些调整, 即首先考虑子序列 $\bar{X}_n$ ($n \geqslant 1$), 就能证明强大数定律.

定理 2.3（强大数定律） 设 $X_1, X_2, \cdots$ 是一个独立同分布的随机变量序列, $E[X_i] = \mu$ 且 $\mathrm{Var}(X_i) = \sigma^2 < \infty$. 那么, 由 $\bar{X}_n = \frac{1}{n} \sum_{i=1}^{n} X_i$ 可得

$$P\left(\lim_{n \to \infty} \bar{X}_n = \mu\right) = 1.$$

证明 首先假设 X_i 是非负随机变量. 令 $\alpha > 1$, 并令 n_j 为大于或等于 α^j 的最小整数, $j \geqslant 1$. 根据切比雪夫不等式, 有

$$P(|\bar{X}_{n_j} - \mu| > \varepsilon) \leqslant \frac{\mathrm{Var}(\bar{X}_{n_j})}{\varepsilon^2} = \frac{\sigma^2}{n_j \varepsilon^2}.$$

从而有

$$\sum_{j=1}^{\infty} P(|\bar{X}_{n_j} - \mu| > \varepsilon) \leqslant \frac{\sigma^2}{\varepsilon^2} \sum_{j=1}^{\infty} \frac{1}{n_j} \leqslant \frac{\sigma^2}{\varepsilon^2} \sum_{j=1}^{\infty} \left(\frac{1}{\alpha}\right)^j \leqslant \infty.$$

因此, 由博雷尔–坎泰利引理可得, 对于有限的数 j, $|\bar{X}_{n_j} - \mu| > \varepsilon$ 的概率为 1. 因为这对任意 $\varepsilon > 0$ 都成立, 所以

$$\lim_{j \to \infty} \bar{X}_{n_j} = \mu \tag{2.25}$$

的概率为 1. 因为当 $j \uparrow \infty$ 时有 $n_j \uparrow \infty$, 所以对于任意 $m > \alpha$, 都有一个整数 $j(m)$ 使得 $n_{j(m)} \leqslant m < n_{j(m)+1}$. 由 X_i 的非负性可得

$$\sum_{i=1}^{n_{j(m)}} X_i \leqslant \sum_{i=1}^{m} X_i \leqslant \sum_{i=1}^{n_{j(m)+1}} X_i.$$

同时除以 m 可得

$$\frac{n_{j(m)}}{m} \bar{X}_{n_{j(m)}} \leqslant \bar{X}_m \leqslant \frac{n_{j(m)+1}}{m} \bar{X}_{n_{j(m)+1}}.$$

因为 $\frac{1}{n_{j(m)+1}} < \frac{1}{m} \leqslant \frac{1}{n_{j(m)}}$，所以

$$\frac{n_{j(m)}}{n_{j(m)+1}} \bar{X}_{n_{j(m)}} \leqslant \bar{X}_m \leqslant \frac{n_{j(m)+1}}{n_{j(m)}} \bar{X}_{n_{j(m)+1}}.$$

因为 $\lim_{m\to\infty} j(m) = \infty$ 且 $\lim_{j\to\infty} \frac{n_{j+1}}{n_j} = \alpha$，所以对于任意 $\varepsilon > 0$ 和除了有限的 m 之外，有 $\frac{n_{j(m)+1}}{n_{j(m)}} < \alpha + \varepsilon$. 因此，由式 (2.25) 及该结论可得，对于除了有限的 m 之外，$\frac{\mu}{\alpha+\varepsilon} < \bar{X}_m < (\alpha+\varepsilon)\mu$ 的概率为 1. 由于这对于所有 $\varepsilon > 0$, $\alpha > 1$ 均成立，因此

$$\lim_{m\to\infty} \bar{X}_m = \mu$$

的概率为 1.

所以在 X_i 非负时结论得证. 在一般情况下，令

$$X_i^+ = \begin{cases} X_i, & \text{若 } X_i \geqslant 0, \\ 0, & \text{若 } X_i < 0 \end{cases}$$

且

$$X_i^- = \begin{cases} 0, & \text{若 } X_i \geqslant 0, \\ -X_i, & \text{若 } X_i < 0, \end{cases}$$

X_i^+ 和 X_i^- 分别称为 X_i 的正部和负部. 注意，

$$X_i = X_i^+ - X_i^-,$$

（因为 $X_i^+ X_i^- = 0$）所以

$$X_i^2 = (X_i^+)^2 + (X_i^-)^2.$$

因此，由 $E[X_i^2] < \infty$ 的假设可得，$E[(X_i^+)^2]$ 和 $E[(X_i^-)^2]$ 也都是有限的. 令 $\mu^+ = E[X_i^+]$, $\mu^- = E[X_i^-]$，因为 X_i^+ 和 X_i^- 都是非负的，所以根据非负随机变量的上述结果，

$$\lim_{m\to\infty} \frac{1}{m} \sum_{i=1}^m X_i^+ = \mu^+, \quad \lim_{m\to\infty} \frac{1}{m} \sum_{i=1}^m X_i^- = \mu^-$$

的概率为 1. 因此

$$\lim_{m\to\infty} \bar{X}_m = \lim_{m\to\infty} \frac{1}{m} \sum_{i=1}^m (X_i^+ - X_i^-) = \mu^+ - \mu^- = \mu$$

的概率为 1.

当事件相互独立时，博雷尔–坎泰利引理的部分逆命题成立.

博雷尔–坎泰利引理的逆命题 如果 $\sum_{i=1}^\infty P(A_i) = \infty$ 且事件 A_i $(i \geqslant 1)$ 是独立的，那么

$$P(\text{无穷多个事件 } A_i \,(i \geqslant 1) \text{ 发生}) = 1.$$

证明 对于任意的 n，令事件 $B_n = \bigcap_{i=n}^{\infty} A_i^{\mathrm{c}}$ 为事件 $A_n, A_{n+1}, \cdots$ 都没有发生，那么

$$
\begin{aligned}
P(B_n) &= P\left(\bigcap_{i=n}^{\infty} A_i^{\mathrm{c}}\right) \\
&= \prod_{i=n}^{\infty} P(A_i^{\mathrm{c}}) \quad （\text{由独立性}） \\
&= \prod_{i=n}^{\infty} [1 - P(A_i)] \\
&\leqslant \prod_{i=n}^{\infty} \mathrm{e}^{-P(A_i)} \quad （\text{由 } \mathrm{e}^{-x} \geqslant 1{-}x） \\
&= \mathrm{e}^{-\sum_{i=n}^{\infty} P(A_i)} \\
&= 0.
\end{aligned}
$$

因为 B_n（$n \geqslant 1$）是递增事件，所以 $\lim_{n \to \infty} B_n = \bigcup_{n=1}^{\infty} B_n$. 因此，由概率的连续性可得

$$
P\left(\bigcup_{n=1}^{\infty} B_n\right) = P\left(\lim_{n \to \infty} B_n\right) = \lim_{n \to \infty} P(B_n) = 0.
$$

由于事件 $\bigcup_{n=1}^{\infty} B_n$ 是只有有限个事件 A_i 发生，因此结果得证.   ∎

例 2.53 假设在每个时间段内，我们必须选择服用 n 种药物中的一种，药物 i 有效的概率 p_i 未知，$i = 1, \cdots, n$. 假设我们可以立即知道服用所选药物的结果（有效与否）. 如果一种药物的有效概率等于 $\max_i p_i$，则它是最佳的，否则不是最佳的. 假设我们的目标是找到一个决定在每个时间段内服用哪种药物的策略，以便服用非最佳药物的长程时间比例等于 0. 以下策略可以实现这个目标.

假定在时间段 k 内，之前服用药物 i（$i = 1, \cdots, n$）的结果为 $s_i(k)$ 次有效、$f_i(k)$ 次无效，其中 $\sum_i (s_i(k) + f_i(k)) = k - 1$. 设下一次选择以概率 $1/k$ 为“随机选择”，以概率 $1 - 1/k$ 为“非随机选择”. 如果是随机选择，则令在时间段 k 内服用的药物等可能地是 n 种药物中的任意一种；如果是非随机选择，则令在时间段 k 内服用的药物是 $\frac{s_i(k)}{s_i(k) + f_i(k)}$ 值最大的药物中的任意一种.

为了证明使用上述策略会导致服用非最佳药物的长程时间比例等于 0，首先注意，博雷尔–坎泰利引理的逆命题表明，随机选择的次数以概率 1 是无限的. 由于每次随机选择等可能地是 n 种药物中的任意一种，因此，每种药物都以概率 1 被无限次选择. 因此，根据强大数定律，以概率 1 有

$$
\lim_{k \to \infty} \frac{s_i(k)}{s_i(k) + f_i(k)} = p_i, \quad i = 1, \cdots, n.
$$

所以, 在一段有限的时间之后, 将不会通过非随机选择来选择非最佳药物.

为了完成论述, 我们现在证明随机选择的长程比例以概率 1 等于 0. 假设这些选择由以下方式决定: 设 U_k ($k \geqslant 1$) 为在 $(0,1)$ 上均匀分布的独立随机变量, 如果 $U_k \leqslant 1/k$, 则时间段 k 内的选择是随机的. 然后, 令 $I\{A\}$ 为事件 A 的指示变量, 如果 A 发生, 则 $I\{A\} = 1$, 否则 $I\{A\} = 0$. 对于任意的 m, 我们有

$$
\begin{aligned}
\text{随机选择的比例} &= \lim_{r \to \infty} \frac{\sum_{k=1}^{r} I\{U_k \leqslant 1/k\}}{r} \\
&= \lim_{r \to \infty} \frac{\sum_{k=m}^{m+r-1} I\{U_k \leqslant 1/k\}}{r} \\
&\leqslant \lim_{r \to \infty} \frac{\sum_{k=m}^{m+r-1} I\{U_k \leqslant 1/m\}}{r} \\
&= 1/m,
\end{aligned}
$$

其中倒数第二个式子成立的原因是, 如果 $k \geqslant m$, 则 $U_k \leqslant 1/k \Longrightarrow U_k \leqslant 1/m$. 最后一个等式得自强大数定律, 因为 $I\{U_k \leqslant 1/m\}$ ($k \geqslant m$) 是均值为 $1/m$ 的独立同分布的伯努利随机变量. 由于上式对所有 m 都成立, 因此随机选择的比例等于 0. 现在从前面的结果可以得出, 通过非随机选择来选择最佳药物的长程比例为 1, 即选择最佳药物的长程比例为 1. ∎

2.9 随机过程

随机过程 $\{X(t), t \in T\}$ 是随机变量的一个集合. 这就是说, 对于每个 $t \in T$, $X(t)$ 是随机变量. 指标 t 常常解释为时刻, 因此可以认为 $X(t)$ 是过程在时刻 t 的**状态**. 例如, $X(t)$ 可以等于在时刻 t 以前进入超市的顾客总数, 或者在时刻 t 身处超市中的顾客总数, 抑或在时刻 t 以前记录到的市场销售总额等.

集合 T 称为此过程的**指标集**. 当 T 是可数集时, 随机过程称为**离散时间过程**. 当 T 是一个实数区间时, 随机过程称为**连续时间过程**. 例如, $\{X_n, n = 0, 1, \cdots\}$ 是一个以非负整数为指标的离散时间随机过程, 而 $\{X(t), t \geqslant 0\}$ 是一个以非负实数为指标的连续时间随机过程.

随机过程的**状态空间**定义为随机变量 $X(t)$ 所有可能取值的集合.

于是, 随机过程是一族随机变量, 它描述了某个 (物理) 过程随时间的演化. 在后面的章节中, 我们将会看到很多随机过程.

例 2.54 一个粒子沿圆周上以 $0, 1, \cdots, m$ 标记的 $m+1$ 个结点移动 (参见图 2-3). 粒子每一步等可能地沿顺时针方向或逆时针方向移动一个位置. 也就

是说，X_n 是粒子在第 n 步后的位置，那么

$$P\{X_{n+1} = i+1 | X_n = i\} = P\{X_{n+1} = i-1 | X_n = i\} = \frac{1}{2},$$

其中当 $i = m$ 时 $i+1 \equiv 0$，而当 $i = 0$ 时 $i-1 \equiv m$. 假设现在粒子从 0 出发，而且持续按上面的规律移动，直至访问所有结点 $1, \cdots, m$. 最后访问结点 i（$i = 1, \cdots, m$）的概率是多少？

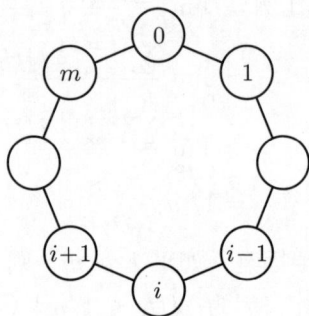

图 2-3　粒子沿圆周移动

解　令人惊讶的是，最后访问结点 i 的概率不经过计算就能确定. 为此，考察粒子首次到达结点 i 的两个相邻位置之一的时间，即粒子首次到达结点 $i-1$ 或 $i+1$（有 $m+1 \equiv 0$）的时间. 假设它到达结点 $i-1$（另一种情形的推理是一样的）. 由于结点 i 与结点 $i+1$ 都还没有被访问，因此，结点 i 是最后被访问的，当且仅当 $i+1$ 比 i 先被访问. 之所以这样，是因为为了在访问 i 前先访问 $i+1$，粒子必须沿逆时针方向，先访问从 $i-1$ 到 $i+1$ 的所有结点，然后再访问 i. 但是，位于结点 $i-1$ 的粒子在访问 i 前访问 $i+1$ 的概率，正是粒子在某个方向上前进一步前，在另一个方向上前进 $m-1$ 步的概率. 也就是说，它等价于一个在开始时拥有 1 个单位（财富）的玩家，当一枚均匀的硬币抛出正面时赢 1 个单位，而抛出反面时输 1 个单位，在破产前他的财富增加 $m-1$ 的概率. 因此，因为结点 i 是最后被访问的结点的概率对于所有的 i 是相同的，又因为这些概率的和必须是 1，所以我们得到

$$P\{i \text{ 是最后被访问的结点}\} = 1/m, \quad i = 1, \cdots, m. \qquad ■$$

注　例 2.54 中的推理还表明，如果一个玩家在每次游戏中等可能地赢或输 1 个单位，那么他在赢 1 个单位前输 n 个单位的概率是 $1/(n+1)$，或者等价地，

$$P\{\text{玩家在输 } n \text{ 个单位前赢 } 1 \text{ 个单位}\} = n/(n+1).$$

假设现在我们要求玩家在输 n 个单位前赢 2 个单位的概率. 以他在输 n 个单位前是否赢得了 1 个单位为条件, 我们得到

$P\{$输 n 个单位前赢 2 个单位$\}$

$= P\{$输 n 个单位前赢 2 个单位 $|$ 输 n 个单位前赢 1 个单位$\} \cdot \dfrac{n}{n+1}$

$= P\{$输 $n+1$ 个单位前赢 1 个单位$\} \cdot \dfrac{n}{n+1}$

$= \dfrac{n+1}{n+2} \cdot \dfrac{n}{n+1}$

$= \dfrac{n}{n+2}.$

重复这个推理得到

$$P\{\text{输 } n \text{ 个单位前赢 } k \text{ 个单位}\} = \frac{n}{n+k}.$$

习　题

1. 一个坛子中有 5 个红球、3 个橙球、2 个蓝球. 从中随机取两个球. 这个试验的样本空间是什么? 设 X 为取出的橙球数, X 的可能值是什么? 计算 $P\{X = 0\}$.

2. 设 X 为抛掷一枚硬币 n 次得到的正面数与反面数的差. X 的可能值是什么?

3. 在习题 2 中, 如果假定硬币是均匀的, 那么对于 $n = 2$, X 取可能值的概率是多少?

*4. 假定抛一颗骰子两次. 下列随机变量的可能值是什么?

  (a) 掷出的最大点数.

  (b) 掷出的最小点数.

  (c) 两次掷出的点数和.

  (d) 第一次掷出的点数减去第二次掷出的点数.

5. 如果习题 4 中的骰子是均匀的, 计算 (a)~(d) 中的随机变量的概率.

6. 假定抛掷了 5 枚均匀的硬币. 令事件 E 表示所有的硬币都抛出正面. 定义随机变量

$$I_E = \begin{cases} 1, & \text{若 } E \text{ 发生,} \\ 0, & \text{若 } E^c \text{ 发生.} \end{cases}$$

在原来的样本空间中, 哪些结果使 $I_E = 1$? $P(I_E = 1)$ 是多少?

7. 假定正面朝上的概率为 0.7 的一枚硬币被抛掷 3 次. 设 X 为在这 3 次中抛出正面的次数. 确定 X 的概率质量函数.

8. 假设 X 的分布函数为

$$F(b) = \begin{cases} 0, & b < 0, \\ \dfrac{1}{2}, & 0 \leqslant b < 1, \\ 1, & 1 \leqslant b < \infty, \end{cases}$$

X 的概率质量函数是什么?

9. 如果 X 的分布函数为

$$F(b) = \begin{cases} 0, & b < 0, \\ \dfrac{1}{2}, & 0 \leqslant b < 1, \\ \dfrac{3}{5}, & 1 \leqslant b < 2, \\ \dfrac{4}{5}, & 2 \leqslant b < 3, \\ \dfrac{9}{10}, & 3 \leqslant b < 3.5, \\ 1, & b \geqslant 3.5, \end{cases}$$

计算 X 的概率质量函数.

10. 假定掷 3 颗均匀的骰子. 至少出现一个 6 的概率是多少?

*11. 从包含 3 个白球和 3 个黑球的坛子中取一个球. 在取出以后, 将它放回坛子中, 再取出另一个球. 如此无穷地继续下去. 在取出的前 4 个球中, 恰有 2 个白球的概率是多少?

12. 在单选考试中, 5 道题中的每一道都设置了 3 个选项, 学生仅凭猜测能选到至少 4 个正确答案的概率是多少?

13. 某人声称自己具有超感知觉 (ESP). 作为测验, 将一枚均匀的硬币抛掷 10 次, 并要求他预测结果. 此人猜中了 7 次. 如果他没有超感知觉, 他做得至少这样好的概率是多少? (解释为什么相关的概率是 $P\{X \geqslant 7\}$, 而不是 $P\{X = 7\}$?)

14. 假定 X 是参数为 6 和 1/2 的二项随机变量. 证明 $X = 3$ 是最可能的结果.

15. 假定 X 是参数为 n 和 p 的二项随机变量. 证明: 当 k 从 0 增大到 n 时, $P\{X = k\}$ 先单调递增, 然后单调递减, 在下述情形达到最大值:

(a) 在 $(n+1)p$ 是整数的情形下, 当 k 等于 $(n+1)p - 1$ 或者 $(n+1)p$ 时;

(b) 在 $(n+1)p$ 是非整数的情形下, 当 k 满足 $(n+1)p - 1 < k < (n+1)p$ 时.

提示: 考虑 $\dfrac{P\{X = k\}}{P\{X = k-1\}}$, 并找出使其大于或者小于 1 的 k 值.

*16. 航空公司知道预订航班的人有 5% 最终不来搭乘航班. 因此, 他们的策略是对于一个能容纳 50 个旅客的航班售 52 张票. 每个登机的旅客都有位置的概率是多少?

17. 假设一项试验有 r 个可能的结果, 结果 i 具有概率 p_i, $i = 1, \cdots, r$, $\sum_{i=1}^{r} p_i = 1$. 如果进行了 n 次这样的试验, 而且此 n 次试验中任意一次的结果都不影响其他 $n-1$ 次试验的结果, 证明: 结果 1 出现 x_1 次, 结果 2 出现 x_2 次……结果 r 出现 x_r 次的概率是

$$\frac{n!}{x_1! x_2! \cdots x_r!} p_1^{x_1} p_2^{x_2} \cdots p_r^{x_r}, \qquad \text{当 } x_1 + x_2 + \cdots + x_r = n \text{ 时}.$$

它称为**多项分布**.

*18. 在习题 17 中, 设 X_i ($i = 1, \cdots, r$) 为结果 i 出现的次数.

(a) 对 $0 \leqslant j \leqslant n$, 利用条件概率的定义求 $P(X_i = x_i, i = 1, \cdots, r-1 | X_r = j)$.

(b) 在给定 $X_r = j$ 时, 你对 $(X_1, \cdots, X_{r-1})$ 的条件分布能得出什么结论?

(c) 对 (b) 的回答给出直观的解释.

19. 在习题 17 中, 设 X_i ($i = 1, \cdots, r$) 为结果 i 出现的次数. $X_1 + X_2 + \cdots + X_k$ 的概率

质量函数是什么?

20. 本题使用多项分布来求解生日问题的一个变体. 假设 n 个人中每个人的生日等可能地是一年 365 天中的任意一天, 并且他们的生日是独立的. 我们想为这 n 个人中至少有 3 个人同一天过生日的概率推导出一个表达式.

  (a) 将一年 365 天划分为三组: 第一组有 i 天, 第二组有 $n-2i$ 天, 第三组有 $365-n+i$ 天. 求以下这种划分的概率: 第一组的每一天中恰有 n 个人中的 2 个过生日, 第二组的每一天中恰有 n 个人中的 1 个过生日, 第三组的每一天中没有人过生日.

  (b) 对于给定的值 i, 确定将一年 365 天划分为三组有多少种不同的划分方法, 其中第一组有 i 天, 第二组有 $n-2i$ 天, 第三组有 $365-n+i$ 天.

  (c) 为 n 个人中至少有 3 个人同一天过生日的概率给出一个表达式.

  注 计算结果为

$$1 - \sum_{i=0}^{44} \frac{365!}{i!(88-2i)!(365-88+i)!} \frac{88!}{2^i} \left(\frac{1}{365}\right)^{88} \approx 0.504.$$

21. 设 X_i 是参数为 n_i 和 p_i 的独立二项随机变量, $i=1,2$. 求 (a) $P(X_1 X_2 = 0)$, (b) $P(X_1 + X_2 = 1)$, (c) $P(X_1 + X_2 = 2)$.

22. 连续地抛掷一枚均匀的硬币. 求在第 5 次试验中首次抛出正面的概率.

*23. 连续地抛掷一枚正面朝上的概率为 p 的硬币直至抛出 r 次正面. 推导所需抛掷次数 X 是 n ($n \geqslant r$) 的概率为

$$P\{X = n\} = \binom{n-1}{r-1} p^r (1-p)^{n-r}, \qquad n \geqslant r.$$

它称为负二项分布.

  提示: 在前 $n-1$ 次抛掷中必须抛出多少次正面?

24. X 的概率质量函数为

$$p(k) = \binom{r+k-1}{r-1} p^r (1-p)^k, \qquad k = 0, 1 \cdots.$$

对随机变量 X 给出一个可能的解释.

  提示: 参见习题 23.

在习题 25 与习题 26 中, 假定两队玩一系列游戏, 甲队独立地赢的概率是 p, 乙队独立地赢的概率是 $1-p$. 先赢 i 次游戏的队为胜利者.

25. 若 $i=4$. 求总共进行了 7 次游戏的概率. 证明在 $p = 1/2$ 时, 此概率是最大的.

26. 当 (a) $i=2$ 和 (b) $i=3$ 时, 分别求游戏次数的期望. 在这两种情形下, 证明当 $p = 1/2$ 时, 期望值是最大的.

*27. 一枚均匀的硬币被独立地抛掷 n 次, 其中 k 次由甲抛掷, $n-k$ 次由乙抛掷. 证明甲和乙抛出相同次正面的概率等于总共抛出 k 次正面的概率.

28. 假定我们需要生成一个等可能地取值 0 和 1 的随机变量 X, 而我们有一枚不均匀的硬币, 它抛出正面的概率为 p (未知). 考虑如下的程序.

  (1) 抛掷这枚硬币, 不管抛出正面还是反面, 记其结果为 O_1.

(2) 再抛掷这枚硬币，记其结果为 O_2.

(3) 如果 O_1 与 O_2 相同，就回到第 (1) 步.

(4) 如果 O_2 是正面，则令 $X = 0$，否则令 $X = 1$.

(a) 证明用此程序生成的随机变量 X 等可能地取 0 和 1.

(b) 能否使用如下这个更简单的程序：连续地抛掷此硬币，直到最后两次抛掷结果不一样为止；然后，如果最后一次抛出的是正面，则令 $X = 0$，否则令 $X = 1$？

29. 考虑独立地抛掷一枚硬币 n 次，每次抛出正面的概率为 p. 当一个结果与前一个不同时，我们说发生了一次变更. 如果抛掷的结果是 H H T H T H H T，那么总共发生了 5 次变更. 如果 $p = 1/2$，那么发生 k 次变更的概率是多少？

30. 假定 X 服从参数为 λ 的泊松分布. 证明当 i 增大时，$P\{X = i\}$ 先单调递增，然后单调递减，当 i 是不大于 λ 的最大整数时得到其最大值.

提示：考虑 $P\{X = i\}/P\{X = i-1\}$.

31. 在下列情形下比较泊松近似与正确的二项概率.

(a) $P\{X = 2\}$，当 $n = 8$，$p = 0.1$ 时.

(b) $P\{X = 9\}$，当 $n = 10$，$p = 0.95$ 时.

(c) $P\{X = 0\}$，当 $n = 10$，$p = 0.1$ 时.

(d) $P\{X = 4\}$，当 $n = 9$，$p = 0.2$ 时.

32. 如果有 50 种彩票，你每种彩票都购买了一张，每种彩票中奖的机会都是 1/100. 你有 (a) 至少一张，(b) 恰好一张，(c) 至少两张彩票中奖的（近似）概率各是多少？

33. 令 X 是随机变量，概率密度为

$$f(x) = \begin{cases} c(1 - x^2), & -1 < x < 1, \\ 0, & 其他. \end{cases}$$

(a) c 的值是多少？ (b) X 的累积分布函数是什么？

34. 令 X 的概率密度为

$$f(x) = \begin{cases} c(4x - 2x^2), & 0 < x < 2, \\ 0, & 其他. \end{cases}$$

(a) c 的值是多少？ (b) $P\left\{\dfrac{1}{2} < X < \dfrac{3}{2}\right\} = ?$

35. 设 X 的密度为

$$f(x) = \begin{cases} 10/x^2, & x > 10, \\ 0, & x \leqslant 10. \end{cases}$$

X 的分布是什么？求 $P\{X > 20\}$.

36. 一个点均匀地分布在半径为 1 的圆盘中，即密度是

$$f(x, y) = C, \qquad 0 \leqslant x^2 + y^2 \leqslant 1.$$

求它与原点的距离小于 $x\ (0 \leqslant x \leqslant 1)$ 的概率.

37. 令 $X_1, X_2, \cdots, X_n$ 是独立随机变量，每个都在 $(0, 1)$ 上均匀分布. 令 $M = \max(X_1,$

$X_2, \cdots, X_n)$. 证明 M 的分布函数 $F_M(\cdot)$ 为

$$F_M(x) = x^n, \qquad 0 \leqslant x \leqslant 1.$$

M 的概率密度函数是什么?

38. 令 $X_1, \cdots, X_{10}$ 是独立同分布的连续随机变量,具有分布函数 F 和均值 $\mu = E[X_i]$. 令 $X_{(1)} < X_{(2)} < \cdots < X_{(10)}$ 是按升序排列的值. 也就是说,对于 $i = 1, \cdots, 10$,$X_{(i)}$ 是 $X_1, \cdots, X_{10}$ 中第 i 小的值.

(a) 求 $E\left[\sum_{i=1}^{10} X_{(i)}\right]$.

(b) 令 $N = \max\{i : X_{(i)} < x\}$,$N$ 的分布是什么?

(c) 若 m 为该分布的中位数(即 $F(m) = 0.5$),求 $P\{X_{(2)} < m < X_{(8)}\}$.

39. 一个坛子中有 8 个红球和 12 个蓝球. 假定无放回地随机从坛子中取球,直到取出所有红球为止. 设 X 为该过程结束时取出的总球数.

(a) 求 $P\{X = 14\}$.

(b) 求一个特定的蓝球仍在坛子中的概率.

(c) 求 $E[X]$.

40. 假定两队玩一系列游戏,甲队独立地赢的概率是 p,乙队独立地赢的概率是 $1-p$. 先赢 4 次游戏的队为胜利者. 求游戏次数的期望,并计算 $p = \dfrac{1}{2}$ 时的期望值.

41. 考虑在习题 29 中任意 p 的情形. 计算变更的期望数.

42. 假定得到的每张奖券与前面已得到的奖券独立,并且等可能地属于 m 种不同类型中的任意一种. 求为使每种类型的奖券至少有一张而需要得到的奖券的期望数.

提示:令 X 是需要的奖券张数. 可以将 X 表示成

$$X = \sum_{i=1}^{m} X_i,$$

其中 X_i 是几何随机变量.

43. 一个坛子中有 $n + m$ 个球,其中 n 个是红球,m 个是黑球. 每次从坛子中无放回地取出一个球. 设 X 为在首次取得黑球前取出的红球个数. 我们想确定 $E[X]$. 为了得到这个量,将红球用从 1 到 n 的数标记. 随机变量 X_i($i = 1, \cdots, n$)定义为

$$X_i = \begin{cases} 1, & \text{若红球 } i \text{ 比黑球先被取出}, \\ 0, & \text{其他情形}. \end{cases}$$

(a) 用 X_i 表示 X. (b) 求 $E[X]$.

44. 在习题 43 中,设 Y 为在取到第一个黑球与第二个黑球之间取到的红球个数.

(a) 将 Y 表示为 n 个随机变量的和,其中每个随机变量只取 0 或 1.

(b) 求 $E[Y]$.

(c) 比较 $E[Y]$ 与习题 43 中得到的 $E[X]$.

(d) 你能否解释在 (c) 中得到的结果?

45. 总共 r 个钥匙被一次一个地放进 k 个盒子,每个钥匙以概率 p_i 独立地被放进盒子 i,$\sum_{i=1}^{k} p_i = 1$. 每当一个钥匙被放进非空的盒子,我们就说发生一次碰撞. 求碰撞的期望数.

46. (a) 如果 X 是一个取非负整数值的随机变量. 证明

$$E[X] = \sum_{n=1}^{\infty} P\{X \geqslant n\} = \sum_{n=0}^{\infty} P\{X > n\}.$$

提示: 定义随机变量序列 $\{I_n, n \geqslant 1\}$ 为

$$I_n = \begin{cases} 1, & n \leqslant X, \\ 0, & n > X. \end{cases}$$

用 I_n 表示 X.

(b) 如果 X 和 Y 都是取非负整数值的随机变量, 证明

$$E[XY] = \sum_{n=1}^{\infty} \sum_{m=1}^{\infty} P\{X \geqslant n, Y \geqslant m\}.$$

*47. 考虑三个试验, 每个试验要么成功要么失败. 令 X 为成功的次数. 假设 $E[X] = 1.8$.

(a) $P\{X = 3\}$ 的最大可能值是多少?

(b) $P\{X = 3\}$ 的最小可能值是多少?

在这两种情形下, 构造一个概率方案使 $P\{X = 3\}$ 具有要求的值.

48. 对于任意事件 A, 我们定义随机变量 $I\{A\}$ 为其指示变量, 当 A 发生时令 $I\{A\} = 1$, 否则令 $I\{A\} = 0$. 现在, 如果对于所有 $t \geqslant 0$, $X(t)$ 是非负随机变量, 那么根据实分析中一个称为富比尼定理的结果可得

$$E\left[\int_0^\infty X(t)\mathrm{d}t\right] = \int_0^\infty E[X(t)]\mathrm{d}t.$$

假定 X 是一个非负随机变量, g 是一个满足 $g(0) = 0$ 的可微函数.

(a) 证明

$$g(X) = \int_0^\infty I\{t < X\}g'(t)\mathrm{d}t.$$

(b) 证明

$$E[g(X)] = \int_0^\infty \bar{F}(t)g'(t)\mathrm{d}t,$$

其中 $\bar{F}(t) = 1 - F(t) = P\{X > t\}$.

*49. 证明 $E[X^2] \geqslant (E[X])^2$. 什么时候可以取等号?

50. 令 c 为常数. 证明 (a) $\mathrm{Var}(cX) = c^2 \mathrm{Var}(X)$; (b) $\mathrm{Var}(c + X) = \mathrm{Var}(X)$.

51. 抛掷一枚正面朝上的概率为 p 的硬币直至抛出第 r 次正面. 设 N 为需要抛掷的次数. 计算 $E[N]$.

提示: 做这道题有一个简单方法, 即将 N 表示成 r 个几何随机变量的和.

52. (a) 计算习题 37 中最大随机变量的 $E[X]$.

(b) 对于习题 33 中的 X, 计算 $E[X]$.

(c) 对于习题 34 中的 X, 计算 $E[X]$.

53. 如果 X 在 $(0, 1)$ 上均匀分布, 计算 $E[X^n]$ 和 $\mathrm{Var}(X^n)$.

54. 一个总体里的每个成员要么以概率 p_1 为类型 1, 要么以概率 $p_2 = 1 - p_1$ 为类型 2. 两个相同类型的成员以概率 α 成为朋友, 而两个不同类型的成员以概率 β 成为朋友, 且独立于其他成员对. 令 P_i 为类型 i 的成员与随机选择的其他成员成为朋友的概率.

(a) 求 P_1 和 P_2.

令事件 $F_{k,r}$ 表示成员 k 和成员 r 成为朋友.

(b) 求 $P\{F_{1,2}\}$.

(c) 证明 $P\{F_{1,2}|F_{1,3}\} \geqslant P\{F_{1,2}\}$.

对 (c) 的提示: 令 X 满足 $P\{X = P_i\} = p_i$ ($i = 1, 2$) 或许有用.

55. 假设 X 和 Y 的联合概率质量函数是

$$P\{X = i, Y = j\} = \binom{j}{i} \mathrm{e}^{-2\lambda} \lambda^j / j!, \quad 0 \leqslant i \leqslant j.$$

(a) 求 Y 的概率质量函数. (b) 求 X 的概率质量函数. (c) 求 $Y - X$ 的概率质量函数.

56. 有 n 种类型的奖券. 每张新得到的奖券独立地是类型 i 的概率为 p_i, $i = 1, \cdots, n$. 求 k 张奖券中奖券类型数的期望和方差.

57. 假定 X 和 Y 分别是参数为 n, p 和 m, p 的独立的二项随机变量. 从概率角度论述 (不需要计算) $X + Y$ 是参数为 $n + m, p$ 的二项随机变量.

58. 一个坛子中有 $2n$ 个球, 其中有 r 个红球, 相继地随机抽取 n 对球, 设 X 为抽取的一对球都是红色的对数. (a) 求 $E[X]$, (b) 求 $\mathrm{Var}(X)$.

59. 假定 X_1、X_2、X_3 和 X_4 是独立的连续随机变量, 具有共同的分布函数 F, 并且令

$$p = P\{X_1 < X_2 > X_3 < X_4\}.$$

(a) 证明对于所有连续分布函数 F, p 值不变.

(b) 通过对联合密度在合适的区域上求积分求得 p.

(c) 利用 $X_1, \cdots, X_4$ 的所有 $4!$ 个可能的次序是等可能的事实求得 p.

60. 假定 X 和 Y 是独立随机变量, 分别具有均值 μ_x、μ_y 和方差 σ_x^2、σ_y^2. 证明

$$\mathrm{Var}(XY) = \sigma_x^2 \sigma_y^2 + \mu_y^2 \sigma_x^2 + \mu_x^2 \sigma_y^2.$$

61. 假定 $X_1, X_2, \cdots$ 是一个独立同分布的连续随机变量序列. 如果 $X_n > \max(X_1, \cdots, X_{n-1})$, 我们说在时刻 n 出现了一个记录值, 即如果 $X_n > \max\{X_1, \cdots, X_{n-1}\}$, 则 X_n 是一个记录值. 证明

(a) $P\{$在时刻 n 出现一个记录值$\} = 1/n$;

(b) $E($在时刻 n 前的记录值的个数$) = \sum_{i=1}^{n} 1/i$;

(c) $\mathrm{Var}($在时刻 n 前的记录值的个数$) = \sum_{i=1}^{n} (i-1)/i^2$;

(d) 令 $N = \min\{n : n > 1,$ 且在时刻 n 出现一个记录值$\}$, 则 $E[N] = \infty$.

提示: 对于 (b) 和 (c), 将记录值的个数表示为指示 (即伯努利) 随机变量的和.

62. 令 $a_1 < a_2 < \cdots < a_n$ 表示一组中的 n 个数, 并且考虑这些数的任意排列. 如果 $i < j$ 且 a_j 排在 a_i 的前面, 我们就说在排列中存在 a_i 和 a_j 的一个逆序. 例如排列 $4, 2, 1, 5, 3$ 有 5 个逆序, 即 $(4, 2)$、$(4, 1)$、$(4, 3)$、$(2, 1)$、$(5, 3)$. 现在考虑 $a_1, a_2, \cdots, a_n$ 的随机排列, $n!$ 个排列中的每一个都等可能地被选中, 令 N 为一个排列的逆序数. 又令

$$N_i = k \text{ 的数目}: k < i, \text{ 且在此排列中 } a_i \text{ 在 } a_k \text{ 前面}.$$

注意 $N = \sum_{i=1}^{n} N_i$.

(a) 证明 $N_1, \cdots, N_n$ 是独立随机变量. (b) N_i 的分布是什么? (c) 计算 $E[N]$ 和 $\mathrm{Var}(N)$.

63. 从装有 n 个白球和 m 个黑球的坛子中随机选取 k 个球，其中的白球数记为 X.

(a) 计算 $P\{X = i\}$.

(b) 对于 $i = 1, 2, \cdots, k$，$j = 1, 2, \cdots, n$，令

$$X_i = \begin{cases} 1, & \text{若取出的第 } i \text{ 个球是白的}, \\ 0, & \text{其他情形}, \end{cases} \qquad Y_j = \begin{cases} 1, & \text{若白球 } j \text{ 被取出}, \\ 0, & \text{其他情形}. \end{cases}$$

首先将 X 表示为 X_i 的函数，然后将其表示为 Y_j 的函数. 用这两种方法计算 $E[X]$.

*64. 当 X 是例 2.30 中选到自己帽子的人数时，证明 $\mathrm{Var}(X) = 1$.

65. 每天发生交通事故的次数是均值为 2 的独立泊松随机变量.

(a) 求接下来的 5 天中有 3 天每天都发生 2 次事故的概率.

(b) 求接下来的 2 天中共发生 6 次事故的概率.

(c) 如果每次事故独立地是"重大事故"的概率为 p，那么明天没有重大事故的概率是多少？

*66. 如果对于任意的 $i = 2, \cdots, n$，随机变量 X_i 都独立于 $X_1, \cdots, X_{i-1}$. 证明 $X_1, \cdots, X_n$ 是独立的.

提示：若对于任意集合 $A_1, \cdots, A_n$ 有

$$P(X_j \in A_j, j = 1, \cdots, n) = \prod_{j=1}^{n} P(X_j \in A_j),$$

则 $X_1, \cdots, X_n$ 是独立的. 另外，若对任意集合 $A_1, \cdots, A_i$ 有

$$P(X_i \in A_i | X_j \in A_j, j = 1, \cdots, i-1) = P(X_i \in A_i),$$

则 X_i 独立于 $X_1, \cdots, X_{i-1}$.

67. 计算 $(0, 1)$ 上的均匀分布的矩母函数. 通过求微分得到 $E[X]$ 和 $\mathrm{Var}(X)$.

68. 令 X 和 W 分别表示某台机器的工作时间和随后的维修时间. 令 $Y = X + W$ 并且假设 X 和 Y 的联合概率密度是

$$f_{X,Y}(x, y) = \lambda^2 e^{-\lambda y}, \quad 0 < x < y < \infty.$$

(a) 求 X 的密度. (b) 求 Y 的密度. (c) 求 X 和 W 的联合密度. (d) 求 W 的密度.

69. 为了收取合适的保险费，保险公司有时使用如下定义的指数原则. 令 X 为保险公司需要支付的随机索赔金额，则保险公司收取的保险费为

$$P = \frac{1}{a} \ln(E[e^{aX}]),$$

其中 a 是某个特定的正常数. 当 X 是参数为 λ 的指数随机变量，并且 $a = \alpha\lambda$ 时，求 P，其中 $0 < \alpha < 1$.

70. 计算几何分布的矩母函数.

*71. 证明独立同分布的指数随机变量的和服从伽马分布.

72. 每月的销售量是均值为 100、方差为 100 的独立正态随机变量.

(a) 求未来 5 个月中至少有一个月的销售量超过 115 的概率.

(b) 求未来 5 个月的销售总量超过 530 的概率.

73. 考虑 n 个人，假设每个人的生日等可能地是一年 365 天中的任意一天，并且他们的生日是独立的. 令事件 A 表示他们中没有两人在同一天过生日. 为这 $\binom{n}{2}$ 对人中的每一对定

义如下试验：若 i 和 j（$i \neq j$）在同一天过生日，则我们称试验 (i,j) 是成功的．令事件 $S_{i,j}$ 表示试验 (i,j) 成功．

(a) 求 $P(S_{i,j})$，$i \neq j$．

(b) 在 i、j、k、r 各不相同时，$S_{i,j}$ 和 $S_{k,r}$ 是否独立？

(c) 在 i、j、k 各不相同时，$S_{i,j}$ 和 $S_{k,j}$ 是否独立？

(d) $S_{1,2}$、$S_{1,3}$、$S_{2,3}$ 独立吗？

(e) 用泊松范式近似 $P(A)$．

(f) 在 $n = 23$ 时，证明上述近似可得 $P(A) \approx 0.5$．

(g) 令事件 B 表示没有三个人在同一天过生日．求 n 的近似值，使 $P(B) \approx 0.5$．（简单的组合推理能显式地确定 $P(A)$，而要精确地确定 $P(B)$ 却十分复杂．）

提示：对每一个三人组定义一个试验．

*74. 若 X 是参数为 λ 的泊松随机变量，证明它的拉普拉斯变换是

$$g(u) = E[\mathrm{e}^{-uX}] = \mathrm{e}^{\lambda(\mathrm{e}^{-u}-1)}.$$

75. 考虑例 2.48．利用 a_{rs} 求 $\mathrm{Cov}(X_i, X_j)$．

76. 用切比雪夫不等式证明**弱大数定律**，即如果 $X_1, X_2, \cdots$ 独立同分布，且均值为 μ，方差为 σ^2，那么对于任意 $\varepsilon > 0$，当 $n \to \infty$ 时，有

$$P\left\{\left|\frac{X_1 + X_2 + \cdots + X_n}{n} - \mu\right| > \varepsilon\right\} \to 0.$$

77. 如果 X 是均值为 10、方差为 15 的随机变量，那么 $P\{5 < X < 15\}$ 是多少？

78. 假设 $X_1, \cdots, X_{10}$ 是均值为 1 的独立泊松随机变量．

(a) 用马尔可夫不等式给出 $P\{X_1 + \cdots + X_{10} \geqslant 15\}$ 的一个界．

(b) 用中心极限定理近似 $P\{X_1 + \cdots + X_{10} \geqslant 15\}$．

79. 假设 X 服从均值为 1、方差为 4 的正态分布．用表求出 $P\{2 < X < 3\}$．

*80. 证明

$$\lim_{n \to \infty} \mathrm{e}^{-n} \sum_{k=0}^{n} \frac{n^k}{k!} = \frac{1}{2}.$$

提示：令 X_n 是均值为 n 的泊松随机变量．用中心极限定理证明 $P\{X_n \leqslant n\} \to 1/2$．

81. 假定 X 和 Y 都是均值为 μ、方差为 σ^2 的独立正态随机变量．证明 $X + Y$ 和 $X - Y$ 是独立的．

提示：求它们的联合矩母函数．

82. 将 $X_1, \cdots, X_n$ 的联合矩母函数记为 $\phi(t_1, \cdots, t_n)$．

(a) 解释如何根据 $\phi(t_1, \cdots, t_n)$ 得到 X_i 的矩母函数 $\phi_{X_i}(t_i)$．

(b) 证明 $X_1, \cdots, X_n$ 是独立的，当且仅当 $\phi(t_1, \cdots, t_n) = \phi_{X_1}(t_1) \cdots \phi_{X_n}(t_n)$．

83. 若 $K(t) = \ln(E[\mathrm{e}^{tX}])$，证明

$$K'(0) = E[X], \quad K''(0) = \mathrm{Var}(X).$$

84. 一队、二队、三队、四队分别与其他队各比赛 10 次．每当 i 队和 j 队比赛时，i 队获胜

的概率总是 $P_{i,j}$，其中

$$P_{1,2} = 0.6, \quad P_{1,3} = 0.7, \quad P_{1,4} = 0.75, \quad P_{2,3} = 0.6, \quad P_{2,4} = 0.7, \quad P_{3,4} = 0.5.$$

(a) 近似计算一队至少获胜 20 次的概率.

现在假设我们想近似计算二队的获胜次数至少等于一队的概率. 为此，设 X 为二队战胜一队的次数，设 Y 为二队战胜三队和四队的总次数，设 Z 为一队战胜三队和四队的总次数.

(b) X、Y、Z 是独立的吗?

(c) 用随机变量 X、Y、Z 表示二队的获胜次数至少等于一队的事件.

(d) 近似计算二队的获胜次数至少等于一队的概率.

*85. 随机变量的标准差是其方差的正平方根. 令 σ_X 和 σ_Y 表示随机变量 X 和 Y 的标准差，我们定义 X 和 Y 的相关系数为

$$\mathrm{Corr}(X, Y) = \frac{\mathrm{Cov}(X, Y)}{\sigma_X \sigma_Y}.$$

(a) 从不等式 $\mathrm{Var}\left(\dfrac{X}{\sigma_X} + \dfrac{Y}{\sigma_Y}\right) \geqslant 0$ 出发，证明 $-1 \leqslant \mathrm{Corr}(X, Y)$.

(b) 证明不等式 $-1 \leqslant \mathrm{Corr}(X, Y) \leqslant 1$.

(c) 若 σ_{X+Y} 是 $X + Y$ 的标准差，证明 $\sigma_{X+Y} \leqslant \sigma_X + \sigma_Y$.

*86. 图书馆受赠的每本新书必须经过处理. 假设管理员处理一本书的平均时间为 10 分钟，标准差为 3 分钟. 假设管理员每次必须处理 40 本书.

(a) 求处理这些书的时间超过 420 分钟的近似概率.

(b) 求在 240 分钟内处理至少 25 本书的近似概率.

87. 回忆一下，若 X 的密度是

$$f(x) = \lambda \mathrm{e}^{-\lambda x}(\lambda x)^{\alpha-1}/\Gamma(\alpha), \quad x > 0,$$

则称 X 是参数为 α 和 λ 的伽马随机变量.

(a) 若 Z 是标准正态随机变量，证明 Z^2 是参数为 1/2 和 1/2 的伽马随机变量.

(b) 若 $Z_1, \cdots, Z_n$ 是独立的标准正态随机变量，则 $\sum_{i=1}^{n} Z_i^2$ 称为自由度为 n 的**卡方随机变量**. 解释如何用例 2.39 说明 $\sum_{i=1}^{n} Z_i^2$ 的密度函数是

$$f(x) = \frac{\mathrm{e}^{-x/2} x^{n/2-1}}{2^{n/2}\Gamma(n/2)}, \quad x > 0.$$

参考文献

[1] W. Feller. *An Introduction to Probability Theory and Its Applications, Vol. I*, John Wiley, New York, 1957.

[2] M. Fisz. *Probability Theory and Mathematical Statistics*, John Wiley, New York, 1963.

[3] E. Parzen. *Modern Probaility Theory and Its Applications*, John Wiley, New York, 1960.

[4] S. Ross. *A First Course in Probability, Tenth Edition*, Prentice Hall, New Jersey, 2018.

第 3 章　条件概率与条件期望

3.1　引言

概率论中最有用的概念就包括条件概率与条件期望，原因有两方面. 首先，我们在实践中常常对计算已知部分信息的概率和期望感兴趣，这样的概率和期望就是条件概率和条件期望. 其次，在计算所求的概率或期望时，以某些适当的随机变量为条件是极其有用的方法.

3.2　离散情形

回忆一下，对于任意两个事件 E 和 F，当 $P(F) > 0$ 时，在给定 F 的条件下，E 的条件概率定义为

$$P(E|F) = \frac{P(EF)}{P(F)}.$$

因此，如果 X 和 Y 都是离散随机变量，那么对于所有使 $P\{Y = y\} > 0$ 的 y 值，在给定 $Y = y$ 的条件下，X 的**条件概率质量函数**自然地定义为

$$p_{X|Y}(x|y) = P\{X = x|Y = y\} = \frac{P\{X = x, Y = y\}}{P\{Y = y\}} = \frac{p(x, y)}{p_Y(y)}.$$

类似地，对于所有使 $P\{Y = y\} > 0$ 的 y 值，在给定 $Y = y$ 的条件下，X 的条件概率分布函数定义为

$$F_{X|Y}(x|y) = P\{X \leqslant x|Y = y\} = \sum_{a \leqslant x} p_{X|Y}(a|y).$$

最后，在给定 $Y = y$ 的条件下，X 的条件期望定义为

$$E[X|Y = y] = \sum_x x P\{X = x|Y = y\} = \sum_x x p_{X|Y}(x|y).$$

换句话说，除了以事件 $Y = y$ 为条件以外，定义恰如以前所述. 如果 X 与 Y 独立，那么条件概率质量函数、条件分布函数和条件期望都与无条件时一样. 这是因为如果 X 与 Y 独立，那么

$$p_{X|Y}(x|y) = P\{X = x|Y = y\} = P\{X = x\}.$$

例 3.1   假定 X 和 Y 的联合概率质量函数 $p(x, y)$ 为

$$p(1,1) = 0.5, \quad p(1,2) = 0.1, \quad p(2,1) = 0.1, \quad p(2,2) = 0.3.$$

在给定 $Y = 1$ 的条件下, 计算 X 的条件概率质量函数.

解   我们首先注意

$$p_Y(1) = \sum_x p(x,1) = p(1,1) + p(2,1) = 0.6.$$

因此有

$$p_{X|Y}(1|1) = P\{X = 1|Y = 1\} = \frac{P\{X = 1, Y = 1\}}{P\{Y = 1\}} = \frac{p(1,1)}{p_Y(1)} = \frac{5}{6}.$$

类似地有

$$p_{X|Y}(2|1) = \frac{p(2,1)}{p_Y(1)} = \frac{1}{6}. \qquad \blacksquare$$

例 3.2   假定 X_1 和 X_2 分别是参数为 n_1, p 与 n_2, p 的独立二项随机变量. 在给定 $X_2 + X_2 = m$ 的条件下, 计算 X_1 的条件概率质量函数.

解   对于 $q = 1 - p$,

$$\begin{aligned}
P\{X_1 = k | X_1 + X_2 = m\} &= \frac{P\{X_1 = k, X_1 + X_2 = m\}}{P\{X_1 + X_2 = m\}} \\
&= \frac{P\{X_1 = k, X_2 = m - k\}}{P\{X_1 + X_2 = m\}} \\
&= \frac{P\{X_1 = k\}P\{X_2 = m - k\}}{P\{X_1 + X_2 = m\}} \\
&= \frac{\binom{n_1}{k} p^k q^{n_1 - k} \binom{n_2}{m - k} p^{m-k} q^{n_2 - m + k}}{\binom{n_1 + n_2}{m} p^m q^{n_1 + n_2 - m}},
\end{aligned}$$

其中我们利用了 $X_1 + X_2$ 是参数为 $n_1 + n_2$ 和 p 的二项随机变量 (参见例 2.44) 这一事实. 于是, 在给定 $X_1 + X_2 = m$ 的条件下, X_1 的条件概率质量函数是

$$P\{X_1 = k | X_1 + X_2 = m\} = \frac{\binom{n_1}{k}\binom{n_2}{m - k}}{\binom{n_1 + n_2}{m}}. \tag{3.1}$$

式 (3.1) 中的分布 (首次见于例 2.35 中) 名为**超几何分布**. 这是从装有 n_1 个蓝球和 n_2 个红球的坛子中随机选取 m 个球的样本, 其中蓝球个数的分布. (为了直观地看出为什么此条件分布是超几何分布, 我们考虑 $n_1 + n_2$ 次独立试验, 每次试验成功的概率为 p. 设 X_1 表示前 n_1 次试验中成功的次数, X_2 表示最后 n_2 次

试验中成功的次数. 由于所有试验成功的概率是相同的, 因此包含 m 次试验的 $\binom{n_1+n_2}{m}$ 个子集都是等可能的. 从而, m 次成功试验出现在前 n_1 次试验中的次数是超几何随机变量.) ■

例 3.3 假定 X 和 Y 分别是参数为 λ_1 和 λ_2 的独立泊松随机变量. 在给定 $X+Y=n$ 的条件下, 计算 X 的条件期望.

解 我们先计算在给定 $X+Y=n$ 的条件下, X 的条件概率质量函数. 我们得到

$$
\begin{aligned}
P\{X=k|X+Y=n\} &= \frac{P\{X=k, X+Y=n\}}{P\{X+Y=n\}} \\
&= \frac{P\{X=k, Y=n-k\}}{P\{X+Y=n\}} \\
&= \frac{P\{X=k\}P\{Y=n-k\}}{P\{X+Y=n\}},
\end{aligned}
$$

其中最后的等式由假定 X 与 Y 独立得到. 回忆一下 (参见例 2.37), $X+Y$ 是均值为 $\lambda_1+\lambda_2$ 的泊松分布, 因此上面的方程等于

$$
\begin{aligned}
P\{X=k|X+Y=n\} &= \frac{\mathrm{e}^{-\lambda_1}\lambda_1^k}{k!} \cdot \frac{\mathrm{e}^{-\lambda_2}\lambda_2^{n-k}}{(n-k)!} \left[\frac{\mathrm{e}^{-(\lambda_1+\lambda_2)}(\lambda_1+\lambda_2)^n}{n!}\right]^{-1} \\
&= \frac{n!}{(n-k)!k!} \cdot \frac{\lambda_1^k \lambda_2^{n-k}}{(\lambda_1+\lambda_2)^n} \\
&= \binom{n}{k}\left(\frac{\lambda_1}{\lambda_1+\lambda_2}\right)^k \left(\frac{\lambda_2}{\lambda_1+\lambda_2}\right)^{n-k}.
\end{aligned}
$$

换句话说, 在给定 $X+Y=n$ 的条件下, X 的条件分布是参数为 n 和 $\lambda_1/(\lambda_1+\lambda_2)$ 的二项分布. 因此

$$
E\{X|X+Y=n\} = n\frac{\lambda_1}{\lambda_1+\lambda_2}. \qquad ■
$$

条件期望具有普通期望的一切性质, 诸如恒等式

$$
E\left[\sum_{i=1}^n X_i | Y=y\right] = \sum_{i=1}^n E[X_i|Y=y],
$$

$$
E[h(X)|Y=y] = \sum_x h(x)P(X=x|Y=y)
$$

仍然有效.

例 3.4 有 n 个部件. 对于 $i=1,\cdots,n$, 部件 i 在雨天运转的概率为 p_i, 在非雨天运转的概率为 q_i. 明天将下雨的概率为 α. 在给定明天下雨时, 计算运转部件数的条件期望.

解 令

$$X_i = \begin{cases} 1, & \text{部件 } i \text{ 明天运转}, \\ 0, & \text{其他情形}. \end{cases}$$

如果明天下雨, 定义 Y 为 1, 否则定义 Y 为 0, 那么所求的条件期望为

$$E\left[\sum_{i=1}^n X_i \middle| Y=1\right] = \sum_{i=1}^n E[X_i|Y=1] = \sum_{i=1}^n p_i.$$ ∎

3.3　连续情形

如果 X 和 Y 有联合密度函数 $f(x,y)$, 那么对于所有使 $f_Y(y) > 0$ 的 y 值, 在给定 $Y=y$ 的条件下, X 的**条件概率密度函数**定义为

$$f_{X|Y}(x|y) = \frac{f(x,y)}{f_Y(y)}.$$

为了进一步说明这个定义, 我们将左边乘以 $\mathrm{d}x$, 右边乘以 $(\mathrm{d}x\mathrm{d}y)/\mathrm{d}y$, 得到

$$\begin{aligned}
f_{X|Y}(x|y)\mathrm{d}x &= \frac{f(x,y)\mathrm{d}x\mathrm{d}y}{f_Y(y)\mathrm{d}y} \\
&\approx \frac{P\{x \leqslant X \leqslant x+\mathrm{d}x, y \leqslant Y \leqslant y+\mathrm{d}y\}}{P\{y \leqslant Y \leqslant y+\mathrm{d}y\}} \\
&= P\{x \leqslant X \leqslant x+\mathrm{d}x | y \leqslant Y \leqslant y+\mathrm{d}y\}.
\end{aligned}$$

换句话说, 对于很小的值 $\mathrm{d}x$ 和 $\mathrm{d}y$, 在给定 Y 在 y 和 $y+\mathrm{d}y$ 之间的条件下, $f_{X|Y}(x|y)\mathrm{d}x$ 近似地是 X 在 x 和 $x+\mathrm{d}x$ 之间的条件概率.

对于所有使 $f_Y(y) > 0$ 的 y 值, 在给定 $Y=y$ 的条件下, X 的**条件期望**定义为

$$E[X|Y=y] = \int_{-\infty}^{\infty} x f_{X|Y}(x|y)\mathrm{d}x.$$

例 3.5　假定 X 和 Y 的联合密度为

$$f(x,y) = \begin{cases} 6xy(2-x-y), & 0 < x < 1, 0 < y < 1, \\ 0, & \text{其他}. \end{cases}$$

对于 $0 < y < 1$, 在给定 $Y=y$ 的条件下, 计算 X 的条件期望.

解　我们首先计算条件密度:

$$\begin{aligned}
f_{X|Y}(x|y) &= \frac{f(x,y)}{f_Y(y)} \\
&= \frac{6xy(2-x-y)}{\displaystyle\int_0^1 6xy(2-x-y)\mathrm{d}x}
\end{aligned}$$

$$= \frac{6xy(2-x-y)}{y(4-3y)}$$
$$= \frac{6x(2-x-y)}{4-3y}.$$

因此

$$E[X|Y=y] = \int_0^1 \frac{6x^2(2-x-y)\mathrm{d}x}{4-3y} = \frac{(2-y)\cdot 2 - \dfrac{6}{4}}{4-3y} = \frac{5-4y}{8-6y}. \quad \blacksquare$$

例 3.6（t 分布） 若 Y 和 Z 是独立的随机变量，Z 服从标准正态分布，而 Y 服从自由度为 n 的卡方分布，则由

$$T = \frac{Z}{\sqrt{Y/n}} = \sqrt{n}\frac{Z}{\sqrt{Y}}$$

定义的随机变量 T 称为自由度为 n 的 t 随机变量. 为了计算它的密度函数，我们首先推导在给定 $Y=y$ 时 T 的条件分布. 因为 Y 和 Z 独立，所以在给定 $Y=y$ 时，T 的条件分布是 $\sqrt{n/y}Z$ 的分布，即均值为 0、方差为 n/y 的正态分布. 因此在给定 $Y=y$ 时，T 的条件密度函数是

$$f_{T|Y}(t|y) = \frac{1}{\sqrt{2\pi n/y}}\mathrm{e}^{-t^2 y/2n} = \frac{y^{1/2}}{\sqrt{2\pi n}}\mathrm{e}^{-t^2 y/2n}, \quad -\infty < t < \infty.$$

上式结合在第 2 章习题 87 中推导的卡方密度公式

$$f_Y(y) = \frac{\mathrm{e}^{-y/2}y^{n/2-1}}{2^{n/2}\Gamma(n/2)}, \quad y > 0$$

就得到 T 的密度函数：

$$f_T(t) = \int_0^\infty f_{T,Y}(t,y)\mathrm{d}y = \int_0^\infty f_{T|Y}(t|y)f_Y(y)\mathrm{d}y.$$

令

$$K = \frac{1}{\sqrt{\pi n}2^{(n+1)/2}\Gamma(n/2)}, \quad c = \frac{t^2+n}{2n} = \frac{1}{2}\left(1+\frac{t^2}{n}\right),$$

则由上面的结果可得

$$f_T(t) = \frac{1}{K}\int_0^\infty \mathrm{e}^{-cy}y^{(n-1)/2}\mathrm{d}y$$
$$= \frac{c^{-(n+1)/2}}{K}\int_0^\infty \mathrm{e}^{-x}x^{(n-1)/2}\mathrm{d}x \quad （\text{令 } x=cy）$$
$$= \frac{c^{-(n+1)/2}}{K}\Gamma\left(\frac{n+1}{2}\right)$$
$$= \frac{\Gamma\left(\dfrac{n+1}{2}\right)}{\sqrt{\pi n}\,\Gamma\left(\dfrac{n}{2}\right)}\left(1+\frac{t^2}{n}\right)^{-(n+1)/2}, \quad -\infty < t < \infty. \quad \blacksquare$$

例 3.7 X 和 Y 的联合密度为

$$f(x,y) = \begin{cases} \dfrac{1}{2}y\mathrm{e}^{-xy}, & 0 < x < \infty,\ 0 < y < 2, \\ 0, & \text{其他}. \end{cases}$$

$E[\mathrm{e}^{X/2}|Y=1]$ 是多少?

解 在给定 $Y=1$ 的条件下, X 的条件密度为

$$f_{X|Y}(x|1) = \frac{f(x,1)}{f_Y(1)} = \frac{\dfrac{1}{2}\mathrm{e}^{-x}}{\displaystyle\int_0^\infty \dfrac{1}{2}\mathrm{e}^{-x}\mathrm{d}x} = \mathrm{e}^{-x}.$$

因此, 由命题 2.1 可得

$$E[\mathrm{e}^{X/2}|Y=1] = \int_0^\infty \mathrm{e}^{x/2} f_{X|Y}(x|1)\mathrm{d}x = \int_0^\infty \mathrm{e}^{x/2}\mathrm{e}^{-x}\mathrm{d}x = 2. \qquad \blacksquare$$

例 3.8 令 X_1 和 X_2 分别是参数为 μ_1 和 μ_2 的独立指数随机变量. 在给定 $X_1 + X_2 = t$ 的条件下计算 X_1 的条件密度.

解 我们首先设 $f(x,y)$ 为 X 和 Y 的联合密度, 那么 X 和 $X+Y$ 的联合密度就是

$$f_{X,X+Y}(x,t) = f(x, t-x).$$

由变换

$$g_1(x,y) = x, \quad g_2(x,y) = x + y$$

的雅可比行列式等于 1, 可以很容易地得到上式.

将上式用到我们的例子中, 得到

$$\begin{aligned} f_{X_1|X_1+X_2}(x|t) &= \frac{f_{X_1,X_1+X_2}(x,t)}{f_{X_1+X_2}(t)} \\ &= \frac{\mu_1\mathrm{e}^{-\mu_1 x}\mu_2\mathrm{e}^{-\mu_2(t-x)}}{f_{X_1+X_2}(t)}, \quad 0 \leqslant x \leqslant t \\ &= C\mathrm{e}^{-(\mu_1-\mu_2)x}, \quad 0 \leqslant x \leqslant t, \end{aligned}$$

其中

$$C = \frac{\mu_1\mu_2\mathrm{e}^{-\mu_2 t}}{f_{X_1+X_2}(t)}.$$

现在, 如果 $\mu_1 = \mu_2$, 那么

$$f_{X_1|X_1+X_2}(x|t) = C, \quad 0 \leqslant x \leqslant t.$$

这推出 $C = 1/t$，以及在给定 $X_1 + X_2 = t$ 时 X_1 服从 $(0, t)$ 上的均匀分布．另外，如果 $\mu_1 \neq \mu_2$，那么我们利用

$$1 = \int_0^t f_{X_1|X_1+X_2}(x|t)\mathrm{d}x = \frac{C}{\mu_1 - \mu_2}\left(1 - \mathrm{e}^{-(\mu_1-\mu_2)t}\right)$$

得到

$$C = \frac{\mu_1 - \mu_2}{1 - \mathrm{e}^{-(\mu_1-\mu_2)t}},$$

于是有结果：

$$f_{X_1|X_1+X_2}(x|t) = \frac{(\mu_1 - \mu_2)\mathrm{e}^{-(\mu_1-\mu_2)x}}{1 - \mathrm{e}^{-(\mu_1-\mu_2)t}}.$$

由以上分析可以得到一个有趣的"副产品"：

$$f_{X_1+X_2}(t) = \frac{\mu_1\mu_2\mathrm{e}^{-\mu_2 t}}{C} = \begin{cases} \mu^2 t\mathrm{e}^{-\mu t}, & \text{若 } \mu_1 = \mu_2 = \mu, \\ \dfrac{\mu_1\mu_2(\mathrm{e}^{-\mu_2 t} - \mathrm{e}^{-\mu_1 t})}{\mu_1 - \mu_2}, & \text{若 } \mu_1 \neq \mu_2. \end{cases} \qquad\blacksquare$$

3.4　通过添加条件计算期望

如果随机变量 Y 的一个函数在 $Y = y$ 处的取值是 $E[X|Y = y]$，则记该函数为 $E[X|Y]$．注意 $E[X|Y]$ 本身是一个随机变量．条件期望的一个极为重要的性质是：对于所有随机变量 X 和 Y，有

$$E[X] = E\big[E[X|Y]\big]. \tag{3.2}$$

如果 Y 是离散随机变量，那么式 (3.2) 说明

$$E[X] = \sum_y E[X|Y = y]P\{Y = y\}. \tag{3.2a}$$

如果 Y 是密度为 $f_Y(y)$ 的连续随机变量，那么式 (3.2) 说明

$$E[X] = \int_{-\infty}^{\infty} E[X|Y = y]f_Y(y)\mathrm{d}y. \tag{3.2b}$$

现在我们对 X 和 Y 都是离散随机变量的情形给出式 (3.2) 的一个证明.

当 X 和 Y 都是离散随机变量时式 (3.2) 的证明　我们需要证明

$$E[X] = \sum_y E[X|Y = y]P\{Y = y\}. \tag{3.3}$$

式 (3.3) 的右边可以写为

$$\sum_y E[X|Y = y]P\{Y = y\} = \sum_y \sum_x xP\{X = x|Y = y\}P\{Y = y\}$$

$$= \sum_y \sum_x x \frac{P\{X=x, Y=y\}}{P\{Y=y\}} P\{Y=y\}$$

$$= \sum_y \sum_x x P\{X=x, Y=y\}$$

$$= \sum_x x \sum_y P\{X=x, Y=y\}$$

$$= \sum_x x P\{X=x\}$$

$$= E[X].$$

这就得到了结果.   ■

为了理解式 (3.3)，我们做如下解释. 式 (3.3) 说明为了计算 $E[X]$，我们可以在给定 $Y=y$ 的条件下取 X 的条件期望的加权平均，每一项 $E[X|Y=y]$ 的权重都是其条件事件的概率.

以下例子会展示式 (3.2) 的用途.

例 3.9 萨姆准备读概率书或历史书的一章. 如果概率书一章中的印刷错误数服从均值为 2 的泊松分布，而历史书一章中的印刷错误数服从均值为 5 的泊松分布，那么在假定萨姆等可能地选取一本书时，萨姆遇到的印刷错误数的期望是多少？

解 设 X 为印刷错误数. 因为如果我们知道萨姆选择了哪本书，那么就很容易算得 $E[X]$，所以令

$$Y = \begin{cases} 1, & \text{如果萨姆选取历史书,} \\ 2, & \text{如果萨姆选取概率书.} \end{cases}$$

以 Y 为条件可得

$$E[X] = E[X|Y=1]P\{Y=1\} + E[X|Y=2]P\{Y=2\} = 5 \times \frac{1}{2} + 2 \times \frac{1}{2} = \frac{7}{2}. ■$$

例 3.10（随机个随机变量和的期望） 假定工厂设备每周的事故次数的期望为 4，在每次事故中的受伤工人数是均值为 2 的独立随机变量，并且在每次事故中的受伤工人数与每周的事故次数相互独立. 一周中受伤工人数的期望是多少？

解 设 N 为事故次数，X_i 为在第 i 次事故中的受伤工人数，$i = 1, 2, \cdots$，那么伤者总数可以表示为 $\sum_{i=1}^{N} X_i$. 于是，我们需要计算随机个随机变量之和的期望值. 因为容易计算固定个随机变量之和的期望值，所以我们尝试以 N 为条件. 由此可得

$$E\left[\sum_{i=1}^{N} X_i\right] = E\left[E\left[\sum_{i=1}^{N} X_i | N\right]\right].$$

而

$$E\left[\sum_{i=1}^{N} X_i | N = n\right] = E\left[\sum_{i=1}^{n} X_i | N = n\right]$$

$$= E\left[\sum_{i=1}^{n} X_i\right] \quad (\text{由 } N \text{ 和 } X_i \text{ 独立})$$

$$= nE[X],$$

由它导出

$$E\left[\sum_{i=1}^{N} X_i | N\right] = NE[X].$$

因此

$$E\left[\sum_{i=1}^{N} X_i\right] = E[NE[X]] = E[N]E[X].$$

所以，在这个例子中，在一周中受伤工人数的期望为 $4 \times 2 = 8$. ■

随机变量 $\sum_{i=1}^{N} X_i$ 等于随机数量 N 个独立同分布的随机变量之和，它称为 **复合随机变量**. 正如例 3.10 所示，这个复合随机变量的期望值是 $E[X]E[N]$. 它的方差将在例 3.20 中推得.

如果存在某个随机变量 Y，使得在知道 Y 的值的情况下，计算 $E[X]$ 会变得很容易，那么以 Y 为条件很可能是确定 $E[X]$ 的一个好策略. 当没有明显的随机变量可以作为条件时，以首先发生的事件为条件往往会有用. 以下两个例子说明了这一点.

例 3.11（几何分布的均值） 连续抛掷一枚正面朝上的概率为 p 的硬币直至抛出正面为止. 需要抛掷的次数的期望是多少?

解 设 N 为需要抛掷的次数，令

$$Y = \begin{cases} 1, & \text{如果第一次抛掷的结果是正面,} \\ 0, & \text{如果第一次抛掷的结果是反面.} \end{cases}$$

现在

$$E[N] = E[N|Y=1]P\{Y=1\} + E[N|Y=0]P\{Y=0\}$$
$$= pE[N|Y=1] + (1-p)E[N|Y=0] \tag{3.4}$$

而

$$E[N|Y=1] = 1, \quad E[N|Y=0] = 1 + E[N]. \tag{3.5}$$

为了明白为什么式 (3.5) 是正确的, 我们考察 $E[N|Y=1]$. 一方面, 如果 $Y=1$, 那么第一次抛掷的结果是正面, 所以需要抛掷的次数的期望是 1. 另一方面, 如果 $Y=0$, 那么第一次抛掷的结果是反面. 然而, 由于假定相继的抛掷是独立的, 因此在第一次抛出反面后, 直到首次抛出正面时的附加抛掷次数的期望是 $E[N]$. 因此 $E[N|Y=0]=1+E[N]$. 将式 (3.5) 代入式 (3.4) 得到

$$E[N]=p+(1-p)(1+E[N]),$$

解得

$$E[N]=1/p.$$ ■

因为随机变量 N 是概率质量函数为 $p(n)=p(1-p)^{n-1}$ 的几何随机变量, 所以它的期望可以很容易地由 $E[N]=\sum_{n=1}^{\infty}np(n)$ 算出, 无须求助于条件期望. 然而, 如果你想不用条件期望就得到下一个例子的解, 你将很快领会 "添加条件" 这个技巧是多么有用.

例 3.12　某矿工被困在有三扇门的矿井之中. 经第一扇门的通道前进 2 小时后, 他将到达安全地点. 经第二扇门的通道前进 3 小时后, 他将回到原地. 经第三扇门的通道前进 5 小时后, 他还是回到原地. 假定这个矿工每次都等可能地选择任意一扇门, 他到达安全地点所需时间的期望是多少?

解　设 X 为矿工到达安全地点所需的时间, Y 为他最初选择的门. 那么

$$E[X]=E[X|Y=1]P\{Y=1\}+E[X|Y=2]P\{Y=2\}+E[X|Y=3]P\{Y=3\}$$
$$=\frac{1}{3}(E[X|Y=1]+E[X|Y=2]+E[X|Y=3]).$$

而

$$\begin{aligned}E[X|Y=1]&=2,\\E[X|Y=2]&=3+E[X],\\E[X|Y=3]&=5+E[X].\end{aligned} \quad (3.6)$$

为了理解为什么这是正确的, 我们以 $E[X|Y=2]$ 为例给出如下推理. 如果矿工选择第二扇门, 那么 3 小时后他将回到原地. 一旦他回到原地, 问题就和之前的一样了, 而他到达安全地点的附加时间的期望正是 $E[X]$. 因此 $E[X|Y=2]=3+E[X]$. 式 (3.6) 中其他等式的推理是相似的. 因此

$$E[X]=\frac{1}{3}(2+3+E[X]+5+E[X]), \quad \text{也就是} \quad E[X]=10.$$ ■

例 3.13（**多项随机变量的协方差**）　考察 n 次独立试验, 每次的结果分别以概率 $p_1,\cdots,p_r$ 取 $1,\cdots,r$ 之一, $p_1+\cdots+p_r=1$. 若我们将出现结果 i 的试验次

数记为 N_i，则称 $(N_1, \cdots, N_r)$ 服从**多项分布**. 对于 $i \neq j$，我们来计算

$$\text{Cov}(N_i, N_j) = E[N_i N_j] - E[N_i] E[N_j].$$

因为每次试验独立地以概率 p_i 出现结果 i，所以 N_i 是参数为 n 和 p_i 的二项随机变量，从而可知 $E[N_i] E[N_j] = n^2 p_i p_j$. 为了计算 $E[N_i N_j]$，我们以 N_i 为条件，得到

$$E[N_i N_j] = \sum_{k=0}^{n} E[N_i N_j | N_i = k] P\{N_i = k\}$$
$$= \sum_{k=0}^{n} k E[N_j | N_i = k] P\{N_i = k\}.$$

现在，在给定 n 次试验中出现 k 次结果 i 时，其他 $n - k$ 次试验独立地以概率

$$P(j | \text{非 } i) = \frac{p_j}{1 - p_i}$$

出现结果 j. 这说明在给定 $N_i = k$ 时，N_j 的条件分布是参数为 $n - k$ 和 $\dfrac{p_j}{1 - p_i}$ 的二项分布. 由此可知

$$E[N_i N_j] = \sum_{k=0}^{n} k(n - k) \frac{p_j}{1 - p_i} P\{N_i = k\}$$
$$= \frac{p_j}{1 - p_i} \left(n \sum_{k=0}^{n} k P\{N_i = k\} - \sum_{k=0}^{n} k^2 P\{N_i = k\} \right)$$
$$= \frac{p_j}{1 - p_i} \left(n E[N_i] - E[N_i^2] \right).$$

因为 N_i 是参数为 n 和 p_i 的二项随机变量，所以

$$E[N_i^2] = \text{Var}(N_i) + (E[N_i])^2 = n p_i (1 - p_i) + (n p_i)^2.$$

因此

$$E[N_i N_j] = \frac{p_j}{1 - p_i} \left[n^2 p_i - n p_i (1 - p_i) - n^2 p_i^2 \right]$$
$$= \frac{n p_i p_j}{1 - p_i} \left[n - n p_i - (1 - p_i) \right]$$
$$= n(n - 1) p_i p_j.$$

由此得出结论

$$\text{Cov}(N_i, N_j) = n(n - 1) p_i p_j - n^2 p_i p_j = -n p_i p_j. \qquad \blacksquare$$

例 3.14（匹配轮数问题） 假设在例 2.30 中取到自己帽子的人离开，而其余人（没有匹配到帽子的那些人）将他们取到的帽子放回房间中央，混杂后重新取. 假定重复上述过程直到每个人都取到自己的帽子为止.

(a) 假定 R_n 是在开始有 n 个人时所需要的轮数，求 $E[R_n]$.

(b) 假定 S_n 是在开始有 n（$n \geqslant 2$）个人时所需要选取的总次数，求 $E[S_n]$.

(c) 求此 n（$n \geqslant 2$）个人取错帽子的期望数.

解 (a) 由例 2.30 推出，不论留下的人有多少，平均每轮有一个人成功匹配. 这就使人想到 $E[R_n] = n$. 这个结果是正确的，现在给出一个归纳性的证明. 由于显然有 $E[R_1] = 1$，因此假定对于 $k = 1, \cdots, n-1$ 有 $E[R_k] = k$. 为了计算 $E[R_n]$，我们先以第一轮中的匹配数 X_n 为条件，得到

$$E[R_n] = \sum_{i=0}^{n} E[R_n|X_n = i]P\{X_n = i\}.$$

现在，给定最初一轮的匹配数 i，那么所需要的轮数将等于 1 加上余下的 $n - i$ 个人匹配到帽子所需要的轮数. 所以

$$\begin{aligned}
E[R_n] &= \sum_{i=0}^{n} (1 + E[R_{n-i}])P\{X_n = i\} \\
&= 1 + E[R_n]P\{X_n = 0\} + \sum_{i=1}^{n} E[R_{n-i}]P\{X_n = i\} \\
&= 1 + E[R_n]P\{X_n = 0\} + \sum_{i=1}^{n} (n-i)P\{X_n = i\} \quad （由归纳假设） \\
&= 1 + E[R_n]P\{X_n = 0\} + n(1 - P\{X_n = 0\}) - E[X_n] \\
&= E[R_n]P\{X_n = 0\} + n(1 - P\{X_n = 0\}),
\end{aligned}$$

其中最后一个等式利用了例 2.30 的结果 $E[X_n] = 1$. 由上面的方程可推出 $E[R_n] = n$，结论得证.

(b) 对于 $n \geqslant 2$，以第一轮中的匹配次数 X_n 为条件，得到

$$\begin{aligned}
E[S_n] &= \sum_{i=0}^{n} E[S_n|X_n = i]P\{X_n = i\} \\
&= \sum_{i=0}^{n} (n + E[S_{n-i}])P\{X_n = i\} \\
&= n + \sum_{i=0}^{n} E[S_{n-i}]P\{X_n = i\},
\end{aligned}$$

其中 $E[S_0] = 0$. 为求解上面的方程，我们将它改写为

$$E[S_n] = n + E[S_{n-X_n}].$$

现在，如果在每轮中恰有一个人匹配成功，那么共有 $1 + 2 + \cdots + n = n(n+1)/2$ 次选取. 于是，我们可以试求形式为 $E[S_n] = an + bn^2$ 的解. 为使该解在 $n \geqslant 2$ 时

满足上面的方程, 我们需要有

$$an + bn^2 = n + E[a(n - X_n) + b(n - X_n)^2]$$

或者等价的

$$an + bn^2 = n + a(n - E[X_n]) + b(n^2 - 2nE[X_n] + E[X_n^2]).$$

现在, 利用由例 2.30 和第 2 章的习题 72 得到的 $E[X_n] = \mathrm{Var}(X_n) = 1$, 只要有

$$an + bn^2 = n + an - a + bn^2 - 2nb + 2b,$$

上面的方程就能得到满足. 当 $b = 1/2$ 且 $a = 1$ 时, 上式成立. 也就是说,

$$E[S_n] = n + n^2/2$$

满足 $E[S_n]$ 的递推方程.

$E[S_n] = n + n^2/2$, $n \geqslant 2$ 的形式证明由对 n 运用归纳法可得. 当 $n = 2$ 时, 它是正确的 (因为这时选取次数是轮数的两倍, 而轮数是参数为 $p = 1/2$ 的几何随机变量). 现在, 递推关系为

$$E[S_n] = n + E[S_n]P\{X_n = 0\} + \sum_{i=1}^{n} E[S_{n-i}]P\{X_n = i\}.$$

因此, 由假定对于 $k = 2, \cdots, n-1$ 有 $E[S_0] = E[S_1] = 0$ 和 $E[S_k] = k + k^2/2$, 并且利用 $P\{X_n = n-1\} = 0$, 我们得到

$$E[S_n] = n + E[S_n]P\{X_n = 0\} + \sum_{i=1}^{n} [n - i + (n-i)^2/2]P\{X_n = i\}$$

$$= n + E[S_n]P\{X_n = 0\} + (n + n^2/2)(1 - P\{X_n = 0\}) -$$

$$(n+1)E[X_n] + E[X_n^2]/2.$$

将等式 $E[X_n] = 1$ 和 $E[X_n^2] = 2$ 代入上式可得

$$E[S_n] = n + n^2/2.$$

这就完成了归纳证明.

(c) 我们设第 j 个人取到的帽子数为 C_j, $j = 1, \cdots, n$, 那么

$$\sum_{j=1}^{n} C_j = S_n.$$

对其取期望, 并利用每个 C_j 具有同样的均值这个事实推出如下结果:

$$E[C_j] = E[S_n]/n = 1 + n/2.$$

因此, 第 j 个人取错帽子的期望为

$$E[C_j - 1] = n/2.$$ ■

例 3.15 连续地做成功概率均为 p 的独立试验，直至出现连续 k 次成功. 必需的试验次数的均值是多少？

解 令 N_k 为出现连续 k 次成功所必需的试验次数，并且令 $M_k = E[N_k]$. 我们将通过推导然后求解一个递推方程来确定 M_k. 首先，我们有如下等式：

$$N_k = N_{k-1} + A_{k-1,k},$$

其中 N_{k-1} 是出现连续 $k-1$ 次成功所必需的试验次数，而 $A_{k-1,k}$ 是从出现连续 $k-1$ 次成功到出现连续 k 次成功所需的附加试验次数. 取期望后得出

$$M_k = M_{k-1} + E[A_{k-1,k}].$$

为了确定 $E[A_{k-1,k}]$，以连续 $k-1$ 次成功之后的下一次试验为条件. 若下一次试验成功，则试验连续 k 次成功，此后不需要再进行附加的试验；若下一次试验失败，则必须在此处重新开始，所以此后的平均附加试验次数将是 $E[N_k]$. 于是

$$E[A_{k-1,k}] = 1 \cdot p + (1 + M_k)(1 - p) = 1 + (1 - p)M_k,$$

从而

$$M_k = M_{k-1} + 1 + (1 - p)M_k,$$

也就是

$$M_k = \frac{1}{p} + \frac{M_{k-1}}{p}.$$

由于首次成功的时间 N_1 是参数为 p 的几何随机变量，因此

$$M_1 = \frac{1}{p},$$

递推地有

$$M_2 = \frac{1}{p} + \frac{1}{p^2},$$

$$M_3 = \frac{1}{p} + \frac{1}{p^2} + \frac{1}{p^3}.$$

一般地，有

$$M_k = \frac{1}{p} + \frac{1}{p^2} + \cdots + \frac{1}{p^k}. \qquad \blacksquare$$

例 3.16 一个玩家在每次游戏时等可能地赢或输 1 个单位（财富），并且与之前的游戏结果独立. 他在开始时拥有 i 个单位的财富，求当他的财富为 0 或 n（$0 \leqslant i \leqslant n$）时，游戏次数的均值 m_i.

解 设 N 为当该玩家的财富为 0 或 n 时的游戏次数，令事件 S_i 表示他在开始时拥有 i 个单位的财富. 要获得 $m_i = E[N|S_i]$ 的表达式，我们以首次游戏的

结果为条件. 令事件 W 表示赢得首次游戏，事件 L 表示输掉首次游戏，因此对于 $i = 1, \cdots, n-1$,

$$
\begin{aligned}
m_i &= E[N|S_i] \\
&= E[N|S_iW]P(W|S_i) + E[N|S_iL]P(L|S_i) \\
&= (1 + m_{i+1})\frac{1}{2} + (1 + m_{i-1})\frac{1}{2} \\
&= 1 + \frac{1}{2}m_{i-1} + \frac{1}{2}m_{i+1}, \quad i = 1, \cdots, n-1.
\end{aligned}
$$

因为 $m_0 = 0$，所以上式可重写为

$$
\begin{aligned}
m_2 &= 2(m_1 - 1), \\
m_{i+1} &= 2(m_i - 1) - m_{i-1}, \quad i = 2, \cdots, n-1.
\end{aligned}
$$

令 $i = 2$ 可得

$$
m_3 = 2m_2 - 2 - m_1 = 4m_1 - 4 - 2 - m_1 = 3(m_1 - 2).
$$

检查 m_4 可以得到类似的结果. 容易通过归纳法证明

$$
m_i = i(m_1 - i + 1), \quad i = 2, \cdots, n.
$$

因为 $m_n = 0$，所以由上式可得 $0 = n(m_1 - n + 1)$. 因此，$m_1 = n - 1$ 且

$$
m_i = i(n - i), \quad i = 1, \cdots, n-1. \qquad \blacksquare
$$

例 3.17（**快速排序算法分析**） 假设一个集合包含 n 个不同的值 $x_1, \cdots, x_n$, 我们要将这些值按递增的次序排列，即通常所说的**排序**. 完成排序的一个高效程序是快速排序算法，递推地定义如下：当 $n = 2$ 时，该算法比较这两个值，并将它们按次序排列. 当 $n > 2$ 时，它首先在 n 个值中随机地选取一个，譬如 x_i，然后将其他的 $n-1$ 个值与 x_i 比较，并表明哪些小于 x_i，哪些大于 x_i. 令 S_i 为小于 x_i 的元素的集合，$\overline{S_i}$ 为大于 x_i 的元素的集合，接下来算法对集合 S_i 和 $\overline{S_i}$ 分别排序. 所以，最后的次序由集合 S_i 中元素的次序、x_i、集合 $\overline{S_i}$ 中元素的次序排列组成. 例如，假定元素集合是 $\{10, 5, 8, 2, 1, 4, 7\}$. 我们先从这些值中随机选取一个（即这七个值中的每一个被选取的概率都是 $1/7$）. 假如 4 被取到. 然后我们将其他六个值与 4 做比较，得到

$$
\{2, 1\}, 4, \{10, 5, 8, 7\}.
$$

现在，我们将集合 $\{2, 1\}$ 排序得到

$$
1, 2, 4, \{10, 5, 8, 7\}.
$$

接着, 我们在 $\{10, 5, 8, 7\}$ 中随机选取一个值, 譬如取到的是 7. 将其他三个值与 7 做比较, 得到

$$1, 2, 4, 5, 7, \{10, 8\}.$$

最后, 我们将集合 $\{10, 8\}$ 排序得到

$$1, 2, 4, 5, 7, 8, 10.$$

该算法有效性的一个衡量标准是比较次数的期望. 假定我们令 M_n 为运用快速排序算法对包含 n 个不同值的集合进行排序所需的比较次数的期望. 为了得到 M_n 的一个递推式, 我们以初始取值的排名为条件, 得到

$$M_n = \sum_{j=1}^{n} E[\text{比较次数} \mid \text{取到的是第 } j \text{ 小的值}]\frac{1}{n}.$$

现在, 若取到的初始值是第 j 小的值, 则较小的集合包含 $j-1$ 个值, 较大的集合包含 $n-j$ 个值. 由于对于取到的初始值需要做 $n-1$ 次比较, 因此

$$M_n = \sum_{j=1}^{n}(n-1+M_{j-1}+M_{n-j})\frac{1}{n} = n-1+\frac{2}{n}\sum_{k=1}^{n-1}M_k \quad (\text{因为 } M_0 = 0),$$

或者等价地有

$$nM_n = n(n-1) + 2\sum_{k=1}^{n-1}M_k.$$

为了求解上式, 注意到用 $n+1$ 代替 n 可得

$$(n+1)M_{n+1} = (n+1)n + 2\sum_{k=1}^{n}M_k.$$

因此, 上面两式相减可得

$$(n+1)M_{n+1} - nM_n = 2n + 2M_n,$$

也就是

$$(n+1)M_{n+1} = (n+2)M_n + 2n.$$

所以

$$\frac{M_{n+1}}{n+2} = \frac{2n}{(n+1)(n+2)} + \frac{M_n}{n+1}.$$

对上式进行迭代得到

$$\frac{M_{n+1}}{n+2} = \frac{2n}{(n+1)(n+2)} + \frac{2(n-1)}{n(n+1)} + \frac{M_{n-1}}{n}$$

$$= \cdots$$

$$= 2\sum_{k=0}^{n-1} \frac{n-k}{(n+1-k)(n+2-k)} \quad (\text{因为 } M_1 = 0).$$

从而

$$M_{n+1} = 2(n+2)\sum_{k=0}^{n-1} \frac{n-k}{(n+1-k)(n+2-k)} = 2(n+2)\sum_{i=1}^{n} \frac{i}{(i+1)(i+2)}, \quad n \geqslant 1.$$

利用恒等式 $i/[(i+1)(i+2)] = 2/(i+2) - 1/(i+1)$，我们可以对较大的 n 做如下近似：

$$
\begin{aligned}
M_{n+1} &= 2(n+2)\left[\sum_{i=1}^{n} \frac{2}{i+2} - \sum_{i=1}^{n} \frac{1}{i+1}\right] \\
&\sim 2(n+2)\left[\int_{3}^{n+2} \frac{2}{x}\mathrm{d}x - \int_{2}^{n+1} \frac{1}{x}\mathrm{d}x\right] \\
&= 2(n+2)[2\ln(n+2) - \ln(n+1) + \ln 2 - 2\ln 3] \\
&= 2(n+2)\left[\ln(n+2) + \ln\frac{n+2}{n+1} + \ln 2 - 2\ln 3\right] \\
&\sim 2(n+2)\ln(n+2).
\end{aligned}
$$

■

虽然我们通常使用条件期望恒等式是为了更容易地计算无条件期望，但在下一个例子中，我们将展示如何用它求得条件期望.

例 3.18 对于例 2.30 中包含 n（$n > 1$）个人的匹配问题，求给定第一个人没有匹配到帽子时匹配数的条件期望.

解 设 X 为匹配数，如果第一个人匹配到了帽子，则令 X_1 等于 1，否则令 X_1 等于 0. 那么

$$
\begin{aligned}
E[X] &= E[X|X_1 = 0]P\{X_1 = 0\} + E[X|X_1 = 1]P\{X_1 = 1\} \\
&= E[X|X_1 = 0]\frac{n-1}{n} + E[X|X_1 = 1]\frac{1}{n}.
\end{aligned}
$$

由例 2.30 可知 $E[X] = 1$. 此外，当给定第一个人匹配到帽子时，匹配数的期望等于 1 加上当 $n-1$ 个人在 $n-1$ 顶帽子中选取时匹配数的期望，由此可得

$$E[X|X_1 = 1] = 2.$$

所以，我们得到结果

$$E[X|X_1 = 0] = \frac{n-2}{n-1}.$$

■

通过添加条件计算方差

条件期望也可以用来计算随机变量的方差. 特别地, 我们可以利用

$$\text{Var}(X) = E[X^2] - (E[X])^2$$

并通过添加条件得到 $E[X]$ 和 $E[X^2]$. 我们通过确定几何随机变量的方差来阐述这个方法.

例 3.19（**几何随机变量的方差**） 连续地做每次成功的概率为 p 的独立试验. 设 N 是首次成功时的试验次数. 求 $\text{Var}(N)$.

解 如果首次试验成功, 则令 $Y = 1$, 否则令 $Y = 0$.

$$\text{Var}(N) = E[N^2] - (E[N])^2.$$

为计算 $E[N^2]$ 和 $E[N]$, 我们以 Y 为条件. 例如

$$E[N^2] = E\big[E[N^2|Y]\big].$$

然而

$$E[N^2|Y = 1] = 1,$$
$$E[N^2|Y = 0] = E[(1 + N)^2].$$

这两个方程都是对的, 因为如果首次试验成功, 那么显然 $N = 1$, 从而 $N^2 = 1$. 另外, 如果首次试验失败, 那么得到第一次成功所需的试验总次数等于 1（失败的首次试验）加上进行附加试验所需的试验次数. 因为后面的量与 N 同分布, 所以 $E[N^2|Y = 0] = E[(1 + N)^2]$. 因此, 我们有

$$
\begin{aligned}
E[N^2] &= E[N^2|Y = 1]P\{Y = 1\} + E[N^2|Y = 0]P\{Y = 0\} \\
&= p + E[(1 + N)^2](1 - p) \\
&= 1 + (1 - p)E[2N + N^2].
\end{aligned}
$$

由于如例 3.11 所示, $E[N] = 1/p$, 因此可以得到

$$E[N^2] = 1 + \frac{2(1 - p)}{p} + (1 - p)E[N^2],$$

也就是

$$E[N^2] = \frac{2 - p}{p^2}.$$

所以

$$\text{Var}(N) = E[N^2] - (E[N])^2 = \frac{2 - p}{p^2} - \left(\frac{1}{p}\right)^2 = \frac{1 - p}{p^2}. \qquad \blacksquare$$

另一个通过添加条件得到随机变量的方差的途径是应用条件方差公式. 在给定 $Y = y$ 时, X 的条件方差定义为

$$\mathrm{Var}(X|Y = y) = E\big[(X - E[X|Y = y])^2|Y = y\big].$$

也就是说, 条件方差与通常的方差是用相同的方式定义的, 唯一的不同之处是所有的概率都是在条件 $Y = y$ 下确定的. 将上式的右边展开, 并且逐项地取期望, 就推出

$$\mathrm{Var}(X|Y = y) = E[X^2|Y = y] - (E[X|Y = y])^2.$$

令 $\mathrm{Var}(X|Y)$ 为关于 Y 的函数, 它在 $Y = y$ 时的值是 $\mathrm{Var}(X|Y = y)$, 我们有下面的结果.

命题 3.1（条件方差公式）

$$\mathrm{Var}(X) = E[\mathrm{Var}(X|Y)] + \mathrm{Var}(E[X|Y]). \tag{3.7}$$

证明

$$\begin{aligned}
E[\mathrm{Var}(X|Y)] &= E\big[E[X^2|Y] - (E[X|Y])^2\big] \\
&= E\big[E[X^2|Y]\big] - E\big[(E[X|Y])^2\big] \\
&= E[X^2] - E\big[(E[X|Y])^2\big],
\end{aligned}$$

而且

$$\begin{aligned}
\mathrm{Var}(E[X|Y]) &= E\big[(E[X|Y])^2\big] - \big(E[E[X|Y]]\big)^2 \\
&= E\big[(E[X|Y])^2\big] - (E[X])^2.
\end{aligned}$$

所以

$$E\big[\mathrm{Var}(X|Y)\big] + \mathrm{Var}(E[X|Y]) = E[X^2] - (E[X])^2,$$

这就完成了证明. ∎

例 3.20（复合随机变量的方差） 设 $X_1, X_2, \cdots$ 是独立同分布的随机变量, 其分布 F 具有均值 μ 和方差 σ^2, 假设它们与取非负整数值的随机变量 N 独立. 随机变量 $S = \sum_{i=1}^{N} X_i$ 称为复合随机变量, 如例 3.10 所示, 我们还在那里确定了它的期望值. 求它的方差.

解 我们可以通过以 N 为条件得到 $E[S^2]$, 然后利用条件方差公式. 首先,

$$\begin{aligned}
\mathrm{Var}(S|N = n) &= \mathrm{Var}\left(\sum_{i=1}^{N} X_i \Big| N = n\right) \\
&= \mathrm{Var}\left(\sum_{i=1}^{n} X_i \Big| N = n\right)
\end{aligned}$$

$$= \text{Var}\left(\sum_{i=1}^{n} X_i\right)$$
$$= n\sigma^2.$$

用同样的推理得到

$$E[S|N=n] = n\mu.$$

所以

$$\text{Var}(S|N) = N\sigma^2, \quad E[S|N] = N\mu.$$

因此由条件方差公式可得

$$\text{Var}(S) = E[N\sigma^2] + \text{Var}(N\mu) = \sigma^2 E[N] + \mu^2 \text{Var}(N).$$

若 N 是泊松随机变量，则 $S = \sum_{i=1}^{N} X_i$ 称为**复合泊松随机变量**. 因为泊松随机变量的方差等于它的均值，所以，对于一个 $E[N] = \lambda$ 的复合泊松随机变量有

$$\text{Var}(S) = \lambda\sigma^2 + \lambda\mu^2 = \lambda E[X^2],$$

其中 X 服从有分布 F. ■

例 3.21（**匹配轮数问题中的方差**）　考察例 3.14 的匹配轮数问题，令 $V_n = \text{Var}(R_n)$ 为在开始有 n 人时所需的轮数的方差. 利用条件方差公式，我们将证明

$$V_n = n, \quad n \geqslant 2.$$

上式的证明是利用对 n 做归纳得到的. 首先注意，当 $n = 2$ 时所需的轮数是参数为 $p = 1/2$ 的几何随机变量，所以

$$V_2 = \frac{1-p}{p^2} = 2.$$

那么，假定归纳假设为

$$V_j = j, \quad 2 \leqslant j < n,$$

现在我们考察有 n 个人的情形. 如果 X 是在第一轮中的匹配数，那么以 X 为条件，轮数 R_n 等于 1 加上在开始有 $n - X$ 人时所需的轮数. 因此

$$E[R_n|X] = 1 + E[R_{n-X}]$$
$$= 1 + n - X \quad （根据例 3.14）.$$

此外，由 $V_0 = 0$ 可得

$$\text{Var}(R_n|X) = \text{Var}(R_{n-X}) = V_{n-X}.$$

因此，由条件方差公式可得

$$V_n = E[\text{Var}(R_n|X)] + \text{Var}(E[R_n|X])$$

$$= E[V_{n-X}] + \mathrm{Var}(X)$$

$$= \sum_{j=0}^{n} V_{n-j} P\{X = j\} + \mathrm{Var}(X)$$

$$= V_n P\{X = 0\} + \sum_{j=1}^{n} V_{n-j} P\{X = j\} + \mathrm{Var}(X).$$

因为 $P\{X = n-1\} = 0$，所以由上式及归纳假设推出

$$V_n = V_n P\{X = 0\} + \sum_{j=1}^{n} (n-j) P\{X = j\} + \mathrm{Var}(X)$$

$$= V_n P\{X = 0\} + n(1 - P\{X = 0\}) - E[X] + \mathrm{Var}(X).$$

因为容易证明（参见第 2 章的例 2.30 和习题 64）$E[X] = \mathrm{Var}(X) = 1$，所以由上式可得

$$V_n = V_n P\{X = 0\} + n(1 - P\{X = 0\}),$$

这就证明了结论. ■

3.5 通过添加条件计算概率

我们不仅可以通过以合适的随机变量为条件得到期望，而且可用此方法计算概率. 为明白这一点，我们令 E 表示一个任意事件并且定义指示随机变量 X 为

$$X = \begin{cases} 1, & \text{若 } E \text{ 发生,} \\ 0, & \text{若 } E \text{ 不发生.} \end{cases}$$

由 X 的定义推出

$$E[X] = P(E),$$

$$E[X|Y = y] = P(E|Y = y), \qquad \text{对任意随机变量 } Y.$$

所以，由式 (3.2a) 与式 (3.2b) 得到

$$P(E) = \begin{cases} \displaystyle\sum_{y} P(E|Y = y) P\{Y = y\}, & \text{若 } Y \text{ 是离散的,} \\ \displaystyle\int_{-\infty}^{\infty} P(E|Y = y) f_Y(y) \mathrm{d}y, & \text{若 } Y \text{ 是连续的.} \end{cases}$$

例 3.22 假定 X 和 Y 是独立的连续随机变量，密度分别为 f_X 和 f_Y. 计算 $P\{X < Y\}$.

解 以 Y 为条件可得

$$
\begin{aligned}
P\{X < Y\} &= \int_{-\infty}^{\infty} P\{X < Y | Y = y\} f_Y(y) \mathrm{d}y \\
&= \int_{-\infty}^{\infty} P\{X < y | Y = y\} f_Y(y) \mathrm{d}y \\
&= \int_{-\infty}^{\infty} P\{X < y\} f_Y(y) \mathrm{d}y \\
&= \int_{-\infty}^{\infty} F_X(y) f_Y(y) \mathrm{d}y,
\end{aligned}
$$

其中

$$
F_X(y) = \int_{-\infty}^{y} f_X(x) \mathrm{d}x. \qquad \blacksquare
$$

例 3.23 保险公司假定参保人每年发生的事故数是均值依赖于参保人的泊松随机变量. 假定一个随机选取的参保人的泊松均值服从密度函数为

$$
g(\lambda) = \lambda \mathrm{e}^{-\lambda}, \quad \lambda \geqslant 0
$$

的伽马分布. 一个随机选取的参保人明年恰好发生 n 次事故的概率是多少?

解 设 X 为一个随机选取的参保人明年发生的事故数. 设 Y 为该参保人发生事故数的泊松均值, 那么以 Y 为条件得出

$$
\begin{aligned}
P\{X = n\} &= \int_{0}^{\infty} P\{X = n | Y = \lambda\} g(\lambda) \mathrm{d}\lambda \\
&= \int_{0}^{\infty} \mathrm{e}^{-\lambda} \frac{\lambda^n}{n!} \lambda \mathrm{e}^{-\lambda} \mathrm{d}\lambda \\
&= \frac{1}{n!} \int_{0}^{\infty} \lambda^{n+1} \mathrm{e}^{-2\lambda} \mathrm{d}\lambda.
\end{aligned}
$$

因为

$$
h(\lambda) = \frac{2\mathrm{e}^{-2\lambda}(2\lambda)^{n+1}}{(n+1)!}, \quad \lambda > 0
$$

是参数为 $n+2$ 和 2 的伽马随机变量的密度函数, 所以它的积分为 1. 因此

$$
1 = \int_{0}^{\infty} \frac{2\mathrm{e}^{-2\lambda}(2\lambda)^{n+1}}{(n+1)!} \mathrm{d}\lambda = \frac{2^{n+2}}{(n+1)!} \int_{0}^{\infty} \lambda^{n+1} \mathrm{e}^{-2\lambda} \mathrm{d}\lambda,
$$

这表明

$$
P\{X = n\} = \frac{n+1}{2^{n+2}}. \qquad \blacksquare
$$

例 3.24 假定每天参加瑜伽训练的人是均值为 λ 的泊松随机变量, 而且每个参加的人独立地以概率 p 为女性, 以概率 $1 - p$ 为男性. 求在今天恰有 n 个女性和 m 个男性参加的联合概率.

解 设今天参加的女性人数为 N_1，男性人数为 N_2. 此外，设 $N = N_1 + N_2$ 为参加的总人数. 以 N 为条件可得

$$P\{N_1 = n, N_2 = m\} = \sum_{i=0}^{\infty} P\{N_1 = n, N_2 = m | N = i\} P\{N = i\}.$$

因为当 $i \neq n + m$ 时，$P\{N_1 = n, N_2 = m | N = i\} = 0$，所以由上面的方程推出

$$P\{N_1 = n, N_2 = m\} = P\{N_1 = n, N_2 = m | N = n + m\} \mathrm{e}^{-\lambda} \frac{\lambda^{n+m}}{(n+m)!}.$$

在给定 $n + m$ 人参加时，由这 $n + m$ 人中的每一个独立地以概率 p 为女性推出，其中有 n 个女性（m 个男性）的条件概率正是在 $n + m$ 次试验中恰有 n 次成功的二项概率. 因此，

$$\begin{aligned}
P\{N_1 = n, N_2 = m\} &= \binom{n+m}{n} p^n (1-p)^m \mathrm{e}^{-\lambda} \frac{\lambda^{n+m}}{(n+m)!} \\
&= \frac{(n+m)!}{n!m!} p^n (1-p)^m \mathrm{e}^{-\lambda p} \mathrm{e}^{-\lambda(1-p)} \frac{\lambda^n \lambda^m}{(n+m)!} \\
&= \mathrm{e}^{-\lambda p} \frac{(\lambda p)^n}{n!} \mathrm{e}^{-\lambda(1-p)} \frac{(\lambda(1-p))^m}{m!}.
\end{aligned}$$

因为上面的联合概率质量函数可分解为两项的乘积，其中一项只依赖于 n, 而另一项只依赖于 m，所以就推出 N_1 和 N_2 是独立的. 此外，因为

$$\begin{aligned}
P\{N_1 = n\} &= \sum_{m=0}^{\infty} P\{N_1 = n, N_2 = m\} \\
&= \mathrm{e}^{-\lambda p} \frac{(\lambda p)^n}{n!} \sum_{m=0}^{\infty} \mathrm{e}^{-\lambda(1-p)} \frac{(\lambda(1-p))^m}{m!} \\
&= \mathrm{e}^{-\lambda p} \frac{(\lambda p)^n}{n!},
\end{aligned}$$

并且类似地有

$$P\{N_2 = m\} = \mathrm{e}^{-\lambda(1-p)} \frac{(\lambda(1-p))^m}{m!},$$

所以我们能得出结论: N_1 和 N_2 是均值分别为 λp 和 $\lambda(1-p)$ 的独立泊松随机变量. 因此，这个例子给出了一个重要的结论: 当每一个泊松随机事件独立地以概率 p 被分入第一类，以概率 $1 - p$ 被分入第二类时，第一类与第二类中的事件数是独立的泊松随机变量. ■

例 3.24 的结果可以推广到 N 个均值为 λ 的泊松随机事件被分成 k 类的情况，其中分入第 i 类的概率是 p_i, $i = 1, \cdots, k$, $\sum_{i=1}^{k} p_i = 1$. 若 N_i 是分入第 i 类的事件数，则 $N_1, \cdots, N_k$ 是独立的泊松随机变量，均值分别为 $\lambda p_1, \cdots, \lambda p_k$. 这是

因为对于 $n = \sum_{i=1}^{k} n_i$,

$$P\{N_1 = n_1, \cdots, N_k = n_k\} = P\{N_1 = n_1, \cdots, N_k = n_k | N = n\} P\{N = n\}$$

$$= \frac{n!}{n_1! \cdots n_k!} p_1^{n_1} \cdots p_k^{n_k} \mathrm{e}^{-\lambda} \lambda^n / n!$$

$$= \prod_{i=1}^{k} \mathrm{e}^{-\lambda p_i} (\lambda p_i)^{n_i} / n_i!,$$

其中第二个等式用到了这样一个事实: 在给定总共有 n 个事件的情况下, 每类的事件数服从参数为 $(n, p_1, \cdots, p_k)$ 的多项分布.

例 3.25（独立的伯努利随机变量之和的分布） 令 $X_1, \cdots, X_n$ 是独立的伯努利随机变量, 其中 X_i 的参数为 p_i, $i = 1, \cdots, n$, 即 $P\{X_i = 1\} = p_i$, $P\{X = 0\} = q_i = 1 - p_i$. 假定我们要计算它们的和 $X_1 + \cdots + X_n$ 的概率质量函数. 为此, 我们将以递推的方式得到 $X_1 + \cdots + X_k$ 的概率质量函数: 首先取 $k = 1$, 然后取 $k = 2$, 一直到 $k = n$. 令

$$P_k(j) = P\{X_1 + \cdots + X_k = j\},$$

并且注意

$$P_k(k) = \prod_{i=1}^{k} p_i, \quad P_k(0) = \prod_{i=1}^{k} q_i.$$

对于 $0 < j < k$, 以 X_k 为条件得到如下递推式:

$$P_k(j) = P\{X_1 + \cdots + X_k = j | X_k = 1\} p_k + P\{X_1 + \cdots + X_k = j | X_k = 0\} q_k$$

$$= P\{X_1 + \cdots + X_{k-1} = j - 1 | X_k = 1\} p_k + P\{X_1 + \cdots + X_{k-1} = j | X_k = 0\} q_k$$

$$= P\{X_1 + \cdots + X_{k-1} = j - 1\} p_k + P\{X_1 + \cdots + X_{k-1} = j\} q_k$$

$$= p_k P_{k-1}(j-1) + q_k P_{k-1}(j).$$

从 $P_1(1) = p_1$ 和 $P_1(0) = q_1$ 开始, 可以通过递推地求解上述方程得到 $P_2(j)$、$P_3(j)$, 直至 $P_n(j)$. ∎

例 3.26（最佳奖问题） 假设我们可以从先后宣布的 n 个奖项中选取一个. 在一个奖项宣布后我们必须立刻决定是接受, 还是拒绝转而考虑随后的奖项. 我们只能根据该奖项与前面已经宣布的奖项的比较结果来决定是否接受它. 例如, 当宣布第 5 个奖项时, 我们知道它与前面已经宣布的 4 个奖项相比是好还是坏. 假设一旦拒绝了一个奖项, 就不能再选择它了, 我们的目标是使得到最佳奖的概率达到最大. 假定奖项的所有 $n!$ 个次序都是等可能的, 我们该怎样做?

解 令人惊奇的是, 我们可以做得很不错. 为了明白这一点, 我们选定一个值 k, $0 \leqslant k \leqslant n$, 同时考虑拒绝前 k 个奖项并接受此后第一个比前面 k 个都好

的奖项的策略. 将使用此策略选到最佳奖的概率记为 P_k(最佳). 为了计算它, 以最佳奖的位置 X 为条件, 给出

$$P_k(最佳) = \sum_{i=1}^n P_k(最佳|X=i)P(X=i) = \frac{1}{n}\sum_{i=1}^n P_k(最佳|X=i).$$

一方面, 如果最佳奖在前 k 个奖项之中, 那么使用该策略就选不到最佳奖. 另一方面, 如果最佳奖在位置 i, $i > k$, 那么在前 k 个中的最佳奖也是前 $i-1$ 个中的最佳奖时, 我们就可以选到最佳奖（因为在位置 $k+1, k+2, \cdots, i-1$ 中的奖项将都没被选取）. 因此, 我们有

$P_k(最佳|X=i) = 0$, 　若 $i \leqslant k$,

$P_k(最佳|X=i) = P(前\ i-1\ 个中的最佳在前\ k\ 个之中) = k/(i-1)$, 　若 $i > k$.

从上式我们得到

$$P_k(最佳) = \frac{k}{n}\sum_{i=k+1}^n \frac{1}{i-1} \approx \frac{k}{n}\int_k^{n-1}\frac{1}{x}\mathrm{d}x = \frac{k}{n}\ln\left(\frac{n-1}{k}\right) \approx \frac{k}{n}\ln\left(\frac{n}{k}\right).$$

现在, 如果我们考虑函数

$$g(x) = \frac{x}{n}\ln\left(\frac{n}{x}\right),$$

那么

$$g'(x) = \frac{1}{n}\ln\left(\frac{n}{x}\right) - \frac{1}{n},$$

所以

$$g'(x) = 0 \implies \ln(n/x) = 1 \implies x = n/e.$$

这样, 因为 $P_k(最佳) \approx g(k)$, 所以这类策略中的最佳策略, 就是拒绝前 n/e 个奖项, 然后接受第一个比这些都好的奖项. 另外, 由于 $g(n/e) = 1/e$, 因此这个策略选取到最佳奖的概率近似为 $1/e \approx 0.367\,88$.

注　多数学生会对得到最佳奖的概率感到很惊讶, 因为他们以为当 n 很大时这个概率接近于 0. 然而, 即使不通过计算, 稍加思考也可想到, 得到最佳奖的概率可以相当大. 我们考虑拒绝前一半奖项并接受第一个比这些都好的奖项的策略. 实际选中奖项的概率是整体的最佳奖在后一半之中的概率, 其值为 1/2. 此外, 在选中某个奖项的情况下, 在选取时该奖项将是已出现的多于 $n/2$ 个奖项中最好的一个, 所以它是最佳奖的概率至少为 1/2. 因此, 拒绝前一半的奖项, 然后接受第一个比这些都好的奖项的策略, 使得到最佳奖的概率大于 1/4. 　■

例 3.27　n 个人在聚会上摘下帽子并扔到房间中央. 当帽子混合在一起后, 每人随机地取一顶. 如果一个人取到自己的帽子, 我们就说发生了一次匹配, 那么没有匹配的概率是多少? 恰巧有 k 次匹配的概率是多少?

解 令事件 E 表示无匹配, 为了表达清楚对 n 的依赖性, 记 $P_n = P(E)$. 我们先以第一个人是否取到自己的帽子为条件, 令他取到自己帽子的事件为 M, 没有取到的事件为 M^c. 那么

$$P_n = P(E) = P(E|M)P(M) + P(E|M^c)P(M^c).$$

显然, $P(E|M) = 0$, 于是

$$P_n = P(E|M^c)\frac{n-1}{n}. \tag{3.8}$$

现在, $P(E|M^c)$ 是 $n-1$ 个人从不含他们中某一个人的帽子的、有 $n-1$ 顶帽子的集合中各取一顶时无匹配的概率. 这可能以两种互不相容的方式发生: 无匹配, 并且额外的那个人 (帽子被第一个人取走的人) 没有取到额外的帽子 (第一个人的帽子); 无匹配, 并且额外的那个人取到额外的帽子. 这两个事件中第一个的概率正是 P_{n-1}, 这时将这顶额外的帽子看作属于那个额外的人. 因为第二个事件的概率为 $P_{n-2}/(n-1)$, 所以有

$$P(E|M^c) = P_{n-1} + \frac{1}{n-1}P_{n-2}.$$

于是由式 (3.8) 得

$$P_n = \frac{n-1}{n}P_{n-1} + \frac{1}{n}P_{n-2},$$

或者等价地得

$$P_n - P_{n-1} = -\frac{1}{n}(P_{n-1} - P_{n-2}). \tag{3.9}$$

此外, 因为 P_n 是 n 个人在他们自己的帽子中选取时无匹配的概率, 我们有

$$P_1 = 0, \quad P_2 = \frac{1}{2},$$

所以由式 (3.9) 可得

$$P_3 - P_2 = -\frac{P_2 - P_1}{3} = -\frac{1}{3!}, \quad \text{即} \quad P_3 = \frac{1}{2!} - \frac{1}{3!},$$

$$P_4 - P_3 = -\frac{P_3 - P_2}{4} = \frac{1}{4!}, \quad \text{即} \quad P_4 = \frac{1}{2!} - \frac{1}{3!} + \frac{1}{4!}.$$

一般地, 我们有

$$P_n = \frac{1}{2!} - \frac{1}{3!} + \frac{1}{4!} - \cdots + \frac{(-1)^n}{n!}.$$

为了得到恰有 k 个匹配的概率, 我们考察任意固定的 k 个人. 只有他们取到自己的帽子的概率是

$$\frac{1}{n}\frac{1}{n-1}\cdots\frac{1}{n-(k-1)}P_{n-k} = \frac{(n-k)!}{n!}P_{n-k},$$

其中 P_{n-k} 是其余的 $n-k$ 个人在自己的帽子中选取时无匹配的条件概率. 因为 k 个人的集合有 $\binom{n}{k}$ 种取法, 所以恰有 k 个匹配的概率是

$$\frac{P_{n-k}}{k!} = \frac{\frac{1}{2!} - \frac{1}{3!} + \cdots + \frac{(-1)^{n-k}}{(n-k)!}}{k!}.$$

对于很大的 n, 它近似地等于 $e^{-1}/k!$.

注 递推方程 (3.9) 也可以用循环的概念得到: 如果 i_1 取到 i_2 的帽子, i_2 取到 i_3 的帽子 $\cdots\cdots i_{k-1}$ 取到 i_k 的帽子, i_k 取到 i_1 的帽子, 那么我们说不同的人 $i_1, i_2, \cdots, i_k$ 构成一个**循环**. 注意每个人都是某个循环的一部分, 而且在某人取到自己的帽子时循环的长度为 $k=1$. 和之前一样设事件 E 为无匹配, 以包含一个特定的人的循环的长度为条件, 并令此人为 "甲", 推出

$$P_n = P(E) = \sum_{k=1}^{n} P(E|C=k)P(C=k), \tag{3.10}$$

其中 C 是包含 "甲" 的循环的长度. 我们将 "甲" 称为第一个人, 并且注意, 如果第一个人没有选到自己的帽子; 帽子被第一个人选到的人（称为第二个人）没有选到第一个人的帽子; 帽子被第二个人选到的人（称为第三个人）也没有选到第一个人的帽子 $\cdots\cdots$ 帽子被第 $k-1$ 个人选到的人所选的帽子恰是第一个人的帽子, 那么 $C=k$. 因此

$$P(C=k) = \frac{n-1}{n}\frac{n-2}{n-1}\cdots\frac{n-k+1}{n-k+2}\frac{1}{n-k+1} = \frac{1}{n}. \tag{3.11}$$

这就是说, 包含一个特定的人的循环的长度等可能地是 $1, 2, \cdots, n$ 中的任意一个值. 一方面, 由于 $C=1$ 意味着第一个人选到自己的帽子, 因此

$$P(E|C=1) = 0. \tag{3.12}$$

另一方面, 如果 $C=k$, 那么在这个循环中的 k 个人所选帽子的集合恰是他们帽子的集合. 因此, 以 $C=k$ 为条件, 问题就简化为确定当 $n-k$ 个人在自己的 $n-k$ 顶帽子中随机选取时没有匹配的概率. 所以, 对于 $k>1$,

$$P(E|C=k) = P_{n-k}. \tag{3.12a}$$

将式 (3.11)、式 (3.12) 和式 (3.12a) 代入式 (3.10), 就得到

$$P_n = \frac{1}{n}\sum_{k=2}^{n} P_{n-k}. \tag{3.13}$$

容易证明它等价于式 (3.9). ■

例 3.28（选票问题） 在一次选举中, 候选人甲得到了 n 张选票, 候选人乙得到了 m 张选票, 其中 $n>m$. 假设所有得票次序都是等可能的, 证明在计算

选票时甲总是领先的概率为 $(n-m)/(n+m)$.

解 令 $P_{n,m}$ 为所求的概率. 以得到最后一张选票的候选人为条件, 我们得到

$$P_{n,m} = P\{\text{甲总是领先} \mid \text{甲得到最后一张选票}\} \frac{n}{n+m} +$$

$$P\{\text{甲总是领先} \mid \text{乙得到最后一张选票}\} \frac{m}{n+m}.$$

在给定甲得到最后一张选票的条件下, 我们能够看到甲总是领先的概率与甲得到了 $n-1$ 张选票、乙得到了 m 张选票的情形一样. 因为当给定乙得到最后一张选票时, 也有类似的结果, 所以从上式可得

$$P_{n,m} = \frac{n}{n+m} P_{n-1,m} + \frac{m}{m+n} P_{n,m-1}. \tag{3.14}$$

现在我们可以对 $n+m$ 运用归纳法, 证明 $P_{n,m} = (n-m)/(n+m)$. 它在 $n+m=1$ 时是正确的, 即 $P_{1,0}=1$. 假设在 $n+m=k$ 时它也正确, 那么在 $n+m=k+1$ 时, 由式 (3.14) 及归纳假设, 我们有

$$P_{n,m} = \frac{n}{n+m} \frac{n-1-m}{n-1+m} + \frac{m}{m+n} \frac{n-m+1}{n+m-1} = \frac{n-m}{n+m},$$

从而证明了结论. ∎

选票问题有一些有趣的应用. 例如, 考虑连续地抛掷一枚正面朝上的概率总是 p 的硬币, 试确定在抛掷开始后首次出现正面总数与反面总数相等时抛掷次数的概率分布. 首次相等事件在第 $2n$ 次抛掷时发生的概率可以通过以前 $2n$ 次试验中的正面总数为条件得到, 即

$P\{\text{首次出现相等时的次数} = 2n\}$

$= P\{\text{首次出现相等时的次数} = 2n \mid \text{在前 } 2n \text{ 次中有 } n \text{ 次是正面}\} \binom{2n}{n} p^n (1-p)^n.$

现在给定前 $2n$ 次抛掷中有 n 次是正面, 我们可以看到出现 n 次正面和 n 次反面的所有不同次序都是等可能的, 因此上面的条件概率等价于: 在每个候选人得到 n 张选票的选举中, 一个候选人在计数到最后一张选票 (此时两人得票相同) 之前总是领先的概率. 但是, 以得到最后一张选票的候选人为条件, 我们可以看到这正是选票问题中 $m=n-1$ 时的概率. 因此

$$P\{\text{首次出现相等时的次数} = 2n\} = P_{n,n-1} \binom{2n}{n} p^n (1-p)^n$$

$$= \frac{1}{2n-1} \binom{2n}{n} p^n (1-p)^n.$$

假定现在我们要确定在 $2n+i$ 次抛掷后正面总数首次比反面总数多 i 的概率. 要使这种情况出现, 以下两个事件必须发生.

(a) 前 $2n+i$ 次抛掷的结果是 $n+i$ 次正面, n 次反面.

(b) $n+i$ 次正面与 n 次反面的出现次序满足, 在最后一次抛掷之前, 正面总数从未比反面总数多 i 次.

容易看出事件 (b) 发生, 当且仅当 $n+i$ 次正面与 n 次反面的出现次序满足从最后一次抛掷出发向前看正面总是领先的. 如果有 4 次正面和 2 次反面 ($n=2$ 且 $i=2$), 那么结果 ____TH 并不满足以上条件, 因为这会在第 6 次抛掷前使正面比反面多 2 次 (因为前 4 次的结果是正面比反面多 2 次).

而事件 (a) 的概率正是抛掷 $2n+i$ 次硬币得到 $n+i$ 次正面与 n 次反面的二项概率.

我们现在来确定在给定抛掷 $2n+i$ 次硬币得到 $n+i$ 次正面与 n 次反面时, 事件 (b) 的条件概率. 为此需要注意, 在给定抛掷 $2n+i$ 次硬币得到 $n+i$ 次正面与 n 次反面时, 结果抛掷的所有可能次序都是等可能的. 因此, 在给定事件 (a) 时, 事件 (b) 的条件概率正是在 $n+i$ 次正面与 n 次反面的一个随机排序中, 当从相反的次序计数时, 正面总比反面多的概率. 由于所有相反的排序也都是等可能的, 因此由选票问题推出此条件概率是 $i/(2n+i)$.

这样, 我们就证明了

$$P\{a\} = \binom{2n+i}{n}p^{n+i}(1-p)^n,$$
$$P\{b|a\} = \frac{i}{2n+i},$$

于是

$$P\{\text{在抛掷 } 2n+i \text{ 次时, 正面首次领先 } i \text{ 次}\} = \binom{2n+i}{n}p^{n+i}(1-p)^n\frac{i}{2n+i}.$$

例 3.29 设 $U_1, U_2, \cdots$ 是一个在 $(0,1)$ 上的独立的均匀随机变量序列, 令

$$N = \min\{n \geqslant 2 : U_n > U_{n-1}\},$$
$$M = \min\{n \geqslant 1 : U_1 + \cdots + U_n > 1\}.$$

也就是说, N 是第一个大于其前一个值的均匀随机变量的指标, 而 M 是要使和超过 1 所需的均匀随机变量的个数. 令人惊奇的是, N 与 M 有相同的概率分布, 而且它们的共同均值是 e.

解 容易求得 N 的分布. 由于 $U_1, U_2, \cdots, U_n$ 的所有 $n!$ 种次序都是等可能的, 因此

$$P\{N > n\} = P\{U_1 > U_2 > \cdots > U_n\} = 1/n!.$$

为了证明 $P\{M > n\} = 1/n!$, 我们用数学归纳法. 然而, 为了用作归纳假设, 我

们证明一个更强的结论, 即对 $0 < x \leqslant 1$, $P\{M(x) > n\} = x^n/n!$, $n \geqslant 1$, 其中

$$M(x) = \min\{n \geqslant 1 : U_1 + \cdots + U_n > x\}$$

是和超过 x 的均匀随机变量的最少个数. 为了证明 $P\{M(x) > n\} = x^n/n!$, 首先注意到它对于 $n = 1$ 成立, 这是因为

$$P\{M(x) > 1\} = P\{U_1 \leqslant x\} = x.$$

因此我们假设对于所有的 $0 < x \leqslant 1$ 有 $P\{M(x) > n\} = x^n/n!$. 为了确定 $P\{M(x) > n + 1\}$, 以 U_1 为条件得到

$$\begin{aligned}
P\{M(x) > n + 1\} &= \int_0^1 P\{M(x) > n + 1 | U_1 = y\} \mathrm{d}y \\
&= \int_0^x P\{M(x) > n + 1 | U_1 = y\} \mathrm{d}y \\
&= \int_0^x P\{M(x - y) > n\} \mathrm{d}y \\
&= \int_0^x \frac{(x - y)^n}{n!} \mathrm{d}y \quad (\text{由归纳假设}) \\
&= \int_0^x \frac{u^n}{n!} \mathrm{d}u \\
&= \frac{x^{n+1}}{(n+1)!}.
\end{aligned}$$

其中第三个等式来自以下事实: 给定 $U_1 = y$, $M(x)$ 与 1 加上总和超过 $x - y$ 的均匀随机变量的个数有相同的分布. 于是归纳法完成, 我们就证明了对于 $0 < x \leqslant 1$, $n \geqslant 1$, 有

$$P\{M(x) > n\} = x^n/n!.$$

令 $x = 1$ 就证明了 N 与 M 有相同的概率分布. 最后, 我们有

$$E[M] = E[N] = \sum_{n=0}^{\infty} P\{N > n\} = \sum_{n=0}^{\infty} 1/n! = \mathrm{e}. \qquad \blacksquare$$

例 3.30 设 $X_1, X_2, \cdots$ 是有相同分布函数 F 及密度函数 $f = F'$ 的独立连续随机变量, 并且假设它们被依次观测. 设

$$N = \min\{n \geqslant 2 : X_n \text{ 是 } X_1, \cdots, X_n \text{ 中第二大的}\},$$

而且

$$M = \min\{n \geqslant 2 : X_n \text{ 是 } X_1, \cdots, X_n \text{ 中第二小的}\}.$$

哪一个随机变量更大? 是观测值中首个第二大的随机变量 X_N, 还是观测值中首个第二小的随机变量 X_M?

解　为了计算 X_N 的概率密度函数, 自然地以 N 的取值为条件. 所以, 我们从确定它的概率质量函数入手. 现在, 如果我们令

$$A_i = \{X_i \neq X_1, \cdots, X_i \text{ 中第二大的}\}, \quad i \geqslant 2,$$

那么, 对于 $n \geqslant 2$,

$$P\{N = n\} = P(A_2 A_3 \cdots A_{n-1} A_n^c).$$

由 X_i 独立同分布推出, 对于任意 $m \geqslant 1$, 知道随机变量 $X_1, \cdots, X_m$ 的大小次序并没有给出有关包含这 m 个值的集合 $\{X_1, \cdots, X_m\}$ 的信息. 例如, 知道 $X_1 < X_2$ 并没有给出有关 $\min(X_1, X_2)$ 或 $\max(X_1, X_2)$ 的值的信息. 由此推出事件 A_i ($i \geqslant 2$) 是独立的. 此外, 由 X_i 等可能地是 $X_1, \cdots, X_i$ 中的最大值、第二大值……或第 i 大值, 就推出 $P(A_i) = (i-1)/i$, $i \geqslant 2$. 所以, 我们有

$$P\{N = n\} = \frac{1}{2}\frac{2}{3}\frac{3}{4} \cdots \frac{n-2}{n-1}\frac{1}{n} = \frac{1}{n(n-1)}.$$

因此, 以 N 为条件就推出 X_N 的概率密度函数是

$$f_{X_N}(x) = \sum_{n=2}^{\infty} \frac{1}{n(n-1)} f_{X_N | N}(x | n).$$

现在由于随机变量 $X_1, \cdots, X_n$ 的次序独立于 $\{X_1, \cdots, X_n\}$ 的值的集合, 因此事件 $\{N = n\}$ 独立于 $\{X_1, \cdots, X_n\}$. 由此得到, 在给定 $N = n$ 时, X_N 的条件分布等于具有分布函数 F 的 n 个随机变量的集合中第二大值的分布. 因此, 用例 2.38 中关于这种随机变量的密度函数的结论, 我们得到

$$\begin{aligned}
f_{X_N}(x) &= \sum_{n=2}^{\infty} \frac{1}{n(n-1)} \frac{n!}{(n-2)!1!} (F(x))^{n-2} f(x)(1 - F(x)) \\
&= f(x)(1 - F(x)) \sum_{i=0}^{\infty} (F(x))^i \\
&= f(x).
\end{aligned}$$

令人惊奇的是, X_N 与 X_1 有相同的分布 F. 而且, 如果我们现在取 $W_i = -X_i$, $i \geqslant 1$, 那么 W_M 是观测值中首个第二大的 W_i. 因此, 根据前面的讨论可以得出 W_M 与 W_1 有相同的分布, 即 $-X_M$ 与 $-X_1$ 有相同的分布, 所以 X_M 也有分布 F. 换句话说, 不论我们在已出现观测值中首个第二大的随机变量处停止, 还是在已出现观测值中首个第二小的随机变量处停止, 都会得到一个有分布 F 的随机变量.

虽然上面的结论十分惊人, 但这只是一个称为**伊格纳托夫定理**的一般结果的

特殊情形, 由这个定理能推出更多的惊喜. 例如, 对于 $k \geqslant 1$, 令

$$N_k = \min\{n \geqslant k : X_n = X_1, \cdots, X_n \text{ 中第 } k \text{ 大的}\}.$$

所以, N_2 就是前面的 N, 而 X_{N_k} 是在到此为止已出现观测值中首个第 k 大的随机变量. 由上面的方法可以证明对于所有 k, X_{N_k} 有分布函数 F (参见本章的习题 82). 另外, 可以证明对于任意 $k \geqslant 1$, 随机变量 X_{N_k} 是独立的. (离散随机变量情形下的伊格纳托夫定理的叙述与证明将在 3.6.6 节中给出.) ■

例 3.31　一个总体由 m 个家庭组成. 令 X_j 为家庭 j 中的人数, 而且假定 $X_1, \cdots, X_m$ 是独立的随机变量, 并且都具有均值为 $\mu = \sum_k kp_k$ 的概率质量函数

$$p_k = P\{X_j = k\}, \quad \sum_{k=1}^{\infty} p_k = 1.$$

假定随机选取总体中的一个个体, 即总体中的个体是等可能被选取的, 并且令事件 S_i 表示选取到的个体来自人数为 i 的家庭. 我们断言

$$\text{当 } m \to \infty \text{ 时 } P(S_i) \to \frac{ip_i}{\mu}.$$

解　上述公式的直观推导是, 因为每个家庭的人数为 i 的概率是 p_i, 所以当 m 很大时近似地有 mp_i 个家庭的人数为 i. 于是, 总体中有 imp_i 个个体来自人数为 i 的家庭, 由此推出选取到的个体来自人数为 i 的家庭的概率近似是 $\dfrac{imp_i}{\sum_j jmp_j} = \dfrac{ip_i}{\mu}$.

下面进行更正式的推导, 设 N_i 为人数为 i 的家庭数目. 也就是

$$N_i = \text{集合 } \{k : k = 1, \cdots, m \text{ 且 } X_k = i\} \text{ 的元素个数}.$$

那么, 以 $\boldsymbol{X} = (X_1, \cdots, X_m)$ 为条件, 我们得到

$$P(S_i | \boldsymbol{X}) = \frac{iN_i}{\sum_{k=1}^{m} X_k}.$$

因此,

$$\begin{aligned}
P(S_i) &= E[P(S_i | X)] \\
&= E\left[\frac{iN_i}{\sum_{k=1}^{m} X_k}\right] \\
&= E\left[\frac{iN_i/m}{\sum_{k=1}^{m} X_k/m}\right].
\end{aligned}$$

因为每个家庭独立地以概率 p_i 具有人数 i, 所以用强大数定律推出, 当 $m \to \infty$ 时, 人数为 i 的家庭所占的比例 N_i/m 将收敛到 p_i. 由强大数定律还能得出, 当

$m \to \infty$ 时, $\sum_{k=1}^{m} X_k/m \to E[X] = \mu$. 因此, 以概率 1 有

$$\text{当 } m \to \infty \text{ 时, } \frac{iN_i/m}{\sum_{k=1}^{m} X_k/m} \to \frac{ip_i}{\mu}.$$

因为随机变量 $\dfrac{iN_i}{\sum_{k=1}^{m} X_k}$ 收敛到 $\dfrac{ip_i}{\mu}$, 它的期望也收敛到 $\dfrac{ip_i}{\mu}$, 所以就证明了结论. (虽然由 $\lim_{m\to\infty} Y_m = c$ 并不总能推出 $\lim_{m\to\infty} E[Y_m] = c$, 但当 Y_m 是一致有界的随机变量且随机变量 $\dfrac{iN_i}{\sum_{k=1}^{m} X_k}$ 都在 0 和 1 之间时, 这个推论成立.) ∎

通过添加条件也可比直接计算更为高效地求得解. 这由下一个例子阐明.

例 3.32 考虑 n 次独立的试验, 其中每次试验分别以概率 $p_1, \cdots, p_k$ 出现结果 $1, \cdots, k$, $\sum_{i=1}^{k} p_i = 1$. 进一步假定 $n > k$, 我们要确定的是每个结果至少出现一次的概率. 如果令事件 A_i 表示在 n 次试验中结果 i 没有出现, 那么我们要求的概率就是 $1 - P\left(\bigcup_{i=1}^{k} A_i\right)$, 它可以用容斥定理得到:

$$
\begin{aligned}
P\left(\bigcup_{i=1}^{k} A_i\right) = & \sum_{i=1}^{k} P(A_i) - \sum_{i} \sum_{j>i} P(A_i A_j) \\
& + \sum_{i} \sum_{j>i} \sum_{k>j} P(A_i A_j A_k) - \cdots + (-1)^{k+1} P(A_1 \cdots A_k),
\end{aligned}
$$

其中

$$
\begin{aligned}
P(A_i) &= (1 - p_i)^n, \\
P(A_i A_j) &= (1 - p_i - p_j)^n, \qquad i < j, \\
P(A_i A_j A_k) &= (1 - p_i - p_j - p_k)^n, \quad i < j < k.
\end{aligned}
$$

上面求解的困难在于需要算 $2^k - 1$ 项, 其中每项都是一个高至 n 次幂的量. 因而当 k 很大时, 上述解是无法高效计算的. 让我们看如何通过添加条件来高效地得到一个解.

首先注意, 如果我们以 N_k (结果 k 出现的次数) 为条件, 那么当 $N_k > 0$ 时, 结果的条件概率将等于 $n - N_k$ 次试验中所有结果 $1, \cdots, k-1$ 至少出现一次的概率, 结果 i 在每次试验中出现的概率为 $p_i/(p_1 + \cdots + p_{k-1})$, $i = 1, \cdots, k-1$. 然后我们可以对这些项使用相似的添加条件的步骤.

按照上面的想法, 对于 $m \leqslant n$, $r \leqslant k$, 令事件 $A_{m,r}$ 表示在做 m 次独立的试验时, 结果 $1, \cdots, r$ 至少各出现一次, 其中每次试验分别以概率 $p_1/P_r, \cdots, p_r/P_r$ 出现结果 $1, \cdots, r$, $P_r = \sum_{j=1}^{r} p_j$. 令 $P(m, r) = P(A_{m,r})$, 注意 $P(n, k)$ 就是所

求的概率. 为了得到 $P(m, r)$ 的表达式, 以结果 r 出现的次数为条件. 这给出

$$P(m, r) = \sum_{j=0}^{m} P\{A_{m,r} \mid r \text{ 出现 } j \text{ 次}\} \binom{m}{j} \left(\frac{p_r}{P_r}\right)^j \left(1 - \frac{p_r}{P_r}\right)^{m-j}$$

$$= \sum_{j=1}^{m-r+1} P(m-j, r-1) \binom{m}{j} \left(\frac{p_r}{P_r}\right)^j \left(1 - \frac{p_r}{P_r}\right)^{m-j}.$$

从

$$P(m, 1) = \begin{cases} 1, & m \geqslant 1, \\ 0, & m = 0 \end{cases}$$

开始, 我们可以利用上面的递推关系得到 $P(m, 2), m = 2, \cdots, n-(k-2)$, 然后得到 $P(m, 3), m = 3, \cdots, n-(k-3)$, 以此类推, 直到 $P(m, k-1), m = k-1, \cdots, n-1$. 这时候我们可以利用此递推关系计算 $P(n, k)$. 不难验证所需的计算量是 k 的多项式函数, 在 k 很大时, 它要比 2^k 小得多. ■

例 3.33（**发球和对打比赛**）　考虑由选手甲和选手乙参加的发球和对打比赛. 假定甲发球的每一局, 选手甲赢的概率为 p_a, 而选手乙赢的概率为 $q_a = 1 - p_a$. 假定乙发球的每一局, 选手甲赢的概率为 p_b, 而选手乙赢的概率为 $q_b = 1 - p_b$. 假设每局赢者获得一分, 且成为下一局发球人. 比赛胜负由甲总共先获得 N 分, 或者乙总共先获得 M 分决定. 在已知甲先发球时, 我们想求最终分数的概率.

　　这个例子的形式可用于各种发球和对打比赛, 包括国际排球比赛和壁球比赛, 而这两种比赛原来的规则是上一局对打的赢者获得发球权, 但是只有在对打的赢者是发球人时奖励其一分.（对原来这种规则形式的分析, 参见习题 84.）

　　令 F 为最终的记分, $F = (i, j)$ 意味着甲总共获得 i 分, 而乙总共获得 j 分. 显然,

$$P\{F = (N, 0)\} = p_a^N, \quad P\{F = (0, M)\} = q_a q_b^{M-1}.$$

为了确定其他最终分数的概率, 我们设想甲和乙的比赛在已经决出胜负后还继续进行. 定义"轮"的概念如下: 甲首次发球是第一轮的开始, 而甲每次发球是新一轮的开始. 第 i 轮中乙赢得的分数记为 B_i. 注意, 若甲在一轮中赢得第一分, 则在此轮中乙赢得 0 分, 若乙在一轮中赢得第一分, 则乙将继续发球直至甲赢一分为止, 这说明了乙在一轮中赢得的分数等于乙在这轮中的发球次数. 因为在甲赢一分之前乙连续发球的次数是参数为 p_b 的几何随机变量, 所以

$$B_i = \begin{cases} 0, & \text{以概率 } p_a, \\ \text{几何 } (p_b), & \text{以概率 } q_a. \end{cases}$$

这就是

$$P\{B_i = 0\} = p_a,$$
$$P\{B_i = k | B_i > 0\} = q_b^{k-1} p_b, \quad k > 0.$$

因为每次在甲赢得一分时，就开始了新的一轮，所以 B_i 是在甲从有 $i-1$ 分到有 i 分的期间乙赢得的分数. 因此，$B(n) \equiv \sum_{i=1}^{n} B_i$ 是在甲赢得第 n 分的时刻乙赢得的分数. 注意，若 $B(N) = m$，则最终分数将是 (N, m)，$m < M$. 对 $m > 0$，我们要确定 $P\{B(n) = m\}$. 为此，我们以 $B_1, \cdots, B_n$ 中的正值的个数为条件. 将此正值的个数记为 Y，也就是

$$Y = i \leqslant n \text{ 中 } B_i > 0 \text{ 的个数},$$

我们得到

$$\begin{aligned} P\{B(n) = m\} &= \sum_{r=0}^{n} P\{B(n) = m | Y = r\} P\{Y = r\} \\ &= \sum_{r=1}^{n} P\{B(n) = m | Y = r\} P\{Y = r\}, \end{aligned}$$

其中最后一个等式得自当 $m > 0$ 时，$P\{B(n) = m | Y = 0\} = 0$. 因为 $B_1, \cdots, B_n$ 是独立的，且每个取正值的概率为 q_a，所以其中取正值的个数 Y 是参数为 n 和 q_a 的二项随机变量. 因此，

$$P\{B(n) = m\} = \sum_{r=1}^{n} P\{B(n) = m | Y = r\} \binom{n}{r} q_a^r p_a^{n-r}.$$

现在，若变量 $B_1, \cdots, B_n$ 中正值的个数为 r，则 $B(n)$ 是 r 个参数为 p_b 的独立几何随机变量之和，它是当每次试验独立地以概率 p_b 成功时，直至有 r 次成功所需的试验次数的负二项分布. 因此，

$$P\{B(n) = m | Y = r\} = \binom{m-1}{r-1} p_b^r q_b^{m-r},$$

其中约定若 $b > a$，则 $\binom{a}{b} = 0$. 由此可得

$$\begin{aligned} P\{B(n) = m\} &= \sum_{r=1}^{n} \binom{m-1}{r-1} p_b^r q_b^{m-r} \binom{n}{r} q_a^r p_a^{n-r} \\ &= q_b^m p_a^n \sum_{r=1}^{n} \binom{m-1}{r-1} \binom{n}{r} \left(\frac{p_b q_a}{q_b p_a} \right)^r. \end{aligned}$$

于是，我们证明了

$$P\{F = (N, m)\} = P\{B(N) = m\}$$

$$= q_b^m p_a^N \sum_{r=1}^{N} \binom{m-1}{r-1}\binom{N}{r}\left(\frac{p_b q_a}{q_b p_a}\right)^r, \quad 0 < m < M.$$

为了确定最终记分为 (n, M)（$0 < n < N$）的概率，我们以在甲赢得第 n 分的时刻乙赢得的分数为条件，得到

$$P\{F = (n, M)\} = \sum_{m=0}^{\infty} P\{F = (n, M)|B(n) = m\}P\{B(n) = m\}$$
$$= \sum_{m=0}^{M-1} P\{F = (n, M)|B(n) = m\}P\{B(n) = m\}.$$

现在，给定在甲赢得第 n 分时乙赢得 $m < M$ 分，要想最终记分是 (n, M)，乙必须赢得甲下次发球的那一分，而且接下来必须赢得他发球的那最后 $M - m - 1$ 分. 因此，$P\{F = (n, M)|B(n) = m\} = q_a q_b^{M-m-1}$，由此推出

$$P\{F = (n, M)\} = \sum_{m=0}^{M-1} q_a q_b^{M-m-1} P\{B(n) = m\}$$
$$= q_a q_b^{M-1} p_a^n + \sum_{m=1}^{M-1} q_a q_b^{M-m-1} P\{B(n) = m\}$$
$$= q_a q_b^{M-1} p_a^n \left[1 + \sum_{m=1}^{M-1}\sum_{r=1}^{n}\binom{m-1}{r-1}\binom{n}{r}\left(\frac{p_a q_a}{q_b p_a}\right)^r\right], \quad 0 < n < N.$$

■

如前所述，给定 $Y = y$ 的条件期望恰与普通的期望一样，只不过所有概率的计算都以事件 $Y = y$ 为条件. 因此，条件期望满足普通期望的所有的性质. 例如，类比于

$$E[X] = \begin{cases} \displaystyle\sum_{w} E[X|W = w]P\{W = w\}, & \text{若 } W \text{ 是离散的}, \\ \displaystyle\int_{w} E[X|W = w]f_W(w)\mathrm{d}w, & \text{若 } W \text{ 是连续的}, \end{cases}$$

有

$$E[X|Y = y] = \begin{cases} \displaystyle\sum_{w} E[X|W = w, Y = y]P\{W = w|Y = y\}, & \text{若 } W \text{ 是离散的}, \\ \displaystyle\int_{w} E[X|W = w, Y = y]f_{W|Y}(w|y)\mathrm{d}w, & \text{若 } W \text{ 是连续的}. \end{cases}$$

如果 $E[X|Y, W]$ 定义为 Y 和 W 的函数，并且当 $Y = y$ 和 $W = w$ 时等于 $E[X|Y = y, W = w]$，那么上式可以写成

$$E[X|Y] = E\big[E[X|Y, W]|Y\big].$$

例 3.34 汽车保险公司将每个参保人分为 $i = 1, \cdots, k$ 种类型. 假定类型 i 的参保人每年发生的事故次数是均值为 λ_i 的独立泊松随机变量, $i = 1, \cdots, k$. 一个新的参保人属于类型 i 的概率是 p_i, $\sum_{i=1}^{k} p_i = 1$. 已知一个参保人在第一年中发生 n 次事故, 他在第二年平均发生多少次事故? 他在第二年发生 m 次事故的条件概率是多少?

解 令 N_i 为该参保人在第 i 年发生的事故次数, $i = 1, 2$. 以他的风险类型 T 为条件得到 $E[N_2|N_1 = n]$:

$$
\begin{aligned}
E[N_2|N_1 = n] &= \sum_{j=1}^{k} E[N_2|T = j, N_1 = n] P\{T = j|N_1 = n\} \\
&= \sum_{j=1}^{k} E[N_2|T = j] P\{T = j|N_1 = n\} \\
&= \sum_{j=1}^{k} \lambda_j P\{T = j|N_1 = n\} \\
&= \frac{\sum_{j=1}^{k} \mathrm{e}^{-\lambda_j} \lambda_j^{n+1} p_j}{\sum_{j=1}^{k} \mathrm{e}^{-\lambda_j} \lambda_j^{n} p_j},
\end{aligned}
$$

其中最后的等式成立是因为

$$
\begin{aligned}
P\{T = j|N_1 = n\} &= \frac{P\{T = j, N_1 = n\}}{P\{N_1 = n\}} \\
&= \frac{P\{N_1 = n|T = j\} P\{T = j\}}{\sum_{j=1}^{k} P\{N_1 = n|T = j\} P\{T = j\}} \\
&= \frac{p_j \mathrm{e}^{-\lambda_j} \lambda_j^{n}/n!}{\sum_{j=1}^{k} p_j \mathrm{e}^{-\lambda_j} \lambda_j^{n}/n!}.
\end{aligned}
$$

给定该参保人在第一年中发生 n 次事故, 那么在第二年中发生 m 次事故的条件概率也可以通过以他的风险类型为条件得到:

$$
\begin{aligned}
P\{N_2 = m|N_1 = n\} &= \sum_{j=1}^{k} P\{N_2 = m|T = j, N_1 = n\} P\{T = j|N_1 = n\} \\
&= \sum_{j=1}^{k} \mathrm{e}^{-\lambda_j} \frac{\lambda_j^{m}}{m!} P\{T = j|N_1 = n\} \\
&= \frac{\sum_{j=1}^{k} \mathrm{e}^{-2\lambda_j} \lambda_j^{m+n} p_j}{m! \sum_{j=1}^{k} \mathrm{e}^{-\lambda_j} \lambda_j^{n} p_j}.
\end{aligned}
$$

另一种计算 $P\{N_2 = m|N_1 = n\}$ 的方法是, 先写出

$$
P\{N_2 = m|N_1 = n\} = \frac{P\{N_2 = m, N_1 = n\}}{P\{N_1 = n\}},
$$

然后以 T 为条件确定分子与分母. 由此得到

$$P\{N_2 = m | N_1 = n\} = \frac{\sum_{j=1}^{k} P\{N_2 = m, N_1 = n | T = j\} p_j}{\sum_{j=1}^{k} P\{N_1 = n | T = j\} p_j}$$

$$= \frac{\sum_{j=1}^{k} \mathrm{e}^{-\lambda_j} \dfrac{\lambda_j^m}{m!} \mathrm{e}^{-\lambda_j} \dfrac{\lambda_j^n}{n!} p_j}{\sum_{j=1}^{k} \mathrm{e}^{-\lambda_j} \dfrac{\lambda_j^n}{n!} p_j}$$

$$= \frac{\sum_{j=1}^{k} \mathrm{e}^{-2\lambda_j} \lambda_j^{m+n} p_j}{m! \sum_{j=1}^{k} \mathrm{e}^{-\lambda_j} \lambda_j^n p_j}.$$

■

3.6　一些应用

3.6.1　列表模型

考虑 n 个元素 $e_1, \cdots, e_n$, 它们组成一个有序的列表. 在每个单位时间请求列表中的一个元素 e_i 的概率 P_i 独立于过去的情形. 在请求这个元素后, 它就被移至列表的第一个位置. 如果现在的次序是 e_1, e_2, e_3, e_4 并且请求 e_3, 则下一个次序为 e_3, e_1, e_2, e_4.

我们关心的是在长时间执行此过程后, 确定所请求元素的位置的期望. 然而, 在计算这个期望之前, 我们先观察这个模型的两个可能的应用. 第一个应用是我们有一摞参考书. 在每个单位时间随机选取一本书, 然后将其放回这摞书的最上面. 第二个应用是我们有一台计算机, 其内存中存放着要请求的元素. 因为我们可能并不知道元素被请求的概率, 所以为了减少计算机查找所请求元素而花费的平均时间 (如果计算机从列表首位开始向下查找, 那么找到一个元素的时间与该元素的位置成正比), 我们会编写程序, 让计算机把所请求元素放在列表的首位.

为了计算所请求元素的位置的期望, 我们从以选取的元素为条件入手. 这就得到

$$
\begin{aligned}
E[\text{所请求的元素的位置}] &= \sum_{i=1}^{n} E[\text{位置} \mid \text{选取到 } e_i] P_i \\
&= \sum_{i=1}^{n} E[e_i \text{ 的位置} \mid \text{选取到 } e_i] P_i \\
&= \sum_{i=1}^{n} E[e_i \text{ 的位置}] P_i,
\end{aligned}
\tag{3.15}
$$

其中最后的等式基于 e_i 的位置与 e_i 被选中的事件是独立的, 因为不管 e_i 的位置如何, 它被选中的概率都是 P_i.

现在

$$e_i \text{ 的位置} = 1 + \sum_{j \neq i} I_j,$$

其中

$$I_j = \begin{cases} 1, & \text{若 } e_j \text{ 在 } e_i \text{ 前面,} \\ 0, & \text{其他,} \end{cases}$$

所以

$$E[e_i \text{ 的位置}] = 1 + \sum_{j \neq i} E[I_j] = 1 + \sum_{j \neq i} P\{e_j \text{ 在 } e_i \text{ 前面}\}. \tag{3.16}$$

为了计算 $P\{e_j \text{ 在 } e_i \text{ 前面}\}$,注意,如果在两者之中最后请求的是 e_j,那么 e_j 在 e_i 前面. 但是在给定请求的是 e_j 或 e_i 的条件下,请求 e_j 的条件概率是

$$P\{e_j \mid e_i \text{ 或 } e_j\} = \frac{P_j}{P_i + P_j},$$

从而

$$P\{e_j \text{ 在 } e_i \text{ 前面}\} = \frac{P_j}{P_i + P_j}.$$

因此我们从式 (3.15) 与式 (3.16) 得出

$$E[\text{所请求的元素的位置}] = 1 + \sum_{i=1}^{n} P_i \sum_{j \neq i} \frac{P_j}{P_i + P_j}.$$

4.8 节将进一步分析列表模型,在那里假设用不同的规则重新排序,即将所请求的元素移至列表首位变为向首位移近一个位置. 我们将证明,比起移至列表首位的规则,向首位移近一个位置的规则使所请求的元素的平均位置更小.

3.6.2 随机图

图由称为结点的元素集合 V 及称为弧的集合 A(由 V 中的元素对构成)组成. 图可以形象地表示为,在结点处画圈,而在 (i,j) 是一条弧时,在结点 i 和 j 间画一条线. 如果 $V = \{1,2,3,4\}$,且 $A = \{(1,2),(1,4),(2,3),(1,2),(3,3)\}$,那么我们可以将此图表示为图 3–1 中的形式. 注意,弧没有方向(弧是结点的有序对的图称为有向图). 在这个图中有不止一条弧连接结点 1 和 2,还有从 3 到自己的一条自弧(称为自环).

如果存在一列结点 $i, i_1, \cdots, i_k, j$ 使 $(i, i_1), (i_1, i_2), \cdots, (i_k, j)$ 都是弧,那么我们说从结点 i 到结点 j($i \neq j$)存在一条路径. 如果在不同的 $\binom{n}{2}$ 对结点中,每一对之间都存在一条路径,那么我们说此图是**连通的**. 图 3–1 是连通的,但是图 3–2 不是. 现在考虑如下的图:$V = \{1,2,\cdots,n\}$,而 $A = \{(i, X(i)), i = 1,2,\cdots,n\}$,

其中 $X(i)$ 是独立随机变量, 使

$$P\{X(i) = j\} = \frac{1}{n}, \quad j = 1, 2, \cdots, n.$$

换句话说, 对于每个结点 i, 我们随机地在 n 个结点中选取一个 (可能包括结点 i 自己) 并在结点 i 与选取的结点间连一条弧. 这种图通常称为随机图.

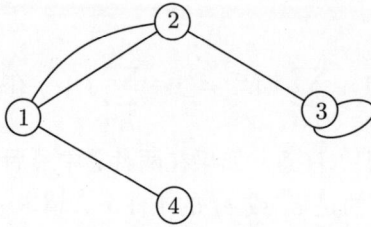

图 3-1　一个图

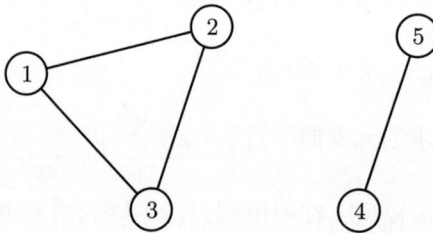

图 3-2　一个不连通的图

我们关注的是如何确定这样得到的随机图是连通图的概率. 先从某个结点出发, 例如结点 1, 我们沿着结点序列 $1, X(1), X^2(1), \cdots$ 行进, 其中 $X^n(1) = X(X^{n-1}(1))$, 并且定义 N 为使 $X^k(1)$ 不再是一个新结点的首个 k 值. 也就是说,

$$N = 使 X^k(1) \in \{1, X(1), \cdots, X^{k-1}(1)\} 的第一个 k.$$

我们可以将它表示为图 3-3, 其中从 $X^{N-1}(1)$ 出发的弧返回此前已经访问过的一个结点.

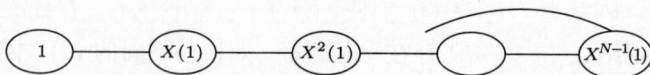

图 3-3

为了得到此图为连通图的概率, 我们首先以 N 为条件得到

$$P\{\text{图是连通的}\} = \sum_{k=1}^{N} P\{\text{图是连通的} \mid N = k\} P\{N = k\}. \tag{3.17}$$

现在, 在给定 $N = k$ 时, k 个结点 $1, X(1), \cdots, X^{k-1}(1)$ 是彼此连通的, 而且没有从这些结点出发的其他弧. 换句话说, 如果我们将此 k 个结点视为一个超结点, 那么该情形就类似于我们有一个超结点与 $n - k$ 个普通的结点, 而且有从这些普通结点出发的弧, 每一条弧通向超结点的概率都为 k/n. 这种情形的解可在引理 3.1 中取 $r = n - k$ 得到.

引理 3.1 给定由结点 $0, 1, \cdots, r$ 和 r 条弧组成的随机图, 即 (i, Y_i), $i = 1, 2, \cdots, r$, 其中

$$Y_i = \begin{cases} j, & \text{概率为 } \dfrac{1}{r+k}, \ j = 1, \cdots, r, \\ 0, & \text{概率为 } \dfrac{k}{r+k}, \end{cases}$$

那么

$$P\{\text{图是连通的}\} = \frac{k}{r+k}.$$

(换句话说, 上面的图有 $r + 1$ 个结点, 其中有 r 个普通结点和一个超结点. 从每个普通结点发出一条弧, 该弧以概率 $k/(r+k)$ 通向超结点, 以概率 $1/(r+k)$ 通向普通的结点. 没有弧从超结点发出.)

证明 对 r 运用归纳法进行证明. 因为对于任意的 k, 命题在 $r = 1$ 时成立, 所以假定命题对于小于 r 的值都成立. 对于现在考虑的情形, 我们首先以 $Y_j = 0$ 的弧 (j, Y_j) 的数量为条件, 推出

$$P\{\text{连通}\} = \sum_{i=0}^{r} P\{\text{连通} \mid Y_j = 0 \text{ 的弧有 } i \text{ 条}\} \binom{r}{i} \left(\frac{k}{r+k}\right)^i \left(\frac{r}{r+k}\right)^{r-i}. \tag{3.18}$$

现在假定恰有 i 条弧通向超结点 (参见图 3-4), 其余 $r - i$ 条弧不通向超结点, 此情形类似于我们有 $r - i$ 个普通结点和一个超结点, 而从每个普通结点有一条弧以概率 i/r 通向超结点, 以概率 $1/r$ 通向每个普通结点. 根据归纳假设, 这样产生连通图的概率是 i/r. 因此,

$$P\{\text{连通} \mid Y_j = 0 \text{ 的弧有 } i \text{ 条}\} = \frac{i}{r}.$$

由式 (3.18) 可得

$$P\{\text{连通}\} = \sum_{i=0}^{r} \frac{i}{r} \binom{r}{i} \left(\frac{k}{r+k}\right)^i \left(\frac{r}{r+k}\right)^{r-i}$$

$$= \frac{1}{r} E\left[\text{二项分布}\left(r, \frac{k}{r+k} \right) \right]$$

$$= \frac{k}{r+k},$$

这就完成了该引理的证明. ■

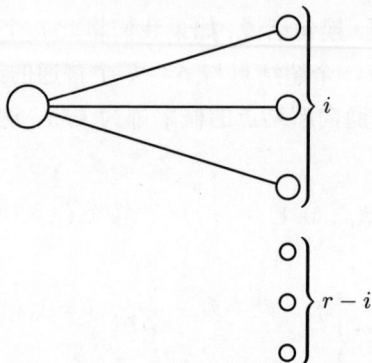

图 3-4 　在 r 条弧中, 给定有 i 条通向超结点的情形

因此, 正如引理 3.1 所描述的 $N = k$ 的情形那样, 当 $r = n - k$ 时, 我们看到对于原来的图,

$$P\{\text{图是连通的} \mid N = k\} = \frac{k}{n}.$$

由式 (3.17) 得到

$$P\{\text{图是连通的}\} = \frac{E[N]}{n}. \tag{3.19}$$

为了计算 $E[N]$, 我们利用等式

$$E[N] = \sum_{i=1}^{\infty} P\{N \geqslant i\},$$

它可以通过定义指示随机变量 I_i ($i \geqslant 1$) 来证明, 令

$$I_i = \begin{cases} 1, & i \leqslant N, \\ 0, & i > N. \end{cases}$$

因此,

$$N = \sum_{i=1}^{\infty} I_i,$$

而后有

$$E[N] = E\left[\sum_{i=1}^{\infty} I_i \right] = \sum_{i=1}^{\infty} E[I_i] = \sum_{i=1}^{\infty} P\{N \geqslant i\}. \tag{3.20}$$

现在，如果结点 $1, X(1), \cdots, X^{i-1}(1)$ 都不相同，那么事件 $\{N \geqslant i\}$ 就发生. 因此

$$P\{N \geqslant i\} = \frac{(n-1)}{n} \frac{(n-2)}{n} \cdots \frac{(n-i+1)}{n} = \frac{(n-1)!}{(n-i)!n^{i-1}}.$$

从而，由式 (3.19) 和式 (3.20) 可得

$$\begin{aligned} P\{\text{图是连通的}\} &= (n-1)! \sum_{i=1}^{n} \frac{1}{(n-i)!n^i} \\ &= \frac{(n-1)!}{n^n} \sum_{j=0}^{n-1} \frac{n^j}{j!} \quad (\text{令 } j = n - i). \end{aligned} \qquad (3.21)$$

我们也可以由式 (3.21) 得到当 n 很大时图连通的概率的近似表达式. 首先注意，如果 X 是均值为 n 的泊松随机变量，那么

$$P\{X < n\} = \mathrm{e}^{-n} \sum_{j=0}^{n-1} \frac{n^j}{j!}.$$

由于均值为 n 的泊松随机变量可以看成 n 个均值为 1 的独立泊松随机变量之和，因此由中心极限定理推出，对于很大的 n，这个随机变量近似服从正态分布，且小于其均值的概率为 $1/2$. 也就是说，对于很大的 n，

$$P\{X < n\} \approx \frac{1}{2},$$

从而对于很大的 n，

$$\sum_{j=0}^{n-1} \frac{n^j}{j!} \approx \frac{\mathrm{e}^n}{2}.$$

因此，对于很大的 n，由式 (3.21) 可得

$$P\{\text{图是连通的}\} \approx \frac{\mathrm{e}^n (n-1)!}{2n^n}.$$

由斯特林近似可知，对于很大的 n 有

$$n! \approx n^{n+1/2} \mathrm{e}^{-n} \sqrt{2\pi},$$

于是我们看到，对于很大的 n 有

$$P\{\text{图是连通的}\} \approx \sqrt{\frac{\pi}{2(n-1)}} \, \mathrm{e} \left(\frac{n-1}{n} \right)^n.$$

又因为

$$\lim_{n \to \infty} \left(\frac{n-1}{n} \right)^n = \lim_{n \to \infty} \left(1 - \frac{1}{n} \right)^n = \mathrm{e}^{-1},$$

所以对于很大的 n 有

$$P\{\text{图是连通的}\} \approx \sqrt{\frac{\pi}{2(n-1)}}.$$

现在, 如果一个图的结点可以分为 r 个子集, 使得每个子集是连通的, 而且在不同的子集的结点间没有弧, 则称其为由 r 个连通分量组成. 例如, 图 3-5 由三个连通分量 $\{1,2,3\}$、$\{4,5\}$ 和 $\{6\}$ 组成. 令 C 为随机图中连通分量的个数, 再令

$$P_n(i) = P\{C = i\},$$

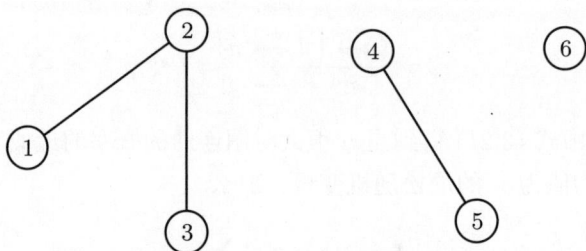

图 3-5　有三个连通分量的图

此处用 $P_n(i)$ 来表示对于结点数 n 的依赖性. 根据定义, 一个连通图恰有一个连通分量, 因此由式 (3.21) 可得

$$P_n(1) = P\{C = 1\} = \frac{(n-1)!}{n^n} \sum_{j=0}^{n-1} \frac{n^j}{j!}. \tag{3.22}$$

为了得到恰有两个连通分量的概率 $P_n(2)$, 我们先观察某个特定的结点, 例如结点 1. 若要使给定的 $k-1$ 个结点 (例如结点 $2, \cdots, k$) 与结点 1 组成第一个连通分量, 而余下的 $n-k$ 个结点组成第二个连通分量, 就必须有:

(i) 对于所有 $i = 1, \cdots, k$, 有 $X(i) \in \{1, \cdots, k\}$;

(ii) 对于所有 $i = k+1, \cdots, n$, 有 $X(i) \in \{k+1, \cdots, n\}$;

(iii) 结点 $1, \cdots, k$ 构成一个连通子图;

(iv) 结点 $k+1, \cdots, n$ 构成一个连通子图.

上述条件发生的概率显然是

$$\left(\frac{k}{n}\right)^k \left(\frac{n-k}{n}\right)^{n-k} P_k(1) P_{n-k}(1),$$

又因为从结点 2 到 n 中选取 $k-1$ 个结点有 $\binom{n-1}{k-1}$ 种方式, 所以我们有

$$P_n(2) = \sum_{k=1}^{n-1} \binom{n-1}{k-1} \left(\frac{k}{n}\right)^k \left(\frac{n-k}{n}\right)^{n-k} P_k(1) P_{n-k}(1),$$

从而 $P_n(2)$ 可由式 (3.22) 算得. 一般地, $P_n(i)$ 的递推公式为

$$P_n(i) = \sum_{k=1}^{n-i+1} \binom{n-1}{k-1} \left(\frac{k}{n}\right)^k \left(\frac{n-k}{n}\right)^{n-k} P_k(1)P_{n-k}(i-1).$$

为了计算连通分量数的期望 $E[C]$, 首先注意随机图的每个连通分量必须恰好包含一个环 (环是由连接不同结点 $i, i_1, \cdots, i_k$ 的弧 $(i, i_1), (i_1, i_2), \cdots,$ $(i_{k-1}, i_k), (i_k, i)$ 组成的一个集合). 例如, 图 3-6 描绘了一个环.

随机图的每一个连通分量必须恰好包含一个环, 最容易通过下述方式证明: 如果连通分量由 r 个结点组成, 那么它必须也有 r 条弧, 因此它恰好包含一个环 (为什么?). 于是, 我们有

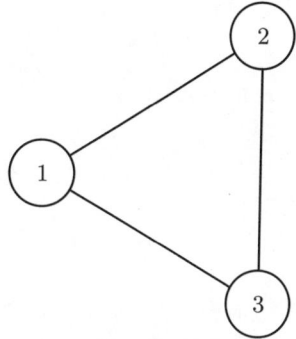

图 3-6　一个环

$$E[C] = E[\text{环的个数}] = E\left[\sum_S I(S)\right] = \sum_S E[I(S)],$$

其中求和遍及所有的子集 $S \subset \{1, 2, \cdots, n\}$, 而且

$$I(S) = \begin{cases} 1, & \text{如果 } S \text{ 中的结点是某一个环中的所有结点}, \\ 0, & \text{其他}. \end{cases}$$

现在, 如果 S 由 k 个结点组成, 例如 $1, \cdots, k$, 那么

$$\begin{aligned} E[I(S)] &= P\left\{1, X(1), \cdots, X^{k-1}(1) \text{ 都不同, 且含于 } 1, \cdots, k, \text{ 而 } X^k(1) = 1\right\} \\ &= \frac{k-1}{n}\frac{k-2}{n} \cdots \frac{1}{n}\frac{1}{n} \\ &= \frac{(k-1)!}{n^k}. \end{aligned}$$

由于大小为 k 的子集个数为 $\binom{n}{k}$, 因此

$$E[C] = \sum_{k=1}^n \binom{n}{k}\frac{(k-1)!}{n^k}.$$

3.6.3　均匀先验、波利亚坛子模型和玻色-爱因斯坦分布

假定做了 n 次独立试验, 其中每次成功的概率为 p. 假定我们将全部的成功次数设为 X, 那么 X 是一个二项随机变量, 使得

$$P\{X = k|p\} = \binom{n}{k}p^k(1-p)^{n-k}, \quad k = 0, 1, \cdots, n.$$

然而，我们现在假设尽管每次成功的概率为 p，该值却不是预先确定的，而是按照 $(0,1)$ 上的均匀分布选取的.（例如，从所有均匀取值于正面朝上概率 p 的硬币中随机选取一枚. 然后抛掷此硬币 n 次.）在这种情形下，以 p 的真实值为条件，我们有

$$P\{X = k\} = \int_0^1 P\{X = k|p\}f(p)\mathrm{d}p = \int_0^1 \binom{n}{k} p^k(1-p)^{n-k}\mathrm{d}p.$$

现在可以证明

$$\int_0^1 p^k(1-p)^{n-k}\mathrm{d}p = \frac{k!(n-k)!}{(n+1)!}, \tag{3.23}$$

故

$$P\{X = k\} = \binom{n}{k}\frac{k!(n-k)!}{(n+1)!} = \frac{1}{n+1}, \quad k = 0,1,\cdots,n. \tag{3.24}$$

换句话说，X 的 $n+1$ 个可能值是等可能出现的.

作为上述试验的另一种描述方法，我们计算在给定开始的 r 次试验中有 k 次成功（且有 $r-k$ 次失败）的条件下，第 $r+1$ 次试验成功的条件概率.

$P\{$第 $r+1$ 次试验成功 | 在前 r 次试验中有 k 次成功$\}$

$$= \frac{P\{第\ r+1\ 次试验成功且在前\ r\ 次试验中有\ k\ 次成功\}}{P\{前\ r\ 次试验中有\ k\ 次成功\}}$$

$$= \frac{\displaystyle\int_0^1 P\{第\ r+1\ 次试验成功且在前\ r\ 次试验中有\ k\ 次成功\ |\ p\}\mathrm{d}p}{1/(r+1)} \tag{3.25}$$

$$= (r+1)\int_0^1 \binom{r}{k}p^{k+1}(1-p)^{r-k}\mathrm{d}p$$

$$= (r+1)\binom{r}{k}\frac{(k+1)!(r-k)!}{(r+2)!} \quad [\text{由式 (3.23)}]$$

$$= \frac{k+1}{r+2}.$$

即如果前 r 次试验中有 k 次成功，那么下一次试验成功的概率是 $(k+1)/(r+2)$.

从式 (3.25) 推出，试验的相继结果还可以用随机过程描述如下：一个坛子在开始时装有一个白球和一个黑球，在每个阶段随机取出一个球，然后将它放回，同时放进另一个同色的球. 如果取出的前 r 个球中有 k 个白球，那么在第 $r+1$ 次抽取时，坛中有 $k+1$ 个白球和 $r-k+1$ 个黑球，从而下一个取出白球的概率为 $(k+1)/(r+2)$. 如果我们认定取出一个白球为试验成功，就可以看到这是对原模型的另一种描述. 这个坛子模型称为**波利亚坛子模型**.

注 (i) 在 $k=r$ 的特殊情形下，式 (3.25) 有时称为拉普拉斯相继规则，这是以法国数学家皮埃尔·拉普拉斯命名的. 在拉普拉斯的时代，这个规则

引起了许多争议，因为人们企图将它用于该规则可能无效的情形. 例如，它被用于检验命题"如果你已经在一家餐厅用了两次餐，两次都很好，则下一次也很好的概率是 3/4" 和 "因为太阳过去已经升起 1 826 213 天，所以明天它升起的概率是 1 826 214/1 826 215" 等. 这类断言的问题在于，事实上断言者根本就不清楚他们所描述的情形能否由一列具有相同且均匀选取的成功概率的独立试验建模.

(ii) 在对试验原来的描述中，相继的试验是独立的，而事实上只有当成功概率已知时，它们才是独立的. 当 p 被视为随机变量时，相继试验的结果就不再是独立的了，因为知道一个结果是否为成功会给我们某些有关 p 的信息，它反过来能给出关于其他结果的信息.

上面的讨论可以推广到每次试验有两个以上结果的情形. 假设做了 n 次独立试验，每次以相应的概率 $p_1, \cdots, p_m$ 出现 m 个可能的结果 $1, \cdots, m$ 之一. 如果令 X_i 为在 n 次试验中类型 i（$i = 1, \cdots, m$）的结果出现的次数，那么随机向量 $(X_1, \cdots, X_m)$ 服从多项分布：

$$P\{X_1 = x_1, X_2 = x_2, \cdots, X_m = x_m | \boldsymbol{p}\} = \frac{n!}{x_1! \cdots x_m!} p_1^{x_1} p_2^{x_2} \cdots p_m^{x_m},$$

其中 $(x_1, \cdots, x_m)$ 是和为 n 的任意非负整数向量. 现在假设向量 $\boldsymbol{p} = (p_1, \cdots, p_m)$ 不是特定的，而是按一个均匀分布选取的. 这个分布的形式为

$$f(p_1, \cdots, p_m) = \begin{cases} c, & 0 \leqslant p_i \leqslant 1, \ i = 1, \cdots, m, \ \sum_{i=1}^{m} p_i = 1, \\ 0, & \text{其他}. \end{cases}$$

以上多项分布是**狄利克雷分布**的一个特殊情形，而且利用该分布的积分必须是 1 的事实不难证明 $c = (m-1)!$.

向量 $\boldsymbol{X}$ 的无条件分布为

$$\begin{aligned} &P\{X_1 = x_1, \cdots, X_m = x_m\} \\ &= \iint \cdots \int P\{X_1 = x_1, \cdots, X_m = x_m | p_1, \cdots, p_m\} \times f(p_1, \cdots, p_m) \mathrm{d}p_1 \cdots \mathrm{d}p_m \\ &= \frac{(m-1)! n!}{x_1! \cdots x_m!} \iint_{\substack{0 \leqslant p_i \leqslant 1 \\ \sum_{i=1}^{m} p_i = 1}} \cdots \int p_1^{x_1} \cdots p_m^{x_m} \mathrm{d}p_1 \cdots \mathrm{d}p_m. \end{aligned}$$

现在可以证明

$$\iint_{\substack{0 \leqslant p_i \leqslant 1 \\ \sum_{i=1}^{m} p_i = 1}} \cdots \int p_1^{x_1} \cdots p_m^{x_m} \mathrm{d}p_1 \cdots \mathrm{d}p_m = \frac{x_1! \cdots x_m!}{(\sum_{i=1}^{m} x_i + m - 1)!}, \tag{3.26}$$

然后利用 $\sum_{i=1}^{m} x_i = n$，我们有

$$P\{X_1 = x_1, \cdots, X_m = x_m\} = \frac{n!(m-1)!}{(n+m-1)!} = \binom{n+m-1}{m-1}^{-1}. \tag{3.27}$$

因此，向量 $(X_1, \cdots, X_m)$ 的所有 $\binom{n+m-1}{m-1}$ 个可能的结果都是等可能的（$x_1 + \cdots + x_m = n$ 有 $\binom{n+m-1}{m-1}$ 个可能的非负整数解）. 式 (3.27) 给出的分布有时称为**玻色–爱因斯坦分布**.

为了得到上述事实的另一种描述，我们计算在前 n 次试验中类型 i 的结果出现 x_i（$i = 1, \cdots, m$，$\sum_{i=1}^{m} x_i = n$）次的条件下，第 $n+1$ 次结果属于类型 j 的条件概率. 它是

$P\{$第 $n+1$ 次是类型 $j \mid$ 在前 n 次中有 x_i 次类型 i，$i = 1, \cdots, m\}$

$= \dfrac{P\{第 \ n+1 \ 次是类型 \ j \ 且在前 \ n \ 次中有 \ x_i \ 次类型 \ i, \ i = 1, \cdots, m\}}{P\{在前 \ n \ 次中有 \ x_i \ 次类型 \ i, \ i = 1, \cdots, m\}}$

$= \dfrac{\dfrac{n!(m-1)!}{x_1! \cdots x_m!} \displaystyle\iint \cdots \int p_1^{x_1} \cdots p_j^{x_j+1} \cdots p_m^{x_m} \mathrm{d}p_1 \cdots \mathrm{d}p_m}{\dbinom{n+m-1}{m-1}^{-1}}$,

其中分子是以向量 $\boldsymbol{p}$ 为条件得到的，而分母由式 (3.27) 得到. 由式 (3.26) 我们有

$P\{$第 $n+1$ 次是类型 $j \mid$ 在前 n 次中有 x_i 次类型 i，$i = 1, \cdots, m\}$

$$\begin{aligned}
&= \frac{(x_j + 1)n!(m-1)!/(n+m)!}{(m-1)!n!/(n+m-1)!} \\
&= \frac{x_j + 1}{n+m}.
\end{aligned} \tag{3.28}$$

利用式 (3.28)，我们可以引入一个坛子模型来描述相继结果的随机过程. 也就是说，一个坛子在开始时装有 m 种类型的球，每种类型各一个. 从坛子中随机取出一个球，然后将它放回，同时放进另一个同类型的球. 因此，如果前 n 个取出的球中有 x_j 个类型 j 的球，那么在第 $n+1$ 次抽取前，坛子里的 $m+n$ 个球中有 $x_j + 1$ 个类型 j 的球，从而在第 $n+1$ 次取得类型 j 的球的概率可由式 (3.28) 给出.

注 考虑 n 个粒子随机地分布于 m 个可能的区域中. 假定至少在试验前这些区域有相同的物理特征. 因此，每个区域中的粒子数似乎最可能服从 $p_i \equiv 1/m$ 的多项分布.（这当然符合如下事实：每个与其他粒子独立的粒子等可能地分布于 m 个区域中的任意一个.）研究粒子如何分布的物理学家观察了这种粒子的表现，如光子和含偶数个基本粒子的原子. 然而，当研究得到的数据时，他们惊奇地发现观察到的频率并不服从多项分布，而更像服从玻色–爱因斯坦分布. 他们之所以惊讶，是因为他们不能想象粒子分布的物理模型产生的所有可能结果是等可

能的. （如果 10 个粒子分布于两个区域中，难以想象两个区域各有 5 个粒子与 10 个粒子都在区域 1、10 个粒子都在区域 2 都是等可能的.）

然而，根据本节的结果，我们能更好地理解物理学家两难的原因. 事实上，这里出现了两个可能的假设. 首先，物理学家收集的数据可能实际上是在一些不同的情形下获得的，每种情形都有自己的特征向量 p，使得在所有可能的向量 p 上产生一个均匀分布. 第二种可能（由坛子模型的解释所得）是，粒子一个一个地选择区域，而且一个给定的粒子落入某个区域的概率大致与已落入该区域的粒子的比例成正比. （换句话说，一个区域中现有的粒子给每个尚未落下的粒子提供了 "吸引" 力.）

3.6.4 模式的平均时间

设 $\boldsymbol{X} = (X_1, X_2, \cdots)$ 是一个独立同分布的离散随机变量序列，使得

$$p_i = P\{X_j = i\}.$$

对于一个给定的子序列（称为**模式**）$(i_1, \cdots, i_n)$，令 $T = T(i_1, \cdots, i_n)$ 为直至该模式出现所需观察的随机变量的个数. 如果要观察的子序列是 $3, 5, 1$，而序列 $\boldsymbol{X} = (5, 3, 1, 3, 5, 3, 5, 1, 6, 2, \cdots)$，那么 $T = 8$. 我们要确定 $E[T]$.

首先，我们考虑此模式是否有重叠. 如果存在某个 k（$1 \leqslant k < n$）使模式 $i_1, \cdots, i_n$ 的最后 k 个元素与它的前 k 个元素相同，那么我们说该模式有重叠. 也就是说，如果对于某个 k（$1 \leqslant k < n$），

$$(i_{n-k+1}, \cdots, i_n) = (i_1, \cdots, i_k),$$

则它有重叠. 例如，模式 $(3, 5, 1)$ 没有重叠，而模式 $(3, 3, 3)$ 有重叠.

情形 1：模式无重叠.

这时我们断言，T 等于 $j + n$，当且仅当模式不出现在前 j 个值中，且接下来的 n 个值是 $i_1, \cdots, i_n$. 也就是说，

$$T = j + n \iff \{T > j, (X_{j+1}, \cdots, X_{j+n}) = (i_1, \cdots, i_n)\}. \tag{3.29}$$

为了验证式 (3.29)，首先注意由 $T = j+n$ 显然可推出 $T > j$ 与 $(X_{j+1}, \cdots, X_{j+n}) = (i_1, \cdots, i_n)$. 另外，假定

$$T > j \quad \text{与} \quad (X_{j+1}, \cdots, X_{j+n}) = (i_1, \cdots, i_n). \tag{3.30}$$

设 $k < n$. 因为 $(i_1, \cdots, i_k) \neq (i_{n-k+1}, \cdots, i_n)$，所以推出 $T \neq j + k$. 但是由式 (3.30) 可知 $T \leqslant j + n$，因此我们可以得到结论：$T = j + n$. 这样我们就验证了式 (3.29).

利用式 (3.29)，我们有

$$P\{T = j+n\} = P\{T > j, \ (X_{j+1}, \cdots, X_{j+n}) = (i_1, \cdots, i_n)\}.$$

然而，是否有 $T > j$ 由值 $X_1, \cdots, X_j$ 决定且独立于 $X_{j+1}, \cdots, X_{j+n}$. 因此，

$$P\{T = j+n\} = P\{T > j\}P\{(X_{j+1}, \cdots, X_{j+n}) = (i_1, \cdots, i_n)\} = P\{T > j\}p,$$

其中

$$p = p_{i_1} p_{i_2} \cdots p_{i_n}.$$

将上式两边对 j 求和，得到

$$1 = \sum_{j=0}^{\infty} P\{T = j+n\} = p \sum_{j=0}^{\infty} P\{T > j\} = pE[T],$$

所以

$$E[T] = \frac{1}{p}.$$

情形 2：模式有重叠.

对于有重叠的模式，有一个简单的诀窍能使我们利用无重叠模式的结论得到 $E[T]$. 为了使分析更易懂，考虑一个特殊的模式，如 $\boldsymbol{P} = (3,5,1,3,5)$. 设 x 是一个没有在模式中出现的值，而 T_x 是直至模式 $\boldsymbol{P}_x = (3,5,1,3,5,x)$ 出现的时间. 也就是说，T_x 是将 x 放在原模式之末的新模式出现的时间. 因为 x 没有在原模式中出现，所以该新模式没有重叠，从而

$$E[T_x] = \frac{1}{p_x p},$$

其中 $p = \prod_{j=1}^n p_{i_j} = p_3^2 p_5^2 p_1$. 因为新模式只能出现在原模式之后，所以可以写成

$$T_x = T + A,$$

其中 T 是模式 $\boldsymbol{P} = (3,5,1,3,5)$ 出现的时间，而 A 是模式 $\boldsymbol{P}$ 出现后、模式 $\boldsymbol{P}_x$ 出现前的附加时间. 此外，令 $E[T_x | i_1, \cdots, i_r]$ 为在给定前 r 个数据值为 $i_1, \cdots, i_r$ 的条件下，在时间 r 之后、模式 $\boldsymbol{P}_x$ 出现前的期望附加时间. 以模式 $(3,5,1,3,5)$ 出现后的下一个数据值 X 为条件，得到

$$E[A|X = i] = \begin{cases} 1 + E[T_x | 3,5,1], & i = 1, \\ 1 + E[T_x | 3], & i = 3, \\ 1, & i = x, \\ 1 + E[T_x], & i \neq 1, 3, x, \end{cases}$$

所以

$$
\begin{aligned}
E[T_x] &= E[T] + E[A] \\
&= E[T] + 1 + E[T_x|3,5,1]p_1 + E[T_x|3]p_3 + E[T_x](1 - p_1 - p_3 - p_x).
\end{aligned}
\tag{3.31}
$$

由

$$
E[T_x] = E[T(3,5,1)] + E[T_x|3,5,1]
$$

可得

$$
E[T_x|3,5,1] = E[T_x] - E[T(3,5,1)].
$$

类似地,

$$
E[T_x|3] = E[T_x] - E[T(3)].
$$

代回式 (3.31) 得到

$$
p_x E[T_x] = E[T] + 1 - p_1 E[T(3,5,1)] - p_3 E[T(3)].
$$

由无重叠情形的结果可得

$$
E[T(3,5,1)] = \frac{1}{p_3 p_5 p_1}, \quad E[T(3)] = \frac{1}{p_3}.
$$

由此推出结果

$$
E[T] = p_x E[T_x] + \frac{1}{p_3 p_5} = \frac{1}{p} + \frac{1}{p_3 p_5}.
$$

作为这个方法的另一个说明, 让我们重新考察例 3.15, 它求的是在独立伯努利试验中, 直至连续地出现 n 次成功的时间的期望. 也就是说, 在模式为 $\boldsymbol{P} = (1,1,\cdots,1)$ 时, 我们想求 $E[T]$. 那么对于 $x \neq 1$, 我们考察无重叠的模式 $\boldsymbol{P}_x = (1,1,\cdots,1,x)$, 令 T_x 是它的出现时间. 对于如前定义的 A 和 X, 我们有

$$
E[A|X=i] = \begin{cases} 1 + E[A], & i = 1, \\ 1, & i = x, \\ 1 + E[T_x], & i \neq 1, x. \end{cases}
$$

所以

$$
E[A] = 1 + E[A]p_1 + E[T_x](1 - p_1 - p_x),
$$

也就是

$$
E[A] = \frac{1}{1 - p_1} + E[T_x]\frac{1 - p_1 - p_x}{1 - p_1}.
$$

随之有

$$
E[T] = E[T_x] - E[A] = \frac{p_x E[T_x] - 1}{1 - p_1} = \frac{(1/p_1)^n - 1}{1 - p_1},
$$

其中最后一个等式基于 $E[T_x] = \dfrac{1}{p_1^n p_x}$.

任意一个有重叠的模式 $P = (i_1, \cdots, i_n)$ 的平均出现时间可以由前面的方法得到, 即令 T_x 为直至无重叠模式 $P_x = (i_1, \cdots, i_n, x)$ 出现时的时间, 然后用等式

$$E[T_x] = E[T] + E[A]$$

将 $E[T]$ 与 $E[T_x] = 1/(pp_x)$ 联系起来. 在 P 出现后, 以下一个数据值为条件, 利用形如

$$E[T_x | i_1, \cdots, i_r] = E[T_x] - E[T(i_1, \cdots, i_r)]$$

的量得到 $E[A]$ 的一个表达式. 如果 $(i_1, \cdots, i_r)$ 无重叠, 那么利用无重叠的结论可以得到 $E[T(i_1, \cdots, i_r)]$. 否则, 在子模式 $(i_1, \cdots, i_r)$ 上重复这个过程.

注　即使模式 $(i_1, \cdots, i_n)$ 包含所有不同的数据值, 也可以应用上述方法. 例如, 在掷硬币时要观察的模式可能是: H, T, H. 在此情形下, 我们应该令 x 是一个不在此模式中的数据值, 并使用上面的方法 (虽然 $p_x = 0$). 因为 p_x 只出现在解的最终表达式 $p_x E[T_x] = \dfrac{p_x}{p_x p}$ 中且其中分数的值为 $\dfrac{1}{p}$, 所以就得到了正确的答案. (推导同样结果的一个严格的方法是将某一个正的 p_i 减少 ε, 并令 $p_x = \varepsilon$, 解出 $E[T]$, 而后令 ε 趋于 0.)　　　　　　　　　　　　　■

3.6.5　离散随机变量的 k 记录值

令 $X_1, X_2, \cdots$ 是独立同分布随机变量, 它们可能取值的集合是正整数集, 并且令 $P\{X = j\}$ ($j \geqslant 1$) 为它们共同的概率质量函数. 假设这些随机变量接连被观测, 如果

$$\text{恰有 } k \text{ 个 } i \ (i = 1, \cdots, n) \text{ 值使 } X_i \geqslant X_n,$$

就称 X_n 为 **k 记录值**, 即如果在序列的前 n 个值 (包括 X_n) 中恰有 k 个值至少与第 n 个值一样大, 那么序列中的第 n 个值是 k 记录值. R_k 记作 k 记录值的有序集.

令人惊奇的结果是, 不仅 k 记录值的序列对所有的 k 有相同的分布, 而且这些序列是**相互独立**的. 这个结果称为伊格纳托夫定理.

定理 3.1（**伊格纳托夫定理**）　R_k ($k \geqslant 1$) 是独立同分布的随机向量.

证明　定义数据列 $X_1, X_2, \cdots$ 的一系列子序列为: 第 i ($i \geqslant 1$) 个子序列由至少与 i 一样大的所有数据值组成. 如果数据列是

$$2, 5, 1, 6, 9, 8, 3, 4, 1, 5, 7, 8, 2, 1, 3, 4, 2, 5, 6, 1, \cdots,$$

那么其子序列如下:

$$i \geqslant 1 \qquad 2, 5, 1, 6, 9, 8, 3, 4, 1, 5, 7, 8, 2, 1, 3, 4, 2, 5, 6, 1, \cdots;$$

$$i \geqslant 2 \qquad 2,5,6,9,8,3,4,5,7,8,2,3,4,2,5,6,\cdots;$$

$$i \geqslant 3 \qquad 5,6,9,8,3,4,5,7,8,3,4,5,6,\cdots;$$

等等.

令 X_j^i 为第 i 个子序列的第 j 个元素，即 X_j^i 是至少与 i 一样大的第 j 个数据值. 一个重要的观察是，i 是一个 k 记录值，当且仅当 $X_k^i = i$. 也就是说，i 是一个 k 记录值，当且仅当第 k 个至少与 i 一样大的值等于 i.（例如，对于上面的数据，因为第 5 个至少与 3 一样大的值等于 3，所以 3 是 5 记录值.）现在，不难理解第二个子序列中的值是独立地按相同的质量函数

$$P\{\text{在第二个子序列中的值} = j\} = P\{X = j \mid X \geqslant 2\}, \quad j \geqslant 2$$

分布的，而且独立于第一个子序列中等于 1 的值. 类似地，第三个子序列中的值是独立地按相同的质量函数

$$P\{\text{在第三个子序列中的值} = j\} = P\{X = j \mid X \geqslant 3\}, \quad j \geqslant 3$$

分布的，而且独立于第一个子序列中等于 1 的值和第二个子序列中等于 2 的值，等等. 由此推出事件 $\{X_j^i = i\}$（$i \geqslant 1$，$j \geqslant 1$）都是独立的，而且

$$P\{i \text{ 是 } k \text{ 记录值}\} = P\{X_k^i = i\} = P\{X = i \mid X \geqslant i\}.$$

现在由事件 $\{X_k^i = i\}$（$i \geqslant 1$）的独立性和 $P\{i \text{ 是 } k \text{ 记录值}\}$ 不依赖 k 这个事实，推出对所有的 $k \geqslant 1$，$\boldsymbol{R}_k$ 同分布. 另外，由事件 $\{X_k^i = 1\}$ 的独立性推出，对所有的 $k \geqslant 1$，随机向量 $\boldsymbol{R}_k$ 也是独立的. ∎

现在假定 X_i（$i \geqslant 1$）是取有限个值的独立随机变量，其概率质量函数为

$$p_i = P\{X = i\}, \quad i = 1,\cdots,m,$$

并且设

$$T = \min\{n : \text{恰有 } k \text{ 个 } i\,(i=1,\cdots,n)\text{ 值使 } X_i \geqslant X_n\}$$

为首个 k 记录指标. 我们来确定其均值.

命题 3.2 令 $\lambda_i = p_i / \sum_{j=i}^{m} p_j$，$i = 1,\cdots,m$，则有

$$E[T] = k + (k-1) \sum_{i=1}^{m-1} \lambda_i.$$

证明 假定观察的随机变量 $X_1, X_2, \cdots$ 取值于 $i, i+1, \cdots, m$，相应的概率为

$$P\{X = j\} = \frac{p_j}{p_i + \cdots + p_m}, \quad j = i,\cdots,m.$$

当观察数据具有上述质量函数时, 设 T_i 为其首个 k 记录指标. 注意, 因为每个数据值至少是 i, 所以若 $X_k = i$, 则 k 记录值等于 i, 且 T_i 等于 k. 因此

$$E[T_i \mid X_k = i] = k.$$

若 $X_k > i$, 则 k 记录值将超过 i, 从而所有等于 i 的数据值在搜索 k 记录值时可以忽略. 另外, 因为所有大于 i 的数据值具有概率质量函数

$$P\{X = j \mid X > i\} = \frac{p_j}{p_{i+1} + \cdots + p_m}, \quad j = i+1, \cdots, m,$$

所以直到一个 k 记录值出现所需观察的大于 i 的数据值的总数与 T_{i+1} 有相同的分布. 因此

$$E[T_i \mid X_k > i] = E[T_{i+1} + N_i \mid X_k > i],$$

其中 T_{i+1} 是我们得到一个 k 记录值所需观察的大于 i 的变量的总数, 而 N_i 是此时观察到的等于 i 的值的个数. 现在, 给定 $X_k > i$ 和 $T_{i+1} = n \, (n \geqslant k)$, 就推得观察到 T_{i+1} 大于 i 的时间与独立试验序列中, 在已知第 k 次试验成功时为了得到 n 次成功所需的试验次数有相同的分布, 其中每次试验成功的概率是 $1 - p_i / \sum_{j \geqslant i} p_j = 1 - \lambda_i$. 因为得到成功所需的试验次数是一个均值为 $1/(1 - \lambda_i)$ 的几何随机变量, 所以

$$E[T_i \mid T_{i+1}, X_k > i] = 1 + \frac{T_{i+1} - 1}{1 - \lambda_i} = \frac{T_{i+1} - \lambda_i}{1 - \lambda_i},$$

取期望得

$$E[T_i \mid X_k > i] = E\left[\frac{T_{i+1} - \lambda_i}{1 - \lambda_i} \,\middle|\, X_k > i\right] = \frac{E[T_{i+1}] - \lambda_i}{1 - \lambda_i}.$$

因此, 以是否有 $X_k = i$ 为条件, 得到

$$E[T_i] = E[T_i \mid X_k = i]\lambda_i + E[T_i \mid X_k > i](1 - \lambda_i) = (k-1)\lambda_i + E[T_{i+1}].$$

从 $E[T_m] = k$ 开始, 我们得到

$$E[T_{m-1}] = (k-1)\lambda_{m-1} + k,$$

$$E[T_{m-2}] = (k-1)\lambda_{m-2} + (k-1)\lambda_{m-1} + k = (k-1)\sum_{j=m-2}^{m-1} \lambda_j + k,$$

$$E[T_{m-3}] = (k-1)\lambda_{m-3} + (k-1)\sum_{j=m-2}^{m-1} \lambda_j + k = (k-1)\sum_{j=m-3}^{m-1} \lambda_j + k.$$

一般地,

$$E[T_i] = (k-1)\sum_{j=i}^{m-1} \lambda_j + k,$$

因为 $T = T_1$, 这就推得了结果. ∎

3.6.6 不带左跳的随机游动

设 X_i（$i \geqslant 1$）为独立同分布的随机变量. 令 $P_j = P\{X_i = j\}$，并假定 $\sum_{j=-1}^{\infty} P_j = 1$. 这就是说，$X_i$ 的可能取值为 $-1, 0, 1, \cdots$. 如果我们记

$$S_0 = 0, \quad S_n = \sum_{i=1}^{n} X_i,$$

那么随机变量序列 S_n（$n \geqslant 0$）称为**不带左跳的随机游动**.（之所以称不带左跳是因为从 S_{n-1} 到 S_n 至多下降 1.）

作为应用，我们考虑一个参加一系列相同游戏的玩家，他在每局中最多输 1（财富）. 如果 X_i 表示该玩家在第 i 局的所得，那么 S_n 就表示在前 n 局后他的全部所得.

假设该玩家参加一个不公平游戏，其中 $E[X_i] < 0$，同时令 $v = -E[X_i]$. 再令 $T_0 = 0$. 对于 $k > 0$，设 T_{-k} 为玩家直到输了 k 时已玩的局数，也就是说

$$T_{-k} = \min\{n : S_n = -k\}.$$

必须注意 $T_{-k} < \infty$，即此随机游动最终将到达 $-k$. 这是因为，由强大数定律可知 $S_n/n \to E[X_i] < 0$，从而 $S_n \to -\infty$. 我们想要确定 $E[T_{-k}]$ 和 $\mathrm{Var}(T_{-k})$.（可以证明，在 $E[X_i] < 0$ 时两者都是有限的.）

分析这个问题的关键点是，注意到直至财富减少 k 时已经玩的局数可以表示为，减少 1 时已经玩的局数（即 T_{-1}），加上减少 1 后、总减少量为 2 之前的附加局数（即 $T_{-2} - T_{-1}$），加上减少 2 后总减少量为 3 之前的附加局数（即 $T_{-3} - T_{-2}$），等等. 也就是

$$T_{-k} = T_{-1} + \sum_{j=2}^{k} (T_{-j} - T_{-(j-1)}).$$

因为各局的结果都是独立同分布的，所以 $T_{-1}, T_{-2} - T_{-1}, T_{-3} - T_{-2}, \cdots, T_{-k} - T_{-(k-1)}$ 都是独立同分布的.（也就是说，从任意时刻开始，直至玩家的财富比此刻少 1 时的附加局数独立于以前的结果，并且与 T_{-1} 同分布.）因此，这 k 个随机变量的和 T_{-k} 的均值与方差分别是

$$E[T_{-k}] = kE[T_{-1}], \quad \mathrm{Var}(T_{-k}) = k\,\mathrm{Var}(T_{-1}).$$

我们现在通过以首局游戏的结果 X_1 为条件来计算 T_{-1} 的均值与方差. 在给定 X_1 时，T_{-1} 等于 1 加上玩家在开始游戏后、财富减少 $X_1 + 1$ 之前所需的局数. 因此，在给定 X_1 时，T_{-1} 与 $1 + T_{-(X_1+1)}$ 同分布. 因此

$$E[T_{-1}|X_1] = 1 + E[T_{-(X_1+1)}] = 1 + (X_1 + 1)E[T_{-1}],$$

$$\text{Var}(T_{-1}|X_1) = \text{Var}(T_{-(X_1+1)}) = (X_1 + 1)\,\text{Var}(T_{-1}).$$

于是

$$E[T_{-1}] = E[E[T_{-1}|X_1]] = 1 + (-v + 1)E[T_{-1}],$$

从而

$$E[T_{-1}] = \frac{1}{v},$$

这说明了

$$E[T_{-k}] = \frac{k}{v}. \tag{3.32}$$

与之类似，令 $\sigma^2 = \text{Var}(X_1)$，由条件方差公式可得

$$\begin{aligned}
\text{Var}(T_{-1}) &= E[(X_1 + 1)\,\text{Var}(T_{-1})] + \text{Var}(X_1 E[T_{-1}]) \\
&= (1 - v)\,\text{Var}(T_{-1}) + (E[T_{-1}])^2 \sigma^2 \\
&= (1 - v)\,\text{Var}(T_{-1}) + \frac{\sigma^2}{v^2}.
\end{aligned}$$

这证明了

$$\text{Var}(T_{-1}) = \frac{\sigma^2}{v^3},$$

并且得出结论

$$\text{Var}(T_{-k}) = \frac{k\sigma^2}{v^3}. \tag{3.33}$$

关于不带左跳的随机游动有很多有趣的结果. 例如首中时定理.

命题 3.3（首中时定理）

$$P\{T_{-k} = n\} = \frac{k}{n} P\{S_n = -k\}, \quad n \geqslant 1.$$

证明　对 n 运用归纳法进行证明. 现在，当 $n = 1$ 时，我们需要证明

$$P\{T_{-k} = 1\} = kP\{S_1 = -k\}.$$

当 $k = 1$ 时上式是正确的，这是因为

$$P\{T_{-1} = 1\} = P\{S_1 = -1\} = P_{-1};$$

而当 $k > 1$ 时它也正确，这是因为

$$P\{T_{-k} = 1\} = 0 = P\{S_1 = -k\}, \quad k > 1.$$

于是结论在 $n = 1$ 时正确. 所以我们假定对于固定的 $n > 1$ 与一切 $k > 0$ 有

$$P\{T_{-k} = n - 1\} = \frac{k}{n-1} P\{S_{n-1} = -k\}. \tag{3.34}$$

现在考察 $P\{T_{-k} = n\}$. 以 X_1 为条件得

$$P\{T_{-k} = n\} = \sum_{j=-1}^{\infty} P\{T_{-k} = n | X_1 = j\} P_j.$$

如果在第一局中玩家赢得 j, 且在第一局后的附加 $n-1$ 局后他的累计损失为 $k+j$, 则其财富在第 n 局后将首次减少 k. 也就是说,

$$P\{T_{-k} = n | X_1 = j\} = P\{T_{-(k+j)} = n-1\}.$$

因此

$$\begin{aligned}
P\{T_{-k} = n\} &= \sum_{j=-1}^{\infty} P\{T_{-k} = n | X_1 = j\} P_j \\
&= \sum_{j=-1}^{\infty} P\{T_{-(k+j)} = n-1\} P_j \\
&= \sum_{j=-1}^{\infty} \frac{k+j}{n-1} P\{S_{n-1} = -(k+j)\} P_j,
\end{aligned}$$

其中最后的等式来自归纳假设式 (3.34). 利用

$$P\{S_n = -k | X_1 = j\} = P\{S_{n-1} = -(k+j)\},$$

可得

$$\begin{aligned}
P\{T_{-k} = n\} &= \sum_{j=-1}^{\infty} \frac{k+j}{n-1} P\{S_n = -k | X_1 = j\} P_j \\
&= \sum_{j=-1}^{\infty} \frac{k+j}{n-1} P\{S_n = -k, X_1 = j\} \\
&= \sum_{j=-1}^{\infty} \frac{k+j}{n-1} P\{X_1 = j | S_n = -k\} P\{S_n = -k\} \\
&= P\{S_n = -k\} \left\{ \frac{k}{n-1} \sum_{j=-1}^{\infty} P\{X_1 = j | S_n = -k\} \right. \\
&\quad \left. + \frac{1}{n-1} \sum_{j=-1}^{\infty} j P\{X_1 = j | S_n = -k\} \right\} \\
&= P\{S_n = -k\} \left\{ \frac{k}{n-1} + \frac{1}{n-1} E[X_1 | S_n = -k] \right\}.
\end{aligned} \tag{3.35}$$

然而

$$\begin{aligned}
-k &= E[S_n | S_n = -k] \\
&= E[X_1 + \cdots + X_n | S_n = -k]
\end{aligned}$$

$$= \sum_{i=1}^{n} E[X_i | S_n = -k]$$

$$= nE[X_1 | S_n = -k],$$

其中最后的等式成立是因为 $X_1, \cdots, X_n$ 独立同分布, 从而在给定 $X_1 + \cdots + X_n = -k$ 的条件下对于所有 i, X_i 的分布都相同. 因此

$$E[X_1 | S_n = -k] = -\frac{k}{n}.$$

将上式代入式 (3.35) 得到

$$P\{T_{-k} = n\} = P\{S_n = -k\} \left(\frac{k}{n-1} - \frac{1}{n-1}\frac{k}{n} \right) = \frac{k}{n} P\{S_n = -k\},$$

这就完成了证明.   ■

假定在 n 局后玩家的财富减少了 k. 那么这是他的财富首次减少 k 的条件概率是

$$P\{T_{-k} = n | S_n = -k\} = \frac{P\{T_{-k} = n, S_n = -k\}}{P\{S_n = -k\}}$$

$$= \frac{P\{T_{-k} = n\}}{P\{S_n = -k\}}$$

$$= \frac{k}{n} \quad (\text{利用首中时定理}).$$

在本节余下部分, 我们假定 $-v = E[X] < 0$. 将我们在前面推导得到的关于 $E[T_{-k}]$ 的结果与首中时定理结合起来, 就得到了以下等式:

$$\frac{k}{v} = E[T_{-k}] = \sum_{n=1}^{\infty} nP\{T_{-k} = n\} = \sum_{n=1}^{\infty} kP\{S_n = -k\},$$

其中最后的等式利用了首中时定理. 因此

$$\sum_{n=1}^{\infty} P(S_n = -k) = \frac{1}{v}.$$

令事件 $S_n = -k$ 的指示随机变量为 I_n. 也就是说, 令

$$I_n = \begin{cases} 1, & \text{若 } S_n = -k, \\ 0, & \text{若 } S_n \neq -k. \end{cases}$$

再注意

$$\text{玩家的财富为 } -k \text{ 的总次数} = \sum_{n=1}^{\infty} I_n,$$

取期望后得

$$E[\text{玩家的财富为 } -k \text{ 的总次数}] = \sum_{n=1}^{\infty} P\{S_n = -k\} = \frac{1}{v}. \tag{3.36}$$

现在，设 α 为在初始时刻后随机游动总是负值的概率. 也就是

$$\alpha = P\{\text{对所有 } n \geqslant 1 \text{ 有 } S_n < 0\}.$$

为了确定 α，我们注意，每当玩家的财富是 $-k$ 时，它不再到达 $-k$ 的概率是 α（因为从此刻开始，所有累计所得都是负的[①]）. 因此，玩家的财富为 $-k$ 的次数是参数为 α 的几何随机变量，从而其均值为 $1/\alpha$. 因此由式 (3.36) 可得

$$\alpha = v.$$

我们定义 L_{-k} 为随机游动最后一次到达 $-k$ 的时刻. $L_{-k} = n$ 要求 $S_n = -k$ 且在时刻 n 以后累计所得的序列总是负的，所以

$$P\{L_{-k} = n\} = P\{S_n = -k\}\alpha = P\{S_n = -k\}v.$$

因此

$$\begin{aligned}
E[L_{-k}] &= \sum_{n=0}^{\infty} nP\{L_{-k} = n\} \\
&= v\sum_{n=0}^{\infty} nP\{S_n = -k\} \\
&= v\sum_{n=0}^{\infty} n\frac{n}{k}P\{T_{-k} = n\} \quad (\text{利用首中时定理}) \\
&= \frac{v}{k}\sum_{n=0}^{\infty} n^2 P\{T_{-k} = n\} \\
&= \frac{v}{k}E[T_{-k}^2] \\
&= \frac{v}{k}\{E^2[T_{-k}] + \mathrm{Var}(T_{-k})\} \\
&= \frac{k}{v} + \frac{\sigma^2}{v^2}.
\end{aligned}$$

3.7 复合随机变量恒等式

令 $X_1, X_2, \cdots$ 是一个独立同分布的随机变量序列，并令 $S_n = \sum_{i=1}^{n} X_i$ 是前 n（$n \geqslant 0$）项和，其中 $S_0 = 0$. 回忆一下，如果 N 是一个独立于序列 $X_1, X_2, \cdots$ 的取非负整数值的随机变量，那么

$$S_N = \sum_{i=1}^{N} X_i$$

[①] 因为假定了 $E[X] = -v < 0$，所以从 $-k$ 出发只要到达任意状态 $i > -k$，就必然会回到 $-k$.

——译者注

称为**复合随机变量**, N 的分布称为**复合分布**. 本节将首先推导一个含有这种随机变量的恒等式, 然后特殊化到 X_i 是取正整数值的随机变量的情形, 并证明这个恒等式的一个推论, 最后对于多种常见的复合分布用这个推论得到 S_N 的概率质量函数的一个递推公式.

首先, 令 M 是一个与序列 $X_1, X_2, \cdots$ 独立的随机变量, 并且使

$$P\{M = n\} = \frac{n\, P\{N = n\}}{E[N]}, \quad n = 1, 2, \cdots.$$

命题 3.4（复合随机变量恒等式）   对于任意函数 h,

$$E[S_N h(S_N)] = E[N]E[X_1 h(S_M)].$$

证明

$$
\begin{aligned}
E[S_N h(S_N)] &= E\left[\sum_{i=1}^{N} X_i h(S_N)\right] \\
&= \sum_{n=0}^{\infty} E\left[\sum_{i=1}^{N} X_i h(S_N)\Big| N = n\right] P\{N = n\} \\
&\qquad\qquad\qquad\qquad （通过以 N 为条件）\\
&= \sum_{n=0}^{\infty} E\left[\sum_{i=1}^{n} X_i h(S_n)\Big| N = n\right] P\{N = n\} \\
&= \sum_{n=0}^{\infty} E\left[\sum_{i=1}^{n} X_i h(S_n)\right] P\{N = n\} \\
&\qquad\qquad\qquad\qquad （由 N 和 X_1, \cdots, X_n 的独立性）\\
&= \sum_{n=0}^{\infty} \sum_{i=1}^{n} E[X_i h(S_n)] P\{N = n\}.
\end{aligned}
$$

现在, 因为 $X_1, \cdots, X_n$ 是独立同分布的, 并且 $h(S_n) = h(X_1 + \cdots + X_n)$ 是 $X_1, \cdots, X_n$ 的对称函数, 所以对于所有 $i = 1, \cdots, n$, $X_i h(S_n)$ 有相同的分布. 因此, 由上面的一串等式可得

$$
\begin{aligned}
E[S_N h(S_N)] &= \sum_{n=0}^{\infty} n E[X_1 h(S_n)] P\{N = n\} \\
&= E[N] \sum_{n=0}^{\infty} E[X_1 h(S_n)] P\{M = n\} \quad （M 的定义）\\
&= E[N] \sum_{n=0}^{\infty} E[X_1 h(S_n)|M = n] P\{M = n\} \\
&\qquad\qquad\qquad （由 M 和 X_1, \cdots, X_n 的独立性）\\
&= E[N] \sum_{n=0}^{\infty} E[X_1 h(S_M)|M = n] P\{M = n\} \\
&= E[N]E[X_1 h(S_M)],
\end{aligned}
$$

这就证明了命题.   ■

现在假设 X_i 是取正整数值的随机变量, 并且令

$$\alpha_j = P\{X_1 = j\}, \quad j > 0.$$

$P\{S_N = k\}$ 的相继的值常常可以由命题 3.4 的如下推论得到.

推论 3.5

$$P\{S_N = 0\} = P\{N = 0\}$$

$$P\{S_N = k\} = \frac{1}{k} E[N] \sum_{j=1}^{k} j\alpha_j P\{S_{M-1} = k - j\}, \quad k > 0.$$

证明 对于固定的 k, 令

$$h(x) = \begin{cases} 1, & x = k, \\ 0, & x \neq k. \end{cases}$$

注意 $S_N h(S_N)$ 在 $S_N = k$ 时等于 k, 在其他情形下等于 0. 所以

$$E[S_N h(S_N)] = kP\{S_N = k\}.$$

由复合恒等式可得

$$\begin{aligned}
kP\{S_N = k\} &= E[N]E[X_1 h(S_M)] \\
&= E[N] \sum_{j=1}^{\infty} E[X_1 h(S_M)|X_1 = j]\alpha_j \\
&= E[N] \sum_{j=1}^{\infty} jE[h(S_M)|X_1 = j]\alpha_j \\
&= E[N] \sum_{j=1}^{\infty} jP\{S_M = k|X_1 = j\}\alpha_j.
\end{aligned} \quad (3.37)$$

现在,

$$\begin{aligned}
P\{S_M = k|X_1 = j\} &= P\left\{ \sum_{i=1}^{M} X_i = k \,\middle|\, X_1 = j \right\} \\
&= P\left\{ j + \sum_{i=2}^{M} X_i = k \,\middle|\, X_1 = j \right\} \\
&= P\left\{ j + \sum_{i=2}^{M} X_i = k \right\} \\
&= P\left\{ j + \sum_{i=1}^{M-1} X_i = k \right\} \\
&= P\{S_{M-1} = k - j\}.
\end{aligned}$$

其中倒数第二个等式得自 $X_2, \cdots, X_M$ 与 $X_1, \cdots, X_{M-1}$ 有相同的联合分布, 即 $M-1$ 个与 X_1 同分布的独立随机变量的联合分布, 其中 $M-1$ 独立于这些随机变量. 于是该推论由式 (3.37) 证得. ■

当 $M-1$ 的分布和 N 的分布有关时, 上面的推论对计算 S_N 的概率质量函数是有用的递推公式, 这将在下面阐述.

3.7.1　泊松复合分布

如果 N 服从均值为 λ 的泊松分布, 那么

$$
\begin{aligned}
P\{M-1=n\} &= P\{M=n+1\} \\
&= \frac{(n+1)P\{N=n+1\}}{E[N]} \\
&= \frac{1}{\lambda}(n+1)\mathrm{e}^{-\lambda}\frac{\lambda^{n+1}}{(n+1)!} \\
&= \mathrm{e}^{-\lambda}\frac{\lambda^n}{n!}.
\end{aligned}
$$

因此, $M-1$ 也是均值为 λ 的泊松随机变量. 令

$$
P_n = P\{S_N = n\},
$$

由推论 3.5 给出的递推公式可以写成

$$
P_0 = \mathrm{e}^{-\lambda}, \quad P_k = \frac{\lambda}{k}\sum_{j=1}^{k} j\alpha_j P_{k-j}, \quad k > 0.
$$

注　当 X_i 恒等于 1 时, 上面的递推公式可化简为关于均值为 λ 的泊松随机变量的著名恒等式:

$$
P\{N=0\} = \mathrm{e}^{-\lambda}, \quad P\{N=n\} = \frac{\lambda}{n}P\{N=n-1\}, \quad n \geqslant 1.
$$

例 3.35　令 S 是 $\lambda=4$ 和

$$
P\{X_i = i\} = 1/4, \quad i = 1,2,3,4
$$

的复合泊松随机变量. 我们利用推论 3.5 给出的递推公式确定 $P\{S=5\}$, 得到

$$
\begin{aligned}
P_0 &= \mathrm{e}^{-\lambda} = \mathrm{e}^{-4}, \\
P_1 &= \lambda\alpha_1 P_0 = \mathrm{e}^{-4}, \\
P_2 &= \frac{\lambda}{2}(\alpha_1 P_1 + 2\alpha_2 P_0) = \frac{3}{2}\mathrm{e}^{-4}, \\
P_3 &= \frac{\lambda}{3}(\alpha_1 P_2 + 2\alpha_2 P_1 + 3\alpha_3 P_0) = \frac{13}{6}\mathrm{e}^{-4}, \\
P_4 &= \frac{\lambda}{4}(\alpha_1 P_3 + 2\alpha_2 P_2 + 3\alpha_3 P_1 + 4\alpha_4 P_0) = \frac{73}{24}\mathrm{e}^{-4},
\end{aligned}
$$

$$P_5 = \frac{\lambda}{5}(\alpha_1 P_4 + 2\alpha_2 P_3 + 3\alpha_3 P_2 + 4\alpha_4 P_1 + 5\alpha_5 P_0) = \frac{381}{120}\mathrm{e}^{-4}. \qquad \blacksquare$$

3.7.2 二项复合分布

假设 N 是一个参数为 r 和 p 的二项随机变量, 那么

$$
\begin{aligned}
P\{M-1=n\} &= \frac{(n+1)P\{N=n+1\}}{E[N]} \\
&= \frac{n+1}{rp}\binom{r}{n+1}p^{n+1}(1-p)^{r-n-1} \\
&= \frac{n+1}{rp}\frac{r!}{(r-1-n)!(n+1)!}p^{n+1}(1-p)^{r-1-n} \\
&= \frac{(r-1)!}{(r-1-n)!n!}p^n(1-p)^{r-1-n}.
\end{aligned}
$$

于是 $M-1$ 是参数为 $r-1$ 和 p 的二项随机变量.

固定 p, 令 $N(r)$ 是一个参数为 r 和 p 的二项随机变量, 再令

$$P_r(k) = P\{S_{N(r)} = k\},$$

那么由推论 3.5 可得

$$P_r(0) = (1-p)^r,$$
$$P_r(k) = \frac{rp}{k}\sum_{j=1}^{k} j\alpha_j P_{r-1}(k-j), \quad k > 0.$$

例如, 令 k 等于 $1, 2, 3$, 就得到

$$
\begin{aligned}
P_r(1) &= rp\alpha_1(1-p)^{r-1}, \\
P_r(2) &= \frac{rp}{2}[\alpha_1 P_{r-1}(1) + 2\alpha_2 P_{r-1}(0)] \\
&= \frac{rp}{2}[(r-1)p\alpha_1^2(1-p)^{r-2} + 2\alpha_2(1-p)^{r-1}], \\
P_r(3) &= \frac{rp}{3}[\alpha_1 P_{r-1}(2) + 2\alpha_2 P_{r-1}(1) + 3\alpha_3 P_{r-1}(0)] \\
&= \frac{\alpha_1 rp}{3}\frac{(r-1)p}{2}[(r-2)p\alpha_1^2(1-p)^{r-3} + 2\alpha_2(1-p)^{r-2}] \\
&\quad + \frac{2\alpha_2 rp}{3}(r-1)p\alpha_1(1-p)^{r-2} + \alpha_3 rp(1-p)^{r-1}.
\end{aligned}
$$

3.7.3 与负二项随机变量有关的一个复合分布

假设对于定值 $p\,(\,0<p<1\,)$, 复合随机变量 N 具有概率质量函数

$$P\{N=n\} = \binom{n+r-1}{r-1}p^r(1-p)^n, \quad n = 0, 1, \cdots.$$

这样的随机变量可以看作是，当每次试验独立地以概率 p 成功且已经成功 r 次时失败的次数.（如果第 r 次成功发生在第 $n+r$ 次试验中，那么将有 n 次失败. 因此，$N+r$ 是参数为 r 和 p 的负二项随机变量.）利用负二项随机变量 $N+r$ 的均值 $E[N+r] = r/p$，我们得到 $E[N] = r(1-p)/p$.

将 p 取为定值，并称 N 为 NB(r) 随机变量. 随机变量 $M-1$ 的概率质量函数为

$$
\begin{aligned}
P\{M-1=n\} &= \frac{(n+1)P\{N=n+1\}}{E[N]} \\
&= \frac{(n+1)p}{r(1-p)}\binom{n+r}{r-1}p^r(1-p)^{n+1} \\
&= \frac{(n+r)!}{r!n!}p^{r+1}(1-p)^n \\
&= \binom{n+r}{r}p^{r+1}(1-p)^n.
\end{aligned}
$$

换句话说，$M-1$ 是一个 NB$(r+1)$ 随机变量.

对于一个 NB(r) 随机变量 N，

$$
P_r(k) = P\{S_N = k\}.
$$

由推论 3.5 得

$$
P_r(0) = p^r,
$$

$$
P_r(k) = \frac{r(1-p)}{kp}\sum_{j=1}^{k} j\alpha_j P_{r+1}(k-j), \quad k > 0.
$$

于是

$$
P_r(1) = \frac{r(1-p)}{p}\alpha_1 P_{r+1}(0) = rp^r(1-p)\alpha_1,
$$

$$
P_r(2) = \frac{r(1-p)}{2p}[\alpha_1 P_{r+1}(1) + 2\alpha_2 P_{r+1}(0)]
$$

$$
= \frac{r(1-p)}{2p}[\alpha_1^2(r+1)p^{r+1}(1-p) + 2\alpha_2 p^{r+1}],
$$

$$
P_r(3) = \frac{r(1-p)}{3p}[\alpha_1 P_{r+1}(2) + 2\alpha_2 P_{r+1}(1) + 3\alpha_3 P_{r+1}(0)],
$$

等等.

习　题

1. 若 X 和 Y 都是离散的，证明对于所有的 y，只要 $p_Y(y) > 0$，就有 $\sum_x p_{X|Y}(x|y) = 1$.

*2. 令 X_1 和 X_2 为具有相同参数 p 的独立几何随机变量. 猜测 $P\{X_1 = i | X_1 + X_2 = n\}$ 的值. 再通过分析验证你的猜测.

提示：假定连续地抛掷一枚正面朝上的概率为 p 的硬币. 如果第二个正面出现在第 n 次抛掷时，那么第一个正面出现在第 i（$i = 1, \cdots, n-1$）次抛掷时的条件概率是多少？

3. X 和 Y 的联合概率质量函数 $p(x, y)$ 为

$$p(1,1) = \frac{1}{9}, \quad p(2,1) = \frac{1}{3}, \quad p(3,1) = \frac{1}{9},$$
$$p(1,2) = \frac{1}{9}, \quad p(2,2) = 0, \quad p(3,2) = \frac{1}{18},$$
$$p(1,3) = 0, \quad p(2,3) = \frac{1}{6}, \quad p(3,3) = \frac{1}{9}.$$

对于 $i = 1, 2, 3$，计算 $E[X|Y = i]$.

4. 在习题 3 中，随机变量 X 和 Y 是否独立？

5. 一个坛子中装有 3 个白球，6 个红球，5 个黑球. 从这个坛子中随机地选取 6 个球. 设 X 和 Y 分别为取到的白球数和黑球数. 计算在给定 $Y = 3$ 时 X 的条件概率质量函数. 再计算 $E[X|Y = 1]$.

*6. 在以下条件下重做习题 5：当取到一个球后，记下其颜色，并在取下一个球之前将它放回.

7. 假定随机变量 X、Y 和 Z 的联合概率质量函数 $p(x, y, z)$ 为

$$p(1,1,1) = \frac{1}{8}, \quad p(2,1,1) = \frac{1}{4},$$
$$p(1,1,2) = \frac{1}{8}, \quad p(2,1,2) = \frac{3}{16},$$
$$p(1,2,1) = \frac{1}{16}, \quad p(2,2,1) = 0,$$
$$p(1,2,2) = 0, \quad p(2,2,2) = \frac{1}{4}.$$

$E[X|Y = 2]$ 是多少？$E[X|Y = 2, Z = 1]$ 呢？

8. 相继地掷一颗均匀的骰子. 设 X 和 Y 分别为得到一个 6 和一个 5 所必需的抛掷次数. 求 (a) $E[X]$，(b) $E[X|Y = 1]$，(c) $E[X|Y = 5]$.

9. 假定 Z_1 和 Z_2 是独立的标准正态随机变量，求在给定 $Z_1 + Z_2 = x$ 时 Z_1 的条件密度函数.

10. 令 $X_1, \cdots, X_n$ 为在 $(0, 1)$ 上均匀分布的独立随机变量. 给定 X_1 不是这 n 个值中的最小值，求 X_1 的条件密度.

11. X 和 Y 的联合密度是

$$f(x, y) = \frac{y^2 - x^2}{8} \mathrm{e}^{-y}, \quad 0 < y < \infty, \quad -y \leqslant x \leqslant y.$$

证明 $E[X|Y = y] = 0$.

12. X 和 Y 的联合密度是

$$f(x, y) = \frac{\mathrm{e}^{-x/y} \mathrm{e}^{-y}}{y}, \quad 0 < x < \infty, \quad 0 < y < \infty.$$

证明 $E[X|Y = y] = y$.

*13. 设 X 是均值为 $1/\lambda$ 的指数随机变量，即

$$f_X(x) = \lambda \mathrm{e}^{-\lambda x}, \quad 0 < x < \infty.$$

求 $E[X|X > 1]$.

14. 设 X 是 $(0, 1)$ 上的均匀随机变量. 求 $E[X|X < 1/2]$.

15. X 和 Y 的联合密度是

$$f(x,y) = \frac{e^{-y}}{y}, \quad 0 < x < y, \quad 0 < y < \infty.$$

计算 $E[X^2|Y = y]$.

16. 如果随机变量 X 和 Y 的联合密度对于 $-\infty < x < \infty$, $-\infty < y < \infty$ 给定为

$$f(x,y) = \frac{1}{2\pi\sigma_x\sigma_y\sqrt{1-\rho^2}} \exp\left\{-\frac{1}{2(1-\rho^2)}\right.$$

$$\left. \times \left[\left(\frac{x-\mu_x}{\sigma_x}\right)^2 - \frac{2\rho(x-\mu_x)(y-\mu_y)}{\sigma_x\sigma_y} + \left(\frac{y-\mu_y}{\sigma_y}\right)^2\right]\right\},$$

其中 $\sigma_x, \sigma_y, \mu_x, \mu_y, \rho$ 都是常数, 且满足 $-1 < \rho < 1$, $\sigma_x > 0$, $\sigma_y > 0$, $-\infty < \mu_x < \infty$, $-\infty < \mu_y < \infty$, 那么称 X 和 Y 服从二元正态分布.

(a) 证明 X 服从均值为 μ_x、方差为 σ_x^2 的正态分布, Y 服从均值为 μ_y、方差为 σ_y^2 的正态分布.

(b) 证明在给定 $Y = y$ 时, X 的条件密度是均值为 $\mu_x + (\rho\sigma_x/\sigma_y)(y-\mu_y)$、方差为 $\sigma_x^2(1-\rho^2)$ 的正态分布.

ρ 称为 X 和 Y 的相关系数. 可以证明

$$\rho = \frac{E[(X-\mu_x)(Y-\mu_y)]}{\sigma_x\sigma_y} = \frac{\text{Cov}(X,Y)}{\sigma_x\sigma_y}.$$

17. 设 Y 是参数为 s 和 α 的伽马随机变量. 它的密度是

$$f_Y(y) = Ce^{-\alpha y}y^{s-1}, \quad y > 0,$$

其中 C 是一个不依赖于 y 的常数. 再假设在给定 $Y = y$ 时, X 的条件分布是均值为 y 的泊松分布, 即

$$P\{X = i|Y = y\} = e^{-y}y^i/i!, \quad i \geqslant 0.$$

证明在给定 $X = i$ 时, Y 的条件分布是参数为 $s + i$ 和 $\alpha + 1$ 的伽马分布.

18. 设 $X_1, \cdots, X_n$ 是独立同分布的随机变量, 它们共同的分布函数由未知参数 θ 确定. 设 $T = T(\boldsymbol{X})$ 是数据 $\boldsymbol{X} = (X_1, \cdots, X_n)$ 的一个函数. 如果在给定 $T(\boldsymbol{X})$ 时, $X_1, \cdots, X_n$ 的条件分布不依赖于 θ, 则 $T(\boldsymbol{X})$ 称为 θ 的一个**充分统计量**. 在如下各种情形下, 证明 $T(\boldsymbol{X}) = \sum_{i=1}^n X_i$ 是 θ 的一个充分统计量.

(a) X_i 是均值为 θ、方差为 1 的正态随机变量.

(b) X_i 的密度是 $f(x) = \theta e^{-\theta x}$, $x > 0$.

(c) X_i 的质量函数是 $p(x) = \theta^x(1-\theta)^{1-x}$, $x = 0, 1$, $0 < \theta < 1$.

(d) X_i 是均值为 θ 的泊松随机变量.

*19. 证明: 如果 X 和 Y 是联合连续的, 则

$$E[X] = \int_{-\infty}^{\infty} E[X|Y = y]f_Y(y)\mathrm{d}y.$$

20. 有三枚硬币, 它们抛出正面的概率分别是 $1/4$、$1/2$、$3/4$, 从中随机选取一枚硬币并连续抛掷.

(a) 求直到首次出现正面时, 抛掷次数的期望.

(b) 求在前 8 次抛掷中出现的正面数的均值.

21. 考虑例 3.12, 即一个矿工陷于矿井之中的例子. 设 N 为矿工在到达安全地点前所选的门的总数. 再设 T_i 为第 i 次选择对应的行走时间, $i \geqslant 1$, X 为矿工到达安全地点所需的时间.

  (a) 给出一个把 X 与 N 和 T_i 联系起来的恒等式.

  (b) $E[N]$ 是多少?

  (c) $E[T_N]$ 是多少?

  (d) $E\left[\sum_{i=1}^{N} T_i \Big| N = n\right]$ 是多少?

  (e) 利用上面的结果, $E[X]$ 是多少?

22. 假定进行独立试验直至连续出现 k 次相同的结果, 其中每个结果等可能地是 m 个可能结果中的任意一个. 如果设 N 为试验的次数, 证明
$$E[N] = \frac{m^k - 1}{m - 1}.$$
某些人相信在展开式 $\pi = 3.14159\cdots$ 中相继的数字都是均匀分布的, 即他们认为这些数字都是等可能地从数字 0 到 9 中独立选取的. 反对该假设的可能依据是, 从第 $24\,658\,601$ 个数字开始, 连续出现了 9 个 7. 这个信息与均匀分布的假设是否一致?

为了回答这个问题, 我们注意到, 如果均匀分布的假设是正确的, 那么为出现连续 9 个相同值所需出现的数字个数的期望是
$$(10^9 - 1)/9 = 111\,111\,111.$$
那么, 近似为 2500 万的观察值大致是理论均值的 22%. 但是, 可以证明在均匀分布的假设下, N 的标准差接近于均值. 因此, 观察值大约比理论均值小 0.78 个标准差, 这与均匀分布的假设基本一致.

*23. 连续地抛掷一枚正面朝上的概率为 p 的硬币, 直至最近的三次抛掷中有两次是正面. 设 N 为抛掷的次数 (注意, 如果前两次抛掷的结果都是正面, 则 $N = 2$). 求 $E[N]$.

24. 连续地抛掷一枚正面朝上的概率为 p 的硬币, 直至出现至少一个正面、一个反面为止.

  (a) 求需要抛掷的次数的期望.

  (b) 求出现正面的次数的期望.

  (c) 求出现反面的次数的期望.

  (d) 在连续抛掷直至总共出现至少两个正面、一个反面的情形下, 重做 (a).

25. 做一系列独立的试验, 每次试验都以概率 p_1, p_2, p_3 为结果 1, 2, 3 之一, 其中 $\sum_{i=1}^{3} p_i = 1$.

  (a) 设 N 为直到首次试验的结果恰好出现三次时所需的试验次数. 例如, 若试验结果是 $3, 2, 1, 2, 3, 2, 3$, 则 $N = 7$. 求 $E[N]$.

  (b) 求直到结果 1 和结果 2 都出现时所需试验次数的期望.

26. 有两个对手与你轮番博弈. 与 A 博弈时你赢的概率是 p_A, 而与 B 博弈时你赢的概率是 p_B, 且 $p_B > p_A$. 如果你的目标是使自己连赢两次所需的博弈次数最少, 那么应从 A 还是从 B 开始博弈?

  提示: 令 $E[N_i]$ 为你从玩家 i 开始博弈所需博弈的平均次数. 推导 $E[N_A]$ 的一个含有 $E[N_B]$ 的表示式, 写下 $E[N_B]$ 的等价表达式, 然后将其相减.

27. 连续地抛掷一枚正面朝上的概率为 p 的硬币, 直至出现模式 T, T, H. (当最近的抛掷出

现正面, 而之前两次抛掷出现反面时, 停止抛掷.) 令 X 为抛掷的次数. 求 $E[X]$.

28. 波利亚坛子模型假设在一个坛子中最初有 r 个红球和 b 个蓝球. 每次从这个坛子中随机取出一个球, 然后将这个球以及与它同色的其他 m 个球一起放回坛子. 令 X_k 是前 k 次选取中取到的红球个数.

    (a) 求 $E[X_1]$.

    (b) 求 $E[X_2]$.

    (c) 求 $E[X_3]$.

    (d) 猜测 $E[X_k]$ 的值, 然后通过添加条件的推理验证你的猜测.

    (e) 对你的猜测给出一个直观的证明.

    提示: 给这 r 个红球和 b 个蓝球标号, 使对于每个 $i = 1, \cdots, r$, 坛子中包含一个类型 i 的红球. 同样对于每个 $j = 1, \cdots, b$, 坛子中包含一个类型 j 的蓝球. 现在假设每当取到一个红球时, 将它及与它同类型的其他 m 个球一起放回坛子. 同样, 每当取到一个蓝球时, 将它及与它同类型的其他 m 个球一起放回坛子. 现在用对称推理确定在任意给定的一次选取中取到红球的概率.

29. 两名玩家轮流射击一个目标, 玩家 i 每次射中的概率为 p_i, $i = 1, 2$. 在连续两次射中目标后射击结束. 令 μ_i 为玩家 i 首先射击时的平均射击次数, $i = 1, 2$.

    (a) 求 μ_1 与 μ_2.

    (b) 令 h_i 为玩家 i 首先射击时击中目标的平均次数, $i = 1, 2$. 求 h_1 与 h_2.

30. 令 X_i ($i \geqslant 0$) 是独立同分布的随机变量, 其概率质量函数为

$$p(j) = P\{X_i = j\}, \quad j = 1, \cdots, m, \quad \sum_{j=1}^{m} p(j) = 1.$$

求 $E[N]$, 其中 $N = \min\{n > 0 : X_n = X_0\}$.

31. 一个二进制数列中的每个元素是 1 的概率为 p, 是 0 的概率为 $1 - p$. 由连续出现的相同值构成的一个极大子序列, 称为一个游程. 如果结果序列是 $1, 1, 0, 1, 1, 1, 0$, 那么第一个游程长度为 2, 第二个游程长度为 1, 第三个游程长度为 3.

    (a) 求第一个游程的平均长度.

    (b) 求第二个游程的平均长度.

32. 做每次成功概率是 p 的独立试验.

    (a) 求至少有 n 次成功和 m 次失败所需的平均试验次数.

    　　提示: 知道前 $n + m$ 次试验的结果有用吗?

    (b) 求至少有 n 次成功或者至少有 m 次失败所需的平均试验次数.

    　　提示: 利用 (a) 的结果.

33. 如果令 R_i 为在时段 i 所赚的随机金额, 那么 $\sum_{i=1}^{\infty} \beta^{i-1} R_i$ (其中 $0 < \beta < 1$) 是一个特定的常数, 称为折扣因子为 β 的总折扣报酬. 令 T 是参数为 $1 - \beta$ 的几何随机变量, 且与 R_i 独立. 证明总折扣报酬的期望等于到 T 时赚的平均总报酬 (无折扣), 即证明

$$E\left[\sum_{i=1}^{\infty} \beta^{i-1} R_i\right] = E\left[\sum_{i=1}^{T} R_i\right].$$

34. 掷 n 颗骰子. 将出现 6 点的骰子置于一旁, 再掷余下的骰子. 如此重复直至所有的骰子都出现 6. 设 N 为需要掷的次数. (例如, 假定 $n = 3$, 而开始恰有两颗骰子掷出 6. 然后掷另一颗骰子, 如果它出现 6, 则 $N = 2$.) 令 $m_n = E[N]$.

(a) 推导 m_n 的一个递推公式, 并用它计算 m_i ($i = 2, 3, 4$) 及证明 $m_5 \approx 13.024$.

(b) 令 X_i 为在第 i 次抛掷时骰子的颗数. 求 $E\left[\sum_{i=1}^{N} X_i\right]$.

35. 考虑 n 次多项试验, 其中每一次试验独立地以概率 p_i 出现结果 i, $\sum_{i=1}^{n} p_i = 1$. 令 X_i 为出现结果 i 的次数. 求 $E[X_1 | X_2 > 0]$.

36. 令 $p_0 = P\{X = 0\}$ 并且假设 $0 < p_0 < 1$. 令 $\mu = E[X]$, $\sigma^2 = \text{Var}(X)$. 求 $E[X | X \neq 0]$ 和 $\text{Var}(X | X \neq 0)$.

37. 把一份手稿交给由打字员甲、乙、丙组成的打字公司. 如果由甲打字, 那么错误的个数是均值为 2.6 的泊松随机变量; 如果由乙打字, 那么错误的个数是均值为 3 的泊松随机变量; 如果由丙打字, 那么错误的个数是均值为 3.4 的泊松随机变量. 设 X 为打好的手稿中的错误个数. 假定每个打字员等可能地做这项工作. 求 $E[X]$ 和 $\text{Var}(X)$.

*38. 假设 Y 在 $(0,1)$ 上均匀分布, 而且在给定 $Y = y$ 时, X 是 $(0, y)$ 上的均匀随机变量. 求 $E[X]$ 和 $\text{Var}(X)$.

39. 随机地洗一副标有数 1 到 n 的 n 张卡片, 使 $n!$ 个可能的排列等可能地出现. 每次翻开一张卡片, 直至标有数 1 的卡片出现. 这些翻开的卡片组成第一个循环. 现在我们 (通过查看翻开的卡片) 确定没有翻开的卡片中数最小的一张, 并继续翻卡片直至这张卡片出现. 这些新的卡片组成第二个循环. 我们再确定在余下的卡片中数最小的一张, 并继续翻卡片直到它出现, 等等, 直至所有的卡片都已翻开. 令 m_n 为循环个数的均值.

(a) 推导 m_n 的一个由 m_k ($k = 1, 2, \cdots, n-1$) 表达的递推公式.

(b) 从 $m_0 = 0$ 开始, 用此递推公式求 m_1, m_2, m_3, m_4.

(c) 猜测 m_n 的一般公式.

(d) 用归纳法证明你的公式, 即证明它对 $n = 1$ 成立, 然后假定它对 $1, \cdots, n-1$ 中所有的值都成立, 并证明这就推出它对 n 成立.

(e) 如果一个循环结束于 i, 就令 $X_i = 1$, 否则令 $X_i = 0$, $i = 1, \cdots, n$. 利用这些 X_i 表示循环个数.

(f) 用 (e) 中的表示确定 m_n.

(g) 随机变量 $X_1, \cdots, X_n$ 是否独立? 给出解释.

(h) 求循环个数的方差.

40. 一个囚犯困于一间有三扇门的囚室. 第一扇门通向一条隧道, 经过此隧道两天后他将回到该囚室. 第二扇门也通向一条隧道, 经此隧道 3 天后他将回到该囚室. 第三扇门立刻通向自由.

(a) 假定囚犯总是分别以概率 0.5、0.3、0.2 选取门 1、2、3. 他获得自由所需的天数的期望是多少?

(b) 假定囚犯总是等可能地在他没有选过的门之中选取. 他获得自由所需的天数的期望是多少? (假如囚犯在开始时选择了门 1, 当他回到囚室之后只从门 2、3 中选取.)

(c) 对于 (a) 和 (b)，求囚犯获得自由所需的天数的方差.

*41. 工人 $1, \cdots, n$ 目前都闲着. 假定每个工人独立地胜任某个岗位的概率为 p，而这个岗位又等可能地被派给他们中能胜任该岗位的一个工人（若无人胜任，则此岗位被拒）. 求下一个岗位被派给工人 1 的概率.

*42. 如果 $X_i\,(i = 1, \cdots, n)$ 是独立的正态随机变量，并且均值为 μ_i、方差为 1，则称随机变量 $\sum_{i=1}^{n} X_i^2$ 为非中心卡方随机变量.

(a) 如果 X 是均值为 μ、方差为 1 的正态随机变量，证明对于 $|t| < 1/2$，X^2 的矩母函数是
$$(1 - 2t)^{-1/2} e^{t\mu^2/(1-2t)}.$$

(b) 求非中心卡方随机变量 $\sum_{i=1}^{n} X_i^2$ 的矩母函数，并证明 $\sum_{i=1}^{n} X_i^2$ 的分布对均值 $\mu_1, \cdots, \mu_n$ 的依赖仅通过它们的平方和. 于是我们说 $\sum_{i=1}^{n} X_i^2$ 是参数为 n 和 $\theta = \sum_{i=1}^{n} \mu_i^2$ 的非中心卡方随机变量.

(c) 如果所有的 $\mu_i = 0$，则称 $\sum_{i=1}^{n} X_i^2$ 是自由度为 n 的卡方随机变量. 通过微分矩母函数来求它的期望值和方差.

(d) 令 K 是均值为 $\theta/2$ 的泊松随机变量，假定以 $K = k$ 为条件时随机变量 W 服从自由度为 $n + 2k$ 的卡方分布. 通过计算矩母函数证明 W 是参数为 n 和 θ 的非中心卡方随机变量.

(e) 求参数为 n 和 θ 的非中心卡方随机变量的期望值和方差.

*43. 对于 $P\{Y \in A\} > 0$，证明
$$E[X|Y \in A] = \frac{E[XI\{Y \in A\}]}{P\{Y \in A\}},$$
其中 $I\{B\}$ 是事件 B 的指示变量，在 B 发生时等于 1，否则等于 0.

44. 在给定的一天进入某商店的顾客数服从均值为 $\lambda = 10$ 的泊松分布. 一个顾客花费的钱数在 $(0, 100)$ 上均匀分布. 求商店在给定的一天内收入钱数的均值和方差.

45. 一个在实直线上行走的人试图到达原点. 然而，他想要迈出的步伐越大，这一步结果的方差也越大. 特别地，只要这个人在位置 x，下一步他就移向一个均值为 0、方差为 βx^2 的位置. 令 X_n 为此人在 n 步后的位置. 假定 $X_0 = x_0$. 求 $E[X_n]$ 和 $\mathrm{Var}(X_n)$.

46. (a) 证明
$$\mathrm{Cov}(X, Y) = \mathrm{Cov}(X, E[Y|X]).$$

(b) 假设对于常数 a 和 b，
$$E[Y|X] = a + bX.$$
证明
$$b = \mathrm{Cov}(X, Y)/\mathrm{Var}(X).$$

*47. 若 $E[Y|X] = 1$，证明
$$\mathrm{Var}(XY) \geqslant \mathrm{Var}(X).$$

48. 假定我们想用预测值 $Y_1, \cdots, Y_n$ 之一来预测随机变量 X 的值，其中每个 Y_i 满足 $E[Y_i | X] = X$. 证明方差最小的预测值 Y_i 使 $E[(Y_i - X)^2]$ 最小.

提示: 用条件方差公式计算 $\mathrm{Var}(Y_i)$.

49. 甲和乙进行一系列博弈, 每次博弈甲赢的概率为 p. 最终的赢家是首先比另一个人多赢两次的玩家.

    (a) 求甲是最终赢家的概率.

    (b) 求玩家博弈次数的期望.

50. 假定抛掷一枚正面朝上的概率为 p 的硬币 N 次, 其中 N 是参数为 α 的几何随机变量, 并且与抛掷的结果独立. 令事件 A 为所有抛掷的结果均是正面朝上.

    (a) 通过以 N 为条件, 求 $P(A)$.

    (b) 通过以首次抛掷的结果为条件, 求 $P(A)$.

51. 假定 X 是参数为 p 的几何随机变量, 求 X 是偶数的概率.

52. 每个申请人都有一个分数. 如果共有 n 个申请人, 那么分数高于 s_n 的人会被录取, 其中 $s_1 = 0.2$, $s_2 = 0.4$, $s_n = 0.5$, $n \geqslant 3$. 假设申请人的分数是在 $(0, 1)$ 上均匀分布的独立随机变量, 且与申请人数 N 独立, N 服从均值为 2 的泊松分布. 设 X 为被录取的申请人的数目. 推导下面两者的表达式: (a) $P(X = 0)$; (b) $E[X]$.

*53. 假设 X 是均值为 λ 的泊松随机变量, 而参数 λ 本身是一个均值为 1 的指数随机变量. 证明 $P\{X = n\} = \left(\dfrac{1}{2}\right)^{n+1}$.

54. 独立试验每次成功的概率为 p, 进行该试验直至连续出现 k 次成功为止. 令 X 表示试验成功的总次数, 并令 $P_n = P\{X = n\}$.

    (a) 求 P_k.

    (b) 想象试验永远继续, 通过以首次失败的时间为条件, 推导出 P_n ($n \geqslant k$) 的一个递推方程.

    (c) 通过求解 P_k 的递推方程验证 (a) 的答案.

    (d) 在 $p = 0.6$ 和 $k = 3$ 时, 求 P_8.

55. 在上面的问题中, 令 $M_k = E[X]$. 推导出 M_k 的一个递推方程并求解.

    提示: 从 $X_k = X_{k-1} + A_{k, k-1}$ 开始, 其中 X_i 是在首次出现连续 i 次成功时的总成功次数, 而 $A_{k, k-1}$ 是从出现连续 $k - 1$ 次成功到出现连续 k 次成功的附加成功次数.

56. 数据显示, 伯克利 (美国加利福尼亚州西部城市) 在雨天发生的交通事故数是均值为 9 的泊松随机变量, 而在晴天发生的交通事故数是均值为 3 的泊松随机变量. 设 X 为明天发生的交通事故数. 如果明天下雨的概率是 0.6, 求 $E[X]$、$P\{X = 0\}$ 和 $\mathrm{Var}(X)$.

57. 在下一个雨季中暴风雨的次数服从泊松分布, 但是其参数值在 $(0, 5)$ 上均匀分布. 也就是说, Λ 在 $(0, 5)$ 上均匀分布. 在给定 $\Lambda = \lambda$ 时, 暴风雨的次数是均值为 λ 的泊松随机变量. 求在这个雨季中至少有三次暴风雨的概率.

*58. 假设在 $Y = y$ 时, N 的条件分布是均值为 y 的泊松分布, 再假设 Y 是参数为 r 和 λ 的伽马随机变量, 其中 r 是正整数, 即假设

$$P\{N = n | Y = y\} = \mathrm{e}^{-y} \frac{y^n}{n!}$$

和

$$f_Y(y) = \frac{\lambda \mathrm{e}^{-\lambda y}(\lambda y)^{r-1}}{(r-1)!}, \quad y > 0.$$

(a) 求 $E[N]$.

(b) 求 $\mathrm{Var}(N)$.

(c) 求 $P\{N = n\}$.

(d) 利用 (c) 推断 N 与每次成功概率为 $p = \dfrac{\lambda}{1+\lambda}$ 的独立试验在出现 r 次成功前的失败总次数同分布.

59. 假定每张新奖券的收集都与过去的独立, 收集到类型 i 的奖券的概率是 p_i. 总共收集到 n 张奖券. 令事件 A_i 表示 "这 n 张奖券中至少有一张是类型 i 的奖券". 对于 $i \neq j$, 通过下列方式计算 $P(A_i A_j)$:

(a) 以这 n 张中类型 i 的奖券数 N_i 为条件;

(b) 以首次收集到类型 i 的奖券的时间 F_i 为条件;

(c) 用恒等式 $P(A_i \cup A_j) = P(A_i) + P(A_j) - P(A_i A_j)$.

***60.** 两个玩家轮流抛掷一枚正面朝上的概率为 p 的硬币. 第一个抛出正面的人是赢家. 我们关注的是第一个玩家是赢家的概率, 称之为 $f(p)$. 在确定这个概率之前, 回答以下问题.

(a) 你认为 $f(p)$ 是 p 的单调函数吗? 如果是, 它是递增的, 还是递减的?

(b) 你认为 $\lim_{p \to 1} f(p)$ 的值是多少?

(c) 你认为 $\lim_{p \to 0} f(p)$ 的值是多少?

(d) 求 $f(p)$.

61. 假设在习题 29 中, 当目标被射中两次时射击结束. 令 m_i 为玩家 i 先射击时首次射中所需的平均射击次数, $i = 1, 2$. 再令 P_i 为玩家 i 先射击时玩家 1 首次射中的概率, $i = 1, 2$.

(a) 求 m_1 和 m_2.

(b) 求 P_1 和 P_2.

对以下的问题, 假定玩家 1 先射击.

(c) 求最后一次由玩家 1 射中的概率.

(d) 求两次都是由玩家 1 射中的概率.

(e) 求两次都是由玩家 2 射中的概率.

(f) 求射击次数的均值.

62. 甲、乙和丙是势均力敌的网球选手. 甲与乙先比赛一场, 赢的人与丙比赛. 如此继续, 赢的人总是与等候的人比赛, 直至一个选手连赢两场比赛, 就宣布该选手为最终赢家. 求甲是最终赢家的概率.

63. 假设有 n 类奖券, 每一类新奖券的获得都与过去的独立, 且它等可能地是 n 类中的任意一类. 假设某人持续收集直到每一类奖券至少有一张为止.

(a) 求在最终收集到的奖券中恰有一张类型 i 的奖券的概率.

　　提示: 以在首张类型 i 的奖券出现前收集到的类型数 T 为条件.

(b) 求在最终收集到的奖券中恰好出现一张的类型数的期望.

64. 甲和乙轮流地掷一对骰子, 甲先开始. 甲的目标是得到点数和为 6, 而乙的目标是得到点数和为 7. 当任一玩家达到目标时, 博弈结束, 而该玩家就是赢家.

(a) 求甲是赢家的概率.

(b) 求掷这一对骰子的次数的期望.

(c) 求掷这一对骰子的次数的方差.

65. 在一个装有 n 个球的坛子中, 红球的个数是一个随机变量, 它等可能地是 $0, 1, \cdots, n$ 中的任意一个值, 即

$$P\{i \text{ 个红球}, n - i \text{ 个非红球}\} = \frac{1}{n+1}, \quad i = 0, 1, \cdots, n.$$

每次随机地拿出一个球. 令 Y_k 为在前 k 次选取中取出的红球数, $k = 1, \cdots, n$.

(a) 求 $P\{Y_n = j\}$, $j = 0, 1, \cdots, n$.

(b) 求 $P\{Y_{n-1} = j\}$, $j = 0, 1, \cdots, n$.

(c) 你认为 $P\{Y_k = j\}$ $(j = 0, 1, \cdots, n)$ 的值是多少?

(d) 用反向归纳法验证你对于 (c) 的回答, 即在 $k = n$ 时验证你的回答是正确的, 然后证明, 只要它对 k 成立, 就对 $k - 1$ 成立, $k = 1, \cdots, n$.

66. 在所在球队获胜的足球比赛中, J 的进球数服从均值为 2 的泊松分布; 在所在球队输掉的比赛中, J 的进球数服从均值为 1 的泊松分布. 假设 J 所在的球队赢得每场比赛的概率为 p.

(a) 求 J 在接下来三场比赛中进球数的期望.

(b) 求 J 在接下来三场比赛中共进 n 球的概率.

*67. 连续地抛掷一枚正面朝上的概率为 p 的硬币, 令 $P_j(n)$ 为在前 n 次抛掷中出现连续 j 个正面的概率.

(a) 论证

$$P_j(n) = P_j(n-1) + p^j(1-p)[1 - P_j(n-j-1)].$$

(b) 通过以出现首个非正面为条件, 推导将 $P_j(n)$ 与量 $P_j(n-k)$ $(k = 1, \cdots, j)$ 联系起来的另一个方程.

68. 如果一棵树的感染程度是 x $(0 \leqslant x \leqslant 1)$, 那么每次治疗的成功概率独立地是 $1 - x$. 考虑一棵感染程度为 L 的树, 其中 L 值为在 $(0, 1)$ 上均匀分布的随机变量.

(a) 一次治疗即获成功的概率是多少?

(b) 求前两次治疗均不成功的概率.

(c) 在需要三次治疗才能治愈这棵树的条件下, 求 L 的条件期望值.

69. 在匹配问题中, 如果 i 选取 j 的帽子, 而且 j 选取 i 的帽子, 那么我们说 (i, j) $(i < j)$ 构成一对.

(a) 求对数的期望.

(b) 令 Q_n 为没有成对的概率. 推导一个用 Q_j $(j < n)$ 表示 Q_n 的递推公式.

    提示: 用环的概念.

(c) 用 (b) 中的递推公式求 Q_8.

70. 令 N 为匹配问题结果中环的个数.

(a) 令 $M_n = E[N]$, 推导一个用 $M_1, \cdots, M_{n-1}$ 表示 M_n 的方程.

(b) 令 C_j 为含有 j 的环的长度. 证明

$$N = \sum_{j=1}^{n} 1/C_j,$$

并用前面的结果确定 $E[N]$.

(c) 求标记为 $1, 2, \cdots, k$ 的人都在同一个环中的概率.

(d) 求 $1, 2, \cdots, k$ 是一个环的概率.

71. 用式 (3.13) 得到式 (3.9).

提示：首先在式 (3.13) 两边乘以 n. 然后写下一个由 $n-1$ 代替 n 的新方程，并从新方程中减去前者.

72. 在例 3.29 中，证明在给定 $U_1 = y$ 时 N 的条件分布与在给定 $U_1 = 1-y$ 时 M 的条件分布相同. 再证明

$$E[N|U_1 = y] = E[M|U_1 = 1-y] = 1 + \mathrm{e}^y.$$

***73.** 假设连续地掷一颗骰子直至掷出的所有点数之和超过 100. 当停止时，总和最可能是多少?

74. 有 5 个部件. 它们都独立地工作，部件 i 工作的概率为 p_i，$i = 1, 2, 3, 4, 5$. 这些部件构成一个系统，如图 3-7 所示.

如果图中左端产生的信号能到达右端，其中信号只能通过工作中的部件，则称系统在工作. (如果部件 1 和部件 4 都工作，则系统也工作.) 系统工作的概率是多少?

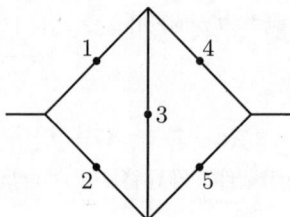

图 3-7

75. 本问题介绍例 3.28 中选票问题的另一个证明.

(a) 论证

$$P_{n,m} = 1 - P\{甲和乙最终在某一时刻打成平手\}.$$

(b) 解释为什么

$$P\{甲得到第一张选票，而且他们最终在某一时刻打成平手\}$$
$$= P\{乙得到第一张选票，而且他们最终在某一时刻打成平手\}.$$

提示：甲得到第一张选票并且他们最终在某一时刻打成平手的任意一个结果都对应于乙得到第一张选票且他们最终在某一时刻打成平手的一个结果. 解释这个对应关系.

(c) 论证 $P\{最终在某一时刻打成平手\} = 2m/(n+m)$，并由此得出 $P_{n,m} = (n-m)/(n+m)$.

76. 考虑一个玩家，他每局游戏赢 1 美元的概率为 18/38，输 1 美元的概率为 20/38（即轮盘分别停在一种特定颜色上的概率）. 这个玩家在总共赢得 5 美元或玩 100 局游戏后离开. 他恰好玩 15 局的概率是多少？

77. (a) 证明 $E[XY|Y=y] = yE[X|Y=y]$.

  (b) 证明 $E[g(X,Y)|Y=y] = E[g(X,y)|Y=y]$.

  (c) 证明 $E[XY] = E[YE[X|Y]]$.

78. 在选票问题（例 3.28）中，计算 $P\{$甲一直没有落后$\}$.

79. 从一个装有 n 个白球和 m 个黑球的坛子中，每次取出一个球. 如果 $n > m$，证明坛子中的白球总多于黑球（当然，到坛子空为止）的概率等于 $(n-m)/(n+m)$. 解释为什么这个概率等于在取出的球的集合中总是白球多于黑球的概率.（由选票问题可知，后者正是 $(n-m)/(n+m)$.）

80. 连续地抛掷一枚正面朝上的概率为 p 的硬币 n 次. 从第一次抛掷开始，出现的正面数总比反面数多的概率是多少？

81. 令 X_i（$i \geqslant 1$）是在 $(0,1)$ 上均匀分布的独立随机变量，定义 N 为
$$N = \min\{n : X_n < X_{n-1}\},$$
其中 $X_0 = x$. 令 $f(x) = E[N]$.

  (a) 通过以 X_1 为条件，导出 $f(x)$ 的一个积分方程.

  (b) 对 (a) 中导出的方程两边求微分.

  (c) 求解 (b) 中得到的方程.

  (d) 对于确定 $f(x)$ 的第二种途径，论证
$$P\{N \geqslant k\} = \frac{(1-x)^{k-1}}{(k-1)!}.$$

  (e) 利用 (d) 得到 $f(x)$.

82. 令 $X_1, X_2, \cdots$ 是独立的连续随机变量，具有同样的分布函数 F 和密度函数 $f = F'$，并且对于 $k \geqslant 1$，令
$$N_k = \min\{n \geqslant k : X_n = X_1, \cdots, X_n \text{ 中第 } k \text{ 大的}\}.$$

  (a) 证明 $P\{N_k = n\} = (k-1)/[n(n-1)]$，$n \geqslant k$.

  (b) 论证
$$f_{X_{N_k}}(x) = f(x)\left(\overline{F}(x)\right)^{k-1} \sum_{i=0}^{\infty} \binom{i+k-2}{i} (F(x))^i.$$

  (c) 证明如下恒等式：
$$a^{1-k} = \sum_{i=0}^{\infty} \binom{i+k-2}{i}(1-a)^i, \quad 0 < a < 1, \quad k \geqslant 2.$$

  提示：用归纳法. 首先证明当 $k=2$ 时它成立，而后假定它对于所有 k 都成立. 为证明它对于 $k+1$ 成立，利用
$$\sum_{i=1}^{\infty} \binom{i+k-1}{i}(1-a)^i = \sum_{i=1}^{\infty} \binom{i+k-2}{i}(1-a)^i + \sum_{i=1}^{\infty} \binom{i+k-2}{i-1}(1-a)^i,$$

上面用到了组合恒等式

$$\binom{m}{i} = \binom{m-1}{i} + \binom{m-1}{i-1}.$$

现在，用归纳假设求出上面的方程等号右边的第一项.

(d) 最后得到结论：X_{N_k} 具有分布 F.

83. 一个坛子中装有 n 个球，球 i 的重量为 w_i，$i = 1, \cdots, n$. 按以下的方案从坛子中每次取出一个球：当 S 是余下的球的集合时，下一次以概率 $w_i / \sum_{j \in S} w_j$ 取出球 i，$i \in S$. 求在取出球 i（$i = 1, \cdots, n$）之前，取出的球数的期望.

84. 假设在如例 3.33 所示的对打中，赢家只在发球时才能赢得一分.

    (a) 若目前由甲发球，问甲赢得下一分的概率是多少？

    (b) 解释如何求得最终得分的概率.

85. 在列表问题中，当 P_i 都已知时，证明元素的最佳排序（最佳的意思是最小化所请求元素的位置的期望）是按其概率从大到小排列，即若 $P_1 > P_2 > \cdots > P_n$，证明 $1, 2, \cdots, n$ 就是最佳排序.

86. 当 $n = 5$ 时，考察 3.6.2 节介绍的随机图. 计算连通分量个数的概率分布，并用它计算 $E[C]$，然后将你的答案与

$$E[C] = \sum_{k=1}^{5} \binom{5}{k} \frac{(k-1)!}{5^k}$$

比较，以此验证你的答案.

87. (a) 由 3.6.3 节的结果，我们可以得到方程 $x_1 + \cdots + x_m = n$ 共有 $\binom{n+m-1}{m-1}$ 个非负整数解的结论. 直接证明此结论.

    (b) 方程 $x_1 + \cdots + x_m = n$ 共有多少个正整数解？**提示**：令 $y_i = x_i - 1$.

    (c) 对于玻色–爱因斯坦分布，计算恰有 k 个 X_i 等于 0 的概率.

88. 在 3.6.3 节中我们看到，如果 U 是一个在 $(0,1)$ 上均匀分布的随机变量，而且如果以 $U = p$ 为条件，X 是一个参数为 n 和 p 的二项随机变量，那么

$$P\{X = i\} = \frac{1}{n+1}, \quad i = 0, 1, \cdots, n.$$

另一个证明此结果的方法是，令 $U, X_1, X_2, \cdots, X_n$ 是在 $(0,1)$ 上均匀分布的独立随机变量，定义 X 为

$$X = \#i : X_i < U,^{①}$$

即若将此 $n + 1$ 个变量由小到大排列，那么 U 将在位置 $X + 1$ 处.

    (a) $P\{X = i\}$ 是多少？

    (b) 解释这如何证明了 3.6.3 节的结论.

89. 令 $I_1, \cdots, I_n$ 是独立随机变量，它们中的每个都等可能地取 0 或 1. 一个著名的非参数统计检验（称为符号秩检验）用于确定由

$$P_n(k) = P\left\{ \sum_{j=1}^{n} j I_j \leqslant k \right\}$$

---

① 式中 $\#i$ 表示 i 的个数. ——编者注

定义的 $P_n(k)$. 验证如下公式:
$$P_n(k) = \frac{1}{2}P_{n-1}(k) + \frac{1}{2}P_{n-1}(k-n).$$

90. 在每个时段出现的事故次数是一个均值为 5 的泊松随机变量. 令 X_n ($n \geqslant 1$) 等于第 n 个时段中的事故数, 在如下条件下求 $E[N]$:

 (a) $N = \min\{n : X_{n-2} = 2, X_{n-1} = 1, X_n = 0\}$;

 (b) $N = \min\{n : X_{n-3} = 2, X_{n-2} = 1, X_{n-1} = 0, X_n = 2\}$.

91. 对于一枚正面朝上的概率为 p 的硬币, 求得到模式 H, T, H, H, T, H, T, H 所需抛掷的次数的期望.

92. 乔希在上班路上看到硬币的数目是均值为 6 的泊松随机变量. 每个硬币等可能地是 1 分、5 分、10 分或 25 分. 乔希捡起除 1 分币外的其他硬币.

 (a) 求乔希上班途中捡起钱的总值的期望.

 (b) 求乔希上班途中捡起钱的总值的方差.

 (c) 求乔希上班途中捡起钱的总值恰为 25 分的概率.

*93. 考虑一系列独立试验, 每次试验的结果等可能地为 $0, 1, \cdots, m$ 中的任意一个. 第一轮于第一个试验开始, 而新的一轮于每次出现结果 0 时开始. 令 N 为直至结果 $1, \cdots, m-1$ 都出现在同一轮中的试验次数. 再令 T_j 为直至出现 j 个不同结果的试验次数, I_j 为出现的第 j 个不同结果. (所以结果 I_j 首次出现于试验 T_j 中.)

 (a) 论证随机向量 $(I_1, \cdots, I_m)$ 与 $(T_1, \cdots, T_m)$ 是独立的.

 (b) 如果结果 0 是出现的第 j 个不同结果, 则令 $X = j$, 如此定义了 X (故 $I_X = 0$). 通过以 X 为条件, 导出一个用 $E[T_j]$ ($j = 1, \cdots, m-1$) 表示 $E[N]$ 的方程.

 (c) 确定 $E[T_j]$, $j = 1, \cdots, m-1$. 提示: 参见第 2 章习题 42.

 (d) 求 $E[N]$.

94. 令 N 是超几何随机变量, 它表示在包含 w 个白球和 b 个蓝球的一个集合中选取的样本量为 r 的随机样本中白球的个数, 即
$$P\{N = n\} = \frac{\binom{w}{n}\binom{b}{r-n}}{\binom{w+b}{r}},$$

其中利用了当 $j < 0$ 或 $j > m$ 时 $\binom{m}{j} = 0$ 的约定. 现在, 考虑一个复合随机变量 $S_N = \sum_{i=1}^{N} X_i$, 其中 X_i 是取正整数值的随机变量, 且 $\alpha_j = P\{X_i = j\}$.

 (a) 用 3.7 节中定义的 M, 求 $M-1$ 的分布.

 (b) 忽略对于 b 的依赖性, 令 $P_{w,r}(k) = P\{S_N = k\}$, 并推导出 $P_{w,r}(k)$ 的一个递推方程.

 (c) 用 (b) 中的递推方程求 $P_{w,r}(2)$.

95. 对于 3.6.6 节不带左跳的随机游动, 令 $\beta = P\{$对所有的 n 有 $S_n \leqslant 0\}$ 表示这个随机游动从不为正的概率. 当 $E[X_i] < 0$ 时, 求 β.

96. 考虑一个由若干家庭构成的总体, 假定不同家庭中孩子的数量是均值为 λ 的独立的泊松随机变量. 证明: 随机地选择一个孩子, 其兄弟姐妹的数量也是均值为 λ 的泊松随机变量.

*97. 用条件方差公式求几何随机变量的方差.

98. 对于复合随机变量 $S = \sum_{i=1}^{N} X_i$, 求 $\mathrm{Cov}(N, S)$.

99. 独立试验每次成功的概率为 p, 其在连续 k 次成功时的试验次数记为 N.

(a) $P\{N = k\}$ 是多少?

(b) 论证

$$P\{N = k + r\} = P\{N > r - 1\}qp^k, \quad r > 0.$$

(c) 证明

$$1 - p^k = qp^k E[N].$$

100. 在例 3.16 的公平破产问题中, 令 P_i 为拥有 i 个单位的玩家其财富在归零之前到达 n 个单位的概率. 求 P_i, $0 \leqslant i \leqslant n$.

101. 考虑 3.6.6 节中的不带左跳的随机游动.

(a) 对于 $0 \leqslant k \leqslant n$, 证明 $P\{T_k = n | S_n = -k\} = k/n$.

(b) 证明由 (a) 可以推出 $P\{S_j < 0, j = 1, \cdots, n | S_n = -k\} = k/n$.

(c) 解释为什么由 (b) 能推出选票问题的结果.

第 4 章　马尔可夫链

4.1　引言

考虑一个在每个时间段内有一个值的随机过程. 令 X_n 表示它在时间段 n 内的值, 假设我们要对相继的值的序列 $X_0, X_1, X_2, \cdots$ 建立概率模型. 最简单的模型可能就是假设 X_n（$n = 0, 1, 2, \cdots$）是独立的随机变量, 但这个假设常常是不合理的. 例如, 从某个时刻开始假设 X_n 代表某支股票每股在未来 n 个交易日末的价格. 若假定在第 $n+1$ 个交易日末的价格与第 $n, n-1, n-2, \cdots, 0$ 日的价格独立, 显然是不合理的. 然而, 若假定第 $n+1$ 个交易日末的价格仅通过第 n 日末的价格依赖于以前的收盘价, 则可能是合理的. 也就是说, 给定以前的收盘价 $X_n, X_{n-1}, \cdots, X_0$ 时, X_{n+1} 的条件分布只通过第 n 个交易日末的价格依赖于以前的这些收盘价. 这种假设就定义了一个马尔可夫链, 它是本章将要研究的一种随机过程. 下面正式地定义它.

令 $\{X_n, n = 0, 1, 2, \cdots\}$ 是取有限个或者可数个可能值的随机过程. 除非特别提醒, 这个随机过程的可能值的集合都将记为非负整数集 $\{0, 1, 2, \cdots\}$. 如果 $X_n = i$, 那么称该过程在时刻 t 处于状态 i. 我们假设只要过程处于状态 i, 就有一个固定的概率 P_{ij} 使它在下一个时刻处于状态 j, 即我们假设对于一切状态 $i_0, i_1, \cdots, i_{n-1}, i, j$ 及一切 $n \geqslant 0$, 有

$$P\{X_{n+1} = j | X_n = i, X_{n-1} = i_{n-1}, \cdots, X_1 = i_1, X_0 = i_0\} = P_{ij}. \tag{4.1}$$

这样的随机过程称为**马尔可夫链**. 式 (4.1) 可以解释为, 对于一个马尔可夫链, 在给定过去的状态 $X_0, X_1, \cdots, X_{n-1}$ 和现在的状态 X_n 时, 将来的状态 X_{n+1} 的条件分布独立于过去的状态, 且只依赖于现在的状态.

P_{ij} 表示当过程处于状态 i 时下一次转移到状态 j 的概率[①]. 由于概率都是非负的, 且过程必须转移到某个状态, 因此有

$$P_{ij} \geqslant 0, \quad i, j \geqslant 0; \quad \sum_{j=0}^{\infty} P_{ij} = 1, \quad i = 0, 1, \cdots.$$

[①] 在本书中, P_{ij} 和 $P_{i,j}$ 都表示从状态 i 转移到状态 j 的转移概率. ——编者注

设 $\boldsymbol{P}$ 为一步转移概率 P_{ij} 的矩阵，则

$$\boldsymbol{P} = \begin{bmatrix} P_{00} & P_{01} & P_{02} & \cdots \\ P_{10} & P_{11} & P_{12} & \cdots \\ \vdots & \vdots & \vdots & \\ P_{i0} & P_{i1} & P_{i2} & \cdots \\ \vdots & \vdots & \vdots & \end{bmatrix}.$$

例 4.1（天气预报） 假设明天下雨的概率只依赖于今天是否下雨，而不依赖过去的天气条件. 再假设如果今天下雨，那么明天下雨的概率为 α；如果今天没有下雨，那么明天下雨的概率为 β.

假定下雨时过程处于状态 0，不下雨时过程处于状态 1，那么这是一个两状态的马尔可夫链，其转移概率矩阵为

$$\boldsymbol{P} = \begin{bmatrix} \alpha & 1-\alpha \\ \beta & 1-\beta \end{bmatrix}. \qquad \blacksquare$$

例 4.2（通信系统） 考察一个传送数字 0 和 1 的通信系统. 每个数字的传送必须经过几个阶段，并且数字在每个阶段以概率 p 不变. 令 X_n 为在第 n 个阶段进入的数字，则 $\{X_n, n = 0, 1, 2, \cdots\}$ 是一个两状态的马尔可夫链，其转移概率矩阵为

$$\boldsymbol{P} = \begin{bmatrix} p & 1-p \\ 1-p & p \end{bmatrix}. \qquad \blacksquare$$

例 4.3 在任意给定的一天，加里或者是快乐的（C），或者是感觉一般的（S），或者是忧郁的（G）. 如果今天他是快乐的，则明天他分别以概率 $0.5, 0.4, 0.1$ 为 C, S, G. 如果今天他感觉一般，则明天他分别以概率 $0.3, 0.4, 0.3$ 为 C, S, G. 如果今天他是忧郁的，则明天他分别以概率 $0.2, 0.3, 0.5$ 为 C, S, G.

令 X_n 为加里在第 n 天的心情，则 $\{X_n, n \geqslant 0\}$ 是一个三状态的马尔可夫链（状态 $0 = $ C，状态 $1 = $ S，状态 $2 = $ G），其转移概率矩阵为

$$\boldsymbol{P} = \begin{bmatrix} 0.5 & 0.4 & 0.1 \\ 0.3 & 0.4 & 0.3 \\ 0.2 & 0.3 & 0.5 \end{bmatrix}. \qquad \blacksquare$$

例 4.4（将一个过程转变为马尔可夫链） 假设明天是否下雨依赖于之前两天的天气条件. 特别地，假设如果之前两天都下雨，那么明天下雨的概率为 0.7；如果今天下雨，但昨天没有下雨，那么明天下雨的概率为 0.5；如果昨天下雨，但今天没有下雨，那么明天下雨的概率为 0.4；如果之前两天都没有下雨，那么明天下雨的概率为 0.2.

如果假设时间 n 的状态只依赖于在时间 n 是否下雨, 那么上面的模型就不是一个马尔可夫链 (为什么不是?). 然而, 我们可以通过假定在任意时间的状态是由这天与前一天的天气条件共同确定的, 将上面的模型转变为一个马尔可夫链. 换句话说, 我们可以假定过程处于:

状态 0   如果今天和昨天都下雨;

状态 1   如果今天下雨, 但昨天没有;

状态 2   如果昨天下雨, 但今天没有;

状态 3   如果今天和昨天都没有下雨.

前面的内容就表示一个四状态的马尔可夫链, 其转移概率矩阵为

$$P = \begin{bmatrix} 0.7 & 0 & 0.3 & 0 \\ 0.5 & 0 & 0.5 & 0 \\ 0 & 0.4 & 0 & 0.6 \\ 0 & 0.2 & 0 & 0.8 \end{bmatrix}.$$

你应该仔细地检查矩阵 P, 并确保真正明白了它是怎样得到的. ∎

例 4.5（**随机游动模型**）   如果对于某个数 $0 < p < 1$,

$$P_{i,i+1} = p = 1 - P_{i,i-1}, \quad i = 0, \pm 1, \cdots,$$

那么状态空间由整数 $i = 0, \pm 1, \pm 2, \cdots$ 给出的马尔可夫链称为**随机游动**. 这个马尔可夫链之所以称为随机游动, 是因为我们可以将它想成一个人在直线上行走, 他在每一个时间点以概率 p 向右走一步, 以概率 $1 - p$ 向左走一步. ∎

例 4.6（**游戏模型**）   考虑一个玩家, 他在每局中赢 1 美元的概率为 p, 输 1 美元的概率为 $1 - p$. 如果我们假设他在破产时或者在财富达到 N 美元时离开, 那么玩家的财富是一个马尔可夫链, 其转移概率为

$$P_{i,i+1} = p = 1 - P_{i,i-1}, \quad i = 1, 2, \cdots, N-1, \quad P_{00} = P_{NN} = 1.$$

状态 0 和 N 称为**吸收态**, 因为一旦进入此状态, 就不再离开. 注意上面描述的是一个具有吸收壁 (状态 0 和 N) 的有限状态的随机游动. ∎

例 4.7   欧洲和亚洲的绝大部分汽车年保险金是由所谓的好–坏系统确定的. 每个参保人被赋予一个正整数值的状态, 而年保险金是该状态的一个函数 (当然, 也与所保险汽车的类型及保险等级有关). 参保人的状态随着参保人要求理赔的次数一年一年地变化. 因为低的状态对应于低的年保险金, 所以如果参保人在上一年没有理赔要求, 他的状态就将下降, 而如果参保人在上一年至少有一次理赔要求, 他的状态一般会上升. (所以, 无理赔是好的, 一般会导致保险金下降; 要求理赔是坏的, 一般会导致保险金上升.)

对于给定的一个好–坏系统，令 $s_i(k)$ 为一个在上一年处于状态 i 且在该年有 k 次理赔要求的参保人在下一年的状态. 如果我们假设一个特定的参保人年理赔要求的次数是参数为 λ 的泊松随机变量，那么此参保人相继的状态将构成一个马尔可夫链，其转移概率为

$$P_{i,j} = \sum_{k:s_i(k)=j} \mathrm{e}^{-\lambda}\frac{\lambda^k}{k!}, \quad j \geqslant 0.$$

然而，好–坏系统通常有很多状态（20 个左右也很常见），表 4–1 详细说明了一个假设有 4 个状态的好–坏系统.

表 4–1　有 4 个状态的好–坏系统

状态	年保险金	下一个状态			
		0 次理赔	1 次理赔	2 次理赔	3 次理赔及以上
1	200	1	2	3	4
2	250	1	3	4	4
3	400	2	4	4	4
4	600	3	4	4	4

因此，此表所示的例子说明了 $s_2(0) = 1$；$s_2(1) = 3$；$s_2(k) = 4$，$k \geqslant 2$. 假设一个参保人的年理赔次数是参数为 λ 的泊松随机变量. 如果这样的参保人一年中有 k 次理赔要求的概率为 a_k，那么

$$a_k = \mathrm{e}^{-\lambda}\frac{\lambda^k}{k!}, \quad k \geqslant 0.$$

对于表 4–1 说明的好–坏系统，该参保人相继的状态的转移概率矩阵是

$$P = \begin{bmatrix} a_0 & a_1 & a_2 & 1-a_0-a_1-a_2 \\ a_0 & 0 & a_1 & 1-a_0-a_1 \\ 0 & a_0 & 0 & 1-a_0 \\ 0 & 0 & a_0 & 1-a_0 \end{bmatrix}.$$

4.2　KC 方程

我们已经定义了一步转移概率 P_{ij}. 现在定义 n 步转移概率 P_{ij}^n 为处于状态 i 的过程将在 n 次转移后处于状态 j 的概率，即

$$P_{ij}^n = P\{X_{n+k} = j | X_k = i\}, \quad n \geqslant 0,\ i,j \geqslant 0.$$

当然，$P_{ij}^1 = P_{ij}$. **KC 方程**（科尔莫戈罗夫–查普曼方程）提供了计算 n 步转移概率的一个方法. 该方程是

$$P_{ij}^{n+m} = \sum_{k=0}^{\infty} P_{ik}^n P_{kj}^m, \quad \text{对于所有 } n, m \geqslant 0, \text{ 所有 } i, j. \tag{4.2}$$

这很容易理解，只要注意到 $P_{ik}^n P_{kj}^m$ 表示，从状态 i 开始的过程，在第 n 次转移后处于状态 k，并在第 $n+m$ 次转移后到达状态 j 的概率. 因此，对所有的中间状态 k 求和，就得到这个过程在 $n+m$ 次转移后处于状态 j 的概率. 正式地，我们有

$$\begin{aligned}
P_{ij}^{n+m} &= P\{X_{n+m} = j | X_0 = i\} \\
&= \sum_{k=0}^{\infty} P\{X_{n+m} = j, X_n = k | X_0 = i\} \\
&= \sum_{k=0}^{\infty} P\{X_{n+m} = j | X_n = k, X_0 = i\} P\{X_n = k | X_0 = i\} \\
&= \sum_{k=0}^{\infty} P_{kj}^m P_{ik}^n.
\end{aligned}$$

如果我们设 $\boldsymbol{P}^{(n)}$ 为 n 步转移概率 P_{ij}^n 的矩阵，那么式 (4.2) 表明

$$\boldsymbol{P}^{(n+m)} = \boldsymbol{P}^{(n)} \cdot \boldsymbol{P}^{(m)},$$

其中中间的点表示矩阵的乘法.[①] 因此，特别地，

$$\boldsymbol{P}^{(2)} = \boldsymbol{P}^{(1+1)} = \boldsymbol{P} \cdot \boldsymbol{P} = \boldsymbol{P}^2,$$

而由归纳法可知

$$\boldsymbol{P}^{(n)} = \boldsymbol{P}^{(n-1+1)} = \boldsymbol{P}^{n-1} \cdot \boldsymbol{P} = \boldsymbol{P}^n,$$

即 n 步转移概率矩阵可以由 $\boldsymbol{P}$ 自乘 n 次得到.

例 4.8 在例 4.1 中，天气被认为是个两状态的马尔可夫链. 如果 $\alpha = 0.7$ 且 $\beta = 0.4$，那么给定今天下雨，计算从今天起的 4 天后下雨的概率.

解 一步转移概率矩阵为

$$\boldsymbol{P} = \begin{bmatrix} 0.7 & 0.3 \\ 0.4 & 0.6 \end{bmatrix}.$$

因此

$$\boldsymbol{P}^{(2)} = \boldsymbol{P}^2 = \begin{bmatrix} 0.7 & 0.3 \\ 0.4 & 0.6 \end{bmatrix} \begin{bmatrix} 0.7 & 0.3 \\ 0.4 & 0.6 \end{bmatrix} = \begin{bmatrix} 0.61 & 0.39 \\ 0.52 & 0.48 \end{bmatrix},$$

---

① 若 $\boldsymbol{A}$ 是一个 $N \times M$ 矩阵，其 i 行 j 列的元素是 a_{ij}，而 $\boldsymbol{B}$ 是一个 $M \times K$ 矩阵，其 i 行 j 列的元素是 b_{ij}，那么 $\boldsymbol{A} \cdot \boldsymbol{B}$ 定义为一个 $N \times K$ 矩阵，其 i 行 j 列的元素是 $\sum_{k=1}^{M} a_{ik} b_{kj}$.

$$\boldsymbol{P}^{(4)} = (\boldsymbol{P}^2)^2 = \begin{bmatrix} 0.61 & 0.39 \\ 0.52 & 0.48 \end{bmatrix} \begin{bmatrix} 0.61 & 0.39 \\ 0.52 & 0.48 \end{bmatrix} = \begin{bmatrix} 0.5749 & 0.4251 \\ 0.5668 & 0.4332 \end{bmatrix},$$

而要求的概率 P_{00}^4 等于 0.5749. ∎

例 4.9　考察例 4.4, 已知星期一与星期二下雨, 那么星期四下雨的概率是多少?

解　两步转移概率矩阵为

$$\boldsymbol{P}^{(2)} = \boldsymbol{P}^2 = \begin{bmatrix} 0.7 & 0 & 0.3 & 0 \\ 0.5 & 0 & 0.5 & 0 \\ 0 & 0.4 & 0 & 0.6 \\ 0 & 0.2 & 0 & 0.8 \end{bmatrix} \begin{bmatrix} 0.7 & 0 & 0.3 & 0 \\ 0.5 & 0 & 0.5 & 0 \\ 0 & 0.4 & 0 & 0.6 \\ 0 & 0.2 & 0 & 0.8 \end{bmatrix}$$

$$= \begin{bmatrix} 0.49 & 0.12 & 0.21 & 0.18 \\ 0.35 & 0.20 & 0.15 & 0.30 \\ 0.20 & 0.12 & 0.20 & 0.48 \\ 0.10 & 0.16 & 0.10 & 0.64 \end{bmatrix}.$$

由于星期四下雨等价于星期四处在状态 0 或状态 1 的过程, 因此所求的概率为 $P_{00}^2 + P_{01}^2 = 0.49 + 0.12 = 0.61$. ∎

例 4.10　坛子中总是装有两个球. 球的颜色有红色与蓝色. 每次随机取出一个球, 并且放回一个新球, 新球以 0.8 的概率与取到的球同色, 而以 0.2 的概率为另一种颜色. 如果开始时两个球都是红色, 求第五次取到的球是红色的概率.

解　为了求得该概率, 我们首先定义一个合适的马尔可夫链. 只要注意取到红球的概率是由选取时坛子中两球的颜色所确定的, 就完成了这个链的定义. 所以, 我们将 X_n 定义为经过 n 次抽取及放回后坛子中的红球个数. 那么 $\{X_n, n \geqslant 0\}$ 是一个以 $0, 1, 2$ 为状态的马尔可夫链, 而且转移矩阵 $\boldsymbol{P}$ 为

$$\begin{bmatrix} 0.8 & 0.2 & 0 \\ 0.1 & 0.8 & 0.1 \\ 0 & 0.2 & 0.8 \end{bmatrix}.$$

为了理解上式, 我们考虑 $P_{1,0}$. 现在, 坛子中从 1 个红球变为 0 个红球, 这表明已取出的球必定是红球 (它以 0.5 的概率发生), 同时必须放回一个颜色不同的球 (它以 0.2 的概率发生), 这说明

$$P_{1,0} = 0.5 \times 0.2 = 0.1.$$

为了确定第五次取出的球是红色的概率, 我们以第四次选取及放回后坛子中的红球个数为条件, 得到

$$P\{第五次取到的是红球\}$$

$$= \sum_{i=0}^{2} P\{第五次取到的是红球|X_4 = i\}P\{X_4 = i|X_0 = 2\}$$
$$= 0 \times P_{2,0}^4 + 0.5 \times P_{2,1}^4 + 1 \times P_{2,2}^4$$
$$= 0.5P_{2,1}^4 + P_{2,2}^4.$$

为了计算上式, 我们计算 $\boldsymbol{P}^4$. 可以得到

$$P_{2,1}^4 = 0.4352, \quad P_{2,2}^4 = 0.4872,$$

从而给出答案 $P\{第五次取到的是红球\} = 0.7048.$　　　　　　　■

例 4.11　假定球逐个地被分配到 8 个坛子中, 每个球等可能地被分配到其中任意一个坛子中. 在分配了 9 个球后, 恰有 3 个坛子非空的概率是多少?

解　如果我们设 X_n 为第 n 个球被分配后非空坛子的数目, 那么 $\{X_n, n \geqslant 0\}$ 是一个以 $0, 1, \cdots, 8$ 为状态的马尔可夫链, 其转移概率为

$$P_{i,i} = i/8 = 1 - P_{i,i+1}, \quad i = 0, 1, \cdots, 8.$$

所求的概率是 $P_{0,3}^9 = P_{1,3}^8$, 其中的等号成立是因为 $P_{0,1} = 1$. 现在从一个非空的坛子开始, 如果想要确定在附加的 8 次分配后非空坛子数目的整个概率分布, 我们需要考察状态为 $1, 2, \cdots, 8$ 的转移概率矩阵. 然而, 因为我们只需要从一个非空的坛子开始, 求在附加的 8 个球被分配后有 3 个非空坛子的概率, 所以我们可以利用该马尔可夫链的状态不会减少这一事实, 将状态 $4, 5, \cdots, 8$ 合成单一的状态 4, 即只要四个或更多的坛子非空则状态就是 4[①]. 因此, 我们只需确定状态为 $1, 2, 3, 4$ 并且转移概率矩阵 $\boldsymbol{P}$ 为

$$\begin{bmatrix} \frac{1}{8} & \frac{7}{8} & 0 & 0 \\ 0 & \frac{2}{8} & \frac{6}{8} & 0 \\ 0 & 0 & \frac{3}{8} & \frac{5}{8} \\ 0 & 0 & 0 & 1 \end{bmatrix}$$

的马尔可夫链的 8 步转移概率 $P_{1,3}^8$. 将上述矩阵升至 4 次幂, 即可得到矩阵 $\boldsymbol{P}^4$:

$$\begin{bmatrix} 0.0002 & 0.0256 & 0.2563 & 0.7178 \\ 0 & 0.0039 & 0.0952 & 0.9009 \\ 0 & 0 & 0.0198 & 0.9802 \\ 0 & 0 & 0 & 1 \end{bmatrix}.$$

---

① 请读者注意, 这种将数个状态合并成一个状态的方法只在类似本例的情形下才正确. 事实上, 在本例中从状态 k 只能转移到 k 或 $k + 1$. 一般的马尔可夫链在状态合并后会失去马尔可夫性. ——译者注

因此

$$P_{1,3}^8 = 0.0002 \times 0.2563 + 0.0256 \times 0.0952 + 0.2563 \times 0.0198 + 0.7178 \times 0$$

$$\approx 0.007\,56.$$

■

考虑一个具有转移概率 P_{ij} 的马尔可夫链. 令 $\mathscr{A}$ 为一个状态的集合, 并且假定我们想求此马尔可夫链在时刻 m 前曾经进入 $\mathscr{A}$ 中任意一个状态的概率. 也就是说, 对于给定的状态 $i \notin \mathscr{A}$, 我们想确定

$$\beta = P\{对于某些\ k = 1, \cdots, m\ 有\ X_k \in \mathscr{A} \,|\, X_0 = i\}.$$

为了确定上述概率, 我们定义一个马尔可夫链 $\{W_n, n \geqslant 0\}$, 其状态为: 不属于 $\mathscr{A}$ 中的状态外加一个附加状态, 在我们一般的讨论中称后者为状态 A (虽然在特定的例子中, 我们通常会用不同的称谓). 一旦马尔可夫链 $\{W_n\}$ 进入状态 A 就永远保持在其中.

这个新的马尔可夫链定义如下. 设 X_n 为具有转移概率 $P_{i,j}$ 的马尔可夫链在时刻 n 的状态, 定义

$$N = \min\{n : X_n \in \mathscr{A}\}.$$

如果对一切 n 都有 $X_n \notin \mathscr{A}$, 那么令 $N = \infty$. 简言之, N 是马尔可夫链首次进入状态集 $\mathscr{A}$ 的时间. 现在定义

$$W_n = \begin{cases} X_n, & n < N, \\ A, & n \geqslant N. \end{cases}$$

所以, 在原来的马尔可夫链 $\{X_n\}$ 进入 $\mathscr{A}$ 中某个状态的时刻前, 过程 $\{W_n\}$ 的状态等于原来的马尔可夫链的状态. 而在此时刻, 新过程到达状态 A 并且永远保持在其中. 由此描述推出 $\{W_n, n \geqslant 0\}$ 是一个以 i ($i \notin \mathscr{A}$) 和 A 为状态的马尔可夫链, 其转移概率 $Q_{i,j}$ 为

$$Q_{i,j} = P_{i,j}, \qquad 若\ i \notin \mathscr{A},\ j \notin \mathscr{A},$$

$$Q_{i,A} = \sum_{j \in \mathscr{A}} P_{i,j}, \quad 若\ i \notin \mathscr{A},$$

$$Q_{A,A} = 1.$$

因为原来的马尔可夫链在时刻 m 前进入 $\mathscr{A}$ 中的状态, 当且仅当新的马尔可夫链在时刻 m 的状态是 A, 所以

$$P\{对于某些\ k = 1, \cdots, m\ 有\ X_k \in \mathscr{A} \,|\, X_0 = i\}$$

$$= P\{W_m = A | X_0 = i\} = P\{W_m = A | W_0 = i\} = Q_{i,A}^m.$$

也就是说，要求的概率等于新链的一个 m 步转移概率.

例 4.12 在一系列抛掷一枚均匀硬币的独立试验中，设 N 为直至出现连续 3 次正面时的抛掷次数. 求 (a) $P\{N \leqslant 8\}$ 和 (b) $P\{N = 8\}$.

解 (a) 为了确定 $P\{N \leqslant 8\}$，我们定义一个状态为 $0, 1, 2, 3$ 的马尔可夫链，其中状态 $i\,(i < 3)$ 表示目前连续出现了 i 次正面，而状态 3 表示已经连续出现了 3 次正面. 于是，转移概率矩阵是

$$\boldsymbol{P} = \begin{bmatrix} 1/2 & 1/2 & 0 & 0 \\ 1/2 & 0 & 1/2 & 0 \\ 1/2 & 0 & 0 & 1/2 \\ 0 & 0 & 0 & 1 \end{bmatrix},$$

其中，第 2 行的值得自，当目前处于一个长度为 1 的连续出现正面的序列中，若下次抛出反面，则下一个状态是 0，而若下次抛出正面，则下一个状态是 2. 因此 $P_{1,0} = P_{1,2} = 1/2$. 因为当且仅当 $X_8 = 3$，在前 8 次抛掷中连续出现 3 次正面，所以所求的概率是 $P_{0,3}^8$. 求 $\boldsymbol{P}$ 的平方得到 $\boldsymbol{P}^2$，将此结果平方得到 $\boldsymbol{P}^4$，然后求此矩阵的平方，得出

$$\boldsymbol{P}^8 = \begin{bmatrix} 81/256 & 44/256 & 24/256 & 107/256 \\ 68/256 & 37/256 & 20/256 & 131/256 \\ 44/256 & 24/256 & 13/256 & 175/256 \\ 0 & 0 & 0 & 1 \end{bmatrix}.$$

因此，在前 8 次抛掷中连续出现 3 次正面的概率是 $107/256 \approx 0.4180$.

(b) 注意，如果在前 7 次转移中该模式没有出现，在 7 次转移后的状态为 2，且下次抛掷出现正面，则 $N = 8$. 这说明

$$P\{N = 8\} = \frac{1}{2} P_{0,2}^7. \qquad \blacksquare$$

当数据本身来自马尔可夫链时，我们也可以利用马尔可夫链来确定直到一个模式出现所需时间的概率. 下面用一个例子来说明这一点.

例 4.13 设 $\{X_n, n \geqslant 0\}$ 是一个状态为 $0, 1, 2, 3$ 的马尔可夫链，其转移概率为 $P_{i,j}$，$i, j = 0, 1, 2, 3$. 再设 N 为从状态 0 开始，直到模式 $1, 2, 1, 2$ 出现所需的转移次数. 也就是说，

$$N = \min\{n \geqslant 4 : X_{n-3} = 1, X_{n-2} = 2, X_{n-1} = 1, X_n = 2\}.$$

假定我们想对于特定的 k 值求 $P\{N \leqslant k\}$. 为此，我们定义一个新的马尔可夫链 $\{Y_n, n \geqslant 0\}$，用于追踪该模式出现的进度. Y_n 的定义如下.

- 如果该模式在第 n 次转移时已经出现，即如果 $X_0, \cdots, X_n$ 包括 $1, 2, 1, 2$，那么 $Y_n = 4$.

- 如果该模式到第 n 次转移时还没有出现，那么：
  - 若 $X_n = 1$ 且 $(X_{n-2}, X_{n-1}) \neq (1, 2)$，则 $Y_n = 1$；
  - 若 $X_{n-1} = 1$，$X_n = 2$，则 $Y_n = 2$；
  - 若 $X_{n-2} = 1$，$X_{n-1} = 2$，$X_n = 1$，则 $Y_n = 3$；
  - 若 $X_n = 2$，$X_{n-1} \neq 1$，则 $Y_n = 5$；
  - 若 $X_n = 0$，则 $Y_n = 6$；
  - 若 $X_n = 3$，则 $Y_n = 7$.

因此，对于 $i = 1, 2, 3, 4$，$Y_n = i$ 意味着我们已经进入了该模式的第 i 步（在 $i = 4$ 的情形下，模式已经出现）. 如果该模式尚无进度且当前状态为 2（或 0、3），那么 $Y_n = 5$（或 6、7）. 所求的概率 $P\{N \leqslant k\}$ 等于马尔可夫链 $\{Y_n\}$ 从状态 6 到状态 4 的转移次数小于或等于 k 的概率. 因为状态 4 是该链的一个吸收态，所以该概率为 $Q_{6,4}^k$，其中 $Q_{i,j}$ 是马尔可夫链 $\{Y_n\}$ 的转移概率. ∎

假设我们想计算从状态 i 开始的马尔可夫链 $\{X_n, n \geqslant 0\}$，在时刻 m 进入状态 j 且从未进入 $\mathscr{A}$ 中任意状态的概率，其中 i 和 j 都不在 $\mathscr{A}$ 中. 也就是说，对于 $i, j \in \mathscr{A}$，我们想求

$$\alpha = P\{X_m = j, X_k \notin \mathscr{A}, k = 1, \cdots, m-1 | X_0 = i\}.$$

注意，事件 $X_m = j, X_k \notin \mathscr{A}, k = 1, \cdots, m-1$ 等价于事件 $W_m = j$，因此对于 $i, j \notin \mathscr{A}$，

$$P\{X_m = j, X_k \notin \mathscr{A}, k = 1, \cdots, m-1 | X_0 = i\}$$
$$= P\{W_m = j | X_0 = i\} = P\{W_m = j | W_0 = i\} = Q_{i,j}^m.$$

例 4.14 考虑一个状态为 $1, 2, 3, 4, 5$ 的马尔可夫链，同时假定我们要计算

$$P\{X_4 = 2, X_3 \leqslant 2, X_2 \leqslant 2, X_1 \leqslant 2 | X_0 = 1\}.$$

也就是说，我们要计算从状态 1 开始的链在时刻 4 处于状态 2，而且从未进入集合 $\mathscr{A} = \{3, 4, 5\}$ 中状态的概率.

为了计算此概率，我们只需要知道转移概率 $P_{11}, P_{12}, P_{21}, P_{22}$. 所以，我们假定

$$P_{11} = 0.3, \quad P_{12} = 0.3, \quad P_{21} = 0.1, \quad P_{22} = 0.2.$$

然后考虑下面的马尔可夫链，它具有状态 $1, 2, 3$（我们将状态 A 重命名为 3）和如下转移概率矩阵 $\boldsymbol{Q}$：

$$\begin{bmatrix} 0.3 & 0.3 & 0.4 \\ 0.1 & 0.2 & 0.7 \\ 0 & 0 & 1 \end{bmatrix}.$$

所求的概率是 Q_{12}^4. 将 Q 升至 4 次幂, 得到

$$\begin{bmatrix} 0.0219 & 0.0285 & 0.9496 \\ 0.0095 & 0.0124 & 0.9781 \\ 0 & 0 & 1 \end{bmatrix}.$$

因此, 所求的概率是 $\alpha = 0.0285$. ■

当 $i \notin \mathscr{A}$, $j \in \mathscr{A}$ 时, 我们可以确定概率

$$\alpha = P\{X_m = j, X_k \notin \mathscr{A}, k = 1, \cdots, m - 1 | X_0 = i\}$$

如下:

$$\alpha = \sum_{r \notin \mathscr{A}} P\{X_m = j, X_{m-1} = r, X_k \notin \mathscr{A}, k = 1, \cdots, m - 2 | X_0 = i\}$$

$$= \sum_{r \notin \mathscr{A}} P\{X_m = j | X_{m-1} = r, X_k \notin \mathscr{A}, k = 1, \cdots, m - 2, X_0 = i\}$$
$$\times P\{X_{m-1} = r, X_k \notin \mathscr{A}, k = 1, \cdots, m - 2 | X_0 = i\}$$

$$= \sum_{r \notin \mathscr{A}} P_{r,j} P\{X_{m-1} = r, X_k \notin \mathscr{A}, k = 1, \cdots, m - 2 | X_0 = i\}$$

$$= \sum_{r \notin \mathscr{A}} P_{r,j} Q_{i,r}^{m-1}.$$

此外, 当 $i \in \mathscr{A}$ 时, 我们可以确定

$$\alpha = P\{X_m = j, X_k \notin \mathscr{A}, k = 1, \cdots, m - 1 | X_0 = i\}.$$

只需以首次转移为条件, 便得到

$$\alpha = \sum_{r \notin \mathscr{A}} P\{X_m = j, X_k \notin \mathscr{A}, k = 1, \cdots, m - 1 | X_0 = i, X_1 = r\} P\{X_1 = r | X_0 = i\}$$

$$= \sum_{r \notin \mathscr{A}} P\{X_{m-1} = j, X_k \notin \mathscr{A}, k = 1, \cdots, m - 2 | X_0 = r\} P_{i,r}.$$

如果 $i \in \mathscr{A}$, $j \notin \mathscr{A}$, 那么由上式可得

$$P\{X_m = j, X_k \notin \mathscr{A}, k = 1, \cdots, m - 1 | X_0 = i\} = \sum_{r \notin \mathscr{A}} Q_{r,j}^{m-1} P_{i,r}.$$

当给定该马尔可夫链在开始时处在状态 i 且到时刻 n 为止从未进入 $\mathscr{A}$ 中的任意状态时, 我们也可以计算 X_n 的条件概率, 即对于 $i, j \notin \mathscr{A}$,

$$P\{X_n = j | X_0 = i, X_k \notin \mathscr{A}, k = 1, \cdots, n\}$$

$$= \frac{P\{X_n = j, X_k \notin \mathscr{A}, k = 1, \cdots, n | X_0 = i\}}{P\{X_k \notin \mathscr{A}, k = 1, \cdots, n | X_0 = i\}}$$

$$= \frac{Q_{i,j}^n}{\sum_{r \notin \mathscr{A}} Q_{i,r}^n}.$$

注 到目前为止, 我们所考虑的概率都是条件概率. 例如, P_{ij}^n 是当给定时刻 0 的初始状态为 i 时, 链在时刻 n 的状态是 j 的概率. 若要求链在时刻 n 的状态的无条件分布, 则必须指定初始状态的概率分布. 我们将它记为

$$\alpha_i \equiv P\{X_0 = i\}, \quad i \geqslant 0 \left(\sum_{i=0}^{\infty} \alpha_i = 1 \right).$$

一切无条件概率都可通过以初始状态为条件来计算:

$$P\{X_n = j\} = \sum_{i=0}^{\infty} P\{X_n = j | X_0 = i\} P\{X_0 = i\} = \sum_{i=0}^{\infty} P_{ij}^n \alpha_i.$$

例如, 若在例 4.8 中, $\alpha_0 = 0.4$, $\alpha_1 = 0.6$, 则在开始记录天气后第 4 天下雨的 (无条件) 概率是

$$
\begin{aligned}
P\{X_4 = 0\} &= 0.4 P_{00}^4 + 0.6 P_{10}^4 \\
&= 0.4 \times 0.5749 + 0.6 \times 0.5668 \\
&\approx 0.5700.
\end{aligned}
$$

4.3 状态的分类

如果对于某个 $n \geqslant 0$ 有 $P_{ij}^n > 0$, 则称状态 j 为从状态 i **可达**的. 注意, 这意味着状态 j 是从状态 i 可达的, 当且仅当从 i 开始的过程最终可能到达状态 j. 这之所以正确, 是因为如果状态 j 不是从状态 i 可达的, 那么

$$
\begin{aligned}
P\{最终进入状态 j \,|\, 开始在状态 i\} &= P \left\{ \bigcup_{n=0}^{\infty} \{X_n = j\} | X_0 = i \right\} \\
&\leqslant \sum_{n=0}^{\infty} P\{X_n = j | X_0 = i\} \\
&= \sum_{n=0}^{\infty} P_{ij}^n \\
&= 0.
\end{aligned}
$$

互相可达的两个状态 i 和 j 称为**互通**的, 写为 $i \leftrightarrow j$.

注意, 任意状态都与自己是互通的, 根据定义有

$$P_{ii}^0 = P\{X_0 = i | X_0 = i\} = 1.$$

互通关系满足以下三个性质:

(i) 对于所有 $i \geqslant 0$, 状态 i 与状态 i 互通;

(ii) 如果状态 i 与状态 j 互通, 那么状态 j 与状态 i 互通;

(iii) 如果状态 i 与状态 j 互通, 且状态 j 与状态 k 互通, 那么状态 i 与状态 k 互通.

性质 (i) 和 (ii) 得自互通的定义. 为了证明性质 (iii), 假设 i 与 j 互通, 且 j 与 k 互通. 于是存在整数 n 和 m 使得 $P_{ij}^n > 0$, $P_{jk}^m > 0$. 现在由 KC 方程可得

$$P_{ik}^{n+m} = \sum_{r=0}^{\infty} P_{ir}^n P_{rk}^m \geqslant P_{ij}^n P_{jk}^m > 0.$$

因此, 状态 k 是从状态 i 可达的. 类似地, 我们可以证明状态 i 是从状态 k 可达的. 因此, 状态 i 与状态 k 互通.

两个互通的状态称为在同一个状态类中. 由性质 (i)、(ii) 和 (iii) 可以简单推出, 两个状态类要么相同, 要么不相交. 换句话说, 互通的概念将状态空间划分为若干个单独的类. 如果马尔可夫链只有一个类, 即所有状态都是互通的, 那么称其为**不可约的**.

例 4.15 考虑由 0、1、2 三个状态组成的马尔可夫链, 其转移概率矩阵为

$$\boldsymbol{P} = \begin{bmatrix} \frac{1}{2} & \frac{1}{2} & 0 \\ \frac{1}{2} & \frac{1}{4} & \frac{1}{4} \\ 0 & \frac{1}{3} & \frac{2}{3} \end{bmatrix}.$$

容易验证这个马尔可夫链是不可约的. 例如, 它可能从状态 0 到达状态 2, 因为

$$0 \to 1 \to 2,$$

即从状态 0 到达状态 2 的一个途径是, 从状态 0 到状态 1 (以概率 $1/2$), 然后从状态 1 到状态 2 (以概率 $1/4$). ∎

例 4.16 考虑由 0、1、2、3 四个状态组成的马尔可夫链, 其转移概率矩阵为

$$\boldsymbol{P} = \begin{bmatrix} \frac{1}{2} & \frac{1}{2} & 0 & 0 \\ \frac{1}{2} & \frac{1}{2} & 0 & 0 \\ \frac{1}{4} & \frac{1}{4} & \frac{1}{4} & \frac{1}{4} \\ 0 & 0 & 0 & 1 \end{bmatrix}.$$

此马尔可夫链的类是 $\{0,1\}$、$\{2\}$、$\{3\}$. 注意状态 0 (或 1) 是从状态 2 可达的, 但是反过来并不成立. 因为状态 3 是一个吸收态, 即 $P_{33} = 1$, 所以没有从它可达的其他状态. ∎

对于任意状态 i, 我们令 f_i 为从状态 i 开始的过程迟早再次进入 i 的概率. 如果 $f_i = 1$, 则状态 i 称为**常返态**; 如果 $f_i < 1$, 则状态 i 称为**暂态**.

假设过程从状态 i 开始, 且 i 是常返态. 因此, 该过程将以概率 1 再次进入 i. 然而, 由马尔可夫链的定义可知, 当它再次进入 i 时, 该过程又将重复, 从而最终将再度进入状态. 继续重复这个推理可产生如下结论: **如果状态 i 是常返态, 那么开始于状态 i 的过程将一再地进入 i**(事实上是无穷多次).

现在, 假设状态 i 是暂态. 因此, 过程每次进入 i 时, 都以一个正概率 $1 - f_i$ 不再进入该状态. 所以, 开始于状态 i 的过程将恰好在状态 i 停留 n 个时间段的概率等于 $f_i^{n-1}(1 - f_i)$, $n \geqslant 1$. 换句话说, **如果状态 i 是暂态, 那么开始于状态 i 的过程处于状态 i 的时间段数服从有限均值为 $1/(1 - f_i)$ 的几何分布**.

从以上两段推出, **状态 i 是常返态, 当且仅当开始于状态 i 的过程处于状态 i 的时间段的期望数是无穷的**. 令

$$I_n = \begin{cases} 1, & \text{若 } X_n = i, \\ 0, & \text{若 } X_n \neq i, \end{cases}$$

则 $\sum_{n=0}^{\infty} I_n$ 表示过程处于状态 i 的时间段数. 再有

$$E\left[\sum_{n=0}^{\infty} I_n \middle| X_0 = i\right] = \sum_{n=0}^{\infty} E[I_n | X_0 = i] = \sum_{n=0}^{\infty} P\{X_n = i | X_0 = i\} = \sum_{n=0}^{\infty} P_{ii}^n,$$

我们就证明了如下命题.

命题 4.1　　如果 $\displaystyle\sum_{n=1}^{\infty} P_{ii}^n = \infty$, 则状态 i 是常返态;

　　　　　　　　如果 $\displaystyle\sum_{n=1}^{\infty} P_{ii}^n < \infty$, 则状态 i 是暂态.

证明上述命题的推理更加重要, 因为它也表明了一个暂态只能被访问有限次 (因之名为暂态). 由此得出, 在一个有限状态马尔可夫链中, 不可能所有的状态都是暂态. 为了说明这一点, 假设状态为 $0, 1, \cdots, M$, 并假设它们都是暂态. 那么在有限时间后 (例如, 时间 T_0 后) 状态 0 不再被访问, 在有限时间后 (例如, 时间 T_1 后) 状态 1 不再被访问, 在有限时间后 (例如, 时间 T_2 后) 状态 2 不再被访问, 等等. 于是在有限时间 $T = \max\{T_0, T_1, \cdots, T_M\}$ 后无状态可访问. 但是因为过程在时间 T 后必须处于某个状态, 所以得出矛盾. 这就说明至少有一个状态必须是常返态.

命题 4.1 的另一个用处是, 它可使我们证明常返性是一个类性质.

推论 4.2　如果状态 i 是常返态, 而且状态 i 与状态 j 互通, 那么状态 j 是常返态.

证明 为了证明它，我们首先注意，由于状态 i 与状态 j 互通，因此存在整数 k 和 m 使得 $P_{ij}^k > 0$，$P_{ji}^m > 0$. 现在，对于任意整数 n 有

$$P_{jj}^{m+n+k} \geqslant P_{ji}^m P_{ii}^n P_{ij}^k.$$

这是由于上式左边是从 j 经 $m+n+k$ 步后到 j 的概率，而右边是从 j 经 $m+n+k$ 步后到 j 的概率，不同之处是，后者经过的路径是：从 j 经 m 步后到 i，然后从 i 经附加的 n 步后到 i，接着从 i 经附加的 k 步后到 j.

将上式对 n 求和，我们得到

$$\sum_{n=1}^{\infty} P_{jj}^{m+n+k} \geqslant P_{ji}^m P_{ij}^k \sum_{n=1}^{\infty} P_{ii}^n = \infty,$$

这是因为 $P_{ji}^m P_{ij}^k > 0$，且由状态 i 是常返态可知 $\sum_{n=1}^{\infty} P_{ii}^n$ 是无穷大的. 因此由命题 4.1 推出状态 j 也是常返态. ■

注 (i) 由推论 4.2 也能推出暂态性是一个类性质：如果状态 i 是暂态且与状态 j 互通，那么状态 j 必须也是暂态. 因为如果 j 是常返态，那么由推论 4.2 可知 i 将是常返态，从而与 i 为暂态矛盾.

(ii) 由推论 4.2 及上面关于有限状态马尔可夫链的所有状态不能都是暂态的结论可得：有限不可约马尔可夫链的所有状态都是常返态.

例 4.17 令由状态 0、1、2、3 组成的马尔可夫链有转移概率矩阵

$$\boldsymbol{P} = \begin{bmatrix} 0 & 0 & \dfrac{1}{2} & \dfrac{1}{2} \\ 1 & 0 & 0 & 0 \\ 0 & 1 & 0 & 0 \\ 0 & 1 & 0 & 0 \end{bmatrix}.$$

确定哪些状态是暂态，哪些状态是常返态.

解 容易验证所有状态都是互通的，而且这是一个有限状态马尔可夫链，因此所有状态必须都是常返态. ■

例 4.18 考虑由状态 0、1、2、3、4 组成的马尔可夫链，其转移概率矩阵为

$$\boldsymbol{P} = \begin{bmatrix} \dfrac{1}{2} & \dfrac{1}{2} & 0 & 0 & 0 \\ \dfrac{1}{2} & \dfrac{1}{2} & 0 & 0 & 0 \\ 0 & 0 & \dfrac{1}{2} & \dfrac{1}{2} & 0 \\ 0 & 0 & \dfrac{1}{2} & \dfrac{1}{2} & 0 \\ \dfrac{1}{4} & \dfrac{1}{4} & 0 & 0 & \dfrac{1}{2} \end{bmatrix}.$$

确定常返态.

解　这个链由三个类 $\{0,1\}$、$\{2,3\}$ 和 $\{4\}$ 组成. 前两个类中的状态是常返态, 而第三个类中的状态是暂态.　　　　　　　　　　　　　　　　　　　　■

例 4.19（随机游动）　考虑一个马尔可夫链, 其状态空间由整数 $0, \pm 1, \pm 2, \cdots$ 组成, 转移概率为

$$P_{i,i+1} = p = 1 - P_{i,i-1}, \quad i = 0, \pm 1, \pm 2, \cdots,$$

其中 $0 < p < 1$. 换句话说, 过程在每次转移时, 要么（以概率 p）向右移动一步, 要么（以概率 $1 - p$）向左移动一步. 对这个过程的一个形象的描述是一个醉汉沿着直线行走, 或者一个玩家在每次游戏中赢或输 1 美元时的收获.

因为所有状态都是互通的, 所以由推论 4.2 推出, 它们要么都是常返态, 要么都是暂态. 因此我们考察状态 0, 并尝试确定 $\sum_{n=1}^{\infty} P_{00}^n$ 是有限还是无穷大的.

由于在奇数次游戏后不可能平局（用游戏模型解释）, 因此, 我们必须有

$$P_{00}^{2n-1} = 0, \quad n = 1, 2, \cdots.$$

在 $2n$ 次游戏后我们处于平局, 当且仅当我们赢 n 次且输 n 次. 因为每次游戏赢的概率是 p, 而输的概率是 $1 - p$, 所以要求的概率是二项概率

$$P_{00}^{2n} = \binom{2n}{n} p^n (1-p)^n = \frac{(2n)!}{n!n!} (p(1-p))^n, \quad n = 1, 2, 3, \cdots.$$

根据斯特林近似

$$n! \sim n^{n+1/2} \mathrm{e}^{-n} \sqrt{2\pi}, \tag{4.3}$$

其中当 $\lim_{n\to\infty} a_n/b_n = 1$ 时, 就说 $a_n \sim b_n$, 我们得到

$$\binom{2n}{n} \sim \frac{(2n)^{2n+1/2} \mathrm{e}^{-2n} \sqrt{2\pi}}{n^{2n+1} \mathrm{e}^{-2n} (2\pi)} = \frac{2^{2n}}{\sqrt{n\pi}}.$$

因此

$$P_{00}^{2n} \sim \frac{(4p(1-p))^n}{\sqrt{\pi n}}.$$

现在容易验证对于正的 a_n, b_n, 如果 $a_n \sim b_n$, 那么当且仅当 $\sum_n b_n < \infty, \sum_n a_n < \infty$. 因此, 当且仅当

$$\sum_{n=1}^{\infty} \frac{(4p(1-p))^n}{\sqrt{\pi n}}$$

收敛, $\sum_{n=1}^{\infty} P_{00}^n$ 收敛. 然而, $4p(1-p) \leqslant 1$, 且当且仅当 $p = \dfrac{1}{2}$, 等号成立. 因此, 当且仅当 $p = \dfrac{1}{2}$, $\sum_{n=1}^{\infty} P_{00}^n = \infty$. 从而, 当 $p = \dfrac{1}{2}$ 时, 这个链是常返的, 而

当 $p \neq \dfrac{1}{2}$ 时，这个链是暂态的.

当 $p = \dfrac{1}{2}$ 时，上面的过程称为**对称随机游动**. 我们同样可以考虑高于一维的对称随机游动. 例如，在二维情形下的对称随机游动中，过程的每次转移都以概率 $\dfrac{1}{4}$ 向左、向右、向上或向下走一步，即状态是一对整数 (i, j)，而转移概率为

$$P_{(i,j),(i+1,j)} = P_{(i,j),(i-1,j)} = P_{(i,j),(i,j+1)} = P_{(i,j),(i,j-1)} = \frac{1}{4}.$$

用与一维情形相同的方法，我们证明此马尔可夫链也是常返的.

由这个链是不可约的推出，如果状态 $\mathbf{0} = (0, 0)$ 是常返态，那么所有的状态都是常返态. 所以只需考察 $P_{\mathbf{00}}^{2n}$. 如果对于某个 i（$0 \leqslant i \leqslant n$），由 i 步向左、i 步向右、$n - i$ 步向上、$n - i$ 步向下组成 $2n$ 步，那么在 $2n$ 步以后，这个链将回到原来的位置. 由每一步以概率 $1/4$ 是这四种类型之一推出，所求的概率是多项概率，即

$$\begin{aligned}
P_{\mathbf{00}}^{2n} &= \sum_{i=0}^{n} \frac{(2n)!}{i!i!(n-i)!(n-i)!} \left(\frac{1}{4}\right)^{2n} \\
&= \sum_{i=0}^{n} \frac{(2n)!}{n!n!} \frac{n!}{(n-i)!i!} \frac{n!}{(n-i)!i!} \left(\frac{1}{4}\right)^{2n} \\
&= \left(\frac{1}{4}\right)^{2n} \binom{2n}{n} \sum_{i=0}^{n} \binom{n}{i} \binom{n}{n-i} \\
&= \left(\frac{1}{4}\right)^{2n} \binom{2n}{n} \binom{2n}{n},
\end{aligned} \qquad (4.4)$$

其中最后的等式利用了组合恒等式

$$\binom{2n}{n} = \sum_{i=0}^{n} \binom{n}{i} \binom{n}{n-i},$$

要得到它只需注意，两边都表示从包含 n 个白球和 n 个黑球的一个集合中选取大小为 n 的子集的个数. 现在

$$\begin{aligned}
\binom{2n}{n} &= \frac{(2n)!}{n!n!} \\
&\sim \frac{(2n)^{2n+1/2}\mathrm{e}^{-2n}\sqrt{2\pi}}{n^{2n+1}\mathrm{e}^{-2n}(2\pi)} \quad \text{（由斯特林近似）} \\
&= \frac{4^n}{\sqrt{\pi n}}.
\end{aligned}$$

因此，由式 (4.4) 可得

$$P_{\mathbf{00}}^{2n} \sim \frac{1}{\pi n},$$

这意味着 $\sum_n P_{00}^{2n} = \infty$，从而所有的状态都是常返态.

相当有趣的是，尽管一维和二维对称随机游动都是常返的，但是所有更高维的对称随机游动都是暂态的.（例如，三维对称随机游动在每次转移时等可能地以六个方式之一移动，即向左、向右、向上、向下、向里或向外.）∎

注 对于例 4.19 中的一维随机游动，这里将直接论证在对称情形下的常返性并确定在非对称情形下最终回到 0 的概率. 令

$$\beta = P\{最终回到 0\}.$$

为了确定 β，先以初始转移为条件得到

$$\beta = P\{最终回到 0 \,|\, X_1 = 1\}p + P\{最终回到 0 \,|\, X_1 = -1\}(1-p). \tag{4.5}$$

现在，令 α 为给定当前状态是 1 的马尔可夫链最终回到状态 0 的概率. 因为不管当前的状态是什么，马尔可夫链总是以概率 p 增加 1 或者以概率 $1-p$ 减少 1，所以注意，对于任意 i，α 也是当前状态是 i 的马尔可夫链最终进入状态 $i-1$ 的概率. 为了得到 α 的一个方程，以下一次的转移为条件，得到

$$\begin{aligned}
\alpha &= P\{最终回到 0 \,|\, X_1 = 1, X_2 = 0\}(1-p) + P\{最终回到 0 \,|\, X_1 = 1, X_2 = 2\}p \\
&= 1 - p + P\{最终回到 0 \,|\, X_1 = 1, X_2 = 2\}p \\
&= 1 - p + p\alpha^2,
\end{aligned}$$

其中最后一个等式是由以下情形得到的：如果链最终要从状态 2 到状态 0，那么它必须首先到状态 1，这最终发生的概率是 α；如果它最终到了状态 1，那么它还必须到状态 0，这最终发生的条件概率也是 α. 所以

$$\alpha = 1 - p + p\alpha^2.$$

这个方程的两个根是 $\alpha = 1$ 和 $\alpha = (1-p)/p$. 因此，在 $p = 1/2$ 的对称随机游动情形下，我们可以得到 $\alpha = 1$. 由对称性可得，给定当前状态是 -1 的马尔可夫链最终回到状态 0 的概率也是 1，这证明了对称随机游动是常返的.

现在假设 $p > 1/2$. 在这种情形下，可以证明（见本章的习题 17）$P\{最终回到 0 \,|\, X_1 = -1\} = 1$. 因此，式 (4.5) 化简为

$$\beta = \alpha p + 1 - p.$$

因为在这种情形下随机游动是暂态的，所以 $\beta < 1$，这证明了 $\alpha \neq 1$. 因此 $\alpha = (1-p)/p$，并且有

$$\beta = 2(1-p), \quad p > 1/2.$$

类似地, 当 $p < 1/2$ 时, 我们可以证明 $\beta = 2p$. 于是, 一般地,

$$P\{最终回到\ 0\} = 2\min(p, 1-p).\qquad\blacksquare$$

下面,我们利用对称随机游动的常返性构建一个 $E\left[\sum_{n=1}^{\infty} X_n\right] \neq \sum_{n=1}^{\infty} E[X_n]$ 的例子.

例 4.20 尽管当随机变量 X_n ($n \geqslant 1$) 全部取非负值时 $E\left[\sum_{n=1}^{\infty} X_n\right] = \sum_{n=1}^{\infty} E[X_n]$ 成立, 但是在一般情形下并非如此. 举反例如下. 假设 $Y_1, Y_2, \cdots$ 是独立同分布的,且有 $P\{Y_n = 1\} = P\{Y_n = -1\} = 1/2, n \geqslant 1$. 注意, $E[Y_n] = 0$. 令

$$N = \min(k : Y_1 + \cdots + Y_k = 1),$$

并且由对称随机游动是常返的可知 N 以概率 1 为有限的. 现在, 令

$$I_n = \begin{cases} 1, & 若\ n \leqslant N, \\ 0, & 若\ n > N. \end{cases}$$

因为当 $N > n-1$ 时 $I_n = 1$, 否则 $I_n = 0$, 所以 I_n 的值是由 $Y_1, \cdots, Y_{n-1}$ 确定的. 因为 N 被定义为 Y_i 的和首次为 1 的时刻, 所以

$$\{I_n = 1\} = \{N > n-1\} = \{Y_1 \neq 1, Y_1 + Y_2 \neq 1, \cdots, Y_1 + \cdots + Y_{n-1} \neq 1\},$$

这表明 I_n 和 Y_n 是独立的. 现在, 对于 $n \geqslant 1$, 定义 X_n 为

$$X_n = Y_n I_n = \begin{cases} Y_n, & 若\ n \leqslant N, \\ 0, & 若\ n > N. \end{cases}$$

由 I_n 和 Y_n 的独立性可得

$$E[X_n] = E[Y_n]E[I_n] = 0,$$

从而

$$\sum_{n=1}^{\infty} E[X_n] = 0.$$

又因为

$$\sum_{n=1}^{\infty} X_n = \sum_{n=1}^{\infty} Y_n I_n = \sum_{n=1}^{N} Y_n = 1,$$

所以

$$E\left[\sum_{n=1}^{\infty} X_n\right] = 1.$$

因此,

$$E\left[\sum_{n=1}^{\infty} X_n\right] = 1 \quad 且 \quad \sum_{n=1}^{\infty} E[X_n] = 0.$$

例 4.21（**Aloha 协议的最终不稳定性**）　考虑一个通信设备，在每个时段 $n = 1, 2, \cdots$ 到达的信息条数是独立同分布的随机变量. 令 $\alpha_i = P\{i$ 条信息到达$\}$，并假设 $\alpha_0 + \alpha_1 < 1$，每条到达的信息将在它到达的时段结束时被传送. 如果恰好有一条信息被传送，那么这次传送成功，此信息离开此设备. 然而，如果任何时间有两条或更多信息同时被传送，那么认为这时发生了碰撞，这些信息就留在系统中. 一条信息一旦发生碰撞，它将在一个附加的时段结束时独立地以概率 p 被传送，这就是所谓的 Aloha 协议（因为它最初是在夏威夷大学制定的）①. 我们将证明该设备在某种意义下是渐近不稳定的，即传送成功的信息条数以概率 1 是有限的.

首先，令 X_n 为在第 n 个时段开始时设备中的信息条数，并且注意到 $\{X_n, n \geqslant 0\}$ 是马尔可夫链. 现在对 $k \geqslant 0$ 定义指示变量 I_k 为

$$
I_k = \begin{cases} 1, & \text{若链首次离开状态 } k \text{ 时直接到状态 } k-1, \\ 0, & \text{其他情形,} \end{cases}
$$

而当设备从未处于状态 k（$k \geqslant 0$）时，令它为 0.（例如，相继的状态为 $0, 1, 3, 4, \cdots$，则 $I_3 = 0$，因为当链首次离开状态 3 时，它会去状态 4. 然而，若相继的状态是 $0, 3, 3, 2, \cdots$，则 $I_3 = 1$，因为这时它会去状态 2.）现在

$$
E\left[\sum_{k=0}^{\infty} I_k\right] = \sum_{k=0}^{\infty} E[I_k] = \sum_{k=0}^{\infty} P\{I_k = 1\} \leqslant \sum_{k=0}^{\infty} P\{I_k = 1 \mid \text{链到达 } k\}. \tag{4.6}
$$

$P\{I_k = 1 \mid \text{链到达 } k\}$ 是在离开状态 k 之后下一个状态是 $k-1$ 的概率. 这是在给定它不回到 k 的条件下，从 k 转移到 $k-1$ 的条件概率，所以

$$
P\{I_k = 1 \mid \text{链到达 } k\} = \frac{P_{k,k-1}}{1 - P_{k,k}}.
$$

我们有

$$
P_{k,k-1} = a_0 k p (1-p)^{k-1}, \quad P_{k,k} = a_0[1 - kp(1-p)^{k-1}] + a_1(1-p)^k.
$$

这得自，如果一个时段初有 k 条信息，那么 (a) 下一个时段初有 $k-1$ 条信息，当且仅当这个时段没有新信息，而且在此 k 条信息中恰有一条被传送；(b) 下一个时段初有 k 条信息，当且仅当这个时段符合如下情形之一.

(i) 没有新信息，且在此 k 条信息中并非恰有一条被传送；

(ii) 恰有一条新信息（它自动地传送），且在另外 k 条信息中没有信息被传送. 将上式代入式 (4.6) 得到

$$
E\left[\sum_{k=0}^{\infty} I_k\right] \leqslant \sum_{k=0}^{\infty} \frac{a_0 k p (1-p)^{k-1}}{1 - a_0[1 - kp(1-p)^{k-1}] - a_1(1-p)^k} < \infty,
$$

---

① aloha 是夏威夷人表示致意的问候语. ——编者注

其中的收敛性得自, 当 k 很大时, 上面表达式的分母收敛到 $1 - a_0$, 于是和的收敛或发散取决于分子中各项的和是否收敛, 而 $\sum_{k=0}^{\infty} k(1-p)^{k-1} < \infty$.

由 $E\left[\sum_{k=0}^{\infty} I_k\right] < \infty$ 可知, $\sum_{k=0}^{\infty} I_k < \infty$ 的概率为 1 (因为如果 $\sum_{k=0}^{\infty} I_k$ 有一个正概率使它可能为 ∞, 那么它的均值将是 ∞). 因此, 以概率 1 有: 经过成功的传送而离开某状态的状态数量是有限的. 也就是说, 存在某个有限整数 N, 使得当设备中有 N 条或者更多的信息时, 就不会再有成功的传送. 由此 (以及最终将达到这种更高的状态的事实——为什么?) 推出, 以概率 1 只成功传送有限条信息. ∎

注 作为斯特林近似的一个 (不够严格的) 概率证明, 令 $X_1, X_2, \cdots$ 是均值为 1 的独立泊松随机变量. 令 $S_n = \sum_{i=1}^{n} X_i$, 注意 S_n 的均值和方差都是 n. 现在

$$
\begin{aligned}
P\{S_n = n\} &= P\{n-1 < S_n \leqslant n\} \\
&= P\{-1/\sqrt{n} < (S_n - n)/\sqrt{n} \leqslant 0\} \\
&\approx \int_{-1/\sqrt{n}}^{0} (2\pi)^{-1/2} \mathrm{e}^{-x^2/2} \mathrm{d}x \quad (\text{当 } n \text{ 很大时, 利用中心极限定理}) \\
&\approx (2\pi)^{-1/2}(1/\sqrt{n}) \\
&= (2\pi n)^{-1/2}.
\end{aligned}
$$

因为 S_n 是均值为 n 的泊松随机变量, 所以

$$
P\{S_n = n\} = \frac{\mathrm{e}^{-n} n^n}{n!}.
$$

因此, 对于很大的 n 有

$$
\frac{\mathrm{e}^{-n} n^n}{n!} \approx (2\pi n)^{-1/2}
$$

或者等价的

$$
n! \approx n^{n+1/2} \mathrm{e}^{-n} \sqrt{2\pi}.
$$

它就是斯特林近似.

4.4 长程性质和极限概率

对于一对状态 i 和 j ($i \neq j$), 我们将从状态 i 开始的马尔可夫链迟早到达状态 j 的概率记为 $f_{i,j}$. 也就是说,

$$
f_{i,j} = P\{\text{对某个 } n > 0 \text{ 有 } X_n = j \mid X_0 = i\}.
$$

于是有下述结果.

命题 4.3 若 i 是常返的, 且 i 和 j 互通, 则 $f_{i,j} = 1$.

证明　因为 i 和 j 互通，所以存在一个值 n 使 $P_{i,j}^n > 0$. 令 $X_0 = i$，若 $X_n = j$，则称之为首次机会成功. 注意首次机会成功的概率为 $P_{i,j}^n > 0$. 若首次机会不成功，则考虑此链（在 n 后的）下一次进入 i.（因为状态 i 是常返的，我们肯定该链迟早会重新进入状态 i.）如果 n 个时段后马尔可夫链处于状态 j，那么称之为第二次机会成功. 若第二次机会不成功，则等到此链再下一次进入 i. 如果 n 个时段后马尔可夫链处于状态 j，那么称之为第三次机会成功. 如此继续，我们可以定义无限次机会，每次都以相同的正概率 $P_{i,j}^n$ 成功. 因为直至首次成功出现时，机会的次数是参数为 $P_{i,j}^n$ 的几何随机变量，所以最终成功的概率为 1，从而最终进入状态 j 的概率为 1. ∎

如果状态 j 是常返的，那么我们将从 j 开始的马尔可夫链返回状态 j 的期望转移次数记为 m_j. 也就是说，令

$$N_j = \min\{n > 0 : X_n = j\}$$

为直至马尔可夫链转移到状态 j 时的转移次数，并令

$$m_j = E[N_j | X_0 = j].$$

定义　若 $m_j < \infty$，则称状态 j 为**正常返**的，而若 $m_j = \infty$，则称状态 j 为**零常返**的.

现在假设马尔可夫链是不可约且常返的. 我们在此情况下证明此链在状态 j 停留的长程时间比例等于 $\dfrac{1}{m_j}$. 也就是说，令 π_j 为马尔可夫链在状态 j 停留的长程时间比例，我们有下述命题.

命题 4.4　若马尔可夫链是不可约且常返的，则对于任意初始状态有

$$\pi_j = \frac{1}{m_j}.$$

证明　假设马尔可夫链从状态 i 开始，设 T_1 为直至进入状态 j 时的转移次数；设 T_2 为从 T_1 直至马尔可夫链下一次进入状态 j 时的附加转移次数；设 T_3 为从 $T_1 + T_2$ 直至马尔可夫链再下次进入状态 j 的附加转移次数；以此类推. 注意 T_1 是有限的，因为命题 4.3 告诉我们最终转移到 j 的概率为 1. 此外，对于 $n \geqslant 2$，因为 T_n 是在第 $n-1$ 次和第 n 次进入 j 之间的转移次数，所以从马尔可夫性质推出 $T_2, T_3, \cdots$ 是独立同分布的，且以 m_j 为均值. 因为在时刻 $T_1 + \cdots + T_n$ 第 n 次转移到状态 j，所以此链处于状态 j 的长程时间比例 π_j 是

$$\pi_j = \lim_{n \to \infty} \frac{n}{\sum_{i=1}^n T_i} = \lim_{n \to \infty} \frac{1}{\frac{1}{n}\sum_{i=1}^n T_i} = \lim_{n \to \infty} \frac{1}{\frac{T_1}{n} + \frac{T_2 + \cdots + T_n}{n}} = \frac{1}{m_j},$$

其中最后的等号成立是因为 $\lim_{n\to\infty} T_1/n = 0$，并且从强大数定律推出

$$\lim_{n\to\infty} \frac{T_2 + \cdots + T_n}{n} = \lim_{n\to\infty} \frac{T_2 + \cdots + T_n}{n-1} \frac{n-1}{n} = m_j.$$

因为 $m_j < \infty$ 等价于 $\frac{1}{m_j} > 0$，所以当且仅当 $\pi_j > 0$，状态 j 是正常返的. 我们现在将正常返拓展为类性质.

命题 4.5 若 i 是正常返的，且 $i \leftrightarrow j$，则 j 是正常返的.

证明 假设 i 是正常返的，且 $i \leftrightarrow j$. 现在取 n 使得 $P_{i,j}^n > 0$. 由于 π_i 是该链处于状态 i 的长程时间比例，且 $\pi_i P_{i,j}^n$ 是在状态 i 的链经过 n 次转移后处于状态 j 的长程时间比例，

$$\pi_i P_{i,j}^n = \text{链在 } i \text{ 且在 } n \text{ 次转移后处于状态 } j \text{ 的长程时间比例}$$
$$= \text{链在 } j \text{ 且在 } n \text{ 次转移前处于状态 } i \text{ 的长程时间比例}$$
$$\leqslant \text{链在 } j \text{ 的长程时间比例}.$$

因此，$\pi_j \geqslant \pi_i P_{i,j}^n > 0$，说明 j 是正常返的.

注 (i) 由上面的结果推出，零常返也是一个类性质. 为此假设 i 是零常返的，且 $i \leftrightarrow j$. 因为 i 是常返的，且 $i \leftrightarrow j$，所以我们可得结论 j 是常返的. 但是若 j 是正常返的，则由上面的命题可得 i 也将是正常返的. 因为 i 不是正常返的，所以 j 也不是正常返的.

(ii) 一个不可约的有限马尔可夫链必须是正常返的. 因为我们知道这样的链必是常返的，所以它的所有状态不是正常返的就是零常返的. 如果所有状态都是零常返的，那么所有长程比例都等于 0. 这是不可能的，因为它的状态有限. 因此，我们可得出这样的链是正常返的结论.

(iii) 零常返马尔可夫链的一个经典例子是例 4.19 中的一维对称随机游动. 证明它是零常返的一种方法是论证返回某个状态的平均时间是无穷的.（另一种证明方法参见习题 39.）为此，令 $m_{i,j}$ 为从状态 i 首次进入状态 j 的平均转移次数. 注意，例 3.16 证明了从状态 1 进入状态 0 或 n 的平均转移次数是 $n-1$，这意味着

$$m_{1,0} \geqslant n-1.$$

因为上式对于所有 n 都成立，所以令 $n \to \infty$ 可得

$$m_{1,0} = \infty.$$

以首次游戏的结果为条件，有

$$m_{0,0} = 1 + m_{1,0} \frac{1}{2} + m_{-1,0} \frac{1}{2}.$$

因此 $m+0,0 = \infty$，说明对称随机游动是零常返的.

为了确定长程比例 $\{\pi_j, j \geqslant 1\}$，注意到，因为 π_i 是从状态 i 转移的长程比例，所以

$$\pi_i P_{i,j} = \text{从状态 } i \text{ 转移到状态 } j \text{ 的长程比例}.$$

将上式对 i 求和，就得出

$$\pi_j = \sum_i \pi_i P_{i,j}.$$

事实上，可以证明以下重要定理.

定理 4.1　考虑一个不可约的马尔可夫链. 若此链是正常返的，则长程比例是方程组

$$\begin{aligned}
\pi_j &= \sum_i \pi_i P_{i,j}, \quad j \geqslant 1, \\
\sum_j \pi_j &= 1
\end{aligned} \tag{4.7}$$

的唯一解. 若上述线性方程组无解，则此马尔可夫链是暂态的或者零常返的，而且所有 $\pi_j = 0$.

例 4.22　考察例 4.1，其中我们假定，若今天下雨，则明天下雨的概率为 α；若今天不下雨，则明天下雨的概率为 β. 如果我们将下雨称为状态 0，将不下雨称为状态 1，那么根据定理 4.1，长程比例 π_0 和 π_1 可由下式推出：

$$\pi_0 = \alpha \pi_0 + \beta \pi_1, \quad \pi_1 = (1-\alpha)\pi_0 + (1-\beta)\pi_1, \quad \pi_0 + \pi_1 = 1.$$

从而得到

$$\pi_0 = \frac{\beta}{1+\beta-\alpha}, \quad \pi_1 = \frac{1-\alpha}{1+\beta-\alpha}.$$

例如，若 $\alpha = 0.7$，$\beta = 0.4$，则下雨的长程比例为 $\pi_0 = \dfrac{4}{7} \approx 0.571$. ■

例 4.23　考察例 4.3，其中认为人的心情为具有转移概率矩阵

$$\boldsymbol{P} = \begin{bmatrix} 0.5 & 0.4 & 0.1 \\ 0.3 & 0.4 & 0.3 \\ 0.2 & 0.3 & 0.5 \end{bmatrix}$$

的三状态马尔可夫链. 过程处于这三个状态的长程时间比例分别是多少？

解　长程比例 π_i（$i = 0, 1, 2$）通过解式 (4.7) 中的方程组得到. 在本题中，这些方程为

$$\begin{aligned}
\pi_0 &= 0.5\pi_0 + 0.3\pi_1 + 0.2\pi_2, \\
\pi_1 &= 0.4\pi_0 + 0.4\pi_1 + 0.3\pi_2, \\
\pi_2 &= 0.1\pi_0 + 0.3\pi_1 + 0.5\pi_2, \\
\pi_0 + \pi_1 + \pi_2 &= 1.
\end{aligned}$$

求解得到

$$\pi_0 = \frac{21}{62}, \quad \pi_1 = \frac{23}{62}, \quad \pi_2 = \frac{18}{62}. \qquad ■$$

例 4.24（阶层迁移模型） 社会学家感兴趣的一个问题是确定高职业阶层或低职业阶层在社会中的比例. 一个可能的数学模型是, 假定将一个家庭中相继的后代在社会职业阶层之间的转移看成马尔可夫链的转移, 即一个孩子的职业只取决于其父母的职业. 假定这个模型是恰当的, 并且其转移概率矩阵为

$$\boldsymbol{P} = \begin{bmatrix} 0.45 & 0.48 & 0.07 \\ 0.05 & 0.70 & 0.25 \\ 0.01 & 0.50 & 0.49 \end{bmatrix}. \qquad (4.8)$$

例如, 我们假设一个中间阶层的工人的孩子分别以概率 0.05、0.70、0.25 获得高阶层、中间阶层或低阶层职业.

于是长程比例 π_i 满足

$$\pi_0 = 0.45\pi_0 + 0.05\pi_1 + 0.01\pi_2,$$
$$\pi_1 = 0.48\pi_0 + 0.70\pi_1 + 0.50\pi_2,$$
$$\pi_2 = 0.07\pi_0 + 0.25\pi_1 + 0.49\pi_2,$$
$$\pi_0 + \pi_1 + \pi_2 = 1.$$

因此

$$\pi_0 \approx 0.07, \quad \pi_1 \approx 0.62, \quad \pi_2 \approx 0.31.$$

换句话说, 如果在阶层间的社会迁移可被描述为一个马尔可夫链, 其转移概率矩阵为式 (4.8), 那么在长程中, 约有 7% 的人在高职业阶层, 62% 的人在中间职业阶层, 31% 的人在低职业阶层. ■

例 4.25（遗传学中的马尔可夫链及哈代–温伯格定律[①]） 考察一个包含很多个体的总体, 每个个体有一对特殊的基因, 其中的单个基因分为 A 型或 a 型. 假定基因对是 AA、aa 或 Aa 的个体的比例分别为 p_0、q_0 和 r_0（$p_0 + q_0 + r_0 = 1$）. 当两个个体交配时, 每一个个体随机地选取自己基因中的一个遗传给后代. 假定交配是随机发生的, 即每个个体等可能地与其他任意一个个体交配, 我们想要确定下一代中基因为 AA、aa 或 Aa 的个体的比例. 令此比例为 p、q 和 r, 它们容易由下述途径得到: 通过观察下一代的一个个体, 并确定其基因对的概率.

[①] 又称"哈迪–温伯格定律", 由英国数学家戈弗雷·哈代和德国医生威廉·温伯格在 1908 年各自独立发现. 该定律指出: 在理想条件下, 一个种群在经过多个世代随机交配后, 等位基因频率和基因型频率保持不变.
——编者注

　　首先，随机地选取一个亲本，然后随机地选取它的一个基因，这等价于随机地从全部基因总体中选取一个基因. 以该亲本的基因对为条件，我们看到一个随机选取的基因为 A 型的概率是

$$P\{A\} = P\{A|AA\}p_0 + P\{A|aa\}q_0 + P\{A|Aa\}r_0 = p_0 + r_0/2.$$

类似地，它为 a 型的概率是

$$P\{a\} = q_0 + r_0/2.$$

因此，在随机交配下，一个随机选取的下一代成员为 AA 型的概率是 p，其中

$$p = P\{A\}P\{A\} = (p_0 + r_0/2)^2.$$

类似地，随机选取的成员为 aa 型的概率是

$$q = P\{a\}P\{a\} = (q_0 + r_0/2)^2,$$

为 Aa 型的概率是

$$r = 2P\{A\}P\{a\} = 2(p_0 + r_0/2)(q_0 + r_0/2).$$

由于下一代的每个成员独立地以概率 p、q、r 为这三种基因型中的一种，因此下一代成员是 AA、aa 或 Aa 型的百分比分别为 p、q 和 r.

　　如果我们考虑下一代的整体基因库，那么基因 A 的比例（即 $p + r/2$）与上一代保持不变. 这是通过论证整体基因库经过一代代并没有改变，或者使用以下简单的代数运算得到的：

$$
\begin{aligned}
p + r/2 &= (p_0 + r_0/2)^2 + (p_0 + r_0/2)(q_0 + r_0/2) \\
&= (p_0 + r_0/2)(p_0 + r_0/2 + q_0 + r_0/2) \\
&= p_0 + r_0/2 \quad （\text{由于 } p_0 + r_0 + q_0 = 1） \\
&= P\{A\}.
\end{aligned}
\tag{4.9}
$$

因此，在基因库中，A 和 a 的比例和初始代的相同. 由此推出在随机交配的情况下，在初始代以后的所有相继的代中，基因对为 AA、aa 或 Aa 的个体在总体中的百分比仍为 p、q 和 r. 这称为**哈代–温伯格定律**.

　　假设现在基因对总体已经稳定在百分比 p、q、r. 我们追溯单个个体及其后代的基因历史（为简单起见，假定每个个体恰有一个后代）. 对于一个给定的个体，设 X_n 为其第 n 代后代的遗传状态. 通过以随机选取的配偶的状态为条件，容易验证这个马尔可夫链的转移概率矩阵为

$$
\begin{array}{c}
\quad\quad\quad \text{AA} \quad\quad\quad \text{aa} \quad\quad\quad \text{Aa} \\
\begin{array}{c} \text{AA} \\ \text{aa} \\ \text{Aa} \end{array}
\begin{bmatrix}
p+\dfrac{r}{2} & 0 & q+\dfrac{r}{2} \\
0 & q+\dfrac{r}{2} & p+\dfrac{r}{2} \\
\dfrac{p}{2}+\dfrac{r}{4} & \dfrac{q}{2}+\dfrac{r}{4} & \dfrac{p}{2}+\dfrac{q}{2}+\dfrac{r}{2}
\end{bmatrix}.
\end{array}
$$

显然（为什么?），这个马尔可夫链的极限概率（它等于这个个体的后代在这三种遗传状态中各自所占的比例）正是 p、q 和 r. 为了进行验证，我们必须证明它们满足式 (4.7). 因为式 (4.7) 中的一个方程是多余的，所以只需证明

$$
\begin{aligned}
p &= p\left(p+\frac{r}{2}\right) + r\left(\frac{p}{2}+\frac{r}{4}\right) = \left(p+\frac{r}{2}\right)^2, \\
q &= q\left(q+\frac{r}{2}\right) + r\left(\frac{q}{2}+\frac{r}{4}\right) = \left(q+\frac{r}{2}\right)^2, \\
p+q+r &= 1.
\end{aligned}
$$

由式 (4.9) 即可证明以上方程组，从而得到了结论. ■

例 4.26 假设一个生产过程的状态改变符合一个转移概率为 P_{ij} ($i,j = 1,\cdots,n$) 的不可约且正常返的马尔可夫链，并且假设有些状态是可接受的，而余下的状态是不可接受的. 设 A 是可接受的状态，而 A^c 是不可接受的状态. 如果生产过程处于可接受的状态时为正常，处于不可接受的状态时为故障. 确定

(i) 生产过程从正常转变为故障的速率（即故障率）；

(ii) 当过程转变为故障时，保持在故障的平均时间长度；

(iii) 当过程转变为正常时，保持在正常的平均时间长度.

解 令 π_k ($k=1,\cdots,n$) 为长程比例. 对于 $i \in A$ 及 $j \in A^c$，过程从状态 i 进入状态 j 的速率为

$$
\text{从状态 } i \text{ 进入状态 } j \text{ 的速率} = \pi_i P_{ij},
$$

所以生产过程从可接受的状态进入状态 j 的速率为

$$
\text{从 } A \text{ 进入状态 } j \text{ 的速率} = \sum_{i \in A} \pi_i P_{ij}.
$$

因此，过程从可接受的状态进入不可接受的状态的速率（即故障发生的速率）为

$$
\text{故障率} = \sum_{j \in A^c} \sum_{i \in A} \pi_i P_{ij}. \tag{4.10}
$$

现在令 $\overline{U}$ 和 $\overline{D}$ 分别为过程转变为正常时保持在正常的平均时间和过程转变为故障时保持在故障的平均时间. 因为平均每 $\overline{U}+\overline{D}$ 个单位时间有一次故障，所

以直接推出

$$\text{故障率} = \frac{1}{\overline{U} + \overline{D}},$$

并由式 (4.10) 得到

$$\frac{1}{\overline{U} + \overline{D}} = \sum_{j \in A^c} \sum_{i \in A} \pi_i P_{ij}. \tag{4.11}$$

为了得到联系 $\overline{U}$ 和 $\overline{D}$ 的第二个方程，考虑过程处于正常的时间百分比，它显然等于 $\sum_{i \in A} \pi_i$. 因为过程在每 $\overline{U} + \overline{D}$ 个单位时间中平均有 $\overline{U}$ 个单位时间处于正常，所以又可直接推出

$$\text{正常的时间比例} = \frac{\overline{U}}{\overline{U} + \overline{D}},$$

从而

$$\frac{\overline{U}}{\overline{U} + \overline{D}} = \sum_{i \in A} \pi_i. \tag{4.12}$$

因此，由式 (4.11) 和式 (4.12) 得到

$$\overline{U} = \frac{\sum_{i \in A} \pi_i}{\sum_{j \in A^c} \sum_{i \in A} \pi_i P_{ij}},$$

$$\overline{D} = \frac{1 - \sum_{i \in A} \pi_i}{\sum_{j \in A^c} \sum_{i \in A} \pi_i P_{ij}} = \frac{\sum_{i \in A^c} \pi_i}{\sum_{j \in A^c} \sum_{i \in A} \pi_i P_{ij}}.$$

例如，假设转移概率矩阵是

$$P = \begin{bmatrix} \frac{1}{4} & \frac{1}{4} & \frac{1}{2} & 0 \\ 0 & \frac{1}{4} & \frac{1}{2} & \frac{1}{4} \\ \frac{1}{4} & \frac{1}{4} & \frac{1}{4} & \frac{1}{4} \\ \frac{1}{4} & \frac{1}{4} & 0 & \frac{1}{2} \end{bmatrix},$$

其中可接受（正常）状态是 1、2，不可接受（故障）状态是 3、4. 则极限概率满足

$$\pi_1 = \frac{1}{4}\pi_1 + \frac{1}{4}\pi_3 + \frac{1}{4}\pi_4,$$

$$\pi_2 = \frac{1}{4}\pi_1 + \frac{1}{4}\pi_2 + \frac{1}{4}\pi_3 + \frac{1}{4}\pi_4,$$

$$\pi_3 = \frac{1}{2}\pi_1 + \frac{1}{2}\pi_2 + \frac{1}{4}\pi_3,$$

$$\pi_1 + \pi_2 + \pi_3 + \pi_4 = 1.$$

求解得

$$\pi_1 = \frac{3}{16}, \quad \pi_2 = \frac{1}{4}, \quad \pi_3 = \frac{14}{48}, \quad \pi_4 = \frac{13}{48},$$

从而

$$故障率 = \pi_1(P_{13} + P_{14}) + \pi_2(P_{23} + P_{24}) = \frac{9}{32},$$

$$\overline{U} = \frac{14}{9}, \quad \overline{D} = 2.$$

因此, 平均每 1 个单位时间发生 9/32 次故障 (或以 0.28 的频率发生故障). 每次故障平均持续 2 个单位时间, 然后在系统处于正常时会平均持续 14/9 个单位时间. ■

长程比例 π_j ($j \geqslant 0$) 常称为**平稳概率**. 原因是, 如果初始状态按概率 π_j ($j \geqslant 0$) 选取, 那么在任意时间 n 处于状态 j 的概率也等于 π_j, 即若

$$P\{X_0 = j\} = \pi_j, \quad j \geqslant 0,$$

则

$$P\{X_n = j\} = \pi_j, \quad 对于所有 \ n, j \geqslant 0.$$

上述内容容易用归纳法证明, 因为如果假设它对 $n - 1$ 成立, 那么

$$P\{X_n = j\} = \sum_i P\{X_n = j | X_{n-1} = i\} P\{X_{n-1} = i\}$$

$$= \sum_i P_{ij} \pi_i \quad （由归纳假设）$$

$$= \pi_j. \quad （由定理 4.1）$$

例 4.27 假定每天入住某宾馆的家庭数是均值为 λ 的泊松随机变量. 再假定一个家庭在宾馆停留的天数是参数为 p ($0 < p < 1$) 的几何随机变量. (于是在前一个晚上住在宾馆的一个家庭将在第二天退房的概率为 p, 独立于他们已经在宾馆住了多久.) 再假定所有的家庭是彼此独立的. 在这些条件下容易看出, 如果设 X_n 为在第 n 天开始时住在宾馆的家庭数, 那么 $\{X_n, n \geqslant 0\}$ 是马尔可夫链. 求

(a) 此马尔可夫链的转移概率;

(b) $E[X_n | X_0 = i]$;

(c) 此马尔可夫链的平稳概率.

解 (a) 为了求 $P_{i,j}$, 我们假定在一天开始时宾馆中有 i 个家庭. 因为这 i 个家庭将以概率 $q = 1 - p$ 再住一天, 由此推出这 i 个家庭中再住一天的家庭数 R_i 是参数为 i 和 q 的二项随机变量. 所以, 设 N 为这天新入住的家庭数, 我们看到

$$P_{i,j} = P(R_i + N = j).$$

以 R_i 为条件，并且已知 N 是均值为 λ 的泊松随机变量，我们得到

$$
\begin{aligned}
P_{i,j} &= \sum_{k=0}^{i} P(R_i + N = j | R_i = k)\binom{i}{k}q^k p^{i-k} \\
&= \sum_{k=0}^{i} P(N = j - k | R_i = k)\binom{i}{k}q^k p^{i-k} \\
&= \sum_{k=0}^{\min(i,j)} P(N = j - k)\binom{i}{k}q^k p^{i-k} \\
&= \sum_{k=0}^{\min(i,j)} e^{-\lambda}\frac{\lambda^{j-k}}{(j-k)!}\binom{i}{k}q^k p^{i-k}.
\end{aligned}
$$

(b) 利用上面的 $R_i + N$ 表示从状态 i 转移到的下一个状态，我们有

$$
E[X_n | X_{n-1} = i] = E[R_i + N] = iq + \lambda.
$$

因此

$$
E[X_n | X_{n-1}] = X_{n-1}q + \lambda.
$$

两边取期望得

$$
E[X_n] = \lambda + qE[X_{n-1}].
$$

迭代上式可得

$$
\begin{aligned}
E[X_n] &= \lambda + qE[X_{n-1}] \\
&= \lambda + q(\lambda + qE[X_{n-2}]) \\
&= \lambda + q\lambda + q^2 E[X_{n-2}] \\
&= \lambda + q\lambda + q^2(\lambda + qE[X_{n-3}]) \\
&= \lambda + q\lambda + q^2\lambda + q^3 E[X_{n-3}].
\end{aligned}
$$

这说明

$$
E[X_n] = \lambda(1 + q + q^2 + \cdots + q^{n-1}) + q^n E[X_0],
$$

并且得到结论

$$
E[X_n | X_0 = i] = \frac{\lambda(1 - q^n)}{p} + q^n i.
$$

(c) 对于求平稳概率，我们不直接采用在 (a) 中推导出的复杂的转移概率. 我们将利用一个事实：平稳概率分布是初始状态下使得下一个状态有与它相同分布的唯一分布. 现在假定初始状态 X_0 服从均值为 α 的泊松分布. 也就是说，宾馆中最初的家庭数是均值为 α 的泊松随机变量. 设 R 为在第二天仍住在宾馆的家

庭数. 那么, 利用例 3.24 的结果, 即如果每个事件发生的概率是 p 且发生的事件数是均值为 α 的泊松随机变量, 那么所发生事件的总数服从均值为 αq 的泊松分布, 由此推出 R 是均值为 αq 的泊松随机变量. 此外, 这天新入住的家庭数, 记为 N, 是均值为 λ 的泊松随机变量, 而且独立于 R. 根据独立泊松随机变量的和也是泊松随机变量, 可以推出第二天开始时的家庭数 $R + N$ 是均值为 $\lambda + \alpha q$ 的泊松随机变量. 因此, 如果我们选取 α 使得

$$\alpha = \lambda + \alpha q,$$

那么 X_1 的分布将与 X_0 的分布相同. 这意味着当 X_0 的初始分布是均值为 $\alpha = \lambda/p$ 的泊松分布时, X_1 有同样的分布, 从而这是一个平稳分布. 也就是说, 平稳概率是

$$\pi_i = \mathrm{e}^{-\lambda/p}(\lambda/p)^i/i!, \quad i \geqslant 0.$$

上面的模型有一个重要的推广. 考虑一个组织, 其员工分为 r 个不同的类型. 例如, 此组织可以是一个法律公司, 其中的律师可以是初级律师、中级律师或律师合伙人. 假定一个员工目前为类型 i, 对于 $j = 1, \cdots, r$, 他在下一时期变成类型 j 的概率为 $q_{i,j}$, 离开此组织的概率为 $1 - \sum_{j=1}^{r} q_{i,j}$. 此外, 假定组织每个时期都雇用新的员工, 而且雇用类型 $1, \cdots, r$ 的员工数分别是均值为 $\lambda_1, \cdots, \lambda_r$ 的独立泊松随机变量. 假如令 $\boldsymbol{X}_n = (X_n(1), \cdots, X_n(r))$, 其中 $X_n(i)$ 是在时期 n 一开始组织中类型 i 的员工数, 那么 $\boldsymbol{X}_n$ ($n \geqslant 0$) 是一个马尔可夫链. 为了计算其平稳概率分布, 假定我们选取的初始状态使不同类型的员工是独立的泊松随机变量, 其中类型 i 的员工的平均人数为 α_i. 也就是说, 假定 $X_0(1), \cdots, X_0(r)$ 分别是均值为 $\alpha_1, \cdots, \alpha_r$ 的泊松随机变量. 另外, 令 N_j ($j = 1, \cdots, r$) 为在初始时期雇用的类型 j 的员工数. 现在, 固定 i, 对于 $j = 1, \cdots, r$, 令 $M_i(j)$ 为 $X_0(i)$ 个类型 i 员工中在下一个时期转为类型 j 的人数. 那么, 因为泊松分布的 $X_0(i)$ 个类型 i 员工将独立地以概率 $q_{i,j}$ ($j = 1, \cdots, r$) 转成类型 j 员工, 由此由例 3.24 后面的注推出, $M_i(1), \cdots, M_i(r)$ 是独立的泊松随机变量, 且 $M_i(j)$ 具有均值 $\alpha_i q_{i,j}$. 由假定 $X_0(1), \cdots, X_0(r)$ 是独立的, 我们也可以得到 $M_i(j)$ ($i, j = 1, \cdots, r$) 都是独立的. 因为独立泊松随机变量的和也服从泊松分布, 由上式得到的随机变量

$$X_1(j) = N_j + \sum_{i=1}^{r} M_i(j), \quad j = 1, \cdots, r$$

是均值为

$$E[X_1(j)] = \lambda_j + \sum_{i=1}^{r} \alpha_i q_{i,j}$$

的独立泊松随机变量. 因此, 若 $\alpha_1, \cdots, \alpha_r$ 满足

$$\alpha_j = \lambda_j + \sum_{i=1}^r \alpha_i q_{i,j}, \quad j = 1, \cdots, r,$$

则 X_1 将与 X_0 有相同的分布. 如果我们令 $\alpha_1^0, \cdots, \alpha_r^0$ 满足

$$\alpha_j^0 = \lambda_j + \sum_{i=1}^r \alpha_i^0 q_{i,j}, \quad j = 1, \cdots, r,$$

那么此马尔可夫链的平稳分布是将各类型的员工数视作均值分别为 $\alpha_1^0, \cdots, \alpha_r^0$ 的独立泊松随机变量的分布. 也就是说, 长程比例是

$$\pi_{k_1, \cdots, k_r} = \prod_{i=1}^r \mathrm{e}^{-\alpha_i^0} (\alpha_i^0)^{k_i} / k_i!.$$

可以证明存在值 α_j^0 ($j = 1, \cdots, r$) 使得每个员工最终离开此组织的概率为 1. 此外, 因为存在唯一的平稳分布, 所以只能有一组这样的值. ∎

下面的例子揭示了, 关系 $m_i = 1/\pi_i$ 说明两次访问一个状态的平均时间间隔是该链处在此状态的时间的长程比例的倒数. 对于以马尔可夫链的相继状态构成的数据, 用它能计算出直至某个指定模型出现的平均时间.

例 4.28（马尔可夫链生成的数据模型的平均次数）　考虑一个不可约的马尔可夫链 $\{X_n, n \geqslant 0\}$, 其转移概率为 $P_{i,j}$, 平稳概率为 π_j ($j \geqslant 0$). 初始处于状态 r, 我们想要确定直至模型 $i_1, i_2, \cdots, i_k$ 出现的转移次数的期望. 也就是说, 对于

$$N(i_1, i_2, \cdots, i_k) = \min\{n \geqslant k : X_{n-k+1} = i_1, \cdots, X_n = i_k\},$$

我们想求

$$E[N(i_1, i_2, \cdots, i_k) | X_0 = r].$$

注意, 即使 $i_1 = r$, 初始状态 X_0 并不被视为模型序列中的一部分.

令 $\mu(i, i_1)$ 为给定初始状态 i ($i \geqslant 0$) 时, 马尔可夫链进入状态 i_1 的平均转移次数. $\mu(i, i_1)$ 可以由以下一组方程确定, 此方程可通过以首次转移出状态 i 为条件得到:

$$\mu(i, i_1) = 1 + \sum_{j \neq i_1} P_{i,j} \mu(j, i_1), \quad i \geqslant 0.$$

对于马尔可夫链 $\{X_n, n \geqslant 0\}$, 构建一个对应的马尔可夫链, 我们称之为 k 链, 它在任意时间的状态是原来的链的最近 k 个状态的序列.（例如, 若 $k = 3$, 而 $X_2 = 4$, $X_3 = 1$, $X_4 = 1$, 则 k 链在时间 4 的状态是 $(4,1,1)$.）令 $\pi(j_1, \cdots, j_k)$ 为 k 链的平稳概率. 因为 $\pi(j_1, \cdots, j_k)$ 是原来的链在 k 个单位前的状态是 j_1 且

接下来的 $k-1$ 个状态依次为 $j_2,\cdots,j_k$ 的时间比例, 所以我们可以得到结论:

$$\pi(j_1,\cdots,j_k) = \pi_{j_1} P_{j_1,j_2} \cdots P_{j_{k-1},j_k}.$$

进而因为 k 链相继访问状态 $i_1,i_2,\cdots,i_k$ 之间的平均转移次数等于此状态的平稳概率的倒数, 所以有

$$E[\text{访问 } i_1,\cdots,i_k \text{ 之间的转移次数}] = \frac{1}{\pi(i_1,\cdots,i_k)}. \tag{4.13}$$

令 $A(i_1,\cdots,i_m)$ 为在给定前 m 次转移将链带至状态 $X_1 = i_1,\cdots,X_m = i_m$ 时, 直到模型出现所需的附加转移次数.

我们现在考虑此模型是否有重叠, 这里我们称模型 $i_1,\cdots,i_k$ 有一个大小为 j ($j < k$) 的重叠, 如果它最后的 j 个元素与其最前的 j 个元素相同. 也就是说, 它有一个大小为 j 的重叠, 如果

$$(i_{k-j+1},\cdots,i_k) = (i_1,\cdots,i_j), \quad j < k.$$

情形 1: 模型 $i_1,\cdots,i_k$ 没有重叠. 因为没有重叠, 所以由式 (4.13) 可得

$$E[N(i_1,i_2,\cdots,i_k)|X_0 = i_k] = \frac{1}{\pi(i_1,\cdots,i_k)}.$$

因为直至模型出现的时间等于直到链进入状态 i_1 的时间加上附加时间, 所以可以写成

$$E[N(i_1,i_2,\cdots,i_k)|X_0 = i_k] = \mu(i_k,i_1) + E[A(i_1)].$$

由上面的两个方程可以得出、

$$E[A(i_1)] = \frac{1}{\pi(i_1,\cdots,i_k)} - \mu(i_k,i_1).$$

利用

$$E[N(i_1,i_2,\cdots,i_k)|X_0 = r] = \mu(r,i_1) + E[A(i_1)],$$

得出结果

$$E[N(i_1,i_2,\cdots,i_k)|X_0 = r] = \mu(r,i_1) + \frac{1}{\pi(i_1,\cdots,i_k)} - \mu(i_k,i_1),$$

其中

$$\pi(i_1,\cdots,i_k) = \pi_{i_1} P_{i_1,i_2} \cdots P_{i_{k-1},i_k}.$$

情形 2: 现在假设模型有重叠, 并设它的最大重叠的大小为 s. 在这种情形下, k 链相继访问状态 $i_1,\cdots,i_k$ 之间的转移次数等于, 在给定已经有 s 次转移的结果 $X_1 = i_1,\cdots,X_s = i_s$ 下, 原来的链直至模型出现的附加转移次数. 所以, 由

式 (4.13) 有

$$E[A(i_1, \cdots, i_s)] = \frac{1}{\pi(i_1, \cdots, i_k)}.$$

但是因为

$$N(i_1, i_2, \cdots, i_k) = N(i_1, \cdots, i_s) + A(i_1, \cdots, i_s),$$

所以有

$$E[N(i_1, i_2, \cdots, i_k)|X_0 = r] = E[N(i_1, i_2, \cdots, i_s)|X_0 = r] + \frac{1}{\pi(i_1, \cdots, i_k)}.$$

现在我们可以对模型 $i_1, \cdots, i_s$ 重复同样的程序,直至我们得到一个无重叠的模型,然后应用情形 1 的结果.

例如,假设所需的模型是 $1, 2, 3, 1, 2, 3, 1, 2$,那么

$$E[N(1,2,3,1,2,3,1,2)|X_0 = r] = E[N(1,2,3,1,2)|X_0 = r] + \frac{1}{\pi(1,2,3,1,2,3,1,2)}.$$

因为模型 $(1, 2, 3, 1, 2)$ 的最大重叠的大小是 2,所以根据与前面相同的推理可以得出

$$E[N(1,2,3,1,2)|X_0 = r] = E[N(1,2)|X_0 = r] + \frac{1}{\pi(1,2,3,1,2)}.$$

因为模型 $(1, 2)$ 无重叠,所以由情形 1 得到

$$E[N(1,2)|X_0 = r] = \mu(r,1) + \frac{1}{\pi(1,2)} - \mu(2,1).$$

因此有

$$E[N(1,2,3,1,2,3,1,2)|X_0 = r]$$
$$= \mu(r,1) + \frac{1}{\pi_1 P_{1,2}} - \mu(2,1) + \frac{1}{\pi_1 P_{1,2}^2 P_{2,3} P_{3,1}} + \frac{1}{\pi_1 P_{1,2}^3 P_{2,3}^2 P_{3,1}^2}.$$

如果生成的数据是一个独立同分布的随机变量序列,且每个值等于 j 的概率为 P_j,那么马尔可夫链有 $P_{i,j} = P_j$. 在这种情形下,$\pi_j = P_j$. 此外,因为由状态 i 到状态 j 的时间是参数为 P_j 的几何随机变量,所以 $\mu(i,j) = 1/P_j$. 于是在模型 $1, 2, 3, 1, 2, 3, 1, 2$ 出现前需要生成数据值的个数的期望为

$$\frac{1}{P_1} + \frac{1}{P_1 P_2} - \frac{1}{P_1} + \frac{1}{P_1^2 P_2^2 P_3} + \frac{1}{P_1^3 P_2^3 P_3^2} = \frac{1}{P_1 P_2} + \frac{1}{P_1^2 P_2^2 P_3} + \frac{1}{P_1^3 P_2^3 P_3^2}. \qquad \blacksquare$$

下面的结果十分有用.

命题 4.6 令 $\{X_n, n \geqslant 1\}$ 是平稳概率为 π_j($j \geqslant 0$)的不可约马尔可夫链,而 r 是状态空间上的一个有界函数. 那么,以概率 1 有

$$\lim_{N \to \infty} \frac{\sum_{n=1}^N r(X_n)}{N} = \sum_{j=0}^{\infty} r(j) \pi_j.$$

证明 如果我们令 $a_j(N)$ 为马尔可夫链在时段 $1, \cdots, N$ 中在状态 j 度过的全部时间，那么

$$\sum_{n=1}^{N} r(X_n) = \sum_{j=0}^{\infty} a_j(N) r(j).$$

由于 $a_j(N)/N \to \pi_j$，因此将上式除以 N，然后令 $N \to \infty$ 即得结果. ■

如果我们假设只要链在状态 j，我们就赚取报酬 $r(j)$，那么命题 4.6 说明我们在单位时间的平均报酬是 $\sum_j r(j)\pi_j$.

例 4.29 对于例 4.7 中特指的四个状态的好–坏汽车保险系统，求参保人平均所付的年保险费，如果他的年理赔要求次数是均值为 $1/2$ 的泊松随机变量.

解 对 $a_k = \mathrm{e}^{-1/2} \frac{(1/2)^k}{k!}$，我们有

$$a_0 = 0.6065, \quad a_1 = 0.3033, \quad a_2 = 0.0758.$$

所以，相继状态的马尔可夫链有如下转移概率矩阵：

$$\begin{bmatrix} 0.6065 & 0.3033 & 0.0758 & 0.0144 \\ 0.6065 & 0.0000 & 0.3033 & 0.0902 \\ 0.0000 & 0.6065 & 0.0000 & 0.3935 \\ 0.0000 & 0.0000 & 0.6065 & 0.3935 \end{bmatrix}.$$

平稳概率由

$$\pi_1 = 0.6065\pi_1 + 0.6065\pi_2,$$

$$\pi_2 = 0.3033\pi_1 + 0.6065\pi_3,$$

$$\pi_3 = 0.0758\pi_1 + 0.3033\pi_2 + 0.6065\pi_4,$$

$$\pi_1 + \pi_2 + \pi_3 + \pi_4 = 1$$

的解给出. 将前三个方程改写为

$$\pi_2 = \frac{1 - 0.6065}{0.6065}\pi_1,$$

$$\pi_3 = \frac{\pi_2 - 0.3033\pi_1}{0.6065},$$

$$\pi_4 = \frac{\pi_3 - 0.0758\pi_1 - 0.3033\pi_2}{0.6065},$$

也就是

$$\pi_2 = 0.6488\pi_1, \quad \pi_3 = 0.5697\pi_1, \quad \pi_4 = 0.4900\pi_1.$$

利用 $\sum_{i=1}^{4} \pi_i = 1$ 给出解（保留四位小数）

$$\pi_1 = 0.3692, \quad \pi_2 = 0.2395, \quad \pi_3 = 0.2103, \quad \pi_4 = 0.1809.$$

所以, 所付的平均年保险费是

$$200\pi_1 + 250\pi_2 + 400\pi_3 + 600\pi_4 = 326.375.$$ ■

极限概率

在例 4.8 中, 我们考察了一个具有转移概率矩阵

$$\boldsymbol{P} = \begin{bmatrix} 0.7 & 0.3 \\ 0.4 & 0.6 \end{bmatrix}$$

的两状态的马尔可夫链, 并说明了

$$\boldsymbol{P}^{(4)} = \begin{bmatrix} 0.5749 & 0.4251 \\ 0.5668 & 0.4332 \end{bmatrix}.$$

由此推出 $\boldsymbol{P}^{(8)} = \boldsymbol{P}^{(4)}\boldsymbol{P}^{(4)}$ 为 (保留三位有效数字)

$$\boldsymbol{P}^{(8)} = \begin{bmatrix} 0.571 & 0.429 \\ 0.571 & 0.429 \end{bmatrix}.$$

请注意 $\boldsymbol{P}^{(8)}$ 和 $\boldsymbol{P}^{(4)}$ 差不多相等, 而且 $\boldsymbol{P}^{(8)}$ 的每一列几乎都有相等的值. 事实上, 当 $n \to \infty$ 时, $P_{i,j}^n$ 看起来应收敛到不依赖 i 的某个值. 而且在例 4.22 中, 我们演示了此链的长程比例是 $\pi_0 = 4/7 \approx 0.571$, $\pi_1 = 3/7 \approx 0.429$. 因此, 看起来这些长程比例有可能也是极限概率. 虽然对于上面链来说确实如此, 但是, 长程比例并不总是极限概率. 为了弄清这为什么不总是对的, 我们考察一个具有

$$P_{0,1} = P_{1,0} = 1$$

的两状态的马尔可夫链. 因为此马尔可夫链不断地在状态 0 和 1 之间变化, 所以它处于这些状态的长程比例是

$$\pi_0 = \pi_1 = 1/2.$$

然而

$$P_{0,0}^n = \begin{cases} 1, & \text{若 } n \text{ 为偶数,} \\ 0, & \text{若 } n \text{ 为奇数.} \end{cases}$$

所以, 当 n 趋向无穷大时, $P_{0,0}^n$ 没有极限. 一般地, 一个只能在 $d > 1$ 的倍数步返回一个状态的链 (在上例中 $d = 2$) 称为**周期的**, 它没有极限概率. 然而, 对于一个没有周期的不可约链 (这样的链称为**非周期的**), 极限概率总是存在, 而且不依赖初始状态. 进而, 此链处于状态 j 的极限概率等于此链处于状态 j 的长程比例 π_j. 当极限概率存在时, 它等于长程比例可通过设

$$\alpha_j = \lim_{n \to \infty} P\{X_n = j\},$$

并利用

$$P\{X_{n+1} = j\} = \sum_{i=0}^{\infty} P\{X_{n+1} = j | X_n = i\} P\{X_n = i\} = \sum_{i=0}^{\infty} P_{ij} P\{X_n = i\}$$

和

$$1 = \sum_{i=0}^{\infty} P\{X_n = i\}$$

看出. 令 $n \to \infty$, 由上面的两个方程可推出

$$\alpha_j = \sum_{i=0}^{\infty} \alpha_i P_{ij},$$

$$1 = \sum_{i=0}^{\infty} \alpha_i.$$

因此, $\{\alpha_j, j \geqslant 0\}$ 满足以 $\{\pi_j, j \geqslant 0\}$ 为唯一解的方程, 这说明了 $\alpha_j = \pi_j$, $j \geqslant 0$.

一个不可约、正常返、非周期的马尔可夫链被称为遍历的.

4.5 一些应用

4.5.1 破产问题

一个玩家在每次游戏中以概率 p 赢一个单位, 以概率 $q = 1 - p$ 输一个单位. 假设每次游戏都是独立的, 玩家在开始时有 i 个单位, 他的财富在达到 0 之前先达到 N 的概率是多少?

如果我们令 X_n 表示玩家在时间 n 的财富, 那么 $\{X_n, n \geqslant 0\}$ 是一个转移概率为

$$P_{00} = P_{NN} = 1, \quad P_{i,i+1} = p = 1 - P_{i,i-1}, \quad i = 1, 2, \cdots, N-1$$

的马尔可夫链. 此马尔可夫链有三个类, 即 $\{0\}$、$\{1, 2, \cdots, N-1\}$ 和 $\{N\}$. 第一个类和第三个类是常返的, 而第二个类是暂态的. 因为每个暂态状态只被访问有限次, 所以在某个有限的时间后, 此玩家将达到他的目标 N 或者破产.

令 P_i $(i = 0, 1, \cdots, N)$ 表示玩家在开始时有 i 个单位而且他的财富最终达到 N 的概率. 通过以初始的一次游戏的结果为条件, 我们得到

$$P_i = pP_{i+1} + qP_{i-1}, \quad i = 1, 2, \cdots, N-1,$$

或者, 由于 $p + q = 1$, 等价地有

$$pP_i + qP_i = pP_{i+1} + qP_{i-1},$$

从而

$$P_{i+1} - P_i = \frac{q}{p}(P_i - P_{i-1}), \quad i = 1, 2, \cdots, N-1.$$

由于 $P_0 = 0$，因此我们由上式得到

$$P_2 - P_1 = \frac{q}{p}(P_1 - P_0) = \frac{q}{p}P_1,$$

$$P_3 - P_2 = \frac{q}{p}(P_2 - P_1) = \left(\frac{q}{p}\right)^2 P_1,$$

$$\vdots$$

$$P_i - P_{i-1} = \frac{q}{p}(P_{i-1} - P_{i-2}) = \left(\frac{q}{p}\right)^{i-1} P_1,$$

$$\vdots$$

$$P_N - P_{N-1} = \frac{q}{p}(P_{N-1} - P_{N-2}) = \left(\frac{q}{p}\right)^{N-1} P_1.$$

将前 $i-1$ 个方程相加，得到

$$P_i - P_1 = P_1\left[\frac{q}{p} + \left(\frac{q}{p}\right)^2 + \cdots + \left(\frac{q}{p}\right)^{i-1}\right],$$

因此

$$P_i = \begin{cases} \dfrac{1 - (q/p)^i}{1 - q/p}P_1, & 若 \dfrac{q}{p} \neq 1, \\ iP_1, & 若 \dfrac{q}{p} = 1. \end{cases}$$

现在，利用 $P_N = 1$，我们得到

$$P_1 = \begin{cases} \dfrac{1 - q/p}{1 - (q/p)^N}, & 若 p \neq \dfrac{1}{2}, \\ \dfrac{1}{N}, & 若 p = \dfrac{1}{2}, \end{cases}$$

因此

$$P_i = \begin{cases} \dfrac{1 - (q/p)^i}{1 - (q/p)^N}, & 若 p \neq \dfrac{1}{2}, \\ \dfrac{i}{N}, & 若 p = \dfrac{1}{2}. \end{cases} \tag{4.14}$$

注意，当 $N \to \infty$，

$$P_i \to \begin{cases} 1 - \left(\dfrac{q}{p}\right)^i, & 若 p > \dfrac{1}{2}, \\ 0, & 若 p \leqslant \dfrac{1}{2}. \end{cases}$$

因此, 若 $p > 1/2$, 则存在一个正概率, 玩家的财富将无限地增长; 若 $p \leqslant 1/2$, 则玩家将 (以概率 1) 在对阵一个无限富有的对手时破产.

例 4.30 假设马克斯和帕蒂决定扔硬币, 扔得离墙更近的人赢 (得一枚硬币). 帕蒂玩得更好, 每次以概率 0.6 获胜. (a) 若帕蒂以 5 枚硬币开始, 而马克斯以 10 枚硬币开始, 帕蒂让马克斯输光的概率是多少? (b) 若帕蒂以 10 枚硬币开始, 而马克斯以 20 枚开始, 情况又如何?

解 (a) 要求的概率是通过在式 (4.14) 中令 $i = 5$、$N = 15$ 和 $p = 0.6$ 得到的. 因此要求的概率是

$$\frac{1 - (2/3)^5}{1 - (2/3)^{15}} \approx 0.87.$$

(b) 要求的概率是

$$\frac{1 - (2/3)^{10}}{1 - (2/3)^{30}} \approx 0.98.$$

将破产问题应用于药品检验, 假设开发了治疗某种病的两种新药. 药品 i 的治愈率为 P_i, $i = 1, 2$, 其含义为每个用药品 i 治疗的病人被治愈的概率为 P_i. 然而, 治愈率是未知的, 并且假设我们想要确定是 $P_1 > P_2$ 还是 $P_2 > P_1$. 为此考察如下的检验: 成对的病人相继接受治疗, 其中的一个成员接受药品 1, 另一个接受药品 2. 每对的结果是确定的, 在一种药治愈的累计数超过另一种药治愈的累计数某个预定的固定数时, 检验停止. 更为正式地, 令

$$X_j = \begin{cases} 1, & \text{若在第 } j \text{ 对中, 用药品 1 的病人被治愈,} \\ 0, & \text{其他情形,} \end{cases}$$

$$Y_j = \begin{cases} 1, & \text{若在第 } j \text{ 对中, 用药品 2 的病人被治愈,} \\ 0, & \text{其他情形.} \end{cases}$$

对于一个预定的正整数 M, 检验于 N 对以后停止, 此处 N 是使

$$X_1 + \cdots + X_n - (Y_1 + \cdots + Y_n) = M$$

或者

$$X_1 + \cdots + X_n - (Y_1 + \cdots + Y_n) = -M$$

的首个 n. 在前一种情形, 我们断言 $P_1 > P_2$, 而在后一种情形, 我们断言 $P_2 > P_1$.

为了确定上面的检验是否是一个好的检验, 我们希望知道导致错误判断的概率, 即对于给定 $P_1 > P_2$ 的 P_1 和 P_2, 此检验错误地判定 $P_2 > P_1$ 的概率是多少? 为确定这个概率, 观察在检查每一对以后, 药品 1 与药品 2 的治愈累计数之

差以概率 $P_1(1 - P_2)$（这是药品 1 治愈而药品 2 没有治愈的概率）增加 1，或者以概率 $P_2(1 - P_1)$ 减少 1，或者以概率 $P_1 P_2 + (1 - P_1)(1 - P_2)$ 保持不变．因此，如果我们只考虑累计数的差有改变的那些对，那么这个差将以概率

$$p = P(\text{增加 1}|\ \text{增加 1 或减少 1}) = \frac{P_1(1 - P_2)}{P_1(1 - P_2) + (1 - P_1)P_2}$$

增加 1，以概率

$$q = 1 - p = \frac{P_2(1 - P_1)}{P_1(1 - P_2) + (1 - P_1)P_2}$$

减少 1．因此，这个检验断定 $P_2 > P_1$ 的概率等于以概率 p 每次游戏赢一个单位的玩家的财富在增长 M 前减少 M 的概率．在式 (4.14) 中令 $i = M$，$N = 2M$，则这个概率为

$$P(\text{检验断定 } P_2 > P_1) = 1 - \frac{1 - (q/p)^M}{1 - (q/p)^{2M}} = \frac{1}{1 + (p/q)^M}.$$

因此，若 $P_1 = 0.6$，$P_2 = 0.4$，则当 $M = 5$ 时，错误判断的概率是 0.017，而当 $M = 10$ 时减少为 0.0003．

4.5.2　算法有效性的一个模型

下面的优化问题称为一个线性规划：

$$\text{在条件 } \boldsymbol{A}\boldsymbol{x} = \boldsymbol{b},\ \boldsymbol{x} \geqslant \boldsymbol{0} \text{ 下，最小化 } \boldsymbol{c}\boldsymbol{x}.$$

其中 $\boldsymbol{A}$ 是一个 $m \times n$ 的固定常数矩阵，$\boldsymbol{c} = (c_1, \cdots, c_n)$ 和 $\boldsymbol{b} = (b_1, \cdots, b_m)$ 是固定常数向量，而 $\boldsymbol{x} = (x_1, \cdots, x_n)$ 是非负值的 n 维向量，用于最小化 $\boldsymbol{c}\boldsymbol{x} \equiv \sum_{i=1}^{n} c_i x_i$．假设 $n > m$，可以证明总能选取到至少有 $n - m$ 个分量为 0 的最优值 $\boldsymbol{x}$，也就是说，它总可以取成可行域中的一个所谓极值点．

单纯形法解线性规划是从可行域的一个极值点向一个更好的（就目标函数 $\boldsymbol{c}\boldsymbol{x}$ 而言）极值点（经过枢轴运算）移动直至得到最优点．因为这样的极值点可能有 $N \equiv \binom{n}{m}$ 个，所以此方法似乎需要很多次迭代，但是事实并非如此．

为此，我们考察一个关于算法如何沿着极值点移动的简单的概率（马尔可夫链）模型．假设算法在任意时间都处在第 j 个最好的极值点，那么下一次枢轴运算结果的极值点等可能地是 $j - 1$ 个最好点中的任意一个．在这个假设下，我们将证明当 N 较大时，从第 N 个最好的极值点到最好的极值点的时间近似服从均值与方差都等于 N 的对数（以 e 为底）的正态分布．

考虑一个马尔可夫链，其中 $P_{11} = 1$，

$$P_{ij} = \frac{1}{i - 1}, \quad j = 1, \cdots, i-1,\ i > 1,$$

并令 T_i 表示从状态 i 到状态 1 需要转移的次数. $E[T_i]$ 的递推公式可以通过以初始转移为条件得到:

$$E[T_i] = 1 + \frac{1}{i-1} \sum_{j=1}^{i-1} E[T_j].$$

由 $E[T_1] = 0$, 我们相继看到

$$E[T_2] = 1, \quad E[T_3] = 1 + \frac{1}{2}, \quad E[T_4] = 1 + \frac{1}{3}\left(1 + 1 + \frac{1}{2}\right) = 1 + \frac{1}{2} + \frac{1}{3},$$

不难猜测并归纳证明

$$E[T_i] = \sum_{j=1}^{i-1} 1/j.$$

然而, 为了得到 T_N 的更为完善的描述, 我们将利用表达式

$$T_N = \sum_{j=1}^{N-1} I_j,$$

其中

$$I_j = \begin{cases} 1, & \text{如果过程最终进入 } j, \\ 0, & \text{其他情形.} \end{cases}$$

上述表达式的重要性源于下面的命题.

命题 4.7 $I_1, \cdots, I_{N-1}$ 是独立的, 且

$$P\{I_j = 1\} = 1/j, \quad 1 \leqslant j \leqslant N-1.$$

证明 对于给定的 $I_{j+1}, \cdots, I_N$, 令 $n = \min\{i : i > j, I_i = 1\}$ 为到达过的大于状态 j 的最小标号. 于是我们知道过程进入状态 n, 而且下一个进入的状态是 $1, 2, \cdots, j$ 中的一个. 因为从状态 n 到达的下一个状态等可能地为较小标号的状态 $1, 2, \cdots, n-1$ 中的任意一个, 所以

$$P\{I_j = 1 | I_{j+1}, \cdots, I_N\} = \frac{1/(n-1)}{j/(n-1)} = \frac{1}{j}.$$

因此, $P\{I_j = 1\} = 1/j$, 并且因为上面的条件概率不依赖 $I_{j+1}, \cdots, I_N$, 所以独立性成立. ∎

推论 4.8 (i) $E[T_N] = \sum_{j=1}^{N-1} 1/j$.

(ii) $\mathrm{Var}(T_N) = \sum_{j=1}^{N-1} (1/j)(1 - 1/j)$.

(iii) 对于很大的 N, T_N 近似服从均值为 $\ln N$、方差为 $\ln N$ 的正态分布.

证明 (i) 和 (ii) 由命题 4.7 和表达式 $T_N = \sum_{j=1}^{N-1} I_j$ 推出. (iii) 由中心极限定理推出, 因为

$$\int_1^N \frac{\mathrm{d}x}{x} < \sum_{j=1}^{N-1} 1/j < 1 + \int_1^{N-1} \frac{\mathrm{d}x}{x},$$

从而

$$\ln N < \sum_{j=1}^{N-1} 1/j < 1 + \ln(N-1),$$

所以

$$\ln N \approx \sum_{j=1}^{N-1} 1/j.$$

回到单纯形法, 如果我们假定 n、m 和 $n-m$ 都很大, 那么用斯特林近似, 我们有

$$N = \binom{n}{m} \sim \frac{n^{n+1/2}}{(n-m)^{n-m+1/2} m^{m+1/2} \sqrt{2\pi}},$$

所以, 令 $c = n/m$,

$$\ln N \sim \left(mc+\frac{1}{2}\right)\ln(mc) - \left[m(c-1)+\frac{1}{2}\right]\ln[m(c-1)] - \left(m+\frac{1}{2}\right)\ln m - \frac{1}{2}\ln(2\pi),$$

也就是

$$\ln N \sim m\left[c\ln\frac{c}{c-1} + \ln(c-1)\right].$$

现在, 因为 $\lim_{x\to\infty} x\ln[x/(x-1)] = 1$, 所以当 c 很大时就推出

$$\ln N \sim m[1 + \ln(c-1)].$$

例如, 若 $n = 8000$、$m = 1000$, 则必要的转移次数近似服从均值和方差为 $1000(1+\ln 7) \approx 3000$ 的正态分布. 因此, 必要的转移次数大致以 95% 的可能在

$$3000 \pm 2\sqrt{3000} \quad \text{大约是} \quad 3000 \pm 110$$

之间.

4.5.3　用随机游动分析可满足性问题的概率算法

考察一个状态为 $0, 1, \cdots, n$ 的马尔可夫链, 其中

$$P_{0,1} = 1, \quad P_{i,i+1} = p, \quad P_{i,i-1} = q = 1-p, \quad 1 \leqslant i < n,$$

并且假设我们想要研究这个链从状态 0 到状态 n 所花的时间. 获得到达状态 n 的平均时间的一种方法是令 m_i 表示从状态 i 到状态 n 的平均时间, $i = 0, \cdots, n-1$.

如果我们以初始转移为条件，就得到下面的方程：

$$m_0 = 1 + m_1,$$

$$\begin{aligned} m_i &= E[\text{到达 } n \text{ 的时间} \mid \text{下一个状态是 } i+1]p \\ &\quad + E[\text{到达 } n \text{ 的时间} \mid \text{下一个状态是 } i-1]q \\ &= (1 + m_{i+1})p + (1 + m_{i-1})q \\ &= 1 + pm_{i+1} + qm_{i-1}, \quad i = 1, \cdots, n-1. \end{aligned}$$

尽管从上面的方程中可以解出 m_i, $i = 0, \cdots, n-1$，但是我们并不想要它们的解，而是想利用这个马尔可夫链的特殊结构得到一组更简单的方程. 首先，令 N_i 表示该链首次进入状态 i 直至进入状态 $i+1$ 所用的附加转移次数. 由马尔可夫性质推出这些随机变量 N_i ($i = 0, \cdots, n-1$) 是独立的. 此外，我们可以将该链从状态 0 进入到状态 n 所用的转移次数 $N_{0,n}$ 表示为

$$N_{0,n} = \sum_{i=0}^{n-1} N_i. \tag{4.15}$$

令 $\mu_i = E[N_i]$，以该链进入状态 i 后的下一次转移为条件，对于 $i = 1, \cdots, n-1$ 有

$$\mu_i = 1 + E[\text{到达 } i+1 \text{ 的附加转移次数} \mid \text{链到 } i-1]q.$$

现在，如果该链下一次进入状态 $i-1$，那么为了到达 $i+1$，它必须先回到状态 i，然后从状态 i 到达状态 $i+1$. 因此，由前面可得

$$\mu_i = 1 + E[N_{i-1}^* + N_i^*]q,$$

其中 N_{i-1}^* 和 N_i^* 分别是从状态 $i-1$ 回到 i 的附加转移次数和从 i 到达 $i+1$ 的次数. 现在，由马尔可夫性质推出这些随机变量分别与 N_{i-1} 和 N_i 有相同的分布. 此外，它们是独立的（虽然我们只用它计算 $N_{0,n}$ 的方差）. 因此，我们有

$$\mu_i = 1 + q(\mu_{i-1} + \mu_i),$$

从而

$$\mu_i = \frac{1}{p} + \frac{q}{p}\mu_{i-1}, \quad i = 1, \cdots, n-1.$$

从 $\mu_0 = 1$ 开始，并令 $\alpha = q/p$，我们由上面的递推公式得到

$$\begin{aligned} \mu_1 &= 1/p + \alpha, \\ \mu_2 &= 1/p + \alpha(1/p + \alpha) = 1/p + \alpha/p + \alpha^2, \\ \mu_3 &= 1/p + \alpha(1/p + \alpha/p + \alpha^2) = 1/p + \alpha/p + \alpha^2/p + \alpha^3. \end{aligned}$$

一般地，我们有

$$\mu_i = \frac{1}{p} \sum_{j=0}^{i-1} \alpha^j + \alpha^i, \quad i = 1, \cdots, n-1. \tag{4.16}$$

现在我们利用式 (4.15) 得到

$$E[N_{0,n}] = 1 + \frac{1}{p} \sum_{i=1}^{n-1} \sum_{j=0}^{i-1} \alpha^j + \sum_{i=1}^{n-1} \alpha^i.$$

当 $p = 1/2$ 时有 $\alpha = 1$，由上式我们得到

$$E[N_{0,n}] = 1 + (n-1)n + n - 1 = n^2.$$

当 $p \neq 1/2$ 时，我们得到

$$\begin{aligned}
E[N_{0,n}] &= 1 + \frac{1}{p(1-\alpha)} \sum_{i=1}^{n-1} (1 - \alpha^i) + \frac{\alpha - \alpha^n}{1 - \alpha} \\
&= 1 + \frac{1+\alpha}{1-\alpha} \left[n - 1 - \frac{(\alpha - \alpha^n)}{1-\alpha} \right] + \frac{\alpha - \alpha^n}{1-\alpha} \\
&= 1 + \frac{2\alpha^{n+1} - (n+1)\alpha^2 + n - 1}{(1-\alpha)^2},
\end{aligned}$$

其中第二个等式利用了 $p = 1/(1+\alpha)$. 所以，我们看到当 $\alpha > 1$ 时，或者等价地，当 $p < 1/2$ 时，到达 n 的转移次数的期望是对 n 指数递增的函数. 当 $p = 1/2$ 时，$E[N_{0,n}] = n^2$，而当 $p > 1/2$ 时，对于很大的 n，$E[N_{0,n}]$ 实质上对 n 是线性的.

现在我们计算 $\mathrm{Var}(N_{0,n})$. 为此，我们再一次利用式 (4.15) 中给出的表达式. 令 $v_i = \mathrm{Var}(N_i)$，我们先利用条件方差公式递推地确定 v_i. 如果离开状态 i 首次转移到 $i+1$，则令 $S_i = 1$，而如果离开状态 i 首次转移到 $i-1$，则令 $S_i = -1$，$i = 1, \cdots, n-1$. 于是

$$给定\ S_i = 1:\ N_i = 1.$$
$$给定\ S_i = -1:\ N_i = 1 + N_{i-1}^* + N_i^*.$$

因此

$$E[N_i | S_i = 1] = 1, \quad E[N_i | S_i = -1] = 1 + \mu_{i-1} + \mu_i,$$

它表明

$$\begin{aligned}
\mathrm{Var}(E[N_i | S_i]) &= \mathrm{Var}(E[N_i | S_i] - 1) \\
&= (\mu_{i-1} + \mu_i)^2 q - (\mu_{i-1} + \mu_i)^2 q^2 \\
&= qp(\mu_{i-1} + \mu_i)^2.
\end{aligned}$$

此外, 因为根据马尔可夫性质, 从状态 $i-1$ 回到 i 的附加转移次数 N_{i-1}^* 和从 i 到达 $i+1$ 的次数 N_i^*, 是分别与 N_{i-1} 和 N_i 有相同分布的独立随机变量, 所以我们看到

$$\mathrm{Var}(N_i|S_i=1)=0, \quad \mathrm{Var}(N_i|S_i=-1)=v_{i-1}+v_i.$$

因此

$$E[\mathrm{Var}(N_i|S_i)]=q(v_{i-1}+v_i).$$

由条件方差公式, 我们得到

$$v_i=pq(\mu_{i-1}+\mu_i)^2+q(v_{i-1}+v_i),$$

或等价地

$$v_i=q(\mu_{i-1}+\mu_i)^2+\alpha v_{i-1}, \quad i=1,\cdots,n-1.$$

从 $v_0=0$ 开始, 我们由前面的递推公式得到

$$v_1=q(\mu_0+\mu_1)^2,$$
$$v_2=q(\mu_1+\mu_2)^2+\alpha q(\mu_0+\mu_1)^2,$$
$$v_3=q(\mu_2+\mu_3)^2+\alpha q(\mu_1+\mu_2)^2+\alpha^2 q(\mu_0+\mu_1)^2.$$

一般地, 对于 $i>0$, 我们有

$$v_i=q\sum_{j=1}^{i}\alpha^{i-j}(\mu_{j-1}+\mu_j)^2. \tag{4.17}$$

所以我们有

$$\mathrm{Var}(N_{0,n})=\sum_{i=0}^{n-1}v_i=q\sum_{i=1}^{n-1}\sum_{j=1}^{i}\alpha^{i-j}(\mu_{j-1}+\mu_j)^2,$$

其中 μ_j 由式 (4.16) 给出.

　　我们从式 (4.16) 和式 (4.17) 看到, 当 $p\geqslant 1/2$ 时, 有 $\alpha\leqslant 1$, 从状态 i 到 $i+1$ 的转移次数的均值 μ_i 和方差 v_i, 对 i 的增长不会太快. 例如, 当 $p=1/2$ 时, 由式 (4.16) 和式 (4.17) 推出

$$\mu_i=2i+1, \quad v_i=\frac{1}{2}\sum_{j=1}^{i}(4j)^2=8\sum_{j=1}^{i}j^2.$$

由于 $N_{0,n}$ 是独立随机变量的和, 在 $p\geqslant 1/2$ 时这些随机变量的量级大致相同, 因此在这种情形下, 由中心极限定理推出, 对于很大的 n, $N_{0,n}$ 近似服从正态分布.

特别地，当 $p = 1/2$ 时，$N_{0,n}$ 近似服从均值为 n^2、方差为

$$\mathrm{Var}(N_{0,n}) = 8 \sum_{i=1}^{n-1} \sum_{j=1}^{i} j^2 = 8 \sum_{j=1}^{n-1} \sum_{i=j}^{n-1} j^2 = 8 \sum_{j=1}^{n-1} (n-j) j^2$$

$$\approx 8 \int_{1}^{n-1} (n-x) x^2 \mathrm{d}x \approx \frac{2}{3} n^4.$$

的正态分布.

例 4.31（可满足性问题）　布尔变量 x 是只取真或假两个值之一的一个变量. 如果 x_i（$i \geqslant 1$）都是布尔变量，那么如果 x_1 是**真**或 x_2 是**假**或 x_3 是**真**，则如下形式的一个布尔子句

$$x_1 + \overline{x}_2 + x_3$$

是**真**. 也就是说，符号"+"的意思是"或"，且如果 x 是**假**，则 $\overline{x}$ 是**真**，反之亦然. 一个布尔公式是像这种句子的一个组合：

$$(x_1 + \overline{x}_2) * (x_1 + x_3) * (x_2 + \overline{x}_3) * (\overline{x}_1 + \overline{x}_2) * (x_1 + x_2).$$

在上面的公式中，括号中的项表示子句，且如果所有的子句都是**真**，那么公式是**真**，否则公式是**假**. 对于一个给定的布尔公式，**可满足性问题**是确定使公式结果是**真**的变量的值或确定使公式绝对不是**真**的变量的值. 例如，使上面的公式是**真**的一组变量值是，取 $x_1 = $**真**，$x_2 = $**假**，$x_3 = $**假**.

考察 n 个布尔变量 $x_1, \cdots, x_n$ 的一个公式，并假设公式中的每个子句恰好包含两个变量. 现在我们介绍一个**概率算法**，它能求得满足公式的值或者以很高的概率确定不可能满足此公式. 首先，任意设置一组值，然后，在每一步选取一个值是**假**的子句，而且随机选取此子句中的一个布尔变量，并改变它的值. 也就是说，若此变量值是**真**，则将它的值改为**假**，反之亦然. 若这个新设置使公式为真，则停止，否则以同样的方式继续. 如果你重复了 $n^2 \left(1 + 4\sqrt{\dfrac{2}{3}}\right)$ 次还没有停止，那么宣布此公式不可能满足. 我们将论证，如果存在一个可满足的指派，那么这个算法将以非常近似于 1 的概率求得这个指派.

我们先假定存在一个可满足的真值指派，并令 $\mathscr{A}$ 是这样的一个指派. 这个算法的每一步的值都存在某种指派. 令 Y_j 为在算法的第 j 步时，n 个变量中真值与 $\mathscr{A}$ 中的对应值一致的变量的个数. 例如，假设 $n = 3$，在 $\mathscr{A}$ 中 $x_1 = x_2 = x_3 = $**真**. 如果算法在第 j 步的指派是 $x_1 = $**真**，$x_2 = x_3 = $**假**，那么 $Y_j = 1$. 现在，在算法的每一步考察一个不可满足的子句，该子句的两个变量中至少有一个变量的值与 $\mathscr{A}$ 中的对应值不一致. 因此，当我们在此子句中随机选取一个变量时，至少

以概率 $1/2$ 有 $Y_{j+1} = Y_j + 1$，至多以概率 $1/2$ 有 $Y_{j+1} = Y_j - 1$. 也就是说，独立于此算法中以前的情况，每一步设置的值与 $\mathscr{A}$ 中的值相一致的个数将增加或减少 1，而增加 1 的概率至少是 $1/2$（若两个变量的值都与 $\mathscr{A}$ 中的值不一致，则概率是 1）. 从而，尽管过程 Y_j（$j \geqslant 0$）本身不是马尔可夫链（为什么不是?），但直观上显然地，为得到 $\mathscr{A}$ 的值所需的算法步数的期望和方差将少于或等于在 4.5.2 节中的马尔可夫链从状态 0 到状态 n 的转移次数的期望和方差. 因此，如果此算法因为找到了一组与 $\mathscr{A}$ 不同的可满足值而没有终止，那么它将在期望时间至多为 n^2 且标准差至多为 $n^2\sqrt{\dfrac{2}{3}}$ 的范围内终止. 此外，由于当 n 很大时，这个马尔可夫链从状态 0 到状态 n 的时间近似地是正态的，因此我们可以肯定，一个可满足的指派将在 $n^2 + 4n^2\sqrt{\dfrac{2}{3}}$ 步中达到. 从而，如果算法在此步数内没有找到可满足的指派，那么我们可以非常肯定不存在可满足的指派.

我们的分析也弄清楚了为什么我们假定在每个子句中只有两个变量. 因为如果在一个子句中有 k（$k > 2$）个变量，那么由于任意一个目前不可满足的子句可能只有一个不正确的设置，因此随机选择一个变量改变其值，只会以概率 $1/k$ 增加与 $\mathscr{A}$ 中相一致的值的个数，所以我们只能从先前的马尔可夫链的结果中得出结论：得到 $\mathscr{A}$ 中的值的平均时间是 n 的一个指数函数，当 n 很大时，这并不是一个有效的算法. ∎

4.6　在暂态停留的平均时间

现在考察一个有限状态马尔可夫链, 并假设对状态进行编号, $T = \{1, 2, \cdots, t\}$ 表示其暂态集. 令

$$\boldsymbol{P}_T = \begin{bmatrix} P_{11} & P_{12} & \cdots & P_{1t} \\ \vdots & \vdots & \vdots & \vdots \\ P_{t1} & P_{t2} & \cdots & P_{tt} \end{bmatrix},$$

并注意由于 $\boldsymbol{P}_T$ 特指只从暂态到暂态的转移概率, 因此其某些行的和小于 1（否则 T 将是一个状态闭集）.

对于暂态 i 和 j, 令 s_{ij} 表示给定初始状态为 i 的马尔可夫链在状态 j 的平均时段数. 如果 $i = j$, 令 $\delta_{i,j} = 1$, 否则令它为 0. 以初始转移为条件得到

$$s_{ij} = \delta_{i,j} + \sum_k P_{ik}s_{kj} = \delta_{i,j} + \sum_{k=1}^{t} P_{ik}s_{kj}, \tag{4.18}$$

其中最后的等式是由于不可能从一个常返态转移到暂态, 因此当 k 是常返态时 $s_{kj} = 0$.

令 S 表示分量为 s_{ij}（$i,j=1,\cdots,t$）的矩阵，即

$$S = \begin{bmatrix} s_{11} & s_{12} & \cdots & s_{1t} \\ \vdots & \vdots & \vdots & \vdots \\ s_{t1} & s_{t2} & \cdots & s_{tt} \end{bmatrix}.$$

式 (4.18) 可以用矩阵记号写成

$$S = I + P_T S,$$

其中 I 是 t 阶单位矩阵. 因为上面的方程等价于

$$(I - P_T)S = I,$$

所以在两边乘以 $(I - P_T)^{-1}$，我们得到

$$S = (I - P_T)^{-1}.$$

也就是说，s_{ij}（$i \in T$，$j \in T$）可以由矩阵 $I - P_T$ 求逆得到（这个矩阵的逆的存在性是容易证明的）.

例 4.32   考察 $p = 0.4$ 和 $N = 7$ 的破产问题. 开始有 3 个单位（财富）.

(a) 确定玩家有 5 个单位的总时间的期望.

(b) 确定玩家有 2 个单位的总时间的期望.

解   特指 P_{ij}（$i, j \in \{1, 2, 3, 4, 5, 6\}$）的矩阵 P_T 如下：

$$P_T = \begin{array}{c|cccccc} & 1 & 2 & 3 & 4 & 5 & 6 \\ \hline 1 & 0 & 0.4 & 0 & 0 & 0 & 0 \\ 2 & 0.6 & 0 & 0.4 & 0 & 0 & 0 \\ 3 & 0 & 0.6 & 0 & 0.4 & 0 & 0 \\ 4 & 0 & 0 & 0.6 & 0 & 0.4 & 0 \\ 5 & 0 & 0 & 0 & 0.6 & 0 & 0.4 \\ 6 & 0 & 0 & 0 & 0 & 0.6 & 0 \end{array}.$$

对于 $I - P_T$ 求逆有

$$S = (I - P_T)^{-1} = \begin{bmatrix} 1.6149 & 1.0248 & 0.6314 & 0.3691 & 0.1943 & 0.0777 \\ 1.5372 & 2.5619 & 1.5784 & 0.9228 & 0.4857 & 0.1943 \\ 1.4206 & 2.3677 & 2.9990 & 1.7533 & 0.9228 & 0.3691 \\ 1.2458 & 2.0763 & 2.6299 & 2.9990 & 1.5784 & 0.6314 \\ 0.9835 & 1.6391 & 2.0763 & 2.3677 & 2.5619 & 1.0248 \\ 0.5901 & 0.9835 & 1.2458 & 1.4206 & 1.5372 & 1.6149 \end{bmatrix}.$$

因此

$$s_{3,5} = 0.9228, \quad s_{3,2} = 2.3677.$$ ■

对于 $i \in T$, $j \in T$, f_{ij} 等于初始状态为 i 的马尔可夫链最终转移到状态 j 的概率, 它可以容易地由 $\boldsymbol{P}_T$ 确定. 为了确定其关系, 我们先以是否最终进入状态 j 为条件推导一个 s_{ij} 的表达式:

$$
\begin{aligned}
s_{ij} &= E[\text{在 } j \text{ 的时间} \,|\, \text{开始在 } i, \text{ 最终转移到 } j]f_{ij} \\
&\quad + E[\text{在 } j \text{ 的时间} \,|\, \text{开始在 } i, \text{ 永不转移到 } j](1 - f_{ij}) \\
&= (\delta_{i,j} + s_{jj})f_{ij} + \delta_{i,j}(1 - f_{ij}) \\
&= \delta_{i,j} + f_{ij}s_{jj},
\end{aligned}
$$

其中 s_{jj} 是给定从状态 i 出发最终进入 j 时停留在状态 j 的平均时段数. 求解上面的方程有

$$
f_{ij} = \frac{s_{ij} - \delta_{i,j}}{s_{jj}}.
$$

例 4.33 在例 4.32 中, 玩家最终有 1 个单位财富的概率是多少?

解 由于 $s_{3,1} = 1.4206$ 和 $s_{1,1} = 1.6149$, 因此

$$
f_{3,1} = \frac{s_{3,1}}{s_{1,1}} = 0.8797.
$$

作为检查, 注意 $f_{3,1}$ 正是开始于 3 的玩家在到达 7 以前到达 1 的概率. 也就是说, 这是玩家的财富在增加 4 以前减少 2 的概率, 这也是开始于 2 的玩家在到达 6 以前破产的概率. 所以

$$
f_{3,1} = 1 - \frac{1 - (0.6/0.4)^2}{1 - (0.6/0.4)^6} = 0.8797,
$$

这与我们前面的答案一致. ∎

假设我们想知道马尔可夫链进入某些状态集合 A 的平均时间, A 不必是常返态的集合. 我们可以通过令 A 中的所有状态为吸收态, 将这个问题化简为前面的情形, 即重置 A 中的状态的转移概率, 使其满足

$$
P_{i,i} = 1, \quad i \in A.
$$

这就将 A 中的状态变换为常返态, 并将 A 外最终可能转移到 A 内的状态变换为暂态. 因此我们可以使用前面的方法来处理这个问题.

4.7 分支过程

这一节我们考察称为**分支过程**的一类马尔可夫链, 在生物学、社会学和工程科学中, 它有各种形式的广泛应用.

考察一个总体，它由能产生同类型后代的个体组成. 假设每个个体在其生命结束时，以概率 P_j（$j \geqslant 0$）产生 j 个后代，且独立于其他个体所产生的后代数. 我们假设对于一切 $j \geqslant 0$ 有 $P_j < 1$. 将最初的个体数记为 X_0，称为第零代的大小. 所有第零代的后代组成第一代，它们的个数记为 X_1. 一般地，令 X_n 表示第 n 代的大小. 由此推出 $\{X_n, n \geqslant 0\}$ 是一个以非负整数集合为状态空间的马尔可夫链.

由于显然有 $P_{00} = 1$，因此状态 0 是常返态. 此外，若 $P_0 > 0$，则其他状态都是暂态. 这是因为 $P_{i0} = P_0^i$，它表明若开始有 i 个个体，则存在一个至少为 P_0^i 的正概率使最终不再有后代. 此外，由于暂态的任意有限集 $\{1, 2, \cdots, n\}$ 只能有限次地被访问，这就推出了一个重要的结论：如果 $P_0 > 0$，那么**总体要么灭绝，要么趋于无穷**.

令

$$\mu = \sum_{j=0}^{\infty} j P_j$$

为单个个体所产生的后代数的均值. 令

$$\sigma^2 = \sum_{j=0}^{\infty} (j - \mu)^2 P_j$$

为单个个体所产生的后代数的方差.

假设 $X_0 = 1$，即初始时有一个个体. 下面计算 $E[X_n]$ 和 $\mathrm{Var}(X_n)$，首先可以写出

$$X_n = \sum_{i=1}^{X_{n-1}} Z_i,$$

其中 Z_i 表示第 $n-1$ 代的第 i 个个体的后代数. 以 X_{n-1} 为条件，我们得到

$$
\begin{aligned}
E[X_n] &= E[E[X_n | X_{n-1}]] \\
&= E\left[E\left[\sum_{i=1}^{X_{n-1}} Z_i \,\Big|\, X_{n-1} \right] \right] \\
&= E[X_{n-1}\mu] \\
&= \mu E[X_{n-1}],
\end{aligned}
$$

这里我们用了 $E[Z_i] = \mu$. 由于 $E[X_0] = 1$，因此由上式推出

$$
\begin{aligned}
E[X_1] &= \mu, \\
E[X_2] &= \mu E[X_1] = \mu^2,
\end{aligned}
$$

$$\vdots$$

$$E[X_n] = \mu E[X_{n-1}] = \mu^n.$$

类似地，$\mathrm{Var}(X_n)$ 可以用条件方差公式

$$\mathrm{Var}(X_n) = E[\mathrm{Var}(X_n|X_{n-1})] + \mathrm{Var}(E[X_n|X_{n-1}])$$

得到. 现在，给定 X_{n-1} 后，X_n 正是 X_{n-1} 个独立随机变量的和，其中每个变量都具有分布 $\{P_j, j \geqslant 0\}$. 因此，

$$E[X_n|X_{n-1}] = X_{n-1}\mu, \quad \mathrm{Var}(X_n|X_{n-1}) = X_{n-1}\sigma^2.$$

再由条件方差公式推出

$$
\begin{aligned}
\mathrm{Var}(X_n) &= E[X_{n-1}\sigma^2] + \mathrm{Var}(X_{n-1}\mu) \\
&= \sigma^2\mu^{n-1} + \mu^2 \mathrm{Var}(X_{n-1}) \\
&= \sigma^2\mu^{n-1} + \mu^2(\sigma^2\mu^{n-2} + \mu^2 \mathrm{Var}(X_{n-2})) \\
&= \sigma^2(\mu^{n-1} + \mu^n) + \mu^4 \mathrm{Var}(X_{n-2}) \\
&= \sigma^2(\mu^{n-1} + \mu^n) + \mu^4(\sigma^2\mu^{n-3} + \mu^2 \mathrm{Var}(X_{n-3})) \\
&= \sigma^2(\mu^{n-1} + \mu^n + \mu^{n+1}) + \mu^6 \mathrm{Var}(X_{n-3}) \\
&= \cdots \\
&= \sigma^2(\mu^{n-1} + \mu^n + \cdots + \mu^{2n-2}) + \mu^{2n} \mathrm{Var}(X_0) \\
&= \sigma^2(\mu^{n-1} + \mu^n + \cdots + \mu^{2n-2}).
\end{aligned}
$$

所以

$$\mathrm{Var}(X_n) = \begin{cases} \sigma^2\mu^{n-1}\left(\dfrac{1-\mu^n}{1-\mu}\right), & \text{若 } \mu \neq 1, \\ n\sigma^2, & \text{若 } \mu = 1. \end{cases} \tag{4.19}$$

令 π_0 表示总体最终灭绝的概率（在假定 $X_0 = 1$ 下）. 更加正式地，

$$\pi_0 = \lim_{n \to \infty} P\{X_n = 0|X_0 = 1\}.$$

确定 π_0 的值的问题，首先是由高尔顿在 1889 年研究家族姓氏消失时提出的.

我们首先注意到如果 $\mu < 1$，则 $\pi_0 = 1$. 这是因为

$$\mu^n = E[X_n] = \sum_{j=1}^{\infty} j P\{X_n = j\} \geqslant \sum_{j=1}^{\infty} 1 \cdot P\{X_n = j\} = P\{X_n \geqslant 1\}.$$

又因为当 $\mu < 1$ 时 $\mu^n \to 0$，所以 $P(X_n \geqslant 1) \to 0$，因此 $P(X_n = 0) \to 1$.

事实上，即使 $\mu = 1$ 也可以证明 $\pi_0 = 1$. 而当 $\mu > 1$ 时，有 $\pi_0 < 1$. 一个确

定 π_0 的方程可以通过以初始个体的后代数为条件推导如下:

$$\pi_0 = P\{\text{总体灭绝}\} = \sum_{j=0}^{\infty} P\{\text{总体灭绝} \,|\, X_1 = j\}P_j.$$

现在给定 $X_1 = j$,总体最终灭绝,当且仅当从第一代成员开始的 j 个家庭都灭绝. 由于假定每个家庭都是独立行动的,并且每个特定的家庭灭绝的概率正是 π_0,因此可以得出

$$P\{\text{总体灭绝} \,|\, X_1 = j\} = \pi_0^j,$$

从而 π_0 满足

$$\pi_0 = \sum_{j=0}^{\infty} \pi_0^j P_j. \tag{4.20}$$

事实上,当 $\mu > 1$ 时,可以证明 π_0 是满足式 (4.20) 的最小正解.

例 4.34 若 $P_0 = 1/2$, $P_1 = 1/4$, $P_2 = 1/4$,确定 π_0.

解 由于 $\mu = 3/4 \leqslant 1$,因此 $\pi_0 = 1$. ∎

例 4.35 若 $P_0 = 1/4$, $P_1 = 1/4$, $P_2 = 1/2$,确定 π_0.

解 π_0 满足

$$\pi_0 = \frac{1}{4} + \frac{1}{4}\pi_0 + \frac{1}{2}\pi_0^2,$$

从而

$$2\pi_0^2 - 3\pi_0 + 1 = 0.$$

这个二次方程的最小的正解是 $\pi_0 = 1/2$. ∎

例 4.36 在例 4.34 和例 4.35 中,如果初始时由 n 个个体组成,那么总体灭绝的概率是多少?

解 因为总体灭绝,当且仅当初代的每个成员的家庭都灭绝,所以要求的概率是 π_0^n. 在例 4.34 中,$\pi_0^n = 1$,而在例 4.35 中,$\pi_0^n = (1/2)^n$. ∎

4.8 时间可逆的马尔可夫链

考察一个具有转移概率 P_{ij} 和平稳概率 π_i 的平稳的遍历马尔可夫链(即一个已经长时间运行的遍历的马尔可夫链),假设它开始于某个时间,我们沿时间的反向追踪其状态序列,即从时间 n 开始,考察状态序列 $X_n, X_{n-1}, X_{n-2}, \cdots$. 事实证明,这个状态序列本身就是一个马尔可夫链,其转移概率 Q_{ij} 定义为

$$Q_{ij} = P\{X_m = j | X_{m+1} = i\}$$

$$= \frac{P\{X_m = j, X_{m+1} = i\}}{P\{X_{m+1} = i\}}$$

$$= \frac{P\{X_m = j\}P\{X_{m+1} = i|X_m = j\}}{P\{X_{m+1} = i\}}$$

$$= \frac{\pi_j P_{ji}}{\pi_i}.$$

为证明这个逆向的过程确实是马尔可夫链，我们必须验证

$$P\{X_m = j|X_{m+1} = i, X_{m+2}, X_{m+3}, \cdots\} = P\{X_m = j|X_{m+1} = i\}.$$

为此，假设目前的时间是 $m + 1$. 现在，由 $X_0, X_1, X_2, \cdots$ 是马尔可夫链推出给定目前状态为 X_{m+1} 时，将来的状态 $X_{m+2}, X_{m+3}, \cdots$ 的条件分布独立于过去状态 X_m. 然而，独立性是一种对称的关系（即若 A 独立于 B，则 B 独立于 A），这表明给定 X_{m+1} 时，X_m 独立于 $X_{m+2}, X_{m+3}, \cdots$. 这正是我们要验证的.

于是，逆向的过程也是一个马尔可夫链，其转移概率为

$$Q_{ij} = \frac{\pi_j P_{ji}}{\pi_i}.$$

如果对于一切 i, j 都有 $Q_{ij} = P_{ij}$，那么这个马尔可夫链称为**时间可逆的**. 时间可逆性的条件 $Q_{ij} = P_{ij}$ 也可以表示为

$$\pi_i P_{ij} = \pi_j P_{ji}, \quad \text{对于一切 } i, j. \tag{4.21}$$

式 (4.21) 的条件可以陈述为，对于一切状态 i, j，过程从 i 到 j 的转移率（即 $\pi_i P_{ij}$）等于从 j 到 i 的转移率（即 $\pi_j P_{ji}$）. 值得注意的是这显然是时间可逆性的一个必要条件，因为一个从 i 到 j 的逆向转移等于从 j 到 i 的正向转移. 也就是说，如果 $X_m = i$ 且 $X_{m-1} = j$，那么如果我们向后看，就观察到从 i 到 j 的一个转移，而如果我们向前看，就观察到从 j 到 i 的一个转移. 于是，正向过程从 j 到 i 的转移率总等于反向过程从 i 到 j 的转移率. 如果时间是可逆的，那么它必须等于正向过程从 i 到 j 的转移率.

如果我们能够找到加起来等于 1 且满足式 (4.21) 的一列非负数，那么就能推出这个马尔可夫链是时间可逆的，而且这些数表示其极限概率. 这是因为如果有

$$x_i P_{ij} = x_j P_{ji}, \quad \text{对于一切 } i, j, \sum_i x_i = 1, \tag{4.22}$$

那么对 i 求和推出

$$\sum_i x_i P_{ij} = x_j \sum_i P_{ji} = x_j, \quad \sum_i x_i = 1,$$

又因为极限概率 π_i 是上述方程的唯一解，从而推出对于所有的 i 都有 $x_i = \pi_i$.

例 4.37   考察状态为 $0, 1, \cdots, M$ 和转移概率为

$$P_{i,i+1} = \alpha_i = 1 - P_{i,i-1}, \quad i = 1, \cdots, M-1,$$
$$P_{0,1} = \alpha_0 = 1 - P_{0,0},$$
$$P_{M,M} = \alpha_M = 1 - P_{M,M-1}$$

的随机游动. 不需要作任何计算我们就可以论证这个只能从一个状态转移到它的最相邻状态的马尔可夫链是时间可逆的. 这是因为从 i 到 $i+1$ 的转移数必须总是与从 $i+1$ 到 i 的转移数相差 1 以内. 这是由于任何两次从 i 到 $i+1$ 的转移间必须有一次从 $i+1$ 到 i 的转移(反之亦然), 因为从一个较高的状态再进入 i 必须经过状态 $i+1$. 因此推出从 i 到 $i+1$ 的转移率等于从 $i+1$ 到 i 的转移率, 所以此过程是时间可逆的.

我们可以很容易地通过对每个状态 $i = 0, 1, \cdots, M-1$ 将从 i 到 $i+1$ 的转移率与从 $i+1$ 到 i 的转移率取成相等以得到极限概率. 由此推出

$$\pi_0 \alpha_0 = \pi_1 (1 - \alpha_1),$$
$$\pi_1 \alpha_1 = \pi_2 (1 - \alpha_2),$$
$$\vdots$$
$$\pi_i \alpha_i = \pi_{i+1} (1 - \alpha_{i+1}), \quad i = 0, 1, \cdots, M-1.$$

用 π_0 作为参数求解, 得到

$$\pi_1 = \frac{\alpha_0}{1 - \alpha_1} \pi_0, \quad \pi_2 = \frac{\alpha_1}{1 - \alpha_2} \pi_1 = \frac{\alpha_1 \alpha_0}{(1 - \alpha_2)(1 - \alpha_1)} \pi_0,$$

而一般地

$$\pi_i = \frac{\alpha_{i-1} \cdots \alpha_0}{(1 - \alpha_i) \cdots (1 - \alpha_1)} \pi_0, \quad i = 1, 2, \cdots, M.$$

因为 $\sum_{i=0}^{M} \pi_i = 1$, 所以我们得到

$$\pi_0 \left[1 + \sum_{j=1}^{M} \frac{\alpha_{j-1} \cdots \alpha_0}{(1 - \alpha_j) \cdots (1 - \alpha_1)} \right] = 1,$$

因此

$$\pi_0 = \left[1 + \sum_{j=1}^{M} \frac{\alpha_{j-1} \cdots \alpha_0}{(1 - \alpha_j) \cdots (1 - \alpha_1)} \right]^{-1}, \tag{4.23}$$

$$\pi_i = \frac{\alpha_{i-1} \cdots \alpha_0}{(1 - \alpha_i) \cdots (1 - \alpha_1)} \pi_0, \quad i = 1, 2, \cdots, M. \tag{4.24}$$

如果 $\alpha_i \equiv \alpha$，那么

$$\pi_0 = \left[1 + \sum_{j=1}^{M} \left(\frac{\alpha}{1-\alpha} \right)^j \right]^{-1} = \frac{1-\beta}{1-\beta^{M+1}},$$

而且，一般地，

$$\pi_i = \frac{\beta^i(1-\beta)}{1-\beta^{M+1}}, \quad i = 0, 1, \cdots, M,$$

其中

$$\beta = \frac{\alpha}{1-\alpha}. \qquad \blacksquare$$

例 4.37 的另一个特例是物理学家保罗·埃伦费斯特和塔季扬娜·埃伦费斯特为描述分子运动提出的坛子模型：假设 M 个分子分布在两个坛子中，在每个时间点随机地选取一个分子，将它从坛子中移出并放进另一个坛子中. 坛子 1 中的分子数是例 4.37 中的马尔可夫链的特殊情形，有

$$\alpha_i = \frac{M-i}{M}, \quad i = 0, 1, \cdots, M.$$

因此，利用式 (4.23) 与式 (4.24)，这种情形的极限概率是

$$\pi_0 = \left[1 + \sum_{j=1}^{M} \frac{(M-j+1)\cdots(M-1)M}{j(j-1)\cdots 1} \right]^{-1}$$

$$= \left[\sum_{j=0}^{M} \binom{M}{j} \right]^{-1}$$

$$= \left(\frac{1}{2} \right)^M,$$

其中我们用了恒等式

$$1 = \left(\frac{1}{2} + \frac{1}{2} \right)^M = \sum_{j=0}^{M} \binom{M}{j} \left(\frac{1}{2} \right)^M.$$

因此，由式 (4.24) 得到

$$\pi_i = \binom{M}{i} \left(\frac{1}{2} \right)^M, \quad i = 0, 1, \cdots, M.$$

因为上式正是二项概率，所以在长程中 M 个球的位置都是独立的，而且每一个球都等可能地出现在任何一个坛子中. 这是非常直观的，因为如果我们只关注一个球，显然它的位置独立于其他球的位置（因为不管其他 $M-1$ 个球在哪里，所考察的球在每一步都以概率 $1/M$ 移动），而根据对称性，它等可能地出现在任何一个坛子中.

例 4.38　考察任意一个连通图（定义参见 3.6 节），对于每条弧 (i, j) 结合以一个数 w_{ij}. 图 4–1 给出了一个这种图的例子. 现在考察一个以如下方式从结点移动到结点的质点：如果在任意时间质点停在结点 i，那么下一次它以概率 P_{ij} 移向结点 j，其中

$$P_{ij} = \frac{w_{ij}}{\sum_j w_{ij}},$$

而如果 (i, j) 不是一条弧，那么 $w_{ij} = 0$. 例如，在图 4–1 中，$P_{12} = 3/(3+1+2) = 1/2$.

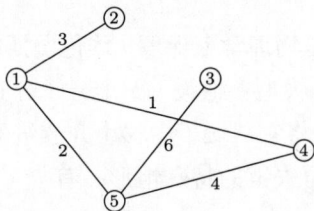

图 4–1　带权重的弧的一个连通图

时间可逆性方程

$$\pi_i P_{ij} = \pi_j P_{ji}$$

简化为

$$\pi_i \frac{w_{ij}}{\sum_j w_{ij}} = \pi_j \frac{w_{ji}}{\sum_i w_{ji}},$$

或者，等价地，由于 $w_{ij} = w_{ji}$，因此

$$\frac{\pi_i}{\sum_j w_{ij}} = \frac{\pi_j}{\sum_i w_{ji}},$$

它等价于

$$\frac{\pi_i}{\sum_j w_{ij}} = c \quad \text{或} \quad \pi_i = c \sum_j w_{ij},$$

或者，由于 $1 = \sum_i \pi_i$，因此

$$\pi_i = \frac{\sum_j w_{ij}}{\sum_i \sum_j w_{ij}}.$$

因为这个方程给出的 π_i 满足时间可逆性方程，所以该过程在这些极限概率下是时间可逆的.

对于图 4–1，我们有

$$\pi_1 = \frac{6}{32}, \quad \pi_2 = \frac{3}{32}, \quad \pi_3 = \frac{6}{32}, \quad \pi_4 = \frac{5}{32}, \quad \pi_5 = \frac{12}{32}. \quad \blacksquare$$

如果我们对于状态为 $0, 1, \cdots, M$ 的任意一个马尔可夫链, 试图求解式 (4.22), 那么通常会发现不存在解. 例如, 根据式 (4.22), 有

$$x_i P_{ij} = x_j P_{ji}, \quad x_k P_{kj} = x_j P_{jk},$$

由此可得（若 $P_{ij} P_{jk} > 0$）

$$\frac{x_i}{x_k} = \frac{P_{ji} P_{kj}}{P_{ij} P_{jk}},$$

一般地, 它不必等于 P_{ki}/P_{ik}. 于是我们看到时间可逆性的一个必要条件是

$$P_{ik} P_{kj} P_{ji} = P_{ij} P_{jk} P_{ki}, \quad 对于一切 \ i, j, k. \tag{4.25}$$

它等价于如下陈述:开始在状态 i, 路径 $i \to k \to j \to i$ 与反向路径 $i \to j \to k \to i$ 有相同的概率. 为了理解这里的必要性, 注意由时间可逆性可知, 从 i 到 k 到 j 到 i 的转移率必须等于从 i 到 j 到 k 到 i 的转移率（为什么?）, 从而必须有

$$\pi_i P_{ik} P_{kj} P_{ji} = \pi_i P_{ij} P_{jk} P_{ki},$$

当 $\pi_i > 0$ 时即得式 (4.25).

事实上, 我们可以证明下面的定理.

定理 4.2 对于只要 $P_{ji} = 0$ 就有 $P_{ij} = 0$ 的平稳的马尔可夫链, 它是时间可逆的, 当且仅当从状态 i 开始, 任意一个回到 i 的路径与它的反向路径有相同的概率, 即对于一切状态 $i, i_1, \cdots, i_k$, 有

$$P_{i, i_1} P_{i_1, i_2} \cdots P_{i_k, i} = P_{i, i_k} P_{i_k, i_{k-1}} \cdots P_{i_1, i}. \tag{4.26}$$

证明 我们已经证明了必要性. 为了证明充分性, 固定状态 i 和 j, 并将式 (4.26) 改写成

$$P_{i, i_1} P_{i_1, i_2} \cdots P_{i_k, j} P_{ji} = P_{ij} P_{j, i_k} \cdots P_{i_1, i}.$$

对上式所有的状态 $i_1, \cdots, i_k$ 求和, 导出

$$P_{ij}^{k+1} P_{ji} = P_{ij} P_{ji}^{k+1}.$$

因此

$$\frac{P_{ji} \sum_{k=1}^{m} P_{ij}^{k+1}}{m} = \frac{P_{ij} \sum_{k=1}^{m} P_{ji}^{k+1}}{m}.$$

令 $m \to \infty$, 得到

$$\pi_j P_{ji} = P_{ij} \pi_i.$$

这就证明了定理. ∎

例 4.39 假设给定了标号 1 到 n 的 n 个元素的集合, 将它们排列成某个有序的列表. 在每个单位时间, 有一个请求是从这些元素中取出一个, 元素 i 被请

求（独立于过去）的概率是 P_i. 在请求元素后将它放回，但是不必在原来的位置. 事实上，我们假设所请求的元素向列表的首位移近一个位置. 如果现在的列表次序是 $1, 3, 4, 2, 5$ 并且请求元素 2，那么新的次序变为 $1, 3, 2, 4, 5$. 我们想知道所请求元素的长程平均位置.

对于任意给定的概率向量 $\boldsymbol{P} = (P_1, \cdots, P_n)$，上面的情形可以用有 $n!$ 个状态的马尔可夫链建模，在任意时间的状态是这个时候的列表的次序. 我们将证明这个马尔可夫链是时间可逆的，并用此证明当采用移近一个位置的规则时，所请求元素的平均位置小于采用总是将所请求元素移至队首的规则的情形. 当采用移近一个位置的规则时产生的马尔可夫链的时间可逆性根据定理 4.2 可以很容易地推导出. 例如，假设 $n = 3$ 并考察从 $(1, 2, 3)$ 到它自己的如下路径：

$$(1, 2, 3) \rightarrow (2, 1, 3) \rightarrow (2, 3, 1) \rightarrow (3, 2, 1) \rightarrow (3, 1, 2) \rightarrow (1, 3, 2) \rightarrow (1, 2, 3).$$

按向前方向的转移概率的乘积是

$$P_2 P_3 P_3 P_1 P_1 P_2 = P_1^2 P_2^2 P_3^2,$$

而按反方向的转移概率的乘积是

$$P_3 P_3 P_2 P_2 P_1 P_1 = P_1^2 P_2^2 P_3^2.$$

因为一般结果的推导方式大致相同，所以此马尔可夫链是时间可逆的.（至于正式的论证，注意如果令 f_i 表示在路径上元素 i 向前移动的次数，那么当路径从一个固定的状态出发并回到它自己，元素 i 也向后移动了 f_i 次. 所以，由于元素 i 向后移动的次数就是它在反向路径上向前移动的次数，因此沿此路径及其反向路径的转移概率的乘积都等于

$$\prod_i P_i^{f_i + r_i},$$

其中 r_i 等于元素 i 在第一个位置的次数，而且路径（或反向路径）并不改变状态.）

对于 $1, 2, \cdots, n$ 的任意一个排列 $i_1, i_2, \cdots, i_n$，令 $\pi(i_1, i_2, \cdots, i_n)$ 表示在移近一个位置的规则下的极限概率. 根据时间可逆性，对于一切排列都有

$$P_{i_{j+1}} \pi(i_1, \cdots, i_j, i_{j+1} \cdots, i_n) = P_{i_j} \pi(i_1, \cdots, i_{j+1}, i_j, \cdots, i_n). \tag{4.27}$$

现在所请求元素的平均位置可以表示为（如在 3.6.1 节中）

$$平均位置 = \sum_i P_i E\{元素 \ i \ 的位置\}$$

$$= \sum_i P_i \left[1 + \sum_{j \neq i} P\{元素 \ j \ 在 \ i \ 前面\} \right]$$

$$= 1 + \sum_i \sum_{j \neq i} P_i P\{e_j \text{ 在 } e_i \text{ 前面}\}$$

$$= 1 + \sum_{i<j} [P_i P\{e_j \text{ 在 } e_i \text{ 前面}\} + P_j P\{e_i \text{ 在 } e_j \text{ 前面}\}]$$

$$= 1 + \sum_{i<j} [P_i P\{e_j \text{ 在 } e_i \text{ 前面}\} + P_j(1 - P\{e_j \text{ 在 } e_i \text{ 前面}\})]$$

$$= 1 + \sum_{i<j} (P_i - P_j) P\{e_j \text{ 在 } e_i \text{ 前面}\} + \sum_{i<j} P_j.$$

因此, 为了使所请求元素的平均位置最小 (即最前), 我们就要在 $P_j > P_i$ 时使 $P\{e_j \text{ 在 } e_i \text{ 前面}\}$ 尽量大, 而在 $P_i > P_j$ 时使它尽量小. 在移至队首的规则下, 我们在 3.6.1 节中证明了

$$P\{e_j \text{ 在 } e_i \text{ 前面}\} = \frac{P_j}{P_j + P_i}.$$

(由于在移至队首的规则下, 元素 j 在元素 i 前面, 当且仅当对 i 或 j 的最后请求是对 j 的请求.)

所以, 为了证明移近一个位置的规则比移至队首的规则好, 只要证明在移近一个位置的规则下, 当 $P_j > P_i$ 时有

$$P\{e_j \text{ 在 } e_i \text{ 前面}\} > \frac{P_j}{P_j + P_i}.$$

现在考察元素 i 是在元素 j 前面的任意状态, 例如 $(\cdots, i, i_1, \cdots, i_k, j, \cdots)$. 利用式 (4.27) 进行相继的转移, 我们有

$$\pi(\cdots, i, i_1, \cdots, i_k, j, \cdots) = \left(\frac{P_i}{P_j}\right)^{k+1} \pi(\cdots, j, i_1, \cdots, i_k, i, \cdots). \tag{4.28}$$

例如

$$\pi(1, 2, 3) = \frac{P_2}{P_3} \pi(1, 3, 2) = \frac{P_2}{P_3} \frac{P_1}{P_3} \pi(3, 1, 2) = \frac{P_2}{P_3} \frac{P_1}{P_3} \frac{P_1}{P_2} \pi(3, 2, 1) = \left(\frac{P_1}{P_3}\right)^2 \pi(3, 2, 1).$$

现在, 当 $P_j > P_i$ 时, 式 (4.28) 导出

$$\pi(\cdots, i, i_1, \cdots, i_k, j, \cdots) < \frac{P_i}{P_j} \pi(\cdots, j, i_1, \cdots, i_k, i, \cdots).$$

令 $\alpha(i, j) = P\{e_i \text{ 在 } e_j \text{ 前面}\}$, 对 i 在 j 前面的所有状态求和, 并使用上式, 我们得到

$$\alpha(i, j) < \frac{P_i}{P_j} \alpha(j, i),$$

由于 $\alpha(i, j) = 1 - \alpha(j, i)$, 因此

$$\alpha(j, i) > \frac{P_j}{P_j + P_i}.$$

因此，所请求元素的平均位置，在移近一个位置的规则下确实比移至队首的规则下更小. ∎

即使过程不是时间可逆的，倒逆链的概念也很有用. 为了说明这一点，我们先给出下面的命题，其证明作为习题留给读者来完成.

命题 4.9　考察一个转移概率为 P_{ij} 的不可约的马尔可夫链. 如果我们能够找到和为 1 的正数列 π_i，$i \geqslant 0$，以及一个转移概率矩阵 $\boldsymbol{Q} = [Q_{ij}]$ 使

$$\pi_i P_{ij} = \pi_j Q_{ji}, \tag{4.29}$$

那么 Q_{ij} 是倒逆链的转移概率，而 π_i 是原来的链和倒逆链的平稳概率.

上述命题的重要性在于通过反向思维，有时我们可以猜测倒逆链的本质，然后利用式 (4.29) 得到平稳概率和 Q_{ij}.

例 4.40　照亮一个房间必须有一个灯泡. 当使用中的灯泡损坏了，就在第二天开始时换上一个新的. 如果第 n 天开始时使用的灯泡正处于它启用的第 i 天（即它现在的寿命是 i），那么令 $X_n = i$. 例如，灯泡在第 $n-1$ 天损坏，那么一个新的灯泡在第 n 天开始时启用，从而 $X_n = 1$. 如果我们假设每个灯泡独立地以概率 p_i（$i \geqslant 1$）在使用的第 i 天损坏，那么容易看出 $\{X_n, n \geqslant 1\}$ 是马尔可夫链，其转移概率如下：

$$\begin{aligned}
P_{i,1} &= P\{\text{灯泡在使用的第 } i \text{ 天损坏}\} \\
&= P\{\text{灯泡寿命} = i \,|\, \text{灯泡寿命} \geqslant i\} \\
&= \frac{P\{L = i\}}{P\{L \geqslant i\}},
\end{aligned}$$

其中 L 是表示灯泡寿命的随机变量，满足 $P\{L = i\} = p_i$. 此外，

$$P_{i,i+1} = 1 - P_{i,1}.$$

现在假设这个链已经运行了很长时间（在理论上可以是 ∞）并反向地考察其状态列，由于在向前的方向，状态总是增加 1 直至到达灯泡损坏的年龄，因此容易看出倒逆链总是减少 1 直至它到达 1，然后跳转到一个代表前一个灯泡的寿命的随机值. 因此，看起来倒逆链的转移概率为

$$Q_{i,i-1} = 1, \quad i > 1; \qquad Q_{1,i} = p_i, \quad i \geqslant 1.$$

为了验证它并同时确定平稳概率，我们必须看看对于上面给出的 $Q_{i,j}$，能否找到正数 $\{\pi_i\}$ 使得

$$\pi_i P_{i,j} = \pi_j Q_{j,i}.$$

首先，令 $j = 1$，并考察导出的方程：

$$\pi_i P_{i,1} = \pi_1 Q_{1,i}.$$

这等价于

$$\pi_i \frac{P\{L=i\}}{P\{L \geqslant i\}} = \pi_1 P\{L=i\},$$

即

$$\pi_i = \pi_1 P\{L \geqslant i\}.$$

对所有 i 求和得到

$$1 = \sum_{i=1}^{\infty} \pi_i = \pi_1 \sum_{i=1}^{\infty} P\{L \geqslant i\} = \pi_1 E[L],$$

所以, 对于上面表示反向转移概率的 $Q_{i,j}$, 平稳概率必须是

$$\pi_i = \frac{P\{L \geqslant i\}}{E[L]}, \quad i \geqslant 1.$$

为了完成所给的反向转移概率和平稳概率的证明, 还需要证明它们满足

$$\pi_i P_{i,i+1} = \pi_{i+1} Q_{i+1,i},$$

它等价于

$$\frac{P\{L \geqslant i\}}{E[L]} \left(1 - \frac{P\{L=i\}}{P\{L \geqslant i\}}\right) = \frac{P\{L \geqslant i+1\}}{E[L]},$$

而这是正确的, 因为 $P\{L \geqslant i\} - P\{L=i\} = P\{L \geqslant i+1\}$. ∎

4.9 马尔可夫链蒙特卡罗方法

令 $\boldsymbol{X}$ 是一个离散的随机向量, 它的可能值的集合是 $\{\boldsymbol{x}_j, j \geqslant 1\}$. 令 $\boldsymbol{X}$ 的概率质量函数为 $P\{\boldsymbol{X} = \boldsymbol{x}_j\}$, $j \geqslant 1$, 并假设我们想对某些特殊的函数 h 计算

$$\theta = E[h(\boldsymbol{X})] = \sum_{j=1}^{\infty} h(\boldsymbol{x}_j) P\{\boldsymbol{X} = \boldsymbol{x}_j\}.$$

在难以计算函数 $h(\boldsymbol{x}_j)$ ($j \geqslant 1$) 的情况下, 我们常常转为用模拟来近似 θ. 通常的方法, 称为蒙特卡罗方法, 是利用随机数生成概率质量函数为 $P\{\boldsymbol{X} = \boldsymbol{x}_j\}$ ($j \geqslant 1$) 的独立同分布的部分随机向量序列 $\boldsymbol{X}_1, \boldsymbol{X}_2, \cdots, \boldsymbol{X}_n$ (至于如何实现这一点, 请参见第 11 章的讨论). 由强大数定律可得

$$\lim_{n \to \infty} \sum_{i=1}^{n} \frac{h(\boldsymbol{X}_i)}{n} = \theta, \tag{4.30}$$

因此我们可以取很大的 n, 用 $h(\boldsymbol{X}_i)$ ($i = 1, \cdots, n$) 的平均值作为估计量去估计 θ.

然而, 通常很难生成具有特定的概率质量函数的随机向量, 特别是当 $\boldsymbol{X}$ 是一个分量之间有相依关系的随机向量. 此外, 它的概率质量函数有时取 $P\{\boldsymbol{X} = \boldsymbol{x}_j\} = Cb_j$ ($j \geqslant 1$) 的形式, 其中 b_j 是指定的, 但是 C 必须计算, 而在很多应

用中，用对 b_j 求和来确定 C 在计算上并不可行．幸而，在这种情形下还存在另一种利用模拟估计 θ 的方法．这种方法不是生成独立的随机向量列，而是生成一个取向量值的，且以 $P\{\boldsymbol{X} = \boldsymbol{x}_j\}$（$j \geqslant 1$）为平稳概率的马尔可夫链 $\boldsymbol{X}_1, \boldsymbol{X}_2, \cdots$ 的相继状态的序列．如果这可以做到，那么由命题 4.6 推出式 (4.30) 仍然成立，这意味着我们可以用 $\sum_{i=1}^{n} h(\boldsymbol{X}_i)/n$ 作为 θ 的估计量．

现在我们说明如何生成一个具有任意平稳概率的马尔可夫链，而此平稳概率可以只特定到一个常数倍数．令 $b(j)$（$j = 1, 2, \cdots$）为正数，其和 $B = \sum_{j=1}^{\infty} b(j)$ 是有限的．下面的**黑斯廷斯–梅特罗波利斯算法**，可以用于生成一个时间可逆的马尔可夫链，使其平稳概率是

$$\pi(j) = b(j)/B, \quad j = 1, 2, \cdots.$$

首先令 $\boldsymbol{Q}$ 是任意一个特定的不可约马尔可夫转移概率矩阵，$q(i, j)$ 表示 $\boldsymbol{Q}$ 的 i 行 j 列的元素．现在按下述方式定义一个马尔可夫链 $\{X_n, n \geqslant 0\}$．当 $X_n = i$ 时，生成一个随机变量 Y 使 $P\{Y = j\} = q(i, j)$，$j = 1, 2, \cdots$．如果 $Y = j$，那么令 X_{n+1} 以概率 $\alpha(i, j)$ 等于 j，而以概率 $1 - \alpha(i, j)$ 等于 i．在这些条件下，容易看出状态序列构成一个马尔可夫链，其转移概率 $P_{i,j}$ 为

$$P_{i,j} = q(i, j)\alpha(i, j), \quad \text{若 } j \neq i;$$
$$P_{i,i} = q(i, i) + \sum_{k \neq i} q(i, k)(1 - \alpha(i, k)).$$

如果

$$\pi(i)P_{i,j} = \pi(j)P_{j,i}, \quad \text{对于 } j \neq i,$$

则这个马尔可夫链是时间可逆的，且具有平稳概率 $\pi(j)$，上式等价于

$$\pi(i)q(i, j)\alpha(i, j) = \pi(j)q(j, i)\alpha(j, i). \tag{4.31}$$

但是如果我们取 $\pi(j) = b(j)/B$，并且令

$$\alpha(i, j) = \min\left(\frac{\pi(j)q(j, i)}{\pi(i)q(i, j)}, 1\right), \tag{4.32}$$

那么容易看出式 (4.31) 成立．因为若

$$\alpha(i, j) = \frac{\pi(j)q(j, i)}{\pi(i)q(i, j)},$$

则 $\alpha(j, i) = 1$，随之有式 (4.31)，而若 $\alpha(i, j) = 1$，则

$$\alpha(j, i) = \frac{\pi(i)q(i, j)}{\pi(j)q(j, i)},$$

式 (4.31) 也成立,从而证明了这个马尔可夫链是时间可逆的,且具有平稳概率 $\pi(j)$. 此外,因为 $\pi(j) = b(j)/B$,所以由式 (4.32) 可得

$$\alpha(i,j) = \min\left(\frac{b(j)q(j,i)}{b(i)q(i,j)}, 1\right),$$

这表明 B 的值对于确定这个马尔可夫链并不是必需的,因为 $b(j)$ 的值已经足够了. 此外,几乎总出现下面的情形: $\pi(j)$ ($j \geqslant 1$) 不仅是平稳概率,而且是极限概率.(事实上,一个充分条件是,对某个 i 有 $P_{i,i} > 0$.)

例 4.41 假设对于给定的常数 a,我们要在集合 $\mathscr{S}$ 上生成一个均匀分布的元素,其中 $\mathscr{S}$ 由 $(1, \cdots, n)$ 的所有满足 $\sum_{j=1}^{n} jx_j > a$ 的排列 $(x_1, \cdots, x_n)$ 组成. 为了利用黑斯廷斯–梅特罗波利斯算法,我们需要在状态空间 $\mathscr{S}$ 上定义一个不可约马尔可夫转移概率矩阵. 为此,我们首先定义 $\mathscr{S}$ 的元素的"相邻的"概念,然后构造一个结点集为 $\mathscr{S}$ 的图. 我们先在 $\mathscr{S}$ 中每对相邻的元素间置一条弧,其中 $\mathscr{S}$ 中的任意两个排列称为相邻的,如果其中一个排列可通过交换另一个排列中的两个位置得到. 也就是说,$(1,2,3,4)$ 和 $(1,2,4,3)$ 是相邻的,而 $(1,2,3,4)$ 和 $(1,3,4,2)$ 不是. 现在定义转移概率函数 q 如下. 状态 s 的相邻结点的集合定义为 $N(s)$,而 $|N(s)|$ 等于集合 $N(s)$ 的元素个数,令

$$q(s,t) = \frac{1}{|N(s)|}, \quad \text{若 } t \in N(s).$$

也就是说,s 的下一个候选状态等可能地是它的任意一个相邻的结点. 因为要求的马尔可夫链的极限概率是 $\pi(s) = C$,所以 $\pi(t) = \pi(s)$,从而有

$$\alpha(s,t) = \min(|N(s)|/|N(t)|, 1).$$

也就是说,如果马尔可夫链的目前状态是 s,那么随机选取它的一个相邻的结点,例如 t. 如果 t 是一个比 s 有较少相邻结点的状态(用图论的语言来说,如果结点 t 的度小于结点 s 的度),那么下一个状态就是 t. 如若不然,那么生成一个 $(0,1)$ 均匀随机变量 U,若 $U < |N(s)|/|N(t)|$,则下一个状态是 t,否则下一个状态是 s. 该马尔可夫链的极限概率是 $\pi(s) = 1/|\mathscr{S}|$,其中 $|\mathscr{S}|$ 是 $\mathscr{S}$ 中的排列个数(是未知的). ■

黑斯廷斯–梅特罗波利斯算法最广泛的应用版本是**吉布斯抽样**. 令 $\boldsymbol{X} = (X_1, X_2, \cdots, X_n)$ 是一个离散的随机向量,具有只特定到一个常数倍数的概率质量函数 $p(\boldsymbol{x})$,假设我们要生成一个与 $\boldsymbol{X}$ 同分布的随机向量. 也就是说,我们要生成一个概率质量函数为

$$p(\boldsymbol{x}) = Cg(\boldsymbol{x})$$

的随机向量,其中 $g(\boldsymbol{x})$ 已知,但是 C 未知. 应用吉布斯抽样时假定对于任意 i

和 x_j，$j \neq i$，我们能够生成一个概率质量函数为

$$P\{X = x\} = P\{X_i = x | X_j = x_j, j \neq i\}$$

的随机变量 X，它通过黑斯廷斯–梅特罗波利斯算法运行在状态为 $\boldsymbol{x} = (x_1, \cdots, x_n)$ 的一个马尔可夫链上，其转移概率定义如下．只要目前的状态是 $\boldsymbol{x}$，就等可能地从 $1, \cdots, n$ 中任意选取一个作为坐标．如果选取了坐标 i，那么就生成了一个概率质量函数为 $P\{X = x\} = P\{X_i = x_i | X_j = x_j, j \neq i\}$ 的随机变量 X．如果 $X = x$，那么就将状态 $\boldsymbol{y} = (x_1, \cdots, x_{i-1}, x, x_{i+1}, \cdots, x_n)$ 考虑为下一个候选状态．换句话说，对于给定的 $\boldsymbol{x}$ 和 $\boldsymbol{y}$，吉布斯抽样使用

$$q(\boldsymbol{x}, \boldsymbol{y}) = \frac{1}{n} P\{X_i = x | X_j = x_j, j \neq i\} = \frac{p(\boldsymbol{y})}{n P\{X_j = x_j, j \neq i\}}$$

的黑斯廷斯–梅特罗波利斯算法．

因为我们需要的极限质量函数是 p，所以由式 (4.32) 可得接受 $\boldsymbol{y}$ 为新状态的概率是

$$\alpha(\boldsymbol{x}, \boldsymbol{y}) = \min\left(\frac{p(\boldsymbol{y})q(\boldsymbol{y}, \boldsymbol{x})}{p(\boldsymbol{x})q(\boldsymbol{x}, \boldsymbol{y})}, 1\right) = \min\left(\frac{p(\boldsymbol{y})p(\boldsymbol{x})}{p(\boldsymbol{x})p(\boldsymbol{y})}, 1\right) = 1.$$

因此，当使用吉布斯抽样时，候选状态总被接受为链的下一个状态．

例 4.42　假设我们需要在以原点为中心，1 为半径的圆内生成均匀分布的 n 个点，当以下条件事件的概率很小时，以任意两点间的距离不小于 d 为条件．这可以利用吉布斯抽样来实现．首先，在圆内任意选择 n 个点 $\boldsymbol{x}_1, \boldsymbol{x}_2, \cdots, \boldsymbol{x}_n$，并确保任意两点间的距离至少为 d．然后生成一个值 I，它等可能地是 $1, 2, \cdots, n$ 中的任意一个值．接着，继续在圆内生成随机点，直至找到一个与除了 $\boldsymbol{x}_I$ 以外的其余 $n - 1$ 个点的距离都至少为 d 的点．此时，用这个点代替 $\boldsymbol{x}_I$，并重复上述操作．经过该算法的大量迭代后，这 n 个点的集合就近似地有所要求的分布．　■

例 4.43　令 X_i（$i = 1, \cdots, n$）是分别具有参数 λ_i 的独立指数随机变量．令 $S = \sum_{i=1}^{n} X_i$，假设对于较大的正常数 c，我们需要在 $S > c$ 的条件下生成随机向量 $\boldsymbol{X} = (X_1, \cdots, X_n)$，即我们需要生成密度函数为

$$f(x_1, \cdots, x_n) = \frac{1}{P\{S > c\}} \prod_{i=1}^{n} \lambda_i \mathrm{e}^{-\lambda_i x_i}, \quad x_i \geqslant 0, \ \sum_{i=1}^{n} x_i > c$$

的随机向量的值．这很容易做到，首先从一个满足 $x_i > 0, i = 1, \cdots, n, \sum_{i=1}^{n} x_i > c$ 的初始向量 $\boldsymbol{x} = (x_1, \cdots, x_n)$ 开始．然后生成一个随机变量 I，它等可能地是 $1, \cdots, n$ 中的任意一个值．下一步，在 $X + \sum_{j \neq I} x_j > c$ 的条件下，生成一个参数为 λ_I 的指数随机变量 X，即在指数随机变量超过 $c - \sum_{j \neq I} x_j$ 的条件下生成一个它的值，这很容易做到，因为一个指数变量在大于一个正常数的条件下的条件

分布与该常数加上该指数变量的分布相同. 因此, 为了得到 X, 首先生成一个参数为 λ_I 的指数随机变量 Y, 接着令

$$X = Y + \left(c - \sum_{j \neq I} x_j\right)^+,$$

其中 $a^+ = \max(a, 0)$. 然后将 x_I 的值重置为 X, 并开始算法的新一轮迭代. ■

注 从例 4.42 与例 4.43 中可以看出, 虽然吉布斯抽样的理论假定了生成的随机变量的分布是离散的, 但当分布连续时也是成立的.

4.10 马尔可夫决策过程

考察一个过程, 它在离散时间点上的观测是标号为 $1, \cdots, M$ 的 M 个可能状态中的任意一个. 在观测到过程的状态后必须选取一个动作, 我们令 A 表示所有可能动作的集合, 并且假定它是有限集.

如果过程在时间 n 处于状态 i, 并且选取了动作 a, 那么系统的下一个状态由转移概率 $P_{ij}(a)$ 确定. 如果我们令 X_n 表示过程在时间 n 的状态, 令 a_n 表示在时间 n 选取的动作, 那么上面的描述就等价于

$$P\{X_{n+1} = j | X_0, a_0, X_1, a_1, \cdots, X_n = i, a_n = a\} = P_{ij}(a).$$

因此, 转移概率只是当前状态和随后的动作的函数.

将选取动作的规则称为策略. 我们将局限于这样一种策略: 在任意时间策略规定的动作只依赖于当时过程的状态 (而不依赖于任何以前的状态和动作). 然而, 我们允许一个策略是 "随机化" 的, 即可以按概率分布选取动作. 换句话说, 策略 β 是一组数字的集合 $\beta = \{\beta_i(a), a \in A, i = 1, \cdots, M\}$, 其含义是如果过程处于状态 i, 则以概率 $\beta_i(a)$ 选取动作 a. 当然, 我们需要假定

$$0 \leqslant \beta_i(a) \leqslant 1, \quad \text{对于一切 } i, a,$$
$$\sum_a \beta_i(a) = 1, \quad \text{对于一切 } i.$$

在任意给定的策略 β 下, 状态序列 $\{X_n, n = 0, 1, \cdots\}$ 构成一个马尔可夫链, 其转移概率 $P_{ij}(\beta)$ 给定为

$$P_{ij}(\beta) = P_\beta\{X_{n+1} = j | X_n = i\}^\text{①} = \sum_a P_{ij}(a)\beta_i(a),$$

其中最后的等式是通过以状态 i 时所选取的动作为条件得到的. 我们假设对于策略 β 的每一个选取, 得到的马尔可夫链 $\{X_n, n = 0, 1, \cdots\}$ 都是遍历的.

---

① 我们用符号 P_β 表示概率是在采用策略 β 的条件下取得的.

对于任意一个策略 β, 令 π_{ia} 表示在使用策略 β 时, 过程处于状态 i 并且选取动作 a 的极限（或稳态）概率, 即

$$\pi_{ia} = \lim_{n \to \infty} P_\beta\{X_n = i, a_n = a\}.$$

向量 $\boldsymbol{\pi} = (\pi_{ia})$ 必须满足

$$\text{(i) 对于一切 } i, \ a, \pi_{ia} \geqslant 0;$$

$$\text{(ii) } \sum_i \sum_a \pi_{ia} = 1; \tag{4.33}$$

$$\text{(iii) 对于一切 } j, \ \sum_a \pi_{ja} = \sum_i \sum_a \pi_{ia} P_{ij}(a).$$

(i) 和 (ii) 是显然的, 而 (iii) 类似于定理 4.1, 这是因为左边是处于状态 j 的稳态概率, 而右边是以前一步的状态与选取的动作为条件算得的同一个概率.

于是对于任意一个策略 β, 存在一个满足 (i)～(iii) 的向量 $\boldsymbol{\pi} = (\pi_{ia})$, π_{ia} 等于使用策略 β 时过程处于状态 i 并且选取动作 a 的稳态概率. 反之亦然, 也就是说, 对于任意满足 (i)～(iii) 的向量 $\boldsymbol{\pi} = (\pi_{ia})$, 存在策略 β, 使得如果使用了策略 β, 那么过程处于状态 i 并且选取动作 a 的稳态概率等于 π_{ia}. 为了验证最后的这个说法, 假设 $\boldsymbol{\pi} = (\pi_{ia})$ 是一个满足 (i)～(iii) 的向量. 然后令策略 $\beta = \{\beta_i(a)\}$ 为

$$\beta_i(a) = P\{\text{策略 } \beta \text{ 选取 } a \,|\, \text{状态为 } i\} = \frac{\pi_{ia}}{\sum_a \pi_{ia}}.$$

现在令 P_{ia} 表示在使用策略 β 时, 过程处于状态 i 并且选取动作 a 的极限概率. 我们需要证明 $P_{ia} = \pi_{ia}$. 对此, 首先注意 $\{P_{ia}, i = 1, \cdots, M, a \in A\}$ 是二维马尔可夫链 $\{(X_n, a_n), n \geqslant 0\}$ 的极限概率. 因此, 根据基本定理 4.1, 它们是

$$\text{(i}') \ P_{ia} \geqslant 0,$$

$$\text{(ii}') \ \sum_i \sum_a P_{ia} = 1,$$

$$\text{(iii}') \ P_{ja} = \sum_i \sum_{a'} P_{ia'} P_{ij}(a') \beta_j(a)$$

的唯一解, 其中 (iii$'$) 成立是因为

$$P\{X_{n+1} = j, a_{n+1} = a \,|\, X_n = i, a_n = a'\} = P_{ij}(a')\beta_j(a).$$

由于

$$\beta_j(a) = \frac{\pi_{ja}}{\sum_a \pi_{ja}},$$

因此 $\{P_{ia}\}$ 是

$$P_{ia} \geqslant 0, \quad \sum_i \sum_a P_{ia} = 1, \quad P_{ja} = \sum_i \sum_{a'} P_{ia'} P_{ij}(a') \frac{\pi_{ja}}{\sum_a \pi_{ja}}$$

的唯一解. 因此, 为了证明 $P_{ia} = \pi_{ia}$, 我们需要证明

$$\pi_{ia} \geqslant 0, \quad \sum_i \sum_a \pi_{ia} = 1, \quad \pi_{ja} = \sum_i \sum_{a'} \pi_{ia'} P_{ij}(a') \frac{\pi_{ja}}{\sum_a \pi_{ja}}.$$

前面的两个式子得自式 (4.33) 的 (i) 和 (ii)，而第三个式子等价于

$$\sum_a \pi_{ja} = \sum_i \sum_{a'} \pi_{ia'} P_{ij}(a'),$$

它得自式 (4.33) 的 (iii).

于是我们已经证明了向量 $\boldsymbol{\pi} = (\pi_{ia})$ 满足式 (4.33) 的 (i)～(iii)，当且仅当存在策略 β，使得在使用策略 β 时，π_{ia} 等于过程处于状态 i 并且选取动作 a 的稳态概率. 事实上，这里的策略 β 定义为 $\beta_i(a) = \pi_{ia}/\sum_a \pi_{ia}$.

上面的事实在确定最佳策略时十分重要. 例如，假设只要处于状态 i 并且选取动作 a 就赚得某个报酬 $R(i, a)$. 由于 $R(X_i, a_i)$ 表示在时间 i 赚得的报酬，因此在策略 β 下单位时间的平均报酬的期望可以表示为

$$\beta \text{ 下平均报酬的期望} = \lim_{n \to \infty} E_\beta \left[\frac{\sum_{i=1}^n R(X_i, a_i)}{n} \right].$$

现在，如果令 π_{ia} 表示处于状态 i 并且选取动作 a 的稳态概率，那么在时间 n 的报酬的期望的极限等于

$$\lim_{n \to \infty} E[R(X_n\, a_n)] = \sum_i \sum_a \pi_{ia} R(i, a),$$

由此推出

$$\beta \text{ 下平均报酬的期望} = \sum_i \sum_a \pi_{ia} R(i, a).$$

因此，确定最大化平均报酬的期望的策略问题就是求

$$
\begin{aligned}
&\max_{\boldsymbol{\pi} = (\pi_{ia})} \sum_i \sum_a \pi_{ia} R(i, a), \\
&\text{其中 } \pi_{ia} \geqslant 0, \text{ 对于一切 } i, a, \\
&\sum_i \sum_a \pi_{ia} = 1, \\
&\sum_a \pi_{ja} = \sum_i \sum_a \pi_{ia} P_{ij}(a), \quad \text{对于一切 } j.
\end{aligned}
\tag{4.34}
$$

然而，上面的最大化问题是**线性规划**的一个特例，可以用称为**单纯形法**[①]的标准的线性规划算法求解. 如果 $\boldsymbol{\pi}^* = (\pi_{ia}^*)$ 最大化了上述问题，那么最佳策略就是 β^*，其中

$$\beta_i^*(a) = \frac{\pi_{ia}^*}{\sum_a \pi_{ia}^*}.$$

[①] 它称为线性规划，因为目标函数 $\sum_i \sum_a R(i, a) \pi_{ia}$ 和约束都是 π_{ia} 的线性函数. 对于单纯形法的直观分析，参见 4.5.2 节.

注 (i) 可以证明存在一个 $\boldsymbol{\pi}^*$ 使式 (4.34) 取得最大值, 并且具有如下性质: 对于每个 i, π_{ia}^* 除了一个 a 值以外均为 0, 这意味着最佳策略是非随机化的, 即在状态 i 时, 策略规定的动作是 i 的确定性函数.

(ii) 当在可允许的策略类上加约束时, 线性规划的表示形式也常常有效. 例如, 假设存在对过程处于某个状态 (比如, 在状态 1) 的时间比例的约束. 特别地, 假设我们只允许考虑使过程在状态 1 的时间少于 $100\alpha\%$ 的策略. 为了确定满足这个要求的最佳策略, 我们在线性规划问题中添加了额外的约束条件:

$$\sum_a \pi_{1a} \leqslant \alpha,$$

其中 $\sum_a \pi_{1a}$ 表示过程处在状态 1 的时间比例.

4.11 隐马尔可夫链

令 $\{X_n, n = 1, 2, \cdots\}$ 是一个转移概率为 P_{ij} 和初始状态概率为 $p_i = P\{X_1 = i\}$ ($i \geqslant 0$) 的马尔可夫链. 假设有一个有限的信号集 $\mathscr{S}$ 使马尔可夫链在每次进入一个状态时发射一个 $\mathscr{S}$ 中的信号. 此外, 假设当马尔可夫链进入状态 j 时, 独立于以前马尔可夫链的状态和信号, 以概率 $p(s|j)$ 发射信号 s, $\sum_{s \in \mathscr{S}} p(s|j) = 1$. 也就是说, 如果令 S_n 表示第 n 个发射的信号, 那么

$$P\{S_1 = s|X_1 = j\} = p(s|j),$$
$$P\{S_n = s|X_1, S_1, \cdots, X_{n-1}, S_{n-1}, X_n = j\} = p(s|j).$$

在上述类型的模型中, 信号的序列 $S_1, S_2, \cdots$ 是可观测的, 而潜在的马尔可夫链的状态序列 $X_1, X_2, \cdots$ 是观测不到的, 这样的模型称为**隐马尔可夫链模型**.

例 4.44 考虑一个生产过程, 在每个时段它要么处在一个好的状态 (状态 1), 要么处在一个差的状态 (状态 2). 如果在一个时段过程处在状态 1, 那么独立于过去, 在下一个时段它将以概率 0.9 处在状态 1, 以概率 0.1 处在状态 2. 一旦过程处在状态 2, 它将永远处在状态 2. 假设每个时段生产一个产品, 当过程处在状态 1 时, 每个生产的产品以概率 0.99 达到可接受的质量, 而当过程处在状态 2 时, 每个生产的产品以概率 0.96 达到可接受的质量.

每个产品的状况 (可接受或者不可接受) 相继地被观测到, 而过程的状态不能观测到, 那么上面描述的是一个隐马尔可夫链模型. 信号是生产的产品的状况, 根据产品是可接受或是不可接受, 分别具有值 a 或 u. 信号的概率是

$$p(u|1) = 0.01, \quad p(a|1) = 0.99,$$

$$p(u|2) = 0.04, \quad p(a|2) = 0.96,$$

而潜在的马尔可夫链的转移概率是

$$P_{1,1} = 0.9 = 1 - P_{1,2}, \quad P_{2,2} = 1. \quad \blacksquare$$

虽然 $\{S_n, n \geqslant 1\}$ 不是一个马尔可夫链, 但应该注意到, 以当前的状态 X_n 为条件, 将来的信号和状态的序列 $S_n, X_{n+1}, S_{n+1}, \cdots$ 独立于过去的信号和状态的序列 $X_1, S_1, \cdots, X_{n-1}, S_{n-1}$.

令 $\boldsymbol{S}^n = (S_1, \cdots, S_n)$ 为前 n 个信号的随机向量. 对于一个固定的信号序列 $s_1, \cdots, s_n$, 令 $\boldsymbol{s}_k = (s_1, \cdots, s_k)$, $k \leqslant n$. 首先, 我们确定给定 $\boldsymbol{S}^n = \boldsymbol{s}_n$ 时马尔可夫链在时间 n 所处状态的条件概率. 为此, 令

$$F_n(j) = P\{\boldsymbol{S}^n = \boldsymbol{s}_n, X_n = j\},$$

并且注意

$$P\{X_n = j | \boldsymbol{S}^n = \boldsymbol{s}_n\} = \frac{P\{\boldsymbol{S}^n = \boldsymbol{s}_n, X_n = j\}}{P\{\boldsymbol{S}^n = \boldsymbol{s}_n\}} = \frac{F_n(j)}{\sum_i F_n(i)}.$$

现在

$$
\begin{aligned}
F_n(j) &= P\{\boldsymbol{S}^{n-1} = \boldsymbol{s}_{n-1}, S_n = s_n, X_n = j\} \\
&= \sum_i P\{\boldsymbol{S}^{n-1} = \boldsymbol{s}_{n-1}, X_{n-1} = i, X_n = j, S_n = s_n\} \\
&= \sum_i F_{n-1}(i) P\{X_n = j, S_n = s_n | \boldsymbol{S}^{n-1} = \boldsymbol{s}_{n-1}, X_{n-1} = i\} \\
&= \sum_i F_{n-1}(i) P\{X_n = j, S_n = s_n | X_{n-1} = i\} \\
&= \sum_i F_{n-1}(i) P_{i,j} p(s_n | j) \\
&= p(s_n | j) \sum_i F_{n-1}(i) P_{i,j},
\end{aligned}
\tag{4.35}
$$

其中使用了

$$
\begin{aligned}
&P\{X_n = j, S_n = s_n | X_{n-1} = i\} \\
&\quad = P\{X_n = j | X_{n-1} = i\} \times P\{S_n = s_n | X_n = j, X_{n-1} = i\} \\
&\quad = P_{i,j} P\{S_n = s_n | X_n = j\} \\
&\quad = P_{i\,j} p(s_n | j).
\end{aligned}
$$

根据

$$F_1(i) = P\{X_1 = i, S_1 = s_1\} = p_i p(s_1 | i),$$

我们可以利用式 (4.35) 递推地确定函数 $F_2(i), F_3(i), \cdots, F_n(i)$.

例 4.45　假设在例 4.44 中 $P\{X_1 = 1\} = 0.8$. 给定生产的前 3 个产品的相继条件是 a, u, a.

(a) 当生产完第 3 个产品时，过程处在好的状态的概率是多少？

(b) X_4 是 1 的概率是多少？

(c) 下一个生产的产品是可接受的概率是多少？

解　根据 $s_3 = (a, u, a)$，我们得到

$$F_1(1) = 0.8 \times 0.99 = 0.792,$$

$$F_1(2) = 0.2 \times 0.96 = 0.192,$$

$$F_2(1) = 0.01 \times (0.792 \times 0.9 + 0.192 \times 0) = 0.007\,128,$$

$$F_2(2) = 0.04 \times (0.792 \times 0.1 + 0.192 \times 1) = 0.010\,848,$$

$$F_3(1) = 0.99 \times (0.007\,128 \times 0.9) \approx 0.006\,351,$$

$$F_3(2) = 0.96 \times (0.007\,128 \times 0.1 + 0.010\,848) \approx 0.011\,098.$$

所以 (a) 的答案是

$$P\{X_3 = 1|s_3\} \approx \frac{0.006\,351}{0.006\,351 + 0.011\,098} \approx 0.364.$$

为了计算 $P\{X_4 = 1|s_3\}$，以 X_3 为条件得到

$$
\begin{aligned}
P\{X_4 = 1|s_3\} &= P\{X_4 = 1|X_3 = 1, s_3\}P\{X_3 = 1|s_3\} \\
&\quad + P\{X_4 = 1|X_3 = 2\ s_3\}P\{X_3 = 2|s_3\} \\
&= P\{X_4 = 1|X_3 = 1, s_3\} \times 0.364 + P\{X_4 = 1|X_3 = 2, s_3\} \times 0.636 \\
&= 0.364P_{1,1} + 0.636P_{2,1} \\
&= 0.3276.
\end{aligned}
$$

为了计算 $P\{S_4 = a|s_3\}$，以 X_4 为条件得到

$$
\begin{aligned}
P\{S_4 = a|s_3\} &= P\{S_4 = a|X_4 = 1s_3\}P\{X_4 = 1|s_3\} \\
&\quad + P\{S_4 = a|X_4 = 2, s_3\}P\{X_4 = 2|s_3\} \\
&= P\{S_4 = a|X_4 = 1\} \times 0.3276 + P\{S_4 = a|X_4 = 2\} \times (1 - 0.3276) \\
&= 0.99 \times 0.3276 + 0.96 \times 0.6724 \\
&= 0.9698.
\end{aligned}
$$
∎

为了计算 $P\{S^n = s_n\}$，我们利用恒等式 $P\{S^n = s_n\} = \sum_i F_n(i)$ 和式 (4.35). 如果马尔可夫链有 N 个状态，那么需要计算 nN 个 $F_n(i)$，每一个运算都需要对 N 项求和. 这可与以马尔可夫链前 n 个状态为条件来计算 $P\{S^n = s_n\}$

进行比较:

$$P\{\boldsymbol{S}^n = \boldsymbol{s}_n\} = \sum_{i_1,\cdots,i_n} P\{\boldsymbol{S}^n = \boldsymbol{s}_n | X_1 = i_1, \cdots, X_n = i_n\} P\{X_1 = i_1, \cdots, X_n = i_n\}$$

$$= \sum_{i_1,\cdots,i_n} p(s_1|i_1) \cdots p(s_n|i_n) p_{i_1} P_{i_1,i_2} P_{i_2,i_3} \cdots P_{i_{n-1},i_n}.$$

用上述恒等式计算 $P\{\boldsymbol{S}^n = \boldsymbol{s}_n\}$ 就要对 N^n 个项求和, 而每一项都是 $2n$ 个值的乘积, 显然上一种方法效率更高.

通过递推确定函数 $F_n(i)$ 来计算 $P\{\boldsymbol{S}^n = \boldsymbol{s}_n\}$ 的方法称为**向前方法**. 也有**向后方法**, 它基于量 $B_k(i)$, $B_k(i)$ 的定义是

$$B_k(i) = P\{S_{k+1} = s_{k+1}, \cdots, S_n = s_n | X_k = i\}.$$

$B_k(i)$ 的递推公式可以通过以 X_{k+1} 为条件得到.

$$B_k(i) = \sum_j P\{S_{k+1} = s_{k+1}, \cdots, S_n = s_n | X_k = i, X_{k+1} = j\} P\{X_{k+1} = j | X_k = i\}$$

$$= \sum_j P\{S_{k+1} = s_{k+1}, \cdots, S_n = s_n | X_{k+1} = j\} P_{i,j}$$

$$= \sum_j P\{S_{k+1} = s_{k+1} | X_{k+1} = j\}$$

$$\qquad \times P\{S_{k+2} = s_{k+2}, \cdots, S_n = s_n | S_{k+1} = s_{k+1}, X_{k+1} = j\} P_{i,j} \qquad (4.36)$$

$$= \sum_j p(s_{k+1}|j) P\{S_{k+2} = s_{k+2}, \cdots, S_n = s_n | X_{k+1} = j\} P_{i,j}$$

$$= \sum_j p(s_{k+1}|j) B_{k+1}(j) P_{i,j}.$$

首先有

$$B_{n-1}(i) = P\{S_n = s_n | X_{n-1} = i\} = \sum_j P_{i,j} p(s_n|j),$$

于是我们可以利用式 (4.36) 确定 $B_{n-2}(i)$, 然后是 $B_{n-3}(i), \cdots, B_1(i)$. 再通过

$$P\{\boldsymbol{S}^n = \boldsymbol{s}_n\} = \sum_i P\{S_1 = s_1, \cdots, S_n = s_n | X_1 = i\} p_i$$

$$= \sum_i P\{S_1 = s_1 | X_1 = i\} P\{S_2 = s_2, \cdots, S_n = s_n | S_1 = s_1, X_1 = i\} p_i$$

$$= \sum_i p(s_1|i) P\{S_2 = s_2, \cdots, S_n = s_n | X_1 = i\} p_i$$

$$= \sum_i p(s_1|i) B_1(i) p_i$$

得到 $P\{\boldsymbol{S}^n = \boldsymbol{s}_n\}$.

另一个得到 $P\{S^n = s_n\}$ 的方法是将向前方法与向后方法结合起来. 假设对于某个 k, 我们已经计算了函数 $F_k(j)$ 和 $B_k(j)$. 因为

$$
\begin{aligned}
P\{S^n = s_n, X_k = j\} &= P\{S^k = s_k, X_k = j\} \\
&\quad \times P\{S_{k+1} = s_{k+1}, \cdots, S_n = s_n | S^k = s_k, X_k = j\} \\
&= P\{S^k = s_k, X_k = j\} P\{S_{k+1} = s_{k+1}, \cdots, S_n = s_n | X_k = j\} \\
&= F_k(j) B_k(j),
\end{aligned}
$$

所以

$$
P\{S^n = s_n\} = \sum_j F_k(j) B_k(j).
$$

利用上面的恒等式确定 $P\{S^n = s_n\}$ 的好处是, 我们可以同时计算从 F_1 开始的向前函数序列和从 B_{n-1} 开始的向后函数序列. 一旦对于某个 k 已经算出了 F_k 与 B_k, 这种平行计算就可以停止了.

预测状态

假设前 n 个观测信号是 $s_n = (s_1, \cdots, s_n)$, 根据给定的这些数据, 我们要预测马尔可夫链的前 n 个状态. 最佳预测依赖于我们想要实现的目标. 若我们的目标是使正确预测的状态数的期望最大, 则对于每一个 $k = 1, \cdots, n$, 我们需要计算 $P\{X_k = j | S^n = s_n\}$, 然后取最大化这个量的值 j 作为 X_k 的预测. (即对于给定的信号序列, 我们取 X_k 的条件概率质量函数的峰值作为 X_k 的预测.) 为此, 我们必须首先计算条件概率质量函数: 对于 $k \leqslant n$,

$$
P\{X_k = j | S^n = s_n\} = \frac{P\{S^n = s_n, X_k = j\}}{P\{S^n = s_n\}} = \frac{F_k(j) B_k(j)}{\sum_j F_k(j) B_k(j)}.
$$

于是, 给定 $S^n = s_n$ 时 X_k 的最佳预测是使 $F_k(j) B_k(j)$ 最大的值 j.

预测问题的一个不同的引申源于我们将状态序列看成一个简单的统一体. 在这种情形下, 我们的目标是在给定信号序列时, 选取条件概率最大的状态序列. 例如, 在信号处理中, $X_1, \cdots, X_n$ 是输送的真实信号, $S_1, \cdots, S_n$ 是接收到的信号, 所以我们的目标是完整预测这个真实的信号.

令 $\boldsymbol{X}_k = (X_1, \cdots, X_k)$ 是前 k 个状态的向量, 要求的问题是寻找状态序列 $i_1, \cdots, i_n$ 使 $P\{\boldsymbol{X}_n = (i_1, \cdots, i_n) | S^n = s_n\}$ 达到最大. 因为

$$
P\{\boldsymbol{X}_n = (i_1, \cdots, i_n) | S^n = s_n\} = \frac{P\{\boldsymbol{X}_n = (i_1, \cdots, i_n), S^n = s_n\}}{P\{S^n = s_s\}},
$$

所以这个问题等价于寻找状态序列 $i_1, \cdots, i_n$, 使 $P\{\boldsymbol{X}_n = (i_1, \cdots, i_n), S^n = s_n\}$ 达到最大.

为求解上面的问题, 对于 $k \leqslant n$, 令

$$V_k(j) = \max_{i_1, \cdots, i_{k-1}} P\{\boldsymbol{X}_{k-1} = (i_1, \cdots, i_{k-1}), X_k = j, \boldsymbol{S}^k = \boldsymbol{s}_k\}.$$

为了递推地求解 $V_k(j)$, 利用

$$
\begin{aligned}
V_k(j) &= \max_i \max_{i_1, \cdots, i_{k-2}} P\{\boldsymbol{X}_{k-2} = (i_1, \cdots, i_{k-2}), X_{k-1} = i, X_k = j, \boldsymbol{S}^k = \boldsymbol{s}_k\} \\
&= \max_i \max_{i_1, \cdots, i_{k-2}} P\{\boldsymbol{X}_{k-2} = (i_1, \cdots, i_{k-2}), X_{k-1} = i, \boldsymbol{S}^{k-1} = \boldsymbol{s}_{k-1}, \\
&\qquad\qquad\qquad\qquad\qquad\qquad\qquad X_k = j, S_k = s_k\} \\
&= \max_i \max_{i_1, \cdots, i_{k-2}} P\{\boldsymbol{X}_{k-2} = (i_1, \cdots, i_{k-2}), X_{k-1} = i, \boldsymbol{S}^{k-1} = \boldsymbol{s}_{k-1}\} \\
&\qquad \times P\{X_k = j, S_k = s_k | \boldsymbol{X}_{k-2} = (i_1, \cdots, i_{k-2}), X_{k-1} = i, \boldsymbol{S}^{k-1} = \boldsymbol{s}_{k-1}\} \\
&= \max_i \max_{i_1, \cdots, i_{k-2}} P\{\boldsymbol{X}_{k-2} = (i_1, \cdots, i_{k-2}), X_{k-1} = i, \boldsymbol{S}^{k-1} = \boldsymbol{s}_{k-1}\} \qquad (4.37) \\
&\qquad \times P\{X_k = j, S_k = s_k | X_{k-1} = i\} \\
&= \max_i P\{X_k = j, S_k = s_k | X_{k-1} = i\} \\
&\qquad \times \max_{i_1, \cdots, i_{k-2}} P\{\boldsymbol{X}_{k-2} = (i_1, \cdots, i_{k-2}), X_{k-1} = i, \boldsymbol{S}^{k-1} = \boldsymbol{s}_{k-1}\} \\
&= \max_i P_{i,j} p(s_k | j) V_{k-1}(i) \\
&= p(s_k | j) \max_i P_{i,j} V_{k-1}(i).
\end{aligned}
$$

从

$$V_1(j) = P\{X_1 = j, S_1 = s_1\} = p_j p(s_1 | j)$$

开始, 我们现在用递推恒等式 (4.37) 对每个 j 确定 $V_2(j)$, 然后对每个 j 确定 $V_3(j)$, 以此类推, 直至对每个 j 确定 $V_n(j)$.

为了得到使概率最大化的状态序列, 我们从相反的方向进行. 令 j_n 是使 $V_n(j)$ 最大的 j (如果有多个这样的值, 则取其中的任意一个). 于是 j_n 是使概率最大化的状态序列中的最终状态. 同样, 对于 $k < n$, 令 $i_k(j)$ 是使 $P_{i,j} V_k(i)$ 最大的 i. 那么

$$
\begin{aligned}
\max_{i_1, \cdots, i_n} & P\{\boldsymbol{X}_n = (i_1, \cdots, i_n), \boldsymbol{S}^n = \boldsymbol{s}_n\} \\
&= \max_j V_n(j) \\
&= V_n(j_n) \\
&= \max_{i_1, \cdots, i_{n-1}} P\{\boldsymbol{X}_n = (i_1, \cdots, i_{n-1}, j_n), \boldsymbol{S}^n = \boldsymbol{s}_n\} \\
&= p(s_n | j_n) \max_i P_{i, j_n} V_{n-1}(i) \\
&= p(s_n | j_n) P_{i_{n-1}(j_n), j_n} V_{n-1}(i_{n-1}(j_n)).
\end{aligned}
$$

于是，$i_{n-1}(j_n)$ 是使概率最大化的状态序列中的最终状态的前一个状态. 以此类推，使概率最大化的状态序列中的最终状态的前两个状态是 $i_{n-2}(i_{n-1}(j_n))$，等等.

给定了规定的信号序列，寻找最可能的状态序列的上述方法称为**维特比算法**.

习　题

*1. 3 个白球和 3 个黑球被装在两个坛子中，每个坛子中有 3 个球. 如果第一个坛子中有 i 个白球，我们就称此系统处在状态 i，$i = 0, 1, 2, 3$. 每一步我们从每个坛子中各取出一个球，并将从第一个坛子中取出的球放到第二个坛子中，将从第二个坛子中取出的球放到第一个坛子中. 令 X_n 表示第 n 步后系统的状态. 解释为什么 $\{X_n, n \geqslant 0\}$ 是马尔可夫链，并计算其转移概率矩阵.

2. 在一个总体中，每个个体独立地产生随机数量的后代，这些后代的数量服从均值为 λ 的泊松分布. 最初存在的个体构成第 0 代. 第 0 代人的后代构成第 1 代；第 1 代人的后代构成第 2 代，以此类推. 如果 X_n 表示第 n 代的大小，那么 $\{X_n, n \geqslant 0\}$ 是一个马尔可夫链吗？如果是，请给出其转移概率 P_{ij}；如果不是，请解释原因.

3. 有 k 名玩家，其中玩家 i 的值为 $v_i > 0$，$i = 1, \cdots, k$. 在每一轮中，两名玩家进行游戏，而其他 $k - 2$ 名玩家按顺序排队等待. 游戏的输家会排到队尾，赢家则与队首的玩家进行新一轮的游戏. 当 i 和 j 进行游戏时，i 获胜的概率为 $v_i/(v_i + v_j)$.

　　(a) 定义一个马尔可夫链，用于分析这个模型.

　　(b) 这个马尔可夫链有多少个状态？

　　(c) 给出该链的转移概率.

4. 设 P 和 Q 是定义在状态 $1, \cdots, m$ 上的转移概率矩阵，各自的转移概率为 P_{ij} 和 Q_{ij}. 过程 $\{X_n, n \geqslant 0\}$ 和 $\{Y_n, n \geqslant 0\}$ 的定义如下.

　　(a) $X_0 = 1$. 抛掷一枚正面朝上的概率为 p 的硬币. 如果硬币正面朝上，则通过转移概率矩阵 P 得到后续状态 $X_1, X_2, \cdots$；如果硬币反面朝上，则通过转移概率矩阵 Q 得到后续状态 $X_1, X_2, \cdots$. ［换句话说，如果硬币正面（反面）朝上，那么状态序列是一个转移概率矩阵为 P（Q）的马尔可夫链.］$\{X_n, n \geqslant 0\}$ 是一个马尔可夫链吗？如果是，给出它的转移概率. 如果不是，说明为什么.

　　(b) $Y_0 = 1$. 如果当前状态是 i，那么下一个状态是通过抛掷一枚正面朝上的概率为 p 的硬币来确定的. 如果硬币正面朝上，那么下一个状态以概率 P_{ij} 为 j；如果硬币反面朝上，那么下一个状态以概率 Q_{ij} 为 j. $\{Y_n, n \geqslant 0\}$ 是一个马尔可夫链吗？如果是，给出它的转移概率. 如果不是，说明为什么.

5. 一个状态为 0、1 或 2 的马尔可夫链 $\{X_n, n \geqslant 0\}$，它的转移概率矩阵是

$$\begin{bmatrix} \frac{1}{2} & \frac{1}{3} & \frac{1}{6} \\ 0 & \frac{1}{3} & \frac{2}{3} \\ \frac{1}{2} & 0 & \frac{1}{2} \end{bmatrix}.$$

如果 $P\{X_0 = 0\} = P\{X_0 = 1\} = \frac{1}{4}$, 求 $E[X_3]$.

6. 令两状态的马尔可夫链的转移概率矩阵如例 4.2 中给出的

$$\boldsymbol{P} = \begin{bmatrix} p & 1-p \\ 1-p & p \end{bmatrix}.$$

用数学归纳法证明

$$P^{(n)} = \begin{bmatrix} \frac{1}{2} + \frac{1}{2}(2p-1)^n & \frac{1}{2} - \frac{1}{2}(2p-1)^n \\ \frac{1}{2} - \frac{1}{2}(2p-1)^n & \frac{1}{2} + \frac{1}{2}(2p-1)^n \end{bmatrix}.$$

7. 在例 4.4 中假设昨天和前天都没有下雨. 问明天下雨的概率是多少?

8. 一个坛子中装有 2 个球, 一个是红球, 一个是蓝球. 每次随机选取一个球. 如果选中的是红球, 那么它以 0.7 的概率被替换为红球, 以 0.3 的概率被替换为蓝球; 如果选中的是蓝球, 那么它被替换为红球或蓝球的概率相等.

    (a) 如果第 n 个被选中的球是红球, 那么令 $X_n = 1$, 否则令 $X_n = 0$. $\{X_n, n \geqslant 1\}$ 是一个马尔可夫链吗? 如果是, 给出它的转移概率矩阵.

    (b) 设 Y_n 为在选取第 n 个球之前坛子中红球的数量. $\{Y_n, n \geqslant 1\}$ 是一个马尔可夫链吗? 如果是, 给出它的转移概率矩阵.

    (c) 求第二个被选中的球是红球的概率.

    (d) 求第四个被选中的球是红球的概率.

*9. 在一枚硬币的一系列独立抛掷中, 每次出现正面的概率是 0.6. 问在前 10 次抛掷中出现连续 3 次正面的概率是多少?

10. 在例 4.3 中, 加里现在的心情是快乐的, 问在接下来的三天中, 他从未感到忧郁的概率是多少?

11. 在例 4.13 中, 用 X_n 链的转移概率 P_{ij} 来表示 Y_n 链的转移概率.

12. 对于一个具有转移概率 P_{ij} 的马尔可夫链 $\{X_n, n \geqslant 0\}$, 考虑在这个链在时间 0 处从状态 i 开始并且在时间 n 前没有到过状态 r 的条件下, $X_n = m$ 的条件概率. 其中 r 是一个不等于 i 或 m 的特定状态. 我们想要知道这个条件概率是否等于一个状态空间不包含状态 r 且转移概率为

$$Q_{ij} = \frac{P_{ij}}{1 - P_{ir}}, \quad i, j \neq r$$

的马尔可夫链的 n 步转移概率. 证明等式

$$P\{X_n = m | X_0 = i, X_k \neq r, k = 1, \cdots, n\} = Q_{i,m}^n,$$

或者构造一个反例.

13. 令 $\boldsymbol{P}$ 是一个马尔可夫链的转移概率矩阵. 论证如果对于某个正整数 r, $\boldsymbol{P}^r$ 的所有元素全是正的, 那么对于所有整数 $n \geqslant r$, $\boldsymbol{P}^n$ 的所有元素也全是正的.

14. 指定如下马尔可夫链的类, 确定它们是暂态还是常返态.

$$\boldsymbol{P}_1 = \begin{bmatrix} 0 & \frac{1}{2} & \frac{1}{2} \\ \frac{1}{2} & 0 & \frac{1}{2} \\ \frac{1}{2} & \frac{1}{2} & 0 \end{bmatrix}, \qquad \boldsymbol{P}_2 = \begin{bmatrix} 0 & 0 & 0 & 1 \\ 0 & 0 & 0 & 1 \\ \frac{1}{2} & \frac{1}{2} & 0 & 0 \\ 0 & 0 & 1 & 0 \end{bmatrix},$$

$$\boldsymbol{P}_3 = \begin{bmatrix} \frac{1}{2} & 0 & \frac{1}{2} & 0 & 0 \\ \frac{1}{4} & \frac{1}{2} & \frac{1}{4} & 0 & 0 \\ \frac{1}{2} & 0 & \frac{1}{2} & 0 & 0 \\ 0 & 0 & 0 & \frac{1}{2} & \frac{1}{2} \\ 0 & 0 & 0 & \frac{1}{2} & \frac{1}{2} \end{bmatrix}, \quad \boldsymbol{P}_4 = \begin{bmatrix} \frac{1}{4} & \frac{3}{4} & 0 & 0 & 0 \\ \frac{1}{2} & \frac{1}{2} & 0 & 0 & 0 \\ 0 & 0 & 1 & 0 & 0 \\ 0 & 0 & \frac{1}{3} & \frac{2}{3} & 0 \\ 1 & 0 & 0 & 0 & 0 \end{bmatrix}.$$

15. 证明如果马尔可夫链的状态个数是 M，且状态 j 可以由状态 i 到达，那么它可以在 M 步以内到达．

*16. 证明若状态 i 是常返态，且状态 i 不与状态 j 互通，则 $P_{ij} = 0$．这说明一旦过程进入一个常返的状态类，它就永远不会离开这个类．因此，一个常返类常指一个闭的类．

17. 对于例 4.19 中的随机游动，用强大数定律给出在 $p \neq \frac{1}{2}$ 时马尔可夫链是暂态的另一个证明．

    提示：注意在时间 n 的状态可以写为 $\sum_{i=1}^{n} Y_i$，其中 Y_i 是独立的且 $P\{Y_i = 1\} = p = 1 - P\{Y_i = -1\}$．论证若 $p > \frac{1}{2}$，则由强大数定律可得，当 $n \to \infty$ 时，$\sum_{i=1}^{n} Y_i \to \infty$，因此初始状态 0 只能被访问有限多次，从而必须是暂态．类似的推理在 $p < \frac{1}{2}$ 时也成立．

18. 硬币 1 正面朝上的概率是 0.6，而硬币 2 正面朝上的概率是 0.5．一枚硬币连续地抛掷直至反面朝上，此时将这枚硬币搁置一旁，我们开始抛掷另一枚．

    (a) 用硬币 1 抛掷的比例是多少？

    (b) 如果我们从抛掷硬币 1 开始，问第 5 次抛掷的是硬币 2 的概率是多少？

    (c) 硬币正面朝上的比例是多少？

19. 对于例 4.4，计算下雨天数的比例．

20. 一个转移概率矩阵 $\boldsymbol{P}$ 称为双随机的，如果每一列的和是 1，即对于一切 j，

$$\sum_i P_{ij} = 1.$$

    如果这样的链是不可约的，并且由 $M + 1$ 个状态 $0, 1, \cdots, M$ 组成，证明长程比例是

$$\pi_j = \frac{1}{M+1}, \quad j = 0, 1, \cdots, M.$$

*21. 一个 DNA 核苷酸的值有 4 种可能，在一个特殊位置的核苷酸突变的标准模型是马尔可夫链模型，它假设对于某个 $0 < \alpha < \frac{1}{3}$，核苷酸从一个时段到另一个时段以概率 $1 - 3\alpha$ 保持不变，而如果变化了，则等可能地变为其他 3 种核苷酸中的任意一个．

    (a) 证明 $P_{1,1}^n = \frac{1}{4} + \frac{3}{4}(1 - 4\alpha)^n$．

    (b) 这个链在每个状态的时间的长程比例是多少？

22. 令 Y_n 是独立地掷一颗均匀的骰子 n 次的点数之和．求

$$\lim_{n \to \infty} P\{Y_n \text{ 是 } 13 \text{ 的倍数}\}.$$

    提示：定义一个合适的马尔可夫链，并应用习题 20 的结果．

23. 在好天气的年份中，暴风的次数是均值为 1 的泊松随机变量；在坏天气的年份中，暴风的次数是均值为 3 的泊松随机变量．假设任何一年的天气状况都只取决于前一年的天气状况．假设在一个好天气年份后，好天气年份和坏天气年份等可能地出现；在一个坏天气年份后，坏天气年份出现的可能性是好天气年份的 2 倍．假设去年（称为第 0 年）是

好天气年份.

    (a) 求在接下来的两年（即第 1 年和第 2 年）中暴风总次数的期望值.

    (b) 求第 3 年没有暴风的概率.

    (c) 求每年暴风的长程平均次数.

    (d) 求出没有暴风的年份所占的比例.

24. 考察红、白、蓝三个坛子. 红色坛子中有 1 个红球、4 个蓝球, 白色坛子中有 3 个白球、2 个红球、2 个蓝球, 蓝色坛子中有 4 个白球、3 个红球、2 个蓝球. 开始时随机地从红色坛子中任取一个球, 然后放回该坛子中. 在随后的每一步, 从颜色与前一个取得的球相同的坛子中随机取出一个球, 然后放回坛子中. 在长程中, 取得红球的比例是多少? 取得白球的比例是多少? 取得蓝球的比例是多少?

25. 某人每天早晨都出门跑步, 他等可能地从前门或者从后门离开房子. 离开时, 他选一双跑鞋（或者赤脚跑, 如果他离开的门口处没有鞋）. 回来时, 他等可能地进入前门或者后门, 并脱下跑鞋. 如果他总计有 k 双跑鞋, 问他赤脚跑步的时间比例是多少?

26. 考虑用如下方法洗一副 n 张的纸牌. 开始时纸牌的次序是任意的, 在 $1, 2, \cdots, n$ 中随机地选取一个数字且每个数字都等可能地被选到. 如果选取的是 i, 那么我们将位置 i 的那张纸牌放到这副牌的最上面, 即位置 1. 然后我们重复执行同样的操作. 证明在极限情况下, 这副牌被完全洗透, 即最终的次序等可能地是 $n!$ 种可能次序中的任何一种.

*27. 大小为 N 的总体中的任何一个个体在每个时段要么积极要么消极. 如果一个个体在某时段积极, 那么与所有其他个体独立, 他在下一个时段也积极的概率是 α. 类似地, 如果一个个体在某时段消极, 那么与所有其他个体独立, 他在下一个时段也消极的概率是 β. 令 X_n 表示在时段 n 积极的个体数.

    (a) 证明 $\{X_n, n \geqslant 0\}$ 是马尔可夫链.

    (b) 求 $E[X_n | X_0 = i]$.

    (c) 推导转移概率的表达式.

    (d) 求恰有 j 个个体积极的长程时间比例.

    对 (d) 的提示: 首先考虑 $N = 1$ 的情形.

28. 如果一个队赢得比赛, 那么他们赢得下一场比赛的概率是 0.8; 如果一个队输掉比赛, 那么他们赢得下一场比赛的概率是 0.3. 如果一个队赢得比赛, 那么他们聚餐的概率是 0.7; 如果一个队输掉比赛, 那么他们聚餐的概率是 0.2. 求有聚餐的比赛次数的比例.

29. 一个组织有 N 个雇员, 其中 N 是一个很大的数. 每个雇员的工作可能是三类工作之一, 并按转移概率为

$$\begin{bmatrix} 0.7 & 0.2 & 0.1 \\ 0.2 & 0.6 & 0.2 \\ 0.1 & 0.4 & 0.5 \end{bmatrix}$$

的马尔可夫链（独立地）改变其工作分类. 问在每类工作中的雇员的百分比是多少?

30. 在公路上, 每 4 辆货车中有 3 辆后面跟着一辆轿车, 而每 5 辆轿车中只有一辆后面跟着一辆货车. 行驶在公路上的车辆中货车的比例是多少?

31. 某个小镇从来没有连续两天是晴天. 每天天气被分类为晴、多云（但是干燥的）、雨天. 若一天是晴天，则第二天等可能地是多云或雨天. 若一天是多云或者雨天，则第二天天气保持不变的概率是二分之一，而如果天气改变，那么它等可能地是其他两种天气中的一种. 晴天的长程比例是多少？多云的长程比例是多少？

*32. 在一天中两个开关要么开要么关. 在第 n 天，每个开关独立地处于开的概率是

$$(1 + 第\ n - 1\ 天是开的开关数)/4.$$

如果在第 $n-1$ 天两个开关都是开的，那么在第 n 天，每个开关独立地处于开的概率是 3/4. 两个开关都开的天数的比例是多少？两个开关都关的天数的比例是多少？

33. 两个选手正在进行一系列得分的比赛，比赛从其中一个选手发球开始. 假设选手甲在自己发球时赢得每分的概率为 p，在对手发球时赢得每分的概率为 q. 假设每轮比赛的胜者会获得下一轮比赛的发球权.

(a) 求选手甲赢得的分数比例.

(b) 求选手甲作为发球手的时间比例.

34. 一只跳蚤在一个三角形的顶点上按如下方式移动. 当它在顶点 i 时，以概率 p_i 移向顺时针方向的相邻顶点，以概率 $q_i = 1 - p_i$ 移向逆时针方向的相邻顶点，$i = 1, 2, 3$.

(a) 求跳蚤在每一个顶点的时间比例.

(b) 跳蚤做了一次逆时针方向的移动后紧接着做了连续 5 次顺时针方向的移动的频率是多少？

35. 考察状态为 $0, 1, 2, 3, 4$ 的一个马尔可夫链. 假设 $P_{0,4} = 1$，并且假设，当这个链在状态 i （$i > 0$）时，下一个状态等可能地是 $0, 1, \cdots, i - 1$ 中的任意一个. 求这个马尔可夫链的极限概率.

36. 一个过程每天按一个两状态的马尔可夫链改变其状态. 若过程在某一天处于状态 i，则第二天以概率 $P_{i,j}$ 处于状态 j，其中

$$P_{0,0} = 0.4, \quad P_{0,1} = 0.6, \quad P_{1,0} = 0.2, \quad P_{1,1} = 0.8.$$

每天送出一个信息. 如果在那天马尔可夫链的状态是 i，那么送出的信息是好信息的概率是 p_i，是坏信息的概率是 $q_i = 1 - p_i$，$i = 0, 1$.

(a) 若星期一过程处于状态 0，那么星期二送出一个好信息的概率是多少？

(b) 若星期一过程处于状态 0，那么星期五送出一个好信息的概率是多少？

(c) 在长程中信息是好的比例是多少？

(d) 如果在第 n 天送出一个好信息，那么令 $Y_n = 1$，否则令 $Y_n = 2$. $\{Y_n, n \geqslant 1\}$ 是马尔可夫链吗？如果是，给出它的转移概率矩阵. 如果不是，请简要说明原因.

37. 证明具有转移概率 P_{ij} 的马尔可夫链的平稳概率，对于某个特定的正整数 k，也是由

$$Q_{ij} = P_{ij}^k$$

给定的转移概率为 Q_{ij} 的马尔可夫链的平稳概率.

38. 卡帕每天玩一次或两次游戏. 她每天玩游戏的次数是一个以

$$P_{1,1} = 0.2, \quad P_{1,2} = 0.8, \quad P_{2,1} = 0.4, \quad P_{2,2} = 0.6$$

为转移概率的马尔可夫链. 假设每次卡帕赢的概率为 p, 而且她在星期一玩两次游戏.

(a) 她在星期二赢得所有游戏的概率是多少?

(b) 她在星期三平均玩多少次游戏?

(c) 卡帕赢得所有游戏的天数的长程比例是多少?

39. 考虑在例 4.19 中的一维对称随机游动, 已经证明了它是常返的. 令 π_i 表示该链处于状态 i 的长程时间比例.

(a) 论证对一切 i 有 $\pi_i = \pi_0$.

(b) 证明 $\sum_i \pi_i \neq 1$.

(c) 求证马尔可夫链是零常返的, 因此 $\pi_i = 0$.

40. 粒子在圆周的 12 个点上移动. 每次等可能地沿顺时针或逆时针方向移动一步. 求粒子回到出发点时的平均步数.

*41. 考虑一个以非负整数为状态的马尔可夫链, 假设其转移概率满足 $P_{ij} = 0$, $j \leqslant i$. 假定 $X_0 = 0$, 且设马尔可夫链迟早进入状态 j 的概率为 e_j (注意因为 $X_0 = 0$, 所以 $e_0 = 1$). 论证对 $j > 0$ 有

$$e_j = \sum_{i=0}^{j-1} e_i P_{i,j}.$$

若 $P_{i,i+k} = \frac{1}{3}$, $k = 1, 2, 3$, 对于 $i = 1, \cdots, 10$, 求 e_i.

42. 令 A 是一个状态的集合, 而令 A^c 是其余状态的集合.

(a) $\sum_{i \in A} \sum_{j \in A^c} \pi_i P_{ij}$ 表示什么?

(b) $\sum_{i \in A^c} \sum_{j \in A} \pi_i P_{ij}$ 表示什么?

(c) 解释恒等式 $\sum_{i \in A} \sum_{j \in A^c} \pi_i P_{ij} = \sum_{i \in A^c} \sum_{j \in A} \pi_i P_{ij}$.

43. 每天有 n 个可能的元素之一被请求, 第 i 个元素被请求的概率为 P_i, $i \geqslant 1$, $\sum_{i=1}^{n} P_i = 1$. 这些元素总是排成有序的列表, 并规定如下: 所请求的元素被移至列表的最前面, 而其他所有元素的相对位置都保持不变. 定义在任意时间的状态为该时刻的列表排序, 并注意有 $n!$ 个可能的状态.

(a) 论证上述过程是马尔可夫链.

(b) 对于任意状态 $i_1, \cdots, i_n$ (这是 $1, 2, \cdots, n$ 的一个排列), 令 $\pi(i_1, \cdots, i_n)$ 表示其极限概率. 为了使状态是 $i_1, \cdots, i_n$, 最后的请求必须是 i_1, 最后非 i_1 的请求是 i_2, 最后非 i_1 且非 i_2 的请求是 i_3, 等等. 因此, 极限概率可以直观表示为

$$\pi(i_1, \cdots, i_n) = P_{i_1} \frac{P_{i_2}}{1 - P_{i_1}} \frac{P_{i_3}}{1 - P_{i_1} - P_{i_2}} \cdots \frac{P_{i_{n-1}}}{1 - P_{i_1} - \cdots - P_{i_{n-2}}}.$$

当 $n = 3$ 时验证上式确实是极限概率.

44. 假设一个总体在其任意一代都有固定数量的基因, 比如 m 个. 每个基因是两个可能的基因型之一. 如果任意一代 (的 m 个基因中) 恰有 i 个基因是 1 型, 那么下一代以概率

$$\binom{m}{j} \left(\frac{i}{m}\right)^j \left(\frac{m-i}{m}\right)^{m-j}, \quad j = 0, 1, \cdots, m$$

有 j 个 1 型 (和 $m - j$ 个 2 型) 基因. 令 X_n 表示第 n 代的 1 型基因个数, 并假

定 $X_0 = i$.

(a) 求 $E[X_n]$.

(b) 最终所有的基因都是 1 型的概率是多少?

45. 考察一个不可约的有限马尔可夫链, 其状态为 $0, 1, \cdots, N$.

(a) 从状态 i 开始, 过程最终访问状态 j 的概率是什么? 给以解释.

(b) 令 $x_i = P\{$在访问状态 0 之前访问状态 $N \,|\,$开始在 $i\}$. 计算 x_i 满足的一组线性方程, $i = 0, 1, \cdots, N$.

(c) 如果对于 $i = 1, \cdots, N-1$ 有 $\sum_j j P_{ij} = i$, 证明 $x_i = i/N$ 是 (b) 中方程的一个解.

46. 某人有 r 把雨伞用在往返于家和办公室之间. 如果在一天的开始 (结束) 时他在家 (在办公室) 而且正在下雨, 那么, 只要有雨伞, 他就会取一把雨伞去办公室 (回家). 如果不下雨, 那么他绝不拿雨伞. 假定独立于过去, 在一天的开始 (结束) 时下雨的概率是 p.

(a) 定义一个有 $r+1$ 个状态的马尔可夫链以帮助我们确定这个人被淋湿的次数的比例. (注: 如果正在下雨, 而所有雨伞都在其他地方, 那么他会被淋湿.)

(b) 证明极限概率为

$$\pi_i = \begin{cases} \frac{q}{r+q}, & i = 0, \\ \frac{1}{r+q}, & i = 1, \cdots, r, \end{cases} \quad \text{其中 } q = 1 - p.$$

(c) 这个人被淋湿的次数的比例是多少?

(d) 当 $r = 3$ 时, p 取什么值能使他被淋湿的次数的比例最大?

*47. 令 $\{X_n, n \geqslant 0\}$ 表示具有极限概率 π_i 的一个遍历的马尔可夫链. 以 $Y_n = (X_{n-1}, X_n)$ 定义过程 $\{Y_n, n \geqslant 1\}$, 即 Y_n 追踪原来链的最后两个状态. $\{Y_n, n \geqslant 1\}$ 是否是一个马尔可夫链? 如果是, 确定它的转移概率, 并求

$$\lim_{n \to \infty} P\{Y_n = (i, j)\}.$$

48. 考察一个处于稳定状态的马尔可夫链. 如果

$$X_{m-k-1} \neq 0, \quad X_{m-k} = X_{m-k+1} = \cdots = X_{m-1} = 0, \quad X_m \neq 0,$$

就说在时刻 m 以 k 个长度连续的零结束. 证明这个事件的概率是 $\pi_0 (P_{00})^{k-1} (1 - P_{00})^2$, 其中 π_0 是在状态 0 的极限概率.

49. 考虑一个状态为 $1, 2, 3$ 的马尔可夫链, 其转移概率矩阵为

$$\begin{bmatrix} 0.5 & 0.3 & 0.2 \\ 0 & 0.4 & 0.6 \\ 0.8 & 0 & 0.2 \end{bmatrix}.$$

(a) 如果链目前处于状态 1, 求两次转移后处于状态 2 的概率.

(b) 假设每当马尔科夫链处于状态 i $(i = 1, 2, 3)$ 时, 你都会获得奖励 $r(i) = i^2$. 求单位时间内的长程平均奖励.

令 N_i 表示从状态 i 开始, 直到马尔可夫链进入状态 3 所需的转移次数.

(c) 求 $E[N_1]$.

(d) 求 $P(N_1 \leqslant 4)$.

(e) 求 $P(N_1 = 4)$.

50. 一个状态为 $1, 2, \cdots, 6$ 的马尔可夫链有转移概率矩阵

$$\begin{bmatrix} 0.2 & 0.4 & 0 & 0.3 & 0 & 0.1 \\ 0.1 & 0.3 & 0 & 0.4 & 0 & 0.2 \\ 0 & 0 & 0.3 & 0.7 & 0 & 0 \\ 0 & 0 & 0.6 & 0.4 & 0 & 0 \\ 0 & 0 & 0 & 0 & 0.5 & 0.5 \\ 0 & 0 & 0 & 0 & 0.2 & 0.8 \end{bmatrix}.$$

(a) 给出类，并说明哪些是常返的，哪些是暂态的.

(b) 求 $\lim_{n \to \infty} P_{1,2}^n$.

(c) 求 $\lim_{n \to \infty} P_{5,6}^n$.

(d) 求 $\lim_{n \to \infty} P_{1,3}^n$.

51. 在例 4.3 中，加里今天的心情是快乐的. 求直至他连续 3 天是忧郁的天数的期望.

52. 一个出租车司机服务于城市的两个地段. 从甲地段上车的乘客的目的地以概率 0.6 在甲地段，或以概率 0.4 在乙地段. 从乙地段上车的乘客的目的地以概率 0.3 在甲地段，或以概率 0.7 在乙地段. 当行程全在甲地段时这个司机的平均获利是 6，全在乙地段时的平均获利是 8，而涉及两个地段时的平均获利是 12. 求这个出租车司机每次的平均获利.

53. 在例 4.29 中，如果对于三分之一的参保人有 $\lambda = 1/4$，而对于三分之二的参保人有 $\lambda = 1/2$，求每个参保人所付的平均保费.

54. 考察埃伦费斯特坛子模型，其中 M 个分子分布于两个坛子中，在每个时间点，随机地选择一个分子，然后将它从坛子中取出，并放到另一个坛子中. 令 X_n 表示在第 n 次转移后坛子 1 中的分子个数，并令 $\mu_n = E[X_n]$.

(a) 证明 $\mu_{n+1} = 1 + (1 - 2/M)\mu_n$.

(b) 用 (a) 证明

$$\mu_n = \frac{M}{2} + \left(\frac{M-2}{M} \right)^n \left(E[X_0] - \frac{M}{2} \right).$$

55. 考察一个总体，其中每个个体都有两个基因，可以为 A 型或 a 型. 假设在外观上 A 型是显性的，而 a 型是隐性的（即只有当基因对是 aa 时，个体才有隐性的外观特征）. 假设这个总体已经达到稳定，而拥有基因对 AA、Aa、aa 的个体的百分数分别为 p、q、r. 根据个体表现出的外观特征，称个体为显性的或隐性的. 令 S_{11} 表示两个显性的父母的子代是隐性的概率，令 S_{10} 表示一个显性一个隐性的父母的子代是隐性的概率. 计算 S_{11} 和 S_{10} 以证明 $S_{11} = S_{10}^2$.（S_{10} 和 S_{11} 在遗传学的文献中称为**斯奈德比**.）

56. 假设玩家在每局游戏中，要么以概率 p 赢得 1，要么以概率 $1 - p$ 输了 1. 玩家不断参与游戏直到他赢得 n 或输了 m. 问玩家以赢家身份离开的概率是多少？

57. 一个质点在圆周上的 $n + 1$ 个顶点间按如下方式移动：每次以概率 p 按顺时针方向移动一步，或者以概率 $q = 1 - p$ 按逆时针方向移动一步. 从一个指定的状态出发，该状态称为状态 0，令 T 为首次回到状态 0 的时间. 求在 T 以前所有状态都被访问过的概率.

提示: 以初始转移为条件, 然后利用破产问题的结论.

58. 在 4.5.1 节的破产问题中, 假设玩家现在的财富是 i, 并假设玩家的财富最终将达到 N (在达到 0 以前). 根据这一信息, 证明他在下一次游戏中赢的概率是

$$
\begin{cases}
\dfrac{p[1-(q/p)^{i+1}]}{1-(q/p)^i}, & \text{若 } p \neq \dfrac{1}{2}, \\
\dfrac{i+1}{2i}, & \text{若 } p = \dfrac{1}{2}.
\end{cases}
$$

提示: 我们要求的概率是

$$
P\{X_{n+1} = i+1 | X_n = i, \lim_{m \to \infty} X_m = N\}
$$
$$
= \frac{P\{X_{n+1} = i+1, \lim_{m \to \infty} X_m = N | X_n = i\}}{P\{\lim_{m \to \infty} X_m = N | X_n = i\}}.
$$

59. 对于 4.5.1 节的破产模型, 已知玩家开始时有财富 i ($i = 0, 1, \cdots, N$), 令 M_i 表示直到玩家破产或者达到财富 N 所必须游戏的平均次数, 证明 M_i 满足

$$
M_0 = M_N = 0; \quad M_i = 1 + pM_{i+1} + qM_{i-1}, \quad i = 1, \cdots, N-1.
$$

解以上方程组得到

$$
M_i =
\begin{cases}
i(N-i), & \text{若 } P = \dfrac{1}{2}, \\
\dfrac{i}{q-P} - \dfrac{N}{q-P} \dfrac{1-(q/p)^i}{1-(q/p)^N}, & \text{若 } P \neq \dfrac{1}{2}.
\end{cases}
$$

60. 如下是状态为 $1, 2, 3, 4$ 的马尔可夫链的转移概率矩阵:

$$
\boldsymbol{P} =
\begin{bmatrix}
0.4 & 0.3 & 0.2 & 0.1 \\
0.2 & 0.2 & 0.2 & 0.4 \\
0.25 & 0.25 & 0.5 & 0 \\
0.2 & 0.1 & 0.4 & 0.3
\end{bmatrix}.
$$

若 $X_0 = 1$, 计算以下数值:

(a) 到达状态 4 之前到达状态 3 的概率;

(b) 直至到达状态 3 或状态 4 的平均转移次数.

61. 假设在破产问题中赢得一次游戏的概率依赖于玩家当前的财富. 特别地, 假设 α_i 是当玩家的财富为 i 时, 他赢得一次游戏的概率. 给定玩家的初始财富是 i, 令 $P(i)$ 表示玩家的财富在达到 0 以前达到 N 的概率.

(a) 推导出一个 $P(i)$ 与 $P(i-1)$ 和 $P(i+1)$ 的关系式.

(b) 用与破产问题同样的方法, 根据 (a) 中的方程求解 $P(i)$.

(c) 假设开始有 i 个球在坛子 1 中, 有 $N-i$ 个球在坛子 2 中, 并假设每次在 N 个球中随机地选取一个, 并将它放到另一个坛子中. 求第一个坛子比第二个坛子先变空的概率.

*62. 重新考察习题 57 中的质点. 质点回到出发位置的步数的期望是多少? 在质点回到出发位置前所有其他的位置都已访问的概率是多少?

63. 状态为 $1, 2, 3, 4$ 的马尔可夫链的转移概率矩阵如下:

$$P = \begin{bmatrix} 0.4 & 0.2 & 0.1 & 0.3 \\ 0.1 & 0.5 & 0.2 & 0.2 \\ 0.3 & 0.4 & 0.2 & 0.1 \\ 0 & 0 & 0 & 1 \end{bmatrix}.$$

对 $i = 1, 2, 3$,求 f_{i3} 和 s_{i3}.

64. 考虑一个 $\mu < 1$ 的分支过程. 证明: 如果 $X_0 = 1$,那么总体中最终存在的个体数的期望为 $1/(1 - \mu)$. 如果 $X_0 = n$,那么该期望是多少?

65. 在 $X_0 = 1$ 且 $\mu > 1$ 的分支过程中,证明 π_0 是满足式 (4.20) 的最小正数.

提示: 令 π 是 $\pi = \sum_{j=0}^{\infty} \pi^j P_j$ 的任意一个解. 用数学归纳法证明对于一切 n 有 $\pi \geqslant P\{X_n = 0\}$,并且令 $n \to \infty$. 再用归纳法论证

$$P\{X_n = 0\} = \sum_{j=0}^{\infty} (P\{X_{n-1} = 0\})^j P_j.$$

66. 对于分支过程计算 π_0,当

(a) $P_0 = \dfrac{1}{4}, P_2 = \dfrac{3}{4}$;

(b) $P_0 = \dfrac{1}{4}, P_1 = \dfrac{1}{2}, P_2 = \dfrac{1}{4}$;

(c) $P_0 = \dfrac{1}{6}, P_1 = \dfrac{1}{2}, P_3 = \dfrac{1}{3}$.

67. 一个坛子总含有 N 个球,有些是白球,有些是黑球. 每次抛掷一枚以概率 $p\,(0 < p < 1)$ 出现正面的硬币. 若出现正面,则从坛子中随机地选择一个球并用一个白球来替换它; 若出现反面,则从坛子中随机地选择一个球并用一个黑球来替换它. 令 X_n 表示在第 n 次后坛子中的白球个数.

(a) $\{X_n, n \geqslant 0\}$ 是否为马尔可夫链? 若是,请解释原因.

(b) 它的类是什么? 周期是多少? 状态是暂态还是常返态?

(c) 计算转移概率 P_{ij}.

(d) 令 $N = 2$. 求在每个状态的时间比例.

(e) 基于你对 (d) 的回答和你的直觉,猜测在一般情形下的极限概率.

(f) 通过证明定理 4.1 或利用例 4.37 的结果,证明你在 (e) 中的猜测.

(g) 若 $p = 1$,则当初始有 i 个白球和 $N - i$ 个黑球时,直到坛子中只有白球的平均时间是多少?

*68. (a) 通过证明逆向马尔可夫链的极限概率和正向链的极限概率满足方程

$$\pi_j = \sum_i \pi_i Q_{ij}$$

来证明这两个概率是相同的.

(b) 对于 (a) 的结果给以直观解释.

69. M 个球被装在 m 个坛子中. 每次从任意一个坛子中随机地选取一个球,再将它随机地放进其他 $m - 1$ 个坛子中的一个. 考察一个马尔可夫链,它在任意时间的状态都是一个

向量 $(n_1, \cdots, n_m)$，其中 n_i 表示第 i 个坛子中球的个数. 猜测这个马尔可夫链的极限概率，然后验证你的猜测，同时证明该马尔可夫链是时间可逆的.

70. m 个白球和 m 个黑球被装在两个坛子中，每个坛子中有 m 个球. 每次从每个坛子中随机地取一个球，并将这两个取出的球交换. 令 X_n 表示经过 n 次交换后坛子 1 中的黑球个数.

   (a) 给出马尔可夫链 $\{X_n, n \geqslant 0\}$ 的转移概率.

   (b) 不进行任何计算，你认为这个链的极限概率是多少？

   (c) 求极限概率，并且证明平稳链是时间可逆的.

71. 从定理 4.2 推出，一个时间可逆的马尔可夫链，对于一切 i, j, k 有

$$P_{ij}P_{jk}P_{ki} = P_{ik}P_{kj}P_{ji}.$$

它推出如果状态空间有限，且对于一切 i, j 有 $P_{ij} > 0$，那么上面的式子也是时间可逆性的充分条件.（也就是说，在这种情形下，我们只需对只有两个中间状态的从 i 到 i 的路径检验式 (4.26).）证明这一点.

提示：固定 i 并证明 $\pi_j = cP_{ij}/P_{ji}$ 满足方程

$$\pi_j P_{jk} = \pi_k P_{kj},$$

其中，选取 c 使得 $\sum_j \pi_j = 1$.

72. 对于一个时间可逆的马尔可夫链，论证它从 i 到 j 到 k 的转移率必须等于它从 k 到 j 到 i 的转移率.

73. 有 k 个选手，其中选手 i 的值为 $v_i > 0$，$i = 1, \cdots, k$. 每轮比赛都有两个选手参加. 无论谁赢，他都将与其他 $k - 1$ 个选手中（包括刚刚输掉的选手）的任意一个进行下一轮比赛. 假设当 i 和 j 比赛时，i 获胜的概率为 $\dfrac{v_i}{v_i + v_j}$. 设 X_n 为第 n 场比赛的胜者.

   (a) 给出马尔可夫链 $\{X_n, n \geqslant 1\}$ 的转移概率.

   (b) 给出唯一 π_j 满足的平稳方程.

   (c) 给出时间可逆性方程.

   (d) 求选手 j 赢得的比赛的比例，$j = 1, \cdots, k$.

   (e) 求选手 j 参加的比赛的比例，$j = 1, \cdots, k$.

74. n 个处理器被排列成一个有序列表. 当有任务时，排在第一位的处理器会尝试处理它，如果不成功，则由排在第二位的处理器尝试处理，如果还不成功，则由排在第三位的处理器尝试处理，以此类推. 当任务被成功处理或者在所有的处理都不成功以后，这个任务就会离开系统. 这时我们可以将处理器重新排序，并且出现一个新的任务. 假设我们使用移近一位的重排规则，即通过与前一个处理器交换位置，将成功的处理器向前移近一位. 如果所有的处理器都不成功（或排在第一位的处理器成功了），那么排序保持不变. 假设每次处理器 i 尝试一个任务时，独立于其他情形，它成功的概率是 p_i.

   (a) 定义一个合适的马尔可夫链以分析这个模型.

   (b) 证明这个马尔可夫链是时间可逆的.

   (c) 求长程概率.

75. 一个马尔可夫链称为一个树过程，如果

(i) 当 $P_{ji} > 0$ 时有 $P_{ij} > 0$.

(ii) 对于每对状态 i 和 j（$i \neq j$），存在一个唯一的不同状态的序列 $i = i_0, i_1, \cdots, i_{n-1}$, $i_n = j$ 使得
$$P_{i_k, i_{k+1}} > 0, \quad k = 0, 1, \cdots, n-1.$$

也就是说，一个马尔可夫链是一个树过程，如果对于每一对不同的状态 i 和 j，过程都有唯一一条从 i 到 j 的路径，而且在该路径中无须重新进入某个状态（并且这条路径是从 j 到 i 的唯一路径的逆向路径）. 论证一个遍历的树过程是时间可逆的.

76. 在一个国际象棋的棋盘上，计算从棋盘的四个角之一出发的一个骑士（马）回到其初始位置的步数的期望，假定每一步等可能地选择任意一个符合规则的移动.（棋盘上没有其他棋子.）

 提示：利用例 4.38.

77. 在一个马尔可夫决策问题中，除了单位时间的平均报酬的期望，另一个常用的准则是折扣报酬的期望. 在这个准则中，我们选取一个数 α，$0 < \alpha < 1$，并且试图选取一个策略使 $E\left[\sum_{i=0}^{\infty} \alpha^i R(X_i, a_i)\right]$ 达到最大（即在时间 n 的报酬的折扣率是 α^n）. 假设初始状态按概率 b_i 选取，即
$$P\{X_0 = i\} = b_i, \quad i = 1, \cdots, n.$$

对于给定的一个策略 β，令 y_{ja} 表示过程处于状态 j 并且选取动作 a 的折扣时间的期望，即
$$y_{ja} = E_\beta \left[\sum_{n=0}^{\infty} \alpha^n I_{\{X_n = j, a_n = a\}}\right],$$

其中对于任意事件 A，指示变量 I_A 定义为
$$I_A = \begin{cases} 1, & \text{若 } A \text{ 发生,} \\ 0, & \text{其他.} \end{cases}$$

(a) 证明
$$\sum_a y_{ja} = E\left[\sum_{n=0}^{\infty} \alpha^n I_{\{X_n = j\}}\right],$$

或者，换句话说 $\sum_a y_{ja}$ 是在 β 下处于状态 j 的折扣时间的期望.

(b) 证明
$$\sum_j \sum_a y_{ja} = \frac{1}{1 - \alpha}, \quad \sum_a y_{ja} = b_j + \alpha \sum_i \sum_a y_{ia} P_{ij}(a).$$

 提示：对于第二个方程，利用恒等式
$$I_{\{X_{n+1} = j\}} = \sum_i \sum_a I_{\{X_n = i, a_n = a\}} I_{\{X_{n+1} = j\}}.$$

 对上式取期望得到
$$E[I_{\{X_{n+1} = j\}}] = \sum_i \sum_a E[I_{\{X_n = i, a_n = a\}}] P_{ij}(a).$$

(c) 令 $\{y_{ja}\}$ 是满足
$$\sum_j \sum_a y_{ja} = \frac{1}{1 - \alpha}, \quad \sum_a y_{ja} = b_j + \alpha \sum_i \sum_a y_{ia} P_{ij}(a) \tag{4.38}$$

的一组数. 论证 y_{ja} 可以解释为, 当初始状态按概率 b_j 选取, 且使用由

$$\beta_i(a) = \frac{y_{ia}}{\sum_a y_{ia}}$$

给出的策略 β 时, 过程处于状态 j 并且选取动作 a 的折扣时间的期望.

提示: 推导出使用策略 β 时平均折扣时间的一组方程, 并且证明它们等价于式 (4.38).

(d) 论证对于折扣报酬期望准则的一个最佳策略, 可以首先求解线性规划

$$最大化 \quad \sum_j \sum_a y_{ja} R(j,a),$$

$$其中 \quad \sum_j \sum_a y_{ja} = \frac{1}{1-\alpha},$$

$$\sum_a y_{ja} = b_j + \alpha \sum_i \sum_a y_{ia} P_{ij}(a),$$

$$y_{ja} \geqslant 0, \qquad 对于一切 \ j, a.$$

然后定义策略 β^* 为

$$\beta_i^*(a) = \frac{y_{ia}^*}{\sum_a y_{ia}^*},$$

其中 y_{ja}^* 是线性规划的解.

78. 对于习题 5 中的马尔可夫链, 假设 $p(s|j)$ 是当潜在的马尔可夫链的状态是 j ($j = 0, 1, 2$) 时发射信号 s 的概率.

(a) 发射的信号是 s 的比例是多少?

(b) 发射的信号是 s 的次数中潜在状态是 0 的比例是多少?

79. 在例 4.45 中, 前 4 个生产的产品都是可接受的概率是多少?

参考文献

[1] K. L. Chung. *Markov Chains with Stationary Transition Probabilities*, Springer, Berlin, 1960.

[2] S. Karlin and H. Taylor. *A First Course in Stochastic Processes, Second Edition*, Academic Press, New York, 1975.

[3] J. G. Kemeny and J. L. Snell. *Finite Markov Chains*, Van Nostrand Reinhold, Princeton, New Jersey, 1960.

[4] S. M. Ross. *Stochastic Processes, Second Edition*, John Wiley, New York, 1996.

[5] S. Ross and E. Pekoz. *A Second Course in Probability*, Probabilitybookstore.com, 2006.

第 5 章　指数分布与泊松过程

5.1　引言

在为现实世界中的现象建立数学模型时总需要做某些简化的假定，使其在数学上容易处理. 另外，我们又不能做太多的简化假定，因为这样我们从数学模型中得到的结论将不能应用到现实世界的情形. 因此，我们必须做足够的简化假定以便做数学处理，但不能过多，以至于数学模型不再像现实世界的现象. 常做的一个简化假定是假定某些随机变量是服从指数分布的. 这样做的原因是指数分布不仅处理起来相对容易，而且常常是实际分布的一个良好近似.

使指数分布易于分析的一个性质是它不随时间的改变而改变，如果一个部件的寿命服从指数分布，那么已经用了 10 个（或者任意）小时的一个部件在它损坏前的那段时间里与新的部件一样好. 这将在 5.2 节中形式地给出定义，届时将证明指数分布是唯一具有这个性质的分布.

在 5.3 节中我们将研究计数过程，并且强调一类称为泊松过程的计数过程. 另外，我们将探讨的有关泊松分布的其他内容是其与指数分布的紧密联系.

5.2　指数分布

5.2.1　定义

一个连续随机变量 X 服从参数为 λ（$\lambda > 0$）的**指数分布**，如果它的概率密度函数为

$$f(x) = \begin{cases} \lambda \mathrm{e}^{-\lambda x}, & x \geqslant 0, \\ 0, & x < 0, \end{cases}$$

或者，等价地说，如果它的分布函数为

$$F(x) = \int_{-\infty}^{x} f(y)\mathrm{d}y = \begin{cases} 1 - \mathrm{e}^{-\lambda x}, & x \geqslant 0, \\ 0, & x < 0. \end{cases}$$

指数分布的均值 $E[X]$ 为

$$E[X] = \int_{-\infty}^{\infty} xf(x)\mathrm{d}x = \int_0^{\infty} \lambda x\mathrm{e}^{-\lambda x}\mathrm{d}x,$$

用分部积分法（$u = x, \mathrm{d}v = \lambda\mathrm{e}^{-\lambda x}\mathrm{d}x$）得到

$$E[X] = -x\mathrm{e}^{-\lambda x}\Big|_0^{\infty} + \int_0^{\infty} \mathrm{e}^{-\lambda x}\mathrm{d}x = \frac{1}{\lambda}.$$

指数分布的矩母函数 $\phi(t)$ 为

$$\phi(t) = E[\mathrm{e}^{tX}] = \int_0^{\infty} \mathrm{e}^{tx}\lambda\mathrm{e}^{-\lambda x}\mathrm{d}x = \frac{\lambda}{\lambda - t}, \quad t < \lambda. \tag{5.1}$$

现在可以通过对式 (5.1) 求微分来得到 X 的所有矩. 例如

$$E[X^2] = \frac{\mathrm{d}^2}{\mathrm{d}t^2}\phi(t)\Big|_{t=0} = \frac{2\lambda}{(\lambda - t)^3}\Big|_{t=0} = \frac{2}{\lambda^2},$$

从而得到

$$\mathrm{Var}(X) = E[X^2] - (E[X])^2 = \frac{2}{\lambda^2} - \frac{1}{\lambda^2} = \frac{1}{\lambda^2}.$$

例 5.1（**指数随机变量和平均折扣报酬**）　假设我们自始至终连续地以随机变化的速率接受报酬. 令 $R(x)$ 表示在时刻 x 正在接受报酬的随机速率. 对于一个称为**折扣率**的值 $\alpha \geqslant 0$, 量

$$R = \int_0^{\infty} \mathrm{e}^{-\alpha x}R(x)\mathrm{d}x$$

表示总折扣报酬.（在某些应用中, α 称为连续复合利率, 而 R 是无穷报酬流的折现值.）而

$$E[R] = E\left[\int_0^{\infty} \mathrm{e}^{-\alpha x}R(x)\mathrm{d}x\right] = \int_0^{\infty} \mathrm{e}^{-\alpha x}E[R(x)]\mathrm{d}x$$

是平均总折扣报酬, 我们将证明它也等于在参数为 α 的指数分布的随机时间里所得的平均总报酬.

令 T 是一个参数为 α 的指数随机变量, 它独立于所有的随机变量 $R(x)$. 我们要论证

$$\int_0^{\infty} \mathrm{e}^{-\alpha x}E[R(x)]\mathrm{d}x = E\left[\int_0^T R(x)\mathrm{d}x\right].$$

为此, 对于每个 $x \geqslant 0$, 定义随机变量 $I(x)$ 为

$$I(x) = \begin{cases} 1, & x \leqslant T, \\ 0, & x > T, \end{cases}$$

并注意

$$\int_0^T R(x)\mathrm{d}x = \int_0^{\infty} R(x)I(x)\mathrm{d}x.$$

于是

$$
\begin{aligned}
E\left[\int_0^T R(x)\mathrm{d}x\right] &= E\left[\int_0^\infty R(x)I(x)\mathrm{d}x\right] \\
&= \int_0^\infty E[R(x)I(x)]\mathrm{d}x \\
&= \int_0^\infty E[R(x)]E[I(x)]\mathrm{d}x \quad （由独立性） \\
&= \int_0^\infty E[R(x)]P\{T \geqslant x\}\mathrm{d}x \\
&= \int_0^\infty \mathrm{e}^{-\alpha x}E[R(x)]\mathrm{d}x.
\end{aligned}
$$

所以, 平均总折扣报酬等于在以折扣率为参数的指数分布的随机时间里所得的平均总 (无折扣的) 报酬. ■

5.2.2 指数分布的性质

一个随机变量 X 称为**无记忆的**, 如果对于一切 $s, t \geqslant 0$ 有

$$
P\{X > s + t | X > t\} = P\{X > s\}. \tag{5.2}
$$

如果我们将 X 想象为某个仪器的寿命, 那么式 (5.2) 说明了, 仪器在已经存活了 t 小时的情况下, 至少存活 $s + t$ 小时的条件概率等于它至少存活 s 小时的初始概率. 换句话说, 如果仪器在时刻 t 是存活的, 那么它剩余存活时间的分布等于原来寿命的分布, 即这个仪器不会记住它已经存活了时间 t.

式 (5.2) 等价于

$$
\frac{P\{X > s + t, X > t\}}{P\{X > t\}} = P\{X > s\},
$$

所以

$$
P\{X > s + t\} = P\{X > s\}P\{X > t\}. \tag{5.3}
$$

由于当 X 服从指数分布时式 (5.3) 成立 (因为 $\mathrm{e}^{-\lambda(s+t)} = \mathrm{e}^{-\lambda s}\mathrm{e}^{-\lambda t}$), 因此指数分布的随机变量是无记忆的.

例 5.2 假设顾客在银行的时间服从均值为 10 分钟的指数分布, 即 $\lambda = 1/10$. 一个顾客在此银行用时超过 15 分钟的概率是多少? 假定一个顾客 10 分钟后仍在银行中, 那么她在银行用时超过 15 分钟的概率是多少?

解 如果 X 表示顾客在这个银行的时间, 那么第一个概率是

$$
P\{X > 15\} = \mathrm{e}^{-15\lambda} = \mathrm{e}^{-3/2} \approx 0.223.
$$

第二个问题要求一个已经在银行用时 10 分钟的顾客至少再用时 5 分钟的概率. 然而, 由于指数分布没有"记住"这个顾客已经在银行 10 分钟了, 因此这个概率等于一个刚进入银行的顾客在银行用时超过 5 分钟的概率, 即要求的概率是

$$P\{X > 5\} = e^{-5\lambda} = e^{-1/2} \approx 0.607.$$ ∎

例 5.3 考察一个由两个办事员经营的邮局. 假设当史密斯先生进入邮局的时候, 他发现琼斯先生正接受一个办事员的服务, 而布朗先生正接受另一个办事员的服务. 再假设史密斯先生被告知, 只要琼斯先生或布朗先生中的一个离开, 他的服务就可以立刻开始. 如果一个办事员为一个顾客服务的时间服从均值为 $1/\lambda$ 的指数分布, 那么在这 3 个顾客中, 史密斯先生是最后一个离开邮局的概率是多少?

解 答案可以通过以下推理得到. 考虑史密斯先生首次发现一个办事员有空的时间. 此时琼斯先生或布朗先生中的一个刚离开, 而另一个仍在接受服务. 然而, 由指数分布的无记忆性推出, 另一个人 (琼斯先生或布朗先生) 再花费在邮局内的时间仍旧服从均值为 $1/\lambda$ 的指数分布, 这相当于他在此时刚开始接受服务. 因此, 根据对称性, 他在史密斯先生前结束服务的概率一定等于 1/2. ∎

例 5.4 在一次汽车事故中损失的金额是一个均值为 1000 的指数随机变量, 其中保险公司只赔付超出 (免赔额) 400 的金额. 求保险公司每次事故赔付金额的期望值和标准差.

解 如果 X 是由一次事故造成的损失金额, 那么保险公司赔付的金额是 $(X - 400)^+$. (其中 a^+ 定义为: 如果 $a > 0$ 则等于 a, 如果 $a \leqslant 0$ 则等于 0.) 虽然根据基本概念我们可以确定 $(X - 400)^+$ 的期望值和方差, 但是以 X 是否超过 400 为条件将更为简便. 所以, 令

$$I = \begin{cases} 1, & \text{若 } X > 400, \\ 0, & \text{若 } X \leqslant 400. \end{cases}$$

令 $Y = (X - 400)^+$ 是赔付的金额. 由指数分布的无记忆性推出, 如果损失的金额超过 400, 那么它超出 400 的金额也是均值为 1000 的指数随机变量. 所以

$$E[Y|I = 1] = 1000,$$
$$E[Y|I = 0] = 0,$$
$$\mathrm{Var}(Y|I = 1) = 1000^2,$$
$$\mathrm{Var}(Y|I = 0) = 0,$$

可以将它们简写成

$$E[Y|I] = 10^3 I, \quad \mathrm{Var}(Y|I) = 10^6 I.$$

因为 I 是一个以概率 $e^{-0.4}$ 等于 1 的伯努利随机变量, 所以

$$E[Y] = E[E[Y|I]] = 10^3 E[I] = 10^3 e^{-0.4} \approx 670.32,$$

而由条件方差公式可得

$$\mathrm{Var}(Y) = E[\mathrm{Var}(Y|I)] + \mathrm{Var}(E[Y|I]) = 10^6 e^{-0.4} + 10^6 e^{-0.4}(1 - e^{-0.4}),$$

其中最后的等式利用了参数为 p 的伯努利随机变量的方差为 $p(1-p)$. 因此

$$\sqrt{\mathrm{Var}(Y)} \approx 944.09. \qquad \blacksquare$$

指数分布是无记忆的, 而且它是唯一具有这种性质的分布. 为了证明这一点, 假设 X 是无记忆的, 并令 $\overline{F}(x) = P\{X > x\}$. 那么由式 (5.3) 推出

$$\overline{F}(s + t) = \overline{F}(s)\overline{F}(t),$$

即 $\overline{F}(x)$ 满足函数方程

$$g(s + t) = g(s)g(t).$$

然而, 这个函数方程的右连续的解只有

$$g(x) = e^{-\lambda x}①,$$

由于一个分布函数总是右连续的, 因此必须有

$$\overline{F}(x) = e^{-\lambda x},$$

从而

$$F(x) = P\{X \leqslant x\} = 1 - e^{-\lambda x},$$

这就证明了 X 是指数分布的.

例 5.5 为了使某种商品能够满足下个月的销量需求, 商店必须决定这种商品的订购量, 这里假设需求服从参数为 λ 的指数分布. 如果商店以每磅 c 英镑的价格买进这种商品, 而以每磅 s ($s > c$) 英镑的价格卖出, 那么应该订购多少商品才能使商店的利润期望最大? 假定月底剩下的存货毫无价值, 而且如果商店不能满足所有的需求也不会受处罚.

---

① 证明如下: 若 $g(s + t) = g(s)g(t)$, 则

$$g\left(\frac{2}{n}\right) = g\left(\frac{1}{n} + \frac{1}{n}\right) = g^2\left(\frac{1}{n}\right),$$

而重复上述步骤可得到 $g(m/n) = g^m(1/n)$. 此外

$$g(1) = g\left(\frac{1}{n} + \frac{1}{n} + \cdots + \frac{1}{n}\right) = g^n\left(\frac{1}{n}\right), \quad \text{从而} \quad g\left(\frac{1}{n}\right) = (g(1))^{\frac{1}{n}}.$$

因此 $g(m/n) = (g(1))^{m/n}$, 由于 g 是右连续的, 这就推出 $g(x) = (g(1))^x$. 因为 $g(1) = (g(1/2))^2 \geqslant 0$, 所以 $g(x) = e^{-\lambda x}$, 其中 $\lambda = -\ln(g(1))$.

解 令 X 等于需求量. 如果商品订购量是 t, 那么利润 P 为

$$P = s\min(X,t) - ct.$$

记

$$\min(X,t) = X - (X-t)^+,$$

以 $X > t$ 是否成立为条件并利用指数分布的无记忆性可得

$$E[(X-t)^+] = E[(X-t)^+|X>t]P(X>t) + E[(X-t)^+|X\leqslant t]P(X\leqslant t)$$
$$= E[(X-t)^+|X>t]e^{-\lambda t}$$
$$= \frac{1}{\lambda}e^{-\lambda t},$$

其中最后一个等式利用指数随机变量的无记忆性推断, 在 X 超过 t 的条件下, 超出量是参数为 λ 的指数随机变量. 因此,

$$E[\min(X,t)] = \frac{1}{\lambda} - \frac{1}{\lambda}e^{-\lambda t},$$

于是

$$E[P] = \frac{s}{\lambda} - \frac{s}{\lambda}e^{-\lambda t} - ct.$$

微分后可得当 $se^{-\lambda t} - c = 0$, 即 $t = \frac{1}{\lambda}\ln(s/c)$ 时利润最大. 现在假设所有没卖出的存货能以每磅 r ($r < \min(s,c)$) 英镑的价格退回, 而且未满足的需求量处以每磅 p 英镑的罚款. 在这种情况下, 利用前面得到的 $E[P]$ 的表达式, 可得

$$E[P] = \frac{s}{\lambda} - \frac{s}{\lambda}e^{-\lambda t} - ct + rE[(t-X)^+] - pE[(X-t)^+].$$

利用

$$\min(X,t) = t - (t-X)^+,$$

可得

$$E[(t-X)^+] = t - E[\min(X,t)] = t - \frac{1}{\lambda} + \frac{1}{\lambda}e^{-\lambda t}.$$

因此,

$$E[P] = \frac{s}{\lambda} - \frac{s}{\lambda}e^{-\lambda t} - ct + rt - \frac{r}{\lambda} + \frac{r}{\lambda}e^{-\lambda t} - \frac{p}{\lambda}e^{-\lambda t}$$
$$= \frac{s-r}{\lambda} + \frac{r-s-p}{\lambda}e^{-\lambda t} - (c-r)t.$$

微分后可得最佳订购量是

$$t = \frac{1}{\lambda}\ln\left(\frac{s+p-r}{c-r}\right).$$

值得注意的是, 最佳订购量关于 s、p 和 r 递增, 而关于 λ 和 c 递减. (这些单调性质直观吗?) ∎

无记忆性可通过指数分布的失败率函数（也称风险率函数）得到进一步阐述.

考察一个具有分布 F 和密度 f 的连续的正随机变量 X. **失败率**（或风险率）函数 $r(t)$ 定义为

$$r(t) = \frac{f(t)}{1 - F(t)}. \tag{5.4}$$

为了解释 $r(t)$，假设某个寿命为 X 的产品已经存活了时间 t，并且我们要求它在一个附加时间 $\mathrm{d}t$ 内损坏的概率，即 $P\{X \in (t, t + \mathrm{d}t) | X > t\}$：

$$
\begin{aligned}
P\{X \in (t, t + \mathrm{d}t) | X > t\} &= \frac{P\{X \in (t, t + \mathrm{d}t), X > t\}}{P\{X > t\}} \\
&= \frac{P\{X \in (t, t + \mathrm{d}t)\}}{P\{X > t\}} \\
&\approx \frac{f(t)\mathrm{d}t}{1 - F(t)} \\
&= r(t)\mathrm{d}t.
\end{aligned}
$$

也就是说，$r(t)$ 表示一个年龄为 t 的产品损坏的条件概率密度.

现在假设寿命分布是指数的. 那么，由指数分布的无记忆性推出，对于一个年龄为 t 的产品，其剩余寿命的分布与新产品的一样. 因此 $r(t)$ 必须是常数，这是由于

$$r(t) = \frac{f(t)}{1 - F(t)} = \frac{\lambda \mathrm{e}^{-\lambda t}}{\mathrm{e}^{-\lambda t}} = \lambda.$$

于是，指数分布的失败率函数是常数. 参数 λ 通常被称为分布的**速率**（注意速率是均值的倒数，反之亦然）.

失败率函数 $r(t)$ 唯一地确定了分布 F. 为了证明它，我们注意到由式 (5.4) 可得

$$r(t) = \frac{\frac{\mathrm{d}}{\mathrm{d}t}F(t)}{1 - F(t)}.$$

两边求积分，推出

$$\ln(1 - F(t)) = -\int_0^t r(t)\mathrm{d}t + k,$$

因此

$$1 - F(t) = \mathrm{e}^k \exp\left\{ -\int_0^t r(t)\mathrm{d}t \right\}.$$

取 $t = 0$ 得 $k = 0$，从而

$$F(t) = 1 - \exp\left\{ -\int_0^t r(t)\mathrm{d}t \right\}.$$

上面的等式也可以用来证明只有指数随机变量是无记忆的, 因为若 X 是无记忆的, 则它的失败率函数必须是常数. 但是若 $r(t) = c$, 则上面的等式变为

$$1 - F(t) = \mathrm{e}^{-ct},$$

因此随机变量是指数分布的.

例 5.6   令 $X_1, \cdots, X_n$ 是分别以 $\lambda_1, \cdots, \lambda_n$ 为速率的独立指数随机变量, 其中 $\lambda_i \neq \lambda_j$, $i \neq j$. 令 T 独立于这些随机变量, 并且假设

$$\sum_{j=1}^{n} P_j = 1, \quad \text{其中 } P_j = P\{T = j\}.$$

随机变量 X_T 称为**超指数随机变量**. 为了弄清楚这样的一个随机变量是怎样产生的, 我们想象在一个罐中装有 n 种不同类型的电池, 类型 j 的电池的寿命服从速率为 λ_j 的指数分布, $j = 1, \cdots, n$. 再假设类型 j ($j = 1, \cdots, n$) 的电池在罐中的比例是 P_j. 如果随机地选择一块电池, 即罐中每块电池被选择的概率都相同, 那么所选电池的寿命就具有上面特定的超指数分布.

为了得到 $X = X_T$ 的分布函数 F, 以 T 为条件, 则推出

$$1 - F(t) = P\{X > t\} = \sum_{i=1}^{n} P\{X > t | T = i\} P\{T = i\} = \sum_{i=1}^{n} P_i \mathrm{e}^{-\lambda_i t}.$$

对上式求微分推出 X 的密度函数 f 为

$$f(t) = \sum_{i=1}^{n} \lambda_i P_i \mathrm{e}^{-\lambda_i t}.$$

因此, 一个超指数随机变量的失败率函数是

$$r(t) = \frac{\sum_{j=1}^{n} P_j \lambda_j \mathrm{e}^{-\lambda_j t}}{\sum_{i=1}^{n} P_i \mathrm{e}^{-\lambda_i t}}.$$

注意到

$$P\{T = j | X > t\} = \frac{P\{X > t | T = j\} P\{T = j\}}{P\{X > t\}} = \frac{P_j \mathrm{e}^{-\lambda_j t}}{\sum_{i=1}^{n} P_i \mathrm{e}^{-\lambda_i t}},$$

所以失败率函数 $r(t)$ 也可以写成

$$r(t) = \sum_{j=1}^{n} \lambda_j P\{T = j | X > t\}.$$

如果对于一切 $i > 1$ 有 $\lambda_1 < \lambda_i$, 那么

$$\begin{aligned}
P\{T = 1 | X > t\} &= \frac{P_1 \mathrm{e}^{-\lambda_1 t}}{P_1 \mathrm{e}^{-\lambda_1 t} + \sum_{i=2}^{n} P_i \mathrm{e}^{-\lambda_i t}} \\
&= \frac{P_1}{P_1 + \sum_{i=2}^{n} P_i \mathrm{e}^{-(\lambda_i - \lambda_1)t}} \to 1, \quad \text{当 } t \to \infty \text{ 时}.
\end{aligned}$$

类似地, 当 $i \neq 1$ 时, $P\{T = i | X > t\} \to 0$, 于是证明了

$$\lim_{t \to \infty} r(t) = \min_i \lambda_i.$$

也就是说, 对于一块随机选取的电池的寿命, 它的失败率趋近于最小的指数分布的失败率, 这是很直观的, 因为电池寿命越长, 它就越可能是失败率最小的电池类型. ■

5.2.3 指数分布的进一步性质

令 $X_1, \cdots, X_n$ 是均值为 $1/\lambda$ 的独立同分布的指数随机变量. 由例 2.39 的结果得到 $X_1 + \cdots + X_n$ 服从参数为 n 和 λ 的伽马分布. 我们用数学归纳法给出这个结果的第二种证明. 因为在 $n = 1$ 时无须证明, 所以我们先假定 $X_1 + \cdots + X_{n-1}$ 的密度为

$$f_{X_1 + \cdots + X_{n-1}}(t) = \lambda e^{-\lambda t} \frac{(\lambda t)^{n-2}}{(n-2)!}.$$

因此

$$\begin{aligned}
f_{X_1 + \cdots + X_{n-1} + X_n}(t) &= \int_0^\infty f_{X_n}(t - s) f_{X_1 + \cdots + X_{n-1}}(s) \mathrm{d}s \\
&= \int_0^t \lambda e^{-\lambda(t-s)} \lambda e^{-\lambda s} \frac{(\lambda s)^{n-2}}{(n-2)!} \mathrm{d}s \\
&= \lambda e^{-\lambda t} \frac{(\lambda t)^{n-1}}{(n-1)!}.
\end{aligned}$$

从而, 我们就证明了下面的命题.

命题 5.1 如果 $X_1, \cdots, X_n$ 是具有共同速率 λ 的独立指数随机变量, 那么 $\sum_{i=1}^n X_i$ 是参数为 n 和 λ 的伽马随机变量. 也就是说, 其密度函数为

$$f(t) = \lambda e^{-\lambda t} \frac{(\lambda t)^{n-1}}{(n-1)!}, \quad t > 0.$$

另一个有用的计算是确定一个指数随机变量小于另一个的概率, 即假设 X_1 和 X_2 是均值分别为 $1/\lambda_1$ 和 $1/\lambda_2$ 的独立指数随机变量, $P\{X_1 < X_2\}$ 是多少? 这个概率容易通过以 X_1 为条件算得:

$$\begin{aligned}
P\{X_1 < X_2\} &= \int_0^\infty P\{X_1 < X_2 | X_1 = x\} \lambda_1 e^{-\lambda_1 x} \mathrm{d}x \\
&= \int_0^\infty P\{x < X_2\} \lambda_1 e^{-\lambda_1 x} \mathrm{d}x \\
&= \int_0^\infty e^{-\lambda_2 x} \lambda_1 e^{-\lambda_1 x} \mathrm{d}x \qquad (5.5) \\
&= \int_0^\infty \lambda_1 e^{-(\lambda_1 + \lambda_2) x} \mathrm{d}x
\end{aligned}$$

$$= \frac{\lambda_1}{\lambda_1 + \lambda_2}.$$

假设 $X_1, X_2, \cdots, X_n$ 是独立的指数随机变量，X_i 具有速率 μ_i，$i = 1, \cdots, n$. 结果表明，X_i 的最小值是速率为 μ_i 之和的指数随机变量. 其证明如下：

$$
\begin{aligned}
P\{\min(X_1, \cdots, X_n) > x\} &= P\{X_i > x, \text{对于一切 } i = 1, \cdots, n\} \\
&= \prod_{i=1}^{n} P\{X_i > x\} \quad （由独立性） \\
&= \prod_{i=1}^{n} \mathrm{e}^{-\mu_i x} \\
&= \exp\left\{-\left(\sum_{i=1}^{n} \mu_i\right) x\right\}.
\end{aligned}
\tag{5.6}
$$

例 5.7（分析分配问题的贪婪算法）　将 n 个工作分配给 n 个人，每人分配一个工作. 对于给定的 n^2 个值 $C(i, j)$（$i, j = 1, \cdots, n$），当工作 j 分配给第 i 个人时将产生价格 $C(i, j)$. 经典的分配问题是确定这样的一组分配，使产生的 n 个价格之和最小.

与试图确定最佳分配相比较，我们更愿意考察能解决这个问题的两个启发式算法. 第一个算法如下. 分配给第 1 个人价格最小的工作，即给第 1 个人分配工作 j_1，其中 $C(1, j_1) = \min_j(C(1, j))$. 现在不考虑这个工作，并分配给第 2 个人价格最小的工作，即给第 2 个人分配工作 j_2，其中 $C(2, j_2) = \min_{j \neq j_1}(C(2, j))$. 继续这样的程序直到所有 n 个人都被分配了工作. 这个程序总是为所考虑的人选择最佳的工作，我们称它为贪婪算法 A.

第二个算法称为贪婪算法 B，它是第一个贪婪算法的更为"全局"的版本. 它考虑所有的 n^2 个价格值，并选取使 $C(i, j)$ 最小的一对 (i_1, j_1). 然后给第 i_1 个人分配工作 j_1. 接着排除涉及第 i_1 个人或工作 j_1 的所有价格值（这样就剩下 $(n-1)^2$ 个值），并且以同样的方式继续. 也就是说，每次在未分配的人和工作中间选取价格最小的人与工作.

假定 $C(i, j)$ 构成一组 n^2 个独立的指数随机变量，并且速率都为 1. 两个算法中的哪一个产生较小的期望总价格？

解　假设首先采用贪婪算法 A. 令 C_i 表示与第 i 个人相结合的价格，$i = 1, \cdots, n$. 现在 C_1 是 n 个速率为 1 的独立指数随机变量中的最小值. 所以，根据式 (5.6)，它是速率为 n 的指数随机变量. 类似地，C_2 是 $n-1$ 个速率为 1 的独立指数随机变量中的最小值. 所以，它是速率为 $n-1$ 的指数随机变量. 同理 C_i 是

速率为 $n-i+1$ 的指数随机变量, $i=1,\cdots,n$. 于是贪婪算法 A 的期望总价格是

$$E_A[总价格] = E[C_1 + \cdots + C_n] = \sum_{i=1}^{n} \frac{1}{i}.$$

现在分析贪婪算法 B. 令 C_i 是这个算法分配的第 i 个人与工作的价格. 因为 C_1 是所有 n^2 个 $C(i,j)$ 值中的最小值, 由式 (5.6) 推出它是速率为 n^2 的指数随机变量. 现在由指数随机变量的无记忆性推出, 其他 $C(i,j)$ 超出 C_1 的量是速率为 1 的指数随机变量. 于是 C_2 等于 C_1 加上 $(n-1)^2$ 个速率为 1 的独立指数随机变量中的最小值. 类似地, C_3 等于 C_2 加上 $(n-2)^2$ 个速率为 1 的独立指数随机变量中的最小值, 等等. 所以,

$$E[C_1] = 1/n^2,$$
$$E[C_2] = E[C_1] + 1/(n-1)^2,$$
$$E[C_3] = E[C_2] + 1/(n-2)^2,$$
$$\vdots$$
$$E[C_j] = E[C_{j-1}] + 1/(n-j+1)^2,$$
$$\vdots$$
$$E[C_n] = E[C_{n-1}] + 1.$$

因此

$$E[C_1] = 1/n^2,$$
$$E[C_2] = 1/n^2 + 1/(n-1)^2,$$
$$E[C_3] = 1/n^2 + 1/(n-1)^2 + 1/(n-2)^2,$$
$$\vdots$$
$$E[C_n] = 1/n^2 + 1/(n-1)^2 + 1/(n-2)^2 + \cdots + 1.$$

将所有的 $E[C_i]$ 加起来得到

$$E_B[总价格] = \frac{n}{n^2} + \frac{(n-1)}{(n-1)^2} + \frac{(n-2)}{(n-2)^2} + \cdots + 1 = \sum_{i=1}^{n} \frac{1}{i},$$

因此两个贪婪算法的期望价格是相同的. ∎

令 $X_1,\cdots,X_n$ 是速率分别为 $\lambda_1,\cdots,\lambda_n$ 的独立指数随机变量. 推广式 (5.5) 便得到一个有用的结论: X_i 以概率 $\lambda_i/\sum_{j=1}^{n}\lambda_j$ 是这些随机变量中最小的一个. 其证明如下:

$$P\{X_i = \min_j X_j\} = P\{X_i < \min_{j \neq i} X_j\} = \frac{\lambda_i}{\sum_{j=1}^{n}\lambda_j},$$

其中最后的等式利用了式 (5.5)，以及 $\min_{j\neq i} X_j$ 是速率为 $\sum_{j\neq i} \lambda_j$ 的指数随机变量这一事实.

　　另一个重要的事实是 $\min_i X_i$ 与 X_i 的大小次序是独立的. 为了弄清楚为什么这是对的，在最小值大于 t 的条件下，考察 $X_{i_1} < X_{i_2} \cdots < X_{i_n}$ 的条件概率. 因为 $\min_i X_i > t$ 意味着所有的 X_i 都大于 t，根据指数随机变量的无记忆性，它们超出 t 的剩余寿命仍然是具有原来速率的独立指数随机变量. 所以

$$P\{X_{i_1} < \cdots < X_{i_n} \mid \min_i X_i > t\} = P\{X_{i_1} - t < \cdots < X_{i_n} - t \mid \min_i X_i > t\}$$
$$= P\{X_{i_1} < \cdots < X_{i_n}\}.$$

也就是说，我们已证明了下述命题.

　　命题 5.2　若 $X_1, \cdots, X_n$ 是独立指数随机变量,各有速率 $\lambda_1, \cdots, \lambda_n$,则 $\min_i X_i$ 是速率为 $\sum_{i=1}^n \lambda_i$ 的指数随机变量,进而 $\min_i X_i$ 与变量 $X_1, \cdots, X_n$ 的次序独立.

　　例 5.8　假设你到达邮局时，邮局仅有的两个办事员都在忙，而且没有人在排队等待. 当其中一位办事员有空时，你将进入服务. 如果办事员 i 的服务时间服从速率为 λ_i（$i = 1, 2$）的指数分布，求 $E[T]$，其中 T 是你待在邮局的时间.

　　解　令 R_i 为顾客在办事员 i 那里的剩余服务时间，$i = 1, 2$，并且注意，根据指数随机变量的无记忆性，R_1 和 R_2 是独立的随机变量，速率分别为 λ_1 和 λ_2. 以 R_1 和 R_2 中较小的一个为条件推出

$$E[T] = E[T \mid R_1 < R_2]P\{R_1 < R_2\} + E[T \mid R_2 \leqslant R_1]P\{R_2 \leqslant R_1\}$$
$$= E[T \mid R_1 < R_2]\frac{\lambda_1}{\lambda_1 + \lambda_2} + E[T \mid R_2 \leqslant R_1]\frac{\lambda_2}{\lambda_1 + \lambda_2}.$$

现在，令 S 为你的服务时间，则

$$E[T \mid R_1 < R_2] = E[R_1 + S \mid R_1 < R_2]$$
$$= E[R_1 \mid R_1 < R_2] + E[S \mid R_1 < R_2]$$
$$= E[R_1 \mid R_1 < R_2] + \frac{1}{\lambda_1}$$
$$= \frac{1}{\lambda_1 + \lambda_2} + \frac{1}{\lambda_1}.$$

最后的等式利用了在 $R_1 < R_2$ 的条件下，随机变量 R_1 是 R_1 和 R_2 中的最小值，从而它是速率为 $\lambda_1 + \lambda_2$ 的指数随机变量. 同时在 $R_1 < R_2$ 的条件下，你是由办事员 1 服务的.

　　因为我们可以用类似的方式推出

$$E[T \mid R_2 \leqslant R_1] = \frac{1}{\lambda_1 + \lambda_2} + \frac{1}{\lambda_2},$$

所以

$$E[T] = \frac{3}{\lambda_1 + \lambda_2}.$$

另一种得到 $E[T]$ 的途径是将 T 写成一个和，取期望，并在需要时取条件. 这个方法导出

$$E[T] = E[\min(R_1, R_2) + S] = E[\min(R_1, R_2)] + E[S] = \frac{1}{\lambda_1 + \lambda_2} + E[S].$$

为了计算 $E[S]$，我们以 R_1 和 R_2 中较小的那个为条件，推出

$$E[S] = E[S|R_1 < R_2]\frac{\lambda_1}{\lambda_1 + \lambda_2} + E[S|R_2 \leqslant R_1]\frac{\lambda_2}{\lambda_1 + \lambda_2} = \frac{2}{\lambda_1 + \lambda_2}. \qquad ■$$

例 5.9 在身体中有 n 个细胞，其中细胞 $1, \cdots, k$ 是目标细胞. 每个细胞有一个权重，w_i 是细胞 i 的权重，$i = 1, \cdots, n$. 细胞按随机顺序被逐个杀掉，设当前存活的细胞的集合是 S，那么独立于不在 S 中的细胞被杀的次序，下一个被杀的细胞是 i 的概率为 $w_i/\sum_{j \in s} w_j$，$i \in S$. 换句话说，某个存活的细胞下次被杀的概率是其权重除以仍旧存活的细胞的权重之和. 令 A 表示当细胞 $1, \cdots, k$ 都被杀时仍旧存活的细胞总数. 求 $E[A]$.

解 虽然直接用组合推理求解这个问题相当困难，但是通过将细胞被杀的次序与独立指数随机变量的排序联系起来，可以得到一个精巧的解. 为此，令 $X_1, \cdots, X_n$ 是独立的指数随机变量，X_i 具有速率 w_i，$i = 1, \cdots, n$. 注意 X_i 将以概率 $w_i/\sum_j w_j$ 为其中的最小值. 此外，给定 X_i 最小时，X_r 是第 2 小的概率为 $w_r/\sum_{j \neq i} w_j$. 再者，给定 X_i 和 X_r 分别是第 1 小与第 2 小时，X_s（$s \neq i, r$）是第 3 小的概率是 $w_s/\sum_{j \neq i, r} w_j$，以此类推. 因此，如果我们令 I_j 是 $X_1, \cdots, X_n$ 中第 j 小的下标（即 $X_{I_1} < X_{I_2} < \cdots < X_{I_n}$），那么细胞被杀的次序与 $I_1, \cdots, I_n$ 同分布. 所以，我们假设细胞被杀的次序由 $X_1, \cdots, X_n$ 的次序决定（等价地，我们可以假设一切细胞最终都会被杀，细胞 i 在时间 X_i 被杀，$i = 1, \cdots, n$）.

如果当细胞 $1, \cdots, k$ 都被杀时细胞 j 仍旧存活，我们令 $A_j = 1$，否则令 $A_j = 0$，那么

$$A = \sum_{j=k+1}^{n} A_j.$$

因为如果 X_j 大于 $X_1, \cdots, X_k$ 的所有值，那么当细胞 $1, \cdots, k$ 都被杀时细胞 j 仍旧存活，我们看到，对于 $j > k$，

$$\begin{aligned}
E[A_j] &= P\{A_j = 1\} \\
&= P\{X_j > \max_{i=1, \cdots, k} X_i\}
\end{aligned}$$

$$= \int_0^\infty P\{X_j > \max_{i=1,\cdots,k} X_i | X_j = x\} w_j e^{-w_j x} dx$$

$$= \int_0^\infty P\{X_i < x, 对于一切 \ i = 1, \cdots, k\} w_j e^{-w_j x} dx$$

$$= \int_0^\infty \prod_{i=1}^k (1 - e^{-w_i x}) w_j e^{-w_j x} dx$$

$$= \int_0^1 \prod_{i=1}^k (1 - y^{w_i/w_j}) dy,$$

其中最后的等式得自替换 $y = e^{-w_j x}$. 于是我们得到结果

$$E[A] = \sum_{j=k+1}^n \int_0^1 \prod_{i=1}^k (1 - y^{w_i/w_j}) dy = \int_0^1 \sum_{j=k+1}^n \prod_{i=1}^k (1 - y^{w_i/w_j}) dy. \quad \blacksquare$$

例 5.10　假设顾客有序地排队接受一个服务员的服务. 一旦一次服务完毕, 排在队列中的下一个人就进入服务系统. 然而, 每个等待的顾客只等待一个速率为 θ 的指数分布的时间. 如果在这个时间前服务还没有开始, 那么他就立刻离开系统. 各个顾客的指数时间是独立的. 此外, 服务时间是速率为 μ 的独立指数随机变量. 假设现在某人正在接受服务, 考察队列中第 n 个顾客.

(a) 求这个顾客最终接受服务的概率 P_n.

(b) 求在给定该顾客最终接受服务的条件下, 他在队列中等待的总时间的条件期望 W_n.

解　考察由正在接受服务的人的剩余服务时间, 以及队列中前 n 个人的速率为 θ 的附加指数离开时间组成的 $n+1$ 个随机变量.

(a) 给定这 $n+1$ 个独立指数随机变量中的最小值是队列中第 n 个人的离开时间时, 这个人接受服务的条件概率是 0. 另外, 给定这个人的离开时间并不是最小时, 这个人接受服务的条件概率正好与开始时他处在位置 $n-1$ 一样. 因为给定的一个离开时间是 $n+1$ 个独立指数随机变量中的最小值的概率是 $\theta/(n\theta+\mu)$, 所以我们得到

$$P_n = \frac{(n-1)\theta + \mu}{n\theta + \mu} P_{n-1}.$$

在上式中用 $n-1$ 代替 n 可得

$$P_n = \frac{(n-1)\theta + \mu}{n\theta + \mu} \frac{(n-2)\theta + \mu}{(n-1)\theta + \mu} P_{n-2} = \frac{(n-2)\theta + \mu}{n\theta + \mu} P_{n-2}.$$

按照这种方式继续推导可得

$$P_n = \frac{\theta + \mu}{n\theta + \mu} P_1 = \frac{\mu}{n\theta + \mu}.$$

(b) 为了确定 W_n 的一个表达式, 我们利用这样一个事实: 独立指数随机变量的最小值独立于它们的排序, 并且该最小值的速率等于这些随机变量的速率之和. 因为直到第 n 个人进入服务系统的时间是这 $n+1$ 个随机变量的最小值加上以后的附加时间, 所以根据指数随机变量的无记忆性, 我们得到

$$W_n = \frac{1}{n\theta + \mu} + W_{n-1}.$$

对于越来越小的 n 值重复上面的推理可得

$$W_n = \sum_{i=1}^{n} \frac{1}{i\theta + \mu}. \qquad \blacksquare$$

5.2.4 指数随机变量的卷积

令 $X_i\,(\,i=1,\cdots,n\,)$ 是速率分别为 $\lambda_i\,(\,i=1,\cdots,n\,)$ 的独立指数随机变量, 并且假设 $\lambda_i \neq \lambda_j,\ i \neq j$. 随机变量 $\sum_{i=1}^{n} X_i$ 称为**亚指数**随机变量. 为了计算它的概率密度函数, 我们从 $n=2$ 开始,

$$
\begin{aligned}
f_{X_1+X_2}(t) &= \int_0^t f_{X_1}(s) f_{X_2}(t-s)\mathrm{d}s \\
&= \int_0^t \lambda_1 \mathrm{e}^{-\lambda_1 s} \lambda_2 \mathrm{e}^{-\lambda_2(t-s)}\mathrm{d}s \\
&= \lambda_1 \lambda_2 \mathrm{e}^{-\lambda_2 t} \int_0^t \mathrm{e}^{-(\lambda_1-\lambda_2)s}\mathrm{d}s \\
&= \frac{\lambda_1}{\lambda_1 - \lambda_2} \lambda_2 \mathrm{e}^{-\lambda_2 t} \left(1 - \mathrm{e}^{-(\lambda_1-\lambda_2)t}\right) \\
&= \frac{\lambda_1}{\lambda_1 - \lambda_2} \lambda_2 \mathrm{e}^{-\lambda_2 t} + \frac{\lambda_2}{\lambda_2 - \lambda_1} \lambda_1 \mathrm{e}^{-\lambda_1 t}.
\end{aligned}
$$

当 $n=3$ 时, 利用与上式类似的计算导出

$$f_{X_1+X_2+X_3}(t) = \sum_{i=1}^{3} \lambda_i \mathrm{e}^{-\lambda_i t} \left(\prod_{j\neq i} \frac{\lambda_j}{\lambda_j - \lambda_i}\right),$$

由此可推出一般结果为

$$f_{X_1+\cdots+X_n}(t) = \sum_{i=1}^{n} C_{i,n} \lambda_i \mathrm{e}^{-\lambda_i t},$$

其中

$$C_{i,n} = \prod_{j\neq i} \frac{\lambda_j}{\lambda_j - \lambda_i}.$$

现在我们对 n 用归纳法来证明上述公式. 因为我们已经对于 $n=2$ 建立了它, 所以假定它对于 n 成立, 我们考虑 $n+1$ 个具有不同的速率 $\lambda_i\,(\,i=1,\cdots,n+1\,)$ 的任意

独立指数随机变量 X_i. 如果有必要, 可以重置标号 X_1 与 X_{n+1} 使 $\lambda_{n+1} < \lambda_1$. 现在

$$
\begin{aligned}
f_{X_1+\cdots+X_{n+1}}(t) &= \int_0^t f_{X_1+\cdots+X_n}(s)\lambda_{n+1}\mathrm{e}^{-\lambda_{n+1}(t-s)}\mathrm{d}s \\
&= \sum_{i=1}^n C_{i,n} \int_0^t \lambda_i \mathrm{e}^{-\lambda_i s}\lambda_{n+1}\mathrm{e}^{-\lambda_{n+1}(t-s)}\mathrm{d}s \\
&= \sum_{i=1}^n C_{i,n} \left(\frac{\lambda_i}{\lambda_i - \lambda_{n+1}}\lambda_{n+1}\mathrm{e}^{-\lambda_{n+1}t} + \frac{\lambda_{n+1}}{\lambda_{n+1} - \lambda_i}\lambda_i \mathrm{e}^{-\lambda_i t} \right) \\
&= K_{n+1}\lambda_{n+1}\mathrm{e}^{-\lambda_{n+1}t} + \sum_{i=1}^n C_{i,n+1}\lambda_i \mathrm{e}^{-\lambda_i t},
\end{aligned}
\tag{5.7}
$$

其中 $K_{n+1} = \sum_{i=1}^n C_{i,n}\lambda_i/(\lambda_i - \lambda_{n+1})$ 是一个不依赖 t 的常数. 但是我们也有

$$
f_{X_1+\cdots+X_{n+1}}(t) = \int_0^t f_{X_2+\cdots+X_{n+1}}(s)\lambda_1 \mathrm{e}^{-\lambda_1(t-s)}\mathrm{d}s,
$$

由此推出, 利用与推导式 (5.7) 相同的方法, 有一个常数 K_1 使

$$
f_{X_1+\cdots+X_{n+1}}(t) = K_1\lambda_1 \mathrm{e}^{-\lambda_1 t} + \sum_{i=2}^{n+1} C_{i,n+1}\lambda_i \mathrm{e}^{-\lambda_i t}.
$$

将 $f_{X_1+\cdots+X_{n+1}}(t)$ 的两个表示式取等推出

$$
K_{n+1}\lambda_{n+1}\mathrm{e}^{-\lambda_{n+1}t} + C_{1,n+1}\lambda_1 \mathrm{e}^{-\lambda_1 t} = K_1\lambda_1 \mathrm{e}^{-\lambda_1 t} + C_{n+1,n+1}\lambda_{n+1}\mathrm{e}^{-\lambda_{n+1}t}.
$$

在上面的方程两边同乘以 $\mathrm{e}^{\lambda_{n+1}t}$, 并且令 $t \to \infty$ 导出 (因为当 $t \to \infty$ 时, $\mathrm{e}^{-(\lambda_1 - \lambda_{n+1})t} \to 0$)

$$
K_{n+1} = C_{n+1,n+1},
$$

再代入式 (5.7) 就完成了归纳法. 于是我们证明了, 若 $S = \sum_{i=1}^n X_i$, 则

$$
f_S(t) = \sum_{i=1}^n C_{i,n}\lambda_i \mathrm{e}^{-\lambda_i t},
\tag{5.8}
$$

其中

$$
C_{i,n} = \prod_{j \neq i} \frac{\lambda_j}{\lambda_j - \lambda_i}.
$$

对 f_S 的表达式两边从 t 到 ∞ 积分, 导出 S 的尾分布函数为

$$
P\{S > t\} = \sum_{i=1}^n C_{i,n}\mathrm{e}^{-\lambda_i t}.
\tag{5.9}
$$

因此, 从式 (5.8) 和式 (5.9) 得到 S 的失败率函数 $r_S(t)$ 如下:

$$
r_S(t) = \frac{\sum_{i=1}^n C_{i,n}\lambda_i \mathrm{e}^{-\lambda_i t}}{\sum_{i=1}^n C_{i,n}\mathrm{e}^{-\lambda_i t}}.
$$

如果我们令 $\lambda_j = \min(\lambda_1, \cdots, \lambda_n)$，那么将 $r_S(t)$ 的分子与分母乘以 $e^{\lambda_j t}$ 后导出

$$\lim_{t \to \infty} r_S(t) = \lambda_j.$$

从上式我们能够得出结论，当 t 较大的时候，一个存活到年龄 t 的亚指数分布的产品的剩余寿命近似于一个指数随机变量，其速率等于构成亚指数求和项的指数随机变量的速率的最小值.

注 虽然

$$1 = \int_0^\infty f_S(t)\mathrm{d}t = \sum_{i=1}^n C_{i,n} = \sum_{i=1}^n \prod_{j \neq i} \frac{\lambda_j}{\lambda_j - \lambda_i},$$

但不应该将 $C_{i,n}$（$i = 1, \cdots, n$）想成概率，因为其中有些是负的. 因此，虽然亚指数密度在形式上类似于超指数密度（参见例 5.6），但这两种随机变量是非常不同的.

例 5.11 令 $X_1, \cdots, X_m$ 是独立指数随机变量，分别有速率 $\lambda_1, \cdots, \lambda_m$，其中 $\lambda_i \neq \lambda_j$，$i \neq j$. 令 N 独立于这些随机变量，并且假设 $\sum_{n=1}^m P_n = 1$，其中 $P_n = P\{N = n\}$. 随机变量

$$Y = \sum_{j=1}^N X_j$$

称为**考克斯随机变量**. 以 N 为条件，可以得出其密度函数：

$$\begin{aligned} f_Y(t) &= \sum_{n=1}^m f_Y(t|N=n)P_n \\ &= \sum_{n=1}^m f_{X_1 + \cdots + X_n}(t|N=n)P_n \\ &= \sum_{n=1}^m f_{X_1 + \cdots + X_n}(t)P_n \\ &= \sum_{n=1}^m P_n \sum_{i=1}^n C_{i,n}\lambda_i e^{-\lambda_i t}. \end{aligned}$$

令

$$r(n) = P\{N = n|N \geqslant n\}.$$

如果我们将 N 解释为在离散时间段测量的寿命，那么 $r(n)$ 表示在给定一个产品已经存活到第 n 个时段的条件下，该产品将在使用它的第 n 个时段内损坏的条件概率. 于是，$r(n)$ 是失败率函数 $r(t)$ 的离散时间版本，因此称为离散时间**失败率**（或**风险率**）函数.

考克斯随机变量常常以如下方式出现. 假设一个产品必须经过 m 个时段的处理才能修复. 然而，假设每一时段都有一个概率使该产品离开这个程序. 如果

我们假设产品通过相继时段的时间是独立的指数随机变量, 而一个刚完成 n 个时段的产品离开这个程序的概率 (独立于它通过这 n 个时段所需的时间) 是 $r(n)$, 那么一个产品花费在这个程序中的总时间是一个考克斯随机变量. ■

5.2.5　狄利克雷分布

考虑一个实验, 其可能的结果有 $1, 2, \cdots, n$, 它们各自的概率为 $P_1, \cdots, P_n$, 并且满足 $\sum_{i=1}^{n} P_i = 1$. 我们想要在向量 $(P_1, \cdots, P_n)$ 上假设一个概率分布. 因为 $\sum_{i=1}^{n} P_i = 1$, 所以我们不能在 $P_1, \cdots, P_n$ 上定义一个密度, 但我们可以在 $P_1, \cdots, P_{n-1}$ 上定义, 然后取 $P_n = 1 - \sum_{i=1}^{n-1} P_i$. **狄利克雷分布假设** $(P_1, \cdots, P_{n-1})$ 在集合 $S = \{(p_1, \cdots, p_{n-1}) : \sum_{i=1}^{n} p_i < 1, 0 < p_i, i = 1, \cdots, n-1\}$ 上均匀分布. 因此, 狄利克雷联合密度函数是

$$f_{P_1, \cdots, P_{n-1}}(p_1, \cdots, p_{n-1}) = C, \quad 0 < p_i, i = 1, \cdots, n-1, \sum_{i=1}^{n-1} p_i < 1.$$

因为在集合 S 上对上述密度进行积分得到

$$1 = CP(U_1 + \cdots + U_{n-1} < 1),$$

其中 $U_1, \cdots, U_{n-1}$ 是在 $(0, 1)$ 上的独立均匀随机变量, 所以由例 3.29 知, $C = (n-1)!$.

指数随机变量与狄利克雷分布之间存在某种关系.

命题 5.3　设 $X_1, \cdots, X_n$ 是速率为 λ 的独立指数随机变量, 设 $S = \sum_{i=1}^{n} X_i$. 那么, $(X_1/S, X_2/S, \cdots, X_{n-1}/S)$ 服从狄利克雷分布.

证明　对于在给定 $S = t$ 时, $X_1, \cdots, X_{n-1}$ 的条件密度 $f_{X_1, \cdots, X_{n-1}|S}(x_1, \cdots, x_{n-1}|t)$, 我们有

$$f_{X_1, \cdots, X_{n-1}|S}(x_1, \cdots, x_{n-1}|t) = \frac{f_{X_1, \cdots, X_{n-1}, S}(x_1, \cdots, x_{n-1}, t)}{f_S(t)}. \tag{5.10}$$

因为 $X_1 = x_1, \cdots, X_{n-1} = x_{n-1}, S = t$ 等价于 $X_1 = x_1, \cdots, X_{n-1} = x_{n-1}, X_n = t - \sum_{i=1}^{n-1} x_i$, 所以由式 (5.10) 可得, 对于 $\sum_{i=1}^{n-1} x_i < t, x_i > 0$,

$$
\begin{aligned}
f_{X_1, \cdots, X_{n-1}|S}(x_1, \cdots, x_{n-1}|t) &= \frac{f_{X_1, \cdots, X_{n-1}, X_n}\left(x_1, \cdots, x_{n-1}, t - \sum_{i=1}^{n-1} x_i\right)}{f_S(t)} \\
&= \frac{f_{X_1}(x_1) \cdots f_{X_{n-1}}(x_{n-1}) f_{X_n}\left(t - \sum_{i=1}^{n-1} x_i\right)}{f_S(t)} \\
&= \frac{\lambda e^{-\lambda x_1} \cdots \lambda e^{-\lambda x_{n-1}} \lambda e^{-\lambda\left(t - \sum_{i=1}^{n-1} x_i\right)}}{\lambda e^{-\lambda t}(\lambda t)^{n-1}/(n-1)!}
\end{aligned}
$$

$$= \frac{(n-1)!}{t^{n-1}}, \qquad \sum_{i=1}^{n-1} x_i < t,$$

其中第二个等式利用了独立性, 第三个等式利用了 S 作为 n 个速率为 λ 的独立指数随机变量之和, 服从参数为 n 和 λ 的伽马分布. 如果我们设 $Y_i = X_i/t$, $i = 1, \cdots, n-1$, 那么, 由于这个变换的雅可比行列式是 $1/t^{n-1}$, 因此

$$
\begin{aligned}
f_{X_1/t, \cdots, X_{n-1}/t \mid S}(y_1, \cdots, y_{n-1} \mid t) &= f_{X_1, \cdots, X_{n-1} \mid S}(ty_1, \cdots, ty_{n-1} \mid t) t^{n-1} \\
&= \frac{(n-1)!}{t^{n-1}} t^{n-1}, \qquad \sum_{i=1}^{n-1} ty_i < t \\
&= (n-1)!, \qquad \sum_{i=1}^{n-1} y_i < 1.
\end{aligned}
\tag{5.11}
$$

因为在给定 $S = t$ 时, $X_1/S, \cdots, X_{n-1}/S$ 的条件分布与 $X_1/t, \cdots, X_{n-1}/t$ 的条件分布相同, 所以由式 (5.11) 可得

$$f_{X_1/S, \cdots, X_{n-1}/S \mid S}(y_1, \cdots, y_{n-1} \mid t) = (n-1)!, \qquad \sum_{i=1}^{n-1} y_i < 1.$$

因为在给定 $S = t$ 时, $X_1/S, \cdots, X_{n-1}/S$ 的上述条件密度不依赖于 t, 所以它也是 $X_1/S, \cdots, X_{n-1}/S$ 的无条件密度. 也就是说,

$$f_{X_1/S, \cdots, X_{n-1}/S}(y_1, \cdots, y_{n-1}) = (n-1)!, \qquad \sum_{i=1}^{n-1} y_i < 1,$$

这表明 $(X_1/S, X_2/S, \cdots, X_{n-1}/S)$ 服从狄利克雷分布. ■

5.3 泊松过程

5.3.1 计数过程

一个随机过程 $\{N(t), t \geqslant 0\}$ 称为**计数过程**, 如果 $N(t)$ 表示到时刻 t 为止发生的事件的总数. 计数过程的一些例子如下.

(a) 如果我们令 $N(t)$ 等于正在或早于时刻 t 进入某家商店的人数, 那么 $\{N(t), t \geqslant 0\}$ 是计数过程, 其中一个事件对应于一个进入商店的人. 注意如果我们令 $N(t)$ 等于在时刻 t 进入商店的人数, 那么 $\{N(t), t \geqslant 0\}$ 不是计数过程 (为什么).

(b) 如果只要一个小孩诞生, 我们就说一个事件发生, 那么当 $N(t)$ 等于时刻 t 之前诞生的总人数时, $\{N(t), t \geqslant 0\}$ 是计数过程. ($N(t)$ 包含在时刻 t 之前已经死亡的人吗? 解释为什么它一定包含.)

(c) 如果 $N(t)$ 等于某位足球运动员在时刻 t 前进球的个数，那么 $\{N(t), t \geqslant 0\}$ 是计数过程. 只要该球员进一个球，这个过程的一个事件就发生.

由定义可知，一个计数过程 $N(t)$ 必须满足：

(i) $N(t) \geqslant 0$;

(ii) $N(t)$ 取整数值；

(iii) 若 $s < t$，则 $N(s) \leqslant N(t)$；

(iv) 对于 $s < t$，$N(t) - N(s)$ 表示在区间 $(s, t]$ 中发生的事件的个数.

如果发生在不相交的时间区间中的事件个数是彼此独立的，那么称计数过程具有**独立增量**. 例如，这意味着发生在时刻 10 以前的事件个数（即 $N(10)$）必须独立于在时刻 10 与 15 之间发生的事件个数（即 $N(15) - N(10)$）.

独立增量的假定对于例 (a) 可能是合理的，但是对于例 (b) 可能是不合理的. 其原因是，如果在例 (b) 中 $N(t)$ 非常大，那么在时刻 t 就可能有许多人活着，这使我们相信在时刻 t 到 $t+s$ 之间新生的人数也很多（即 $N(t)$ 独立于 $N(t+s) - N(t)$ 看起来并不合理，所以例 (b) 中的 $\{N(t), t \geqslant 0\}$ 没有独立增量）. 如果我们相信足球队员今天进球的机会不依赖他过去的表现，那么例 (c) 中的独立增量的假定是合理的. 如果我们相信连续取胜或低迷状态，那么这个假定就是不合理的.

如果在任意时间区间中发生的事件个数的分布只依赖于时间区间的长度，那么称计数过程具有**平稳增量**. 换句话说，如果在区间 $(s, s+t)$ 中的事件个数的分布对于一切 s 都相同，那么该过程具有平稳增量.

如果一天中不存在人们更可能进入商店的时间，那么在例 (a) 中平稳增量的假定才是合理的. 于是，如果每天存在一个高峰时段（例如，中午 12 点到下午 1 点之间），那么平稳增量的假定是不合理的. 如果我们相信地球上的人口基本不变（大多数科学家并不这样认为），那么平稳增量的假定在例 (b) 中可能是合理的. 平稳增量的假定在例 (c) 中似乎并不合理，因为大多数人都会认同，足球运动员在 25 至 30 的年龄段中可能会比他在 35 至 40 的年龄段中进更多的球. 然而，在较小的时间范围内，例如一年内，它可能是合理的.

5.3.2　泊松过程的定义

最重要的计数过程之一是泊松过程，在给出其定义之前，我们定义函数 $f(\cdot)$ 是 $o(h)$ 的概念.

定义 5.1 函数 $f(\cdot)$ 称为 $o(h)$，如果

$$\lim_{h \to 0} \frac{f(h)}{h} = 0.$$

例 5.12 (a) 函数 $f(x) = x^2$ 是 $o(h)$, 因为

$$\lim_{h \to 0} \frac{f(h)}{h} = \lim_{h \to 0} \frac{h^2}{h} = \lim_{h \to 0} h = 0.$$

(b) 函数 $f(x) = x$ 不是 $o(h)$, 因为

$$\lim_{h \to 0} \frac{f(h)}{h} = \lim_{h \to 0} \frac{h}{h} = \lim_{h \to 0} 1 = 1 \neq 0.$$

(c) 若 $f(\cdot)$ 是 $o(h)$ 且 $g(\cdot)$ 是 $o(h)$, 则 $f(\cdot) + g(\cdot)$ 也是 $o(h)$. 这是因为

$$\lim_{h \to 0} \frac{f(h) + g(h)}{h} = \lim_{h \to 0} \frac{f(h)}{h} + \lim_{h \to 0} \frac{g(h)}{h} = 0 + 0 = 0.$$

(d) 若 $f(\cdot)$ 是 $o(h)$, 则 $g(\cdot) = cf(\cdot)$ 也是 $o(h)$. 这是因为

$$\lim_{h \to 0} \frac{cf(h)}{h} = c \lim_{h \to 0} \frac{f(h)}{h} = c \cdot 0 = 0.$$

(e) 由 (c) 和 (d) 得出, 若一列函数都是 $o(h)$, 则它们的任意有限线性组合也是 $o(h)$. ∎

若要函数 $f(\cdot)$ 是 $o(h)$, 则在 h 趋于 0 时 $f(h)/h$ 必须趋于 0. 但是, 如果 h 趋于 0, 那么 $f(h)/h$ 趋于 0 的唯一途径就是 $f(h)$ 比 h 更快地趋于 0, 即对于较小的 h, $f(h)$ 相比于 h 必须更小.

记号 $o(h)$ 的使用可以使命题更加精确. 例如, 若 X 是密度为 f 的连续随机变量, 其失败率函数为 $\lambda(t)$, 则近似的命题

$$P(t < X < t + h) \approx f(t)h,$$
$$P(t < X < t + h | X > t) \approx \lambda(t)h$$

可准确地表达为

$$P(t < X < t + h) = f(t)h + o(h),$$
$$P(t < X < t + h | X > t) = \lambda(t)h + o(h).$$

现在我们可以给出泊松过程的定义.

定义 5.2 计数过程 $\{N(t), t \geqslant 0\}$ 称为具有速率 λ ($\lambda > 0$) 的泊松过程, 如果

(i) $N(0) = 0$;

(ii) $\{N(t), t \geqslant 0\}$ 过程有独立增量;

(iii) $P\{N(t + h) - N(h) = 1\} = \lambda h + o(h)$;

(iv) $P\{N(t + h) - N(h) \geqslant 2\} = o(h)$.

我们首先考虑在给定时刻 s 开始观察泊松过程时产生的计数过程, 从而开始对泊松过程的分析.

对于 $s > 0$，设 $N_s(t) = N(s+t) - N(s)$. 也就是说，从时刻 s 开始，$N_s(t)$ 是在接下来的 t 个单位时间内，泊松过程中发生的事件数.

引理 5.1　$\{N_s(t), t \geqslant 0\}$ 是一个速率为 λ 的泊松过程.

证明　为了证明这一点，我们验证 $\{N_s(t), t \geqslant 0\}$ 满足速率为 λ 的泊松过程的公理. 公理 (i) 是直接的，其他公理对 $\{N_s(t), t \geqslant 0\}$ 成立是因为它们对 $\{N(t), t \geqslant 0\}$ 成立. 例如，公理 (ii) 成立是因为从时间 s 开始的不重叠区间仍是不重叠的，公理 (iii) 和公理 (iv) 成立是因为 $N_s(t+h) - N_s(t) = N(s+t+h) - N(s+t)$. ■

令 T_1 为泊松过程 $\{N(t), t \geqslant 0\}$ 的第一个事件发生的时刻. 也就是说，

$$T_1 = \min\{t \geqslant 0 : N(t) = 1\}.$$

现在，我们证明 T_1 是一个速率为 λ 的指数随机变量.

引理 5.2　如果 T_1 是泊松过程 $\{N(t), t \geqslant 0\}$ 的第一个事件发生的时刻，那么

$$P(T_1 > t) = P(N(t) = 0) = \mathrm{e}^{-\lambda t}.$$

证明　设 $P_0(t) = P(N(t) = 0)$，那么

$$
\begin{aligned}
P_0(t+h) &= P(N(t+h) = 0) \\
&= P(N(t) = 0, N(t+h) - N(t) = 0) \\
&= P(N(t) = 0)P(N(t+h) - N(t) = 0) \quad [\text{由公理 (ii)}] \\
&= P_0(t)(1 - \lambda h + o(h)) \quad [\text{由公理 (iii) 和公理 (iv)}].
\end{aligned}
$$

因此

$$P_0(t+h) - P_0(t) = -\lambda h P_0(t) + o(h).$$

上式除以 h，然后令 $h \to 0$，即可得出

$$P_0'(t) = -\lambda P_0(t),$$

等价地，有

$$\frac{P_0'(t)}{P_0(t)} = -\lambda.$$

求积分得

$$\ln(P_0(t)) = -\lambda t + C,$$

所以

$$P_0(t) = K \mathrm{e}^{-\lambda t}.$$

根据 $P_0(0) = 1$，可以得出 $K = 1$. 因为第一个事件发生的时刻超过 t，当且仅当 $N(t) = 0$，所以 $P(T_1 > t) = P(N(t) = 0) = \mathrm{e}^{-\lambda t}$. ■

T_1 是泊松过程的第一个事件发生的时刻，而对于 $n > 1$，我们将 T_n 定义为第 $n-1$ 个事件和第 n 个事件之间的时间. 如果 $T_1 = 5$，$T_2 = 10$，那么泊松过程的第一个事件发生在时刻 5，第二个事件发生在时刻 15. 序列 $\{T_n, n = 1, 2, \cdots\}$ 称为到达间隔序列.

命题 5.4 $T_1, T_2, \cdots$ 是速率为 λ 的独立同分布的指数随机变量.

证明 我们已经证明了 T_1 是速率为 λ 的指数随机变量. 现在，

$$
\begin{aligned}
P(T_2 > t | T_1 = s) &= P(\text{在 } (s, s+t) \text{ 内没有事件发生} | T_1 = s) \\
&= P(\text{在 } (s, s+t) \text{ 内没有事件发生}) \quad \text{（由独立增量性）} \\
&= P(N_s(t) = 0) \\
&= \mathrm{e}^{-\lambda t},
\end{aligned}
$$

其中，最后一个等号得自引理 5.2，因为由引理 5.1 可知，$\{N_s(t), t \geqslant 0\}$ 是一个速率为 λ 的泊松过程. 因此，T_2 是一个速率为 λ 的指数随机变量，又因为 $P(T_2 > t | T_1 = s)$ 与 s 无关，所以 T_2 与 T_1 独立. 重复论证（或使用归纳法）即可完成证明. ■

另一个我们感兴趣的量是第 n 个事件发生的时刻 S_n. 因为到达间隔是相继事件之间的时间，所以容易看出

$$
S_n = \sum_{i=1}^{n} T_i, \quad n \geqslant 1.
$$

因此，根据命题 5.1 和命题 5.4，S_n 是一个参数为 n 和 λ 的伽马随机变量，其密度函数为

$$
f_{S_n}(s) = \lambda \mathrm{e}^{-\lambda s} \frac{(\lambda s)^{n-1}}{(n-1)!}, \quad s > 0.
$$

现在，我们可以介绍以下的重要定理了.

定理 5.1 如果 $\{N(t), t \geqslant 0\}$ 是速率为 λ 的泊松过程，那么 $N(t)$ 是速率为 λt 的泊松随机变量，即

$$
P(N(t) = n) = \mathrm{e}^{-\lambda t}(\lambda t)^n / n!, \quad n \geqslant 0. \tag{5.12}
$$

证明 在引理 5.2 中我们已经证明了 $P(N(t) = 0) = \mathrm{e}^{-\lambda t}$. 对于 $n > 0$，我们以第 n 个事件发生的时刻 S_n 为条件，计算 $P(N(t) = n)$：

$$
P(N(t) = n) = \int_0^t P(N(t) = n | S_n = s) \lambda \mathrm{e}^{-\lambda s} \frac{(\lambda s)^{n-1}}{(n-1)!} \mathrm{d}s, \tag{5.13}
$$

上式利用了当 $s > t$ 时，$P(N(t) = n | S_n = s) = 0$. 现在，对于 $0 < s < t$，给定第 n 个事件发生在时刻 s，如果下一个到达间隔超过 $t - s$，那么到时刻 t 为止共

发生 n 个事件. 因此

$$
\begin{aligned}
P(N(t)=n|S_n=s) &= P(T_{n+1}>t-s|T_1+\cdots+T_n=s)\\
&= P(T_{n+1}>t-s)\\
&= \mathrm{e}^{-\lambda(t-s)},
\end{aligned}
$$

其中最后两个等式都利用了命题 5.4. 将它代入式 (5.13) 可得

$$
\begin{aligned}
P(N(t)=n) &= \int_0^t \mathrm{e}^{-\lambda(t-s)}\lambda\mathrm{e}^{-\lambda s}\frac{(\lambda s)^{n-1}}{(n-1)!}\mathrm{d}s\\
&= \mathrm{e}^{-\lambda t}\lambda^n\int_0^t \frac{s^{n-1}}{(n-1)!}\mathrm{d}s\\
&= \mathrm{e}^{-\lambda t}(\lambda t)^n/n!.
\end{aligned}
$$

■

注 (i) 因为 $\{N_s(t),t\geqslant 0\}$ 也是一个速率为 λ 的泊松过程, 所以 $N_s(t)=N(t+s)-N(s)$ 是一个速率为 λ 的泊松随机变量. 因此在任意长度为 t 的固定区间中的事件数都是速率为 λ 的泊松随机变量.

(ii) 如果一个计数过程在一个区间中的事件数的分布只依赖于区间的长度, 而不依赖于区间的位置, 那么称这个过程具有**平稳增量**. 因此, 泊松过程具有平稳增量.

(iii) $N(t)$, 或者更一般的 $N(s+t)-N(s)$, 具有泊松分布是二项分布的泊松近似 (参见 2.2.4 节) 的一个推论. 为了证明这一点, 可将区间 $[0,t]$ k 等分, 其中 k 非常大 (见图 5-1). 现在用定义 5.2 中的公理 (iv) 可以证明, 当 k 递增至 ∞ 时, 在 k 个子区间的任意一个中有两个或两个以上事件的概率趋于 0. 因此, $N(t)$ (以趋于 1 的概率) 正好等于含有一个事件的子区间的个数. 由平稳增量性和独立增量性可知, 该个数具有参数为 k 和 $p=\frac{\lambda t}{k}+o\left(\frac{t}{k}\right)$ 的二项分布. 因此, 令 k 趋向 ∞, 根据二项分布的泊松近似定理, 并利用 $o(h)$ 的定义和当 $k\to\infty$ 时 $\frac{t}{k}\to 0$, 我们可得 $N(t)$ 具有均值为

$$
\lim_{k\to\infty}k\left[\lambda\frac{t}{k}+o\left(\frac{t}{k}\right)\right]=\lambda t+\lim_{k\to\infty}\frac{to(t/k)}{t/k}=\lambda t
$$

的泊松分布.

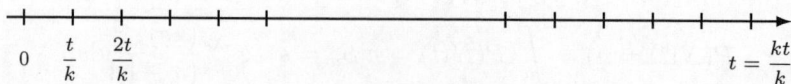

图 5-1

例 5.13 假设人们按照每天速率为 $\lambda = 2$ 的泊松过程移民到某地.

(a) 求在接下来的一周（7 天）内，有 10 人到达的概率.

(b) 求直到有 20 人到达的天数的期望.

解 (a) 因为在 7 天内到达的人数服从均值为 $7\lambda = 14$ 的泊松分布，所以有 10 人到达的概率为 $\mathrm{e}^{-14}(14)^{10}/10!$.

(b) $E[S_{20}] = 20/\lambda = 10.$ ∎

5.3.3 泊松过程的进一步性质

考虑一个速率为 λ 的泊松过程 $\{N(t), t \geqslant 0\}$，并假设每次发生的事件分为 I 型事件和 II 型事件. 进一步假设每个事件独立于所有其他事件，以概率 p 为 I 型事件，以概率 $1-p$ 为 II 型事件. 例如，顾客按照速率为 λ 的泊松过程到达一个商店，并且每个到达的顾客以概率 1/2 为男性，以概率 1/2 为女性. 那么 I 型事件对应于一个男性到达商店，而 II 型事件对应于一个女性到达商店.

令 $N_1(t)$ 和 $N_2(t)$ 分别表示在 $[0, t]$ 内发生的 I 型事件和 II 型事件的个数. 注意 $N(t) = N_1(t) + N_2(t)$.

命题 5.5 $\{N_1(t), t \geqslant 0\}$ 和 $\{N_2(t), t \geqslant 0\}$ 分别是速率为 λp 和 $\lambda(1-p)$ 的泊松过程. 此外，这两个泊松过程是彼此独立的.

证明 通过检验 $\{N_1(t), t \geqslant 0\}$ 满足定义 5.2，容易验证它是速率为 λp 的泊松过程.

- $N_1(0) = 0$ 得自事实 $N(0) = 0$.
- 容易看出 $\{N_1(t), t \geqslant 0\}$ 继承了过程 $\{N(t), t \geqslant 0\}$ 的平稳增量性和独立增量性. 这是因为在一个区间中的 I 型事件个数的分布可以通过以这个区间中的事件个数为条件得到，而区间中事件个数的分布只依赖于区间的长度，并且独立于任意与它不相交的区间中发生的事件.
- $P\{N_1(h) = 1\} = P\{N_1(h) = 1 | N(h) = 1\} P\{N(h) = 1\}$
  $$+ P\{N_1(h) = 1 | N(h) \geqslant 2\} P\{N(h) \geqslant 2\}$$
  $$= p(\lambda h + o(h)) + o(h)$$
  $$= \lambda p h + o(h).$$
- $P\{N_1(h) \geqslant 2\} \leqslant P\{N(h) \geqslant 2\} = o(h).$

于是我们看到 $\{N_1(t), t \geqslant 0\}$ 是速率为 λp 的泊松过程，而用类似的推理可得，$\{N_2(t), t \geqslant 0\}$ 是速率为 $\lambda(1-p)$ 的泊松过程. 因为在从 t 到 $t+h$ 的区间中，I 型事件发生的概率独立于与 $(t, t+h)$ 不相交的区间中发生的所有事件，所以它独立

于 II 型事件发生的时间, 这就证明了两个泊松过程是独立的.（另一种证明独立性的方法参见例 3.24.）∎

例 5.14　如果移民以每星期 10 人的泊松速率到达 A 地区, 并且每个移民是英格兰后裔的概率是 1/12, 那么在二月份没有英格兰后裔移民到 A 地区的概率是多少?

解　由上面的命题推出, 在二月份英格兰人移民到 A 地区的人数服从均值为 $4 \times 10 \times \frac{1}{12} = \frac{10}{3}$ 的泊松分布. 因此要求的概率是 $e^{-10/3}$.∎

例 5.15　假设你想要出售一件商品, 而对该商品的非负出价以速率为 λ 的泊松过程到达. 假定每次出价都是一个具有密度函数 $f(x)$ 的连续随机变量的值. 一旦出价提供给你, 你必须接受或拒绝并等待下一个出价. 在商品卖出以前, 每个单位时间都会产生成本 c, 而你的目标是使期望净回报最大, 其中净回报等于收到的金额减去总成本. 假设你使用的策略是, 接受第一个超过某个特定值 y 的出价.（这种类型的策略称为 y 策略, 可以证明它是最优的.）y 的最优值是多少? 最佳期望净回报是多少?

解　我们计算当你使用 y 策略时的期望净回报, 并且选取 y 使之最大. 令 X 为一个随机出价的值, 令 $\overline{F}(x) = P(X > x) = \int_x^\infty f(u)\mathrm{d}u$ 为其尾分布函数. 因为每次出价以概率 $\overline{F}(y)$ 大于 y, 所以这种出价按速率为 $\lambda\overline{F}(y)$ 的泊松过程发生. 因此, 直到一次出价被接受的时间是一个速率为 $\lambda\overline{F}(y)$ 的指数随机变量. 令 $R(y)$ 表示使用 y 策略得到的净回报, 我们有

$$
\begin{aligned}
E[R(y)] &= E[\text{接受出价}] - cE[\text{到接受的时间}] \\
&= E[X|X > y] - \frac{c}{\lambda\overline{F}(y)} \\
&= \int_0^\infty x f_{X|X>y}(x)\mathrm{d}x - \frac{c}{\lambda\overline{F}(y)} \\
&= \int_y^\infty x\frac{f(x)}{\overline{F}(y)}\mathrm{d}x - \frac{c}{\lambda\overline{F}(y)} \\
&= \frac{\int_y^\infty x f(x)\mathrm{d}x - c/\lambda}{\overline{F}(y)}.
\end{aligned}
\tag{5.14}
$$

求微分导出

$$
\frac{\mathrm{d}}{\mathrm{d}y}E[R(y)] = 0 \iff -\overline{F}(y)yf(y) + \left(\int_y^\infty x f(x)\mathrm{d}x - \frac{c}{\lambda}\right)f(y) = 0.
$$

所以, y 的最优值满足

$$
y\overline{F}(y) = \int_y^\infty x f(x)\mathrm{d}x - \frac{c}{\lambda},
$$

因此

$$y \int_y^\infty f(x)\mathrm{d}x = \int_y^\infty xf(x)\mathrm{d}x - \frac{c}{\lambda},$$

从而

$$\int_y^\infty (x-y)f(x)\mathrm{d}x = \frac{c}{\lambda}.$$

不难证明存在唯一的 y 满足上述方程. 因此, 最佳策略是接受首个超过 y^* 的出价, 其中 y^* 满足

$$\int_{y^*}^\infty (x-y^*)f(x)\mathrm{d}x = c/\lambda.$$

将 $y = y^*$ 代入式 (5.14), 可得到最佳期望净回报就是

$$
\begin{aligned}
E[R(y^*)] &= \frac{1}{\overline{F}(y^*)} \left(\int_{y^*}^\infty (x - y^* + y^*)f(x)\mathrm{d}x - c/\lambda \right) \\
&= \frac{1}{\overline{F}(y^*)} \left(\int_{y^*}^\infty (x-y^*)f(x)\mathrm{d}x + y^* \int_{y^*}^\infty f(x)\mathrm{d}x - c/\lambda \right) \\
&= \frac{1}{\overline{F}(y^*)} (c/\lambda + y^*\overline{F}(y^*) - c/\lambda) \\
&= y^*.
\end{aligned}
$$

于是最佳临界值也是最佳期望净回报. 为了弄清为什么是这样, 令 m 为最佳期望净回报, 并注意, 当拒绝一个出价时, 问题基本上就重新开始, 所以从那时起的最佳期望额外净回报是 m. 这意味着接受的出价是最佳的, 当且仅当它至少和 m 一样大, 这就说明了 m 是最佳临界值. ■

由命题 5.5 推出, 如果个体的每个泊松数分别以概率 p 和 $1-p$ 独立地分类为两个可能的组, 那么每一组的个体数是独立的泊松随机变量. 因为这个结果容易推广到分类为 r 个可能的组的情形, 所以我们有下面的应用, 即一个组织中雇员流动的模型.

例 5.16 考察一个系统, 无论何时其中的个体都被分类为 r 个可能的状态之一, 并假定个体按转移概率为 P_{ij} ($i, j = 1, \cdots, r$) 的一个马尔可夫链改变其状态. 也就是说, 若个体处于状态 i, 则下一个时间段独立于它以前的状态, 以概率 P_{ij} 处于状态 j. 个体在系统中的变动是彼此独立的. 假设开始时处于状态 $1, 2, \cdots, r$ 的个体数分别是均值为 $\lambda_1, \lambda_2, \cdots, \lambda_r$ 的独立的泊松随机变量. 我们想要确定在某个时刻 n 处于状态 $1, 2, \cdots, r$ 的个体数的联合分布.

解 对于固定的 i, 令 $N_j(i)$ ($j = 1, \cdots, r$) 表示开始处于状态 i 且在时刻 n 处于状态 j 的个体数. 开始处于状态 i 的每个 (泊松分布的) 个体数彼此独立地

以概率 P_{ij}^n 在时刻 n 处于状态 j, 其中 P_{ij}^n 是具有转移概率 P_{ij} 的马尔可夫链的 n 步转移概率. 因此, $N_j(i)$ ($j = 1, \cdots, r$) 是均值为 $\lambda_i P_{ij}^n$ ($j = 1, \cdots, r$) 的独立泊松随机变量. 因为独立泊松随机变量的和本身也是泊松随机变量, 所以在时刻 n 处于状态 j 的个体数 (即 $\sum_{i=1}^r N_j(i)$) 将是均值为 $\sum_{i=1}^r \lambda_i P_{ij}^n$ 的独立泊松随机变量, $j = 1, \cdots, r$. ■

例 5.17（奖券收集问题）　有 m 种不同类型的奖券. 独立于过去得到的奖券, 某人每次以概率 p_j ($\sum_{i=1}^m p_j = 1$) 收集一张类型 j 的奖券. 令 N 表示他为了每种类型至少有一张的全套收藏所需要收集的奖券张数. 求 $E[N]$.

解　如果我们令 N_j 表示得到类型 j 的奖券必须收集的奖券张数, 那么我们可以将 N 表示为

$$N = \max_{1 \leqslant j \leqslant m} N_j.$$

然而, 即使每个 N_j 都是参数为 p_j 的几何随机变量, 但 N 的上述表示并非那么有用, 因为随机变量 N_j 不是独立的.

不过, 我们可以将问题转化为确定**独立随机变量的最大值的期望**. 为此, 假设奖券收集的时间是按速率为 $\lambda = 1$ 的泊松过程选取的. 如果此时得到类型 j 的奖券, 就称这个泊松过程的一个事件为类型 j ($1 \leqslant j \leqslant m$). 现在我们令 $N_j(t)$ 表示直到时刻 t 为止收集到的类型 j 的奖券张数, 那么由命题 5.5 推出 $\{N_j(t), t \geqslant 0\}$ ($j = 1, \cdots, m$) 是速率为 $\lambda p_j = p_j$ 的独立的泊松过程. 令 X_j 表示第 j 个过程的首个事件发生的时间, 并且令

$$X = \max_{1 \leqslant j \leqslant m} X_j$$

表示收集到全套收藏的时间. 因为 X_j 是速率为 p_j 的独立指数随机变量, 所以

$$\begin{aligned}
P\{X < t\} &= P\{\max_{1 \leqslant j \leqslant m} X_j < t\} \\
&= P\{X_j < t, \text{ 对于 } j = 1, \cdots, m\} \\
&= \prod_{j=1}^m (1 - \mathrm{e}^{-p_j t}).
\end{aligned}$$

因此

$$E[X] = \int_0^\infty P\{X > t\}\mathrm{d}t = \int_0^\infty \left\{ 1 - \prod_{j=1}^m (1 - \mathrm{e}^{-p_j t}) \right\}\mathrm{d}t. \tag{5.15}$$

余下要做的就是将获得全套奖券所需的时间的期望 $E[X]$, 与所需收集的奖券张数的期望 $E[N]$ 联系起来, 这可以通过令 T_i 表示奖券计数的泊松过程的第 i 个

到达间隔时间得到. 于是容易看到

$$X = \sum_{i=1}^{N} T_i.$$

因为 T_i 是速率为 1 的独立指数随机变量, 而 N 是独立于 T_i 的, 所以

$$E[X|N] = NE[T_i] = N.$$

因此

$$E[X] = E[N],$$

从而 $E[N]$ 由式 (5.15) 给出.

我们现在计算在全套收藏中只出现一张的类型数的期望. 如果在最后的全套收藏中只有一张类型 i 的奖券, 那么令 $I_i = 1$, 否则令 $I_i = 0$. 于是我们想要知道

$$E\left[\sum_{i=1}^{m} I_i\right] = \sum_{i=1}^{m} E[I_i] = \sum_{i=1}^{m} P\{I_i = 1\}.$$

如果在第二张类型 i 的奖券出现之前, 每一种类型的奖券都已经出现, 那么在最后的全套收藏中将只有一张类型 i 的奖券. 于是, 令 S_i 表示得到第二张类型 i 的奖券的时间, 我们有

$$P\{I_i = 1\} = P\{X_j < S_i, \text{对于一切 } j \neq i\}.$$

利用 S_i 服从参数为 2 和 p_i 的伽马分布, 推出

$$\begin{aligned}
P\{I_i = 1\} &= \int_0^\infty P\{X_j < S_i, \text{对于一切 } j \neq i \,|\, S_i = x\} p_i e^{-p_i x} p_i x \mathrm{d}x \\
&= \int_0^\infty P\{X_j < x, \text{对于一切 } j \neq i\} p_i^2 x e^{-p_i x} \mathrm{d}x \\
&= \int_0^\infty \prod_{j \neq i} (1 - e^{-p_j x}) p_i^2 x e^{-p_i x} \mathrm{d}x.
\end{aligned}$$

所以, 我们得到

$$\begin{aligned}
E\left[\sum_{i=1}^{m} I_i\right] &= \int_0^\infty \sum_{i=1}^{m} \prod_{j \neq i} (1 - e^{-p_j x}) p_i^2 x e^{-p_i x} \mathrm{d}x \\
&= \int_0^\infty x \prod_{j=1}^{m} (1 - e^{-p_j x}) \sum_{i=1}^{m} p_i^2 \frac{e^{-p_i x}}{1 - e^{-p_i x}} \mathrm{d}x. \qquad \blacksquare
\end{aligned}$$

下一个我们要确定的有关泊松过程的概率计算是, 一个泊松过程中 n 个事件的发生先于另一个与之独立的泊松过程中 m 个事件的发生的概率. 更正式地, 令 $\{N_1(t), t \geqslant 0\}$ 和 $\{N_2(t), t \geqslant 0\}$ 是速率分别为 λ_1 和 λ_2 的独立泊松过程. 再令 S_n^1 为第一个过程的第 n 个事件发生的时间, S_m^2 为第二个过程的第 m 个事件发

生的时间. 我们要求

$$P\{S_n^1 < S_m^2\}.$$

对于一般的 n 和 m, 在试图计算它之前, 先考虑 $n = m = 1$ 的特殊情形. 由于 $N_1(t)$ 过程的首个事件发生的时间 S_1^1 与 $N_2(t)$ 过程的首个事件发生的时间 S_2^1 是均值分别为 $1/\lambda_1$ 和 $1/\lambda_2$ 的指数随机变量 (由命题 5.4), 因此由 5.2.3 节可知

$$P\{S_1^1 < S_1^2\} = \frac{\lambda_1}{\lambda_1 + \lambda_2}. \tag{5.16}$$

我们现在考虑 $N_1(t)$ 过程中两个事件的发生先于 $N_2(t)$ 过程中单个事件的发生的概率, 即 $P\{S_2^1 < S_1^2\}$. 计算的推理如下: 为了让 $N_1(t)$ 过程有两个事件先于在 $N_2(t)$ 过程中单个事件发生, 首先必须发生的初始事件是 $N_1(t)$ 过程的事件 [由式 (5.16) 可知, 这以概率 $\lambda_1/(\lambda_1 + \lambda_2)$ 发生]. 现在给定初始事件出自 $N_1(t)$ 过程, 要使 S_2^1 小于 S_1^2, 接下来必须发生的第二个事件也是 $N_1(t)$ 过程的一个事件. 然而, 在第一个事件发生后, 两个过程都重新开始 (由泊松过程的无记忆性), 因此这个条件概率也是 $\lambda_1/(\lambda_1 + \lambda_2)$. 于是所求的概率为

$$P\{S_2^1 < S_1^2\} = \left(\frac{\lambda_1}{\lambda_1 + \lambda_2}\right)^2.$$

事实上这个推理显示了, 独立于以前发生的所有情况, 每个事件以概率 $\lambda_1/(\lambda_1 + \lambda_2)$ 是 $N_1(t)$ 过程的事件, 以概率 $\lambda_2/(\lambda_1 + \lambda_2)$ 是 $N_2(t)$ 过程的事件. 换句话说, $N_1(t)$ 过程到达 n 先于 $N_2(t)$ 过程到达 m 的概率, 正是在抛掷一枚以概率 $p = \lambda_1/(\lambda_1 + \lambda_2)$ 正面朝上的硬币时出现 n 次正面先于 m 次反面的概率. 但是注意, 这个事件发生, 当且仅当前 $n + m - 1$ 次抛掷中出现 n 次或更多的正面, 因此所求的概率为

$$P\{S_n^1 < S_m^2\} = \sum_{k=n}^{n+m-1} \binom{n+m-1}{k} \left(\frac{\lambda_1}{\lambda_1 + \lambda_2}\right)^k \left(\frac{\lambda_2}{\lambda_1 + \lambda_2}\right)^{n+m-1-k}.$$

5.3.4　到达时间的条件分布

假设直到时间 t 为止泊松过程的事件恰好发生一个, 而我们要确定这个事件发生的时间分布. 由于泊松过程有平稳增量和独立增量, 因此在 $[0, t]$ 中每个相等长度的区间应该以相同的概率包含这个事件. 换句话说, 事件发生的时间应该均匀地分布在 $[0, t]$ 上. 这很容易验证, 因为对于 $s \leqslant t$,

$$
\begin{aligned}
P\{T_1 < s | N(t) = 1\} &= \frac{P\{T_1 < s\ N(t) = 1\}}{P\{N(t) = 1\}} \\
&= \frac{P\{[0, s) \text{ 中 1 个事件}, \ [s, t] \text{ 中 0 个事件}\}}{P\{N(t) = 1\}}
\end{aligned}
$$

$$= \frac{P\{[0,s) \text{ 中 } 1 \text{ 个事件}\}P\{[s,t] \text{ 中 } 0 \text{ 个事件}\}}{P\{N(t) = 1\}}$$

$$= \frac{\lambda s e^{-\lambda s} e^{-\lambda(t-s)}}{\lambda t e^{-\lambda t}}$$

$$= \frac{s}{t}.$$

这个结果可以推广，但是在此之前我们需要引入次序统计量的概念.

令 $Y_1, \cdots, Y_n$ 是 n 个随机变量，如果 $Y_{(k)}$ 是在 $Y_1, \cdots, Y_n$ 中第 k 小的值，$k = 1, 2, \cdots, n$，那么我们说 $Y_{(1)}, \cdots, Y_{(n)}$ 是对应于 $Y_1, \cdots, Y_n$ 的次序统计量. 例如，若 $n = 3$ 而 $Y_1 = 4, Y_2 = 5, Y_3 = 1$，则 $Y_{(1)} = 1, Y_{(2)} = 4, Y_{(3)} = 5$. 如果 Y_i（$i = 1, \cdots, n$）是具有概率密度 f 的独立同分布的连续随机变量，那么次序统计量 $Y_{(1)}, \cdots, Y_{(n)}$ 的联合密度为

$$f(y_1\, y_2, \cdots, y_n) = n! \prod_{i=1}^{n} f(y_i), \quad y_1 < y_2 < \cdots < y_n.$$

上式可由如下推理得到：

(i) 如果 $(Y_1, Y_2, \cdots, Y_n)$ 等于 $(y_1, y_2, \cdots, y_n)$ 的 $n!$ 个排列中的任意一个，那么 $(Y_{(1)}, Y_{(2)}, \cdots, Y_{(n)})$ 将等于 $(y_1, y_2, \cdots, y_n)$；

(ii) 当 $i_1, \cdots, i_n$ 是 $1, 2, \cdots, n$ 的一个排列时，$(Y_1, \cdots, Y_n)$ 等于 $(y_{i_1}, \cdots, y_{i_n})$ 的概率密度是 $\prod_{j=1}^{n} f(y_{i_j}) = \prod_{j=1}^{n} f(y_j)$.

如果 Y_i（$i = 1, \cdots, n$）都在 $(0, t)$ 上均匀分布，那么由上式可得次序统计量 $Y_{(1)}, \cdots, Y_{(n)}$ 的联合密度函数是

$$f(y_1\, y_2, \cdots, y_n) = \frac{n!}{t^n}, \quad 0 < y_1 < y_2 < \cdots < y_n < t.$$

现在我们已经为学习下面的有用定理做好了准备.

定理 5.2 给定 $N(t) = n$，n 个到达时间 $S_1, \cdots, S_n$ 与 n 个在 $(0, t)$ 上均匀分布的独立随机变量所对应的次序统计量有相同的分布.

证明 为了得到给定 $N(t) = n$ 时 $S_1, \cdots, S_n$ 的条件密度，注意对于 $0 < s_1 < \cdots < s_n < t$，事件 $\{S_1 = s_1, \cdots, S_n = s_n, N(t) = n\}$ 等价于前 $n+1$ 个到达间隔满足 $T_1 = s_1, T_2 = s_2 - s_1, \cdots, T_n = s_n - s_{n-1}, T_{n+1} > t - s_n$ 这个事件. 因此，利用命题 5.4，我们有：给定 $N(t) = n$ 时，$S_1, \cdots, S_n$ 的条件联合密度为

$$f(s_1, \cdots, s_n | n) = \frac{f(s_1, \cdots, s_n\, n)}{P\{N(t) = n\}}$$

$$= \frac{\lambda e^{-\lambda s_1} \lambda e^{-\lambda(s_2 - s_1)} \cdots \lambda e^{-\lambda(s_n - s_{n-1})} e^{-\lambda(t - s_n)}}{e^{-\lambda t}(\lambda t)^n / n!}$$

$$= \frac{n!}{t^n}, \qquad 0 < s_1 < \cdots < s_n < t,$$

这就证明了结论.　　　　　　　　　　　　　　　　　　　　　　　　　　　　　■

注　上面的结论通常可以表述为, 在 $(0, t)$ 中已经发生 n 个事件的条件下, 事件发生的时间 $S_1, \cdots, S_n$（考虑为无次序的随机变量时）独立地在 $(0, t)$ 上均匀分布.

定理 5.2 的应用（泊松过程的抽样）　在命题 5.5 中, 我们证明了: 如果泊松过程的每一个事件被独立地以概率 p 分类为 I 型事件, 以概率 $1 - p$ 分类为 II 型事件, 那么 I 型事件和 II 型事件的计数过程分别是以 λp 和 $\lambda(1 - p)$ 为速率的相互独立的泊松过程. 现在在假设有 k 种可能类型的事件, 而一个事件被分类为类型 i ($i = 1, \cdots, k$) 事件的概率依赖于事件发生的时间. 特别地, 假设若一个事件在时刻 y 发生, 则独立于以前发生的任何事件, 它将以概率 $P_i(y)$ ($i = 1, \cdots, k$) 被分类为类型 i 事件, 其中 $\sum_{i=1}^{k} P_i(y) = 1$. 利用定理 5.2, 我们可以证明以下的有用命题.

命题 5.6　如果 $N_i(t)$ ($i = 1, \cdots, k$) 表示到时刻 t 为止类型 i 事件发生的个数, 那么 $N_i(t)$ ($i = 1, \cdots, k$) 是均值为

$$E[N_i(t)] = \lambda \int_0^t P_i(s) \mathrm{d}s$$

的独立泊松随机变量.

在证明这个命题前, 让我们先来说明一下它的用途.

例 5.18（无穷条服务线的排队问题）　假设顾客按速率为 λ 的泊松过程到达服务站. 到达后的顾客立刻在无穷条可能的服务线中的一条接受服务, 服务时间假定是独立的, 并且具有共同的分布 G. 到时刻 t 为止完成服务的顾客数 $X(t)$ 的分布是什么? 在时刻 t 接受服务的顾客数 $Y(t)$ 的分布是什么?

如果到时刻 t 为止进入服务的顾客完成了服务, 那么我们称他为 I 型顾客; 如果到时刻 t 为止他没有完成服务, 那么称他为 II 型顾客. 例如, 一个在时刻 s ($s \leqslant t$) 进入的顾客, 如果他的服务时间少于 $t - s$, 那么他将是 I 型顾客. 由于服务时间的分布是 G, 因此这个概率是 $G(t - s)$. 类似地, 一个在时刻 s ($s \leqslant t$) 进入的顾客是 II 型顾客的概率是 $\overline{G}(t - s) = 1 - G(t - s)$. 因此, 根据命题 5.6, 到时刻 t 为止完成服务的顾客数 $X(t)$ 的分布是均值为

$$E[X(t)] = \lambda \int_0^t G(t - s) \mathrm{d}s = \lambda \int_0^t G(y) \mathrm{d}y \tag{5.17}$$

的泊松分布. 类似地, 在时刻 t 接受服务的顾客数 $Y(t)$ 的分布是均值为

$$E[Y(t)] = \lambda \int_0^t \overline{G}(t - s) \mathrm{d}s = \lambda \int_0^t \overline{G}(y) \mathrm{d}y \tag{5.18}$$

的泊松分布. 此外 $X(t)$ 和 $Y(t)$ 是独立的.

假设现在我们想要计算 $Y(t)$ 和 $Y(t+s)$ 的联合分布, 即在时刻 t 和时刻 $t+s$ 接受服务的顾客数的联合分布. 为此, 称一个到达为

类型 1: 如果顾客在 t 前到达, 而且在 t 和 $t+s$ 之间完成服务;

类型 2: 如果顾客在 t 前到达, 而且在 $t+s$ 后完成服务;

类型 3: 如果顾客在 t 和 $t+s$ 之间到达, 而且在 $t+s$ 后完成服务;

类型 4: 其他情形.

因此一个在时刻 y 的到达是类型 i 的概率 $P_i(y)$ 为

$$P_1(y) = \begin{cases} G(t+s-y) - G(t-y), & y < t, \\ 0, & \text{其他}, \end{cases}$$

$$P_2(y) = \begin{cases} \overline{G}(t+s-y), & y < t, \\ 0, & \text{其他}, \end{cases}$$

$$P_3(y) = \begin{cases} \overline{G}(t+s-y), & t < y < t+s, \\ 0, & \text{其他}, \end{cases}$$

$$P_4(y) = 1 - P_1(y) - P_2(y) - P_3(y).$$

因此, 如果令 $N_i = N_i(t+s)$ ($i = 1,2,3$) 为发生的类型 i 的事件数, 那么根据命题 5.6, N_i ($i = 1,2,3$) 是分别以

$$E[N_i] = \lambda \int_0^{t+s} P_i(y) \mathrm{d}y, \quad i = 1,2,3$$

为均值的独立泊松随机变量. 因为

$$Y(t) = N_1 + N_2, \quad Y(t+s) = N_2 + N_3,$$

所以很容易算出 $Y(t)$ 和 $Y(t+s)$ 的联合分布. 例如,

$$\begin{aligned} \mathrm{Cov}(Y(t), Y(t+s)) &= \mathrm{Cov}(N_1 + N_2, N_2 + N_3) \\ &= \mathrm{Cov}(N_2, N_2) \quad (\text{由 } N_1, N_2, N_3 \text{ 的独立性}) \\ &= \mathrm{Var}(N_2) \\ &= \lambda \int_0^t \overline{G}(t+s-y) \mathrm{d}y \\ &= \lambda \int_0^t \overline{G}(u+s) \mathrm{d}u, \end{aligned}$$

其中最后的等式是由泊松随机变量的方差等于它的均值, 和替换 $u = t - y$ 得到

的. 此外, $Y(t)$ 和 $Y(t+s)$ 的联合分布如下:

$$P\{Y(t)=i, Y(t+s)=j\} = P\{N_1+N_2=i, N_2+N_3=j\}$$

$$= \sum_{l=0}^{\min(i,j)} P\{N_2=l, N_1=i-l, N_3=j-l\}$$

$$= \sum_{l=0}^{\min(i,j)} P\{N_2=l\}P\{N_1=i-l\}P\{N_3=j-l\}. \blacksquare$$

例 5.19（**不准超车的单车道公路**）　考察一条只有一个入口和一个出口的单车道公路, 并且入口与出口间的距离为 L（参见图 5–2）. 假定车辆按速率为 λ 的泊松过程驶入, 并且每辆车的行驶速度为随机变量 V, 但规定当车辆遇上行驶较慢的车辆就必须减慢到较慢行驶的车辆的速度. 令 V_i 为第 i 辆车进入公路的速度, 假设 V_i（$i \geqslant 1$）是独立同分布的, 并且独立于进入公路的车辆的计数过程. 假设在时刻 0 公路上没有车. 我们将确定

(a) 在时刻 t 公路上的车辆数 $R(t)$ 的概率质量分布,

(b) 在时刻 y 进入公路的一辆车在路上行驶时间的分布.

a　　　　　　　　　　　　　　　　　　　　　　　　　　　　　　b

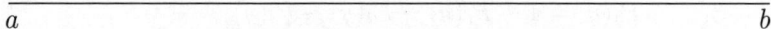

图 5–2　车从 a 点进入, 从 b 点离开

解　(a) 令 $T_i = L/V_i$ 为在第 i 辆车到达时公路上没有其他车的情况下, 第 i 辆车在路上行驶的时间. 称 T_i 为第 i 辆车的自由行驶时间, 注意 $T_1, T_2, \cdots$ 是独立的, 并且具有分布函数

$$G(x) = P(T_i \leqslant x) = P(L/V_i \leqslant x) = P(V_i \geqslant L/x).$$

每当一辆车进入公路, 我们就说发生了一个事件. 再设 t 是固定值, 若 $s \leqslant t$ 且在时刻 s 进入公路的车的自由行驶时间超过 $t-s$, 则称在时刻 s 发生了一个类型 1 事件. 换句话说, 即使在一辆车进入时, 路上没有车, 如果在时刻 t 它仍在路上, 那么这辆车的进入是一个类型 1 事件. 注意, 独立于 s 以前发生的一切事件, 在时刻 s 发生的事件是类型 1 的概率为

$$P(s) = \begin{cases} \overline{G}(t-s), & s \leqslant t, \\ 0, & s > t. \end{cases}$$

将在时刻 y 前发生的类型 1 事件数记为 $N_1(y)$, 于是对于 $y \leqslant t$, 由命题 5.6 推

出，$N_1(y)$ 是一个均值为

$$E[N_1(y)] = \lambda \int_0^y \overline{G}(t-s)\mathrm{d}s, \quad y \leqslant t$$

的泊松随机变量. 因为当且仅当 $N_1(t) = 0$，在时刻 t 公路上没有车，所以

$$P\{R(t) = 0\} = P\{N_1(t) = 0\} = \mathrm{e}^{-\lambda \int_0^t \overline{G}(t-s)\mathrm{d}s} = \mathrm{e}^{-\lambda \int_0^t \overline{G}(u)\mathrm{d}u}.$$

为了对 $n > 0$ 确定 $P\{R(t) = n\}$，我们将以首个类型 1 事件的发生时刻为条件. 令 X 为首个类型 1 事件发生的时刻（若没有类型 1 事件发生，则令 $X = \infty$），可由

$$X \leqslant y \iff N_1(y) > 0$$

得到其分布函数为

$$F_X(y) = P\{X \leqslant y\} = P\{N_1(y) > 0\} = 1 - \mathrm{e}^{-\lambda \int_0^y \overline{G}(t-s)\mathrm{d}s}, \quad y \leqslant t.$$

求微分，就得出 X 的密度函数：

$$f_X(y) = \lambda \overline{G}(t-y)\mathrm{e}^{-\lambda \int_0^y \overline{G}(t-s)\mathrm{d}s}, \quad y \leqslant t.$$

再利用等式

$$P\{R(t) = n\} = \int_0^t P\{R(t) = n | X = y\} f_X(y)\mathrm{d}y, \tag{5.19}$$

并注意如果 $X = y \leqslant t$，那么时刻 y 进入公路的首辆车在时刻 t 还在路上. 因为在 y 和 t 之间到达的所有其他车在时刻 t 也在路上，所以在条件 $X = y$ 下，在时刻 t 在路上的车和 1 加上均值为 $\lambda(t-y)$ 的泊松随机变量有相同的分布. 因此，对于 $n > 0$ 有

$$P\{R(t) = n | X = y\} = \begin{cases} \mathrm{e}^{-\lambda(t-y)}\dfrac{(\lambda(t-y))^{n-1}}{(n-1)!}, & \text{若 } y \leqslant t, \\ 0, & \text{若 } y = \infty. \end{cases}$$

将此式代入式 (5.19) 得出

$$P\{R(t) = n\} = \int_0^t \mathrm{e}^{-\lambda(t-y)}\frac{(\lambda(t-y))^{n-1}}{(n-1)!}\lambda \overline{G}(t-y)\mathrm{e}^{-\lambda \int_0^y \overline{G}(t-s)\mathrm{d}s}\mathrm{d}y.$$

(b) 将在时刻 y 进入公路的车的自由行驶时间记为 T，而令 $A(y)$ 表示其实际行驶时间. 为了确定 $P\{A(y) < x\}$，我们令 $t = x + y$，注意当且仅当 $T < x$ 且在时刻 y 前没有类型 1 事件（利用 $t = x + y$），$A(y)$ 小于 x. 也就是说，

$$A(y) < x \iff T < x, N_1(y) = 0.$$

因为 T 独立于早于时刻 y 发生的事件，所以由上式就推出了

$$P\{A(y) < x\} = P\{T < x\}P\{N_1(y) = 0\}$$

$$= G(x)\mathrm{e}^{-\lambda \int_0^y \overline{G}(y+x-s)\mathrm{d}s}$$

$$= G(x)\mathrm{e}^{-\lambda \int_x^{y+x} \overline{G}(u)\mathrm{d}u}. \qquad \blacksquare$$

例 5.20（追踪感染 HIV 的人数） 从个体感染 HIV（人体免疫缺陷病毒），到艾滋病症状的出现，有相对较长的潜伏期. 因此，对于负责公众健康的部门来说，在任意给定的时间确定总体中受到感染的人数很困难. 我们现在介绍描述这个现象的一个初级的近似模型，进而大致估计受到感染的人数.

我们假设个体按未知速率 λ 的泊松过程感染 HIV. 假设从个体感染到出现病症的时间是服从已知分布 G 的随机变量. 再假设不同的感染个体的潜伏期是独立的.

令 $N_1(t)$ 为到时刻 t 为止已经出现疾病症状的人数. 同样，令 $N_2(t)$ 为到时刻 t 为止 HIV 抗体检测为阳性，但是还没有出现任何疾病症状的人数. 由于在时刻 s 受到病毒感染的个体以概率 $G(t-s)$ 在时刻 t 出现症状，而以概率 $\overline{G}(t-s)$ 在时刻 t 不出现症状，因此由命题 5.6 推出，$N_1(t)$ 与 $N_2(t)$ 是独立的泊松随机变量，其均值分别为

$$E[N_1(t)] = \lambda \int_0^t G(t-s)\mathrm{d}s = \lambda \int_0^t G(y)\mathrm{d}y$$

和

$$E[N_2(t)] = \lambda \int_0^t \overline{G}(t-s)\mathrm{d}s = \lambda \int_0^t \overline{G}(y)\mathrm{d}y.$$

现在，如果我们知道 λ，那么可以通过均值 $E[N_2(t)]$ 来估计受到感染但是在时刻 t 没有出现任何症状的人数 $N_2(t)$. 可是，由于 λ 未知，因此必须首先估计它. 我们现在知道 $N_1(t)$ 的值，从而可以将它作为其均值 $E[N_1(t)]$ 的估计，即如果到时刻 t 为止出现症状的人数是 n_1，那么我们可以估计

$$n_1 \approx E[N_1(t)] = \lambda \int_0^t G(y)\mathrm{d}y.$$

所以，我们可以用

$$\hat{\lambda} = n_1 \Big/ \int_0^t G(y)\mathrm{d}y$$

来估计 λ. 利用 λ 的这个估计，我们可以用

$$N_2(t) \text{ 的估计} = \hat{\lambda} \int_0^t \overline{G}(y)\mathrm{d}y = \frac{n_1 \int_0^t \overline{G}(y)\mathrm{d}y}{\int_0^t G(y)\mathrm{d}y}$$

来估计受到感染但是在时间 t 没有出现症状的人数. 例如，假设 G 是均值为 μ 的

指数分布, 那么 $\overline{G}(y) = \mathrm{e}^{-y/\mu}$, 经过简单的积分可得

$$N_2(t) \text{ 的估计} = \frac{n_1\mu(1-\mathrm{e}^{-t/\mu})}{t-\mu(1-\mathrm{e}^{-t/\mu})}.$$

如果我们假设 $t = 16$ 年, $\mu = 10$ 年, $n_1 = 22$ 万, 那么受到感染但是在这 16 年中还没出现症状的人数的估计值是

$$\text{估计} = \frac{220(1-\mathrm{e}^{-1.6})}{16-10(1-\mathrm{e}^{-1.6})} = 21.896 \text{ (万)}.$$

即如果我们假设上面的模型近似正确 (而我们必须清醒地认识到不随时间改变的常数感染率 λ 的假定是这个模型的弱点), 那么若潜伏期是均值为 10 年的指数随机变量, 并且在这 16 年中出现艾滋病症状的人数为 22 万, 则我们可以近似地估计有 21.9 万人是 HIV 抗体检测阳性但在这 16 年中没有出现症状. ■

命题 5.6 的证明 我们计算联合概率 $P\{N_i(t) = n_i, i = 1, \cdots, k\}$. 为此首先注意, 为了有 n_i 个类型 i 事件 ($i = 1, \cdots, k$), 必须总共有 $\sum_{i=1}^{k} n_i$ 个事件, 因此, 以 $N(t)$ 为条件可得

$$P\{N_1(t) = n_1, \cdots, N_k(t) = n_k\}$$
$$= P\left\{N_1(t) = n_1, \cdots, N_k(t) = n_k \Big| N(t) = \sum_{i=1}^{k} n_i\right\} \times P\left\{N(t) = \sum_{i=1}^{k} n_i\right\}.$$

现在考虑发生在区间 $[0, t]$ 中的一个任意的事件. 如果它在时刻 s 发生, 那么它是类型 i 事件的概率将是 $P_i(s)$. 因此, 根据定理 5.2, 这个事件发生的时刻在 $[0, t]$ 上均匀分布, 由此推出这个事件是类型 i 事件的概率为

$$P_i = \frac{1}{t} \int_0^t P_i(s)\mathrm{d}s,$$

并独立于其他事件. 因此,

$$P\left\{N_i(t) = n_i, i = 1, \cdots, k \Big| N(t) = \sum_{i=1}^{k} n_i\right\}$$

正好等于 n_i ($i = 1, \cdots, k$) 个类型 i 的结果的多项分布, 其中 $\sum_{i=1}^{k} n_i$ 个独立试验中每一个的结果以概率 P_i 是 i ($i = 1, \cdots, k$), 即

$$P\left\{N_1(t) = n_1, \cdots, N_k(t) = n_k \Big| N(t) = \sum_{i=1}^{k} n_i\right\} = \frac{\left(\sum_{i=1}^{k} n_i\right)!}{n_1! \cdots n_k!} P_1^{n_1} \cdots P_k^{n_k}.$$

从而

$$P\{N_1(t) = n_1, \cdots, N_k(t) = n_k\} = \frac{\left(\sum_i n_i\right)!}{n_1! \cdots n_k!} P_1^{n_1} \cdots P_k^{n_k} \mathrm{e}^{-\lambda t} \frac{(\lambda t)^{\sum_i n_i}}{\left(\sum_i n_i\right)!}$$

$$= \prod_{i=1}^{k} \mathrm{e}^{-\lambda t P_i}(\lambda t P_i)^{n_i}/n_i!,$$

证明就完成了. ■

现在我们再举一些体现定理 5.2 用途的例子.

例 5.21　保险理赔按一个速率为 λ 的泊松过程到达, 相继的理赔金额是独立的随机变量, 它具有均值为 μ 的分布 G, 而且独立于到达时间. 令 S_i 和 C_i 分别为第 i 次理赔的时间和金额. 到时间 t 为止, 所有理赔的总折扣价值, 记作 $D(t)$, 定义为

$$D(t) = \sum_{i=1}^{N(t)} e^{-\alpha S_i} C_i,$$

其中 α 是折扣率, 而 $N(t)$ 是到时间 t 为止的理赔次数. 为了确定 $D(t)$ 的期望值, 我们以 $N(t)$ 为条件得到

$$E[D(t)] = \sum_{n=0}^{\infty} E[D(t)|N(t)=n] e^{-\lambda t} \frac{(\lambda t)^n}{n!}.$$

因为在 $N(t) = n$ 的条件下, 理赔到达时间 $S_1, \cdots, S_n$ 与 n 个在 $(0, t)$ 上均匀分布的独立随机变量 $U_1, \cdots, U_n$ 的次序值 $U_{(1)}, \cdots, U_{(n)}$ 有相同的分布. 所以,

$$E[D(t)|N(t)=n] = E\left[\sum_{i=1}^{n} C_i e^{-\alpha U_{(i)}}\right] = \sum_{i=1}^{n} E[C_i e^{-\alpha U_{(i)}}] = \sum_{i=1}^{n} E[C_i] E[e^{-\alpha U_{(i)}}],$$

其中最后的等式利用了理赔金额与它们的到达时间的独立性. 因为 $E[C_i] = \mu$, 所以继续上述推理可得

$$E[D(t)|N(t)=n] = \mu \sum_{i=1}^{n} E[e^{-\alpha U_{(i)}}] = \mu E\left[\sum_{i=1}^{n} e^{-\alpha U_{(i)}}\right] = \mu E\left[\sum_{i=1}^{n} e^{-\alpha U_i}\right],$$

最后的等式是因为 $U_{(1)}, U_{(2)}, \cdots, U_{(n)}$ 是 $U_1, U_2, \cdots, U_n$ 按递增次序的值, 所以 $\sum_{i=1}^{n} e^{-\alpha U_{(i)}} = \sum_{i=1}^{n} e^{-\alpha U_i}$. 继续推理可得

$$E[D(t)|N(t)=n] = n\mu E[e^{-\alpha U}] = n\frac{\mu}{t} \int_0^t e^{-\alpha x} dx = n\frac{\mu}{\alpha t}(1 - e^{-\alpha t}).$$

所以

$$E[D(t)|N(t)] = N(t)\frac{\mu}{\alpha t}(1 - e^{-\alpha t}),$$

取期望得到结果

$$E[D(t)] = \frac{\lambda \mu}{\alpha}(1 - e^{-\alpha t}). \qquad\blacksquare$$

例 5.22（一个优化例子）　假设部件按速率为 λ 的泊松过程到达一个处理车间. 在固定的时间 T 内, 所有部件都被分发出系统. 问题是在 $(0, T)$ 中选取一个系统中所有部件都被分发的中间时刻 t, 使所有部件的等待时间的总期望最小.

如果我们在时刻 t（$0 < t < T$）分发，那么所有部件的等待时间的总期望是

$$\frac{\lambda t^2}{2} + \frac{\lambda (T-t)^2}{2}.$$

为了理解为什么这是对的，我们论证如下：在 $(0, t)$ 内到达的部件数的期望是 λt，并且每一个到达都在 $(0, t)$ 上均匀分布，因此期望等待时间为 $t/2$. 于是，在 $(0, t)$ 内到达的部件的等待时间的总期望是 $\lambda t^2/2$. 类似的推理对于在 (t, T) 内到达的部件也成立，随之就可以得出上面的结果. 为了使这个量达到最小，我们对 t 求微分，得到

$$\frac{\mathrm{d}}{\mathrm{d}t}\left[\lambda \frac{t^2}{2} + \lambda \frac{(T-t)^2}{2}\right] = \lambda t - \lambda(T-t),$$

令上式等于 0 可得，使等待时间的总期望最小的分配时间是 $t = T/2$. ∎

我们用一个非常类似于定理 5.2 的结果结束这一节，即给定第 n 个事件发生的时间 S_n，前 $n-1$ 个事件的时间与 $n-1$ 个在 $(0, S_n)$ 上均匀分布的独立随机变量的次序值有相同的分布.

命题 5.7 给定 $S_n = t$，$S_1, \cdots, S_{n-1}$ 与 $n-1$ 个在 $(0, t)$ 上均匀分布的独立随机变量的次序统计量有相同的分布.

证明 我们可以用论证定理 5.2 的方法证明上述结果，或者可以如下论证：

$$S_1, \cdots, S_{n-1}|S_n = t \sim S_1, \cdots, S_{n-1}|S_n = t, N(t^-) = n-1$$
$$\sim S_1, \cdots, S_{n-1}|N(t^-) = n-1,$$

其中记号 $\sim$ 表示"与……有相同的分布"，而 t^- 比 t 小一个无穷小量. 现在结果可以通过定理 5.2 得出. ∎

5.3.5 软件可靠性的估计

开发出新的计算机软件包后，常常要执行一个测试程序以消除该软件包中的缺陷与故障. 一个常见的测试方法是，用一系列熟知的问题来试验这个软件包，看它是否产生错误的结果. 这样的测试会持续一段固定的时间，所有产生的错误都会被记录下来. 然后停止测试，并且仔细地检查这个软件包以确定引起这些错误的具体故障. 接着修改软件包，排除这些故障. 因为我们不能肯定软件包中的所有故障都已经被排除，所以一个很重要的问题是估计这个修改后的软件包的错误率.

为了给上述问题建立模型，我们假设开始时这个软件包包含 m 个故障（m 是未知数），记为故障 1，故障 2……故障 m. 再假设故障 i 按一个未知速率 λ_i 的泊松过程引起错误发生，$i = 1, \cdots, m$. 于是，在运行的任意 s 个单位时间中，由故障 i 引起的错误个数服从均值为 $\lambda_i s$ 的泊松分布. 再假设由故障 i（$i = 1, \cdots, m$）引起

的泊松过程是独立的. 此外, 假设这个软件包将运行 t 个单位时间, 并且将所有产生的错误记下. 然后对此软件包作仔细的检查, 以确定引起错误的具体故障（即进行**调试**）. 排除这些故障, 而后的问题是确定这个修改后的软件包的错误率.

如果令

$$\psi_i(t) = \begin{cases} 1, & \text{若到 } t \text{ 为止故障 } i \text{ 还没有引起错误,} \\ 0, & \text{其他情形,} \end{cases}$$

那么我们所要估计的量是最后的软件包的错误率:

$$\Lambda(t) = \sum_i \lambda_i \psi_i(t).$$

首先注意

$$E[\Lambda(t)] = \sum_i \lambda_i E[\psi_i(t)] = \sum_i \lambda_i e^{-\lambda_i t}. \tag{5.20}$$

每一个被发现的故障都会引起一定数量的错误. 我们令 $M_j(t)$ 为引起 j 个错误的故障数, $j \geqslant 1$. 即 $M_1(t)$ 是恰好引起一个错误的故障数, $M_2(t)$ 是引起两个错误的故障数, 等等, 而 $\sum_j j M_j(t)$ 等于产生的错误总数. 为了计算 $E[M_1(t)]$, 我们定义指示变量 $I_i(t)$（$i \geqslant 1$）:

$$I_i(t) = \begin{cases} 1, & \text{故障 } i \text{ 恰好引起一个错误,} \\ 0, & \text{其他情形.} \end{cases}$$

那么

$$M_1(t) = \sum_i I_i(t),$$

从而

$$E[M_1(t)] = \sum_i E[I_i(t)] = \sum_i \lambda_i t e^{-\lambda_i t}. \tag{5.21}$$

于是, 由式 (5.20) 和式 (5.21) 我们得到

$$E\left[\Lambda(t) - \frac{M_1(t)}{t}\right] = 0. \tag{5.22}$$

于是可以用 $M_1(t)/t$ 作为 $\Lambda(t)$ 的一个估计. 为了确定 $M_1(t)/t$ 是否构成了 $\Lambda(t)$ 的一个好的估计, 我们将观察这两个量之间的差距, 即

$$E\left[\left(\Lambda(t) - \frac{M_1(t)}{t}\right)^2\right] = \operatorname{Var}\left(\Lambda(t) - \frac{M_1(t)}{t}\right) \qquad [\text{由式 (5.22)}]$$

$$= \operatorname{Var}(\Lambda(t)) - \frac{2}{t}\operatorname{Cov}(\Lambda(t), M_1(t)) + \frac{1}{t^2}\operatorname{Var}(M_1(t)).$$

现在

$$\text{Var}(\Lambda(t)) = \sum_i \lambda_i^2 \text{Var}(\psi_i(t)) = \sum_i \lambda_i^2 e^{-\lambda_i t}(1 - e^{-\lambda_i t}),$$

$$\text{Var}(M_1(t)) = \sum_i \text{Var}(I_i(t)) = \sum_i \lambda_i t e^{-\lambda_i t}(1 - \lambda_i t e^{-\lambda_i t}),$$

$$\begin{aligned}
\text{Cov}(\Lambda(t), M_1(t)) &= \text{Cov}\left(\sum_i \lambda_i \psi_i(t), \sum_j I_j(t)\right) \\
&= \sum_i \sum_j \text{Cov}(\lambda_i \psi_i(t), I_j(t)) \\
&= \sum_i \lambda_i \text{Cov}(\psi_i(t), I_i(t)) \\
&= -\sum_i \lambda_i e^{-\lambda_i t} \lambda_i t e^{-\lambda_i t},
\end{aligned}$$

其中最后两个等式成立是因为当 $i \neq j$ 时, 由 $\psi_i(t)$ 和 $I_j(t)$ 涉及不同的泊松过程可知它们是独立的, 并且 $\psi_i(t)I_j(t) = 0$. 因此我们得到

$$E\left[\left(\Lambda(t) - \frac{M_1(t)}{t}\right)^2\right] = \sum_i \lambda_i^2 e^{-\lambda_i t} + \frac{1}{t}\sum_i \lambda_i e^{-\lambda_i t} = \frac{E[M_1(t) + 2M_2(t)]}{t^2},$$

其中最后的等式得自式 (5.21) 和恒等式 (我们将它留作一个习题)

$$E[M_2(t)] = \frac{1}{2}\sum_i (\lambda_i t)^2 e^{-\lambda_i t}.$$

于是我们可以用观察值 $M_1(t) + 2M_2(t)$ 除以 t^2 来估计 $\Lambda(t)$ 和 $M_1(t)/t$ 之差的平方的平均值.

例 5.23 假设在运行的 100 个单位时间中发现了 20 个故障, 其中 2 个恰好引起一个错误, 3 个恰好引起两个错误. 那么, 我们用类似于均值为 1/50、方差为 8/10 000 的一个随机变量的值估计 $\Lambda(100)$. ∎

5.4 泊松过程的推广

5.4.1 非时齐泊松过程

本节考虑泊松过程的两种推广. 其中第一种是非时齐的, 也称为非平稳的泊松过程, 它在时间 t 的到达速率是 t 的一个函数.

定义 5.3 计数过程 $\{N(t), t \geqslant 0\}$ 称为**强度函数**为 $\lambda(t)$ ($t \geqslant 0$) 的**非时齐泊松过程**, 如果

(i) $N(0) = 0$;

(ii) $\{N(t), t \geqslant 0\}$ 有独立增量;

(iii) $P\{N(t+h) - N(t) \geqslant 2\} = o(h)$;

(iv) $P\{N(t+h) - N(t) = 1\} = \lambda(t)h + o(h)$.

由下式定义的函数 $m(t)$ 称为非时齐泊松过程的**均值函数**.

$$m(t) = \int_0^t \lambda(y)\mathrm{d}y.$$

我们首先证明一个与引理 5.2 类似的引理.

引理 5.3 如果 $\{N(t), t \geqslant 0\}$ 是一个强度函数为 $\lambda(t)$ 的非时齐泊松过程, 那么

$$P(N(t) = 0) = \mathrm{e}^{-m(t)}.$$

证明 令 $P_0(t) = P(N(t) = 0)$, 那么

$$
\begin{aligned}
P_0(t+h) &= P(N(t) = 0, N(t+h) - N(t) = 0) \\
&= P_0(t)P(N(t+h) - N(t) = 0) \\
&= P_0(t)(1 - \lambda(t)h + o(h)).
\end{aligned}
$$

因此

$$P_0(t+h) - P_0(t) = -\lambda(t)hP_0(t) + o(h).$$

上式两边同时除以 h, 并令 $h \to 0$, 得到

$$P_0'(t) = -\lambda(t)P_0(t).$$

因此

$$\int_0^t \frac{P_0'(s)}{P_0(s)}\mathrm{d}s = -\int_0^t \lambda(s)\mathrm{d}s,$$

从而

$$\ln(P_0(t)) - \ln(P_0(0)) = -\int_0^t \lambda(s)\mathrm{d}s.$$

利用 $P_0(0) = 1$ 可得

$$P_0(t) = \mathrm{e}^{-\int_0^t \lambda(s)\mathrm{d}s} = \mathrm{e}^{-m(t)}. \qquad \blacksquare$$

如果我们令 T_1 为首次时间发生的事件, 那么

$$P(T_1 > t) = P(N(t) = 0) = \mathrm{e}^{-m(t)}.$$

通过微分可得 T_1 的密度为

$$f_{T_1}(t) = \lambda(t)\mathrm{e}^{-m(t)}.$$

现在，对于 $s > 0$，令 $N_s(t) = N(s+t) - N(s)$. 我们将下面引理的证明留作习题.

引理 5.4 如果 $\{N(t), t \geqslant 0\}$ 是强度函数为 $\lambda(t)$ 的非时齐泊松过程，那么 $\{N_s(t), t \geqslant 0\}$ 是强度函数为 $\lambda_s(t) = \lambda(s+t)$（$t \geqslant 0$）的非时齐泊松过程.

$\{N_s(t), t \geqslant 0\}$ 的均值函数为

$$m_s(t) = \int_0^t \lambda_s(y)\mathrm{d}y = \int_0^t \lambda(s+y)\mathrm{d}y = \int_0^{s+t} \lambda(u)\mathrm{d}u = m(s+t) - m(s).$$

现在，我们可以证明 $N(t)$ 是一个均值为 $m(t)$ 的泊松随机变量了.

定理 5.3 如果 $\{N(t), t \geqslant 0\}$ 是强度函数为 $\lambda(t)$ 的非时齐泊松过程，那么

$$P(N(t) = n) = \mathrm{e}^{-m(t)}(m(t))^n/n!, \quad n \geqslant 0.$$

证明 我们对 n 用归纳法来证明上式. 由于引理 5.3 表明，当 $n = 0$ 时结果成立，所以我们假设如果 $\{N(t), t \geqslant 0\}$ 是强度函数为 $\lambda(t)$ 的非时齐泊松过程，那么对于任意 y，

$$P(N(y) = n) = \frac{\mathrm{e}^{-m(y)}(m(y))^n}{n!}.$$

为了完成归纳证明，我们必须证明由上面的假设可推出

$$P(N(t) = n + 1) = \frac{\mathrm{e}^{-m(t)}(m(t))^{n+1}}{(n+1)!}.$$

为此，以 T_1 为条件，得到

$$P(N(t) = n + 1) = \int_0^\infty P(N(t) = n + 1 | T_1 = s) f_{T_1}(s)\mathrm{d}s$$

$$= \int_0^t P(N(t) = n + 1 | T_1 = s)\lambda(s)\mathrm{e}^{-m(s)}\mathrm{d}s.$$

现在，给定第一个事件发生在时刻 s，如果在时刻 s 和时刻 t 之间发生了 n 个事件，那么到时刻 t 为止，总共有 $n+1$ 个事件. 因此，由上式可得

$$P(N(t) = n + 1) = \int_0^t P(N(t) - N(s) = n | T_1 = s)\lambda(s)\mathrm{e}^{-m(s)}\mathrm{d}s$$

$$= \int_0^t P(N(t) - N(s) = n)\lambda(s)\mathrm{e}^{-m(s)}\mathrm{d}s \quad \text{（由独立增量性）}$$

$$= \int_0^t P(N_s(t - s) = n)\lambda(s)\mathrm{e}^{-m(s)}\mathrm{d}s.$$

根据引理 5.4 和归纳假设，有

$$P(N_s(t - s) = n) = \frac{\mathrm{e}^{-m_s(t-s)}(m_s(t-s))^n}{n!} = \frac{\mathrm{e}^{-(m(t)-m(s))}(m(t) - m(s))^n}{n!}.$$

将它代回前面的表达式，得到

$$P(N(t) = n+1) = \int_0^t \frac{\mathrm{e}^{-(m(t)-m(s))}(m(t)-m(s))^n}{n!}\lambda(s)\mathrm{e}^{-m(s)}\mathrm{d}s$$

$$= \frac{\mathrm{e}^{-m(t)}}{n!}\int_0^t (m(t)-m(s))^n\lambda(s)\mathrm{d}s.$$

进行变量替换，令 $y = m(t) - m(s), dy = -\lambda(s)ds$，得到

$$P(N(t) = n+1) = \frac{\mathrm{e}^{-m(t)}}{n!}\int_0^{m(t)} y^n\mathrm{d}y = \frac{\mathrm{e}^{-m(t)}(m(t))^{n+1}}{(n+1)!},$$

这就完成了归纳证明. ∎

注 (i) 因为 $\{N_s(t), t \geqslant 0\}$ 是均值函数为 $m_s(t) = m(s+t) - m(s)$ 的非时齐泊松过程，所以由定理 5.3 可知，$N_s(t) = N(s+t) - N(s)$ 是均值为 $m(s+t) - m(s)$ 的泊松过程.

(ii) $N(s+t) - N(s)$ 服从均值为 $\int_s^{s+t}\lambda(y)\mathrm{d}y$ 的泊松分布，这是独立伯努利随机变量之和的泊松极限（参见例 2.47）的一个推论. 为了理解这点，我们将区间 $[s, s+t]$ 划分成长度为 $\frac{t}{n}$ 的 n 个子区间，其中子区间 i 从 $s+(i-1)\frac{t}{n}$ 到 $s+i\frac{t}{n}, i = 1, \cdots, n$. 令 $N_i = N\left(s+i\frac{t}{n}\right) - N\left(s+(i-1)\frac{t}{n}\right)$ 为子区间 i 中发生的事件数，并且注意到

$$P\{\text{存在某个子区间中的事件数} \geqslant 2\} = P\left(\bigcup_{i=1}^n \{N_i \geqslant 2\}\right)$$

$$\leqslant \sum_{i=1}^n P\{N_i \geqslant 2\}$$

$$= no\left(\frac{t}{n}\right). \quad \big[\text{由公理 (iii)}\big]$$

因为

$$\lim_{n\to\infty} no(t/n) = \lim_{n\to\infty} t\frac{o(t/n)}{t/n} = 0,$$

所以当 n 趋于 ∞ 时，在 n 个子区间的任意一个中有两个或两个以上事件的概率趋于 0. 随之，以概率趋于 1 地有，$N(t)$ 等于其中有一个事件发生的子区间的个数. 因为在子区间 i 中发生一个事件的概率是 $\lambda\left(s+i\frac{t}{n}\right)\frac{t}{n} + o\left(\frac{t}{n}\right)$，而且在不同子区间的事件数是独立的，所以，当 n 很大时，含有一个事件的子区间的个数近似地是一个以

$$\sum_{i=1}^n \lambda\left(s+i\frac{t}{n}\right)\frac{t}{n} + no(t/n)$$

为均值的泊松随机变量. 因此

$$\lim_{n \to \infty} \sum_{i=1}^{n} \lambda \left(s + i\frac{t}{n} \right) \frac{t}{n} + no(t/n) = \int_{s}^{s+t} \lambda(y)\mathrm{d}y,$$

从而得到结果. ∎

对普通泊松过程进行时间抽样会产生一个非时齐泊松过程. 也就是说, 若 $\{N(t), t \geqslant 0\}$ 是一个速率为 λ 的泊松过程, 并且假设在时刻 t 发生的事件, 以独立于 t 之前发生的事件的概率 $p(t)$ 被计数. 令 $N_c(t)$ 为直到时刻 t 为止被计数的事件个数, 计数过程 $\{N_c(t), t \geqslant 0\}$ 是一个强度为 $\lambda(t) = \lambda p(t)$ 的非时齐泊松过程. 这可由 $\{N_c(t), t \geqslant 0\}$ 满足非时齐泊松过程的公理验证.

1. $N_c(0) = 0$.

2. 在 $(s, s+t)$ 中被计数的事件个数只依赖于这个泊松过程在 $(s, s+t)$ 中发生的事件个数, 它独立于 s 之前发生的事件. 因此, 在 $(s, s+t)$ 中被计数的事件个数独立于 s 之前被计数的事件, 从而建立了独立增量性.

3. 令 $N_c(t, t+h) = N_c(t+h) - N_c(t)$, $N(t, t+h)$ 的定义与之类似.

$$P\{N_c(t, t+h) \geqslant 2\} \leqslant P\{N(t, t+h) \geqslant 2\} = o(h).$$

4. 为了计算 $P\{N_c(t, t+h) = 1\}$, 以 $N(t, t+h)$ 为条件,

$$
\begin{aligned}
&P\{N_c(t, t+h) = 1\} \\
&= P\{N_c(t, t+h) = 1 | N(t, t+h) = 1\} P\{N(t, t+h) = 1\} \\
&\quad + P\{N_c(t, t+h) = 1 | N(t, t+h) \geqslant 2\} P\{N(t, t+h) \geqslant 2\} \\
&= P\{N_c(t, t+h) = 1 | N(t, t+h) = 1\} \lambda h + o(h) \\
&= p(t) \lambda h + o(h).
\end{aligned}
$$

非时齐泊松过程的重要性在于我们不再需要平稳增量这个条件. 于是, 现在我们认为事件可以在某些时间比在其他时间更可能发生.

例 5.24 西格贝特经营了一家热狗售货亭, 上午 8:00 开始营业. 从上午 8:00 到上午 11:00, 顾客的平均到达率基本稳定增长, 从 8:00 的每小时 5 个顾客增长到 11:00 的每小时 20 个顾客. 从上午 11:00 到下午 1:00（平均）到达率基本上保持在每小时 20 个顾客.（平均）到达率从下午 1:00 开始稳定地下降, 直到下午 5:00 关门时, 平均到达率是每小时 12 个顾客. 如果假定在不相交的时间段内到达该售货亭的顾客数是独立的, 那么上述问题的一个好的概率模型是什么? 在星期一上午 8:30 到上午 9:30 没有顾客到达的概率是多少? 在这个时间段内的平均到达人数是多少?

解 一个好的模型是假定到达构成一个非时齐泊松过程, 其强度函数 $\lambda(t)$ 为

$$\lambda(t) = \begin{cases} 5+5t, & 0 \leqslant t \leqslant 3, \\ 20, & 3 \leqslant t \leqslant 5, \\ 20-2(t-5), & 5 \leqslant t \leqslant 9, \end{cases}$$

$$\lambda(t) = \lambda(t-9), \quad \text{对于 } t > 9.$$

注意 $N(t)$ 表示在售货亭开门后的前 t 个小时中到达的人数, 即我们不计下午 5:00 到上午 8:00 的时间. 如果出于某种原因, 我们需要 $N(t)$ 表示不管售货亭是否开门, 前 t 个小时中到达的人数, 那么假定这个过程开始于午夜零时, 令

$$\lambda(t) = \begin{cases} 0, & 0 \leqslant t < 8, \\ 5+5(t-8), & 8 \leqslant t \leqslant 11, \\ 20, & 11 \leqslant t \leqslant 13, \\ 20-2(t-13), & 13 \leqslant t \leqslant 17, \\ 0, & 17 < t \leqslant 24, \end{cases}$$

$$\lambda(t) = \lambda(t-24), \quad \text{对于 } t > 24.$$

因为在上午 8:30 到上午 9:30 之间到达的人数在第一种表示中是均值为 $m(3/2) - m(1/2)$ (在第二种表示中是均值为 $m(19/2) - m(17/2)$) 的泊松随机变量, 所以这个数是 0 的概率是

$$\exp\left\{ -\int_{1/2}^{3/2} (5+5t)\mathrm{d}t \right\} = \mathrm{e}^{-10},$$

而平均到达人数是

$$\int_{1/2}^{3/2} (5+5t)\mathrm{d}t = 10. \qquad \blacksquare$$

假设事件按速率为 λ 的泊松过程发生, 并且假设独立于以前发生的事件, 在时刻 s 发生的事件以概率 $P_1(s)$ 是类型 1 事件, 以概率 $P_2(s) = 1 - P_1(s)$ 是类型 2 事件. 如果令 $N_i(t)$ ($t \geqslant 0$) 为直到时刻 t 为止类型 i 事件发生的个数, 那么容易由定义 5.3 推出, $\{N_1(t), t \geqslant 0\}$ 和 $\{N_2(t), t \geqslant 0\}$ 分别是强度函数为 $\lambda_i(t) = \lambda P_i(t)$ ($i = 1, 2$) 的相互独立的非时齐泊松过程 (证明仿照命题 5.5). 这个结果给了我们另一个途径来了解 (或者证明) 命题 5.6 的时间抽样的泊松过程的结果, 即 $N_1(t)$ 和 $N_2(t)$ 是均值为 $E[N_i(t)] = \lambda \int_0^t P_i(s)\mathrm{d}s$ ($i = 1, 2$) 的独立泊松随机变量.

例 5.25（有无穷条服务线的泊松队列的输出过程） M/G/∞ 排队系统（即无穷条服务线具有泊松到达及一般的服务（时间）分布 G 的排队系统）的输出过程是一个强度函数为 $\lambda(t) = \lambda G(t)$ 的非时齐泊松过程. 为了验证这个断言，我们首先论证离开过程具有独立增量. 为此，我们考察不相交区间 $O_1, \cdots, O_k$. 如果某个到达在区间 O_i 中离开，那么称该到达是类型 i 的，$i = 1, \cdots, k$. 由命题 5.6 推出，在这些区间中离开的个数是彼此独立的，这就建立了独立增量性. 现在，假设一个到达在 t 与 $t+h$ 之间离开就被计数. 因为在时间 s ($s < t+h$) 的一个到达被计数的概率是

$$P(s) = \begin{cases} G(t+h-s) - G(t-s), & s < t, \\ G(t+h-s), & t < s < t+h, \end{cases}$$

所以从命题 5.6 推出，在 $(t, t+h)$ 中离开的个数是泊松随机变量，具有均值

$$\begin{aligned} \lambda \int_0^{t+h} P(s)\mathrm{d}s &= \lambda \int_0^{t+h} G(t+h-s)\mathrm{d}s - \lambda \int_0^t G(t-s)\mathrm{d}s \\ &= \lambda \int_0^{t+h} G(y)\mathrm{d}y - \lambda \int_0^t G(y)\mathrm{d}y \\ &= \lambda \int_t^{t+h} G(y)\mathrm{d}y \\ &= \lambda G(t)h + o(h). \end{aligned}$$

所以，

$$P\{\text{在 } (t, t+h) \text{ 中有 1 个离开}\} = \lambda G(t)h e^{-\lambda G(t)h} + o(h) = \lambda G(t)h + o(h),$$

而且

$$P\{\text{在 } (t, t+h) \text{ 中离开的个数} \geqslant 2\} = o(h).$$

这就完成了验证. ∘

如果令 S_n 为非时齐泊松过程的第 n 个事件的时间，那么我们可以得到它的密度如下：

$$\begin{aligned} P\{t < S_n < t+h\} &= P\{N(t) = n-1, \text{ 在 } (t, t+h) \text{ 中有一个事件}\} + o(h) \\ &= P\{N(t) = n-1\}P\{\text{在 } (t, t+h) \text{ 中有一个事件}\} + o(h) \\ &= e^{-m(t)} \frac{[m(t)]^{n-1}}{(n-1)!}[\lambda(t)h + o(h)] + o(h) \\ &= \lambda(t)e^{-m(t)} \frac{[m(t)]^{n-1}}{(n-1)!}h + o(h), \end{aligned}$$

所以

$$f_{S_n}(t) = \lambda(t)e^{-m(t)}\frac{[m(t)]^{n-1}}{(n-1)!},$$

其中

$$m(t) = \int_0^t \lambda(s)\mathrm{d}s.$$

5.4.2　复合泊松过程

一个随机过程 $\{X(t), t \geqslant 0\}$ 称为**复合泊松过程**，如果它可以表示为

$$X(t) = \sum_{i=1}^{N(t)} Y_i, \quad t \geqslant 0, \tag{5.23}$$

其中 $\{N(t), t \geqslant 0\}$ 是一个泊松过程，而 $\{Y_i, i \geqslant 1\}$ 是一个独立于 $\{N(t), t \geqslant 0\}$ 且独立同分布的随机变量族．正如在第 3 章中所示，随机变量 $X(t)$ 称为复合泊松随机变量．

复合泊松过程的例子

(i) 若 $Y_i \equiv 1$，则 $X(t) = N(t)$，从而得到普通的泊松过程．

(ii) 假设公共汽车按泊松过程到达一个体育赛事场地，并且假定在每辆公共汽车中的体育爱好者人数是独立同分布的．那么 $\{X(t), t \geqslant 0\}$ 是复合泊松过程，其中 $X(t)$ 为到时间 t 为止到达的体育爱好者的人数．在式 (5.23) 中，Y_i 表示在第 i 辆公共汽车中体育爱好者的人数．

(iii) 假设顾客按泊松过程离开某个超市．如果第 i 个顾客花费的金额 Y_i（$i = 1, 2, \cdots$）是独立同分布的，那么当 $X(t)$ 表示在时间 t 之前花费的总金额时，$\{X(t), t \geqslant 0\}$ 是复合泊松过程．∎

因为 $X(t)$ 是一个以 λt 为泊松参数的复合泊松随机变量，所以由例 3.10 和例 3.19 可知

$$E[X(t)] = \lambda t E[Y_1], \tag{5.24}$$

$$\mathrm{Var}(X(t)) = \lambda t E[Y_1^2]. \tag{5.25}$$

例 5.26　假设家庭以每星期 $\lambda = 2$ 的泊松速率移民到一个地区．如果每个家庭的人数是独立的，而且分别以概率 $\frac{1}{6}, \frac{1}{3}, \frac{1}{3}, \frac{1}{6}$ 取值 $1, 2, 3, 4$，那么在固定的 5 个星期中移民到这个地区的人数的期望与方差是多少？

解　令 Y_i 为第 i 个家庭的人数，我们有

$$E[Y_i] = 1 \times \frac{1}{6} + 2 \times \frac{1}{3} + 3 \times \frac{1}{3} + 4 \times \frac{1}{6} = \frac{5}{2},$$

$$E[Y_i^2] = 1^2 \times \frac{1}{6} + 2^2 \times \frac{1}{3} + 3^2 \times \frac{1}{3} + 4^2 \times \frac{1}{6} = \frac{43}{6}.$$

因此, 令 $X(5)$ 为在 5 个星期中移民到这个地区的人数, 由式 (5.24) 和式 (5.25), 我们得到

$$E[X(5)] = 2 \times 5 \times \frac{5}{2} = 25,$$

$$\mathrm{Var}[X(5)] = 2 \times 5 \times \frac{43}{6} = \frac{215}{3}.$$ ■

例 5.27（单服务员的泊松到达队列的忙期） 考察一个单服务员的服务站, 顾客按速率为 λ 的泊松过程到达. 如果在顾客到达时服务员闲着, 那么顾客就立刻接受服务, 不然顾客就排队等待（即他加入队列）. 相继的服务时间是独立同分布的.

这样的系统将交替地处在（系统中没有顾客时服务员闲着的）闲期与（系统中有顾客时服务员忙着的）忙期. 当一个顾客到达时发现系统空着, 忙期就开始, 由泊松到达的无记忆性可知每个忙期的长度有相同的分布. 令 B 为忙期的长度. 我们来计算它的均值和方差.

首先, 令 S 为忙期的首个顾客的服务时间, $N(S)$ 为在这个时间中到达的人数. 若 $N(S) = 0$, 则在首个顾客完成服务时忙期结束, 从而 $B = S$. 现在假设在首个顾客的服务时间中有一个顾客到达. 那么, 在时刻 S, 系统中将有一个顾客正进入服务. 因为从时刻 S 开始的到达仍旧是速率为 λ 的泊松过程, 所以从 S 到系统变空的附加时间与忙期同分布. 即若 $N(S) = 1$, 则

$$B = S + B_1,$$

其中 B_1 独立于 S, 而且与 B 同分布.

现在考虑 $N(S) = n$ 的一般情形, 即当服务员结束他的首次服务时, 有 n 个顾客在等待. 为了确定忙期的剩余时间的分布, 要注意到顾客接受服务的次序并不影响剩余时间. 因此我们假设在首次服务期间的 n 个到达者 $C_1, \cdots, C_n$ 按如下方式接受服务. C_1 首先接受服务, 但直到系统中只有顾客 $C_2, \cdots, C_n$ 时 C_2 才接受服务. 也就是说, 在 C_1 接受服务期间到达的任何顾客都在 C_2 前接受服务. 类似地, 直到系统中只有 $C_3, \cdots, C_n$ 时 C_3 才接受服务, 等等. 在 C_i 和 C_{i+1} （$i = 1, \cdots, n-1$）开始服务之间的时间, 以及从 C_n 开始服务直到没有顾客进入系统的时间, 都是和忙期同分布的独立的随机变量.

如果我们令 $B_1, B_2, \cdots$ 是一个与忙期同分布的独立随机变量序列, 那么我们可以将 B 表示为

$$B = S + \sum_{i=1}^{N(S)} B_i.$$

因此

$$E[B|S] = S + E\left[\sum_{i=1}^{N(S)} B_i \Big| S\right],$$

而且

$$\mathrm{Var}(B|S) = \mathrm{Var}\left(\sum_{i=1}^{N(S)} B_i \Big| S\right).$$

可是, 对于给定的 S, $\sum_{i=1}^{N(S)} B_i$ 是复合泊松随机变量, 于是从式 (5.24) 和式 (5.25) 我们得到

$$E[B|S] = S + \lambda S E[B] = (1 + \lambda E[B])S, \quad \mathrm{Var}(B|S) = \lambda S E[B^2].$$

因此

$$E[B] = E[E[B|S]] = (1 + \lambda E[B])E[S],$$

从而当 $\lambda E[S] < 1$ 时,

$$E[B] = \frac{E[S]}{1 - \lambda E[S]}.$$

此外, 由条件方差公式

$$\begin{aligned}
\mathrm{Var}(B) &= \mathrm{Var}(E[B|S]) + E[\mathrm{Var}(B|S)] \\
&= (1 + \lambda E[B])^2 \mathrm{Var}(S) + \lambda E[S] E[B^2] \\
&= (1 + \lambda E[B])^2 \mathrm{Var}(S) + \lambda E[S](\mathrm{Var}(B) + E^2[B])
\end{aligned}$$

可得

$$\mathrm{Var}(B) = \frac{\mathrm{Var}(S)(1 + \lambda E[B])^2 + \lambda E[S] E^2[B]}{1 - \lambda E[S]}.$$

再利用 $E[B] = E[S]/(1 - \lambda E[S])$, 我们得到

$$\mathrm{Var}(B) = \frac{\mathrm{Var}(S) + \lambda E^3[S]}{(1 - \lambda E[S])^3}.$$

当 Y_i 的可能值的集合是有限或可数的时候, 存在复合泊松过程的一个非常精美的表达式. 为此, 我们假设存在 α_j ($j \geqslant 1$) 使

$$P\{Y_i = \alpha_j\} = p_j, \quad \sum_j p_j = 1.$$

现在, 当事件按泊松过程发生且每个事件产生一个随机的数量 Y 被加到累积和时, 就出现了一个复合泊松过程. 我们说一个事件是类型 j 事件, 如果它产生在加项中的数量是 α_j, $j \geqslant 1$. 即如果 $Y_i = \alpha_j$, 那么泊松过程的第 i 个事件就是一

个类型 j 事件. 如果令 $N_j(t)$ 为在时间 t 之前类型 j 事件的个数, 那么由命题 5.5 推出, 随机变量 $N_j(t)$ ($j \geqslant 1$) 是独立的泊松随机变量, 其均值为

$$E[N_j(t)] = \lambda p_j t.$$

由于对于每个 j, 在时间 t 之前 α_j 被加到累积和上共 $N_j(t)$ 次, 因此在时间 t 之前的累积和可以表示为

$$X(t) = \sum_j \alpha_j N_j(t). \tag{5.26}$$

作为式 (5.26) 的一个检验, 我们用它计算 $X(t)$ 的均值和方差. 由此推出

$$E[X(t)] = E\left[\sum_j \alpha_j N_j(t)\right] = \sum_j \alpha_j E[N_j(t)] = \sum_j \alpha_j \lambda p_j t = \lambda t E[Y_1].$$

此外,

$$\begin{aligned}
\mathrm{Var}[X(t)] &= \mathrm{Var}\left[\sum_j \alpha_j N_j(t)\right] \\
&= \sum_j \alpha_j^2 \mathrm{Var}[N_j(t)] \quad [\text{由 } N_j(t) \ (j \geqslant 1) \text{ 的独立性}] \\
&= \sum_j \alpha_j^2 \lambda p_j t \\
&= \lambda t E[Y_1^2],
\end{aligned}$$

其中倒数第二个等式成立是因为泊松随机变量 $N_j(t)$ 的方差等于均值.

于是, 我们看到由式 (5.26) 得出的 $X(t)$ 的均值和方差与之前推导出的结果相同.

式 (5.26) 的用途之一是, 我们可以得出结论: 当 t 增至很大时, $X(t)$ 的分布趋于正态分布. 为了弄清其原因, 首先注意由中心极限定理推出, 当泊松随机变量的均值增加时, 它的分布趋于正态分布. (为什么是这样?) 因此, 当 t 增加时, 随机变量 $N_j(t)$ 趋于正态随机变量. 因为它们是独立的, 又因为独立正态随机变量的和也是正态的, 所以当 t 增加时, $X(t)$ 的分布也近似于正态分布.

例 5.28 在例 5.26 中, 近似计算接下来的 50 个星期中至少有 240 人移民到该地区的概率.

解 因为 $\lambda = 2, E[Y_i] = 5/2, E[Y_i^2] = 43/6$, 所以

$$E[X(50)] = 250, \quad \mathrm{Var}[X(50)] = 4300/6.$$

因此所求的概率是

$$P\{X(50) \geqslant 240\} = P\{X(50) \geqslant 239.5\}$$

$$= P\left\{\frac{X(50) - 250}{\sqrt{4300/6}} \geqslant \frac{239.5 - 250}{\sqrt{4300/6}}\right\}$$

$$= 1 - \Phi(-0.3922)$$

$$= \Phi(0.3922)$$

$$= 0.6525,$$

其中利用了表 2–3 确定标准正态随机变量小于 0.3922 的概率 $\Phi(0.3922)$. ■

另一个有用的结果是，如果 $\{X(t), t \geqslant 0\}$ 和 $\{Y(t), t \geqslant 0\}$ 是分别有泊松参数 λ_1 和 λ_2 与分布 F_1 和 F_2 的相互独立的复合泊松过程，那么 $\{X(t)+Y(t), t \geqslant 0\}$ 也是复合泊松过程. 这是因为这个复合过程的事件将按速率为 $\lambda_1 + \lambda_2$ 的泊松过程发生，而每个事件独立地以概率 $\lambda_1/(\lambda_1 + \lambda_2)$ 来自第一个复合泊松过程. 因此，这个复合过程是一个泊松参数为 $\lambda_1 + \lambda_2$ 且分布函数 F 为

$$F(x) = \frac{\lambda_1}{\lambda_1 + \lambda_2}F_1(x) + \frac{\lambda_2}{\lambda_1 + \lambda_2}F_2(x)$$

的复合泊松过程.

5.4.3　条件（混合）泊松过程

令 $\{N(t), t \geqslant 0\}$ 是一个计数过程，其概率定义如下. 存在一个正随机变量 L，使得在 $L = \lambda$ 的条件下，这个计数过程是速率为 λ 的泊松过程. 这样的计数过程称为**条件（混合）泊松过程**.

假设 L 是密度函数为 g 的连续随机变量. 因为

$$\begin{aligned}P\{N(t+s) - N(s) = n\} &= \int_0^\infty P\{N(t+s) - N(s) = n | L = \lambda\}g(\lambda)\mathrm{d}\lambda \\ &= \int_0^\infty \mathrm{e}^{-\lambda t}\frac{(\lambda t)^n}{n!}g(\lambda)\mathrm{d}\lambda,\end{aligned} \tag{5.27}$$

所以条件泊松过程有平稳增量. 然而，因为知道在一个区间中有多少事件发生给出了有关 L 的可能值的信息，它影响任意其他区间中的事件个数的分布，所以条件泊松过程一般不具有独立增量. 因此，条件泊松过程一般不是泊松过程.

例 5.29 若 g 是参数为 m 和 θ 的伽马密度

$$g(\lambda) = \theta\mathrm{e}^{-\theta\lambda}\frac{(\theta\lambda)^{m-1}}{(m-1)!}, \quad \lambda > 0,$$

则

$$\begin{aligned}P\{N(t) = n\} &= \int_0^\infty \mathrm{e}^{-\lambda t}\frac{(\lambda t)^n}{n!}\theta\mathrm{e}^{-\theta\lambda}\frac{(\theta\lambda)^{m-1}}{(m-1)!}\mathrm{d}\lambda \\ &= \frac{t^n\theta^m}{n!(m-1)!}\int_0^\infty \mathrm{e}^{-(t+\theta)\lambda}\lambda^{n+m-1}\mathrm{d}\lambda.\end{aligned}$$

乘以并除以 $\frac{(n+m-1)!}{(t+\theta)^{n+m}}$ 可得

$$P\{N(t)=n\} = \frac{t^n\theta^m(n+m-1)!}{n!(m-1)!(t+\theta)^{n+m}} \int_0^\infty (t+\theta)\mathrm{e}^{-(t+\theta)\lambda} \frac{((t+\theta)\lambda)^{n+m-1}}{(n+m-1)!}\mathrm{d}\lambda.$$

因为 $(t+\theta)\mathrm{e}^{-(t+\theta)\lambda}((t+\theta)\lambda)^{n+m-1}/(n+m-1)!$ 是参数为 $n+m$ 和 $t+\theta$ 的伽马随机变量的密度函数, 所以它的积分是 1, 由此可得

$$P\{N(t)=n\} = \binom{n+m-1}{n}\left(\frac{\theta}{t+\theta}\right)^m\left(\frac{t}{t+\theta}\right)^n.$$

因此, 在一个长度 t 的区间中的事件个数, 它与当每次试验成功的概率为 $\theta/(t+\theta)$ 时, 在总共获得 m 次成功之前的失败次数有相同的分布. ■

为了计算 $N(t)$ 的均值和方差, 以 L 为条件. 因为在条件 L 下, $N(t)$ 是均值为 Lt 的泊松过程, 所以

$$E[N(t)|L] = Lt, \quad \mathrm{Var}(N(t)|L) = Lt,$$

其中最后一个等式利用了泊松随机变量的方差等于均值. 因此, 由条件方差公式可得

$$\mathrm{Var}(N(t)) = E[Lt] + \mathrm{Var}(Lt) = tE[L] + t^2\,\mathrm{Var}(L).$$

我们可以计算在给定 $N(t)=n$ 时 L 的条件分布:

$$\begin{aligned}
P\{L\leqslant x|N(t)=n\} &= \frac{P\{L\leqslant x, N(t)=n\}}{P\{N(t)=n\}}\\
&= \frac{\int_0^\infty P\{L\leqslant x, N(t)=n|L=\lambda\}g(\lambda)\mathrm{d}\lambda}{P\{N(t)=n\}}\\
&= \frac{\int_0^x P\{N(t)=n|L=\lambda\}g(\lambda)\mathrm{d}\lambda}{P\{N(t)=n\}}\\
&= \frac{\int_0^x \mathrm{e}^{-\lambda t}(\lambda t)^n g(\lambda)\mathrm{d}\lambda}{\int_0^\infty \mathrm{e}^{-\lambda t}(\lambda t)^n g(\lambda)\mathrm{d}\lambda},
\end{aligned}$$

其中最后的等式利用了式 (5.27). 换句话说, 给定 $N(t)=n$ 时, L 的条件密度函数是

$$f_{L|N(t)}(\lambda|n) = \frac{\mathrm{e}^{-\lambda t}\lambda^n g(\lambda)}{\int_0^\infty \mathrm{e}^{-\lambda t}\lambda^n g(\lambda)\mathrm{d}\lambda}, \quad \lambda\geqslant 0. \tag{5.28}$$

例 5.30 保险公司认为每个参保人都有各自的事故率, 而当时间以年计量时, 具有事故率 λ 的参保人的索赔次数按速率为 λ 的泊松过程分布. 保险公司也认为事故率是随参保人变化的, 新参保人的事故率在 $(0,1)$ 上均匀分布. 已知一个参保人在前 t 年提出了 n 次索赔, 直到这个参保人下一次索赔的时间的条件分布是什么?

解　如果 T 是到下次索赔的时间, 那么我们要计算 $P\{T > x | N(t) = n\}$. 以给定参保人的事故率为条件, 利用式 (5.28),

$$P\{T > x | N(t) = n\} = \int_0^\infty P\{T > x | L = \lambda \, N(t) = n\} f_{L|N(t)}(\lambda | n) \mathrm{d}\lambda$$

$$= \frac{\displaystyle\int_0^1 \mathrm{e}^{-\lambda x} \mathrm{e}^{-\lambda t} \lambda^n \mathrm{d}\lambda}{\displaystyle\int_0^1 \mathrm{e}^{-\lambda t} \lambda^n \mathrm{d}\lambda}.$$ ■

在一个长度为 t 的区间中, 存在一个计算发生多于 n 个事件的概率的精美公式. 我们利用恒等式

$$\sum_{j=n+1}^\infty \mathrm{e}^{-\lambda t} \frac{(\lambda t)^j}{j!} = \int_0^t \lambda \mathrm{e}^{-\lambda x} \frac{(\lambda x)^n}{n!} \mathrm{d}x \tag{5.29}$$

推导它, 这个恒等式成立是因为速率为 λ 的泊松过程在时间 t 之前发生的事件个数大于 n 的概率与这个过程的第 $n+1$ 个事件发生的时间 (它服从 $\Gamma(n+1, \lambda)$ 分布) 小于 t 的概率相等. 在式 (5.29) 中交换 λ 和 t 导出等价的恒等式:

$$\sum_{j=n+1}^\infty \mathrm{e}^{-\lambda t} \frac{(\lambda t)^j}{j!} = \int_0^\lambda t \mathrm{e}^{-tx} \frac{(tx)^n}{n!} \mathrm{d}x. \tag{5.30}$$

利用式 (5.27), 我们得到

$$P\{N(t) > n\} = \sum_{j=n+1}^\infty \int_0^\infty \mathrm{e}^{-\lambda t} \frac{(\lambda t)^j}{j!} g(\lambda) \mathrm{d}\lambda$$

$$= \int_0^\infty \sum_{j=n+1}^\infty \mathrm{e}^{-\lambda t} \frac{(\lambda t)^j}{j!} g(\lambda) \mathrm{d}\lambda \quad (\text{交换})$$

$$= \int_0^\infty \int_0^{\lambda t} \mathrm{e}^{-tx} \frac{(tx)^n}{n!} \mathrm{d}x \, g(\lambda) \mathrm{d}\lambda \quad [\text{利用式 (5.30)}]$$

$$= \int_0^\infty \int_x^\infty g(\lambda) \mathrm{d}\lambda \, t \mathrm{e}^{-tx} \frac{(tx)^n}{n!} \mathrm{d}x \quad (\text{交换})$$

$$= \int_0^\infty \overline{G}(x) t \mathrm{e}^{-tx} \frac{(tx)^n}{n!} \mathrm{d}x.$$

5.5　随机强度函数和霍克斯过程

不同于非时齐泊松过程的强度函数 $\lambda(t)$ 是确定的函数, 存在计数过程 $\{N(t), t \geqslant 0\}$, 它在时刻 t 的强度函数的值, 记之为 $R(t)$, 是一个随机变量, 其值依赖于直至时刻 t 的过程的历史. 也就是说, 若将直至时刻 t 的过程的 "历史" 记为 $\mathscr{H}_t$,

则在时刻 t 的强度率 $R(t)$ 是一个随机变量, 其值由 $\mathscr{H}_t$ 所确定, 且满足

$$P\{N(t+h) - N(t) = 1|\mathscr{H}_t\} = R(t)h + o(h)$$

和

$$P\{N(t+h) - N(t) \geqslant 2|\mathscr{H}_1\} = o(h).$$

霍克斯过程是具有随机强度函数的计数过程的例子之一. 这种计数过程假定了存在一个基本的强度值 $\lambda > 0$, 且对每个事件附以一个称为标志值的非负随机变量, 其值独立于以前发生的一切事件, 且具有分布 F. 假定每当一个事件发生时, 随机强度函数的当前值就增加了这个事件的标志值的量, 且这个增加的量以指数速率按时间递减. 更确切地, 若到时刻 t 为止, 已发生事件的总数为 $N(t)$, 事件的发生时刻 $S_1 < S_2 < \cdots < S_{N(t)}$, 记第 i 个事件的标志值为 $M_i, i = 1, \cdots, N(t)$, 则

$$R(t) = \lambda + \sum_{i=1}^{N(t)} M_i \mathrm{e}^{-\alpha(t-S_i)}.$$

换句话说, 霍克斯过程是满足如下条件的计数过程:

1. $R(0) = \lambda$;
2. 每当一个事件发生时, 过程的随机强度增加一个等于此事件的标志值的量;
3. 若在 s 和 $s+t$ 之间没有事件发生, 则 $R(s+t) = \lambda + (R(s) - \lambda)\mathrm{e}^{-\alpha t}$.

因为每当一个事件发生时强度增加, 所以称霍克斯过程为**自激过程**.

我们要推导霍克斯过程直至时刻 t 为止期望事件数 $E[N(t)]$ 的公式. 为此, 我们需要下述引理, 这个引理对一切计数过程都是成立的.

引理 5.5 令满足 $N(0) = 0$ 的计数过程 $\{N(t), t \geqslant 0\}$ 的随机强度函数为 $R(t)$. 记 $m(t) = E[N(t)]$, 则

$$m(t) = \int_0^t E[R(s)]\mathrm{d}s.$$

证明

$$E[N(t+h)|N(t), R(t)] = N(t) + R(t)h + o(h).$$

取期望后得出

$$E[N(t+h)] = E[N(t)] + E[R(t)]h + o(h),$$

即

$$m(t+h) = m(t) + hE[R(t)] + o(h),$$

从而

$$\frac{m(t+h)-m(t)}{h} = E[R(t)] + \frac{o(h)}{h}.$$

令 $h \to 0$ 就得出

$$m'(t) = E[R(t)].$$

将两边从 0 到 t 积分就得出结果

$$m(t) = \int_0^t E[R(s)]\mathrm{d}s. \qquad \blacksquare$$

利用上面的公式, 我们现在可以证明下述命题.

命题 5.8　若在霍克斯过程中标志值的均值为 μ, 则对此过程有

$$E[N(t)] = \lambda t + \frac{\lambda\mu}{(\mu-\alpha)^2}(\mathrm{e}^{(\mu-\alpha)t} - 1 - (\mu-\alpha)t).$$

证明　由前面的引理可知, 要确定均值函数 $m(t)$, 只需确定 $E[R(t)]$, 这可以通过推导然后求解一个微分方程来完成. 首先注意, 令 $M_t(h)$ 等于在 t 和 $t+h$ 之间发生的所有事件的标志值之和, 则

$$R(t+h) = \lambda + (R(t) - \lambda)\mathrm{e}^{-\alpha h} + M_t(h) + o(h).$$

设 $g(t) = E[R(t)]$, 并对上式取期望, 就得出

$$g(t+h) = \lambda + (g(t) - \lambda)\mathrm{e}^{-\alpha h} + E[M_t(h)] + o(h).$$

利用等式 $\mathrm{e}^{-\alpha h} = 1 - \alpha h + o(h)$, 就证明了

$$\begin{aligned}
g(t+h) &= \lambda + (g(t) - \lambda)(1 - \alpha h) + E[M_t(h)] + o(h) \\
&= g(t) - \alpha h g(t) + \lambda \alpha h + E[M_t(h)] + o(h).
\end{aligned} \qquad (5.31)$$

现在, 在给定 $R(t)$ 条件下, 在 t 和 $t+h$ 之间有一个事件的概率为 $R(t)h + o(h)$, 而有两个或更多事件的概率为 $o(h)$. 因此, 考虑到 μ 是标志值的均值, 以在 t 和 $t+h$ 之间的事件数为条件, 有

$$E[M_t(h)|R(t)] = \mu R(t)h + o(h).$$

对上式两边取期望就得出

$$E[M_t(h)] = \mu g(t)h + o(h).$$

将它代回式 (5.31), 得出

$$g(t+h) = g(t) - \alpha h g(t) + \lambda \alpha h + \mu g(t)h + o(h),$$

或者, 等价地有

$$\frac{g(t+h) - g(t)}{h} = (\mu - \alpha)g(t) + \lambda \alpha + \frac{o(h)}{h}.$$

令 $h \to 0$，就得出

$$g'(t) = (\mu - \alpha)g(t) + \lambda\alpha.$$

令 $f(t) = (\mu - \alpha)g(t) + \lambda\alpha$，上式可以写成

$$\frac{f'(t)}{\mu - \alpha} = f(t),$$

从而

$$\frac{f'(t)}{f(t)} = \mu - \alpha.$$

求积分可得

$$\ln(f(t)) = (\mu - \alpha)t + C.$$

现在因为 $g(0) = E[R(0)] = \lambda$，所以 $f(0) = \mu\lambda$，这表明 $C = \ln(\mu\lambda)$，从而

$$f(t) = \mu\lambda e^{(\mu - \alpha)t}.$$

再利用 $g(t) = \frac{f(t) - \lambda\alpha}{\mu - \alpha} = \frac{f(t)}{\mu - \alpha} + \lambda - \frac{\lambda\mu}{\mu - \alpha}$ 推出

$$g(t) = \lambda + \frac{\lambda\mu}{\mu - \alpha}(e^{(\mu - \alpha)t} - 1).$$

因此，由引理 5.5 得到

$$E[N(t)] = \lambda t + \int_0^t \frac{\lambda\mu}{\mu - \alpha}(e^{(\mu - \alpha)s} - 1)\mathrm{d}s$$

$$= \lambda t + \frac{\lambda\mu}{(\mu - \alpha)^2}(e^{(\mu - \alpha)t} - 1 - (\mu - \alpha)t),$$

这就证明了结论. ∎

习　　题

1. 修理一台机器所需要的时间 T 是均值为 $\frac{1}{2}$（小时）的指数随机变量.

   (a) 问修理时间超过 $\frac{1}{2}$ 小时的概率是多少？

   (b) 已知修理持续时间超过 12 小时，问修理时间至少需要 $12\frac{1}{2}$ 小时的概率是多少？

2. 假设你到达一家只有一条服务线的银行，你发现在银行中还有 5 个顾客，其中一个正在接受服务，其余 4 个排队等待，你加入到队尾. 如果服务时间都服从速率为 μ 的指数分布，问你在银行的平均停留时间是多少？

3. 令 X 是指数随机变量. 不做任何计算说出以下哪一个是正确的. 解释你的答案.

   (a) $E[X^2 | X > 1] = E[(X + 1)^2]$；

   (b) $E[X^2 | X > 1] = E[X^2] + 1$；

   (c) $E[X^2 | X > 1] = (1 + E[X])^2$.

4. 考察一个有 2 个办事员的邮局，甲、乙、丙三人同时进入，甲和乙直接走向办事员，丙需要等待直至甲或乙离开. 问在以下三种情况下，当其余 2 个人离开后，甲仍旧在邮局中的概率分别是多少？

(a) 每个办事员的服务时间恰是（非随机）10 分钟.

(b) 服务时间以概率 $\frac{1}{3}$ 为 i，$i = 1, 2, 3$.

(c) 服务时间是均值为 $1/\mu$ 的指数随机变量.

*5. 若 X 是速率为 λ 的指数随机变量，证明 $Y = \lfloor X \rfloor + 1$ 是参数为 $p = 1 - e^{-\lambda}$ 的几何随机变量，其中 $\lfloor X \rfloor$ 是小于或等于 X 的最大整数.

6. 在例 5.3 中，如果办事员 i 以指数速率 λ_i 服务，$i = 1, 2$，证明

$$P\{\text{史密斯不是最后一个}\} = \left(\frac{\lambda_1}{\lambda_1 + \lambda_2} \right)^2 + \left(\frac{\lambda_2}{\lambda_1 + \lambda_2} \right)^2.$$

*7. 若 X_1 和 X_2 是独立的非负连续随机变量，证明

$$P\{X_1 < X_2 \,|\, \min(X_1, X_2) = t\} = \frac{r_1(t)}{r_1(t) + r_2(t)},$$

其中 $r_i(t)$ 是 X_i 的失败率函数.

8. 若 X 和 Y 分别是速率为 λ 和 μ 的独立指数随机变量. 在给定 $X < Y$ 条件下，X 的条件分布是什么？

9. 机器 1 正在工作，机器 2 将从现在开始 t 时间后进入工作. 如果机器 i 的寿命是速率为 λ_i（$i = 1, 2$）的指数随机变量，问机器 1 先失效的概率是多少？

*10. 令 X 和 Y 分别是速率为 λ 和 μ 的独立指数随机变量. 令 $M = \min(X, Y)$. 求

(a) $E[MX | M = X]$,

(b) $E[MX | M = Y]$,

(c) $\text{Cov}(X, M)$.

11. 令 $X, Y_1, \cdots, Y_n$ 是独立的指数随机变量，X 的速率为 λ，而 Y_i 的速率为 μ. 令事件 A_j 表示此 $n + 1$ 个随机变量中第 j 小的值是 Y_i 中的一个. 利用恒等式

$$p = P(A_1 \cdots A_n) = P(A_1) P(A_2 | A_1) \cdots P(A_n | A_1 \cdots A_{n-1})$$

求 $p = P\{X > \max_i Y_i\}$. 当 $n = 2$ 时，以 X 为条件求 p 来验证你的答案.

12. 如果 X_i 是速率为 λ_i 的独立指数随机变量，$i = 1, 2, 3$，求

(a) $P\{X_1 < X_2 < X_3\}$,

(b) $P\{X_1 < X_2 | \max(X_1, X_2, X_3) = X_3\}$,

(c) $E[\max X_i | X_1 < X_2 < X_3]$,

(d) $E[\max X_i]$.

13. 在例 5.10 中，求直到队列中的第 n 个人离开队列（由于进入服务，或者没有服务就离开）的期望时间.

14. 我在家等两个朋友. 甲到达的时间是速率为 λ_a 的指数随机变量，乙到达的时间是速率为 λ_b 的指数随机变量. 到达后他们在我家停留的时间分别是速率为 μ_a 和 μ_b 的指数随机变量. 假设这 4 个随机变量都是独立的.

(a) 甲在乙前到达且在乙后离开的概率是多少?

(b) 最后一人离开的期望时间是多少?

15. 100 个产品同时作寿命检验. 假设各个产品的寿命是均值为 200 小时的独立指数随机变量. 当总共有 5 个产品损坏时检验停止. 如果 T 是检验停止的时间, 求 $E[T]$ 和 $\mathrm{Var}(T)$.

16. 有三个工作需要处理, 工作 i ($i=1,2,3$) 的处理时间是速率为 μ_i 的指数随机变量. 有两个可用的处理器, 于是可以立即开始处理两个工作, 当这两个工作有一个完成时才开始处理最后一个工作.

   (a) 令 T_i 表示处理工作 i 所需的时间. 如果目标是使 $E[T_1 + T_2 + T_3]$ 最小, 那么当 $\mu_1 < \mu_2 < \mu_3$ 时, 应该先处理哪两个工作?

   (b) 令 M (称为加工周期) 是直到三个工作全部处理完的时间. 令 S 是只有一个处理器在工作的时间, 证明
   $$2E[M] = E[S] + \sum_{i=1}^{3} 1/\mu_i.$$

   对于下面几个问题, 假设 $\mu_1 = \mu_2 = \mu, \mu_3 = \lambda$. 令 $P(\mu)$ 表示最后完成的工作是工作 1 或工作 2 的概率, 令 $P(\lambda) = 1 - P(\mu)$ 表示最后完成的工作是工作 3 的概率.

   (c) 用 $P(\mu)$ 和 $P(\lambda)$ 来表达 $E[S]$.

   (d) 令 $P_{i,j}(\mu)$ 是当工作 i 和工作 j 首先被处理时 $P(\mu)$ 的值, 证明 $P_{1,2}(\mu) \leqslant P_{1,3}(\mu)$.

   (e) 如果 $\mu > \lambda$, 证明当工作 3 是首先被处理的工作之一时, $E[M]$ 最小.

   (f) 如果 $\mu < \lambda$, 证明当工作 1 和工作 2 首先被处理时, $E[M]$ 最小.

17. n 个城市将通过通信系统连接. 在城市 i 和城市 j 建造连接的价格是 C_{ij}, $i \neq j$. 必须建造足够的连接以便每一对城市之间都有一条连接的通路. 因此只需建造 $n-1$ 个连接. 解决这个问题 (称为最小生成树问题) 的最小价格算法是首先建造所有 $\binom{n}{2}$ 个连接中最便宜的一个. 然后, 在附加的每一步, 都选择建造一个没有任何连接的城市到一个有连接的城市的最便宜的连接. 即如果首个连接是在城市 1 和城市 2 之间, 那么第二个连接要么是在 1 和 $3, \cdots, n$ 中的一个之间, 要么是在 2 和 $3, \cdots, n$ 中的一个之间. 假设所有 $\binom{n}{2}$ 个连接的价格 C_{ij} 是均值为 1 的独立指数随机变量. 在以下情形分别求上面算法的期望价格: (a) $n=3$, (b) $n=4$.

*18. 令 X_1 和 X_2 都是速率为 μ 的独立指数随机变量. 令
   $$X_{(1)} = \min(X_1, X_2), \quad X_{(2)} = \max(X_1, X_2).$$
   求: (a) $E[X_{(1)}]$, (b) $\mathrm{Var}[X_{(1)}]$, (c) $E[X_{(2)}]$, (d) $\mathrm{Var}[X_{(2)}]$.

19. 在甲和乙间进行的一英里比赛中, 甲跑完一英里的时间是速率为 λ_a 的指数随机变量, 独立地, 乙跑完一英里的时间是速率为 λ_b 的指数随机变量. 最早完成的人将成为胜者并赢得奖金 $Re^{-\alpha t}$ 元, 其中 t 是获胜的时刻, R 和 α 都是常数. 若输的人只得到 0 元. 求甲赢得奖金的期望值.

20. 考虑有两条服务线的系统, 顾客先接受服务线 1 的服务, 再到服务线 2 接受服务, 然后离开. 服务线 i 的服务时间是速率为 μ_i 的指数随机变量, $i=1,2$. 当你到达时, 你发现服务线 1 有空, 而在服务线 2 那里有两个顾客, 顾客甲在接受服务, 顾客乙在排队等候.

(a) 求当你到服务线 2 时，甲还在接受服务的概率 P_A.

(b) 求当你到服务线 2 时，乙还在系统中的概率 P_B.

(c) 求 $E[T]$，其中 T 是你在系统中的时间.

提示：写出

$$T = S_1 + S_2 + W_A + W_B,$$

其中 S_i 是你在服务线 i 的服务时间，W_A 是当甲在接受服务时你在队中等候的时间，W_B 是当乙在接受服务时你在队中等候的时间.

21. 在某个系统中，一个顾客必须先接受服务线 1 的服务，而后接受服务线 2 的服务. 服务线 i 的服务时间是速率为 μ_i 的指数随机变量，$i = 1, 2$. 到达的顾客发现服务线 1 忙着就在队列中等候. 顾客接受完服务线 1 的服务后，如果服务线 2 有空，就接受服务线 2 的服务，否则仍待在服务线 1 处（阻止了其他顾客进入服务）直到服务线 2 有空. 顾客在接受完服务线 2 的服务后离开系统. 假设在你到达时系统中有一个顾客，而且这个顾客正在服务线 1 接受服务. 你在系统中的期望总时间是多少？

22. 假设在习题 21 中，在你到达时发现系统中有两个顾客，一个正在接受服务线 1 的服务，另一个正在接受服务线 2 的服务. 你在系统中的期望总时间是多少？记住如果服务线 1 先于服务线 2 完成服务，那么服务线 1 的顾客仍将留在那里（于是阻止了你的进入）直到服务线 2 有空.

*23. 一个手电筒需要用 2 块电池才能工作. 现有 n 块可用电池，标为电池 $1, 2, \cdots, n$. 开始装入电池 1 和电池 2. 只要一块电池失效，就立刻换上一块标号最低且还没有用过的可用电池. 假设电池的寿命是速率为 μ 的独立指数随机变量. 令 T 为一块电池失效而我们的库存正好用完的随机时间. 这时恰有一块电池 X 还没有失效.

(a) $P\{X = n\}$ 是多少？

(b) $P\{X = 1\}$ 是多少？

(c) $P\{X = i\}$ 是多少？

(d) 求 $E[T]$.

(e) T 的分布是什么？

24. 有两条服务线处理 n 件零活. 最初，每条服务线先处理一件零活. 只要一条服务线完成了一件零活，这件零活就离开系统，并且这条服务线开始处理新的零活（当仍有等待处理的零活时）. 令 T 为直到所有的零活都处理完的时间. 如果服务线 i 处理一件零活的时间服从速率为 μ_i 的指数分布，$i = 1, 2$，求 $E[T]$ 和 $\mathrm{Var}(T)$.

25. 顾客可以由 3 条服务线中的任意一条服务，其中服务线 i 的服务时间服从速率为 μ_i 的指数分布，$i = 1, 2, 3$. 当一条服务线空闲时，等候时间最长的顾客开始接受这条服务线的服务.

(a) 如果你到达时发现 3 条服务线都忙，而且无人在等待，求直到你离开系统的期望时间.

(b) 如果你到达时发现 3 条服务线都忙，而且有一个人在等待，求直到你离开系统的期望时间.

26. 每个进入的顾客必须首先由服务线 1 服务，然后由服务线 2 服务，最后由服务线 3 服务. 由服务线 i 服务的时间是速率为 μ_i 的指数随机变量, $i = 1, 2, 3$. 假设你进入系统时, 只有一个顾客, 而且他正在接受服务线 3 的服务.

(a) 求你到服务线 2 时, 服务线 3 仍在忙的概率.

(b) 求你到服务线 3 时, 服务线 3 仍在忙的概率.

(c) 求你在系统中的期望时间 (只要你遇到一条在忙的服务线, 就必须等到当前服务结束才能进入服务).

(d) 如果你进入系统时发现系统中有一个顾客, 而且他正接受服务线 2 的服务. 求你在系统中的期望时间.

27. 证明在例 5.7 中两个算法的总价格的分布是相同的.

28. 考虑有独立寿命的 n 个部件, 部件 i 以一个速率为 λ_i 的指数时间工作. 假设所有的部件在开始时都在使用中, 而且使用到出现故障为止.

(a) 求部件 1 是第二个出现故障的概率.

(b) 求第二个故障出现的期望时间.

29. 令 X 和 Y 分别是速率为 λ 和 μ 的独立指数随机变量, 其中 $\lambda > \mu$. 令 $c > 0$.

(a) 证明给定 $X + Y = c$ 时, X 的条件密度函数是

$$f_{X|X+Y}(x|c) = \frac{(\lambda - \mu)\mathrm{e}^{-(\lambda - \mu)x}}{1 - \mathrm{e}^{-(\lambda - \mu)c}}, \quad 0 < x < c.$$

(b) 利用 (a) 求 $E[X|X + Y = c]$.

(c) 求 $E[Y|X + Y = c]$.

30. 某人养的狗和猫的寿命分别是速率为 λ_d 和 λ_c 的独立指数随机变量. 其中一只刚刚死去. 求另一只宠物的后续寿命.

31. 假设 $W, X_1, \cdots, X_n$ 是独立的非负连续随机变量, 其中 W 服从速率为 λ 的指数分布, X_i 具有密度函数 f_i, $i = 1, \cdots, n$.

(a) 证明

$$P(X_i < x_i | W > X_i) = \frac{\int_0^{x_i} \mathrm{e}^{-\lambda s} f_i(s)\mathrm{d}s}{P(W > X_i)}.$$

(b) 证明

$$P\left(W > \sum_{i=1}^n X_i\right) = \prod_{i=1}^n P(W > X_i).$$

(c) 证明

$$P\left(X_i \leqslant x_i, i = 1, \cdots, n \middle| W > \sum_{i=1}^n X_i\right) = \prod_{i=1}^n P(X_i \leqslant x_i | W > X_i).$$

也就是说, 给定 $W > \sum_{i=1}^n X_i$ 时, 随机变量 $X_1, \cdots, X_n$ 是独立的, 现在 X_i 的分布为给定它小于 W 时的条件分布, $i = 1, \cdots, n$.

32. 令 X 是 $(0, 1)$ 上的均匀随机变量, 考虑一个计数过程, 其中事件在时间 $X + i$ ($i = 0, 1, 2, \cdots$) 发生.

(a) 这个计数过程是否有独立增量?

(b) 这个计数过程是否有平稳增量?

33. 令 X 和 Y 是分别以 λ 和 μ 为速率的独立指数随机变量.

    (a) 论证：在 $X > Y$ 的条件下，随机变量 $\min(X, Y)$ 与 $X - Y$ 是独立的.

    (b) 利用 (a) 证明：对于任意正常数 c,

$$E[\min(X, Y)|X > Y + c] = E[\min(X, Y)|X > Y] = E[\min(X, Y)] = \frac{1}{\lambda + \mu}.$$

    (c) 口头解释为什么 $\min(X, Y)$ 与 $X - Y$ 是（无条件地）独立的.

34. 两个病人甲和乙都需要肾脏移植. 如果没有可供的肾脏，那么甲将在一个速率为 μ_A 的指数时间后死去，而乙将在一个速率为 μ_B 的指数时间后死去. 新的肾脏按一个速率为 λ 的泊松过程到达. 已经决定了第一个肾脏将给甲（如果乙活着而甲已死去则给乙），而下一个给乙（如果乙仍活着）.

    (a) 甲得到一个新的肾脏的概率是多少？

    (b) 乙得到一个新的肾脏的概率是多少？

    (c) 甲和乙都没有得到新肾脏的概率是多少？

    (d) 甲和乙都得到新肾脏的概率是多少？

35. $\{N(t), t \geqslant 0\}$ 是一个速率为 λ 的泊松过程，令 T_1 为 $\{N(t), t \geqslant 0\}$ 的第一个事件发生的时间. 为了用另一种方法证明 T_1 是速率为 λ 的指数随机变量，我们设 $\lambda_{T_1}(t)$ 为其失败率函数. 利用

$$P(t < T_1 < t + h|T_1 > t) = \lambda_{T_1}(t)h + o(h),$$

证明 T_1 是速率为 λ 的指数随机变量.

    提示：将 $P(t < T_1 < t + h|T_1 > t)$ 写成涉及随机变量 $N(t)$ 和 $N(t + h)$ 的条件概率.

*36. 令 $S(t)$ 为一种证券在时间 t 的价格. 过程 $\{S(t), t \geqslant 0\}$ 的一个流行的模型假设价格直到一个"冲击"发生前保持不变，在冲击发生时价格乘上一个随机因子. 如果我们令 $N(t)$ 为在时间 t 之前冲击的个数，令 X_i 为第 i 个乘积因子，那么此模型假设了

$$S(t) = S(0) \prod_{i=1}^{N(t)} X_i,$$

其中在 $N(t) = 0$ 时，$\prod_{i=1}^{N(t)} X_i = 1$. 假设 X_i 是速率为 μ 的独立指数随机变量，$\{N(t), t \geqslant 0\}$ 是速率为 λ 的泊松过程，$\{N(t), t \geqslant 0\}$ 独立于 X_i，并且 $S(0) = s$.

    (a) 求 $E[S(t)]$.

    (b) 求 $E[S^2(t)]$.

37. 令 $\{N(t), t \geqslant 0\}$ 是速率为 λ 的泊松过程. 对于 $i \leqslant n$ 和 $s < t$,

    (a) 求 $P(N(t) = n|N(s) = i)$;

    (b) 求 $P(N(s) = i|N(t) = n)$.

38. 令 $\{M_i(t), t \geqslant 0\}$ 是速率分别为 λ_i 的独立泊松过程，$i = 1, 2, 3$，并且设

$$N_1(t) = M_1(t) + M_2(t), \quad N_2(t) = M_2(t) + M_3(t).$$

随机过程 $\{(N_1(t), N_2(t)), t \geqslant 0\}$ 称为二维泊松过程.

    (a) 求 $P\{N_1(t) = n, N_2(t) = m\}$.

    (b) 求 $\mathrm{Cov}(N_1(t), N_2(t))$.

39. 某种理论假设细胞分裂的错误按速率为每年 2.5 个的泊松过程发生，而人体在发生了 196 个这种错误后死亡. 假设该理论成立，求

    (a) 人的平均寿命；

    (b) 人的寿命的方差.

    此外，近似地求

    (c) 人在 67.2 岁前死亡的概率；

    (d) 人活到 90 岁的概率；

    (e) 人活到 100 岁的概率.

*40. 证明若 $\{N_i(t), t \geqslant 0\}$ 是速率为 λ_i 的独立泊松过程，$i = 1, 2$，则 $\{N(t), t \geqslant 0\}$ 是速率为 $\lambda_1 + \lambda_2$ 的泊松过程，其中 $N(t) = N_1(t) + N_2(t)$.

41. 在习题 40 中，这个复合过程的首个事件来自 N_1 过程的概率是多少？

42. 顾客按照速率为 λ 的泊松过程到达一个单服务线的系统. 发现服务器空闲的到达者会立即进入服务；发现服务器忙碌的到达者则等待. 当服务线完成一次服务后，会同时为所有正在等待的顾客提供服务. 为 i 个顾客提供服务所需的时间是一个随机变量，其密度函数为 g_i, $i \geqslant 1$. 如果 X_n 是第 n 个服务批次中的顾客数，那么 $\{X_n, n \geqslant 0\}$ 是一个马尔可夫链吗？如果是，请给出其转换概率；如果不是，请说明原因.

43. 顾客按速率为 λ 的泊松过程到达有两条服务线的服务站. 只要新的顾客到达，在系统中的顾客就立刻离开. 新的顾客首先由服务线 1 服务，然后是服务线 2. 如果在服务线的服务时间分别是速率为 μ_1 和 μ_2 的独立指数随机变量，在已进入的顾客中完成服务线 2 的服务的比例是多少？

44. 汽车按速率为 λ 的泊松过程经过街的某个位置. 一个需要在这个位置过街的妇女等着，直到看到没有车她才在随后的 T 个单位时间通过.

    (a) 求她的等待时间是 0 的概率.

    (b) 求平均等待时间.

    提示：以首辆车到达的时间为条件.

45. 令 $\{N(t), t \geqslant 0\}$ 是速率为 λ 的泊松过程，它独立于均值为 μ、方差为 σ^2 的非负随机变量 T. 求 (a) $\mathrm{Cov}(T, N(T))$, (b) $\mathrm{Var}(N(T))$.

46. 令 $\{N(t), t \geqslant 0\}$ 是速率为 λ 的泊松过程，它独立于均值为 μ、方差为 σ^2 的独立同分布序列 $X_1, X_2, \cdots$. 求

$$\mathrm{Cov}\left(N(t), \sum_{i=1}^{N(t)} X_i\right).$$

47. 考虑有两条服务线的并行排队系统，其中顾客按速率为 λ 的泊松过程到达，而服务时间服从速率为 μ 的指数分布. 此外，假设顾客到达时发现两条服务线都忙，就不接受任何服务而立刻离开（这称为顾客流失），只要发现至少有一条服务线有空，就立刻接受服务并在服务完成后离开.

    (a) 如果两条服务线现在都忙，求直到下一个顾客进入系统的平均时间.

(b) 在开始时系统是空着. 求直到两条服务线都忙的平均时间.

(c) 求相继的两个流失顾客之间的平均时间.

48. 考虑有 n 条服务线的并行排队系统, 其中顾客按速率为 λ 的泊松过程到达, 而服务时间服从速率为 μ 的指数分布. 此外, 假设顾客到达时发现所有的服务线都忙, 就不接受任何服务而立刻离开. 如果一个顾客到达时发现所有的服务线都忙, 求

(a) 下一个顾客到达时发现正在忙的服务线的期望数;

(b) 下一个顾客到达时发现所有服务线都有空的概率;

(c) 下一个顾客到达时发现恰有 i 条服务线有空的概率.

49. 事件按速率为 λ 的泊松过程发生. 在每个事件发生时, 我们必须决定继续还是停止, 我们的目标是在一个特定的时间 T 以前发生的最后一个事件处停止, 其中 $T > 1/\lambda$. 即如果一个事件在时间 $t\,(0 \leqslant t \leqslant T)$ 发生, 并且我们决定停止, 那么若在 T 之前没有附加事件, 则我们赢, 否则我们输. 若在一个事件发生时我们没有停止, 而在 T 之前又没有附加事件, 则我们输. 此外, 若在 T 之前没有事件发生, 则我们输. 考察在一个固定时间 $s\,(0 \leqslant s \leqslant T)$ 后的首个事件发生时停止的策略.

(a) 使用这个策略时赢的概率是多少?

(b) 使得赢的概率达到最大的 s 值是多少?

(c) 证明在使用以上的策略, 并且按 (b) 指定 s 的值时, 赢的概率是 $1/e$.

50. 火车相继到站之间的小时数在 $(0,1)$ 上均匀分布. 乘客按速率为每小时 7 人的泊松过程到达. 假设一辆火车刚离站. 令 X 为乘下一辆火车的人数. 求 (a) $E[X]$, (b) $\mathrm{Var}(X)$.

51. 如果一个人以前开车从来没有出过交通事故, 那么他在下一个 h 单位时间中发生一次事故的概率是 $\beta h + o(h)$. 如果他在以前出过交通事故, 那么这个概率是 $\alpha h + o(h)$. 求一个人在时间 t 之前发生的平均事故次数.

52. 球队 1 与球队 2 进行比赛. 球队按速率分别为 λ_1 和 λ_2 的泊松过程得分. 如果在其中一个球队比另一个多 k 个得分时比赛停止, 求球队 1 赢的概率.

　　　提示: 将它与破产问题联系起来.

53. 某水库的蓄水量按每天 1000 单位的常数速率减少. 水库由随机发生的降雨补给. 降雨按速率为每天 0.2 的泊松过程发生. 一次降雨给水库增加的水量以概率 0.8 为 5000 单位, 而以概率 0.2 为 8000 单位. 现在的蓄水量刚好略低于 5000 单位.

(a) 在 5 天后水库空了的概率是多少?

(b) 在未来 10 天中的某个时间水库空了的概率是多少?

54. 一个长度为 1 的病毒线性 DNA 分子通常包含某个标记位置, 这个标记的确切位置是未知的. 一个定位标记位置的方法是将分子用化学制剂切开, 使切开的点按一个速率为 λ 的泊松过程选取. 随后就可能确定含有标记位置的片段. 例如, 令 m 为标记在直线上的位置, 那么如果令 L_1 为在 m 之前最后一个泊松事件的时间 (如果在 $[0, m]$ 中没有泊松事件, 则 $L_1 = 0$), 令 R_1 为在 m 之后首个泊松事件的时间 (如果在 $[m, 1]$ 中没有泊松事件, 则 $R_1 = 1$), 那么就可以知道标记位置在 L_1 和 R_1 之间. 求

(a) $P\{L_1 = 0\}$;

(b) $P\{L_1 < x\}, 0 < x < m$;

(c) $P\{R_1 = 1\}$;

(d) $P\{R_1 > x\}, m < x < 1$.

通过在 DNA 分子的相同拷贝上重复上面的过程, 我们能够定位标记位置. 如果切割程序在分子的 n 个相同拷贝上产生数据 L_i, R_i ($i = 1, \cdots, n$), 那么由此推出标记位置在 L 和 R 之间, 其中 $L = \max_i L_i, R = \min_i R_i$.

(e) 求 $E[R - L]$, 同时证明 $E[R - L] \sim \frac{2}{n\lambda}$.

55. 考虑一个单服务线的排队系统, 其中顾客按速率为 λ 的泊松过程到达, 服务时间服从速率为 μ 的指数分布, 顾客按到达的次序接受服务. 假设一个顾客到达时发现在系统中有 $n - 1$ 个顾客. 令 X 为这个顾客离开时系统中的人数. 求 X 的概率质量函数.

56. 每天一个事件以概率 p 独立地发生. 令 $N(n)$ 为前 n 天发生的事件的总数, T_r 为第 r 个事件发生的那天.

(a) $N(n)$ 的分布是什么?

(b) T_1 的分布是什么?

(c) T_r 的分布是什么?

(d) 给定 $N(n) = r$, 证明发生事件的那 r 天与从 $1, 2, \cdots, n$ 随机选取 (不放回) r 个值有相同的分布.

57. 在每局游戏中, 参赛人成功的概率为 p, 失败的概率为 $1 - p$. 参赛人若某局成功则赢得一笔服从速率为 λ 的指数分布的随机奖金. 失败的参赛人失去迄今为止已经积累的一切, 且不能再参加下一局游戏. 在一局成功以后, 赢家可以选择保留已得的奖金并离开, 或者选择继续参加下一局游戏. 假设一个新来的参赛人计划继续参赛直至总奖金超过 t 或出现失败.

(a) 总奖金超过 t 所需成功的局数 N 的分布是什么?

(b) 参赛人成功地至少赢得奖金 t 的概率是多少?

(c) 在参赛人成功的条件下, 他赢得的奖金的期望是多少?

(d) 参赛人赢得的奖金的期望是多少?

58. 保险公司有两种类型的理赔. 令 $N_i(t)$ 为在时间 t 之前类型 i 理赔的个数, 并且假设 $\{N_1(t), t \geqslant 0\}$ 和 $\{N_2(t), t \geqslant 0\}$ 是独立的泊松过程, 速率分别为 $\lambda_1 = 10$ 和 $\lambda_2 = 1$. 类型 1 相继的理赔额是均值为 \$1000 的独立指数随机变量, 类型 2 的理赔额是均值为 \$5000 的独立指数随机变量. 刚接到一个 \$4000 的理赔, 它是类型 1 的概率是多少?

59. 汽车按速率为 λ 的泊松过程通过一个交叉口. 共有 4 种类型的汽车, 每辆通过的汽车独立地以概率 p 为类型 i, $\sum_{i=1}^{4} p_i = 1$.

(a) 求到时间 t 为止, 至少有一辆类型 1、类型 2 和类型 3 的汽车通过, 但没有类型 4 的汽车通过的概率.

(b) 假设到时间 t 为止, 恰好有 6 辆类型 1 或类型 2 的汽车通过, 求其中 4 辆是类型 1

的概率.

60. 人们按照速率为 λ 的泊松过程到达，每个人独立地且等可能地是男性或女性. 如果一名女性（男性）到达时至少有一名男性（女性）在等待，那么这名女性（男性）会与一名等待的男性（女性）一起离开. 如果一个人到达时没有异性在等待，那么这个人就会等待. 设 $X(t)$ 表示在时刻 t 等待的人数. 论证当 t 很大时，$E[X(t)] \approx 0.80\sqrt{2\lambda t}$.
    提示：如果 Z 是一个标准正态随机变量，那么 $E[|Z|] = \sqrt{2/\pi} \approx 0.80$.

61. 一个系统存在随机多个缺陷，我们假定它服从均值为 c 的泊松分布. 每个缺陷独立地在一个具有分布 G 的随机时间引起系统故障. 当系统发生故障时，假设引起故障的缺陷立刻被定位和校正.

    (a) 在时间 t 之前的故障数的分布是什么？

    (b) 在时间 t 留在系统中的缺陷数的分布是什么？

    (c) 在 (a) 和 (b) 中的随机变量是相依的还是独立的？

62. 假设在课本中的印刷错误的个数是速率为 λ 的泊松过程. 两个校对员独立地校对这个课本. 假设错误独立地以概率 p_i 被校对员 i 发现，$i = 1, 2$. 令 X_1 为被校对员 1 发现而没有被校对员 2 发现的错误个数. 令 X_2 为被校对员 2 发现而没有被校对员 1 发现的错误个数. 令 X_3 为两个校对员都发现的错误个数. 令 X_4 为两个校对员都没有发现的错误个数.

    (a) 描述 X_1, X_2, X_3, X_4 的联合分布.

    (b) 证明

    $$\frac{E[X_1]}{E[X_3]} = \frac{1 - p_2}{p_2} \quad \text{和} \quad \frac{E[X_2]}{E[X_3]} = \frac{1 - p_1}{p_1}.$$

    下面假设 λ, p_1, p_2 是未知的.

    (c) 用 X_i 作为 $E[X_i]$ 的估计量，$i = 1, 2, 3$，求 p_1, p_2 和 λ 的一个估计量.

    (d) 给出两个校对员都没有发现的错误个数 X_4 的一个估计量.

63. 考察一个有无穷多条服务线的排队系统，顾客按速率为 λ 的泊松过程到达，而服务时间服从速率为 μ 的指数分布. 令 $X(t)$ 为在时间 t 系统中的顾客数. 求

    (a) $E[X(t+s)|X(s) = n]$；

    (b) $\text{Var}(X(t+s)|X(s) = n)$.

    提示：将在时间 $t+s$ 系统中的顾客分为老顾客和新顾客.

    (c) 如果目前恰有一个顾客在系统中，求当这个顾客离开时系统变空的概率.

*64. 假定人群按速率为 λ 的泊松过程到达公共汽车站. 公共汽车在时间 t 出发. 令 X 为在时间 t 所有上车的人的总等待时间. 我们要确定 $\text{Var}(X)$. 令 $N(t)$ 为在时间 t 之前到达的人数.

    (a) $E[X|N(t)]$ 是多少？

    (b) 论证 $\text{Var}(X|N(t)) = N(t)t^2/12$.

    (c) $\text{Var}(X)$ 是多少？

65. 每年在加州平均有 500 人通过律师考试. 一个加州律师平均执业 30 年. 假定这些数保持不变，你估计在 2050 年加州将有多少律师？

66. 某保险公司的参保人按速率为 λ 的泊松过程发生事故. 从事故发生到提出理赔的时间有分布 G.

    (a) 求在时间 t 恰有 n 个发生但是还没有提出理赔的事故的概率.

    (b) 假设每个理赔额有分布 F, 且理赔额与提出理赔所需的时间独立. 求在时间 t 已经发生但还没有提出理赔的所有事故的平均总理赔额.

67. 卫星按速率为 λ 的泊松过程发射上天. 每个卫星在落地前在太空独立地停留一个随机的时间 (其分布为 G). 求在时间 t 太空中没有在时间 s 前发射的卫星的概率, 其中 $s < t$.

68. 假设有随机振幅的电击按速率为 λ 的泊松过程 $\{N(t), t \geqslant 0\}$ 发生. 假设相继的电击的振幅与其他振幅和电击到达的时间都独立, 而且振幅服从均值为 μ 的分布 F. 再假设电击的振幅随时间以指数速率 α 递减, 即一个初始振幅 A 经过一个附加的时间 x 后其值为 $Ae^{-\alpha x}$. 令 $A(t)$ 为在时间 t 的所有振福的和, 即

$$A(t) = \sum_{i=1}^{N(t)} A_i e^{-\alpha(t-S_i)},$$

其中 A_i 和 S_i 是初始振幅和电击 i 的到达时间.

    (a) 通过以 $N(t)$ 为条件, 求 $E[A(t)]$.

    (b) 不作任何计算, 解释为什么 $A(t)$ 与例 5.21 中的 $D(t)$ 有相同的分布.

69. 假设在例 5.19 中, 一辆车可以不减慢速度地超过一辆较慢的车. 假设在时刻 s 驶入公路的车具有自由行驶速度 t_0. 求在路上遇见 (超过, 或者被超过) 的其他车总数的分布.

70. 对于具有泊松到达和一般的服务时间分布 G 的无穷条服务线的排队系统.

    (a) 求第一个到达的顾客也第一个离开的概率.

    令 $S(t)$ 等于在时间 t 系统中的所有顾客的剩余服务时间的和.

    (b) 论证 $S(t)$ 是复合泊松随机变量.

    (c) 求 $E[S(t)]$.

    (d) 求 $\mathrm{Var}(S(t))$.

71. 设 $\{N(t), t \geqslant 0\}$ 是速率为 $\lambda = 2$ 的泊松过程.

    (a) 求 $E[N(6)|N(4) = 4]$.

    (b) 求 $E[N(6)|N(10) = 12]$.

    (c) 求 $E[N(6)|N(4) = 4, N(10) = 12]$.

72. 一辆缆车载着 n 个乘客出发. 在缆车相继的停站之间的时间是速率为 λ 的独立指数随机变量. 每站有一个乘客下车, 这不花时间, 也没有任何乘客上车. 乘客下车后走路回家. 与其他所有的一切都独立, 走路回家的时间服从速率为 μ 的指数分布.

    (a) 最后一个乘客下车的时间的分布是什么?

    (b) 假定最后一个乘客在时间 t 下车, 其他乘客在此刻都已回到家的概率是多少?

73. 震动按速率为 λ 的泊松过程发生, 每次震动独立地引起某个系统失效的概率为 p. 令 T 为系统失效时的时间, N 为此时已发生的震动次数.

    (a) 求给定 $N = n$ 时 T 的条件分布.

(b) 计算给定 $T = t$ 时 N 的条件分布, 并且注意它与 1 加一个均值为 $\lambda(1 - p)t$ 的泊松随机变量同分布.

(c) 解释如何在不进行任何计算的情况下得到 (b) 中的结果.

74. 在某个地点的失物件数记为 X, 它是一个均值为 λ 的泊松随机变量. 在搜查这个地点时, 每件失物将独立地在一个速率为 μ 的指数时间后被找到. 找到每件失物的报酬为 R, 而每个单位搜查时间产生的搜查费用为 C. 假设你搜查了一个固定的时间 t, 然后停止.

(a) 求总期望回报.

(b) t 取多少时总期望回报最大?

(c) 搜查固定时间的策略是一个静态策略, 一个依赖于 t 以前已经找到的失物件数并允许在每个时间 t 决定是否停止的动态策略是否更有利?

提示: 在 t 以前还没有找到的失物件数的分布怎样依赖于在此前已经找到的失物件数?

75. 令 $X_1, \cdots, X_n$ 是速率为 λ 的独立指数随机变量, 求

(a) $P(X_1 < x | X_1 + \cdots + X_n = t)$;

(b) $P\left(\frac{X_1}{X_1 + \cdots + X_n} \leqslant x\right)$, $0 \leqslant x \leqslant 1$.

提示: 将 $X_1, \cdots, X_n$ 视为泊松过程中到达时间的间隔.

76. 对于例 5.27, 求在一个忙期内接受服务的顾客数的均值和方差.

77. 假设顾客以速率为 λ 的泊松过程到达一个服务系统. 这个系统有无穷条服务线, 因此顾客一到就开始服务. 服务时间是速率为 μ 的独立指数随机变量, 而且与到达过程独立. 当顾客的服务结束时他们就离开系统. 令 N 是第一个离开发生前到达系统的人数.

(a) 求 $P\{N = 1\}$.

(b) 求 $P\{N = 2\}$.

(c) 求 $P\{N = j\}$.

(d) 求第一个到达的顾客也第一个离开的概率.

(e) 求第一个离开的平均时间.

78. 一个商店在上午 8:00 开门. 从上午 8:00 到上午 10:00 顾客以每小时 4 人的泊松速率到达. 从上午 10:00 到上午 12:00 顾客以每小时 8 人的泊松速率到达. 从上午 12:00 到下午 2:00 到达率稳定地从上午 12:00 的每小时 8 人增加到下午 2:00 的每小时 10 人. 而从下午 2:00 到下午 5:00 到达率稳定地从下午 2:00 的每小时 10 人下降到下午 5:00 的每小时 4 人. 确定在给定的一天进入商店的顾客数的分布.

*79. 假设事件按强度函数为 $\lambda(t)$ ($t > 0$) 的非时齐泊松过程发生. 再假设在时刻 s 发生的事件是类型 1 事件的概率为 $p(s)$, $s > 0$. 若 $N_1(t)$ 是直至时刻 t 发生的类型 1 事件的个数, 那么 $\{N_1(t), t \geqslant 0\}$ 是什么类型的过程?

80. 令 $T_1, T_2, \cdots$ 为一个具有强度函数 $\lambda(t)$ 的非时齐泊松过程的事件到达间隔.

(a) T_i 是否独立?

(b) T_i 是否同分布?

(c) 求 T_1 的分布.

81. (a) 令 $\{N(t), t \geqslant 0\}$ 是一个均值函数为 $m(t)$ 的非时齐泊松过程. 给定 $N(t) = n$, 证明一组无序的到达时间与 n 个分布函数为

$$F(x) = \begin{cases} \dfrac{m(x)}{m(t)}, & x \leqslant t, \\ 1, & x \geqslant t \end{cases}$$

的独立同分布的随机变量有相同的分布.

(b) 假设工人按一个均值函数为 $m(t)$ 的非时齐泊松过程发生事故. 又假设每个发生事故的工人因伤停工的时间是服从分布 F 的随机变量. 令 $X(t)$ 为在时刻 t 停工的人数. 利用 (a) 求 $E[X(t)]$.

82. 令 $X_1, X_2, \cdots$ 是独立的正值连续随机变量, 并具有共同的密度函数 f, 假设这个序列与一个均值为 λ 的泊松随机变量 N 独立. 定义

$$N(t) = 满足 \ X_i \leqslant t \ 的 \ i \ 的个数, 其中 \ i \leqslant N.$$

证明 $\{N(t), t \geqslant 0\}$ 是一个以 $\lambda(t) = \lambda f(t)$ 为强度函数的非时齐泊松过程.

83. 证明引理 5.4.

*84. 令 $X_1, X_2, \cdots$ 是密度函数为 $f(x)$ 的独立同分布的非负连续随机变量. 若 X_n 大于每一个它以前的值 $X_1, \cdots, X_{n-1}$, 则我们称在时间 n 出现一个记录（一个记录自动地在时间 1 出现）. 如果一个记录在时间 n 出现, 那么 X_n 称为一个**记录值**. 换句话说, 每当达到了一个新的最高值时, 就会出现一个记录, 而这个新的最高值就称为记录值. 令 $N(t)$ 为小于或等于 t 的记录值的个数. 描述过程 $\{N(t), t \geqslant 0\}$, 假定

(a) f 是一个任意的连续密度函数;

(b) $f(x) = \lambda e^{-\lambda x}$.

提示: 完成以下句子: 如果大于 t 的首个 X_i 在 _____ 之间, 则存在一个值在 t 与 $t + \mathrm{d}t$ 之间的记录.

85. 令 $X(t) = \sum_{i=1}^{N(t)} X_i$, 其中 X_i $(i \geqslant 1)$ 是均值为 $E[X]$ 的独立同分布的随机变量, 且独立于速率为 λ 的泊松过程 $\{N(t), t \geqslant 0\}$. 对于 $s < t$, 求

(a) $E[X(t)|X(s)]$;

(b) $E[X(t)|N(s)]$;

(c) $\mathrm{Var}(X(t)|N(s))$;

(d) $E[X(s)|N(t)]$.

86. 在好的年度, 暴风雨按速率为每单位时间 3 次的泊松过程发生, 而在其余年度, 按速率为每单位时间 5 次的泊松过程发生. 假设明年是好的年度的概率为 0.3. 令 $N(t)$ 为明年的前 t 个单位时间中暴风雨的次数.

(a) 求 $P\{N(t) = n\}$.

(b) $\{N(t), t \geqslant 0\}$ 是泊松过程吗?

(c) $\{N(t), t \geqslant 0\}$ 有没有平稳增量? 为什么?

(d) 它有没有独立增量? 为什么?

(e) 如果明年在 $t = 1$ 以前有 3 次暴风雨, 这是一个好的年度的条件概率是多少?

87. 当 $\{X(t), t \geqslant 0\}$ 是一个复合泊松过程时，确定 $\mathrm{Cov}(X(t), X(t+s))$.

88. 顾客按速率为每小时 12 人的泊松过程到达一个自动取款机. 每次取款的金额是均值为 \$30 且标准差为 \$50 的随机变量（负的取款表示存款）. 每天使用取款机 15 小时. 求全天取款小于 \$6000 的近似概率.

89. 在有两个部件的系统中，某些部件在受到震动后会失效. 3 种类型的震动独立地按泊松过程到达. 类型 1 的震动按泊松速率 λ_1 到达，并且引起第一个部件失效. 类型 2 的震动按泊松速率 λ_2 到达，并且引起第二个部件失效. 类型 3 的震动按泊松速率 λ_3 到达，并且引起两个部件都失效. 令 X_1 和 X_2 分别为这两个部件的存活时间. 证明 X_1 和 X_2 的联合分布为

$$P\{X_1 > s, X_1 > t\} = \exp\{-\lambda_1 s - \lambda_2 t - \lambda_3 \max(s, t)\}.$$

这个分布称为**二维指数分布**.

90. 在习题 89 中，证明 X_1 和 X_2 都服从指数分布.

*91. 令 $X_1, X_2, \cdots, X_n$ 是独立同分布的指数随机变量. 证明其中最大的随机变量的值大于其他随机变量之和的概率是 $n/2^{n-1}$. 即若

$$M = \max_j X_j,$$

证明

$$P\left\{M > \sum_{i=1}^{n} X_i - M\right\} = \frac{n}{2^{n-1}}.$$

提示：$P\{X_1 > \sum_{i=2}^{n} X_i\}$ 是多少？

92. 证明式 (5.22).

93. 证明

(a) $\max(X_1, X_2) = X_1 + X_2 - \min(X_1, X_2)$. 而一般地，

(b) $\max(X_1, \cdots, X_n) = \sum_{i=1}^{n} X_i - \sum \sum_{i<j} \min(X_i, X_j) + \sum \sum \sum_{i<j<k} \min(X_i, X_j, X_k) + \cdots + (-1)^{n-1} \min(X_i, X_j, \cdots, X_n)$.

(c) 通过定义合适的随机变量 X_i（$i = 1, \cdots, n$）和在 (b) 中取期望，解释如何得到著名的公式

$$P\left(\bigcup_{i=1}^{n} A_i\right) = \sum_i P(A_i) - \sum_{i<j} \sum P(A_i A_j) + \cdots + (-1)^{n-1} P(A_1 \cdots A_n).$$

(d) 考虑 n 个独立的泊松过程，第 i 个具有速率 λ_i. 推导直到 n 个过程中都发生了一个事件的平均时间的一个表达式.

94. 一个二维泊松过程是一个在平面上随机发生的事件的过程，它满足

(i) 对于面积为 A 的任何区域，在这个区域中的事件数服从均值为 λA 的泊松分布；

(ii) 在不相交的区域中的事件数是独立的.

对于这样的过程，考察平面中的一个任意的点，令 X 为它到最近的事件的距离（其中距离是以通常的欧几里得方式测量的）. 证明 (a) $P\{X > t\} = \mathrm{e}^{-\lambda \pi t^2}$，(b) $E[X] = \frac{1}{2\sqrt{\lambda}}$.

95. 令 $\{N(t), t \geqslant 0\}$ 是具有随机速率 L 的条件泊松过程.

(a) 推导 $E[L|N(t) = n]$ 的表达式.

(b) 对于 $s > t$, 求 $E[N(s)|N(t) = n]$.

(c) 对于 $s < t$, 求 $E[N(s)|N(t) = n]$.

96. 对于条件泊松过程, 令 $m_1 = E[L], m_2 = E[L^2]$. 对于 $s \leqslant t$, 利用 m_1 和 m_2 求 $\text{Cov}(N(s), N(t))$.

97. 考虑一个条件泊松过程, 其中速率 L 如例 5.29 中所示, 具有参数为 m 和 p 的伽马密度. 给定 $N(t) = n$, 求 L 的条件密度函数.

98. 在例 5.21 中令 $M(t) = E[D(t)]$.

(a) 证明

$$M(t + h) = M(t) + e^{-\alpha t} \lambda h \mu + o(h).$$

(b) 利用 (a) 证明

$$M'(t) = \lambda \mu e^{-\alpha t}.$$

(c) 证明

$$M(t) = \frac{\lambda \mu}{\alpha}(1 - e^{-\alpha t}).$$

99. 令标志值分布为 F 的霍克斯过程的首个和第二个事件之间的间隔为 X. 求 $P(X > t)$.

参考文献

[1] H. Cramér and M. Leadbetter. *Stationary and Related Stochastic Processes*, John Wiley, New York, 1966.

[2] S. Ross. *Stochastic Processes, Second Edition*, John Wiley, New York, 1996.

[3] S. Ross. *Probability Models for Computer Science*, Academic Press, 2002.

第 6 章 连续时间的马尔可夫链

6.1 引言

本章我们考虑一类在现实世界中有广泛应用的概率模型，这类模型是第 4 章的马尔可夫链的连续时间版本，因此它们具有马尔可夫性质，即给定现在的状态时，将来与过去独立.

连续时间的马尔可夫链的例子我们已经遇到过，就是第 5 章中的泊松过程. 如果我们令直到时刻 t 为止的到达总数（即 $N(t)$）为过程在时刻 t 的状态，那么泊松过程是一个具有状态 $0, 1, 2, \cdots$ 的连续时间的马尔可夫链，它总是从状态 n 转移到状态 $n+1$，其中 $n \geqslant 0$. 由于当一个转移发生时，这个系统的状态总是增加 1，因此这样的过程称为**纯生过程**. 更一般地，一个只能（在一次转移中）从状态 n 转移到状态 $n-1$ 或者状态 $n+1$ 的指数模型，称为**生灭模型**. 对于这样的模型，从状态 n 到状态 $n+1$ 的转移称为生，而从状态 n 到状态 $n-1$ 的转移称为灭. 生灭模型在生物系统和排队等待系统的研究中有广泛的应用，而在后者中，状态表示在系统中的顾客数. 在本章中，这些模型将得到广泛的研究.

在 6.2 节中，我们定义连续时间的马尔可夫链，然后将其与第 4 章中离散时间的马尔可夫链相联系. 在 6.3 节中，我们研究生灭过程. 而在 6.4 节中，我们推导两组微分方程（即向前方程与向后方程），它们描述了系统的概率规律. 在 6.5 节中，我们要确定一个时间连续的马尔可夫链的极限（或长程）概率. 在 6.6 节中，我们考虑时间可逆性的论题. 我们证明一切生灭过程都是时间可逆的，然后阐述这一观察对于排队系统的重要性. 在 6.7 节中，我们引入倒逆链，即使链不是时间可逆的，倒逆链也有重要的应用. 在最后两节中，我们讨论均匀化和计算转移概率的数值方法.

6.2 连续时间的马尔可夫链

假设我们有一个取值于非负整数集的连续时间的随机过程 $\{X(t), t \geqslant 0\}$. 与第 4 章中离散时间的马尔可夫链的定义相似，我们说过程 $\{X(t), t \geqslant 0\}$ 是**连续时间的马尔可夫链**，如果对于一切 $s, t \geqslant 0$ 和非负整数 $i, j, x(u), 0 \leqslant u < s$，有

$$P\{X(t+s)=j|X(s)=i, X(u)=x(u), 0 \leqslant u < s\} = P\{X(t+s)=j|X(s)=i\}.$$

换句话说，连续时间的马尔可夫链是具有马尔可夫性质的随机过程，即给定现在 $X(s)$ 和过去 $X(u)$，$0 \leqslant u < s$，将来 $X(t+s)$ 的条件分布只依赖现在并独立于过去. 此外，如果

$$P\{X(t+s)=j|X(s)=i\}$$

独立于 s，那么这个连续时间的马尔可夫链称为具有平稳的或者时齐的转移概率.

在本章中考虑的所有的马尔可夫链都假定具有平稳的转移概率.

假设一个连续时间的马尔可夫链在某个时刻进入状态 i，例如，在时刻 0，并且假设在随后的 10 分钟内过程不离开状态 i（即没有发生转移）. 在随后的 5 分钟内，该过程不离开状态 i 的概率是多少？由于过程在时刻 10 处于状态 i，因此由马尔可夫性质推出，在时间区间 $[10, 15]$ 中过程保持在这个状态的概率正是它在状态 i 至少保持 5 分钟的（无条件）概率. 即如果我们令 T_i 为在转移到另一个状态以前，过程在状态 i 停留的时间，那么

$$P\{T_i > 15 | T_i > 10\} = P\{T_i > 5\},$$

或者，一般地，根据同样的推理，对一切 $s, t \geqslant 0$，

$$P\{T_i > s + t | T_i > s\} = P\{T_i > t\}.$$

因此，随机变量 T_i 是无记忆的，从而必须服从**指数分布**（参见 5.2.2 节）.

事实上，上面的结论给了我们定义连续时间的马尔可夫链的另一个途径，即它是一个具有以下性质的随机过程：每次进入状态 i 时，

(i) 在转移到另一个状态前，它处在状态 i 的时间是均值为 $1/v_i$ 的指数随机变量；

(ii) 当过程离开状态 i 时，以某个概率（记为 P_{ij}）进入下一个状态 j，P_{ij} 必须满足

$$P_{ii} = 0, \quad \text{对于一切 } i; \qquad \sum_j P_{ij} = 1, \quad \text{对于一切 } i.$$

换句话说，连续时间的马尔可夫链是一个随机过程，它按一个（离散时间的）马尔可夫链从一个状态转移到另一个状态，但是在进入下一个状态前，停留在每个状态的时间服从指数分布. 此外，过程停留在状态 i 的时间和下一个访问的状态必须是独立的随机变量. 这是因为如果下一个访问的状态依赖于 T_i，那么过程已经在状态 i 停留多久的信息将影响下一个状态的预测，而这与马尔可夫性的假定矛盾.

例 6.1（一家擦鞋店） 考察一家有两张工作椅（椅子 1 和椅子 2）的擦鞋店. 到达的顾客先去椅子 1 处清洁鞋子并涂上鞋油，完成后再去椅子 2 处将鞋子

擦亮. 两张椅子的服务时间假定是独立的随机变量，分别服从速率为 μ_1 和 μ_2 的指数分布. 假设潜在的顾客按速率为 λ 的泊松过程到达，并且潜在的顾客只在两张椅子都空着时才进店.

以上的模型可以用一个连续时间的马尔可夫链来分析，但是，我们首先必须确定合适的状态空间. 因为潜在的顾客只在店中没有其他顾客时才进店，所以店中总是有 0 个或者 1 个顾客. 可是，若有 1 个顾客在店中，则我们也需要知道他现在正在哪张椅子上. 因此，一个合适的状态空间可以由 0、1 和 2 三个状态组成，其中的状态有以下解释.

状态　解释
0　　店是空的
1　　一个顾客在椅子 1 上
2　　一个顾客在椅子 2 上

我们将验证以下内容留给你作为习题：

$$v_0 = \lambda, \quad v_1 = \mu_1, \quad v_2 = \mu_2, \quad P_{01} = P_{12} = P_{20} = 1. \qquad \blacksquare$$

6.3　生灭过程

考虑一个系统，在任意时间它的状态用此时在系统中的人数表示. 假设只要系统中有 n 个人，则 (i) 新到达者以指数速率 λ_n 进入系统，而 (ii) 人们以指数速率 μ_n 离开系统. 也就是说，只要系统中有 n 个人，则直到下一个到达的时间就服从均值为 $1/\lambda_n$ 的指数分布，并且独立于直到下一个离开的时间，而后者服从均值为 $1/\mu_n$ 的指数分布. 这样的系统称为**生灭过程**. 参数 $\{\lambda_n\}_{n=0}^\infty$ 和 $\{\mu_n\}_{n=1}^\infty$ 分别称为到达（或出生）和离开（或灭亡）的速率.

于是，生灭过程是具有状态 $\{0, 1, \cdots\}$ 的连续时间的马尔可夫链，它从状态 n 只能转移到状态 $n-1$ 或者状态 $n+1$，生灭率与状态转移率、转移概率之间的关系是

$$v_0 = \lambda_0,$$
$$v_i = \lambda_i + \mu_i, \quad i > 0,$$
$$P_{01} = 1,$$
$$P_{i,i+1} = \frac{\lambda_i}{\lambda_i + \mu_i}, \quad i > 0,$$
$$P_{i,i-1} = \frac{\mu_i}{\lambda_i + \mu_i}, \quad i > 0.$$

这是因为若在系统中有 i 个人，且生发生于灭之前，则下一个状态将是 $i+1$，而速率为 λ_i 的指数随机变量早于一个（独立的）速率为 μ_i 的指数随机变量发生的概

率是 $\lambda_i/(\lambda_i+\mu_i)$. 再者, 直到一个出生或一个灭亡发生的时间服从速率为 $\lambda_i+\mu_i$ 的指数分布 (从而 $v_i=\lambda_i+\mu_i$).

例 6.2 (**泊松过程**) 考虑一个生灭过程, 它有

$$\mu_n=0, \quad 对于一切 \ n\geqslant 1,$$
$$\lambda_n=\lambda, \quad 对于一切 \ n\geqslant 0.$$

这是一个绝不发生离开的过程, 而相继的到达之间的时间是均值为 $1/\lambda$ 的指数随机变量. 因此, 这就是泊松过程. ∎

一个对于一切 n 都有 $\mu_n=0$ 的生灭过程称为**纯生过程**. 另一个纯生过程由下面的例子给出.

例 6.3 (**有线性出生率的纯生过程**) 考虑一个总体, 它的成员可以产生新的成员, 但是不会死亡. 如果每个成员都独立于其他成员, 以均值为 $1/\lambda$ 的指数时间产生新成员, 那么, 如果在时刻 t 总体的大小是 $X(t)$, 那么 $\{X(t),t\geqslant 0\}$ 是 $\lambda_n=n\lambda$ ($n\geqslant 0$) 的纯生过程. 这是因为若总体由 n 个成员组成而每个成员以指数速率 λ 产生新成员, 则出生发生的总速率是 $n\lambda$. 纯生过程通常称为**尤尔过程**, 乔治·尤尔曾将它应用到进化的数学理论中, 故而以他的姓氏命名. ∎

例 6.4 (**移民的线性增长模型**) 一个

$$\mu_n=n\mu, \qquad n\geqslant 1,$$
$$\lambda_n=n\lambda+\theta, \quad n\geqslant 0$$

的模型称为**移民的线性增长模型**. 这种过程自然地出现在生物繁殖和群体增长的研究中. 假定总体中的每个个体以指数速率 λ 出生. 此外, 存在一个总体的指数增加率 θ, 这是由外来的移民所引起的. 因此, 有 n 个成员的系统的总出生率是 $n\lambda+\theta$. 假定总体中每个成员的死亡以指数速率 μ 发生, 所以 $\mu_n=n\mu$.

令 $X(t)$ 为在时刻 t 总体的大小. 假设 $X(0)=i$, 并且令

$$M(t)=E[X(t)].$$

我们通过推导及求解它满足的一个微分方程来确定 $M(t)$.

我们先以 $X(t)$ 为条件推导 $M(t+h)$ 的一个方程:

$$M(t+h)=E[X(t+h)]=E[E[X(t+h)|X(t)]].$$

现在, 给定在时刻 t 总体的大小, 然后忽略概率为 $o(h)$ 的事件, 在时刻 $t+h$ 总体增加 1, 如果在 $(t,t+h)$ 中有一个出生或一个移民发生; 或者减少 1, 如果在这个区间中有一个死亡; 或者保持不变, 如果这两种情况都没有发生. 即给定 $X(t)$,

$$X(t+h) = \begin{cases} X(t)+1, & \text{以概率 } [\theta + X(t)\lambda]h + o(h), \\ X(t)-1, & \text{以概率 } X(t)\mu h + o(h), \\ X(t), & \text{以概率 } 1 - [\theta + X(t)\lambda + X(t)\mu]h + o(h). \end{cases}$$

所以

$$E[X(t+h)|X(t)] = X(t) + [\theta + X(t)\lambda - X(t)\mu]h + o(h).$$

取期望得

$$M(t+h) = M(t) + (\lambda - \mu)M(t)h + \theta h + o(h),$$

或者, 等价地有

$$\frac{M(t+h) - M(t)}{h} = (\lambda - \mu)M(t) + \theta + \frac{o(h)}{h}.$$

当 $h \to 0$ 时取极限得微分方程

$$M'(t) = (\lambda - \mu)M(t) + \theta. \tag{6.1}$$

如果我们现在定义函数 $h(t)$ 为

$$h(t) = (\lambda - \mu)M(t) + \theta,$$

那么

$$h'(t) = (\lambda - \mu)M'(t).$$

所以, 微分方程 (6.1) 可以写为

$$\frac{h'(t)}{\lambda - \mu} = h(t),$$

即

$$\frac{h'(t)}{h(t)} = \lambda - \mu.$$

求积分得

$$\ln[h(t)] = (\lambda - \mu)t + C,$$

从而

$$h(t) = K e^{(\lambda - \mu)t}.$$

将它代回 $h(t)$ 的定义式中, 得到

$$\theta + (\lambda - \mu)M(t) = K e^{(\lambda - \mu)t}.$$

为了确定常数 K 的值, 在上式中令 $t = 0$, 并利用 $M(0) = i$. 由此可得

$$\theta + (\lambda - \mu)i = K.$$

代入上面 $M(t)$ 的方程, 得到 $M(t)$ 的如下的解:

$$M(t) = \frac{\theta}{\lambda - \mu} \left[e^{(\lambda - \mu)t} - 1 \right] + i e^{(\lambda - \mu)t}.$$

注意我们隐性地假定了 $\lambda \neq \mu$. 如果 $\lambda = \mu$, 那么微分方程 (6.1) 简化为

$$M'(t) = \theta, \tag{6.2}$$

对式 (6.2) 求积分, 并利用 $M(0) = i$, 得到解

$$M(t) = \theta t + i. \qquad \blacksquare$$

例 6.5 (排队系统 **M/M/1**)　假设顾客按速率为 λ 的泊松过程到达一个单服务线的服务站, 即相继到达之间的时间是均值为 $1/\lambda$ 的独立指数随机变量. 如果顾客到达时服务线有空, 就直接进入服务; 如果没有空, 那么顾客加入排队 (即在队列中等待). 顾客在服务结束后离开这个系统, 而队列中如果有人等待, 则下一个顾客进入服务. 假定相继的服务时间是均值为 $1/\mu$ 的独立指数随机变量.

以上就是通常所说的 M/M/1 排队系统. 第一个 M 表示到达间隔过程是马尔可夫的 (因为是泊松过程), 而第二个 M 表示服务时间是服从指数分布的 (因此是马尔可夫的). 数字 1 表示有一条服务线.

如果我们令 $X(t)$ 为在时刻 t 系统中的顾客数, 则 $\{X(t), t \geqslant 0\}$ 是

$$\mu_n = \mu, \quad n \geqslant 1,$$
$$\lambda_n = \lambda, \quad n \geqslant 0$$

的生灭过程.　　　　　　　　　　　　　　　　　　　　　　　　　　　　$\blacksquare$

例 6.6 (多服务线的指数排队系统)　考虑具有 s 条服务线的指数排队系统, 每条服务线以速率 μ 工作. 顾客按速率为 λ 的泊松过程到达. 一个进入系统的顾客先排队等待, 然后走向首条空着的服务线. 这是一个参数为

$$\mu_n = \begin{cases} n\mu, & 1 \leqslant n \leqslant s, \\ s\mu, & n > s, \end{cases}$$
$$\lambda_n = \lambda, \quad n \geqslant 0$$

的生灭过程. 为了弄清楚这为什么正确, 我们作如下推理. 若系统中有 n 个顾客, 其中 $n \leqslant s$, 则 n 条服务线忙着. 因为每条服务线以速率 μ 工作, 所以总的离开速率将是 $n\mu$. 若系统中有 n 个顾客, 其中 $n > s$, 则所有的 s 条服务线都忙着, 因此总的离开速率将是 $s\mu$. 这就是所谓的 M/M/s 排队模型.　　　　$\blacksquare$

现在考虑具有出生率 $\{\lambda_n\}$ 与死亡率 $\{\mu_n\}$ 的一般的生灭过程, 其中 $\mu_0 = 0$, 令 T_i 为开始处在状态 i 的过程进入状态 $i+1$ ($i \geqslant 0$) 所需的时间. 我们从 $i = 0$

开始递推地计算 $E[T_i]$，$i \geqslant 0$. 因为 T_0 是速率为 λ_0 的指数随机变量，所以有

$$E[T_0] = \frac{1}{\lambda_0}.$$

对于 $i > 0$，我们以过程首次转移的结果是状态 $i-1$ 还是 $i+1$ 为条件，即令

$$I_i = \begin{cases} 1, & \text{首次转移是从 } i \text{ 到 } i+1, \\ 0, & \text{首次转移是从 } i \text{ 到 } i-1, \end{cases}$$

得出

$$\begin{aligned} E[T_i | I_i = 1] &= \frac{1}{\lambda_i + \mu_i}, \\ E[T_i | I_i = 0] &= \frac{1}{\lambda_i + \mu_i} + E[T_{i-1}] + E[T_i]. \end{aligned} \tag{6.3}$$

这是由于独立于第一次转移是生还是死，它发生的时间是速率为 $\lambda_i + \mu_i$ 的指数随机变量. 如果首次转移是生，那么总体大小是 $i+1$，所以不需要附加时间；如果它是死，那么总体大小变成 $i-1$，转移到 $i+1$ 需要的附加时间等于它回到 i 的时间（均值为 $E[T_{i-1}]$）加上它到达 $i+1$ 的附加时间（均值为 $E[T_i]$）. 由于首次转移是生的概率为 $\lambda_i/(\lambda_i + \mu_i)$，因此我们有

$$E[T_i] = \frac{1}{\lambda_i + \mu_i} + \frac{\mu_i}{\lambda_i + \mu_i}(E[T_{i-1}] + E[T_i]),$$

或者，等价地，

$$E[T_i] = \frac{1}{\lambda_i} + \frac{\mu_i}{\lambda_i} E[T_{i-1}], \quad i \geqslant 1.$$

从 $E[T_0] = 1/\lambda_0$ 开始，根据上式可以相继地计算 $E[T_1], E[T_2], \cdots$.

现在假设我们要确定从状态 i 到状态 j 的平均时间，$i < j$. 这可以由上式给出，其中要注意这个量等于 $E[T_i] + E[T_{i+1}] + \cdots + E[T_{j-1}]$.

例 6.7　对于参数为 $\lambda_i \equiv \lambda$ 与 $\mu_i \equiv \mu$ 的生灭过程，

$$E[T_i] = \frac{1}{\lambda} + \frac{\mu}{\lambda} E[T_{i-1}] = \frac{1}{\lambda}(1 + \mu E[T_{i-1}]).$$

从 $E[T_0] = 1/\lambda$ 开始，我们得到

$$\begin{aligned} E[T_1] &= \frac{1}{\lambda}\left(1 + \frac{\mu}{\lambda}\right), \\ E[T_2] &= \frac{1}{\lambda}\left[1 + \frac{\mu}{\lambda} + \left(\frac{\mu}{\lambda}\right)^2\right], \end{aligned}$$

一般地，

$$E[T_i] = \frac{1}{\lambda}\left[1 + \frac{\mu}{\lambda} + \left(\frac{\mu}{\lambda}\right)^2 + \cdots + \left(\frac{\mu}{\lambda}\right)^i\right] = \frac{1 - (\mu/\lambda)^{i+1}}{\lambda - \mu}, \quad i \geqslant 0.$$

于是从状态 k（$k < j$）开始，到达状态 j 的平均时间是

$$E[\text{从 } k \text{ 到 } j \text{ 的时间}] = \sum_{i=k}^{j-1} E[T_i] = \frac{j-k}{\lambda - \mu} - \frac{(\mu/\lambda)^{k+1}}{\lambda - \mu} \frac{[1 - (\mu/\lambda)^{j-k}]}{1 - \mu/\lambda}.$$

上面假定了 $\lambda \neq \mu$. 如果 $\lambda = \mu$，那么

$$E[T_i] = \frac{i+1}{\lambda}, \quad E[\text{从 } k \text{ 到 } j \text{ 的时间}] = \frac{j(j+1) - k(k+1)}{2\lambda}. \quad \blacksquare$$

我们也可以利用条件方差公式计算从 0 到 $i+1$ 的时间的方差. 首先注意式 (6.3) 可以写成

$$E[T_i | I_i] = \frac{1}{\lambda_i + \mu_i} + (1 - I_i)(E[T_{i-1}] + E[T_i]).$$

于是

$$\begin{aligned} \mathrm{Var}(E[T_i | I_i]) &= (E[T_{i-1}] + E[T_i])^2 \, \mathrm{Var}(I_i) \\ &= (E[T_{i-1}] + E[T_i])^2 \frac{\mu_i \lambda_i}{(\mu_i + \lambda_i)^2}, \end{aligned} \quad (6.4)$$

其中 $\mathrm{Var}(I_i)$ 的表达式得自 I_i 是参数为 $p = \lambda_i/(\lambda_i + \mu_i)$ 的伯努利随机变量. 此外注意，若我们令 X_i 为直至从 i 发生转移的时间，那么

$$\mathrm{Var}(T_i | I_i = 1) = \mathrm{Var}(X_i | I_i = 1) = \mathrm{Var}(X_i) = \frac{1}{(\lambda_i + \mu_i)^2}, \quad (6.5)$$

其中上式利用了直至转移发生的时间独立于下一个访问的状态这个事实. 此外，

$$\begin{aligned} \mathrm{Var}(T_i | I_i = 0) &= \mathrm{Var}(X_i + \text{回到 } i \text{ 的时间} + \text{然后到达 } i+1 \text{ 的时间}) \\ &= \mathrm{Var}(X_i) + \mathrm{Var}(T_{i-1}) + \mathrm{Var}(T_i), \end{aligned} \quad (6.6)$$

其中上式利用了三个随机变量相互独立的事实. 我们可以将式 (6.5) 和式 (6.6) 改写为

$$\mathrm{Var}(T_i | I_i) = \mathrm{Var}(X_i) + (1 - I_i)[\mathrm{Var}(T_{i-1}) + \mathrm{Var}(T_i)],$$

所以

$$E[\mathrm{Var}(T_i | I_i)] = \frac{1}{(\mu_i + \lambda_i)^2} + \frac{\mu_i}{\mu_i + \lambda_i}[\mathrm{Var}(T_{i-1}) + \mathrm{Var}(T_i)]. \quad (6.7)$$

根据条件方差公式，$\mathrm{Var}(T_i)$ 是式 (6.7) 与式 (6.4) 的和，因此

$$\begin{aligned} \mathrm{Var}(T_i) = {}& \frac{1}{(\mu_i + \lambda_i)^2} + \frac{\mu_i}{\mu_i + \lambda_i}[\mathrm{Var}(T_{i-1}) + \mathrm{Var}(T_i)] \\ &+ \frac{\mu_i \lambda_i}{(\mu_i + \lambda_i)^2}(E[T_{i-1}] + E[T_i])^2, \end{aligned}$$

或者，等价地，

$$\mathrm{Var}(T_i) = \frac{1}{\lambda_i(\lambda_i + \mu_i)} + \frac{\mu_i}{\lambda_i} \mathrm{Var}(T_{i-1}) + \frac{\mu_i}{\mu_i + \lambda_i}(E[T_{i-1}] + E[T_i])^2.$$

从 $\mathrm{Var}(T_0) = 1/\lambda_0^2$ 开始，利用前面计算期望的递推式，我们可以递推地计算 $\mathrm{Var}(T_i)$. 此外，若我们想要计算从状态 k 出发到达状态 j 的时间的方差，$k < j$，则它可以表示为从 k 到 $k+1$ 的时间加上从 $k+1$ 到 $k+2$ 的附加时间，等等. 因为由马尔可夫性质可知这些相继的随机变量是独立的，所以

$$\mathrm{Var}(\text{从 } k \text{ 到 } j \text{ 的时间}) = \sum_{i=k}^{j-1} \mathrm{Var}(T_i).$$

6.4　转移概率函数 $P_{ij}(t)$

令

$$P_{ij}(t) = P\{X(t+s) = j | X(s) = i\}$$

表示现在处在状态 i 的过程于时间 t 后处在状态 j 的概率. 这个量常称为连续时间的马尔可夫链的**转移概率**.

在具有不同出生率的纯生过程中，我们可以显式确定 $P_{ij}(t)$. 对于这样的过程，令 X_k 为在转移到状态 $k+1$ 以前过程在状态 k 停留的时间，$k \geqslant 1$. 假设过程现在处于状态 i，令 $j > i$. 那么，因为 X_i 是在转移到状态 $i+1$ 以前过程在状态 i 停留的时间，而 X_{i+1} 是在转移到状态 $i+2$ 以前过程在状态 $i+1$ 停留的时间，等等，所以 $\sum_{k=i}^{j-1} X_k$ 是进入状态 j 所用的时间. 现在，如果过程直到时间 t 为止还没有进入状态 j，则它在时间 t 的状态小于 j，反之亦然. 即

$$X(t) < j \iff X_i + \cdots + X_{j-1} > t.$$

所以，对于 $i < j$，对于纯生过程有

$$P\{X(t) < j | X(0) = i\} = P\left\{\sum_{k=i}^{j-1} X_k > t\right\}.$$

由于 $X_i, \cdots, X_{j-1}$ 是分别以 $\lambda_i, \cdots, \lambda_{j-1}$ 为速率的独立指数随机变量，因此根据上式，以及给出 $\sum_{k=i}^{j-1} X_k$ 的尾分布函数的式 (5.9)，我们得到

$$P\{X(t) < j | X(0) = i\} = \sum_{k=i}^{j-1} \mathrm{e}^{-\lambda_k t} \prod_{r \neq k, r=i}^{j-1} \frac{\lambda_r}{\lambda_r - \lambda_k}.$$

在上式中用 $j+1$ 代替 j 可得

$$P\{X(t) < j+1 | X(0) = i\} = \sum_{k=i}^{j} \mathrm{e}^{-\lambda_k t} \prod_{r \neq k, r=i}^{j} \frac{\lambda_r}{\lambda_r - \lambda_k}.$$

由于

$$P\{X(t) = j | X(0) = i\} = P\{X(t) < j+1 | X(0) = i\} - P\{X(t) < j | X(0) = i\}$$

且 $P_{ii}(t) = P\{X_i > t\} = \mathrm{e}^{-\lambda_i t}$，因此我们已经证明了下面的命题.

命题 6.1 对于当 $i \neq j$ 时 $\lambda_i \neq \lambda_j$ 的纯生过程有

$$P_{ij}(t) = \sum_{k=i}^{j} \mathrm{e}^{-\lambda_k t} \prod_{r \neq k, r=i}^{j} \frac{\lambda_r}{\lambda_r - \lambda_k} - \sum_{k=i}^{j-1} \mathrm{e}^{-\lambda_k t} \prod_{r \neq k, r=i}^{j-1} \frac{\lambda_r}{\lambda_r - \lambda_k}, \quad i < j,$$

$$P_{ii}(t) = \mathrm{e}^{-\lambda_i t}.$$

例 6.8 考虑尤尔过程，它是一个纯生过程，其中总体中的每个个体独立地以速率 λ 产生新个体，从而 $\lambda_n = n\lambda$，$n \geqslant 1$. 令 $i = 1$，由命题 6.1 得到

$$\begin{aligned}
P_{1j}(t) &= \sum_{k=1}^{j} \mathrm{e}^{-k\lambda t} \prod_{r \neq k, r=1}^{j} \frac{r}{r-k} - \sum_{k=1}^{j-1} \mathrm{e}^{-k\lambda t} \prod_{r \neq k, r=1}^{j-1} \frac{r}{r-k} \\
&= \mathrm{e}^{-j\lambda t} \prod_{r=1}^{j-1} \frac{r}{r-j} + \sum_{k=1}^{j-1} \mathrm{e}^{-k\lambda t} \left(\prod_{r \neq k, r=1}^{j} \frac{r}{r-k} - \prod_{r \neq k, r=1}^{j-1} \frac{r}{r-k} \right) \\
&= \mathrm{e}^{-j\lambda t}(-1)^{j-1} + \sum_{k=1}^{j-1} \mathrm{e}^{-k\lambda t} \left(\frac{j}{j-k} - 1 \right) \prod_{r \neq k, r=1}^{j-1} \frac{r}{r-k}.
\end{aligned}$$

因为

$$\frac{k}{j-k} \prod_{r \neq k, r=1}^{j-1} \frac{r}{r-k} = \frac{(j-1)!}{(1-k)(2-k)\cdots(k-1-k)(j-k)!} = (-1)^{k-1} \binom{j-1}{k-1},$$

所以

$$P_{1j}(t) = \sum_{k=1}^{j} \binom{j-1}{k-1} \mathrm{e}^{-k\lambda t}(-1)^{k-1} = \mathrm{e}^{-\lambda t} \sum_{i=0}^{j-1} \binom{j-1}{i} \mathrm{e}^{-i\lambda t}(-1)^i = \mathrm{e}^{-\lambda t}(1-\mathrm{e}^{-\lambda t})^{j-1}.$$

于是从单个个体开始，在时刻 t 总体的大小服从均值为 $\mathrm{e}^{\lambda t}$ 的几何分布. 如果总体开始有 i 个个体，那么我们可以认为每个个体从它自己开始了独立的尤尔过程，所以在时刻 t 总体是 i 个参数为 $\mathrm{e}^{-\lambda t}$ 的独立同分布的几何随机变量之和. 这意味着，给定 $X(0) = i$，$X(t)$ 的条件分布类似于，抛掷一枚每次正面朝上的概率为 $\mathrm{e}^{-\lambda t}$ 的硬币，要出现 i 次正面所需抛掷的次数的分布. 因此，在时刻 t 总体的大小服从参数为 i 和 $\mathrm{e}^{-\lambda t}$ 的负二项分布，从而

$$P_{ij}(t) = \binom{j-1}{i-1} \mathrm{e}^{-i\lambda t}(1-\mathrm{e}^{-\lambda t})^{j-i}, \quad j \geqslant i \geqslant 1.$$

（当然，我们可以利用命题 6.1 直接得到 $P_{ij}(t)$ 的方程，而不只是得到 $P_{1j}(t)$. 但是，要证明得到的表达式与前面的结果等价，所需的代数运算就相当复杂了.）■

例 6.9 一个坛子最初装有一个 1 号球和一个 2 号球. 在每个阶段，从坛子中随机选取一个球，每个球被选中的可能性都是相等的. 如果选中了 i 号球，那么进

行一次成功概率为 p_i 的试验, 如果试验成功, 那么将选中的球和一个新的 i 号球一起放回坛子; 如果试验不成功, 那么只将选中的球放回坛子, $i = 1, 2$. 然后我们进入下一个阶段. 我们想确定在 n 个阶段后, 坛子中 1 号球和 2 号球的平均数量.

解　为了确定这些平均数量, 对于 $i = 1, 2$, 令 $m_i(j, k : r)$ 表示在给定当还剩下 r 个阶段时, 坛子中有 j 个 1 号球和 k 个 2 号球的情况下, n 个阶段后坛子中 i 号球的平均数量. 此外, 我们用 $\boldsymbol{m}(j, k : r)$ 来表示向量

$$\boldsymbol{m}(j, k : r) = (m_1(j, k : r), m_2(j, k : r)).$$

我们需要确定 $\boldsymbol{m}(1, 1 : n)$. 首先, 我们以选取的第一个球和试验结果为条件, 来推导 $\boldsymbol{m}(j, k : r)$ 的递推方程, 得到

$$\begin{aligned}
\boldsymbol{m}(j, k : r) = {} & \frac{j}{j + k}[p_1 \boldsymbol{m}(j + 1, k : r - 1) + q_1 \boldsymbol{m}(j, k : r - 1)] \\
& + \frac{k}{j + k}[p_2 \boldsymbol{m}(j, k + 1 : r - 1) + q_2 \boldsymbol{m}(j, k : r - 1)],
\end{aligned}$$

其中 $q_i = 1 - p_i$, $i = 1, 2$. 现在, 利用

$$\boldsymbol{m}(j, k : 0) = (j, k),$$

我们可以使用递推来确定当 $r = 1$ 时 $\boldsymbol{m}(j, k; r)$ 的值, 然后是 $r = 2$ 时, 以此类推, 直到 $r = n$ 时.

我们还可以通过使用 "泊松化" 技巧来推导在 n 个阶段后坛子中 1 号球和 2 号球的平均数量的近似值. 让我们想象一下, 坛子中的每个球 (与其他球独立) 都会按照速率为 $\lambda = 1$ 的泊松过程被点亮. 假设每次 i 号球被点亮时, 我们都会进行一次成功概率为 p_i 的试验, 如果试验成功, 那么就向坛子中添加一个新的 i 号球, $i = 1, 2$. 每当一个球被点亮时, 我们就说一个新的阶段开始了. 因为, 对于一个当前有 j 个 1 号球和 k 个 2 号球的坛子来说, 下一个被点亮的球是 1 号球的概率为 $j/(j + k)$, 所以在连续阶段后, 坛子中 1 号球和 2 号球的数量分布与原始模型中的分布完全相同. 现在, 每当坛子中有 j 个 1 号球时, 直到下一个 1 号球被点亮的时间就是 j 个速率为 1 的独立指数随机变量的最小值, 因此它是速率为 j 的指数随机变量. 因为, 以概率 p_1 有一个新的 1 号球被添加到坛子中, 所以, 每当坛子中有 j 个 1 号球时, 直到下一个 1 号球被添加的时间服从速率为 jp_1 的指数分布. 因此, 坛子中 1 号球数量的计数过程是一个出生参数为 $\lambda_1(j) = jp_1$ ($j \geqslant 1$) 的尤尔过程. 类似地, 坛子中 2 号球数量的计数过程是一个出生参数为 $\lambda_2(j) = jp_2$ ($j \geqslant 1$) 的尤尔过程, 且这两个尤尔过程是独立的. 因此, 从单个 i 号球开始, $N_i(t)$ (定义为在时刻 t 坛子中 i 号球的数量) 是一个参

数为 $e^{-p_i t}$ 的几何随机变量, $i = 1, 2$. 因此,

$$E[N_i(t)] = e^{p_i t}, \quad i = 1, 2.$$

此外, 如果 $L_i(t)$ 表示到时刻 t 为止, i 号球被点亮的次数, 那么由于每次点亮 (独立于之前所有的点亮) 都以概率 p_i 导致一个新的 i 号球被添加, 因此很直观地, 有

$$E[N_i(t)] = p_i E[L_i(t)] + 1, \quad i = 1, 2.$$

从而

$$E[L_i(t)] = \frac{e^{p_i t} - 1}{p_i}, \quad i = 1, 2.$$

因此, 到时刻 t 为止已经过去的期望阶段数为

$$E[L_1(t) + L_2(t)] = \frac{e^{p_1 t} - 1}{p_1} + \frac{e^{p_2 t} - 1}{p_2}.$$

如果我们设 t_n 是使上式等于 n 的 t 值, 也就是说, t_n 满足

$$\frac{e^{p_1 t} - 1}{p_1} + \frac{e^{p_2 t} - 1}{p_2} = n,$$

那么, 我们可以用 $E[N_i(t_n)] = e^{p_i t_n}$ 来近似 n 个阶段后坛子中 i 号球的期望数量, $i = 1, 2$. ∎

注 (i) $E[N_i(t)] = p_i E[L_i(t)] + 1$ 不是显而易见的, 因为到时刻 t 为止的点亮次数的信息会改变由点亮引起的试验的成功概率 (例如, $L_i(t)$ 较大意味着试验成功的可能性更大, 因为成功的试验会增加点亮率).

$$E[N_i(t)|L_i(t)] \neq p_i L_i(t) + 1.$$

尽管前述情况确实如此, 不能用来证明 $E[N_i(t)] = p_i E[L_i(t)] + 1$, 但上式确实是有效的, 并且可以用瓦尔德方程来证明, 瓦尔德方程将在 7.3 节介绍.

(ii) 前面的例子已经应用于药物测试. 假设有两种药物, 其治愈概率未知 (在例子中分别设为 p_1 和 p_2). 在每个阶段, 通过从坛子中随机选择一个球来决定给患者使用哪种药物. 如果选择了 i 号球, 那么就使用 i 类药物. 假设使用该药物的结果可以立即得知, 并且成功的结果会导致另一个 i 号球被添加到坛子中, $i = 1, 2$.

(iii) 如果 $p_1 = 0.7, p_2 = 0.4$, 那么在 $n = 500$ 个阶段后, 坛子中 1 号球的期望数量是 288.92, 2 号球的期望数量是 36.47. 前面给出的这些量的近似值分别是 304.09 和 26.23. 在 1000 个阶段后, 真实均值分别是 600.77 和 58.28, 而近似值分别是 630.37 和 39.79. ∎

　　我们现在推导一般的连续时间的马尔可夫链的转移概率 $P_{ij}(t)$ 满足的一组微分方程. 然而, 我们首先需要一个定义和一对引理.

　　对于一对状态 i, j, 令

$$q_{ij} = v_i P_{ij}.$$

由于 v_i 是过程处于状态 i 时的转移速率, 而 P_{ij} 是这个转移进入状态 j 的概率, 因此 q_{ij} 是过程处于状态 i 时转移到状态 j 的速率. 量 q_{ij} 称为**瞬时转移率**. 因为

$$v_i = \sum_j v_i P_{ij} = \sum_j q_{ij},$$

以及

$$P_{ij} = \frac{q_{ij}}{v_i} = \frac{q_{ij}}{\sum_j q_{ij}},$$

所以指定瞬时转移率就能确定连续时间的马尔可夫链的参数.

　　引理 6.2　(a) $\lim_{h \to 0} \dfrac{1 - P_{ii}(h)}{h} = v_i$.

　　(b) $\lim_{h \to 0} \dfrac{P_{ij}(h)}{h} = q_{ij}$, 当 $i \neq j$ 时.

　　证明　首先注意, 由于直至发生一个转移的时间是服从指数分布的, 因此在时间 h 内发生两次或两次以上转移的概率是 $o(h)$. 于是, 在时间 0 处于状态 i 的过程在时间 h 不在状态 i 的概率 $1 - P_{ii}(h)$ 等于在时间 h 内发生一次转移的概率加上关于 h 的某个无穷小量. 于是

$$1 - P_{ii}(h) = v_i h + o(h),$$

这就证明了 (a). 关于 (b) 的证明, 注意过程在时间 h 内由状态 i 转移到状态 j 的概率 $P_{ij}(h)$ 等于在这段时间中发生一个转移的概率乘以这个转移进入状态 j 的概率, 并加上关于 h 的某个无穷小量. 即

$$P_{ij}(h) = h v_i P_{ij} + o(h),$$

这就证明了 (b).　　　　　　　　　　　　　　　　　　　　　　　　　■

　　引理 6.3　对于一切 $s \geqslant 0, t \geqslant 0$,

$$P_{ij}(t + s) = \sum_{k=0}^{\infty} P_{ik}(t) P_{kj}(s). \tag{6.8}$$

　　证明　为了过程在时间 $t + s$ 内从状态 i 转移到状态 j, 它必须在时刻 t 处于某处, 故

$$\begin{aligned}
P_{ij}(t + s) &= P\{X(t + s) = j | X(0) = i\} \\
&= \sum_{k=0}^{\infty} P\{X(t + s) = j, X(t) = k | X(0) = i\}
\end{aligned}$$

$$= \sum_{k=0}^{\infty} P\{X(t+s) = j | X(t) = k, X(0) = i\} \cdot P\{X(t) = k | X(0) = i\}$$

$$= \sum_{k=0}^{\infty} P\{X(t+s) = j | X(t) = k\} \cdot P\{X(t) = k | X(0) = i\}$$

$$= \sum_{k=0}^{\infty} P_{kj}(s) P_{ik}(t),$$

这就完成了证明. ■

(6.8) 这组方程称为 **KC 方程**. 由引理 6.3, 我们得到

$$P_{ij}(h+t) - P_{ij}(t) = \sum_{k=0}^{\infty} P_{ik}(h) P_{kj}(t) - P_{ij}(t)$$

$$= \sum_{k \neq i} P_{ik}(h) P_{kj}(t) - [1 - P_{ii}(h)] P_{ij}(t),$$

从而

$$\lim_{h \to 0} \frac{P_{ij}(t+h) - P_{ij}(t)}{h} = \lim_{h \to 0} \left\{ \sum_{k \neq i} \frac{P_{ik}(h)}{h} P_{kj}(t) - \left[\frac{1 - P_{ii}(h)}{h} \right] P_{ij}(t) \right\}.$$

现在假定我们可以将上式中的极限与求和交换次序, 并且应用引理 6.2, 我们得到

$$P'_{ij}(t) = \sum_{k \neq i} q_{ik} P_{kj}(t) - v_i P_{ij}(t).$$

这个次序的交换事实上是可以验证的, 因此, 有下述定理.

定理 6.1（科尔莫戈罗夫向后方程） 对于一切状态 i, j 和时间 $t \geqslant 0$,

$$P'_{ij}(t) = \sum_{k \neq i} q_{ik} P_{kj}(t) - v_i P_{ij}(t).$$

例 6.10 对于纯生过程, 向后方程变成

$$P'_{ij}(t) = \lambda_i P_{i+1,j}(t) - \lambda_i P_{ij}(t).$$

对于生灭过程, 向后方程变成

$$P'_{0j}(t) = \lambda_0 P_{1j}(t) - \lambda_0 P_{0j}(t),$$

$$P'_{ij}(t) = (\lambda_i + \mu_i) \left[\frac{\lambda_i}{\lambda_i + \mu_i} P_{i+1,j}(t) + \frac{\mu_i}{\lambda_i + \mu_i} P_{i-1,j}(t) \right] - (\lambda_i + \mu_i) P_{ij}(t), \quad i > 0,$$

或者, 等价地,

$$P'_{0j}(t) = \lambda_0 [P_{1j}(t) - P_{0j}(t)],$$

$$P'_{ij}(t) = \lambda_i P_{i+1,j}(t) + \mu_i P_{i-1,j}(t) - (\lambda_i + \mu_i) P_{ij}(t), \quad i > 0. \tag{6.9}$$

■

例 6.11（**由两个状态组成的连续时间的马尔可夫链**）　考察一台在故障前的工作时间服从均值为 $1/\lambda$ 的指数分布的机器，并且假设修复这台机器需要的时间服从均值为 $1/\mu$ 的指数分布. 如果机器在时刻 0 处于工作状态，那么在时刻 $t = 10$ 它还在工作的概率是多少？

为了回答这个问题，注意这个过程是生灭过程（以状态 0 表示机器在工作，而以状态 1 表示机器在维修），其参数为

$$\lambda_0 = \lambda, \quad \mu_1 = \mu, \quad \lambda_i = 0, \quad i \neq 0, \quad \mu_i = 0, \quad i \neq 1.$$

我们将通过求解例 6.10 中的微分方程来推导所求概率，即 $P_{00}(10)$. 由式 (6.9)，我们得到

$$P_{00}'(t) = \lambda[P_{10}(t) - P_{00}(t)], \tag{6.10}$$

$$P_{10}'(t) = \mu P_{00}(t) - \mu P_{10}(t). \tag{6.11}$$

将式 (6.10) 乘以 μ，并将式 (6.11) 乘以 λ，然后将两个方程相加，得到

$$\mu P_{00}'(t) + \lambda P_{10}'(t) = 0.$$

通过求积分，我们得到

$$\mu P_{00}(t) + \lambda P_{10}(t) = c.$$

因为 $P_{00}(0) = 1, P_{10}(0) = 0$，所以 $c = \mu$，因此

$$\mu P_{00}(t) + \lambda P_{10}(t) = \mu, \tag{6.12}$$

或者，等价地，

$$\lambda P_{10}(t) = \mu[1 - P_{00}(t)].$$

通过将这个结果代入式 (6.10)，我们得到

$$P_{00}'(t) = \mu[1 - P_{00}(t)] - \lambda P_{00}(t) = \mu - (\mu + \lambda)P_{00}(t).$$

令

$$h(t) = P_{00}(t) - \frac{\mu}{\mu + \lambda},$$

我们有

$$h'(t) = \mu - (\mu + \lambda)\left[h(t) + \frac{\mu}{\mu + \lambda}\right] = -(\mu + \lambda)h(t),$$

从而

$$\frac{h'(t)}{h(t)} = -(\mu + \lambda).$$

通过两边求积分，我们得到

$$\ln h(t) = -(\mu + \lambda)t + C,$$

所以

$$h(t) = Ke^{-(\mu+\lambda)t},$$

从而

$$P_{00}(t) = Ke^{-(\mu+\lambda)t} + \frac{\mu}{\mu + \lambda},$$

通过令 $t = 0$ 并利用事实 $P_{00}(0) = 1$，最终得到

$$P_{00}(t) = \frac{\lambda}{\mu + \lambda}e^{-(\mu+\lambda)t} + \frac{\mu}{\mu + \lambda}.$$

由式 (6.12) 还可以得到

$$P_{10}(t) = \frac{\mu}{\mu + \lambda} - \frac{\mu}{\mu + \lambda}e^{-(\mu+\lambda)t}.$$

因此我们所求的概率 $P_{00}(10)$ 为

$$P_{00}(10) = \frac{\lambda}{\mu + \lambda}e^{-10(\mu+\lambda)} + \frac{\mu}{\mu + \lambda}. \qquad ■$$

还可以推导出不同于向后方程的另一组微分方程. 这组方程称为科尔莫戈罗夫向前方程，其推导如下. 根据 KC 方程（引理 6.3），我们有

$$P_{ij}(t + h) - P_{ij}(t) = \sum_{k=0}^{\infty} P_{ik}(t)P_{kj}(h) - P_{ij}(t)$$

$$= \sum_{k \neq j} P_{ik}(t)P_{kj}(h) - [1 - P_{jj}(h)]P_{ij}(t),$$

于是

$$\lim_{h \to 0} \frac{P_{ij}(t + h) - P_{ij}(t)}{h} = \lim_{h \to 0} \left\{ \sum_{k \neq j} P_{ik}(t)\frac{P_{kj}(h)}{h} - \left[\frac{1 - P_{jj}(h)}{h}\right] P_{ij}(t) \right\}.$$

假定可以交换极限与求和的次序，由引理 6.2 就得到

$$P'_{ij}(t) = \sum_{k \neq j} q_{kj}P_{ik}(t) - v_j P_{ij}(t).$$

不幸的是，我们并不总能验证极限与求和的次序可交换，因此，上式并不总是成立. 然而，它们在多数模型中成立，包括生灭过程和一切有限状态模型. 因此我们有如下的定理.

定理 6.2（科尔莫戈罗夫向前方程） 在合适的正则条件下，

$$P'_{ij}(t) = \sum_{k \neq j} q_{kj}P_{ik}(t) - v_j P_{ij}(t). \qquad (6.13)$$

现在我们对于纯生过程求解向前方程. 对于这种过程，式 (6.13) 简化为

$$P'_{ij}(t) = \lambda_{j-1}P_{i,j-1}(t) - \lambda_j P_{ij}(t).$$

然而，注意到只要 $j < i$ 就有 $P_{ij}(t) = 0$（因为没有死亡发生），所以我们可以将上述方程改写为

$$
\begin{aligned}
P'_{ii}(t) &= -\lambda_i P_{ii}(t), \\
P'_{ij}(t) &= \lambda_{j-1}P_{i,j-1}(t) - \lambda_j P_{ij}(t), \quad j \geqslant i+1.
\end{aligned}
\tag{6.14}
$$

命题 6.4 对于纯生过程，

$$
\begin{aligned}
P_{ii}(t) &= \mathrm{e}^{-\lambda_i t}, & i \geqslant 0, \\
P_{ij}(t) &= \lambda_{j-1}\mathrm{e}^{-\lambda_j t}\int_0^t \mathrm{e}^{\lambda_j s}P_{i,j-1}(s)\mathrm{d}s, & j \geqslant i+1.
\end{aligned}
$$

证明 对式 (6.14) 求积分并利用 $P_{ii}(0) = 1$，得到 $P_{ii}(t) = \mathrm{e}^{-\lambda_i t}$. 为了证明 $P_{ij}(t)$ 的对应结果，我们注意到由式 (6.14) 可得

$$\mathrm{e}^{\lambda_j t}[P'_{ij}(t) + \lambda_j P_{ij}(t)] = \mathrm{e}^{\lambda_j t}\lambda_{j-1}P_{i,j-1}(t),$$

所以

$$\frac{\mathrm{d}}{\mathrm{d}t}[\mathrm{e}^{\lambda_j t}P_{ij}(t)] = \lambda_{j-1}\mathrm{e}^{\lambda_j t}P_{i,j-1}(t).$$

因此，利用 $P_{ij}(0) = 0$，我们得到所要的结果. ■

例 6.12（生灭过程的向前方程） 对于一般的生灭过程，向前方程 (6.13) 变成

$$P'_{i0}(t) = \sum_{k \neq 0}q_{k0}P_{ik}(t) - \lambda_0 P_{i0}(t) = \mu_1 P_{i1}(t) - \lambda_0 P_{i0}(t), \tag{6.15}$$

$$
\begin{aligned}
P'_{ij}(t) &= \sum_{k \neq j}q_{kj}P_{ik}(t) - (\lambda_j + \mu_j)P_{ij}(t) \\
&= \lambda_{j-1}P_{i,j-1}(t) + \mu_{j+1}P_{i,j+1}(t) - (\lambda_j + \mu_j)P_{ij}(t).
\end{aligned}
\tag{6.16}
$$
■

6.5 极限概率

与离散时间的马尔可夫链的一个基本结果类似，连续时间的马尔可夫链在时刻 t 处于状态 j 的概率常常收敛到一个独立于初始状态的极限值. 即如果我们记这个值为 P_j，那么

$$P_j \equiv \lim_{t \to \infty}P_{ij}(t),$$

其中假定了极限存在而且独立于初始状态 i.

为了推导 P_j 的一组方程, 首先考虑这组向前方程:

$$P'_{ij}(t) = \sum_{k \neq j} q_{kj} P_{ik}(t) - v_j P_{ij}(t).\tag{6.17}$$

现在如果令 t 趋于 ∞, 那么假定可以交换极限和求和的次序, 就得到

$$\lim_{t \to \infty} P'_{ij}(t) = \lim_{t \to \infty} \left[\sum_{k \neq j} q_{kj} P_{ik}(t) - v_j P_{ij}(t) \right] = \sum_{k \neq j} q_{kj} P_k - v_j P_j.$$

因为 $P_{ij}(t)$ 是一个有界函数 (作为一个概率, 它总是在 0 和 1 之间), 所以如果 $P'_{ij}(t)$ 收敛, 那么它必须收敛到 0 (为什么?). 因此, 必须有

$$0 = \sum_{k \neq j} q_{kj} P_k - v_j P_j,$$

从而

$$v_j P_j = \sum_{k \neq j} q_{kj} P_k, \quad \text{对于一切状态 } j.\tag{6.18}$$

上面的这组方程与方程

$$\sum_j P_j = 1\tag{6.19}$$

联合起来可以用来求解极限概率.

注 (i) 我们假定了极限概率 P_j 存在. 对此的一个充分条件如下:

(a) 马尔可夫链的所有状态是互通的, 即对于一切 i, j, 从状态 i 出发有一个迟早进入状态 j 的正概率;

(b) 马尔可夫链是正常返的, 即从任意状态出发, 回到这个状态的平均时间有限.

若条件 (a) 和 (b) 成立, 则极限概率存在, 而且满足方程组 (6.18) 和方程 (6.19). 此外, P_j 也解释为这个过程在状态 j 的长程时间比例.

(ii) 方程组 (6.18) 和方程 (6.19) 有一个很好的解释: 在任意时间区间 $(0, t)$ 中, 转移到状态 j 的次数与转移出状态 j 的次数之间的差值必须不超过 1 (为什么?). 因此, 在长程中, 转移到状态 j 发生的速率必须等于转移出状态 j 发生的速率. 当过程处在状态 j 时, 它以速率 v_j 离开, 而 P_j 是它处于状态 j 的时间比例, 于是推出

$$v_j P_j = \text{过程离开状态 } j \text{ 的速率}.$$

类似地, 当过程处于状态 k 时, 它以速率 q_{kj} 进入状态 j. 因此, P_k 作为在状态 k 的时间比例, 我们得到从 k 到 j 的转移发生的速率是 $q_{kj} P_k$. 于是

$$\sum_{k \neq j} q_{kj} P_k = \text{过程进入状态 } j \text{ 的速率}.$$

因此, 方程组 (6.18) 是对过程进入和离开状态 j 的速率相等的一个陈述. 因为它平衡（即使之相等）了这些速率, 所以方程组 (6.18) 有时被称作 "平衡方程组".

现在我们确定生灭过程的极限概率. 由方程组 (6.18) 或等价地, 由过程离开一个状态的速率与它进入这个状态的速率相等, 我们得到以下方程.

状态	离开它的速率 = 进入它的速率
0	$\lambda_0 P_0 = \mu_1 P_1$
1	$(\lambda_1 + \mu_1) P_1 = \mu_2 P_2 + \lambda_0 P_0$
2	$(\lambda_2 + \mu_2) P_2 = \mu_3 P_3 + \lambda_1 P_1$
$n\,(n \geqslant 1)$	$(\lambda_n + \mu_n) P_n = \mu_{n+1} P_{n+1} + \lambda_{n-1} P_{n-1}$

通过将每一个方程与它前面的方程相加, 我们得到

$$\lambda_0 P_0 = \mu_1 P_1,$$
$$\lambda_1 P_1 = \mu_2 P_2,$$
$$\lambda_2 P_2 = \mu_3 P_3,$$
$$\vdots$$
$$\lambda_n P_n = \mu_{n+1} P_{n+1}, \quad n \geqslant 0.$$

用 P_0 作为参数求解, 得到

$$P_1 = \frac{\lambda_0}{\mu_1} P_0,$$
$$P_2 = \frac{\lambda_1}{\mu_2} P_1 = \frac{\lambda_1 \lambda_0}{\mu_2 \mu_1} P_0,$$
$$P_3 = \frac{\lambda_2}{\mu_3} P_2 = \frac{\lambda_2 \lambda_1 \lambda_0}{\mu_3 \mu_2 \mu_1} P_0,$$
$$\vdots$$
$$P_n = \frac{\lambda_{n-1}}{\mu_n} P_{n-1} = \frac{\lambda_{n-1} \lambda_{n-2} \cdots \lambda_1 \lambda_0}{\mu_n \mu_{n-1} \cdots \mu_2 \mu_1} P_0.$$

利用 $\sum_{n=0}^{\infty} P_n = 1$, 我们得到

$$1 = P_0 + P_0 \sum_{n=1}^{\infty} \frac{\lambda_{n-1} \cdots \lambda_1 \lambda_0}{\mu_n \cdots \mu_2 \mu_1},$$

所以

$$P_0 = \frac{1}{1 + \sum_{n=1}^{\infty} \frac{\lambda_0 \lambda_1 \cdots \lambda_{n-1}}{\mu_1 \mu_2 \cdots \mu_n}},$$

因此

$$P_n = \frac{\lambda_0 \lambda_1 \cdots \lambda_{n-1}}{\mu_1 \mu_2 \cdots \mu_n \left(1 + \sum_{n=1}^{\infty} \frac{\lambda_0 \lambda_1 \cdots \lambda_{n-1}}{\mu_1 \mu_2 \cdots \mu_n}\right)}, \quad n \geqslant 1. \tag{6.20}$$

上述方程也向我们展示了什么样的条件对于这些极限的存在是必需的, 即必须要有

$$\sum_{n=1}^{\infty} \frac{\lambda_0 \lambda_1 \cdots \lambda_{n-1}}{\mu_1 \mu_2 \cdots \mu_n} < \infty. \tag{6.21}$$

也可以证明这个条件是充分的.

在多服务线的指数排队系统 (例 6.6) 中, 条件 (6.21) 简化为

$$\sum_{n=s+1}^{\infty} \frac{\lambda^n}{(s\mu)^n} < \infty,$$

它等价于 $\lambda < s\mu$.

对于移民的线性增长模型 (例 6.4), 条件 (6.21) 简化为

$$\sum_{n=1}^{\infty} \frac{\theta(\theta + \lambda) \cdots (\theta + (n-1)\lambda)}{n! \mu^n} < \infty.$$

利用比例判别法, 为保证上式收敛, 只需

$$\lim_{n \to \infty} \frac{\theta(\theta + \lambda) \cdots (\theta + n\lambda)}{(n+1)! \mu^{n+1}} \frac{n! \mu^n}{\theta(\theta + \lambda) \cdots (\theta + (n-1)\lambda)} = \lim_{n \to \infty} \frac{\theta + n\lambda}{(n+1)\mu} = \frac{\lambda}{\mu} < 1,$$

即在 $\lambda < \mu$ 时条件满足. 当 $\lambda \geqslant \mu$ 时, 容易证明条件 (6.21) 并不满足.

例 6.13（机器修理模型） 考察由 M 台机器和一个修理工组成的一个加工车间. 假设每台机器在故障前的运行时间服从均值为 $1/\lambda$ 的指数分布, 再假设修理工修理一台机器的时间服从均值为 $1/\mu$ 的指数分布. 我们要回答这些问题: (a) 不在使用中的机器的平均台数是多少? (b) 每台机器在使用中的时间比例是多少?

解 如果 n 台机器不在使用, 那么我们就说系统处于状态 n, 上面的是一个具有参数

$$\mu_n = \mu, \qquad n \geqslant 1,$$

$$\lambda_n = \begin{cases} (M-n)\lambda, & n \leqslant M, \\ 0, & n > M \end{cases}$$

的生灭过程. 这只需将故障的机器当作到达, 并且将修复的机器当作离开. 如果任何机器发生故障, 那么因为修理工的速率是 μ, 所以有 $\mu_n = \mu$. 另外, 如果 n 台机器不在使用, 那么由于余下的在使用的 $M - n$ 台机器中的每一台都以速率 λ 发生故障, 因此有 $\lambda_n = (M - n)\lambda$. 从式 (6.20) 我们得到 n 台机器不在使用的概率 P_n 为

$$P_0 = \frac{1}{1 + \sum_{n=1}^{M}[M\lambda(M-1)\lambda \cdots (M-n+1)\lambda/\mu^n]}$$

$$= \frac{1}{1 + \sum_{n=1}^{M}(\lambda/\mu)^n M!/(M-n)!},$$

$$P_n = \frac{(\lambda/\mu)^n M!/(M-n)!}{1 + \sum_{n=1}^{M}(\lambda/\mu)^n M!/(M-n)!}, \quad n = 0, 1, \cdots, M.$$

因此, 不在使用的机器的平均台数为

$$\sum_{n=0}^{M} nP_n = \frac{\sum_{n=0}^{M} n(\lambda/\mu)^n M!/(M-n)!}{1 + \sum_{n=1}^{M}(\lambda/\mu)^n M!/(M-n)!}. \tag{6.22}$$

为了得到一台给定的机器在工作的长程时间比例, 我们计算它在工作的等价极限概率. 为此我们以不在工作的机器的台数为条件, 得到

$$P\{机器在工作\} = \sum_{n=0}^{M} P\{机器在工作 \mid n \text{ 台不在工作}\}P_n$$

$$= \sum_{n=0}^{M} \frac{M-n}{M} P_n \text{（因为若 } n \text{ 台不在工作, 则 } M-n \text{ 台在工作）}$$

$$= 1 - \sum_{n=0}^{M} \frac{nP_n}{M},$$

其中 $\sum_{n=0}^{M} nP_n$ 由式 (6.22) 给出. ■

例 6.14（M/M/1 排队系统）　在 M/M/1 排队系统中, $\lambda_n = \lambda, \mu_n = \mu$. 因此从式 (6.20) 可得, 若 $\lambda/\mu < 1$, 就有

$$P_n = \frac{(\lambda/\mu)^n}{1 + \sum_{n=1}^{\infty}(\lambda/\mu)^n} = (\lambda/\mu)^n(1 - \lambda/\mu), \quad n \geqslant 0.$$

显然, 为了存在极限概率, λ 必须比 μ 小. 顾客以速率 λ 到达, 而以速率 μ 接受服务, 因此若 $\lambda > \mu$, 则顾客以比接受服务的速率更快的速率到达, 队列的长度将趋向无穷. $\lambda = \mu$ 的情形就像 4.3 节中的对称随机游动, 它是零常返的, 因此没有极限概率. ■

例 6.15　重新考虑例 6.1 中的擦鞋店, 并且确定过程分别处于状态 0、1、2 的时间比例. 因为这不是一个生灭过程（由于过程可以从状态 2 直接到状态 0）,

所以我们从极限概率的平衡方程开始.

$$\text{状态} \qquad \text{离开它的速率} = \text{进入它的速率}$$
$$0 \qquad \qquad \lambda_0 P_0 = \mu_1 P_1$$
$$1 \qquad \qquad \mu_1 P_1 = \lambda P_0$$
$$2 \qquad \qquad \mu_2 P_2 = \mu_1 P_1$$

用 P_0 作为参数求解, 得到

$$P_2 = \frac{\lambda}{\mu_2} P_0, \quad P_1 = \frac{\lambda}{\mu_1} P_0.$$

因为 $P_0 + P_1 + P_2 = 1$, 所以

$$P_0 \left(1 + \frac{\lambda}{\mu_2} + \frac{\lambda}{\mu_1} \right) = 1,$$

因此

$$P_0 = \frac{\mu_1 \mu_2}{\mu_1 \mu_2 + \lambda(\mu_1 + \mu_2)},$$

从而

$$P_1 = \frac{\lambda \mu_2}{\mu_1 \mu_2 + \lambda(\mu_1 + \mu_2)},$$
$$P_2 = \frac{\lambda \mu_1}{\mu_1 \mu_2 + \lambda(\mu_1 + \mu_2)}.$$

例 6.16 考察由 n 个部件与一个修理工组成的系统. 假设部件 i 运行了一个速率为 λ_i 的指数分布的时间后发生故障. 用来修理部件 i 的时间是速率为 μ_i 的指数随机变量, $i = 1, \cdots, n$. 假设当有多个部件发生故障时, 修理工总是先修理最近故障的部件. 例如, 现在有两个部件发生故障, 即部件 1 和部件 2, 其中部件 1 是最近故障的, 那么修理工将先修理部件 1. 然而, 若部件 3 在部件 1 完成修理前故障, 则修理工将停止修理部件 1, 而去修理部件 3 (即最近故障的部件优先服务).

用一个连续时间的马尔可夫链分析上面的情形, 其状态必须代表按故障次序排列的部件的集合. 即如果 $i_1, \cdots, i_k$ 是 k 个故障的部件 (其他 $n - k$ 个部件在运行), 其中 i_1 为最近故障的部件 (因此现在正在修理), i_2 为第二近故障的部件, 等等, 那么这时的状态是 $(i_1, \cdots, i_k)$. 因为对于一组固定的 k 个故障部件共有 $k!$ 种可能的排序, 而这组部件共有 $\binom{n}{k}$ 种选取方式, 所以共有

$$\sum_{k=0}^{n} \binom{n}{k} k! = \sum_{k=0}^{n} \frac{n!}{(n-k)!} = n! \sum_{i=0}^{n} \frac{1}{i!}$$

个可能的状态.

极限概率的平衡方程组如下:

$$\left(\mu_{i_1} + \sum_{i \neq i_j, j=1,\cdots,k} \lambda_i\right) P(i_1,\cdots,i_k) = \sum_{i \neq i_j, j=1,\cdots,k} P(i,i_1,\cdots,i_k)\mu_i + P(i_2,\cdots,i_k)\lambda_{i_1},$$

(6.23)

$$\sum_{i=1}^{n} \lambda_i P(\phi) = \sum_{i=1}^{n} P(i)\mu_i,$$

其中 ϕ 是所有的部件都在工作的状态. 上述方程组成立是因为, 状态 $(i_1,\cdots,i_k)$ 的离开发生于, 当一个任意额外部件发生故障, 或者部件 i_1 修理完成. 此外, 状态 $(i_1,\cdots,i_k)$ 的进入发生于, 当状态是 $(i,i_1,\cdots,i_k)$ 时部件 i 修理完成, 或者当状态是 $(i_2,\cdots,i_k)$ 时部件 i_1 发生故障.

如果我们取

$$P(i_1,\cdots,i_k) = \frac{\lambda_{i_1}\lambda_{i_2}\cdots\lambda_{i_k}}{\mu_{i_1}\mu_{i_2}\cdots\mu_{i_k}}P(\phi),$$

(6.24)

那么容易看出它满足式 (6.23). 因此, 由唯一性可知这些必须是极限概率, 并应确定 $P(\phi)$ 使它们的和为 1. 即

$$P(\phi) = \left(1 + \sum_{i_1,\cdots,i_k} \frac{\lambda_{i_1}\cdots\lambda_{i_k}}{\mu_{i_1}\cdots\mu_{i_k}}\right)^{-1}.$$

作为例子, 假设 $n = 2$, 因而有 5 个状态: $\phi, 1, 2, (1,2), (2,1)$. 由上式可得

$$P(\phi) = \left(1 + \frac{\lambda_1}{\mu_1} + \frac{\lambda_2}{\mu_2} + \frac{2\lambda_1\lambda_2}{\mu_1\mu_2}\right)^{-1},$$

$$P(1) = \frac{\lambda_1}{\mu_1}P(\phi),$$

$$P(2) = \frac{\lambda_2}{\mu_2}P(\phi),$$

$$P(1,2) = P(2,1) = \frac{\lambda_1\lambda_2}{\mu_1\mu_2}P(\phi).$$

有趣的是, 利用式 (6.24), 对于给定的一组故障部件, 这些部件的可能排序是等可能的. ■

当存在极限概率时, 我们称该链是**遍历**的. 极限概率 P_j 通常称为**平稳概率**, 因为 (和离散时间的马尔可夫链的情况一样) 如果连续时间的马尔可夫链的初始状态是根据概率 $\{P_j\}$ 选择的, 那么对于所有的 t 和 j, 在时刻 t 处于状态 j 的概率均为 P_j. 为了验证这一点, 我们假设初始状态是根据极限概率 P_j 选择的. 那么

$$P(X(t) = j) = \sum_k P(X(t) = j \mid X(0) = k)P(X(0) = k)$$

$$= \sum_k P_{k,j}(t)P_k$$

$$= \sum_k P_{k,j}(t) \lim_{s\to\infty} P_{i,k}(s)$$

$$= \lim_{s\to\infty} \sum_k P_{k,j}(t) P_{i,k}(s)$$

$$= \lim_{s\to\infty} P_{i,j}(t+s)$$

$$= P_j,$$

其中我们假设极限与求和的交换是合理的，而倒数第二个等式得自 KC 方程（引理 6.3）.

6.6 时间可逆性

考察一个遍历的连续时间的马尔可夫链，我们从一个与前面不同的观点考察其极限概率 P_i. 如果我们考察访问的状态序列，而忽略在每个状态停留的时间，那么这个序列构成一个以 P_{ij} 为转移概率的离散时间的马尔可夫链，称为**嵌入链**. 假定这个离散时间的马尔可夫链是遍历的，并且用 π_i 表示它的极限概率. 也就是说，π_i 是下列方程组的唯一解：

$$\pi_i = \sum_j \pi_j P_{ji} \ (\text{对一切 } i), \qquad \sum_i \pi_i = 1.$$

现在，由于 π_i 表示过程转移到状态 i 的比例，$1/v_i$ 是在一次访问中处于状态 i 的平均时间，因此直观上，在状态 i 的时间比例 P_i 将是 π_i 的加权平均，其中 π_i 的权重与 $1/v_i$ 成正比，即

$$P_i = \frac{\pi_i/v_i}{\sum_j \pi_j/v_j}. \tag{6.25}$$

为了验证上式，回忆极限概率 P_i 必须满足

$$v_i P_i = \sum_{j\neq i} P_j q_{ji}, \quad \text{对一切 } i,$$

或者等价地，因为 $P_{ii} = 0$，所以

$$v_i P_i = \sum_j P_j v_j P_{ji}, \quad \text{对一切 } i.$$

因此，对于由式 (6.25) 给出的 P_i，下面的等式是必要的：

$$\pi_i = \sum_j \pi_j P_{ji}, \quad \text{对一切 } i.$$

这当然成立，因为事实上这正是 π_i 的定义.

假设这个连续时间的马尔可夫链已经运行了很长时间，而且假设它开始于某个（很大的）时刻 T，我们按时间的逆向追踪这个过程. 为了确定这个逆向过程的概率结构，我们首先注意，给定过程在某个时刻 t 处于状态 i，那么在该状态停留的时间大于 s 的概率正是 $\mathrm{e}^{-v_i s}$. 这是由于

$$
\begin{aligned}
P\{\text{过程在 } [t-s,t] \text{ 中都在状态 } i \mid X(t)=i\} &= \frac{P\{\text{过程在 } [t-s,t] \text{ 中都在状态 } i\}}{P\{X(t)=i\}} \\
&= \frac{P\{X(t-s)=i\}\mathrm{e}^{-v_i s}}{P\{X(t)=i\}} \\
&= \mathrm{e}^{-v_i s},
\end{aligned}
$$

因为对于较大的 t，$P\{X(t-s)=i\} = P\{X(t)=i\} = P_i$.

换句话说，按时间逆向地进行，过程在状态 i 停留的时间也是速率为 v_i 的指数随机变量. 此外，如在 4.8 节中所示，逆向过程所访问的状态序列构成一个离散时间的马尔可夫链，其转移概率 Q_{ij} 为

$$
Q_{ij} = \frac{\pi_j P_{ji}}{\pi_i}.
$$

因此，我们从上面看到，这个逆向过程是一个连续时间的马尔可夫链，与具有一步转移概率 Q_{ij} 的向前时间过程有相同的转移速率. 所以如果嵌入链是时间可逆的，即

$$
\pi_i P_{ij} = \pi_j P_{ji}, \quad \text{对一切 } i,j,
$$

那么连续时间的马尔可夫链是**时间可逆**的，即时间逆向的过程与原过程有相同的概率结构. 现在利用 $P_i = (\pi_i/v_i)/\sum_j(\pi_j/v_j)$，我们看到上面的条件等价于

$$
P_i q_{ij} = P_j q_{ji}, \quad \text{对一切 } i,j. \tag{6.26}
$$

由于 P_i 是处于状态 i 的时间比例，而 q_{ij} 是处于状态 i 的过程到状态 j 的速率，因此时间可逆性的条件是，**过程直接从状态 i 到状态 j 的速率等于它直接从状态 j 到状态 i 的速率**. 应该注意到，这正是一个遍历的离散时间的马尔可夫链是时间可逆的所需的条件（参见 4.8 节）.

关于上述时间可逆性的条件的一个应用，引出生灭过程的下述命题.

命题 6.5 一个遍历的生灭过程是时间可逆的.

证明 我们必须证明一个生灭过程从状态 i 到状态 $i+1$ 的速率等于从状态 $i+1$ 到状态 i 的速率. 在任意长的时间 t 内，从 i 到 $i+1$ 的转移次数与从 $i+1$ 到 i 的转移次数之间的差值必须不超过 1（由于过程每次从 i 到 $i+1$ 的转移必须回到 i，而这只能通过 $i+1$ 发生，反之亦然）. 因此，当 $t \to \infty$ 时，这样的转移次数趋于无穷，由此推出从 i 到 $i+1$ 的转移速率等于从 $i+1$ 到 i 的转移速率. ∎

命题 6.5 可以用来证明一个重要的结果：一个 M/M/s 排队系统的输出过程是泊松过程. 我们将它叙述为一个推论.

推论 6.6　考察一个 M/M/s 排队系统，其中顾客按速率为 λ 的泊松过程到达，并且在 s 条服务线中的任意一条接受服务，每条服务线的服务时间都服从速率为 μ 的指数分布. 如果 $\lambda < s\mu$，那么在过程运行很长的时间以后，顾客离开的输出过程是一个速率为 λ 的泊松过程.

证明　令 $X(t)$ 为在时刻 t 系统中的顾客数. 由于 M/M/s 排队系统是一个生灭过程，因此由命题 6.5 推出 $\{X(t), t \geqslant 0\}$ 是时间可逆的. 现在按时间向前进行，使 $X(t)$ 增加 1 的时间点构成一个泊松过程，因为它们正是顾客到达的时刻. 因此，由时间可逆性，当我们按时间倒向进行时，使 $X(t)$ 增加 1 的这些时间点也构成一个泊松过程. 但是后面的这些点恰是顾客离开的时刻（参见图 6-1）. 因此，离开时间构成速率为 λ 的泊松过程. ∎

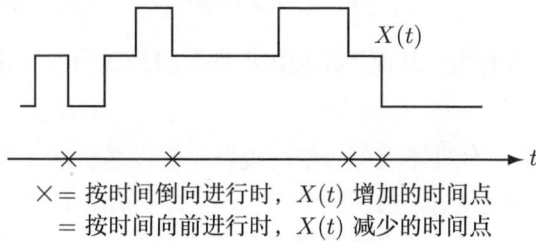

$\times =$ 按时间倒向进行时，$X(t)$ 增加的时间点
$=$ 按时间向前进行时，$X(t)$ 减少的时间点

图 6-1　系统中的人数

例 6.17　考虑一个先来先服务的 M/M/1 排队系统，其中到达速率为 λ，服务速率为 μ，$\lambda < \mu$，它处在稳态. 给定顾客 C 在系统中总共花了时间 t. 当 C 到达时系统中的其他顾客数的条件分布是什么？

解　假设 C 在时刻 s 到达，并且在时刻 $t+s$ 离开. 因为系统是先来先服务的，所以在 C 到达时系统中的人数等于在时刻 s 后、在时刻 $t+s$ 前离开的人数，它等于逆过程在这个区间中到达的人数. 现在，在逆过程中，C 在时刻 $t+s$ 到达并且在时刻 s 离开. 因为逆过程也是一个 M/M/1 排队系统，所以在长度为 t 的区间中到达的人数是均值为 λt 的泊松分布.（有关这一结果的更加直接的论据，参见 8.3.1 节.）∎

我们已经证明了，过程是时间可逆的，当且仅当

$$P_i q_{ij} = P_j q_{ji}, \qquad \text{对一切 } i \neq j.$$

仿照离散时间的马尔可夫链的结果，如果我们能够找到满足上述条件的概率

向量 $\boldsymbol{P}$, 那么马尔可夫链是时间可逆的, 而 P_i 就是长程概率. 即我们有下述命题.

命题 6.7   如果对某一组 $\{P_i\}$ 有

$$\sum_i P_i = 1, \quad P_i \geqslant 0$$

和

$$P_i q_{ij} = P_j q_{ji}, \quad \text{对一切 } i \neq j, \tag{6.27}$$

那么这个连续时间的马尔可夫链是时间可逆的, 而且 P_i 表示在状态 i 的极限概率.

证明   对于固定的 i, 在式 (6.27) 中对所有的 j ($j \neq i$) 求和, 我们得到

$$\sum_{j \neq i} P_i q_{ij} = \sum_{j \neq i} P_j q_{ji},$$

因为 $\sum_{j \neq i} q_{ij} = v_i$, 所以

$$v_i P_i = \sum_{j \neq i} P_j q_{ji}.$$

因此, P_i 满足平衡方程组, 从而表示极限概率. 因为式 (6.27) 成立, 所以这个链是时间可逆的. ∎

例 6.18   考察 n 台机器和单台修理设备. 假设当机器 i 发生故障时, 修理它所需的时间服从速率为 μ_i 的指数分布, $i = 1, \cdots, n$. 修理设备等可能地修理所有故障的机器, 即当有 k 台机器发生故障时, 每台机器在每个单位时间都以速率 $1/k$ 接受修理, $1 \leqslant k \leqslant n$. 最后, 假设每次机器 i 恢复运行时, 它保持运行一个速率为 λ_i 的指数分布时间.

上述情形可以用一个有 2^n 个状态的连续时间的马尔可夫链来分析, 它在任意时间的状态对应于此时故障的机器的集合. 例如, 机器 $i_1, \cdots, i_k$ 发生故障, 而其他机器都在运行, 那么这时的状态是 $(i_1, \cdots, i_k)$. 而瞬时转移率为

$$q_{(i_1,\cdots,i_{k-1}),(i_1,\cdots,i_k)} = \lambda_{i_k},$$

$$q_{(i_1,\cdots,i_k),(i_1,\cdots,i_{k-1})} = \mu_{i_k}/k,$$

其中 $i_1, \cdots, i_k$ 各不相同. 上式成立是由于机器 i_k 的故障率总是 λ_{i_k}, 而在有 k 台机器发生故障时, 机器 i_k 的修复率是 μ_{i_k}/k.

因此由式 (6.27) 可得, 时间可逆性方程是

$$P(i_1, \cdots, i_k) \mu_{i_k}/k = P(i_1, \cdots, i_{k-1}) \lambda_{i_k},$$

从而

$$P(i_1, \cdots, i_k) = \frac{k \lambda_{i_k}}{\mu_{i_k}} P(i_1, \cdots, i_{k-1})$$

$$= \frac{k\lambda_{i_k}}{\mu_{i_k}}\frac{(k-1)\lambda_{i_{k-1}}}{\mu_{i_{k-1}}}P(i_1,\cdots,i_{k-2}) \quad （进行迭代）$$

$$=$$

$$\vdots$$

$$= k!\prod_{j=1}^{k}(\lambda_{i_j}/\mu_{i_j})P(\phi),$$

其中 ϕ 是所有机器都在工作的状态. 因为

$$P(\phi) + \sum P(i_1,\cdots,i_k) = 1,$$

所以

$$P(\phi) = \left[1 + \sum_{i_1,\cdots,i_k} k!\prod_{j=1}^{k}(\lambda_{i_j}/\mu_{i_j})\right]^{-1}, \tag{6.28}$$

其中上面的求和遍及 $\{1,2,\cdots,n\}$ 的所有 $2^n - 1$ 个非空子集 $\{i_1,\cdots,i_k\}$. 因为这样选取的概率向量满足时间可逆性方程, 所以由命题 6.7 推出这个链是时间可逆的, 而且

$$P(i_1,\cdots,i_k) = k!\prod_{j=1}^{k}(\lambda_{i_j}/\mu_{i_j})P(\phi),$$

其中 $P(\phi)$ 由式 (6.28) 给出.

例如, 假设有两台机器. 那么, 由上述结论可得

$$P(\phi) = \frac{1}{1 + \lambda_1/\mu_1 + \lambda_2/\mu_2 + 2\lambda_1\lambda_2/(\mu_1\mu_2)},$$

$$P(1) = \frac{\lambda_1/\mu_1}{1 + \lambda_1/\mu_1 + \lambda_2/\mu_2 + 2\lambda_1\lambda_2/(\mu_1\mu_2)},$$

$$P(2) = \frac{\lambda_2/\mu_2}{1 + \lambda_1/\mu_1 + \lambda_2/\mu_2 + 2\lambda_1\lambda_2/(\mu_1\mu_2)},$$

$$P(1,2) = \frac{2\lambda_1\lambda_2}{\mu_1\mu_2[1 + \lambda_1/\mu_1 + \lambda_2/\mu_2 + 2\lambda_1\lambda_2/(\mu_1\mu_2)]}. \quad ∎$$

考虑一个状态空间为 S 的连续时间的马尔可夫链. 我们说这个马尔可夫链被截断到集合 $A \subset S$, 如果对于一切 $i \in A, j \notin A$, 将 q_{ij} 改为 0. 即不再允许从类 A 中转移出去, 而在 A 中的转移保持与以前相同的速率. 一个有用的结果是, 如果这个链是时间可逆的, 那么其截断后的链也是时间可逆的.

命题 6.8 一个具有极限概率 P_j $(j \in S)$ 的时间可逆的链, 若被截断到集合 $A \subset S$ 且仍然保持不可约, 那么它也是时间可逆的, 而且其极限概率 P_j^A 为

$$P_j^A = \frac{P_j}{\sum_{i \in A}P_i}, \quad j \in A.$$

证明　由命题 6.7，对于给定的 P_j^A，我们需要证明

$$P_i^A q_{ij} = P_j^A q_{ji}, \quad \text{对于 } i \in A, j \in A,$$

或者，等价地，

$$P_i q_{ij} = P_j q_{ji}, \quad \text{对于 } i \in A, j \in A.$$

而上式成立是由于假定原来的链是时间可逆的. ■

例 6.19　考察一个 M/M/1 排队系统，其中到达者只要发现系统中有 N 人就不再进入. 这种有限容量的系统可以看成 M/M/1 排队系统在状态集合 $A = \{0, 1, \cdots, N\}$ 上的截断. 因为在 M/M/1 排队系统中的人数是时间可逆的，而且具有极限概率 $P_j = (\lambda/\mu)^j (1 - \lambda/\mu)$，所以由命题 6.8 推出，有限容量的模型也是时间可逆的，而且其极限概率为

$$P_j = \frac{(\lambda/\mu)^j}{\sum_{i=0}^{N} (\lambda/\mu)^i}, \quad j = 0, 1, \cdots, N.$$ ■

另一个有用的结果由下面的命题给出，其证明留作习题.

命题 6.9　如果对于 $i = 1, \cdots, n$，$\{X_i(t), t \geqslant 0\}$ 都是独立的时间可逆的连续时间的马尔可夫链，那么向量过程 $\{(X_1(t), \cdots, X_n(t)), t \geqslant 0\}$ 也是时间可逆的连续时间的马尔可夫链.

例 6.20　考察由 n 个部件组成的系统，其中部件 i 按速率 λ_i 运行一个指数时间，$i = 1, \cdots, n$，然后发生故障. 在部件 i 发生故障后，开始对它进行修理，修理需要一个速率为 μ_i 的指数分布时间. 修复后，部件就恢复到全新的状态. 部件运行是彼此独立的，除了当只有一个部件工作时系统将暂停直至完成了一次修理，然后以两个部件重新启动运行.

(a) 系统停止的时间比例是多少?

(b) 正在修理的部件的（极限）平均个数是多少?

解　首先考虑没有约束的系统，即当只有一个部件在工作时系统不会停止. 对于 $i = 1, \cdots, n$，如果部件 i 在时刻 t 正在工作，则令 $X_i(t) = 1$，如果发生故障，则令 $X_i(t) = 0$. 那么 $\{X_i(t), t \geqslant 0\}$（$i = 1, \cdots, n$）是独立的生灭过程. 因为生灭过程是时间可逆的，所以由命题 6.9 推出，过程 $\{(X_1(t), \cdots, X_n(t)), t \geqslant 0\}$ 也是时间可逆的. 现在，对

$$P_i(j) = \lim_{t \to \infty} P\{X_i(t) = j\}, \quad j = 0, 1,$$

我们有

$$P_i(1) = \frac{\mu_i}{\mu_i + \lambda_i}, \quad P_i(0) = \frac{\lambda_i}{\mu_i + \lambda_i}.$$

此外，记

$$P(j_1, \cdots, j_n) = \lim_{t \to \infty} P\{X_i(t) = j_i, i = 1, \cdots, n\},$$

由独立性推出

$$P(j_1, \cdots, j_n) = \prod_{i=1}^{n} P_i(j_i), \quad j_i = 0, 1, \ i = 1, \cdots, n.$$

现在注意，只有一个部件工作时系统就停止的约束，等价于将上面无约束的系统截断在除了所有部件都发生故障的那个状态以外的所有状态组成的集合上. 所以，令 P_T 为这个截断系统的概率，我们由命题 6.8 可得

$$P_T(j_1, \cdots, j_n) = \frac{P(j_1, \cdots, j_n)}{1 - C}, \quad \sum_{i=1}^{n} j_i > 0,$$

其中

$$C = P(0, \cdots, 0) = \prod_{j=1}^{n} \lambda_j / (\mu_j + \lambda_j).$$

因此，令 $(\mathbf{0}, 1_i) = (0, \cdots, 0, 1, 0, \cdots, 0)$ 是 n 维 0 和 1 的向量，其中唯一的 1 位于第 i 个位置，我们有

$$\begin{aligned} P_T(\text{系统停止}) &= \sum_{i=1}^{n} P_T(\mathbf{0}, 1_i) \\ &= \frac{1}{1-C} \sum_{i=1}^{n} \left(\frac{\mu_i}{\mu_i + \lambda_i} \right) \prod_{j \neq i} \left(\frac{\lambda_j}{\mu_j + \lambda_j} \right) \\ &= \frac{C \sum_{i=1}^{n} \mu_i / \lambda_i}{1 - C}. \end{aligned}$$

令 R 为正在修理的部件数. 如果部件 i 正在修理，那么令 $I_i = 1$，否则令 $I_i = 0$，所以对于无约束（非截断）系统有

$$E[R] = E\left[\sum_{i=1}^{n} I_i \right] = \sum_{i=1}^{n} P_i(0) = \sum_{i=1}^{n} \lambda_i / (\mu_i + \lambda_i).$$

此外还有

$$\begin{aligned} E[R] &= E[R \,|\, \text{所有的部件都在修理}]C + E[R \,|\, \text{不是所有的部件都在修理}](1 - C) \\ &= nC + E_T[R](1 - C), \end{aligned}$$

因此

$$E_T[R] = \frac{\sum_{i=1}^{n} \lambda_i / (\mu_i + \lambda_i) - nC}{1 - C}. \qquad \blacksquare$$

6.7   倒逆链

考察一个遍历的连续时间的马尔可夫链，其状态空间是 S，且具有瞬时转移率 q_{ij} 和极限概率 P_i，$i \in S$，假设此链已经运行了很长（在理论上无限长）的时间. 于是由上一节的结果得出，时间逆向的过程也是一个时间连续的马尔可夫链，其瞬时转移率 q_{ij}^* 满足

$$P_i q_{ij}^* = P_j q_{ji}, \quad i \neq j.$$

即使是在与正向链不同的情形（即在链不是时间可逆的情形）下，倒逆链也是一个十分有用的概念.

注意倒逆链在一次访问状态 i 时停留的时间是速率为 $v_i^* = \sum_{j \neq i} q_{ij}^*$ 的指数随机变量. 因为无论是向前地还是时间逆向地观测，过程在一次访问状态 i 时停留的时间是一样的，所以倒逆链在一次访问状态 i 时停留时间的分布，和正向链在一次访问该状态时停留时间的分布应该是一样的，即我们有

$$v_i^* = v_i.$$

进而，因为无论是从时间通常方向（向前）还是从时间逆向方向观测，链停留在状态 i 的时间比例应该是一样的，所以直观上这两个链应该有相同的极限概率.

命题 6.10   令连续时间的马尔可夫链具有瞬时转移率 q_{ij} 和极限概率 P_i，$i \in S$，且令 q_{ij}^* 是倒逆链的瞬时转移率. 那么，对 $v_i^* = \sum_{j \neq i} q_{ij}^*$ 和 $v_i = \sum_{j \neq i} q_{ij}$ 有

$$v_i^* = v_i.$$

进而，P_i（$i \in S$）也是倒逆链的极限概率.

证明   利用 $P_i q_{ij}^* = P_j q_{ji}$，我们有

$$\sum_{j \neq i} q_{ij}^* = \sum_{j \neq i} P_j q_{ji} / P_i = v_i P_i / P_i = v_i,$$

其中利用了 $\sum_{j \neq i} P_j q_{ji} = v_i P_i$（由式 (6.18)）.

可以通过证明 P_j 满足倒逆链如下的平衡方程组，来形式地证明倒逆链和正向链有相同的极限概率：

$$v_j^* P_j = \sum_{k \neq j} P_k q_{kj}^*, \quad j \in S.$$

现在，因为 $v_j^* = v_j$ 和 $P_k q_{kj}^* = P_j q_{jk}$，所以上述方程组等价于

$$v_j P_j = \sum_{k \neq j} P_j q_{jk}, \quad j \in S,$$

这正是正向链的平衡方程组，已知 P_j 满足这些方程.   ■

倒逆链和正向链具有相同的长程比例, 故下式成立容易理解:

$$P_i q_{ij}^* = P_j q_{ji}, \quad i \neq j.$$

因为 P_i 是倒逆链在状态 i 的时间比例, 而 q_{ij}^* 是当处于状态 i 时转移到状态 j 的速率, 所以 $P_i q_{ij}^*$ 是倒逆链从 i 转移到 j 的速率. 类似地, $P_j q_{ji}$ 是正向链从 j 转移到 i 的速率. 因为 (正向的) 马尔可夫链每次从 j 到 i 的转移都可以时间逆向地看成从 i 到 j 的转移, 这就显然有 $P_i q_{ij}^* = P_j q_{ji}$.

下述命题显示, 如果能求得 "倒逆链方程组" 的一个解, 则此解是唯一的解, 而且它就是极限概率.

命题 6.11 令 q_{ij} 表示一个不可约的连续时间的马尔可夫链的转移率. 如果能求得值 q_{ij}^* 和一组和为 1 的正值 P_i 使

$$P_i q_{ij}^* = P_j q_{ji}, \quad i \neq j \tag{6.29}$$

和

$$\sum_{j \neq i} q_{ij}^* = \sum_{j \neq i} q_{ij}, \quad i \in S \tag{6.30}$$

成立, 那么 q_{ij}^* 是倒逆链的转移率, 而 P_i 是 (两个链的) 极限概率.

证明 我们通过证明 P_i 满足平衡方程组 (6.18) 来说明它是极限概率. 为此, 将方程组 (6.29) 对 j ($j \neq i$) 求和得到

$$P_i \sum_{j \neq i} q_{ij}^* = \sum_{j \neq i} P_j q_{ji}, \quad i \in S.$$

现在用方程组 (6.30) 得到

$$P_i \sum_{j \neq i} q_{ij} = \sum_{j \neq i} P_j q_{ji}.$$

因为 $\sum_i P_i = 1$, 且由上式可以看出 P_i 满足平衡方程, 所以 P_i 是极限概率. 因为 $P_i q_{ij}^* = P_j q_{ji}$, 所以推出 q_{ij}^* 是倒逆链的转移率. ∎

现在假设连续时间的马尔可夫链的结构使我们能够猜测倒逆链的转移率. 假定此猜测满足命题 6.11 的方程组 (6.30), 则我们可通过查看是否存在满足方程组 (6.29) 的概率来验证其正确性. 若这样的概率存在, 则我们的猜测是正确的, 而且我们也找到了极限概率; 若这样的概率不存在, 则我们的猜测是不正确的.

例 6.21 考察一个连续时间的马尔可夫链, 其状态都是非负整数. 假设从状态 0 转移到状态 i 的概率为 α_i, $\sum_{i=1}^{\infty} \alpha_i = 1$, 而状态 $i > 0$ 总是转移到状态 $i-1$. 也就是说, 对于 $i > 0$, 此链的瞬时转移率为

$$q_{0i} = v_0 \alpha_i, \quad q_{i,i-1} = v_i.$$

令 N 为具有从状态 0 开始的下一个状态的分布的随机变量, 即 $P\{N = i\} = \alpha_i$, $i > 0$. 再则, 在链每次进入状态 0 时, 我们就称之为开始了一个循环. 因为正向链从 0 转向 N, 然后不断地向 0 移近一步直至到达此状态, 所以倒逆链的状态不断地增加 1 直至到达 N 然后返回状态 0 (参见图 6–2).

$$\text{正向链的转移} \quad N \to N - 1 \to \cdots \to 2 \to 1 \to 0$$
$$\text{倒逆链的转移} \quad 0 \to 1 \to 2 \to \cdots \to N - 1 \to N$$

图 6–2　正向链的转移和倒逆链的转移

现在, 若当前链处于状态 i, 则此循环的 N 值必须至少是 i. 因此, 倒逆链的下一个状态是 0 的概率是

$$P\{N = i | N \geqslant i\} = \frac{P\{N = i\}}{P\{N \geqslant i\}} = \frac{\alpha_i}{P\{N \geqslant i\}},$$

而下一个状态是 $i + 1$ 的概率是

$$1 - P\{N = i | N \geqslant i\} = P\{N \geqslant i + 1 | N \geqslant i\} = \frac{P\{N \geqslant i + 1\}}{P\{N \geqslant i\}}.$$

又因为倒逆链在每次访问一个状态时停留的时间和正向链相同, 所以看起来倒逆链的转移率是

$$q_{i,0}^* = v_i \frac{\alpha_i}{P\{N \geqslant i\}}, \quad i > 0,$$

$$q_{i,i+1}^* = v_i \frac{P\{N \geqslant i + 1\}}{P\{N \geqslant i\}}, \quad i \geqslant 0.$$

基于上述猜测, 逆向时间方程 $P_0 q_{0i} = P_i q_{i0}^*$ 和 $P_i q_{i,i-1} = P_{i-1} q_{i-1,i}^*$ 变成

$$P_0 v_0 \alpha_i = P_i v_i \frac{\alpha_i}{P\{N \geqslant i\}}, \quad i \geqslant 1 \tag{6.31}$$

和

$$P_i v_i = P_{i-1} v_{i-1} \frac{P\{N \geqslant i\}}{P\{N \geqslant i - 1\}}, \quad i \geqslant 1. \tag{6.32}$$

由方程 (6.31) 可推出

$$P_i = P_0 v_0 P\{N \geqslant i\} / v_i, \quad i \geqslant 1.$$

因为上述方程对 $i = 0$ 也成立 (由于 $P\{N \geqslant 0\} = 1$), 所以对所有 i 求和, 我们得到

$$1 = \sum_i P_i = P_0 v_0 \sum_{i=0}^{\infty} P\{N \geqslant i\} / v_i.$$

于是

$$P_i = \frac{P\{N \geqslant i\} / v_i}{\sum_{i=0}^{\infty} P\{N \geqslant i\} / v_i}, \quad i \geqslant 0.$$

为了说明上面的值 P_i 也满足方程 (6.32)，注意对 $C = 1/\sum_{i=0}^{\infty} P\{N \geqslant i\}/v_i$ 有

$$\frac{v_i P_i}{P\{N \geqslant i\}} = C = \frac{v_{i-1} P_{i-1}}{P\{N \geqslant i-1\}},$$

它立刻说明了方程 (6.32) 也是满足的. 因为我们选取的倒逆链的转移率使得在访问状态 i 时停留的时间与正向链相同，所以没有必要检查命题 6.11 的条件 (6.30)，因此平稳概率即为上面所求. ∎

例 6.22（**一个串联排队系统**） 考察一个有两条服务线的排队系统，其中顾客按速率 λ 的泊松过程到达服务线 1. 到达服务线 1 后，如果服务线 1 空闲则顾客进入服务，如果服务线 1 忙则顾客加入队列. 在服务线 1 完成服务后，顾客转向服务线 2，如果服务线 2 空闲则进入服务，否则加入队列. 在服务线 2 完成服务后，顾客离开系统. 服务线 1 和 2 的服务时间分别是速率为 μ_1 和 μ_2 的指数随机变量. 所有服务时间都是独立的，且独立于到达过程.

上面的模型可以用连续时间的马尔可夫链来分析，其状态 (n, m) 表示当前有 n 个顾客在服务线 1，m 个顾客在服务线 2. 这个链的瞬时转移率为

$$q_{(n-1,m),(n,m)} = \lambda, \quad n > 0,$$
$$q_{(n+1,m-1),(n,m)} = \mu_1, \quad m > 0,$$
$$q_{(n,m+1),(n,m)} = \mu_2.$$

为了求极限概率，我们先从链的时间逆向考虑. 因为当顾客离开服务线 2 时，系统中的总人数会减少，所以如果时间逆向地看，那么由于服务线 2 增加了一个顾客，系统中的总人数会增加. 类似地，当顾客到达服务线 1 时系统中的人数将增加，而在逆向过程中，此时在服务线 1 的人数将减少. 因为在服务线 i 停留的时间，无论是时间向前看，还是时间向后看都是相同的，所以看起来逆向过程是一个有两条服务线的系统，其中顾客先到服务线 2，再到服务线 1，然后离开系统，他们在服务线 i 的服务时间服从速率为 μ_i 的指数分布，$i = 1, 2$. 现在逆向过程中到达服务线 2 的速率等于正向过程中离开系统的速率，而这必须等于正向过程的到达速率 λ. (若正向过程的离开速率小于到达速率，则排队的长度将达到无穷，就不会有任何极限概率.) 虽然还不清楚逆向过程中顾客到达服务线 2 的过程是否为泊松过程，但我们先猜测它是泊松过程，然后利用命题 6.11 确定我们的猜测是否正确.

所以，我们猜测逆向过程是一个串联排队过程，其中顾客按速率为 λ 的泊松过程到达服务线 2，在接受服务后转向服务线 1，并在接受服务线 1 的服务后离开系统. 此外，在服务线 i 的服务时间是速率为 μ_i 的指数随机变量，$i = 1, 2$. 若

猜测是对的, 则逆向过程的转移率将是

$$q^*_{(n,m),(n-1,m)} = \mu_1, \quad n > 0,$$

$$q^*_{(n,m),(n+1,m-1)} = \mu_2, \quad m > 0,$$

$$q^*_{(n,m),(n,m+1)} = \lambda.$$

这个具有转移率 q^* 的链从状态 (n,m) 离开的速率是

$$q^*_{(n,m),(n-1,m)} + q^*_{(n,m),(n+1,m-1)} + q^*_{(n,m),(n,m+1)} = \mu_1 I\{n > 0\} + \mu_2 I\{m > 0\} + \lambda,$$

其中 $I\{k > 0\}$ 在 $k > 0$ 时等于 1, 而在其他情形等于 0. 因为上式也是正向过程从状态 (n,m) 离开的速率, 所以命题 6.11 的条件 (6.30) 是满足的.

利用上面猜测的逆向时间转移率, 逆向时间方程将是

$$P_{n-1,m}\lambda = P_{n,m}\mu_1, \quad n > 0, \tag{6.33}$$

$$P_{n+1,m-1}\mu_1 = P_{n,m}\mu_2, \quad m > 0, \tag{6.34}$$

$$P_{n,m+1}\mu_2 = P_{n,m}\lambda. \tag{6.35}$$

将式 (6.33) 写成 $P_{n,m} = (\lambda/\mu_1)P_{n-1,m}$, 再迭代, 推出

$$P_{n,m} = (\lambda/\mu_1)^2 P_{n-2,m} = \cdots = (\lambda/\mu_1)^n P_{0,m}.$$

在式 (6.35) 中令 $n = 0, m = m - 1$, 得到 $P_{0,m} = (\lambda/\mu_2)P_{0,m-1}$, 由迭代推出

$$P_{0,m} = (\lambda/\mu_2)^2 P_{0,m-2} = \cdots = (\lambda/\mu_2)^m P_{0,0}.$$

因此, 由所猜测的逆向时间方程可推出

$$P_{n,m} = (\lambda/\mu_1)^n (\lambda/\mu_2)^m P_{0,0}.$$

利用 $\sum_n \sum_m P_{n,m} = 1$, 得到

$$P_{n,m} = (\lambda/\mu_1)^n (1 - \lambda/\mu_1)(\lambda/\mu_2)^m (1 - \lambda/\mu_2).$$

因为容易验证, 上面选取的 $P_{n,m}$ 满足所猜测的一切逆向时间方程, 即式 (6.33)、式 (6.34) 和式 (6.35), 所以它是极限概率. 因此, 我们证明了在此两条服务线上的稳态人数是独立的, 在服务线 i 的人数与一个具有到达速率 λ, 指数服务速率 μ_i 的 M/M/1 系统中的人数有相同的分布, $i = 1, 2$ (参见例 6.14).

6.8　均匀化

考虑一个连续时间的马尔可夫链, 它在所有状态的平均停留时间都相同. 即假设对于所有状态 i 有 $v_i = v$. 在这种情形下, 由于在一次访问期间在每个状态

停留的时间都服从速率为 v 的指数分布, 因此, 如果我们令 $N(t)$ 为直至时刻 t 为止状态转移的次数, 那么 $\{N(t), t \geqslant 0\}$ 是速率为 v 的泊松过程.

为了计算转移概率 $P_{ij}(t)$, 我们可以以 $N(t)$ 为条件:

$$
\begin{aligned}
P_{ij}(t) &= P\{X(t) = j | X(0) = i\} \\
&= \sum_{n=0}^{\infty} P\{X(t) = j | X(0) = i, N(t) = n\} P\{N(t) = n | X(0) = i\} \\
&= \sum_{n=0}^{\infty} P\{X(t) = j | X(0) = i, N(t) = n\} \mathrm{e}^{-vt} \frac{(vt)^n}{n!}.
\end{aligned}
$$

现在, 直至时刻 t 为止已经有 n 次转移, 这告诉我们某些关于在前 n 个被访问的状态中分别停留的时间的信息, 但是由于在每一个状态停留的时间的分布都是相同的, 因此, 知道了 $N(t) = n$ 并没有给我们提供有关哪些状态已被访问的信息. 从而

$$
P\{X(t) = j | X(0) = i, N(t) = n\} = P_{ij}^n,
$$

其中 P_{ij}^n 正是具有转移概率 P_{ij} 的离散时间的马尔可夫链的 n 步转移概率. 所以当 $v_i \equiv v$ 时,

$$
P_{ij}(t) = \sum_{n=0}^{\infty} P_{ij}^n \mathrm{e}^{-vt} \frac{(vt)^n}{n!}. \tag{6.36}
$$

从计算的角度来说, 式 (6.36) 常常很有用, 因为它使我们能够通过取一个部分和, 而后 (利用转移概率矩阵的矩阵乘法) 计算有关的 n 步概率 P_{ij}^n 来近似 $P_{ij}(t)$.

然而, 式 (6.36) 的可应用性似乎十分有限, 因为它假定了 $v_i \equiv v$, 但通过允许状态到自身的虚拟转移的技巧, 大部分马尔可夫链都可以表示为这种形式. 为了了解这是如何做到的, 考虑 v_i 有界的一个马尔可夫链, 而令 v 是一个任意的数, 满足

$$
v_i \leqslant v, \quad \text{对一切 } i. \tag{6.37}
$$

当过程处于状态 i 时, 它实际上以速率 v_i 离开. 但是这等价于假设转移以速率 v 发生, 但是只有 v_i/v 部分的转移是真实的 (从而实际转移以速率 v_i 发生), 而余下的 $1 - v_i/v$ 部分是虚拟的转移, 它使过程留在状态 i. 换句话说, 任意满足条件 (6.37) 的马尔可夫链可以想象为, 一个以速率 v 的指数时间处于状态 i, 然后以概率 P_{ij}^* 转移到 j 的过程, 其中

$$
P_{ij}^* = \begin{cases} 1 - \dfrac{v_i}{v}, & j = i, \\[2mm] \dfrac{v_i}{v} P_{ij}, & j \neq i. \end{cases} \tag{6.38}
$$

因此, 根据式 (6.36), 转移概率可以由

$$
P_{ij}(t) = \sum_{n=0}^{\infty} P_{ij}^{*n} \mathrm{e}^{-vt} \frac{(vt)^n}{n!}
$$

计算, 其中 P_{ij}^* 是对应于式 (6.38) 的 n 步转移概率. 这种通过引入状态到自身的转移来统一每个状态发生转移的速率的技术, 称为**均匀化**.

　　例 6.23　我们重新考察例 6.11, 它将一台机器的工作状态 (要么在运行, 要么发生故障) 建模为一个两状态的连续时间的马尔可夫链, 它具有

$$P_{01} = P_{10} = 1, \quad v_0 = \lambda, \quad v_1 = \mu.$$

令 $v = \lambda + \mu$, 上面的均匀化版本是考虑一个连续时间的马尔可夫链, 它具有

$$P_{00} = \frac{\mu}{\lambda + \mu} = 1 - P_{01}, \quad P_{10} = \frac{\mu}{\lambda + \mu} = 1 - P_{11}, \quad v_i = \lambda + \mu, \quad i = 1, 2.$$

　　因为 $P_{00} = P_{10}$, 所以无论现在的状态是什么, 转移到状态 0 的概率都等于 $\mu/(\lambda + \mu)$. 因为对于状态 1 也有类似的结果, 所以 n 步转移概率为

$$P_{i0}^n = \frac{\mu}{\lambda + \mu}, \quad n \geqslant 1, \ i = 0, 1,$$

$$P_{i1}^n = \frac{\lambda}{\lambda + \mu}, \quad n \geqslant 1, \ i = 0, 1.$$

因此

$$\begin{aligned}
P_{00}(t) &= \sum_{n=0}^{\infty} P_{00}^n e^{-(\lambda+\mu)t} \frac{[(\lambda+\mu)t]^n}{n!} \\
&= e^{-(\lambda+\mu)t} + \sum_{n=1}^{\infty} \left(\frac{\mu}{\lambda + \mu} \right) e^{-(\lambda+\mu)t} \frac{[(\lambda+\mu)t]^n}{n!} \\
&= e^{-(\lambda+\mu)t} + [1 - e^{-(\lambda+\mu)t}] \frac{\mu}{\lambda + \mu} \\
&= \frac{\mu}{\lambda + \mu} + \frac{\lambda}{\lambda + \mu} e^{-(\lambda+\mu)t}.
\end{aligned}$$

类似地,

$$\begin{aligned}
P_{11}(t) &= \sum_{n=0}^{\infty} P_{11}^n e^{-(\lambda+\mu)t} \frac{[(\lambda+\mu)t]^n}{n!} \\
&= e^{-(\lambda+\mu)t} + [1 - e^{-(\lambda+\mu)t}] \frac{\lambda}{\lambda + \mu} \\
&= \frac{\lambda}{\lambda + \mu} + \frac{\mu}{\lambda + \mu} e^{-(\lambda+\mu)t}.
\end{aligned}$$

其余的概率是

$$P_{01}(t) = 1 - P_{00}(t) = \frac{\lambda}{\lambda + \mu} [1 - e^{-(\lambda+\mu)t}],$$

$$P_{10}(t) = 1 - P_{11}(t) = \frac{\mu}{\lambda + \mu} [1 - e^{-(\lambda+\mu)t}]. \qquad \blacksquare$$

　　例 6.24　考虑例 6.23 中的两状态链, 并且假设初始状态是 0. 令 $O(t)$ 为过

程在区间 $(0,t)$ 中处于状态 0 的总时间. 随机变量 $O(t)$ 常常称为**占位时**. 我们现在计算它的均值.

如果令

$$I(s) = \begin{cases} 1, & \text{若 } X(s) = 0, \\ 0, & \text{若 } X(s) = 1, \end{cases}$$

那么我们可以将占位时表示为

$$O(t) = \int_0^t I(s)\mathrm{d}s.$$

取期望并且利用我们可以在积分号内取期望（因为积分本质上是一种求和）的事实，得到

$$\begin{aligned} E[O(t)] &= \int_0^t E[I(s)]\mathrm{d}s \\ &= \int_0^t P\{X(s) = 0\}\mathrm{d}s \\ &= \int_0^t P_{00}(s)\mathrm{d}s \\ &= \frac{\mu}{\lambda + \mu}t + \frac{\lambda}{(\lambda + \mu)^2}\left[1 - \mathrm{e}^{-(\lambda+\mu)t}\right], \end{aligned}$$

其中最后的等式得自对

$$P_{00}(s) = \frac{\mu}{\lambda + \mu} + \frac{\lambda}{\lambda + \mu}\mathrm{e}^{-(\lambda+\mu)s}$$

求积分.（对于 $E[O(t)]$ 的另一个推导，参见习题 46.） ∎

6.9 计算转移概率

对于任意的一对状态 i 和 j，令

$$r_{ij} = \begin{cases} q_{ij}, & \text{若 } i \neq j, \\ -v_i, & \text{若 } i = j. \end{cases}$$

用这个记号，我们可以将科尔莫戈罗夫向后方程

$$P_{ij}'(t) = \sum_{k \neq i} q_{ik}P_{kj}(t) - v_i P_{ij}(t)$$

和向前方程

$$P_{ij}'(t) = \sum_{k \neq j} q_{kj}P_{ik}(t) - v_j P_{ij}(t)$$

改写为

$$P'_{ij}(t) = \sum_k r_{ik} P_{kj}(t) \quad (\text{向后}),$$

$$P'_{ij}(t) = \sum_k r_{kj} P_{ik}(t) \quad (\text{向前}).$$

当我们使用矩阵记号时，这个表示特别地清楚. 定义矩阵 $\boldsymbol{R}, \boldsymbol{P}(t), \boldsymbol{P}'(t)$，令这些矩阵在 i 行 j 列的元素分别为 $r_{ij}, P_{ij}(t), P'_{ij}(t)$. 因为向后方程表明矩阵 $\boldsymbol{P}'(t)$ 在 i 行 j 列的元素可以由矩阵 $\boldsymbol{R}$ 的第 i 行乘以矩阵 $\boldsymbol{P}(t)$ 的第 j 列得到，所以它等价于矩阵方程

$$\boldsymbol{P}'(t) = \boldsymbol{R}\boldsymbol{P}(t). \tag{6.39}$$

类似地，向前方程可以写成

$$\boldsymbol{P}'(t) = \boldsymbol{P}(t)\boldsymbol{R}. \tag{6.40}$$

现在，正如标量微分方程 $f'(t) = cf(t)$（或者，等价地，$f'(t) = f(t)c$）的解是 $f(t) = f(0)\mathrm{e}^{ct}$，可以证明矩阵微分方程 (6.39) 和 (6.40) 的解为 $\boldsymbol{P}(t) = \boldsymbol{P}(0)\mathrm{e}^{\boldsymbol{R}t}$. 因为 $\boldsymbol{P}(0) = \boldsymbol{I}$（单位矩阵），所以

$$\boldsymbol{P}(t) = \mathrm{e}^{\boldsymbol{R}t}, \tag{6.41}$$

其中矩阵 $\mathrm{e}^{\boldsymbol{R}t}$ 由

$$\mathrm{e}^{\boldsymbol{R}t} = \sum_{n=0}^{\infty} \boldsymbol{R}^n \frac{t^n}{n!} \tag{6.42}$$

定义，而 $\boldsymbol{R}^n$ 是 $\boldsymbol{R}$（矩阵）自乘 n 次.

　　用式 (6.42) 直接计算 $\boldsymbol{P}(t)$ 效率极低，这有两个原因. 首先，矩阵 $\boldsymbol{R}$ 既包含正的元素，又包含负的元素（非对角线元素是 q_{ij}，而第 i 个对角线元素是 $-v_i$），当我们计算 $\boldsymbol{R}$ 的幂时，存在计算机的舍入误差问题. 其次，我们通常必须计算无穷项的和 (6.42) 的许多项以便得到好的近似. 然而，存在某种间接的途径，使我们能够利用关系 (6.41) 有效地近似矩阵 $\boldsymbol{P}(t)$. 我们现在介绍两种这样的方法.

　　近似方法 1　与其用式 (6.42) 计算 $\mathrm{e}^{\boldsymbol{R}t}$，不如用恒等式

$$\mathrm{e}^x = \lim_{n \to \infty} \left(1 + \frac{x}{n}\right)^n$$

的矩阵等价式，即

$$\mathrm{e}^{\boldsymbol{R}t} = \lim_{n \to \infty} \left(\boldsymbol{I} + \boldsymbol{R}\frac{t}{n}\right)^n.$$

于是，如果取 n 为 2 的幂，例如 $n = 2^k$，那么我们可以通过计算矩阵 $\boldsymbol{M} = \boldsymbol{I} + \boldsymbol{R}t/n$ 的 n 次幂来近似 $\boldsymbol{P}(t)$，这可以通过 k 次矩阵乘法来完成（首先由 $\boldsymbol{M}$

乘自己得到 M^2，然后将 M^2 乘自己得到 M^4，等等). 此外，由于只有 R 的对角线元素是负的（而单位矩阵的对角线元素都是 1），因此通过选取足够大的 n，我们可以保证矩阵 $I + Rt/n$ 的所有元素都非负.

近似方法 2　第二个近似 e^{Rt} 的方法是使用恒等式

$$\mathrm{e}^{-Rt} = \lim_{n \to \infty} \left(I - R\frac{t}{n} \right)^n \approx \left(I - R\frac{t}{n} \right)^n, \quad \text{对于很大的 } n,$$

从而

$$P(t) = \mathrm{e}^{Rt} \approx \left(I - R\frac{t}{n} \right)^{-n} = \left[\left(I - R\frac{t}{n} \right)^{-1} \right]^n.$$

因此，如果我们再次选取 n 为 2 的一个较大的幂，例如 $n = 2^k$，我们可以通过首先计算矩阵 $I - Rt/n$ 的逆，然后计算这个矩阵的 n 次幂（通过 k 次矩阵乘法）来近似 $P(t)$. 可以证明矩阵 $(I - Rt/n)^{-1}$ 将只有非负元素.

注　上面两种近似 $P(t)$ 的计算方法都有概率解释（参见习题 49 和习题 50）.

习　　题

1. 一个有机体的总体由雄性与雌性成员组成. 在一个小的群体中，某个特定的雄性可能与一个特定的雌性以概率 $\lambda h + o(h)$ 在任意长度为 h 的时间区间里交配. 每次交配都会立即等可能产生一个雄性或雌性的后代. 令 $N_1(t)$ 和 $N_2(t)$ 分别为在时刻 t 总体中的雄性与雌性的个数. 推导连续时间的马尔可夫链 $\{N_1(t), N_2(t)\}$ 的参数，即 6.2 节中的参数 v_i 和 P_{ij}.

*2. 假设一个单细胞的有机体可以处在状态 A 或状态 B. 处在状态 A 的个体将以指数速率 α 转变到状态 B，处在状态 B 的个体将以指数速率 β 分裂为两个在状态 A 的新个体. 对这样的有机体的总体定义一个合适的连续时间的马尔可夫链，并且确定这个模型的合适的参数.

3. 考察两台由某个修理工维修的机器. 机器 i 在发生故障前运行了速率为 μ_i 的一个指数时间，$i = 1, 2$. 修理时间（对任一台机器）是速率为 μ 的指数随机变量. 我们能否将它分析为生灭过程？如果能，参数是什么？如果不能，我们应如何分析它？

*4. 潜在顾客按速率为 λ 的泊松过程到达一个单服务线的服务站. 然而，如果潜在顾客到达时发现在系统中已经有 n 个人，那么他将以概率 α_n 进入系统. 假定一个指数服务速率 μ，将它建模为一个生灭过程，并且确定出生率与死亡率.

5. 在一个总体中有 N 个个体，它们中的一些受到某种感染，其传播方式如下. 这个总体中的两个个体之间按速率为 λ 的泊松过程接触. 每一次接触的两个个体等可能地是 $\binom{N}{2}$ 对个体中的任意一对. 如果接触的两个个体一个受感染、一个没有受感染，那么没有感染者将以概率 p 变成受感染者. 一旦受到感染，个体将始终保持受感染的状态. 令 $X(t)$ 为总体在时刻 t 受感染个体的个数.

    (a) $\{X(t), t \geqslant 0\}$ 是连续时间的马尔可夫链吗?

    (b) 确定它的类型.

    (c) 若开始只有一个受感染的个体, 直到所有的个体都受感染的期望时间是多少?

6. 考虑一个具有出生率 $\lambda_i = (i+1)\lambda$ 与死亡率 $\mu_i = i\mu$ 的生灭过程, $i \geqslant 0$.

    (a) 确定从状态 0 到状态 4 的期望时间.

    (b) 确定从状态 2 到状态 5 的期望时间.

    (c) 确定 (a) 和 (b) 中的方差.

*7. 个体按速率为 λ 的泊松过程加入一个俱乐部. 每个新成员变成俱乐部会员必须通过 k 个连续的阶段. 通过每个阶段的时间是速率为 μ 的指数随机变量. 令 $N_i(t)$ 为在时刻 t 恰好已通过 i 个阶段的俱乐部成员的人数, $i = 1, \cdots, k-1$. 此外, 令 $\boldsymbol{N}(t) = (N_1(t), N_2(t), \cdots, N_{k-1}(t))$.

    (a) $\{\boldsymbol{N}(t), t \geqslant 0\}$ 是连续时间的马尔可夫链吗?

    (b) 如果是, 给出无穷小转移速率. 即对于任意状态 $\boldsymbol{n} = (n_1, \cdots, n_{k-1})$, 给出可能的下一个状态与它们的无穷小速率.

8. 考察两台机器, 两者都有均值为 $1/\lambda$ 的指数寿命. 有一个修理工以指数速率 μ 维修机器. 建立科尔莫戈罗夫向后方程, 不需要求解.

9. 参数为 $\lambda_n = 0$ 和 $\mu_n = \mu$ ($n > 0$) 的生灭过程, 称为纯灭过程. 求 $P_{ij}(t)$.

10. 考察两台机器. 机器 i 运行了速率为 λ_i 的指数时间后发生故障. 它的修理时间服从速率为 μ_i 的指数分布, $i = 1, 2$. 机器彼此独立地运行. 定义一个联合地描述两台机器的状态的四状态的连续时间的马尔可夫链. 利用独立性的假定计算这个马尔可夫链的转移概率, 然后验证转移概率满足向后方程与向前方程.

*11. 考虑一个尤尔过程, 开始有一个个体, 即假设 $X(0) = 1$. 令 T_i 为过程从总体大小为 i 到大小为 $i+1$ 所用的时间.

    (a) 论证 T_i 是分别以 $i\lambda$ 为速率的独立指数随机变量, $i = 1, \cdots, j$.

    (b) 令 $X_1, \cdots, X_j$ 为独立的指数随机变量, 每个变量具有速率 λ, 并且将 X_i 解释为部件 i 的寿命. 论证 $\max(X_1, \cdots, X_j)$ 可以表示为
$$\max(X_1, \cdots, X_j) = \varepsilon_1 + \varepsilon_2 + \cdots + \varepsilon_j,$$
其中 $\varepsilon_1, \varepsilon_2, \cdots, \varepsilon_j$ 分别是速率为 $j\lambda, (j-1)\lambda, \cdots, \lambda$ 的独立指数随机变量.
提示: 将 ε_i 解释为第 $i-1$ 次故障与第 i 次故障之间的时间.

    (c) 用 (a) 和 (b) 论证
$$P\{T_1 + \cdots + T_j \leqslant t\} = (1 - \mathrm{e}^{-\lambda t})^j.$$

    (d) 利用 (c) 得到
$$P_{1j}(t) = (1 - \mathrm{e}^{-\lambda t})^{j-1} - (1 - \mathrm{e}^{-\lambda t})^j = \mathrm{e}^{-\lambda t}(1 - \mathrm{e}^{-\lambda t})^{j-1}.$$
因此, 在给定 $X(0) = 1$ 时, $X(t)$ 服从参数为 $p = \mathrm{e}^{-\lambda t}$ 的几何分布.

    (e) 现在证明
$$P_{ij}(t) = \binom{j-1}{i-1} \mathrm{e}^{-\lambda ti}(1 - \mathrm{e}^{-\lambda t})^{j-i}.$$

12. 假定在一个生物总体中的每个个体以指数速率 λ 出生, 而以指数速率 μ 死亡. 此外, 由于移民, 存在一个增长的指数速率 θ. 然而, 当总体的大小是 N 或更大时, 不再允许移民.

(a) 将它建模为一个生灭过程.

(b) 如果 $N = 3, 1 = \theta = \lambda, \mu = 2$, 确定不允许移民的时间比例.

13. 一个理发师经营的小理发店最多能容纳两个顾客. 潜在顾客按速率为每小时 3 个的泊松过程到达, 而相继的服务时间是均值为 $1/4$ 小时的独立指数随机变量.

(a) 求店中顾客的平均数.

(b) 求进入店中的潜在顾客的比例.

(c) 如果该理发师工作的速率快至原来的两倍, 他将多做多少生意?

14. 考虑一个不可约的连续时间的马尔可夫链, 其状态空间为非负整数, 它具有瞬时转移率 q_{ij} 和平稳概率 P_i ($i \geqslant 0$). 令 T 是一个给定的状态集合, X_n 表示第 n 次转移到 T 中某一状态时的状态.

(a) 论证 $\{X_n, n \geqslant 1\}$ 是马尔可夫链.

(b) 该连续时间的马尔可夫链进入状态 j 的转移速率是多少?

(c) 对于 $i \in T$, 求马尔可夫链 $\{X_n, n \geqslant 1\}$ 中转移到状态 i 的长程比例.

15. 一个服务中心由两条服务线组成. 每条服务线以每小时 2 个服务的指数速率工作. 假定顾客以每小时 3 个的泊松速率到达, 且系统的容量至多为 3 个顾客.

(a) 潜在顾客进入系统的比例是多少?

(b) 如果只有一条服务线, 而他的速率是原来的两倍 (即 $\mu = 4$), (a) 的值是多少?

*16. 下面的问题来自分子生物学. 细菌的表面有多个位点, 这些位点上会附着外来分子——有些是可接受的, 而有些是不可接受的. 我们考虑一个特殊的位点, 假设分子按速率为 λ 的泊松过程到达该位点. 在这些分子中, 比例 α 是可接受的. 不可接受的分子在该位点停留的时间服从参数为 μ_1 的指数分布, 而可接受的分子在该位点停留的时间服从参数为 μ_2 的指数分布. 只有当这个位点上没有其他分子时, 到达的分子才能附着. 这个位点被可接受的分子 (不可接受的分子) 占据的时间的百分比是多少?

17. 每次一台机器修复后, 它正常运行的时间服从速率为 λ 的指数分布. 然后机器发生故障, 并且故障有两种类型. 若是第一类故障, 则修复它的时间服从速率为 μ_1 的指数分布; 若是第二类故障, 则修复它的时间服从速率为 μ_2 的指数分布. 独立于发生故障所用的时间, 每次故障是第一类故障的概率是 p, 是第二类故障的概率是 $1 - p$. 由第一类故障导致机器不能运行的时间比例是多少? 由第二类故障导致机器不能运行的时间比例是多少? 机器正常运行的时间比例是多少?

18. 机器在修复后运行了速率为 λ 的指数时间, 然后发生故障. 发生故障后修理过程就开始. 修理过程依次经过 k 个不同的阶段. 首先必须进行阶段 1 修理, 然后是阶段 2, 等等. 完成这些阶段的时间是独立的, 阶段 i 需用速率为 μ_i 的指数时间, $i = 1, \cdots, k$.

(a) 机器进行阶段 i 修理的时间比例是多少?

(b) 机器运行的时间比例是多少?

*19. 一个修理工负责修理机器 1 和机器 2. 每次修复后, 机器 i 正常运行的时间服从速率为 λ_i 的指数分布, $i = 1, 2$. 当机器 i 发生故障时需要一个速率为 μ_i 的指数时间来修理它. 在机器 1 发生故障时修理工总是先修理它. 例如, 若正在修理机器 2 时机器 1 突然发生故障, 则修理工将立刻停止修理机器 2, 而开始修理机器 1. 机器 2 故障的时间比例是多少?

20. 有两台机器, 其中一台备用. 一台工作的机器将运行速率为 λ 的指数时间, 然后发生故障. 此时, 如果另一台机器处于工作状态, 则立刻用它来代替. 发生故障的机器会被送入修理车间. 修理车间中只有一个修理工, 他用速率为 μ 的指数时间修复一台发生故障的机器. 如果修理工闲着, 则新发生故障的机器马上进行修理. 如果修理工忙着, 则等到另一台机器修复, 此时新修复的机器开始运行, 修理工再开始修理另一台. 开始时两台机器都处于工作状态, 求直到两台都进入修理车间的时间的 (a) 期望值和 (b) 方差. (c) 有处于工作状态的机器的长程时间比例是多少?

21. 假设在习题 20 中, 当两台机器都不能运行时, 会叫第二个修理工来修理新发生故障的机器. 假设所有的修复时间都是速率为 μ 的指数随机变量. 现在求至少有一台机器在工作的时间比例, 将你的答案与习题 20 中得到的答案进行比较.

22. 顾客按速率为 λ 的泊松过程到达一条单服务线的排队系统. 假设服务时间服从速率为 μ 的指数分布. 然而, 发现系统中已有 n 个顾客的到达者, 只以概率 $1/(n + 1)$ 进入系统. 即这样的到达者将以概率 $n/(n + 1)$ 不进入系统. 证明系统中顾客数的极限分布是均值为 λ/μ 的泊松分布.

23. 一个车间有 3 台机器和 2 个修理工. 机器在发生故障前的工作时间服从均值为 10 的指数分布. 如果一个修理工修复一台机器所需的时间服从均值为 8 的指数分布, 那么
    (a) 平均有多少台机器不在工作?
    (b) 两个修理工都在忙的时间比例是多少?

*24. 考察一个出租车的车站, 其中出租车与顾客分别按速率为每分钟 1 辆与每分钟 2 人的泊松过程到达. 无论有多少出租车在那里, 新来的出租车都会等待. 然而, 若到达的顾客发现没有出租车就会离去. 求
    (a) 在等待的出租车的平均数;
    (b) 到达的顾客搭到出租车的比例.

25. 顾客按速率为 λ 的泊松过程到达一家只有一个服务员的服务站, 服务员以指数速率 μ_1 服务. 在服务结束后, 顾客进入以指数速率 μ_2 服务的第二个系统. 这样的系统, 称为**串联排队系统**, 或**序贯排队系统**. 假定 $\lambda < \mu_i$, $i = 1, 2$. 确定极限概率.
    提示: 尝试形如 $P_{n,m} = C\alpha^n\beta^m$ 的解, 确定 C, α, β.

26. 考虑一个处在稳态 (即在长时间后) 的遍历的 $M/M/s$ 排队系统, 论证现在系统中的人数独立于过去的离开时刻的序列. 例如, 知道在 2、3、5 和 10 个单位时间前有顾客离开, 并不影响现在系统中人数的分布.

27. 在 $M/M/s$ 排队系统中, 如果允许服务速率依赖于系统中的人数 (但是要系统是遍历的), 你认为输出过程是什么? 当服务速率 μ 保持不变, 但是 $\lambda > s\mu$ 时, 它又如何?

*28. 如果 $\{X(t)\}$ 和 $\{Y(t)\}$ 是独立的连续时间的马尔可夫链，两者都是时间可逆的. 证明 $\{X(t), Y(t)\}$ 也是一个时间可逆的马尔可夫链.

29. 考察 n 台机器和一台修理设备. 假设当机器 i 发生故障时，修复时间服从速率为 μ_i 的指数分布，$i = 1, \cdots, n$. 又假设等可能地修理所有发生故障的机器. 即当共有 k 台发生故障的机器时，每台机器在每个单位时间以速率 $1/k$ 接受修理. 如果总共有 r 台在工作的机器，包括机器 i，那么机器 i 以瞬时速率 λ_i/r 发生故障.

(a) 确定合适的状态空间，使上述系统能分析为连续时间的马尔可夫链.

(b) 给出瞬时转移率（即给出 q_{ij}）.

(c) 写出时间可逆性方程.

(d) 求极限概率，并且证明这个过程是时间可逆的.

30. 考察一个有结点 $1, 2, \cdots, n$ 和 $\binom{n}{2}$ 条弧 (i, j)（$i \neq j, i, j = 1, \cdots, n$）的图（相关定义参见 3.6.2 节）. 假设一个粒子在这个图上按如下方式移动. 事件按速率为 λ_{ij} 的独立泊松过程在弧 (i, j) 上发生. 当弧 (i, j) 上发生事件时，这条弧被激活. 如果在弧 (i, j) 被激活的时刻，粒子在结点 i，那么它立刻移动到结点 j（$i, j = 1, \cdots, n$）. 令 P_j 为粒子在结点 j 的时间比例. 证明 $P_j = 1/n$.

提示：利用时间可逆性.

31. 总共有 N 个顾客在 r 条服务线之间以如下方式移动. 接受服务线 i 服务的顾客，以概率 $1/(r-1)$ 再去服务线 j，$j \neq i$，如果他去的服务线空闲，则进入服务，否则他加入队列等候. 服务时间都是独立的，服务线 i 的服务时间是速率为 μ 的指数随机变量，$i = 1, \cdots, r$. 令任意时刻的状态为向量 $(n_1, \cdots, n_r)$，其中 n_i 是当前服务线 i 的顾客数，$i = 1, \cdots, r$, $\sum_i n_i = N$.

(a) 论证如果 $X(t)$ 是在时刻 t 的状态，则 $\{X(t), t \geq 0\}$ 是连续时间的马尔可夫链.

(b) 给出这个链的无穷小速率.

(c) 证明这个链是时间可逆的，并求它的极限概率.

32. 顾客按速率为 λ 的泊松过程到达一个有两条服务线的服务站. 顾客到达后排成一队等待. 只要一条服务线空闲，队中的第一个人就进入服务. 服务线 i 的服务时间是速率为 μ_i 的指数随机变量，$i = 1, 2$，其中 $\mu_1 + \mu_2 > \lambda$. 一个到达者发现两条服务线都空闲时等可能地进入任意一条. 对于这个模型，定义一个合适的连续时间的马尔可夫链，证明它是时间可逆的，并求它的极限概率.

*33. 考虑两个参数为 λ_i 和 μ_i 的 M/M/1 排队系统，$i = 1, 2$. 假设它们共用一个最多容纳 3 个顾客的等待厅. 即只要到达者发现服务线都在忙，并且有 3 个顾客在等待厅，他就离开. 求在系统中有 n 个顾客在队列 1，m 个顾客在队列 2 的极限概率.

提示：结合截断的概念利用习题 28 的结果.

34. 4 个工人共用一间有 4 个电话的办公室. 在任意时刻每个工人要么在工作，要么在打电话. 工人 i 的每段工作时间服从速率为 λ_i 的指数分布，而每段打电话的时间服从速率为 μ_i 的指数分布，$i = 1, 2, 3, 4$.

(a) 所有工人都在工作的时间比例是多少？

如果在时刻 t 工人 i 在工作，则令 $X_i(t)$ 等于 1，否则令它等于 0. 令 $\boldsymbol{X}(t) = (X_1(t),$ $X_2(t), X_3(t), X_4(t))$.

(b) 论证 $\{\boldsymbol{X}(t), t \geqslant 0\}$ 是一个连续时间的马尔可夫链，并且给出它的无穷小速率.

(c) $\{\boldsymbol{X}(t)\}$ 是否时间可逆? 为什么?

现在假设其中一个电话损坏了. 假设想用电话但是发现所有电话都在使用的一个工人将开始一个新的工作时段.

(d) 所有工人都在工作的时间比例是多少?

35. 考察一个具有无穷小转移速率 q_{ij} 和极限概率 $\{P_i\}$ 的时间可逆的连续时间的马尔可夫链. 令 A 为这个链的状态集合，并且考虑一个转移速率 q_{ij}^* 为

$$q_{ij}^* = \begin{cases} cq_{ij}, & \text{若 } i \in A, \, j \notin A, \\ q_{ij}, & \text{其他} \end{cases}$$

的新的连续时间的马尔可夫链，其中 c 是一个任意的正常数. 证明这个链是时间可逆的，并求它的极限概率.

36. 考虑一个有 n 个部件的系统，部件 i 的工作时间是速率为 λ_i 的指数随机变量，$i = 1, \cdots, n$. 然而，当发生故障时，部件 i 的修复速率依赖于有多少个发生故障的部件. 特别地，假设当总共有 k 个发生故障的部件时，部件 i 的瞬时修复速率是 $\alpha^k \mu_i, i = 1, \cdots, n$.

(a) 解释我们如何用一个连续时间的马尔可夫链分析上述模型. 定义这个链的状态并给出参数.

(b) 在稳定状态，证明这个链是时间可逆的，并计算它的极限概率.

37. 一个医院接受 k 种不同类型的病人，其中类型 i 病人按速率为 λ_i 的泊松过程到达，假设这 k 个泊松过程是独立的. 类型 i 病人在医院停留的时间服从速率为 μ_i 的指数分布，$i = 1, \cdots, k$. 假设每个类型 i 病人在医院需要 w_i 个单位的资源，而且如果一个新来的病人导致所有病人的资源总数超过数量 C，则医院就不接受这个病人. 因此，医院在同一个时间可能有 n_1 个类型 1 病人，n_2 个类型 2 病人……n_k 个类型 k 病人，当且仅当

$$\sum_{i=1}^{k} n_i w_i \leqslant C.$$

(a) 定义一个连续时间的马尔可夫链以分析上述情形.

对于 (b)(c)(d)，假定 $C = \infty$.

(b) 若 $N_i(t)$ 是在时刻 t 系统中类型 i 病人的人数，$\{N_i(t), t \geqslant 0\}$ 是什么类型的过程? 它是时间可逆的吗?

(c) 对于向量过程 $\{(N_1(t), \cdots, N_k(t)), t \geqslant 0\}$，你的结论又是什么?

(d) 求 (c) 中过程的极限概率.

对于下面的问题，假设 $C < \infty$.

(e) 求 (a) 中马尔可夫链的极限概率.

(f) 类型 i 病人以怎样的速率被医院接受?

(g) 病人被医院接受的比例是多少?

38. 考虑有 n 条服务线的系统, 其中第 i 条服务线的服务时间是速率为 μ_i 的指数随机变量, $i = 1, \cdots, n$. 假设顾客按速率为 λ 的泊松过程到达, 且到达的顾客发现所有服务线都在忙, 则离开而不进入系统. 假设一个顾客到达时发现至少有一条服务线闲着, 则他随机地选取这些服务线中的一条接受服务, 即一个顾客到达时发现 k 条服务线闲着, 则等可能地选取这 k 条服务线中的任意一条.

    (a) 定义状态以用一个连续时间的马尔可夫链分析上述情形.

    (b) 证明此链是时间可逆的.

    (c) 求极限概率.

39. 假设在习题 38 中一个进入系统的顾客由空闲时间最短的服务线服务.

    (a) 定义状态以用一个连续时间的马尔可夫链分析这个模型.

    (b) 证明此链是时间可逆的.

    (c) 求极限概率.

*40. 考察一个状态为 $1, \cdots, n$ 的连续时间的马尔可夫链, 在每次访问时, 以速率为 v_i 的指数时间停留在状态 i, 然后等可能地转向其余 $n - 1$ 个状态中的任意一个.

    (a) 这个链是时间可逆的吗?

    (b) 求它在每个状态停留时间的长程比例.

41. 证明例 6.22 中的极限概率满足式 (6.33)、式 (6.34) 和式 (6.35).

42. 解释在例 6.22 中, 为何我们可以在分析之前知道在服务线 i 有 j 个顾客的极限概率是 $(\lambda/\mu_i)^j (1 - \lambda/\mu_i)$, $i = 1, 2$, $j \geqslant 0$. (在稳态时服务线的顾客数是否独立未知.)

43. 考察一个有 3 条服务线的串联排队系统, 顾客按速率为 λ 的泊松过程到达服务线 1. 在完成服务线 1 的服务后转向服务线 2; 在完成服务线 2 的服务后转向服务线 3; 在完成服务线 3 的服务后离开系统. 假定在服务线 i 的服务时间是速率为 μ_i 的指数随机变量, $i = 1, 2, 3$. 利用猜测倒逆链来求系统的极限概率, 然后验证你的猜测.

44. 一个包含 N 台机器的系统按如下方式运行. 每台机器在发生故障前的工作时间服从速率为 λ 的指数分布. 发生故障后, 机器必须经过两个阶段的服务. 第一阶段服务持续一个速率为 μ 的指数时间, 且第一阶段服务总是有可用的服务线. 完成第一阶段服务后, 机器前往执行第二阶段服务的服务线. 如果该服务线正在忙, 那么机器加入等待队列. 完成第二阶段服务需要一个速率为 ν 的指数时间. 完成第二阶段服务后, 机器返回工作. 考虑一个连续时间的马尔可夫链, 它在任意时刻的状态都是非负整数三元组 $\boldsymbol{n} = (n_0, n_1, n_2)$, 其中 $n_0 + n_1 + n_2 = N$, 这解释为在 N 台机器中, n_0 台正在工作, n_1 台处于第一阶段服务, n_2 台处于第二阶段服务.

    (a) 给出这个连续时间的马尔可夫链的瞬时转移率.

    (b) 将倒逆链解释为类似的模型, 只是机器从工作状态进入第二阶段服务, 然后进入第一阶段服务. 推测倒逆链的转移速率. 在这样做时, 请确保你的推测使得倒逆链在一次访问中离开状态 (n, k, j) 的速率等于正向链在一次访问中离开该状态的速率.

    (c) 证明你的推测是正确的, 并求极限概率.

45. 对于习题 3 中的连续时间的马尔可夫链，给出它的均匀化的版本.

46. 在例 6.24 中，我们用开始在状态 0 的两状态的连续时间的马尔可夫链，计算了直至时刻 t 为止在状态 0 的平均占位时 $m(t) = E[O(t)]$. 另一个计算它的途径是推导它的一个微分方程.

    (a) 证明 $m(t + h) = m(t) + P_{00}(t)h + o(h)$.

    (b) 证明 $m'(t) = \dfrac{\mu}{\lambda + \mu} + \dfrac{\lambda}{\lambda + \mu} e^{-(\lambda + \mu)t}$.

    (c) 求解 $m(t)$.

47. 令 $O(t)$ 是两状态的连续时间的马可尔夫链在状态 0 的占位时. 求 $E[O(t)|X(0) = 1]$.

48. 考虑两状态的连续时间的马尔可夫链. 开始过程处于状态 0，求 $\text{Cov}(X(s), X(t))$.

49. 令 Y 为独立于连续时间的马尔可夫链 $\{X(t)\}$ 的一个速率为 λ 的指数随机变量，而令
$$\overline{P}_{ij} = P\{X(Y) = j \mid X(0) = i\}.$$

    (a) 证明
$$\overline{P}_{ij} = \frac{1}{v_i + \lambda} \sum_k q_{ik} \overline{P}_{kj} + \frac{\lambda}{v_i + \lambda} \delta_{ij},$$
其中当 $i = j$ 时 $\delta_{ij} = 1$，当 $i \neq j$ 时 $\delta_{ij} = 0$.

    (b) 证明上述方程的解由 $\overline{\boldsymbol{P}} = (\boldsymbol{I} - \boldsymbol{R}/\lambda)^{-1}$ 给出，其中 $\overline{\boldsymbol{P}}$ 是元素为 $\overline{P}_{ij}$ 的矩阵，$\boldsymbol{I}$ 是单位矩阵，而 $\boldsymbol{R}$ 是在 6.9 节中指定的矩阵.

    (c) 现在假设 $Y_1, \cdots, Y_n$ 是独立的速率为 λ 的指数随机变量，它们独立于 $\{X(t)\}$. 证明
$$P\{X(Y_1 + \cdots + Y_n) = j \mid X(0) = i\}$$
等于矩阵 $\overline{\boldsymbol{P}}^n$ 在 i 行 j 列的元素.

    (d) 解释上述结论与 6.9 节中近似方法 2 的关系.

*50. (a) 证明 6.9 节中的近似方法 1 等价于用使 $vt = n$ 的一个值 v 使连续时间的马尔可夫链均匀化，然后用 P_{ij}^{*n} 近似 $P_{ij}(t)$.

    (b) 解释为什么上述方法将得到一个好的近似.

    提示：均值为 n 的泊松随机变量的标准差是什么？

参考文献

[1] D. R. Cox and H. D. Miller. *The Theory of Stochastic Processes*, Methuen, London, 1965.

[2] A. W. Drake. *Fundamentals of Applied Probability Theory*, McGraw-Hill, New York, 1967.

[3] S. Karlin and H. Taylor. *A First Course in Stochastic Processes, Second Edition*, Academic Press, New York, 1975.

[4] E. Parzen. *Stochastic Processes*, Holden-Day, San Francisco, California, 1962.

[5] S. Ross. *Stochastic Processes, Second Edition*, John Wiley, New York, 1996.

第 7 章 更新理论及其应用

7.1 引言

我们已经看到泊松过程是一个计数过程，它的相继事件之间的时间是独立同分布的指数随机变量. 一种可能的推广是考虑一个计数过程，其相继事件之间的时间是独立同分布的随机变量. 这样的计数过程，称为**更新过程**.

令 $\{N(t), t \geqslant 0\}$ 是一个计数过程，而令 X_n 为这个过程的第 $n - 1$ 个和第 n 个事件之间的时间，$n \geqslant 1$.

定义 7.1 如果 $\{X_1, X_2, \cdots\}$ 是一列独立同分布的非负随机变量，那么计数过程 $\{N(t), t \geqslant 0\}$ 称为**更新过程**.

于是，一个更新过程是一个计数过程，其直到第一个事件发生的时间有某个分布 F，第一个和第二个事件之间的时间独立于第一个事件的时间，并且有同样的分布 F，以此类推. 当一个事件发生时，我们说发生了一次更新.

举一个更新过程的例子. 假设我们有无穷多个灯泡，它们的寿命是独立同分布的. 再假设我们每次使用一个灯泡，而当它损坏时，就立刻换上一个新的. 在这些条件下，用 $N(t)$ 表示直到时刻 t 为止损坏的灯泡数，则 $\{N(t), t \geqslant 0\}$ 是一个更新过程.

对于到达间隔为 $X_1, X_2, \cdots$ 的一个更新过程，令

$$S_0 = 0, \quad S_n = \sum_{i=1}^{n} X_i, \quad n \geqslant 1.$$

即 $S_1 = X_1$ 是第一次更新的时间；$S_2 = X_1 + X_2$ 是第一次更新的时间加上第一次与第二次更新之间的时间，即 S_2 是第二次更新的时间. 一般地，令 S_n 为第 n 次更新的时间（见图 7-1）.

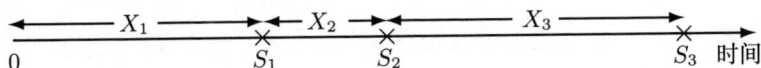

图 7-1 更新和到达间隔

令 F 为到达间隔分布，而为了避免平凡情形，我们假定 $F(0) = P\{X_n =$

0} < 1. 此外，我们令

$$\mu = E[X_n], \quad n \geqslant 1$$

是相继更新之间的平均时间. 由 X_n 的非负性和 X_n 不恒等于 0 推出 $\mu > 0$.

我们想要回答的第一个问题是，在有限的时间内，是否可能有无穷多次更新发生. 即对于 t 的某个（有限的）值，$N(t)$ 能否是无穷? 为了说明这不可能发生，首先注意到，因为 S_n 是第 n 次更新的时间，所以 $N(t)$ 可以写成

$$N(t) = \max\{n : S_n \leqslant t\}. \tag{7.1}$$

为了弄明白式 (7.1) 为什么成立，假设 $S_4 \leqslant t$，但是 $S_5 > t$. 因此，第 4 次更新已经在时刻 t 之前发生，但是第 5 次更新在 t 后面发生，或者换句话说，在时刻 t 之前发生的更新次数 $N(t)$ 必须等于 4. 现在，利用强大数定律推出以概率 1 有

$$\frac{S_n}{n} \to \mu, \quad \text{当 } n \to \infty \text{ 时}.$$

但是，由于 $\mu > 0$，因此当 $n \to \infty$ 时 S_n 必须趋向无穷. 于是，至多只有有限个 n，使 S_n 小于或等于 t，因此由式 (7.1) 推出 $N(t)$ 必须有限.

虽然对于每个 t，$N(t) < \infty$，但下式以概率 1 成立:

$$N(\infty) \equiv \lim_{t \to \infty} N(t) = \infty.$$

这是由于发生的更新总数 $N(\infty)$ 可能是有限的唯一途径，是其中一个到达间隔是无穷的. 所以

$$\begin{aligned}
P\{N(\infty) < \infty\} &= P\{X_n = \infty, \text{对于某个 } n\} \\
&= P\left\{\bigcup_{n=1}^{\infty} \{X_n = \infty\}\right\} \\
&\leqslant \sum_{n=1}^{\infty} P\{X_n = \infty\} \\
&= 0.
\end{aligned}$$

7.2　$N(t)$ 的分布

$N(t)$ 的分布至少在理论上可以得到，首先注意下面的重要关系: 时刻 t 之前的更新次数大于或等于 n，当且仅当第 n 次更新发生在时刻 t 之前或在时刻 t，即

$$N(t) \geqslant n \iff S_n \leqslant t. \tag{7.2}$$

从式 (7.2) 我们得到

$$P\{N(t) = n\} = P\{N(t) \geqslant n\} - P\{N(t) \geqslant n+1\}$$
$$= P\{S_n \leqslant t\} - P\{S_{n+1} \leqslant t\}. \tag{7.3}$$

现在由于随机变量 X_i ($i \geqslant 1$) 是独立的, 而且有共同的分布 F, 因此 $S_n = \sum_{i=1}^{n} X_i$ 与 F_n (F 和它自己的 n 次卷积, 见 2.5.3 节) 同分布. 所以, 从式 (7.3) 我们得到

$$P\{N(t) = n\} = F_n(t) - F_{n+1}(t).$$

例 7.1 假设 $P\{X_n = i\} = p(1-p)^{i-1}$, $i \geqslant 1$, 即假设到达间隔服从几何分布. 现在 $S_1 = X_1$ 可以解释为, 当每次试验独立地以概率 p 成功时为了得到一次成功所需的试验次数. 类似地, S_n 可以解释为得到 n 次成功所需的试验次数, 从而服从负二项分布:

$$P\{S_n = k\} = \begin{cases} \binom{k-1}{n-1} p^n (1-p)^{k-n}, & k \geqslant n, \\ 0, & k < n. \end{cases}$$

于是, 由式 (7.3) 得

$$P\{N(t) = n\} = \sum_{k=n}^{\lfloor t \rfloor} \binom{k-1}{n-1} p^n (1-p)^{k-n} - \sum_{k=n+1}^{\lfloor t \rfloor} \binom{k-1}{n} p^{n+1} (1-p)^{k-n-1}.$$

等价地, 由于在每个时刻 $n = 1, 2, \cdots$ 一个事件以概率 p 独立地发生, 因此

$$P\{N(t) = n\} = \binom{\lfloor t \rfloor}{n} p^n (1-p)^{\lfloor t \rfloor - n}. \qquad \blacksquare$$

$P\{N(t) = n\}$ 的另一种表达式, 可以通过以 S_n 为条件得到:

$$P\{N(t) = n\} = \int_0^\infty P\{N(t) = n | S_n = y\} f_{S_n}(y) \mathrm{d}y.$$

现在, 如果第 n 个事件发生在时刻 $y > t$, 那么在时刻 t 之前只有少于 n 个事件. 如果第 n 个事件发生在时刻 $y \leqslant t$, 那么只要下一个事件到达间隔超过 $t - y$, 到时刻 t 为止就恰有 n 个事件. 因此

$$P\{N(t) = n\} = \int_0^t P\{X_{n+1} > t - y | S_n = y\} f_{S_n}(y) \mathrm{d}y$$
$$= \int_0^t \overline{F}(t-y) f_{S_n}(y) \mathrm{d}y,$$

其中 $\overline{F} = 1 - F$.

例 7.2 如果 $F(x) = 1 - \mathrm{e}^{\lambda x}$, 那么, S_n 作为 n 个速率为 λ 的独立指数随机变量的和, 将服从参数为 n 和 λ 的伽马分布. 因此, 由上面的等式得

$$P\{N(t) = n\} = \int_0^t \mathrm{e}^{-\lambda(t-y)} \frac{\lambda \mathrm{e}^{-\lambda y} (\lambda y)^{n-1}}{(n-1)!} \mathrm{d}y$$

$$= \frac{\lambda^n e^{-\lambda t}}{(n-1)!} \int_0^t y^{n-1} \mathrm{d}y$$
$$= e^{-\lambda t} \frac{(\lambda t)^n}{n!}.$$

利用式 (7.2)，我们可以计算 $N(t)$ 的均值 $m(t)$，

$$m(t) = E[N(t)] = \sum_{n=1}^{\infty} P\{N(t) \geqslant n\} = \sum_{n=1}^{\infty} P\{S_n \leqslant t\} = \sum_{n=1}^{\infty} F_n(t),$$

其中我们用了如下事实：如果 X 是非负整数值，那么

$$E[X] = \sum_{k=1}^{\infty} kP\{X = k\} = \sum_{k=1}^{\infty} \sum_{n=1}^{k} P\{X = k\} = \sum_{n=1}^{\infty} \sum_{k=n}^{\infty} P\{X = k\} = \sum_{n=1}^{\infty} P\{X \geqslant n\}.$$

函数 $m(t)$ 称为**均值函数**，即**更新函数**.

可以证明均值函数 $m(t)$ 唯一地确定了更新过程. 特别地，在到达间隔分布 F 与均值函数 $m(t)$ 之间存在一一对应.

另一个我们不证明但重要的结果是

$$m(t) < \infty, \quad \text{对于一切 } t < \infty.$$

注 (i) 由于 $m(t)$ 唯一地确定了到达间隔分布，因此泊松过程是具有线性均值函数的唯一更新过程.

(ii) 有些读者可能想 $m(t)$ 的有限性应该直接由 $N(t)$ 以概率 1 有限的事实推出. 然而，这种推理是不成立的. 考察如下例子：令 Y 是随机变量，具有如下的概率分布，

$$Y = 2^n \text{ 以概率 } \left(\frac{1}{2}\right)^n, \quad n \geqslant 1.$$

现在

$$P\{Y < \infty\} = \sum_{n=1}^{\infty} P\{Y = 2^n\} = \sum_{n=1}^{\infty} \left(\frac{1}{2}\right)^n = 1.$$

但是

$$E[Y] = \sum_{n=1}^{\infty} 2^n P\{Y = 2^n\} = \sum_{n=1}^{\infty} 2^n \left(\frac{1}{2}\right)^n = \infty.$$

因此，即使 Y 有限，仍旧可能使 $E[Y] = \infty$.

更新函数满足的一个积分方程，可以通过以首次更新的时间为条件得到. 假定到达间隔分布 F 是连续的，而且有密度函数 f，所以

$$m(t) = E[N(t)] = \int_0^{\infty} E[N(t)|X_1 = x] f(x) \mathrm{d}x. \tag{7.4}$$

现在假设首次更新发生的时刻 x 小于 t. 由于概率上更新过程在一次更新发生后重新开始, 因此, 在时刻 t 之前的更新次数与 1 加上前 $t - x$ 个单位时间中的更新次数有相同的分布. 所以

$$E[N(t)|X_1 = x] = 1 + E[N(t-x)], \quad \text{若 } x < t.$$

显然, 因为

$$E[N(t)|X_1 = x] = 0, \quad \text{当 } x > t,$$

所以由式 (7.4) 得到

$$m(t) = \int_0^t [1 + m(t-x)]f(x)\mathrm{d}x = F(t) + \int_0^t m(t-x)f(x)\mathrm{d}x. \tag{7.5}$$

式 (7.5) 称为**更新方程**, 有时可以求解它得到更新函数.

例 7.3 更新方程可能有显式解的一种情况是到达间隔分布是均匀分布, 例如在 $(0,1)$ 上的均匀分布. 现在, 我们介绍 $t \leqslant 1$ 时的一个解法. 对于这样的 t 值, 更新方程变成

$$m(t) = t + \int_0^t m(t-x)\mathrm{d}x$$

$$= t + \int_0^t m(y)\mathrm{d}y \quad (\text{用替换 } y = t - x).$$

对上述方程求微分可得

$$m'(t) = 1 + m(t).$$

令 $h(t) = 1 + m(t)$, 我们得到

$$h'(t) = h(t),$$
$$\ln h(t) = t + C,$$
$$h(t) = K\mathrm{e}^t,$$
$$m(t) = K\mathrm{e}^t - 1.$$

由于 $m(0) = 0$, 因此 $K = 1$, 从而我们得到

$$m(t) = \mathrm{e}^t - 1, \quad 0 \leqslant t \leqslant 1. \qquad \blacksquare$$

7.3 极限定理及其应用

上面我们已经证明了, 当 t 趋于无穷时, $N(t)$ 以概率 1 趋于无穷. 然而, 如果能知道 $N(t)$ 趋于无穷的速率就更好了. 即我们还想知道有关 $\lim_{t \to \infty} N(t)/t$ 的情况.

在确定 $N(t)$ 的增长速率之前, 我们首先考察随机变量 $S_{N(t)}$. 这个随机变量表示什么呢? 为归纳地说明它, 我们假设 $N(t) = 3$, 那么 $S_{N(t)} = S_3$ 表示第 3 个事件发生的时间. 因为到时刻 t 为止只发生了 3 个事件, 所以 S_3 也代表早于或等于时刻 t 的最后一个事件发生的时间. 事实上 $S_{N(t)}$ 所表示的就是早于或等于时刻 t 的最后一次更新时间. 由类似的推理可以得出结论: $S_{N(t)+1}$ 表示在时刻 t 后 (参见图 7–2) 第一次更新的时间. 现在我们已经做好了证明下述命题的准备.

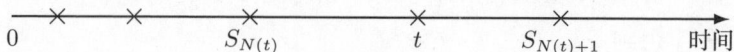

$$0 \quad\quad\quad\quad S_{N(t)} \quad\quad\quad t \quad\quad\quad S_{N(t)+1} \quad\quad 时间$$

图 7–2

命题 7.1   以概率 1 有

$$\frac{N(t)}{t} \to \frac{1}{\mu}, \quad 当 \ t \to \infty \ 时.$$

证明   由于 $S_{N(t)}$ 是早于或等于时刻 t 的最后一次更新的时间, 而 $S_{N(t)+1}$ 是在时刻 t 后第一次更新的时间, 因此

$$S_{N(t)} \leqslant t < S_{N(t)+1},$$

从而

$$\frac{S_{N(t)}}{N(t)} \leqslant \frac{t}{N(t)} < \frac{S_{N(t)+1}}{N(t)}. \tag{7.6}$$

然而, 由于 $S_{N(t)}/N(t) = \sum_{i=1}^{N(t)} X_i/N(t)$ 是 $N(t)$ 个独立同分布的随机变量的平均值, 因此由强大数定律推出当 $N(t) \to \infty$ 时, $S_{N(t)}/N(t) \to \mu$. 但是, 因为当 $t \to \infty$ 时, $N(t) \to \infty$, 所以

$$\frac{S_{N(t)}}{N(t)} \to \mu, \quad 当 \ t \to \infty.$$

另外, 对于

$$\frac{S_{N(t)+1}}{N(t)} = \left(\frac{S_{N(t)+1}}{N(t)+1} \right) \left(\frac{N(t)+1}{N(t)} \right),$$

根据与上面相同的推理, 以及

$$\frac{N(t)+1}{N(t)} \to 1, \quad 当 \ t \to \infty,$$

我们有 $S_{N(t)+1}/(N(t)+1) \to \mu$. 因此

$$\frac{S_{N(t)+1}}{N(t)} \to \mu, \quad 当 \ t \to \infty.$$

因为 $t/N(t)$ 在两个随机变量之间, 而当 $t \to \infty$ 时这两个随机变量都收敛到 μ, 所以由式 (7.6) 就得出结论. ∎

注 (i) 即使更新间隔的平均时间 μ 等于无穷,上面的命题也正确. 在这种情形下,$1/\mu$ 为 0.

(ii) 数 $1/\mu$ 称为更新过程的**速率**.

(iii) 因为更新间隔的平均时间是 μ,所以很直观地,发生更新的平均速率为每 μ 个单位时间 1 次. ■

例 7.4 贝弗利有一台使用单块电池的收音机. 一旦电池失效,贝弗利立刻换上新电池. 如果电池的寿命(以小时为单位)在区间 $(30, 60)$ 上均匀分布,那么贝弗利以什么速率更换电池?

解 令 $N(t)$ 为到时刻 t 为止失效的电池数,由命题 7.1,我们得到贝弗利更换电池的速率为

$$\lim_{t \to \infty} \frac{N(t)}{t} = \frac{1}{\mu} = \frac{1}{45},$$

即从长远来看,贝弗利必须每 45 小时更换一次电池. ■

例 7.5 假设在例 7.4 中,贝弗利手头没有多余的电池,每次电池失效时,她必须去购买新电池. 如果她买新电池花费的时间在 $(0, 1)$ 上均匀分布,那么贝弗利更换电池的平均速率是什么?

解 在这种情形下,两次更换之间的平均时间为 $\mu = E[U_1] + E[U_2]$,其中 U_1 在 $(30, 60)$ 上均匀分布,而 U_2 在 $(0, 1)$ 上均匀分布. 因此

$$\mu = 45 + \frac{1}{2} = 45\frac{1}{2},$$

所以长远来看,贝弗利以速率 $\frac{2}{91}$ 更换电池. 即她每 91 小时更换 2 次电池. ■

例 7.6 假设潜在顾客按速率为 λ 的泊松过程到达只有一个服务窗口的银行. 然而,假设潜在顾客只在服务窗口有空时才进入银行. 即如果在银行中已经有一个顾客,那么到达者并不进入银行而转身回家. 如果我们假定进入银行的顾客在银行停留的时间是一个服从分布 G 的随机变量,那么

(a) 顾客进入银行的速率是多少?

(b) 潜在顾客进入银行的比例是多少?

解 要回答这些问题,我们假设在时刻 0 恰好有一个顾客进入银行(即我们定义过程在第一个顾客进入银行时开始). 如果令 μ_G 为平均服务时间,那么由泊松过程的无记忆性推出,进入的顾客之间的平均间隔是

$$\mu = \mu_G + \frac{1}{\lambda}.$$

因此,顾客进入银行的速率为

$$\frac{1}{\mu} = \frac{\lambda}{1 + \lambda \mu_G}.$$

另外，因为潜在顾客将以速率 λ 到达，所以进入银行的顾客的比例为

$$\frac{\lambda/(1+\lambda\mu_G)}{\lambda} = \frac{1}{1+\lambda\mu_G}.$$

特别地，如果 $\lambda = 2$，而 $\mu_G = 24$，那么 5 个顾客中只有 1 个将进入这个系统. ■

命题 7.1 的一个特殊应用由下例给出.

例 7.7 每次试验以概率 P_i 出现结果 i，$i = 1, \cdots, n$，$\sum_{i=1}^n P_i = 1$. 观察一系列独立的试验直至某个结果连续出现 k 次，则这个结果被宣布为游戏的胜利者. 如果 $k = 2$，结果序列是 $1, 2, 4, 3, 5, 2, 1, 3, 3$，那么我们在 9 次试验后停止，并宣布结果 3 是胜利者. 数 i（$i = 1, \cdots, n$）是胜利者的概率是多少？期望试验次数是多少？

解 我们先计算抛掷硬币直至连续出现 k 次正面的期望抛掷次数，称之为 $E[T]$. 这些抛掷是独立的，而且每次出现正面的概率是 p. 以首次出现反面的时间为条件，我们得到

$$E[T] = \sum_{j=1}^k (1-p)p^{j-1}(j+E[T]) + kp^k.$$

求解 $E[T]$ 得到

$$E[T] = k + \frac{(1-p)}{p^k}\sum_{j=1}^k jp^{j-1}.$$

经过化简，我们得到

$$E[T] = \frac{1+p+\cdots+p^{k-1}}{p^k} = \frac{1-p^k}{p^k(1-p)}. \tag{7.7}$$

现在我们回到这个例子，并且假设一旦游戏的胜利者被确定，我们立刻开始进行另一次游戏. 对于每个 i，我们要确定结果 i 赢的速率. 而每当 i 赢时，一切又重新开始，于是，i 的获胜构成一个更新过程. 因此，由命题 7.1，

$$i \text{ 赢的速率} = \frac{1}{E[N_i]},$$

其中 N_i 为在结果 i 相继赢两次之间的试验（即游戏）次数. 因此，由式 (7.7) 我们得到

$$i \text{ 赢的速率} = \frac{P_i^k(1-P_i)}{1-P_i^k}. \tag{7.8}$$

因此，i 赢的游戏的长程比例为

$$i \text{ 赢的比例} = \frac{i \text{ 赢的速率}}{\sum_{j=1}^n j \text{ 赢的速率}} = \frac{P_i^k(1-P_i)/(1-P_i^k)}{\sum_{j=1}^n [P_j^k(1-P_j)/(1-P_j^k)]}.$$

然而，由强大数定律推出，i 赢的长程比例以概率 1 等于任意一次游戏中 i 赢的概率，因此

$$P\{i \text{ 赢}\} = \frac{P_i^k(1-P_i)/(1-P_i^k)}{\sum_{j=1}^n [P_j^k(1-P_j)/(1-P_j^k)]}.$$

为了计算一次游戏的期望时间, 我们首先注意到

$$\text{游戏结束的速率} = \sum_{i=1}^n i \text{ 赢的速率} = \sum_{i=1}^n \frac{P_i^k(1-P_i)}{1-P_i^k} \quad [\text{ 由式 } (7.8) \,].$$

因为当一次游戏结束时一切都从头开始, 所以由命题 7.1 推出, 游戏结束的速率等于游戏平均时间的倒数. 因此

$$E[\text{一次游戏的时间}] = \frac{1}{\text{游戏结束的速率}} = \frac{1}{\sum_{i=1}^n (P_i^k(1-P_i)/(1-P_i^k))}. \quad \blacksquare$$

命题 7.1 指出, 当 $t \to \infty$ 时, 到时刻 t 的平均更新率以概率 1 收敛到 $1/\mu$. 平均更新率的期望是什么? $m(t)/t$ 是否也收敛到 $1/\mu$? 这个结果称为**基本更新定理**.

定理 7.1（基本更新定理）

$$\frac{m(t)}{t} \to \frac{1}{\mu}, \quad \text{当 } t \to \infty \text{ 时}.$$

如前, 当 $\mu = \infty$ 时, $1/\mu$ 为 0.

注 乍一看, 基本更新定理似乎是命题 7.1 的简单推论. 也就是说, 由于平均更新率以概率 1 收敛到 $1/\mu$, 这不应该推出平均更新率的期望收敛到 $1/\mu$ 吗? 然而, 我们必须小心, 为此考察以下的例子.

例 7.8 令 U 是在 $(0,1)$ 上均匀分布的随机变量, 并且定义随机变量 Y_n（$n \geqslant 1$）为

$$Y_n = \begin{cases} 0, & \text{若 } U > 1/n, \\ n, & \text{若 } U \leqslant 1/n. \end{cases}$$

由于 U 以概率 1 大于 0, 因此对于一切充分大的 n, Y_n 将等于 0. 即对于充分大的 n 使得 $U > 1/n$, Y_n 就等于 0. 因此, 以概率 1 有

$$Y_n \to 0, \quad \text{当 } n \to \infty.$$

而

$$E[Y_n] = nP\left\{U \leqslant \frac{1}{n}\right\} = n \cdot \frac{1}{n} = 1.$$

所以, 即使随机变量序列 $\{Y_n\}$ 收敛到 0, Y_n 的期望值也恒是 1. $\blacksquare$

为了证明基本更新定理, 我们要利用名为瓦尔德方程的恒等式. 在叙述瓦尔德方程之前, 我们需要对独立随机变量序列引进停时的概念.

定义 7.2 非负整值随机变量 N 对独立随机变量序列 $X_1, X_2, \cdots$ 称为**停时**, 如果对于一切 $n = 1, 2, \cdots$, 事件 $\{N = n\}$ 独立于 $X_{n+1}, X_{n+2}, \cdots$.

　　停时背后的想法在于，我们想象 X_i 依次被观察，首先 X_1，然后 X_2，等等，而 N 表示在停止前观察到的个数. 因为我们在观察 $X_1, \cdots, X_n$ 后停止这一事件只依赖这 n 个值而不依赖将来未观察的值，所以它必须独立于将来的值.

　　例 7.9　假设 $X_1, X_2, \cdots$ 是一个独立同分布的随机变量序列，且有

$$P\{X_i = 1\} = p = 1 - P\{X_i = 0\},$$

其中 $p > 0$. 若我们定义

$$N = \min(n : X_1 + \cdots + X_n = r),$$

则 N 是这个序列的停时. 假设依次进行一系列试验，而 $X_i = 1$ 对应于第 i 次试验成功，则 N 是当每次试验独立且成功的概率是 p 时，直至共获得 r 次成功所需要的试验次数. ∎

　　例 7.10　假设 $X_1, X_2, \cdots$ 是一个独立同分布的随机变量序列，且有

$$P\{X_i = 1\} = 1/2 = 1 - P\{X_i = -1\}.$$

若

$$N = \min(n : X_1 + \cdots + X_n = 1),$$

则 N 是这个序列的停时. N 可以看成：每次游戏等可能赢或输 1 元的一个玩家在首次赢钱时停止的停时.（因为玩家的逐次累积收益是一个对称随机游动，在第 4 章中我们已经证明了它是常返的马尔可夫链，所以 $P\{N < \infty\} = 1$.） ∎

　　现在我们来叙述瓦尔德方程.

　　定理 7.2（瓦尔德方程）　若 $X_1, X_2, \cdots$ 是一个独立同分布的随机变量序列，具有有限的期望 $E[X]$，而 N 是此序列的停时，使得 $E[N] < \infty$，则

$$E\left[\sum_{n=1}^{N} X_n\right] = E[N]E[X].$$

　　证明　对 $n = 1, 2, \cdots$，令

$$I_n = \begin{cases} 1, & 若 \ n \leqslant N, \\ 0, & 若 \ n > N. \end{cases}$$

注意

$$\sum_{n=1}^{N} X_n = \sum_{n=1}^{\infty} X_n I_n.$$

取期望，得到

$$E\left[\sum_{n=1}^{N} X_n\right] = E\left[\sum_{n=1}^{\infty} X_n I_n\right] = \sum_{n=1}^{\infty} E[X_n I_n].$$

若 $N \geqslant n$，则 $I_n = 1$，这意味着，若在观察到 $X_1, \cdots, X_{n-1}$ 以后我们还没有停止，则 $I_n = 1$. 但是，这意味着 I_n 的值在观察到 X_n 前已经确定，于是 X_n 独立于 I_n. 因此

$$E[X_n I_n] = E[X_n] E[I_n] = E[X] E[I_n],$$

这说明了

$$E\left[\sum_{n=1}^{N} X_n\right] = E[X] \sum_{n=1}^{\infty} E[I_n] = E[X] E\left[\sum_{n=1}^{\infty} I_n\right] = E[X] E[N]. \quad \blacksquare$$

为将瓦尔德方程应用到更新理论，令 $X_1, X_2, \cdots$ 表示更新过程的到达间隔序列. 若我们每次观察一个，且在 t 后首次更新时停止，则我们在观察到 $X_1, \cdots, X_{N(t)+1}$ 后停止，这说明了 $N(t) + 1$ 对到达间隔序列是停时，注意，当且仅当第 $n-1$ 次更新不超过时刻 t 且第 n 次更新在时刻 t 以后，$N(t) = n-1$. 也就是说，

$$N(t) + 1 = n \iff N(t) = n-1 \iff X_1 + \cdots + X_{n-1} \leqslant t, X_1 + \cdots + X_n > t,$$

这说明了事件 $\{N(t) + 1 = n\}$ 只取决于 $X_1, \cdots, X_n$ 的值.

因此我们有瓦尔德方程的以下推论.

命题 7.2 若 $X_1, X_2, \cdots$ 是更新过程的到达间隔序列，则

$$E[X_1 + \cdots + X_{N(t)+1}] = E[X] E[N(t) + 1],$$

即

$$E[S_{N(t)+1}] = \mu[m(t) + 1].$$

现在我们已经做好了证明基本更新定理的准备.

基本更新定理的证明 因为 $S_{N(t)+1}$ 是 t 后的首次更新时刻，所以

$$S_{N(t)+1} = t + Y(t),$$

其中 $Y(t)$ 称为在时刻 t 的**超额寿命**，它定义为从 t 到下一次更新的时间. 对上式取期望且应用命题 7.2，推出

$$\mu(m(t) + 1) = t + E[Y(t)], \tag{7.9}$$

它可写成

$$\frac{m(t)}{t} = \frac{1}{\mu} + \frac{E[Y(t)]}{t\mu} - \frac{1}{t}.$$

因为 $Y(t) \geqslant 0$，所以由上式可推出 $\frac{m(t)}{t} \geqslant \frac{1}{\mu} - \frac{1}{t}$，这说明了

$$\lim_{t \to \infty} \frac{m(t)}{t} \geqslant \frac{1}{\mu}.$$

为了证明 $\lim_{t\to\infty}\frac{m(t)}{t}\leqslant\frac{1}{\mu}$，我们先假设存在一个值 $M<\infty$ 使对一切 i 有 $P\{X_i<M\}=1$. 因为这意味着 $Y(t)$ 也必须小于 M，于是我们有 $E[Y(t)]<M$，所以

$$\frac{m(t)}{t}\leqslant\frac{1}{\mu}+\frac{M}{t\mu}-\frac{1}{t},$$

由它可得

$$\lim_{t\to\infty}\frac{m(t)}{t}\leqslant\frac{1}{\mu},$$

这就完成了在更新间隔有界时基本更新定理的证明. 当更新间隔 $X_1,X_2,\cdots$ 无界时，固定 $M>0$，且令 $N_M(t),t\geqslant0$ 为具有更新间隔 $\min(X_i,M),i\geqslant1$ 的更新过程. 因为对一切 i 有 $\min(X_i,M)\leqslant X_i$，所以对一切 t 有 $N_M(t)\geqslant N(t)$.（也就是说，因为 $N_M(t)$ 的每个更新间隔不大于 $N(t)$ 对应的更新间隔，所以到时刻 t 为止它必须至少有和 $N(t)$ 一样多的更新.）因此 $E[N(t)]\leqslant E[N_M(t)]$，这说明了

$$\lim_{t\to\infty}\frac{E[N(t)]}{t}\leqslant\lim_{t\to\infty}\frac{E[N_M(t)]}{t}=\frac{1}{E[\min(X_i,M)]},$$

其中等号成立是因为 $N_M(t)$ 的更新间隔是有界的. 利用 $\lim_{M\to\infty}E[\min(X_i,M)]=E[X_i]=\mu$，在上式中令 $M\to\infty$，我们得到

$$\lim_{t\to\infty}\frac{m(t)}{t}\leqslant\frac{1}{\mu},$$

证明完毕. ■

式 (7.9) 说明了，如果我们能确定在时刻 t 的平均超额寿命 $E[Y(t)]$，那么我们可以算得 $m(t)$，反之亦然.

例 7.11 考察更新过程，其到达间隔分布是两个指数分布的卷积，即

$$F=F_1*F_2,\quad \text{其中 } F_i(t)=1-\mathrm{e}^{-\mu_i t},\ i=1,2.$$

我们通过先确定 $E[Y(t)]$ 来确定更新函数. 为了得到在 t 的平均超额寿命，想象每个更新对应于使用一台新的机器，并且假设每台机器有两个组件，首先使用组件 1，它持续一个速率为 μ_1 的指数时间，然后使用组件 2，它持续一个速率为 μ_2 的指数时间. 当组件 2 失效时，开始使用一台新的机器（即一个更新发生）. 现在考虑过程 $\{X(t),t\geqslant0\}$，其中如果在时刻 t 使用的是组件 i，则 $X(t)=i$. 容易看出 $\{X(t),t\geqslant0\}$ 是一个两状态的连续时间的马尔可夫链，所以，利用例 6.11 的结果，它的转移概率是

$$P_{11}(t)=\frac{\mu_1}{\mu_1+\mu_2}\mathrm{e}^{-(\mu_1+\mu_2)t}+\frac{\mu_2}{\mu_1+\mu_2}.$$

为了计算在时刻 t 正在使用的机器的平均剩余寿命，我们以它正在使用的是第一个组件还是第二个组件为条件. 若它仍在使用第一个组件，则它的平均剩余寿命

是 $\frac{1}{\mu_1} + \frac{1}{\mu_2}$；若它已经在使用第二个组件，则它的平均剩余寿命是 $\frac{1}{\mu_2}$. 因此，令 $p(t)$ 为在时刻 t 正在使用的机器用的是第一个组件的概率，我们有

$$E[Y(t)] = \left(\frac{1}{\mu_1} + \frac{1}{\mu_2} \right) p(t) + \frac{1 - p(t)}{\mu_2} = \frac{1}{\mu_2} + \frac{p(t)}{\mu_1}.$$

但是，由于在时刻 0 第一台机器正在使用它的第一个组件，由此推出 $p(t) = P_{11}(t)$，所以，利用上面 $P_{11}(t)$ 的表达式，我们得到

$$E[Y(t)] = \frac{1}{\mu_2} + \frac{1}{\mu_1 + \mu_2} \mathrm{e}^{-(\mu_1 + \mu_2)t} + \frac{\mu_2}{\mu_1(\mu_1 + \mu_2)}. \tag{7.10}$$

现在由式 (7.9) 推出

$$m(t) + 1 = \frac{t}{\mu} + \frac{E[Y(t)]}{\mu}, \tag{7.11}$$

其中到达间隔的均值为 μ，在这种情形下它的值为

$$\mu = \frac{1}{\mu_1} + \frac{1}{\mu_2} = \frac{\mu_1 + \mu_2}{\mu_1 \mu_2}.$$

将式 (7.10) 和上面的方程代入式 (7.11)，经过化简，得到

$$m(t) = \frac{\mu_1 \mu_2}{\mu_1 + \mu_2} t - \frac{\mu_1 \mu_2}{(\mu_1 + \mu_2)^2} \left[1 - \mathrm{e}^{-(\mu_1 + \mu_2)t} \right]. \qquad \blacksquare$$

注 利用式 (7.11) 中的关系和两状态的连续时间的马尔可夫链的结果，用与例 7.11 相同的方法可以得到到达间隔分布

$$F(t) = pF_1(t) + (1 - p)F_2(t) \quad \text{和} \quad F(t) = pF_1(t) + (1 - p)(F_1 * F_2)(t)$$

的更新函数，其中 $F_i(t) = 1 - \mathrm{e}^{-\mu_i t}$, $t > 0$, $i = 1, 2$. $\qquad \blacksquare$

假设更新过程的到达间隔都取正整数值. 令

$$I_i = \begin{cases} 1, & \text{在时刻 } i \text{ 有一次更新,} \\ 0, & \text{其他情形.} \end{cases}$$

注意，到时刻 n 为止的更新次数 $N(n)$ 可表示为

$$N(n) = \sum_{i=1}^{n} I_i.$$

对上式两边取期望得

$$m(n) = E[N(n)] = \sum_{i=1}^{n} P\{\text{在时刻 } i \text{ 更新}\}.$$

因此由基本更新定理可得

$$\frac{\sum_{i=1}^{n} P\{\text{在时刻 } i \text{ 更新}\}}{n} \to \frac{1}{E[\text{更新之间的时间}]}.$$

对于数列 $a_1, a_2, \cdots$, 可以证明

$$\lim_{n\to\infty} a_n = a \implies \lim_{n\to\infty} \frac{\sum_{i=1}^n a_i}{n} = a.$$

于是, 如果 $\lim_{n\to\infty} P\{$在时刻 n 更新$\}$ 存在, 那么极限必定是 $\dfrac{1}{E[\text{更新之间的时间}]}$.

例 7.12 令 X_i $(i \geqslant 1)$ 是独立同分布的随机变量, 并令

$$S_0 = 0, \quad S_n = \sum_{i=1}^n X_i, \ n > 0.$$

过程 $\{S_n, n \geqslant 0\}$ 称为**随机游动过程**. 假设 $E[X_i] < 0$. 由强大数定律可得

$$\lim_{n\to\infty} \frac{S_n}{n} \to E[X_i].$$

但是如果 $\frac{S_n}{n}$ 收敛到一个负数, 那么 S_n 必定趋向于 $-\infty$. 令 α 是初次运动后随机游动恒为负的概率, 即

$$\alpha = P\{S_n < 0, n \geqslant 1\}.$$

为了确定 α, 定义一个计数过程: 如果 $S_n < \min(0, S_1, \cdots, S_{n-1})$ 就说在时刻 n 有一个事件发生. 即每次事件发生, 随机游动过程就降到一个新的低点. 于是, 如果在时刻 n 有一个事件发生, 那么若

$$X_{n+1} \geqslant 0, X_{n+1}+X_{n+2} \geqslant 0, \cdots, X_{n+1}+\cdots+X_{n+k-1} \geqslant 0, X_{n+1}+\cdots+X_{n+k} < 0,$$

则下一个事件在 k 个单位时间后发生. 因为 X_i $(i \geqslant 1)$ 是独立同分布的, 所以上面的事件与 $X_1, \cdots, X_n$ 的值独立, 其发生的概率与 n 无关. 从而相继两个事件之间的时间是独立同分布的, 这就表明该计数过程是一个更新过程. 于是

$$\begin{aligned} P\{\text{在时刻 } n \text{ 更新}\} &= P\{S_n < 0, S_n < S_1, S_n < S_2, \cdots, S_n < S_{n-1}\} \\ &= P\{X_1 + \cdots + X_n < 0, X_2 + \cdots + X_n < 0, \\ &\qquad X_3 + \cdots + X_n < 0, \cdots, X_n < 0\}. \end{aligned}$$

因为 $X_n, X_{n-1}, \cdots, X_1$ 与 $X_1, X_2, \cdots, X_n$ 有相同的联合分布, 所以如果把 X_1 换成 X_n, 把 X_2 换成 X_{n-1}, 把 X_3 换成 X_{n-2}, 以此类推, 则上面的概率取值不变. 从而,

$$\begin{aligned} P\{\text{在时刻 } n \text{ 更新}\} &= P\{X_n + \cdots + X_1 < 0, X_{n-1} + \cdots + X_1 < 0, \\ &\qquad X_{n-2} + \cdots + X_1 < 0, \cdots, X_1 < 0\} \\ &= P\{S_n < 0, S_{n-1} < 0, S_{n-2} < 0, \cdots, S_1 < 0\}. \end{aligned}$$

于是,

$$\lim_{n\to\infty} P\{\text{在时刻 } n \text{ 更新}\} = P\{S_n < 0, n \geqslant 1\} = \alpha.$$

根据基本更新定理,这表明

$$\alpha = \frac{1}{E[T]},$$

其中 T 是更新之间的时间,即

$$T = \min(n : S_n < 0).$$

例如,在不带左跳的随机游动的情形下(其中 $\sum_{j=-1}^{\infty} P\{X_i = j\} = 1$),我们在 3.6.6 节证明了,当 $E[X_i] < 0$ 时 $E[T] = -1/E[X_i]$,从而,对于有负均值的不带左跳的随机游动,

$$P\{S_n < 0, \text{所有 } n\} = -E[X_i],$$

这就证实了在 3.6.6 节得到的一个结果. ■

一个重要的极限定理是更新过程的中心极限定理. 该定理表明,对于很大的 t,$N(t)$ 近似服从均值为 t/μ、方差为 $t\sigma^2/\mu^3$ 的正态分布,其中 μ 和 σ^2 分别是到达间隔分布的均值和方差. 即我们有下述定理,这里并不给出证明.

定理 7.3(更新过程的中心极限定理)

$$\lim_{t \to \infty} P\left\{ \frac{N(t) - t/\mu}{\sqrt{t\sigma^2/\mu^3}} < x \right\} = \frac{1}{\sqrt{2\pi}} \int_{-\infty}^{x} \mathrm{e}^{-x^2/2} \mathrm{d}x.$$

现在我们给出一个启发式的论证,以证明当 t 较大时,$N(t)$ 的分布近似于均值为 t/μ、方差为 $t\sigma^2/\mu^3$ 的正态分布.

更新过程的中心极限定理的启发式论证 首先,根据中心极限定理,当 n 较大时,$S_n = \sum_{i=1}^{n} X_i$ 近似于均值为 $n\mu$、方差为 $n\sigma^2$ 的正态随机变量. 因此,利用 $N(t) < n \iff S_n > t$,我们可以看到当 n 较大时,

$$P(N(t) < n) = P(S_n > t) = P\left(\frac{S_n - n\mu}{\sigma\sqrt{n}} > \frac{t - n\mu}{\sigma\sqrt{n}} \right) \approx P(Z > \frac{t - n\mu}{\sigma\sqrt{n}}), \quad (7.12)$$

其中 Z 是标准正态随机变量. 现在,

$$P\left(\frac{N(t) - t/\mu}{\sqrt{t\sigma^2/\mu^3}} < x \right) = P\left(N(t) < t/\mu + x\sigma\sqrt{t/\mu^3} \right).$$

将 $t/\mu + x\sigma\sqrt{t/\mu^3}$ 视为整数,我们在式 (7.12) 中令 $n = t/\mu + x\sigma\sqrt{t/\mu^3}$,从而得到

$$P\left(\frac{N(t) - t/\mu}{\sqrt{t\sigma^2/\mu^3}} < x \right) \approx P\left(Z > \frac{t - t - x\sigma\mu\sqrt{t/\mu^3}}{\sigma\sqrt{t/\mu + x\sigma\sqrt{t/\mu^3}}} \right)$$

$$= P\left(Z > \frac{-x\sqrt{t/\mu}}{\sqrt{t/\mu + x\sigma\sqrt{t/\mu^3}}} \right)$$

$$\approx P(Z > -x) \quad (\text{当 } t \text{ 较大时})$$

$$= P(Z < x).　　　　■$$

此外,正如能够由更新过程的中心极限定理预期的那样,可以证明 $\text{Var}(N(t))/t$ 收敛到 σ^2/μ^3, 即可以证明

$$\lim_{t\to\infty} \frac{\text{Var}(N(t))}{t} = \sigma^2/\mu^3.$$

例 7.13　两台机器持续地处理无穷个零活. 机器 1 处理一个零活的时间是参数为 $n = 4$ 和 $\lambda = 2$ 的伽马随机变量, 机器 2 处理一个零活的时间在 0 和 4 之间均匀分布. 近似计算到时刻 $t = 100$ 为止,两台机器一起至少可以处理 90 个零活的概率.

解　如果我们令 $N_i(t)$ 为到时刻 t 为止机器 i 可以处理的零活数, 那么 $\{N_1(t), t \geqslant 0\}$ 与 $\{N_2(t), t \geqslant 0\}$ 是独立的更新过程. 第一个更新过程的到达间隔是参数为 $n = 4$ 和 $\lambda = 2$ 的伽马随机变量, 故其均值为 2、方差为 1. 相应地, 第二个更新过程的到达间隔在 0 和 4 之间均匀分布, 故其均值为 2、方差为 16/12.

所以, $N_1(100)$ 近似地是均值为 50 和方差为 100/8 的正态随机变量, 而 $N_2(100)$ 近似地是均值为 50 和方差为 100/6 的正态随机变量. 因此, $N_1(100) + N_2(100)$ 近似地是均值为 100 和方差为 175/6 的正态随机变量. 于是令 Φ 为标准正态分布函数, 我们有

$$P\{N_1(100) + N_2(100) > 89.5\} = P\left\{\frac{N_1(100) + N_2(100) - 100}{\sqrt{175/6}} > \frac{89.5 - 100}{\sqrt{175/6}}\right\}$$

$$\approx 1 - \Phi\left(\frac{-10.5}{\sqrt{175/6}}\right)$$

$$\approx \Phi\left(\frac{10.5}{\sqrt{175/6}}\right)$$

$$\approx \Phi(1.944)$$

$$\approx 0.9741.　　　　■$$

一个具有独立到达间隔的计数过程, 其中直到首个事件发生的时间具有分布函数 G, 而所有其他到达间隔具有分布 F, 称为**延迟更新过程**. 例如, 考虑一个排队系统, 顾客按照更新过程到达, 若有服务线空闲, 则立即接受服务, 若所有服务线都忙碌, 则加入队列. 假设服务时间是独立的, 且服从分布 H. 如果我们说每当有顾客到达且系统为空时, 就发生一个事件, 那么每个事件发生后, 该过程在概率上会重新开始 (因为此时系统中只有一名顾客, 该顾客刚开始接受服务, 从那时起的到达过程将是一个具有到达间隔分布 F 的更新过程). 然而, 假设系

统中最初没有顾客，那么直到首个事件发生的时间将是第一次到达的时间，这与所有其他到达间隔具有不同的分布，因此事件的计数过程将是一个延迟更新过程. 另一个例子是，如果一个人在时刻 t 开始观察一个更新过程，那么直到首个事件发生的时间将与所有其他到达间隔具有不同的分布.

我们已经证明和将要证明的所有关于更新过程的极限结果，同样适用于延迟更新过程.（也就是说，在极限情况下，更新过程"延迟"到第一个事件发生并无影响.）例如，令 $N_d(t)$ 为在延迟更新过程中到时刻 t 为止发生的事件数. 那么，由于从首个事件 X_1 起的计数过程是一个更新过程，因此

$$N_d(t) = 1 + N(t - X_1),$$

其中 $\{N(s), s \geqslant 0\}$ 是一个具有到达间隔分布 F 的更新过程，且如果 $s < 0$，那么 $N(s) = -1$. 因此

$$\frac{N_d(t)}{t} = \frac{1}{t} + \frac{N(t - X_1)}{t - X_1} \frac{t - X_1}{t}.$$

因为 X_1 是有限的，所以根据命题 7.1，即更新过程的强大数定律，可以得出

$$\lim_{t \to \infty} \frac{N_d(t)}{t} = \frac{1}{\mu},$$

其中 $\mu = E[X_i]$（$i > 1$）是到达间隔分布 F 的均值.

7.4 更新报酬过程

大量的概率模型是下述模型的特殊情形. 考虑到达间隔 X_n（$n \geqslant 1$）的更新过程 $\{N(t), t \geqslant 0\}$，并且假设每次更新发生时我们接受一个报酬. 令 R_n 为在第 n 次更新时得到的报酬. 假定 R_n（$n \geqslant 1$）独立同分布，然而，我们允许 R_n 可以依赖于（而通常是依赖于）第 n 个更新区间的长度 X_n. 如果我们令

$$R(t) = \sum_{n=1}^{N(t)} R_n,$$

那么 $R(t)$ 表示到时刻 t 为止赚到的全部报酬. 令

$$E[R] = E[R_n], \quad E[X] = E[X_n].$$

命题 7.3 如果 $E[R] < \infty$ 且 $E[X] < \infty$，那么

(a) 以概率 1 有 $\lim\limits_{t \to \infty} \dfrac{R(t)}{t} = \dfrac{E[R]}{E[X]}$；

(b) $\lim\limits_{t \to \infty} \dfrac{E[R(t)]}{t} = \dfrac{E[R]}{E[X]}$.

证明 我们只给出 (a) 的证明. 为了证明它, 写出

$$\frac{R(t)}{t} = \frac{\sum_{n=1}^{N(t)} R_n}{t} = \left(\frac{\sum_{n=1}^{N(t)} R_n}{N(t)}\right)\left(\frac{N(t)}{t}\right).$$

由强大数定律, 我们得到

$$\frac{\sum_{n=1}^{N(t)} R_n}{N(t)} \to E[R], \quad \text{当 } t \to \infty \text{ 时},$$

而由命题 7.1 可知

$$\frac{N(t)}{t} \to \frac{1}{E[X]}, \quad \text{当 } t \to \infty \text{ 时}.$$

于是得到结果.   ■

注 (i) 如果每发生一次更新, 就说完成一个**循环**, 那么命题 7.3 说明, 单位时间的长程平均报酬等于在一个循环中赚到的期望报酬除以一个循环的期望长度. 在例 7.6 中, 如果我们假设相继的顾客在银行的存款数是独立的随机变量, 且具有相同的分布 H, 那么累计存款率 $\lim_{t\to\infty}$(到时刻 t 为止的总存款)$/t$ 为

$$\frac{E[\text{一个循环中的存款数}]}{E[\text{一个循环的时间}]} = \frac{\mu_H}{\mu_G + 1/\lambda},$$

其中 $\mu_G + 1/\lambda$ 是一个循环的平均时间, 而 μ_H 是分布 H 的均值.

(ii) 虽然我们假设了报酬是在更新时赚到的, 但如果报酬是在整个循环中逐步赚到的, 则结果仍然成立.

例 7.14（汽车购买模型）   汽车的寿命是一个具有分布 H 和概率密度 h 的连续随机变量. 布朗先生使用的策略是, 一旦他的车坏了或者用了 T 年, 他就购买一辆新车. 假设一辆新车的价格为 C_1 美元, 而且每当布朗先生的车坏了时还会产生 C_2 美元的额外花费. 在二手车没有再卖的价值的假定下, 布朗先生的长程平均费用是多少?

如果每当布朗先生买了一辆新车时, 我们就说完成了一个循环, 那么从命题 7.3 推出（用价格替代报酬）他的长程平均费用等于

$$\frac{E[\text{一个循环中的费用}]}{E[\text{一个循环的长度}]}.$$

现在令 X 是在一个任意的循环中布朗先生的车的寿命, 那么在这个循环中的费用为

$$C_1, \qquad \text{若 } X > T,$$
$$C_1 + C_2, \quad \text{若 } X \leqslant T,$$

所以, 在一个循环中的期望费用是

$$C_1 P\{X > T\} + (C_1 + C_2)P\{X \leqslant T\} = C_1 + C_2 H(T).$$

同样, 循环的长度是

$$X, \quad 若 X \leqslant T,$$
$$T, \quad 若 X > T,$$

所以一个循环的期望长度是

$$\int_0^T xh(x)\mathrm{d}x + \int_T^\infty Th(x)\mathrm{d}x = \int_0^T xh(x)\mathrm{d}x + T[1 - H(T)].$$

于是, 布朗先生的长程平均费用是

$$\frac{C_1 + C_2 H(T)}{\int_0^T xh(x)\mathrm{d}x + T[1 - H(T)]}. \tag{7.13}$$

现在假设一辆车的寿命（以年计）在 $(0, 10)$ 上均匀分布, 而假设 C_1 是 3 千美元, C_2 是 $1/2$ 千美元. T 取何值时布朗先生的长程平均花费最小?

若布朗先生使用值 T $(T \leqslant 10)$, 则根据式 (7.13), 他的长程平均费用等于

$$\frac{3 + \frac{1}{2}(T/10)}{\int_0^T (x/10)\mathrm{d}x + T(1 - T/10)} = \frac{3 + T/20}{T^2/20 + (10T - T^2)/10} = \frac{60 + T}{20T - T^2}.$$

现在我们利用微积分使它达到最小. 令

$$g(T) = \frac{60 + T}{20T - T^2},$$

那么

$$g'(T) = \frac{(20T - T^2) - (60 + T)(20 - 2T)}{(20T - T^2)^2}.$$

令它等于 0, 得到

$$20T - T^2 = (60 + T)(20 - 2T),$$

或者, 等价地,

$$T^2 + 120T - 1200 = 0,$$

它导出解

$$T \approx 9.25 \quad 和 \quad T \approx -129.25.$$

由于 $T \leqslant 10$, 因此布朗先生的最佳策略是, 一旦旧车用了 9.25 年就购买新车. ■

例 7.15（火车发车） 假设旅客按平均到达间隔为 μ 的一个更新过程到达某火车站. 一旦有 N 个乘客等候在火车站, 就发出一辆火车. 如果火车站在有

n 个乘客等待时每个单位时间会产生 nc 美元的费用，问火车站产生的平均费用是多少？

如果每当发出一辆火车时，我们就说完成了一个循环，那么上面的是一个更新报酬过程．一个循环的期望长度是到达 N 个乘客所需的期望时间，而由于到达间隔的均值为 μ，因此

$$E[一个循环的长度] = N\mu.$$

如果我们令 T_n 为在一个循环中第 n 个到达者与第 $n+1$ 个到达者之间的时间，那么一个循环中的期望费用可以表示为

$$E[一个循环的费用] = E[cT_1 + 2cT_2 + \cdots + (N-1)cT_{N-1}],$$

因为 $E[T_n] = \mu$，所以它等于

$$c\mu\frac{N}{2}(N-1).$$

因此，火车站产生的平均费用是

$$\frac{c\mu N(N-1)}{2N\mu} = \frac{c(N-1)}{2}.$$

现在假设每开一辆火车，车站就会产生 6 美元的费用．当 $c = 2, \mu = 1$ 时，N 取何值时车站的长程平均费用最少？

在这种情形下，每单位时间的平均费用是

$$\frac{6 + c\mu N(N-1)/2}{N\mu} = N - 1 + \frac{6}{N}.$$

将它当作 N 的连续函数处理，利用微积分我们得到使它最小的 N 值是

$$N = \sqrt{6} \approx 2.45.$$

因此，N 的最佳整数值是 2 或者 3，由它们算出的平均费用的值都是 4．因此，$N = 2$ 或 $N = 3$ 使火车站的平均费用最少．　∎

例 7.16　假设顾客按速率为 λ 的泊松过程到达一个单服务线的系统．在到达时必须通过一个通向服务线的门．然而，每次有人通过时，在随后的 t 单位时间内门会锁住．看到门锁住的顾客将流失且系统会产生一个费用 c．看到门未上锁的顾客将前往服务线，如果服务线在闲着，这个顾客就接受服务；如果服务线在忙，则顾客不接受服务而离开，并产生一个费用 K．如果一个顾客的服务时间服从速率为 μ 的指数分布，求此系统每单位时间产生的平均费用．

解　可以考虑上面为更新报酬过程，每当一个到达的顾客发现门未锁，就开始一个新的循环．这是因为，无论到达者看到服务线是否在闲着，门在随后的 t 单

位时间内都会锁住，而服务线将忙一个速率为 μ 的指数分布时间 X（若服务线在闲着，则 X 是进入的顾客的服务时间；若服务线在忙，则 X 是在服务的顾客的剩余服务时间）. 由于下一个循环将开始于 t 单位时间后首次到达的时刻，因此

$$E[\text{一个循环的时间}] = t + 1/\lambda.$$

令 C_1 为在一个循环中由于到达者看到门锁着而产生的费用. 那么，因为在循环中的前 t 单位时间内，每个到达者都会产生一个费用 c，所以

$$E[C_1] = \lambda tc.$$

同样，令 C_2 为在一个循环中由于一个到达者看到门开着但是服务线在忙而产生的费用. 因为如果在循环开始的 t 单位时间后服务线还在忙，而且在这时间以后的下一个顾客在服务完成前到达，那么就会产生一个费用 K，所以

$$E[C_2] = Ke^{-\mu t}\frac{\lambda}{\lambda + \mu},$$

从而

$$\text{每单位时间的平均费用} = \frac{\lambda tc + \lambda Ke^{-\mu t}/(\lambda + \mu)}{t + 1/\lambda}. \qquad ■$$

例 7.17 考虑按顺序生产产品的制造过程，每个产品要么是废品，要么是合格品. 下面的抽样方案常常用于检测并尽量多地消除废品. 开始时，每个产品都要检查，直到连续出现 k 个合格品为止. 此时 100% 检查结束，随后的每个产品以概率 α 独立地接受检查. 这种部分检查持续到遇到一个废品为止，这时恢复 100% 检查，过程重新开始. 如果每个产品独立地以概率 q 为废品.

(a) 被检查的产品的比例是多少？

(b) 如果将检测到的废品都拿走，留下的废品的比例是多少？

注 在开始分析之前，注意上述抽样方案是为产生废品的概率随时间而变化的情况设计的. 它希望在废品率较大时进行 100% 检查，在废品率较小时进行部分检查. 然而，在废品率始终保持为常数的极端情形下，弄明白这个方案的原理是很重要的.

解 首先注意到可以将上述作为一个更新报酬过程，一个新的循环开始于每次进行 100% 检查之时. 于是我们有

$$\text{被检查的产品的比例} = \frac{E[\text{在一个循环中被检查的产品数}]}{E[\text{一个循环中的产品数}]}.$$

令 N_k 为直到连续出现 k 个合格品时被检查的产品数. 一旦部分检查开始（即在生产了 N_k 个产品后），由于每个被检查的产品以概率 q 是废品，因此找到一个废品所需检查的期望产品数是 $1/q$. 因此

$$E[在一个循环中被检查的产品数] = E[N_k] + \frac{1}{q}.$$

此外，由于在部分检查时每个产品独立地被检查，而以概率 αq 发现是废品，因此直至一个产品被查出是废品的期望产品数是 $1/\alpha q$，所以

$$E[一个循环中的产品数] = E[N_k] + \frac{1}{\alpha q}.$$

同样，由于 $E[N_k]$ 是当每个产品以概率 $p = 1 - q$ 是合格品时，连续得到 k 个合格品所需的期望试验（即检查）次数，因此从例 3.15 推出

$$E[N_k] = \frac{1}{p} + \frac{1}{p^2} + \cdots + \frac{1}{p^k} = \frac{(1/p)^k - 1}{q}.$$

于是我们得到

$$P_I \equiv 被检查的产品的比例 = \frac{(1/p)^k}{(1/p)^k - 1 + 1/\alpha}.$$

为了回答 (b)，首先注意由每个产品以概率 q 是废品推出，既被检查又被发现是废品的产品比例是 qP_I. 因此，对于很大的 N，在前 N 个生产的产品中，（近似地）有 NqP_I 个被发现是废品而被拿走. 因为在前 N 个产品中（近似地）包含 Nq 个废品，所以有 $Nq - NqP_I$ 个废品没有被发现，因此

$$留下的废品的比例 \approx \frac{Nq(1 - P_I)}{N(1 - qP_I)}.$$

当 $N \to \infty$ 时，近似变成精确，我们有

$$留下的废品的比例 = \frac{q(1 - P_I)}{1 - qP_I}. \qquad ■$$

例 7.18（更新过程的平均年龄）　考虑一个具有到达间隔分布 F 的更新过程，而且定义 $A(t)$ 为最后一次更新到 t 的时间. 若更新表示旧的零件发生故障并换上一个新的，则 $A(t)$ 表示在使用中的零件在时刻 t 的年龄. 由于 $S_{N(t)}$ 表示早于时刻 t 或在时刻 t 的最后一个事件的时间，因此

$$A(t) = t - S_{N(t)}.$$

我们想求年龄的平均值，即

$$\lim_{s \to \infty} \frac{\int_0^s A(t)\mathrm{d}t}{s}.$$

为此，我们以如下的方式运用更新报酬理论：假定在任意时间获得报酬的速率等于此时更新过程的年龄. 即在时刻 t 以速率 $A(t)$ 获得报酬，所以 $\int_0^s A(t)\mathrm{d}t$ 表示我们到时刻 s 为止获得的总报酬. 因为在更新发生时一切都从头开始，所以

$$\frac{1}{s} \int_0^s A(t)\mathrm{d}t \to \frac{E[一个更新循环中的报酬]}{E[一个更新循环的时间]}.$$

现在，因为更新过程在自更新循环起的时刻 t 的年龄正是 t，所以有

$$在一个更新循环中的报酬 = \int_0^X t\mathrm{d}t = \frac{X^2}{2},$$

其中 X 是更新循环的时间. 因此，我们有

$$年龄的平均值 \equiv \lim_{s \to \infty} \frac{\int_0^s A(t)\mathrm{d}t}{s} = \frac{E[X^2]}{2E[X]}, \tag{7.14}$$

其中 X 是具有分布函数 F 的到达间隔. ∎

例 7.19（更新过程的平均超额寿命） 与更新过程相关的另一个量是在时刻 t 的超额寿命 $Y(t)$. $Y(t)$ 定义为等于从 t 到下一次更新的时间，而这表示在时刻 t 使用的产品的剩余（或残留）寿命. 超额寿命的平均值，即

$$\lim_{s \to \infty} \frac{\int_0^s Y(t)\mathrm{d}t}{s},$$

也可以容易地由更新报酬理论得到. 为此假设在时刻 t 以速率 $Y(t)$ 获得报酬，由更新报酬理论可得每单位时间的平均报酬为

$$超额寿命的平均值 \equiv \lim_{s \to \infty} \frac{\int_0^s Y(t)\mathrm{d}t}{s} = \frac{E[一个更新循环中的报酬]}{E[一个更新循环的时间]}.$$

现在，令 X 为一个更新循环的长度，我们有

$$在一个循环中的报酬 = \int_0^X (X - t)\mathrm{d}t = \frac{X^2}{2},$$

于是超额寿命的平均值是

$$超额寿命的平均值 = \frac{E[X^2]}{2E[X]}.$$

它与更新过程的年龄的平均值是一样的. ∎

例 7.20 假设乘客按速率为 λ 的泊松过程到达一个公交车站. 再假设公交车按到达间隔分布为 F 的更新过程到达，且带走所有等车的乘客. 假定乘客到达的泊松过程和公交车到达的更新过程是独立的. 求

(a) 等车的平均乘客数（对所有时间的平均）；

(b) 一个乘客的平均等待时间（对所有乘客的平均）.

解 我们利用更新报酬过程来求解. 每次一辆公交车到达时就开始一个新的循环. 令 T 为一个循环的时间，注意 T 的分布函数是 F. 若我们假设每个乘客在等车期间，每单位时间付我们 1 元的报酬，则任意时刻的报酬率就是那时的等待人数，故单位时间的平均报酬是等车的平均人数. 将在一个循环中获得的报酬记为 R，由更新报酬定理可知

$$平均等待人数 = \frac{E[R]}{E[T]}.$$

将在一个循环中到达的人数记为 N. 为了确定 $E[R]$, 我们以 T 和 N 为条件. 现在有

$$E[R|T = t, N = n] = nt/2,$$

这是因为在给定到时刻 t 为止有 n 人到达时, 他们到达的时间集合和 n 个独立的 $(0, t)$ 均匀随机变量有相同的分布, 所以从每个顾客平均收取 $t/2$ 的报酬. 因此

$$E[R|T, N] = NT/2,$$

取期望得出

$$E[R] = \frac{1}{2} E[NT].$$

为了确定 $E[NT]$, 以 T 为条件, 就得到

$$E[NT|T] = TE[N|T] = \lambda T^2,$$

上式成立是因为给定到达的时间 T, 等待的人数服从均值为 λT 的泊松分布. 因此, 对上式取期望, 我们得到

$$E[R] = \frac{1}{2} E[NT] = \lambda E[T^2]/2,$$

由它推出

$$\text{平均等待人数} = \frac{\lambda E[T^2]}{2E[T]},$$

其中 T 具有到达间隔分布 F.

　　为了确定乘客的平均等待时间, 注意到因为在等车期间, 每个乘客每单位时间要付 1 元, 所以一个乘客所付的总额是该乘客的等待时间. 因为 R 是在一个循环中的总额, 所以

$$R = W_1 + \cdots + W_N,$$

其中 W_i 是第 i 个乘客的等待时间. 现在如果我们考虑从依次的乘客那里赚得的报酬, 即 $W_1, W_2, \cdots$, 并设想报酬是在时刻 i 赚得的, 那么这些报酬的序列构成一个离散时间的更新报酬过程, 其中一个新的循环在时刻 $N + 1$ 开始. 因此, 由更新报酬过程理论和上述恒等式, 我们可知

$$\lim_{n \to \infty} \frac{W_1 + \cdots + W_n}{n} = \frac{E[W_1 + \cdots + W_N]}{E[N]} = \frac{E[R]}{E[N]}.$$

利用

$$E[N] = E[E[N|T]] = E[\lambda T] = \lambda E[T],$$

结合上面推导出的 $E[R] = \lambda E[T^2]/2$, 我们得到结果

$$\lim_{n \to \infty} \frac{W_1 + \cdots + W_n}{n} = \frac{E[T^2]}{2E[T]}.$$

因为 $\frac{E[T^2]}{2E[T]}$ 是公交车到达这个更新过程的平均超额寿命, 所以由上式推出了一个有趣的结果: 一个乘客的平均等待时间等于当我们对所有时间取平均时直至下一辆公交车到达的平均时间. 因为乘客按泊松过程到达, 所以此结果是一般结果的特殊情形, 称为 PASTA 原则, 我们将在第 8 章中介绍它. PASTA 原则是说, 泊松到达者所见的系统和对一切时间取平均的系统相同. (在本例中, 系统是指直至下一辆公交车到达的时间.) ∎

考虑一个不可约且正常返的马尔可夫链, 其状态空间为 S, 转移概率为 P_{ij}. 用 π_i 表示马尔可夫链处于状态 i 的长程时间比例, $i \in S$, 我们在第 4 章给出了一个启发性论证, 证明这些量满足平稳方程

$$\pi_j = \sum_i \pi_i P_{ij}, \qquad \sum_j \pi_j = 1.$$

为了进行严格的论证, 我们固定某一状态, 比如状态 0, 并假定每当马尔可夫链进入状态 0 时, 一个新的循环就开始. 如果对于某个固定的状态 i, 我们假设每次链进入状态 i 时获得 1 的收益, 那么到时刻 n 为止获得的总收益就是到时刻 n 为止链处于状态 i 的时间, 因此, 单位时间的平均收益等于 π_i. 但是, 根据更新报酬理论, 单位时间的平均收益等于一个循环内获得的期望收益除以一个循环的期望时间. 因此, 如果我们用 N_i 表示在一个循环内马尔可夫链处于状态 i 的周期数, 用 N 表示一个循环内的周期数, 那么

$$\pi_i = \frac{E[N_i]}{E[N]}.$$

如果我们用 N_{ij} 表示在一个循环内从状态 i 到状态 j 的转移次数, 那么由于每次访问状态 i 后, 以概率 P_{ij} 转移到状态 j, 因此直觉上似乎可以认为

$$E[N_{ij}] = E[N_i]P_{ij}. \tag{7.15}$$

假定式 (7.15) 成立, 然后对恒等式

$$N_j = \sum_i N_{ij}$$

取期望, 得到

$$E[N_j] = \sum_i E[N_i]P_{ij},$$

将上式两边同时除以 $E[N]$, 得到

$$\pi_j = \sum_i \pi_i P_{ij}.$$

此外，因为 $N = \sum_j N_j$，所以

$$E[N] = \sum_j E[N_j].$$

将上式两边同时除以 $E[N]$，得到

$$\sum_j \pi_j = 1.$$

因此，一旦我们证明了式 (7.15)，就可以验证当马尔可夫链不可约且正常返时，存在平稳概率. 为此，我们定义：如果链在第 k 次访问状态 i 时，下一个状态是 j，那么 $I_{ij}(k)$ 等于 1.（因为链是常返的，所以状态 i 将被无限次访问.）很容易看出，N_i 是序列 $I_{ij}(k)$（$k \geqslant 1$）的一个停时.（例如，假设 $N_i = 10$，这意味着在一个循环中，链在状态 i 停留了 10 个周期. 虽然这给我们提供了一些关于这 10 次从状态 i 出发的转移去向何处的概率信息，但它并没有告诉我们下一次链进入状态 i 时会发生什么.）因此，利用

$$N_{ij} = \sum_{k=1}^{N_i} I_{ij}(k),$$

我们对上式取期望并应用瓦尔德方程，得到

$$E[N_{ij}] = E\left[\sum_{k=1}^{N_i} I_{ij}(k)\right] = E[N_i]E[I_{ij}(k)] = E[N_i]P_{ij},$$

这完成了验证.

7.5　再生过程

考虑一个状态空间为 $0, 1, 2, \cdots$ 的随机过程 $\{X(t), t \geqslant 0\}$，它具有如下的性质：存在一些（随机的）时间点使过程（概率地）在这些点重新开始. 即假设以概率 1 存在一个时间 T_1，使 T_1 之后的过程是从 0 开始的整个过程的概率复制. 注意，这个性质表明存在更多的时间 $T_2, T_3, \cdots$ 与 T_1 有同样的性质. 这样的随机过程称为**再生过程**.

由上面推出 $T_1, T_2, \cdots$ 构成一个更新过程的到达时间，每当一次更新出现，我们就说完成了一个循环.

　　例　(1) 一个更新过程是再生的，而 T_1 表示首次更新的时间.

　　(2) 一个常返的马尔可夫链是再生的，而 T_1 表示首次转移回初始状态的时间.

　　我们想要确定一个再生过程处于状态 j 的长程时间比例. 为此，我们想象，在过程处于状态 j 时我们以每单位时间价格为 1 的速率赚取报酬，而在其他情形

价格为 0. 即若 $I(s)$ 表示在时间 s 赚取报酬的速率, 那么

$$I(s) = \begin{cases} 1, & \text{若 } X(s) = j, \\ 0, & \text{若 } X(s) \neq j, \end{cases}$$

而

$$t \text{ 前赚到的总报酬} = \int_0^t I(s)\mathrm{d}s.$$

因为上面显然是一个更新报酬过程, 它在循环时间 T_1 重新开始, 所以从命题 7.3 可知

$$\text{单位时间的平均报酬} = \frac{E[T_1 \text{ 前的报酬}]}{E[T_1]}.$$

然而, 单位时间的平均报酬正好等于过程在状态 j 的时间比例. 即我们有如下的命题.

命题 7.4 对于一个再生过程,

$$\text{在状态 } j \text{ 的长程时间比例} = \frac{E[\text{一个循环中在状态 } j \text{ 的时间}]}{E[\text{一个循环的时间}]}.$$

注 若循环时间 T_1 是一个连续的随机变量, 则利用一个称为 "关键更新定理" 的高级定理, 可以证明上式也等于系统在时间 t 处于状态 j 的极限概率. 即如果 T_1 是连续的, 那么

$$\lim_{t\to\infty} P\{X(t) = j\} = \frac{E[\text{一个循环中在状态 } j \text{ 的时间}]}{E[\text{一个循环的时间}]}.$$

例 7.21 考虑初始处于状态 i 的正常返的连续时间的马尔可夫链. 由马尔可夫性可知, 每当过程重新进入状态 i 时, 它都重新开始. 于是, 回到状态 i 是一次更新, 也是一个新循环的开始. 由命题 7.4 推出,

$$\text{在状态 } j \text{ 的长程时间比例} = \frac{E[\text{在一个 } i-i \text{ 循环中在状态 } j \text{ 的时间}]}{\mu_{ii}},$$

其中 μ_{ii} 表示回到状态 i 的平均时间. 如果我们取 j 为 i, 那么我们得到

$$\text{在状态 } i \text{ 的长程时间比例} = \frac{1/\nu_i}{\mu_{ii}}. \qquad \blacksquare$$

例 7.22(按更新过程到达的一个排队系统) 考虑一个等待时间系统, 其中顾客按任意的一个更新过程到达, 并由具有任意服务时间分布的单服务线提供服务. 若我们假设在时刻 0 第一个顾客恰好到达, 则 $\{X(t), t \geq 0\}$ 是一个再生过程, 其中 $X(t)$ 为在时刻 t 系统中的顾客数. 每当一个顾客到达并且发现服务线在闲着时, 该过程就会再生. $\qquad \blacksquare$

例 7.23　虽然一个系统只需一台机器就能运行，但是它还需要另一台机器作为备用．在使用的机器运行一个具有密度函数 f 的随机时间以后故障．如果一台机器故障而另一台在工作，则后者被投入使用，同时，开始修理刚发生故障的机器．如果一台机器故障而另一台正在修理，那么，新发生故障的机器等着直到修理完成．这时修复的机器被投入使用，同时，开始修理新发生故障的机器．所有的修理时间有密度 g．求 P_0、P_1、P_2，其中 P_i 是恰有 i 台机器在工作的长程时间比例．

解　如果恰有 i 台机器在工作，我们就说系统处于状态 i，$i = 0, 1, 2$．容易证明每当系统进入状态 1 时，它就会概率地重新开始．即每当一台机器在使用，同时另一台开始修理时，系统重新开始．每当系统进入状态 1，就说一个循环开始．如果我们令 X 为一个循环开始时使用的机器的工作时间，令 R 为另一台机器的修理时间，那么循环的长度 T_c 可以表示为

$$T_c = \max(X, R).$$

这是因为当 $X \leqslant R$ 时，正使用的机器在另一台修复前发生故障，所以一个新的循环开始于修理完成时；当 $X > R$ 时，修复先发生，所以一个新的循环开始于使用的机器发生故障的时刻．同时，令 T_i 是在一个循环中系统处于状态 i 的时间比例，$i = 0, 1, 2$．于是，因为在一个循环中没有机器在工作的时间为 $R - X$（如果这个量是正的），否则为 0，所以我们有

$$T_0 = (R - X)^+.$$

类似地，因为在一个循环中单台机器在工作的时间是 $\min(X, R)$，所以有

$$T_1 = \min(X, R).$$

最后，因为在一个循环中两台机器都在工作的时间为 $X - R$（如果这个量是正的），否则为 0，所以有

$$T_2 = (X - R)^+.$$

因此，我们得到

$$P_0 = \frac{E[(R - X)^+]}{E[\max(X, R)]}, \quad P_1 = \frac{E[\min(X, R)]}{E[\max(X, R)]}, \quad P_2 = \frac{E[(X - R)^+]}{E[\max(X, R)]}.$$

而 $P_0 + P_1 + P_2 = 1$ 得自容易验证的恒等式：

$$\max(x, r) = \min(x, r) + (x - r)^+ + (r - x)^+.$$

上面的期望可以计算如下：

$$E[\max(X, R)] = \int_0^\infty \int_0^\infty \max(x, r) f(x) g(r) \mathrm{d}x \mathrm{d}r$$

$$= \int_0^\infty \int_0^r rf(x)g(r)\mathrm{d}x\mathrm{d}r + \int_0^\infty \int_r^\infty xf(x)g(r)\mathrm{d}x\mathrm{d}r,$$

$$E[(R-X)^+] = \int_0^\infty \int_0^x (r-x)^+ f(x)g(r)\mathrm{d}x\mathrm{d}r$$

$$= \int_0^\infty \int_0^r (r-x)f(x)g(r)\mathrm{d}x\mathrm{d}r,$$

$$E[\min(X,R)] = \int_0^\infty \int_0^\infty \min(x,r)f(x)g(r)\mathrm{d}x\mathrm{d}r$$

$$= \int_0^\infty \int_0^r xf(x)g(r)\mathrm{d}x\mathrm{d}r + \int_0^\infty \int_r^\infty rf(x)g(r)\mathrm{d}x\mathrm{d}r,$$

$$E[(X-R)^+] = \int_0^\infty \int_0^x (x-r)f(x)g(r)\mathrm{d}r\mathrm{d}x. \qquad \blacksquare$$

交替更新过程

　　再生过程的另一个例子是所谓的**交替更新过程**, 它考虑一个可能处于两个状态之一（开或关）的系统. 起初它在开, 而且在开保持一段时间 Z_1; 然后变成关, 而且在关保持一段时间 Y_1; 然后变成开并保持一段时间 Z_2; 然后变成关并保持一段时间 Y_2; 然后开, 等等.

　　我们假设随机向量 (Z_n, Y_n) ($n \geqslant 1$) 独立同分布. 即随机变量序列 $\{Z_n\}$ 和 $\{Y_n\}$ 都是独立同分布的, 但是我们允许 Z_n 和 Y_n 有依赖关系. 换句话说, 每当过程进入开的状态, 一切都重新开始, 但是当它变成关时, 我们允许关的时间长度依赖于前面开的时间.

　　令 $E[Z] = E[Z_n]$ 和 $E[Y] = E[Y_n]$ 分别为一个开和一个关的周期的平均长度.

　　我们想求系统处在开的长程时间比例 $P_开$. 如果我们令

$$X_n = Y_n + Z_n, \quad n \geqslant 1,$$

那么在时刻 X_1 过程重新开始. 即过程在一个完整的循环（由一个开和一个关的区间组成）后会重新开始. 换句话说, 每当一个循环完成时, 就会发生一次更新. 所以我们从命题 7.4 得到

$$P_开 = \frac{E[Z]}{E[Y] + E[Z]} = \frac{E[开]}{E[开] + \mathrm{E}[关]}. \tag{7.16}$$

同样, 如果我们令 $P_关$ 为系统处在关的长程时间比例, 那么

$$P_关 = 1 - P_开 = \frac{E[关]}{E[开] + E[关]}.$$

　　例 7.24（一个生产过程）　交替更新过程的一个例子是一个生产过程（或一台机器）, 它工作一段时间 Z_1, 然后停止并且必须修理（需要时间 Y_1）, 然后工

作一段时间 Z_2，然后停止一段时间 Y_2，等等. 如果我们假设过程在修复后与新的一样好，那么这构成一个交替更新过程. 值得注意的是，假设修理时间依赖于在停止前过程工作的时间是有意义的. ■

例 7.25　某个保险公司向参保人收取的费率在 r_1 和 r_0 之间交替. 一个新的参保人最初的费率为每单位时间 r_1. 当一个费率为 r_1 的参保人在最近的 s 个单位时间内没有理赔，那么他的费率变成每单位时间 r_0. 费率保持在 r_0 直到提出一次理赔，这时费率回到 r_1. 假设给定一个参保人永远活着，而且按速率为 λ 的泊松过程提出理赔，求

(a) 参保人按费率 r_i 付费的时间比例 P_i，$i = 1, 2$；

(b) 单位时间支付的长程平均保费.

解　如果当参保人按费率 r_1 付费时，我们说系统处于"开"，而当参保人按费率 r_0 付费时，说系统处于"关"，那么这个开关系统是一个交替更新过程，每当提出一次理赔就开始一个新的循环. 如果 X 是相继的理赔之间的时间，那么在这个循环中处于开的时间是 s 和 X 中较小的那个（注意若 $X < s$，则关的时间是 0）. 由于 X 是速率为 λ 的指数随机变量，因此由上面可得

$$E[\text{一个循环中开的时间}] = E[\min(X, s)] = \int_0^s x\lambda e^{-\lambda x}dx + se^{-\lambda s} = \frac{1}{\lambda}(1 - e^{-\lambda s}).$$

因为 $E[X] = 1/\lambda$，所以

$$P_1 = \frac{E[\text{一个循环中开的时间}]}{E[X]} = 1 - e^{-\lambda s}, \quad P_0 = 1 - P_1 = e^{-\lambda s}.$$

单位时间支付的长程平均保费是

$$r_0 P_0 + r_1 P_1 = r_1 - (r_1 - r_0)e^{-\lambda s}.$$ ■

例 7.26（更新过程的年龄）　假设我们想要确定更新过程的年龄小于某个常数 c 的时间比例. 为此，令一个循环对应于一次更新，并且如果在时刻 t 的年龄小于或等于 c，就说系统在时刻 t 处在开，而如果在时刻 t 的年龄大于 c，就说系统在时刻 t 处在关，换句话说，在一个更新区间的前 c 个单位时间内系统处在"开"，而在其余的时间处在"关". 因此，令 X 为一个更新区间，从式 (7.16) 我们得到

$$\begin{aligned}
\text{年龄小于 } c \text{ 的时间比例} &= \frac{E[\min(X, c)]}{E[X]} \\
&= \frac{\int_0^\infty P\{\min(X, c) > x\}dx}{E[X]} \\
&= \frac{\int_0^c P\{X > x\}dx}{E[X]}
\end{aligned} \tag{7.17}$$

$$= \frac{\int_0^c (1 - F(x))\mathrm{d}x}{E[X]},$$

其中 F 是 X 的分布函数, 且我们利用了对于非负随机变量 Y 的恒等式

$$E[Y] = \int_0^\infty P\{Y > x\}\mathrm{d}x.$$ ■

例 7.27（更新过程的超额寿命） 我们想要确定更新过程的超额寿命小于 c 的长程时间比例. 为此, 让一个循环对应于一个更新区间, 并且只要更新过程的超额寿命大于或等于 c, 就说系统处在开, 否则就是关. 换句话说, 只要更新发生过程就进入开, 并且停留在 "开", 直到更新区间的最后 c 个单位时间它进入 "关". 显然这是一个交替更新过程, 所以我们从式 (7.16) 得到

$$\text{超额寿命小于 } c \text{ 的长程时间比例} = \frac{E[\text{一个循环中关的时间}]}{E[\text{一个循环的时间}]}.$$

如果 X 是更新区间的长度, 那么由于系统在最后 c 个单位时间内处于 "关", 因此在这个循环中 "关" 的时间等于 $\min(X, c)$. 于是

$$\text{超额寿命小于 } c \text{ 的长程时间比例} = \frac{E[\min(X, c)]}{E[X]} = \frac{\int_0^c (1 - F(x))\mathrm{d}x}{E[X]},$$

其中最后的等式得自式 (7.17). 于是, 从例 7.26 的结果我们看到, 超额寿命小于 c 的长程时间比例与年龄小于 c 的长程时间比例是相等的. 理解这个等价性的一个途径是, 考虑一个已经运行了很长时间的更新过程, 然后从逆向进行观察. 在这样做时, 我们看到了一个计数过程, 其相继的事件间的时间是具有分布 F 的独立随机变量. 即当我们从逆向观察一个更新过程时, 我们也看到一个与原来的过程有同样概率结构的更新过程. 由于逆向过程在任意时间的超额寿命（年龄）都对应于原来的更新过程的年龄（超额寿命）（见图 7–3）, 因此年龄和超额寿命的所有长程性质必须相等. ■

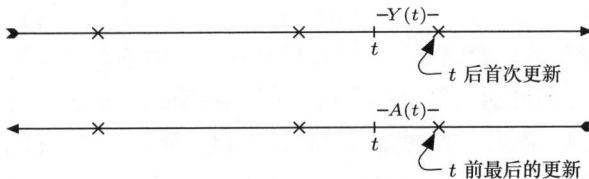

图 7–3 箭头指示时间的方向

如果 μ 是平均到达间隔, 则由

$$F_e(x) = \int_0^x \frac{1 - F(y)}{\mu}\mathrm{d}y$$

所定义的分布函数 F_e 称为 F 的**平衡分布**. 从上面推出, F_e 表示更新过程的年龄（或超额寿命）小于或等于 x 的长程时间比例.

例 7.28（**M/G/∞ 排队系统的忙期**）　在 5.3 节中, 我们分析了顾客按速率为 λ 的泊松过程到达的, 而且有一个共同的服务分布 G 的无穷条服务线的排队系统, 证明了在时刻 t 系统中的顾客数服从均值为 $\lambda \int_0^t \overline{G}(t)\mathrm{d}t$ 的泊松分布. 如果在系统中至少有一个顾客时我们说系统处于忙, 而在系统空时我们说系统处于闲, 求忙期的期望长度 $E[B]$.

解　如果在系统中至少有一个顾客时我们说系统处于"开", 而在系统空时我们说系统处于"关", 那么我们有一个交替更新过程. 因为 $\int_0^\infty \overline{G}(t)\mathrm{d}t = E[S]$, 其中 $E[S]$ 是服务分布 G 的均值, 所以从 5.3 节的结果推出

$$\lim_{t\to\infty} P\{\text{系统在 } t \text{ 处于 "关"}\} = \mathrm{e}^{-\lambda E[S]}.$$

随之, 由交替更新过程理论, 我们得到

$$\mathrm{e}^{-\lambda E[S]} = \frac{E[\text{一个循环中 "关" 的时间}]}{E[\text{一个循环的时间}]}.$$

但是当系统变成"关"时, 它总保持在"关"直到下一个顾客到达, 由此可得

$$E[\text{一个循环中 "关" 的时间}] = 1/\lambda.$$

因为

$$E[\text{一个循环中 "开" 的时间}] = E[B],$$

所以我们得到

$$\mathrm{e}^{-\lambda E[S]} = \frac{1/\lambda}{1/\lambda + E[B]},$$

从而

$$E[B] = \frac{1}{\lambda}(\mathrm{e}^{\lambda E[S]} - 1). \qquad \blacksquare$$

例 7.29（**存货的一个例子**）　假设顾客按一个具有到达间隔分布 F 的更新过程来到一个指定的商店. 假设这个店存有一种商品, 而每个到达的顾客需要随机数量的这种商品, 不同顾客的需求量是具有相同分布 G 的独立随机变量. 商店使用以下的 (s, S) 订购策略: 如果存货量减少到 s 以下, 那么订购足够的商品使存货增加到 S. 即如果在服务了一个顾客后的存货是 x, 那么订购的数量是

$$\begin{cases} S - x, & \text{若 } x < s, \\ 0, & \text{若 } x \geqslant s. \end{cases}$$

假定订购是立刻供应的.

对于一个固定的值 y ($s \leqslant y \leqslant S$)，假设我们要确定存货至少与 y 一样多的长程时间比例. 为此，当存货量至少是 y 时，我们说系统处在"开"，否则系统处在"关". 利用这些定义，每当一个顾客的需求使商店进行订购并导致存货量回到 S 时，系统变为开. 由于只要发生这样的情形，一个顾客必须刚到达过，因此，直至随后的顾客到达的时间构成具有到达间隔分布 F 的一个更新过程. 也就是说，每当系统变回到开，过程将重新开始. 于是，这样定义的开和关的周期构成一个交替更新过程，而从式 (7.15) 我们有

$$\text{存货量} \geqslant y \text{ 的长程时间比例} = \frac{E[\text{一个循环中开的时间}]}{E[\text{一个循环的时间}]}. \tag{7.18}$$

现在如果我们令 $D_1, D_2, \cdots$ 为相继顾客的需求量，而令

$$N_x = \min(n : D_1 + \cdots + D_n > S - x), \tag{7.19}$$

那么在循环中的第 N_y 个顾客导致存货量下降到 y 以下，第 N_s 个顾客结束这个循环. 因此，若我们令 X_i ($i \geqslant 1$) 为顾客的到达间隔，则

$$\text{一个循环中开的时间} = \sum_{i=1}^{N_y} X_i, \tag{7.20}$$

$$\text{一个循环的时间} = \sum_{i=1}^{N_s} X_i. \tag{7.21}$$

假定到达间隔独立于相继的需求，我们有

$$E\left[\sum_{i=1}^{N_y} X_i\right] = E\left[E\left[\sum_{i=1}^{N_y} X_i | N_y\right]\right] = E[N_y E[X]] = E[X]E[N_y].$$

类似地，

$$E\left[\sum_{i=1}^{N_s} X_i\right] = E[X]E[N_s].$$

所以，由式 (7.18)、(7.20) 和 (7.21)，我们有

$$\text{存货量} \geqslant y \text{ 的长程时间比例} = \frac{E[N_y]}{E[N_s]}. \tag{7.22}$$

然而，因为 D_i ($i \geqslant 1$) 都是具有分布 G 的独立的非负随机变量，所以由式 (7.19) 推出，N_x 与具有到达间隔分布 G 的更新过程在时间 $S - x$ 后首次发生的事件的序号有相同的分布. 即 $N_x - 1$ 将是这个过程在时间 $S - x$ 之前的更新次数. 因此，我们看到

$$E[N_y] = m(S - y) + 1, \quad E[N_s] = m(S - s) + 1,$$

其中

$$m(t) = \sum_{n=1}^{\infty} G_n(t).$$

从式 (7.22) 我们得到

$$存货量 \geqslant y \text{ 的长程时间比例} = \frac{m(S-y)+1}{m(S-s)+1}, \quad s \leqslant y \leqslant S.$$

如果顾客的需求量服从均值为 $1/\mu$ 的指数分布，那么

$$存货量 \geqslant y \text{ 的长程时间比例} = \frac{\mu(S-y)+1}{\mu(S-s)+1}, \quad s \leqslant y \leqslant S. \quad \blacksquare$$

7.6 半马尔可夫过程

考虑一个可处在状态 1、2、3 的过程. 开始过程在状态 1，在那里保持一个具有均值 μ_1 的随机时间，然后它进入状态 2，在那里保持一个具有均值 μ_2 的随机时间，然后它进入状态 3，在那里保持一个具有均值 μ_3 的随机时间，然后它回到状态 1，等等. 这个过程在状态 i（$i = 1, 2, 3$）的时间比例是多少？

如果每当过程回到状态 1 时，我们就说完成了一个循环，并且我们把在这个循环中停留在状态 i 的时间作为报酬，那么上面是一个更新报酬过程. 因此从命题 7.3 得到过程在状态 i 的时间比例 P_i 为

$$P_i = \frac{\mu_i}{\mu_1 + \mu_2 + \mu_3}, \quad i = 1, 2, 3.$$

类似地，如果我们有可以处在 N 个状态 $1, 2, \cdots, N$ 中的任意一个的过程，它按照状态 $1 \to 2 \to 3 \to \cdots \to N-1 \to N \to 1$ 的顺序移动，那么过程处在状态 i 的长程时间比例是

$$P_i = \frac{\mu_i}{\mu_1 + \mu_2 + \cdots + \mu_N}, \quad i = 1, 2, \cdots, N,$$

其中 μ_i 是过程在每次访问状态 i 时停留时间的期望.

现在我们将上述结果推广到以下的情况. 假设一个过程可以处在 N 个状态 $1, 2, \cdots, N$ 中的任意一个，而且每次进入状态 i 后，它在那里保持一个具有均值 μ_i 的随机时间，然后以概率 P_{ij} 转移到状态 j. 这样的过程称为**半马尔可夫过程**. 注意如果过程在转移以前在每一个状态停留的时间恒等于 1，那么这样的半马尔可夫过程正是马尔可夫链.

现在计算半马尔可夫过程的 P_i. 为此，我们首先考虑使过程进入状态 i 的转移比例 π_i. 如果令 X_n 为在 n 次转移后的状态，那么 $\{X_n, n \geqslant 0\}$ 是一个以 $\{P_{ij}, i, j = 1, 2, \cdots, N\}$ 为转移概率的马尔可夫链. 因此，π_i 正是这个马尔可夫链的极限（或平稳）概率（4.4 节），即 π_i 是方程组

$$\sum_{i=1}^{N} \pi_i = 1, \quad \pi_i = \sum_{j=1}^{N} \pi_j P_{ji}, \ i = 1, 2, \cdots, N \qquad (7.23)$$

的唯一非负解[①]. 由于过程每次访问状态 i 时停留时间的期望为 μ_i, 因此直观上 P_i 应该是 π_i 的加权平均, 其中 π_i 的权重是 μ_i, 即

$$P_i = \frac{\pi_i \mu_i}{\sum_{j=1}^{N} \pi_j \mu_j} \quad i = 1, 2, \cdots, N, \tag{7.24}$$

其中 π_i 是方程组 (7.23) 的解.

例 7.30 考虑一台机器, 它可以处在 3 个状态之一: 良好、不错和损坏. 假设这台机器在良好时将以平均时间 μ_1 保持这种状态, 然后它分别以概率 3/4 和 1/4 转变为不错和损坏. 这台机器在不错时将以平均时间 μ_2 保持这种状态, 然后它转变为损坏. 这台机器在损坏时将进行修理, 需要的平均时间为 μ_3, 在修复后它分别以概率 2/3 和 1/3 转变为良好和不错. 这台机器在每个状态的时间比例是多少?

解 令这些状态为 1、2、3, 由方程组 (7.23) 可知 π_i 满足

$$\pi_1 + \pi_2 + \pi_3 = 1, \quad \pi_1 = \frac{2}{3}\pi_3, \quad \pi_2 = \frac{3}{4}\pi_1 + \frac{1}{3}\pi_3, \quad \pi_3 = \frac{1}{4}\pi_1 + \pi_2.$$

其解为

$$\pi_1 = \frac{4}{15}, \quad \pi_2 = \frac{1}{3}, \quad \pi_3 = \frac{2}{5}.$$

因此, 从式 (7.24) 我们得到机器在状态 i 的时间比例 P_i 为

$$P_1 = \frac{4\mu_1}{4\mu_1 + 5\mu_2 + 6\mu_3}, \quad P_2 = \frac{5\mu_2}{4\mu_1 + 5\mu_2 + 6\mu_3}, \quad P_3 = \frac{6\mu_3}{4\mu_1 + 5\mu_2 + 6\mu_3}.$$

例如, 若 $\mu_1 = 5, \mu_2 = 2, \mu_3 = 1$, 则机器有 5/9 的时间处在良好的状态, 5/18 的时间处在不错的状态, 1/6 的时间处在损坏的状态. ∎

注 在一次访问中, 当在每个状态停留的时间的分布是连续的时候, P_i 也表示过程在时刻 t 处在状态 i 的极限 (当 $t \to \infty$ 时) 概率.

例 7.31 考虑一个更新过程, 其到达间隔分布是离散的, 使得

$$P\{X = i\} = p_i, \quad i \geqslant 1,$$

其中 X 表示到达间隔随机变量. 令 $L(t)$ 为包含时间点 t 的更新区间的长度 (即如果 $N(t)$ 是到 t 为止的更新次数, 而 X_n 是第 n 次到达间隔, 那么 $L(t) = X_{N(t)+1}$). 如果我们将每次更新对应于一个灯泡的损坏 (在下一个周期的开始用一个新的灯泡替换它), 那么如果在时刻 t 使用的灯泡在它的第 i 个使用周期中损坏, $L(t)$ 就等于 i.

容易看出 $L(t)$ 是半马尔可夫过程. 为了确定 $L(t) = j$ 的时间比例, 注意每次转移 (即每次更新发生) 时, 下一个状态以概率 p_j 为 j. 即嵌入马尔可夫链的转移概率是 $P_{ij} = p_j$. 因此, 嵌入马尔可夫链的极限概率为

[①] 我们假定方程组(7.23) 存在一个解, 即我们假定马尔可夫链的一切状态都是互通的.

$$\pi_j = p_j,$$

而且由于半马尔可夫链在转移发生前停留在状态 j 的平均时间是 j, 因此, 在状态 j 的长程时间比例是

$$P_j = \frac{jp_j}{\sum_i ip_i}.$$ ■

7.7　检验悖论

假设一个设备（例如电池）被装配使用直至损坏. 在损坏时, 立刻用一块相同的电池替代以使这个过程不中断地继续. 令 $N(t)$ 为到时刻 t 为止损坏的电池数, 则 $\{N(t), t \geqslant 0\}$ 是一个更新过程.

进一步假设电池寿命的分布 F 是未知的, 需要用以下的抽样检查方案来估计. 我们固定某个 t, 并观察在时刻 t 使用的电池的最终寿命. 由于 F 是所有电池的寿命分布, 因此似乎它也应该是这块电池的寿命分布. 然而, 这是一个**检验悖论**, 因为它导出**在时刻 t 正在使用的电池往往比普通的电池有更长的寿命**.

为了理解上述所谓的悖论, 我们推理如下. 从更新理论的角度来看, 我们关心的是包含时间点 t 的更新区间的长度, 即 $X_{N(t)+1} = S_{N(t)+1} - S_{N(t)}$（见图 7–2）. 为了计算 $X_{N(t)+1}$ 的分布, 我们以在时刻 t 以前（或在时刻 t）最后一次更新的时间为条件, 得到

$$P\{X_{N(t)+1} > x\} = E[P\{X_{N(t)+1} > x \,|\, S_{N(t)} = t - s\}],$$

其中 $S_{N(t)}$ 是在时刻 t 以前（或在时刻 t）最后一次更新的时间（参见图 7–2）. 由于在 $t-s$ 与 t 之间没有更新, 因此, 如果 $s > x$, 则 $X_{N(t)+1}$ 必须大于 x, 即

$$P\{X_{N(t)+1} > x \,|\, S_{N(t)} = t - s\} = 1, \quad 若 \ s > x. \tag{7.25}$$

另外, 假设 $s \leqslant x$. 如前, 我们知道有一次更新发生在时刻 $t-s$, 而且在 $t-s$ 与 t 之间没有更新发生. 我们要求在附加的 $x-s$ 时间内没有更新发生的概率. 也就是说, 我们正是求在给定一个到达间隔大于 s 时, 它大于 x 的条件概率. 所以, 对于 $s \leqslant x$,

$$
\begin{aligned}
P\{X_{N(t)+1} &> x \,|\, S_{N(t)} = t - s\} \\
&= P\{到达间隔 > x \,|\, 到达间隔 > s\} \\
&= P\{到达间隔 > x\} / P\{到达间隔 > s\} \\
&= \frac{1 - F(x)}{1 - F(s)} \\
&\geqslant 1 - F(x).
\end{aligned}
\tag{7.26}
$$

因此，从式 (7.25) 和式 (7.26) 我们看到，对于一切 s，

$$P\{X_{N(t)+1} > x | S_{N(t)} = t - s\} \geqslant 1 - F(x).$$

对两边取期望得

$$P\{X_{N(t)+1} > x\} \geqslant 1 - F(x). \tag{7.27}$$

然而，$1 - F(x)$ 是普通的更新区间大于 x 的概率，即 $1 - F(x) = P\{X_n > x\}$，从而式 (7.27) 是检验悖论的一个陈述，它说明包含时间点 t 的更新区间往往比普通的更新区间更长.

注 为了直观地理解所谓的检验悖论，推理如下：我们想象整条直线被更新区间覆盖，其中一个更新区间包含点 t. 相比于较短的区间，一个较长的区间覆盖点 t 的可能性不是更大吗？

当更新过程是泊松过程时，我们可以明确地计算 $X_{N(t)+1}$ 的分布.（注意，在一般情形下，我们不需要明确地计算 $P\{X_{N(t)+1} > x\}$ 来说明它至少与 $1 - F(x)$ 一样大.）为此，我们写出

$$X_{N(t)+1} = A(t) + Y(t),$$

其中 $A(t)$ 为从 t 之前的最后一次更新到 t 的时间，而 $Y(t)$ 是从 t 到下一次更新的时间（参见图 7-4）. $A(t)$ 是过程在时刻 t 的**年龄**（在我们的例子中，它是在时刻 t 使用的电池的年龄），而 $Y(t)$ 是过程在时刻 t 的**超额寿命**（它是从 t 到电池损坏的附加时间）. 当然，$A(t) = t - S_{N(t)}$ 和 $Y(t) = S_{N(t)+1} - t$ 都是正确的.

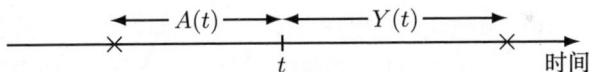

图 7-4

为了计算 $X_{N(t)+1}$ 的分布，我们首先注意重要的事实：对于泊松过程，$A(t)$ 和 $Y(t)$ 是独立的. 这是由于泊松过程的无记忆性，从 t 到下一次更新的时间是指数分布的，而且独立于以前发生的（特别地，包含 $A(t)$）. 事实上，这表明如果 $\{N(t), t \geqslant 0\}$ 是速率为 λ 的泊松过程，那么

$$P\{Y(t) \leqslant x\} = 1 - \mathrm{e}^{-\lambda x}. \tag{7.28}$$

$A(t)$ 的分布可以如下得到：

$$P\{A(t) > x\} = \begin{cases} P\{在 [t-x, t] 内有 0 次更新\}, & 若 x \leqslant t \\ 0, & 若 x > t \end{cases}$$

$$= \begin{cases} \mathrm{e}^{-\lambda x}, & \text{若 } x \leqslant t, \\ 0, & \text{若 } x > t, \end{cases}$$

或者，等价地，

$$P\{A(t) \leqslant x\} = \begin{cases} 1 - \mathrm{e}^{-\lambda x}, & \text{若 } x \leqslant t, \\ 1, & \text{若 } x > t. \end{cases} \tag{7.29}$$

因此，由 $A(t)$ 和 $Y(t)$ 的独立性可得，$X_{N(t)+1}$ 的分布正是式 (7.28) 的指数分布与式 (7.29) 的分布的卷积. 注意到对于很大的 t，$A(t)$ 近似服从一个指数分布. 于是，对于很大的 t，$X_{N(t)+1}$ 的分布是两个同分布的指数随机变量的卷积，根据 5.2.3 节，这是参数为 2 和 λ 的伽马分布. 特别地，对于很大的 t，包含点 t 的更新区间的期望长度近似地是普通更新区间的期望长度的两倍.

利用在例 7.18 和例 7.19 中得到的关于平均年龄与平均超额寿命的结果，由恒等式

$$X_{N(t)+1} = A(t) + Y(t)$$

推出，包含一个特殊的点的更新区间的平均长度是

$$\lim_{s \to \infty} \frac{\int_0^s X_{N(t)+1} \mathrm{d}t}{s} = \frac{E[X^2]}{E[X]},$$

其中 X 具有到达间隔分布. 因为除非 X 是常数，否则 $E[X^2] > (E[X])^2$，所以这个平均值正如检验悖论所预料的，大于普通更新区间的期望值.

我们可以用一个交替更新过程的推理来确定 $X_{N(t)+1}$ 大于 c 的长程时间比例. 为此，令一个循环对应于一个更新区间，并且如果包含 t 的更新区间的长度大于 c（即如果 $X_{N(t)+1} > c$），就说系统在时刻 t 处于开，否则就说系统在时刻 t 处于关. 换句话说，如果一个循环时间超过 c，则在这个循环中系统总是处在开；如果这个循环时间不超过 c，则在这个循环中系统总是处在关，于是，如果 X 是循环时间，那么我们有

$$\text{在循环中处在开的时间} = \begin{cases} X, & \text{若 } X > c, \\ 0, & \text{若 } X \leqslant c. \end{cases}$$

所以，我们由交替更新过程理论得到

$$X_{N(t)+1} > c \text{ 的长程时间比例} = \frac{E[\text{一个循环中开的时间}]}{E[\text{一个循环的时间}]} = \frac{\int_c^\infty x f(x) \mathrm{d}x}{\mu},$$

其中 f 是到达间隔的密度函数.

7.8 计算更新函数

想用恒等式

$$m(t) = \sum_{n=1}^{\infty} F_n(t)$$

计算更新函数的困难在于，确定 $F_n(t) = P\{X_1 + \cdots + X_n \leqslant t\}$ 需要计算 n 维积分. 下面我们介绍一个有效的算法，它只需要一维积分作为输入.

令 Y 是一个速率为 λ 的指数随机变量，而且假设 Y 与更新过程 $\{N(t), t \geqslant 0\}$ 独立. 我们先确定到随机时间 Y 为止的期望更新次数 $E[N(Y)]$. 为此我们先以首次更新的时间 X_1 为条件，得到

$$E[N(Y)] = \int_0^{\infty} E[N(Y) \mid X_1 = x] f(x) \mathrm{d}x, \tag{7.30}$$

其中 f 是到达间隔的密度. 为了确定 $E[N(Y)|X_1 = x]$，我们以 Y 是否超过 x 为条件. 如果 $Y < x$，那么因为首次更新发生在时刻 x，所以到时刻 Y 为止的更新次数等于 0. 如果 $x < Y$，那么到时刻 Y 为止的更新次数等于 1（在 x 的那一个）加上在 x 与 Y 之间的附加更新次数. 但是，由指数随机变量的无记忆性推出，在给定 $Y > x$ 时，Y 超过 x 的部分也是速率为 λ 的指数随机变量. 所以在给定 $Y > x$ 时，在 x 与 Y 之间的更新次数与 $N(Y)$ 同分布. 因此

$$E[N(Y)|X_1 = x, Y < x] = 0,$$
$$E[N(Y)|X_1 = x, Y > x] = 1 + E[N(Y)],$$

所以

$$\begin{aligned}
E[N(Y)|X_1 = x] &= E[N(Y)|X_1 = x, Y < x]P\{Y < x \mid X_1 = x\} \\
&\quad + E[N(Y)|X_1 = x, Y > x]P\{Y > x \mid X_1 = x\} \\
&= E[N(Y)|X_1 = x, Y > x]P\{Y > x\} \quad (\text{因为 } Y \text{ 和 } X_1 \text{ 是独立的}) \\
&= (1 + E[N(Y)])\mathrm{e}^{-\lambda x}.
\end{aligned}$$

将它代入式 (7.30) 得

$$E[N(Y)] = (1 + E[N(Y)]) \int_0^{\infty} \mathrm{e}^{-\lambda x} f(x) \mathrm{d}x,$$

因此

$$E[N(Y)] = \frac{E[\mathrm{e}^{-\lambda X}]}{1 - E[\mathrm{e}^{-\lambda X}]}, \tag{7.31}$$

其中 X 有更新到达间隔分布.

如果令 $\lambda = 1/t$，那么式 (7.31) 给出了（不是直到 t 为止，而是）直到一个

具有均值 t 的随机指数分布时间为止的平均更新次数的表达式. 然而, 因为这样的随机变量未必近似于它的均值 (它的方差是 t^2), 所以式 (7.31) 未必特别地近似 $m(t)$. 为了得到一个精确的近似, 假设 $Y_1, \cdots, Y_n$ 是速率为 λ 的独立指数随机变量, 而且假设它们也独立于更新过程. 对于 $r = 1, \cdots, n$, 令

$$m_r = E[N(Y_1 + \cdots + Y_r)].$$

为了算得 m_r 的表达式, 我们也先以首次更新的时间 X_1 为条件:

$$m_r = \int_0^\infty E[N(Y_1 + \cdots + Y_r)|X_1 = x]f(x)\mathrm{d}x. \tag{7.32}$$

为确定上述条件期望, 我们现在以部分和 $\sum_{i=1}^j Y_i$ ($j = 1, \cdots, r$) 中小于 x 的个数为条件. 如果 r 个部分和都小于 x, 即 $\sum_{i=1}^r Y_i < x$, 那么显然直到时刻 $\sum_{i=1}^r Y_i$ 为止的更新次数是 0. 如果给定 k ($k < r$) 个部分和都小于 x, 那么由指数随机变量的无记忆性推出, 直到 $\sum_{i=1}^r Y_i$ 为止的更新次数将与 1 加上 $N(Y_{k+1} + \cdots + Y_r)$ 有相同的分布. 因此

$$E\left[N(Y_1 + \cdots + Y_r) \,\middle|\, X_1 = x, \text{有 } k \text{ 个} \sum_{i=1}^j Y_i \text{ 小于 } x\right] = \begin{cases} 0, & \text{若 } k = r, \\ 1 + m_{r-k}, & \text{若 } k < r. \end{cases} \tag{7.33}$$

为确定小于 x 的部分和的个数的分布, 注意到部分和 $\sum_{i=1}^j Y_i$ ($j = 1, \cdots, r$) 中相继的值与速率为 λ 的泊松过程的前 r 个事件的时间有相同的分布 (由于每个相继的部分和都是前一个部分和加上一个速率为 λ 的独立指数随机变量). 由此推出, 对于 $k < r$,

$$P\left\{\text{有 } k \text{ 个部分和 } \sum_{i=1}^j Y_i \text{ 小于 } x \,\middle|\, X_1 = x\right\} = \frac{\mathrm{e}^{-\lambda x}(\lambda x)^k}{k!}. \tag{7.34}$$

将式 (7.33) 和 式 (7.34) 代入式 (7.32), 我们得到

$$m_r = \int_0^\infty \sum_{k=0}^{r-1}(1 + m_{r-k})\frac{\mathrm{e}^{-\lambda x}(\lambda x)^k}{k!}f(x)\mathrm{d}x,$$

或者, 等价地,

$$m_r = \frac{\sum_{k=1}^{r-1}(1 + m_{r-k})E[X^k\mathrm{e}^{-\lambda X}](\lambda^k/k!) + E[\mathrm{e}^{-\lambda X}]}{1 - E[\mathrm{e}^{-\lambda X}]}. \tag{7.35}$$

如果令 $\lambda = n/t$, 那么由式 (7.31) 先给出 m_1, 我们可以利用式 (7.35) 递推地计算 $m_2, \cdots, m_n$. $m(t) = E[N(t)]$ 的近似由 $m_n = E[N(Y_1 + \cdots + Y_n)]$ 给出. 由于 $Y_1 + \cdots + Y_n$ 是 n 个均值为 t/n 的独立指数随机变量的和, 因此它服从均值为 t、方差为 $nt^2/n^2 = t^2/n$ 的伽马分布. 因此, 只要选取的 n 很大, $\sum_{i=1}^n Y_i$ 将

是一个以较大的概率集中在 t 附近的随机变量, 故而 $E[N(\sum_{i=1}^{n} Y_i)]$ 将十分近似于 $E[N(t)]$ (事实上, 如果 $m(t)$ 在 t 处连续, 可以证明当 n 趋于无穷时, 这些近似值会收敛到 $m(t)$).

例 7.32 表 7–1 对于具有密度 f_i 的分布 F_i ($i = 1, 2, 3$) 的近似值与精确值作了比较, 其中

$$f_1(x) = xe^{-x},$$
$$1 - F_2(x) = 0.3e^{-x} + 0.7e^{-2x},$$
$$1 - F_3(x) = 0.5e^{-x} + 0.5e^{-5x}.$$

■

表 7–1 近似 $m(t)$

F_i		精确值	近 似 值				
i	t	$m(t)$	$n = 1$	$n = 3$	$n = 10$	$n = 25$	$n = 50$
1	1	0.2838	0.3333	0.3040	0.2903	0.2865	0.2852
1	2	0.7546	0.8000	0.7697	0.7586	0.7561	0.7553
1	5	2.250	2.273	2.253	2.250	2.250	2.250
1	10	4.75	4.762	4.751	4.750	4.750	4.750
2	0.1	0.1733	0.1681	0.1687	0.1689	0.1690	—
2	0.3	0.5111	0.4964	0.4997	0.5010	0.5014	—
2	0.5	0.8404	0.8182	0.8245	0.8273	0.8281	0.8283
2	1	1.6400	1.6087	1.6205	1.6261	1.6277	1.6283
2	3	4.7389	4.7143	4.7294	4.7350	4.7363	4.7367
2	10	15.5089	15.5000	15.5081	15.5089	15.5089	15.5089
3	0.1	0.2819	0.2692	0.2772	0.2804	0.2813	—
3	0.3	0.7638	0.7105	0.7421	0.7567	0.7609	—
3	1	2.0890	2.0000	2.0556	2.0789	2.0850	2.0870
3	3	5.4444	5.4000	5.4375	5.4437	5.4442	5.4443

7.9 有关模式的一些应用

一个具有独立的到达间隔 $X_1, X_2, \cdots$ 的计数过程称为**延迟更新过程**或**广义更新过程**, 如果 X_1 与同分布的随机变量 $X_2, X_3, \cdots$ 有不同的分布. 即一个延迟更新过程是首个到达间隔与其他到达间隔具有不同的分布的更新过程. 延迟更新过程在实践中经常出现, 而很重要的是, 所有关于到时刻 t 为止的事件数 $N(t)$ 的极限定理仍然有效, 例如, 当 $t \to \infty$ 时,

$$\frac{E[N(t)]}{t} \to \frac{1}{\mu} \quad \text{和} \quad \frac{\mathrm{Var}(N(t))}{t} \to \frac{\sigma^2}{\mu^3}$$

仍然正确, 其中 μ 和 σ^2 分别是到达间隔 X_i ($i > 1$) 的均值和方差.

7.9.1　离散随机变量的模式

令 $X_1, X_2, \cdots$ 是独立的, 且 $P\{X_i = j\} = p(j)$, $j \geqslant 0$, 而令 T 为模式 $x_1, \cdots, x_r$ 首次出现的时间. 如果 $(X_{n-r+1}, \cdots, X_n) = (x_1, \cdots, x_r)$, 那么我们说一次更新在时刻 n ($n \geqslant r$) 发生, 而 $\{N(n), n \geqslant 1\}$ 是一个延迟更新过程, 其中 $N(n)$ 为直到时刻 n 为止的更新次数. 由此推出

$$\frac{E[N(n)]}{n} \to \frac{1}{\mu}, \quad \text{当 } n \to \infty \text{ 时,} \tag{7.36}$$

$$\frac{\mathrm{Var}(N(n))}{n} \to \frac{\sigma^2}{\mu^3}, \quad \text{当 } n \to \infty \text{ 时,} \tag{7.37}$$

其中 μ 和 σ 分别是相继的更新之间的时间的均值和标准差. 在 3.6.4 节我们已经介绍了如何计算 T 的期望值, 现在我们介绍如何利用更新理论的结果来计算 T 的均值和方差.

首先, 如果在时刻 i 存在一个更新, 则令 $I(i)$ 等于 1, 否则令它为 0, $i \geqslant r$. 同时, 令 $p = \prod_{i=1}^r p(x_i)$. 因为

$$P\{I(i) = 1\} = P\{X_{i-r+1} = i_1, \cdots, X_i = i_r\} = p,$$

所以 $I(i)$ ($i \geqslant r$) 是参数为 p 的伯努利随机变量. 现在

$$N(n) = \sum_{i=r}^n I(i),$$

所以

$$E[N(n)] = \sum_{i=r}^n E[I(i)] = (n - r + 1)p.$$

除以 n, 并且令 $n \to \infty$, 由式 (7.36) 可得

$$\mu = 1/p. \tag{7.38}$$

即在相继出现这个模式之间的平均时间等于 $1/p$. 同样,

$$\frac{\mathrm{Var}(N(n))}{n} = \frac{1}{n} \sum_{i=r}^n \mathrm{Var}(I(i)) + \frac{2}{n} \sum_{i=r}^{n-1} \sum_{n \geqslant j > i} \mathrm{Cov}(I(i), I(j))$$

$$= \frac{n - r + 1}{n} p(1 - p) + \frac{2}{n} \sum_{i=r}^{n-1} \sum_{i < j \leqslant \min(i+r-1, n)} \mathrm{Cov}(I(i), I(j)),$$

其中最后的等式利用了如下事实: 当 $|i - j| \geqslant r$ 时, $I(i)$ 与 $I(j)$ 是独立的, 故而有零协方差. 令 $n \to \infty$, 并且利用 $\mathrm{Cov}(I(i), I(j))$ 只通过 $|i - j|$ 依赖于 i 和 j, 得到

$$\frac{\mathrm{Var}(N(n))}{n} \to p(1 - p) + 2 \sum_{j=1}^{r-1} \mathrm{Cov}(I(r), I(r + j)).$$

所以,利用式 (7.37) 和式 (7.38),我们有

$$\sigma^2 = p^{-2}(1-p) + 2p^{-3} \sum_{j=1}^{r-1} \text{Cov}(I(r), I(r+j)). \tag{7.39}$$

我们现在考虑模式中重叠的大小. 重叠等于一个模式的末尾部分是下一个模式的开始部分的值的个数. 如果对于所有 $k = 1, \cdots, r-1$,$(i_{r-k+1}, \cdots, i_r) \neq (i_1, \cdots, i_k)$,那么重叠的大小为 0;如果

$$k = \max\{j < r : (i_{r-j+1}, \cdots, i_r) = (i_1, \cdots, i_j)\},$$

那么重叠的大小为 k($k > 0$). 例如,模式 $0,0,1,1$ 的重叠是 0,而模式 $0,0,1,0,0$ 的重叠是 2. 我们考虑两种情形.

情形 1: 模式的重叠是 0

在这种情形下,$\{N(n), n \geqslant 1\}$ 是一个普通的更新过程,而 T 与具有均值 μ 和方差 σ^2 的到达间隔有同样的分布. 因此,由式 (7.38) 可得

$$E[T] = \mu = 1/p. \tag{7.40}$$

此外,由于两个模式不能在彼此距离小于 r 时出现,因此当 $1 \leqslant j \leqslant r-1$ 时,$I(r)I(r+j) = 0$. 于是,

$$\text{Cov}(I(r), I(r+j)) = -E[I(r)]E[I(r+j)] = -p^2, \quad \text{若 } 1 \leqslant j \leqslant r-1.$$

从而由式 (7.39) 我们得到

$$\text{Var}(T) = \sigma^2 = p^{-2}(1-p) - 2p^{-3}(r-1)p^2 = p^{-2} - (2r-1)p^{-1}. \tag{7.41}$$

注 对于"罕见"模式的情形,如果该模式到某个时刻 n 为止还没有出现,那么我们似乎没有理由相信,形成模式余下的时间将比从头开始的时间少得多. 即似乎分布是近似无记忆的,因此近似于指数分布. 由于指数随机变量的方差是均值的平方,因此我们预计当 μ 很大时有 $\text{Var}(T) \approx E^2[T]$,而这由上式所证实,它说明 $\text{Var}(T) = E^2[T] - (2r-1)E[T]$.

例 7.33 假设我们想要知道抛掷一枚均匀的硬币直到模式"正、正、反、正、反"出现所需抛掷的次数. 对于这个模式,$r = 5, p = 1/32$,而重叠为 0. 因此,由式 (7.40) 及式 (7.41) 得到

$$E[T] = 32, \quad \text{Var}(T) = 32^2 - 9 \times 32 = 736,$$

$$\text{Var}(T)/E^2[T] = 0.718\,75.$$

另外,若 $p(i) = i/10$,$i = 1,2,3,4$,而模式是 $1,2,1,4,1,3,2$,则 $r = 7, p = 3/625\,000$,而重叠为 0. 同样由式 (7.40) 和式 (7.41),我们得到在此情形下,有

$$E[T] = 208\,333.33, \quad \text{Var}(T) = 4.34 \times 10^{10},$$
$$\text{Var}(T)/E^2[T] = 0.999\,94.$$ ■

情形 2：模式的重叠是 k

在这种情形下，

$$T = T_{i_1, \cdots, i_k} + T^*,$$

其中 $T_{i_1, \cdots, i_k}$ 是直到模式 $i_1, \cdots, i_k$ 出现的时间，而 T^* 是从 $i_1, \cdots, i_k$ 开始，到模式 $i_1, \cdots, i_r$ 出现所需的附加时间，它与更新过程的到达间隔同分布. 因为这些随机变量都是独立的，所以我们有

$$E[T] = E[T_{i_1, \cdots, i_k}] + E[T^*], \tag{7.42}$$
$$\text{Var}(T) = \text{Var}(T_{i_1, \cdots, i_k}) + \text{Var}(T^*). \tag{7.43}$$

现在，由式 (7.38) 可知

$$E[T^*] = \mu = p^{-1}. \tag{7.44}$$

同样，由于两次更新不能在彼此距离小于或等于 $r - k - 1$ 的范围内发生，因此，当 $1 \leqslant j \leqslant r - k - 1$ 时 $I(r)I(r + j) = 0$. 所以，由式 (7.39) 我们有

$$\text{Var}(T^*) = \sigma^2 = p^{-2}(1-p) + 2p^{-3}\left(\sum_{j=r-k}^{r-1} E[I(r)I(r+j)] - (r-1)p^2\right) \tag{7.45}$$
$$= p^{-2} - (2r-1)p^{-1} + 2p^{-3}\sum_{j=r-k}^{r-1} E[I(r)I(r+j)].$$

在式 (7.45) 中的 $E[I(r)I(r+j)]$ 可以通过考察特殊模式算得. 为了完成 T 的前两个矩的计算，我们重复同样的方法计算 $T_{i_1, \cdots, i_k}$ 的均值和方差.

例 7.34 假设我们要确定抛掷一枚均匀的硬币直到模式"正、正、反、正、正"出现所需抛掷的次数. 对于这个模式，$r = 5, p = 1/32$，而重叠参数是 $k = 2$. 因为

$$E[I(5)I(8)] = P\{h, h, t, h, h, t, h, h\}^{①} = \frac{1}{256},$$
$$E[I(5)I(9)] = P\{h, h, t, h, h, h, t, h, h\} = \frac{1}{512},$$

所以由式 (7.44) 和式 (7.45) 可得

$$E[T^*] = 32, \quad \text{Var}(T^*) = 32^2 - 9 \times 32 + 2 \times 32^3 \left(\frac{1}{256} + \frac{1}{512}\right) = 1120.$$

因此，由式 (7.42) 和式 (7.43)，我们得到

$$E[T] = E[T_{h,h}] + 32, \quad \text{Var}(T) = \text{Var}(T_{h,h}) + 1120.$$

---

① h 表示抛掷的结果是正面，t 表示抛掷的结果是反面. ——编者注

现在考察模式"正、正". 它有 $r=2, p=1/4$, 而重叠参数是 1. 由于对于这个模式, $E[I(2)I(3)]=1/8$, 因此如前, 我们得到

$$E[T_{h,h}] = E[T_h] + 4,$$

$$\mathrm{Var}(T_{h,h}) = \mathrm{Var}(T_h) + 16 - 3 \times 4 + 2 \times \frac{64}{8} = \mathrm{Var}(T_h) + 20.$$

最后, 对于模式"正", 有 $r=1, p=1/2$, 由式 (7.40) 和式 (7.41) 可得

$$E[T_h] = 2, \quad \mathrm{Var}(T_h) = 2.$$

将所有的合起来就得到

$$E[T] = 38, \quad \mathrm{Var}(T) = 1142, \quad \mathrm{Var}(T)/E^2[T] = 0.790\,86. \qquad \blacksquare$$

例 7.35 假设 $P\{X_n = i\} = p_i$, 并且考虑模式 $0,1,2,0,1,3,0,1$. 那么 $r=8, p=p_0^3 p_1^3 p_2 p_3$, 而重叠参数是 $k=2$. 由于

$$E[I(8)I(14)] = p_0^5 p_1^5 p_2^2 p_3^2, \quad E[I(8)I(15)] = 0,$$

因此由式 (7.42) 和式 (7.44) 可得

$$E[T] = E[T_{0,1}] + p^{-1},$$

而由式 (7.43) 和式 (7.45) 可得

$$\mathrm{Var}(T) = \mathrm{Var}(T_{0,1}) + p^{-2} - 15p^{-1} + 2p^{-1}(p_0 p_1)^{-1}.$$

现在, 模式 0,1 的 r 和 p 的值是 $r(0,1)=2, p(0,1)=p_0 p_1$, 其重叠是 0. 因此, 根据式 (7.40) 和式 (7.41),

$$E[T_{0,1}] = (p_0 p_1)^{-1}, \quad \mathrm{Var}(T_{0,1}) = (p_0 p_1)^{-2} - 3(p_0 p_1)^{-1}.$$

例如, 若 $p_i = 0.2, i=0,1,2,3$, 则

$$E[T] = 25 + 5^8 = 390\,650,$$

$$\mathrm{Var}(T) = 625 - 75 + 5^{16} + 35 \times 5^8 = 1.526 \times 10^{11},$$

$$\mathrm{Var}(T)/E^2[T] = 0.999\,96. \qquad \blacksquare$$

注 可以证明 T 是一类称为**新优于旧**（NBU）的离散随机变量, 其大致含义是, 如果模式直到某个时刻 n 为止还没有出现, 那么到模式出现所需的附加时间往往小于从该时刻重新开始到模式出现所需的时间. 已知这样的随机变量满足（见参考文献 [4] 中的命题 9.6.1）

$$\mathrm{Var}(T) \leqslant E^2[T] - E[T] \leqslant E^2[T]. \qquad \blacksquare$$

现在假设有 s 个模式 $A(1), \cdots, A(s)$, 而我们要求直到其中一个模式出现的平均时间和首先出现的那个模式的概率质量函数. 不失一般性, 我们假定这些模

式中没有一个包含于另一个之中（即我们排除如 $A(1) =$ "正、正" 和 $A(2) =$ "正、正、反" 这样的平凡情形）. 为了确定这些量, 令 $T(i)$ 为直至模式 $A(i)$ 出现的时间, $i = 1, \cdots, s$, 而令 $T(i, j)$ 为从模式 $A(i)$ 出现开始到模式 $A(j)$ 出现的附加时间, $i \neq j$. 先计算这些随机变量的期望值. 我们已经展示了如何计算 $E[T(i)], i = 1, \cdots, s$. 使用同样的方法计算 $E[T(i, j)]$ 时, 考虑在 $A(i)$ 的末尾部分与 $A(j)$ 的开始部分之间可能存在的任何重叠. 例如, 假设 $A(1) = 0, 0, 1, 2, 0, 3$, 而 $A(2) = 2, 0, 3, 2, 0$. 那么

$$T(2) = T_{2,0,3} + T(1, 2),$$

其中 $T_{2,0,3}$ 是得到模式 2 0 3 所需的时间, 因此,

$$E[T(1, 2)] = E[T(2)] - E[T_{2,0,3}] = (p_2^2 p_0^2 p_3)^{-1} + (p_0 p_2)^{-1} - (p_2 p_0 p_3)^{-1}.$$

现在假设所有的量 $E[T(i)]$ 和 $E[T(i, j)]$ 已经算出. 令

$$M = \min_i T(i),$$

再令

$$P(i) = P\{M = T(i)\}, \quad i = 1, \cdots, s.$$

即 $P(i)$ 是首先出现的模式为 $A(i)$ 的概率. 对于每个 j, 我们推导 $E[T(j)]$ 满足的一个方程如下:

$$E[T(j)] = E[M] + E[T(j) - M] = E[M] + \sum_{i: i \neq j} E[T(i, j)] P(i), \quad j = 1, \cdots, s, \quad (7.46)$$

其中最后的等式是通过以首先出现的那个模式为条件得到的. 方程 (7.46) 和方程

$$\sum_{i=1}^{s} P(i) = 1$$

一起构成了包含 $s + 1$ 个未知数 $E[M]$ 和 $P(i)$（$i = 1, \cdots, s$）的 $s + 1$ 个方程. 求解它们就能得到所求的量.

例 7.36 假设我们连续地抛掷一枚均匀的硬币. 对于 $A(1) =$ "正、反、反、正、正" 和 $A(2) =$ "正、正、反、正、反", 我们有

$$E[T(1)] = 32 + E[T_h] = 34,$$
$$E[T(2)] = 32,$$
$$E[T(1, 2)] = E[T(2)] - E[T_{h,h}] = 32 - (4 + E[T_h]) = 26,$$
$$E[T(2, 1)] = E[T(1)] - E[T_{h,t}] = 34 - 4 = 30.$$

因此, 我们需要求解方程组

$$34 = E[M] + 30 P(2), \quad 32 = E[M] + 26 P(1), \quad 1 = P(1) + P(2).$$

这些方程易于求解，并由此导出

$$P(1) = P(2) = \frac{1}{2}, \quad E[M] = 19.$$

注意虽然出现模式 $A(2)$ 的平均时间小于出现模式 $A(1)$ 的平均时间，但是它们先出现的概率是相同的. ■

当这些模式中的任意一个都没有重叠时，方程 (7.46) 容易求解. 在这种情形下，对于一切 $i \neq j$，

$$E[T(i,j)] = E[T(j)],$$

所以方程 (7.46) 简化为

$$E[T(j)] = E[M] + (1 - P(j))E[T(j)],$$

因此

$$P(j) = E[M]/E[T(j)].$$

将上式对所有的 j 求和，得到

$$E[M] = \frac{1}{\sum_{j=1}^{s} 1/E[T(j)]}, \tag{7.47}$$

$$P(j) = \frac{1/E[T(j)]}{\sum_{j=1}^{s} 1/E[T(j)]}. \tag{7.48}$$

在下一个例子中，我们利用上述结果重新分析例 7.7 的模式.

例 7.37 假设在每局游戏中，独立于之前的游戏结果，玩家 i 赢的概率为 p_i，$i = 1, \cdots, s$. 还假设存在特定的数 $n(1), \cdots, n(s)$，使先连续赢得 $n(i)$ 局的玩家 i 被宣布为比赛的获胜者. 求直至有一个玩家获胜的平均局数，并求玩家 i 获胜的概率，$i = 1, \cdots, s$.

解 对于 $i = 1, \cdots, s$，令 $A(i)$ 为 i 的连续 $n(i)$ 个值的模式，这个问题在于求模式 $A(i)$ 先出现的概率 $P(i)$ 及 $E[M]$. 因为

$$E[T(i)] = (1/p_i)^{n(i)} + (1/p_i)^{n(i)-1} + \cdots + 1/p_i = \frac{1 - p_i^{n(i)}}{p_i^{n(i)}(1 - p_i)},$$

所以由式 (7.47) 和式 (7.48)，我们得到

$$E[M] = \frac{1}{\sum_{j=1}^{s} [p_j^{n(j)}(1 - p_j)/(1 - p_j^{n(j)})]},$$

$$P(i) = \frac{p_i^{n(i)}(1 - p_i)/(1 - p_i^{n(i)})}{\sum_{j=1}^{s} [p_j^{n(j)}(1 - p_j)/(1 - p_j^{n(j)})]}. \quad ■$$

7.9.2　不同值的最大连贯的期望时间

令 X_i $(i \geqslant 1)$ 是独立同分布的随机变量，等可能地取 $1, 2, \cdots, m$ 中的任意一个值．假设这些随机变量相继地被观测，令 T 为 m 个相继的值中首次包含所有的值 $1, 2, \cdots, m$ 的时刻，即

$$T = \min\{n : X_{n-m+1}, \cdots, X_n \text{ 都不同}\}.$$

为了计算 $E[T]$，定义一个更新过程，并令首次更新发生在 T．从这个时刻重新开始，不使用 T 前的数据值，令下一次更新发生在下一次 m 个相继的值都不同的时刻，以此类推．例如，若 $m = 3$，而数据是

$$1, 3, 3, 2, 1, 2, 3, 2, 1, 3, \cdots, \tag{7.49}$$

则到时刻 10 为止有两次更新，更新发生在时刻 5 和 9．我们将构成更新的 m 个不同值的序列称为**更新连贯**．

现在我们将这个更新过程转化为一个延迟更新报酬过程，假设对于 $n \geqslant m$，如果值 $X_{n-m+1}, \cdots, X_n$ 都不相同，就在时刻 n 赚得一个报酬，即每次前面的 m 个数据都不相同时赚得一个报酬．例如，若 $m = 3$，而数据值如 (7.49) 中所示，则分别在时刻 5、7、9 和 10 赚得一个报酬．如果我们令 R_i 为在时刻 i 所赚的报酬，那么由命题 7.3 可得

$$\lim_{n \to \infty} \frac{E\left[\sum_{i=1}^{n} R_i\right]}{n} = \frac{E[R]}{E[T]}, \tag{7.50}$$

其中 R 是在更新时刻之间所赚的报酬．现在，令 A_i 为一个更新连贯的前 i 个数据值的集合，而 B_i 是紧跟这个更新连贯的前 i 个数据值的集合，我们有

$$\begin{aligned}
E[R] &= 1 + \sum_{i=1}^{m-1} E[\text{在一个更新后的时刻 } i \text{ 赚的报酬}] \\
&= 1 + \sum_{i=1}^{m-1} P\{A_i = B_i\} = 1 + \sum_{i=1}^{m-1} \frac{i!}{m^i} = \sum_{i=0}^{m-1} \frac{i!}{m^i}.
\end{aligned} \tag{7.51}$$

由于对于 $i \geqslant m$，

$$E[R_i] = P\{X_{i-m+1}, \cdots, X_i \text{ 都不相同}\} = \frac{m!}{m^m},$$

因此，从式 (7.50) 推出

$$\frac{m!}{m^m} = \frac{E[R]}{E[T]}.$$

于是，由式 (7.51)，我们得到

$$E[T] = \frac{m^m}{m!} \sum_{i=0}^{m-1} i!/m^i.$$

上述延迟更新报酬过程的方法，也给了我们另一个途径来计算直至一个特殊的模式出现的期望时间. 我们用以下例子来阐明.

例 7.38 计算当一枚以概率 p 出现正面，而以概率 $q = 1 - p$ 出现反面的硬币被连续地抛掷时，直到模式"正、正、正、反、正、正、正"出现的期望抛掷次数 $E[T]$.

解 定义一个更新过程，令这个模式首次出现时为首次更新，然后再重新开始. 另外，每当这个模式出现，就赚得一个报酬. 如果 R 是在更新时刻之间所赚的报酬，那么我们有

$$E[R] = 1 + \sum_{i=1}^{6} E[\text{在一个更新后的时刻 } i \text{ 赚的报酬}]$$
$$= 1 + 0 + 0 + 0 + p^3 q + p^3 qp + p^3 qp^2.$$

由于在时刻 i 所赚的期望报酬是 $E[R_i] = p^6 q$，因此我们由更新报酬定理得到

$$\frac{1 + qp^3 + qp^4 + qp^5}{E[T]} = qp^6,$$

从而

$$E[T] = q^{-1}p^{-6} + p^{-3} + p^{-2} + p^{-1}. \quad \blacksquare$$

7.9.3 连续随机变量的递增连贯

令 $X_1, X_2, \cdots$ 是独立同分布的连续随机变量序列，而令 T 为首次有 r 个相继的递增值出现的时间，即

$$T = \min\{n \geqslant r : X_{n-r+1} < X_{n-r+2} < \cdots < X_n\}.$$

为了计算 $E[T]$，定义一个更新过程如下. 令首次更新发生在 T. 然后，只利用 T 以后的数据值，当又出现 r 个相继的递增值时，就说下一次更新发生，并且以这种方式继续下去. 例如，若 $r = 3$，而前面的 15 个数据值为

$$12, 20, 22, 28, 43, 18, 24, 33, 60, 4, 16, 8, 12, 15, 18,$$

则直至时刻 15 为止发生了 3 次更新，即在时刻 3、8 和 14. 如果我们令 $N(n)$ 为到时刻 n 为止的更新次数，那么由基本更新定理可知

$$\frac{E[N(n)]}{n} \to \frac{1}{E[T]}.$$

为了计算 $E[N(n)]$，定义一个随机过程，它在时刻 k 的状态记为 S_k，它等于在时刻 k 的相继递增的值的个数. 即对于 $1 \leqslant j \leqslant k$，

$$S_k = j, \quad \text{如果 } X_{k-j} > X_{k-j+1} < \cdots < X_{k-1} < X_k,$$

其中 $X_0 = \infty$. 注意更新发生在时刻 k, 当且仅当对于某个 $i \geqslant 1$ 有 $S_k = ir$. 例如, 若 $r = 3$, 而且
$$X_5 > X_6 < X_7 < X_8 < X_9 < X_{10} < X_{11},$$
那么
$$S_6 = 1, \quad S_7 = 2, \quad S_8 = 3, \quad S_9 = 4, \quad S_{10} = 5, \quad S_{11} = 6,$$
并且更新发生在时刻 8 和 11. 现在, 对于 $k > j$,
$$
\begin{aligned}
P\{S_k = j\} &= P\{X_{k-j} > X_{k-j+1} < \cdots < X_{k-1} < X_k\} \\
&= P\{X_{k-j+1} < \cdots < X_{k-1} < X_k\} \\
&\quad - P\{X_{k-j} < X_{k-j+1} < \cdots < X_{k-1} < X_k\} \\
&= \frac{1}{j!} - \frac{1}{(j+1)!} \\
&= \frac{j}{(j+1)!},
\end{aligned}
$$
其中倒数第二个等式是由于这些随机变量的所有排序都是等可能的.

从上面我们看到
$$\lim_{k \to \infty} P\{\text{一次更新发生在时刻 } k\} = \lim_{k \to \infty} \sum_{i=1}^{\infty} P\{S_k = ir\} = \sum_{i=1}^{\infty} \frac{ir}{(ir+1)!}.$$
然而
$$E[N(n)] = \sum_{k=1}^{n} P\{\text{一次更新发生在时刻 } k\}.$$
因为我们能够证明对于任意 a_k ($k \geqslant 1$), 只要 $\lim_{k \to \infty} a_k$ 存在, 就有
$$\lim_{n \to \infty} \frac{\sum_{k=1}^{n} a_k}{n} = \lim_{k \to \infty} a_k,$$
根据上式, 利用基本更新定理, 我们得到
$$E[T] = \frac{1}{\sum_{i=1}^{\infty} ir/(ir+1)!}.$$

7.10   保险破产问题

假设保险公司的理赔按速率为 λ 的泊松过程到达, 而相继的理赔额 $Y_1, Y_2, \cdots$ 是具有共同分布函数 $F(x)$ 和密度函数 $f(x)$ 的独立随机变量. 再假设理赔额独立于理赔到达的时间. 于是, 如果我们令 $M(t)$ 为到时刻 t 为止的理赔次数, 那么 $\sum_{i=1}^{M(t)} Y_i$ 是到时刻 t 为止支付的总理赔额. 假定公司初始资本为 x, 而且以单位时间常数速率 c 收到保险金, 我们想求公司的净资金最终变成负数的概率, 即

$$R(x) = P\Big\{ \text{对于某个 } t \geqslant 0 \text{ 有 } \sum_{i=1}^{M(t)} Y_i > x + ct \Big\}.$$

如果公司的资金最终变成负的，那么我们说公司破产了．于是 $R(x)$ 是初始资本为 x 的公司破产的概率．

令 $\mu = E[Y_i]$ 是平均理赔额，而且令 $\rho = \lambda \mu / c$．因为理赔以速率 λ 发生，所以支付理赔额的长程速率为 $\lambda \mu$（一个正式的推理是用更新报酬过程．每当一次理赔发生时，就开始一个新的循环，这个循环的价格是理赔额，所以长程平均价格是一个循环的平均价格 μ 除以平均循环时间 $1/\lambda$）．因为收到保险金的速率为 c，所以显然，当 $\rho > 1$ 时，$R(x) = 1$．因为当 $\rho = 1$ 时，可以证明 $R(x)$ 也等于 1（考虑对称随机游动的常返性），所以我们假设 $\rho < 1$．

为了确定 $R(x)$，我们先推导一个微分方程．首先考虑在前 h 个单位时间会发生什么，其中 h 很小．这时，以概率 $1 - \lambda h + o(h)$ 将没有理赔，在时刻 h 公司的资金是 $x + ch$；以概率 $\lambda h + o(h)$ 恰有一次理赔，在时刻 h 公司的资金是 $x + ch - Y_1$；以概率 $o(h)$ 有两次或两次以上的理赔．所以，以前 h 个单位时间内发生的事件数为条件推出

$$R(x) = (1 - \lambda h)R(x + ch) + \lambda h E[R(x + ch - Y_1)] + o(h).$$

等价地，

$$R(x + ch) - R(x) = \lambda h R(x + ch) - \lambda h E[R(x + ch - Y_1)] + o(h).$$

除以 ch 得

$$\frac{R(x + ch) - R(x)}{ch} = \frac{\lambda}{c} R(x + ch) - \frac{\lambda}{c} E[R(x + ch - Y_1)] + \frac{1}{c} \frac{o(h)}{h}.$$

令 h 趋近于 0，得到微分方程

$$R'(x) = \frac{\lambda}{c} R(x) - \frac{\lambda}{c} E[R(x - Y_1)].$$

因为当 $u < 0$ 时 $R(u) = 1$，所以上式可以写成

$$R'(x) = \frac{\lambda}{c} R(x) - \frac{\lambda}{c} \int_0^x R(x - y) f(y) \mathrm{d}y - \frac{\lambda}{c} \int_x^\infty f(y) \mathrm{d}y,$$

或者，等价地，

$$R'(x) = \frac{\lambda}{c} R(x) - \frac{\lambda}{c} \int_0^x R(x - y) f(y) \mathrm{d}y - \frac{\lambda}{c} \overline{F}(x), \tag{7.52}$$

其中 $\overline{F}(x) = 1 - F(x)$．

现在我们利用上述方程证明 $R(x)$ 也满足方程

$$R(x) = R(0) + \frac{\lambda}{c} \int_0^x R(x - y) \overline{F}(y) \mathrm{d}y - \frac{\lambda}{c} \int_0^x \overline{F}(y) \mathrm{d}y, \quad x \geqslant 0. \tag{7.53}$$

为了验证方程 (7.53)，我们将证明对它的两边微分会得到方程 (7.52)（可以证明方程 (7.52) 和方程 (7.53) 都有唯一的解）. 为此我们需要下述引理，其证明将在本节末尾给出.

引理 7.5　对于函数 k 和可微函数 t，有

$$\frac{\mathrm{d}}{\mathrm{d}x}\int_0^x t(x-y)k(y)\mathrm{d}y = t(0)k(x) + \int_0^x t'(x-y)k(y)\mathrm{d}y.$$

利用上面的引理，对方程 (7.53) 两边求导得

$$R'(x) = \frac{\lambda}{c}\left[R(0)\overline{F}(x) + \int_0^x R'(x-y)\overline{F}(y)\mathrm{d}y - \overline{F}(x)\right]. \tag{7.54}$$

通过分部积分 $[\,u = \overline{F}(y), \mathrm{d}v = R'(x-y)\mathrm{d}y\,]$ 可得

$$\int_0^x R'(x-y)\overline{F}(y)\mathrm{d}y = -\overline{F}(y)R(x-y)\big|_0^x - \int_0^x R(x-y)f(y)\mathrm{d}y$$

$$= -\overline{F}(x)R(0) + R(x) - \int_0^x R(x-y)f(y)\mathrm{d}y.$$

将这个结果代回方程 (7.54)，就得到方程 (7.52). 于是我们建立了方程 (7.53).

为了得到 $R(x)$ 的更有用的表达式，考虑一个更新过程，它的到达间隔 X_1, $X_2, \cdots$ 的分布是 F 的平衡分布，即 X_i 的密度函数是

$$f_e(x) = F'_e(x) = \frac{\overline{F}(x)}{\mu}.$$

令 $N(t)$ 为到时刻 t 为止的更新次数，我们对

$$q(x) = E\left[\rho^{N(x)+1}\right]$$

推导一个表达式. 以 X_1 为条件，得到

$$q(x) = \int_0^\infty E\left[\rho^{N(x)+1}\,\big|\,X_1 = y\right]\frac{\overline{F}(y)}{\mu}\mathrm{d}y.$$

因为给定 $X_1 = y$，当 $y \leqslant x$ 时到时刻 x 为止的更新次数与 $1 + N(x-y)$ 同分布，而当 $y > x$ 时恒等于 0，所以我们看到

$$E\left[\rho^{N(x)+1}\,\big|\,X_1 = y\right] = \begin{cases} \rho\,E\left[\rho^{N(x-y)+1}\right], & \text{若 } y \leqslant x, \\[2mm] \rho, & \text{若 } y > x. \end{cases}$$

因此，$q(x)$ 满足

$$q(x) = \int_0^x \rho q(x-y)\frac{\overline{F}(y)}{\mu}\mathrm{d}y + \rho\int_x^\infty \frac{\overline{F}(y)}{\mu}\mathrm{d}y$$

$$= \frac{\lambda}{c}\int_0^x q(x-y)\overline{F}(y)\mathrm{d}y + \frac{\lambda}{c}\left[\int_0^\infty \overline{F}(y)\mathrm{d}y - \int_0^x \overline{F}(y)\mathrm{d}y\right]$$

$$= \frac{\lambda}{c} \int_0^x q(x-y)\overline{F}(y)\mathrm{d}y + \rho - \frac{\lambda}{c} \int_0^x \overline{F}(y)\mathrm{d}y.$$

因为 $q(0) = \rho$, 所以这恰好是 $R(x)$ 满足的方程, 即方程 (7.53). 因为方程 (7.53) 的解是唯一的, 所以我们就得到如下的命题.

命题 7.6

$$R(x) = q(x) = E\left[\rho^{N(x)+1}\right].$$

例 7.39 假设公司开始没有任何资本. 那么, 因为 $N(0) = 0$, 所以公司破产的概率是 $R(0) = \rho$. ■

例 7.40 如果理赔分布 F 是均值为 μ 的指数分布, 那么 F_e 也是指数分布. 因此, $N(x)$ 是均值为 x/μ 的泊松过程, 由此可得

$$R(x) = E\left[\rho^{N(x)+1}\right] = \sum_{n=0}^{\infty} \rho^{n+1}\mathrm{e}^{-x/\mu}(x/\mu)^n/n!$$

$$= \rho\mathrm{e}^{-x/\mu} \sum_{n=0}^{\infty} (\rho x/\mu)^n/n!$$

$$= \rho\mathrm{e}^{-x(1-\rho)/\mu}. \quad ■$$

为了得到破产概率, 令 T 独立于具有到达间隔分布 F_e 的更新过程的到达间隔 X_i, 而且 T 有概率质量函数

$$P\{T = n\} = \rho^n(1 - \rho), \quad n = 0, 1, \cdots.$$

现在考虑前 T 个 X_i 的和超过 x 的概率 $P\left\{\sum_{i=1}^{T} X_i > x\right\}$, 因为 $N(x) + 1$ 是在时刻 x 后的首次更新, 所以

$$N(x) + 1 = \min\left\{n : \sum_{i=1}^{n} X_i > x\right\}.$$

因此, 以到时刻 x 为止的更新次数为条件, 得到

$$P\left\{\sum_{i=1}^{T} X_i > x\right\} = \sum_{j=0}^{\infty} P\left\{\sum_{i=1}^{T} X_i > x \Big| N(x) = j\right\} P\{N(x) = j\}$$

$$= \sum_{j=0}^{\infty} P\{T \geqslant j+1 | N(x) = j\} P\{N(x) = j\}$$

$$= \sum_{j=0}^{\infty} P\{T \geqslant j+1\} P\{N(x) = j\}$$

$$= \sum_{j=0}^{\infty} \rho^{j+1} P\{N(x) = j\}$$

$$= E\left[\rho^{N(x)+1}\right].$$

从而, $P\left\{\sum_{i=1}^{T} X_i > x\right\}$ 等于破产概率. 正如例 7.39 所指出的, 初始资本为 0 的公司的破产概率是 ρ. 假设公司初始资本为 x, 而且暂时假设即使它的资金变成负的公司仍然运行. 因为公司的资金下降到初始资本 x 以下的概率和开始于 0 的资金变成负值的概率相同, 所以这个概率也是 ρ. 于是只要公司的资金低于它以前所有的值, 我们就说发生了一次新低, 那么发生一次新低的概率是 ρ. 如果出现了一次新低, 那么存在另一次新低的概率是使公司的资金下降到前一次新低以下的概率, 显然这个概率也是 ρ. 所以每次新低以概率 $1 - \rho$ 是最后一次. 因此, 发生新低的次数与 T 有相同的分布. 此外, 如果我们令 W_i 为第 i 个新低与前一个新低之间的非负差额, 那么容易看出 $W_1, W_2, \cdots$ 是独立同分布的, 而且独立于新低的次数. 因为公司的资金在所有时间内的 (即使资金变成负的仍允许公司保持运行) 最小值是 $x - \sum_{i=1}^{T} W_i$, 所以, 一个以初始资本 x 开始的公司的破产概率是

$$R(x) = P\left\{\sum_{i=1}^{T} W_i > x\right\}.$$

因为

$$R(x) = E\left[\rho^{N(x)+1}\right] = P\left\{\sum_{i=1}^{T} X_i > x\right\},$$

所以我们可以将 W_i 与 X_i 等同起来, 即我们可以得到结论: 每次新低都比前一次低一个随机的量, 这个随机量的分布是理赔分布的平衡分布.

注 因为相继的理赔之间的时间是均值为 $1/\lambda$ 的独立指数随机变量, 同时保险公司以常数速率 c 收到保险金, 所以在相继的理赔之间保险公司收到的保险金数额是均值为 c/λ 的独立指数随机变量. 于是, 因为只有在发生理赔时保险公司才可能会破产, 所以当在相继的理赔之间收到的保险金数额是均值为 c/λ 的独立指数随机变量, 相继的理赔额是具有分布函数 F 的独立随机变量, 并且这两个过程独立时, 命题 7.6 中给出的破产概率 $R(x)$ 的表达式是正确的.

现在考虑顾客在任意时间购买保单的保险模型, 其中每个顾客以每单位时间常数速率 c 支付保险金, 到顾客理赔的时间是速率为 λ 的指数随机变量, 每次理赔额都具有分布 F. 考虑相继的理赔之间保险公司收到的保险金数额. 特别地, 假设刚刚发生一次理赔, 令 X 是下次理赔发生前保险公司收到的保险金数额. 注意, 直至下次理赔发生, 这个数额是随时间连续增长的, 假设从上一次理赔到现在收到保险金数额 t. 我们要计算在收到另外的金额 h 前发生理赔的概率, 其中 h 很小. 为了确定这个概率, 假设目前公司有 k 个顾客. 因为这 k 个顾客都以速率 c 支付保险金, 所以在下次理赔发生前公司收到的保险金少于 h, 当且仅当在

接下来的 $h/(kc)$ 个单位时间内发生理赔. 因为这 k 个顾客都以指数速率 λ 提出理赔, 所以直至有一个顾客理赔的时间是速率为 $k\lambda$ 的指数随机变量. 记这个随机变量为 $E_{k\lambda}$, 那么保险金增加额小于 h 的概率是

$$P\{增加额 < h \,|\, k \text{ 个顾客}\} = P\left\{E_{k\lambda} < \frac{h}{kc}\right\} = 1 - \mathrm{e}^{-\lambda h/c} = \frac{\lambda}{c}h + o(h).$$

于是

$$P\{X < t + h | X > t\} = \frac{\lambda}{c}h + o(h),$$

这表明 X 的失败率函数恒等于 λ/c. 但是这意味着在相继的理赔之间收到的保险金数额是均值为 c/λ 的指数随机变量. 因为每次的理赔额具有分布函数 F, 所以在这个保险模型中保险公司破产的概率恰好与前面分析的传统模型中的破产概率一样. ■

现在我们给出引理 7.5 的证明.

引理 7.5 的证明　令 $G(x) = \int_0^x t(x - y)k(y)\mathrm{d}y$. 那么

$$G(x+h) - G(x)$$
$$= G(x+h) - \int_0^x t(x+h-y)k(y)\mathrm{d}y + \int_0^x t(x+h-y)k(y)\mathrm{d}y - G(x)$$
$$= \int_x^{x+h} t(x+h-y)k(y)\mathrm{d}y + \int_0^x [t(x+h-y) - t(x-y)]k(y)\mathrm{d}y.$$

除以 h 可得

$$\frac{G(x+h) - G(x)}{h}$$
$$= \frac{1}{h}\int_x^{x+h} t(x+h-y)k(y)\mathrm{d}y + \int_0^x \frac{t(x+h-y) - t(x-y)}{h}k(y)\mathrm{d}y.$$

令 $h \to 0$ 可得结果

$$G'(x) = t(0)k(x) + \int_0^x t'(x-y)k(y)\mathrm{d}y.$$ ■

习　　题

1. 判断正误:

(a) $N(t) < n$, 当且仅当 $S_n > t$;

(b) $N(t) \leqslant n$, 当且仅当 $S_n \geqslant t$;

(c) $N(t) > n$, 当且仅当 $S_n < t$.

2. 假设更新过程的到达间隔分布是均值为 μ 的泊松分布, 即假设

$$P\{X_n = k\} = \mathrm{e}^{-\mu}\frac{\mu^k}{k!}, \quad k = 0, 1, \cdots.$$

(a) 求 S_n 的分布.

(b) 计算 $P\{N(t) = n\}$.

3. 令 $\{N_1(t), t \geqslant 0\}$ 和 $\{N_2(t), t \geqslant 0\}$ 是独立的更新过程. 令 $N(t) = N_1(t) + N_2(t)$.

(a) $\{N(t), t \geqslant 0\}$ 的到达间隔是否独立?

(b) 它们是否同分布?

(c) $\{N(t), t \geqslant 0\}$ 是否是更新过程?

4. 令 $U_1, U_2, \cdots$ 是 $(0, 1)$ 上的独立均匀随机变量, 定义 N 为

$$N = \min\{n : U_1 + U_2 + \cdots + U_n > 1\}.$$

$E[N]$ 是多少?

*5. 考虑一个到达间隔分布为 $\Gamma(r, \lambda)$ 的更新过程 $\{N(t), t \geqslant 0\}$, 即到达间隔密度是

$$f(x) = \frac{\lambda \mathrm{e}^{-\lambda x}(\lambda x)^{r-1}}{(r-1)!}, \quad x > 0.$$

(a) 证明

$$P\{N(t) \geqslant n\} = \sum_{i=nr}^{\infty} \frac{\mathrm{e}^{-\lambda t}(\lambda t)^i}{i!}.$$

(b) 证明

$$m(t) = \sum_{i=r}^{\infty} \left\lfloor \frac{i}{r} \right\rfloor \frac{\mathrm{e}^{-\lambda t}(\lambda t)^i}{i!},$$

其中 $\lfloor i/r \rfloor$ 是小于或等于 i/r 的最大整数.

提示: 利用 $\Gamma(r, \lambda)$ 分布与 r 个速率为 λ 的独立指数随机变量的和之间的关系, 用一个速率为 λ 的泊松过程定义 $N(t)$.

6. 有两名选手在进行一系列比赛, 比赛从其中一名选手发球开始. 假设选手 1 在自己发球时赢得每场比赛的概率为 p_1, 在对手发球时赢得每场比赛的概率为 p_2. 此外, 假设每场比赛的获胜者将成为下一场比赛的发球方. 求选手 1 赢得的比赛所占的比例.

7. 史密斯先生一直在做短工. 他的每份工作平均可做 3 个月. 如果他在每份工作前的失业时间服从均值为 2 (个月) 的指数分布, 那么史密斯先生得到一份新工作的速率是多少?

*8. 当机器发生故障或者已经使用了 T 年时, 就换上一台新机器. 如果相继的机器的寿命是独立的, 且具有一个密度函数为 f 的共同分布 F, 证明

(a) 机器被替换的长程速率等于

$$\left[\int_0^T x f(x) \mathrm{d}x + T(1 - F(T)) \right]^{-1},$$

(b) 机器发生故障的长程速率等于

$$\frac{F(T)}{\int_0^T x f(x) \mathrm{d}x + T[1 - F(T)]}.$$

9. 一个工人连续地干一些工作. 每完成一个工作, 就开始一个新的. 每个工作独立地需要一个具有分布 F 的随机时间来完成. 与此独立的是, 触电按速率为 λ 的泊松过程发生. 一旦触电, 这个工人就不再继续现在的工作而开始一个新的. 问工作完成的长程速率是多少?

10. 考虑一个平均到达间隔为 μ 的更新过程. 假设这个过程的每一个事件以概率 p 被计入. 令 $N_C(t)$ 为到时刻 t ($t > 0$) 为止被计入的事件数.

(a) $\{N_C(t), t \geqslant 0\}$ 是更新过程吗?

(b) $\lim_{t \to \infty} N_C(t)/t$ 是多少?

11. 事件按照速率为 λ 的泊松过程发生. 任何在前一个事件发生后的 d 个单位时间内发生的事件称为 d–事件. 如果 $d = 1$, 且事件在 $2, 2.8, 4, 6, 6.6$ 等时刻发生, 那么在时刻 2.8 和时刻 6.6 发生的事件就是 d–事件.

(a) d–事件发生的速率是多少?

(b) 在所有事件中, d–事件所占的比例是多少?

12. 令 $U_1, \cdots, U_n, \cdots$ 是 $(0,1)$ 上的独立均匀随机变量. 令
$$N = \min\{n : U_n > 0.8\},$$
令 $S = \sum_{i=1}^{N} U_i$.

(a) 通过以 U_1 的值为条件, 求 $E[S]$.

(b) 通过以 N 为条件, 求 $E[S]$.

(c) 利用瓦尔德方程, 求 $E[S]$.

13. 在每局游戏中, 玩家等可能地赢或输 1 元. 你使用的策略是: 若首局赢则离开, 若首局输则再玩两局后离开. 令 X 为你的累计所得.

(a) 用瓦尔德方程确定 $E[X]$.

(b) 计算 X 的概率质量函数, 并用它求 $E[X]$.

14. 考虑破产问题, 每次游戏中玩家赢 1 元的概率为 p, 输 1 元的概率为 $1 - p$. 玩家继续玩直至他的所得为 $N - i$ 元或 $-i$ 元. (也就是说, 玩家从 i 元开始, 当他的财富到达 0 或 N 时离开.) 令 T 为玩家离开时已经进行的游戏次数. 利用瓦尔德方程, 结合已知的玩家最后所得是 $N - i$ 的概率求 $E[T]$.

提示: 令 X_j 为玩家在第 j 次游戏中的所得, $j \geqslant 1$. $\sum_{j=1}^{T} X_j$ 的可能值是什么? $E\left[\sum_{j=1}^{T} X_j\right]$ 是多少?

15. 某矿工被困在有三扇门的房间之中, 他选择门 1 则前进 2 天后可获自由; 选择门 2 则前进 4 天后回到这个房间; 选择门 3 则前进 6 天后还是回到这个房间. 假设任何时间他都等可能地选择 3 扇门中的任意一扇, 令 T 为这个矿工获得自由所用的时间.

(a) 定义独立同分布的随机变量序列 $X_1, X_2, \cdots$ 和一个停时 N, 使得
$$T = \sum_{i=1}^{N} X_i.$$

注 你可以想象在获得自由后这个矿工还继续随机地选择门.

(b) 利用瓦尔德方程求 $E[T]$.

(c) 计算 $E\left[\sum_{i=1}^{N} X_i \,\middle|\, N = n\right]$, 并且注意它并不等于 $E\left[\sum_{i=1}^{n} X_i\right]$.

(d) 利用 (c) 对 $E[T]$ 进行第二次推导.

16. 将一副 52 张的扑克牌洗好, 然后一张一张地翻开. 如果第 i 张翻开的牌是 A, 则令 X_i 等于 1, 否则令它为 0, $i = 1, \cdots, 52$. 同时, 令 N 为使 4 个 A 都出现所需翻开的牌数, 即最后一个 A 出现在第 N 张被翻开的牌上. 方程
$$E\left[\sum_{i=1}^{N} X_i\right] = E[N]E[X_i]$$
是否成立? 如果不成立, 为什么瓦尔德方程不适用?

17. 在例 7.6 中，假设潜在的顾客按一个具有到达间隔分布 F 的更新过程到达. 如果一个事件对应于 (a) 一个进入银行的顾客或 (b) 一个离开银行的顾客，到时刻 t 为止的事件数是否构成一个更新过程（可能有延迟）？若 F 是指数分布，结论又如何？

***18.** 当到达间隔分布 F 满足 $1 - F(t) = pe^{-\mu_1 t} + (1-p)e^{-\mu_2 t}$ 时，计算更新函数.

19. 对于到达间隔分布是 $(0,1)$ 均匀分布的更新过程，确定从 $t=1$ 到下一次更新的期望时间.

20. 对于一个更新报酬过程，考虑

$$W_n = \frac{R_1 + R_2 + \cdots + R_n}{X_1 + X_2 + \cdots + X_n},$$

其中 W_n 表示在前 n 个循环中赚的平均报酬. 证明当 $n \to \infty$ 时，$W_n \to \frac{E[R]}{E[X]}$.

21. 考虑有单条服务线的银行，顾客按速率为 λ 的泊松过程到达. 如果到达的顾客只在服务线闲着时才进入银行，而且顾客的服务时间有分布 G，那么服务线忙的时间比例是多少？

***22.** J 买车的策略是：在拥有一辆新车的前 T 个单位时间内修复所有的故障，在它的使用寿命达到 T 后首次发生故障时将车送进垃圾场且购买一辆新车. 假设新车首次发生故障的时间是速率为 λ 的指数随机变量，而一辆修复后的车直至下次发生故障的时间是速率为 μ 的指数随机变量.

(a) J 买新车的速率是多少？

(b) 假设新车的价格为 C，而每次修复的费用为 r. J 每单位时间的长程平均花费是多少？

23. 考虑由选手 A 和选手 B 参加的发球和对打比赛. 假定在由 A 发球的每局比赛中，选手 A 赢的概率为 p_a，选手 B 赢的概率为 $q_a = 1 - p_a$. 假定在由 B 发球的每局比赛中，选手 A 赢的概率为 p_b，选手 B 赢的概率为 $q_b = 1 - p_b$. 假定每局的赢者获得 1 分，且成为下一局的发球者.

(a) 在长程中，A 赢得的分数的比例是多少？

(b) 如果规定选手交替发球，也就是说，如果规定第一局由选手 A 发球，第二局由选手 B 发球，第三局由选手 A 发球，等等. 在长程中，A 赢得的分数的比例是多少？

(c) 给出 A 在赢者发球时赢得的分数比在交替发球时赢得的分数多的条件.

24. 瓦尔德方程也可以用更新报酬过程证明. 令 N 是独立同分布的随机变量序列 $\{X_i, i \geqslant 1\}$ 的一个停时.

(a) 令 $N_1 = N$. 论证随机变量序列 $X_{N_1+1}, X_{N_1+2}, \cdots$ 与 $X_1, \cdots, X_N$ 独立且与原来的序列 $\{X_i, i \geqslant 1\}$ 同分布.

现在将 $X_{N_1+1}, X_{N_1+2}, \cdots$ 作为新的序列处理. 正如对于原来的序列定义的 N_1，也对这个序列定义一个停时 N_2（如果 $N_1 = \min\{n : X_n > 0\}$，那么 $N_2 = \min\{n : X_{N_1+n} > 0\}$）. 类似地，正如对于原来的序列定义的 N_1，在序列 $X_{N_1+N_2+1}, X_{N_1+N_2+2}, \cdots$ 上定义一个停时 N_3，等等.

(b) 在时段 i 赚得报酬 X_i 的报酬过程是否是更新报酬过程？如果是，相继循环的长度是多少？

(c) 对于单位时间的平均报酬推导一个表达式.

(d) 用强大数定律推导单位时间的平均报酬的第二个表达式.

(e) 推断瓦尔德方程.

25. 假设在例 7.15 中, 到达过程是泊松过程, 并且假设使用的策略是每 t 个单位时间发出一辆火车.

   (a) 确定单位时间的平均费用.

   (b) 证明在这样的策略下, 单位时间的最小平均费用近似地是 $c/2$ 加上在最佳策略下的单位时间的平均费用.

26. 考虑一个火车站, 乘客按速率为 λ 的泊松过程到达. 只要有 N 个乘客等候在火车站, 就派来一辆火车. 但是这辆火车要用 K 个单位时间到达车站. 它可承载所有等候的乘客. 假设当车站有 n 个乘客时, 车站会每单位时间产生 nc 的费用, 求长程平均费用.

27. 一台机器包含两个独立的部件, 其中第 i 部件运行一个速率为 λ_i 的指数时间. 只要有一个部件正常运转, 机器就能正常运行 (即当两个部件都发生故障时, 机器才发生故障). 当一台机器发生故障时, 一台两个部件都在工作的新机器投入使用. 每当一台机器发生故障时, 就产生一个费用 K, 而且只要在使用的机器有 i 个在工作的部件, 每单位时间就产生 c_i 的运行费用, $i = 1, 2$. 求单位时间的长程平均费用.

28. 在例 7.17 中, 生产的废品中被发现的比例是多少?

29. 考虑一个单服务线的排队系统, 顾客按一个更新过程到达. 每个顾客带来一个随机数量的工作量, 它们独立地服从分布 G. 服务线每次服务一个顾客. 然而, 只要系统中有 i 个顾客, 服务线每单位时间就处理 i 个工作量. 例如, 一个带有工作量 8 的顾客进入服务时, 若有 3 个其他顾客等待在队列中且没有其他人到达, 则这个顾客将花费 2 个单位时间接受服务. 如果另一个顾客在 1 个单位时间后到达, 此外没有其他人到达, 那么那一个顾客一共花费 1.8 个单位时间接受服务.

   令 W_i 为顾客 i 在系统中停留的时间. 用

   $$E[W] = \lim_{n \to \infty} (W_1 + \cdots + W_n)/n$$

   定义 $E[W]$, 所以 $E[W]$ 是顾客在系统中停留的平均时间. 令 N 为在一个忙期中到达的顾客数.

   (a) 论证

   $$E[W] = E[W_1 + \cdots + W_N]/E[N].$$

   令 L_i 为顾客 i 带到系统中的工作量, 所以 L_i 是具有分布 G 的独立随机变量, $i \geqslant 1$.

   (b) 论证在任意时刻 t, 所有早于时刻 t 到达的顾客在系统中停留的时间的和, 等于到时刻 t 为止处理的工作总量.

   提示: 考虑服务线处理工作的速率.

   (c) 论证

   $$\sum_{i=1}^{N} W_i = \sum_{i=1}^{N} L_i.$$

   (d) 用瓦尔德方程 (参见习题 13) 得到结论:

   $$E[W] = \mu,$$

   其中 μ 是分布 G 的均值, 即顾客在系统中停留的平均时间等于他们带到系统中的平均工作量.

*30. 对于一个更新过程，令 $A(t)$ 是在时刻 t 的年龄. 证明若 $\mu < \infty$，则以概率 1 有

$$\frac{A(t)}{t} \to 0, \quad \text{当 } t \to \infty.$$

31. 如果 $A(t)$ 和 $Y(t)$ 分别是具有到达间隔分布 F 的更新过程在时刻 t 的年龄和超额寿命，计算

$$P\{Y(t) > x | A(t) = s\}.$$

32. 确定 $X_{N(t)+1} < c$ 的长程时间比例.

33. 在例 7.16 中，求服务线在忙的长程时间比例.

34. 一个 M/G/∞ 排队系统在固定的时刻 $T, 2T, 3T, \cdots$ 进行清理. 清理开始时，所有在服务的顾客都被迫提早离开，而且每个顾客会产生 C_1 的费用. 假设一次清理要用 $T/4$ 的时间，在清理期间到达的顾客都会流失，而且每个流失的顾客会产生 C_2 的费用.

(a) 求单位时间的长程平均费用.

(b) 求系统在清理的长程时间比例.

*35. 人造卫星按速率为 λ 的泊松过程发射，每颗人造卫星独立地进入轨道，并运行一个分布为 F 的随机时间. 令 $X(t)$ 为在时刻 t 进入轨道的卫星数.

(a) 确定 $P\{X(t) = k\}$.

提示：将它与 M/G/∞ 排队系统联系起来.

(b) 如果至少有一颗人造卫星在轨道运行，就可以传输信息，我们说这个系统正常运行. 如果第一颗人造卫星在时刻 $t = 0$ 进入轨道，确定系统保持正常运行的期望时间.

提示：利用 (a) 中 $k = 0$ 时的结果.

36. n 个滑雪者每人独立地连续向上攀登，然后从某个特定的斜坡向下滑. 第 i 个滑雪者每次向上攀登的时间具有分布 F_i，而且独立于他向下滑的时间，下滑时间具有分布 H_i，$i = 1, \cdots, n$. 令 $N(t)$ 为到时刻 t 为止滑下斜坡的总人次. 同时，令 $U(t)$ 为在时刻 t 正在向上攀登的人数.

(a) $\lim_{t \to \infty} N(t)/t$ 是多少？

(b) $\lim_{t \to \infty} E[U(t)]$ 是多少？

(c) 如果 F_i 都是速率为 λ 的指数分布，而 G_i 都是速率为 μ 的指数分布，$P\{U(t) = k\}$ 是多少？

37. 有 3 台机器，它们都是使一个系统工作所必需的. 机器 i 在发生故障前运行一个速率为 λ_i 的指数时间，$i = 1, 2, 3$. 如果一台机器发生故障，系统就中断运行，然后开始修理发生故障的机器. 修复机器 1 的时间是速率为 5 的指数随机变量；修复机器 2 的时间在 $(0, 4)$ 上均匀分布；修复机器 3 的时间是参数为 $n = 3$ 和 $\lambda = 2$ 的伽马随机变量. 一旦一台机器修复，它就同新的机器一样，并且所有的机器都重新开始运行.

(a) 系统在工作的时间比例是多少？

(b) 机器 1 在修理的时间比例是多少？

(c) 机器 2 在中断情形（即，既不在工作也不在修理）的时间比例是多少？

38. 一个卡车司机经常往返于 A、B 两地之间. 每次他以均匀地分布于 40 和 60 之间的一个固定的速度（以英里/小时为单位）从 A 行驶到 B，每次他等可能地以 40 或 60 的一个

固定的速度从 B 行驶到 A.

(a) 他花费在前往 B 的长程时间比例是多少?

(b) 他以每小时 40 英里的速度行驶的长程时间比例是多少?

39. 一个系统由两台独立的机器组成,每台机器运行一个速率为 λ 的指数时间. 只有一个修理工. 若一台机器发生故障而修理工正闲着,则立刻修理这台机器;若一台机器发生故障而修理工正忙着,则这台机器必须等到另一台机器修复才能开始修理. 所有的修理时间是独立的,且具有分布 G,而一旦修复,机器就同新的一样. 问修理工闲着的时间比例是多少?

40. 3 个射手轮流射击一个目标. 射手 1 射击直到他未中,然后射手 2 射击直到他未中,接着射手 3 射击直到他未中,而后又回到射手 1,等等. 每次射手 i 以概率 P_i $(i = 1, 2, 3)$ 击中目标,且独立于过去. 确定每个射手射击的长程时间比例.

41. 考虑一个排队系统,其中顾客按照更新过程到达,若发现有服务线空闲,则立即进入服务;若所有服务线都忙碌,则加入队列等待. 假设服务时间独立地服从分布 H. 如果我们说每当顾客的离开导致系统变空时,就发生一个事件,那么事件的计数过程是一个更新过程吗? 如果不是,那么它是一个延迟更新过程吗? 如果不是,那么它在什么情况下会是一个更新过程?

42. 旱季和雨季交替出现,每个旱季持续的时间服从速率为 λ 的指数分布,每个雨季持续的时间服从速率为 μ 的指数分布. 旱季和雨季的长度是独立的. 此外,假设顾客按照速率为 ν 的泊松过程到达一个服务机构. 在旱季到达的顾客被允许进入,而在雨季到达的顾客则流失. 令 $N_l(t)$ 表示到时刻 t 为止流失的顾客数.

(a) 求我们处于雨季的时间比例.

(b) $\{N_l(t), t \geqslant 0\}$ 是一个(可能延迟)更新过程吗?

(c) 求 $\lim_{t \to \infty} N_l(t)/t$.

43. 顾客成对地到达一个拥有两条服务线的排队系统,每对到达的时间按照速率为 λ 的泊松过程分布. 只有当两条服务线都空闲时,一对顾客才会进入系统. 在这种情况下,其中一名顾客在服务线 1 接受服务,另一名在服务线 2 接受服务. 服务线的服务时间服从速率为 μ_i 的指数分布,$i = 1, 2$.

(a) 求成对顾客进入系统的速率.

(b) 求恰好有一条服务线忙碌的时间比例.

44. 考虑一个更新报酬过程,其中 X_n 是第 n 个到达间隔,R_n 是在第 n 个更新区间内获得的报酬.

(a) 解释随机变量 $R_{N(t)+1}$ 的含义.

(b) 求 $R_{N(t)+1}$ 的平均值. 也就是说,求 $\lim_{t \to \infty} \frac{\int_0^t R_{N(s)+1} \mathrm{d}s}{t}$.

45. 若某台机器发生故障就换上一台同样类型的新机器. 如果机器的寿命分布是 (a) 在 $(0, 2)$ 上的均匀分布, (b) 均值为 1 的指数分布,该机器的使用时间小于一年的百分比是多少?

*46. 对于一个均值为 μ 的到达间隔分布 F,我们定义 F 的平衡分布 F_e 为

$$F_e(x) = \frac{1}{\mu} \int_0^x [1 - F(y)] \mathrm{d}y.$$

(a) 证明若 F 是指数分布,则 $F = F_e$.

(b) 若对某个常数 c,

$$F(x) = \begin{cases} 0, & x < c, \\ 1, & x \geqslant c. \end{cases}$$

证明 F_e 是 $(0, c)$ 上的均匀分布. 即如果到达间隔恒等于常数 c, 那么平衡分布是在 $(0, c)$ 上的均匀分布.

(c) 加利福尼亚州伯克利市允许在加利福尼亚州大学一英里的范围内所有没有计价器的地方停车 2 小时. 停车管理员定期巡视, 每 2 小时经过同一个地点. 每遇到一辆车, 他就用粉笔作一个标记. 如果在 2 小时后回来时发现那辆车还在那里, 那么就开一张停车罚单. 如果你在上述地点停车, 并且在 3 小时后回去, 你收到罚单的概率是多少?

47. 考虑一个具有到达间隔分布 F 的更新过程, 其中

$$\overline{F}(x) = \frac{1}{2}\mathrm{e}^{-x} + \frac{1}{2}\mathrm{e}^{-x/2}, \quad x > 0.$$

即到达间隔分布等可能地是均值为 1 的指数分布或是均值为 2 的指数分布.

(a) 不作任何计算, 猜测平衡分布 F_e.

(b) 验证你在 (a) 中的猜测.

*48. 在例 7.20 中, 令 π 为等车时间少于 x 的乘客比例. 也就是说, 令 W_i 表示第 i 个乘客的等待时间, 我们定义

$$X_i = \begin{cases} 1, & \text{若 } W_i < x, \\ 0, & \text{若 } W_i \geqslant x. \end{cases}$$

则 $\pi = \lim_{n \to \infty} \sum_{i=1}^n X_i / n$.

(a) 令 N 等于坐上公交车的乘客数, 利用更新报酬过程理论证明

$$\pi = \frac{E[X_1 + \cdots + X_N]}{E[N]}.$$

(b) 令 T 等于相继到达的两辆公交车的间隔, 确定 $E[X_1 + \cdots + X_N | T = t]$.

(c) 证明 $E[X_1 + \cdots + X_N] = \lambda E[\min(T, x)]$.

(d) 证明

$$\pi = \frac{\int_0^x P(T > t)\mathrm{d}t}{E[T]} = F_e(x).$$

(e) 在到达间隔按 T 分布的更新过程中, $F_e(x)$ 为超额寿命小于 x 的比例, 利用这点将 (d) 的结果和 PASTA 原则 (即 "泊松到达者看到的系统与关于时间平均的系统相同") 联系起来.

49. 考虑一个能处在状态 1、2 或 3 的系统. 每次系统进入状态 i 时, 它在那里停留一个均值为 μ_i 的随机时间, 然后以概率 P_{ij} 转移到状态 j. 假设

$$P_{12} = 1, \quad P_{21} = P_{23} = \frac{1}{2}, \quad P_{31} = 1.$$

(a) 系统转移到状态 1 的比例是多少?

(b) 如果 $\mu_1 = 1, \mu_2 = 2, \mu_3 = 3$, 那么系统处在每个状态的时间比例是多少?

50. 考虑一个半马尔可夫过程, 在转移到不同的状态以前, 过程停留在每个状态上的时间是指数随机变量. 这是什么类型的过程?

51. 在半马尔可夫过程中, 令 t_{ij} 为给定下一个状态是 j 时过程在状态 i 停留的条件期望时间.

(a) 给出一个联系 μ_i 与 t_{ij} 的方程.

(b) 证明过程在 i 而下一次进入 j 的时间比例等于 $P_i P_{ij} t_{ij}/\mu_i$.

提示：每次进入状态 i 时，就说一个循环开始. 当过程处在 i 且前往 j 时，你每单位时间接受一个报酬. 单位时间的平均报酬是多少?

52. 某出租车往返于 3 个地点之间. 在地点 i 需要停一个均值为 t_i 的随机时间，$i = 1, 2, 3$. 在地点 i 上车的乘客将以概率 P_{ij} 去地点 j. 从 i 到 j 的行驶时间是以 m_{ij} 为均值的随机变量. 假设 $t_1 = 1, t_2 = 2, t_3 = 4, P_{12} = 1, P_{23} = 1, P_{31} = 2/3 = 1 - P_{32}, m_{12} = 10, m_{23} = 20, m_{31} = 15, m_{32} = 25$. 定义一个合适的半马尔可夫过程，并确定

(a) 出租车司机在地点 i 停留的时间比例；

(b) 出租车司机在从 i 到 j 的路上的时间比例，$i, j = 1, 2, 3$.

*53. 考虑一个 $\Gamma(n, \lambda)$ 到达间隔分布的更新过程，令 $Y(t)$ 为从 t 到下一次更新发生的时间. 利用半马尔可夫过程理论证明

$$\lim_{t \to \infty} P\{Y(t) < x\} = \frac{1}{n} \sum_{i=1}^{n} G_{i,\lambda}(x),$$

其中 $G_{i,\lambda}(x)$ 是 $\Gamma(i, \lambda)$ 分布函数.

54. 为了证明式 (7.24)，定义下面的记号：

$$X_i^j \equiv \text{在第 } j \text{ 次访问状态 } i \text{ 时，在这个状态的停留时间；}$$

$$N_i(m) \equiv \text{在前 } m \text{ 次转移中访问状态 } i \text{ 的次数.}$$

用这些记号写出以下的表达式：

(a) 在前 m 次转移期间过程在状态 i 的时间；

(b) 在前 m 次转移期间过程在状态 i 的时间比例.

论证以概率 1 有

(c) $\sum_{j=1}^{N_i(m)} X_i^j / N_i(m) \to \mu_i$，当 $m \to \infty$；

(d) $N_i(m)/m \to \pi_i$，当 $m \to \infty$.

(e) 将 (a)、(b)、(c) 和 (d) 结合起来证明式 (7.24).

55. 1984 年，摩洛哥王国为了确定游客在一次访问中停留在这个国家的平均时间，试用了两种不同的抽样方法. 一种是在游客离开这个国家时，随机地询问；另一种是对于在旅馆中的游客，随机地询问. （每个游客都住在旅馆里.）从旅馆随机选取的 3000 个旅客的平均访问时间是 17.8，而 12 321 个离开的旅客的平均访问时间是 9.0. 你能解释这个偏差吗? 它一定有错误吗?

56. 在例 7.20 中，证明若 F 是速率 μ 的指数分布，则

$$\text{平均等待人数} = E[N].$$

即当公交车按泊松过程到达时，所有时间上在车站的平均等待人数等于当一辆公交车到达时的平均等待人数. 这看起来似乎违反直觉，因为在公交车到达时的等待人数至少和在该循环中任意时刻的等待人数一样多.

(a) 用一种检验悖论类型的想法解释为何这样的结果是可能的.

(b) 解释这样的结果如何从 PASTA 原则推出.

57. 一枚硬币被抛掷时正面向上的概率为 p，连续抛掷它，求直到出现模式"正、反、正、反、

正、反、正" 时的期望抛掷次数.

58. 令 X_i（$i \geqslant 1$）是独立随机变量，且 $p_j = P\{X_i = j\}$，$j \geqslant 1$. 如果 $p_j = j/10$，$j = 1, 2, 3, 4$，求观察到模式 $1, 2, 3, 1, 2$ 出现时需要的随机变量个数的期望和方差.

59. 一枚以概率 0.6 正面向上的硬币连续地被抛掷. 求直到出现模式 "反、正、正、反" 或者出现模式 "反、反、反" 时的期望抛掷次数，并且求 "反、反、反" 先出现的概率.

60. 按顺序观察随机数字，每个数字等可能地是数字 0 到 9 中的任意一个.
 (a) 求直至连续出现 10 个不同值的期望时间.
 (b) 求直至连续出现 5 个不同值的期望时间.

61. 令 $h(x) = P\{\sum_{i=1}^{T} X_i > x\}$，其中 $X_1, X_2, \cdots$ 是具有分布函数 F_e 的独立随机变量，而 T 独立于 X_i，并且有概率质量函数 $P\{T = n\} = \rho^n(1 - \rho)$，$n \geqslant 0$. 证明 $h(x)$ 满足方程 (7.53).
 提示：从以 $T = 0$ 还是 $T > 0$ 为条件开始.

参考文献

在 7.9.1 节中，关于计算直到一个特定模式出现的时间的方差的结果都是新的，同样，7.9.2 节的结果也是新的. 7.9.3 节的结果来自文献 [3].

[1] D. R. Cox. *Renewal Theory*, Methuen, London, 1962.

[2] W. Feller. *An Introduction to Probability Theory and Its Applications, Vol. II*, John Wiley, New York, 1966.

[3] F. Hwang and D. Trietsch. *A Simple Relation Between the Pattern Probability and the Rate of False Signals in Control Charts, Probability in the Engineering and Informational Sciences*, **10**, 315-323, 1996.

[4] S. Ross. *Stochastic Processes, Second Edition*, John Wiley, New York, 1996.

[5] H. C. Tijms. *Stochastic Models, An Algorithmic Approach*, John Wiley, New York, 1994.

第 8 章 排队论

8.1 引言

在本章中，我们研究顾客以某种随机方式到达一个服务设施的一类模型. 顾客到达之后，站在队列中等候，直到轮到他们接受服务. 一旦接受了服务，通常就假定他们离开了系统. 对于这样的模型，我们感兴趣的是确定在系统（或在队列）中的平均顾客数和一个顾客在系统（或在队列）中的平均等待时间，等等.

在 8.2 节中，我们推导一系列基本的排队恒等式，它们在分析排队模型时是非常有用的. 我们还介绍三组不同的极限概率，它们分别对应于到达者、离开者和外面的观察者的视角.

在 8.3 节中，我们处理概率分布都假定为指数分布的排队系统. 例如，最简单的这类模型是假定顾客按泊松过程到达（因此到达间隔都服从指数分布），而且由单个服务线依次服务，每次服务的时间长度服从指数分布. 这些指数排队模型是连续时间的马尔可夫链的特殊情形，因此可以像第 6 章那样分析. 然而，我们假定你并不熟悉第 6 章中的内容，并重新编写我们需要的部分，所以会出现（非常）少量的重复. 特别地，我们将（通过直观的论证）重新推导极限概率的公式.

在 8.4 节中，我们考虑顾客在一个服务网中随机移动的模型. 8.4.1 节中的模型是一个开放系统，允许顾客进入和离开系统，而 8.4.2 节中的模型是一个封闭系统，即系统中顾客的集合保持不变.

在 8.5 节中，我们研究 M/G/1 模型，该模型假定泊松到达，且允许服务分布是任意的. 为了分析这个模型，我们首先在 8.5.1 节中引入功的概念，然后在 8.5.2 节中利用这个概念来帮助分析这个系统. 在 8.5.3 节中我们推导了一条服务线在两个闲期之间的忙期的平均时间.

在 8.6 节中，我们考虑 M/G/1 模型的某些变形. 特别地，在 8.6.1 节中假设承载顾客的公共汽车按泊松过程到达，且每辆公共汽车载有随机数量的顾客. 在 8.6.2 节中我们假设有两类不同的顾客——第 1 类顾客比第 2 类顾客优先接受服务.

在 8.6.3 节中我们介绍一个 M/G/1 优化的例子. 假设服务员在闲着的时候会去休息，然后根据假定的费用，确定他重返服务的最佳时间.

在 8.7 节中，考虑一个具有指数服务时间，但是允许顾客的到达间隔为任意分布的模型. 通过利用一个适当定义的马尔可夫链来分析这个模型. 对于这个模型，我们也推导出一个忙期和一个闲期的平均长度.

在 8.8 节中，我们考虑一个单服务系统，它的到达过程来自有限个可能源的回访. 给定了一个一般的服务分布，我们展示如何用一个马尔可夫链来分析这个系统.

在最后一节中，我们讨论多服务线系统. 我们从损失系统开始，这里假定当到达的顾客发现所有的服务线都忙时，他们会离开，这样系统就丢失了这些顾客. 这引出了著名的厄兰损失公式. 这个公式给出了当到达过程是泊松过程而且具有一般的服务分布时，这个模型中在忙的服务线数量的一个简单计算公式. 然后我们讨论允许排队的多服务线系统. 然而，除了假定指数服务时间的情况外，这些模型很少有明确的公式. 最后，我们对于按泊松过程到达但允许一般服务分布的有 k 条服务线的模型，给出了一个顾客在队列中的平均等待时间的近似.

8.2　预备知识

本节将推导一些恒等式，它们在绝大多数排队模型中都是有用的.

8.2.1　价格方程

排队模型中一些重要的基本量是：

$L,$　　系统中的平均顾客数；

$L_Q,$　　在队列中等待的平均顾客数；

$W,$　　一个顾客在系统中花费的平均时间；

$W_Q,$　　一个顾客在队列中等待的平均时间.

关于其他重要的量与上述量之间大量重要且有用的关系，可以利用下面的想法得到：想象进入系统的顾客被要求（按某些规则）向系统付钱. 于是我们有下面的基本价格恒等式：

$$\text{系统赚钱的平均速率 } = \lambda_a \times \text{进入系统的顾客平均支付的金额,} \qquad (8.1)$$

其中 λ_a 定义为进入系统的顾客的平均到达速率. 即如果令 $N(t)$ 为截至时刻 t 到达的顾客数，那么

$$\lambda_a = \lim_{t \to \infty} \frac{N(t)}{t}.$$

现在我们介绍式 (8.1) 的一个直观证明.

式 (8.1) 的直观证明 令 T 是一个很大的固定数. 我们用两种不同的方法来计算到时刻 T 为止系统赚到的平均金额. 一方面, 我们可以用系统赚钱的平均速率乘以时间的长度 T 来近似计算. 另一方面, 我们可以用进入系统的顾客平均支付的金额乘以到时刻 T 为止进入系统的平均顾客数来近似计算（且后一个因子近似等于 $\lambda_a T$ ）. 因此, 当式 (8.1) 的两边同乘以 T 时, 它们近似地等于到时刻 T 为止系统赚到的平均金额. 于是令 $T \to \infty$, 即得结论. [①]

通过选取合适的价格规则, 很多有用的公式可以作为式 (8.1) 的特殊情形而得到. 例如, 假设每个在系统中的顾客每单位时间支付 1 美元, 则由式 (8.1) 可以得到所谓的李特尔公式:

$$L = \lambda_a W. \tag{8.2}$$

这是因为在这样的价格规则下, 系统赚钱的速率正好是在系统中的人数, 而一个顾客所付的金额正好等于他在系统中的时间.

类似地, 如果我们假设每个在队列中的顾客每单位时间支付 1 美元, 则由式 (8.1) 可得

$$L_Q = \lambda_a W_Q. \tag{8.3}$$

假设价格规则为每个顾客在接受服务期间, 每单位时间支付 1 美元, 则由式 (8.1) 可得

$$\text{在接受服务的平均顾客数 } = \lambda_a E[S], \tag{8.4}$$

其中 $E[S]$ 定义为一个顾客在服务中花费的平均时间.

应该强调的是, 不管如何规定到达过程、服务线数量或排队规则, 式 (8.1) ~ 式 (8.4) 对于几乎所有的排队模型都成立. ■

8.2.2 稳态概率

令 $X(t)$ 表示在时刻 t 系统中的顾客数, 并且定义 P_n（$n \geqslant 0$）为

$$P_n = \lim_{t \to \infty} P\{X(t) = n\},$$

这里我们假定上面的极限存在. 换句话说, P_n 是系统中恰有 n 个顾客的极限或长程概率. 有时它称为系统中恰有 n 个顾客的**稳态概率**. 通常, P_n 等于系统中恰有 n 个顾客的（长程）时间比例. 如果 $P_0 = 0.3$, 那么在长程中系统将有 30% 的时间没有顾客. 类似地, 如果 $P_1 = 0.2$, 那么在长程中系统将有 20% 的时间只有一个顾客. [②]

---

① 若假定排队过程是 7.5 节中的再生过程, 则这可以成为一个严格的证明. 多数模型, 包含本章中所有的模型, 都满足这个条件.

② P_n 的双重解释的有效性的一个充分条件是, 排队过程是再生的.

另外两组极限概率是 $\{a_n, n \geqslant 0\}$ 和 $\{d_n, n \geqslant 0\}$, 其中

$$a_n = \text{到达时发现系统中有 } n \text{ 个人的顾客比例},$$

$$d_n = \text{离开时系统中还剩下 } n \text{ 个人的顾客比例}.$$

也就是说, P_n 是系统中有 n 个人的时间比例; a_n 是看到系统中有 n 个人的到达者比例; d_n 是留下 n 个人在系统中的离开者比例. 这些量不一定总相等, 通过下面的例子可以说明这一点.

例 8.1 考虑一个排队模型, 其中每个顾客的服务时间都是 1, 而相继到达的两个顾客之间的间隔总大于 1 (例如, 到达间隔可以在 $(1,2)$ 上均匀分布). 由于每次到达时系统都是空的, 每次离开时系统也是空的, 因此我们有

$$a_0 = d_0 = 1.$$

然而

$$P_0 \neq 1,$$

因为系统并不总是没有顾客的. ■

然而, 在上述例子中 $a_n = d_n$ 并非偶然. 如下面的命题所示, 到达者和离开者总是看到同样的顾客数.

命题 8.1 在顾客逐一到达和离开的任意系统中,

$$\text{到达者发现 } n \text{ 个人的速率} = \text{离开者留下 } n \text{ 个人的速率},$$

而且

$$a_n = d_n.$$

证明 每当系统中的人数从 n 增加到 $n+1$, 就有一个到达者看到系统中有 n 个人. 类似地, 每当系统中的人数从 $n+1$ 减少到 n, 就有一个离开者留下 n 个人在系统中. 在任意时间段 T 内, 从 n 到 $n+1$ 的转移次数与从 $n+1$ 到 n 的转移次数之间的差值一定不超过 1 (在任意两次从 n 到 $n+1$ 的转移之间, 一定有一次从 $n+1$ 到 n 的转移, 反之亦然). 因此, 从 n 到 $n+1$ 的转移速率等于从 $n+1$ 到 n 的转移速率. 或者, 等价地, 到达者发现 n 个人的速率等于离开者留下 n 个人的速率. 现在, 看到 n 个人的到达者的比例 a_n 可以表示为

$$a_n = \frac{\text{到达者看到 } n \text{ 个人的速率}}{\text{总到达速率}}.$$

类似地,

$$d_n = \frac{\text{离开者留下 } n \text{ 个人的速率}}{\text{总离开速率}}.$$

于是, 如果总的到达速率等于总的离开速率, 那么上面证明了 $a_n = d_n$. 另外, 如果总的到达速率超过总的离开速率, 那么队列的长度将趋于无穷, 于是 $a_n = d_n = 0$. ■

因此, 平均地, 到达者和离开者总是看到相同数量的顾客. 然而, 如例 8.1 所示, 他们一般看不到 (顾客数的) 时间平均. 一个重要的例外是, 在泊松到达的情形下, 他们能够看到 (顾客数的) 时间平均.

命题 8.2 泊松到达者总能看到 (顾客数的) 时间平均. 特别地, 对于泊松到达者有

$$P_n = a_n.$$

为了理解为什么泊松到达者总能看到 (顾客数的) 时间平均, 考虑任意的一个泊松到达者. 如果我们知道他在时刻 t 到达, 那么, 在到达时他所看到状态的条件分布与在时刻 t 系统状态的无条件分布是一样的. 因为知道在时刻 t 有一个顾客到达并没有给我们提供任何关于在时刻 t 以前发生了什么的信息 (因为泊松过程具有独立增量, 知道一个事件在时刻 t 发生并不影响发生在时刻 t 之前的事件的分布). 因此, 到达者正是按极限概率看到这个系统的.

将上述情况与例 8.1 作对比, 在例 8.1 中, 知道一个顾客在时刻 t 到达可以告诉我们很多过去的情况, 特别地, 它告诉我们在 $(t-1, t)$ 中没有顾客到达. 于是在这种情况下, 我们不能得出在时刻 t 到达的顾客所看到的分布与在时刻 t 系统状态的分布一样的结论.

泊松到达者能看到 (顾客数的) 时间平均的第二个理由是, 我们注意到截至时刻 T 系统在状态 n 的总时间 (大致) 是 $P_n T$. 由于不论系统的状态如何, 一个泊松到达者总按速率 λ 到达, 因此在 $[0, T]$ 中到达并发现系统处于状态 n 的人数 (大致) 是 $\lambda P_n T$. 从而, 在长程中, 到达者看到系统处于状态 n 的速率是 λP_n, 又因为 λ 是总到达速率, 所以 $\lambda P_n / \lambda = P_n$ 是看到系统处于状态 n 的到达者的比例.

泊松到达者看到时间平均的结果, 称为 PASTA 原则.

例 8.2 乘客按速率为 λ 的泊松过程到达一个公交车站. 公交车按速率为 μ 的泊松过程到达此车站, 每辆到达的车会接走所有等待的乘客. 将一个乘客在车站的平均等待时间记为 W_Q. 因为每个人的等待时间等于从他们到达车站到下一辆公交车到达的时间, 所以等待时间是速率为 μ 的指数随机变量, 于是

$$W_Q = 1/\mu.$$

利用 $L_Q = \lambda_a W_Q$, 就证明了在车站的平均等待人数关于一切时间的平均 L_Q 是

$$L_Q = \lambda/\mu.$$

如果我们将第 i 辆车接走的人数记为 X_i, 那么对于第 $i-1$ 辆和第 i 辆公交车到达之间的时间 T_i, 有

$$E[X_i|T_i] = \lambda T_i.$$

这是因为在任意时间区间中到达车站的人数服从泊松分布, 其均值等于区间长度的 λ 倍. 又因为 T_i 是速率为 μ 的指数随机变量, 所以对上式两边取期望可得

$$E[X_i] = \lambda E[T_i] = \lambda/\mu.$$

于是, 每辆车接走的平均人数等于等车人数的时间平均, 这是 PASTA 原则的一个例证. 也就是说, 因为公交车按泊松过程到达, 所以由 PASTA 原则推出, 到达的公交车看到的平均等待人数和对时间取平均得出的等待人数是相同的. ■

8.3 指数模型

8.3.1 单服务线的指数排队系统

假设顾客按照速率为 λ 的泊松过程到达一个单服务线的服务站. 也就是说, 相继到达者之间的时间是均值为 $1/\lambda$ 的独立指数随机变量. 在每个顾客到达时, 如果服务线闲着, 那么顾客直接进入服务, 否则就加入队列. 当服务线完成一个顾客的服务时, 这个顾客离开系统, 而队列中的下一个顾客 (如果有) 进入服务. 相继的服务时间假定是均值为 $1/\mu$ 的独立指数随机变量.

上面的系统称为 M/M/1 排队系统. 两个 "M" 指的是到达间隔和服务时间的分布都是指数分布 (因此是无记忆的, 或者说是马尔可夫的), 而 "1" 指的是只有单条服务线. 为了分析这个系统, 我们先来确定它的极限概率 P_n ($n = 0, 1, \cdots$). 为此, 我们的思路如下. 假设我们有无穷多个房间, 标号为 $0, 1, \cdots$, 并且假设只要系统中有 n 个顾客, 我们就指示某人进入房间 n. 也就是说, 当系统中有 2 个顾客时, 他将进入房间 2. 若有另一个顾客到达, 则他离开房间 2 并进入房间 3. 类似地, 若一个顾客的服务结束, 则他离开房间 2 并进入房间 1 (因为现在系统中只有一个顾客).

现在假设在长程中, 我们观察到这个人以每小时 10 次的速率进入房间 1. 那么, 他必须以什么速率离开房间 1 呢? 显然, 也是以每小时 10 次的速率. 因为他进入房间 1 的总次数必须等于离开房间 1 的总次数 (或者比离开房间 1 的总次数多一次). 于是这种推理产生了使我们确定状态概率的一般原则. 即对每个 $n \geqslant 0$, 过程进入状态 n 的速率等于它离开状态 n 的速率. 现在我们来确定这些速率. 首先考虑状态 0. 当在状态 0 时, 过程只能通过一个顾客的到达来离开状态 0, 因为很显然当系统为空时不可能会有人离开. 由于到达速率是 λ, 而过程在状态 0 的时间比例是 P_0, 因此过程离开状态 0 的速率是 λP_0. 另外, 状态 0

只能由状态 1 经过一个顾客的离开来进入. 也就是说, 如果系统中只有一个顾客, 而且他完成了服务, 那么系统就变成空的了. 由于服务速率是 μ, 且系统中恰有 1 个顾客的时间比例是 P_1, 因此过程进入状态 0 的速率是 μP_1.

因此, 由速率相等原理, 我们得到第一个方程:

$$\lambda P_0 = \mu P_1.$$

现在考虑状态 1. 过程可以通过一个顾客的到达 (它发生的速率是 λ) 或离开 (它发生的速率是 μ) 来离开这个状态. 因此当过程处于状态 1 时, 它将以 $\lambda + \mu$ 的速率离开这个状态[①]. 因为过程在状态 1 的时间比例是 P_1, 所以过程离开状态 1 的速率是 $(\lambda + \mu)P_1$. 另外, 状态 1 可能由状态 0 经过一个顾客的到达来进入, 也可能由状态 2 经过一个顾客的离开来进入. 因此, 过程进入状态 1 的速率是 $\lambda P_0 + \mu P_2$. 因为对于其他状态的推理是类似的, 所以我们得到以下方程组.

状态	过程离开的速率 = 进入的速率	
0	$\lambda P_0 = \mu P_1$	(8.5)
$n \, (n \geqslant 1)$	$(\lambda + \mu)P_n = \lambda P_{n-1} + \mu P_{n+1}$	

方程组 (8.5) 称作**平衡方程组**, 它平衡了过程进入一个状态的速率与离开这个状态的速率.

为了求解方程组 (8.5), 我们将它们改写为

$$P_1 = \frac{\lambda}{\mu} P_0,$$

$$P_{n+1} = \frac{\lambda}{\mu} P_n + \left(P_n - \frac{\lambda}{\mu} P_{n-1} \right), \qquad n \geqslant 1.$$

用 P_0 作为参数求解, 得到

$$P_0 = P_0,$$

$$P_1 = \frac{\lambda}{\mu} P_0,$$

$$P_2 = \frac{\lambda}{\mu} P_1 + \left(P_1 - \frac{\lambda}{\mu} P_0 \right) = \frac{\lambda}{\mu} P_1 = \left(\frac{\lambda}{\mu} \right)^2 P_0,$$

$$P_3 = \frac{\lambda}{\mu} P_2 + \left(P_2 - \frac{\lambda}{\mu} P_1 \right) = \frac{\lambda}{\mu} P_2 = \left(\frac{\lambda}{\mu} \right)^3 P_0,$$

$$P_4 = \frac{\lambda}{\mu} P_3 + \left(P_3 - \frac{\lambda}{\mu} P_2 \right) = \frac{\lambda}{\mu} P_3 = \left(\frac{\lambda}{\mu} \right)^4 P_0,$$

[①] 如果一个事件以速率 λ 发生, 而另一个事件以速率 μ 发生, 那么, 两者中任一事件发生的速率是 $\lambda + \mu$. 假设一个人每小时赚 2 美元, 而另一个人每小时赚 3 美元, 那么, 显然他们合起来每小时赚 5 美元.

$$P_{n+1} = \frac{\lambda}{\mu} P_n + \left(P_n - \frac{\lambda}{\mu} P_{n-1} \right) = \frac{\lambda}{\mu} P_n = \left(\frac{\lambda}{\mu} \right)^{n+1} P_0.$$

为了确定 P_0，我们利用 P_n 的和必须是 1 这个事实，得到

$$1 = \sum_{n=0}^{\infty} P_n = \sum_{n=0}^{\infty} \left(\frac{\lambda}{\mu} \right)^n P_0 = \frac{P_0}{1 - \lambda/\mu},$$

因此

$$P_0 = 1 - \frac{\lambda}{\mu},$$

$$P_n = \left(\frac{\lambda}{\mu} \right)^n \left(1 - \frac{\lambda}{\mu} \right), \qquad n \geqslant 1.$$

(8.6)

注意，为了使上面的方程有意义，λ/μ 必须小于 1. 否则 $\sum_{n=0}^{\infty} (\lambda/\mu)^n$ 将是无穷，所有的 P_n 将都是 0. 因此，我们将假定 $\lambda/\mu < 1$. 直观上，如果 $\lambda > \mu$ 那么将不存在极限概率. 这是因为假设 $\lambda > \mu$. 由于顾客按泊松速率 λ 到达，因此到时刻 t 为止期望的总到达人数是 λt. 另外，到时刻 t 为止服务过的顾客的期望数量是多少呢？如果系统中总有顾客，那么服务过的顾客数将是一个速率为 μ 的泊松过程，因为相继服务之间的时间是均值为 $1/\mu$ 的独立指数随机变量. 因此，到时刻 t 为止服务过的期望顾客数不大于 μt. 所以，在时刻 t 系统中的期望人数至少是

$$\lambda t - \mu t = (\lambda - \mu)t.$$

如果 $\lambda > \mu$，那么，当 t 变得很大时，上面的数将趋于无穷. 也就是说，当 $\lambda/\mu > 1$ 时，队列长度会无限增长且没有极限概率. 还要注意，条件 $\lambda/\mu < 1$ 等价于平均服务时间小于相继到达之间的平均时间这一条件. 这是在大多数的单服务线排队系统中为了极限概率存在所必须满足的一般条件.

注 (i) 对于 M/M/1 排队系统，在求解平衡方程组时，作为中间步骤我们得到方程组

$$\lambda P_n = \mu P_{n+1}, \quad n \geqslant 0.$$

这些方程可以由一般排队结果（如命题 8.1 所示）直接推得，即到达者看到系统中有 n 个人的速率（即 λP_n）等于离开者留下 n 个人在系统中的速率（即 μP_{n+1}）.

(ii) 我们也可以用排队价格恒等式证明 $P_n = (\lambda/\mu)^n (1 - \lambda/\mu)$. 假设对于固定的 $n > 0$，每当系统中至少有 n 个顾客时，第 n 个最老的顾客（年龄从顾客到达算起）每单位时间支付 1. 令 X 是系统中顾客的稳态数量，因为每当 X 至少为 n 时，系统每单位时间就赚得 1，所以

$$系统赚钱的平均速率 = P\{X \geqslant n\}.$$

此外，因为如果一个顾客到达时看到系统中的人数少于 $n-1$，那么他将支付 0，而如果一个顾客到达时看到系统中至少有 $n-1$ 个人，那么他在一个速率为 μ 的指数分布时间内每单位时间支付 1，所以

$$\text{一个顾客支付的平均金额} = \frac{1}{\mu}P\{X \geqslant n-1\}.$$

因此，由排队价格恒等式可得

$$P\{X \geqslant n\} = (\lambda/\mu)P\{X \geqslant n-1\}, \quad n > 0.$$

对上式进行迭代，得到

$$P\{X \geqslant n\} = (\lambda/\mu)P\{X \geqslant n-1\} = (\lambda/\mu)^2 P\{X \geqslant n-2\}$$
$$= \cdots = (\lambda/\mu)^n P\{X \geqslant 0\} = (\lambda/\mu)^n.$$

所以

$$P\{X = n\} = P\{X \geqslant n\} - P\{X \geqslant n+1\} = (\lambda/\mu)^n(1 - \lambda/\mu). \quad \blacksquare$$

现在我们尝试用极限概率 P_n 来表示 L、L_Q、W 和 W_Q. 因为 P_n 是系统中恰好有 n 个顾客的长程概率，所以系统中的平均顾客数显然为

$$L = \sum_{n=0}^{\infty} nP_n = \sum_{n=0}^{\infty} n\left(\frac{\lambda}{\mu}\right)^n \left(1 - \frac{\lambda}{\mu}\right).$$

为了计算 $\sum_{n=1}^{\infty} n\,(\lambda/\mu)^n$，我们将它和几何随机变量的均值联系起来. 如果 X 是参数为 $1-p$ 的几何随机变量，那么

$$\frac{1}{1-p} = E[X] = \sum_{n=1}^{\infty} np^{n-1}(1-p) = \frac{1-p}{p}\sum_{n=1}^{\infty} np^n.$$

由此可得

$$\sum_{n=1}^{\infty} np^n = \frac{p}{(1-p)^2}. \tag{8.7}$$

因此

$$L = \frac{\lambda/\mu}{(1-\lambda/\mu)^2}(1 - \lambda/\mu) = \frac{\lambda}{\mu - \lambda}. \tag{8.8}$$

现在可以借助式 (8.2) 和式 (8.3) 得到 L_Q、W 和 W_Q. 也就是说，因为 $\lambda_a = \lambda$，所以由式 (8.8) 可得

$$W = \frac{L}{\lambda} = \frac{1}{\mu - \lambda},$$
$$W_Q = W - E[S] = W - \frac{1}{\mu} = \frac{\lambda}{\mu(\mu - \lambda)},$$
$$L_Q = \lambda W_Q = \frac{\lambda^2}{\mu(\mu - \lambda)}.$$

例 8.3 假设顾客以每 12 分钟一个的泊松速率到达, 而服务时间是速率为每 8 分钟一次服务的指数随机变量. L 和 W 是多少?

解 根据 $\lambda = 1/12, \mu = 1/8$, 我们有

$$L = 2, \qquad W = 24.$$

因此, 系统中的平均顾客数是 2, 而每个顾客在系统中的平均停留时间是 24 分钟.

现在假设到达率增加了 20%, 达到 $\lambda = 1/10$. L 和 W 对应的改变是多少? 利用式 (8.7) 和 $L = \lambda W$, 我们得到

$$L = 4, \qquad W = 40.$$

因此, 当到达率增加 20% 后, 系统中的平均顾客数翻了**一番**.

为了更好地理解这一点, 注意 L 和 W 可以写成

$$L = \frac{\lambda/\mu}{1 - \lambda/\mu}, \qquad W = \frac{1/\mu}{1 - \lambda/\mu}.$$

从上式我们可以看出, 当 λ/μ 接近于 1 时, λ/μ 的微小增加将引起 L 和 W 很大的增加. ∎

例 8.4 假设顾客按速率为 λ 的泊松过程到达一个拥有两条服务线的系统, 且每个到达者独立地以概率 α 进入服务线 1, 以概率 $1 - \alpha$ 进入服务线 2. 此外, 假设两条服务线的服务时间都是速率为 μ 的指数随机变量. 令 $\lambda_1 = \lambda\alpha$ 且 $\lambda_2 = \lambda(1 - \alpha)$, 那么, 对于 $i = 1, 2$, 因为到达者按一个速率为 λ_i 的泊松过程进入服务线 i, 所以与服务线 i 相关的系统是一个到达速率为 λ_i, 服务速率为 μ 的 M/M/1 系统. 因此, 对于 $i = 1, 2$, 假设 $\lambda_i < \mu$, 进入服务线 i 的顾客在系统中的平均停留时间是 $W_i = \frac{1}{\mu - \lambda_i}$. 因为进入服务线 1 的到达者比例为 α, 进入服务线 2 的到达者比例为 $1 - \alpha$, 所以顾客在系统中的平均停留时间, 记为 $W(\alpha)$, 为

$$W(\alpha) = \alpha W_1 + (1 - \alpha)W_2 = \frac{\alpha}{\mu - \lambda\alpha} + \frac{1 - \alpha}{\mu - \lambda(1 - \alpha)}.$$

假设我们想要求使 $W(\alpha)$ 最小的 α 值. 为此, 令

$$f(\alpha) = \frac{\alpha}{\mu - \lambda\alpha}.$$

并且我们注意到

$$W(\alpha) = f(\alpha) + f(1 - \alpha).$$

对上式求导, 得到

$$f'(\alpha) = \frac{\mu - \lambda\alpha + \lambda\alpha}{(\mu - \lambda\alpha)^2} = \mu(\mu - \lambda\alpha)^{-2}$$

和

$$f''(\alpha) = 2\lambda\mu(\mu - \lambda\alpha)^{-3}.$$

因为 $\mu > \lambda\alpha$, 所以 $f''(\alpha) > 0$. 类似地, 因为 $\mu > \lambda(1-\alpha)$, 所以 $f''(1-\alpha) > 0$. 因此

$$W''(\alpha) = f''(\alpha) + f''(1-\alpha) > 0.$$

令

$$W'(\alpha) = f'(\alpha) - f'(1-\alpha)$$

等于 0, 得到解为 $\alpha = 1 - \alpha$, 从而 $\alpha = 1/2$. 因此, 当 $\alpha = 1/2$ 时, $W(\alpha)$ 最小, 且最小值为

$$\min_{0 \leqslant \alpha \leqslant 1} W(\alpha) = W(1/2) = \frac{1}{\mu - \lambda/2}. \qquad \blacksquare$$

技术性注解 我们已经用到了这样一个事实: 如果一个事件以指数速率 λ 发生, 而另一个事件以指数速率 μ 发生, 那么, 两者中任一个事件将以指数速率 $\lambda + \mu$ 发生. 为了正式地验证这个结论, 令 T_1 是第一个事件发生的时间, 而 T_2 是第二个事件发生的时间. 那么

$$P\{T_1 \leqslant t\} = 1 - \mathrm{e}^{-\lambda t}, \qquad P\{T_2 \leqslant t\} = 1 - \mathrm{e}^{-\mu t}.$$

如果我们对 T_1 和 T_2 中任一事件发生的时间感兴趣, 那么我们考虑 $T = \min(T_1, T_2)$. 现在

$$P\{T \leqslant t\} = 1 - P\{T > t\} = 1 - P\{\min(T_1, T_2) > t\}.$$

然而 $\min(T_1, T_2) > t$, 当且仅当 T_1 和 T_2 都大于 t, 因此

$$\begin{aligned} P\{T \leqslant t\} &= 1 - P\{T_1 > t, T_2 > t\} = 1 - P\{T_1 > t\}P\{T_2 > t\} \\ &= 1 - \mathrm{e}^{-\lambda t}\mathrm{e}^{-\mu t} = 1 - \mathrm{e}^{-(\lambda+\mu)t}. \end{aligned}$$

于是, T 服从速率为 $\lambda + \mu$ 的指数分布, 我们验证了速率相加的合理性. $\qquad \blacksquare$

假设一个 M/M/1 稳态顾客（即在系统已经运行很长时间后到达的一个顾客）在系统中总共停留了 t 个单位时间, 让我们确定这个顾客到达时其他顾客数 N 的条件分布. 也就是说, 令 W^* 为一个顾客在系统中停留的时间. 我们求 $P\{N = n | W^* = t\}$:

$$P\{N = n | W^* = t\} = \frac{f_{N,W^*}(n,t)}{f_{W^*}(t)} = \frac{P\{N = n\}f_{W^*|N}(t|n)}{f_{W^*}(t)},$$

其中 $f_{W^*|N}(t|n)$ 是给定 $N = n$ 时 W^* 的条件密度, 而 $f_{W^*}(t)$ 是 W^* 的无条件密度. 现在, 给定 $N = n$, 顾客在系统中停留的时间是 $n+1$ 个具有相同速率 μ 的

独立指数随机变量之和, 由此可得给定 $N = n$ 时 W^* 的条件分布是参数为 $n + 1$ 和 μ 的伽马分布. 所以, 令 $C = 1/f_{W^*}(t)$,

$$\begin{aligned} P\{N = n | W^* = t\} &= CP\{N = n\}\mu e^{-\mu t}\frac{(\mu t)^n}{n!} \\ &= C(\lambda/\mu)^n(1 - \lambda/\mu)\mu e^{-\mu t}\frac{(\mu t)^n}{n!} \quad (\text{由 PASTA 原则}) \\ &= K\frac{(\lambda t)^n}{n!}, \end{aligned}$$

其中 $K = C(1 - \lambda/\mu)\mu e^{-\mu t}$ 不依赖于 n. 对 n 求和, 得到

$$1 = \sum_{n=0}^{\infty} P\{N = n | T = t\} = K\sum_{n=0}^{\infty}\frac{(\lambda t)^n}{n!} = Ke^{\lambda t}.$$

于是, $K = e^{-\lambda t}$, 由此可得

$$P\{N = n | W^* = t\} = e^{-\lambda t}\frac{(\lambda t)^n}{n!}.$$

所以, 一个在系统中总共停留了 t 个单位时间的顾客所看到的人数服从均值为 λt 的泊松分布.

此外, 由上面的分析还可以得到

$$f_{W^*}(t) = 1/C = \frac{1}{K}(1 - \lambda/\mu)\mu e^{-\mu t} = (\mu - \lambda)e^{-(\mu - \lambda)t}.$$

换句话说, 一个顾客在系统中停留的时间 W^* 是速率为 $\mu - \lambda$ 的指数随机变量. (作为检验, 注意到 $E[W^*] = 1/(\mu - \lambda)$, 因为 $W = E[W^*]$, 所以它正好是前面得到的 $W = 1/(\mu - \lambda)$.)

注　W^* 为什么是速率为 $\mu - \lambda$ 的指数随机变量的另一个论证如下. 如果我们令 N 为一个到达者看到的系统中的顾客数, 那么这个到达者在离开前将在系统中停留 $N + 1$ 个服务时间. 现在

$$P\{N + 1 = j\} = P\{N = j - 1\} = (\lambda/\mu)^{j-1}(1 - \lambda/\mu), \quad j \geqslant 1.$$

用文字来表述就是, 在到达者离开前必须完成的服务次数是一个参数为 $1 - \lambda/\mu$ 的几何随机变量. 所以, 在每次服务完成后他将以概率 $1 - \lambda/\mu$ 离开. 于是, 不管他已经在系统中停留了多长时间, 他在接下来的 h 个单位时间内离开的概率, 是一次服务在这个区间中结束的概率 $\mu h + o(h)$ 乘以 $1 - \lambda/\mu$. 即顾客在接下来的 h 个单位时间内将以概率 $(\mu - \lambda)h + o(h)$ 离开, 这说明 W^* 的风险率函数是常数 $\mu - \lambda$. 但是只有指数随机变量有常数风险率, 所以, 我们可以得出结论: W^* 是速率为 $\mu - \lambda$ 的指数随机变量.

下一个例子解释了检验悖论.

例 8.5 对于一个在稳定态的 M/M/1 排队系统,下一个到达者看到系统中有 n 个人的概率是多少?

解 虽然根据 PASTA 原则,这个概率应该正好是 $(\lambda/\mu)^n(1 - \lambda/\mu)$,但我们必须小心. 因为如果 t 是当前时刻,那么从 t 开始到下一次到达的时间是速率为 λ 的指数随机变量,并且独立于从 t 前最后一次到达到 t 的时间,而后者(在 $t \to \infty$ 的极限情况下)也是速率为 λ 的指数随机变量. 所以,虽然泊松过程的相继到达之间的时间是速率为 λ 的指数随机变量,但从 t 之前的最后一次到达到 t 之后的首次到达的时间是两个独立指数随机变量的和.(这是检验悖论的一个例证,这个悖论的产生是因为包含一个给定时刻的到达间隔往往比一个普通的到达间隔要长,参见 7.7 节.)

令 N_a 为下一个到达者看到的人数,并且令 X 为目前系统中的人数. 以 X 为条件,得到

$$
\begin{aligned}
P\{N_a = n\} &= \sum_{k=0}^{\infty} P\{N_a = n | X = k\} P\{X = k\} \\
&= \sum_{k=0}^{\infty} P\{N_a = n | X = k\} (\lambda/\mu)^k (1 - \lambda/\mu) \\
&= \sum_{k=n}^{\infty} P\{N_a = n | X = k\} (\lambda/\mu)^k (1 - \lambda/\mu) \\
&= \sum_{i=0}^{\infty} P\{N_a = n | X = n+i\} (\lambda/\mu)^{n+i} (1 - \lambda/\mu).
\end{aligned}
$$

现在,对于 $n > 0$,假定目前系统中有 $n+i$ 个人,如果在下一个顾客到达之前我们完成了 i 次服务,并且在下一次服务完成之前该顾客到达,那么他将看到系统中有 n 个人. 因为到达间隔是指数随机变量,所以由其无记忆性可得

$$
P\{N_a = n | X = n+i\} = \left(\frac{\mu}{\lambda + \mu}\right)^i \frac{\lambda}{\lambda + \mu}, \qquad n > 0.
$$

从而,对于 $n > 0$,

$$
\begin{aligned}
P\{N_a = n\} &= \sum_{i=0}^{\infty} \left(\frac{\mu}{\lambda + \mu}\right)^i \frac{\lambda}{\lambda + \mu} \left(\frac{\lambda}{\mu}\right)^{n+i} (1 - \lambda/\mu) \\
&= (\lambda/\mu)^n (1 - \lambda/\mu) \frac{\lambda}{\lambda + \mu} \sum_{i=0}^{\infty} \left(\frac{\lambda}{\lambda + \mu}\right)^i \\
&= (\lambda/\mu)^{n+1} (1 - \lambda/\mu).
\end{aligned}
$$

另外,当目前系统中有 i 个人时,下一个到达者看到系统空着的概率是在他到达

之前系统完成了 i 次服务的概率. 所以, $P\{N_a = 0 | X = i\} = \left(\frac{\mu}{\lambda+\mu}\right)^i$, 由此可得

$$
\begin{aligned}
P\{N_a = 0\} &= \sum_{i=0}^{\infty} \left(\frac{\mu}{\lambda+\mu}\right)^i \left(\frac{\lambda}{\mu}\right)^i (1 - \lambda/\mu) \\
&= (1 - \lambda/\mu) \sum_{i=0}^{\infty} \left(\frac{\lambda}{\lambda+\mu}\right)^i \\
&= (1 + \lambda/\mu)(1 - \lambda/\mu).
\end{aligned}
$$

接下来, 我们对上述结果进行检验:

$$
\begin{aligned}
\sum_{n=0}^{\infty} P\{N_a = n\} &= (1 - \lambda/\mu) \left[1 + \lambda/\mu + \sum_{n=1}^{\infty} (\lambda/\mu)^{n+1}\right] \\
&= (1 - \lambda/\mu) \sum_{i=0}^{\infty} (\lambda/\mu)^i \\
&= 1.
\end{aligned}
$$

注意, $P\{N_a = 0\}$ 大于 $P_0 = 1 - \lambda/\mu$, 这表明下一个到达者看到系统空着的可能性比一个平均到达者看到系统空着的可能性要大, 这就解释了检验悖论, 即从上一个顾客到达到下一个顾客到达的时间是两个速率为 λ 的独立指数随机变量的和. 此外, 根据检验悖论我们可以预期, $E[N_a]$ 小于一个到达者看到的平均顾客数 L. 这确实是正确的, 因为

$$
E[N_a] = \sum_{n=1}^{\infty} n(\lambda/\mu)^{n+1}(1 - \lambda/\mu) = \frac{\lambda}{\mu}L < L. \qquad \blacksquare
$$

8.3.2　有限容量的单服务线的指数排队系统

在前面的模型中, 我们假定系统中同时存在的顾客数没有限制. 然而, 在现实中, 总存在一个有限的系统容量 N, 即在任何时间系统中的顾客数都不能超过 N. 也就是说, 若一个到达者发现系统中已经有 N 个顾客, 则他不再进入系统.

与前面一样, 我们用 P_n ($0 \leqslant n \leqslant N$) 表示系统中有 n 个顾客的极限概率. 由速率相等原理得到以下平衡方程组.

状态	过程离开的速率 = 进入的速率
0	$\lambda P_0 = \mu P_1$
$1 \leqslant n \leqslant N-1$	$(\lambda + \mu)P_n = \lambda P_{n-1} + \mu P_{n+1}$
N	$\mu P_N = \lambda P_{N-1}$

关于状态 0 的推理与前面一样. 即当处于状态 0 时, 过程只能通过一个顾客的到达 (以速率 λ 发生) 来离开状态 0, 因此过程离开状态 0 的速率是 λP_0. 另

外, 状态 0 只能由状态 1 经过一个顾客的离开来进入, 因此, 过程进入状态 0 的速率是 μP_1. 状态 n $(1 \leqslant n < N)$ 的方程与以前的一样. 而状态 N 的方程与以前不同, 因为当过程处于状态 N 时, 到达的顾客不会进入系统, 过程只能通过一个顾客的离开来离开状态 N. 另外, 状态 N 只能由状态 $N-1$ 经过一个顾客的到达来进入 (因为这时不再有状态 $N+1$).

我们现在可以像处理无限容量模型那样求解平衡方程组, 也可以直接应用离开者留下 $n-1$ 个人的速率等于到达者看到 $n-1$ 个人的速率这一结果, 从而节省几行步骤. 应用这个结果我们得到

$$\mu P_n = \lambda P_{n-1}, \qquad n = 1, \cdots, N,$$

于是

$$P_n = \frac{\lambda}{\mu} P_{n-1} = \left(\frac{\lambda}{\mu}\right)^2 P_{n-2} = \cdots = \left(\frac{\lambda}{\mu}\right)^n P_0, \qquad n = 1, \cdots, N.$$

利用 $\sum_{n=0}^{N} P_n = 1$, 我们得到

$$1 = P_0 \sum_{n=0}^{N} \left(\frac{\lambda}{\mu}\right)^n = P_0 \left[\frac{1 - (\lambda/\mu)^{N+1}}{1 - \lambda/\mu}\right],$$

从而

$$P_0 = \frac{(1 - \lambda/\mu)}{1 - (\lambda/\mu)^{N+1}}.$$

因此, 由前面的方程可得

$$P_n = \frac{(\lambda/\mu)^n (1 - \lambda/\mu)}{1 - (\lambda/\mu)^{N+1}}, \qquad n = 0, 1, \cdots, N.$$

注意, 在这种情形下, 没必要强加条件 $\lambda/\mu < 1$. 由定义可知队列的长度有界, 所以它不可能无限地增加.

如前, L 可以用 P_n 表示为

$$L = \sum_{n=0}^{N} n P_n = \frac{(1 - \lambda/\mu)}{1 - (\lambda/\mu)^{N+1}} \sum_{n=0}^{N} n \left(\frac{\lambda}{\mu}\right)^n,$$

经过一些代数运算后得到

$$L = \frac{\lambda \left[1 + N(\lambda/\mu)^{N+1} - (N+1)(\lambda/\mu)^N\right]}{(\mu - \lambda)\left[1 - (\lambda/\mu)^{N+1}\right]}.$$

在推导一个顾客在系统中停留的期望时间 W 时, 我们必须明确 "顾客" 一词的含义. 具体来说, 它是否包括那些看到系统满员而根本就没有进入的 "顾客" 呢? (或者, 我们是否只是想得到实际进入系统的顾客在系统中的平均停留时间呢?) 不同的回答会导致不同的结果. 如果回答 "是", 那么 $\lambda_a = \lambda$; 如果回答

"否", 那么因为实际进入系统的到达者比例是 $1 - P_N$, 所以 $\lambda_a = \lambda(1 - P_N)$. 一旦清楚了我们对于顾客的含义, W 就可以由下式得到:

$$W = \frac{L}{\lambda_a}.$$

例 8.6　假设提供速率为 μ 的服务需要每小时花费 $c\mu$ 美元. 再假设我们对每个接受服务的顾客收取 A 美元. 如果系统的容量为 N, 那么使总利润达到最大的服务速率 μ 是多少?

解　为了求解, 我们假设速率为 μ. 然后确定每小时收到的金额, 并从中减去每小时花费的金额, 这就是每小时的利润, 我们可以选取 μ 使之达到最大.

现在, 潜在的顾客以速率 λ 到达. 然而, 他们当中有一部分人并不进入系统, 即那些到达时发现系统中已经有 N 个顾客的人. 由于 P_N 是系统满员的时间比例, 因此进入系统的顾客以速率 $\lambda(1 - P_N)$ 到达. 由于每个顾客支付 A 美元, 因此每小时我们收取 $\lambda(1 - P_N)A$ 美元, 并且因为每小时需要花费 $c\mu$ 美元, 所以每小时的总利润为

$$\text{每小时的总利润} = \lambda(1 - P_N)A - c\mu$$
$$= \lambda A \left[1 - \frac{(\lambda/\mu)^N (1 - \lambda/\mu)}{1 - (\lambda/\mu)^{N+1}} \right] - c\mu = \frac{\lambda A \left[1 - (\lambda/\mu)^N \right]}{1 - (\lambda/\mu)^{N+1}} - c\mu.$$

例如, 若 $N = 2, \lambda = 1, A = 10, c = 1$, 则

$$\text{每小时的总利润} = \frac{10 \left[1 - \left(\frac{1}{\mu} \right)^2 \right]}{1 - \left(\frac{1}{\mu} \right)^3} - \mu = \frac{10(\mu^3 - \mu)}{\mu^3 - 1} - \mu.$$

为了使利润最大, 我们对上式求微分, 得到

$$\frac{\mathrm{d}}{\mathrm{d}\mu}(\text{每小时的总利润}) = 10\frac{2\mu^3 - 3\mu^2 + 1}{(\mu^3 - 1)^2} - 1.$$

令上式等于 0 并求解该方程, 就可以得到使利润最大化的 μ 值.　■

一个排队系统在系统中没有顾客的闲期与系统中至少有一个顾客的忙期之间转换. 我们将推导在一个忙期内流失的顾客数的期望值和方差以结束 8.3.2 节, 其中如果一个顾客到达时系统处于满员状态, 那么我们说这个顾客流失.

令 L_n 表示在有限容量的 M/M/1 排队系统的一个忙期内流失的顾客数, 当到达者发现系统中有 n 个顾客时, 他就不再进入系统. 为了推导 $E[L_n]$ 和 $\mathrm{Var}(L_n)$ 的表达式, 假设忙期刚刚开始并以下一个事件是到达还是离开为条件. 令

$$I = \begin{cases} 0, & \text{若在下一个顾客到达之前服务完成,} \\ 1, & \text{若在服务完成之前下一个顾客到达.} \end{cases}$$

注意若 $I = 0$, 则在下一个顾客到达之前忙期已经结束, 所以在这个忙期内没有顾客流失. 因此

$$E[L_n|I = 0] = \text{Var}(L_n|I = 0) = 0.$$

现在假设在第一次服务完成之前下一个顾客到达, 所以 $I = 1$. 若 $n = 1$ 则这个新到的顾客将流失, 而忙期在那一时刻将重新开始, 于是流失顾客的条件数与 $1 + L_1$ 有相同的分布. 若 $n > 1$, 则当下一个顾客到达时将有两个顾客在系统中, 其中一个顾客在接受服务, 而 "第二个顾客" 刚刚到达. 因为在忙期内流失顾客数的分布与顾客接受服务的顺序无关, 所以假设 "第二个顾客" 被搁置一边, 直至只剩他一个顾客时他才接受服务. 那么容易看出, 在 "第二个顾客" 开始接受服务之前流失的顾客数与当系统容量是 $n - 1$ 时在一个忙期内流失的顾客数有相同的分布. 此外, 在 "第二个顾客" 接受服务后开始的忙期内又流失的顾客数与当系统容量是 n 时在一个忙期内流失的顾客数有相同的分布. 于是, 给定 $I = 1$ 时, L_n 的分布等于两个独立随机变量之和的分布, 其中一个随机变量与 L_{n-1} 同分布, 它表示在系统中再次只有一个顾客之前流失的顾客数, 另一个随机变量与 L_n 同分布, 它表示从再次只有一个顾客时起到忙期结束时又流失的顾客数. 于是

$$E[L_n|I = 1] = \begin{cases} 1 + E[L_1], & \text{若 } n = 1, \\ E[L_{n-1}] + E[L_n], & \text{若 } n > 1, \end{cases}$$

$$\text{Var}(L_n|I = 1) = \begin{cases} \text{Var}(L_1), & \text{若 } n = 1, \\ \text{Var}(L_{n-1}) + \text{Var}(L_n), & \text{若 } n > 1. \end{cases}$$

令

$$m_n = E[L_n], \qquad v_n = \text{Var}(L_n),$$

则给定 $m_0 = 1, v_0 = 0$, 上面的方程可以重写为

$$E[L_n|I] = I(m_{n-1} + m_n), \tag{8.9}$$

$$\text{Var}(L_n|I) = I(v_{n-1} + v_n). \tag{8.10}$$

利用 $P\{I = 1\} = P\{\text{在服务完成之前下一个顾客到达}\} = \frac{\lambda}{\lambda + \mu} = 1 - P\{I = 0\}$, 在式 (8.9) 两边取期望可得

$$m_n = \frac{\lambda}{\lambda + \mu}[m_n + m_{n-1}],$$

所以

$$m_n = \frac{\lambda}{\mu} m_{n-1}.$$

从 $m_1 = \lambda/\mu$ 开始, 可以得到结果

$$m_n = (\lambda/\mu)^n.$$

我们利用条件方差公式来求 v_n. 利用式 (8.9) 和式 (8.10), 可以得到

$$
\begin{aligned}
v_n &= (v_n + v_{n-1})E[I] + (m_n + m_{n-1})^2 \operatorname{Var}(I) \\
&= \frac{\lambda}{\lambda+\mu}(v_n + v_{n-1}) + \left[(\lambda/\mu)^n + (\lambda/\mu)^{n-1}\right]^2 \frac{\lambda}{\lambda+\mu}\frac{\mu}{\lambda+\mu} \\
&= \frac{\lambda}{\lambda+\mu}(v_n + v_{n-1}) + (\lambda/\mu)^{2n-2}\left(\frac{\lambda}{\mu}+1\right)^2 \frac{\lambda\mu}{(\lambda+\mu)^2} \\
&= \frac{\lambda}{\lambda+\mu}(v_n + v_{n-1}) + (\lambda/\mu)^{2n-1}.
\end{aligned}
$$

于是

$$
\mu v_n = \lambda v_{n-1} + (\lambda+\mu)(\lambda/\mu)^{2n-1},
$$

令 $\rho = \lambda/\mu$, 我们有

$$
v_n = \rho v_{n-1} + \rho^{2n-1} + \rho^{2n}.
$$

从而

$$
\begin{aligned}
v_1 &= \rho + \rho^2, \\
v_2 &= \rho^2 + 2\rho^3 + \rho^4, \\
v_3 &= \rho^3 + 2\rho^4 + 2\rho^5 + \rho^6, \\
v_4 &= \rho^4 + 2\rho^5 + 2\rho^6 + 2\rho^7 + \rho^8,
\end{aligned}
$$

一般地,

$$
v_n = \rho^n + 2\sum_{j=n+1}^{2n-1} \rho^j + \rho^{2n}.
$$

8.3.3 生灭排队模型

一个到达速率与离开速率依赖于系统中的顾客数的指数排队系统, 称为**生灭排队模型**. 令 λ_n 为当系统中有 n 个顾客时的到达速率, 令 μ_n 为此时的离开速率. 大致来说, 当系统中有 n 个顾客时, 直至下一个顾客到达的时间是速率为 λ_n 的指数随机变量, 而且独立于下一个速率为 μ_n 的指数离开时间. 等价且更形式化的叙述是, 只要系统中有 n 个顾客, 直至下一次到达或下一次离开发生的时间就是速率为 $\lambda_n + \mu_n$ 的指数随机变量, 而且独立于这个时间, 下一次发生的是到达的概率为 $\frac{\lambda_n}{\lambda_n+\mu_n}$. 现在我们给出生灭排队模型的一些例子.

(a) **M/M/1 排队系统**

因为到达速率总是 λ, 而且当系统非空时离开速率是 μ, 所以 M/M/1 是具有

$$
\begin{aligned}
\lambda_n &= \lambda, \qquad n \geqslant 0, \\
\mu_n &= \mu, \qquad n \geqslant 1
\end{aligned}
$$

的生灭模型.

(b) 具有止步行为的 M/M/1 排队系统

考虑 M/M/1 系统, 但是假定若一个顾客在到达时发现系统中已有 n 个人, 则他只以概率 α_n 加入这个系统 (也就是说, 他以概率 $1 - \alpha_n$ 拒绝加入这个系统). 那么这个系统是具有

$$\lambda_n = \lambda \alpha_n, \quad n \geqslant 0,$$
$$\mu_n = \mu, \quad n \geqslant 1$$

的生灭模型. 具有有限容量 N 的 M/M/1 是它的特殊情形, 其中

$$\alpha_n = \begin{cases} 1, & \text{若 } n < N, \\ 0, & \text{若 } n \geqslant N. \end{cases}$$

(c) M/M/k 排队系统

考虑一个有 k 条服务线的系统, 其中顾客按速率为 λ 的泊松过程到达. 顾客到达时如果 k 条服务线中的任意一条空闲就立刻进入服务. 如果 k 条服务线都忙碌, 那么顾客加入队列. 当一条服务线完成了服务时, 被服务的顾客就离开系统, 如果队列中还有顾客, 那么等待时间最长的顾客进入服务, 所有服务时间都是速率为 μ 的指数随机变量. 因为顾客总是以速率 λ 到达, 所以

$$\lambda_n = \lambda, \quad n \geqslant 0.$$

当系统中有 $n \leqslant k$ 个顾客时, 每个顾客都将接受服务, 所以直到首个顾客离开的时间是 n 个速率为 μ 的独立指数随机变量的最小值, 因而是速率为 $n\mu$ 的指数随机变量. 另外, 如果系统中有 $n > k$ 个顾客, 那么这 n 个人中只能有 k 个接受服务, 所以此时的离开速率是 $k\mu$. 因此 M/M/k 是以

$$\lambda_n = \lambda, \quad n \geqslant 0$$

为到达速率, 以

$$\mu_n = \begin{cases} n\mu, & \text{若 } n \leqslant k, \\ k\mu, & \text{若 } n \geqslant k \end{cases}$$

为离开速率的生灭排队模型. ■

为了分析一般的生灭排队模型, 令 P_n 为系统中有 n 个人的长程时间比例, 那么, 要么由平衡方程组

状态	过程离开的速率 = 过程进入的速率
$n = 0$	$\lambda_0 P_0 = \mu_1 P_1$

$$n \geqslant 1 \qquad (\lambda_n + \mu_n)P_n = \lambda_{n-1}P_{n-1} + \mu_{n+1}P_{n+1}$$

得出结果，要么直接利用到达的人看到系统中有 n 个人的速率等于离开的人留下 n 个人在系统中的速率这一结果，我们得到

$$\lambda_n P_n = \mu_{n+1}P_{n+1}, \qquad n \geqslant 0,$$

或者等价地，

$$P_{n+1} = \frac{\lambda_n}{\mu_{n+1}}P_n, \qquad n \geqslant 0.$$

于是

$$P_0 = P_0,$$
$$P_1 = \frac{\lambda_0}{\mu_1}P_0,$$
$$P_2 = \frac{\lambda_1}{\mu_2}P_1 = \frac{\lambda_1 \lambda_0}{\mu_2 \mu_1}P_0,$$
$$P_3 = \frac{\lambda_2}{\mu_3}P_2 = \frac{\lambda_2 \lambda_1 \lambda_0}{\mu_3 \mu_2 \mu_1}P_0,$$

一般地，

$$P_n = \frac{\lambda_0 \lambda_1 \cdots \lambda_{n-1}}{\mu_1 \mu_2 \cdots \mu_n}P_0, \qquad n \geqslant 1.$$

利用 $\sum_{n=0}^{\infty} P_n = 1$，得到

$$1 = P_0 \left[1 + \sum_{n=1}^{\infty} \frac{\lambda_0 \lambda_1 \cdots \lambda_{n-1}}{\mu_1 \mu_2 \cdots \mu_n} \right],$$

因此有

$$P_0 = \frac{1}{1 + \sum_{n=1}^{\infty} \frac{\lambda_0 \lambda_1 \cdots \lambda_{n-1}}{\mu_1 \mu_2 \cdots \mu_n}},$$

以及

$$P_n = \frac{\frac{\lambda_0 \lambda_1 \cdots \lambda_{n-1}}{\mu_1 \mu_2 \cdots \mu_n}}{1 + \sum_{n=1}^{\infty} \frac{\lambda_0 \lambda_1 \cdots \lambda_{n-1}}{\mu_1 \mu_2 \cdots \mu_n}}, \qquad n \geqslant 1.$$

长程概率存在的充分必要条件是上式中的分母有限. 也就是说，我们需要有

$$\sum_{n=1}^{\infty} \frac{\lambda_0 \lambda_1 \cdots \lambda_{n-1}}{\mu_1 \mu_2 \cdots \mu_n} < \infty.$$

　　例 8.7　对于 M/M/k 系统，有

$$\frac{\lambda_0 \lambda_1 \cdots \lambda_{n-1}}{\mu_1 \mu_2 \cdots \mu_n} = \begin{cases} \frac{(\lambda/\mu)^n}{n!}, & \text{若 } n \leqslant k, \\ \frac{\lambda^n}{\mu^n k! k^{n-k}}, & \text{若 } n > k. \end{cases}$$

因此, 利用 $\frac{\lambda^n}{\mu^n k! k^{n-k}} = \frac{(\lambda/k\mu)^n k^k}{k!}$, 我们有

$$P_0 = \frac{1}{1 + \sum_{n=1}^{k}(\lambda/\mu)^n/n! + \sum_{n=k+1}^{\infty}(\lambda/k\mu)^n k^k/k!},$$

$$P_n = P_0\frac{(\lambda/\mu)^n}{n!}, \qquad 若\ n \leqslant k,$$

$$P_n = P_0\frac{(\lambda/k\mu)^n k^k}{k!}, \qquad 若\ n > k.$$

从上式推出, 极限概率存在的条件是 $\lambda < k\mu$. 因为 $k\mu$ 是所有服务线都忙碌时的服务速率, 所以这正是当系统中有许多顾客时, 为了存在极限概率, 服务速率必须大于到达速率这一直观条件. ■

例 8.8 求顾客在 M/M/2 系统中的平均停留时间.

解 令 $\mu_2 = 2\mu$, 且 M/M/2 系统的长程比例可以表示为

$$P_n = 2(\lambda/\mu_2)^n P_0, \qquad n \geqslant 1.$$

由此可得

$$
\begin{aligned}
1 &= \sum_{n=0}^{\infty} P_n \\
&= P_0\left(1 + 2\sum_{n=1}^{\infty}(\lambda/\mu_2)^n\right) \\
&= P_0\left(1 + \frac{\lambda/\mu}{1 - \lambda/\mu_2}\right) \\
&= P_0\left(\frac{1 + \lambda/\mu_2}{1 - \lambda/\mu_2}\right).
\end{aligned}
$$

因此,

$$P_0 = \frac{1 - \lambda/\mu_2}{1 + \lambda/\mu_2}.$$

为了确定 W, 我们首先计算 L:

$$L = \sum_{n=1}^{\infty} nP_n = 2P_0\sum_{n=1}^{\infty} n(\lambda/\mu_2)^n.$$

由恒等式 (8.7) 可得

$$L = 2P_0\frac{\lambda/\mu_2}{(1 - \lambda/\mu_2)^2} = \frac{\lambda/\mu}{(1 - \lambda/\mu_2)(1 + \lambda/\mu_2)}.$$

因为 $L = \lambda W$, 所以由上式可得

$$W = \frac{1}{(\mu - \lambda/2)(1 + \lambda/\mu_2)}.$$

有趣的是，我们可以比较在单一队列的情况下（如 M/M/2 系统）与在顾客被随机分配到任一服务线的情况下，顾客在系统中的平均时间. 如例 8.4 所示，在后一种情况下，当顾客被等可能地分配到各条服务线时，顾客在系统中的平均时间最小，最小值为 $\frac{1}{\mu-\lambda/2}$. 因此，当使用单一队列时（如 M/M/2 系统），顾客在系统中的平均时间是 $\frac{1}{1+\lambda/\mu_2}$ 乘以当每个顾客被等可能地分配到各条服务线的队列时的平均时间. 如果 $\lambda = \mu = 1$，那么 $\lambda/\mu_2 = 1/2$，且在使用单一队列的情况下，顾客在系统中的平均时间是在使用两条独立队列的情况下的 $2/3$. 当 $\lambda = 1.5\mu$ 时，减少因子变为 $4/7$；当 $\lambda = 1.9\mu$ 时，它变为 $20/39$. ■

例 8.9（带有焦躁顾客的 **M/M/1** 排队系统） 考虑顾客按速率为 λ 的泊松过程到达的单服务线排队系统，其服务分布是速率为 μ 的指数分布，但是现在假设每个顾客在离开系统前，只在队列中停留速率为 α 的指数时间. 假定这个时间独立于其他所有因素，并且进入服务的顾客会在服务完成后才离开. 这种系统可以用生灭率为

$$\lambda_n = \lambda, \qquad\qquad n \geqslant 0,$$
$$\mu_n = \mu + (n-1)\alpha, \quad n \geqslant 1$$

的生灭过程来建模.

应用上面得到的极限概率我们就能解答关于该系统的各种问题. 例如，假设我们要确定接受服务的到达者比例. 我们把这个量记为 π_s，它可由顾客接受服务的平均速率 λ_s 得到：

$$\pi_s = \frac{\lambda_s}{\lambda}.$$

为了验证上述方程，令 $N_a(t)$ 和 $N_s(t)$ 分别表示到时刻 t 为止到达的人数和服务的人数. 那么

$$\pi_s = \lim_{t\to\infty} \frac{N_s(t)}{N_a(t)} = \lim_{t\to\infty} \frac{N_s(t)/t}{N_a(t)/t} = \frac{\lambda_s}{\lambda}.$$

因为当系统空着时，服务后离开的速率是 0，而当系统非空时，服务后离开的速率是 μ，所以推出 $\lambda_s = \mu(1 - P_0)$，由此可得

$$\pi_s = \frac{\mu(1 - P_0)}{\lambda}. \qquad ■$$

注 如前面的例子所示，要确定某一类型 A 事件在所有事件中所占的比例，最简单的方法往往是确定类型 A 事件的发生速率和所有事件的发生速率，然后使用

$$类型\ A\ 事件的比例 = \frac{类型\ A\ 事件的发生速率}{所有事件的发生速率}$$

如果人们的到达速率为 λ，女性的到达速率为 λ_w，那么到达者中女性的比例为 λ_w/λ. ■

对于生灭排队系统，为了确定一个顾客在系统中的平均停留时间 W，我们使用基本排队恒等式 $L = \lambda_a W$. 因为 L 是系统中的顾客平均数，所以

$$L = \sum_{n=0}^{\infty} n P_n.$$

又因为当系统中有 n 个人时，到达速率是 λ_n，而系统中有 n 个人的时间比例是 P_n，所以顾客的平均到达速率为

$$\lambda_a = \sum_{n=0}^{\infty} \lambda_n P_n.$$

因此

$$W = \frac{\sum_{n=0}^{\infty} n P_n}{\sum_{n=0}^{\infty} \lambda_n P_n}.$$

现在考虑看到系统中有 n 个人的到达者比例 a_n. 因为当系统中有 n 个人时，到达的速率是 λ_n，所以，到达者看到系统中有 n 个人的速率是 $\lambda_n P_n$. 因此，在较长的时间 T 内，约 $\lambda_a T$ 个到达者中近似有 $\lambda_n P_n T$ 个看到系统中有 n 个人. 令 T 趋向无穷，则看到系统中有 n 个人的到达者的长程比例是

$$a_n = \frac{\lambda_n P_n}{\lambda_a}.$$

现在我们考察一个忙期的平均长度，此处我们说系统在系统中没有顾客的闲期与系统中至少有一个顾客的忙期之间转换. 一个闲期从系统为空的时候开始，到下一个顾客到达的时候结束. 因为系统为空时的到达速率是 λ_0，所以，独立于以前发生的一切，闲期的长度是速率为 λ_0 的指数随机变量. 因为一个忙期从系统中有一个顾客的时候开始，到系统为空的时候结束，所以容易看出相继的忙期长度是独立同分布的. 对于 $j \geqslant 1$，令 I_j 和 B_j 分别表示第 j 个闲期和第 j 个忙期的长度. 在前 $\sum_{j=1}^{n}(I_j + B_j)$ 个单位时间内，系统为空的时间是 $\sum_{j=1}^{n} I_j$. 因此系统空的长程时间比例 P_0 可以表示为

$$
\begin{aligned}
P_0 &= 系统为空的长程时间比例 \\
&= \lim_{n \to \infty} \frac{I_1 + \cdots + I_n}{I_1 + \cdots + I_n + B_1 + \cdots + B_n} \\
&= \lim_{n \to \infty} \frac{(I_1 + \cdots + I_n)/n}{(I_1 + \cdots + I_n)/n + (B_1 + \cdots + B_n)/n} \\
&= \frac{E[I]}{E[I] + E[B]},
\end{aligned}
\tag{8.11}
$$

其中 I 和 B 分别表示一个闲期和一个忙期的长度，而最后一个等号得自强大数定律. 因此，利用 $E[I] = 1/\lambda_0$，就得到

$$P_0 = \frac{1}{1 + \lambda_0 E[B]},$$

从而

$$E[B] = \frac{1 - P_0}{\lambda_0 P_0}. \tag{8.12}$$

例如，在 M/M/1 排队系统中，$E[B] = \frac{\lambda/\mu}{\lambda(1 - \lambda/\mu)} = \frac{1}{\mu - \lambda}$.

　　另一个重要的量是在一个忙期内系统中有 n 个顾客的时间 T_n. 为了确定它的均值，我们注意到，$E[T_n]$ 是在相继的忙期间系统中有 n 个顾客的平均时间，因为相继的忙期间的平均时间是 $E[B] + E[I]$，所以

$$
\begin{aligned}
P_n &= 在系统有 n 个顾客的长程时间比例 \\
&= \frac{E[T_n]}{E[I] + E[B]} \\
&= \frac{E[T_n] P_0}{E[T]} \quad [\,得自式\ (8.11)\,].
\end{aligned}
$$

因此

$$E[T_n] = \frac{P_n}{\lambda_0 P_0} = \frac{\lambda_1 \cdots \lambda_{n-1}}{\mu_1 \mu_2 \cdots \mu_n}.$$

接下来我们对结果进行检验，因为

$$B = \sum_{n=1}^{\infty} T_n,$$

所以

$$E[B] = \sum_{n=1}^{\infty} E[T_n] = \frac{1}{\lambda_0 P_0} \sum_{n=1}^{\infty} P_n = \frac{1 - P_0}{\lambda_0 P_0},$$

这与式 (8.12) 是一致的.

　　对于 M/M/1 排队系统，由上式可得 $E[T_n] = \lambda^{n-1}/\mu^n$.

　　尽管在指数的生灭排队模型中，系统的状态正是系统中的顾客数，但还有一些指数模型需要更为详细的状态空间. 我们考察一些例子来说明这一点.

8.3.4　一家擦鞋店

　　考虑一家有两张工作椅的擦鞋店，每张椅子都有自己的服务员. 假设到达的顾客先去椅子 1，当他在椅子 1 的服务完成时，若椅子 2 空着，则他再去椅子 2，否则他坐在椅子 1 上等待，直到椅子 2 变成空的. 假设潜在的顾客只在椅子 1 空着的时候才进店.（于是，即使椅子 2 上有顾客，潜在的顾客也可能进店.）

如果我们假设潜在的顾客按速率为 λ 的泊松过程到达, 而两张椅子的服务时间是独立的, 且分别具有指数速率 μ_1 与 μ_2.

(a) 进店的潜在顾客比例是多少?

(b) 店中的平均顾客数是多少?

(c) 进店顾客在店中的平均停留时间是多少?

(d) 进店顾客中阻碍者的比例 π_b 是多少? 如果一个进店顾客在完成椅子 1 的服务后, 还在等待椅子 2 上的顾客完成服务, 则他就是一个阻碍者.

首先, 我们必须确定一个合适的状态空间. 显然, 这个系统的状态空间必须包含比系统中的顾客数更多的信息. 例如, 只知道系统中有一个顾客是不够的, 我们还要知道他在哪张椅子上; 只知道系统中有两个顾客也是不够的, 我们不知道椅子 1 上的顾客是仍旧在接受服务, 还是正在等待椅子 2 上的人完成服务. 为了考虑这些因素, 我们使用由 5 个状态 $(0,0),(1,0),(0,1),(1,1)$ 和 $(b,1)$ 组成的状态空间. 这些状态有如下解释.

状态	解释
$(0,0)$	系统中没有顾客
$(1,0)$	系统中有一个顾客, 且他在椅子 1 上
$(0,1)$	系统中有一个顾客, 且他在椅子 2 上
$(1,1)$	系统中有两个顾客, 都在接受服务
$(b,1)$	系统中有两个顾客, 椅子 1 上的顾客 已经完成了服务且在等待椅子 2 空出来

注意, 当系统在状态 $(b,1)$ 时, 椅子 1 上的人虽然不在接受服务, 但仍然 "阻碍" 了潜在的顾客进入系统.

在写出平衡方程组之前, 我们先画一个转移图通常是值得的. 首先对每个状态画一个圆圈, 然后画出它们之间的箭头, 并标以过程从一个状态到另一个状态的速率. 这个模型的转移图如图 8-1 所示. 这个图的解释如下. 从状态 $(0,0)$ 到状态 $(1,0)$ 的箭头上标有 λ, 这是因为当过程处于状态 $(0,0)$ 时, 即系统空着时, 它通过一个顾客的到达以速率 λ 转移到状态 $(1,0)$. 从 $(0,1)$ 到 $(1,1)$ 的箭头解释类似.

当过程处于状态 $(1,0)$ 时, 若椅子 1 上的顾客完成了服务, 则过程将以速率 μ_1 转移到状态 $(0,1)$, 因此从 $(1,0)$ 到 $(0,1)$ 的箭头标以 μ_1. 从 $(1,1)$ 到 $(b,1)$ 的箭头解释类似.

当过程处于状态 $(b,1)$ 时, 若椅子 2 上的顾客完成了服务 (这以速率 μ_2 发生), 则过程将转移到状态 $(0,1)$, 因此从 $(b,1)$ 到 $(0,1)$ 的箭头标以 μ_2. 此外,

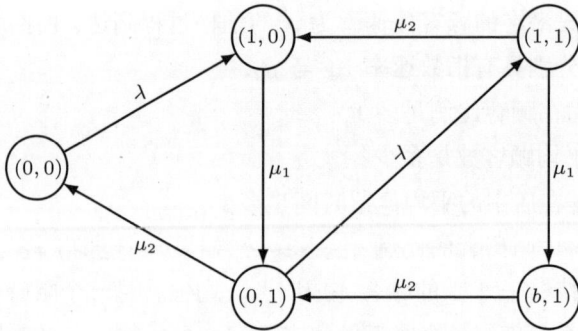

图 8-1 转移图

当过程处于状态 $(1,1)$ 时，若椅子 2 上的顾客完成了服务，则过程将转移到状态 $(1,0)$，因此从 $(1,1)$ 到 $(1,0)$ 的箭头标以 μ_2. 最后，如果过程处于状态 $(0,1)$，那么，当椅子 2 上的顾客完成了服务时，它将回到状态 $(0,0)$，因此从 $(0,1)$ 到 $(0,0)$ 的箭头标以 μ_2.

因为不存在其他可能的转移，所以这样就完成了转移图.

为了写出平衡方程组，我们将进入某一状态的箭头（乘以箭头起点状态的概率）的和，与离开该状态的箭头（乘以箭头终点状态的概率）的和取等，就可以得到以下方程.

状态	过程离开的速率 = 进入的速率
$(0,0)$	$\lambda P_{(0,0)} = \mu_2 P_{(0,1)}$
$(1,0)$	$\mu_1 P_{(1,0)} = \lambda P_{(0,0)} + \mu_2 P_{(1,1)}$
$(0,1)$	$(\lambda + \mu_2) P_{(0,1)} = \mu_1 P_{(1,0)} + \mu_2 P_{(b,1)}$
$(1,1)$	$(\mu_1 + \mu_2) P_{(1,1)} = \lambda P_{(0,1)}$
$(b,1)$	$\mu_2 P_{(b,1)} = \mu_1 P_{(1,1)}$

再联合方程

$$P_{(0,0)} + P_{(1,0)} + P_{(0,1)} + P_{(1,1)} + P_{(b,1)} = 1,$$

就可以求出极限概率. 尽管求解上面的方程组比较容易，但得到的解非常复杂，因此我们并不给出显式表达式. 然而，用这些极限概率很容易回答我们的问题. 为了回答 (a)，请注意，只有当系统处于状态 $(0,0)$ 或 $(0,1)$ 时，潜在的到达者才会进入系统. 由于所有到达者（包括那些流失的到达者）都是按照泊松过程到达的，因此，根据 PASTA 原则，发现系统处于这两种状态之一的到达者比例等于系统处于这两种状态之一的时间比例，即 $P_{(0,0)} + P_{(0,1)}$.

为了回答 (b)，请注意，每当处于状态 $(0,1)$ 或 $(1,0)$ 时，系统中有一个顾客；每当处于状态 $(1,1)$ 或 $(b,1)$ 时，系统中有两个顾客. 因此，系统中的平均顾客数 L 为

$$L = P_{(0,1)} + P_{(1,0)} + 2\left(P_{(1,1)} + P_{(b,1)}\right).$$

为了推导进入的顾客在系统中停留的平均时间，我们利用关系 $W = L/\lambda_a$. 因为潜在的顾客只有当状态为 $(0,0)$ 或 $(0,1)$ 时才进入系统，所以 $\lambda_a = \lambda(P_{(0,0)} + P_{(0,1)})$，因此

$$W = \frac{P_{(0,1)} + P_{(1,0)} + 2(P_{(1,1)} + P_{(b,1)})}{\lambda(P_{(0,0)} + P_{(0,1)})}.$$

确定进店顾客中阻碍者的比例的一种方法是，以顾客看到的状态为条件. 因为进店顾客看到的状态不是 $(0,0)$ 就是 $(0,1)$，所以进店顾客看到的状态为 $(0,1)$ 的概率是 $P((0,1)\,|\,(0,0)\text{ 或 }(0,1)) = \frac{P_{(0,1)}}{P_{(0,0)}+P_{(0,1)}}$. 若一个顾客在状态 $(0,1)$ 时进入系统，且在椅子 2 结束服务前完成了椅子 1 的服务，则他是一个阻碍者，因此

$$\pi_b = \frac{P_{(0,1)}}{P_{(0,0)} + P_{(0,1)}} \frac{\mu_1}{\mu_1 + \mu_2}.$$

得到进店顾客中阻碍者的比例的另一种方法是，令 λ_b 为顾客变成阻碍者的速率，则进店顾客中阻碍者的比例是 λ_b/λ_a. 因为顾客变成阻碍者是由于系统处于状态 $(1,1)$ 且椅子 1 上发生了服务，所以 $\lambda_b = \mu_1 P_{(1,1)}$，由此可得

$$\pi_b = \frac{\mu_1 P_{(1,1)}}{\lambda(P_{(0,0)} + P_{(0,1)})}.$$

由状态 $(1,1)$ 的平衡方程可知，这两个解是一致的. ∎

8.3.5 批量服务排队系统

下一个例子涉及一个系统，其服务线能够同时为所有等待的顾客提供服务.

例 8.10 假设顾客按速率为 λ 的泊松过程到达一个单服务线的系统，并且发现服务器空闲的到达者会立即进入服务，发现服务器忙碌的到达者则加入队列. 服务完成后，服务线会同时为所有在队列中等待的顾客提供服务. 对于 $n \geqslant 1$，为 n 个顾客提供服务所需的时间服从速率为 μ_n 的指数分布.

为了分析这个系统，我们定义其状态为 (m,n)，它表示有 m 个顾客在排队等待，有 n 个顾客在接受服务. 如果一个顾客在状态为 $(0,0)$ 时到达，那么该顾客将立即进入服务，且状态变为 $(0,1)$. 对于 $n > 0$，如果一个顾客在状态为 (m,n) 时到达，那么该顾客加入队列，且状态变为 $(m+1,n)$. 如果一次服务在状态为 $(0,n)$ 时完成，那么状态变为 $(0,0)$. 对于 $m > 0$，如果一次服务在状态为 (m,n)

时完成, 那么队列中的 m 个顾客将全部进入服务, 从而新状态为 $(0, m)$. 该系统的转移图如图 8-2 所示.

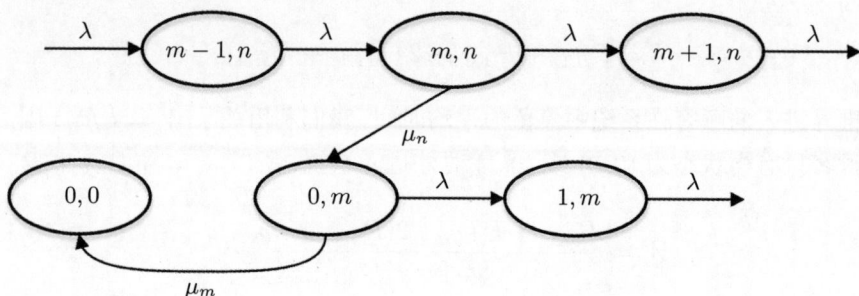

图 8-2

因此, 我们有以下平衡方程组, 它使得系统离开和进入每个状态的速率相等.

状态	离开速率 = 进入速率
$(0, 0)$	$\lambda P_{(0,0)} = \sum_{n=1}^{\infty} \mu_n P_{(0,n)}$
$(0, n), n > 0$	$(\lambda + \mu_n) P_{(0,n)} = \sum_{m=1}^{\infty} \mu_m P_{(n,m)}$
$(m, n), mn > 0$	$(\lambda + \mu_n) P_{(m,n)} = \lambda P_{(m-1,n)}$

$$\sum_{m,n} P_{(m,n)} = 1.$$

根据这些方程的解, 确定

(a) 顾客在服务中花费的平均时间;

(b) 顾客在系统中停留的平均时间;

(c) 对 n 个顾客的服务比例;

(d) 接受服务的批次大小为 n 的顾客比例.

解 (a) 为了确定顾客在服务中花费的平均时间, 我们可以利用基本恒等式

在接受服务的平均顾客数 $= \lambda_a \times$ 顾客在服务中花费的平均时间.

因为当状态为 (m, n) 时, 有 n 个顾客在接受服务, 所以

$$P(\text{有 } n \text{ 个顾客在接受服务}) = \sum_{m=0}^{\infty} P_{(m,n)},$$

因此

$$顾客在服务中花费的平均时间 = \frac{\sum_{n=1}^{\infty} \left(n \sum_{m=0}^{\infty} P_{(m,n)} \right)}{\lambda}.$$

(b) 为了确定 W, 我们利用恒等式 $L = \lambda W$. 因为当状态为 (m, n) 时, 系统中有 $m + n$ 个顾客, 所以

$$W = \frac{L}{\lambda} = \frac{\sum_{m=0}^{\infty} \sum_{n=1}^{\infty} (m+n) P_{(m,n)}}{\lambda}. \tag{8.13}$$

(c) 我们将对 n 个顾客的服务称为类型 n 服务, 并注意到, 每当状态为 (m, n) 并且有服务发生时, 这类服务就会完成. 因为当状态为 (m, n) 时, 服务速率为 μ_n, 所以类型 n 服务的完成速率为 $\mu_n \sum_{m=0}^{\infty} P_{(m,n)}$. 因为服务的完成速率等于所有类型 n 服务的完成速率之和, 所以

$$
\text{类型 } n \text{ 服务的比例} = \frac{\text{类型 } n \text{ 服务发生的速率}}{\text{服务发生的速率}}
$$
$$
= \frac{\mu_n \sum_{m=0}^{\infty} P_{(m,n)}}{\sum_{n=1}^{\infty} \left(\mu_n \sum_{m=0}^{\infty} P_{(m,n)} \right)}.
$$

(d) 为了确定接受服务的批次大小为 n 的顾客比例, 我们将这类顾客称为类型 n 顾客. 因为每次发生类型 n 服务时, 都有 n 个顾客离开, 所以

$$
\text{类型 } n \text{ 顾客的比例} = \frac{\text{类型 } n \text{ 顾客离开的速率}}{\text{顾客离开的速率}}
$$
$$
= \frac{n \mu_n \sum_{m=0}^{\infty} P_{(m,n)}}{\lambda},
$$

其中, 最后的等式利用了顾客离开的速率等于顾客到达的速率这一事实. ∎

当无论有多少个顾客在接受服务, 服务分布都相同时, 前面例子中所需的计算将大大简化.

例 8.11 如果在例 8.10 中, 无论有多少个顾客在同时接受服务, 服务时间都是速率为 μ 的指数随机变量, 那么我们可以通过只追踪队列中的顾客数来简化状态空间. 由于当队列中没有人时, 我们需要知道服务线是否忙碌 (以便知道如果有新顾客到达, 是否会开始新的服务), 因此定义状态如下.

状态	解释
e	系统是空的
$n \, (n \geqslant 0)$	队列中有 n 个人, 且服务线忙碌

该系统的转移图如图 8-3 所示.

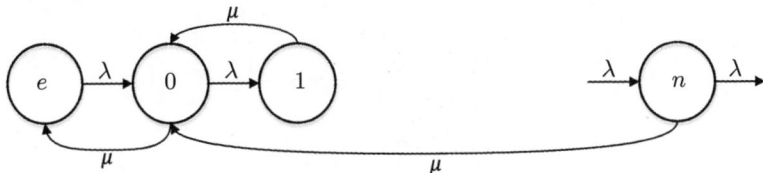

图 8-3

平衡方程组如下.

状态	离开速率 = 进入速率
e	$\lambda P_e = \mu P_0$
0	$(\lambda + \mu) P_0 = \lambda P_e + \sum_{n=1}^{\infty} \mu P_n$
$n\ (\, n \geqslant 0\,)$	$(\lambda + \mu) P_n = \lambda P_{n-1}$

这些方程很容易求解. 利用所有概率之和为 1, 第二个方程可以改写为

$$(\lambda + \mu) P_0 = \lambda P_e + \mu(1 - P_e - P_0).$$

结合状态 e 的平衡方程, 可以得出

$$P_0 = \frac{\lambda \mu}{\lambda^2 + \lambda\mu + \mu^2}, \qquad P_e = \frac{\mu}{\lambda} P_0 = \frac{\mu^2}{\lambda^2 + \lambda\mu + \mu^2}.$$

此外, 根据状态 $n\ (\, n > 0\,)$ 的平衡方程, 得到

$$P_n = \frac{\lambda}{\lambda + \mu} P_{n-1} = \left(\frac{\lambda}{\lambda + \mu}\right)^2 P_{n-2} = \cdots = \left(\frac{\lambda}{\lambda + \mu}\right)^n P_0.$$

　　如果一位顾客发现系统是空的, 那么他花费在排队上的时间是 0, 否则是速率为 μ 的指数随机变量. 根据 PASTA 原则, 发现系统为空的到达者比例为 P_e, 因此, 顾客花费在排队上的平均时间为

$$W_Q = \frac{1 - P_e}{\mu} = \frac{\lambda^2 + \lambda\mu}{\mu\,(\lambda^2 + \lambda\mu + \mu^2)}. \tag{8.14}$$

现在我们可以根据式 (8.14) 确定 L_Q、W 和 L:

$$L_Q = \lambda W_Q, \qquad W = W_Q + 1/\mu, \qquad L = \lambda W.$$

　　假设我们要确定批次大小为 n 的服务比例 Π_n. 为此, 首先要注意, 由于服务线忙碌的时间比例为 $1 - P_e$, 服务速率为 μ, 因此服务完成的速率为 $\mu(1 - P_e)$. 另外, 当 $n > 1$ 时, 每当一次服务结束且有 n 个顾客在排队时, 一次涉及 n 个顾客的服务就开始了; 当 $n = 1$ 时, 每当一次服务结束, 且有 1 个顾客在排队或到达者发现系统空着时, 这种服务就开始了. 因此, 当 $n > 1$ 时, 涉及 n 个顾客的服务的发生速率为 μ; 当 $n = 1$ 时, 涉及 n 个顾客的服务的发生速率为 $\mu + \lambda$. 因此

$$\Pi_n = \begin{cases} \frac{\mu P_1 + \lambda P_e}{\mu(1 - P_e)}, & \text{若 } n = 1, \\[2mm] \frac{\mu P_n}{\mu(1 - P_e)}, & \text{若 } n > 1. \end{cases}$$

8.4 排队网络

8.4.1 开放系统

考虑一个拥有两条服务线的系统, 顾客按速率为 λ 的泊松过程到达服务线 1. 在接受完服务线 1 的服务后, 他们加入服务线 2 前面的队列. 我们假设两条服务线都有无穷的等待空间. 每条服务线一次服务一个顾客, 且服务线 i 的服务时间服从速率为 μ_i ($i = 1, 2$) 的指数分布. 这样的系统称为**串联系统**或**序贯系统**.

为了分析这个系统, 我们需要追踪在服务线 1 和服务线 2 中的顾客数. 所以我们将状态定义为整数对 (n, m)——有 n 个顾客在服务线 1, 有 m 个顾客在服务线 2. 其平衡方程组如下.

状态	过程离开的速率 = 进入的速率	
$(0,0)$	$\lambda P_{(0,0)} = \mu_2 P_{(0,1)}$	
$(n,0),\ n > 0$	$(\lambda + \mu_1) P_{(n,0)} = \mu_2 P_{(n,1)} + \lambda P_{(n-1,0)}$	(8.15)
$(0,m),\ m > 0$	$(\lambda + \mu_2) P_{(0,m)} = \mu_2 P_{(0,m+1)} + \mu_1 P_{(1,m-1)}$	
$(n,m),\ n,m > 0$	$(\lambda + \mu_1 + \mu_2) P_{(n,m)} = \mu_2 P_{(n,m+1)} + \mu_1 P_{(n+1,m-1)} + \lambda P_{(n-1,m)}$	

相比于直接求解这些方程 (联合 $\sum_{(n,m)} P_{(n,m)} = 1$), 我们更愿意先猜测一个解, 再验证它确实满足上述方程. 我们首先注意到, 服务线 1 的情况与 M/M/1 模型的相同. 类似地, 在 6.6 节中, 我们已经证明 M/M/1 排队系统的离开过程是一个速率为 λ 的泊松过程, 因此服务线 2 的情况也与 M/M/1 模型的相同. 所以有 n 个顾客在服务线 1 的概率是

$$P\{n \text{ 个顾客在服务线 } 1\} = \left(\frac{\lambda}{\mu_1}\right)^n \left(1 - \frac{\lambda}{\mu_1}\right),$$

类似地,

$$P\{m \text{ 个顾客在服务线 } 2\} = \left(\frac{\lambda}{\mu_2}\right)^m \left(1 - \frac{\lambda}{\mu_2}\right).$$

如果服务线 1 和服务线 2 中的顾客数是独立的随机变量, 那么有

$$P_{(n,m)} = \left(\frac{\lambda}{\mu_1}\right)^n \left(1 - \frac{\lambda}{\mu_1}\right) \left(\frac{\lambda}{\mu_2}\right)^m \left(1 - \frac{\lambda}{\mu_2}\right). \tag{8.16}$$

为了验证 $P_{(n,m)}$ 确实等于上式 (因此服务线 1 中的顾客数与服务线 2 中的顾客数无关), 我们只需验证上式满足方程组 (8.15)——这就足够了, 因为我们知道 $P_{(n,m)}$ 是方程组 (8.15) 的唯一解. 现在考虑方程组 (8.15) 中的第一个方程, 我们需要证明

$$\lambda \left(1 - \frac{\lambda}{\mu_1}\right) \left(1 - \frac{\lambda}{\mu_2}\right) = \mu_2 \left(1 - \frac{\lambda}{\mu_1}\right) \left(\frac{\lambda}{\mu_2}\right) \left(1 - \frac{\lambda}{\mu_2}\right),$$

这是容易验证的. 我们将它留作一个习题, 证明由式 (8.16) 给出的 $P_{(n,m)}$ 满足方程组 (8.15) 中所有的方程, 因此 $P_{(n,m)}$ 是极限概率.

根据上面的结果, 系统中顾客的平均数 L 由下式给出:

$$L = \sum_{(n,m)} (n+m) P_{(n,m)}$$

$$= \sum_n n \left(\frac{\lambda}{\mu_1}\right)^n \left(1 - \frac{\lambda}{\mu_1}\right) + \sum_m m \left(\frac{\lambda}{\mu_2}\right)^m \left(1 - \frac{\lambda}{\mu_2}\right)$$

$$= \frac{\lambda}{\mu_1 - \lambda} + \frac{\lambda}{\mu_2 - \lambda}.$$

由此可得, 一个顾客在系统中的平均停留时间是

$$W = \frac{L}{\lambda} = \frac{1}{\mu_1 - \lambda} + \frac{1}{\mu_2 - \lambda}.$$

注　(i) 这个结果 (方程组 (8.15)) 本可以由 M/M/1 的时间可逆性直接得出 (参见 6.6 节). 因为由时间可逆性不仅可以推出服务线 1 的输出过程是泊松过程, 而且可以推出 (第 6 章的习题 26) 服务线 1 中的顾客数独立于过去从服务线 1 离开的时刻. 由于这些过去从服务线 1 离开的时刻组成了服务线 2 的到达过程, 因此这两个系统中顾客数是独立的.

(ii) 因为一个泊松到达者看到的是时间平均, 所以在一个串联排队系统中, 一个到达者 (到达服务线 1) 在两条服务线中看到的顾客数是相互独立的随机变量. 然而, 需要注意的是, 这并不能推出某一位顾客在两条服务线的等待时间是独立的. 举个反例, 假设 λ 相对于 $\mu_1 = \mu_2$ 非常小, 因此几乎所有的顾客在两条服务线的队列中都无须等待. 然而, 假设一个顾客在服务线 1 的排队等待时间为正, 那么他在服务线 2 的排队等待时间为正的概率至少为 $1/2$ (为什么?). 因此, 在队列中的等待时间不是独立的. 然而, 值得注意的是, 一个到达者在两条服务线停留的总时间 (即服务时间加上排队等待时间) 确实是独立的随机变量.

上面的结果可以作实质性的推广. 为此, 考虑有 k 条服务线的系统. 顾客按速率为 r_i 的独立泊松过程从系统外部到达服务线 i ($i = 1, \cdots, k$), 然后进入服务线 i 的队列, 直至轮到他们接受服务. 一旦一个顾客结束了服务线 i 的服务, 他就以概率 P_{ij} 进入服务线 j 的队列 ($j = 1, \cdots, k$). 因此, $\sum_{j=1}^k P_{ij} \leqslant 1$, 而 $1 - \sum_{j=1}^k P_{ij}$ 表示一个顾客在结束服务线 i 的服务后离开系统的概率.

如果我们令 λ_j 为顾客到服务线 j 的总到达速率, 那么 λ_j 可以作为

$$\lambda_j = r_j + \sum_{i=1}^k \lambda_i P_{ij}, \qquad i = 1, \cdots, k \tag{8.17}$$

的解来得到. 方程 (8.17) 成立是由于 r_j 是从系统外部到服务线 j 的顾客的到达速率, 而 λ_i 是顾客离开服务线 i 的速率 (进入的速率一定等于离开的速率), 所以 $\lambda_i P_{ij}$ 是从服务线 i 到达服务线 j 的速率.

实际上, 每条服务线中的顾客数确定是独立的, 而且具有以下形式:

$$P\{n \text{ 个顾客在服务线 } j\} = \left(\frac{\lambda_j}{\mu_j}\right)^n \left(1 - \frac{\lambda_j}{\mu_j}\right), \qquad n \geqslant 1,$$

其中 μ_j 是在服务线 j 的指数服务速率, λ_j 是方程 (8.17) 的解. 当然, 必须对一切 j 都有 $\lambda_j/\mu_j < 1$. 为了证明这一点, 我们注意到, 这等价于断定极限概率 $P(n_1, n_2, \cdots, n_k) = P\{n_j \text{ 个顾客在服务线 } j, j = 1, \cdots, k\}$ 为

$$P(n_1, n_2, \cdots, n_k) = \prod_{j=1}^{k} \left(\frac{\lambda_j}{\mu_j}\right)^{n_j} \left(1 - \frac{\lambda_j}{\mu_j}\right), \tag{8.18}$$

这可以通过证明它满足该模型的平衡方程组来验证.

这个系统中的平均顾客数是

$$L = \sum_{j=1}^{k} \text{在服务线 } j \text{ 的平均顾客数} = \sum_{j=1}^{k} \frac{\lambda_j}{\mu_j - \lambda_j}.$$

一个顾客在系统中停留的平均时间可以由 $L = \lambda W$ (其中 $\lambda = \sum_{j=1}^{k} r_j$) 得到. (为什么不是 $\lambda = \sum_{j=1}^{k} \lambda_j$?) 由此可得

$$W = \frac{\sum_{j=1}^{k} \lambda_j/(\mu_j - \lambda_j)}{\sum_{j=1}^{k} r_j}.$$

注 式 (8.18) 所表达的结果相当不平凡, 它表明在服务线 i 中, 顾客数量的分布与具有速率 λ_i 和 μ_i 的 M/M/1 系统是一样的. 不平凡之处在于, 在网络模型中结点 i 处的到达过程**不一定是**泊松过程. 因为, 如果一个顾客有可能多次访问一条服务线 (这种情形称为反馈), 那么到达过程将不再是泊松过程. 举一个简单的例子, 假设只有一条服务线, 其服务速率相对于外部到达速率来说非常大, 再假设顾客在服务完成后以概率 $p = 0.9$ 返回系统. 因此, 在一个到达的时刻之后, 短时间内再次有顾客 (即反馈者) 到达的概率很大, 但是在任意一个时刻, 短时间内有顾客到达的概率非常小 (因为 λ 非常小). 这时, 到达过程不具有独立增量, 从而不可能是泊松过程.

于是, 我们看到, 当允许反馈时, 在给定服务线的顾客数的稳态概率分布与 M/M/1 模型中的分布相同, 即使这个模型不是 M/M/1. (可以推测, 像服务线中两个不同时刻的顾客数的联合分布这样的量与 M/M/1 系统中的不同.)

例 8.12 考虑一个拥有两条服务线的系统, 顾客从系统外部按速率为 4 的泊

松过程到达服务线 1, 而按速率为 5 的泊松过程到达服务线 2. 服务线 1 和服务线 2 的服务速率分别是 8 和 10. 完成服务线 1 服务的顾客等可能地到服务线 2 或离开系统 (也就是说, $P_{11} = 0, P_{12} = 1/2$). 然而, 从服务线 2 离开的顾客有 25% 的概率会去服务线 1, 否则将离开系统 (也就是说, $P_{21} = 1/4, P_{22} = 0$). 确定极限概率 L 和 W.

解　顾客到服务线 1 和服务线 2 的总到达速率 (分别记为 λ_1 和 λ_2) 可以由方程 (8.17) 得到. 也就是说, 我们有

$$\lambda_1 = 4 + \frac{1}{4}\lambda_2, \qquad \lambda_2 = 5 + \frac{1}{2}\lambda_1,$$

由此可得

$$\lambda_1 = 6, \qquad \lambda_2 = 8.$$

因此

$$P\{n \text{ 个顾客在服务线 } 1, m \text{ 个顾客在服务线 } 2\} = \left(\frac{3}{4}\right)^n \times \frac{1}{4} \times \left(\frac{4}{5}\right)^m \times \frac{1}{5}$$
$$= \frac{1}{20}\left(\frac{3}{4}\right)^n \left(\frac{4}{5}\right)^m,$$

且

$$L = \frac{6}{8-6} + \frac{8}{10-8} = 7, \qquad W = \frac{L}{9} = \frac{7}{9}. \qquad \blacksquare$$

8.4.2　封闭系统

8.4.1 节中描述的系统称为**开放系统**, 因为顾客可以进入和离开系统. 一个新的顾客不进入, 且现有的顾客不离开的系统, 称为**封闭系统**.

假设有 m 个顾客在 k 条服务线之间移动, 其中服务线 i 的服务时间是速率为 μ_i 的指数随机变量, $i = 1, \cdots, k$. 当一个顾客完成了服务线 i 的服务时, 他将以概率 P_{ij} 加入服务线 j 的队列, $j = 1, \cdots, k$, 我们假设对于所有 $i = 1, \cdots, k$, 有 $\sum_{j=1}^{k} P_{ij} = 1$. 也就是说, $\boldsymbol{P} = (P_{ij})$ 是一个马尔可夫转移概率矩阵, 我们将假定它是不可约的. 令 $\boldsymbol{\pi} = (\pi_1, \cdots, \pi_k)$ 为这个马尔可夫链的平稳概率, 即 $\boldsymbol{\pi}$ 是

$$\pi_j = \sum_{i=1}^{k} \pi_i P_{ij}, \qquad \sum_{j=1}^{k} \pi_j = 1 \qquad (8.19)$$

的唯一正解.

如果我们记服务线 j 的平均到达速率 (或等价地, 平均服务完成速率) 为 $\lambda_m(j), j = 1, \cdots, k$, 那么, 类似于方程 (8.17), $\lambda_m(j)$ 满足

$$\lambda_m(j) = \sum_{i=1}^{k} \lambda_m(i) P_{ij}.$$

因此, 由方程 (8.19) 我们可以得到结论:

$$\lambda_m(j) = \lambda_m \pi_j, \qquad j = 1, 2, \cdots, k, \tag{8.20}$$

其中

$$\lambda_m = \sum_{j=1}^{k} \lambda_m(j). \tag{8.21}$$

从式 (8.21) 我们看到, λ_m 是整个系统的平均服务完成速率, 即系统的**吞吐速率**[①].

如果我们令 $P_m(n_1, n_2, \cdots, n_k)$ 为极限概率

$$P_m(n_1, n_2, \cdots, n_k) = P\{n_j \text{ 个顾客在服务线 } j, j = 1, \cdots, k\},$$

那么, 通过验证它们满足平衡方程, 可以证明

$$P_m(n_1, n_2, \cdots, n_k) = \begin{cases} K_m \prod_{j=1}^{k} \left(\dfrac{\lambda_m(j)}{\mu_j} \right)^{n_j}, & \text{若 } \sum_{j=1}^{k} n_j = m, \\ 0, & \text{其他}. \end{cases}$$

但是, 由式 (8.20) 我们得到

$$P_m(n_1, n_2, \cdots, n_k) = \begin{cases} C_m \prod_{j=1}^{k} \left(\dfrac{\pi_j}{\mu_j} \right)^{n_j}, & \text{若 } \sum_{j=1}^{k} n_j = m, \\ 0, & \text{其他}, \end{cases} \tag{8.22}$$

其中

$$C_m = \left[\sum_{\substack{n_1, \cdots, n_k: \\ \Sigma n_j = m}} \prod_{j=1}^{k} (\pi_j/\mu_j)^{n_j} \right]^{-1}. \tag{8.23}$$

式 (8.22) 并不像我们想象的那么有用, 因为为了使用它, 我们必须知道由式 (8.23) 给出的归一化常数 C_m, 它要求乘积 $\prod_{j=1}^{n} (\pi_j/\mu_j)^{n_j}$ 在一切满足 $\sum_{j=1}^{k} n_j = m$ 的可行向量 $(n_1, n_2, \cdots, n_k)$ 上求和. 由于一共有 $\binom{m+k-1}{m}$ 个向量, 因此, 只有当 m 和 k 取相对小的值时, 这在计算上才可行.

我们现在介绍一个方法, 它使我们能够递推地确定模型中许多重要的量, 而不必先计算归一化常数. 首先, 考虑一个刚离开服务线 i 并正前往服务线 j 的顾客, 我们确定这个顾客看到的系统的概率. 特别地, 我们确定在此刻该顾客看到 n_l 个顾客在服务线 l 的概率, 其中 $l = 1, \cdots, k, \sum_{l=1}^{k} n_l = m - 1$. 计算过程如下:

$$P\{\text{顾客看到 } n_l \text{ 个人在服务线 } l, l = 1, \cdots, k \mid \text{顾客从服务线 } i \text{ 到服务线 } j\}$$

$$= \frac{P\{\text{状态为 } (n_1, \cdots, n_i + 1, \cdots, n_j, \cdots, n_k), \text{ 顾客从服务线 } i \text{ 到服务线 } j\}}{P\{\text{顾客从服务线 } i \text{ 到服务线 } j\}}$$

[①] 我们正是用记号 $\lambda_m(j)$ 和 λ_m 来表明在封闭系统中对顾客数的依赖性. 这将用于我们下面要推导的递推关系中.

$$= \frac{P_m(n_1, \cdots, n_i + 1, \cdots, n_j, \cdots, n_k) \mu_i P_{ij}}{\sum_{n:\sum n_j = m-1} P_m(n_1, \cdots, n_i + 1, \cdots, n_k) \mu_i P_{ij}}$$

$$= \frac{(\pi_i/\mu_i) \prod_{j=1}^k (\pi_j/\mu_j)^{n_j}}{K} \qquad [\,\text{由式 (8.22)}\,]$$

$$= C \prod_{j=1}^k (\pi_j/\mu_j)^{n_j},$$

其中 C 不依赖于 $n_1, n_2, \cdots, n_k$. 但是因为上式是在满足 $\sum_{j=1}^k n_j = m - 1$ 的向量 $(n_1, n_2, \cdots, n_k)$ 上的一个概率密度, 所以从式 (8.22) 推出, 它一定等于 $P_{m-1}(n_1, n_2, \cdots, n_k)$. 因此

$$P\{\text{顾客看到 } n_l \text{ 个人在服务线 } l, l = 1, \cdots, k \,|\, \text{顾客从服务线 } i \text{ 到服务线 } j\}$$

$$= P_{m-1}(n_1, \cdots, n_k), \qquad \sum_{i=1}^k n_i = m - 1. \tag{8.24}$$

因为式 (8.24) 对于一切 i 都正确, 所以我们证明了下面的命题, 即到达定理.

命题 8.3（**到达定理**）　在有 m 个顾客的封闭系统中, 到达服务线 j 的顾客所看到的系统的分布与只有 $m - 1$ 个顾客的同一网络系统的平稳分布相同.

令 $L_m(j)$ 与 $W_m(j)$ 分别表示当网络中有 m 个顾客时, 在服务线 j 的平均顾客数和一个顾客在服务线 j 的平均停留时间. 以一个到达的顾客所看到的在服务线 j 的顾客数为条件, 推出

$$W_m(j) = \frac{1 + E_m[\text{一个到达的顾客所看到的在服务线 } j \text{ 的顾客数}]}{\mu_j}$$

$$= \frac{1 + L_{m-1}(j)}{\mu_j}, \tag{8.25}$$

其中最后的等式由到达定理得到. 当系统中有 $m - 1$ 个顾客时, 根据式 (8.20), 顾客到服务线 j 的到达速率 $\lambda_{m-1}(j)$ 满足

$$\lambda_{m-1}(j) = \lambda_{m-1} \pi_j.$$

现在, 对于网络系统中的 $m - 1$ 个顾客, 规定在服务线 j 的每个顾客每单位时间要支付 1 元, 应用基本价格恒等式 (8.1), 我们得到

$$L_{m-1}(j) = \lambda_{m-1} \pi_j W_{m-1}(j). \tag{8.26}$$

利用式 (8.25) 可得

$$W_m(j) = \frac{1 + \lambda_{m-1} \pi_j W_{m-1}(j)}{\mu_j}. \tag{8.27}$$

再利用 $\sum_{j=1}^{k} L_{m-1}(j) = m - 1$（为什么?），我们由式 (8.26) 得到

$$m - 1 = \lambda_{m-1} \sum_{j=1}^{k} \pi_j W_{m-1}(j),$$

从而

$$\lambda_{m-1} = \frac{m - 1}{\sum_{i=1}^{k} \pi_i W_{m-1}(i)}. \tag{8.28}$$

因此，由式 (8.27)，我们得到递推公式

$$W_m(j) = \frac{1}{\mu_j} + \frac{(m-1)\pi_j W_{m-1}(j)}{\mu_j \sum_{i=1}^{k} \pi_i W_{m-1}(i)}. \tag{8.29}$$

从平稳概率 π_j（$j = 1, \cdots, k$）和 $W_1(j) = 1/\mu_j$ 开始，我们可以利用式 (8.29) 递推地确定 $W_2(j), W_3(j), \cdots, W_m(j)$. 然后利用式 (8.28) 确定吞吐速率 λ_m，再通过式 (8.26) 确定 $L_m(j)$. 这样的递推方法称为**均值分析**.

例 8.13 考虑有 k 条服务线的网络，其中顾客以循环排列的方式移动，即

$$P_{i,i+1} = 1, \quad i = 1, 2, \cdots, k - 1, \qquad P_{k,1} = 1.$$

当系统中有两个顾客时，我们来确定在服务线 j 的平均顾客数. 对于这个网络，有

$$\pi_i = 1/k, \quad i = 1, \cdots, k,$$

又因为

$$W_1(j) = \frac{1}{\mu_j},$$

所以，由式 (8.29) 可得

$$W_2(j) = \frac{1}{\mu_j} + \frac{(1/k)(1/\mu_j)}{\mu_j \sum_{i=1}^{k}(1/k)(1/\mu_i)} = \frac{1}{\mu_j} + \frac{1}{\mu_j^2 \sum_{i=1}^{k} 1/\mu_i}.$$

因此，由式 (8.28) 可得

$$\lambda_2 = \frac{2}{\sum_{l=1}^{k} \frac{1}{k} W_2(l)} = \frac{2k}{\sum_{l=1}^{k} \left(\frac{1}{\mu_l} + \frac{1}{\mu_l^2 \sum_{i=1}^{k} 1/\mu_i} \right)},$$

最后，根据式 (8.26)，有

$$L_2(j) = \lambda_2 \frac{1}{k} W_2(j) = \frac{2 \left(\frac{1}{\mu_j} + \frac{1}{\mu_j^2 \sum_{i=1}^{k} 1/\mu_i} \right)}{\sum_{l=1}^{k} \left(\frac{1}{\mu_l} + \frac{1}{\mu_l^2 \sum_{i=1}^{k} 1/\mu_i} \right)}. \quad \blacksquare$$

认知由式 (8.22) 表述的平稳概率并巧妙地避免计算常数 C_m 的另一个方法是，利用 4.9 节的吉布斯抽样生成具有这些平稳概率的马尔可夫链. 首先注意到，

因为总有 m 个顾客在系统中, 所以式 (8.22) 可以等价地写成在服务线 $1, \cdots, k-1$ 中顾客数的联合质量函数:

$$P_m(n_1, \cdots, n_{k-1}) = C_m(\pi_k/\mu_k)^{m-\sum n_j} \prod_{j=1}^{k-1}(\pi_j/\mu_j)^{n_j}$$

$$= K \prod_{j=1}^{k-1}(a_j)^{n_j}, \qquad \sum_{j=1}^{k-1} n_j \leqslant m,$$

其中 $a_j = \frac{\pi_j \mu_k}{\pi_k \mu_j}$, $j = 1, \cdots, k-1$. 现在, 如果 $\boldsymbol{N} = (N_1, \cdots, N_{k-1})$ 有上述联合质量函数, 那么

$$P\{N_i = n \mid N_1 = n_1, \cdots, N_{i-1} = n_{i-1}, N_{i+1} = n_{i+1}, \cdots, N_{k-1} = n_{k-1}\}$$

$$= \frac{P_m(n_1, \cdots, n_{i-1}, n, n_{i+1}, \cdots, n_{k-1})}{\sum_r P_m(n_1, \cdots, n_{i-1}, r, n_{i+1}, \cdots, n_{k-1})}$$

$$= C a_i^n, \qquad n \leqslant m - \sum_{j \neq i} n_j.$$

由上式推出, 我们可以利用吉布斯抽样法生成具有极限概率质量函数 $P_m(n_1, \cdots, n_{k-1})$ 的马尔可夫链的值, 具体步骤如下.

(1) 令 $n_1, \cdots, n_{k-1}$ 是满足 $\sum_{j=1}^{k-1} n_j \leqslant m$ 的任意非负整数.

(2) 生成一个在 $1, \cdots, k-1$ 中等可能地取值的随机变量 I.

(3) 如果 $I = i$, 那么令 $s = m - \sum_{j \neq i} n_j$, 并生成一个概率质量函数为

$$P\{X = n\} = C a_i^n, \qquad n = 0, \cdots, s$$

的随机变量 X 的值.

(4) 令 $n_I = X$. 然后回到第 2 步.

状态向量 $\left(n_1, \cdots, n_{k-1}, m - \sum_{j=1}^{k-1} n_j\right)$ 的相继值构成一个具有极限分布 P_m 的马尔可夫链的状态序列. 我们感兴趣的一切量都能由这个序列估计得到. 例如, 这些向量的第 j 个坐标的平均值将收敛到在服务线 j 的平均人数, 第 j 个坐标小于 r 的向量的比例将收敛到在服务线 j 的人数少于 r 的极限概率, 以此类推.

另一些重要的量也可以通过模拟得到. 例如, 假设我们要估计一个顾客在每次访问服务线 j 时的平均停留时间 W_j. 那么, 如前所述, 在服务线 j 的平均顾客数 L_j 可以估计得到. 为了估计 W_j, 我们利用恒等式

$$L_j = \lambda_j W_j,$$

其中 λ_j 是在服务线 j 的顾客到达速率. 令 λ_j 等于服务线 j 的服务完成速率, 那么

$$\lambda_j = P\{\text{服务线 } j \text{ 在忙}\}\mu_j.$$

利用吉布斯抽样法模拟来估计 $P\{\text{服务线 } j \text{ 在忙}\}$, 然后就得到 W_j 的一个估计量.

8.5 M/G/1 系统

8.5.1 预备知识：功与另一个价格恒等式

对于一个任意的排队系统，我们定义系统在任意时刻 t 的功为，在时刻 t 系统中所有顾客的剩余服务时间之和. 例如，系统中有三个顾客——正在接受服务的顾客已经接受了 3 个单位时间的服务，而他总共需要 5 个单位的服务时间，且队列中的两个顾客都需要 6 个单位的服务时间. 那么，此时的功是 $2+6+6 = 14$. 令 V 为系统中的（时间）平均功.

现在，回忆基本价格恒等式 (8.1)：

系统赚钱的平均速率 $= \lambda_a \times$ 顾客支付的平均金额.

并且考虑如下的价格规则：每一个剩余服务时间为 y 的顾客，无论他是在接受服务，还是在队列中，每单位时间都支付 y. 于是，系统赚钱的速率就是系统中的功，所以由基本恒等式可得

$$V = \lambda_a E[\text{一个顾客支付的金额}].$$

令 S 和 W_Q^* 分别为服务时间和一个给定的顾客在队列中等待的时间. 那么，因为顾客在队列中每单位时间要支付常数 S，而在服务中花费时间 x 以后，每单位时间要支付 $S - x$，所以有

$$E[\text{一个顾客支付的金额}] = E\left[SW_Q^* + \int_0^S (S - x)\mathrm{d}x\right],$$

从而

$$V = \lambda_a E\left[SW_Q^*\right] + \frac{\lambda_a E[S^2]}{2}. \tag{8.30}$$

需要注意的是，上式是一个基本的排队恒等式 [像式 (8.2) ~ 式 (8.4)]，并且在几乎所有的模型中都成立. 此外，如果一个顾客的服务时间与他在队列中等待的时间相互独立（这是通常的情形，但并不总是这样[①]），那么由式 (8.30) 可得

$$V = \lambda_a E[S] W_Q + \frac{\lambda_a E[S^2]}{2}. \tag{8.31}$$

8.5.2 在 M/G/1 中功的应用

M/G/1 模型假定了：(i) 速率为 λ 的泊松到达；(ii) 一般的服务分布；(iii) 单条服务线. 此外，我们假设顾客按他们到达的顺序接受服务.

现在，对于 M/G/1 系统中的任意一个顾客，有

顾客在队列中等待的时间 = 当他到达时系统中的功. $\tag{8.32}$

[①] 有一个反例，见 8.6.2 节.

这是由于只有一条服务线 (请想一想). 对式 (8.32) 两边取期望可得

$$W_Q = 每个到达者看到的平均功.$$

但是, 由于泊松到达, 因此每个到达者看到的平均功将等于系统中的时间平均功 V. 从而, 对于 M/G/1 模型, 有

$$W_Q = V.$$

将上式与恒等式

$$V = \lambda E[S]W_Q + \frac{\lambda E[S^2]}{2}$$

联合起来, 就得到所谓的**波拉泽克–欣齐内公式**:

$$W_Q = \frac{\lambda E[S^2]}{2(1 - \lambda E[S])}, \tag{8.33}$$

其中 $E[S]$ 和 $E[S^2]$ 是服务分布的前两个矩.

L、L_Q 和 W 可以由式 (8.33) 得到,

$$L_Q = \lambda W_Q = \frac{\lambda^2 E[S^2]}{2(1 - \lambda E[S])},$$

$$W = W_Q + E[S] = \frac{\lambda E[S^2]}{2(1 - \lambda E[S])} + E[S], \tag{8.34}$$

$$L = \lambda W = \frac{\lambda^2 E[S^2]}{2(1 - \lambda E[S])} + \lambda E[S].$$

注 (i) 为了使上面的量是有限的, 我们需要 $\lambda E[S] < 1$. 这个条件很直观, 因为我们从更新理论中知道, 如果服务线总是忙的, 那么离开速率将是 $1/E[S]$ (见 7.3 节), 为了保持这些量有限, 它必须大于到达速率 λ.

(ii) 由于 $E[S^2] = \mathrm{Var}(S) + (E[S])^2$, 因此我们从式 (8.33) 和式 (8.34) 中可以看出, 对于固定的平均服务时间, 当服务分布的方差增加时, L、L_Q、W 和 W_Q 都会增加.

(iii) 另一个得到 W_Q 的方法见习题 42.

例 8.14 假设顾客按照速率为 λ 的泊松过程到达一个单服务线的系统, 且每个顾客属于 r 种类型中的一种. 此外, 假设与之前发生的事情无关, 每个新到达者是类型 i 的概率为 α_i, $\sum_{i=1}^{r} \alpha_i = 1$. 假设服务类型 i 顾客所需的时间具有分布函数 F_i, 其均值为 μ_i, 方差为 σ_i^2.

(a) 求类型 j 顾客在系统中停留的平均时间, $j = 1, \cdots, r$.

(b) 求系统中类型 j 顾客的平均数, $j = 1, \cdots, r$.

解 首先要注意的是，这个模型是 M/G/1 模型的一个特例，如果 S 是一个顾客的服务时间，那么服务分布 G 能够以顾客的类型为条件得到：

$$
\begin{aligned}
G(x) &= P(S \leqslant x) \\
&= \sum_{i=1}^{n} P(S \leqslant x \,|\, \text{顾客为类型 } i)\alpha_i \\
&= \sum_{i=1}^{n} F_i(x)\alpha_i.
\end{aligned}
$$

为了计算 $E[S]$ 和 $E[S^2]$，我们以顾客的类型为条件，得到

$$
E[S] = \sum_{i=1}^{n} E[S \,|\, \text{类型 } i]\alpha_i = \sum_{i=1}^{n} \mu_i\alpha_i,
$$

$$
E[S^2] = \sum_{i=1}^{n} E[S^2 \,|\, \text{类型 } i]\alpha_i = \sum_{i=1}^{n} \left(\mu_i^2 + \sigma_i^2\right)\alpha_i,
$$

其中最后一个等式利用了 $E[X^2] = E^2[X] + \mathrm{Var}(X)$. 由于顾客排队等待的时间等于该顾客到达时系统中的功，因此，类型 j 顾客排队等待的平均时间（称为 $W_Q(j)$）等于他到达时的平均功. 然而，因为类型 j 顾客是按速率为 $\lambda\alpha_j$ 的泊松过程到达的，所以根据 PASTA 原则，类型 j 到达者所看到的功，与随着时间推移的平均功具有相同的分布，因此，类型 j 到达者所看到的平均功等于 V. 因此

$$
W_Q(j) = V = \frac{\lambda E[S^2]}{2(1-\lambda E[S])} = \frac{\lambda \sum_{i=1}^{n}\left(\mu_i^2 + \sigma_i^2\right)\alpha_i}{2\left(1-\lambda \sum_{i=1}^{n}\mu_i\alpha_i\right)}.
$$

令 $W(j)$ 是类型 j 顾客在系统中停留的平均时间，我们有

$$
W(j) = W_Q(j) + \mu_j.
$$

最后，根据系统中类型 j 顾客的平均人数是类型 j 顾客的平均到达速率乘以他们在系统中停留的平均时间（将 $L = \lambda_a W$ 应用于类型 j 顾客），我们可以得出系统中类型 j 顾客的平均人数 $L(j)$ 为

$$
L(j) = \lambda\alpha_j W(j). \qquad \blacksquare
$$

8.5.3 忙期

系统在闲期（系统中没有顾客，因此服务线闲着）与忙期（系统中至少有一个顾客，因此服务线忙着）之间交替.

令 I 和 B 分别为闲期的长度与忙期的长度. 因为 I 表示从一个顾客离开且系统变空到下一个顾客到达的时间，所以，根据顾客按速率为 λ 的泊松过程到达，可以推出 I 服从速率为 λ 的指数分布，因此

$$
E[I] = \frac{1}{\lambda}. \tag{8.35}
$$

为了确定 $E[B]$, 和 8.3.3 节中一样, 令系统为空的长程时间比例等于 $E[I]$ 与 $E[I] + E[B]$ 的比值, 即

$$P_0 = \frac{E[I]}{E[I] + E[B]}. \tag{8.36}$$

为了计算 P_0, 我们从式 (8.4) 中（通过假设在服务中的顾客每单位时间支付 1 元, 从基本价格恒等式中得出）注意到

$$\text{繁忙服务线的平均数} = \lambda E[S].$$

因为上式的左边等于 $1 - P_0$（为什么?）, 所以有

$$P_0 = 1 - \lambda E[S], \tag{8.37}$$

再由式 (8.35) ~ 式 (8.37) 得到

$$1 - \lambda E[S] = \frac{1/\lambda}{1/\lambda + E[B]},$$

从而

$$E[B] = \frac{E[S]}{1 - \lambda E[S]}.$$

另一个重要的量是在一个忙期中服务过的顾客数 C. C 的均值可以由如下的事实计算得到: 平均每 $E[C]$ 个到达者中恰有一个到达者将看到系统是空的（即忙期的第一个顾客）. 因此

$$a_0 = \frac{1}{E[C]}.$$

又因为根据泊松到达, 有 $a_0 = P_0 = 1 - \lambda E[S]$, 所以

$$E[C] = \frac{1}{1 - \lambda E[S]}.$$

8.6   M/G/1 的变形

8.6.1   有随机容量的批量到达的 M/G/1

如 M/G/1 那样, 假设顾客按速率为 λ 的泊松过程到达. 但现在每次到达的不是单个顾客, 而是随机个数的顾客. 像前面一样, 只存在单条服务线, 其服务时间的分布为 G.

令 α_j $(j \geqslant 1)$ 为任意一批中包含 j 个顾客的概率, N 为表示批次的大小的随机变量, 所以 $P\{N = j\} = \alpha_j$. 由于 $\lambda_a = \lambda E[N]$, 因此功的基本公式 [式 (8.31)] 变为

$$V = \lambda E[N] \left[E[S] W_Q + \frac{E[S^2]}{2} \right]. \tag{8.38}$$

为了得到联系 V 与 W_Q 的第二个方程, 考虑一个平均的顾客. 我们有

他在队列中等待的时间 = 他到达时系统中的功

+ 由他所在的那批引起的等待时间.

对上式取期望, 并且利用泊松到达者看到时间平均的事实, 得到

$$W_Q = V + E[\text{由他所在的那批引起的等待时间}] = V + E[W_B]. \tag{8.39}$$

$E[W_B]$ 可以通过以那批中的人数为条件来计算, 但是我们必须小心, 因为我们的平均顾客来自大小为 j 的那批的概率不是 α_j. 因为 α_j 是大小为 j 的批次的比例, 如果我们随机选取一个顾客, 那么他来自较大批次的可能性要比来自较小批次的可能性大. (例如, $\alpha_1 = \alpha_{100} = 1/2$, 那么有一半批次的大小为 1, 但是 $100/101$ 的顾客都来自大小为 100 的批次!)

为了确定平均顾客来自大小为 j 的批次的概率, 推理如下. 令 M 是一个很大的数, 那么前 M 批中, 近似有 $M\alpha_j$ 批的大小为 j ($j \geqslant 1$), 于是近似有 $jM\alpha_j$ 个顾客是以大小为 j 的批次到达的. 因此, 在前 M 批中, 到达者来自大小为 j 的批次的比例近似地是 $jM\alpha_j \big/ \sum_j jM\alpha_j$. 当 $M \to \infty$ 时, 这个比例变得精确, 所以我们有

$$\text{顾客来自大小为 } j \text{ 的批次的比例} = \frac{j\alpha_j}{\sum_j j\alpha_j} = \frac{j\alpha_j}{E[N]}.$$

现在, 我们来计算由同一批中的其他人导致的在队列中的平均等待时间 $E[W_B]$:

$$E[W_B] = \sum_j E[W_B \mid \text{批次的大小为 } j] \frac{j\alpha_j}{E[N]}. \tag{8.40}$$

假设他所在的那批中有 j 个顾客, 如果他排在这批顾客中的第 i 个, 那么他将等待前 $i-1$ 个顾客完成服务. 因为他等可能地是队列中的第 1 个, 第 2 个……或第 j 个, 所以

$$E[W_B \mid \text{批次的大小为 } j] = \sum_{i=1}^{j} (i-1)E[S]\frac{1}{j} = \frac{j-1}{2}E[S].$$

将它代入式 (8.40), 得到

$$E[W_B] = \frac{E[S]}{2E[N]} \sum_j (j-1)j\alpha_j = \frac{E[S](E[N^2] - E[N])}{2E[N]},$$

再根据式 (8.38) 和式 (8.39), 我们得到

$$W_Q = \frac{E[S](E[N^2] - E[N])/(2E[N]) + \lambda E[N]E[S^2]/2}{1 - \lambda E[N]E[S]}.$$

注 (i) 注意, W_Q 有限的条件是

$$\lambda E[N] < \frac{1}{E[S]},$$

这又一次说明, 到达速率必须小于服务速率 (当服务线忙时).

(ii) 对于固定的值 $E[N]$, W_Q 关于 $\text{Var}(N)$ 递增, 这再次表明 "单服务线排队模型不喜欢变化".

(iii) 其他的量 L、L_Q 和 W 可以通过以下公式得到:

$$W = W_Q + E[S], \qquad L = \lambda_a W = \lambda E[N]W, \qquad L_Q = \lambda E[N]W_Q.$$

8.6.2 优先排队系统

优先排队系统是将顾客分类, 然后根据他们的类型给予服务优先权的系统. 考虑这样一种情况: 有两种类型的顾客, 他们分别按速率为 λ_1 和 λ_2 的独立泊松过程到达, 而且分别有服务分布 G_1 和 G_2. 假设优先给予类型 1 顾客服务, 因此, 若有类型 1 的顾客在等待, 则绝不开始对类型 2 顾客进行服务. 然而, 若一个类型 2 顾客在接受服务时一个类型 1 顾客到达, 则我们假定这个类型 2 顾客的服务继续, 直到完成. 也就是说, 一旦服务开始, 就不存在优先权.

令 W_Q^i 为一个类型 i 顾客在队列中的平均等待时间, $i = 1, 2$. 我们的目标是计算 W_Q^i.

首先要注意的是, 无论使用什么优先规则, 系统在任意时刻的总功都完全相同 (只要有顾客在系统中, 服务线总是忙着). 这是因为当服务线忙着时 (无论谁在接受服务), 每单位时间功总是减少 1, 而且功总是以一个到达者的服务时间为跳跃量. 因此, 系统中的功和没有优先规则而是按先来先服务 (称为 FIFO) 的次序时完全相同. 然而, 在 FIFO 规则下, 上面的模型正是有

$$\lambda = \lambda_1 + \lambda_2, \qquad G(x) = \frac{\lambda_1}{\lambda}G_1(x) + \frac{\lambda_2}{\lambda}G_2(x) \tag{8.41}$$

的 M/G/1, 这是因为两个独立的泊松过程的组合本身也是泊松过程, 其速率是这两个泊松过程的速率之和. 服务分布 G 可以通过以到达者是哪个类型为条件得到——如式 (8.41) 所做的那样.

因此, 由 8.5 节的结果推出, 优先排队系统中的平均功 V 为

$$\begin{aligned}
V &= \frac{\lambda E[S^2]}{2(1 - \lambda E[S])} \\
&= \frac{\lambda((\lambda_1/\lambda)E[S_1^2] + (\lambda_2/\lambda)E[S_2^2])}{2[1 - \lambda((\lambda_1/\lambda)E[S_1] + (\lambda_2/\lambda)E[S_2])]} \\
&= \frac{\lambda_1 E[S_1^2] + \lambda_2 E[S_2^2]}{2(1 - \lambda_1 E[S_1] - \lambda_2 E[S_2])},
\end{aligned} \tag{8.42}$$

其中 S_i 服从分布 G_i, $i = 1, 2$.

我们继续计算 W_Q^i, 注意在优先模型中, 一个任意的顾客的服务时间 S 和在

队列中等待的时间 W_Q^* 不是独立的, 这是因为 S 给了我们有关顾客类型的信息, 它反过来又给了我们关于 W_Q^* 的信息. 为了避开这一点, 我们将分别计算系统中类型 1 和类型 2 的平均功. 令 V^i 为类型 i 的平均功, 正如 8.5.1 节中那样, 我们有

$$V^i = \lambda_i E[S_i] W_Q^i + \frac{\lambda_i E[S_i^2]}{2}, \qquad i = 1, 2. \tag{8.43}$$

如果我们定义

$$V_Q^i \equiv \lambda_i E[S_i] W_Q^i, \qquad V_S^i \equiv \frac{\lambda_i E[S_i^2]}{2},$$

那么我们可以将 V_Q^i 解释为队列中类型 i 的平均功, 将 V_S^i 解释为在服务中的类型 i 的平均功 (为什么?).

现在, 我们来计算 W_Q^1. 为此, 考虑一个类型 1 的任意到达者. 那么

$$他的等待时间 = 他到达时系统中类型 1 的功$$
$$+ 他到达时在服务中的类型 2 的功.$$

对上式取期望, 并利用泊松到达者看到时间平均的事实, 得到

$$W_Q^1 = V^1 + V_S^2 = \lambda_1 E[S_1] W_Q^1 + \frac{\lambda_1 E[S_1^2]}{2} + \frac{\lambda_2 E[S_2^2]}{2}, \tag{8.44}$$

所以

$$W_Q^1 = \frac{\lambda_1 E[S_1^2] + \lambda_2 E[S_2^2]}{2(1 - \lambda_1 E[S_1])}. \tag{8.45}$$

为了得到 W_Q^2, 我们首先注意, 因为 $V = V^1 + V^2$, 所以由式 (8.42) 和式 (8.43) 可得

$$\frac{\lambda_1 E[S_1^2] + \lambda_2 E[S_2^2]}{2(1 - \lambda_1 E[S_1] - \lambda_2 E[S_2])} = \lambda_1 E[S_1] W_Q^1 + \lambda_2 E[S_2] W_Q^2 + \frac{\lambda_1 E[S_1^2]}{2} + \frac{\lambda_2 E[S_2^2]}{2}$$
$$= W_Q^1 + \lambda_2 E[S_2] W_Q^2 \quad [由式 (8.44)].$$

现在, 利用式 (8.45), 我们得到

$$\lambda_2 E[S_2] W_Q^2 = \frac{\lambda_1 E[S_1^2] + \lambda_2 E[S_2^2]}{2} \left[\frac{1}{1 - \lambda_1 E[S_1] - \lambda_2 E[S_2]} - \frac{1}{1 - \lambda_1 E[S_1]} \right],$$

所以

$$W_Q^2 = \frac{\lambda_1 E[S_1^2] + \lambda_2 E[S_2^2]}{2(1 - \lambda_1 E[S_1] - \lambda_2 E[S_2])(1 - \lambda_1 E[S_1])}. \tag{8.46}$$

注 (i) 注意, 根据式 (8.45), W_Q^1 有限的条件是 $\lambda_1 E[S_1] < 1$, 它独立于类型 2 的参数. (这直观吗?) 根据式 (8.46), 要使 W_Q^2 有限, 我们需要

$$\lambda_1 E[S_1] + \lambda_2 E[S_2] < 1.$$

由于所有顾客的到达速率是 $\lambda = \lambda_1 + \lambda_2$, 而一个顾客的平均服务时间

是 $(\lambda_1/\lambda)E[S_1] + (\lambda_2/\lambda)E[S_2]$，因此上面的条件正是平均到达速率小于平均服务速率.

(ii) 如果有 n 类顾客，那么我们可以用类似的方式求解 $V^j, j = 1, \cdots, n$. 首先注意到，系统中类型为 $1, \cdots, j$ 的顾客的总功独立于关于类型 $1, \cdots, j$ 的内部优先规则，而只依赖于他们中的每一个都优先于类型为 $j+1, \cdots, n$ 的顾客的情形.（为什么会这样？说出理由）因此，$V^1 + \cdots + V^j$ 与当类型 $1, \cdots, j$ 被考虑成单个类型 I 优先类，并且类型 $j+1, \cdots, n$ 被考虑成单个类型 II 优先类时的情形是一样的. 现在，由式 (8.43) 和式 (8.45) 可得

$$V^{\mathrm{I}} = \frac{\lambda_{\mathrm{I}} E[S_{\mathrm{I}}^2] + \lambda_{\mathrm{I}} \lambda_{\mathrm{II}} E[S_{\mathrm{I}}] E[S_{\mathrm{II}}^2]}{2(1 - \lambda_{\mathrm{I}} E[S_{\mathrm{I}}])},$$

其中

$$\lambda_{\mathrm{I}} = \lambda_1 + \cdots + \lambda_j, \qquad \lambda_{\mathrm{II}} = \lambda_{j+1} + \cdots + \lambda_n,$$

$$E[S_{\mathrm{I}}] = \sum_{i=1}^{j} \frac{\lambda_i}{\lambda_{\mathrm{I}}} E[S_i], \quad E[S_{\mathrm{I}}^2] = \sum_{i=1}^{j} \frac{\lambda_i}{\lambda_{\mathrm{I}}} E[S_i^2], \quad E[S_{\mathrm{II}}^2] = \sum_{i=j+1}^{n} \frac{\lambda_i}{\lambda_{\mathrm{II}}} E[S_i^2].$$

因此，根据 $V^{\mathrm{I}} = V^1 + \cdots + V^j$，对于每一个 $j = 1, \cdots, n$，我们有 $V^1 + \cdots + V^j$ 的表达式，它们可以用来求解 $V^1, \cdots, V^n$. 现在我们可以由式 (8.43) 得到 W_Q^i. 最终结果（留作习题）是

$$W_Q^i = \frac{\lambda_1 E[S_1^2] + \cdots + \lambda_n E[S_n^2]}{2 \prod_{j=i-1}^{i}(1 - \lambda_1 E[S_1] - \cdots - \lambda_j E[S_j])}, \qquad i = 1, \cdots, n. \quad (8.47)$$

8.6.3　一个 M/G/1 优化的例子

考虑一个单服务线系统，其中顾客按速率为 λ 的泊松过程到达，而服务时间是独立的且具有分布 G. 令 $\rho = \lambda E[S]$，其中 S 表示服务时间随机变量，并且假定 $\rho < 1$. 假设只要忙期结束，服务员就离开，直至有 n 个顾客等待才回来. 此时，服务员回来继续服务直至系统再一次变空. 如果系统中每个顾客使得系统的设备每单位时间产生费用 c，同时，每次服务员回来会产生费用 K，那么 n（$n \geqslant 1$）取什么值，才能使单位时间的长程平均费用最小，而这最小费用又是多少？

为了回答上述问题，我们首先确定在只要有 n 个顾客等待服务员就回来的策略下的单位时间平均费用 $A(n)$. 为此，在每次服务员回来时，我们就说一个新的循环开始了. 容易看出当一个循环开始时，在概率上一切都重新开始，因此由更新报酬过程的理论推出，若 $C(n)$ 是在一个循环中产生的费用，而 $T(n)$ 是一个循环的时间，则

$$A(n) = \frac{E[C(n)]}{E[T(n)]}.$$

为了确定 $E[C(n)]$ 和 $E[T(n)]$, 考虑时间区间的长度, 例如, 在一个循环中从系统中首次有 i 个顾客到首次只有 $i-1$ 个顾客的时间 T_i. 所以, $\sum_{i=1}^{n} T_i$ 是在一个循环中服务员在忙的时间. 加上直至有 n 个顾客在系统中的附加的平均空闲时间, 得出

$$E[T(n)] = \sum_{i=1}^{n} E[T_i] + n/\lambda.$$

现在, 考虑系统处于当一次服务即将开始而且有 $i-1$ 个顾客在队列中等待的时刻. 因为服务时间并不依赖于顾客接受服务的次序, 所以, 假设服务的次序是最后到的顾客最先接受服务, 那么直至这 $i-1$ 个顾客是系统中仅有的顾客时, 才开始服务他们. 于是, 我们看到, 该系统从 i 个顾客到 $i-1$ 个顾客所用的时间与一个 M/G/1 系统从 1 个顾客到系统为空所用的时间有相同的分布. 也就是说, 它的分布是 M/G/1 系统忙期长度 B 的分布. (本质上, 与例 5.27 中的推理相同.) 因此,

$$E[T_i] = E[B] = \frac{E[S]}{1-\rho},$$

从而

$$E[T(n)] = \frac{nE[S]}{1-\lambda E[S]} + \frac{n}{\lambda} = \frac{n}{\lambda(1-\rho)}. \tag{8.48}$$

为了确定 $E[C(n)]$, 令 C_i 表示从队列中有 $i-1$ 个顾客且服务刚开始, 到这 $i-1$ 个是系统中仅有的顾客为止, 这段时间长度 T_i 内产生的费用. 于是, $K + \sum_{i=1}^{n} C_i$ 表示在一个循环的忙期内产生的总费用. 此外, 在一个循环的闲期内, 将有 i 个顾客在系统中等待一个速率为 λ 的指数时间, $i = 1, \cdots, n-1$, 由此产生的期望费用为 $c(1 + \cdots + (n-1))/\lambda$. 因此,

$$E[C(n)] = K + \sum_{i=1}^{n} E[C_i] + \frac{n(n-1)c}{2\lambda}. \tag{8.49}$$

为了求 $E[C_i]$, 考虑长度为 T_i 的区间的开始时刻, 令 W_i 为初始服务时间加上到这个区间结束, 即只有 $i-1$ 个顾客在系统中为止, 所有到达 (并且接受服务) 的顾客在系统中花费的时间和. 于是

$$C_i = (i-1)cT_i + cW_i,$$

其中第一项指的是在长度为 T_i 的时间区间内, 由队列中的 $i-1$ 个顾客产生的费用. 因为容易看出, W_i 与在 M/G/1 系统的一个忙期中所有到达的顾客在系统中花费的时间总和 W_b 有相同的分布, 所以得到

$$E[C_i] = (i-1)c\frac{E[S]}{1-\rho} + cE[W_b]. \tag{8.50}$$

由式 (8.49) 可得

$$E[C(n)] = K + \frac{n(n-1)cE[S]}{2(1-\rho)} + ncE[W_b] + \frac{n(n-1)c}{2\lambda}$$

$$= K + ncE[W_b] + \frac{n(n-1)c}{2\lambda}\left(\frac{\rho}{1-\rho} + 1\right)$$

$$= K + ncE[W_b] + \frac{n(n-1)c}{2\lambda(1-\rho)}.$$

将上式与式 (8.48) 联合起来, 得到

$$A(n) = \frac{K\lambda(1-\rho)}{n} + \lambda c(1-\rho)E[W_b] + \frac{c(n-1)}{2}. \tag{8.51}$$

　　为了确定 $E[W_b]$, 我们利用以下结果: 一个顾客在 M/G/1 系统中花费的平均时间是

$$W = W_Q + E[S] = \frac{\lambda E[S^2]}{2(1-\rho)} + E[S].$$

然而, 如果我们想象, 在第 j ($j \geqslant 1$) 天赚得的金额等于 M/G/1 系统的第 j 个到达者在系统中花费的总时间, 那么, 由更新报酬过程（因为在忙期结束时, 概率上一切都重新开始）推出

$$W = \frac{E[W_b]}{E[N]},$$

其中, N 是在 M/G/1 系统的一个忙期中服务过的顾客数. 因为 $E[N] = 1/(1-\rho)$, 所以

$$(1-\rho)E[W_b] = W = \frac{\lambda E[S^2]}{2(1-\rho)} + E[S].$$

因此, 根据式 (8.51), 我们得到

$$A(n) = \frac{K\lambda(1-\rho)}{n} + \frac{c\lambda^2 E[S^2]}{2(1-\rho)} + c\rho + \frac{c(n-1)}{2}.$$

为了确定 n 的最佳值, 将 n 看作一个连续变量, 并且对上式求微分, 得到

$$A'(n) = \frac{-K\lambda(1-\rho)}{n^2} + \frac{c}{2}.$$

令它等于 0, 并求解, 得到 n 的最佳值为

$$n^* = \sqrt{\frac{2K\lambda(1-\rho)}{c}},$$

而单位时间的最小平均费用是

$$A(n^*) = \sqrt{2\lambda K(1-\rho)c} + \frac{c\lambda^2 E[S^2]}{2(1-\rho)} + c\rho - \frac{c}{2}.$$

　　有趣的是, 当使用下面这种更简单的策略时, 我们能够离最小平均费用很近: 只要服务员发现系统中没有顾客, 他就离开, 然后在一段固定时间 t 后回来. 在

他每次离开时，我们就说一个新的循环开始了. 在一个循环的忙期和闲期内产生
的期望费用，都可以通过以在服务员离开的时间 t 内到达的顾客数 $N(t)$ 为条件
得到. 令 $\overline{C}(t)$ 为在一个循环中产生的费用，我们得到

$$
\begin{aligned}
E\left[\overline{C}(t) \mid N(t)\right] &= K + \sum_{i=1}^{N(t)} E[C_i] + cN(t)\frac{t}{2} \\
&= K + \frac{N(t)(N(t)-1)cE[S]}{2(1-\rho)} + N(t)cE[W_b] + cN(t)\frac{t}{2}.
\end{aligned}
$$

第一个等式的最后一项是，在一个循环的闲期内产生的条件期望费用，它利用了
在给定时间 t 内到达的人数时，到达时间是独立的且在 $(0,t)$ 上均匀分布; 第二
个等式利用了式 (8.50). 因为 $N(t)$ 服从均值为 λt 的泊松分布，所以

$$
E[N(t)(N(t)-1)] = E[N^2(t)] - E[N(t)] = \lambda^2 t^2.
$$

对上式取期望得到

$$
\begin{aligned}
E\left[\overline{C}(t)\right] &= K + \frac{\lambda^2 t^2 cE[S]}{2(1-\rho)} + \lambda t cE[W_b] + \frac{c\lambda t^2}{2} \\
&= K + \frac{c\lambda t^2}{2(1-\rho)} + \lambda t cE[W_b].
\end{aligned}
$$

类似地，若 $\overline{T}(t)$ 是一个循环的时间，则

$$
E\left[\overline{T}(t)\right] = E\left[E\left[\overline{T}(t) \mid N(t)\right]\right] = E[t + N(t)E[B]] = t + \frac{\rho t}{1-\rho} = \frac{t}{1-\rho}.
$$

因此，单位时间的平均费用，记为 $\overline{A}(t)$，是

$$
\overline{A}(t) = \frac{E\left[\overline{C}(t)\right]}{E\left[\overline{T}(t)\right]} = \frac{K(1-\rho)}{t} + \frac{c\lambda t}{2} + c\lambda(1-\rho)E[W_b].
$$

于是，由式 (8.51) 可得

$$
\overline{A}(n/\lambda) - A(n) = c/2,
$$

这表明，允许返回决策依赖于目前系统中的人数只能将平均费用降低 $c/2$. ∎

8.6.4 具有中断服务线的 M/G/1 排队系统

考虑单服务线的排队模型,其中顾客按速率为 λ 的泊松过程到达,而每个顾客
需要的服务时间服从分布 G. 然而，假设服务线在运行时以指数速率 α 中断运行,
即一条在运行的服务线能够在附加的时间 t 内不中断地运行的概率是 $\mathrm{e}^{-\alpha t}$. 当服
务线中断时，立刻送至修理厂. 修理时间是一个服从分布 H 的随机变量. 假设中
断发生时正在接受服务的顾客会在服务线重新工作后，从中断发生的那处继续接
受服务.（所以，一个顾客从运行的服务线上实际接受服务的总时间服从分布 G.）

令顾客的"服务时间"包含顾客等待服务线被修理的时间,则上面是一个 M/G/1 排队系统.[①] 如果我们令 T 为一个顾客从首次进入服务到离开系统的总时间,那么,T 是这个 M/G/1 排队系统的服务时间随机变量. 于是,一个顾客在首次进入服务前在队列中等待的平均时间是

$$W_Q = \frac{\lambda E[T^2]}{2(1 - \lambda E[T])}.$$

为了计算 $E[T]$ 和 $E[T^2]$,令服从分布 G 的 S 为顾客需要的服务时间随机变量,令 N 为在顾客接受服务期间服务线中断的次数,令 $R_1, R_2, \cdots$ 是相继用在修理服务线上的时间. 那么

$$T = \sum_{i=1}^{N} R_i + S.$$

以 S 为条件推出

$$E[T \mid S = s] = E\left[\sum_{i=1}^{N} R_i \,\bigg|\, S = s\right] + s, \quad \mathrm{Var}(T \mid S = s) = \mathrm{Var}\left(\sum_{i=1}^{N} R_i \,\bigg|\, S = s\right).$$

现在,一条正在运行的服务线总是以指数速率 α 中断. 所以,假定一个顾客需要 s 个单位的服务时间,则在这个顾客接受服务期间,服务线中断的次数是一个均值为 αs 的泊松随机变量. 因此,以 $S = s$ 为条件,随机变量 $\sum_{i=1}^{N} R_i$ 是一个泊松均值为 αs 的复合泊松随机变量. 利用例 3.10 和例 3.19 的结果,我们得到

$$E\left[\sum_{i=1}^{N} R_i \,\bigg|\, S = s\right] = \alpha s E[R], \qquad \mathrm{Var}\left(\sum_{i=1}^{N} R_i \,\bigg|\, S = s\right) = \alpha s E[R^2],$$

其中 R 服从修理时间分布 H. 所以

$$E[T \mid S] = \alpha S E[R] + S = S(1 + \alpha E[R]), \quad \mathrm{Var}(T \mid S) = \alpha S E[R^2].$$

于是

$$E[T] = E[E[T|S]] = E[S](1 + \alpha E[R]),$$

且由条件方差公式可得

$$\mathrm{Var}(T) = E[\mathrm{Var}(T \mid S)] + \mathrm{Var}(E[T \mid S]) = \alpha E[S] E[R^2] + (1 + \alpha E[R])^2 \, \mathrm{Var}(S).$$

所以

$$E[T^2] = \mathrm{Var}(T) + (E[T])^2 = \alpha E[S] E[R^2] + (1 + \alpha E[R])^2 E[S^2].$$

假定 $\lambda E[T] = \lambda E[S](1 + \alpha E[R]) < 1$,我们得到

$$W_Q = \frac{\lambda \alpha E[S] E[R^2] + \lambda (1 + \alpha E[R])^2 E[S^2]}{2(1 - \lambda E[S](1 + \alpha E[R]))}.$$

由上式可得

---

① 这时的服务时间随机变量是下面定义的 T,它的分布不再是 G. ——译者注

$$L_Q = \lambda W_Q, \qquad W = W_Q + E[T], \qquad L = \lambda W.$$

我们还可能对其他一些量有兴趣:

(i) P_w, 服务线在运行的时间比例;

(ii) P_r, 服务线在被修理的时间比例;

(iii) P_I, 服务线闲着的时间比例.

这些量都可以通过排队价格恒等式得到. 例如, 我们假设顾客在实际接受服务时, 每单位时间支付 1, 那么

$$系统赚钱的平均速率 = P_w, \qquad 顾客支付的平均金额 = E[S].$$

所以, 由恒等式可得

$$P_w = \lambda E[S].$$

为了确定 P_r, 假设服务中断的顾客在修理服务线期间, 每单位时间支付 1, 那么

$$系统赚钱的平均速率 = P_r,$$

$$顾客支付的平均金额 = E\left[\sum_{i=1}^{N} R_i\right] = \alpha E[S]E[R].$$

由此可得

$$P_r = \lambda \alpha E[S]E[R].$$

而 P_I 可以得自

$$P_I = 1 - P_w - P_r.$$

注 也可以通过 $1 - P_0 = \lambda E[T]$ 是服务线要么在运行要么在被修理的时间比例来得到 P_w 和 P_r. 从而

$$P_w = \lambda E[T]\frac{E[S]}{E[T]} = \lambda E[S], \qquad P_r = \lambda E[T]\frac{E[T] - E[S]}{E[T]} = \lambda E[S]\alpha E[R]. \quad \blacksquare$$

8.7 G/M/1 模型

G/M/1 模型假定相继到达之间的间隔服从任意分布 G. 服务时间服从速率为 μ 的指数分布, 且只有一条服务线.

分析这个模型的直接困难是, 系统中的顾客数不足以作为状态空间来提供足够的信息. 因为要概括到目前为止发生了什么, 我们不仅需要知道系统中的人数, 还需要知道自最后一次到达以来的时间 (因为 G 不是无记忆的). (为什么我们不需要关心正在接受服务的人已经接受服务的时间?) 为了避开这个问题, 我们只考虑顾客到达时的系统, 所以, 我们将 X_n ($n \geqslant 1$) 定义为

$$X_n \equiv 第\ n\ 个到达者看到系统中的人数.$$

容易看出，$\{X_n, n \geqslant 1\}$ 是一个马尔可夫链. 为了计算这个马尔可夫链的转移概率 P_{ij}，首先注意，只要有顾客在接受服务，在任意长度的时间 t 内，服务的次数都是一个均值为 μt 的泊松随机变量. 这是因为在相继服务之间的时间是指数随机变量，而我们知道，这使得服务次数构成一个泊松过程. 因此，

$$P_{i,i+1-j} = \int_0^\infty \mathrm{e}^{-\mu t} \frac{(\mu t)^j}{j!} \mathrm{d}G(t), \qquad j = 0, 1, \cdots, i,$$

这是由于如果到达者看到系统中有 i 个人，那么下一个到达者看到的人数为 $i+1$ 减去已完成服务的人数，而容易看出，有 j 个顾客已完成服务的概率等于上式右边（通过以相继到达之间的时间为条件）.

P_{i0} 的公式稍有不同（它是在服从分布 G 的随机时间长度内，至少发生 $i+1$ 个泊松事件的概率），可以得自

$$P_{i0} = 1 - \sum_{j=0}^{i} P_{i,i+1-j}.$$

极限概率 π_k（$k = 0, 1, \cdots$）是以下方程组的唯一解：

$$\pi_k = \sum_{i=0}^{\infty} \pi_i P_{ik}, \quad k \geqslant 0, \qquad \sum_{k=0}^{\infty} \pi_k = 1.$$

在这种情形下，方程组可简化为

$$\pi_k = \sum_{i=k-1}^{\infty} \pi_i \int_0^\infty \mathrm{e}^{-\mu t} \frac{(\mu t)^{i+1-k}}{(i+1-k)!} \mathrm{d}G(t), \quad k \geqslant 1, \qquad \sum_{k=0}^{\infty} \pi_k = 1. \tag{8.52}$$

（我们没有包含方程 $\pi_0 = \sum \pi_i P_{i0}$，因为这些方程中有一个是多余的.）

为了求解上述方程，我们尝试形如 $\pi_k = c\beta^k$ 的解. 代入方程 (8.52) 得到

$$\begin{aligned}
c\beta^k &= c \sum_{i=k-1}^{\infty} \beta^i \int_0^\infty \mathrm{e}^{-\mu t} \frac{(\mu t)^{i+1-k}}{(i+1-k)!} \mathrm{d}G(t) \\
&= c \int_0^\infty \mathrm{e}^{-\mu t} \beta^{k-1} \sum_{i=k-1}^{\infty} \frac{(\beta \mu t)^{i+1-k}}{(i+1-k)!} \mathrm{d}G(t).
\end{aligned} \tag{8.53}$$

因为

$$\sum_{i=k-1}^{\infty} \frac{(\beta \mu t)^{i+1-k}}{(i+1-k)!} = \sum_{j=0}^{\infty} \frac{(\beta \mu t)^j}{j!} = \mathrm{e}^{\beta \mu t},$$

所以方程 (8.53) 简化为

$$\beta^k = \beta^{k-1} \int_0^\infty \mathrm{e}^{-\mu t(1-\beta)} \mathrm{d}G(t),$$

从而

$$\beta = \int_0^\infty \mathrm{e}^{-\mu t(1-\beta)} \mathrm{d}G(t). \tag{8.54}$$

而常数 c 可以由 $\sum_k \pi_k = 1$ 得到：

$$c \sum_{k=0}^{\infty} \beta^k = 1,$$

因此

$$c = 1 - \beta.$$

因为 (π_k) 是方程组 (8.52) 的**唯一解**，而 $\pi_k = (1-\beta)\beta^k$ 满足这个方程组，所以

$$\pi_k = (1-\beta)\beta^k, \qquad k = 0, 1, \cdots,$$

其中 β 是方程 (8.54) 的解. （可以证明，如果 G 的均值大于平均服务时间 $1/\mu$，那么在 0 与 1 之间存在唯一的值 β 满足方程 (8.54).） β 的精确值通常只能由数值方法得到.

因为 π_k 是到达者看到 k 个顾客的极限概率，所以它正是在 8.2 节中定义的 a_k. 因此

$$a_k = (1-\beta)\beta^k, \qquad k \geqslant 0. \tag{8.55}$$

我们可以通过以顾客到达时系统中的人数为条件得到 W. 这就有

$$W = \sum_k E[\text{系统中时间} \mid \text{到达者看到 } k \text{ 个人}](1-\beta)\beta^k$$

$$= \sum_k \frac{k+1}{\mu}(1-\beta)\beta^k \qquad \begin{pmatrix} \text{因为若到达者看到 } k \text{ 个人，则他在} \\ \text{系统中将花费 } k+1 \text{ 个服务周期} \end{pmatrix}$$

$$= \frac{1}{\mu(1-\beta)}, \qquad \left(\text{利用} \sum_{k=0}^{\infty} kx^k = \frac{x}{(1-x)^2}\right)$$

并且

$$W_Q = W - \frac{1}{\mu} = \frac{\beta}{\mu(1-\beta)}, \quad L = \lambda W = \frac{\lambda}{\mu(1-\beta)}, \quad L_Q = \lambda W_Q = \frac{\lambda\beta}{\mu(1-\beta)},$$
$$\tag{8.56}$$

其中 λ 是平均到达间隔的倒数，即

$$\frac{1}{\lambda} = \int_0^{\infty} x \mathrm{d}G(x).$$

事实上，与 8.3.1 节和习题 6 中对 M/M/1 的讨论相同，我们可以证明

W^* 是速率为 $\mu(1-\beta)$ 的指数随机变量，

$$W_Q^* \begin{cases} \text{以概率 } 1-\beta \text{ 为 } 0, \\ \text{以概率 } \beta \text{ 为速率为 } \mu(1-\beta) \text{ 的指数随机变量}, \end{cases}$$

其中 W^* 和 W_Q^* 分别是一个顾客在系统中和队列中花费的时间（它们的均值分别是 W 和 W_Q）.

虽然 $a_k = (1-\beta)\beta^k$ 是一个到达者看到系统中有 k 个人的概率, 但它并不等于系统中有 k 个人的时间比例 (因为到达过程不是泊松过程). 为了得到 P_k, 我们首先注意到, 系统中的人数从 $k-1$ 变为 k 的速率, 必须等于从 k 变为 $k-1$ 的速率 (为什么?). 于是, 从 $k-1$ 变为 k 的速率等于到达速率 λ 乘以看到系统中有 $k-1$ 个人的到达者比例. 也就是说,

$$\text{系统中人数从 } k-1 \text{ 变为 } k \text{ 的速率} = \lambda a_{k-1}.$$

类似地, 系统中人数从 k 变为 $k-1$ 的速率, 等于系统中有 k 个人的时间比例乘以 (常数) 服务速率. 也就是说,

$$\text{系统中人数从 } k \text{ 变为 } k-1 \text{ 的速率} = P_k \mu.$$

将这些速率取等, 得到

$$P_k = \frac{\lambda}{\mu} a_{k-1}, \qquad k \geqslant 1,$$

所以, 由式 (8.55) 可得

$$P_k = \frac{\lambda}{\mu}(1-\beta)\beta^{k-1}, \qquad k \geqslant 1,$$

又因为 $P_0 = 1 - \sum_{k=1}^{\infty} P_k$, 所以

$$P_0 = 1 - \frac{\lambda}{\mu}.$$

注 在上述分析中, 我们猜测马尔可夫链的平稳概率的解的形式为 $\pi_k = c\beta^k$, 然后将它代入平稳方程 (8.52) 验证这个解. 然而, 也可以直接论证马尔可夫链的平稳概率就是这种形式. 为此, 定义 β_i 为马尔可夫链在相继两次访问状态 i 之间访问状态 $i+1$ 的期望次数, $i \geqslant 0$. 不难看出 (请你自己推出它)

$$\beta_0 = \beta_1 = \beta_2 = \cdots = \beta.$$

现在, 可以用更新报酬过程证明

$$\pi_{i+1} = \frac{E[\text{在一个 } i \sim i \text{ 循环中访问状态 } i+1 \text{ 的次数}]}{E[\text{在一个 } i \sim i \text{ 循环中的转移次数}]} = \frac{\beta_i}{1/\pi_i},$$

因此

$$\pi_{i+1} = \beta_i \pi_i = \beta \pi_i, \qquad i \geqslant 0.$$

因为 $\sum_{i=0}^{\infty} \pi_i = 1$, 所以由上式可得

$$\pi_i = \beta^i(1-\beta), \qquad i \geqslant 0.$$

G/M/1 的忙期与闲期

假设一个到达者正好看见系统是空的（所以一个忙期开始），并且令 N 为在这个忙期中接受服务的顾客数. 由于（在忙期开始后的）第 N 个到达者也将看见系统是空的，因此 N 是（8.7 节的）马尔可夫链从状态 0 到状态 0 的转移次数. 从而，$1/E[N]$ 是马尔可夫链进入状态 0 的转移比例，或者等价地，是看到系统空着的到达者比例. 所以

$$E[N] = \frac{1}{a_0} = \frac{1}{1-\beta}.$$

此外，因为下一个忙期开始于第 N 个到达间隔之后，所以循环时间（即忙期和闲期的和）等于直至第 N 个到达间隔的时间. 换句话说，忙期和闲期的和可以表示为 N 个到达间隔的和. 于是，若 T_i 是忙期开始后的第 i 个到达间隔，则

$$
\begin{aligned}
E[\text{忙期}] + E[\text{闲期}] &= E\left[\sum_{i=1}^{N} T_i\right] \\
&= E[N]E[T] \quad \text{（由瓦尔德方程）} \\
&= \frac{1}{\lambda(1-\beta)}.
\end{aligned}
\tag{8.57}
$$

关于 $E[\text{忙期}]$ 和 $E[\text{闲期}]$ 之间的第二个关系，我们可以用与 8.5.3 节中相同的推理得到结论:

$$1 - P_0 = \frac{E[\text{忙期}]}{E[\text{闲期}] + E[\text{忙期}]}.$$

又因为 $P_0 = 1 - \lambda/\mu$，所以将上式与式 (8.57) 结合起来，我们得到

$$E[\text{忙期}] = \frac{1}{\mu(1-\beta)}, \qquad E[\text{闲期}] = \frac{\mu-\lambda}{\lambda\mu(1-\beta)}.$$

8.8 有限源模型

考虑一个由 m 台机器组成的系统，这些机器的工作时间是速率为 λ 的独立指数随机变量. 当机器出现故障时，立刻送它到只有一个修理工的一家修理站. 如果修理工有空，则马上开始修理这台机器；否则，这台机器加入故障机器队列. 当一台机器被修复后，它就开始工作，而且修理工开始修理在故障机器队列中的下一台机器（当队列非空时）. 相继的修理时间是独立随机变量，具有密度函数 g 和均值

$$\mu_R = \int_0^\infty xg(x)\mathrm{d}x.$$

为了分析这个系统，以确定一些量，例如故障机器的平均台数和机器发生故障的平均时间，我们将利用指数分布的工作时间来得到一个马尔可夫链. 特别地，

令 X_n 为第 n 次修复刚发生时故障机器的台数，$n \geqslant 1$. 如果 $X_n = i > 0$，那么当第 n 次修复刚发生时的情况是，正要开始修理一台机器，有 $i-1$ 台机器在等待修理，并且有 $m-i$ 台机器在工作，其中每一台将（独立地）继续工作一个速率为 λ 的指数时间. 类似地，如果 $X_n = 0$，那么 m 台机器都在工作，其中每一台将（独立地）继续工作一个速率为 λ 的指数时间. 从而，有关这个系统的更早状态的任何信息，都不影响在下一个修复发生时故障机器台数的概率分布. 因此，$\{X_n, n \geqslant 1\}$ 是一个马尔可夫链. 为了确定其转移概率 $P_{i,j}$，首先假设 $i > 0$. 以下一个修理时间的长度 R 为条件，并且利用 $m-i$ 个剩余工作时间的独立性，可以得到对于 $j \leqslant m-i$,

$$
\begin{aligned}
P_{i,i-1+j} &= P\{\text{在 } R \text{ 期间有 } j \text{ 台机器发生故障}\} \\
&= \int_0^\infty P\{\text{在 } R \text{ 期间有 } j \text{ 台机器发生故障} \mid R = r\} g(r)\mathrm{d}r \\
&= \int_0^\infty \binom{m-i}{j} \left(1 - \mathrm{e}^{-\lambda r}\right)^j \left(\mathrm{e}^{-\lambda r}\right)^{m-i-j} g(r)\mathrm{d}r.
\end{aligned}
$$

如果 $i = 0$，那么，因为直到有一台机器发生故障下一次修理才开始，所以

$$
P_{0,j} = P_{1,j}, \qquad j \leqslant m-1.
$$

令 $\pi_j \, (j = 0, \cdots, m-1)$ 为这个马尔可夫链的平稳概率，即它们是

$$
\pi_j = \sum_i \pi_i P_{i,j}, \qquad \sum_{j=0}^{m-1} \pi_j = 1
$$

的唯一解. 所以，在显式地确定了转移概率并求解上述方程组之后，我们就会知道修复完成，即所有机器都在工作的时间比例 π_0 的值. 如果所有机器都在工作，那么我们说系统处于"开"状态，否则就说处于"关"状态（于是，当修理工闲时，系统处于"开"，而当修理工忙时，系统处于"关"）. 因为当系统回到"开"时所有机器都在工作，所以由指数随机变量的无记忆性可知，当系统回到"开"时，一切在概率上都重新开始. 因此，这个"开–关"系统是一个交替更新过程. 假设系统刚变为"开"，从而开始了一个新的循环，并令 $R_i \, (i \geqslant 1)$ 为从此刻起第 i 次修理的时间. 此外，令 N 为在这个循环的"关"（忙）时期内的修理次数. 那么，"关"时期的长度可以表示为

$$
B = \sum_{i=1}^N R_i.
$$

虽然 N 并不独立于序列 $R_1, R_2, \cdots$，但容易检验它是这个序列的一个停时，并且根据瓦尔德方程（见第 7 章习题 13），我们有

$$
E[B] = E[N]E[R] = E[N]\mu_R.
$$

此外，因为一个"开"时期将持续到有一台机器发生故障为止，又因为独立指数随机变量的最小值是指数随机变量，其速率是这些变量的速率之和，所以在一个循环中，"开"（闲）的平均时间为

$$E[I] = 1/(m\lambda).$$

因此，修理工在忙的时间比例 P_B 满足

$$P_B = \frac{E[N]\mu_R}{E[N]\mu_R + 1/(m\lambda)}.$$

然而，因为平均每完成 $E[N]$ 次修理就会有一次使所有的机器工作，所以推出

$$\pi_0 = \frac{1}{E[N]}.$$

从而

$$P_B = \frac{\mu_R}{\mu_R + \pi_0/(m\lambda)}. \tag{8.58}$$

现在，集中注意于一台机器，记它为机器 1，而令 $P_{1,R}$ 为机器 1 被修理的时间比例. 因为修理工忙的时间比例是 P_B，又因为所有的机器以相同的速率发生故障，且有相同的修理分布，所以

$$P_{1,R} = \frac{P_B}{m} = \frac{\mu_R}{m\mu_R + \pi_0/\lambda}. \tag{8.59}$$

然而，机器 1 交替地处于以下各时间周期：在工作、在队列中等待、在修理. 令 W_i, Q_i, S_i 分别为机器 1 第 i 次工作的时间、第 i 次排队的时间、第 i 次修理的时间，$i \geqslant 1$. 那么，在机器 1 的前 n 个"工作–排队–修理"的循环中，它在被修理的时间比例是：

机器 1 在前 n 个循环中在被修理的时间比例

$$= \frac{\sum_{i=1}^n S_i}{\sum_{i=1}^n W_i + \sum_{i=1}^n Q_i + \sum_{i=1}^n S_i} = \frac{\sum_{i=1}^n S_i/n}{\sum_{i=1}^n W_i/n + \sum_{i=1}^n Q_i/n + \sum_{i=1}^n S_i/n}.$$

令 $n \to \infty$，并且利用强大数定律得到，W_i 的平均与 S_i 的平均分别收敛到 $1/\lambda$ 和 μ_R，由此可得

$$P_{1,R} = \frac{\mu_R}{1/\lambda + \overline{Q} + \mu_R},$$

其中 $\overline{Q}$ 是机器 1 发生故障时在队列中等待的平均时间. 利用式 (8.59)，由上式可得

$$\frac{\mu_R}{m\mu_R + \pi_0/\lambda} = \frac{\mu_R}{1/\lambda + \overline{Q} + \mu_R},$$

或者，等价地，有

$$\overline{Q} = (m-1)\mu_R - (1-\pi_0)/\lambda.$$

此外, 由于所有的机器在概率上都是等价的, 因此 $\overline{Q}$ 等于故障机器在队列中花费的平均时间 W_Q. 为了确定队列中机器的平均数, 我们利用基本排队恒等式

$$L_Q = \lambda_a W_Q = \lambda_a \overline{Q},$$

其中 λ_a 是机器的平均故障率. 为了确定 λ_a, 再次集中注意于机器 1, 并且假设只要机器 1 在被修理, 我们就每单位时间赚得 1. 于是由基本价格恒等式 (8.1) 推出

$$P_{1,R} = r_1 \mu_R,$$

其中 r_1 是机器 1 的平均故障率. 于是, 由式 (8.59) 可得

$$r_1 = \frac{1}{m\mu_R + \pi_0/\lambda}.$$

因为 m 台机器有相同的故障率, 所以由上式可得

$$\lambda_a = mr_1 = \frac{m}{m\mu_R + \pi_0/\lambda},$$

从而在队列中的机器平均数为

$$L_Q = \frac{m(m-1)\mu_R - m(1-\pi_0)/\lambda}{m\mu_R + \pi_0/\lambda}.$$

由于在被修理的机器平均数是 P_B, 因此将上式与式 (8.58) 结合起来可知, 故障机器的平均数是

$$L = L_Q + P_B = \frac{m^2\mu_R - m(1-\pi_0)/\lambda}{m\mu_R + \pi_0/\lambda}.$$

8.9 多服务线系统

分析具有多条服务线的系统大体上要比单服务线系统复杂得多. 首先在 8.9.1 节中, 我们讨论不允许排队的泊松到达系统, 然后在 8.9.2 节中, 考虑无穷容量的 M/M/k 系统. 对于这两种系统, 我们能够给出其极限概率. 在 8.9.3 节中, 我们考虑 G/M/k 模型, 这里的分析类似于 (8.7 节的) G/M/1, 但是我们将用 k 个量来代替作为积分方程的解的单个量 β. 最后, 在 8.9.4 节中, 我们讨论模型 M/G/k, 不幸的是, 之前 (用于 M/G/1) 的技术无法再用来推导 W_Q, 而我们只能满足于一个近似结果.

8.9.1 厄兰损失系统

损失系统是一种排队系统, 在这种系统中, 看到所有服务线都在忙的到达者并不进入系统, 更确切地说, 他是系统流失的顾客. 最简单的这种系统是 M/M/k 损失系统, 其中顾客按速率为 λ 的泊松过程到达, 如果 k 条服务线中至少有一条

闲着，那么顾客就进入系统，然后花费一个速率为 μ 的指数时间接受服务. 这个系统的平衡方程组如下.

状态	离开速率 = 进入速率
0	$\lambda P_0 = \mu P_1$
1	$(\lambda + \mu)P_1 = 2\mu P_2 + \lambda P_0$
2	$(\lambda + 2\mu)P_2 = 3\mu P_3 + \lambda P_1$
$i\,(\,0 < i < k\,)$	$(\lambda + i\mu)P_i = (i+1)\mu P_{i+1} + \lambda P_{i-1}$
k	$k\mu P_k = \lambda P_{k-1}$

经过改写，得到

$$\lambda P_0 = \mu P_1,$$
$$\lambda P_1 = 2\mu P_2,$$
$$\lambda P_2 = 3\mu P_3,$$
$$\vdots$$
$$\lambda P_{k-1} = k\mu P_k.$$

因此

$$P_1 = \frac{\lambda}{\mu}P_0,$$
$$P_2 = \frac{\lambda}{2\mu}P_1 = \frac{(\lambda/\mu)^2}{2}P_0,$$
$$P_3 = \frac{\lambda}{3\mu}P_2 = \frac{(\lambda/\mu)^3}{3!}P_0,$$
$$\vdots$$
$$P_k = \frac{\lambda}{k\mu}P_{k-1} = \frac{(\lambda/\mu)^k}{k!}P_0.$$

利用 $\sum_{i=0}^{k} P_i = 1$，我们得到

$$P_i = \frac{(\lambda/\mu)^i/i!}{\sum_{j=0}^{k}(\lambda/\mu)^j/j!}, \qquad i = 0, 1, \cdots, k.$$

因为 $E[S] = 1/\mu$，其中 $E[S]$ 是平均服务时间，所以上式可以写成

$$P_i = \frac{(\lambda E[S])^i/i!}{\sum_{j=0}^{k}(\lambda E[S])^j/j!} \qquad i = 0, 1, \cdots, k. \tag{8.60}$$

现在考虑服务时间是一般分布的同样系统——即考虑不允许排队的 $\mathrm{M/G}/k$. 这个模型有时称为**厄兰损失系统**. 可以证明（虽然这个证明较为复杂）式 (8.60)（称为**厄兰损失公式**）对这种更加一般的系统仍然有效.

注 容易看出,当 $k=1$ 时,式 (8.60) 成立. 在此情形下,$L=P_1, W=E[S]$,且 $\lambda_a = \lambda P_0$. 应用 $L = \lambda_a W$ 就得出

$$P_1 = \lambda P_0 E[S].$$

由于 $P_0 + P_1 = 1$,因此由上式可得

$$P_0 = \frac{1}{1 + \lambda E[S]}, \qquad P_1 = \frac{\lambda E[S]}{1 + \lambda E[S]}.$$ ■

8.9.2 M/M/k 排队系统

M/M/k 无穷容量的排队系统可以用平衡方程的技巧来分析. 我们留给读者去验证

$$P_i = \begin{cases} \dfrac{\dfrac{(\lambda/\mu)^i}{i!}}{\displaystyle\sum_{i=0}^{k-1} \dfrac{(\lambda/\mu)^i}{i!} + \dfrac{(\lambda/\mu)^k}{k!} \dfrac{k\mu}{k\mu - \lambda}}, & i \leqslant k, \\[4mm] \dfrac{(\lambda/k\mu)^i k^k}{k!} P_0, & i > k. \end{cases}$$

从上式我们看到,需要加上条件 $\lambda < k\mu$.

8.9.3 G/M/k 排队系统

在这个模型中,我们也假设有 k 条服务线,每一条以指数速率 μ 服务. 然而,现在我们允许相继的到达间隔有一个任意的分布 G. 为了保证存在稳态(或极限)分布,我们假定条件 $1/\mu_G < k\mu$ 成立,其中 μ_G 是分布 G 的均值[①].

对于这个模型的分析与 8.7 节中 $k=1$ 的情形类似. 即为了避免追踪自最后一次到达以来的时间,我们只在到达时刻观察系统. 同样地,如果我们定义 X_n 为第 n 次到达时系统中的人数,那么 $\{X_n, n \geqslant 0\}$ 是一个马尔可夫链.

为了推导这个马尔可夫链的转移概率,注意以下关系:

$$X_{n+1} = X_n + 1 - Y_n, \qquad n \geqslant 0,$$

其中 Y_n 表示在第 n 次和第 $n+1$ 次到达之间离开系统的顾客数. 现在转移概率 P_{ij} 可以计算如下.

情形 1: $j > i+1$.

在这种情形下,容易推出 $P_{ij} = 0$.

[①] 由更新理论(命题 7.1)推出,顾客按速率 $1/\mu_G$ 到达,而因为最大的服务速率是 $k\mu$,所以若要极限概率存在,我们显然需要 $1/\mu_G < k\mu$.

情形 2: $j \leqslant i+1 \leqslant k$.

在这种情形下，如果到达者看到系统中有 i 个人，那么，因为 $i < k$，所以新的到达者将立刻进入系统. 因此，下一个到达者将看到 j 个人，如果在此到达间隔内，这 $i+1$ 个顾客中恰有 $i+1-j$ 个已完成服务，以这个到达间隔的长度为条件，得出

$$P_{ij} = P\{\text{在一个到达间隔内，} i+1 \text{ 个人中有 } i+1-j \text{ 个已完成服务}\}$$
$$= \int_0^\infty P\{i+1 \text{ 个人中有 } i+1-j \text{ 个已完成服务} \,|\, \text{到达间隔是 } t\} \mathrm{d}G(t)$$
$$= \int_0^\infty \binom{i+1}{j}(i - \mathrm{e}^{-\mu t})^{i+1-j}(\mathrm{e}^{-\mu t})^j \mathrm{d}G(t),$$

其中最后的等式成立是由于在时间 t 内完成服务的次数服从二项分布.

情形 3: $i+1 \geqslant j \geqslant k$.

在这种情形下，为了求 P_{ij}，我们首先注意到，当所有的服务线都忙时，离开过程是一个速率为 $k\mu$ 的泊松过程（为什么?）. 因此，再以这个到达间隔的长度为条件，就有

$$P_{ij} = P\{i+1-j \text{ 个人离开}\}$$
$$= \int_0^\infty P\{\text{在时间 } t \text{ 内有 } i+1-j \text{ 个人离开}\} \mathrm{d}G(t)$$
$$= \int_0^\infty \mathrm{e}^{-k\mu t} \frac{(k\mu t)^{i+1-j}}{(i+1-j)!} \mathrm{d}G(t).$$

情形 4: $i+1 \geqslant k > j$.

在这种情形下，当所有的服务线都忙时，离开过程是一个泊松过程，由此推出，到系统中只有 k 个人为止的时间长度将服从参数为 $i+1-k$ 和 $k\mu$ 的伽马分布（在速率为 $k\mu$ 的泊松过程，直到 $i+1-k$ 个事件发生的时间服从参数为 $i+1-k$ 和 $k\mu$ 的伽马分布）. 首先以到达间隔为条件，然后以到系统中只有 k 个人为止的时间（记为 T_k）为条件，得到

$$P_{ij} = \int_0^\infty P\{\text{在时间 } t \text{ 内有 } i+1-j \text{ 个人离开}\} \mathrm{d}G(t)$$
$$= \int_0^\infty \int_0^t P\{\text{在时间 } t \text{ 内有 } i+1-j \text{ 个人离开} \,|\, T_k = s\} k\mu \mathrm{e}^{-k\mu s} \frac{(k\mu s)^{i-k}}{(i-k)!} \mathrm{d}s \mathrm{d}G(t)$$
$$= \int_0^\infty \int_0^t \binom{k}{j}(1 - \mathrm{e}^{-\mu(t-s)})^{k-j}(\mathrm{e}^{-\mu(t-s)})^j k\mu \mathrm{e}^{-k\mu s} \frac{(k\mu s)^{i-k}}{(i-k)!} \mathrm{d}s \mathrm{d}G(t),$$

其中最后的等式成立是由于在时刻 s 接受服务的 k 个人中，到时间 t 为止完成服务的人数服从参数为 k 和 $1 - \mathrm{e}^{-\mu(t-s)}$ 的二项分布.

现在, 我们可以通过直接代入方程 $\pi_j = \sum_i \pi_i P_{ij}$, 或者使用 8.7 节结尾处在注中介绍的同样推理, 来验证这个马尔可夫链的极限概率具有如下形式:

$$\pi_{k-1+j} = c\beta^j, \qquad j = 0, 1, \cdots .$$

将它代入 $\pi_j = \sum_i \pi_i P_{ij}$ 中的任意方程, 在 $j > k$ 时, 得到 β 是

$$\beta = \int_0^\infty \mathrm{e}^{-k\mu t(1-\beta)} \mathrm{d}G(t)$$

的解. 值 $\pi_0, \pi_1, \cdots, \pi_{k-2}$ 可以通过递推地求解前 $k-1$ 个稳态方程得到, 而 c 可以利用 $\sum_{i=0}^\infty \pi_i = 1$ 算得.

如果我们令 W_Q^* 为一个顾客在队列中花费的时间, 那么按照 G/M/1 中的方式, 我们可以证明

$$W_Q^* = \begin{cases} 0, & \text{以概率 } \sum_{i=0}^{k-1} \pi_i = 1 - \frac{c\beta}{1-\beta}, \\ \mathrm{Exp}(k\mu(1-\beta)), & \text{以概率 } \sum_{i=k}^\infty \pi_i = \frac{c\beta}{1-\beta}, \end{cases}$$

其中 $\mathrm{Exp}(k\mu(1-\beta))$ 是一个速率为 $k\mu(1-\beta)$ 的指数随机变量.

8.9.4 M/G/k 排队系统

本节我们讨论 M/G/k 系统, 其中顾客以泊松速率 λ 到达, 且由 k 条服务线中的任意一条提供服务, 每一条服务线都具有服务分布 G. 如果我们试图仿照 8.5 节中对 M/G/1 系统的分析, 那么, 我们将从基本恒等式

$$V = \lambda E[S]W_Q + \lambda E[S^2]/2 \tag{8.61}$$

开始, 并且尝试推导联系 V 与 W_Q 的第二个方程.

现在, 如果我们考虑一个任意的到达者, 那么我们有以下恒等式:

顾客到达时系统中的功 $= k \times$ 顾客在队列中花费的时间 $+ R$ $\qquad$ (8.62)

其中 R 是在该到达者进入服务时, 所有其他在接受服务的顾客的剩余服务时间之和.

得到上式是因为当到达者在队列中等候时, 每单位时间功会减少 k (因为所有的服务线都在忙). 于是, 当他在队列中等候时, 减少了一个数量为 $k \times$ (在队列中的时间) 的功. 这些功是当他到达时系统中的部分功, 而另一部分功是当他进入服务时, 在接受服务的那些人的剩余功——所以我们得到了式 (8.62). 举个例子, 假设共有 3 条服务线, 当顾客到达时, 它们全都在忙. 另外, 假设系统中没有其他顾客, 而正在接受服务的三个人的剩余服务时间分别是 3、6 和 7. 因此, 到达者看到的功是 $3 + 6 + 7 = 16$. 到达者将在队列中等待 3 个单位时间, 而当他进入服务时, 其他两个顾客的剩余服务时间分别是 $6 - 3 = 3$ 和 $7 - 3 = 4$. 因此, $R = 3 + 4 = 7$, 作为式 (8.62) 的一个验证, 我们看到 $16 = 3 \times 3 + 7$.

对式 (8.62) 取期望，并且利用泊松到达看到时间平均的事实，我们得到

$$V = kW_Q + E[R],$$

结合式 (8.61)，如果能够计算出 $E[R]$，就能解出 W_Q. 然而，没有计算 $E[R]$ 的已知方法，事实上，也没有计算 W_Q 的已知确切公式. 在参考文献 [6] 中，利用上面的方法然后近似计算 $E[R]$，得到 W_Q 的近似值：

$$W_Q \approx \frac{\lambda^k E[S^2](E[S])^{k-1}}{2(k-1)!(k-\lambda E[S])^2 \left[\sum_{n=0}^{k-1} \frac{(\lambda E[S])^n}{n!} + \frac{(\lambda E[S])^k}{(k-1)!(k-\lambda E[S])} \right]}. \tag{8.63}$$

当服务分布是伽马分布时，上面的近似值与 W_Q 非常接近. 当 G 是指数分布时，该近似值也是精确的.

习　题

1. 对于 M/M/1 排队系统，计算
   (a) 在一个服务周期内到达顾客的期望数；
   (b) 在一个服务周期内没有顾客到达的概率.
   提示："添加条件".

*2. 工厂中的机器以每小时 6 台的指数速率发生故障. 设有一个修理工，他以每小时 8 台的指数速率修复机器. 每台发生故障的机器每小时产生 10 美元的费用. 因机器发生故障而产生的平均费用率是多少?

3. 市场经理要么雇用玛丽要么雇用艾丽斯. 玛丽以每小时 20 个顾客的指数速率服务，以每小时 3 美元的费用被雇用. 艾丽斯以每小时 30 个顾客的指数速率服务，以每小时 C 美元的费用被雇用. 经理估计，平均每个顾客每小时会产生 1 美元的费用，且应该将这计入模型. 如果顾客按每小时 10 个的泊松速率到达.
   (a) 如果雇用玛丽，每小时的平均费用是多少? 如果雇用艾丽斯呢?
   (b) 求 C，使得雇用玛丽与雇用艾丽斯的每小时平均费用相同.

4. 在 M/M/1 系统中，通过使顾客的到达速率等于离开速率来推导 P_0.

5. 假设顾客按照速率为 λ 的泊松过程到达一个拥有两条服务线的系统，并且每个到达者独立地以概率 α 被分配到服务线 1，以概率 $1-\alpha$ 被分配到服务线 2. 假设服务线 i 的服务时间服从速率为 μ_i 的指数分布，$i = 1, 2$.
   (a) 求顾客在系统中停留的平均时间 $W(\alpha)$.
   (b) 如果 $\lambda = 1$ 且 $\mu_i = i$，$i = 1, 2$，求使 $W(\alpha)$ 最小的 α 值.

6. 对于 M/M/1 系统，设某顾客在接受服务前，排队等待的时间为 $x > 0$.
   (a) 证明在这种情况下，当该顾客到达时，系统中的其他顾客数与 $1 + P$ 同分布，其中 P 是均值为 λ 的泊松随机变量.

(b) 令 W_Q^* 表示一个 M/M/1 系统中的顾客排队等待的时间. 根据 (a) 中的分析, 证明

$$P\{W_Q^* \leqslant x\} = \begin{cases} 1 - \dfrac{\lambda}{\mu}, & \text{若 } x = 0, \\ 1 - \dfrac{\lambda}{\mu} + \dfrac{\lambda}{\mu}\left(1 - \mathrm{e}^{-(\mu-\lambda)x}\right), & \text{若 } x > 0. \end{cases}$$

7. 从习题 6 推出, 如果在 M/M/1 模型中, W_Q^* 为一个顾客排队等待的时间, 那么

$$W_Q^* = \begin{cases} 0, & \text{以概率 } 1 - \dfrac{\lambda}{\mu}, \\ \mathrm{Exp}(\mu - \lambda), & \text{以概率 } \dfrac{\lambda}{\mu}, \end{cases}$$

其中 $\mathrm{Exp}(\mu - \lambda)$ 是一个速率为 $\mu - \lambda$ 的指数随机变量. 利用这个结论求 $\mathrm{Var}(W_Q^*)$.

*8. 证明在到达速率为 λ、服务速率为 2μ 的 M/M/1 模型中的 W, 小于在到达速率为 λ、每条服务线的服务速率都为 μ 的拥有两条服务线的 M/M/2 模型中的 W.
你能对此结果给出一个直观的解释吗? 该结果对 W_Q 也成立吗?

9. 考虑例 8.9 中带有焦躁顾客的 M/M/1 排队系统. 利用极限概率 P_n ($n \geqslant 0$) 给出下面问题的答案.

(a) 一个顾客在排队系统中的平均停留时间是多少?

(b) 若令 e_n 为一个顾客在到达时, 看到系统中有 n 个人的概率, 求 e_n ($n \geqslant 0$).

(c) 求接受服务的顾客在到达时看到系统中有 n 个人的条件概率.

(d) 求接受服务的顾客在系统中的平均停留时间.

(e) 求在进入服务前离开的顾客在系统中的平均停留时间.

10. 某工厂按速率为 λ 的泊松过程生产产品. 然而, 货架上只能容纳 k 件产品, 所以当生产出 k 件产品时就停止生产. 顾客按速率为 μ 的泊松过程来到这个工厂. 每个顾客都需要 1 件产品, 若货架上有产品, 则他们带着产品立刻离开, 若货架上没有产品, 则他们空手离开.

(a) 求空手离开的顾客比例.

(b) 求一件产品在货架上的平均时间.

(c) 求货架上产品的平均数.

11. n 个顾客在两条服务线之间移动. 在服务完成后, 结束服务的顾客加入另一条服务线的队列 (如果服务线闲着, 那么进入服务). 所有的服务时间都服从速率为 μ 的指数分布. 求有 j 个顾客在服务线 1 的时间比例, $j = 0, \cdots, n$.

12. m 个顾客以如下方式频繁地访问一个单服务线的服务站. 当一个顾客到达时, 如果服务线闲着, 那么他进入服务, 否则就加入队列. 在服务完成后, 该顾客离开系统, 但是在一个速率为 θ 的指数时间后回来. 所有的服务时间都服从速率为 μ 的指数分布.

(a) 求顾客进入服务站的平均速率.

(b) 求顾客每次访问服务站的平均停留时间.

*13. 一家人按速率为 λ 的泊松过程到达出租车站点. 到达的家庭若发现有另外 N 家在等出租车, 则不再等待. 出租车按速率为 μ 的泊松过程到达, 到达的出租车若发现有 M 辆其他出租车在等, 则不再等待. 推导下列量的表达式.

(a) 没有家庭在等的时间比例.

(b) 没有出租车在等的时间比例.

(c) 一个家庭的平均等待时间.

(d) 一辆出租车的平均等待时间.

(e) 坐上出租车的家庭比例.

现在假设 $N = M = \infty$, 并且每个家庭在寻找其他交通工具之前, 会等待一个速率为 α 的指数时间, 每辆出租车在空载离开之前, 会等待一个速率为 β 的指数时间. 重做本题.

14. 顾客按照速率为 λ 的泊松过程到达一个单服务线的系统. 只有当服务线空闲时, 顾客才能进入系统. 每个顾客以概率 p 是类型 1 顾客, 以概率 $1 - p$ 是类型 2 顾客. 服务类型 i 顾客所需的时间服从速率为 μ_i 的指数分布, $i = 1, 2$. 求一个进入系统的顾客在系统中停留的平均时间.

15. 顾客按照速率为 λ 的泊松过程到达一个拥有两条服务线的系统. 服务线 1 是首选服务线, 如果一个到达者发现服务线 1 空闲, 那么他立即进入服务线 1 的服务; 如果服务线 1 忙碌但服务线 2 空闲, 那么他将接受服务线 2 的服务. 如果两条服务线都忙碌, 那么顾客不会进入系统. 当一个顾客正在接受服务线 2 的服务, 且服务线 1 变为空闲时, 该顾客会立即离开服务线 2, 并转移到服务线 1. 完成服务（无论在哪条服务线）后, 顾客会离开系统. 服务线 i 的服务时间服从速率为 μ_i 的指数分布, $i = 1, 2$.

(a) 定义状态并给出转移图.

(b) 求系统在每个状态中的长程时间比例.

(c) 求所有到达者中进入系统的比例.

(d) 求进入系统的顾客在系统中停留的平均时间.

(e) 求进入系统的顾客中在服务线 2 完成服务的比例.

16. 顾客按照速率为 λ 的泊松过程到达一个拥有两条服务线的系统, 并且每个到达者都被分配到当前队列最短的服务线（若它们的队列长度相同, 则随机选择）. 每条服务线的服务时间都服从速率为 μ 的指数分布, 其中 $\lambda < 2\mu$. 对于 $n \geqslant 0$, 如果两条服务线当前都有 n 个顾客, 那么称状态为 (n, n); 如果其中一条服务线有 n 个顾客, 另一条有 m 个顾客 ($n < m$), 那么称状态为 (n, m).

(a) 写出关于状态 $(0, 0)$ 的平衡方程, 使得过程进入和离开该状态的速率相等.

(b) 写出关于状态 $(0, m)$ 的平衡方程, 使得过程进入和离开该状态的速率相等, $m > 0$.

(c) 写出关于状态 (n, n) 的平衡方程, $n > 0$.

(d) 写出关于状态 (n, m) 的平衡方程, $0 < n < m$.

(e) 根据这些平衡方程的解, 求顾客在系统中停留的平均时间.

17. 两个顾客在三条服务线之间移动. 在服务线 i 的服务完成后, 顾客就离开该服务线, 然后到另外两条服务线中闲着的那条继续接受服务.（因此, 总是有两条服务线在忙.）如果服务线 i 的服务时间是速率为 $\mu_i (i = 1, 2, 3)$ 的指数随机变量, 那么服务线 i 闲着的时间比例是多少?

18. 考虑一个有两条服务线但没有队列的排队系统. 有两种类型的顾客. 类型 1 顾客按速率为 λ_1 的泊松过程到达, 如果任意一条服务线闲着, 他就进入系统. 类型 1 顾客的服务时间是速率为 μ_1 的指数随机变量. 类型 2 顾客按速率为 λ_2 的泊松过程到达. 类型 2 顾客需要同时用两条服务线, 因此, 只有当两条服务线都闲着时, 类型 2 到达者才会进入系统. 两条服务线服务类型 2 顾客所需的时间是速率为 μ_2 的指数随机变量. 一旦一个顾客的服务完成, 该顾客就离开系统.

(a) 定义状态以分析上述模型.

(b) 给出平衡方程组.

根据平衡方程组的解, 求

(c) 进入系统的顾客在系统中的平均停留时间;

(d) 接受服务的顾客中类型 1 顾客的比例.

19. 考虑一个由两条服务线 A 和 B 组成的串联服务系统. 到达的顾客只在服务线 A 闲着时才进入系统. 如果一个顾客进入了系统, 那么他立刻接受服务线 A 服务. 当他在 A 的服务完成时, 如果 B 闲着, 那么他去 B; 如果 B 忙着, 那么他就离开系统. 当他在 B 的服务完成时, 顾客离开系统. 假定 (泊松) 到达速率是每小时 2 个顾客, 而 A 和 B 分别以每小时 4 个和 2 个顾客的 (指数) 速率服务.

(a) 进入系统的顾客比例是多少?

(b) 在进入系统的顾客中, 接受 B 服务的比例是多少?

(c) 系统中顾客的平均数是多少?

(d) 进入系统的顾客在系统中的平均停留时间是多少?

20. 顾客按速率为 $\lambda = 5$ 的泊松过程到达一个拥有两条服务线的系统. 若到达者看到服务线 1 闲着, 则开始在该服务线接受服务. 若到达者看到服务线 1 忙着, 而服务线 2 闲着, 则进入服务线 2 接受服务. 若到达者看到两条服务线都忙着, 则离开. 一旦顾客完成了任意一条服务线的服务, 他就离开系统. 服务线 i 的服务时间服从速率为 μ_i 的指数分布, 其中 $\mu_1 = 4$, $\mu_2 = 2$.

(a) 进入系统的顾客在系统中的平均停留时间是多少?

(b) 服务线 2 在忙的时间比例是多少?

21. 顾客按速率为每小时 2 人的泊松过程到达一个拥有两条服务线的系统. 若到达者看到服务线 1 闲着, 则开始在此服务线接受服务. 若到达者看到服务线 1 忙着, 而服务线 2 闲着, 则开始在服务线 2 接受服务. 若到达者看到两条服务线都忙着, 则离开. 当一个顾客完成了服务线 1 的服务, 如果服务线 2 闲着, 那么他进入服务线 2 接受服务; 如果服务线 2 忙着, 那么他离开系统. 在服务线 2 完成了服务的顾客将离开系统. 服务线 1 和服务线 2 的服务时间分别是速率为每小时 4 个与每小时 6 个的指数随机变量.

(a) 没有进入系统的顾客比例是多少?

(b) 进入系统的顾客在系统中的平均停留时间是多少?

(c) 在进入系统的顾客中, 接受服务线 1 服务的比例是多少?

22. 顾客按速率为 λ 的泊松过程到达一个拥有三条服务线的系统. 若到达者看到服务线 1 闲着, 则进入服务线 1 接受服务. 若到达者看到服务线 1 忙着, 而服务线 2 闲着, 则进入服务线 2 接受服务. 若到达者看到服务线 1 和服务线 2 都忙着, 则离开. 一个完成了服务线 1 或服务线 2 的服务的顾客, 要么进入服务线 3 (若服务线 3 闲着) 要么离开系统 (若服务线 3 忙着). 在服务线 3 的服务完成后, 顾客离开系统. 服务线 i 的服务时间是速率为 μ_i 的指数随机变量, $i = 1, 2, 3$.

(a) 定义状态以分析上述系统.

(b) 给出平衡方程组.

(c) 利用平衡方程组的解, 求进入系统的顾客在系统中停留的平均时间.

(d) 对于一个当系统为空时到达的顾客, 求他由服务线 3 服务的概率.

23. 经济情况在好的和坏的时期之间交替. 在好的时期, 顾客按速率为 λ_1 的泊松过程到达某个单服务线的排队系统, 而在坏的时期, 他们按速率为 λ_2 的泊松过程到达. 一个好的时期持续速率为 α_1 的指数时间, 而一个坏的时期持续速率为 α_2 的指数时间. 到达的顾客只在服务线闲着时进入排队系统, 若到达的顾客看到服务线忙着, 则离开. 所有的服务时间都是速率为 μ 的指数随机变量.

(a) 定义状态以分析这个系统.

(b) 给出一组线性方程, 使它的解是系统在各个状态的长程时间比例.

根据 (b) 中方程的解, 回答以下问题.

(c) 系统空着的时间比例是多少?

(d) 顾客进入系统的平均速率是多少?

24. 有两种类型的顾客. 类型 1 和类型 2 的顾客分别按速率为 λ_1 和 λ_2 的泊松过程独立地到达. 这里有两条服务线. 如果服务线 1 闲着, 那么类型 1 到达者将进入服务线 1 接受服务; 如果服务线 1 忙着而服务线 2 闲着, 那么类型 1 到达者将进入服务线 2 接受服务; 如果两条服务线都忙着, 那么类型 1 到达者将离开. 类型 2 到达者只能进入服务线 2 接受服务. 如果类型 2 顾客到达时服务线 2 闲着, 那么这个顾客将进入服务线 2 接受服务; 如果类型 2 顾客到达时服务线 2 忙着, 那么这个顾客就将离开. 在服务线 i 的服务时间是速率为 μ_i 的指数随机变量, $i = 1, 2$.

假设我们想求系统中顾客的平均数.

(a) 定义状态.

(b) 给出平衡方程组. 不用求解.

根据长程概率, 回答以下问题.

(c) 系统中顾客的平均数是多少?

(d) 顾客在系统中停留的平均时间是多少?

*25. 假设在习题 24 中, 我们想求类型 1 顾客在服务线 2 的时间比例. 根据在习题 24 中给出的长程概率, 回答以下问题.

(a) 类型 1 顾客进入服务线 2 的速率是多少?

(b) 类型 2 顾客进入服务线 2 的速率是多少?

(c) 在服务线 2 中, 类型 1 顾客的比例是多少?

(d) 类型 1 顾客在服务线 2 的时间比例是多少?

26. 顾客按速率为 λ 的泊松过程到达一个单服务线的服务站. 所有看到服务线闲着的到达者都立刻进入服务. 所有的服务时间都服从速率为 μ 的指数分布. 所有看到服务线忙着的到达者将离开系统, 并在一个速率为 θ 的指数闲游时间后回来. 如果顾客闲游回来时服务线仍在忙, 那么这个顾客会在一个速率为 θ 的指数闲游时间后再次回来. 一个看到服务线在忙, 且有 N 个其他顾客 "在闲游" 的到达者将离开, 而且不再回来. 也就是说, N 是 "在闲游" 的顾客数的最大值.

(a) 定义状态.

(b) 给出平衡方程组.

根据平衡方程组的解，求

(c) 最终接受服务的顾客比例；

(d) 接受服务的顾客的平均闲游时间.

27. 考虑顾客到达速率为 λ，而服务线的服务速率为 μ 的 M/M/1 系统. 假设在任意长度为 h 且服务线在忙的区间内，服务线以概率 $\alpha h + o(h)$ 损坏并导致系统关闭. 所有在系统中的顾客都离开，而且在服务线修复好之前，不允许到达者进入系统. 修复的时间服从速率为 β 的指数分布.

(a) 定义合适的状态.

(b) 给出平衡方程组.

根据长程概率，回答以下问题.

(c) 进入系统的顾客在系统中停留的平均时间是多少？

(d) 在进入系统的顾客中，完成服务的比例是多少？

(e) 在服务线损坏期间到达的顾客比例是多少？

*28. 重新考虑习题 27. 这次假设当服务线损坏时，系统中的顾客在修复期间仍留在系统中. 另外，假设在损坏期间允许新的到达者进入系统. 顾客在系统中停留的平均时间是多少？

29. 按参数为 λ 的泊松过程到达的顾客加入具有指数服务率 μ_A 和 μ_B 的两条平行的服务线 A 和 B 前面的队列（见图 8–4）. 当系统空着时，到达者以概率 α 进入服务线 A，以概率 $1 - \alpha$ 进入服务线 B. 否则，队列中的第一个人会进入首先空着的服务线.

(a) 定义状态并建立平衡方程组. 不用求解.

(b) 根据 (a) 中的概率，系统中的平均人数是多少？平均闲着的服务线是多少？

(c) 根据 (a) 中的概率，一个任意的到达者在 A 接受服务的概率是多少？

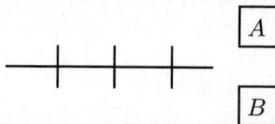

图 8–4

30. 在一个有无限等待空间的队列中，顾客按泊松过程（参数 λ）到达，且服务时间服从指数分布（参数 μ）. 然而，服务线要等到有 K 个顾客到达后才开始服务第一个顾客. 然后，服务线依次为每一个顾客提供服务，直到服务完这 K 个人和所有后来的到达者. 这时服务线将闲着，直到再有 K 个新的到达者出现.

(a) 定义合适的状态空间，画出转移图，并建立平衡方程组.

(b) 根据极限概率，顾客在队列中等待的平均时间是多少？

(c) λ 和 μ 必须满足的条件是什么？

31. 考虑一个单服务线的指数系统，其中普通顾客的到达速率为 λ，服务速率为 μ. 另外，有一个特殊的顾客具有服务速率 μ_1. 只要这个特殊的顾客到达，她就直接进入服务（如果有其他人正在接受服务，那么这个人将返回队列）. 当这个特殊的顾客不在接受服务时，她会在系统外度过一个（平均值为 $1/\theta$ 的）指数时间.

(a) 这个特殊的顾客的平均到达速率是多少?

(b) 定义合适的状态，并建立平衡方程组.

(c) 求一个普通顾客被迫返回队列 n 次的概率.

*32. 令 D 为在 $\lambda < \mu$ 的平稳 M/M/1 排队系统中相继离开之间的时间. 以一次离开是否使系统为空为条件，证明 D 是速率为 λ 的指数随机变量.

提示: 以一次离开是否使系统为空为条件，我们看到

$$D = \begin{cases} \text{指数} (\mu), & \text{以概率 } \lambda/\mu, \\ \text{指数} (\lambda) * \text{指数} (\mu), & \text{以概率 } 1 - \lambda/\mu, \end{cases}$$

其中指数 $(\lambda)*$ 指数 (μ) 表示速率分别为 λ 和 μ 的两个独立指数随机变量的和. 现在用矩母函数证明 D 有所需的分布.

注意，上面并没有证明离开过程是泊松过程. 要证明这个结论，我们不仅需要证明离开间隔都是速率为 λ 的指数随机变量，而且需要证明它们是独立的.

33. 潜在顾客按速率为 λ 的泊松过程到达一家只有一个服务员的美发沙龙. 看到服务员闲着的潜在顾客将进入系统，看到服务员忙着的潜在顾客将离开. 每个潜在顾客以概率 p_i 为类型 i，其中 $p_1 + p_2 + p_3 = 1$. 类型 1 顾客由服务员洗发，类型 2 顾客由服务员剪发，而类型 3 顾客由服务员先洗发然后剪发. 服务员洗发的时间服从速率为 μ_1 的指数分布，剪发的时间服从速率为 μ_2 的指数分布.

(a) 解释如何用 4 个状态来分析这个系统.

(b) 给出一个方程组，它的解是系统在每个状态的时间比例.

根据 (b) 中方程组的解，求

(c) 服务员在剪发的时间比例;

(d) 进入系统的顾客的平均到达速率.

34. 对于串联排队模型，验证

$$P_{(n,m)} = (\lambda/\mu_1)^n (1 - \lambda/\mu_1)(\lambda/\mu_2)^m (1 - \lambda/\mu_2)$$

满足平衡方程组 (8.15).

35. 考虑有 3 个站的网络. 顾客分别按速率为 5、10、5 的泊松过程到达站 1、2、3. 在 3 个站的服务时间分别是速率为 10、50、100 的指数随机变量. 在站 1 完成了服务的顾客等可能地 (i) 去站 2, (ii) 去站 3, 或者 (iii) 离开系统. 离开站 2 的顾客总是去站 3. 离开站 3 的顾客等可能地去站 2 或者离开系统.

(a) 系统（包含所有 3 个站）中顾客的平均数是多少?

(b) 顾客在系统中停留的平均时间是多少?

36. 考虑一个封闭排队网络，其中有两个顾客在两条服务线之间移动，假设每次完成服务后，顾客等可能地去任意一条服务线，即 $P_{1,2} = P_{2,1} = 1/2$. 令 μ_i 为服务线 i 的指数服务速率，$i = 1, 2$.

(a) 确定每条服务线的平均顾客数.

(b) 确定每条服务线的服务完成速率.

37. 解释马尔可夫链蒙特卡罗模拟怎样用吉布斯抽样法去估计

    (a) 在一次访问中，顾客在服务线 j 中停留的时间分布；

    提示：使用到达定理.

    (b) 顾客在服务线 j 的时间比例（即在服务线 j 的队列中，或者在服务线 j 接受服务）.

38. 对于开放排队网络.

    (a) 叙述并证明到达定理的等价性.

    (b) 推导顾客在队列中等待的平均时间的表达式.

39. 顾客按速率为 λ 的泊松过程到达一个单服务线的站. 每个顾客有一个值. 顾客的相继值是独立的，而且在 $(0,1)$ 上均匀分布. 值为 x 的顾客的服务时间是一个均值为 $3+4x$、方差为 5 的随机变量.

    (a) 顾客在系统中停留的平均时间是多少？

    (b) 值为 x 的顾客在系统中停留的平均时间是多少？

*40. 比较 $M/G/1$ 系统中先来先服务的规定与后来先服务的规定（例如，从一堆货的顶部拿取服务的单件）. 你觉得队列的长度、等待时间和忙期的分布会不同吗？它们的均值呢？如果排队系统的规定是在等待的顾客中随机地选取，那么情况将怎样？直观上，哪一种规定将导致等待时间分布的方差最小？

41. 在 $M/G/1$ 排队系统中.

    (a) 离开后使得系统中的功为 0 的顾客比例是多少？

    (b) 顾客离开时看到的系统中的平均功是多少？

42. 对于 $M/G/1$ 排队系统，令 X_n 为第 n 个离开的顾客离开时系统中剩下的人数.

    (a) 如果

    $$X_{n+1} = \begin{cases} X_n - 1 + Y_n, & \text{若 } X_n \geqslant 1, \\ Y_n, & \text{若 } X_n = 0, \end{cases}$$

    那么 Y_n 表示什么？

    (b) 将上式改写为

    $$X_{n+1} = X_n - 1 + Y_n + \delta_n, \tag{8.64}$$

    其中

    $$\delta_n = \begin{cases} 1, & \text{若 } X_n = 0, \\ 0, & \text{若 } X_n \geqslant 1. \end{cases}$$

    取期望，并在式 (8.64) 中令 $n \to \infty$，得到

    $$E[\delta_\infty] = 1 - \lambda E[S].$$

    (c) 将式 (8.64) 两边取平方，再取期望，然后令 $n \to \infty$，得到

    $$E[X_\infty] = \frac{\lambda^2 E[S^2]}{2(1 - \lambda E[S])} + \lambda E[S].$$

    (d) 论证离开者看到的平均人数 $E[X_\infty]$ 等于 L.

*43. 考虑一个 $M/G/1$ 排队系统，其中忙期内的第一个顾客具有服务分布 G_1，而所有其他顾客具有服务分布 G_2. 令 C 为一个忙期内的顾客数，令 S 为随机选取的一个顾客的服务时间.

论证

(a) $a_0 = P_0 = 1 - \lambda E[S]$；

(b) $E[S] = a_0 E[S_1] + (1 - a_0) E[S_2]$，其中 S_i 具有分布 G_i.

(c) 用 (a) 和 (b) 证明一个忙期的期望长度 $E[B]$ 为 $E[B] = \dfrac{E[S_1]}{1 - \lambda E[S_2]}$.

(d) 求 $E[C]$.

44. 考虑 $\lambda E[S] < 1$ 的一个 M/G/1 排队系统.

(a) 假设服务线在系统中有 n 个顾客时才开始服务.

(i) 论证直至系统中只有 $n-1$ 个顾客的附加时间与忙期具有相同的分布.

(ii) 直至系统空为止的期望附加时间是多少?

(b) 假设在某个时刻系统中的功为 A. 我们想求直至系统空的期望附加时间——称它为 $E[T]$. 令 N 为在前 A 个单位时间内到达的人数.

(i) 计算 $E[T \mid N]$.

(ii) 计算 $E[T]$.

45. 载有顾客的车按每小时 4 辆的速率到达一个单服务线的站. 服务时间服从速率为每小时 20 人的指数分布. 如果每辆车内有 1、2、3 个顾客的概率分别为 1/4、1/2、1/4. 计算顾客在队列中的平均等待时间.

46. 在 8.6.2 节的有两种顾客类型的优先排队模型中，W_Q 是什么? 证明如果 $E[S_1] < E[S_2]$，那么 W_Q 比在"先来先服务"规定下的小，而如果 $E[S_1] > E[S_2]$，那么 W_Q 比在"先来先服务"规定下的大.

47. 在两种顾客类型的优先排队模型中，假设在队列中等待时，每个类型 i 顾客每单位时间产生费用 C_i, $i = 1, 2$. 证明如果

$$\frac{E[S_1]}{C_1} < \frac{E[S_2]}{C_2},$$

那么类型 1 顾客应该优先于类型 2 顾客 (而如果反向则相反).

48. 考虑 8.6.2 节中的优先排队模型，但是现在假设，如果当类型 1 顾客到达时，一个类型 2 顾客正在接受服务，那么这个类型 2 顾客被暂停服务. 这种情形称为有强占型优先权. 假设当一个被暂停服务的类型 2 顾客回来接受服务时，他的服务会在被暂停的地方重新开始.

(a) 证明在任意时刻系统中的功与在有非强占型优先权的情形下一样.

(b) 推导 W_Q^1.

提示：类型 2 顾客是如何影响类型 1 顾客的?

(c) 为什么 $V_Q^2 = \lambda_2 E[S_2] W_Q^2$ 是不正确的?

(d) 论证类型 2 顾客到达时所看到的功与在有非强占型优先权的情形下一样，从而

$$W_Q^2 = W_Q^2(\text{有非强占型优先权}) + E[\text{额外时间}],$$

其中的额外时间是由于他可能被暂停服务而产生的.

(e) 令 N 为一个类型 2 顾客被暂停服务的次数. 为什么有

$$E[\text{额外时间} \mid N] = \frac{N E[S_1]}{1 - \lambda_1 E[S_1]}?$$

提示：当一个类型 2 顾客被暂停服务时，将直到他回来接受服务的时间与一个"忙期"联系起来.

(f) 令 S_2 为类型 2 顾客的服务时间. $E[N\,|\,S_2]$ 是多少?

(g) 将上面的结果结合起来, 得到

$$W_Q^2 = W_Q^2(\text{有非强占型优先权}) + \frac{\lambda_1 E[S_1]E[S_2]}{1 - \lambda_1 E[S_1]}.$$

*49. 显式地（不要通过极限概率）计算习题 28 中顾客在系统中停留的平均时间.

50. 在 G/M/1 模型中, 如果 G 是速率为 λ 的指数分布, 证明 $\beta = \lambda/\mu$.

51. 在有 k 条服务线的厄兰损失系统中, 假设 $\lambda = 1$ 且 $E[S] = 4$. 若 $P_k = 0.2$, 求 L.

52. 验证给出的 M/M/k 的 P_i 公式.

53. 在厄兰损失系统中, 假设泊松到达速率是 $\lambda = 2$, 并且有 3 条服务线, 每一条的服务分布都是 $(0, 2)$ 上的均匀分布. 流失的潜在顾客的比例是多少?

54. 在 M/M/k 系统中.

(a) 顾客必须在队列中等待的概率是多少?

(b) 确定 L 和 W.

55. 对于 G/M/k 模型, 验证给出的 W_Q^* 的分布公式.

*56. 考虑一个系统, 其中到达间隔具有任意分布 F, 而且有一条服务分布为 G 的服务线. 令 D_n 为第 n 个顾客在队列中等待的时间. 解释 S_n 和 T_n, 使得

$$D_{n+1} = \begin{cases} D_n + S_n - T_n, & \text{若 } D_n + S_n - T_n \geqslant 0, \\ 0, & \text{若 } D_n + S_n - T_n < 0. \end{cases}$$

57. 考虑一个模型, 其中到达间隔具有任意分布 F, 而且有 k 条服务线, 每一条服务线都具有服务分布 G. 为了使得极限概率存在, 你认为 F 和 G 必须满足什么条件?

参考文献

[1] J. Cohen. *The Single Server Queue*, North-Holland, Amsterdam, 1969.

[2] R. B. Cooper. *Introduction to Queueing Theory, Second Edition*, Macmillan, New York, 1984.

[3] D. R. Cox and W. L. Smith. *Queues*, Wiley, New York, 1961.

[4] F. Kelly. *Reversibility and Stochastic Networks*, Wiley, New York, 1979.

[5] L. Kleinrock. *Queueing Systems*, Vol. I, Wiley, New York, 1975.

[6] S. Nozaki and S. Ross. *Approximations in Finite Capacity Multiserver Queues with Poisson Arrivals*, J. Appl. Prob. **13**, 826–834 (1978).

[7] L. Takacs. *Introduction to the Theory of Queues*, Oxford University Press, London and New York, 1962.

[8] H. C. Tijms. *Stochastic Models, An Algorithmic Approach*, John Wiley, New York, 1994.

[9] P. Whittle. *Systems in Stochastic Equilibrium*, Wiley, New York, 1986.

[10] Wolff. *Stochastic Modeling and the Theory of Queues*, Prentice Hall, New Jersey, 1989.

第 9 章　可靠性理论

9.1　引言

可靠性理论涉及确定一个可能由许多部件组成的系统运行的概率. 我们假设系统是否运行完全取决于哪些部件正在运行. 例如, 一个**串联**系统运行, 当且仅当其所有部件都运行, 而一个**并联**系统运行, 当且仅当至少有一个部件运行. 在 9.2 节中, 我们探讨依赖其部件运行的系统的可能运行方式. 在 9.3 节中, 我们假设每个部件以某个已知的概率 (彼此独立地) 运行, 并展示如何得到系统运行的概率. 由于显式计算这些概率常有困难, 因此在 9.4 节中, 我们给出了有用的上界和下界. 在 9.5 节中, 假设每个部件最初都在运行, 且在失效前运行一段随机长的时间, 我们随时间动态地观察系统. 然后讨论系统的运行时间分布与部件的寿命分布之间的关系. 特别地, 如果一个部件运行的时间具有**平均递增失效率**分布, 那么系统的寿命分布也是如此. 在 9.6 节中, 我们考虑如何得到系统的平均寿命. 在最后一节中, 我们分析当失效部件接受修理时的系统.

9.2　结构函数

考虑一个由 n 个部件组成的系统, 并且假设每个部件要么运行, 要么失效. 为了表示第 i 个部件是否运行, 我们定义指示变量 x_i 为

$$x_i = \begin{cases} 1, & \text{若第 } i \text{ 个部件运行}, \\ 0, & \text{若第 } i \text{ 个部件失效}. \end{cases}$$

向量 $x = (x_1, \cdots, x_n)$ 称为**状态向量**. 它表明哪个部件在运行, 哪个部件已失效.

我们进一步假设, 系统作为整体是否能运行完全取决于状态向量 x. 特别地, 假定存在一个函数 $\phi(x)$, 满足

$$\phi(x) = \begin{cases} 1, & \text{如果当状态向量是 } x \text{ 时系统运行}, \\ 0, & \text{如果当状态向量是 } x \text{ 时系统失效}. \end{cases}$$

函数 $\phi(x)$ 称为系统的**结构函数**.

例 9.1（串联结构）　一个串联系统运行, 当且仅当它的所有部件都运行. 因此, 它的结构函数为

$$\phi(\boldsymbol{x}) = \min(x_1, \cdots, x_n) = \prod_{i=1}^{n} x_i.$$

我们将发现用一个示意图来表示系统的结构是很有用的. 串联系统的示意图如图 9–1 所示. 其想法是, 如果一个信号从示意图的左端出发, 那么, 为了成功地到达右端, 它必须经过所有部件. 因此, 部件必须都在运行.　■

例 9.2（并联结构）　一个并联系统运行, 当且仅当至少其中一个部件运行. 因此, 它的结构函数为

$$\phi(\boldsymbol{x}) = \max(x_1, \cdots, x_n).$$

一个并联结构可以通过图 9–2 来说明: 只要至少有一个部件在运行, 从左端出发的信号就能成功到达右端.　■

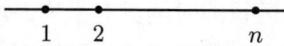

图 9–1　串联系统　　　　　　　图 9–2　并联系统

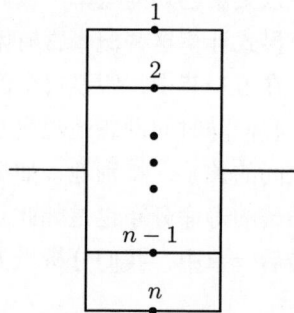

例 9.3（n 中取 k 结构）　串联系统与并联系统都是 n 中取 k 系统的特殊情形. 这样的系统运行, 当且仅当它的 n 个部件中至少有 k 个部件运行. 因为 $\sum_{i=1}^{n} x_i$ 等于在运行的部件个数, 所以 n 中取 k 系统的结构函数为

$$\phi(\boldsymbol{x}) = \begin{cases} 1, & \text{如果} \sum_{i=1}^{n} x_i \geqslant k, \\ 0, & \text{如果} \sum_{i=1}^{n} x_i < k. \end{cases}$$

串联系统和并联系统分别是 n 中取 n 系统和 n 中取 1 系统.

3 中取 2 系统的示意图如图 9–3 所示.　■

例 9.4（4 部件系统）　考虑一个由 4 个部件组成的系统, 并且假设这个系统运行, 当且仅当部件 1 和 2 都运行且部件 3 和 4 中至少有一个运行. 它的结构函数为

$$\phi(\boldsymbol{x}) = x_1 x_2 \max(x_3, x_4).$$

用图形表示, 这个系统正如图 9–4 所示. 一个容易验证且有用的恒等式是, 对于二元变量[1]x_i ($i=1,\cdots,n$), 有

$$\max(x_1,\cdots,x_n) = 1 - \prod_{i=1}^{n}(1-x_i).$$

当 $n=2$ 时, 有

$$\max(x_1,x_2) = 1 - (1-x_1)(1-x_2) = x_1 + x_2 - x_1 x_2.$$

因此, 这个例子的结构函数可以写成

$$\phi(\boldsymbol{x}) = x_1 x_2 (x_3 + x_4 - x_3 x_4). \quad \blacksquare$$

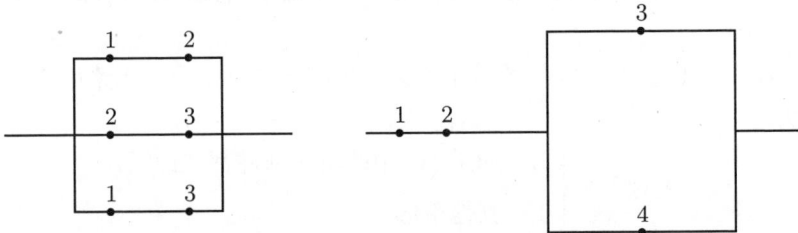

图 9–3 3 中取 2 系统   图 9–4 4 部件系统

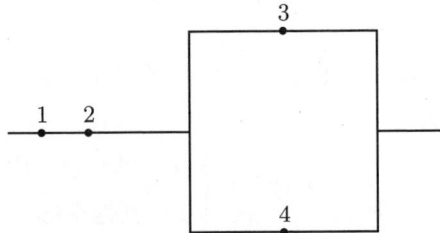

很自然地, 我们假定用一个能运行的部件代替一个失效的部件绝对不会导致系统失效. 换句话说, 很自然地, 我们假定结构函数 $\phi(\boldsymbol{x})$ 是 $\boldsymbol{x}$ 的增函数, 也就是说, 如果 $x_i \leqslant y_i$, $i=1,\cdots,n$, 那么 $\phi(\boldsymbol{x}) \leqslant \phi(\boldsymbol{y})$. 在本章中将作这样的假定, 且这样的系统称为**单调的**.

最小路集与最小割集

在本节中, 我们展示怎样将一个任意的系统既表示为并联系统的串联排列, 又表示为串联系统的并联排列. 首先, 我们需要下面的概念.

如果 $\phi(\boldsymbol{x}) = 1$, 那么状态向量 $\boldsymbol{x}$ 称为**路向量**. 此外, 如果对于一切 $\boldsymbol{y} < \boldsymbol{x}$, 都有 $\phi(\boldsymbol{y}) = 0$, 那么 $\boldsymbol{x}$ 称为**最小路向量**.[2]如果 $\boldsymbol{x}$ 是一个最小路向量, 那么集合 $A = \{i : x_i = 1\}$ 称为**最小路集**. 换句话说, 一个最小路集是保证系统运行的运行部件的最小集合.

例 9.5 考虑一个由 5 个部件组成的系统, 其结构如图 9–5 所示. 它的结构函数为

$$\phi(\boldsymbol{x}) = \max(x_1,x_2) \max(x_3 x_4, x_5) = (x_1 + x_2 - x_1 x_2)(x_3 x_4 + x_5 - x_3 x_4 x_5).$$

存在 4 个最小路集, 即 $\{1,3,4\}$、$\{2,3,4\}$、$\{1,5\}$、$\{2,5\}$. $\blacksquare$

---

[1] 二元变量是要么取 0, 要么取 1 的变量.

[2] 如果 $y_i \leqslant x_i$, $i=1,\cdots,n$, 而且对于某个 i 有 $y_i < x_i$, 那么我们说 $\boldsymbol{y} < \boldsymbol{x}$.

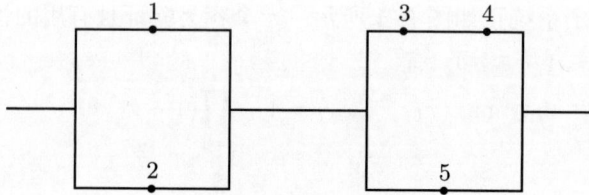

图 9-5　5 部件系统

例 9.6　在一个 n 中取 k 系统中，有 $\binom{n}{k}$ 个最小路集，即所有恰由 k 个部件组成的集合. ∎

令 $A_1, \cdots, A_s$ 为给定系统的最小路集. 我们定义第 j 个最小路集的示性函数 $\alpha_j(\boldsymbol{x})$ 为

$$\alpha_j(\boldsymbol{x}) = \begin{cases} 1, & \text{如果 } A_j \text{ 中的所有部件都在运行} \\ 0, & \text{其他情形} \end{cases}$$
$$= \prod_{i \in A_j} x_i.$$

由定义推出，如果至少一个最小路集的所有部件都在运行，即，如果对于某个 j，有 $\alpha_j(\boldsymbol{x}) = 1$，则系统在运行. 另外，如果系统在运行，则在运行的部件集合必须至少包含一个最小路集. 所以，系统运行，当且仅当至少一个最小路集的所有部件都在运行. 因此，

$$\phi(\boldsymbol{x}) = \begin{cases} 1, & \text{如果对于某个 } j \text{ 有 } \alpha_j(\boldsymbol{x}) = 1, \\ 0, & \text{如果对于一切 } j \text{ 有 } \alpha_j(\boldsymbol{x}) = 0, \end{cases}$$

或者，等价地，

$$\phi(\boldsymbol{x}) = \max_j \alpha_j(\boldsymbol{x}) = \max_j \prod_{i \in A_j} x_i. \tag{9.1}$$

因为 $\alpha_j(\boldsymbol{x})$ 是第 j 个最小路集的部件的串联结构函数，所以式 (9.1) 就将一个任意系统表示为串联系统的并联排列.

例 9.7　考虑例 9.5 中的系统. 因为它的最小路集是 $A_1 = \{1, 3, 4\}$，$A_2 = \{2, 3, 4\}$，$A_3 = \{1, 5\}$，$A_4 = \{2, 5\}$，所以根据式 (9.1)，我们有

$$\phi(\boldsymbol{x}) = \max(x_1 x_3 x_4, x_2 x_3 x_4, x_1 x_5, x_2 x_5)$$
$$= 1 - (1 - x_1 x_3 x_4)(1 - x_2 x_3 x_4)(1 - x_1 x_5)(1 - x_2 x_5).$$

你应该验证这等于例 9.5 中给出的 $\phi(\boldsymbol{x})$（利用事实：因为 x_i 等于 0 或 1，所以有 $x_i^2 = x_i$）. 这个表示的示意图如图 9-6 所示. ∎

例 9.8 结构如图 9–7 所示的系统，称为**桥联系统**. 它的最小路集是 $\{1,4\}$、$\{1,3,5\}$、$\{2,5\}$、$\{2,3,4\}$. 因此，根据式 (9.1)，它的结构函数可以表示为

$$\phi(\boldsymbol{x}) = \max(x_1x_4, x_1x_3x_5, x_2x_5, x_2x_3x_4)$$
$$= 1 - (1 - x_1x_4)(1 - x_1x_3x_5)(1 - x_2x_5)(1 - x_2x_3x_4).$$

表示 $\phi(\boldsymbol{x})$ 的示意图如图 9–8 所示. ∎

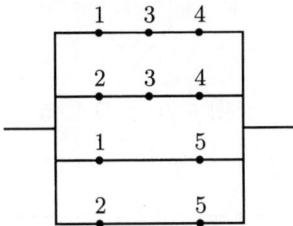

图 9–6

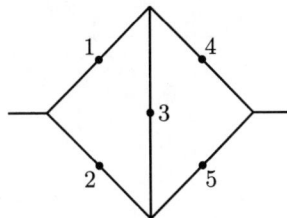

图 9–7 桥联系统

如果 $\phi(\boldsymbol{x}) = 0$，那么状态向量 $\boldsymbol{x}$ 称为**割向量**. 此外，如果对于一切 $\boldsymbol{y} > \boldsymbol{x}$，都有 $\phi(\boldsymbol{y}) = 1$，那么称 $\boldsymbol{x}$ 为**最小割向量**. 如果 $\boldsymbol{x}$ 是一个最小割向量，那么称集合 $C = \{i : x_i = 0\}$ 为**最小割集**. 换句话说，最小割集是使得系统失效的失效部件的最小集合.

令 $C_1, \cdots, C_k$ 为给定系统的最小割集. 我们定义第 j 个最小割集的示性函数 $\beta_j(\boldsymbol{x})$ 为

$$\beta_j(\boldsymbol{x}) = \begin{cases} 1, & \text{如果 } C_j \text{ 中至少一个部件在运行} \\ 0, & \text{如果 } C_j \text{ 中所有的部件都不运行} \end{cases}$$
$$= \max_{i \in C_j} x_i.$$

因为一个系统不能运行，当且仅当至少一个最小割集的所有部件都不运行，所以

$$\phi(\boldsymbol{x}) = \prod_{j=1}^{k} \beta_j(\boldsymbol{x}) = \prod_{j=1}^{k} \max_{i \in C_j} x_i. \tag{9.2}$$

由于 $\beta_j(\boldsymbol{x})$ 是第 j 个最小割集的部件的并联结构函数，因此式 (9.2) 就将一个任意系统表示为并联系统的串联排列.

例 9.9 图 9–9 中桥联结构的最小割集是 $\{1,2\}$、$\{1,3,5\}$、$\{2,3,4\}$、$\{4,5\}$. 因此，根据式 (9.2)，我们可以将 $\phi(\boldsymbol{x})$ 表示为

$$\phi(\boldsymbol{x}) = \max(x_1, x_2)\max(x_1, x_3, x_5)\max(x_2, x_3, x_4)\max(x_4, x_5)$$
$$= [1 - (1 - x_1)(1 - x_2)][1 - (1 - x_1)(1 - x_3)(1 - x_5)]$$
$$\times [1 - (1 - x_2)(1 - x_3)(1 - x_4)][1 - (1 - x_4)(1 - x_5)].$$

$\phi(\boldsymbol{x})$ 的示意图如图 9–10 所示.

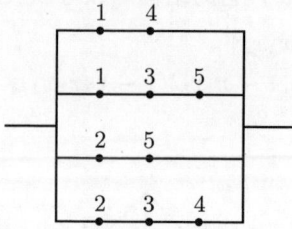

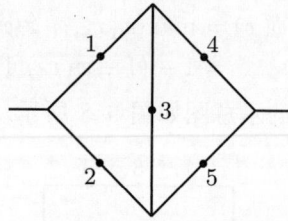

图 9–8　　　　　　　　　　图 9–9　桥联系统

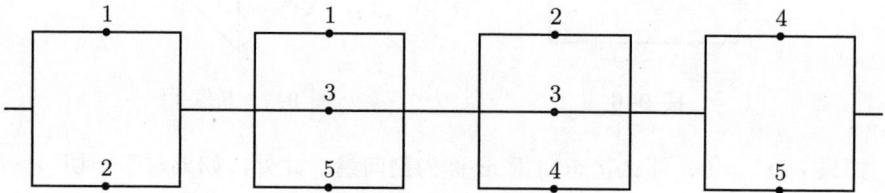

图 9–10　桥联系统的最小割表示

9.3　独立部件系统的可靠性

在这一节中, 我们假设第 i 个部件的状态 X_i 是随机变量, 满足

$$P\{X_i = 1\} = p_i = 1 - P\{X_i = 0\}.$$

值 p_i 等于第 i 个部件运行的概率, 称为第 i 个部件的**可靠度**. 如果定义 r 为

$$r = P\{\phi(\boldsymbol{X}) = 1\}, \text{ 其中 } \boldsymbol{X} = (X_1, \cdots, X_n),$$

那么 r 称为系统的**可靠度**. 当部件, 即随机变量 X_i ($i = 1, \cdots, n$) 相互独立时, 我们可以将 r 表示为部件可靠度的一个函数. 也就是说,

$$r = r(\boldsymbol{p}), \quad \text{其中 } \boldsymbol{p} = (p_1, \cdots, p_n).$$

函数 $r(\boldsymbol{p})$ 称为系统的**可靠性函数**. 在本章余下的部分, 我们总假定部件之间是独立的.

例 9.10（串联系统）　由 n 个独立部件组成的串联系统的可靠性函数为

$$r(\boldsymbol{p}) = P\{\phi(\boldsymbol{X}) = 1\} = P\{X_i = 1, \text{ 对所有的 } i = 1, \cdots, n\} = \prod_{i=1}^{n} p_i.$$

例 9.11（并联系统） 由 n 个独立部件组成的并联系统的可靠性函数为

$$
\begin{aligned}
r(\boldsymbol{p}) &= P\{\phi(\boldsymbol{X}) = 1\} \\
&= P\{X_i = 1, \text{ 对某个 } i = 1, \cdots, n\} \\
&= 1 - P\{X_i = 0, \text{ 对所有的 } i = 1, \cdots, n\} \\
&= 1 - \prod_{i=1}^{n}(1 - p_i).
\end{aligned}
$$

■

例 9.12（具有等概率的 n 中取 k 系统） 考虑一个 n 中取 k 系统. 如果对于所有的 $i = 1, \cdots, n$, 有 $p_i = p$, 那么可靠性函数为

$$
\begin{aligned}
r(p, \cdots, p) &= P\{\phi(\boldsymbol{X}) = 1\} = P\left\{\sum_{i=1}^{n} X_i \geqslant k\right\} \\
&= \sum_{i=k}^{n} \binom{n}{i} p^i (1 - p)^{n-i}.
\end{aligned}
$$

■

例 9.13（3 中取 2 系统） 一个 3 中取 2 系统的可靠性函数为

$$
\begin{aligned}
r(\boldsymbol{p}) &= P\{\phi(\boldsymbol{X}) = 1\} \\
&= P\{\boldsymbol{X} = (1,1,1)\} + P\{\boldsymbol{X} = (1,1,0)\} + \\
&\quad P\{\boldsymbol{X} = (1,0,1)\} + P\{\boldsymbol{X} = (0,1,1)\} \\
&= p_1 p_2 p_3 + p_1 p_2 (1 - p_3) + p_1 (1 - p_2) p_3 + (1 - p_1) p_2 p_3 \\
&= p_1 p_2 + p_1 p_3 + p_2 p_3 - 2 p_1 p_2 p_3.
\end{aligned}
$$

■

例 9.14（4 中取 3 系统） 一个 4 中取 3 系统的可靠性函数为

$$
\begin{aligned}
r(\boldsymbol{p}) &= P\{\boldsymbol{X} = (1,1,1,1)\} + P\{\boldsymbol{X} = (1,1,1,0)\} + P\{\boldsymbol{X} = (1,1,0,1)\} + \\
&\quad P\{\boldsymbol{X} = (1,0,1,1)\} + P\{\boldsymbol{X} = (0,1,1,1)\} \\
&= p_1 p_2 p_3 p_4 + p_1 p_2 p_3 (1 - p_4) + p_1 p_2 (1 - p_3) p_4 + \\
&\quad p_1 (1 - p_2) p_3 p_4 + (1 - p_1) p_2 p_3 p_4 \\
&= p_1 p_2 p_3 + p_1 p_2 p_4 + p_1 p_3 p_4 + p_2 p_3 p_4 - 3 p_1 p_2 p_3 p_4.
\end{aligned}
$$

■

例 9.15（5 部件系统） 考虑一个由 5 个部件组成的系统. 这个系统运行, 当且仅当部件 1、部件 2 和至少一个其他部件在运行. 它的可靠性函数为

$$
\begin{aligned}
r(\boldsymbol{p}) &= P\{X_1 = 1\, X_2 = 1, \max(X_3, X_4, X_5) = 1\} \\
&= P\{X_1 = 1\} P\{X_2 = 1\} P\{\max(X_3, X_4, X_5) = 1\} \\
&= p_1 p_2 [1 - (1 - p_3)(1 - p_4)(1 - p_5)].
\end{aligned}
$$

■

因为 $\phi(\boldsymbol{X})$ 是一个 0–1（即伯努利）随机变量，所以我们也可以通过对它取期望来计算 $r(\boldsymbol{p})$：

$$r(\boldsymbol{p}) = P\{\phi(\boldsymbol{X}) = 1\} = E[\phi(\boldsymbol{X})].$$

例 9.16（4 部件系统）　考虑一个由 4 个部件组成的系统. 这个系统运行，当且仅当部件 1、部件 4 和至少一个其他部件在运行，其可靠性函数为

$$\phi(\boldsymbol{x}) = x_1 x_4 \max(x_2, x_3).$$

因此

$$\begin{aligned}
r(\boldsymbol{p}) &= E[\phi(\boldsymbol{X})] \\
&= E[X_1 X_4 (1 - (1 - X_2)(1 - X_3))] \\
&= p_1 p_4 [1 - (1 - p_2)(1 - p_3)].
\end{aligned}$$

可靠性函数 $r(\boldsymbol{p})$ 的一个重要且直观的性质，由以下命题给出.

命题 9.1　若 $r(\boldsymbol{p})$ 是一个独立部件系统的可靠性函数，则 $r(\boldsymbol{p})$ 是 $\boldsymbol{p}$ 的增函数.

证明　以 X_i 为条件，并且利用部件的独立性，我们得到

$$\begin{aligned}
r(\boldsymbol{p}) &= E[\phi(\boldsymbol{X})] \\
&= p_i E[\phi(\boldsymbol{X}) \mid X_i = 1] + (1 - p_i) E[\phi(\boldsymbol{X}) | X_i = 0] \\
&= p_i E[\phi(1_i, \boldsymbol{X})] + (1 - p_i) E[\phi(0_i, \boldsymbol{X})],
\end{aligned}$$

其中

$$\begin{aligned}
(1_i, \boldsymbol{X}) &= (X_1, \cdots, X_{i-1}, 1, X_{i+1}, \cdots, X_n) \\
(0_i, \boldsymbol{X}) &= (X_1, \cdots, X_{i-1}, 0, X_{i+1}, \cdots, X_n).
\end{aligned}$$

于是

$$r(\boldsymbol{p}) = p_i E[\phi(1_i, \boldsymbol{X}) - \phi(0_i, \boldsymbol{X})] + E[\phi(0_i, \boldsymbol{X})].$$

由于 ϕ 是增函数，因此

$$E[\phi(1_i, \boldsymbol{X}) - \phi(0_i, \boldsymbol{X})] \geqslant 0,$$

从而，对于所有的 i，上述量都是关于 p_i 递增的. 因此证明了结果.

现在，我们要构建由 n 个不同的部件组成的系统，每种部件恰好有 2 个库存. 我们应该如何利用库存使得我们得到可运行系统的概率最大？具体来说，我们是应该构建两个分开的系统①，在这种情形下，得到可运行系统的概率是

$$\begin{aligned}
P\{\text{两个系统中至少一个运行}\} &= 1 - P\{\text{两个系统都不运行}\} \\
&= 1 - [(1 - r(\boldsymbol{p}))(1 - r(\boldsymbol{p}'))].
\end{aligned}$$

---

① 意即重复系统的并联. ——译者注

其中 p_i (p_i') 是第一个（第二个）系统的第 i 个部件运行的概率; 还是应该构建单个系统, 其中, 如果至少有一个标号为 i 的部件运行, 那么第 i 个部件运行? 在后一种情形下, 系统运行的概率等于

$$r[\mathbf{1} - (\mathbf{1} - \boldsymbol{p})(\mathbf{1} - \boldsymbol{p}')],$$

因为 $1 - (1 - p_i)(1 - p_i')$ 等于这个系统中的第 i 个部件在运行的概率.[①]我们现在证明, 部件的重复比系统的重复更为有效.

定理 9.1 对于任意可靠性函数 r 和向量 $\boldsymbol{p}, \boldsymbol{p}'$, 有

$$r[\mathbf{1} - (\mathbf{1} - \boldsymbol{p})(\mathbf{1} - \boldsymbol{p}')] \geqslant 1 - [1 - r(\boldsymbol{p})][1 - r(\boldsymbol{p}')].$$

证明 令 $X_1, \cdots, X_n, X_1', \cdots, X_n'$ 是独立的 0–1 随机变量, 满足

$$p_i = P\{X_i = 1\}, \quad p_i' = P\{X_i' = 1\}.$$

因为 $P\{\max(X_i, X_i') = 1\} = 1 - (1 - p_i)(1 - p_i')$, 所以

$$r[\mathbf{1} - (\mathbf{1} - \boldsymbol{p})(\mathbf{1} - \boldsymbol{p}')] = E[\phi[\max(\boldsymbol{X}, \boldsymbol{X}')]].$$

由 ϕ 的单调性可知, $\phi(\max(\boldsymbol{X}, \boldsymbol{X}'))$ 大于或等于 $\phi(\boldsymbol{X})$ 和 $\phi(\boldsymbol{X}')$, 因此它至少与 $\max(\phi(\boldsymbol{X}'), \phi(\boldsymbol{X}'))$ 一样大. 从而, 根据上面的推理, 我们得到

$$
\begin{aligned}
r[\mathbf{1} - (\mathbf{1} - \boldsymbol{p})(\mathbf{1} - \boldsymbol{p}')] &\geqslant E[\max(\phi(\boldsymbol{X}), \phi(\boldsymbol{X}'))] \\
&= P\{\max[\phi(\boldsymbol{X}), \phi(\boldsymbol{X}')] = 1\} \\
&= 1 - P\{\phi(\boldsymbol{X}) = 0, \phi(\boldsymbol{X}') = 0\} \\
&= 1 - [1 - r(\boldsymbol{p})][1 - r(\boldsymbol{p}')],
\end{aligned}
$$

其中, 第一个等式成立是因为 $\max(\phi(\boldsymbol{X}), \phi(\boldsymbol{X}'))$ 是一个 0–1 随机变量, 因此它的期望等于它等于 1 的概率. ∎

为了说明上述定理, 假设我们要构建由 2 个不同的部件组成的串联系统, 每种部件都有两个库存. 假设每个部件的可靠度是 1/2. 如果我们用库存来构建两个分开的系统, 则至少有一个系统运行的概率是

$$1 - \left(\frac{3}{4}\right)^2 = \frac{7}{16}.$$

而如果我们用重复的部件来构建单个系统, 那么得到一个运行的系统的概率是

$$\left(\frac{3}{4}\right)^2 = \frac{9}{16}.$$

---

① 注意: 如果 $\boldsymbol{x} = (x_1, \cdots, x_n)$, $\boldsymbol{y} = (y_1, \cdots, y_n)$, 那么 $\boldsymbol{xy} = (x_1 y_1, \cdots, x_n y_n)$. 此外, $\max(\boldsymbol{x}, \boldsymbol{y}) = (\max(x_1, y_1), \cdots, \max(x_n, y_n))$ 和 $\min(\boldsymbol{x}, \boldsymbol{y}) = (\min(x_1, y_1), \cdots, \min(x_n, y_n))$.

因此, 重复部件比重复系统能获得更高的可靠度 (当然, 根据定理 9.1, 结果必须如此).

9.4　可靠性函数的界

考虑例 9.8 中的桥联系统, 它由图 9–11 表示. 根据它的最小路集, 我们有

$$\phi(\boldsymbol{x}) = 1 - (1 - x_1 x_4)(1 - x_1 x_3 x_5)(1 - x_2 x_5)(1 - x_2 x_3 x_4).$$

因此

$$r(\boldsymbol{p}) = 1 - E[(1 - X_1 X_4)(1 - X_1 X_3 X_5)(1 - X_2 X_5)(1 - X_2 X_3 X_4)].$$

然而, 因为最小路集有重叠 (即有共同的部件), 所以随机变量 $1 - X_1 X_4$、$1 - X_1 X_3 X_5$、$1 - X_2 X_5$、$1 - X_2 X_3 X_4$ 并不独立, 从而它们的乘积的期望值不等于它们的期望值的乘积. 因此, 为了计算 $r(\boldsymbol{p})$, 我们必须先将这 4 个随机变量相乘, 再取期望值. 为此, 利用 $X_i^2 = X_i$, 我们得到

$$\begin{aligned}
r(\boldsymbol{p}) = {} & E[X_1 X_4 + X_2 X_5 + X_1 X_3 X_5 + X_2 X_3 X_4 - X_1 X_2 X_3 X_4 \\
& - X_1 X_2 X_3 X_5 - X_1 X_2 X_4 X_5 - X_1 X_3 X_4 X_5 - X_2 X_3 X_4 X_5 \\
& + 2 X_1 X_2 X_3 X_4 X_5] \\
= {} & p_1 p_4 + p_2 p_5 + p_1 p_3 p_5 + p_2 p_3 p_4 - p_1 p_2 p_3 p_4 - p_1 p_2 p_3 p_5 \\
& - p_1 p_2 p_4 p_5 - p_1 p_3 p_4 p_5 - p_2 p_3 p_4 p_5 + 2 p_1 p_2 p_3 p_4 p_5.
\end{aligned}$$

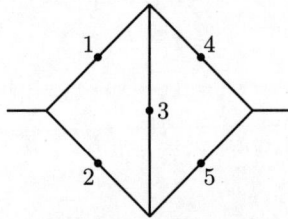

图 9–11　桥联系统

从上述例子可以看出, 计算 $r(\boldsymbol{p})$ 往往是很烦琐的, 所以如果我们有简单的办法来得到它的界, 那将会非常有用. 现在我们考虑得到界的两种方法.

9.4.1　容斥方法

下面是一个著名的公式, 即事件 $E_1, E_2, \cdots, E_n$ 的并的概率公式:

$$\begin{aligned}
P\left(\bigcup_{i=1}^{n} E_i\right) = {} & \sum_{i=1}^{n} P(E_i) - \sum_{i<j}\sum P(E_i E_j) + \sum_{i<j<k}\sum\sum P(E_i E_j E_k) \\
& - \cdots + (-1)^{n+1} P(E_1 E_2 \cdots E_n).
\end{aligned} \tag{9.3}$$

下面这组不太著名的不等式是上式的结果:

$$P\left(\bigcup_{i=1}^{n} E_i\right) \leqslant \sum_{i=1}^{n} P(E_i),$$

$$P\left(\bigcup_{i=1}^{n} E_i\right) \geqslant \sum_{i} P(E_i) - \sum_{i<j} P(E_i E_j),$$

$$P\left(\bigcup_{i=1}^{n} E_i\right) \leqslant \sum_{i} P(E_i) - \sum_{i<j}\sum P(E_i E_j) + \sum_{i<j<k}\sum\sum P(E_i E_j E_k),$$

$$\vdots$$

(9.4)

每当我们在 $P(\bigcup_{i=1}^{n} E_i)$ 的展开式中增加一项时,不等式的方向总是改变.

通常对事件的个数进行归纳来证明式 (9.3). 然而,我们介绍另一个方法,它不仅能证明式 (9.3),而且能建立不等式 (9.4).

首先,定义指示随机变量 I_j ($j = 1, \cdots, n$) 为

$$I_j = \begin{cases} 1, & \text{若 } E_j \text{ 发生}, \\ 0, & \text{其他情形}. \end{cases}$$

令

$$N = \sum_{j=1}^{n} I_j,$$

然后令 N 为 E_j ($1 \leqslant j \leqslant n$) 中发生的个数. 此外,令

$$I = \begin{cases} 1, & \text{若 } N > 0, \\ 0, & \text{若 } N = 0. \end{cases}$$

因为

$$1 - I = (1-1)^N,$$

所以应用二项式定理,我们得到

$$1 - I = \sum_{i=0}^{N} \binom{n}{i}(-1)^i.$$

从而

$$I = N - \binom{N}{2} + \binom{N}{3} - \cdots \pm \binom{N}{N}.$$

(9.5)

现在利用下面的组合恒等式 (通过对 i 应用归纳法很容易得到):

$$\binom{n}{i} - \binom{n}{i+1} + \cdots \pm \binom{n}{n} = \binom{n-1}{i-1} \geqslant 0, \quad i \leqslant n.$$

于是，由上式推出

$$\binom{N}{i} - \binom{N}{i+1} + \cdots \pm \binom{N}{N} \geqslant 0. \tag{9.6}$$

根据式 (9.5) 和式 (9.6)，我们得到

$$I \leqslant N, \qquad\qquad\qquad\qquad [\,\text{在式 (9.6) 中令 } i = 2\,]$$

$$I \geqslant N - \binom{N}{2}, \qquad\qquad\qquad [\,\text{在式 (9.6) 中令 } i = 3\,]$$

$$I \leqslant N - \binom{N}{2} + \binom{N}{3}, \qquad [\,\text{在式 (9.6) 中令 } i = 4\,] \tag{9.7}$$

$$\vdots$$

由于 $N \leqslant n$，而且只要 $i > m$，就有 $\binom{m}{i} = 0$，因此我们可以将式 (9.5) 改写为

$$I = \sum_{i=1}^{n} \binom{N}{i} (-1)^{i+1}. \tag{9.8}$$

现在，等式 (9.3) 和不等式 (9.4) 可通过对式 (9.8) 和式 (9.7) 取期望得到. 事实正是如此，因为

$$E[I] = P\{N > 0\} = P\{\text{至少一个 } E_j \text{ 发生}\} = P\left(\bigcup_{j=1}^{n} E_j\right),$$

$$E[N] = E\left[\sum_{j=1}^{n} I_j\right] = \sum_{j=1}^{n} P(E_j).$$

此外，

$$E\left[\binom{N}{2}\right] = E[E_j \text{ 发生的对数}] = E\left[\sum_{i<j}\sum I_i I_j\right] = \sum_{i<j}\sum P(E_i E_j),$$

并且，一般地，

$$E\left[\binom{N}{i}\right] = E[E_j \text{ 中发生 } i \text{ 个的集合数}]$$

$$= E\left[\sum_{j_1<j_2<\cdots<j_i}\sum I_{j1} I_{j2} \cdots I_{ji}\right] = \sum_{j_1<j_2<\cdots<j_i}\sum P(E_{j_1} E_{j_2} \cdots E_{j_i}).$$

不等式 (9.4) 中的界通常称为**容斥界**. 为了用它们得到可靠性函数的界，令 $A_1, A_2, \cdots, A_s$ 为给定结构 ϕ 的最小路集，并且定义 $E_1, E_2, \cdots, E_s$ 为

$$E_i = \{A_i \text{ 中的所有部件都运行}\}.$$

由于系统运行，当且仅当事件 E_i 中至少有一个发生，因此我们有

$$r(\boldsymbol{p}) = P\left(\bigcup_{i=1}^{s} E_i\right).$$

应用式 (9.4) 得到 $r(\boldsymbol{p})$ 所要的界. 求和项的计算方法如下:

$$P(E_i) = \prod_{l \in A_i} p_l, \qquad P(E_i E_j) = \prod_{l \in A_i \cup A_j} p_l, \qquad P(E_i E_j E_k) = \prod_{l \in A_i \cup A_j \cup A_k} p_l,$$

对于 3 个事件以上的交也是如此. (上面等式成立是由于, 例如, 为了使事件 $E_i E_j$ 发生, A_i 中的所有部件和 A_j 中的所有部件都必须运行, 换句话说, $A_i \cup A_j$ 中的所有部件都必须运行.)

当 p_i 都很小时, 许多个事件 E_i 的交的概率应该也很小, 收敛应该相对较快.

例 9.17 考虑部件运行概率相同的桥联结构. 也就是说, 对于一切 i, 取 $p_i = p$. 令 $A_1 = \{1, 4\}$, $A_2 = \{1, 3, 5\}$, $A_3 = \{2, 5\}$ 和 $A_4 = \{2, 3, 4\}$ 为最小路集, 我们有

$$P(E_1) = P(E_3) = p^2, \qquad P(E_2) = P(E_4) = p^3.$$

此外, 因为在 $6 = \binom{4}{2}$ 个 A_i 和 A_j 的并中, 恰有 5 个集合包含 4 个部件 (除了 $A_2 \cup A_4$ 包含所有 5 个部件), 所以我们有

$$P(E_1 E_2) = P(E_1 E_3) = P(E_1 E_4) = P(E_2 E_3) = P(E_3 E_4) = p^4,$$
$$P(E_2 E_4) = p^5.$$

因此, 由前两个容斥界可得

$$2(p^2 + p^3) - 5p^4 - p^5 \leqslant r(p) \leqslant 2(p^2 + p^3),$$

其中 $r(\boldsymbol{p}) = r(p, p, p, p, p)$. 例如, 当 $p = 0.2$ 时, 我们有

$$0.087\,68 \leqslant r(0.2) \leqslant 0.096\,00,$$

当 $p = 0.1$ 时,

$$0.021\,49 \leqslant r(0.1) \leqslant 0.022\,00. \qquad \blacksquare$$

正如我们可以根据最小路集来定义事件 (这些事件的并就是系统运行这个事件), 我们也可以根据最小割集来定义事件, 这些事件的并就是系统失效这个事件. 令 $C_1, C_2, \cdots, C_r$ 为最小割集, 并定义事件 $F_1, F_2, \cdots, F_r$ 为

$$F_i = \{C_i \text{ 中的所有部件都失效}\}.$$

因为系统失效, 当且仅当至少一个最小割集中的部件都失效, 所以我们有

$$1 - r(\boldsymbol{p}) = P\left(\bigcup_{i=1}^r F_i\right),$$
$$1 - r(\boldsymbol{p}) \leqslant \sum_i P(F_i),$$
$$1 - r(\boldsymbol{p}) \geqslant \sum_i P(F_i) - \sum_{i<j} \sum P(F_i F_j),$$

$$1 - r(\boldsymbol{p}) \leqslant \sum_i P(F_i) - \sum_{i<j} \sum P(F_iF_j) + \sum_{i<j<k} \sum \sum P(F_iF_jF_k),$$

以此类推. 因为

$$P(F_i) = \prod_{l \in C_i}(1 - p_l), \quad P(F_iF_j) = \prod_{l \in C_i \cup C_j}(1 - p_l), \quad P(F_iF_jF_k) = \prod_{l \in C_i \cup C_j \cup C_k}(1 - p_l),$$

所以当 p_i 都很大时, 收敛应该是相对较快的.

例 9.18（随机图）　我们回忆 3.6.2 节, 一个图由结点集合 N 和结点对（称为弧）集合 A 组成. 对于任意两个结点 i 和 j, 我们说弧的序列 $(i, i_1), (i_1, i_2), \cdots,$ (i_k, j) 构成一条 $i \sim j$ 道路. 如果在所有的 $\binom{n}{2}$ 对结点 i 和 j（$i \neq j$）之间都有一条 $i \sim j$ 道路, 那么这个图称为**连通的**. 我们将图中的结点看作地理位置, 而弧表示结点之间的直接通信链路, 如果任意两个结点能够相互通信——即使不是直接的, 至少也能通过中间结点进行通信, 那么这个图是连通的.

一个图总可以分成不重叠的连通子图, 这些子图称为分量. 例如, 在图 9–12 中, 由结点 $N = \{1, 2, 3, 4, 5, 6\}$ 和弧 $A = \{(1, 2), (1, 3), (2, 3), (4, 5)\}$ 组成的图包含 3 个分量（由单个结点组成的图也认为是连通的）.

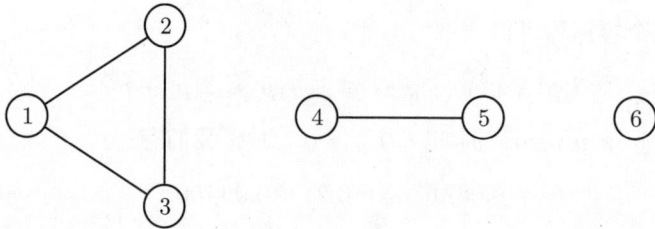

图 9–12

现在考虑有结点 $1, 2, \cdots, n$ 的随机图, 其中存在从结点 i 到结点 j 的弧的概率为 P_{ij}. 假定这些弧的出现是独立事件, 即假定 $\binom{n}{2}$ 个随机变量 X_{ij}（$i \neq j$）是独立的, 其中

$$X_{ij} = \begin{cases} 1, & \text{如果存在弧 } (i, j), \\ 0, & \text{其他情形.} \end{cases}$$

我们感兴趣的是这个图是连通图的概率.

我们可以将上述情形看作有 $\binom{n}{2}$ 个部件的可靠性系统——每一个部件对应于一条潜在的弧. 如果一个部件对应的弧确实存在, 那么称这个部件在运行; 如果一个系统对应的图是连通的, 那么称这个系统在运行. 因为在连通图中增加一条弧, 不会使它不连通, 所以这样定义的结构是单调的.

我们从确定最小路集与最小割集开始. 容易看出, 一个图不连通, 当且仅当结点集合可以分成两个非空子集 X 和 X^c, 且没有弧连接 X 中的结点与 X^c 中的结点. 如果有 6 个结点, 且结点 1, 2, 3, 4 中的任意一个与结点 5、结点 6 之间没有弧连接, 那么这个图显然是不连通的. 于是, 我们看到, 任意一种将结点集划分成两个非空子集 X 和 X^c 的方式, 都对应于由

$$\{(i,j) : i \in X, j \in X^c\}$$

定义的最小割集. 因为有 $2^{n-1} - 1$ 个这样的划分 (有 $2^n - 2$ 种方式选取非空真子集 X, 而划分 X, X^c 是与划分 X^c, X 相同的, 我们必须除以 2), 所以有这样个数的最小割集.

为了确定最小路集, 我们必须刻画弧的最小集合使最终得到一个连通图. 图 9–13 是连通的, 如果移去如图 9–14 所示的环中的任意一条弧, 它仍是连通的. 事实上, 不难看出最小路集恰是使得一个图连通, 但是没有任何环 (环是从结点到自身的道路) 的弧集. 这样的弧集称为**生成树** (图 9–15). 容易验证每一棵生成树恰有 $n-1$ 条弧, 而图论中一个著名的结果 (由凯莱给出) 是, 恰有 n^{n-2} 个这样的最小路集.

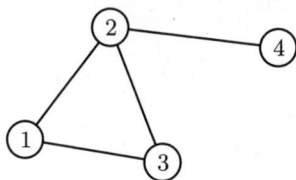
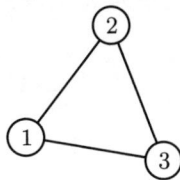

图 9–13   图 9–14

图 9–15 当 $n = 4$ 时的两棵生成树 (最小路集)

因为最小路集和最小割集的个数很多 (分别是 n^{n-2} 和 $2^{n-1} - 1$ 个), 所以如果不作进一步的假定, 很难得到有用的界. 于是, 我们假定所有的 P_{ij} 都等于一个共同的值 p, 即假定每一条可能的弧都独立地以相同的概率 p 存在. 我们首先推导图的连通概率的递推公式, 当 n 不太大时, 它在计算上是有用的, 而当 n 很大时, 我们将给出一个渐近公式.

我们令 P_n 为有 n 个结点的随机图连通的概率. 为了推导 P_n 的递推公式, 我们首先集中注意力于一个单结点, 例如结点 1, 并且尝试确定结点 1 在最终图中是大小为 k 的分量的一部分的概率. 现在给定其他 $k-1$ 个结点, 这些结点与结点 1 一起形成一个分量, 如果

(i) 没有弧将这 k 个结点中的任意一个与其他 $n-k$ 个结点中的任意一个连接起来;

(ii) 仅包含这 k 个结点 (和 $\binom{k}{2}$ 条潜在的弧, 每条独立地以概率 p 出现) 的随机图是连通的.

(i) 和 (ii) 都发生的概率是

$$q^{k(n-k)} P_k,$$

其中 $q = 1 - p$. 因为共有 $\binom{n-1}{k-1}$ 种方式选取其他 $k-1$ 个结点 (与结点 1 一起形成一个大小为 k 的分量), 所以

$$P\{结点\ 1\ 是大小为\ k\ 的分量的一部分\} = \binom{n-1}{k-1} q^{k(n-k)} P_k, \quad k = 1, 2, \cdots, n.$$

因为上面的概率对 k 从 1 到 n 求和显然必须等于 1, 又因为这个图是连通的, 当且仅当结点 1 是大小为 n 的分量的一部分, 所以

$$P_n = 1 - \sum_{k=1}^{n-1} \binom{n-1}{k-1} q^{k(n-k)} P_k, \quad n = 2, 3, \cdots. \tag{9.9}$$

从 $P_1 = 1$, $P_2 = p$ 开始, 当 n 不是很大时, 可以用式 (9.9) 递推地确定 P_n. 它特别适合于数值计算.

当 n 很大时, 为了确定 P_n 的渐近公式, 首先注意式 (9.9), 由于 $P_k \leqslant 1$, 因此

$$1 - P_n \leqslant \sum_{k=1}^{n-1} \binom{n-1}{k-1} q^{k(n-k)}.$$

因为可以证明对于 $q < 1$ 和充分大的 n, 有

$$\sum_{k=1}^{n-1} \binom{n-1}{k-1} q^{k(n-k)} \leqslant (n+1) q^{n-1},$$

所以对于很大的 n, 我们有

$$1 - P_n \leqslant (n+1) q^{n-1}. \tag{9.10}$$

为了得到另一个方向的界, 我们集中注意力于一种特殊类型的最小割集, 即将一个结点与图中其他结点分开的那些最小割集. 具体来说, 定义最小割集 C_i 为

$$C_i = \{(i, j) : j \neq i\},$$

并且定义事件 F_i 为 C_i 中的所有弧都不存在 (从而结点 i 孤立于其他结点). 现在,

$$1 - P_n = P(\text{图不是连通的}) \geqslant P\left(\bigcup_i F_i\right),$$

这是因为, 若事件 F_i 中任意一个发生, 则图不是连通的. 根据容斥界, 我们有

$$P\left(\bigcup_i F_i\right) \geqslant \sum_i P(F_i) - \sum_i \sum_{i<j} P(F_i F_j).$$

因为 $P(F_i)$ 和 $P(F_i F_j)$ 正好分别是给定的 $n-1$ 条弧和给定的 $2n-3$ 条弧不在图中的概率 (为什么?), 所以

$$P(F_i) = q^{n-1}, \quad P(F_i F_j) = q^{2n-3}, \quad i \neq j,$$

因此

$$1 - P_n \geqslant nq^{n-1} - \binom{n}{2} q^{2n-3}.$$

将它与式 (9.10) 联合起来, 可以推出对于充分大的 n, 有

$$nq^{n-1} - \binom{n}{2} q^{2n-3} \leqslant 1 - P_n \leqslant (n+1)q^{n-1}.$$

因为当 $n \to \infty$ 时,

$$\binom{n}{2} \frac{q^{2n-3}}{nq^{n-1}} \to 0,$$

所以对于很大的 n, 有

$$1 - P_n \approx nq^{n-1}.$$

例如, 当 $n = 20$ 和 $p = \frac{1}{2}$ 时, 随机图连通的概率近似地为

$$P_{20} \approx 1 - 20\left(\frac{1}{2}\right)^{19} \approx 0.999\,96.$$

9.4.2 得到 $r(p)$ 的界的第二种方法

得到 $r(p)$ 的界的第二种方法是将所求概率表示为事件的交的概率. 为此, 如前面一样, 令 $A_1, A_2, \cdots, A_s$ 为最小路集, 并且定义事件 D_i ($i = 1, \cdots, s$) 为

$$D_i = \{A_i \text{ 中至少有一个部件失效}\}.$$

因为系统失效, 当且仅当每个最小路集中至少有一个部件失效, 所以我们有

$$1 - r(\boldsymbol{p}) = P(D_1 D_2 \cdots D_s) = P(D_1)P(D_2 \mid D_1) \cdots P(D_s \mid D_1 D_2 \cdots D_{s-1}). \quad (9.11)$$

非常直观地, A_1 中至少有一个部件失效这个信息只能增加 A_2 中至少有一个部件失效的概率 (或者如果 A_1 和 A_2 没有重叠, 那么概率不变). 因此, 直观地有

$$P(D_2 \mid D_1) \geqslant P(D_2).$$

为了证明这个不等式，我们写出

$$P(D_2) = P(D_2 \mid D_1)P(D_1) + P(D_2 \mid D_1^c)(1 - P(D_1)), \tag{9.12}$$

并且注意

$$P(D_2 \mid D_1^c) = P\{A_2 \text{ 中至少有一个部件失效} \mid A_1 \text{ 中所有部件都在运行}\}$$

$$= 1 - \prod_{\substack{j \in A_2 \\ j \notin A_1}} p_j \leqslant 1 - \prod_{j \in A_2} p_j = P(D_2).$$

因此，由式 (9.12) 可得

$$P(D_2) \leqslant P(D_2 \mid D_1)P(D_1) + P(D_2)(1 - P(D_1)),$$

从而

$$P(D_2 \mid D_1) \geqslant P(D_2).$$

使用相同的推理，也推出

$$P(D_i \mid D_1 \cdots D_{i-1}) \geqslant P(D_i),$$

所以由式 (9.11) 可得

$$1 - r(\boldsymbol{p}) \geqslant \prod_i P(D_i),$$

或者，等价地，

$$r(\boldsymbol{p}) \leqslant 1 - \prod_i \left(1 - \prod_{j \in A_i} p_j\right).$$

为了得到另一个方向的界，令 $C_1, C_2, \cdots, C_r$ 为最小割集，并且定义事件 U_1, $U_2, \cdots, U_r$ 为

$$U_i = \{C_i \text{ 中至少有一个部件在运行}\}.$$

那么，因为系统运行，当且仅当所有的事件 U_i 都发生，所以我们有

$$r(\boldsymbol{p}) = P(U_1 U_2 \cdots U_r) = P(U_1)P(U_2 \mid U_1) \cdots P(U_r \mid U_1 \cdots U_{r-1}) \geqslant \prod_i P(U_i),$$

其中，最后的不等式的建立方式与 D_i 完全相同. 因此，

$$r(\boldsymbol{p}) \geqslant \prod_i \left[1 - \prod_{j \in C_i}(1 - p_j)\right],$$

于是我们对可靠性函数有如下的界:

$$\prod_i \left[1 - \prod_{j \in C_i}(1 - p_j)\right] \leqslant r(\boldsymbol{p}) \leqslant 1 - \prod_i \left(1 - \prod_{j \in A_i} p_j\right) \tag{9.13}$$

可以预料的是，如果最小路集之间没有太多的重叠，那么上界应接近于真实的 $r(\boldsymbol{p})$；如果最小割集之间没有太多的重叠，那么下界也接近于真实的 $r(\boldsymbol{p})$.

例 9.19 对于 4 中取 3 系统,最小路集是 $A_1 = \{1,2,3\}$, $A_2 = \{1,2,4\}$, $A_3 = \{1,3,4\}$ 和 $A_4 = \{2,3,4\}$;最小割集是 $C_1 = \{1,2\}$, $C_2 = \{1,3\}$, $C_3 = \{1,4\}$, $C_4 = \{2,3\}$, $C_5 = \{2,4\}$ 和 $C_6 = \{3,4\}$. 因此,由式 (9.13) 可得

$$(1 - q_1q_2)(1 - q_1q_3)(1 - q_1q_4)(1 - q_2q_3)(1 - q_2q_4)(1 - q_3q_4)$$

$$\leqslant r(\boldsymbol{p}) \leqslant 1 - (1 - p_1p_2p_3)(1 - p_1p_2p_4)(1 - p_1p_3p_4)(1 - p_2p_3p_4),$$

其中 $q_i = 1 - p_i$. 如果对于一切 i 都有 $p_i = 1/2$,那么由上面推出

$$0.18 \leqslant r\left(\frac{1}{2}, \cdots, \frac{1}{2}\right) \leqslant 0.59.$$

容易算出这个结构的精确值是

$$r\left(\frac{1}{2}, \cdots, \frac{1}{2}\right) = \frac{5}{16} \approx 0.31.$$

9.5　系统寿命作为部件寿命的函数

对于一个具有分布函数 G 的随机变量,我们定义 $\overline{G}(a) \equiv 1 - G(a)$ 为此随机变量大于 a 的概率.

考虑一个系统,其中第 i 个部件运行一个具有分布 F_i 的随机时间,然后失效. 一旦失效,它将永远保持这种状态. 假定各个部件的寿命是独立的,我们如何将系统寿命的分布表示为系统可靠性函数 $r(\boldsymbol{p})$ 和各个部件寿命分布 F_i ($i = 1, \cdots, n$) 的函数呢?

为了回答这个问题,我们首先注意到,系统运行了时间 t 或更长的时间,当且仅当它在时刻 t 还在运行. 令 F 为系统寿命的分布,我们有

$$\overline{F}(t) = P\{系统寿命 > t\} = P\{系统在时刻 t 还在运行\}.$$

但是,根据 $r(\boldsymbol{p})$ 的定义,我们有

$$P\{系统在时刻 t 还在运行\} = r(P_1(t), \cdots, P_n(t)),$$

其中

$$P_i(t) = P\{部件 i 在时刻 t 还在运行\} = P\{部件 i 的寿命 > t\} = \overline{F}_i(t).$$

因此

$$\overline{F}(t) = r\left(\overline{F}_1(t), \cdots, \overline{F}_n(t)\right). \tag{9.14}$$

例 9.20 在串联系统中, $r(\boldsymbol{p}) = \prod_{i=1}^{n} p_i$, 于是由式 (9.14) 可得

$$\overline{F}(t) = \prod_{i=1}^{n} \overline{F}_i(t).$$

当然，这是很显然的，因为对于串联系统，系统寿命等于部件的最小寿命，所以系统寿命大于 t，当且仅当所有部件的寿命都大于 t. ∎

例 9.21　在并联系统中，$r(\boldsymbol{p}) = 1 - \prod_{i=1}^{n}(1 - p_i)$，从而

$$\overline{F}(t) = 1 - \prod_{i=1}^{n} F_i(t).$$

上式也容易推导，只要注意在并联系统的情形下，系统寿命等于部件的最大寿命. ∎

对于连续分布 G，我们定义 G 的**失败率函数** $\lambda(t)$ 为

$$\lambda(t) = \frac{g(t)}{\overline{G}(t)},$$

其中 $g(t) = \frac{\mathrm{d}G(t)}{\mathrm{d}t}$. 在 5.2.2 节中证明了，如果 G 是一个产品寿命的分布，那么 $\lambda(t)$ 表示一个年龄为 t 的产品损坏的概率强度. 如果 $\lambda(t)$ 是 t 的增函数，那么我们称 G 是**递增失败率**（IFR）分布. 类似地，如果 $\lambda(t)$ 是 t 的减函数，那么我们称 G 是**递减失败率**（DFR）分布.

例 9.22（韦布尔分布）　如果对于某个 $\lambda > 0$ 和 $\alpha > 0$，一个随机变量的分布函数为

$$G(t) = 1 - \mathrm{e}^{-(\lambda t)^{\alpha}}, \qquad t \geqslant 0,$$

那么称它服从**韦布尔分布**. 韦布尔分布的失败率函数等于

$$\lambda(t) = \frac{\mathrm{e}^{-(\lambda t)^{\alpha}} \alpha (\lambda t)^{\alpha-1} \lambda}{\mathrm{e}^{-(\lambda t)^{\alpha}}} = \alpha \lambda (\lambda t)^{\alpha-1}.$$

于是，当 $\alpha \geqslant 1$ 时，韦布尔分布是 IFR 分布；当 $0 < \alpha \leqslant 1$ 时，它是 DFR 分布. 当 $\alpha = 1$ 时，$G(t) = 1 - \mathrm{e}^{-\lambda t}$ 是指数分布，它既是 IFR 分布，又是 DFR 分布. ∎

例 9.23（伽马分布）　如果对于某个 $\lambda > 0$ 和 $\alpha > 0$，一个随机变量的密度函数为

$$g(t) = \frac{\lambda \mathrm{e}^{-\lambda t}(\lambda t)^{\alpha-1}}{\Gamma(\alpha)}, \qquad t \geqslant 0,$$

其中

$$\Gamma(\alpha) \equiv \int_0^{\infty} \mathrm{e}^{-t} t^{\alpha-1} \mathrm{d}t,$$

那么称它服从**伽马分布**. 对于伽马分布，

$$\frac{1}{\lambda(t)} = \frac{\overline{G}(t)}{g(t)} = \frac{\int_t^{\infty} \lambda \mathrm{e}^{-\lambda x}(\lambda x)^{\alpha-1} \mathrm{d}x}{\lambda \mathrm{e}^{-\lambda t}(\lambda t)^{\alpha-1}} = \int_t^{\infty} \mathrm{e}^{-\lambda(x-t)} \left(\frac{x}{t}\right)^{\alpha-1} \mathrm{d}x.$$

用变量替换 $u = x - t$，我们得到

$$\frac{1}{\lambda(t)} = \int_0^{\infty} \mathrm{e}^{-\lambda u} \left(1 + \frac{u}{t}\right)^{\alpha-1} \mathrm{d}u.$$

因此，当 $\alpha \geqslant 1$ 时，G 是 IFR 分布；当 $0 < \alpha \leqslant 1$ 时，它是 DFR 分布. ∎

假设在一个单调系统中, 每个部件的寿命分布都是 IFR 分布. 这能否推出系统的寿命也是 IFR 分布? 为了回答这个问题, 我们首先假设每个部件有相同的分布, 记这个分布为 G. 也就是说, $F_i(t) = G(t)$, $i = 1, \cdots, n$. 为了确定系统的寿命是否为 IFR 分布, 我们必须计算 F 的失败率函数 $\lambda_F(t)$. 根据定义, 有

$$\lambda_F(t) = \frac{(\mathrm{d}/\mathrm{d}t)F(t)}{\overline{F}(t)} = \frac{(\mathrm{d}/\mathrm{d}t)\left[1 - r\left(\overline{G}(t)\right)\right]}{r\left(\overline{G}(t)\right)},$$

其中

$$r(\overline{G}(t)) \equiv r(\overline{G}(t), \cdots, \overline{G}(t)).$$

因此,

$$\lambda_F(t) = \frac{r'\left(\overline{G}(t)\right)}{r\left(\overline{G}(t)\right)}G'(t) = \frac{\overline{G}(t)r'\left(\overline{G}(t)\right)}{r\left(\overline{G}(t)\right)}\frac{G'(t)}{\overline{G}(t)} = \lambda_G(t)\left.\frac{pr'(p)}{r(p)}\right|_{p=\overline{G}(t)}. \tag{9.15}$$

由于 $\overline{G}(t)$ 是 t 的减函数, 因此由式 (9.15) 推出, 如果相干系统的每个部件有相同的 IFR 寿命分布, 而且 $pr'(p)/r(p)$ 是 p 的减函数, 那么系统的寿命将是 IFR 分布.

例 9.24（**相同部件的 n 中取 k 系统**） 考虑 n 中取 k 系统, 该系统运行, 当且仅当 k 个或更多的部件在运行. 当每个部件有相同的运行概率 p 时, 在运行的部件数将服从参数为 n 和 p 的二项分布. 因此,

$$r(p) = \sum_{i=k}^{n} \binom{n}{i}p^i(1-p)^{n-i}.$$

通过多次分部积分, 可以证明它等于

$$r(p) = \frac{n!}{(k-1)!(n-k)!}\int_0^p x^{k-1}(1-x)^{n-k}\mathrm{d}x.$$

对上式求微分, 我们得到

$$r'(p) = \frac{n!}{(k-1)!(n-k)!}p^{k-1}(1-p)^{n-k}.$$

所以

$$\frac{pr'(p)}{r(p)} = \left[\frac{r(p)}{pr'(p)}\right]^{-1} = \left[\frac{1}{p}\int_0^p \left(\frac{x}{p}\right)^{k-1}\left(\frac{1-x}{1-p}\right)^{n-k}\mathrm{d}x\right]^{-1}.$$

令 $y = x/p$, 得到

$$\frac{pr'(p)}{r(p)} = \left[\int_0^1 y^{k-1}\left(\frac{1-yp}{1-p}\right)^{n-k}\mathrm{d}y\right]^{-1}.$$

由于 $(1-yp)/(1-p)$ 关于 p 递增, 因此 $pr'(p)/r(p)$ 是 p 的减函数. 于是, 如果一个 n 中取 k 系统由独立且具有相同递增失败率的部件组成, 那么这个系统本身有递增失败率. ■

　　然而, 对于一个由独立且具有不同递增失败率的部件组成的 n 中取 k 系统, 系统寿命不一定是 IFR 分布. 考虑下面的 2 中取 1 系统 (即并联系统).

　　例 9.25 (一个不是 IFR 分布的并联系统)　一个并联系统由两个独立的部件组成, 第 i 个部件的寿命服从均值为 $\frac{1}{i}$ ($i = 1, 2$) 的指数分布, 该系统的寿命分布为

$$\overline{F}(t) = 1 - \left(1 - \mathrm{e}^{-t}\right)\left(1 - \mathrm{e}^{-2t}\right) = \mathrm{e}^{-2t} + \mathrm{e}^{-t} - \mathrm{e}^{-3t}.$$

所以

$$\lambda(t) = \frac{f(t)}{\overline{F}(t)} = \frac{2\mathrm{e}^{-2t} + \mathrm{e}^{-t} - 3\mathrm{e}^{-3t}}{\mathrm{e}^{-2t} + \mathrm{e}^{-t} - \mathrm{e}^{-3t}}.$$

通过求微分容易推出, $\lambda'(t)$ 的符号由 $\mathrm{e}^{-5t} - \mathrm{e}^{-3t} + 3\mathrm{e}^{-4t}$ 决定, 对于较小的 t 值, 它是正的, 而对于较大的 t 值, 它是负的. 所以, 最初 $\lambda(t)$ 是严格递增的, 然后是严格递减的. 因此, F 不是 IFR 分布.　　　　　　　　　　　　　　　　　　　　■

　　注　上述例子的结果乍一看十分令人惊奇. 为了更好地理解它, 我们需要混合分布函数的概念. 如果对于某个 p ($0 < p < 1$), 有

$$G(x) = pG_1(x) + (1 - p)G_2(x), \tag{9.16}$$

那么分布函数 G 称为分布 G_1 和分布 G_2 的**混合**. 当我们从某个由两个不同的群体组成的总体中抽样时, 就会有混合发生. 例如, 我们有一批产品, 其中类型 1 产品的比例为 p, 类型 2 产品的比例为 $1 - p$. 假设类型 1 产品的寿命分布是 G_1, 而类型 2 产品的寿命分布是 G_2. 如果我们从这批产品中随机选取一个, 那么它的寿命分布正如式 (9.16) 所示.

　　现在考虑速率分别为 λ_1 与 λ_2 的两个指数分布的混合, 其中 $\lambda_1 < \lambda_2$. 我们想要确定这个复合分布是否是 IFR 分布. 为此, 我们注意到, 如果选取的产品 "存活" 到时刻 t, 那么它的剩余寿命分布仍旧是两个指数分布的混合. 之所以这样, 是因为如果它是类型 1 产品, 那么它的剩余寿命分布仍是速率为 λ_1 的指数分布; 如果它是类型 2 产品, 那么它的剩余寿命分布仍是速率为 λ_2 的指数分布. 然而, 它是类型 1 产品的概率不再是 (先验) 概率 p, 而是它已经 "存活" 到时刻 t 的条件概率. 实际上, 它是类型 1 的概率为

$$P\{\text{类型 } 1 \mid \text{寿命} > t\} = \frac{P\{\text{类型 } 1, \text{寿命} > t\}}{P\{\text{寿命} > t\}} = \frac{p\mathrm{e}^{-\lambda_1 t}}{p\mathrm{e}^{-\lambda_1 t} + (1 - p)\mathrm{e}^{-\lambda_2 t}}.$$

因为上式关于 t 递增, 所以, t 越大, 在用的产品就越可能是类型 1 (较好的类型, 因为 $\lambda_1 < \lambda_2$). 因此, 产品越老旧, 损坏的可能性就越小, 从而混合指数分布远远不是 IFR 分布, 实际上, 它是 DFR 分布.

　　现在, 让我们回到由寿命分布分别是速率为 λ_1 与 λ_2 的指数分布的两个部件组成的并联系统. 系统的寿命可以表示为两个独立的随机变量之和, 即

$$寿命 = \mathrm{Exp}(\lambda_1 + \lambda_2) + \begin{cases} 以概率 \ \frac{\lambda_2}{\lambda_1 + \lambda_2} \ 为 \ \mathrm{Exp}(\lambda_1), \\ 以概率 \ \frac{\lambda_1}{\lambda_1 + \lambda_2} \ 为 \ \mathrm{Exp}(\lambda_2). \end{cases}$$

第一个随机变量表示直至部件之一失效的时间, 其分布是速率为 $\lambda_1 + \lambda_2$ 的指数分布, 而第二个随机变量表示直至另一个部件失效的附加时间, 其分布是两个指数分布的混合. (为什么这两个随机变量是独立的?)

现在, 假定这个系统已经 "存活" 到时刻 t, 当 t 很大时, 两个部件都还在运行的可能性很小, 而其中一个部件已经失效的可能性要大得多. 因此, 对于很大的 t, 剩余寿命的分布基本上是两个指数分布的混合——所以当 t 变得更大时, 它的失败率应该递减 (实际上确实如此). ∎

回忆一下, 具有密度 $f(t) = F'(t)$ 的分布函数 $F(t)$ 的失败率函数定义为

$$\lambda(t) = \frac{f(t)}{1 - F(t)}.$$

对两边求积分, 我们得到

$$\int_0^t \lambda(s)\mathrm{d}s = \int_0^t \frac{f(s)}{1 - F(s)}\mathrm{d}s = -\ln \overline{F}(t).$$

因此

$$\overline{F}(t) = \mathrm{e}^{-\Lambda(t)}, \tag{9.17}$$

其中

$$\Lambda(t) = \int_0^t \lambda(s)\mathrm{d}s.$$

函数 $\Lambda(t)$ 称为分布 F 的**风险函数**.

定义 9.1 如果对于 $t \geqslant 0$,

$$\frac{\Lambda(t)}{t} = \frac{\int_0^t \lambda(s)\mathrm{d}s}{t} \tag{9.18}$$

关于 t 递增, 那么分布 F 称为是**平均递增失效**（IFRA）的.

换句话说, 式 (9.18) 说明直至时刻 t 的平均失败率关于 t 递增. 不难证明, 若 F 是 IFR 分布, 则 F 是 IFRA 分布, 但是反过来不一定正确.

注意, 如果只要 $0 \leqslant s \leqslant t$ 就有 $\frac{\Lambda(s)}{s} \leqslant \frac{\Lambda(t)}{t}$, 这等价于

$$\frac{\Lambda(\alpha t)}{\alpha t} \leqslant \frac{\Lambda(t)}{t}, \qquad 对于 \ 0 \leqslant \alpha \leqslant 1 \ 和一切 \ t \geqslant 0,$$

那么 F 是 IFRA 分布. 由式 (9.17) 可知 $\Lambda(t) = -\ln \overline{F}(t)$, 所以上述条件等价于

$$-\ln \overline{F}(\alpha t) \leqslant -\alpha \ln \overline{F}(t),$$

即

$$\ln \overline{F}(\alpha t) \geqslant \ln \overline{F}^{\alpha}(t).$$

由于 $\ln x$ 是 x 的单调函数，因此上式说明 F 是 IFRA 分布，当且仅当

$$\overline{F}(\alpha t) \geqslant \overline{F}^{\alpha}(t), \qquad \text{对于 } 0 \leqslant \alpha \leqslant 1 \text{ 和一切 } t \geqslant 0. \tag{9.19}$$

对于一个向量 $\boldsymbol{p} = (p_1, \cdots, p_n)$，定义 $\boldsymbol{p}^{\alpha} = (p_1^{\alpha}, \cdots, p_n^{\alpha})$. 我们需要下面的命题.

命题 9.2 任何可靠性函数 $r(\boldsymbol{p})$ 都满足

$$r(\boldsymbol{p}^{\alpha}) \geqslant [r(\boldsymbol{p})]^{\alpha}, \qquad 0 \leqslant \alpha \leqslant 1.$$

证明 我们通过对系统中的部件数 n 进行归纳来证明上式. 若 $n = 1$，则要么 $r(p) \equiv 0$，要么 $r(p) \equiv 1$，要么 $r(p) \equiv p$. 因此在这种情形下，命题成立.

假定命题 9.2 对于所有由 $n-1$ 个部件组成的单调系统都成立，然后考虑一个有结构函数 ϕ 且由 n 个部件组成的系统. 通过以第 n 个部件是否在运行为条件，我们得到

$$r(\boldsymbol{p}^{\alpha}) = p_n^{\alpha} r(1_n, \boldsymbol{p}^{\alpha}) + (1 - p_n^{\alpha}) r(0_n, \boldsymbol{p}^{\alpha}). \tag{9.20}$$

现在，考虑一个由部件 1 到 $n-1$ 组成且具有结构函数 $\phi_1(\boldsymbol{x}) = \phi(1_n, \boldsymbol{x})$ 的系统. 这个系统的可靠性函数为 $r_1(\boldsymbol{p}) = r(1_n, \boldsymbol{p})$. 因此，根据归纳假设（对于所有由 $n-1$ 个部件组成的单调系统都成立），我们有

$$r(1_n, \boldsymbol{p}^{\alpha}) \geqslant [r(1_n, \boldsymbol{p})]^{\alpha}.$$

类似地，通过考虑一个由部件 1 到 $n-1$ 组成且具有结构函数 $\phi_0(\boldsymbol{x}) = \phi(0_n, \boldsymbol{x})$ 的系统，我们得到

$$r(0_n, \boldsymbol{p}^{\alpha}) \geqslant [r(0_n, \boldsymbol{p})]^{\alpha}.$$

于是，由式 (9.20) 可得

$$r(\boldsymbol{p}^{\alpha}) \geqslant p_n^{\alpha} [r(1_n, \boldsymbol{p})]^{\alpha} + (1 - p_n^{\alpha})[r(0_n, \boldsymbol{p})]^{\alpha}.$$

利用下面的引理（取 $\lambda = p_n$，$x = r(1_n, \boldsymbol{p})$，$y = r(0_n, \boldsymbol{p})$），推出

$$r(\boldsymbol{p}^{\alpha}) \geqslant [p_n r(1_n, \boldsymbol{p}) + (1 - p_n) r(0_n, \boldsymbol{p})]^{\alpha} = [r(\boldsymbol{p})]^{\alpha},$$

这就证明了结果. ∎

引理 9.1 若 $0 \leqslant \alpha \leqslant 1$，$0 \leqslant \lambda \leqslant 1$，则对于一切 $0 \leqslant y \leqslant x$，有

$$h(y) = \lambda^{\alpha} x^{\alpha} + (1 - \lambda^{\alpha}) y^{\alpha} - (\lambda x + (1 - \lambda) y)^{\alpha} \geqslant 0.$$

证明 这个证明留作习题. ∎

我们现在证明下面的重要定理

定理 9.2 对于由独立部件组成的单调系统，如果每个部件都有 IFRA 寿命分布，那么系统寿命的分布本身也是 IFRA 分布.

证明 系统寿命的分布 F 为

$$\overline{F}(\alpha t) = r\left(\overline{F}_1(\alpha t), \cdots, \overline{F}_n(\alpha t)\right).$$

由于 r 是单调函数, 而且每个部件的分布 $\overline{F}_i$ 是 IFRA 分布, 因此我们由式 (9.19) 得到

$$\overline{F}(\alpha t) \geqslant r\left(\overline{F}_1^{\alpha}(t), \cdots, \overline{F}_n^{\alpha}(t)\right) \geqslant \left[r\left(\overline{F}_1(t), \cdots, \overline{F}_n(t)\right)\right]^{\alpha} = \overline{F}^{\alpha}(t),$$

由式 (9.19) 就证明了定理. 其中最后的不等式得自命题 9.2. ∎

9.6 期望系统寿命

在本节中, 我们展示如何根据可靠性函数 $r(\boldsymbol{p})$ 和部件寿命的分布 F_i ($i = 1, \cdots, n$), 至少在理论上确定系统的平均寿命.

由于系统寿命是 t 或者更长, 当且仅当系统在时刻 t 还在运行, 因此

$$P\{系统寿命 > t\} = r\left(\overline{\boldsymbol{F}}(t)\right),$$

其中 $\overline{\boldsymbol{F}}(t) = \left(\overline{F}_1(t), \cdots, \overline{F}_n(t)\right)$. 因此根据一个熟知的公式, 即对于任意非负随机变量 X,

$$E[X] = \int_0^{\infty} P\{X > x\}\mathrm{d}x.$$

我们得到[①]

$$E[系统寿命] = \int_0^{\infty} r\left(\overline{\boldsymbol{F}}(t)\right)\mathrm{d}t. \tag{9.21}$$

例 9.26 (均匀分布部件的串联系统) 考虑由 3 个独立部件组成的串联系统, 每个部件的运行时间 (以小时计) 在 $(0, 10)$ 上均匀分布. 因此, $r(\boldsymbol{p}) = p_1 p_2 p_3$ 且

$$F_i(t) = \begin{cases} t/10, & 0 \leqslant t \leqslant 10, \\ 1, & t > 10, \end{cases} \quad i = 1, 2, 3.$$

所以

$$r\left(\overline{\boldsymbol{F}}(t)\right) = \begin{cases} \left(\frac{10-t}{10}\right)^3, & 0 \leqslant t \leqslant 10, \\ 0, & t > 10. \end{cases}$$

从而, 由式 (9.21) 可得

$$E[系统寿命] = \int_0^{10} \left(\frac{10-t}{10}\right)^3 \mathrm{d}t = 10 \int_0^1 y^3 \mathrm{d}y = \frac{5}{2}. \quad ∎$$

---

① 当 X 有密度 f 时, $E[X] = \int_0^{\infty} P\{X > x\}\mathrm{d}x$ 可以证明如下:

$$\int_0^{\infty} P\{X > x\}\mathrm{d}x = \int_0^{\infty} \int_x^{\infty} f(y)\mathrm{d}y\mathrm{d}x = \int_0^{\infty} \int_0^y f(y)\mathrm{d}x\mathrm{d}y = \int_0^{\infty} y f(y)\mathrm{d}y = E[X].$$

例 9.27（3 中取 2 系统）   考虑一个由独立部件组成的 3 中取 2 系统. 其中每个部件的寿命（以月计）在 $(0,1)$ 上均匀分布. 正如例 9.13 所示，这样的系统的可靠性函数为

$$r(\boldsymbol{p}) = p_1p_2 + p_1p_3 + p_2p_3 - 2p_1p_2p_3.$$

由于

$$F_i(t) = \begin{cases} t, & 0 \leqslant t \leqslant 1, \\ 1, & t > 1, \end{cases}$$

因此由式 (9.21) 可得

$$E[\text{系统寿命}] = \int_0^1 \left[3(1-t)^2 - 2(1-t)^3\right] \mathrm{d}t = \int_0^1 \left(3y^2 - 2y^3\right) \mathrm{d}y = 1 - \frac{1}{2} = \frac{1}{2}. \ \blacksquare$$

例 9.28（4 部件系统）   考虑一个由 4 个部件组成的系统，当部件 1 和 2 都运行且部件 3 与 4 中至少有一个运行时，该系统运行. 它的结构函数为

$$\phi(\boldsymbol{x}) = x_1x_2(x_3 + x_4 - x_3x_4),$$

因此它的可靠性函数为

$$r(\boldsymbol{p}) = p_1p_2(p_3 + p_4 - p_3p_4).$$

当第 i 个部件的寿命在 $(0, i)$ 上均匀分布时，$i = 1, 2, 3, 4$，我们来计算系统寿命的均值. 现在，

$$\overline{F}_1(t) = \begin{cases} 1 - t, & 0 \leqslant t \leqslant 1, \\ 0, & t > 1, \end{cases}$$

$$\overline{F}_2(t) = \begin{cases} 1 - t/2, & 0 \leqslant t \leqslant 2, \\ 0, & t > 2, \end{cases}$$

$$\overline{F}_3(t) = \begin{cases} 1 - t/3, & 0 \leqslant t \leqslant 3, \\ 0, & t > 3, \end{cases}$$

$$\overline{F}_4(t) = \begin{cases} 1 - t/4, & 0 \leqslant t \leqslant 4, \\ 0, & t > 4. \end{cases}$$

因此

$$r\left(\overline{\boldsymbol{F}}(t)\right) = \begin{cases} (1-t)\left(\frac{2-t}{2}\right)\left[\frac{3-t}{3} + \frac{4-t}{4} - \frac{(3-t)(4-t)}{12}\right], & 0 \leqslant t \leqslant 1, \\ 0, & t > 1. \end{cases}$$

所以

$$E[\text{系统寿命}] = \frac{1}{24}\int_0^1 (1-t)(2-t)(12-t^2)\mathrm{d}t = \frac{593}{24 \times 60} \approx 0.41. \qquad \blacksquare$$

最后，我们计算由独立同分布的指数寿命部件组成的 n 中取 k 系统的平均寿命. 如果 θ 是每个部件的平均寿命，那么

$$\overline{F}_i(t) = \mathrm{e}^{-t/\theta}.$$

由于对于 n 中取 k 系统，有

$$r(p, p, \cdots, p) = \sum_{i=k}^{n} \binom{n}{i} p^i (1-p)^{n-i},$$

因此由式 (9.21) 可得

$$E[\text{系统寿命}] = \int_0^\infty \sum_{i=k}^{n} \binom{n}{i} \left(\mathrm{e}^{-t/\theta}\right)^i \left(1 - \mathrm{e}^{-t/\theta}\right)^{n-i} \mathrm{d}t.$$

作替换

$$y = \mathrm{e}^{-t/\theta}, \qquad \mathrm{d}y = -\frac{1}{\theta}\mathrm{e}^{-t/\theta}\mathrm{d}t = -\frac{y}{\theta}\mathrm{d}t,$$

得到

$$E[\text{系统寿命}] = \theta \sum_{i=k}^{n} \binom{n}{i} \int_0^1 y^{i-1}(1-y)^{n-i}\mathrm{d}y.$$

现在，不难证明[①]

$$\int_0^1 y^n (1-y)^m \mathrm{d}y = \frac{m!n!}{(m+n+1)!}. \tag{9.22}$$

于是我们有

$$E[\text{系统寿命}] = \theta \sum_{i=k}^{n} \frac{n!}{(n-i)!i!} \frac{(i-1)!(n-i)!}{n!} = \theta \sum_{i=k}^{n} \frac{1}{i}. \tag{9.23}$$

注 式 (9.23) 可以直接利用指数分布的特性来证明. 首先注意到，n 中取 k 系统的寿命可以写成 $T_1 + \cdots + T_{n-k+1}$，其中 T_i 表示第 $i-1$ 次失效与第 i 次失效之间的时间. 事实如此，因为 $T_1 + \cdots + T_{n-k+1}$ 等于第 $n-k+1$ 个部件失效的时刻，这也是在运行的部件数首次小于 k 的时刻. 当 n 个部件都在运行时，失效发生的速率是 n/θ，即 T_1 服从均值为 θ/n 的指数分布. 类似地，T_i 表示当有 $n-i+1$ 个部件在运行时，直到下一次失效发生的时间，由此推出 T_i 服从均值为 $\frac{\theta}{n-i+1}$ 的指数分布. 因此，系统的平均寿命等于

$$E[T_1 + \cdots + T_{n-k+1}] = \theta \left[\frac{1}{n} + \cdots + \frac{1}{k}\right].$$

此外，由指数分布的无记忆性可知，$T_i \, (i = 1, \cdots, n-k+1)$ 是独立的随机变量.

[①] 令

$$C(n, m) = \int_0^1 y^n (1-y)^m \mathrm{d}y.$$

用分部积分法得到 $C(n, m) = \frac{m}{n+1} C(n+1, m-1)$. 从 $C(n, 0) = \frac{1}{n+1}$ 开始，通过数学归纳法得出式 (9.22).

并联系统期望寿命的上界

考虑一个由 n 个部件组成的并联系统, 部件的寿命不一定是独立的. 系统寿命可以表示为

$$\text{系统寿命} = \max_i X_i,$$

其中 X_i 是第 i 个部件的寿命, $i = 1, \cdots, n$. 我们可以利用下面的不等式来得到系统期望寿命的上界: 对于任意常数 c,

$$\max_i X_i \leqslant c + \sum_{i=1}^{n} (X_i - c)^+, \tag{9.24}$$

其中 x^+ 是 x 的正部, 如果 $x > 0$, 那么它等于 x; 如果 $x \leqslant 0$, 那么它等于 0. 不等式 (9.24) 的有效性是显而易见的, 因为若 $\max X_i < c$, 则左边等于 $\max X_i$, 右边等于 c. 另外, 若 $X_{(n)} = \max X_i > c$, 则右边至少与 $c + (X_{(n)} - c) = X_{(n)}$ 一样大. 对不等式 (9.24) 取期望, 得到

$$E\left[\max_i X_i\right] \leqslant c + \sum_{i=1}^{n} E[(X_i - c)^+]. \tag{9.25}$$

现在, $(X_i - c)^+$ 是一个非负的随机变量, 所以

$$\begin{aligned}
E[(X_i - c)^+] &= \int_0^\infty P\{(X_i - c)^+ > x\}\mathrm{d}x \\
&= \int_0^\infty P\{X_i - c > x\}\mathrm{d}x \\
&= \int_c^\infty P\{X_i > y\}\mathrm{d}y.
\end{aligned}$$

于是, 我们得到

$$E\left[\max_i X_i\right] \leqslant c + \sum_{i=1}^{n} \int_c^\infty P\{X_i > y\}\mathrm{d}y. \tag{9.26}$$

因为上式对于一切 c 都成立, 所以我们可以通过令 c 等于使上式右边最小的值来得到最佳的界. 为了确定这个值, 对上式右边求微分, 并令其结果为 0, 得到

$$1 - \sum_{i=1}^{n} P\{X_i > c\} = 0.$$

也就是说, 使上界最小化的值 c 是使

$$\sum_{i=1}^{n} P\{X_i > c^*\} = 1$$

的值 c^*. 因为 $\sum_{i=1}^n P\{X_i > c\}$ 是 c 的减函数, 所以可以很容易地逼近 c^* 的值, 然后将它用于不等式 (9.26) 中. 另外要注意的是, 超过 c^* 的 X_i 的期望个数等

于 1（见习题 32）. c 的最佳值具有这样的性质是很有趣的，而且是有些直观的，因此当恰好有一个 X_i 超过 c 时，不等式 (9.24) 取等号.

例 9.29 假设部件 i 的寿命服从速率为 λ_i（$i=1,\cdots,n$）的指数分布. 那么，使上界最小化的值 c 满足

$$1 = \sum_{i=1}^{n} P\{X_i > c^*\} = \sum_{i=1}^{n} \mathrm{e}^{-\lambda_i c^*},$$

因此，系统平均寿命的界是

$$
\begin{aligned}
E\left[\max_i X_i\right] &\leqslant c^* + \sum_{i=1}^{n} E[(X_i - c^*)^+] \\
&= c^* + \sum_{i=1}^{n} (E[(X_i - c^*)^+ \mid X_i > c^*] P\{X_i > c^*\} \\
&\qquad + E[(X_i - c^*)^+ \mid X_i \leqslant c^*] P\{X_i \leqslant c^*\}) \\
&= c^* + \sum_{i=1}^{n} \frac{1}{\lambda_i} \mathrm{e}^{-\lambda_i c^*}.
\end{aligned}
$$

在所有速率都相等的特殊情形下，例如 $\lambda_i = \lambda$，$i = 1,\cdots,n$，那么

$$1 = n\mathrm{e}^{-\lambda c^*},$$

所以

$$c^* = \frac{1}{\lambda}\ln(n),$$

从而

$$E\left[\max_i X_i\right] \leqslant \frac{1}{\lambda}(\ln(n) + 1).$$

也就是说，若 $X_1,\cdots,X_n$ 是同分布的速率为 λ 的随机变量，则上式给出了它们最大值的期望值的一个界. 在这些随机变量也相互独立的特殊情形下，由式 (9.25) 得出下面的表示式：

$$E\left[\max_i X_i\right] = \frac{1}{\lambda}\sum_{i=1}^{n} 1/i \approx \frac{1}{\lambda}\int_1^n \frac{1}{x}\mathrm{d}x \approx \frac{1}{\lambda}\ln(n).$$

它并不比上面的上界小多少. ∎

9.7 可修复的系统

考虑一个可靠性函数为 $r(\boldsymbol{p})$ 的 n 部件系统. 假设部件 i 运行一个速率为 λ_i 的指数时间，然后失效；一旦失效，它需要一个速率为 μ_i 的指数时间来修复，$i = 1,\cdots,n$. 所有部件都独立地运行.

假设开始时所有的部件都在运行，并且令

$$A(t) = P\{系统在时刻\ t\ 运行\}.$$

$A(t)$ 称为在时刻 t 的**可用度**. 由于所有部件都独立地运行，因此 $A(t)$ 可以用可靠性函数表示如下：

$$A(t) = r(A_1(t), \cdots, A_n(t)), \tag{9.27}$$

其中

$$A_i(t) = P\{部件\ i\ 在时刻\ t\ 运行\}.$$

现在，部件 i 的状态（要么运行，要么失效）按一个连续时间的两状态马尔可夫链变化. 因此，由例 6.11 的结果可得

$$A_i(t) = P_{00}(t) = \frac{\mu_i}{\mu_i + \lambda_i} + \frac{\lambda_i}{\mu_i + \lambda_i} \mathrm{e}^{-(\lambda_i + \mu_i)t}.$$

于是，我们得到

$$A(t) = r\left(\frac{\boldsymbol{\mu}}{\boldsymbol{\mu} + \boldsymbol{\lambda}} + \frac{\boldsymbol{\lambda}}{\boldsymbol{\mu} + \boldsymbol{\lambda}} \mathrm{e}^{-(\lambda + \mu)t}\right).$$

如果令 t 趋于 ∞，那么我们得到**极限可用度**（记为 A）：

$$A = \lim_{t \to \infty} A(t) = r\left(\frac{\boldsymbol{\mu}}{\boldsymbol{\lambda} + \boldsymbol{\mu}}\right).$$

注　(i) 如果部件 i 的运行和失效分别具有均值为 $1/\lambda_i$ 和 $1/\mu_i$ 的任意连续分布，$i = 1, \cdots, n$，那么由交替更新过程的理论（见 7.5.1 节）可得

$$A_i(t) \to \frac{1/\lambda_i}{1/\lambda_i + 1/\mu_i} = \frac{\mu_i}{\mu_i + \lambda_i}.$$

于是，利用可靠性函数的连续性，从式 (9.27) 推出极限可用度是

$$A = \lim_{t \to \infty} A(t) = r\left(\frac{\boldsymbol{\mu}}{\boldsymbol{\mu} + \boldsymbol{\lambda}}\right).$$

因此，A 只依赖于运行和失效的分布的均值.

(ii) 可以证明（利用在 7.5 节中介绍的再生过程理论）A 也等于系统运行的长程时间比例.

例 9.30　对于一个串联系统，$r(\boldsymbol{p}) = \prod_{i=1}^{n} p_i$，所以

$$A(t) = \prod_{i=1}^{n} \left[\frac{\mu_i}{\mu_i + \lambda_i} + \frac{\lambda_i}{\mu_i + \lambda_i} \mathrm{e}^{-(\lambda_i + \mu_i)t}\right],$$

$$A = \prod_{i=1}^{n} \frac{\mu_i}{\mu_i + \lambda_i}. \qquad\blacksquare$$

例 9.31 对于一个并联系统，$r(\boldsymbol{p}) = 1 - \prod_{i=1}^{n}(1 - p_i)$，所以

$$A(t) = 1 - \prod_{i=1}^{n}\left[\frac{\lambda_i}{\mu_i + \lambda_i}(1 - \mathrm{e}^{-(\lambda_i + \mu_i)t})\right],$$

$$A = 1 - \prod_{i=1}^{n}\frac{\lambda_i}{\mu_i + \lambda_i}.$$ ■

上面的系统在运行和失效之间交替. 我们令 U_i 和 D_i（$i \geqslant 1$）分别为第 i 次运行和失效的时间长度. 例如在 3 中取 2 系统中，U_1 是直到两个部件失效的时间，D_1 是直到两个部件运行的附加时间，U_2 是直到两个部件失效的附加时间，等等. 令

$$\overline{U} = \lim_{n\to\infty}\frac{U_1 + \cdots + U_n}{n}, \qquad \overline{D} = \lim_{n\to\infty}\frac{D_1 + \cdots + D_n}{n}$$

分别为一个运行周期和失效周期的平均时间长度.[1]

为了确定 $\overline{U}$ 和 $\overline{D}$，首先注意到，在前 n 个运行–失效的循环中（即在时间 $\sum_{i=1}^{n}(U_i + D_i)$ 内），系统运行的时间为 $\sum_{i=1}^{n}U_i$. 因此，在前 n 个运行–失效的循环中，系统运行的时间比例是

$$\frac{U_1 + \cdots + U_n}{U_1 + \cdots + U_n + D_1 + \cdots + D_n} = \frac{\sum_{i=1}^{n}U_i/n}{\sum_{i=1}^{n}U_i/n + \sum_{i=1}^{n}D_i/n}.$$

当 $n \to \infty$ 时，它必须趋于系统运行的长程时间比例 A. 因此，

$$\frac{\overline{U}}{\overline{U} + \overline{D}} = A = r\left(\frac{\boldsymbol{\mu}}{\boldsymbol{\lambda} + \boldsymbol{\mu}}\right). \tag{9.28}$$

然而，为了求解 $\overline{U}$ 和 $\overline{D}$，我们需要另一个方程. 为此，考虑系统失效的速率. 因为在时间 $\sum_{i=1}^{n}(U_i + D_i)$ 内将有 n 次失效，所以系统失效的速率是

$$\text{系统失效的速率} = \lim_{n\to\infty}\frac{n}{\sum_{i=1}^{n}U_i + \sum_{i=1}^{n}D_i}$$
$$= \lim_{n\to\infty}\frac{n}{\sum_{i=1}^{n}U_i/n + \sum_{i=1}^{n}D_i/n} = \frac{1}{\overline{U} + \overline{D}}. \tag{9.29}$$

也就是说，上式直观地表明，平均每 $\overline{U} + \overline{D}$ 个单位时间就有一次失效. 为了利用这一点，我们来确定部件 i 的失效导致系统从运行转为失效的速率. 如果其他部件的状态 $x_1, \cdots, x_{i-1}, x_{i+1}, \cdots, x_n$ 使得 $\phi(1_i, \boldsymbol{x}) = 1$，$\phi(0_i, \boldsymbol{x}) = 0$，那么当部件 i 失效时，系统从运行转为失效. 也就是说，其他部件的状态必须满足

$$\phi(1_i, \boldsymbol{x}) - \phi(0_i, \boldsymbol{x}) = 1. \tag{9.30}$$

因为部件 i 平均每 $1/\lambda_i + 1/\mu_i$ 个单位时间就有一次失效，所以部件 i 失效的速率等于 $(1/\lambda_i + 1/\mu_i)^{-1} = \lambda_i\mu_i/(\lambda_i + \mu_i)$. 此外，其他部件的状态将以概率[2]

---

[1] 利用再生过程的理论可以证明，上面的极限以概率 1 存在，而且是常数.

[2] $X(\infty)$ 理解为当 $t \to \infty$ 时系统的随机状态. ——译者注

$$P\{\phi(1_i, X(\infty)) - \phi(0_i, X(\infty)) = 1\}$$
$$= E[\phi(1_i, X(\infty)) - \phi(0_i, X(\infty))] \qquad （因为 \phi(1_i, X(\infty)) - \phi(0_i, X(\infty))$$
$$= r\left(1_i, \frac{\mu}{\lambda + \mu}\right) - r\left(0_i, \frac{\mu}{\lambda + \mu}\right) \qquad 是伯努利随机变量）$$

使得式 (9.30) 成立. 因此, 将上面的内容结合起来, 我们得到

$$部件 \ i \ 导致系统失效的速率 = \frac{\lambda_i \mu_i}{\lambda_i + \mu_i}\left[r\left(1_i, \frac{\mu}{\lambda + \mu}\right) - r\left(0_i, \frac{\mu}{\lambda + \mu}\right)\right].$$

对所有的部件 i 求和, 得到

$$系统失效的速率 = \sum_i \frac{\lambda_i \mu_i}{\lambda_i + \mu_i}\left[r\left(1_i, \frac{\mu}{\lambda + \mu}\right) - r\left(0_i, \frac{\mu}{\lambda + \mu}\right)\right].$$

最后, 将上式与式 (9.29) 取等, 得到

$$\frac{1}{\overline{U} + \overline{D}} = \sum_i \frac{\lambda_i \mu_i}{\lambda_i + \mu_i}\left[r\left(1_i, \frac{\mu}{\lambda + \mu}\right) - r\left(0_i, \frac{\mu}{\lambda + \mu}\right)\right]. \tag{9.31}$$

求解方程 (9.28) 和方程 (9.31), 我们得到

$$\overline{U} = \frac{r\left(\frac{\mu}{\lambda+\mu}\right)}{\sum_{i=1}^{n} \frac{\lambda_i \mu_i}{\lambda_i + \mu_i}\left[r\left(1_i, \frac{\mu}{\lambda+\mu}\right) - r\left(0_i, \frac{\mu}{\lambda+\mu}\right)\right]}, \tag{9.32}$$

$$\overline{D} = \frac{\left[1 - r\left(\frac{\mu}{\lambda+\mu}\right)\right]\overline{U}}{r\left(\frac{\mu}{\lambda+\mu}\right)}. \tag{9.33}$$

此外, 由方程 (9.31) 可以推出系统失效的速率.

注 在建立 $\overline{U}$ 和 $\overline{D}$ 的公式时, 我们并没有利用运行和失效时间的指数假定. 而事实上, 我们的推导是有效的, 并且只要 $\overline{U}$ 和 $\overline{D}$ 都定义良好（一个充分条件是所有的运行和失效分布都是连续的）, 式 (9.32) 和式 (9.33) 就成立. λ_i 和 μ_i ($i = 1, \cdots, n$) 分别表示平均寿命和平均修理时间的倒数.

例 9.32 对于串联系统,

$$\overline{U} = \frac{\prod_i \frac{\mu_i}{\mu_i + \lambda_i}}{\sum_i \frac{\lambda_i \mu_i}{\lambda_i + \mu_i}\prod_{j \neq i}\frac{\mu_j}{\mu_j + \lambda_j}} = \frac{1}{\sum_i \lambda_i},$$

$$\overline{D} = \frac{1 - \prod_i \frac{\mu_i}{\mu_i + \lambda_i}}{\prod_i \frac{\mu_i}{\mu_i + \lambda_i}} \times \frac{1}{\sum_i \lambda_i}.$$

而对于并联系统,

$$\overline{U} = \frac{1 - \prod_i \frac{\lambda_i}{\mu_i + \lambda_i}}{\sum_i \frac{\lambda_i \mu_i}{\lambda_i + \mu_i}\prod_{j \neq i}\frac{\lambda_j}{\mu_j + \lambda_j}} = \frac{1 - \prod_i \frac{\lambda_i}{\mu_i + \lambda_i}}{\prod_j \frac{\lambda_j}{\mu_j + \lambda_j}} \times \frac{1}{\sum_i \mu_i},$$

$$\overline{D} = \frac{\prod_i \frac{\lambda_i}{\mu_i + \lambda_i}}{1 - \prod_i \frac{\lambda_i}{\mu_i + \lambda_i}}\overline{U} = \frac{1}{\sum_i \mu_i}.$$

上面的公式对于任意连续的运行和失效分布都成立，其中 $1/\lambda_i$ 和 $1/\mu_i$ 分别表示部件 i 的平均运行和失效时间，$i = 1, \cdots, n$. ∎

带有休眠状态的串联模型

考虑由 n 个部件组成的一个串联系统，并且假设只要一个部件失效（因此系统也失效），就立刻开始修理这个部件，而其他部件进入休眠状态. 也就是说，在失效的部件修复后，其他部件会恢复失效发生时的运行. 如果有两个或更多部件同时失效，那么从中任意选取一个作为失效部件开始修理，其他同时失效的部件被认为处于休眠状态，当修理完成时，它们就立刻进入失效状态. 我们假设（不计休眠状态的时间）部件 i 运行的时间分布是 F_i，均值为 u_i，而修理的时间分布是 G_i，均值为 d_i，$i = 1, \cdots, n$.

为了确定系统运行的长程时间比例，我们作如下推理. 首先考虑一个时刻（记为 T），到此刻系统已经运行了时间 t. 现在，当系统运行时，部件 i 的失效次数构成一个平均到达间隔为 u_i 的更新过程. 由此推出

$$\text{部件 } i \text{ 在时间 } T \text{ 内的失效次数} \approx \frac{t}{u_i}.$$

由于部件 i 的平均修理时间是 d_i，因此由上式可推出

$$\text{部件 } i \text{ 在时间 } T \text{ 内的总修理时间} \approx \frac{td_i}{u_i}.$$

所以，在系统已经运行了时间 t 的期间内，系统总的失效时间近似地是

$$t \sum_{i=1}^{n} d_i/u_i.$$

因此，系统运行的时间比例近似地是

$$\frac{t}{t + t \sum_{i=1}^{n} d_i/u_i}.$$

因为当 t 变大时，这个近似应该变得更精确，所以

$$\text{系统运行的时间比例} = \frac{1}{1 + \sum_i d_i/u_i}, \tag{9.34}$$

这也说明

$$\text{系统失效的时间比例} = 1 - \text{系统运行的时间比例} = \frac{\sum_i d_i/u_i}{1 + \sum_i d_i/u_i}.$$

此外，在从 0 到 T 的时间区间内，用于修理部件 i 的时间比例近似地为

$$\frac{td_i/u_i}{\sum_i td_i/u_i}.$$

所以，在长程中，

$$\text{部件 } i \text{ 导致的失效时间比例} = \frac{d_i/u_i}{\sum_i d_i/u_i}.$$

将上式乘以系统的失效时间比例，得出

$$\text{部件 } i \text{ 在修理的时间比例} = \frac{d_i/u_i}{1 + \sum_i d_i/u_i}.$$

此外，由于只要其他部件在修理，部件 j 就处于休眠状态，因此

$$\text{部件 } j \text{ 处于休眠状态的时间比例} = \frac{\sum_{i \neq j} d_i/u_i}{1 + \sum_i d_i/u_i}.$$

另一个重要的量是系统失效的长程速率. 由于当系统运行时，部件 i 以速率 $1/u_i$ 失效，而当系统失效时它未必失效，因此

$$\text{部件 } i \text{ 失效的速率} = \frac{\text{系统运行的时间比例}}{u_i} = \frac{1/u_i}{1 + \sum_i d_i/u_i}.$$

由于当任何一个部件失效时系统失效，因此由上式可得

$$\text{系统失效的速率} = \frac{\sum_i 1/u_i}{1 + \sum_i d_i/u_i}. \tag{9.35}$$

如果将时间轴划分为系统运行与失效的时段，那么我们可以通过以下方式确定一个运行时段的平均长度：如果 $U(t)$ 是在区间 $[0, t]$ 内系统运行的总时间，$N(t)$ 是到 t 为止失效的次数，那么

$$\text{一个运行时段的平均长度} = \lim_{t \to \infty} \frac{U(t)}{N(t)} = \lim_{t \to \infty} \frac{U(t)/t}{N(t)/t} = \frac{1}{\sum_i 1/u_i},$$

其中最后的等式用到了式 (9.34) 和式 (9.35). 用类似的方式可以证明

$$\text{一个失效时段的平均长度} = \frac{\sum_i d_i/u_i}{\sum_i 1/u_i}. \tag{9.36}$$

习　　题

1. 证明：对于任意结构函数 ϕ，有

$$\phi(\boldsymbol{x}) = x_i \phi(1_i, \boldsymbol{x}) + (1 - x_i)\phi(0_i, \boldsymbol{x}),$$

其中

$$(1_i, \boldsymbol{x}) = (x_1, \cdots, x_{i-1}, 1, x_{i+1}, \cdots, x_n), \quad (0_i, \boldsymbol{x}) = (x_1, \cdots, x_{i-1}, 0, x_{i+1}, \cdots, x_n).$$

2. 证明

(a) 若 $\phi(0, 0, \cdots, 0) = 0$ 且 $\phi(1, 1, \cdots, 1) = 1$，则 $\min x_i \leqslant \phi(\boldsymbol{x}) \leqslant \max x_i$；

(b) $\phi(\max(\boldsymbol{x}, \boldsymbol{y})) \geqslant \max(\phi(\boldsymbol{x}), \phi(\boldsymbol{y}))$；

(c) $\phi(\min(\boldsymbol{x}, \boldsymbol{y})) \leqslant \min(\phi(\boldsymbol{x}), \phi(\boldsymbol{y}))$.

3. 对于任意结构函数 ϕ，我们定义对偶结构函数 ϕ^{D} 为 $\phi^{\mathrm{D}}(\boldsymbol{x}) = 1 - \phi(1 - \boldsymbol{x})$.

(a) 证明一个并联（串联）系统的对偶是一个串联（并联）系统.

(b) 证明对偶结构的对偶是原来的结构.

(c) n 中取 k 系统的对偶是什么？

(d) 证明对偶系统的最小路（割）集是原来系统的最小割（路）集.

*4. 写出对应于图 9-16~图 9-18 的结构函数.

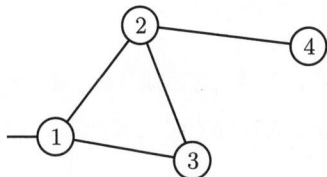

图 9-16

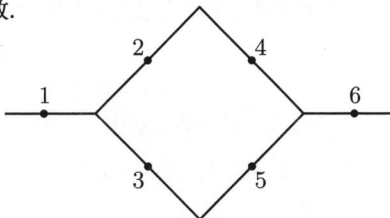

图 9-17

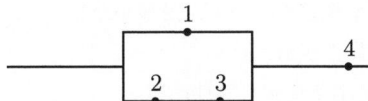

图 9-18

5. 求对应于图 9-19 和图 9-20 的最小路集与最小割集.

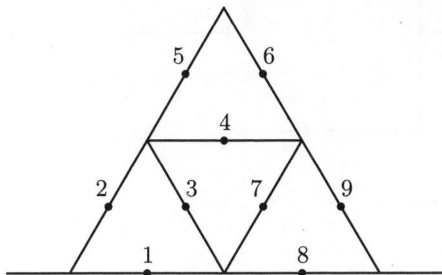

图 9-19

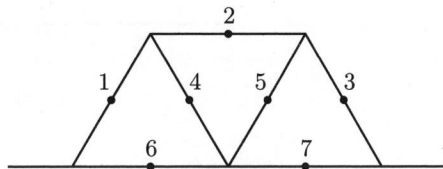

图 9-20

*6. 最小路集是 $\{1,2,4\}$, $\{1,3,5\}$ 和 $\{5,6\}$. 给出最小割集.

7. 最小割集是 $\{1,2,3\}$, $\{2,3,4\}$ 和 $\{3,5\}$. 最小路集是什么?

8. 给出图 9-21 中结构的最小路集与最小割集.

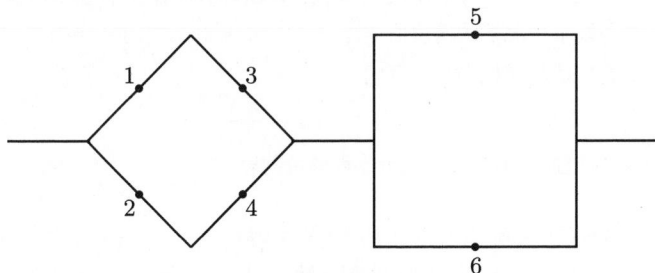

图 9-21

9. 如果对于某个状态向量 x, 有

$$\phi(1_i, x) = 1, \qquad \phi(0_i, x) = 0,$$

那么部件 i 称为**关联**于系统, 否则, 称为**无关联**的.

(a) 用文字解释一个部件是无关联的含义.

(b) 令 $A_1, \cdots, A_s$ 是一个系统的最小路集, 令 S 为部件的集合. 证明 $S = \bigcup_{i=1}^{s} A_i$, 当且仅当所有的部件都是关联的.

(c) 令 $C_1, \cdots, C_k$ 为最小割集. 证明 $S = \bigcup_{i=1}^{k} C_i$, 当且仅当所有的部件都是关联的.

10. 令 t_i 为第 i 个部件失效的时间, 令 $\tau_\phi(t)$ 为系统 ϕ 失效的时间, 它是向量 $t = (t_1, \cdots, t_n)$ 的函数. 证明

$$\max_{1 \leqslant j \leqslant s} \min_{i \in A_j} t_i = \tau_\phi(t) = \min_{1 \leqslant j \leqslant k} \max_{i \in C_j} t_i.$$

其中 $C_1, \cdots, C_k$ 是最小割集, $A_1, \cdots, A_s$ 是最小路集.

11. 给出习题 8 中结构的可靠性函数.

*12. 给出图 9–22 中结构的最小路集和可靠性函数.

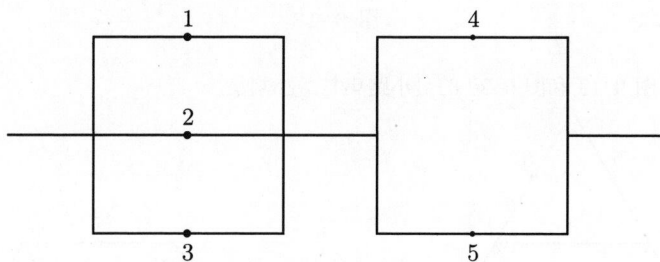

图 9–22

13. 令 $r(p)$ 为可靠性函数. 证明

$$r(p) = p_i r(1_i, p) + (1 - p_i) r(0_i, p).$$

14. 通过以部件 3 是否运行为条件, 计算桥联系统 (见图 9–11) 的可靠性函数.

15. 对于习题 4 中给出的系统, 计算可靠性函数的上界和下界 (用方法 2), 并将它们与 $p_i \equiv 1/2$ 时的精确值作比较.

16. 对于 (a) 3 中取 2 系统, (b) 4 中取 2 系统, 用两种方法计算 $r(p)$ 的上界与下界.

(c) 将这些界与以下情况下的精确值作比较: (i) $p_i \equiv 0.5$, (ii) $p_i \equiv 0.8$, (iii) $p_i \equiv 0.2$.

*17. 令 N 是非负整数值的随机变量. 证明

$$P\{N > 0\} \geqslant \frac{(E[N])^2}{E[N^2]},$$

并且解释怎样使用这个不等式推出可靠性函数的界.

提示:

$$E[N^2] = E[N^2 \mid N > 0] P\{N > 0\} \qquad （为什么？）$$

$$\geqslant (E[N \mid N > 0])^2 P\{N > 0\}, \qquad （为什么？）$$

上式两边都乘以 $P\{N > 0\}$.

18. 考虑一个结构, 其最小路集是 $\{1, 2, 3\}$ 和 $\{3, 4, 5\}$.

(a) 最小割集是什么?

(b) 如果部件的寿命都是独立的 $(0, 1)$ 均匀随机变量, 确定系统寿命小于 $1/2$ 的概率.

19. 令 $X_1, X_2, \cdots, X_n$ 为独立同分布的随机变量，并且定义次序统计量 $X_{(1)}, \cdots, X_{(n)}$ 为

$$X_{(i)} \equiv X_1, \cdots, X_n \text{ 中第 } i \text{ 小的}.$$

证明：如果 X_j 的分布是 IFR 分布，那么 $X_{(i)}$ 的分布也是 IFR 分布.
提示：将它与本章中的某一个例子联系起来.

20. 令 F 是连续分布函数. 对于某个正数 α，定义分布函数 G 为

$$\overline{G}(t) = \left(\overline{F}(t)\right)^{\alpha}.$$

求 G 和 F 各自的失败率函数 $\lambda_G(t)$ 和 $\lambda_F(t)$ 之间的关系.

21. 考虑图 9–23～图 9–26 中的 4 个结构.

(i)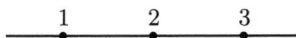

图 9–23

(ii)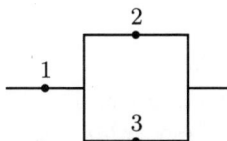

图 9–24

(iii)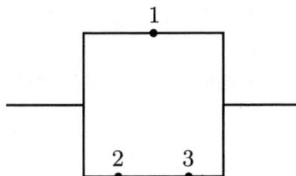

图 9–25

(iv)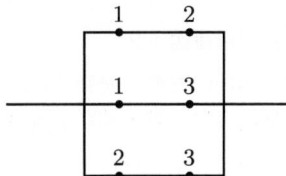

图 9–26

令 F_1, F_2 和 F_3 是对应部件的失效分布，每个分布都假定是 IFR 分布. 令 F 是系统的失效分布. 所有的部件都是独立的.

(a) 若 $F_1 = F_2 = F_3$，对于哪些结构，F 一定是 IFR 分布？给出理由.

(b) 若 $F_2 = F_3$，对于哪些结构，F 一定是 IFR 分布？给出理由.

(c) 若 $F_1 \neq F_2 \neq F_3$，对于哪些结构，F 一定是 IFR 分布？给出理由.

*22. 令 X 为一个产品的寿命. 假设产品已经达到年龄 t. 令 X_t 为它的剩余寿命，并且定义

$$\overline{F}_t(a) = P\{X_t > a\}.$$

用文字来表述，$\overline{F}_t(a)$ 是一个年龄为 t 的产品还能再存活一个附加时间 a 的概率.

(a) 证明 $\overline{F}_t(a) = \dfrac{\overline{F}(t+a)}{\overline{F}(t)}$，其中 F 是 X 的分布函数.

(b) IFR 分布的另一个定义是，如果对于所有 a，$\overline{F}_t(a)$ 关于 t 递减，那么 F 是 IFR 分布. 证明当 F 有密度时，这个定义等价于在正文中给出的定义.

23. 通过 (a) 和 (b) 证明，如果串联系统的每一个（独立的）部件都有 IFR 分布，那么系统寿命本身也是 IFR 分布.

(a) 证明

$$\lambda_F(t) = \sum_i \lambda_i(t),$$

其中 $\lambda_F(t)$ 是系统的失败率函数，$\lambda_i(t)$ 是第 i 个部件的寿命的失败率函数.

(b) 习题 22 中给出的 IFR 分布的定义.

24. 证明如果 F 是 IFR 分布，那么它也是 IFRA 分布，并且通过反例说明反过来是不对的.

*25. 如果 $F(\zeta) = p$，那么我们说 ζ 是分布 F 的第 p 百分位数. 证明如果 ζ 是 IFRA 分布 F 的第 p 百分位数，那么

$$\overline{F}(x) \leqslant e^{-\theta x}, \qquad x \geqslant \zeta,$$
$$\overline{F}(x) \geqslant e^{-\theta x}, \qquad x \leqslant \zeta,$$

其中

$$\theta = \frac{-\ln(1-p)}{\zeta}.$$

26. 证明引理 9.3.

提示：令 $x = y + \delta$. 注意，当 $0 \leqslant \alpha \leqslant 1$ 时，$f(t) = t^\alpha$ 是凹函数，然后利用凹函数 $f(t+h) - f(t)$ 关于 t 递减这一事实.

27. 令 $r(p) = r(p, p, \cdots, p)$. 证明若 $r(p_0) = p_0$，则

$$r(p) \geqslant p, \qquad 对 \ p \geqslant p_0,$$
$$r(p) \leqslant p, \qquad 对 \ p \leqslant p_0.$$

提示：利用命题 9.2.

28. 当两个部件的寿命分别在 $(0, 1)$ 和 $(0, 2)$ 上均匀分布时，求由这两个部件组成的串联系统的平均寿命. 对于并联系统进行同样的计算.

29. 证明，当第一个部件的寿命服从均值为 $1/\mu_1$ 的指数分布，而第二个部件的寿命服从均值为 $1/\mu_2$ 的指数分布时，由这两个部件组成的并联系统的平均寿命是

$$\frac{1}{\mu_1 + \mu_2} + \frac{\mu_1}{(\mu_1 + \mu_2)\mu_2} + \frac{\mu_2}{(\mu_1 + \mu_2)\mu_1}.$$

*30. 计算 4 中取 3 系统的期望寿命，其中前两个部件的寿命在 $(0, 1)$ 上均匀分布，而后两个部件的寿命在 $(0, 2)$ 上均匀分布.

31. 证明，当每个部件的寿命都服从均值为 θ 的指数分布时，一个 n 中取 k 系统的寿命方差为

$$\theta^2 \sum_{i=k}^n \frac{1}{i^2}.$$

32. 在 9.6 节中，证明超过 c^* 的 X_i 的期望个数等于 1.

33. 令 X_i 是均值为 $8 + 2i$ 的指数随机变量，$i = 1, 2, 3$. 用 9.6 节中的结果得到 $E[\max X_i]$ 的上界，然后与当 X_i 是独立随机变量时的精确结果作比较.

34. 对于 9.7 节中的模型，计算 n 中取 k 结构的 (i) 平均运行时间，(ii) 平均失效时间，(iii) 系统的失败率.

35. 证明组合恒等式

$$\binom{n-1}{i-1} = \binom{n}{i} - \binom{n}{i+1} + \cdots \pm \binom{n}{n}, \qquad i \leqslant n.$$

(a) 通过对 i 用归纳法.

(b) 通过对 i 用逆向归纳法，也就是说，先证明当 $i = n$ 时该式成立，然后假定当 $i = k$ 时它成立，并且证明由此可以推出当 $i = k - 1$ 时它也成立.

36. 验证式 (9.36).

参考文献

[1] R. E. Barlow and F. Proschan. *Statistical Theory of Reliability and Life Testing*, Holt, New York, 1975.

[2] H. Frank and I. Frisch. *Communication, Transmission, and Transportation Network*, Addison-Wesley, Reading, Massachusetts, 1971.

[3] I. B. Gertsbakh. *Statistical Reliability Theory*, Marcel Dekker, New York and Basel, 1989.

第 10 章　布朗运动与平稳过程

10.1　布朗运动

本章首先讨论对称随机游动，对称随机游动在每个单位时间内等可能地向左或向右走一步．也就是说，这是一个具有 $P_{i,i+1} = 1/2 = P_{i,i-1}$（$i = 0, \pm 1, \cdots$）的马尔可夫链．现在，假设通过在越来越小的时间区间内取越来越小的步长来加快这个过程．如果我们以正确的方式趋于极限，那么得到的就是布朗运动．

更确切地说，假设在每 Δt 个单位时间内，我们等概率地向左或向右移动大小为 Δx 的一步．如果令 $X(t)$ 为在时刻 t 的位置，那么

$$X(t) = \Delta x(X_1 + \cdots + X_{\lfloor t/\Delta t\rfloor}), \tag{10.1}$$

其中

$$X_i = \begin{cases} +1, & \text{如果长度为 } \Delta x \text{ 的第 } i \text{ 步是向右的}, \\ -1, & \text{如果长度为 } \Delta x \text{ 的第 } i \text{ 步是向左的}, \end{cases}$$

$\lfloor t/\Delta t\rfloor$ 是小于或等于 $t/\Delta t$ 的最大整数，此处假定 X_i 是独立的，并且

$$P\{X_i = 1\} = P\{X_i = -1\} = \frac{1}{2}.$$

因为 $E[X_i] = 0$, $\mathrm{Var}(X_i) = E[X_i^2] = 1$，所以由式 (10.1) 可得

$$E[X(t)] = 0, \qquad \mathrm{Var}(X(t)) = (\Delta x)^2 \left\lfloor \frac{t}{\Delta t} \right\rfloor. \tag{10.2}$$

现在，令 Δx 和 Δt 趋于 0．然而，我们必须确保得到的极限过程是非平凡的（举个反例，如果我们令 $\Delta x = \Delta t$，并令 $\Delta t \to 0$，那么，由上式可得 $E[X(t)]$ 和 $\mathrm{Var}(X(t))$ 都将趋于 0，因此 $X(t)$ 将以概率 1 等于 0）．如果对于某个正常数 σ，我们令 $\Delta x = \sigma\sqrt{\Delta t}$，那么由式 (10.2) 可知，当 $\Delta t \to 0$ 时，

$$E[X(t)] = 0, \qquad \mathrm{Var}(X(t)) \to \sigma^2 t.$$

我们现在列出当取 $\Delta x = \sigma\sqrt{\Delta t}$，然后令 $\Delta t \to 0$ 时，极限过程的直观性质．由式 (10.1) 和中心极限定理可知，以下性质似乎是合理的．

(i) $X(t)$ 是均值为 0、方差为 $\sigma^2 t$ 的正态随机变量．此外，因为随机游动在不重叠的时间区间内的值的变化是独立的，所以

(ii) $\{X(t), t \geqslant 0\}$ 有独立增量,即对于所有的 $t_1 < t_2 < \cdots < t_n$,

$$X(t_n) - X(t_{n-1}),\ X(t_{n-1}) - X(t_{n-2}),\ \cdots,\ X(t_2) - X(t_1),\ X(t_1)$$

是独立的. 最后,因为随机游动在任意时间区间内的位置变化的分布只依赖于这个区间的长度,所以

(iii) $\{X(t), t \geqslant 0\}$ 有平稳增量,因此 $X(t+s) - X(t)$ 的分布不依赖于 t. 我们现在给出如下正式定义.

定义 10.1 如果

(i) $X(0) = 0$;

(ii) $\{X(t), t \geqslant 0\}$ 有平稳独立的增量;

(iii) 对于任意 $t > 0$,$X(t)$ 是均值为 0、方差为 $\sigma^2 t$ 的正态随机变量.

那么称随机过程 $\{X(t), t \geqslant 0\}$ 为**布朗运动过程**.

布朗运动过程,有时称为**维纳过程**,是应用概率论中最重要的随机过程之一. 它起源于物理中对布朗运动的描述. 这一现象,以发现它的英国植物学家罗伯特·布朗的名字命名,是指悬浮在液体或气体中的微粒所做的运动. 此后,这个过程就被有益地用于拟合优度的统计检验、分析股票市场的价格水平和量子力学等领域.

爱因斯坦在 1905 年首次解释了布朗运动现象. 他指出,通过假定悬浮粒子连续地受周围介质分子的碰撞可以解释布朗运动. 然而,关于布朗运动背后这一随机过程的上述简明定义,是由维纳在 1918 年发表的一系列文章中给出的.

当 $\sigma = 1$ 时,这个过程称为**标准布朗运动**. 因为任意布朗运动都可以通过令 $B(t) = X(t)/\sigma$ 转化为标准布朗运动,所以除非特别声明,在本章中我们都假设 $\sigma = 1$.

由随机游动的极限 [式 (10.1)] 解释布朗运动可知,$X(t)$ 应该是 t 的连续函数. 为了验证其正确性,我们必须证明以概率 1 有

$$\lim_{h \to \infty} (X(t+h) - X(t)) = 0.$$

虽然此式的严格证明超出了本书的范围,但是我们可以得到一个合理的论证. 注意到随机变量 $X(t+h) - X(t)$ 的均值为 0,方差为 h,从而当 $h \to 0$ 时,它收敛到均值为 0、方差为 0 的一个随机变量. 也就是说,$X(t+h) - X(t)$ 趋于 0 是合理的,由此得出其连续性.

虽然 $X(t)$ 以概率 1 为 t 的连续函数,但是它具有处处不可微的有趣性质. 要弄明白为什么是这样,注意 $\frac{X(t+h)-X(t)}{h}$ 的均值为 0,方差为 $\frac{1}{h}$. 因为当 $h \to 0$ 时,$\frac{X(t+h)-X(t)}{h}$ 的方差收敛到 ∞,所以这个比值不收敛也在意料之中.

因为 $X(t)$ 是均值为 0、方差为 t 的正态随机变量，所以它的密度函数为

$$f_t(x) = \frac{1}{\sqrt{2\pi t}} e^{-x^2/2t}.$$

对于 $t_1 < \cdots < t_n$，为了得到 $X(t_1), X(t_2), \cdots, X(t_n)$ 的联合密度函数，首先注意到，等式

$$X(t_1) = x_1,$$
$$X(t_2) = x_2,$$
$$\vdots$$
$$X(t_n) = x_n$$

等价于

$$X(t_1) = x_1,$$
$$X(t_2) - X(t_1) = x_2 - x_1,$$
$$\vdots$$
$$X(t_n) - X(t_{n-1}) = x_n - x_{n-1}.$$

由独立增量假设推出 $X(t_1), X(t_2) - X(t_1), \cdots, X(t_n) - X(t_{n-1})$ 是独立的，而由平稳增量假设推出，$X(t_k) - X(t_{k-1})$ 是均值为 0、方差为 $t_k - t_{k-1}$ 的正态随机变量. 因此，$X(t_1), X(t_2), \cdots, X(t_n)$ 的联合密度函数为

$$f(x_1, x_2, \cdots, x_n) = f_{t_1}(x_1) f_{t_2 - t_1}(x_2 - x_1) \cdots f_{t_n - t_{n-1}}(x_n - x_{n-1})$$
$$= \frac{\exp\left\{ -\frac{1}{2} \left[\frac{x_1^2}{t_1} + \frac{(x_2 - x_1)^2}{t_2 - t_1} + \cdots + \frac{(x_n - x_{n-1})^2}{t_n - t_{n-1}} \right] \right\}}{(2\pi)^{n/2} [t_1 (t_2 - t_1) \cdots (t_n - t_{n-1})]^{1/2}} \tag{10.3}$$

根据上式，原则上我们可以计算任意想要的概率. 例如，假设我们要求当给定 $X(t) = B$ 时，$X(s)$ 的条件分布，其中 $s < t$. 那么这个条件密度是

$$f_{s|t}(x \,|\, B) = \frac{f_s(x) f_{t-s}(B - x)}{f_t(B)}$$
$$= K_1 \exp\{ -x^2/2s - (B - x)^2/2(t - s) \}$$
$$= K_2 \exp\left\{ -x^2 \left(\frac{1}{2s} + \frac{1}{2(t - s)} \right) + \frac{Bx}{t - s} \right\}$$
$$= K_2 \exp\left\{ -\frac{t}{2s(t - s)} \left(x^2 - 2 \frac{sB}{t} x \right) \right\}$$
$$= K_3 \exp\left\{ -\frac{(x - Bs/t)^2}{2s(t - s)/t} \right\},$$

其中 K_1、K_2 和 K_3 不依赖于 x. 因此，从上式我们看到，对于 $s < t$，当给定

$X(t) = B$ 时, $X(s)$ 的条件分布是正态分布, 其均值和方差为

$$E[X(s) \mid X(t) = B] = \frac{s}{t}B, \qquad \mathrm{Var}(X(s) \mid X(t) = B) = \frac{s}{t}(t-s). \qquad (10.4)$$

例 10.1 在两个选手的自行车比赛中, 令 $Y(t)$ 为当比赛完成 $100t\%$ 时, 从内道出发的选手领先的时间 (以秒计), 并且假设 $\{Y(t), t \geqslant 0\}$ 可以有效地用方差参数为 σ^2 的布朗运动过程建模.

(a) 如果在比赛的中点, 内道的选手领先 σ 秒, 那么他获胜的概率是多少?

(b) 如果内道的选手以领先 σ 秒获胜, 那么他在比赛的中点领先的概率是多少?

解 (a) $P\{Y(1) > 0 \mid Y(1/2) = \sigma\}$

$\qquad = P\{Y(1) - Y(1/2) > -\sigma \mid Y(1/2) = \sigma\}$

$\qquad = P\{Y(1) - Y(1/2) > -\sigma\}$ （由独立增量性）

$\qquad = P\{Y(1/2) > -\sigma\}$ （由平稳增量性）

$\qquad = P\left\{\dfrac{Y(1/2)}{\sigma/\sqrt{2}} > -\sqrt{2}\right\} = \Phi(\sqrt{2}) \approx 0.9213,$

其中 $\Phi(x) = P\{N(0,1) \leqslant x\}$ 是标准正态分布函数.

(b) 因为必须计算 $P\{Y(1/2) > 0 \mid Y(1) = \sigma\}$, 所以我们首先确定, 当给定 $Y(t) = C$ 时, $Y(s)$ 的条件分布, 其中 $s < t$. 因为当 $X(t) = Y(t)/\sigma$ 时, $\{X(t), t \geqslant 0\}$ 是标准布朗运动, 所以由式 (10.4) 可得, 当给定 $X(t) = C/\sigma$ 时, $X(s)$ 的条件分布是均值为 $sC/t\sigma$、方差为 $s(t-s)/t$ 的正态分布. 因此, 当给定 $Y(t) = C$ 时, $Y(s) = \sigma X(s)$ 的条件分布是均值为 sC/t、方差为 $\sigma^2 s(t-s)/t$ 的正态分布. 因此,

$$P\{Y(1/2) > 0 \mid Y(1) = \sigma\} = P\{N(\sigma/2, \sigma^2/4) > 0\} = \Phi(1) \approx 0.8413. \qquad \blacksquare$$

10.2 击中时刻、最大随机变量和破产问题

令 T_a 为布朗运动首次击中 a 的时刻. 当 $a > 0$ 时, 我们通过考虑 $P\{X(t) \geqslant a\}$ 并以是否有 $T_a \leqslant t$ 为条件来计算 $P\{T_a \leqslant t\}$. 由此可得

$$P\{X(t) \geqslant a\} = P\{X(t) \geqslant a \mid T_a \leqslant t\}P\{T_a \leqslant t\} \qquad (10.5)$$
$$+ P\{X(t) \geqslant a \mid T_a > t\}P\{T_a > t\}.$$

如果 $T_a \leqslant t$, 那么过程在 $[0, t]$ 内的某个时刻击中 a, 并且根据对称性, 它等可能地比 a 大或者比 a 小. 即

$$P\{X(t) \geqslant a \mid T_a \leqslant t\} = \frac{1}{2}.$$

因为式 (10.5) 右边的第二项显然等于 0 (因为根据连续性, 过程的值不可能还没有击中 a 就大于 a), 所以

$$P\{T_a \leqslant t\} = 2P\{X(t) \geqslant a\}$$
$$= \frac{2}{\sqrt{2\pi t}} \int_a^\infty e^{-x^2/2t} dx \tag{10.6}$$
$$= \frac{2}{\sqrt{2\pi}} \int_{a/\sqrt{t}}^\infty e^{-y^2/2} dy, \quad a > 0.$$

对于 $a < 0$, 根据对称性, T_a 的分布与 T_{-a} 的分布相同. 因此, 由式 (10.6) 可得

$$P\{T_a \leqslant t\} = \frac{2}{\sqrt{2\pi}} \int_{|a|/\sqrt{t}}^\infty e^{-y^2/2} dy. \tag{10.7}$$

另一个重要的随机变量是过程在 $[0, t]$ 内达到的最大值. 得到它的分布如下: 对于 $a > 0$,

$$P\{\max_{0 \leqslant s \leqslant t} X(s) \geqslant a\} = P\{T_a \leqslant t\} \qquad （由连续性）$$
$$= 2P\{X(t) \geqslant a\} \qquad [\ 由式\ (10.6)\ ]$$
$$= \frac{2}{\sqrt{2\pi}} \int_{a/\sqrt{t}}^\infty e^{-y^2/2} dy.$$

我们现在考虑布朗运动在击中 $-B$ 前先击中 A 的概率, 其中 $A > 0, B > 0$. 为了计算它, 我们将布朗运动解释为对称随机游动的极限. 我们先回忆破产问题的结果 (见 4.5.1 节), 当每一步等可能地增加或者减少一个距离 Δx 时, 对称随机游动在减少到 B 前先增加到 A 的概率 (由式 (4.14), 其中 $N = (A+B)/\Delta x$, $i = B/\Delta x$) 等于 $B\Delta x/(A+B)\Delta x = B/(A+B)$.

因此, 令 $\Delta x \to 0$, 我们得到

$$P\{在减少到\ B\ 前先增加到\ A\} = \frac{B}{A+B}.$$

10.3　布朗运动的变形

10.3.1　带有漂移的布朗运动

我们称 $\{X(t), t \geqslant 0\}$ 是漂移系数为 μ, 方差参数为 σ^2 的布朗运动过程, 如果

(i) $X(0) = 0$;

(ii) $\{X(t), t \geqslant 0\}$ 有平稳独立增量;

(iii) $X(t)$ 服从均值为 μt、方差为 $\sigma^2 t$ 的正态分布.

一个等价定义是, 令 $\{B(t), t \geqslant 0\}$ 是标准布朗运动, 然后定义

$$X(t) = \sigma B(t) + \mu t.$$

从这个表述可以得出 $X(t)$ 也是 t 的连续函数.

10.3.2 几何布朗运动

如果 $\{Y(t), t \geqslant 0\}$ 是漂移系数为 μ、方差参数为 σ^2 的布朗运动，那么由

$$X(t) = e^{Y(t)}$$

定义的过程 $\{X(t), t \geqslant 0\}$ 称为**几何布朗运动**.

对于一个几何布朗运动过程 $\{X(t)\}$，我们来计算当给定过程直至时刻 s 的历史时，过程在时刻 t 的期望值. 即，对于 $s < t$，求 $E\{X(t) \mid X(u), 0 \leqslant u \leqslant s\}$:

$$
\begin{aligned}
E[X(t) \mid X(u), 0 \leqslant u \leqslant s] &= E[e^{Y(t)} \mid Y(u), 0 \leqslant u \leqslant s] \\
&= E[e^{Y(s)+Y(t)-Y(s)} \mid Y(u), 0 \leqslant u \leqslant s] \\
&= e^{Y(s)} E[e^{Y(t)-Y(s)} \mid Y(u), 0 \leqslant u \leqslant s] \\
&= X(s) E[e^{Y(t)-Y(s)}],
\end{aligned}
$$

其中倒数第二个等式成立是因为 $Y(s)$ 已给定，而最后的等式得自布朗运动的独立增量性. 一个正态随机变量 W 的矩母函数为

$$E[e^{aW}] = e^{aE[W]+a^2 \operatorname{Var}(W)/2}.$$

由于 $Y(t) - Y(s)$ 是均值为 $\mu(t-s)$、方差为 $(t-s)\sigma^2$ 的正态随机变量，因此令 $a = 1$，有

$$E[e^{Y(t)-Y(s)}] = e^{\mu(t-s)+(t-s)\sigma^2/2}.$$

于是，我们得到

$$E[X(t) \mid X(u), 0 \leqslant u \leqslant s] = X(s)e^{(t-s)(\mu+\sigma^2/2)}. \tag{10.8}$$

当你感觉价格百分比变化独立同分布时，几何布朗运动在股票价格随时间变化的建模中很有用. 例如，假设 X_n 是某支股票在时刻 n 的价格. 那么，假设 X_n/X_{n-1}（$n \geqslant 1$）独立同分布也许是合理的. 令 $Y_n = X_n/X_{n-1}$，所以 $X_n = Y_n X_{n-1}$. 对这个等式进行迭代，得到

$$
\begin{aligned}
X_n &= Y_n Y_{n-1} X_{n-2} \\
&= Y_n Y_{n-1} Y_{n-2} X_{n-3} \\
&\quad\vdots \\
&= Y_n Y_{n-1} \cdots Y_1 X_0,
\end{aligned}
$$

于是

$$\ln(X_n) = \sum_{i=1}^{n} \ln(Y_i) + \ln(X_0).$$

由于 $\ln Y_i$（$i \geqslant 1$）是独立同分布的，因此 $\{\ln X_n\}$ 在经过适当的归一化之后，近似地是带有漂移的布朗运动，所以 $\{X_n\}$ 近似地是几何布朗运动.

10.4　股票期权的定价

10.4.1　期权定价的示例

对于在不同时期收款或者付款的情形, 我们必须考虑钱的时间价值. 也就是说, 在将来时刻 t 得到的钱 v, 不如现在得到的钱 v 值钱. 原因在于, 如果我们现在得到钱 v, 那么它可以被贷出从而产生利息, 因此在时刻 t 比 v 更值钱. 为了考虑这一点, 我们假设在时刻 t 赚得的钱 v 在时刻 0 的价值 (也称为**现值**) 是 $ve^{-\alpha t}$. 量 α 常称为**折现因子**. 在经济学的术语中, 假定折现函数为 $e^{-\alpha t}$, 等价于假定我们以每单位时间 $100\alpha\%$ 的连续复利率赚取利息.

现在, 我们考虑对于在将来某个时刻以固定价格购买一种股票的期权的简单定价模型.

假设某股票现在每股的价格为 100 美元, 并且在一个时期后, 它的现值要么是 200 美元, 要么是 50 美元 (见图 10-1). 需要注意的是, 时刻 1 的价格是现值 (或在时刻 0 的) 价格. 也就是说, 如果折现因子是 α, 那么在时刻 1 的实际价格要么是 $200e^{\alpha}$ 美元, 要么是 $50e^{\alpha}$ 美元. 为了使记号简单, 我们假设所有给出的价格都是在时刻 0 的价格.

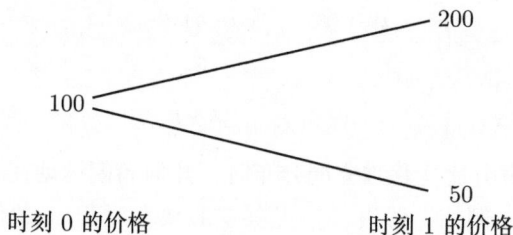

图 10-1

假设对于任意 y, 你可以在时刻 0 花费 cy 美元购进期权, 以便在时刻 1 以每股 150 美元的价格购进 y 股股票. 若你购进了这个期权, 而且股票价格上涨到每股 200 美元, 则你将在时刻 1 行使这个期权, 且在所购进的 y 股股票中的每一股赚得 $200 - 150 = 50$ 美元. 另外, 若在时刻 1 的价格降到每股 50 美元, 则这个期权在时刻 1 没有价值. 此外, 你可以在时刻 0 花费 $100x$ 美元购进 x 股股票, 它在时刻 1 的价值要么是 $200x$ 美元, 要么是 $50x$ 美元.

我们假设 x 或 y 可以为正也可以为负 (或者 0). 也就是说, 你可以购进或者卖出股票或期权. 例如, 若 x 是负的, 则你将卖出 $-x$ 股股票, 从而得到 $-100x$ 美元的回报, 然后你将在时刻 1 以每股 50 美元或者 200 美元的价格购进 $-x$ 股股票.

我们想要确定合适的期权单位价格 c. 具体来说, 我们将证明, 除非 $c = 50/3$, 否则总有一种购进组合能得到正的获利.

为了证明这一点, 假设在时刻 0 我们

购进 x 股股票,   购进 y 单位期权,

其中 x 和 y (它们可以为正, 也可以为负) 待定. 在时刻 1, 我们持有的价值依赖于股票的价格, 它由下式给出:

$$\text{价值} = \begin{cases} 200x + 50y, & \text{若价格是 } 200, \\ 50x, & \text{若价格是 } 50. \end{cases}$$

上式成立是因为, 若股票价格是 200, 则 x 股股票的价值是 $200x$, 而 y 单位期权的价值是 $(200 - 150)y$; 若股票价格是 50, 则 x 股股票的价值是 $50x$, 而 y 单位期权没有价值. 现在, 假设不管在时刻 1 股票的价格是多少, 我们总选取 y 使得上面的两个价值相同. 也就是说, 我们选取 y 使得

$$200x + 50y = 50x,$$

从而

$$y = -3x.$$

(注意, y 的符号与 x 相反, 所以若 x 为正, 则在时刻 0 购进 x 股股票, 同时卖出 $3x$ 单位的股票期权. 类似地, 若 x 为负, 则在时刻 0 卖出 $-x$ 股股票, 同时购进 $-3x$ 单位的股票期权.)

于是, 当 $y = -3x$ 时, 在时刻 1 我们持有的价值是

$$\text{价值} = 50x.$$

因为原来购买 x 股股票和 $-3x$ 单位期权的价格是

$$\text{原价格} = 100x - 3xc,$$

所以在交易中我们的获利是

$$\text{获利} = 50x - (100x - 3xc) = x(3c - 50).$$

因此, 若 $3c = 50$, 则获利为 0; 若 $3c \neq 50$, 则我们可以保证得到正的获利 (不管在时刻 1 股票的价格是多少), 只要在 $3c > 50$ 时令 x 为正, 在 $3c < 50$ 时令 x 为负.

如果每单位期权的价格是 $c = 20$, 那么在时刻 0 购进 1 股股票 ($x = 1$) 且同时卖出 3 单位的期权 ($y = -3$) 共花费 $100 - 60 = 40$. 然而, 不管股票价格升至 200 还是降到 50, 我们在时刻 1 持有的价值都是 50. 于是, 我们保证能得到利润 10. 类似地, 如果每单位期权的价格是 $c = 15$, 那么卖出 1 股股票 ($x = -1$)

且同时购进 3 单位的期权（$y = 3$）导致初始获利为 $100 - 45 = 55$. 然而，我们在时刻 1 持有的价值是 -50. 因此，我们保证能得到利润 5.

一定赢的投入方案称为**套利**. 于是，正如我们已经看到的，不会导致套利的期权价格 c 只能是 $c = 50/3$.

10.4.2　套利定理

考虑一个试验，其可能结果的集合是 $S = \{1, 2, \cdots, m\}$. 假设有 n 个选项. 如果在选项 i 上投入的金额为 x，那么当试验的结果为 j 时，获得的回报为 $xr_i(j)$. 换句话说，$r_i(\cdot)$ 是在选项 i 上投入一个单位的回报函数. 在一个选项上投入的金额可以是正数、负数或 0.

一个投入方案是一个向量 $\boldsymbol{x} = (x_1, \cdots, x_n)$，其中 x_1 为在选项 1 上投入的金额，x_2 为在选项 2 上投入的金额……x_n 为在选项 n 上投入的金额. 如果试验的结果为 j，那么投入方案 $\boldsymbol{x}$ 的回报是

$$从 \ \boldsymbol{x} \ 的回报 = \sum_{i=1}^{n} x_i r_i(j).$$

下面的定理说明，要么存在一个在试验的所有可能结果的集合上的概率向量 $\boldsymbol{p} = (p_1, \cdots, p_m)$，使得在每个选项上的期望回报都是 0，要么存在一个保证获利为正的投入方案.

定理 10.1（套利定理）　以下恰有一条是正确的：
要么

(i) 存在一个概率向量 $\boldsymbol{p} = (p_1, \cdots, p_m)$，使得

$$\sum_{j=1}^{m} p_j r_i(j) = 0, \qquad 对于一切 \ i = 1, \cdots, n;$$

要么

(ii) 存在一个投入方案 $\boldsymbol{x} = (x_1, \cdots, x_n)$，使得

$$\sum_{i=1}^{n} x_i r_i(j) > 0, \qquad 对于一切 \ j = 1, \cdots, m.$$

换句话说，如果 X 是试验的结果，那么套利定理说明，要么存在一个概率向量 $\boldsymbol{p} = (p_1, \cdots, p_m)$，使得

$$E_{\boldsymbol{p}}[r_i(X)] = 0, \qquad 对于一切 \ i = 1, \cdots, n,$$

要么存在一个一定赢的投入方案.

注　这个定理是（线性代数中）分离超平面定理的一个推论，它常用作证明线性规划对偶定理的一个技巧.

线性规划理论可以用来确定一个保证有最大回报的投入策略. 假设在每个选项上投入的金额的绝对值必须小于或等于 1. 为了确定保证能产生最大获利（令 v 表示获利）的向量 x, 我们必须选取 x 和 v, 以便在以下约束条件下最大化 v:

$$\sum_{i=1}^{n} x_i r_i(j) \geqslant v, \qquad \text{对于 } j = 1, \cdots, m,$$

$$-1 \leqslant x_i \leqslant 1, \qquad \text{对于 } i = 1, \cdots, n.$$

这个最优化问题是一个线性规划, 可以通过标准的方法来求解（例如用单纯形方法）. 套利定理表明, 除非存在一个概率向量 $p = (p_1, \cdots, p_m)$, 使得对于一切 $i = 1, \cdots, n$, 有 $\sum_{j=1}^{m} p_j r_i(j) = 0$, 否则最优的 v 将是正数.

例 10.2 在某些情形下, 只允许在一种试验结果上投入金额, 我们猜测试验的结果是 i, $i = 1, \cdots, m$. 这样投入的回报通常称为 "赔率". 如果结果 i 的赔率是 o_i（常常写成 "o_i 比 1"）, 那么当试验的结果是 i 时, 一个单位的投入将回报 o_i, 否则回报 -1. 也就是说,

$$r_i(j) = \begin{cases} o_i, & \text{若 } j = i, \\ -1, & \text{其他.} \end{cases}$$

假设赔率为 $o_1, \cdots, o_m$. 为了避免出现准赢的情况, 就必须有一个概率向量 $p = (p_1, \cdots, p_m)$, 使得

$$0 \equiv E_{p}[r_i(X)] = o_i p_i - (1 - p_i).$$

也就是说, 必须有

$$p_i = \frac{1}{1 + o_i}.$$

p_i 的和必须为 1, 这意味着没有套利的条件是

$$\sum_{i=1}^{m} (1 + o_i)^{-1} = 1.$$

于是, 如果赔率满足 $\sum_i (1 + o_i)^{-1} \neq 1$, 那么准赢是可能的. 例如, 假设有 3 个可能的结果, 而其赔率如下.

结果	赔率
1	1
2	2
3	3

也就是说, 结果 1 的赔率是 1 比 1, 结果 2 的赔率是 2 比 1, 结果 3 的赔率是 3 比 1. 由于

$$\frac{1}{2} + \frac{1}{3} + \frac{1}{4} > 1.$$

因此准赢是可能的. 一种可能是在结果 1 上投入 −1（如果结果不是 1，那么我们赢 1；如果结果是 1，那么我们输 1），在结果 2 上投入 −0.7，在结果 3 上投入 −0.5. 如果试验结果是 1，那么我们赢 −1+0.7+0.5 = 0.2；如果试验结果是 2，那么我们赢 1 − 1.4 + 0.5 = 0.1；如果试验结果是 3，那么我们赢 1 + 0.7 − 1.5 = 0.2. 因此，在所有的情形下，我们的获利都是正数.　　　　　　　　　　　　　　■

注　如果 $\sum_i (1 + o_i)^{-1} \neq 1$，那么投入方案

$$x_i = \frac{(1 + o_i)^{-1}}{1 - \sum_i (1 + o_i)^{-1}}, \qquad i = 1, \cdots, n$$

产生的获利总是恰好为 1.

例 10.3　我们重新考虑上一节期权定价的例子，其中在时刻 0 每股股票的价格是 100，而在时刻 1 价格的现值要么是 200，要么是 50. 我们可以在时刻 0 以每单位 c 的价格购进期权，以便在时刻 1 以每股 150 的现值价格购进股票. 问题在于如何设定 c 的值，使得不可能准赢.

在本节的背景中，试验的结果就是在时刻 1 的股票价格. 于是，有两种可能的结果. 也有两个不同的选项：购进（或卖出）股票和购进（或卖出）期权. 根据套利定理，如果有一个概率向量 $(p, 1 - p)$，使得在这两个选项下的期望回报都是 0，那么将不会出现准赢的情况.

购进 1 股股票的回报是

$$回报 = \begin{cases} 200 - 100 = 100, & \text{若在时刻 1 的价格是 200,} \\ 50 - 100 = -50, & \text{若在时刻 1 的价格是 50.} \end{cases}$$

因此，如果 p 是在时刻 1 价格为 200 的概率，那么

$$E[回报] = 100p - 50(1 - p).$$

令上式等于 0 可得 $p = 1/3$. 也就是说，使得在选项 1 上的回报为 0 的唯一概率向量 $(p, 1 - p)$ 是 $(1/3, 2/3)$.

购进 1 单位期权的回报是

$$回报 = \begin{cases} 50 - c, & \text{若在时刻 1 的价格是 200,} \\ -c, & \text{若在时刻 1 的价格是 50.} \end{cases}$$

因此，当 $p = 1/3$ 时，期望回报是

$$E[回报] = (50 - c)\frac{1}{3} - c\frac{2}{3} = \frac{50}{3} - c.$$

于是，由套利定理推出，唯一不会导致准赢的 c 值是 $c = 50/3$，这验证了 10.4.1 节中的结论.　　　　　　　　　　　　　　　　　　　　　　　　　　　　　■

10.4.3　布莱克–斯科尔斯期权定价公式

假设股票现在的价格是 $X(0) = x_0$, 且令 $X(t)$ 为它在时刻 t 的价格. 假设我们关注时间区间 0 到 T 内的股票. 假设折现因子是 α (等价于 $100\alpha\%$ 的连续复利率), 所以在时刻 t 股票价格的现值是 $\mathrm{e}^{-\alpha t}X(t)$.

我们可以将股票价格随时间的变化过程当作一种试验, 这样, 试验的结果就是函数 $X(t)$ ($0 \leqslant t \leqslant T$) 的值. 可进行的操作类型是, 对于任意的 $s < t$, 我们观察在时间 s 内的过程, 然后以 $X(s)$ 的价格购进 (或卖出) 股票, 并在时刻 t 以 $X(t)$ 的价格卖出 (或购进) 这些股票. 此外, 我们假设可以在时刻 0 购进 N 种不同期权中的任意一种. 期权 i (每单位价格为 c_i) 给我们在时刻 t_i 以每股 K_i 的价格购进股票的权利, $i = 1, \cdots, N$.

假设我们要确定 c_i 的值, 使得不存在准赢的策略. 假定套利定理可以推广 (到上述情形, 即试验的结果是一个函数), 则不存在准赢策略, 当且仅当存在一个在结果集合上的概率测度, 使得在这个测度下所有操作的期望回报都为 0. 令 $\boldsymbol{P}$ 是在结果集合上的一个概率测度. 首先考虑这样一个操作: 在时间 s 内观察股票, 然后购进 (或卖出) 一股, 并在时刻 t ($0 \leqslant s < t \leqslant T$) 卖出 (或购进). 支付的金额现值是 $\mathrm{e}^{-\alpha s}X(s)$, 而收到的金额现值是 $\mathrm{e}^{-\alpha t}X(t)$. 因此, 当 $\boldsymbol{P}$ 是在 $X(t)$ ($0 \leqslant t \leqslant T$) 上的概率测度时, 为了使这个操作的期望回报是 0, 我们必须有

$$E_{\boldsymbol{P}}[\mathrm{e}^{-\alpha t}X(t) \,|\, X(u), 0 \leqslant u \leqslant s] = \mathrm{e}^{-\alpha s}X(s). \tag{10.9}$$

现在考虑购进期权的操作. 假设这个期权给我们在时刻 t 以价格 K 购进一股股票的权利. 在时刻 t, 这个期权的价值如下:

$$在时刻 \ t \ 期权的价值 = \begin{cases} X(t) - K, & 若 \ X(t) \geqslant K, \\ 0, & 若 \ X(t) < K. \end{cases}$$

也就是说, 在时刻 t 期权的价值是 $(X(t) - K)^+$. 因此, 期权的价值现值是 $\mathrm{e}^{-\alpha t}(X(t) - K)^+$. 如果期权 (在时刻 0) 的价格是 c, 那么为了使购进该期权的期望 (现值) 回报为 0, 必须有

$$E_{\boldsymbol{P}}[\mathrm{e}^{-\alpha t}(X(t) - K)^+] = c. \tag{10.10}$$

根据套利定理, 如果我们能够在结果集合上找到一个满足式 (10.9) 的概率测度 $\boldsymbol{P}$, 且使得在时刻 t 以固定价格 K 购进一股股票的期权的价格 c 由式 (10.10) 给出, 那么不可能有套利. 另外, 如果对于给定的价格 c_i ($i = 1, \cdots, N$), 没有概率测度 $\boldsymbol{P}$ 满足式 (10.9) 和

$$c_i = E_{\boldsymbol{P}}[\mathrm{e}^{-\alpha t_i}(X(t_i) - K_i)^+], \quad i = 1, \cdots, N,$$

那么准赢是可能的.

我们现在给出一个在结果 $X(t)$（$0 \leqslant t \leqslant T$）上满足式 (10.9) 的概率测度 $\boldsymbol{P}$. 假设

$$X(t) = x_0 e^{Y(t)},$$

其中 $\{Y(t), t \geqslant 0\}$ 是漂移系数为 μ、方差参数为 σ^2 的布朗运动过程. 即，$\{X(t), t \geqslant 0\}$ 是一个几何布朗运动过程（见 10.3.2 节）. 由式 (10.8) 可知，对于 $s < t$，我们有

$$E[X(t) \,|\, X(u), 0 \leqslant u \leqslant s] = X(s) e^{(t-s)(\mu + \sigma^2/2)}.$$

因此，如果选取 μ 和 σ^2 使得

$$\mu + \sigma^2/2 = \alpha,$$

那么式 (10.9) 就得到了满足. 即，令 $\boldsymbol{P}$ 是由随机过程 $\{x_0 e^{Y(t)}, 0 \leqslant t \leqslant T\}$ 决定的概率测度，其中 $\{Y(t)\}$ 是漂移系数为 μ、方差参数为 σ^2 的布朗运动过程，且 $\mu + \sigma^2/2 = \alpha$，则式 (10.9) 就得到了满足.

由上面推出，如果把使得在时刻 t 以固定价格 K 购买一股股票的期权定价为

$$c = E_{\boldsymbol{P}}[e^{-\alpha t}(X(t) - K)^+],$$

那么不可能有套利. 由于 $X(t) = x_0 e^{Y(t)}$，其中 $Y(t)$ 是均值为 μt、方差为 $\sigma^2 t$ 的正态随机变量，因此

$$
\begin{aligned}
ce^{\alpha t} &= \int_{-\infty}^{\infty} (x_0 e^y - K)^+ \frac{1}{\sqrt{2\pi t \sigma^2}} e^{-(y - \mu t)^2/2t\sigma^2} \mathrm{d}y \\
&= \int_{\ln(K/x_0)}^{\infty} (x_0 e^y - K) \frac{1}{\sqrt{2\pi t \sigma^2}} e^{-(y - \mu t)^2/2t\sigma^2} \mathrm{d}y.
\end{aligned}
$$

作变量替换 $w = \frac{y - \mu t}{\sigma \sqrt{t}}$ 可得

$$ce^{\alpha t} = x_0 e^{\mu t} \frac{1}{\sqrt{2\pi}} \int_a^{\infty} e^{\sigma w \sqrt{t}} e^{-w^2/2} \mathrm{d}w - K \frac{1}{\sqrt{2\pi}} \int_a^{\infty} e^{-w^2/2} \mathrm{d}w, \qquad (10.11)$$

其中

$$a = \frac{\ln(K/x_0) - \mu t}{\sigma \sqrt{t}}.$$

现在，

$$
\begin{aligned}
\frac{1}{\sqrt{2\pi}} \int_a^{\infty} e^{\sigma w \sqrt{t}} e^{-w^2/2} \mathrm{d}w &= e^{t\sigma^2/2} \frac{1}{\sqrt{2\pi}} \int_a^{\infty} e^{-(w - \sigma\sqrt{t})^2/2} \mathrm{d}w \\
&= e^{t\sigma^2/2} P\{N(\sigma\sqrt{t}, 1) \geqslant a\} \\
&= e^{t\sigma^2/2} P\{N(0,1) \geqslant a - \sigma\sqrt{t}\} \\
&= e^{t\sigma^2/2} P\{N(0,1) \leqslant -(a - \sigma\sqrt{t})\} \\
&= e^{t\sigma^2/2} \Phi(\sigma\sqrt{t} - a),
\end{aligned}
$$

其中 $N(m, v)$ 是均值为 m、方差为 v 的正态随机变量，而 Φ 是标准正态分布函数.

于是，由式 (10.11) 可得

$$ce^{\alpha t} = x_0 e^{\mu t + \sigma^2 t/2} \Phi(\sigma\sqrt{t} - a) - K\Phi(-a).$$

利用 $\mu + \sigma^2/2 = \alpha$，并且令 $b = -a$，我们可以将上式写为

$$c = x_0 \Phi(\sigma\sqrt{t} + b) - K e^{-\alpha t} \Phi(b), \tag{10.12}$$

其中

$$b = \frac{\alpha t - \sigma^2 t/2 - \ln(K/x_0)}{\sigma\sqrt{t}}.$$

由式 (10.12) 给出的期权价格公式，依赖于股票的初始价格 x_0、期权执行的时刻 t、期权执行的价格 K、折现（或利率）因子 α 和值 σ^2. 注意，对于 σ^2 的任意值，如果期权按式 (10.12) 定价，那么不可能有套利. 然而，因为很多人认为股票的价格实际上遵循几何布朗运动（即 $X(t) = x_0 e^{Y(t)}$，其中 $Y(t)$ 是漂移系数为 μ、方差参数为 σ^2 的布朗运动），所以有人建议，将参数 σ^2 取为在几何布朗运动模型假定下方差参数的估计值（参见下面的注），按式 (10.12) 给期权定价. 当按照这种方法定价时，式 (10.12) 中的结果称为**布莱克–斯科尔斯期权价格估值**. 有趣的是，这个估值并不依赖于漂移系数 μ，而只依赖于方差参数 σ^2.

如果期权本身可以交易，那么可以利用式 (10.12) 来设定其价格，使得不可能有套利. 如果在时刻 s 股票的价格是 $X(s) = x_s$，那么 (t, K) 期权（即使得在时刻 t 以价格 K 购进一股股票的期权）的价格应该通过在式 (10.12) 中用 $t - s$ 替换 t，用 x_s 替换 x_0 来设定.

注 如果我们在任意时间区间内观察一个方差参数为 σ^2 的布朗运动过程，那么理论上我们可以得到 σ^2 的一个任意精确的估计. 假设我们在时间 t 内观察这样一个过程 $\{Y(s)\}$. 对于固定的 t，令 $N = \lfloor t/h \rfloor$，并且令

$$W_1 = Y(h) - Y(0),$$
$$W_2 = Y(2h) - Y(h),$$
$$\vdots$$
$$W_N = Y(Nh) - Y(Nh - h).$$

那么，随机变量 $W_1, \cdots, W_N$ 是独立同分布的方差为 $h\sigma^2$ 的正态随机变量. 现在我们利用以下事实（见 3.6.4 节）：$(N-1)S^2/(\sigma^2 h)$ 服从自由度为 $N - 1$ 的卡方分布，其中 S^2 是由

$$S^2 = \sum_{i=1}^{N} (W_i - \overline{W})^2/(N-1)$$

定义的样本方差. 因为自由度为 k 的卡方分布的期望值和方差分别为 k 和 $2k$, 所以

$$E[(N-1)S^2/(\sigma^2 h)] = N-1, \qquad \mathrm{Var}((N-1)S^2/(\sigma^2 h)) = 2(N-1).$$

由此我们得到 $E[S^2/h] = \sigma^2$ 与 $\mathrm{Var}(S^2/h) = 2\sigma^4/(N-1)$. 因此, 当 h 变得越来越小时 (所以 $N = \lfloor t/h \rfloor$ 变得越来越大), σ^2 的无偏估计量的方差会变得任意小. ■

式 (10.12) 并不是给期权定价以确保套利不存在的唯一途径. 令 $\{X(t), 0 \leqslant t \leqslant T\}$ 是对于 $s < t$ 满足

$$E[\mathrm{e}^{-\alpha t} X(t) \,|\, X(u), 0 \leqslant u \leqslant s] = \mathrm{e}^{-\alpha s} X(s) \tag{10.13}$$

的任意随机过程 [即满足式 (10.9)]. 通过令 c, 即使得在时刻 t 以价格 K 购进一股股票的期权的价格, 等于

$$c = E[\mathrm{e}^{-\alpha t}(X(t) - K)^+], \tag{10.14}$$

可以推出不可能有套利.

除了几何布朗运动外, 另一种满足式 (10.13) 的随机过程可以按如下方式得到. 令 $Y_1, Y_2, \cdots$ 是具有相同均值 μ 的独立随机变量序列, 并且假设此过程与一个速率为 λ 的泊松过程 $\{N(t), t \geqslant 0\}$ 无关. 令

$$X(t) = x_0 \prod_{i=1}^{N(t)} Y_i.$$

利用恒等式

$$X(t) = x_0 \prod_{i=1}^{N(s)} Y_i \prod_{j=N(s)+1}^{N(t)} Y_j$$

和泊松过程的独立增量假设, 我们看到, 对于 $s < t$, 有

$$E[X(t) \,|\, X(u), 0 \leqslant u \leqslant s] = X(s) E\left[\prod_{j=N(s)+1}^{N(t)} Y_j\right].$$

以 s 和 t 之间的事件数为条件, 得到

$$E\left[\prod_{j=N(s)+1}^{N(t)} Y_j\right] = \sum_{n=0}^{\infty} \mu^n \mathrm{e}^{-\lambda(t-s)}[\lambda(t-s)]^n/n! = \mathrm{e}^{-\lambda(t-s)(1-\mu)}.$$

因此

$$E[X(t) \,|\, X(u), 0 \leqslant u \leqslant s] = X(s)\mathrm{e}^{-\lambda(t-s)(1-\mu)}.$$

于是, 如果我们选取 λ 和 μ 满足 $\lambda(1-\mu) = -\alpha$, 那么式 (10.13) 就得到了满足. 所以, 如果对于任意 λ 值, 我们让 Y_i 服从任意分布, 且具有相同均值 $\mu = 1 + \alpha/\lambda$, 然后按式 (10.14) 给期权定价, 那么不可能有套利.

注 如果 $\{X(t), t \geqslant 0\}$ 满足式 (10.13)，那么，过程 $\{e^{-\alpha t} X(t), t \geqslant 0\}$ 称为鞅. 于是，当 $\{e^{-\alpha t} X(t), t \geqslant 0\}$ 遵循某个鞅的概率规律时，使得期权的期望获利为 0 的任意期权定价方法都导致不存在套利.

也就是说，如果我们选取任意鞅过程 $\{Z(t)\}$，且令 (t, K) 期权的价格为

$$c = E[e^{-\alpha t}(e^{\alpha t} Z(t) - K)^+] = E[(Z(t) - Ke^{-\alpha t})^+],$$

那么不会准赢.

另外，虽然我们没有考虑这样一种操作，即在时刻 s 购进的股票不是在一个固定的时刻卖出，而是在依赖于股票走势的某个随机时刻卖出，但是利用关于鞅的结果可以证明，这种操作的期望回报也等于 0.

注 套利定理的一个变形最早由德菲内蒂在 1937 年给出. 参考文献 [3] 中给出了德菲内蒂的结果的一个更为一般的版本，套利定理是其特例.

10.5 漂移布朗运动的最大值

对于漂移系数为 μ、方差参数为 σ^2 的布朗运动过程 $\{X(y), y \geqslant 0\}$，定义

$$M(t) = \max_{0 \leqslant y \leqslant t} X(y)$$

为过程直至时刻 t 的最大值.

我们要通过推导在给定 $X(t)$ 的值时 $M(t)$ 的条件分布，来确定 $M(t)$ 的分布. 为此，我们先证明，在给定 $X(t)$ 的值时，$X(y)$ $(0 \leqslant y \leqslant t)$ 的分布不依赖于 μ. 也就是说，当给定过程在时刻 t 的值时，它直至时刻 t 的历史分布不依赖于 μ.

我们从一个引理开始.

引理 10.1 若 $Y_1, \cdots, Y_n$ 是均值为 θ、方差为 v^2 的独立同分布的正态随机变量，则在给定 $\sum_{i=1}^n Y_i = x$ 时，$Y_1, \cdots, Y_n$ 的条件分布不依赖于 θ.

证明 因为在给定 $\sum_{i=1}^n Y_i = x$ 时，Y_n 的值由 $Y_1, \cdots, Y_{n-1}$ 确定，所以只需考虑在给定 $\sum_{i=1}^n Y_i = x$ 时，$Y_1, \cdots, Y_{n-1}$ 的条件密度. 令 $X = \sum_{i=1}^n Y_i$，得到此条件密度如下：

$$f_{Y_1, \cdots, Y_{n-1} \mid X}(y_1, \cdots, y_{n-1} \mid x) = \frac{f_{Y_1, \cdots, Y_{n-1}, X}(y_1, \cdots, y_{n-1}, x)}{f_X(x)}.$$

因为

$$Y_1 = y_1, \cdots, Y_{n-1} = y_{n-1}, X = x \iff Y_1 = y_1, \cdots, Y_{n-1} = y_{n-1}, Y_n = x - \sum_{i=1}^{n-1} y_i,$$

所以

$$f_{Y_1,\cdots,Y_{n-1},X}(y_1,\cdots,y_{n-1},x) = f_{Y_1,\cdots,Y_{n-1},Y_n}\left(y_1,\cdots,y_{n-1},x-\sum_{i=1}^{n-1}y_i\right)$$

$$= f_{Y_1}(y_1)\cdots f_{Y_{n-1}}(y_{n-1})f_{Y_n}\left(x-\sum_{i=1}^{n-1}y_i\right),$$

其中最后的等式成立是因为 $Y_1,\cdots,Y_n$ 是独立的. 因此, 利用 $X=\sum_{i=1}^{n}Y_i$ 是均值为 $n\theta$、方差为 nv^2 的正态随机变量, 我们得到

$$f_{Y_1,\cdots,Y_{n-1}\,|\,X}(y_1,\cdots,y_{n-1}\,|\,x)$$

$$= \frac{f_{Y_n}\left(x-\sum_{i=1}^{n-1}y_i\right)f_{Y_1}(y_1)\cdots f_{Y_{n-1}}(y_{n-1})}{f_X(x)}$$

$$= K\frac{\mathrm{e}^{-\left(x-\sum_{i=1}^{n-1}y_i-\theta\right)^2/2v^2}\prod_{i=1}^{n-1}\mathrm{e}^{-(y_i-\theta)^2/2v^2}}{\mathrm{e}^{-(x-n\theta)^2/2nv^2}}$$

$$= K\exp\left\{-\frac{1}{2v^2}\left[\left(x-\sum_{i=1}^{n-1}y_i-\theta\right)^2+\sum_{i=1}^{n-1}(y_i-\theta)^2-\frac{(x-n\theta)^2}{n}\right]\right\},$$

其中 K 不依赖于 θ. 将上式中的平方展开, 并将所有不依赖于 θ 的部分记为一个常数, 得到

$$f_{Y_1,\cdots,Y_{n-1}\,|\,X}(y_1,\cdots,y_{n-1}\,|\,x)$$

$$= K'\exp\left\{-\frac{1}{2v^2}\left[-2\theta\left(x-\sum_{i=1}^{n-1}y_i\right)+\theta^2-2\theta\sum_{i=1}^{n-1}y_i+(n-1)\theta^2+2\theta x-n\theta^2\right]\right\}$$

$$= K',$$

其中 $K'=K'(v,y_1,\cdots,y_{n-1},x)$ 是一个不依赖于 θ 的函数. 从而证明了结论. ■

注 假设随机变量 $Y_1,\cdots,Y_n$ 的分布依赖于某个参数 θ. 再假设存在 $Y_1,\cdots,Y_n$ 的某个函数 $D(Y_1,\cdots,Y_n)$, 使得在给定 $D(Y_1,\cdots,Y_n)$ 的值时, $Y_1,\cdots,Y_n$ 的条件分布不依赖于 θ. 在统计理论中, 称 $D(Y_1,\cdots,Y_n)$ 为 θ 的**充分统计量**. 假设我们要用数据 $Y_1,\cdots,Y_n$ 来估计 θ 的值. 因为在给定 $D(Y_1,\cdots,Y_n)$ 的值时, $Y_1,\cdots,Y_n$ 的条件分布不依赖于 θ, 所以如果已知 $D(Y_1,\cdots,Y_n)$ 的值, 那么通过 $Y_1,\cdots,Y_n$ 的值无法得到有关 θ 的附加信息. 于是, 由前面的引理可知, 独立同分布的正态随机变量的数据值之和是它们均值的充分统计量. （因为知道和的值等价于知道 $\sum_{i=1}^{n}Y_i/n$ 的值, 后者称为**样本均值**, 在统计学中常用的术语是, 样本均值是正态总体均值的充分统计量.） ■

定理 10.2 设 $\{X(t),t\geqslant 0\}$ 是漂移系数为 μ、方差参数为 σ^2 的布朗运动过程. 在给定 $X(t)=x$ 时, 对于一切 μ, $X(y)\,(0\leqslant y\leqslant t)$ 都有相同的条件分布.

证明 固定 n, 并令 $t_i = it/n$, $i = 1, \cdots, n$. 为了证明该定理, 我们先证明, 在给定 $X(t)$ 的值时, $X(t_1), \cdots, X(t_n)$ 的条件分布不依赖于 μ. 为此, 令 $Y_1 = X(t_1)$, $Y_i = X(t_i) - X(t_{i-1})$, $i = 2, \cdots, n$, 并注意到, $Y_1, \cdots, Y_n$ 是均值为 $\theta = \mu t/n$ 的独立同分布的正态随机变量. 因为 $\sum_{i=1}^{n} Y_i = X(t)$, 所以由引理 10.1 推出, 在给定 $X(t)$ 时, $Y_1, \cdots, Y_n$ 的条件分布不依赖于 μ. 因为知道 $Y_1, \cdots, Y_n$ 等价于知道 $X(t_1), \cdots, X(t_n)$, 所以这就证明了结论. ■

现在我们推导, 在给定 $X(t)$ 的值时 $M(t)$ 的条件分布.

定理 10.3 对于 $y > x$,
$$P\{M(t) \geqslant y \,|\, X(t) = x\} = \mathrm{e}^{-2y(y-x)/t\sigma^2}, \qquad y \geqslant 0.$$

证明 因为 $X(0) = 0$, 所以 $M(t) \geqslant 0$, 因此当 $y = 0$ 时结论正确 (因为在此情形下, 上式两边都等于 0). 于是我们假设 $y > 0$. 因为由定理 10.2 推出 $P\{M(t) \geqslant y \,|\, X(t) = x\}$ 不依赖于 μ 的值, 所以我们可以假设 $\mu = 0$. 现在, 令 T_y 为布朗运动首次到达 y 值的时刻. 注意, 由布朗运动的连续性推出, 事件 $\{M(t) \geqslant y\}$ 等价于事件 $\{T_y \leqslant t\}$, 这是因为由连续性可知, 在过程超过正值 y 之前, 它必须先经过这个值. 令 h 为一个满足 $y > x + h$ 的很小的正数. 那么
$$P\{M(t) \geqslant y, x \leqslant X(t) \leqslant x + h\} = P\{T_y \leqslant t, x \leqslant X(t) \leqslant x + h\}$$
$$= P\{x \leqslant X(t) \leqslant x + h \,|\, T_y \leqslant t\} P\{T_y \leqslant t\}.$$

在给定 $T_y \leqslant t$ 时, 若过程在到达 y 后, 在时刻 T_y 和 t 之间减少了一个 $y - x - h$ 与 $y - x$ 之间的量, 则事件 $\{x \leqslant X(t) \leqslant x + h\}$ 就会发生. 但是, 因为 $\mu = 0$, 所以在任意时间内, 过程增加和减少一个 $y - x - h$ 与 $y - x$ 之间的量的可能性是相同的. 因此
$$P\{x \leqslant X(t) \leqslant x + h \,|\, T_y \leqslant t\} = P\{2y - x - h \leqslant X(t) \leqslant 2y - x \,|\, T_y \leqslant t\},$$
从而
$$P\{M(t) \geqslant y, x \leqslant X(t) \leqslant x + h\} = P\{2y - x - h \leqslant X(t) \leqslant 2y - x \,|\, T_y \leqslant t\} P\{T_y \leqslant t\}$$
$$= P\{2y - x - h \leqslant X(t) \leqslant 2y - x, T_y \leqslant t\}$$
$$= P\{2y - x - h \leqslant X(t) \leqslant 2y - x\},$$

其中最后的等式成立是因为, 由 $y > x + h$ 可得 $2y - x - h > y$, 根据布朗运动的连续性, 如果 $2y - x - h \leqslant X(t)$, 那么 $T_y \leqslant t$. 因此
$$P\{M(t) \geqslant y \,|\, x \leqslant X(t) \leqslant x + h\} = \frac{P\{2y - x - h \leqslant X(t) \leqslant 2y - x\}}{P\{x \leqslant X(t) \leqslant x + h\}}$$
$$= \frac{f_{X(t)}(2y - x)h + o(h)}{f_{X(t)}(x)h + o(h)}$$

$$= \frac{f_{X(t)}(2y - x) + o(h)/h}{f_{X(t)}(x) + o(h)/h},$$

其中 $f_{X(t)}$ 是 $X(t)$ 的密度函数，它是均值为 0、方差为 σ^2 的正态随机变量的密度函数. 在上式中令 $h \to 0$，得出

$$P\{M(t) \geqslant y \mid X(t) = x\} = \frac{f_{X(t)}(2y - x)}{f_{X(t)}(x)} = \frac{\mathrm{e}^{-(2y-x)^2/2t\sigma^2}}{\mathrm{e}^{-x^2/t\sigma^2}} = \mathrm{e}^{-2y(y-x)/t\sigma^2}. \quad ∎$$

令 Z 为一个标准正态随机变量，Φ 为其分布函数，令

$$\overline{\Phi}(x) = 1 - \Phi(x) = P\{Z > x\}.$$

我们现在能得出以下推论.

推论 10.1

$$P\{M(t) \geqslant y\} = \mathrm{e}^{2y\mu/\sigma^2} \overline{\Phi}\left(\frac{y + \mu t}{\sigma\sqrt{t}}\right) + \overline{\Phi}\left(\frac{y - \mu t}{\sigma\sqrt{t}}\right).$$

证明　以 $X(t)$ 为条件，并利用定理 10.3，得到

$$P\{M(t) \geqslant y\}$$
$$= \int_{-\infty}^{\infty} P\{M(t) \geqslant y \mid X(t) = x\} f_{X(t)}(x) \mathrm{d}x$$
$$= \int_{-\infty}^{y} P\{M(t) \geqslant y \mid X(t) = x\} f_{X(t)}(x) \mathrm{d}x + \int_{y}^{\infty} f_{X(t)}(x) \mathrm{d}x$$
$$= \int_{-\infty}^{y} \mathrm{e}^{-2y(y-x)/t\sigma^2} \frac{1}{\sqrt{2\pi t\sigma^2}} \mathrm{e}^{-(x-\mu t)^2/2t\sigma^2} \mathrm{d}x + P\{X(t) > y\}$$
$$= \frac{1}{\sqrt{2\pi t}\sigma} \mathrm{e}^{-2y^2/t\sigma^2} \mathrm{e}^{-\mu^2 t^2/2t\sigma^2} \int_{-\infty}^{y} \exp\left\{-\frac{1}{2t\sigma^2}(x^2 - 2\mu tx - 4yx)\right\} \mathrm{d}x + P\{X(t) > y\}$$
$$= \frac{1}{\sqrt{2\pi t}\sigma} \mathrm{e}^{-(4y^2+\mu^2 t^2)/2t\sigma^2} \int_{-\infty}^{y} \exp\left\{-\frac{1}{2t\sigma^2}\left[x^2 - 2x(\mu t + 2y)\right]\right\} \mathrm{d}x + P\{X(t) > y\}.$$

现在，由

$$x^2 - 2x(\mu t + 2y) = \left[x - (\mu t + 2y)\right]^2 - (\mu t + 2y)^2$$

可得

$$P\{M(t) \geqslant y\}$$
$$= \mathrm{e}^{-\left[4y^2 + \mu^2 t^2 - (\mu t + 2y)^2\right]/2t\sigma^2} \frac{1}{\sqrt{2\pi t}\sigma} \int_{-\infty}^{y} \mathrm{e}^{-(x - \mu t - 2y)^2/2t\sigma^2} \mathrm{d}x + P\{X(t) > y\}.$$

作变量替换

$$w = \frac{x - \mu t - 2y}{\sigma\sqrt{t}}, \quad \mathrm{d}x = \sigma\sqrt{t}\mathrm{d}w,$$

得出

$$P\{M(t) \geqslant y\} = \mathrm{e}^{2y\mu/\sigma^2} \frac{1}{\sqrt{2\pi}} \int_{-\infty}^{\frac{-\mu t - y}{\sigma\sqrt{t}}} \mathrm{e}^{-w^2/2} \mathrm{d}w + P\{X(t) > y\}$$

$$= \mathrm{e}^{2y\mu/\sigma^2} \Phi\left(\frac{-\mu t - y}{\sigma\sqrt{t}}\right) + P\{X(t) > y\}$$

$$= \mathrm{e}^{2y\mu/\sigma^2} \overline{\Phi}\left(\frac{\mu t + y}{\sigma\sqrt{t}}\right) + \overline{\Phi}\left(\frac{y - \mu t}{\sigma\sqrt{t}}\right).$$

这样就完成了证明. ■

在定理 10.3 的证明中, 我们令 T_y 为布朗运动首次等于 y 的时刻. 此外, 如前所述, 由布朗运动的连续性可知, 对于 $y > 0$, 过程在时刻 t 前达到 y, 当且仅当过程在 t 前的最大值至少是 y. 因此, 对于 $y > 0$ 有

$$T_y \leqslant t \iff M(t) \geqslant y.$$

利用引理 10.1, 得出

$$P\{T_y \leqslant t\} = \mathrm{e}^{2y\mu/\sigma^2} \overline{\Phi}\left(\frac{y + \mu t}{\sigma\sqrt{t}}\right) + \overline{\Phi}\left(\frac{y - \mu t}{\sigma\sqrt{t}}\right), \qquad y > 0.$$

10.6 白噪声

令 $\{X(t), t \geqslant 0\}$ 为标准布朗运动, 且令 f 为在区间 $[a, b]$ 上有连续导数的一个函数, 定义随机积分 $\int_a^b f(t) \mathrm{d}X(t)$ 如下:

$$\int_a^b f(t)\mathrm{d}X(t) \equiv \lim_{\substack{n\to\infty \\ \max(t_i - t_{i-1})\to 0}} \sum_{i=1}^n f(t_{i-1})[X(t_i) - X(t_{i-1})], \tag{10.15}$$

其中 $a = t_0 < t_1 < \cdots < t_n = b$ 是区间 $[a, b]$ 的一个划分. 利用恒等式 (将分部积分公式应用于和)

$$\sum_{i=1}^n f(t_{i-1})[X(t_i) - X(t_{i-1})] = f(b)X(b) - f(a)X(a) - \sum_{i=1}^n X(t_i)[f(t_i) - f(t_{i-1})],$$

我们得到

$$\int_a^b f(t)\mathrm{d}X(t) = f(b)X(b) - f(a)X(a) - \int_a^b X(t)\mathrm{d}f(t). \tag{10.16}$$

式 (10.16) 通常用作 $\int_a^b f(t)\mathrm{d}X(t)$ 的定义.

通过利用式 (10.16) 的右边, 并假定期望与极限可交换, 我们得到

$$E\left[\int_a^b f(t)\mathrm{d}X(t)\right] = 0.$$

此外,

$$\mathrm{Var}\left(\sum_{i=1}^{n} f(t_{i-1})[X(t_i) - X(t_{i-1})]\right) = \sum_{i=1}^{n} f^2(t_{i-1})\,\mathrm{Var}\left[X(t_i) - X(t_{i-1})\right]$$

$$= \sum_{i=1}^{n} f^2(t_{i-1})(t_i - t_{i-1}),$$

其中第一个等式得自布朗运动的独立增量性. 因此, 我们在上式中取极限, 由式 (10.15) 可得

$$\mathrm{Var}\left(\int_a^b f(t)\mathrm{d}X(t)\right) = \int_a^b f^2(t)\mathrm{d}t.$$

注 上面通过将量族 $\{\mathrm{d}X(t), 0 \leqslant t < \infty\}$ 看成将函数 f 映射到值 $\int_a^b f(t)\mathrm{d}X(t)$ 的一个算子,给出了其运算意义. 这称为**白噪声变换**,或者更为一般地,$\{\mathrm{d}X(t), 0 \leqslant t < \infty\}$ 称为**白噪声**, 因为它可以想象为一个时变函数 f 在白噪声的介质中传播, 从而 (在时间 b) 产生输出 $\int_a^b f(t)\mathrm{d}X(t)$.

例 10.4 考虑一个悬浮在液体中的单位质量的粒子, 且假设液体有一种黏性力, 它以与现速度成比例的速率减慢粒子的速度. 另外, 我们假设速度以白噪声的常数倍瞬时改变. 即如果令 $V(t)$ 为粒子在时刻 t 的速度, 那么假设

$$V'(t) = -\beta V(t) + \alpha X'(t),$$

其中 $\{X(t), t \geqslant 0\}$ 是标准布朗运动. 这可以写成如下的形式:

$$\mathrm{e}^{\beta t}\left[V'(t) + \beta V(t)\right] = \alpha \mathrm{e}^{\beta t} X'(t),$$

从而

$$\frac{\mathrm{d}}{\mathrm{d}t}\left[\mathrm{e}^{\beta t} V(t)\right] = \alpha \mathrm{e}^{\beta t} X'(t).$$

因此, 通过对上式进行积分得到

$$\mathrm{e}^{\beta t} V(t) = V(0) + \alpha \int_0^t \mathrm{e}^{\beta s} X'(s)\mathrm{d}s,$$

所以

$$V(t) = V(0)\mathrm{e}^{-\beta t} + \alpha \int_0^t \mathrm{e}^{-\beta(t-s)}\mathrm{d}X(s).$$

因此, 由式 (10.16) 可得

$$V(t) = V(0)\mathrm{e}^{-\beta t} + \alpha\left[X(t) - \int_0^t X(s)\beta \mathrm{e}^{-\beta(t-s)}\mathrm{d}s\right]. \qquad \blacksquare$$

10.7　高斯过程

我们从下述定义开始.

定义 10.2 随机过程 $\{X(t), t \geqslant 0\}$ 称为**高斯过程**或者**正态过程**，如果对于一切 $t_1, \cdots, t_n$，$X(t_1), \cdots, X(t_n)$ 服从多元正态分布.

如果 $\{X(t), t \geqslant 0\}$ 是布朗运动过程，那么因为 $X(t_1), \cdots, X(t_n)$ 中的每一个都可以表示为独立的正态随机变量 $X(t_1), X(t_2) - X(t_1), X(t_3) - X(t_2), \cdots, X(t_n) - X(t_{n-1})$ 的线性组合，所以布朗运动是高斯过程.

因为多元正态分布完全由边际均值与协方差值确定（见 2.6 节），所以标准布朗运动也可以定义为具有 $E[X(t)] = 0$ 的高斯过程，且对于 $s \leqslant t$，

$$
\begin{aligned}
\mathrm{Cov}(X(s), X(t)) &= \mathrm{Cov}(X(s), X(s) + X(t) - X(s)) \\
&= \mathrm{Cov}(X(s), X(s)) + \mathrm{Cov}(X(s), X(t) - X(s)) \\
&= \mathrm{Cov}(X(s), X(s)) \qquad \text{（由独立增量性）} \\
&= s. \qquad\qquad\qquad \text{（因为 } \mathrm{Var}(X(s)) = s\text{）}
\end{aligned} \tag{10.17}
$$

令 $\{X(t), t \geqslant 0\}$ 是一个标准布朗运动，且考虑在 0 与 1 之间以 $X(1) = 0$ 为条件的过程值. 即，考虑条件随机过程 $\{X(t), 0 \leqslant t \leqslant 1 \,|\, X(1) = 0\}$. 由于 $X(t_1), \cdots, X(t_n)$ 的条件分布是多元正态分布，因此这个条件过程是一个高斯过程，它称为**布朗桥**（因为它在时刻 0 和 1 都被系住了）. 我们来计算它的协方差函数. 因为，由式 (10.4) 可得

$$
E[X(s) \,|\, X(1) = 0] = 0, \qquad \text{对于 } s < 1,
$$

所以对于 $s < t < 1$，我们有

$$
\begin{aligned}
\mathrm{Cov}\,[(X(s), X(t)) \,|\, X(1) = 0] &= E[X(s)X(t) \,|\, X(1) = 0] \\
&= E[E[X(s)X(t) \,|\, X(t), X(1) = 0] \,|\, X(1) = 0] \\
&= E[X(t)E[X(s) \,|\, X(t)] \,|\, X(1) = 0] \\
&= E\left[X(t)\frac{s}{t}X(t) \,\middle|\, X(1) = 0\right] \qquad [\text{由式 (10.4)}] \\
&= \frac{s}{t}E\left[X^2(t) \,|\, X(1) = 0\right] \\
&= \frac{s}{t}t(1 - t) \qquad\qquad\qquad [\text{由式 (10.4)}] \\
&= s(1 - t).
\end{aligned}
$$

于是，布朗桥可以定义为均值为 0，协方差函数为 $s(1-t)$，$s \leqslant t$ 的高斯过程. 这就引出了得到这类过程的另一种途径.

命题 10.1 如果 $\{X(t), t \geqslant 0\}$ 是一个标准布朗运动，那么当 $Z(t) = X(t) - tX(1)$ 时，$\{Z(t), t \geqslant 0\}$ 是一个布朗桥过程.

证明 因为 $\{Z(t), t \geqslant 0\}$ 显然是一个高斯过程，所以我们只需要验证 $E[Z(t)] =$

0 和当 $s < t$ 时 $\mathrm{Cov}(Z(s), Z(t)) = s(1-t)$. 前者是显然的, 而后者是由于

$$
\begin{aligned}
\mathrm{Cov}(Z(s), Z(t)) &= \mathrm{Cov}(X(s) - sX(1), X(t) - tX(1)) \\
&= \mathrm{Cov}(X(s), X(t)) - t\,\mathrm{Cov}(X(s), X(1)) \\
&\quad - s\,\mathrm{Cov}(X(1), X(t)) + st\,\mathrm{Cov}(X(1), X(1)) \\
&= s - st - st + st \\
&= s(1-t).
\end{aligned}
$$

这样就完成了证明. ■

如果 $\{X(t), t \geqslant 0\}$ 是布朗运动, 那么由

$$
Z(t) = \int_0^t X(s)\mathrm{d}s \tag{10.18}
$$

定义的过程 $\{Z(t), t \geqslant 0\}$ 称为积分布朗运动. 为了说明这种过程如何在实际中出现, 假设我们对商品在全部时间上的价格建模感兴趣. 令 $Z(t)$ 为在时刻 t 的价格, 我们不假定 $\{Z(t)\}$ 是布朗运动 (或者假定 $\ln Z(t)$ 是布朗运动), 而是假定 $Z(t)$ 的变化率遵循布朗运动. 例如, 我们可以假定商品价格变化率是当前的通货膨胀率, 并想象它按布朗运动变化. 因此

$$
\frac{\mathrm{d}}{\mathrm{d}t}Z(t) = X(t), \qquad Z(t) = Z(0) + \int_0^t X(s)\mathrm{d}s.
$$

因为布朗运动是高斯过程, 所以 $\{Z(t), t \geqslant 0\}$ 也是高斯过程. 为了证明它, 首先回忆 $W_1, \cdots, W_n$ 称为服从多元正态分布, 如果它们可以表示为

$$
W_i = \sum_{j=1}^m a_{ij} U_j, \qquad i = 1, \cdots, n,
$$

其中 U_j ($j = 1, \cdots, m$) 是独立的正态随机变量. 由此推出 $W_1, \cdots, W_n$ 的任意部分和也服从联合正态分布. 现在, 我们可以通过将式 (10.18) 中的积分写成近似和的极限来证明 $Z(t_1), \cdots, Z(t_n)$ 服从多元正态分布.

因为 $\{Z(t), t \geqslant 0\}$ 是高斯过程, 所以它的分布由其均值和协方差函数所描述. 当 $\{X(t), t \geqslant 0\}$ 是标准布朗运动时, 我们来计算它们.

$$
E[Z(t)] = E\left[\int_0^t X(s)\mathrm{d}s\right] = \int_0^t E[X(s)]\mathrm{d}s = 0.
$$

对于 $s \leqslant t$,

$$
\begin{aligned}
\mathrm{Cov}(Z(s), Z(t)) &= E\big[Z(s)Z(t)\big] \\
&= E\left[\int_0^t X(y)\mathrm{d}y \int_0^s X(u)\mathrm{d}u\right] \\
&= E\left[\int_0^s \int_0^t X(y)X(u)\mathrm{d}y\mathrm{d}u\right]
\end{aligned}
$$

$$= \int_0^s \int_0^t E[X(y)X(u)]\mathrm{d}y\mathrm{d}u$$
$$= \int_0^s \int_0^t \min(y,u)\mathrm{d}y\mathrm{d}u \qquad [\text{ 由式 }(10.17)\text{ }]$$
$$= \int_0^s \left(\int_0^u y\mathrm{d}y + \int_u^t u\mathrm{d}y \right) \mathrm{d}u$$
$$= s^2 \left(\frac{t}{2} - \frac{s}{6} \right).$$

10.8   平稳和弱平稳过程

如果对于一切 n, $s, t_1, \cdots, t_n$, 随机变量 $X(t_1), \cdots, X(t_n)$ 和 $X(t_1 + s), \cdots,$ $X(t_n + s)$ 有相同的联合分布, 那么随机过程 $\{X(t), t \geqslant 0\}$ 称为平稳过程. 换句话说, 如果选取任意固定点 s 作为原点, 随后的过程有相同的概率规律, 那么这个过程是平稳的. 平稳过程的两个例子如下.

(i) 一个遍历的连续时间的马尔可夫链 $\{X(t), t \geqslant 0\}$, 当

$$P\{X(0) = j\} = P_j, \qquad j \geqslant 0$$

时, 其中 $\{P_j, j \geqslant 0\}$ 是极限概率.

(ii) $\{X(t), t \geqslant 0\}$, 当 $X(t) = N(t + L) - N(t)$, $t \geqslant 0$ 时, 其中 $L > 0$ 是一个固定的常数, 而 $\{N(t), t \geqslant 0\}$ 是一个速率为 λ 的泊松过程.

第一个过程是平稳的, 因为它是一个按其极限概率选取初始状态的马尔可夫链, 从而可以看作是从时刻 ∞ 开始观察的一个遍历马尔可夫链. 因此, 这个过程在观察开始后在时刻 s 的延续, 正是此马尔可夫链从时刻 $\infty + s$ 开始的延续, 对于所有的 s, 这显然有相同的分布. 第二个过程 (其中 $X(t)$ 表示泊松过程在 t 与 $t + L$ 之间发生的事件数) 的平稳性得自泊松过程的平稳性和独立增量假设, 这意味着一个泊松过程在任意时刻 s 的延续仍然是一个泊松过程.

例 10.5 (随机电报信号过程)   令 $\{N(t), t \geqslant 0\}$ 为一个泊松过程, 且令 X_0 独立于这个过程, 并满足 $P\{X_0 = 1\} = P\{X_0 = -1\} = 1/2$. 定义 $X(t) = X_0(-1)^{N(t)}$, 那么 $\{X(t), t \geqslant 0\}$ 称为随机电报信号过程. 为了看到它的平稳性, 首先注意到, 在任意时刻 t, 无论 $N(t)$ 是什么值, 因为 X_0 等可能地是正 1 或者负 1, 所以 $X(t)$ 等可能地是正 1 或者负 1. 由于泊松过程在任意时刻后的延续仍然是泊松过程, 因此 $\{X(t), t \geqslant 0\}$ 是一个平稳过程.

我们来计算随机电报信号的均值和协方差函数:

$$\begin{aligned}
E[X(t)] &= E\left[X_0(-1)^{N(t)}\right] \\
&= E[X_0]E\left[(-1)^{N(t)}\right] \quad\quad \text{（由独立性）}\\
&= 0, \quad\quad\quad\quad\quad\quad\quad\quad \text{（因为 } E[X_0]=0 \text{）}
\end{aligned}$$

$$\begin{aligned}
\operatorname{Cov}(X(t), X(t+s)) &= E[X(t)X(t+s)] \\
&= E\left[X_0^2(-1)^{N(t)+N(t+s)}\right] \\
&= E\left[(-1)^{2N(t)}(-1)^{N(t+s)-N(t)}\right] \\
&= E\left[(-1)^{N(t+s)-N(t)}\right] \\
&= E\left[(-1)^{N(s)}\right] \\
&= \sum_{i=0}^{\infty}(-1)^i \mathrm{e}^{-\lambda s}\frac{(\lambda s)^i}{i!} \\
&= \mathrm{e}^{-2\lambda s}.
\end{aligned} \tag{10.19}$$

对于随机电报信号的应用，考虑一个以恒定单位速度沿直线移动的粒子，并且假设涉及该粒子的撞击以泊松速率 λ 发生. 此外，假设粒子每次遭受撞击都要变为反向运动. 所以，如果 X_0 表示粒子的初始速度，那么它在时刻 t 的速度，称为 $X(t)$，由 $X(t) = X_0(-1)^{N(t)}$ 给出，其中 $N(t)$ 表示到时刻 t 为止涉及该粒子的撞击次数. 因此，如果 X_0 等可能地是正 1 或者负 1，且独立于 $\{N(t), t \geqslant 0\}$，那么 $\{X(t), t \geqslant 0\}$ 是一个随机电报信号过程. 如果令

$$D(t) = \int_0^t X(s)\mathrm{d}s,$$

那么 $D(t)$ 表示粒子在时刻 t 相对于在时刻 0 的位置的位移. $D(t)$ 的均值和方差如下：

$$\begin{aligned}
E[D(t)] &= \int_0^t E[X(s)]\mathrm{d}s = 0, \\
\operatorname{Var}[D(t)] &= E\left[D^2(t)\right] \\
&= E\left[\int_0^t X(y)\mathrm{d}y \int_0^t X(u)\mathrm{d}u\right] \\
&= \int_0^t\int_0^t E[X(y)X(u)]\mathrm{d}y\mathrm{d}u \\
&= 2\iint_{0<y<u<t} E[X(y)X(u)]\mathrm{d}y\mathrm{d}u \\
&= 2\int_0^t\int_0^u \mathrm{e}^{-2\lambda(u-y)}\mathrm{d}y\mathrm{d}u \quad\quad [\text{由式 (10.19)}] \\
&= \frac{1}{\lambda}\left(t - \frac{1}{2\lambda} + \frac{1}{2\lambda}\mathrm{e}^{-2\lambda t}\right).
\end{aligned}$$

∎

一个过程是平稳过程的条件是相当严格的，所以如果 $E[X(t)] = c$，且 Cov $[X(t), X(t+s)]$ 不依赖于 t，那么我们定义过程 $\{X(t), t \geqslant 0\}$ 是**二阶平稳过程**或者**弱平稳过程**. 即如果 $X(t)$ 的前两个矩对于一切 t 都相同，且 $X(s)$ 与 $X(t)$ 的协方差只依赖于 $|t - s|$，那么该过程是二阶平稳的. 对于一个二阶平稳过程，令

$$R(s) = \mathrm{Cov}(X(t), X(t+s)).$$

因为高斯过程的有限维分布（即多元正态分布）由其均值和协方差确定，所以一个二阶平稳的高斯过程是平稳过程.

例 10.6（**奥恩斯坦–乌伦贝克过程**） 令 $\{X(t), t \geqslant 0\}$ 是一个标准布朗运动，并且对于 $\alpha > 0$，定义

$$V(t) = \mathrm{e}^{-\alpha t/2} X(\mathrm{e}^{\alpha t}).$$

过程 $\{V(t), t \geqslant 0\}$ 称为**奥恩斯坦–乌伦贝克过程**. 它描述了一个悬浮在液体或气体中的粒子的速度模型，而这个模型在统计力学中是很有用的. 我们来计算它的均值和协方差函数：

$$E[V(t)] = 0,$$
$$\mathrm{Cov}(V(t), V(t+s)) = \mathrm{e}^{-\alpha t/2}\mathrm{e}^{-\alpha(t+s)/2},$$
$$\mathrm{Cov}\left(X\left(\mathrm{e}^{\alpha t}\right), X\left(\mathrm{e}^{\alpha(t+s)}\right)\right) = \mathrm{e}^{-\alpha t}\mathrm{e}^{-\alpha s/2}\mathrm{e}^{\alpha t} \quad [\text{由式 (10.17)}]$$
$$= \mathrm{e}^{-\alpha s/2}.$$

因此，$\{V(t), t \geqslant 0\}$ 是弱平稳过程，且因为它显然是高斯过程（由于布朗运动是高斯过程），所以我们可以得出它是平稳过程. 有趣的是，（当 $\alpha = 4\lambda$ 时）它与随机电报信号过程有相同的均值和协方差函数，这说明两个十分不同的过程可能具有相同的二阶性质.（当然，如果两个高斯过程有相同的均值和协方差函数，那么它们同分布.） ∎

正如下面的例子所示，有很多类型的二阶平稳过程不是平稳的.

例 10.7（**自回归过程**） 令 $Z_0, Z_1, Z_2, \cdots$ 是不相关的随机变量，具有 $E[Z_n] = 0$，$n \geqslant 0$，且

$$\mathrm{Var}(Z_n) = \begin{cases} \sigma^2/(1-\lambda^2), & n = 0, \\ \sigma^2, & n \geqslant 1, \end{cases}$$

其中 $\lambda^2 < 1$. 定义

$$X_0 = Z_0, \qquad X_n = \lambda X_{n-1} + Z_n, \quad n \geqslant 1. \tag{10.20}$$

过程 $\{X_n, n \geqslant 0\}$ 称为**一阶自回归过程**. 它表明，在时刻 n 的状态（即 X_n）是在时刻 $n-1$ 的状态的常数倍加上一个随机误差项 Z_n.

对式 (10.20) 进行迭代，得到

$$
\begin{aligned}
X_n &= \lambda(\lambda X_{n-2} + Z_{n-1}) + Z_n \\
&= \lambda^2 X_{n-2} + \lambda Z_{n-1} + Z_n \\
&\qquad\vdots \\
&= \sum_{i=0}^{n} \lambda^{n-i} Z_i.
\end{aligned}
$$

所以

$$
\begin{aligned}
\mathrm{Cov}(X_n, X_{n+m}) &= \mathrm{Cov}\left(\sum_{i=0}^{n} \lambda^{n-i} Z_i, \sum_{i=0}^{n+m} \lambda^{n+m-i} Z_i\right) \\
&= \sum_{i=0}^{n} \lambda^{n-i} \lambda^{n+m-i} \mathrm{Cov}(Z_i, Z_i) \\
&= \sigma^2 \lambda^{2n+m} \left(\frac{1}{1-\lambda^2} + \sum_{i=1}^{n} \lambda^{-2i}\right) \\
&= \frac{\sigma^2 \lambda^m}{1-\lambda^2},
\end{aligned}
$$

其中上式利用了当 $i \neq j$ 时，Z_i 与 Z_j 不相关的事实. 因为 $E[X_n] = 0$，所以 $\{X_n, n \geqslant 0\}$ 是弱平稳的（离散时间过程的定义显然与连续时间过程的定义类似）. ∎

例 10.8　如果对于随机电报信号过程，我们不要求 $P\{X_0 = 1\} = P\{X_0 = -1\} = 1/2$，而只要求 $E[X_0] = 0$，那么过程 $\{X(t), t \geqslant 0\}$ 不一定是平稳的.（如果 X_0 有一个对称分布，即 $-X_0$ 与 X_0 有相同的分布，那么过程仍是平稳的.）然而，这个过程将是弱平稳的，这是由于

$$
\begin{aligned}
E[X(t)] &= E[X_0] E\left[(-1)^{N(t)}\right] = 0, \\
\mathrm{Cov}(X(t), X(t+s)) &= E[X(t)X(t+s)] \\
&= E\left[X_0^2\right] E\left[(-1)^{N(t)+N(t+s)}\right] \\
&= E\left[X_0^2\right] e^{-2\lambda s}. \qquad [\text{由式 (10.19)}]
\end{aligned}
$$
∎

例 10.9　令 $W_0, W_1, W_2, \cdots$ 是不相关的，且具有 $E[W_n] = \mu$ 和 $\mathrm{Var}(W_n) = \sigma^2$，$n \geqslant 0$. 对于某个正整数 k，定义

$$
X_n = \frac{W_n + W_{n-1} + \cdots + W_{n-k}}{k+1}, \qquad n \geqslant k.
$$

过程 $\{X_n, n \geqslant k\}$ 每次都跟踪 W 的最近 $k+1$ 个值的算术平均，称为**移动平均过程**. 利用 W_n（$n \geqslant 0$）都是不相关的这一事实，我们得到

$$\text{Cov}(X_n, X_{n+m}) = \begin{cases} \frac{(k+1-m)\sigma^2}{(k+1)^2}, & \text{若 } 0 \leqslant m \leqslant k, \\ 0, & \text{若 } m > k. \end{cases}$$

因此，$\{X_n, n \geqslant k\}$ 是一个二阶平稳过程. ■

令 $\{X_n, n \geqslant 1\}$ 是一个二阶平稳过程且具有 $E[X_n] = \mu$. 一个重要的问题是，$\overline{X}_n \equiv \sum_{i=1}^n X_i/n$ 何时能收敛到 μ? 下面的命题（我们只叙述而不证明）说明 $E\left[(\overline{X}_n - \mu)^2\right] \to 0$，当且仅当 $\sum_{i=1}^n R(i)/n \to 0$. 也就是说，$\overline{X}_n$ 与 μ 之间的差的期望平方趋于 0，当且仅当 $R(i)$ 的平均值极限趋于 0.

命题 10.2 令 $\{X_n, n \geqslant 1\}$ 是一个二阶平稳过程，具有均值 μ 和协方差函数 $R(i) = \text{Cov}(X_n, X_{n+i})$，并且令 $\overline{X}_n \equiv \sum_{i=1}^n X_i/n$. 那么 $\lim_{n\to\infty} E\left[(\overline{X}_n - \mu)^2\right] = 0$，当且仅当 $\lim_{n\to\infty} \sum_{i=1}^n R(i)/n = 0$.

10.9 弱平稳过程的调和分析

假设随机过程 $\{X(t), -\infty < t < \infty\}$ 和 $\{Y(t), -\infty < t < \infty\}$ 的联系如下：

$$Y(t) = \int_{-\infty}^{\infty} X(t-s)h(s)\mathrm{d}s. \tag{10.21}$$

我们可以想象一个在时刻 t 的值是 $X(t)$ 的信号，通过一个物理系统后它的值发生变形，使得在时刻 t 收到的值 $Y(t)$ 由式 (10.21) 给出. 过程 $\{X(t)\}$ 和 $\{Y(t)\}$ 分别称为输入过程和输出过程. 函数 h 称为脉冲响应函数. 如果当 $s < 0$ 时，$h(s) = 0$，那么 h 也称为加权函数，因为式 (10.21) 将在时刻 t 的输出表示为所有在 t 之前的输入的加权积分，其中 $h(s)$ 表示 s 单位时间前的输入权重.

式 (10.21) 所表示的关系是时间不变的线性滤波器的一个特例. 它称为滤波器，因为我们可以想象输入过程 $\{X(t)\}$ 通过一种介质，然后经过滤波得到输出过程 $\{Y(t)\}$. 它是线性的滤波器，因为如果输入过程 $\{X_i(t)\}$（$i = 1, 2$）的结果是输出过程 $\{Y_i(t)\}$（$i = 1, 2$），即如果 $Y_i(t) = \int_0^\infty X_i(t-s)h(s)\mathrm{d}s$，那么对应于输入过程 $\{aX_1(t) + bX_2(t)\}$ 的输出过程正好是 $\{aY_1(t) + bY_2(t)\}$. 它称为时间不变的，因为输入过程滞后一个时间 τ，即考虑新的输入过程 $\overline{X}(t) = X(t+\tau)$，会导致输出过程滞后一个 τ，这是由于

$$\int_0^\infty \overline{X}(t-s)h(s)\mathrm{d}s = \int_0^\infty X(t+\tau-s)h(s)\mathrm{d}s = Y(t+\tau).$$

现在假设输入过程 $\{X(t), -\infty < t < \infty\}$ 是弱平稳过程，且具有 $E[X(t)] = 0$ 和协方差函数

$$R_X(s) = \text{Cov}(X(t), X(t+s)).$$

我们要计算输出过程 $\{Y(t)\}$ 的均值和协方差函数.

假定可以交换期望与积分的运算次序（一个充分条件是 $\int |h(s)| < \infty$[①]，且存在某个 $M < \infty$，使得对于一切 t，有 $E[|X(t)|] < M$），我们得到

$$E[Y(t)] = \int E[X(t-s)]h(s)\mathrm{d}s = 0.$$

类似地，

$$\mathrm{Cov}(Y(t_1), Y(t_2)) = \mathrm{Cov}\left(\int X(t_1-s_1)h(s_1)\mathrm{d}s_1, \int X(t_2-s_2)h(s_2)\mathrm{d}s_2\right)$$
$$= \iint \mathrm{Cov}(X(t_1-s_1), X(t_2-s_2))h(s_1)h(s_2)\mathrm{d}s_1\mathrm{d}s_2 \qquad (10.22)$$
$$= \iint R_X(t_2-s_2-t_1+s_1)h(s_1)h(s_2)\mathrm{d}s_1\mathrm{d}s_2.$$

因此，$\mathrm{Cov}(Y(t_1), Y(t_2))$ 只通过 $t_2 - t_1$ 依赖于 t_1, t_2，于是证明了 $\{Y(t)\}$ 也是弱平稳的.

然而，上面关于 $R_Y(t_2 - t_1) = \mathrm{Cov}(Y(t_1), Y(t_2))$ 的表达式用 R_X 和 R_Y 的傅里叶变换来表示会更紧凑且更有用. 对于 $\mathrm{i} = \sqrt{-1}$，令

$$\widetilde{R}_X(w) = \int \mathrm{e}^{-\mathrm{i}ws} R_X(s)\mathrm{d}s \quad \text{和} \quad \widetilde{R}_Y(w) = \int \mathrm{e}^{-\mathrm{i}ws} R_Y(s)\mathrm{d}s$$

分别为 R_X 和 R_Y 的傅里叶变换. 函数 $\widetilde{R}_X$ 也称为过程 $\{X(t)\}$ 的**功率谱密度**. 此外，令

$$\widetilde{h}(w) = \int \mathrm{e}^{-\mathrm{i}ws} h(s)\mathrm{d}s$$

为函数 h 的傅里叶变换. 那么，由式 (10.22) 可得

$$\widetilde{R}_Y(w) = \iiint \mathrm{e}^{\mathrm{i}ws} R_X(s-s_2+s_1)h(s_1)h(s_2)\mathrm{d}s_1\mathrm{d}s_2\mathrm{d}s$$
$$= \iiint \mathrm{e}^{\mathrm{i}w(s-s_2+s_1)} R_X(s-s_2+s_1)\mathrm{d}s\, \mathrm{e}^{-\mathrm{i}ws_2} h(s_2)\mathrm{d}s_2\, \mathrm{e}^{\mathrm{i}ws_1} h(s_1)\mathrm{d}s_1$$
$$= \widetilde{R}_X(w)\widetilde{h}(w)\widetilde{h}(-w). \qquad (10.23)$$

现在，利用

$$\mathrm{e}^{\mathrm{i}x} = \cos x + \mathrm{i}\sin x, \quad \mathrm{e}^{-\mathrm{i}x} = \cos(-x) + \mathrm{i}\sin(-x) = \cos x - \mathrm{i}\sin x,$$

我们得到

$$\widetilde{h}(w)\widetilde{h}(-w) = \left[\int h(s)\cos(ws)\mathrm{d}s - \mathrm{i}\int h(s)\sin(ws)\mathrm{d}s\right]$$
$$\times \left[\int h(s)\cos(ws)\mathrm{d}s + \mathrm{i}\int h(s)\sin(ws)\mathrm{d}s\right]$$
$$= \left[\int h(s)\cos(ws)\mathrm{d}s\right]^2 + \left[\int h(s)\sin(ws)\mathrm{d}s\right]^2$$

[①] 在本节中，所有积分的范围是从 $-\infty$ 到 $+\infty$.

$$= \left| \int h(s) \mathrm{e}^{-\mathrm{i}ws} \mathrm{d}s \right|^2 = \left| \widetilde{h}(w) \right|^2.$$

因此，由式 (10.23) 可得

$$\widetilde{R}_Y(w) = \widetilde{R}_X(w) |\widetilde{h}(w)|^2.$$

用文字来表述，输出过程的协方差函数的傅里叶变换，等于脉冲响应函数的傅里叶变换的振幅的平方乘以输入过程的协方差函数的傅里叶变换.

习　题

在下面的习题中，$\{B(t), t \geqslant 0\}$ 是一个标准布朗运动过程，令 T_a 为该过程击中 a 所用的时间.

*1. $B(s) + B(t)$（$s \leqslant t$）的分布是什么？

2. 计算在给定 $B(t_1) = A$ 且 $B(t_2) = B$ 时，$B(s)$ 的条件分布，其中 $0 < t_1 < s < t_2$.

*3. 对于 $t_1 < t_2 < t_3$，计算 $E[B(t_1)B(t_2)B(t_3)]$.

4. 证明

$$P\{T_a < \infty\} = 1, \qquad E[T_a] = \infty, \quad a \neq 0.$$

*5. $P\{T_1 < T_{-1} < T_2\}$ 是多少？

6. 假设你拥有一股价格按标准布朗运动过程变化的股票. 假设你以 $b+c$ 的价格购进了这股股票，$c > 0$，而现在的价格是 b. 你决定，要么当价格到达 $b+c$ 时，要么过了一个附加的时间 t 后（要看哪一个先发生）卖出这股股票. 你不能收回购进价格的概率是多少？

7. 计算 $P\{\max_{t_1 \leqslant s \leqslant t_2} B(s) > x\}$ 的表达式.

8. 考虑一个随机游动，它在每 Δt 个单位时间内分别以概率 p 或 $1-p$，增加或者减少 $\sqrt{\Delta t}$，其中 $p = \frac{1}{2}(1 + \mu\sqrt{\Delta t})$.

　　(a) 论证当 $\Delta t \to 0$ 时，最终的极限过程是一个漂移速率为 μ 的布朗运动过程.

　　(b) 利用 (a) 和破产问题的结果（见 4.5.1 节），计算一个漂移速率为 μ 的布朗运动过程在减少 B 之前先增加 A 的概率，$A > 0, B > 0$.

9. 令 $\{X(t), t \geqslant 0\}$ 是一个漂移系数为 μ、方差参数为 σ^2 的布朗运动过程. 对于 $s < t$，$X(s)$ 和 $X(t)$ 的联合密度函数是什么？

*10. 令 $\{X(t), t \geqslant 0\}$ 是一个漂移系数为 μ、方差参数为 σ^2 的布朗运动过程. 给定 $X(s) = c$ 时，在以下情况下，$X(t)$ 的条件分布是什么？(a) $s < t$. (b) $t < s$.

11. 考虑一个过程，其取值在每 h 个单位时间内变化一次，其新值要么以概率 $p = \frac{1}{2}(1 + \frac{\mu}{\sigma}\sqrt{h})$ 等于旧值乘以因子 $\mathrm{e}^{\sigma\sqrt{h}}$，要么以概率 $1-p$ 等于旧值乘以因子 $\mathrm{e}^{-\sigma\sqrt{h}}$. 当 h 趋于 0 时，证明这个过程收敛到一个漂移系数为 μ，方差参数为 σ^2 的几何布朗运动.

12. 某股票现在每股的价格为 50 美元. 在一个单位时间以后，它的价格（以现值美元计）要么是 150 美元，要么是 25 美元. 花费 cy 美元购进期权，以便在时刻 1 购进 y 股股票.

　　(a) 为了避免出现准赢的情况，c 应该是多少？

　　(b) 如果 $c = 4$，解释怎样可以保证出现准赢.

　　　(c) 如果 $c = 10$, 解释怎样可以保证出现准赢.

　　　(d) 使用套利定理验证你对于 (a) 的回答.

13. 验证在例 10.2 后面注中叙述的命题.

14. 某股票现在的价格是 100. 它在时刻 1 的价格是 50、100 或 200. 花费 cy 购进期权, 以便在时刻 1 以 ky 的 (现值) 价格购进 y 股股票.

　　　(a) 如果 $k = 120$, 证明套利发生, 当且仅当 $c > 80/3$.

　　　(b) 如果 $k = 80$, 证明没有套利机会, 当且仅当 $20 \leqslant c \leqslant 40$.

15. 某股票现在的价格是 100. 假设其价格的对数按漂移系数为 $\mu = 2$, 方差参数为 $\sigma^2 = 1$ 的布朗运动过程变化. 给出使得在时刻 10 以如下价格购进股票的布莱克–斯科尔斯期权价格. (a) 每单位 100; (b) 每单位 120; (c) 每单位 80. 假定连续复利率是 5%.

如果对于 $s < t$, $E[Y(t) \,|\, Y(u), 0 \leqslant u \leqslant s] = Y(s)$, 那么随机过程 $\{Y(t), t \geqslant 0\}$ 称为**鞅**.

16. 如果 $\{Y(t), t \geqslant 0\}$ 是鞅, 证明 $E[Y(t)] = E[Y(0)]$.

17. 证明标准布朗运动是鞅.

18. 证明当 $Y(t) = B^2(t) - t$ 时, $\{Y(t), t \geqslant 0\}$ 是鞅. $E[Y(t)]$ 是多少?

　　　提示: 先计算 $E[Y(t) \,|\, B(u), 0 \leqslant u \leqslant s]$.

*19. 证明当 $Y(t) = \exp\{cB(t) - c^2 t / 2\}$ 时, $\{Y(t), t \geqslant 0\}$ 是鞅, 其中 c 是任意常数. $E[Y(t)]$ 是多少?

鞅的一个重要的性质是, 如果你连续地观察这个过程, 且停止在某个时刻 T, 那么在满足某些技术性条件 (在考虑的问题中是成立的) 的情况下, 有

$$E[Y(T)] = E[Y(0)].$$

时刻 T 通常依赖于过程的值, 并且称为鞅的**停时**. 这一结果, 即停止的鞅的期望值等于固定时刻的期望, 称为**鞅停止定理**.

*20. 令

$$T = \min\{t : B(t) = 2 - 4t\},$$

　　　即 T 是标准布朗运动首次击中直线 $2 - 4t$ 的时刻. 用鞅停止定理求 $E[T]$.

21. 令 $\{X(t), t \geqslant 0\}$ 是一个漂移系数为 μ、方差参数为 σ^2 的布朗运动, 即

$$X(t) = \sigma B(t) + \mu t.$$

　　　令 $\mu > 0$, 且对于正常数 x, 令

$$T = \min\{t : X(t) = x\} = \min\left\{t : B(t) = \frac{x - \mu t}{\sigma}\right\},$$

　　　即, T 是过程 $\{X(t), t \geqslant 0\}$ 首次击中 x 的时刻. 用鞅停止定理证明

$$E[T] = x/\mu.$$

22. 令 $X(t) = \sigma B(t) + \mu t$, 对于给定的正常数 A 和 B, 令 p 为 $\{X(t), t \geqslant 0\}$ 在击中 $-B$ 之前先击中 A 的概率.

　　　(a) 定义停时 T 为过程首次击中 A 或 $-B$ 的时刻. 用这个停时和在习题 19 中定义的鞅, 证明

$$E\left[\exp\{c(X(T) - \mu T)/\sigma - c^2 T / 2\}\right] = 1.$$

(b) 令 $c = -2\mu/\sigma$, 证明
$$E[\exp\{-2\mu X(T)/\sigma\}] = 1.$$

(c) 利用 (b) 和 T 的定义, 求 p.

提示: $\exp\{-2\mu X(T)/\sigma^2\}$ 的可能值是什么?

23. 令 $X(t) = \sigma B(t) + \mu t$, 并且定义停时 T 为过程 $\{X(t), t \geqslant 0\}$ 首次击中 A 或 $-B$ 的时刻, 其中 A 和 B 是给定的正常数. 利用鞅停止定理和习题 22 的 (c), 求 $E[T]$.

*24. 令 $\{X(t), t \geqslant 0\}$ 是一个漂移系数为 μ、方差参数为 σ^2 的布朗运动. 假设 $\mu > 0$. 令 $x > 0$, 并且 (如在习题 21 中那样) 定义停时 T 为
$$T = \min\{t : X(t) = x\}.$$
利用在习题 18 中定义的鞅, 结合习题 21 的结果, 证明
$$\mathrm{Var}(T) = x\sigma^2/\mu^3.$$

在习题 25~27 中, $\{X(t), t \geqslant 0\}$ 是一个漂移系数为 μ、方差参数为 σ^2 的布朗运动过程.

25. 假设过程在每 Δ 个单位时间内, 要么以概率 p 增加 $\sigma\sqrt{\Delta}$, 要么以概率 $1-p$ 减少 $\sigma\sqrt{\Delta}$, 其中
$$p = \frac{1}{2}\left(1 + \frac{\mu}{\sigma}\sqrt{\Delta}\right).$$
证明当 Δ 趋于 0 时, 此过程收敛到漂移系数为 μ、方差参数为 σ^2 的布朗运动过程.

26. 将过程首次等于 y 的时刻记为 T_y. 对于 $y > 0$, 证明
$$P\{T_y < \infty\} = \begin{cases} 1, & \text{若 } \mu \geqslant 0, \\ e^{2y\mu/\sigma^2}, & \text{若 } \mu < 0. \end{cases}$$
令 $M = \max_{0 \leqslant t < \infty} X(t)$ 表示曾经到达的最大值. 解释为何由此可得: 当 $\mu < 0$ 时, M 是速率为 $-2\mu/\sigma^2$ 的指数随机变量.

27. 确定 $\min_{0 \leqslant y \leqslant t} X(y)$ 的分布函数.

28. 计算 (a) $\int_0^1 t\,\mathrm{d}B(t)$ 和 (b) $\int_0^1 t^2\,\mathrm{d}B(t)$ 的均值和方差.

29. 令 $Y(t) = tB(1/t)$, $t > 0$ 和 $Y(0) = 0$.
   (a) $Y(t)$ 的分布是什么?
   (b) 计算 $\mathrm{Cov}(Y(s), Y(t))$.
   (c) 论证 $\{Y(t), t \geqslant 0\}$ 是一个标准布朗运动.

30. 对于 $a > 0$, 令 $Y(t) = B(a^2 t)/a$. 论证 $\{Y(t), t \geqslant 0\}$ 是一个标准布朗运动.

31. 对于 $s < t$, 论证 $B(s) - \frac{s}{t}B(t)$ 和 $B(t)$ 是独立的.

32. 令 $\{Z(t), t \geqslant 0\}$ 为一个布朗桥过程. 证明如果
$$Y(t) = (t+1)Z(t/(t+1)),$$
那么 $\{Y(t), t \geqslant 0\}$ 是一个标准布朗运动.

33. 令 $X(t) = N(t+1) - N(t)$, 其中 $\{N(t), t \geqslant 0\}$ 是速率为 λ 的泊松过程. 计算
$$\mathrm{Cov}(X(t), X(t+s)).$$

34. 令 $\{N(t), t \geqslant 0\}$ 是速率为 λ 的泊松过程, 并且定义 $Y(t)$ 为从 t 开始到下一个泊松事件发生的时间.

    (a) 论证 $\{Y(t), t \geqslant 0\}$ 是一个弱平稳过程.

    (b) 计算 $\mathrm{Cov}(Y(t), Y(t+s))$.

35. 令 $\{X(t), -\infty < t < \infty\}$ 是一个具有协方差函数 $R_X(s) = \mathrm{Cov}(X(t), X(t+s))$ 的弱平稳过程.

    (a) 证明
$$\mathrm{Var}[X(t+s) - X(t)] = 2R_X(0) - 2R_X(t).$$

    (b) 如果 $Y(t) = X(t+1) - X(t)$, 证明 $\{Y(t), -\infty < t < \infty\}$ 也是弱平稳过程, 且其协方差函数 $R_Y(s) = \mathrm{Cov}(Y(t), Y(t+s))$ 满足
$$R_Y(s) = 2R_X(s) - R_X(s-1) - R_X(s+1).$$

36. 令 Y_1 和 Y_2 是独立的标准正态随机变量, 并且对于某个常数 w 令
$$X(t) = Y_1 \cos wt + Y_2 \sin wt, \quad -\infty < t < \infty.$$

    (a) 证明 $\{X(t)\}$ 是一个弱平稳过程.

    (b) 论证 $\{X(t)\}$ 是一个平稳过程.

37. 令 $\{X(t), -\infty < t < \infty\}$ 是一个具有协方差函数 $R(s) = \mathrm{Cov}(X(t), X(t+s))$ 的弱平稳过程, 而令 $\widetilde{R}(w)$ 为这个过程的功率谱密度.

    (i) 证明 $\widetilde{R}(w) = \widetilde{R}(-w)$, 并证明
$$R(s) = \frac{1}{2\pi} \int_{-\infty}^{\infty} \widetilde{R}(w) \mathrm{e}^{iws} \mathrm{d}w.$$

    (ii) 用上面证明
$$\int_{-\infty}^{\infty} \widetilde{R}(w) \mathrm{d}w = 2\pi E[X^2(t)].$$

参考文献

[1] M. S. Bartlett. *An Introduction to Stochastic Processes*, Cambridge University Press, London, 1954.

[2] U. Grenander and M. Rosenblatt. *Statistical Analysis of Stationary Time Series*, John Wiley, New York, 1957.

[3] D. Heath and W. Sudderth. On a Theorem of De Finetti, Oddsmaking, and Game Theory, *Ann. Math. Stat.* **43**, 2072–2077(1972).

[4] S. Karlin and H Taylor. *A Second Course in Stochastic Processes*, Academic Press, Orlando, FL, 1981.

[5] L. H. Koopmans. *The Spectral Analysis of Time Series*, Academic Press, Orlando, FL, 1974.

[6] S. Ross. *Stochastic Processes, Second Edition*, John Wiley, New York, 1996.

第 11 章　模拟

11.1　引言

令 $X = (X_1, \cdots, X_n)$ 为一个具有给定密度函数 $f(x_1, \cdots, x_n)$ 的随机向量，并且假设对于某个 n 维函数 g，我们想计算

$$E[g(\boldsymbol{X})] = \iint \cdots \int g(x_1, \cdots, x_n) f(x_1, \cdots, x_n) \mathrm{d}x_1 \mathrm{d}x_2 \cdots \mathrm{d}x_n.$$

例如，当 X 的值代表前 $\lfloor n/2 \rfloor$ 个到达间隔和服务时间时[①]，g 可以代表前 $\lfloor n/2 \rfloor$ 个顾客的总排队等待时间. 在许多情况下，我们无法解析地精确计算上述的多重积分，甚至无法在给定的精度内进行数值近似. 剩下的一种可能方法就是通过模拟来近似 $E[g(\boldsymbol{X})]$.

为了近似 $E[g(\boldsymbol{X})]$，首先生成一个具有联合密度函数 $f(x_1, \cdots, x_n)$ 的随机向量 $\boldsymbol{X}^{(1)} = (X_1^{(1)}, \cdots, X_n^{(1)})$，然后计算 $Y^{(1)} = g(\boldsymbol{X}^{(1)})$. 再生成第二个随机向量（与第一个独立）$\boldsymbol{X}^{(2)}$，并计算 $Y^{(2)} = g(\boldsymbol{X}^{(2)})$. 继续这样做，直至生成 r（一个固定的数）个独立同分布的随机变量 $Y^{(i)} = g(\boldsymbol{X}^{(i)})$（$i = 1, \cdots, r$）. 由强大数定律可知

$$\lim_{r \to \infty} \frac{Y^{(1)} + \cdots + Y^{(r)}}{r} = E[Y^{(i)}] = E[g(\boldsymbol{X})],$$

从而我们可以用生成的 Y 的平均值作为 $E[g(\boldsymbol{X})]$ 的估计. 这种估计 $E[g(\boldsymbol{X})]$ 的方法称为**蒙特卡罗模拟方法**.

显然，余下的问题是如何生成（即模拟）具有特定联合分布的随机向量. 这样做的第一步是能从 $(0, 1)$ 上的均匀分布生成随机变量. 一种方法是，取 10 张相同的纸片，分别标号为 $0, 1, \cdots, 9$，将它们放在一个帽子中，然后从这个帽子中有放回地连续抽取 n 张纸片. 得到的数字序列（在前面加上一个小数点）可以看成 $(0, 1)$ 均匀随机变量四舍五入到最近的 $\left(\frac{1}{10}\right)^n$ 的值. 如果抽取到的数字序列是 3, 8, 7, 2, 1，那么，$(0, 1)$ 均匀随机变量的值是 $0.387\,21$（四舍五入到最近的 $0.000\,01$）. $(0, 1)$ 均匀随机变量值的表，称为随机数表，它已经被大量出版 [例如，见 RAND 公司的 *A Million Random Digits with* $100\,000$ *Normal Deviates* (New York, The Free Press, 1955)]. 表 11–1 就是这样的表.

---

① 我们用记号 $\lfloor a \rfloor$ 表示小于或等于 a 的最大整数.

表 11-1   随机数表

04 839	96 423	24 878	82 651	66 566	14 778	76 797	14 780	13 300	87 074
68 086	26 432	46 901	20 848	89 768	81 536	86 645	12 659	92 259	57 102
39 064	66 432	84 673	40 027	32 832	61 362	98 947	96 067	64 760	64 584
25 669	26 422	44 407	44 048	37 937	63 904	45 766	66 134	75 470	66 520
64 117	94 305	26 766	25 940	39 972	22 209	71 500	64 568	91 402	42 416
87 917	77 341	42 206	35 126	74 087	99 547	81 817	42 607	43 808	76 655
62 797	56 170	86 324	88 072	76 222	36 086	84 637	93 161	76 038	65 855
95 876	55 293	18 988	27 354	26 575	08 625	40 801	59 920	29 841	80 150
29 888	88 604	67 917	48 708	18 912	82 271	65 424	69 774	33 611	54 262
73 577	12 908	30 883	18 317	28 290	35 797	05 998	41 688	34 952	37 888
27 958	30 134	04 024	86 385	29 880	99 730	55 536	84 855	29 080	09 250
90 999	49 127	20 044	59 931	06 115	20 542	18 059	02 008	73 708	83 517
18 845	49 618	02 304	51 038	20 655	58 727	28 168	15 475	56 942	53 389
94 824	78 171	84 610	82 834	09 922	25 417	44 137	48 413	25 555	21 246
35 605	81 263	39 667	47 358	56 873	56 307	61 607	49 518	89 356	20 103
33 362	64 270	01 638	92 477	66 969	98 420	04 880	45 585	46 565	04 102
88 720	82 765	34 476	17 032	87 589	40 836	32 427	70 002	70 663	88 863
39 475	46 473	23 219	53 416	94 970	25 832	69 975	94 884	19 661	72 828
06 990	67 245	68 350	82 948	11 398	42 878	80 287	88 267	47 363	46 634
40 980	07 391	58 745	25 774	22 987	80 059	39 911	96 189	41 151	14 222
83 974	29 992	65 381	38 857	50 490	83 765	55 657	14 361	31 720	57 375
33 339	31 926	14 883	24 413	59 744	92 351	97 473	89 286	35 931	04 110
31 662	25 388	61 642	34 072	81 249	35 648	56 891	69 352	48 373	45 578
93 526	70 765	10 592	04 542	76 463	54 328	02 349	17 247	28 865	14 777
20 492	38 391	91 132	21 999	59 516	81 652	27 195	48 223	46 751	22 923
04 153	53 381	79 401	21 438	83 035	92 350	36 693	31 238	59 649	91 754
05 520	91 962	04 739	13 092	97 662	24 822	94 730	06 496	35 090	04 822
47 498	87 637	99 016	71 060	88 824	71 013	18 735	20 286	23 153	72 924
23 167	49 323	45 021	33 132	12 544	41 035	80 780	45 393	44 812	12 515
23 792	14 422	15 059	45 799	22 716	19 792	09 983	74 353	68 668	30 429
85 900	98 275	32 388	52 390	16 815	69 298	82 732	38 480	73 817	32 523
42 559	78 985	05 300	22 164	24 369	54 224	35 083	19 687	11 062	91 491
14 349	82 674	66 523	44 133	00 697	35 552	35 970	19 124	63 318	29 686
17 403	53 363	44 167	64 486	64 758	75 366	76 554	31 601	12 614	33 072
23 632	27 889	47 914	02 584	37 680	20 801	72 152	39 339	34 806	08 930

　　然而，这并不是数字计算机模拟 $(0,1)$ 均匀随机变量的方法．在实践中，它们用伪随机数来代替真正的随机数．大多数随机数生成器从一个初值 X_0（称为种子）开始，然后通过指定正整数 a、c 和 m，并且令

$$X_{n+1} = (aX_n + c) \mod m, \quad n \geqslant 0,$$

递推地计算值，其中，上式的含义是，取 $aX_n + c$ 除以 m 的余数为 X_{n+1} 的值．于是，每个 X_n 都是 $0, 1, \cdots, m-1$ 中的一个数，而量 X_n/m 被取为 $(0,1)$ 均匀随机变量的近似值．可以证明，只要适当地选取 a、c 和 m，上述方法产生的数列看起来就像是从独立的 $(0,1)$ 均匀随机变量中生成的．

　　在模拟任意分布的随机变量时，我们以假设能够模拟 $(0,1)$ 均匀分布随机变量的值作为出发点，并用术语"随机数"表示来自这个分布的独立随机变量．在

11.2 节和 11.3 节中, 我们将介绍模拟连续随机变量的一般技术和特殊技术. 在 11.4 节中, 我们对离散随机变量作相同的讨论. 在 11.5 节中, 我们讨论模拟给定联合分布的随机变量和随机过程. 对于非时齐泊松过程的模拟, 我们给予特别的重视, 并讨论了 3 种不同的方法. 在 11.5.2 节中, 我们讨论二维泊松过程的模拟. 在 11.6 节中, 我们讨论通过降低方差来增加模拟估计精度的各种方法. 在 11.7 节中, 我们考虑为了达到要求的精度水平, 选取所需模拟运行次数的问题. 但在开始讲述之前, 我们先考虑模拟在组合问题中的两个应用.

例 11.1（生成随机排列） 假设我们想生成数 $1, 2, \cdots, n$ 的一个排列, 使得所有的 $n!$ 种可能次序都是等可能的. 算法如下. 首先在 $1, \cdots, n$ 中随机选取一个数, 并将这个数放在位置 n; 然后在余下的 $n-1$ 个数中随机选取一个, 并将这个数放在位置 $n-1$; 接着在余下的 $n-2$ 个数中随机选取一个, 并将这个数放在位置 $n-2$; 等等（其中, 随机地选取一个数, 是指每一个余下的数都等可能地被选取）. 然而, 为了避免考虑哪些数尚待安置, 我们将这些数保持成一个有序的列表, 然后随机选取数的位置, 而不是数本身, 这样做既方便又高效. 也就是说, 从任意的初始次序 $p_1, p_2, \cdots, p_n$ 开始, 我们随机选取位置 $1, \cdots, n$ 中的一个, 然后将这个位置上的数与位置 n 上的数对换. 现在我们随机选取位置 $1, \cdots, n-1$ 中的一个, 然后将这个位置上的数与位置 $n-1$ 上的数对换, 等等.

为了执行上面的程序, 我们必须能够生成一个随机变量, 它等可能地取 $1, 2, \cdots, k$ 中的任意一个值. 为此, 令 U 为一个随机数, 即 U 在 $(0, 1)$ 上均匀分布, 那么 kU 在 $(0, k)$ 上均匀分布, 所以

$$P\{i - 1 < kU < i\} = \frac{1}{k}, \quad i = 1, \cdots, k.$$

因此, 随机变量 $I = \lfloor kU \rfloor + 1$ 满足

$$P\{I = i\} = P\{\lfloor kU \rfloor = i - 1\} = P\{i - 1 < kU < i\} = \frac{1}{k}.$$

生成随机排列的上述算法可以写成如下步骤.

步骤 1： 令 $p_1, p_2, \cdots, p_n$ 是 $1, 2, \cdots, n$ 的任意排列（例如, 我们可以选取 $p_j = j, \ j = 1, \cdots, n$）.

步骤 2： 设 $k = n$.

步骤 3： 生成一个随机数 U, 且令 $I = \lfloor kU \rfloor + 1$.

步骤 4： 交换 p_I 与 p_k 的值.

步骤 5： 令 $k = k - 1$, 并且若 $k > 1$, 则返回步骤 3.

步骤 6： $p_1, p_2, \cdots, p_n$ 就是所要的随机排列.

例如，假设 $n = 4$，且初始排列是 $1, 2, 3, 4$. 如果 I 的第一个值（它等可能地是 $1, 2, 3, 4$ 中的任意一个）是 $I = 3$，那么新的排列是 $1, 2, 4, 3$. 如果 I 的下一个值是 $I = 2$，那么新的排列是 $1, 4, 2, 3$. 如果 I 的最后一个值是 $I = 2$，那么最后的排列是 $1, 4, 2, 3$，这就是随机排列的值.

上述算法的一个重要性质是，它也可以用来生成整数 $1, 2, \cdots, n$ 的一个大小为 r 的随机子集. 只需遵循算法直到位置 $n, n-1, \cdots, n-r+1$ 都完成了更换. 这些位置上的元素就构成了随机子集. ■

例 11.2（在很大的列表中估计不同元素的个数）　考虑有 n 个元素的一个列表，其中 n 非常大，假设我们想估计这个列表中不同元素的个数 d. 如果将位置 i 上的元素在此列表中出现的次数记为 m_i，那么我们可以将 d 表示为

$$d = \sum_{i=1}^{n} \frac{1}{m_i}.$$

为了估计 d，假设我们生成了一个随机值 X，它等可能地是 $1, 2, \cdots, n$ 中的任意一个（即我们取 $X = \lfloor nU \rfloor + 1$），然后令 $m(X)$ 为位置 X 上的元素在列表中出现的次数. 那么

$$E\left[\frac{1}{m(X)}\right] = \sum_{i=1}^{n} \frac{1}{m_i} \frac{1}{n} = \frac{d}{n}.$$

因此，如果生成了 k 个这样的随机变量 $X_1, \cdots, X_k$，那么可以用

$$d \approx \frac{n \sum_{i=1}^{k} 1/m(X_i)}{k}$$

来估计 d.

假设列表中的每个元素都有一个从属于它的值，第 i 个元素的值是 $v(i)$. 不同元素的值之和（记为 v）可以表示为

$$v = \sum_{i=1}^{n} \frac{v(i)}{m(i)}.$$

如果 $X = \lfloor nU \rfloor + 1$，其中 U 是一个随机数，那么

$$E\left[\frac{v(X)}{m(X)}\right] = \sum_{i=1}^{n} \frac{v(i)}{m(i)} \frac{1}{n} = \frac{v}{n}.$$

因此，我们可以通过生成 $X_1, \cdots, X_k$，然后用

$$v \approx \frac{n}{k} \sum_{i=1}^{k} \frac{v(X_i)}{m(X_i)}$$

来估计 v.

作为上述方法的一个重要应用，令 $A_i = \{a_{i,1}, \cdots, a_{i,n_i}\}$，$i = 1, \cdots, s$ 表示事件，并假设我们想估计 $P\left(\bigcup_{i=1}^{s} A_i\right)$. 由于

$$P\left(\bigcup_{i=1}^{s} A_i\right) = \sum_{a \in \cup A_i} P(a) = \sum_{i=1}^{s} \sum_{j=1}^{n_i} \frac{P(a_{i,j})}{m(a_{i,j})},$$

其中 $m(a_{i,j})$ 是点 $a_{i,j}$ 所属事件的个数, 因此上述方法可以用来估计 $P\left(\bigcup_{i=1}^{s} A_i\right)$.

注意, 上面估计 v 的程序, 在不知道值的集合 $\{v_1, \cdots, v_n\}$ 的先验知识时也可以是有效的. 也就是说, 只要我们能够确定特定位置上元素的值和这个元素在列表中出现的次数就足够了. 当值的集合是先验已知的时, 还存在另一种方法, 我们将在例 11.11 中说明. ■

11.2 模拟连续随机变量的一般方法

在本节中, 我们介绍模拟连续随机变量的 3 种方法.

11.2.1 逆变换方法

模拟一个具有连续分布的随机变量的一般方法 (称为**逆变换方法**) 基于下述命题.

命题 11.1 令 U 是一个 $(0,1)$ 上的均匀随机变量. 对于任意连续分布函数 F, 如果我们定义随机变量 X 为

$$X = F^{-1}(U),$$

那么随机变量 X 的分布函数就是 F. ($F^{-1}(u)$ 定义为使 $F(x) = u$ 的值 x.)

证明 $\qquad F_X(a) = P\{X \leqslant a\} = P\{F^{-1}(U) \leqslant a\}.$ $\qquad\qquad$ (11.1)

由于 $F(x)$ 是单调函数, 因此 $F^{-1}(U) \leqslant a$, 当且仅当 $U \leqslant F(a)$. 从而, 由式 (11.1) 可得

$$F_X(a) = P\{U \leqslant F(a)\} = F(a). \qquad\qquad ■$$

因此, 当 F^{-1} 可计算时, 我们可以通过模拟一个随机数 U, 然后取 $X = F^{-1}(U)$ 来模拟连续分布为 F 的随机变量 X.

例 11.3 (模拟指数随机变量) 如果 $F(x) = 1 - \mathrm{e}^{-x}$, 那么 $F^{-1}(u)$ 是满足

$$1 - \mathrm{e}^{-x} = u, \quad 从而 \quad x = -\ln(1-u)$$

的值 x, 因此, 如果 U 是一个 $(0,1)$ 上的均匀随机变量, 那么

$$F^{-1}(U) = -\ln(1-U)$$

是均值为 1 的指数分布. 因为 $1-U$ 也在 $(0,1)$ 上均匀分布, 所以 $-\ln U$ 是均值为 1 的指数随机变量, 因此 $-c\ln U$ 是均值为 c 的指数随机变量. ■

11.2.2 拒绝法

假设我们有一种方法可以模拟一个具有密度函数 $g(x)$ 的随机变量. 我们可以以此为基础, 通过模拟具有密度 g 的随机变量 Y, 然后以与 $f(Y)/g(Y)$ 成正比的概率接受这个模拟值, 来模拟具有密度函数 $f(x)$ 的连续分布.

具体来说, 令 c 是一个常数, 使得

$$\frac{f(y)}{g(y)} \leqslant c, \qquad \text{对于一切 } y.$$

那么, 我们用下述方法来模拟具有密度 f 的随机变量.

拒绝法

步骤 1: 模拟具有密度 g 的随机变量 Y, 并且模拟一个随机数 U.

步骤 2: 如果 $U \leqslant \frac{f(Y)}{cg(Y)}$, 那么令 $X = Y$. 否则返回步骤 1.

命题 11.2 由拒绝法生成的随机变量 X 具有密度 f.

证明 令 X 是得到的值, 令 N 为所需重复的次数. 那么

$$\begin{aligned}
P\{X \leqslant x\} &= P\{Y_N \leqslant x\} \\
&= P\{Y \leqslant x \mid U \leqslant f(Y)/cg(Y)\} \\
&= \frac{P\{Y \leqslant x, U \leqslant f(Y)/cg(Y)\}}{K} \\
&= \frac{\int P\{Y \leqslant x \ U \leqslant f(Y)/cg(Y) \mid Y = y\}g(y)\mathrm{d}y}{K} \\
&= \frac{\int_{-\infty}^{x}[f(y)/cg(y)]g(y)\mathrm{d}y}{K} \\
&= \frac{\int_{-\infty}^{x} f(y)\mathrm{d}y}{Kc},
\end{aligned}$$

其中 $K = P\{U \leqslant f(Y)/cg(Y)\}$. 令 $x \to \infty$, 有 $K = 1/c$, 从而完成了证明. ∎

注 (i) 上面的方法最初是由冯·诺伊曼在一个特殊情形下提出的, 其中 g 只在某个有限区间 (a,b) 上为正, 而 Y 在 (a,b) 上均匀分布, 即 $Y = a + (b-a)U$.

(ii) 注意, 我们 "以概率 $f(Y)/cg(Y)$ 接受值 Y" 的方式是: 生成一个 $(0,1)$ 上的均匀随机变量 U, 然后, 如果 $U \leqslant f(Y)/cg(Y)$, 那么接受 Y.

(iii) 因为这个方法的每次迭代都独立地以概率 $P\{U \leqslant f(Y)/cg(Y)\} = 1/c$ 接受一个值, 所以迭代次数是均值为 c 的几何随机变量.

(iv) 实际上, 当决定是否接受时, 没有必要生成一个新的均匀随机变量, 因为通过一些额外的计算, 在每一次迭代时对随机数作适当的修正, 就可以将单个随机数应用始终. 为了明白这是怎样进行的, 我们注意到, U 的

实际值并没有被用到，我们只关心是否有 $U \leqslant f(Y)/cg(Y)$. 因此，如果 Y 被拒绝，即 $U > f(Y)/cg(Y)$，那么我们可以利用以下事实：对于给定的 Y，随机变量

$$\frac{U - f(Y)/cg(Y)}{1 - f(Y)/cg(Y)} = \frac{cUg(Y) - f(Y)}{cg(Y) - f(Y)}$$

在 $(0,1)$ 上均匀分布. 因此，它可以用作下一次迭代中的均匀随机数. 虽然这样做节省了生成随机数的步骤，但需要进行上面的计算，所以是否真正节省计算，很大程度上取决于生成随机数的方法. ■

例 11.4 我们利用拒绝法来生成具有密度函数

$$f(x) = 20x(1-x)^3, \quad 0 < x < 1$$

的随机变量. 因为这个随机变量（服从参数为 2 和 4 的贝塔分布）集中在区间 $(0,1)$ 中，所以我们考虑

$$g(x) = 1, \quad 0 < x < 1$$

的拒绝法. 为了确定 c 使得 $f(x)/g(x) \leqslant c$，我们用微积分来确定

$$\frac{f(x)}{g(x)} = 20x(1-x)^3$$

的最大值. 对上式求导得到

$$\frac{\mathrm{d}}{\mathrm{d}x}\left[\frac{f(x)}{g(x)}\right] = 20\left[(1-x)^3 - 3x(1-x)^2\right].$$

令它等于 0，由此可得最大值在 $x = 1/4$ 处达到，于是

$$\frac{f(x)}{g(x)} \leqslant 20\left(\frac{1}{4}\right)\left(\frac{3}{4}\right)^3 = \frac{135}{64} \equiv c.$$

因此

$$\frac{f(x)}{cg(x)} = \frac{256}{27}x(1-x)^3.$$

从而拒绝程序如下.

步骤 1：生成随机数 U_1 和 U_2.

步骤 2：如果 $U_2 \leqslant \frac{256}{27}U_1(1-U_1)^3$，那么停止，并且取 $X = U_1$. 否则返回步骤 1. 执行步骤 1 的平均次数是 $c = \frac{135}{64}$. ■

例 11.5（模拟正态随机变量） 为了模拟一个标准正态随机变量 Z（即均值为 0、方差为 1 的正态随机变量），首先注意，Z 的绝对值的密度函数为

$$f(x) = \frac{2}{\sqrt{2\pi}}\mathrm{e}^{-x^2/2}, \quad 0 < x < \infty. \tag{11.2}$$

首先，我们使用

$$g(x) = \mathrm{e}^{-x}, \quad 0 < x < \infty$$

的拒绝法, 从上述密度进行模拟. 注意,

$$\frac{f(x)}{g(x)} = \sqrt{2e/\pi} \exp \left\{-(x-1)^2/2\right\} \leqslant \sqrt{2e/\pi}.$$

因此, 我们可以使用拒绝法按如下步骤从式 (11.2) 进行模拟.

(a) 生成独立的随机变量 Y 和 U, Y 是速率为 1 的指数随机变量, 而 U 在 $(0,1)$ 上均匀分布.

(b) 如果 $U \leqslant \exp\{-(Y-1)^2/2\}$, 或者等价地, 如果

$$-\ln U \geqslant (Y-1)^2/2,$$

那么取 $X = Y$. 否则返回步骤 (a).

一旦模拟出具有密度函数 (11.2) 的随机变量 X, 我们就可以通过令 Z 等可能地是 X, 或者 $-X$, 来生成标准正态随机变量 Z.

为了改进上述方法, 首先注意, 由例 11.3 可知, $-\ln U$ 也是速率为 1 的指数随机变量. 因此, 步骤 (a) 和步骤 (b) 等价于下面的步骤.

(a') 生成速率为 1 的独立指数随机变量 Y_1 和 Y_2.

(b') 如果 $Y_2 \geqslant (Y_1 - 1)^2/2$, 那么取 $X = Y_1$. 否则返回步骤 (a').

现在假设我们接受步骤 (b'). 那么, 由指数随机变量的无记忆性推出, Y_2 超过 $(Y_1 - 1)^2/2$ 的部分也是速率为 1 的指数随机变量.

综上所述, 我们有生成一个速率为 1 的指数随机变量和一个独立的标准正态随机变量的如下算法.

步骤 1: 生成一个速率为 1 的指数随机变量 Y_1.

步骤 2: 生成一个速率为 1 的指数随机变量 Y_2.

步骤 3: 如果 $Y_2 - (Y_1 - 1)^2/2 > 0$, 那么取 $Y = Y_2 - (Y_1 - 1)^2/2$, 并且转到步骤 4. 否则返回步骤 1.

步骤 4: 生成一个随机数 U, 并且取

$$Z = \begin{cases} Y_1, & \text{若 } U \leqslant \frac{1}{2}, \\ -Y_1, & \text{若 } U > \frac{1}{2}. \end{cases}$$

上面生成的随机变量 Z 和 Y 是独立的, Z 是均值为 0、方差为 1 的正态随机变量, Y 是速率为 1 的指数随机变量. (如果我们想要正态随机变量的均值为 μ、方差为 σ^2, 只需取 $\sigma Z + \mu$.) ■

注 (i) 由于 $c = \sqrt{2e/\pi} \approx 1.32$, 因此上面步骤 2 的迭代次数服从均值约为 1.32 的几何分布.

(ii) 步骤 4 中的随机数不必另行模拟, 它可以从前面使用的任意随机数的第

一位数字中得到. 也就是说, 假设我们生成一个随机数来模拟指数随机
变量, 那么我们可以去掉这个随机数的初始数字, 只使用余下的数字 (将
小数点向右移动一位) 作为随机数. 如果这个初始数字是 0, 1, 2, 3, 4 (若
计算机生成二进制数字, 则为 0), 那么我们取 Z 的符号为正, 否则取
Z 的符号为负.

(iii) 如果我们要生成一个标准正态随机变量序列, 那么我们可以将步骤 3 中
得到的指数随机变量作为生成下一个正态随机变量在步骤 1 中所需的指
数随机变量. 因此, 平均地, 我们可以通过生成 1.64 个指数随机变量和
计算 1.32 次平方, 来模拟一个标准正态随机变量. ■

11.2.3 风险率方法

令 F 是连续的分布函数, 且 $\overline{F}(0) = 1$. 由

$$\lambda(t) = \frac{f(t)}{\overline{F}(t)}, \quad t \geqslant 0$$

可以定义 F 的风险率函数 $\lambda(t)$ (其中 $f(t) = F'(t)$ 是密度函数). $\lambda(t)$ 表示, 在
给定一个寿命分布为 F 的产品已经存活到时刻 t 的条件下, 它在时刻 t 损坏的
瞬时概率强度.

现在, 假设我们给定了一个有界函数 $\lambda(t)$, 使得 $\int_0^\infty \lambda(t)\mathrm{d}t = \infty$, 我们要模
拟一个以 $\lambda(t)$ 为风险率函数的随机变量 S.

为此, 取 λ 使得

$$\lambda(t) \leqslant \lambda, \quad 对于一切 \ t \geqslant 0.$$

为了从 $\lambda(t)$ ($t \geqslant 0$) 进行模拟, 我们将

(a) 模拟一个速率为 λ 的泊松过程. 然后, 我们只 "接受" 或 "计数" 其中
的某些泊松事件. 具体来说, 我们将

(b) 独立地以概率 $\lambda(t)/\lambda$ 计数一个在时刻 t 发生的事件.

现在我们有以下命题.

命题 11.3 第一个被计数的事件发生的时刻 (记为 S) 是一个随机变量, 其
分布有风险率函数 $\lambda(t)$, $t \geqslant 0$.

证明

$P\{t < S < t + \mathrm{d}t \mid S > t\}$

$= P\{第一个被计数的事件发生在 (t, t + \mathrm{d}t) 中 \mid 在 \ t \ 之前没有事件被计数\}$

$= P\{泊松事件发生在 (t, t + \mathrm{d}t) 中, 且被计数 \mid 在 \ t \ 之前没有事件被计数\}$

$= P\{泊松事件发生在 (t, t + \mathrm{d}t) 中, 且被计数\}$

$$= [\lambda dt + o(dt)]\frac{\lambda(t)}{\lambda} = \lambda(t)dt + o(dt),$$

这就完成了证明. 注意, 倒数第二个等式得自泊松过程的独立增量性. ■

因为速率为 λ 的泊松过程的到达间隔是速率为 λ 的指数随机变量, 所以, 从例 11.3 和上述命题推出, 下面的算法将生成一个具有风险率函数 $\lambda(t)$ ($t \geqslant 0$) 的随机变量.

生成 S 的风险率方法: $\lambda_S(t) = \lambda(t)$

取 λ 使得对于一切 $t \geqslant 0$, 有 $\lambda(t) \leqslant \lambda$. 生成随机变量对 U_i, X_i, $i \geqslant 1$, 其中 X_i 是速率为 λ 的指数随机变量, 而 U_i 是 $(0,1)$ 上的均匀随机变量, 并停止在

$$N = \min\left\{n : U_n \leqslant \lambda\left(\sum_{i=1}^{n} X_i\right) \Big/ \lambda\right\}.$$

取

$$S = \sum_{i=1}^{N} X_i.$$ ■

为了计算 $E[N]$, 我们需要一个结果, 即瓦尔德方程, 它指出, 如果 $X_1, X_2, \cdots$ 是独立同分布的随机变量, 它们被依次观察直到一个随机时间 N, 那么

$$E\left[\sum_{i=1}^{N} X_i\right] = E[N]E[X].$$

更确切地说, 令 $X_1, X_2, \cdots$ 是一个独立同分布的随机变量序列, 并且考虑下面的定义.

定义 11.1 一个整数值随机变量 N 称为 $X_1, X_2, \cdots$ 的**停时**, 如果对于一切 $n = 1, 2, \cdots$, 事件 $\{N = n\}$ 独立于 $X_{n+1}, X_{n+2}, \cdots$.

直观地, 我们按顺序观察 X_n, 且令 N 表示在停止前观察到的数量. 对于一切 $n = 1, 2, \cdots$, 如果 $N = n$, 那么, 我们在观察完 $X_1, \cdots, X_n$ 之后, 且在观察 $X_{n+1}, X_{n+2}, \cdots$ 之前停止.

例 11.6 令 X_n ($n = 1, 2, \cdots$) 是独立的, 而且

$$P\{X_n = 0\} = P\{X_n = 1\} = \frac{1}{2}, \quad n = 1, 2, \cdots.$$

如果我们令

$$N = \min\{n : X_1 + \cdots + X_n = 10\},$$

那么 N 是一个停时. 我们可以将 N 看成一个试验的停时, 该试验连续地抛掷一枚均匀硬币, 而且当正面的次数达到 10 时停止. ■

命题 11.4（**瓦尔德方程**） 如果 $X_1, X_2, \cdots$ 是具有有限期望的独立同分布的随机变量，而且 N 是 $X_1, X_2, \cdots$ 的停时，使得 $E[N] < \infty$，那么

$$E\left[\sum_{n=1}^{N} X_n\right] = E[N]E[X].$$

证明 令

$$I_n = \begin{cases} 1, & \text{若 } N \geqslant n, \\ 0, & \text{若 } N < n. \end{cases}$$

我们有

$$\sum_{n=1}^{N} X_n = \sum_{n=1}^{\infty} X_n I_n.$$

因此

$$E\left[\sum_{n=1}^{N} X_n\right] = E\left[\sum_{n=1}^{\infty} X_n I_n\right] = \sum_{n=1}^{\infty} E[X_n I_n]. \tag{11.3}$$

然而，$I_n = 1$，当且仅当在我们连续地观察 $X_1, \cdots, X_{n-1}$ 之后还没有停止. 所以，I_n 由 $X_1, \cdots, X_{n-1}$ 确定，从而独立于 X_n. 于是由式 (11.3) 可得

$$E\left[\sum_{n=1}^{N} X_n\right] = \sum_{n=1}^{\infty} E[X_n]E[I_n] = E[X]\sum_{n=1}^{\infty} E[I_n] = E[X]E\left[\sum_{n=1}^{\infty} I_n\right] = E[X]E[N].$$

回到风险率方法，我们有

$$S = \sum_{i=1}^{N} X_i.$$

因为 $N = \min\left\{n : U_n \leqslant \lambda\left(\sum_{i=1}^{n} X_i\right)/\lambda\right\}$，所以事件 $\{N = n\}$ 独立于 X_{n+1}, $X_{n+2}, \cdots$. 因此，由瓦尔德方程可得

$$E[S] = E[N]E[X_i] = \frac{E[N]}{\lambda},$$

从而

$$E[N] = \lambda E[S],$$

其中 $E[S]$ 是所要的随机变量的均值.

11.3 模拟连续随机变量的特殊方法

为模拟来自大多数常见的连续分布的随机变量，人们设计出了各种特殊方法，现在我们介绍其中的一部分.

11.3.1　正态分布

令 X 和 Y 为独立的标准正态随机变量，因此它们的联合密度函数为

$$f(x\,y) = \frac{1}{2\pi}\mathrm{e}^{-(x^2+y^2)/2}, \quad -\infty < x < \infty, -\infty < y < \infty.$$

现在考虑点 (X,Y) 的极坐标．如图 11–1 所示，

$$R^2 = X^2 + Y^2, \qquad \Theta = \arctan(Y/X).$$

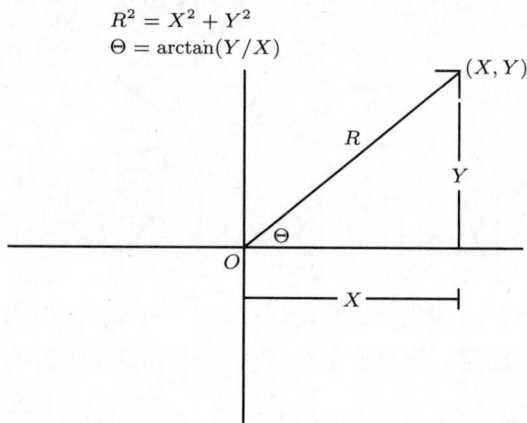

$$R^2 = X^2 + Y^2$$
$$\Theta = \arctan(Y/X)$$

图 11–1

为了得到 R^2 和 Θ 的联合密度，考虑变换

$$d = x^2 + y^2, \quad \theta = \arctan(y/x).$$

这个变换的雅可比行列式是

$$J = \begin{vmatrix} \frac{\partial d}{\partial x} & \frac{\partial d}{\partial y} \\ \frac{\partial \theta}{\partial x} & \frac{\partial \theta}{\partial y} \end{vmatrix} = \begin{vmatrix} 2x & 2y \\ \frac{1}{1+y^2/x^2}\left(\frac{-y}{x^2}\right) & \frac{1}{1+y^2/x^2}\left(\frac{1}{x}\right) \end{vmatrix}$$

$$= 2\begin{vmatrix} x & y \\ -\frac{y}{x^2+y^2} & \frac{x}{x^2+y^2} \end{vmatrix} = 2.$$

因此，由 2.5.3 节可知，R^2 和 Θ 的联合密度为

$$f_{R^2,\Theta}(d,\theta) = \frac{1}{2\pi}\mathrm{e}^{-d/2}\frac{1}{2} = \frac{1}{2}\mathrm{e}^{-d/2}\frac{1}{2\pi}, \quad 0 < d < \infty, 0 < \theta < 2\pi.$$

于是，我们可以得出，R^2 和 Θ 独立，且 R^2 服从速率为 $\frac{1}{2}$ 的指数分布，Θ 服从 $(0,2\pi)$ 上的均匀分布．

现在，我们从极坐标反推到直角坐标．根据上面的内容，如果我们从速率为 $\frac{1}{2}$ 的指数随机变量 W（W 起 R^2 的作用）和独立于 W 的 $(0,2\pi)$ 上的均匀随机变

量 V（V 起 Θ 的作用）开始，那么 $X = \sqrt{W}\cos V, Y = \sqrt{W}\sin V$ 将是独立的标准正态随机变量. 因此利用例 11.3 的结果，我们看到，如果 U_1 和 U_2 是独立的 $(0,1)$ 上的均匀随机变量，那么

$$X = (-2\ln U_1)^{1/2}\cos(2\pi U_2),$$
$$Y = (-2\ln U_1)^{1/2}\sin(2\pi U_2) \tag{11.4}$$

是独立的标准正态随机变量.

注 $X^2 + Y^2$ 服从速率为 $\frac{1}{2}$ 的指数分布这个事实非常重要，因为根据卡方分布的定义，$X^2 + Y^2$ 服从自由度为 2 的卡方分布. 因此，这两个分布是相同的.

上面生成标准正态随机变量的方法，称为**博克斯–马勒方法**. 由于它需要计算上面的正弦值和余弦值，因此其效率会有所降低. 然而，有一种方法可以绕过这个可能耗时的困难. 首先，注意若 U 在 $(0,1)$ 上均匀分布，则 $2U$ 在 $(0,2)$ 上均匀分布，从而 $2U - 1$ 在 $(-1,1)$ 上均匀分布. 于是，如果我们生成随机数 U_1 和 U_2，并且令

$$V_1 = 2U_1 - 1, \qquad V_2 = 2U_2 - 1,$$

那么，(V_1, V_2) 在以 $(0,0)$ 为中心、面积为 4 的正方形上均匀分布（见图 11–2）.

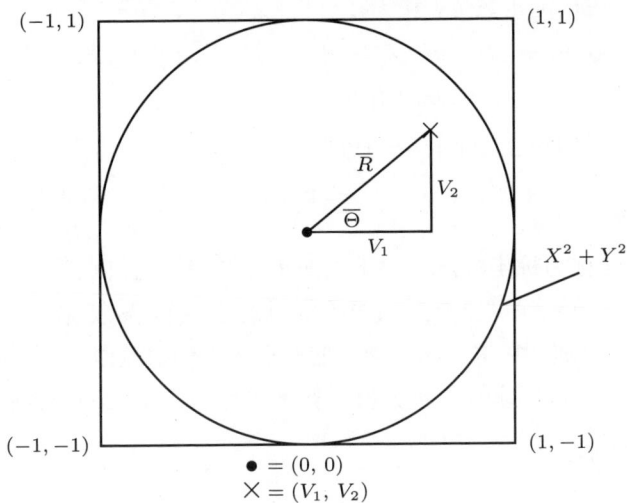

图 **11–2**

现在，假设我们连续生成这样的 (V_1, V_2) 对，直到得到一个包含在以 $(0,0)$ 为中心、半径为 1 的圆内的对，即直到 (V_1, V_2) 满足 $V_1^2 + V_2^2 \leqslant 1$. 于是这样的 (V_1, V_2) 在圆内均匀分布. 如果我们用 $\overline{R}, \overline{\Theta}$ 表示这对的极坐标，那么容易验证 $\overline{R}$

与 $\overline{\Theta}$ 独立, 其中 $\overline{R}^2$ 在 $(0,1)$ 上均匀分布, 而 $\overline{\Theta}$ 在 $(0,2\pi)$ 上均匀分布.

由于

$$\sin\overline{\Theta} = \frac{V_2}{\overline{R}} = \frac{V_2}{\sqrt{V_1^2 + V_2^2}}, \quad \cos\overline{\Theta} = \frac{V_1}{\overline{R}} = \frac{V_1}{\sqrt{V_1^2 + V_2^2}},$$

因此由式 (11.4) 可知, 我们可以通过生成另一个随机数 U 并且令

$$X = (-2\ln U)^{1/2} V_1/\overline{R}, \quad Y = (-2\ln U)^{1/2} V_2/\overline{R},$$

来生成独立的标准正态随机变量 X 和 Y.

事实上, 因为 (以 $V_1^2 + V_2^2 \leqslant 1$ 为条件) $\overline{R}^2$ 在 $(0,1)$ 上均匀分布, 且独立于 $\overline{\Theta}$, 所以我们可以用它来代替生成一个新的随机数 U, 从而

$$X = \left(-2\ln\overline{R}^2\right)^{1/2} V_1/\overline{R} = \sqrt{\frac{-2\ln S}{S}} V_1,$$

$$Y = \left(-2\ln\overline{R}^2\right)^{1/2} V_2/\overline{R} = \sqrt{\frac{-2\ln S}{S}} V_2$$

是独立的标准正态随机变量, 其中

$$S = \overline{R}^2 = V_1^2 + V_2^2.$$

综上所述, 我们生成一对独立的标准正态随机变量的方法如下.

步骤 1: 生成随机数 U_1 和 U_2.

步骤 2: 令 $V_1 = 2U_1 - 1, V_2 = 2U_2 - 1, S = V_1^2 + V_2^2$.

步骤 3: 若 $S > 1$, 则返回步骤 1.

步骤 4: 得到独立标准正态随机变量

$$X = \sqrt{\frac{-2\ln S}{S}} V_1, \quad Y = \sqrt{\frac{-2\ln S}{S}} V_2.$$

上面的方法称为**极坐标法**. 由于上面正方形中的随机点落入单位圆中的概率等于 $\pi/4$ (圆的面积除以正方形的面积), 因此, 极坐标法平均需要迭代 $4/\pi \approx 1.273$ 次步骤 1. 因此, 它生成两个独立的标准正态随机变量, 平均需要用 2.546 个随机数, 取一次对数, 求一次平方根, 作一次除法, 作 4.546 次乘法.

11.3.2 伽马分布

为了模拟服从参数为 n 和 λ 的伽马分布的随机变量, 其中 n 是整数, 我们利用 n 个速率为 λ 的独立指数随机变量之和服从该分布的事实. 因此, 若 $U_1, \cdots, U_n$ 是 $(0,1)$ 上独立的均匀随机变量, 则

$$X = -\frac{1}{\lambda} \sum_{i=1}^{n} \ln U_i = -\frac{1}{\lambda} \ln\left(\prod_{i=1}^{n} U_i\right)$$

服从所要的分布.

当 n 较大时, 还有其他不需要这么多的随机数的方法. 一种可能是用拒绝法, 将 $g(x)$ 取为均值为 n/λ (因为这是伽马分布的均值) 的指数随机变量的密度. 可以证明, 对于较大的 n, 拒绝法需要的平均迭代次数是 $e[(n-1)/2\pi]^{1/2}$. 另外, 如果我们需要生成一个伽马随机变量, 那么正如例 11.5 那样, 我们可以安排使得在接受时, 不仅得到一个伽马随机变量, 而且额外得到一个指数随机变量, 它可以用于生成下一个伽马随机变量 (见习题 8).

11.3.3 卡方分布

自由度为 n 的卡方分布是 $\chi_n^2 = Z_1^2 + \cdots + Z_n^2$ 的分布, 其中 $Z_i\,(\,i=1,\cdots,n\,)$ 是独立的标准正态随机变量. 利用 11.3.1 节的注中所说明的事实, 我们知道 $Z_1^2 + Z_2^2$ 服从速率为 $\frac{1}{2}$ 的指数分布. 因此, 当 n 是偶数时, 例如 $n = 2k$, χ_{2k}^2 服从参数为 k 和 $\frac{1}{2}$ 的伽马分布. 因此, $-2\ln\left(\prod_{i=1}^k U_i\right)$ 服从自由度为 $2k$ 的卡方分布. 我们可以通过模拟一个标准正态随机变量 Z, 然后再把 Z^2 加到前述随机变量上, 来模拟一个自由度为 $2k+1$ 的卡方随机变量. 也就是说,

$$\chi_{2k+1}^2 = Z^2 - 2\ln\left(\prod_{i=1}^k U_i\right),$$

其中, $Z, U_1, \cdots, U_n$ 都是独立的, Z 是标准正态随机变量, 而其他的都是 $(0,1)$ 上的均匀随机变量.

11.3.4 贝塔分布 [$\beta(n, m)$ 分布]

随机变量 X 称为服从参数为 n 和 m 的贝塔分布, 如果它的密度为

$$f(x) = \frac{(n+m-1)!}{(n-1)!(m-1)!} x^{n-1}(1-x)^{m-1}, \quad 0 < x < 1.$$

模拟服从上述分布的随机变量的一个方法是, 令 $U_1, \cdots, U_{n+m-1}$ 是独立的 $(0,1)$ 上的均匀随机变量, 并且考虑这个集合中第 n 小的值——记为 $U_{(n)}$. $U_{(n)}$ 将等于 x, 如果在这 $n+m-1$ 个随机变量中, 有

(i) $n-1$ 个小于 x;

(ii) 1 个等于 x;

(iii) $m-1$ 个大于 x.

因此, 如果将这 $n+m-1$ 个均匀随机变量分成 3 个大小分别为 $n-1$、1、$m-1$ 的子集, 那么第一个集合中的每个变量都小于 x、第二个集合中的变量等于 x 而且第三个集合中的每个变量都大于 x 的概率为

$$(P\{U<x\})^{n-1} f_U(x) (P\{U>x\})^{m-1} = x^{n-1}(1-x)^{m-1}.$$

因为共有 $(n+m-1)!/[(n-1)!(m-1)!]$ 种可能的分法, 所以 $U_{(n)}$ 是参数为 n 和 m 的贝塔随机变量.

于是, 模拟服从贝塔分布的随机变量的一种方法是, 在 $n+m-1$ 个随机数中找出第 n 小的数. 然而, 当 n 和 m 都很大时, 这种做法并不是特别有效.

另一种方法是考虑一个速率为 1 的泊松过程, 并且回忆一下, 给定第 $n+m$ 个事件到达的时刻 S_{n+m}, 前 $n+m-1$ 个事件发生的时间集合独立地在 $(0, S_{n+m})$ 上均匀分布. 因此, 给定 S_{n+m}, 在前 $n+m-1$ 个事件发生的时间中第 n 小的数 (即 S_n) 与在 $n+m-1$ 个 $(0, S_{n+m})$ 上的均匀随机变量中第 n 小的数具有相同的分布. 根据上面的内容, 我们可以得出 S_n/S_{n+m} 服从参数为 n 和 m 的贝塔分布的结论. 所以, 如果 $U_1, \cdots, U_{n+m}$ 是随机数, 那么

$$\frac{-\ln\left(\prod_{i=1}^{n} U_i\right)}{-\ln\left(\prod_{i=1}^{m+n} U_i\right)} \text{ 是参数为 } n \text{ 和 } m \text{ 的贝塔随机变量.}$$

通过将上式写成

$$\frac{-\ln\left(\prod_{i=1}^{n} U_i\right)}{-\ln\left(\prod_{i=1}^{n} U_i\right) - \ln\left(\prod_{i=n+1}^{n+m} U_i\right)},$$

我们看到它与 $X/(X+Y)$ 具有相同的分布, 其中 X 和 Y 分别是参数为 $n, 1$ 和 $m, 1$ 的伽马随机变量. 因此, 当 n 和 m 都很大时, 我们可以通过先模拟两个伽马随机变量来模拟贝塔随机变量.

11.3.5 指数分布——冯·诺伊曼算法

已知, 速率为 1 的指数随机变量可以通过计算一个随机数的对数的负值来模拟. 然而, 在大多数计算机中, 计算对数的程序涉及幂级数展开, 所以如果存在计算上更容易的第二种方法, 那么它将是很有用的. 我们现在介绍由冯·诺伊曼给出的方法.

首先, 令 $U_1, U_2, \cdots$ 是 $(0,1)$ 上的独立均匀随机变量, 并且定义 N ($N \geqslant 2$) 为

$$N = \min\{n : U_1 \geqslant U_2 \geqslant \cdots \geqslant U_{n-1} < U_n\},$$

即 N 是首个大于其前一个数的随机数的下标. 现在, 我们计算 N 和 U_1 的联合分布:

$$P\{N > n, U_1 \leqslant y\} = \int_0^1 P\{N > n, U_1 \leqslant y \,|\, U_1 = x\} \mathrm{d}x$$

$$= \int_0^y P\{N > n \,|\, U_1 = x\} \mathrm{d}x.$$

给定 $U_1 = x$, 如果 $x \geqslant U_2 \geqslant \cdots \geqslant U_n$, 或者等价地, 如果

(a) $U_i \leqslant x, \quad i = 2, \cdots, n,$

(b) $U_2 \geqslant \cdots \geqslant U_n$,

那么 N 将大于 n. (a) 以概率 x^{n-1} 发生，并且给定 (a) 时，因为 $U_2, \cdots, U_n$ 的所有 $(n-1)!$ 种可能排序是等可能的，所以 (b) 以概率 $\frac{1}{(n-1)!}$ 发生. 因此

$$P\{N > n \,|\, U_1 = x\} = \frac{x^{n-1}}{(n-1)!}.$$

从而

$$P\{N > n, U_1 \leqslant y\} = \int_0^y \frac{x^{n-1}}{(n-1)!} \mathrm{d}x = \frac{y^n}{n!}.$$

所以

$$P\{N = n, U_1 \leqslant y\} = P\{N > n-1, U_1 \leqslant y\} - P\{N > n, U_1 \leqslant y\}$$
$$= \frac{y^{n-1}}{(n-1)!} - \frac{y^n}{n!}.$$

对所有偶数求和，我们看到

$$P\{N \text{ 是偶数}, U_1 \leqslant y\} = y - \frac{y^2}{2!} + \frac{y^3}{3!} - \frac{y^4}{4!} - \cdots = 1 - \mathrm{e}^{-y}. \tag{11.5}$$

现在我们使用以下算法生成速率为 1 的指数随机变量.

步骤 1： 生成随机数 $U_1, U_2, \cdots$，在 $N = \min\{n : U_1 \geqslant \cdots \geqslant U_{n-1} < U_n\}$ 处停止.

步骤 2： 如果 N 是偶数，那么接受此次运行，并转向步骤 3. 如果 N 是奇数，那么拒绝此次运行，并返回步骤 1.

步骤 3： 令 X 等于失败（即拒绝）的运行次数加上成功（即接受）运行中的首个随机数.

为了证明 X 是速率为 1 的指数随机变量，首先注意，通过在式 (11.5) 中取 $y = 1$，我们得到一次成功运行的概率是

$$P\{N \text{ 是偶数}\} = 1 - \mathrm{e}^{-1}.$$

为了使 X 超过 x，前 $\lfloor x \rfloor$ 次运行必须都没有成功，而且下一次运行必须要么不成功，要么成功但 $U_1 > x - \lfloor x \rfloor$（其中 $\lfloor x \rfloor$ 是不大于 x 的最大整数）. 因为

$$P\{N \text{ 是偶数}, U_1 > y\} = P\{N \text{ 是偶数}\} - P\{N \text{ 是偶数}, U_1 \leqslant y\}$$
$$= 1 - \mathrm{e}^{-1} - (1 - \mathrm{e}^{-y}) = \mathrm{e}^{-y} - \mathrm{e}^{-1},$$

所以

$$P\{X > x\} = \mathrm{e}^{-\lfloor x \rfloor} \left[\mathrm{e}^{-1} + \mathrm{e}^{-(x - \lfloor x \rfloor)} - \mathrm{e}^{-1} \right] = \mathrm{e}^{-x},$$

这就得到了结果.

令 T 为生成一个成功运行所需的试验次数. 因为每次试验以概率 $1 - \mathrm{e}^{-1}$ 成功，所以 T 是均值为 $1/(1 - \mathrm{e}^{-1})$ 的几何随机变量. 如果我们令 N_i 为在第 i 次

运行中所用的随机数的个数，$i \geqslant 1$，那么 T（是首个使 N_i 是偶数的 i）是这个序列的停时. 因此根据瓦尔德方程，这个算法所需的随机数的平均个数为

$$E\left[\sum_{i=1}^{T} N_i\right] = E[N]E[T].$$

现在，

$$E[N] = \sum_{n=0}^{\infty} P\{N > n\} = 1 + \sum_{n=1}^{\infty} P\{U_1 \geqslant \cdots \geqslant U_n\} = 1 + \sum_{n=1}^{\infty} 1/n! = \mathrm{e},$$

所以

$$E\left[\sum_{i=1}^{T} N_i\right] = \frac{\mathrm{e}}{1 - \mathrm{e}^{-1}} \approx 4.3.$$

因此，从计算角度来说，这个算法非常容易执行，它平均需要约 4.3 个随机数.

11.4 离散分布的模拟

所有模拟连续随机变量的一般方法在离散情形下都有对应的版本. 如果我们要模拟一个概率质量函数为

$$P\{X = x_j\} = P_j, \quad j = 1, 2, \cdots, \quad \sum_j P_j = 1$$

的随机变量 X，那么我们可以使用逆变换方法的如下离散版本.

为了模拟具有 $P\{X = x_j\} = P_j$ 的 X，令 U 在 $(0,1)$ 上均匀分布，且令

$$X = \begin{cases} x_1, & \text{若 } U < P_1, \\ x_2, & \text{若 } P_1 < U < P_1 + P_2, \\ \quad\vdots \\ x_j, & \text{若 } \sum_{i=1}^{j-1} P_i < U < \sum_{i=1}^{j} P_i, \\ \quad\vdots \end{cases}$$

因为

$$P\{X = x_j\} = P\left\{\sum_{i=1}^{j-1} P_i < U < \sum_{i=1}^{j} P_i\right\} = P_j,$$

所以 X 服从所要的分布.

例 11.7（几何分布） 假设我们要模拟 X，使得

$$P\{X = i\} = p(1-p)^{i-1}, \quad i \geqslant 1.$$

因为

$$\sum_{i=1}^{j-1} P\{X=i\} = 1 - P\{X > j-1\} = 1 - (1-p)^{j-1},$$

所以我们可以模拟这样的随机变量, 方法是生成一个随机数 U, 且令 X 等于满足

$$1 - (1-p)^{j-1} < U < 1 - (1-p)^{j}$$

的值 j, 或者等价地, 令 X 等于满足

$$(1-p)^{j} < 1-U < (1-p)^{j-1}$$

的值 j. 因为 $1-U$ 与 U 有相同的分布, 所以我们可以定义 X 为

$$X = \min\{j : (1-p)^{j} < U\} = \min\left\{j : j > \frac{\ln U}{\ln(1-p)}\right\} = 1 + \left[\frac{\ln U}{\ln(1-p)}\right]. \quad \blacksquare$$

与连续情形一样, 对于更为常见的离散分布, 已经设计出了特殊的模拟方法. 现在我们给出几个例子.

例 11.8 (模拟二项随机变量) 参数为 n 和 p 的二项随机变量最容易模拟, 因为它能够表示为 n 个独立的伯努利随机变量之和. 也就是说, 若 $U_1, \cdots, U_n$ 是 $(0,1)$ 上的独立均匀随机变量, 则令

$$X_i = \begin{cases} 1, & \text{若 } U_i < p, \\ 0, & \text{其他}, \end{cases}$$

由此推出 $X \equiv \sum_{i=1}^{n} X_i$ 是以 n 和 p 为参数的二项随机变量.

这个程序的一个困难是需要生成 n 个随机数. 为了减少所需随机数的个数, 首先注意到, 这个程序并未用到随机数 U 的确切值, 而只用到它是否超过 p. 利用这一点和条件分布的结果, 即给定 $U < p$ 时, U 在 $(0, p)$ 上均匀分布, 给定 $U > p$ 时, U 在 $(p, 1)$ 上均匀分布, 我们现在说明如何只用一个随机数来模拟一个参数为 n 和 p 的二项随机变量.

步骤 1: 令 $\alpha = 1/p$, $\beta = 1/(1-p)$.

步骤 2: 设置 $k = 0$.

步骤 3: 生成一个均匀随机数 U.

步骤 4: 若 $k = n$, 则停止. 否则重置 $k = k + 1$.

步骤 5: 若 $U \leqslant p$, 则设置 $X_k = 1$, 并且重置 $U = \alpha U$. 若 $U > p$, 则设置 $X_k = 0$, 并且重置 $U = \beta(U - p)$. 返回步骤 4.

整个程序生成 $X_1, \cdots, X_n$, 而 $X \equiv \sum_{i=1}^{n} X_i$ 是所要的随机变量. 它的工作原理是观察 $U_k \leqslant p$, 还是 $U_k > p$, 在前一种情形下, 取 U_{k+1} 等于 U_k/p, 而在后

一种情形下，取 U_{k+1} 等于 $(U_k - p)/(1 - p)$.[①]

　　例 11.9（模拟泊松随机变量）　为了模拟一个速率为 λ 的泊松随机变量，我们生成 $(0,1)$ 上的均匀随机变量 $U_1, U_2, \cdots$，并停止在

$$N + 1 = \min\left\{n : \prod_{i=1}^{n} U_i < \mathrm{e}^{-\lambda}\right\}.$$

随机变量 N 服从所要的分布，因为我们注意到

$$N = \max\left\{n : \sum_{i=1}^{n} -\ln U_i < \lambda\right\}.$$

因为 $-\ln U_i$ 是速率为 1 的指数随机变量，所以如果我们将 $-\ln U_i$（$i \geqslant 1$）解释为一个速率为 1 的泊松过程的到达间隔，那么 $N = N(\lambda)$ 将等于到时刻 λ 为止发生的事件数. 因此，N 是均值为 λ 的泊松随机变量.

　　当 λ 较大时，我们可以通过以下方法减少模拟 $N(\lambda)$ 的计算量，其中 $N(\lambda)$ 是一个速率为 1 的泊松过程到时刻 λ 为止发生的事件数. 首先选取一个整数 m，并且模拟泊松过程中第 m 个事件发生的时刻 S_m，然后根据给定 S_m 时 $N(\lambda)$ 的条件分布来模拟 $N(\lambda)$. 给定 S_m 时，$N(\lambda)$ 的条件分布如下：

$$N(\lambda) \,|\, S_m = s \sim m + P(\lambda - s), \qquad 如果 \ s < \lambda,$$
$$N(\lambda) \,|\, S_m = s \sim B\left(m - 1, \frac{\lambda}{s}\right), \quad 如果 \ s > \lambda,$$

其中，$\sim$ 表示"与……有相同的分布"，$P(\lambda)$ 是参数为 λ 的泊松随机变量，$B(n, p)$ 是参数为 n 和 p 的二项随机变量. 这是由于如果第 m 个事件发生在时刻 s，其中 $s < \lambda$，那么，到时刻 λ 为止发生的事件数是 m 加上发生在 (s, λ) 中的事件数. 另外，给定 $S_m = s$ 时，前 $m - 1$ 个事件发生的时间集合与 $m - 1$ 个 $(0, s)$ 上的均匀随机变量的集合有相同的分布（见 5.3.4 节）. 因此，当 $\lambda < s$ 时，到时刻 λ 为止发生的事件数是参数为 $m - 1$ 和 λ/s 的二项随机变量. 于是，我们可以通过如下方式模拟 $N(\lambda)$. 首先模拟 S_m，然后当 $S_m < \lambda$ 时，模拟均值为 $\lambda - S_m$ 的泊松随机变量 $P(\lambda - S_m)$，当 $S_m > \lambda$ 时，模拟参数为 $m - 1$ 和 λ/S_m 的二项随机变量 $B(m - 1, \lambda/S_m)$，并且令

$$N(\lambda) = \begin{cases} m + P(\lambda - S_m), & 若 \ S_m < \lambda, \\ B(m - 1, \lambda/S_m), & 若 \ S_m > \lambda. \end{cases}$$

在上面的过程中，我们发现令 m 近似于 $\frac{7}{8}\lambda$ 对于计算是有效的. 当然，当 m 较大时，可以通过模拟 $\Gamma(m, \lambda)$ 随机变量的方法来模拟 S_m，这种方法的计算速度

---

① 由于计算机的舍入误差，当 n 较大时，不应该持续地使用单个随机数.

很快（见 11.3.3 节）. ■

离散分布也有拒绝法和风险率方法，我们把它留作习题. 不过，我们有一种模拟有限离散随机变量的方法（称为**别名方法**），尽管建模需要一些时间，但是运行起来非常快.

别名方法

在下文中，$\boldsymbol{P}$、$\boldsymbol{P}^{(k)}$、$\boldsymbol{Q}^{(k)}$（$k \leqslant n-1$）表示在整数 $1, 2, \cdots, n$ 上的概率质量函数，即它们是由和为 1 的非负数组成的 n 维向量. 另外，向量 $\boldsymbol{P}^{(k)}$ 至多有 k 个非零分量，而每个 $\boldsymbol{Q}^{(k)}$ 至多有 2 个非零分量. 我们证明，任意概率质量函数 $\boldsymbol{P}$ 都可以表示为相同权重的 $n-1$ 个概率质量函数 $\boldsymbol{Q}$（每一个至多有 2 个非零分量）的复合分布. 也就是说，我们证明，对于适当定义的 $\boldsymbol{Q}^{(1)}, \cdots, \boldsymbol{Q}^{(n-1)}$，$\boldsymbol{P}$ 可以表示为

$$\boldsymbol{P} = \frac{1}{n-1} \sum_{k=1}^{n-1} \boldsymbol{Q}^{(k)}. \tag{11.6}$$

在介绍得到这个表达式的方法之前，我们需要下述简单的引理，它的证明留作习题.

引理 11.5 令 $\boldsymbol{P} = (P_1, \cdots, P_n)$ 为一个概率质量函数，则

(a) 存在一个 i（$1 \leqslant i \leqslant n$），使得 $P_i < 1/(n-1)$；

(b) 对于这个 i，存在一个 j（$j \neq i$），使得 $P_i + P_j \geqslant 1/(n-1)$.

在介绍得到式 (11.6) 的方法之前，我们通过一个例子来说明它.

例 11.10 考虑 3 点分布 $\boldsymbol{P}$，其中 $P_1 = 7/16, P_2 = 1/2, P_3 = 1/16$. 我们首先选取满足引理 11.5 的 i 和 j. 因为 $P_3 < 1/2$，$P_3 + P_2 > 1/2$，所以我们可以取 $i = 3$ 和 $j = 2$. 我们定义一个 2 点质量函数 $\boldsymbol{Q}^{(1)}$，将所有的权重都放在点 3 和点 2 上，这样 $\boldsymbol{P}$ 就能够表示成 $\boldsymbol{Q}^{(1)}$ 与另一个 2 点质量函数 $\boldsymbol{Q}^{(2)}$ 的等权重混合. 其次，点 3 的所有质量都包含在 $\boldsymbol{Q}^{(1)}$ 中. 因为我们有

$$P_j = \frac{1}{2}\left(Q_j^{(1)} + Q_j^{(2)}\right), \quad j = 1\,2, 3, \tag{11.7}$$

并且，根据上面的方法，假设 $Q_3^{(2)}$ 等于 0，所以我们必须取

$$Q_3^{(1)} = 2P_3 = \frac{1}{8}, \quad Q_2^{(1)} = 1 - Q_3^{(1)} = \frac{7}{8}, \quad Q_1^{(1)} = 0.$$

为了满足式 (11.7)，我们必须取

$$Q_3^{(2)} = 0, \quad Q_2^{(2)} = 2P_2 - \frac{7}{8} = \frac{1}{8}, \quad Q_1^{(2)} = 2P_1 = \frac{7}{8}.$$

因此，在这种情形下，我们有所要的表示. 现在假设原来的分布是 4 点质量函数：

$$P_1 = \frac{7}{16}, \quad P_2 = \frac{1}{4}, \quad P_3 = \frac{1}{8}, \quad P_4 = \frac{3}{16}.$$

我们有 $P_3 < 1/3$ 且 $P_3 + P_1 > 1/3$. 因此第一个 2 点质量函数 $\boldsymbol{Q}^{(1)}$ 将所有权重都放在点 3 和点 1 上（不给点 2 和点 4 权重）. 因为在最后的表示中 $\boldsymbol{Q}^{(1)}$ 的权重为 $1/3$，而另外的 $\boldsymbol{Q}^{(j)}$（$j = 2, 3$）不会给值 3 任何质量，所以我们必须有

$$\frac{1}{3}Q_3^{(1)} = P_3 = \frac{1}{8}.$$

因此，

$$Q_3^{(1)} = \frac{3}{8}, \quad Q_1^{(1)} = 1 - \frac{3}{8} = \frac{5}{8}.$$

此外，我们可以写出

$$\boldsymbol{P} = \frac{1}{3}\boldsymbol{Q}^{(1)} + \frac{2}{3}\boldsymbol{P}^{(3)},$$

为了满足上式，向量 $\boldsymbol{P}^{(3)}$ 中的分量必须是

$$P_1^{(3)} = \frac{3}{2}\left(P_1 - \frac{1}{3}Q_1^{(1)}\right) = \frac{11}{32},$$

$$P_2^{(3)} = \frac{3}{2}P_2 = \frac{3}{8},$$

$$P_3^{(3)} = 0$$

$$P_4^{(3)} = \frac{3}{2}P_4 = \frac{9}{32}.$$

注意，$\boldsymbol{P}^{(3)}$ 不给值 3 任何质量. 现在我们可以将质量函数 $\boldsymbol{P}^{(3)}$ 表示为 2 点质量函数 $\boldsymbol{Q}^{(2)}$ 和 $\boldsymbol{Q}^{(3)}$ 的等权重混合，最后我们有

$$\boldsymbol{P} = \frac{1}{3}\boldsymbol{Q}^{(1)} + \frac{2}{3}\left(\frac{1}{2}\boldsymbol{Q}^{(2)} + \frac{1}{2}\boldsymbol{Q}^{(3)}\right) = \frac{1}{3}\left(\boldsymbol{Q}^{(1)} + \boldsymbol{Q}^{(2)} + \boldsymbol{Q}^{(3)}\right).$$

（我们将细节作为习题留给你.）　　　　　　　　　　　　　　　　　■

　　上面的例子概述了将 n 点质量函数 $\boldsymbol{P}$ 写成形如式 (11.6) 的一般程序，其中 $\boldsymbol{Q}^{(i)}$ 是质量函数，它所有的质量都被放在至多 2 个点上. 首先，我们选取满足引理 11.5 的 i 和 j. 然后定义 $\boldsymbol{Q}^{(1)}$，它的质量集中在点 i 和点 j 上，且包含点 i 的所有质量，注意到，在式 (11.6) 中，对于 $k = 2, \cdots, n-1$ 有 $Q_i^{(k)} = 0$，这意味着

$$Q_i^{(1)} = (n-1)P_i, \quad \text{所以} \quad Q_j^{(1)} = 1 - (n-1)P_i.$$

我们写出

$$\boldsymbol{P} = \frac{1}{n-1}\boldsymbol{Q}^{(1)} + \frac{n-2}{n-1}\boldsymbol{P}^{(n-1)}, \tag{11.8}$$

其中 $\boldsymbol{P}^{(n-1)}$ 表示余下的质量，它的分量为

$$P_i^{(n-1)} = 0,$$

$$P_j^{(n-1)} = \frac{n-1}{n-2}\left(P_j - \frac{1}{n-1}Q_j^{(1)}\right) = \frac{n-1}{n-2}\left(P_i + P_j - \frac{1}{n-1}\right),$$

$$P_k^{(n-1)} = \frac{n-1}{n-2}P_k, \qquad k \neq i \text{ 或 } j.$$

容易验证上式确实是一个概率质量函数——例如, $P_j^{(n-1)}$ 有非负性是因为选取的 j 满足 $P_i + P_j > 1/(n-1)$.

我们现在可以对 $n-1$ 点概率质量函数 $\boldsymbol{P}^{(n-1)}$ 重复上面的程序, 得到

$$\boldsymbol{P}^{(n-1)} = \frac{1}{n-2}\boldsymbol{Q}^{(2)} + \frac{n-3}{n-2}\boldsymbol{P}^{(n-2)},$$

所以由式 (11.8) 可得

$$\boldsymbol{P} = \frac{1}{n-1}\boldsymbol{Q}^{(1)} + \frac{1}{n-1}\boldsymbol{Q}^{(2)} + \frac{n-3}{n-1}\boldsymbol{P}^{(n-2)}.$$

我们现在对 $\boldsymbol{P}^{(n-2)}$ 重复这个程序, 以此类推, 直到我们最终得到

$$\boldsymbol{P} = \frac{1}{n-1}\left(\boldsymbol{Q}^{(1)} + \cdots + \boldsymbol{Q}^{(n-1)}\right).$$

通过这种方法, 我们可以将 $\boldsymbol{P}$ 表示为 $n-1$ 个 2 点分布的等权重混合. 我们现在能够通过如下方法容易地模拟具有 $\boldsymbol{P}$ 的随机变量. 首先生成两个随机数, 然后根据第一个随机数生成一个随机变量 N, 它等可能地取 $1, 2, \cdots, n-1$ 中的任意一个. 如果得到的值 N 使得 $\boldsymbol{Q}^{(N)}$ 只在点 i_N 和点 j_N 上的权重为止, 那么当第二个随机数小于 $Q_{i_N}^{(N)}$ 时, 我们令 X 等于 i_N, 否则, 令 X 等于 j_N. 于是随机变量 X 就有概率质量函数 $\boldsymbol{P}$. 也就是说, 我们模拟具有 $\boldsymbol{P}$ 的随机变量的程序如下.

步骤 1: 生成 U_1, 并且令 $N = 1 + \lfloor(n-1)U_1\rfloor$.

步骤 2: 生成 U_2, 并且令

$$X = \begin{cases} i_N, & \text{若 } U_2 < Q_{i_N}^{(N)}, \\ j_N, & \text{其他}. \end{cases}$$

注 (i) 上面的方法称为别名方法, 因为经过对 $\boldsymbol{Q}$ 的重新编号, 我们总可以安排, 使得对于每个 k, 都有 $Q_k^{(k)} > 0$ (即我们可以安排, 使得第 k 个 2 点分布在值 k 上有正的权重). 因此, 这个程序要求模拟 N, 它等可能地取 $1, 2, \cdots, n-1$ 中的任意一个, 且如果 $N = k$, 那么我们要么接受 k 为 X 的值, 要么接受 k 的 "别名" (即 $\boldsymbol{Q}^{(k)}$ 中权重为正的另一个值) 为 X 的值.

(ii) 实际上, 在步骤 2 中不必生成新的随机数. 因为 $N-1$ 是 $(n-1)U_1$ 的整数部分, 所以余下的部分 $(n-1)U_1 - (N-1)$ 独立于 U_1, 而且在 $(0,1)$ 上均匀分布. 因此, 在步骤 2 中, 我们不用生成一个新的随机数 U_2, 而是使用 $(n-1)U_1 - (N-1) = (n-1)U_1 - \lfloor(n-1)U_1\rfloor$.

例 11.11 我们回到例 11.2 的问题, 其中考虑了含有 n 个未必不同的元素的列表. 每个元素有一个值 (令 $v(i)$ 为位置 i 上的元素的值), 而我们想估计

$$v = \sum_{i=1}^{n} \frac{v(i)}{m(i)},$$

其中 $m(i)$ 是位置 i 上的元素在列表中出现的次数. 简言之, v 是列表中 (不同的) 元素的值之和.

为了估计 v, 我们注意到, 如果 X 是一个随机变量, 使得

$$P\{X = i\} = v(i) \Big/ \sum_{j=1}^{n} v(j), \quad i = 1, \cdots, n,$$

那么

$$E\left[\frac{1}{m(X)}\right] = \frac{\sum_i v(i)/m(i)}{\sum_j v(j)} = v \Big/ \sum_{j=1}^{n} v(j).$$

因此, 我们可以用别名 (或者任何其他的) 方法生成与 X 同分布的独立随机变量 $X_1, \cdots, X_k$, 然后用

$$v \approx \frac{1}{k} \sum_{j=1}^{n} v(j) \sum_{i=1}^{k} 1/m(X_i)$$

来估计 v. ■

11.5　随机过程

我们可以通过模拟一个随机变量序列来模拟一个随机过程. 例如, 要模拟具有到达间隔分布 F 的更新过程的前 t 个单位时间, 我们可以模拟具有分布 F 的独立随机变量 $X_1, X_2, \cdots$, 并停止在

$$N = \min\{n : X_1 + \cdots + X_n > t\},$$

其中 X_i ($i \geqslant 1$) 表示更新过程的到达间隔, 那么上面的模拟到 t 为止产生了 $N - 1$ 个事件——这些事件发生在时刻 $X_1, X_1 + X_2, \cdots, X_1 + \cdots + X_{N-1}$.

实际上, 模拟泊松过程还有另一种非常有效的方法. 假设我们要模拟速率为 λ 的泊松过程的前 t 个单位时间. 我们可以首先模拟到 t 为止发生的事件数 $N(t)$, 然后利用在给定 $N(t)$ 的值时, $N(t)$ 个事件发生的时间集合与 n 个 $(0, t)$ 上独立的均匀随机变量的集合有相同的分布这个结果. 因此, 我们首先模拟一个均值为 λt 的泊松随机变量 $N(t)$ (使用例 11.9 中的方法). 然后, 如果 $N(t) = n$, 那么生成 n 个新的随机数 (记为 $U_1, \cdots, U_n$), 且 $\{tU_1, \cdots, tU_n\}$ 将表示 $N(t)$ 个事件的时间集合, 如果我们能够在此停止, 那么这将比模拟指数分布的到达间隔更为有效. 然而, 我们通常要求事件的时间按升序排列, 例如, 对于 $s < t$,

$$N(s) = U_i \text{ 的个数}: tU_i \leqslant s,$$

从而在计算 $N(s)$ ($s \leqslant t$) 时, 最好在乘以 t 之前先将 $U_1, \cdots, U_n$ 排序. 然而, 在排序时, 我们不应该用通常的排序算法, 如快速排序 (见例 3.17), 而应使用一种考虑到被排序的元素来自 $(0, 1)$ 均匀总体的算法. n 个 $(0, 1)$ 均匀变量的排序算法如下: 我们不再考虑一个长度为 n 的待排序列表, 而是考虑 n 个有序的 (或者相关联的) 随机大小的列表. 如果值 U 在 $(i - 1)/n$ 与 i/n 之间, 那么将它放入列表 i 中, 即将 U 放入列表 $\lfloor nU \rfloor + 1$ 中. 然后对各个列表进行排序, 所有列表的总联系就是所要求的次序. 因为几乎所有 n 个列表都相对较小 [如果 $n = 1000$, 那么大小大于 4 的平均列表数 (用二项分布的泊松近似) 近似等于 $1000 \left(1 - \frac{65}{24} \mathrm{e}^{-1} \right) \approx 4$], 所以单个列表的排序是很快的. 这个算法的运行时间与 n 成正比 (而不是像最好的通用排序算法那样与 $n \ln n$ 成正比).

在建模中, 一个极其重要的计数过程是非时齐泊松过程, 它放宽了泊松过程的平稳增量假设. 因此, 它允许到达速率不是恒定的, 而是可以随时间变化的. 然而, 假定非时齐泊松到达过程的分析研究很少, 原因很简单, 这样的模型通常在数学上不易处理. (例如, 在只有一条服务线且服务时间服从指数分布的排队模型中, 假设有非时齐泊松过程, 但顾客的平均排队等待时间没有已知表达式.)[①]显然, 这样的模型非常适合进行模拟研究.

11.5.1 模拟非时齐泊松过程

我们现在介绍三种模拟具有强度函数 $\lambda(t)$ ($0 \leqslant t < \infty$) 的非时齐泊松过程的方法.

方法 1 抽样一个泊松过程

为了模拟具有强度函数 $\lambda(t)$ 的非时齐泊松过程的前 T 个单位时间, 令 λ 使得

$$\lambda(t) \leqslant \lambda, \quad \text{对于所有 } t \leqslant T.$$

现在, 如第 5 章所示, 这样的非时齐泊松过程可以通过随机选取速率为 λ 的泊松过程的事件时间来生成. 也就是说, 如果速率为 λ 的泊松过程在时刻 t 发生的事件以概率 $\lambda(t)/\lambda$ 被计数 (独立于之前发生的事件), 那么被计数的事件过程是一个强度函数为 $\lambda(t)$ ($0 \leqslant t \leqslant T$) 的非时齐泊松过程. 因此, 通过模拟一个泊松过程, 然后随机计数其事件, 我们可以生成所要的非时齐泊松过程. 于是, 我们有下面的程序.

生成独立随机变量 $X_1, U_1, X_2, U_2, \cdots$, 其中 X_i 是速率为 λ 的指数随机变量, 而 U_i 是随机数, 并停止在

$$N = \min \left\{ n : \sum_{i=1}^{n} X_i > T \right\}.$$

---

① 一个假定非时齐泊松到达过程而且在数学上易于处理的排队模型是有无穷多服务线的模型.

对于 $j = 1, \cdots, N - 1$, 令

$$I_j = \begin{cases} 1, & \text{若 } U_j \leqslant \lambda\left(\sum_{i=1}^{j} X_i\right) \big/ \lambda, \\ 0, & \text{其他}, \end{cases}$$

并且令

$$J = \{j : I_j = 1\}.$$

于是, 在时间集合 $\left\{\sum_{i=1}^{j} X_i : j \in J\right\}$ 上发生事件的计数过程构成了所要的过程.

上面的程序被称为**细化算法** (因为它"细化了"时齐泊松过程的点), 当 $\lambda(t)$ 在整个区间上接近于 λ 时, 该算法显然是最有效的, 因为被拒绝的事件时间最少. 于是, 一个明显的改进方法是将区间划分为若干个子区间, 然后在每个子区间上使用这个程序. 也就是说, 确定合适的值 k ($0 < t_1 < t_2 < \cdots < t_k < T$), $\lambda_1, \cdots, \lambda_{k+1}$ 使得

$$\lambda(s) \leqslant \lambda_i, \text{ 当 } t_{i-1} \leqslant s < t_i, \, i = 1, \cdots, k+1 \text{ (其中 } t_0 = 0, \, t_{k+1} = T \text{)}. \quad (11.9)$$

现在, 在区间 (t_{i-1}, t_i) 上模拟非时齐泊松过程, 方法是生成速率为 λ_i 的指数随机变量, 并且以概率 $\lambda(s)/\lambda_i$ 接受在时刻 s 发生的事件, $s \in (t_{i-1}, t_i)$. 因为指数随机变量具有无记忆性, 而且指数随机变量的速率可以通过乘以一个常数来改变, 所以, 从一个子区间到下一个子区间不会损失有效性. 换句话说, 如果我们在 $t \in [t_{i-1}, t_i)$, 并且生成一个速率为 λ_i 的指数随机变量 X, 使得 $t + X > t_i$, 那么我们可以用 $\lambda_i[X - (t_i - t)]/\lambda_{i+1}$ 作为下一个速率为 λ_{i+1} 的指数随机变量. 于是, 当满足式 (11.9) 时, 我们可以用下面的算法来生成具有强度函数 $\lambda(s)$ 的非时齐泊松过程的前 T 个单位时间. 在此算法中, t 表示当前的时间, I 表示当前的区间 (即当 $t_{i-1} \leqslant t < t_i$ 时, $I = i$).

步骤 1:　$t = 0, I = 1$.

步骤 2:　生成一个速率为 λ_I 的指数随机变量 X.

步骤 3:　如果 $t + X < t_I$, 那么重置 $t = t + X$, 并生成一个随机数 U. 如果 $U \leqslant \lambda(t)/\lambda_I$, 那么接受事件时间 t. 返回步骤 2.

步骤 4:　(当 $t + X \geqslant t_I$ 时, 到达该步骤.) 若 $I = k+1$, 则停止. 否则, 重置 $X = [X - (t_I - t)]\lambda_I/\lambda_{I+1}$. 重置 $t = t_I$ 和 $I = I + 1$, 转向步骤 3.

现在假设在某个子区间 (t_{i-1}, t_i) 内, 有 $\underline{\lambda}_i > 0$, 其中

$$\underline{\lambda}_i \equiv \inf\{\lambda(s) : t_{i-1} \leqslant s < t_i\}.$$

在这种情形下, 我们不应该直接用细化算法, 而应该首先在所要的区间上模拟一个速率为 $\underline{\lambda}_i$ 的泊松过程, 然后当 $s \in (t_{i-1}, t_i)$ 时, 模拟一个强度函数为 $\lambda(s) - \underline{\lambda}_i$

的非时齐泊松过程.（为了不浪费生成泊松过程中超出了边界的最后一个指数随机变量，我们可以对它做适当的变换后再使用.）两个过程的叠加（或合并）就产生了这个区间上所要的过程. 这样做的原因是，它省去了为泊松分布的事件数（均值为 $\lambda_i(t_i - t_{i-1})$）生成的均匀随机变量. 例如，考虑以下情形，

$$\lambda(s) = 10 + s, \quad 0 < s < 1.$$

使用 $\lambda = 11$ 的细化算法将生成期望数量为 11 的事件，每个事件都需要一个随机数来决定是否接受它. 另外，生成一个速率为 10 的泊松过程，然后合并一个速率为 $\lambda(s) = s\,(\,0 < s < 1\,)$ 的非时齐泊松过程，这将产生均匀分布的事件数，但是用于检查以决定是否接受的随机数的期望数量等于 1.

另一种模拟非时齐泊松过程的方法是利用叠加，这种方法更加有效. 例如，考虑如下过程：

$$\lambda(t) = \begin{cases} \exp\{t^2\}, & 0 < t < 1.5, \\ \exp\{2.25\}, & 1.5 < t < 2.5, \\ \exp\{(4-t)^2\}, & 2.5 < t < 4. \end{cases}$$

该强度函数的图像如图 11-3 所示. 模拟这个过程直到时刻 4 的一种方法是，首先在这个区间中生成一个速率为 1 的泊松过程；然后在这个区间中生成一个速率为 $e-1$ 的泊松过程，并且接受在 $(1,3)$ 中的所有事件，而以概率 $\frac{\lambda(t)-1}{e-1}$ 接受在时刻 t（t 不在 $(1,3)$ 中）发生的事件；接着在区间 $(1,3)$ 中生成一个速率为 $e^{2.25} - e$ 的泊松过程，并且接受在 $(1.5, 2.5)$ 中的所有事件，而以概率 $\frac{\lambda(t)-e}{e^{2.25}-e}$ 接受在时刻 t（t 不在 $(1.5, 2.5)$ 中）发生的事件. 这些过程的叠加就是所要的非时齐泊松过程. 换句话说，我们所做的是将 $\lambda(t)$ 分解为以下的非负部分：

$$\lambda(t) = \lambda_1(t) + \lambda_2(t) + \lambda_3(t), \quad 0 < t < 4,$$

其中

$$\lambda_1(t) \equiv 1,$$

$$\lambda_2(t) = \begin{cases} \lambda(t) - 1, & 0 < t < 1, \\ e - 1, & 1 < t < 3, \\ \lambda(t) - 1, & 3 < t < 4, \end{cases}$$

$$\lambda_3(t) = \begin{cases} \lambda(t) - e, & 1 < t < 1.5, \\ e^{2.25} - e, & 1.5 < t < 2.5, \\ \lambda(t) - e, & 2.5 < t < 3, \\ 0, & 3 < t < 4, \end{cases}$$

其中细化算法（在每种情形下的单个区间中细化）应用于模拟组成的非齐次泊松过程.

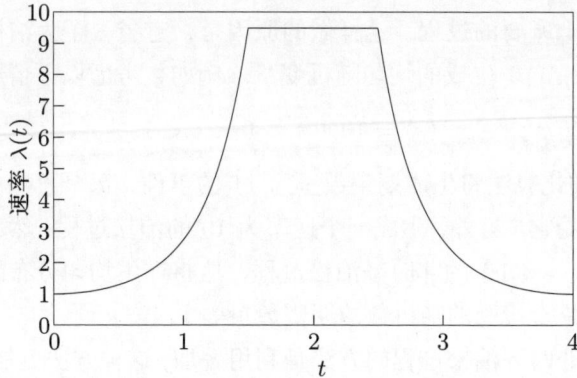

图 11-3

方法 2　到达时间的条件分布

回想一下速率为 λ 的泊松过程的结果：在给定到时刻 T 为止发生的事件数时，事件的时间集合是独立同分布的 $(0, T)$ 上的均匀随机变量. 假设时刻 t 发生的事件以概率 $\lambda(t)/\lambda$ 被计数. 因此，在给定被计数的事件数时，这些被计数事件的时间是独立的，且具有相同的分布 $F(s)$，其中

$$F(s) = P\{\text{时间} \leqslant s \,|\, \text{被计数}\}$$
$$= \frac{P\{\text{时间} \leqslant s, \text{被计数}\}}{P\{\text{被计数}\}}$$
$$= \frac{\int_0^T P\{\text{时间} \leqslant s, \text{被计数} \,|\, \text{时间} = x\}\mathrm{d}x / T}{P\{\text{被计数}\}}$$
$$= \frac{\int_0^s \lambda(x)\mathrm{d}x}{\int_0^T \lambda(x)\mathrm{d}x}.$$

于是，上面的推理（有一些直观）表明，给定非时齐泊松过程到时刻 T 为止发生的 n 个事件，这 n 个事件的时间是独立的，具有相同的密度函数

$$f(s) = \frac{\lambda(s)}{m(T)}, \quad 0 < s < T, \quad m(T) = \int_0^T \lambda(s)\mathrm{d}s. \tag{11.10}$$

由于到时刻 T 为止的事件数 $N(T)$ 服从均值为 $m(T)$ 的泊松分布，因此我们可以通过首先模拟 $N(T)$，然后由密度 (11.10) 模拟 $N(T)$ 个随机变量来模拟非时齐泊松过程.

例 11.12　若 $\lambda(s) = cs$，则我们可以使用以下方法来模拟非时齐泊松过程的前 T 个单位时间：首先模拟均值为 $m(T) = \int_0^T cs\mathrm{d}s = cT^2/2$ 的泊松随机变

量 $N(T)$，然后模拟具有分布

$$F(s) = \frac{s^2}{T^2}, \quad 0 < s < T$$

的 $N(T)$ 个随机变量. 具有上述分布的随机变量可以用逆变换方法来模拟（因为 $F^{-1}(U) = T\sqrt{U}$），也可以通过当 U_1 和 U_2 都是独立的随机数时，F 是 $\max(TU_1, TU_2)$ 的分布函数来模拟. ∎

如果由式 (11.10) 给出的分布函数不容易求逆，那么我们总可以使用拒绝法根据式 (11.10) 进行模拟，在该方法中，我们接受或者拒绝 $(0, T)$ 上的均匀随机变量的模拟值. 也就是说，令 $h(s) = 1/T$，$0 < s < T$. 那么

$$\frac{f(s)}{h(s)} = \frac{T\lambda(s)}{m(T)} \leqslant \frac{\lambda T}{m(T)} \equiv C,$$

其中 λ 是 $\lambda(s)$（$0 \leqslant s \leqslant T$）的一个界. 因此，拒绝法是生成随机数 U_1 和 U_2，然后接受 TU_1，如果

$$U_2 \leqslant \frac{f(TU_1)}{Ch(TU_1)},$$

或者等价地，如果

$$U_2 \leqslant \frac{\lambda(TU_1)}{\lambda}.$$

方法 3　模拟事件的时间

我们介绍第三种模拟具有强度函数 $\lambda(t)$（$t \geqslant 0$）的非时齐泊松过程的方法，这可能是最基本的方法，即模拟相继事件的时间. 所以，将这样一个过程的相继事件时间记为 $X_1, X_2, \cdots$. 因为这些随机变量是相互依赖的，所以我们利用条件分布方法来模拟. 因此，我们需要给定 $X_1, \cdots, X_{i-1}$ 时 X_i 的条件分布.

首先，注意，如果一个事件发生在时刻 x，那么独立于之前发生的事件，直至下一个事件发生的时间具有分布 F_x，其中

$$\overline{F}_x(t) = P\{\text{在 } (x, x+t) \text{ 中有 0 个事件} \mid \text{有一个事件发生在时刻 } x\}$$
$$= P\{\text{在 } (x, x+t) \text{ 中有 0 个事件}\} \qquad （\text{由独立增量性}）$$
$$= \exp\left\{-\int_0^t \lambda(x+y)\mathrm{d}y\right\}.$$

求微分，得到对应于 F_x 的密度是

$$f_x(t) = \lambda(x+t)\exp\left\{-\int_0^t \lambda(x+y)\mathrm{d}y\right\}.$$

于是 F_x 的风险率函数是

$$r_x(t) = \frac{f_x(t)}{\overline{F}_x(t)} = \lambda(x+t).$$

我们现在可以通过以下方法模拟事件时间 $X_1, X_2, \cdots$：首先从 F_0 模拟 X_1，然后，如果 X_1 的模拟值是 x_1，那么通过将 x_1 加到从 F_{x_1} 生成的一个值上来模拟 X_2，如果这个和是 x_2，那么通过将 x_2 加到从 F_{x_2} 生成的一个值上来模拟 X_3，等等. 当然，模拟来自这些分布的随机变量的方法取决于这些分布的形式. 然而，有趣的是，如果我们令 λ 满足 $\lambda(t) \leqslant \lambda$，并且使用风险率方法进行模拟，那么我们可以用方法 1 来完成（我们将这个事实的验证留作习题）. 不过，有时分布 F_x 很容易求逆，因此可以使用逆变换方法.

例 11.13 假设 $\lambda(x) = 1/(x + a)$, $x \geqslant 0$，那么

$$\int_0^t \lambda(x + y)\mathrm{d}y = \ln\left(\frac{x + a + t}{x + a}\right).$$

因此

$$F_x(t) = 1 - \frac{x + a}{x + a + t} = \frac{t}{x + a + t},$$

从而

$$F_x^{-1}(u) = (x + a)\frac{u}{1 - u}.$$

所以，我们可以通过生成 $U_1, U_2, \cdots$，然后令

$$X_1 = \frac{aU_1}{1 - U_1}, \qquad X_2 = (X_1 + a)\frac{U_2}{1 - U_2} + X_1.$$

一般地，

$$X_j = (X_{j-1} + a)\frac{U_j}{1 - U_j} + X_{j-1}, \quad j \geqslant 2,$$

来模拟相继事件的时间 $X_1, X_2, \cdots$. ■

11.5.2 模拟二维泊松过程

一个由平面上随机发生的点组成的点过程，称为速率为 λ 的二维泊松过程，如果

(a) 在任意面积为 A 的给定区域中，点数服从均值为 λA 的泊松分布；

(b) 不相交区域中的点数是独立的.

对于平面上给定的固定点 O，我们现在说明，如何模拟速率为 λ 的二维泊松过程在以 O 为中心、r 为半径的圆形区域中发生的事件. 令 R_i（$i \geqslant 1$）为 O 与第 i 个与它最近的泊松点之间的距离，令 $C(a)$ 为以 O 为中心，a 为半径的圆. 那么

$$P\{\pi R_1^2 > b\} = P\{R_1 > \sqrt{b/\pi}\} = P\{\text{在 } C(\sqrt{b/\pi}) \text{ 中无点}\} = \mathrm{e}^{-\lambda b}.$$

此外，令 $C(a_2) - C(a_1)$ 为 $C(a_2)$ 与 $C(a_1)$ 之间的区域：

$$P\{\pi R_2^2 - \pi R_1^2 > b \,|\, R_1 = r\} = P\{R_2 > \sqrt{(b + \pi r^2)/\pi} \,|\, R_1 = r\}$$

$$= P\{\text{在 } C\big(\sqrt{(b+\pi r^2)/\pi}\big) - C(r) \text{ 中无点} \mid R_1 = r\}$$
$$= P\{\text{在 } C\big(\sqrt{(b+\pi r^2)/\pi}\big) - C(r) \text{ 中无点}\} \ [\text{由 (b)}]$$
$$= \mathrm{e}^{-\lambda b}.$$

事实上，可以通过重复同样的推理得到下面的命题.

命题 11.6 令 $R_0 = 0$，

$$\pi R_i^2 - \pi R_{i-1}^2, \qquad i \geqslant 1$$

是速率为 λ 的独立指数随机变量.

换句话说，包围一个泊松点所需穿过的面积是速率为 λ 的指数随机变量. 根据对称性，各个泊松点的角度是独立的，且在 $(0, 2\pi)$ 上均匀分布，于是我们可以用如下算法来模拟以 O 为中心、r 为半径的圆形区域中的泊松过程.

步骤 1： 生成速率为 1 的独立指数随机变量 $X_1, X_2, \cdots$，并停止在

$$N = \min\left\{n : \frac{X_1 + \cdots + X_n}{\lambda \pi} > r^2\right\}.$$

步骤 2： 如果 $N = 1$，那么停止，在 $C(r)$ 中没有点. 否则，对于 $i = 1, \cdots, N-1$，令

$$R_i = \sqrt{(X_1 + \cdots + X_i)/\lambda \pi}.$$

步骤 3： 生成 $(0, 1)$ 上的独立均匀随机变量 $U_1, \cdots, U_{N-1}$.

步骤 4： 返回 $C(r)$ 中的 $N - 1$ 个泊松点，它们的极坐标是

$$(R_i, 2\pi U_i), \quad i = 1, \cdots, N-1.$$

上面的算法平均需要 $1 + \lambda \pi r^2$ 个指数随机变量和相同数量的随机数. 另一种模拟 $C(r)$ 中的点的算法是，先模拟这些点的个数 N，然后利用给定 N 时，这些点在 $C(r)$ 上均匀分布这个事实. 后一种算法要求模拟一个均值为 $\lambda \pi r^2$ 的泊松随机变量 N，然后模拟 N 个在 $C(r)$ 上均匀分布的点，方法是由分布 $F_R(a) = a^2/r^2$（见习题 25）模拟 R，由 $(0, 2\pi)$ 上的均匀分布模拟 θ，而且必须按 R 的递增次序给这 N 个均匀值排序. 第一种算法的主要优点是它不需要排序.

上面的算法可以认为是以 O 为中心的圆随半径连续地从 0 增大到 r 的展开过程. 通过注意到包围一个泊松点所需的附加面积总是独立于过去且速率为 λ 的指数随机变量，我们可以模拟遇到泊松点的相继半径. 这个技术可以用于模拟这个过程在非圆形区域中的事件. 例如，考虑一个非负函数 $g(x)$，并且假设我们想模拟在 x 从 0 到 T 的 x 轴与 g 之间的区域中（见图 11-4）的泊松点过程. 为此，我们可以从左端开始，通过考虑相继的面积 $\int_0^a g(x)\mathrm{d}x$ 来竖直地向右展开. 如果令 $X_1 < X_2 < \cdots$ 为泊松点在 x 轴上的相继投影，那么，类似于命题 11.6，我

们可以推出当 $X_0 = 0$ 时，$\lambda \int_{X_{i-1}}^{X_i} g(x)\mathrm{d}x$（$i \geqslant 1$）是速率为 1 的独立指数随机变量. 因此，我们应该模拟速率为 1 的独立指数随机变量 $\varepsilon_1, \varepsilon_2, \cdots$，并停止在

$$N = \min\left\{ n : \varepsilon_1 + \cdots + \varepsilon_n > \lambda \int_0^T g(x)\mathrm{d}x \right\},$$

然后由

$$\lambda \int_0^{X_1} g(x)\mathrm{d}x = \varepsilon_1,$$

$$\lambda \int_{X_1}^{X_2} g(x)\mathrm{d}x = \varepsilon_2,$$

$$\vdots$$

$$\lambda \int_{X_{N-2}}^{X_{N-1}} g(x)\mathrm{d}x = \varepsilon_{N-1}$$

确定 $X_1, \cdots, X_{N-1}$. 如果我们现在模拟独立的 $(0,1)$ 均匀随机数 $U_1, \cdots, U_{N-1}$，那么，因为 x 坐标为 X_i 的泊松点在 y 轴上的投影是 $(0, g(X_i))$ 上的均匀随机变量，所以，在这个区间中模拟的泊松点是 $(X_i, U_i g(X_i))$，$i = 1, \cdots, N-1$.

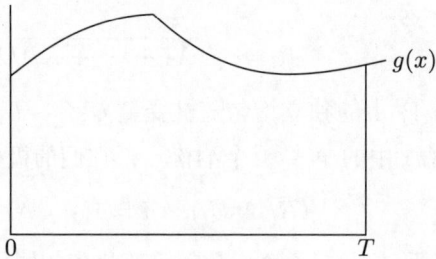

图 11-4

当然，在函数 g 足够正则以至于通过上面的方程可以解出 X_i 时，这个技术最为有用. 如果 $g(x) = y$（从而区域是一个矩形），那么

$$X_i = \frac{\varepsilon_1 + \cdots + \varepsilon_i}{\lambda y}, \quad i = 1, \cdots, N-1,$$

且泊松点是

$$(X_i, yU_i), \quad i = 1, \cdots, N-1.$$

11.6　方差缩减技术

令 $X_1, \cdots, X_n$ 有给定的联合分布，并且假设我们想计算

$$\theta \equiv E[g(X_1 \cdots, X_n)],$$

其中 g 是某个指定的函数. 通常情况下, 我们无法解析地计算上式, 此时, 我们可以试图利用模拟来估计 θ. 做法如下. 生成与 $X_1, \cdots, X_n$ 有相同联合分布的 $X_1^{(1)}, \cdots, X_n^{(1)}$, 并令

$$Y_1 = g\left(X_1^{(1)}, \cdots, X_n^{(1)}\right).$$

然后, 模拟具有 $X_1, \cdots, X_n$ 的分布的第二个随机变量集合 (它与第一个集合独立) $\{X_1^{(2)}, \cdots, X_n^{(2)}\}$, 并令

$$Y_2 = g\left(X_1^{(2)}, \cdots, X_n^{(2)}\right).$$

继续这个过程直到生成 k (某个预先确定的数) 个集合, 从而也计算出 $Y_1, \cdots, Y_k$. 现在, $Y_1, \cdots, Y_k$ 是独立同分布的随机变量, 每一个都与 $g(X_1, \cdots, X_n)$ 有相同的分布. 于是, 如果我们令 $\overline{Y}$ 为这 k 个随机变量的平均值, 即

$$\overline{Y} = \sum_{i=1}^{k} Y_i / k,$$

那么

$$E\left[\overline{Y}\right] = \theta, \qquad E\left[(\overline{Y} - \theta)^2\right] = \text{Var}\left(\overline{Y}\right).$$

因此, 我们可以用 $\overline{Y}$ 作为 θ 的一个估计. 因为 $\overline{Y}$ 和 θ 之差的平方的期望等于 $\overline{Y}$ 的方差, 所以我们希望这个量尽量地小. 在上面的情形下, $\text{Var}\left(\overline{Y}\right) = \text{Var}(Y_1)/k$, 通常它并不是预先知道的, 而必须由生成值 $Y_1, \cdots, Y_k$ 估计. 我们现在介绍几种缩减估计量的方差的一般技术.

11.6.1 对偶变量的应用

在上面的情形下, 假设我们已经生成了具有均值 θ 的同分布随机变量 Y_1 和 Y_2. 现在,

$$\text{Var}\left(\frac{Y_1 + Y_2}{2}\right) = \frac{1}{4}\left[\text{Var}(Y_1) + \text{Var}(Y_2) + 2\,\text{Cov}(Y_1, Y_2)\right] = \frac{\text{Var}(Y_1)}{2} + \frac{\text{Cov}(Y_1, Y_2)}{2}.$$

因此, 如果 Y_1 和 Y_2 不是独立的, 而是负相关的, 那么这将是有利的 (从减小方差的角度来看). 为了了解应该怎样安排, 我们假设随机变量 $X_1, \cdots, X_n$ 是独立的, 并且每一个都是通过逆变换方法模拟的, 即从 $F_i^{-1}(U_i)$ 模拟 X_i, 其中 U_i 是随机数, F_i 是 X_i 的分布函数. 因此, Y_1 可以表示为

$$Y_1 = g\left(F_1^{-1}(U_1), \cdots, F_n^{-1}(U_n)\right).$$

因为当 U 是随机数时, $1 - U$ 也在 $(0, 1)$ 上均匀分布 (且与 U 负相关), 所以由

$$Y_2 = g(F_1^{-1}(1 - U_1), \cdots, F_n^{-1}(1 - U_n))$$

定义的 Y_2 将与 Y_1 有相同的分布. 因此, 如果 Y_1 和 Y_2 负相关, 那么用这种方法生成 Y_2 比用一个新的随机数集合生成 Y_2 有更小的方差. (另外, 这种方法还

能减少计算量，因为我们不需要生成 n 个附加的随机数，只需要分别用 1 减去之前的 n 个随机数中的每一个.）下面的定理阐明了这个技术（称为**对偶变量**的应用）在 g 是单调函数时，导致方差减小的关键.

定理 11.1　如果 $X_1, \cdots, X_n$ 是独立的，那么对于 n 个变量的任意增函数 f 和 g，有

$$E[f(\boldsymbol{X})g(\boldsymbol{X})] \geqslant E[f(\boldsymbol{X})]E[g(\boldsymbol{X})], \qquad (11.11)$$

其中 $\boldsymbol{X} = (X_1, \cdots, X_n)$.

证明　对 n 进行归纳. 为了证明在 $n = 1$ 时它成立，令 f 和 g 是单变量的增函数. 那么，对于任意 x 和 y，有

$$(f(x) - f(y))(g(x) - g(y)) \geqslant 0,$$

因为若 $x \geqslant y$（或 $x \leqslant y$），则两个因子都是非负（或非正）的. 因此，对于任意随机变量 X 和 Y，有

$$(f(X) - f(Y))(g(X) - g(Y)) \geqslant 0,$$

由此推出

$$E[(f(X) - f(Y))(g(X) - g(Y))] \geqslant 0,$$

或者，等价地，

$$E[f(X)g(X)] + E[f(Y)g(Y)] \geqslant E[f(X)g(Y)] + E[f(Y)g(X)].$$

如果我们假设 X 和 Y 是独立同分布的，那么

$$E[f(X)g(X)] = E[f(Y)g(Y)],$$
$$E[f(X)g(Y)] = E[f(Y)g(X)] = E[f(X)]E[g(X)],$$

所以我们得到了 $n = 1$ 时的结果.

假定式 (11.11) 对 $n - 1$ 个变量成立. 现在假设 $X_1, \cdots, X_n$ 是独立的，并且 f 和 g 是增函数. 那么

$$
\begin{aligned}
&E[f(\boldsymbol{X})g(\boldsymbol{X}) \,|\, X_n = x_n] \\
&= E[f(X_1, \cdots, X_{n-1}, x_n)g(X_1, \cdots, X_{n-1}, x_n) \,|\, X_n = x] \\
&= E[f(X_1, \cdots, X_{n-1}, x_n)g(X_1, \cdots, X_{n-1}, x_n)] \qquad (\text{由独立性}) \\
&\geqslant E[f(X_1, \cdots, X_{n-1}, x_n)]E[g(X_1, \cdots, X_{n-1}, x_n)] \qquad (\text{由归纳假设}) \\
&= E[f(\boldsymbol{X}) \,|\, X_n = x_n]E[g(\boldsymbol{X}) \,|\, X_n = x_n].
\end{aligned}
$$

因此

$$E[f(\boldsymbol{X})g(\boldsymbol{X}) \,|\, X_n] \geqslant E[f(\boldsymbol{X}) \,|\, X_n]E[g(\boldsymbol{X}) \,|\, X_n],$$

再对两边取期望，我们有

$$E[f(\boldsymbol{X})g(\boldsymbol{X})] \geqslant E[E[f(\boldsymbol{X}) \,|\, X_n]E[g(\boldsymbol{X}) \,|\, X_n]] \geqslant E[f(\boldsymbol{X})]E[g(\boldsymbol{X})].$$

最后的不等式成立是因为 $E[f(\boldsymbol{X})\,|\,X_n]$ 和 $E[g(\boldsymbol{X})\,|\,X_n]$ 都是 X_n 的增函数, 所以由 $n=1$ 时的结果可得

$$E[E[f(\boldsymbol{X})\,|\,X_n]E[g(\boldsymbol{X})\,|\,X_n]] \geqslant E[E[f(\boldsymbol{X})\,|\,X_n]]E[E[g(\boldsymbol{X})\,|\,X_n]]$$
$$= E[f(\boldsymbol{X})]E[g(\boldsymbol{X})].$$
∎

推论 11.7 如果 $U_1,\cdots,U_n$ 是独立的, 且 k 要么是增函数要么是减函数, 那么

$$\mathrm{Cov}\big(k(U_1,\cdots,U_n),k(1-U_1,\cdots,1-U_n)\big) \leqslant 0.$$

证明 假设函数 k 是递增的. 因为 $-k(1-U_1,\cdots,1-U_n)$ 关于 $U_1,\cdots,U_n$ 递增, 所以, 由定理 11.1 可得

$$\mathrm{Cov}\big(k(U_1,\cdots,U_n),-k(1-U_1,\cdots,1-U_n)\big) \geqslant 0.$$

当函数 k 递减时, 只需将 k 替换为 $-k$. ∎

由于 $F_i^{-1}(U_i)$ 是 U_i 的增函数（因为 F_i 作为分布函数是递增的）, 因此只要 g 是单调函数, $g(F_1^{-1}(U_1),\cdots,F_n^{-1}(U_n))$ 就是 $U_1,\cdots,U_n$ 的单调函数. 于是, 如果 g 单调, 那么通过对随机变量 $U_1,\cdots,U_n$ 的每个集合先计算 $g(F_1^{-1}(U_1),\cdots,F_n^{-1}(U_n))$, 然后计算 $g(F_1^{-1}(1-U_1),\cdots,F_n^{-1}(1-U_n))$, 这种对偶变量法会减少估计 $E[g(X_1,\cdots,X_n)]$ 的方差. 也就是说, 我们不用生成 n 个随机数的 k 个集合, 而是生成 $k/2$ 个集合, 并且每个集合使用两次.

例 11.14（模拟可靠性函数） 考虑有 n 个部件的系统, 部件 i 独立于其他部件, 以概率 p_i（$i=1,\cdots,n$）在运行. 令

$$X_i = \begin{cases} 1, & \text{若部件 } i \text{ 在运行,} \\ 0, & \text{其他情形.} \end{cases}$$

假设有一个单调的结构函数 ϕ 使得

$$\phi(X_1,\cdots,X_n) = \begin{cases} 1, & \text{若系统在 } X_1,\cdots,X_n \text{ 下运行,} \\ 0, & \text{其他情形.} \end{cases}$$

我们想用模拟来估计

$$r(p_1,\cdots,p_n) \equiv E[\phi(X_1,\cdots,X_n)] = P\{\phi(X_1,\cdots,X_n)=1\}.$$

现在我们来模拟 X_i, 先生成随机数 $U_1,\cdots,U_n$, 然后令

$$X_i = \begin{cases} 1, & \text{若 } U_i \leqslant p_i, \\ 0, & \text{其他.} \end{cases}$$

因此，我们看到

$$\phi(X_1, \cdots, X_n) = k(U_1, \cdots, U_n),$$

其中 k 是 $U_1, \cdots, U_n$ 的减函数. 于是

$$\mathrm{Cov}\big(k(\boldsymbol{U}), k(\boldsymbol{1}-\boldsymbol{U})\big) \leqslant 0,$$

从而用 $U_1, \cdots, U_n$ 生成 $k(U_1, \cdots, U_n)$ 和 $k(1-U_1, \cdots, 1-U_n)$ 的对偶变量法，比用独立的随机数的集合生成第二个 k 有更小的方差. ■

例 11.15（**模拟排队系统**）　考虑一个给定的排队系统，令 D_i 为第 i 个到达的顾客的排队等待时间，假设我们要通过模拟系统来估计

$$\theta = E[D_1 + \cdots + D_n].$$

令 $X_1, \cdots, X_n$ 为前 n 个到达间隔，令 $S_1, \cdots, S_n$ 为系统中的前 n 个服务时间，并且假设这些随机变量都是独立的. 在大多数系统中，$D_1 + \cdots + D_n$ 是 $X_1, \cdots, X_n$，$S_1, \cdots, S_n$ 的函数，例如

$$D_1 + \cdots + D_n = g(X_1, \cdots, X_n, S_1, \cdots, S_n).$$

此外，通常 g 对 S_i 递增而对 X_i 递减，$i = 1, \cdots, n$. 如果我们用逆变换方法模拟 S_i, X_i，$i = 1, \cdots, n$，例如，$X_i = F_i^{-1}(1-U_i)$，$S_i = G_i^{-1}(\overline{U}_i)$，其中 $U_1, \cdots, U_n$，$\overline{U}_1, \cdots, \overline{U}_n$ 是独立的随机数，那么，我们可以写成

$$D_1 + \cdots + D_n = k(U_1, \cdots, U_n, \overline{U}_1, \cdots, \overline{U}_n),$$

其中 k 是其变量的增函数. 对偶变量法将减小 θ 的估计量的方差.（于是，我们生成 $U_i, \overline{U}_i$，$i = 1, \cdots, n$，且在第一次运行中令 $X_i = F_i^{-1}(1-U_i)$，$Y_i = G_i^{-1}(\overline{U}_i)$，而在第二次运行中令 $X_i = F_i^{-1}(U_i)$，$Y_i = G_i^{-1}(1-\overline{U}_i)$.）然而，因为所有的 U_i 和 $\overline{U}_i$ 都是独立的，所以这等价于在第一次运行中令 $X_i = F_i^{-1}(U_i)$，$Y_i = G_i^{-1}(\overline{U}_i)$，而在第二次运行中用 $1-U_i$ 代替 U_i，用 $1-\overline{U}_i$ 代替 $\overline{U}_i$. ■

11.6.2　通过添加条件缩减方差

首先，我们回忆条件方差公式（见命题 3.1）：

$$\mathrm{Var}(Y) = E[\mathrm{Var}(Y \mid Z)] + \mathrm{Var}(E[Y \mid Z]). \tag{11.12}$$

假设我们想通过模拟 $\boldsymbol{X} = (X_1, \cdots, X_n)$ 然后计算 $Y = g(X_1, \cdots, X_n)$，来估计 $E[g(X_1, \cdots, X_n)]$. 现在，如果对于某个随机变量 Z，我们能够计算 $E[Y \mid Z]$，那么，因为 $\mathrm{Var}(Y \mid Z) \geqslant 0$，所以由条件方差公式推出

$$\mathrm{Var}(E[Y \mid Z]) \leqslant \mathrm{Var}(Y).$$

由于 $E[E[Y \mid Z]] = E[Y]$，因此对于估计 $E[Y]$ 而言，$E[Y \mid Z]$ 比 Y 更好.

在很多情况下，可以以各种 Z_i 为条件来得到改进的估计量. 每个这样的估计量 $E[Y \mid Z_i]$ 都有均值 $E[Y]$，且比自然估计量 Y 有更小的方差. 我们现在证明，对于任意选取的权重 λ_i，$\lambda_i \geqslant 0$，$\sum_i \lambda_i = 1$，$\sum_i \lambda_i E[Y \mid Z_i]$ 也是 Y 的一个改进.

命题 11.8 对于任意 $\lambda_i \geqslant 0$，$\sum_{i=1}^{\infty} \lambda_i = 1$，

(a) $E\left[\sum_i \lambda_i E[Y \mid Z_i]\right] = E[Y]$，

(b) $\mathrm{Var}\left(\sum_i \lambda_i E[Y \mid Z_i]\right) \leqslant \mathrm{Var}(Y)$.

证明 (a) 的证明是直接的. 为了证明 (b)，令 N 为一个整数值随机变量，它独立于所有被考虑的其他随机变量，且使得

$$P\{N = i\} = \lambda_i, \quad i \geqslant 1.$$

两次运用条件方差公式得到

$$\begin{aligned}
\mathrm{Var}(Y) &\geqslant \mathrm{Var}(E[Y \mid N, Z_N]) \\
&\geqslant \mathrm{Var}(E[E[Y \mid N, Z_N] \mid Z_1, \cdots]) \\
&= \mathrm{Var}\left(\sum_i \lambda_i E[Y \mid Z_i]\right).
\end{aligned}$$ ∎

例 11.16 考虑一个具有泊松到达的排队系统，并且假设当系统中已经有 N 个顾客时，任何新到达的顾客都会流失. 假设我们想通过模拟来估计到时刻 t 为止流失的期望顾客数. 自然的估计方法是模拟系统直至时刻 t，并且确定在该次运行中流失的顾客数 L. 然而，通过以在 $[0,t]$ 中系统达到最大容量的总时间为条件，我们可以得到一个更好的估计. 事实上，如果我们令 T 为在 $[0,t]$ 中系统中有 N 个人的时间，那么

$$E[L \mid T] = \lambda T,$$

其中 λ 是泊松到达速率. 因此，相比于在所有模拟运行中 L 的平均值，将每次模拟运行的 T 的平均值乘以 λ，就能得到 $E[L]$ 的一个更好的估计. 如果到达过程是一个非时齐泊松过程，那么，我们将通过追踪系统在最大容量的时间段来改进自然估计量 L. 如果我们令 $I_1, \cdots, I_C$ 为在 $[0,t]$ 中系统中有 N 个顾客的时间区间，那么

$$E[L \mid I_1, \cdots, I_C] = \sum_{i=1}^{C} \int_{I_i} \lambda(s)\mathrm{d}s,$$

其中 $\lambda(s)$ 是非时齐泊松到达过程的强度函数. 上式右端会比自然估计 L 更好地估计 $E[L]$. ∎

例 11.17 假设我们要估计排队系统中前 n 个顾客在系统中停留的时间之和的期望. 即, 如果 W_i 是第 i 个顾客在系统中停留的时间, 那么我们要估计

$$\theta = E\left[\sum_{i=1}^{n} W_i\right].$$

令 Y_i 为在第 i 个顾客到达时 "系统的状态". 可以证明①对于一大类模型, 估计量 $\sum_{i=1}^{n} E[W_i \mid Y_i]$ 比 $\sum_{i=1}^{n} W_i$ 有 (同样的均值和) 更小的方差. (尽管可以直接看出 $E[W_i \mid Y_i]$ 比 W_i 有更小的方差, 但是, 因为涉及协方差项, 所以 $\sum_{i=1}^{n} E[W_i \mid Y_i]$ 比 $\sum_{i=1}^{n} W_i$ 有更小的方差并不是显然的.) 例如, 在 G/M/1 模型中,

$$E[W_i \mid Y_i] = (N_i + 1)/\mu,$$

其中 N_i 是第 i 个到达者看到系统中的人数, $1/\mu$ 是平均服务时间. 结果表明, 对于前 n 个顾客在系统中的期望总时间, 估计量 $\sum_{i=1}^{n}(N_i + 1)/\mu$ 比自然估计量 $\sum_{i=1}^{n} W_i$ 更好. ∎

例 11.18（通过模拟估计更新函数） 考虑一个排队模型, 顾客每天按具有到达间隔分布 F 的更新过程到达. 然而, 假设在某个固定的时刻 T, 例如下午 5 点, 不再允许新的顾客到达, 而还在系统中的顾客会得到服务. 在第二天和以后每一天的开始, 顾客再次按该更新过程到达. 假设我们想确定顾客在系统中的平均停留时间. 利用更新报酬过程理论 (每 T 个单位时间开始一个循环), 可以证明

$$\text{顾客在系统中的平均停留时间} = \frac{E\big[\text{在}\,(0, T)\,\text{内到达的顾客在系统中停留的总时间}\big]}{m(T)},$$

其中 $m(T)$ 是 $(0, T)$ 内的期望更新次数.

如果我们用模拟来估计上面的量, 那么一次运行将包括对一天的模拟, 作为模拟运行的一部分, 我们将观察到时刻 T 为止的到达人数 $N(T)$. 因为 $E[N(T)] = m(T)$, 所以 $m(T)$ 的自然模拟估计量是 (在所有模拟日中) 得到的 $N(T)$ 的平均值. 然而, 对于较大的 T, $\text{Var}(N(T))$ 与 T 成正比 (它的渐近形式是 $T\sigma^2/\mu^3$, 其中 σ^2 是到达间隔分布 F 的方差, μ 是 F 的均值), 从而对于较大的 T, 估计量的方差会很大. 通过使用解析公式 (见 7.3 节)

$$m(T) = \frac{T}{\mu} - 1 + \frac{E[Y(T)]}{\mu} \tag{11.13}$$

可以得到很大的改进, 其中 $Y(T)$ 为从 T 到下一次更新的时间 (即, 在 T 的超额寿命). 因为 $Y(T)$ 的方差不会随着 T 的增加而增加 (事实上, 只要 F 的矩是

---

① S. M. Ross, Simulating Average Delay—Variance Reduction by Conditioning, *Probability in the Engineering and Informational Sciences* 2(3), (1988), pp.309–312.

有限的, 它就收敛到一个有限值), 所以对于较大的 T, 我们先通过模拟来估计 $E[Y(T)]$, 然后用式 (11.13) 估计 $m(T)$, 这样做会好得多.

然而, 通过添加条件, 我们将进一步改进对 $m(T)$ 的估计. 为此, 令 $A(T)$ 为更新过程在时刻 T 的年龄, 即自上一次更新到 T 的时间. 然后我们不使用 $Y(T)$ 的值, 而是通过考虑 $E[Y(T) \mid A(T)]$ 降低方差. 知道在 T 的年龄等于 x, 等价于知道在 $T-x$ 有一次更新, 而且下一个到达间隔 X 大于 x. 由于在 T 的超额寿命等于 $X-x$ (见图 11-5), 因此

$$
\begin{aligned}
E[Y(T) \mid A(T) = x] &= E[X - x \mid X > x] \\
&= \int_0^\infty \frac{P\{X - x > t\}}{P\{X > x\}} \mathrm{d}t \\
&= \int_0^\infty \frac{1 - F(t + x)}{1 - F(x)} \mathrm{d}t.
\end{aligned}
$$

如果必要, 可以对它进行数值评估.

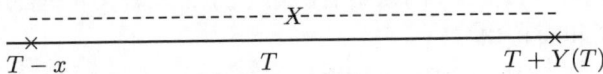

图 11-5　$A(T) = x$

下面对上述内容进行说明. 如果更新过程是速率为 λ 的泊松过程, 那么自然模拟估计量 $N(t)$ 的方差为 λT. 由于 $Y(T)$ 是速率为 λ 的指数随机变量, 因此基于式 (11.13) 的估计量的方差为 $\lambda^2 \mathrm{Var}(Y(T)) = 1$. 另外, 因为 $Y(T)$ 独立于 $A(T)$ (而且 $E[Y(T) \mid A(T)] = 1/\lambda$), 所以改进后的估计量 $E[Y(T) \mid A(T)]$ 的方差等于 0. 也就是说, 在这种情形下, 以在时刻 T 的年龄为条件, 将得到精确的答案. ■

例 11.19　考虑 M/G/1 排队系统, 其中顾客按速率为 λ 的泊松过程到达一条服务线, 该服务线具有均值为 $E[S]$ 的服务分布 G. 假设对于指定的时刻 t_0, 若在时刻 t ($t \geqslant t_0$) 系统首次为空, 则服务线在此刻暂停. 也就是说, 如果在时刻 t 系统中的顾客数是 $X(t)$, 那么服务线将在时刻

$$
T = \min\{t \geqslant t_0 : X(t) = 0\}
$$

暂停. 为了有效地利用模拟来估计 $E[T]$, 我们先生成到时刻 t_0 的系统. 令 R 为在时刻 t_0 正在接受服务的顾客的剩余服务时间, 令 X_Q 等于在时刻 t_0 正在排队等待的顾客数. (注意, 如果 $X(t_0) = 0$ 且 $X_Q = (X(t_0) - 1)^+$, 那么 R 等于 0.) 现在, 令 N 为在剩余服务时间 R 中到达的顾客数, 由此推出, 如果 $N = n$ 且 $X_Q = n_Q$, 那么从 $t_0 + R$ 到服务线暂停的附加时间, 等于从系统中有 $n + n_Q$ 个顾

客到系统空闲所用的时间. 因为这等于 $n + n_Q$ 个忙期的和, 所以由 8.5.3 节可知

$$E[T \mid R, N, X_Q] = t_0 + R + (N + X_Q)\frac{E[S]}{1 - \lambda E[S]}.$$

从而

$$
\begin{aligned}
E[T \mid R, X_Q] &= E[E[T \mid R, N, X_Q] \mid R, X_Q] \\
&= t_0 + R + (E[N \mid R, X_Q] + X_Q)\frac{E[S]}{1 - \lambda E[S]} \\
&= t_0 + R + (\lambda R + X_Q)\frac{E[S]}{1 - \lambda E[S]}.
\end{aligned}
$$

于是, 相比于用模拟运行中生成的 T 值作为估计量, 在时刻 t_0 停止模拟, 并用 $t_0 + (\lambda R + X_Q)\frac{E[S]}{1 - \lambda E[S]}$ 作为估计量更好. ∎

11.6.3　控制变量

同样假设我们要用模拟来估计 $E[g(\boldsymbol{X})]$, 其中 $\boldsymbol{X} = (X_1, \cdots, X_n)$. 但是现在假设对于某个函数 f, $f(\boldsymbol{X})$ 的期望值已知 (例如 $E[f(\boldsymbol{X})] = \mu$). 那么, 对于任意常数 a, 我们也可以用

$$W = g(\boldsymbol{X}) + a(f(\boldsymbol{X}) - \mu)$$

作为 $E[g(\boldsymbol{X})]$ 的估计量. 现在,

$$\mathrm{Var}(W) = \mathrm{Var}(g(\boldsymbol{X})) + a^2 \mathrm{Var}(f(\boldsymbol{X})) + 2a\,\mathrm{Cov}(g(\boldsymbol{X}), f(\boldsymbol{X})).$$

通过简单的计算得出, 当

$$a = \frac{-\mathrm{Cov}(f(\boldsymbol{X}), g(\boldsymbol{X}))}{\mathrm{Var}(f(\boldsymbol{X}))}$$

时 $\mathrm{Var}(W)$ 达到最小, 而对于这个值 a,

$$\mathrm{Var}(W) = \mathrm{Var}(g(\boldsymbol{X})) - \frac{[\mathrm{Cov}(f(\boldsymbol{X}), g(\boldsymbol{X}))]^2}{\mathrm{Var}(f(\boldsymbol{X}))}.$$

因为 $\mathrm{Var}(f(\boldsymbol{X}))$ 和 $\mathrm{Cov}(f(\boldsymbol{X}), g(\boldsymbol{X}))$ 通常是不知道的, 所以应该用模拟的数据来估计这些量.

将上式除以 $\mathrm{Var}(g(\boldsymbol{X}))$, 得出

$$\frac{\mathrm{Var}(W)}{\mathrm{Var}(g(\boldsymbol{X}))} = 1 - \mathrm{Corr}^2(f(\boldsymbol{X}), g(\boldsymbol{X})),$$

其中 $\mathrm{Corr}(X, Y)$ 是 X 和 Y 之间的相关系数. 因此, 当 $f(\boldsymbol{X})$ 和 $g(\boldsymbol{X})$ 强相关时, 使用控制变量将大大地降低模拟估计量的方差.

例 11.20　考虑一个连续时间的马尔可夫链, 它进入状态 i 后, 在该状态停留一个速率为 v_i 的指数时间, 然后以概率 $P_{i,j}$ ($i \geqslant 0, j \neq i$) 转移到其他状态.

假设只要链处于状态 i, 每单位时间就会产生 $C(i) \geqslant 0$ 的费用. 令 $X(t)$ 为在时刻 t 的状态, 且 α 是一个常数, 使得 $0 < \alpha < 1$, 则

$$W = \int_0^\infty \mathrm{e}^{-\alpha t} C(X(t)) \mathrm{d}t$$

表示费用的总折扣价值. 对于一个给定的初始状态, 假设我们要用模拟来估计 $E[W]$. 尽管看起来, 如果不模拟连续时间的马尔可夫链无限长的时间 (这显然是不可能的), 那么我们无法得到一个无偏估计量, 但是我们可以利用例 5.1 的结果, 得到 $E[W]$ 的等价表达式:

$$E[W] = E\left[\int_0^T C(X(t)) \mathrm{d}t\right],$$

其中 T 是一个速率为 α 的独立于马尔可夫链的指数随机变量. 所以我们可以首先生成 T 的值, 然后生成马尔可夫链到 T 为止的状态, 以得到 $\int_0^T C(X(t)) \mathrm{d}t$ 的无偏估计量. 因为产生费用的速率都是非负的, 所以这个估计量与 T 有很强的正相关性, 这样就得到了一个有效的控制变量. ∎

例 11.21 (排队系统) 令 D_{n+1} 为在一个排队系统中第 $n+1$ 个顾客的排队等待时间, 顾客的到达间隔是独立同分布的, 服从均值为 μ_F 的分布 F, 且独立于服务时间, 而服务时间也是独立同分布的, 它服从均值为 μ_G 的分布 G. 如果 X_i 是第 i 次到达与第 $i+1$ 次到达之间的时间, 且 S_i 是第 i 个顾客的服务时间, $i \geqslant 1$, 那么我们可以写出

$$D_{n+1} = g(X_1, \cdots, X_n, S_1, \cdots, S_n).$$

考虑到模拟的变量 X_i, S_i 与期望的值存在较大差异的可能性, 我们令

$$f(X_1, \cdots, X_n, S_1, \cdots, S_n) = \sum_{i=1}^n (S_i - X_i).$$

因为 $E[f(\boldsymbol{X}, \boldsymbol{S})] = n(\mu_G - \mu_F)$, 所以可以用

$$g(\boldsymbol{X}, \boldsymbol{S}) + a[f(\boldsymbol{X}, \boldsymbol{S}) - n(\mu_G - \mu_F)]$$

作为 $E[D_{n+1}]$ 的一个估计量. 因为 D_{n+1} 和 f 都是 $S_i - X_i$ 的增函数, $i = 1, \cdots, n$, 所以由定理 11.1 推出, $f(\boldsymbol{X}, \boldsymbol{S})$ 和 D_{n+1} 是正相关的, 因此 a 的模拟估计量应该是负的.

如果我们要估计前 $N(T)$ 个到达者的排队等待时间的期望和, 那么可以用 $\sum_{i=1}^{N(T)} S_i$ 作为控制变量. 事实上, 因为通常假定到达过程与服务时间是独立的,

所以

$$E\left[\sum_{i=1}^{N(T)} S_i\right] = E[S]E[N(T)],$$

其中 $E[N(T)]$ 可以用 7.8 节中建议的方法计算, 或者可以像例 11.18 那样用模拟来估计. 如果到达过程是一个速率为 $\lambda(t)$ 的非时齐泊松过程, 那么也可以使用这个控制变量, 在这种情况下,

$$E[N(T)] = \int_0^T \lambda(t)\mathrm{d}t. \qquad\blacksquare$$

11.6.4　重要抽样

令 $\boldsymbol{X} = (X_1, \cdots, X_n)$ 为具有联合密度函数 (或者在离散情形下的联合质量函数) $f(\boldsymbol{x}) = f(x_1, \cdots, x_n)$ 的随机变量的一个向量, 并且假设我们想估计

$$\theta = E[h(\boldsymbol{X})] = \int h(\boldsymbol{x})f(\boldsymbol{x})\mathrm{d}\boldsymbol{x},$$

其中上式是一个 n 维积分. (如果 X_i 是离散的, 那么将积分解释为 n 重求和.)

假设直接模拟随机向量 $\boldsymbol{X}$ 以计算 $h(\boldsymbol{X})$ 的值是低效的, 这可能是因为 (a) 模拟具有密度函数 $f(\boldsymbol{x})$ 的随机向量有困难, 或 (b) $h(\boldsymbol{X})$ 的方差很大, 或 (c) 上述 (a) 和 (b) 的结合.

另一种用模拟来估计 θ 的方法如下. 如果 $g(\boldsymbol{x})$ 是另一个概率密度函数, 使得只要 $g(\boldsymbol{x}) = 0$ 就有 $f(\boldsymbol{x}) = 0$, 那么我们可以将 θ 表示为

$$\theta = \int \frac{h(\boldsymbol{x})f(\boldsymbol{x})}{g(\boldsymbol{x})}g(\boldsymbol{x})\mathrm{d}\boldsymbol{x} = E_g\left[\frac{h(\boldsymbol{X})f(\boldsymbol{X})}{g(\boldsymbol{X})}\right], \qquad (11.14)$$

其中我们写 E_g 是为了强调随机向量 $\boldsymbol{X}$ 具有联合密度 $g(\boldsymbol{x})$.

由式 (11.14) 推出, 可以通过相继地生成具有联合密度 $g(\boldsymbol{x})$ 的随机向量 $\boldsymbol{X}$ 的值, 然后用 $h(\boldsymbol{X})f(\boldsymbol{X})/g(\boldsymbol{X})$ 的值的平均作为估计量来估计 θ. 如果可以选择一个密度函数 $g(\boldsymbol{x})$ 使得随机变量 $h(\boldsymbol{X})f(\boldsymbol{X})/g(\boldsymbol{X})$ 有较小的方差, 那么这个方法 (称为**重要抽样**) 就能够产生 θ 的一个有效的估计量.

我们尝试理解为什么重要抽样是有用的. 首先, 注意 $f(\boldsymbol{X})$ 和 $g(\boldsymbol{X})$ 分别表示当随机向量 $\boldsymbol{X}$ 具有联合密度 f 和 g 时得到 $\boldsymbol{X}$ 的可能性. 所以, 如果 $\boldsymbol{X}$ 按 g 分布, 那么通常 $f(\boldsymbol{X})$ 相对于 $g(\boldsymbol{X})$ 会很小, 因此当 $\boldsymbol{X}$ 按 g 模拟时, 似然比 $f(\boldsymbol{X})/g(\boldsymbol{X})$ 通常比 1 小. 然而, 容易检验它的均值是 1:

$$E_g\left[\frac{f(\boldsymbol{X})}{g(\boldsymbol{X})}\right] = \int \frac{f(\boldsymbol{x})}{g(\boldsymbol{x})}g(\boldsymbol{x})\mathrm{d}\boldsymbol{x} = \int f(\boldsymbol{x})\mathrm{d}\boldsymbol{x} = 1.$$

于是我们看到, 尽管 $f(\boldsymbol{X})/g(\boldsymbol{X})$ 通常小于 1, 但其均值是 1. 这意味着它有时候会很大, 所以往往有较大的方差. 那么, 怎样能使 $h(\boldsymbol{X})f(\boldsymbol{X})/g(\boldsymbol{X})$ 有较小的方

差呢? 答案是, 我们能安排选取一个密度 g, 使得那些使 $f(\boldsymbol{x})/g(\boldsymbol{x})$ 很大的值 $\boldsymbol{x}$ 恰好使 $h(\boldsymbol{x})$ 非常小, 因此比值 $h(\boldsymbol{X})f(\boldsymbol{X})/g(\boldsymbol{X})$ 总是很小. 由于这要求 $h(\boldsymbol{x})$ 有时很小, 因此重要抽样在估计一个小概率时似乎效果最好, 因为在这种情形下, 当 $\boldsymbol{x}$ 取值于某个集合时函数 $h(\boldsymbol{x})$ 等于 1, 否则等于 0.

我们现在考虑如何选取合适的密度 g. 我们发现所谓的倾斜密度是很有用的. 令 $M(t) = E_f\left[\mathrm{e}^{tX}\right] = \int \mathrm{e}^{tx} f(x)\mathrm{d}x$ 是对应于一维密度 f 的矩母函数.

定义 11.2 密度函数

$$f_t(x) = \frac{\mathrm{e}^{tx} f(x)}{M(t)}$$

称为 f 的**倾斜密度**, $-\infty < t < \infty$.

具有密度 f_t 的随机变量在 $t > 0$ 时, 往往大于具有密度 f 的随机变量, 而在 $t < 0$ 时, 往往小于具有密度 f 的随机变量.

在某些情形下, 倾斜密度 f_t 与密度 f 具有同样的参数形式.

例 11.22 如果 f 是速率为 λ 的指数密度, 那么

$$f_t(x) = C\mathrm{e}^{tx}\lambda\mathrm{e}^{-\lambda x} = \lambda C\mathrm{e}^{-(\lambda-t)x},$$

其中 $C = 1/M(t)$ 不依赖于 x. 所以, 对于 $t \leqslant \lambda$, f_t 是速率为 $\lambda - t$ 的指数密度.

如果 f 是参数为 p 的伯努利概率质量函数, 那么

$$f(x) = p^x(1-p)^{1-x}, \quad x = 0, 1.$$

因此, $M(t) = E_f\left[\mathrm{e}^{tX}\right] = p\mathrm{e}^t + 1 - p$, 所以

$$f_t(x) = \frac{1}{M(t)}\left(p\mathrm{e}^t\right)^x(1-p)^{1-x} = \left(\frac{p\mathrm{e}^t}{p\mathrm{e}^t + 1 - p}\right)^x\left(\frac{1-p}{p\mathrm{e}^t + 1 - p}\right)^{1-x}. \quad (11.15)$$

也就是说, f_t 是参数为

$$p_t = \frac{p\mathrm{e}^t}{p\mathrm{e}^t + 1 - p}$$

的伯努利概率质量函数.

下述内容的证明作为习题留给读者: 如果 f 是参数为 μ 和 σ^2 的正态密度, 那么 f_t 是参数为 $\mu + \sigma^2 t$ 和 σ^2 的正态密度. ■

在某些情况下, 我们感兴趣的量是独立随机变量 $X_1, \cdots, X_n$ 的和. 在这种情况下, 联合分布 f 是一维密度的乘积, 即

$$f(x_1, \cdots, x_n) = f_1(x_1) \cdots f_n(x_n),$$

其中 f_i 是 X_i 的密度函数. 在这种情况下, 使用一个共同选取的 t, 按 X_i 的倾斜密度生成 X_i 常常是有用的.

例 **11.23** 令 $X_1, \cdots, X_n$ 为独立的随机变量，且具有各自的概率密度（或质量）函数 f_i, $i = 1, \cdots, n$. 假设想近似计算它们的和至少与 a 一样大的概率，其中 a 要比这个和的均值大得多，即我们想近似计算

$$\theta = P\{S \geqslant a\},$$

其中 $S = \sum_{i=1}^n X_i$, 并且 $a > \sum_{i=1}^n E[X_i]$. 如果 $S \geqslant a$, 那么令 $I\{S \geqslant a\}$ 等于 1, 否则令它等于 0, 我们有

$$\theta = E_{\boldsymbol{f}}\big[I\{S \geqslant a\}\big],$$

其中 $\boldsymbol{f} = (f_1, \cdots, f_n)$. 假设我们按倾斜质量函数 $f_{i,t}$（$i = 1, \cdots, n$）模拟 X_i, t（$t > 0$）的值待定. θ 的重要抽样估计量是

$$\widehat{\theta} = I\{S \geqslant a\} \prod \frac{f_i(X_i)}{f_{i,t}(X_i)}.$$

现在，

$$\frac{f_i(X_i)}{f_{i,t}(X_i)} = M_i(t)\mathrm{e}^{-tX_i},$$

从而

$$\widehat{\theta} = I\{S \geqslant a\} M(t)\mathrm{e}^{-tS},$$

其中 $M(t) = \prod M_i(t)$ 是 S 的矩母函数. 由于 $t > 0$ 及当 $S < a$ 时, $I\{S \geqslant a\}$ 等于 0, 因此

$$I\{S \geqslant a\}\mathrm{e}^{-tS} \leqslant \mathrm{e}^{-ta},$$

从而

$$\widehat{\theta} \leqslant M(t)\mathrm{e}^{-ta}.$$

为了使估计量的上界尽量地小，我们选取 t（$t > 0$）使 $M(t)\mathrm{e}^{-ta}$ 达到最小. 这样，我们将得到一个估计量，在每次迭代中它的值都在 0 和 $\min_t M(t)\mathrm{e}^{-ta}$ 之间. 可以证明这个使 $M(t)\mathrm{e}^{-ta}$ 最小的 t（记为 t^*）满足

$$E_{t^*}[S] = E_{t^*}\left[\sum_{i=1}^n X_i\right] = a,$$

上式中的期望值是在 X_i 的分布为 f_{i,t^*}（$i = 1, \cdots, n$）的假定下取得的.

例如，假设 $X_1, \cdots, X_n$ 是独立的伯努利随机变量，且 X_i 的参数为 p_i, $i = 1, \cdots, n$, 那么 $\theta = P\{S \geqslant a\}$ 的重要抽样估计量是

$$\widehat{\theta} = I\{S \geqslant a\}\mathrm{e}^{-tS} \prod_{i=1}^n (p_i\mathrm{e}^t + 1 - p_i).$$

由于 $p_{i,t}$ 是参数为 $p_i\mathrm{e}^t/(p_i\mathrm{e}^t + 1 - p_i)$ 的伯努利随机变量的质量函数，因此

$$E_t\left[\sum_{i=1}^n X_i\right] = \sum_{i=1}^n \frac{p_i\mathrm{e}^t}{p_i\mathrm{e}^t + 1 - p_i}.$$

使上式等于 a 的 t 值可以用数值近似，然后用于模拟中.

举例说明，假设 $n = 20$, $p_i = 0.4$ 且 $a = 16$. 那么

$$E_t[S] = 20 \frac{0.4e^t}{0.4e^t + 0.6}.$$

令它等于 16，经过一些代数运算可得

$$e^{t^*} = 6.$$

如果我们用参数

$$\frac{0.4e^{t^*}}{0.4e^{t^*} + 0.6} = 0.8$$

生成伯努利随机变量，那么，因为

$$M(t^*) = (0.4e^{t^*} + 0.6)^{20} \quad \text{和} \quad e^{-t^*S} = (1/6)^S,$$

所以重要抽样估计量是

$$\widehat{\theta} = I\{S \geqslant 16\}(1/6)^S 3^{20}.$$

由上式推出

$$\widehat{\theta} \leqslant (1/6)^{16} 3^{20} = 81/2^{16} \approx 0.001\,236.$$

也就是说，每次迭代中估计量的值都在 0 和 0.001 236 之间. 因为在这种情形下，θ 是参数为 20 和 0.4 的二项随机变量至少是 16 的概率，所以可以明确计算出 $\theta = 0.000\,317$. 在每次迭代中，如果参数为 0.4 的伯努利随机变量的和小于 16，那么自然模拟估计量 I 取值为 0，否则取值为 1，因此 I 的方差为

$$\text{Var}(I) = \theta(1 - \theta) = 3.169 \times 10^{-4}.$$

另外，从事实 $0 \leqslant \widehat{\theta} \leqslant 0.001\,236$ 推出（见习题 33）

$$\text{Var}(\widehat{\theta}) \leqslant 2.9131 \times 10^{-7}. \qquad \blacksquare$$

例 11.24 考虑一个单服务线的排队系统，其中相继顾客到达之间的时间具有密度函数 f，且服务时间具有密度 g. 令 D_n 为第 n 个到达者排队等待的时间，并且假设我们想估计 $\alpha = P\{D_n \geqslant a\}$，其中 a 比 $E[D_n]$ 大得多. 相比于按 f 和 g 分别生成相继的到达间隔和服务时间，我们更应该按倾斜密度 f_{-t} 和 g_t 生成它们，其中 t 是一个待定的正数. 注意，相比于 f 和 g，使用这些分布将导致更小的到达间隔（因为 $-t < 0$）和更长的服务时间，因此，模拟中将有更大的机会出现 $D_n > a$. α 的重要抽样估计量是

$$\widehat{\alpha} = I\{D_n > a\}e^{t(S_n - Y_n)}[M_f(-t)M_g(t)]^n,$$

其中 S_n 是前 n 个到达间隔之和，Y_n 是前 n 个服务时间之和，且 M_f 和 M_g 分别是 f 和 g 的矩母函数. 使用的 t 值应该通过试验各种不同的选择来确定. $\blacksquare$

11.7　确定运行的次数

假设我们要模拟生成均值为 μ、方差为 σ^2 的 r 个独立同分布的随机变量 $Y^{(1)}, \cdots, Y^{(r)}$. 我们用

$$\overline{Y}_r = \frac{Y^{(1)} + \cdots + Y^{(r)}}{r}$$

作为 μ 的估计量. 估计的精度可以用它的方差

$$\mathrm{Var}(\overline{Y}_r) = E[(\overline{Y}_r - \mu)^2] = \sigma^2/r$$

度量. 因此, 我们要选取足够大的必要运行次数 r, 使得 σ^2/r 小得可以接受. 然而, 困难在于 σ^2 事先是未知的. 为了解决这个困难, 我们应该先模拟 k 次运行 (其中 $k \geqslant 30$), 然后用模拟值 $Y^{(1)}, \cdots, Y^{(k)}$ 通过样本方差

$$\sum_{i=1}^{k} (Y^{(i)} - \overline{Y}_k)^2/(k-1)$$

来估计 σ^2. 基于 σ^2 的这个估计量, 现在可以确定达到所需精度水平的 r 值, 而且可以生成附加的 $r - k$ 次运行.

11.8　马尔可夫链的平稳分布的生成

11.8.1　过去耦合法

考虑一个状态为 $1, \cdots, m$ 且转移概率为 $P_{i,j}$ 的不可约马尔可夫链, 并且假设我们要生成一个随机变量的值, 这个随机变量的分布是这个马尔可夫链的平稳分布. 尽管我们能够通过任意选取一个初始状态, 对固定大的时间周期数模拟这个马尔可夫链, 然后选取最后的状态作为随机变量的值来近似地生成这样的随机变量, 但是我们现在介绍一个程序, 它生成的随机变量的分布精确地是平稳分布.

在理论上, 如果我们从时刻 $-\infty$ 开始在任意状态下生成马尔可夫链, 那么在时刻 0 的状态就具有平稳分布. 所以, 想象我们这样做, 并且假设由不同的人在每个时刻生成下一个状态. 于是, 如果在时刻 $-n$ 的状态是 $X(-n) = i$, 那么, 人 "$-n$" 将生成一个随机变量, 它以概率 $P_{i,j}$ ($j = 1, \cdots, m$) 等于 j, 且这个生成值就是在时刻 $-(n-1)$ 的状态. 现在假设人 "-1" 要提前生成他的随机变量. 因为他不知道在时刻 -1 的状态是什么, 所以他就生成了一个随机变量序列 $N_{-1}(i)$, $i = 1, \cdots, m$, 其中如果 $X(-1) = i$, 那么下一个状态 $N_{-1}(i)$ 以概率 $P_{i,j}$ ($j = 1, \cdots, m$) 等于 j. 如果结果是 $X(-1) = i$, 那么, 人 "-1" 将报告在时刻 0 的状态是

$$S_{-1}(i) = N_{-1}(i), \quad i = 1, \cdots, m.$$

（即 $S_{-1}(i)$ 是当时刻 -1 的模拟状态是 i 时，在时刻 0 的模拟状态. ）

现在假设人"-2"听到人"-1"提前进行模拟，他也决定做同样的事情. 他生成了一个随机变量序列 $N_{-2}(i), i = 1, \cdots, m$，其中 $N_{-2}(i)$ 以概率 $P_{i,j}$（$j = 1, \cdots, m$）等于 j. 因此，如果向他报告 $X(-2) = i$，那么他将报告 $X(-1) = N_{-2}(i)$. 将这与人"-1"提前生成的结合起来，可以得到如果 $X(-2) = i$，那么在时刻 0 的模拟状态是

$$S_{-2}(i) = S_{-1}(N_{-2}(i)), \quad i = 1, \cdots, m.$$

继续上面的方式，假设人"-3"生成了一个随机变量序列 $N_{-3}(i), i = 1, \cdots, m$，其中 $N_{-3}(i)$ 是当 $X(-3) = i$ 时下一个状态的生成值. 因此，如果 $X(-3) = i$，那么在时刻 0 的模拟状态是

$$S_{-3}(i) = S_{-2}(N_{-3}(i)), \quad i = 1, \cdots, m.$$

假设我们继续上面的做法，从而得到模拟的函数

$$S_{-1}(i), \ S_{-2}(i), \ S_{-3}(i), \cdots, \quad i = 1, \cdots, m.$$

按这种方式向后推移，我们将在某个时刻，例如 $-r$，得到模拟函数 $S_{-r}(i)$，它是一个常数函数. 也就是说，存在一个状态 j，对于一切 $i = 1, \cdots, m$，都有 $S_{-r}(i) = j$. 但是，这意味着无论从时刻 $-\infty$ 到 $-r$ 的模拟值是什么，我们都能够肯定在时刻 0 的模拟值是 j. 因此，j 可以被取为一个生成的随机变量的值，其分布恰是这个马尔可夫链的平稳分布.

例 11.25 考虑一个状态为 1、2、3 的马尔可夫链，并且假设模拟产生了值

$$N_{-1}(i) = \begin{cases} 3, & \text{如果 } i = 1, \\ 2, & \text{如果 } i = 2, \\ 2, & \text{如果 } i = 3, \end{cases}$$

和

$$N_{-2}(i) = \begin{cases} 1, & \text{如果 } i = 1, \\ 3, & \text{如果 } i = 2, \\ 1, & \text{如果 } i = 3. \end{cases}$$

那么

$$S_{-2}(i) = \begin{cases} 3, & \text{如果 } i = 1. \\ 2, & \text{如果 } i = 2. \\ 3, & \text{如果 } i = 3. \end{cases}$$

如果

$$N_{-3}(i) = \begin{cases} 3, & \text{如果 } i = 1, \\ 1, & \text{如果 } i = 2, \\ 1, & \text{如果 } i = 3, \end{cases}$$

那么

$$S_{-3}(i) = \begin{cases} 3, & \text{如果 } i = 1, \\ 3, & \text{如果 } i = 2, \\ 3, & \text{如果 } i = 3. \end{cases}$$

所以, 无论在时刻 -3 是什么状态, 在时刻 0 的状态都将是 3.　　　　　■

　　注　在本节中, 用于生成分布为马尔可夫链的平稳分布的随机变量的程序, 称为**过去耦合法**.

11.8.2　另一种方法

　　考虑一个以非负整数为状态空间的马尔可夫链. 假设此链有平稳概率, 并记为 π_i, $i \geqslant 0$. 现在我们介绍另一种模拟随机变量的方法, 其分布由 π_i ($i \geqslant 0$) 给出, 当链满足下面的性质时, 就可以使用这个方法. 即对于某个称为 0 的状态, 存在一个正数 α, 使得对于一切状态 i 都有

$$P_{i,0} \geqslant \alpha > 0.$$

也就是说, 不管当前的状态是什么, 下一个状态是 0 的概率至少是某个正值 α.

　　为了模拟有平稳概率的随机变量, 我们首先以显然的方式模拟马尔可夫链. 也就是说, 每当链处于状态 i 时, 就生成一个随机变量, 它等于 j 的概率是 $P_{i,j}$, $j \geqslant 0$, 并且将随机变量生成的值定义为下一个状态. 此外, 无论如何, 每当转移到状态 0, 就掷一枚硬币, 它正面朝上的概率依赖于转移发生时的状态. 特别地, 如果从状态 i 转移到状态 0, 那么该硬币以概率 $\alpha/P_{i,0}$ 正面朝上. 我们将这样的硬币称为 i-硬币, $i \geqslant 0$. 如果硬币正面朝上, 那么我们说发生了一个事件. 因此, 马尔可夫链的每次转移都以概率 α 导致一个事件发生, 这说明事件以速率 α 发生. 现在, 如果某个事件是由从状态 i 的转移产生的, 那么我们称它为 i-事件, 也就是说, 如果某个事件是由 i-硬币的抛掷产生的, 那么该事件是 i-事件. 因为 π_i 是从状态 i 出发的转移所占的比例, 而每个这样的转移产生 i-事件的概率是 α, 所以 i-事件发生的速率为 $\alpha\pi_i$. 因此, 所有事件中 i-事件的比例是 $\alpha\pi_i/\alpha = \pi_i$, $i \geqslant 0$.

　　现在假定 $X_0 = 0$. 固定 i, 如果第 j 个发生的事件是 i-事件, 那么令 I_j 等于 1, 否则令 I_j 等于 0. 因为一个事件总是使链处于状态 0, 所以 I_j ($j \geqslant 1$) 是

独立同分布的随机变量. 又因为 I_j 等于 1 的比例是 π_i, 所以

$$\pi_i = \lim_{n \to \infty} \frac{I_1 + \cdots + I_n}{n} = E[I_1] = P\{I_1 = 1\},$$

其中第二个等号得自强大数定律. 因此, 如果我们令

$$T = \min\{n > 0 : \text{在时刻 } n \text{ 有一个事件发生}\}$$

为首个事件发生的时间, 那么由上式推出

$$\pi_i = P\{I_1 = 1\} = P\{X_{T-1} = i\}.$$

因为上式对于所有状态 i 都正确, 所以马尔可夫链在时刻 $T-1$ 的状态 X_{T-1} 具有平稳分布.

习　题

*1. 假设从分布 F_i ($i = 1, \cdots, n$) 模拟相对容易. 如果 n 很小, 如何由

$$F(x) = \sum_{i=1}^n P_i F_i(x), \quad P_i \geqslant 0, \quad \sum_i P_i = 1$$

模拟? 给出由

$$F(x) = \begin{cases} \frac{1 - e^{-2x} + 2x}{3}, & \text{若 } 0 < x < 1, \\ \frac{3 - e^{-2x}}{3}, & \text{若 } 1 < x < \infty \end{cases}$$

模拟的一种方法.

2. 给出模拟负二项随机变量的一种方法.

*3. 给出模拟超几何随机变量的一种方法.

4. 假设我们要模拟随机地位于以原点为中心, 以 r 为半径的圆中的一个点, 也就是说, 我们要模拟具有联合密度函数

$$f(x, y) = \frac{1}{\pi r^2}, \quad x^2 + y^2 \leqslant r^2$$

的 X, Y.

(a) 令 $R = \sqrt{X^2 + Y^2}$, $\theta = \arctan(Y/X)$ 为极坐标. 计算 R, θ 的联合密度, 并且用它给出一个模拟方法. 另一个模拟 X, Y 的方法如下.

　　步骤 1:　生成独立随机数 U_1, U_2, 并且取 $Z_1 = 2rU_1 - r$, $Z_2 = 2rU_2 - r$. 那么, (Z_1, Z_2) 在边长为 $2r$ 的正方形内均匀分布, 且这个正方形包含了半径为 r 的圆 (见图 11-6).

　　步骤 2:　如果 (Z_1, Z_2) 落在半径为 r 的圆内 (即如果 $Z_1^2 + Z_2^2 \leqslant r^2$), 那么取 $(X, Y) = (Z_1, Z_2)$. 否则返回步骤 1.

(b) 证明这个方法可行, 并且计算所需随机数个数的分布.

5. 假设从分布 F_i ($i = 1, \cdots, n$) 模拟相对容易. 我们怎样从下面的分布模拟?

(a) $F(x) = \prod_{i=1}^n F_i(x)$.

(b) $F(x) = 1 - \prod_{i=1}^n (1 - F_i(x))$.

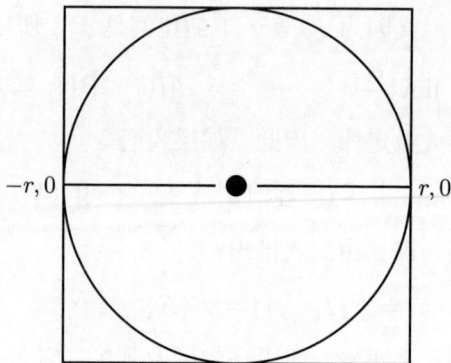

图 11–6

(c) 给出从 $F(x) = x^n$（$0 < x < 1$）模拟的两种方法.

*6. 在例 11.5 中，通过对速率为 1 的指数随机变量使用冯·诺伊曼拒绝法，我们模拟了标准正态随机变量的绝对值. 这就提出了问题：我们是否可以通过使用不同的指数密度，即密度 $g(x) = \lambda e^{-\lambda x}$，来得到一个更有效的算法? 证明拒绝方案中所需的平均迭代次数在 $\lambda = 1$ 时最小.

7. 给出模拟具有密度函数

$$f(x) = 30(x^2 - 2x^3 + x^4), \quad 0 < x < 1$$

的随机变量的一个算法.

8. 考虑对 g 是速率为 λ/n 的指数密度使用拒绝法，来模拟一个 $\Gamma(n, \lambda)$ 随机变量.

(a) 证明这个算法生成一个伽马随机变量所需的平均迭代次数是 $n^n e^{1-n}/(n-1)!$.

(b) 用斯特林近似证明，对于很大的 n，(a) 中的答案近似等于 $e[(n-1)/(2\pi)]^{1/2}$.

(c) 证明这个程序等价于以下步骤.

步骤 1：生成速率为 1 的独立指数随机变量 Y_1 和 Y_2.

步骤 2：如果 $Y_1 < (n-1)[Y_2 - \ln(Y_2) - 1]$，那么返回步骤 1.

步骤 3：取 $X = nY_2/\lambda$.

(d) 解释怎样从上面的算法中得到一个独立的指数随机变量与一个伽马随机变量.

9. 建立从参数为 $n = 6$ 和 $p = 0.4$ 的二项随机变量模拟的别名方法.

10. 解释怎样在别名方法中对 $\boldsymbol{Q}^{(k)}$ 进行编号，使得 k 是 $\boldsymbol{Q}^{(k)}$ 赋予权重的两个点之一.

提示：除了把初始 $\boldsymbol{Q}$ 标记成 $\boldsymbol{Q}^{(1)}$ 外，我们还能怎样标记?

11. 完成例 11.10 的细节.

12. 令 $X_1, \cdots, X_k$ 是独立的，且具有分布

$$P\{X_i = j\} = \frac{1}{n}, \quad j = 1, \cdots, n, \; i = 1, \cdots, k.$$

如果 D 是 $X_1, \cdots, X_k$ 中不同值的个数，证明

$$E[D] = n\left[1 - \left(\frac{n-1}{n}\right)^k\right] \approx k - \frac{k^2}{2n}, \quad \text{当 } \frac{k^2}{n} \text{ 很小时.}$$

13. **离散拒绝法.** 假设我们要模拟 X, 它有概率质量函数 $P\{X=i\}=P_i$, $i=1,\cdots,n$, 并且假设我们能够容易地从概率质量函数 Q_i ($\sum_i Q_i = 1, Q_i \geqslant 0$) 模拟. 令 C 满足 $P_i \leqslant CQ_i$, $i=1,\cdots,n$. 证明下面的算法能生成所要的随机变量.

    步骤 1: 生成具有质量函数 Q 的 Y 和一个独立的随机数 U.

    步骤 2: 如果 $U \leqslant P_Y/CQ_Y$, 那么令 $X=Y$. 否则返回步骤 1.

14. **离散风险率方法.** 令 X 为一个非负整数值随机变量. 函数 $\lambda(n) = P\{X=n \,|\, X \geqslant n\}$ ($n \geqslant 0$) 称为**离散风险率函数**.

    (a) 证明 $P\{X=n\} = \lambda(n)\prod_{i=0}^{n-1}\big(1-\lambda(i)\big)$.

    (b) 证明我们可以通过生成随机数 $U_1, U_2, \cdots$, 并停止在

    $$X = \min\{n : U_n \leqslant \lambda(n)\},$$

    来模拟 X.

    (c) 用这个方法模拟几何随机变量. 直观地解释它为什么可行.

    (d) 假设对于一切 n, 有 $\lambda(n) \leqslant p < 1$. 考虑模拟 X 的如下算法, 并且解释它为什么可行. 模拟 X_i, U_i, $i \geqslant 1$, 其中 X_i 是均值为 $1/p$ 的几何随机变量, U_i 是随机数. 取 $S_k = X_1 + \cdots + X_k$, 并且令

    $$X = \min\{S_k : U_k \leqslant \lambda(S_k)/p\}.$$

15. 假设你刚好模拟了一个均值为 μ、方差为 σ^2 的正态随机变量 X. 给出一个简单的方法来生成一个与 X 有相同均值和方差但负相关的第二个正态随机变量.

*16. 假设在坛子中有 n 个重量分别为 $w_1, \cdots, w_n$ 的球. 这些球依次地按如下方式被取出: 在每次选取时, 坛子中一个给定的球以等于其重量除以仍在坛子中的其他球的重量之和的概率被选中. 令 $I_1, I_2, \cdots, I_n$ 为球被取出的次序——于是 $I_1, \cdots, I_n$ 是重量的随机排列.

    (a) 给出一个模拟 $I_1, \cdots, I_n$ 的方法.

    (b) 令 X_i 是速率为 w_i 的独立指数随机变量, $i=1,\cdots,n$. 解释 X_i 能怎样用于模拟 $I_1, \cdots, I_n$.

17. **次序统计量.** 令 $X_1, \cdots, X_n$ 是来自连续分布 F 的独立同分布的随机变量, 并且令 $X_{(i)}$ 为 $X_1, \cdots, X_n$ 中第 i 小的值, $i=1,\cdots,n$. 假设我们要模拟 $X_{(1)} < X_{(2)} < \cdots < X_{(n)}$. 一个方法是从 F 模拟 n 个值, 然后将这些值排序. 然而, 当 n 较大时, 这个排序可能很费时间.

    (a) 假设 F 的风险率函数 $\lambda(t)$ 是有界的. 说明如何使用风险率方法来生成 n 个随机变量, 使得不需要排序.

    现在假设 F^{-1} 容易计算.

    (b) 论证可以通过先模拟 $U_{(1)} < U_{(2)} < \cdots < U_{(n)}$ (n 个独立随机数的有序值), 然后取 $X_{(i)} = F^{-1}\big(U_{(i)}\big)$ 来生成 $X_{(1)}, \cdots, X_{(n)}$. 解释为什么这意味着 $X_{(i)}$ 可以从 $F^{-1}(\beta_i)$ 生成, 其中 β_i 是参数为 i 和 $n+i+1$ 的贝塔随机变量.

    (c) 论证通过模拟独立同分布的指数随机变量 $Y_1, \cdots, Y_{n+1}$, 然后令

    $$U_{(i)} = \frac{Y_1 + \cdots + Y_i}{Y_1 + \cdots + Y_{n+1}}, \quad i=1,\cdots,n,$$

    不需要排序就可以生成 $U_{(1)}, \cdots, U_{(n)}$.

提示: 给定泊松过程的第 $n+1$ 个事件, 对于前 n 个事件的时间集合能说什么?

(d) 证明如果 $U_{(n)} = y$, 那么 $U_{(1)}, \cdots, U_{(n-1)}$ 与 $n-1$ 个 $(0, y)$ 上的均匀随机变量的次序统计量有相同的联合分布.

(e) 利用 (d) 证明 $U_{(1)}, \cdots, U_{(n)}$ 可以按如下方式生成.

步骤 1: 生成 $U_1, \cdots, U_n$.

步骤 2: 令

$$U_{(n)} = U_1^{1/n},$$
$$U_{(n-1)} = U_{(n)}(U_2)^{1/(n-1)},$$
$$U_{(j-1)} = U_{(j)}(U_{n-j+2})^{1/(j-1)}, \quad j = n-1, \cdots, 2.$$

18. 令 $X_1, \cdots, X_n$ 是速率为 1 的独立指数随机变量. 令

$$W_1 = X_1/n, \qquad W_i = W_{i-1} + \frac{X_i}{n-i+1}, \quad i = 2, \cdots, n.$$

解释为什么 $W_1, \cdots, W_n$ 与 n 个速率为 1 的指数随机变量的次序统计量有相同的联合分布.

19. 假设我们要模拟 n (一个很大的数) 个速率为 1 的独立指数随机变量 (记为 $X_1, \cdots, X_n$). 如果我们用逆变换方法, 那么每生成一个指数随机变量就要进行一次对数计算. 一个避免这种情况的方法是, 首先模拟一个参数为 n 和 1 的伽马随机变量 S_n (例如, 用 11.3.3 节的方法). 现在将 S_n 解释为速率为 1 的泊松过程的第 n 个事件的时间, 并且使用给定 S_n 时, 前 $n-1$ 个事件的时间与 $n-1$ 个 $(0, S_n)$ 上的独立均匀随机变量同分布的结果. 基于此, 解释为什么下面的算法可以模拟 n 个独立的指数随机变量.

步骤 1: 生成一个参数为 n 和 1 的伽马随机变量 S_n.

步骤 2: 生成 $n-1$ 个随机数 $U_1, U_2, \cdots, U_{n-1}$.

步骤 3: 将 U_i ($i = 1, \cdots, n-1$) 排序, 得到 $U_{(1)} < U_{(2)} < \cdots < U_{(n-1)}$.

步骤 4: 令 $U_{(0)} = 0$, $U_{(n)} = 1$, 并且取 $X_i = S_n(U_{(i)} - U_{(i-1)})$, $i = 1, \cdots, n$.

当按 11.5 节中描述的算法执行排序 (步骤 3) 时, 如果同时需要所有 n 个指数随机变量, 那么上面的步骤是模拟它们的一个有效方法. 然而, 如果内存空间有限, 且指数随机变量可以按顺序使用, 一旦指数随机变量被使用就从内存中丢弃, 那么上面的方法可能不合适.

20. 考虑从数 $1, \cdots, n$ 中随机选取一个大小为 k 的子集的程序. 固定 p 并且生成到达间隔分布是均值为 $1/p$ 的几何分布的更新过程的前 n 个单位时间, 即 $P\{到达间隔 = k\} = p(1-p)^{k-1}$, $k = 1, 2, \cdots$. 假设事件发生在时刻 $i_1 < i_2 < \cdots < i_m \leqslant n$. 如果 $m = k$, 那么停止, $i_1, \cdots, i_m$ 是要求的集合. 如果 $m > k$, 那么从 $i_1, \cdots, i_m$ 中 (用某种方法) 随机选取一个大小为 k 的子集, 然后停止. 如果 $m < k$, 取 $i_1, \cdots, i_m$ 作为大小为 k 的子集的一部分, 然后从集合 $\{1, \cdots, n\} - \{i_1, \cdots, i_m\}$ 中 (用某种方法) 选取一个大小为 $k - m$ 的随机子集. 解释为什么这个算法有效. 因为 $E[N(n)] = np$, 所以 p 的一个合理选取是 $p \approx k/n$. (这个方法由迪特尔给出.)

21. 考虑生成元素 $1, \cdots, n$ 的一个随机排列的如下算法. 在这个算法中, $P(i)$ 可以解释为位置 i 上的元素.

步骤 1: 取 $k = 1$.

步骤 2: 取 $P(1) = 1$.

步骤 3: 如果 $k = n$，那么停止. 否则令 $k = k + 1$.

步骤 4: 生成一个随机数 U，并且令

$$P(k) = P(\lfloor kU \rfloor + 1), \quad P(\lfloor kU \rfloor + 1) = k.$$

返回步骤 3.

(a) 用文字解释这个算法在做什么.

(b) 证明在第 k 次迭代时（即当 $P(k)$ 的值被初次设置时），$P(1), P(2), \cdots P(k)$ 是 $1, \cdots, k$ 的一个随机排列.

提示: 用归纳法，并且论证

$$P_k\{i_1, i_2, \cdots, i_{j-1}, k, i_j, \cdots, i_{k-2}, i\}$$
$$= P_{k-1}\{i_1, i_2, \cdots, i_{j-1}, i, i_j, \cdots, i_{k-2}\} \frac{1}{k}$$
$$= \frac{1}{k!}. \quad （由归纳假设）$$

即使最初不知道 n，也可以使用上面的算法.

22. 验证如果我们使用风险率方法模拟一个非时齐泊松过程的事件时间，它的强度函数 $\lambda(t)$ 满足 $\lambda(t) \leqslant \lambda$，那么，我们最终会得到 11.5 节中给出的方法 1.

*23. 对于一个强度函数为 $\lambda(t)$（$t \geqslant 0$）的非时齐泊松过程，其中 $\int_0^\infty \lambda(t)\mathrm{d}t = \infty$，令 $X_1, X_2, \cdots$ 为事件发生的时间序列.

(a) 证明 $\int_0^{X_1} \lambda(t)\mathrm{d}t$ 是速率为 1 的指数随机变量.

(b) 证明 $\int_{X_{i-1}}^{X_i} \lambda(t)\mathrm{d}t$（$i \geqslant 1$）是速率为 1 的独立指数随机变量，其中 $X_0 = 0$.

用文字来表述，独立于过去，到一个事件发生为止必须经历的附加风险量是速率为 1 的指数随机变量.

24. 给出模拟具有强度函数

$$\lambda(t) = b + \frac{1}{t + a}, \quad t \geqslant 0$$

的非时齐泊松过程的有效方法.

25. 令 (X, Y) 在中心为原点、半径为 r 的圆内均匀分布. 也就是说，它们的联合密度是

$$f(x, y) = \frac{1}{\pi r^2}, \quad 0 \leqslant x^2 + y^2 \leqslant r^2.$$

令 $R = \sqrt{X^2 + Y^2}$ 与 $\theta = \arctan(Y/X)$ 为它们的极坐标. 证明 R 与 θ 独立，θ 是 $(0, 2\pi)$ 上的均匀随机变量，且 $P\{R < a\} = a^2/r^2$，$0 < a < r$.

26. 令 R 为二维平面中的一个区域. 证明对于二维泊松过程，给定在 R 中存在 n 个点时，这些点是独立的并且在 R 中均匀分布，即它们的密度是 $f(x, y) = c$，$(x, y) \in R$，其中 c 是 R 的面积的倒数.

27. 令 $X_1, \cdots, X_n$ 是独立随机变量，且具有 $E[X_i] = \theta$，$\mathrm{Var}(X_i) = \sigma_i^2$，$i = 1, \cdots, n$，考虑 θ 的形如 $\sum_{i=1}^n \lambda_i X_i$ 的估计量，其中 $\sum_{i=1}^n \lambda_i = 1$. 证明当

$$\lambda_i = \left(1/\sigma_i^2\right) \bigg/ \left(\sum_{j=1}^n 1/\sigma_j^2\right), \quad i = 1, \cdots, n$$

时，$\mathrm{Var}\left(\sum_{i=1}^n \lambda_i X_i\right)$ 最小.

可能的提示: 如果你无法对一般的 n 进行证明, 那么先尝试 $n = 2$ 的情形.

下面的两道习题涉及 $\int_0^1 g(x)\mathrm{d}x = E[g(U)]$ 的估计, 其中 U 是 $(0,1)$ 上的均匀随机变量.

28. **随机投点法**. 假设 g 在 $[0,1]$ 上有界 (例如, 假设对于 $0 \leqslant x \leqslant 1$, 有 $0 \leqslant g(x) \leqslant b$).
令 U_1, U_2 是独立随机数, 并且令 $X = U_1, Y = bU_2$, 因此点 (X,Y) 在长度为 1、高度为 b 的矩形中均匀分布. 现在令

$$I = \begin{cases} 1, & \text{若 } Y < g(X), \\ 0, & \text{其他.} \end{cases}$$

即如果点 (X,Y) 落在图 11–7 的阴影部分, 那么接受它.

(a) 证明 $E[bI] = \int_0^1 g(x)\mathrm{d}x$.

(b) 证明 $\mathrm{Var}(bI) \geqslant \mathrm{Var}(g(U))$, 所以随机投点法比简单计算一个随机数的 g 有更大的方差.

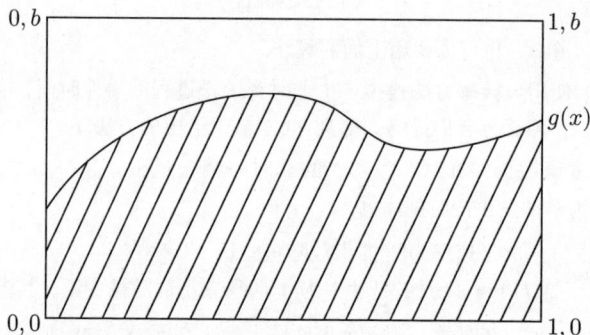

图 11–7

29. **分层抽样**. 令 $U_1, \cdots, U_n$ 是独立随机数, 且令 $\overline{U}_i = (U_i + i - 1)/n$, $i = 1, \cdots, n$. 因此,
$\overline{U}_i$ ($i = 1, \cdots, n$) 在 $((i-1)/n, i/n)$ 上均匀分布. $\sum_{i=1}^n g(\overline{U}_i)/n$ 称为 $\int_0^1 g(x)\mathrm{d}x$ 的分层抽样估计.

(a) 证明 $E\left[\sum_{i=1}^n g(\overline{U}_i)/n\right] = \int_0^1 g(x)\mathrm{d}x$.

(b) 证明 $\mathrm{Var}\left(\sum_{i=1}^n g(\overline{U}_i)/n\right) \leqslant \mathrm{Var}\left(\sum_{i=1}^n g(U_i)/n\right)$.

提示: 令 U 是 $(0,1)$ 上的均匀随机变量, 并且如果 $(i-1)/n < U < i/n$, 那么定义 N 为 $N = i$, $i = 1, \cdots, n$. 现在, 利用条件方差公式得到

$$\begin{aligned} \mathrm{Var}(g(U)) &= E[\mathrm{Var}(g(U)\,|\,N)] + \mathrm{Var}(E[g(U)\,|\,N]) \\ &\geqslant E[\mathrm{Var}(g(U)\,|\,N)] \\ &= \sum_{i=1}^n \frac{\mathrm{Var}(g(U)\,|\,N = i)}{n} \\ &= \sum_{i=1}^n \frac{\mathrm{Var}(g(\overline{U}_i))}{n}. \end{aligned}$$

30. 如果 f 是均值为 μ、方差为 σ^2 的正态随机变量的密度函数, 证明倾斜密度 f_t 是均值为 $\mu + \sigma^2 t$、方差为 σ^2 的正态随机变量的密度函数.

31. 考虑一个排队系统，其中每个服务时间独立于过去，且具有均值 μ. 令 W_n 和 D_n 分别为第 n 个顾客在系统中和在队列中停留的时间. 因此，$D_n = W_n - S_n$，其中 S_n 是第 n 个顾客的服务时间. 所以

$$E[D_n] = E[W_n] - \mu.$$

如果我们用模拟来估计 $E[D_n]$，那么我们应该

(a) 用模拟数据确定 D_n，然后将它作为 $E[D_n]$ 的估计量；还是

(b) 用模拟数据确定 W_n，然后将这个量减去 μ 作为 $E[D_n]$ 的估计量?

当我们要估计 $E[W_n]$ 时，重复相应的问题.

*32. 证明如果 X 和 Y 有相同的分布，那么

$$\mathrm{Var}((X+Y)/2) \leqslant \mathrm{Var}(X).$$

因此得出结论：使用对偶变量绝不会增加方差（虽然不一定比生成一个独立的随机数集合有效）.

33. 如果 $0 \leqslant X \leqslant a$，证明

(a) $E[X^2] \leqslant aE[X]$；

(b) $\mathrm{Var}(X) \leqslant E[X](a - E[X])$；

(c) $\mathrm{Var}(X) \leqslant a^2/4$.

34. 假设在例 11.19 中，在时刻 t_0 以后不允许新的顾客进入. 给出 t_0 以后直至系统空闲的期望附加时间的一个有效的模拟估计量.

35. 假设我们能够模拟独立随机变量 X 与 Y. 如果我们模拟了 $2k$ 个独立随机变量 $X_1, \cdots, X_k$ 与 $Y_1, \cdots, Y_k$，其中 X_i 与 X 同分布，Y_j 与 Y 同分布，那么如何用它们估计 $P\{X < Y\}$?

36. 如果 U_1、U_2、U_3 是 $(0,1)$ 上的独立均匀随机变量，求 $P\left(\prod_{i=1}^{3} U_i > 0.1\right)$.

提示：把所求的概率与泊松过程的一个概率联系起来.

参考文献

[1] J. Banks and J. Carson. *Discrete Event System Simulation*, Prentice Hall, Englewood Cliffs, New Jersey, 1984.

[2] G. Fishman. *Principles of Discrete Event Simulation*, John Wiley, New York, 1978.

[3] D. Knuth. Semi Numerical Algorithms, Vol. 2 of *The Art of Computer Programming*, Second Edition, Addison-Wesley, Reading, Massachusetts, 1981.

[4] A. Law and W. Kelton. *Simulation Modelling and Analysis, Second Edition*, McGraw-Hill, New York, 1992.

[5] J. Propp and D. Wilson. *Coupling From The Past: A user's Guide*, Workshop on Microsurveys in Discrete Probability, Princeton，NJ, 1997.

[6] S. Ross. *Simulation, Fifth Edition*, Academic Press, San Diego, 2013.

[7] R. Rubenstein. *Simulation and the Monte Carlo Method*, John Wiley, New York, 1981.

第 12 章　耦合

12.1　概论

在本章中，我们将介绍耦合的概念，并说明如何有效地利用它来显示随机变量和过程之间的随机序关系、界定分布之间的距离、获取随机优化结果、界定利用泊松范式时得到的误差，以及它在应用概率的其他领域中的应用. 有时，为了方便起见，我们会重复前面的论点.

对于事件 A，我们将使用 $I\{A\}$ 来表示 A 的指示随机变量，其定义为：当 A 发生时等于 1，否则等于 0.

12.2　耦合与随机序关系

如果 X' 与 X 有相同的分布，且 Y' 与 Y 有相同的分布，我们就说 (X', Y') 是随机变量对 (X, Y) 的**耦合**. 也就是说，如果 X 的分布是 F，Y 的分布是 G，那么分别具有分布 F 和 G 的任意随机变量对 (X', Y') 就是 (X, Y) 的耦合.

耦合在概率的许多领域都很有用. 我们从说明耦合在建立随机序关系中的用途开始. 首先，我们定义一个随机变量"随机大于"另一个随机变量的概念.

定义 12.1 如果对于任意 x，随机变量 X 和随机变量 Y 满足

$$P(X > x) \geqslant P(Y > x),$$

那么我们说随机变量 X 随机大于随机变量 Y，写作 $X \geqslant_{st} Y$. 由于上述不等式等价于 $P(X \leqslant x) \leqslant P(Y \leqslant x)$，因此如果 X 和 Y 的分布函数分别为 F 和 G，那么对于所有 x，只要 $F(x) \leqslant G(x)$，就有 $X \geqslant_{st} Y$.

确定 $X \geqslant_{st} Y$ 的一种方法是找到 (X, Y) 的耦合 (X', Y')，使得 $X' \geqslant Y'$ 的概率为 1. 假设存在这样的耦合，那么因为 $Y' > x \Longrightarrow X' > x$，所以有

$$P(Y > x) = P(Y' > x) \leqslant P(X' > x) = P(X > x),$$

这说明了 $X \geqslant_{st} Y$.

例 12.1 假设 X 和 Y 都是泊松分布的，均值分别为 λ 和 μ，其中 $\lambda > \mu$. 我们可以尝试直接证明，对于所有 k，

$$P(X \leqslant k) = \sum_{i=0}^{k} e^{-\lambda} \lambda^i / i! \leqslant \sum_{i=0}^{k} e^{-\mu} \mu^i / i! = P(Y \leqslant k),$$

从而证明 $X \geqslant_{st} Y$. 也就是说, 我们可以尝试证明对于所有 k, $\sum_{i=0}^{k} e^{-\lambda} \lambda^i / i!$ 都是 λ 的减函数. 不过, 另一种方法是令 Z 为一个与 Y 无关的、均值为 $\lambda - \mu$ 的泊松随机变量. 因为独立泊松随机变量之和也是泊松随机变量, 所以 $Z + Y$ 是均值为 λ 的泊松随机变量. 因此, $(Z + Y, Y)$ 是 (X, Y) 的耦合. 由 $Z + Y \geqslant Y$ 可以得出结论: 泊松随机变量是关于均值随机递增的. ∎

例 12.2 我们现在证明, 参数为 n 和 p 的二项随机变量 $X(n, p)$ 关于 n 和 p 随机递增. 也就是说, 对于所有 $k \geqslant 0$,

$$P(X(n, p) \geqslant k) = \sum_{i=k}^{n} \binom{n}{i} p^i (1-p)^{n-i}.$$

是一个关于 n 和 p 的增函数. 要利用耦合来证明它关于 n 随机递增, 令 $X_1, X_2, \cdots$ 是一个独立的伯努利随机变量序列, 并且 $P(X_i = 1) = p = 1 - P(X_i = 0)$, 那么

$$X_1 + \cdots + X_n + X_{n+1} \geqslant X_1 + \cdots + X_n.$$

由于 $X_1 + \cdots + X_r$ 是参数为 r 和 p 的二项随机变量, 因此上式证明了结论. 为了证明 $X(n, p)$ 关于 p 随机递增, 我们将论证对于 $0 < \alpha < 1$, $X(n, p) \geqslant_{st} X(n, \alpha p)$. 为此, 设 $U_1, \cdots, U_n$ 为 $(0, 1)$ 上的独立均匀随机变量, 设 $X_i = I\{U_i \leqslant p\}$, $Y_i = I\{U_i \leqslant \alpha p\}$, $i = 1, \cdots, n$. 也就是说, 如果 $U_i \leqslant p$, X_i 为 1, 否则为 0; 如果 $U_i \leqslant \alpha p$, Y_i 为 1, 否则为 0. 因为 $\alpha p < p$, 所以 $X_i \geqslant Y_i$, 因此

$$X_1 + \cdots + X_n \geqslant Y_1 + \cdots + Y_n.$$

由于 $X_1 + \cdots + X_n$ 是参数为 n 和 p 的二项随机变量, 而 $Y_1 + \cdots + Y_n$ 是参数为 n 和 αp 的二项随机变量, 因此结论成立. ∎

事实证明, 如果 $X \geqslant_{st} Y$, 那么总有一个耦合 (X', Y'), 使得 $X' \geqslant Y'$.

命题 12.1 $X \geqslant_{st} Y$, 当且仅当满足 $P(X' \geqslant Y') = 1$ 的 (X, Y) 的耦合 (X', Y') 存在.

证明 我们已经论证过, 如果存在满足 $P(X' \geqslant Y') = 1$ 的耦合 (X', Y'), 那么 $X \geqslant_{st} Y$. 因此, 现在假设 $X \geqslant_{st} Y$. 我们将证明, 这意味着在 X 和 Y 都是连续随机变量 (各自的分布为 F 和 G) 的情况下, 存在满足 $X' \geqslant Y'$ 的耦合 (X', Y'). (一般情况下的证明与此类似.) 回想一下, 如果 $h^{-1}(x)$ 是函数 $h(x)$ 的逆函数, 那么如果 $h(y) = x$, 则 $h^{-1}(x) = y$.

为了得到想要的耦合, 令 U 在 $(0, 1)$ 上均匀分布. 因为 F 是一个增函数, 所以

$$F^{-1}(U) \leqslant x \iff F(F^{-1}(U)) \leqslant F(x),$$

从而有

$$P(F^{-1}(U) \leqslant x) = P(F(F^{-1}(U)) \leqslant F(x)) = P(U \leqslant F(x)) = F(x).$$

因此，$F^{-1}(U)$ 的分布是 F. 同样，$G^{-1}(U)$ 的分布是 G. 因为 $X \geqslant_{st} Y$ 等价于 $F(x) \leqslant G(x)$，由此可知 $F^{-1}(x) \geqslant G^{-1}(x)$，所以我们得到 (X, Y) 的耦合 $(X' = F^{-1}(U), Y' = G^{-1}(U))$，其中 $X' \geqslant Y'$. ∎

下面的命题给出了随机大于的等价定义.

命题 12.2 $X \geqslant_{st} Y$，当且仅当对于所有增函数 h 有 $E[h(X)] \geqslant E[h(Y)]$.

证明 如果 $X \geqslant_{st} Y$，那么根据命题 12.1，我们可以将它们耦合，使得 $X \geqslant Y$ 的概率为 1. 而由于 h 是递增的，因此 $h(X) \geqslant h(Y)$，取期望可知 $E[h(X)] \geqslant E[h(Y)]$. 反过来，假设对于任意增函数 h 有 $E[h(X)] \geqslant E[h(Y)]$. 要证明对于所有 x 有 $P(X > x) \geqslant P(Y > x)$，对于给定的 x，定义函数 h 为

$$h(y) = I(y > x) = \begin{cases} 0, & \text{若 } y \leqslant x, \\ 1, & \text{若 } y > x. \end{cases}$$

因为 h 是增函数，所以 $E[h(X)] \geqslant E[h(Y)]$. 这就证明了结论，因为

$$E[h(X)] = P(X > x), \quad E[h(Y)] = P(Y > x). \quad ∎$$

我们现在定义一个随机 n 维向量随机大于另一个随机 n 维向量的概念.

定义 12.2 对于所有增函数 h，如果 $h(\boldsymbol{X}) \geqslant_{st} h(\boldsymbol{Y})$，则称 $\boldsymbol{X} = (X_1, \cdots, X_n)$ 随机大于 $\boldsymbol{Y} = (Y_1, \cdots, Y_n)$.

命题 12.3 假设 $X_1, \cdots, X_n$ 是独立的，$Y_1, \cdots, Y_n$ 是独立的，并且对于所有 i 有 $X_i \geqslant_{st} Y_i$，那么 $(X_1, \cdots, X_n) \geqslant_{st} (Y_1, \cdots, Y_n)$.

证明 为了证明这一点，对于每个 i，将 X_i 和 Y_i 耦合，使得 $X_i \geqslant Y_i$. 不难看出，这可以以向量 (X_i, Y_i)（$i = 1, \cdots, n$）相互独立的方式实现.（例如，可以通过证明命题 12.1 时使用的方法进行耦合，使用 n 个独立的均匀随机变量来进行 n 次耦合）. 现在令 h 是一个增函数，那么 $h(X_1, \cdots, X_n) \geqslant h(Y_1, \cdots, Y_n)$，这就表明 $h(X_1, \cdots, X_n) \geqslant_{st} h(Y_1, \cdots, Y_n)$. ∎

定义 12.3 如果 X 和 Y 具有相同的分布函数，我们就说 X 随机等于 Y，写成 $X = stY$.

12.3　随机过程的随机序

我们从一个定义讲起.

定义 12.4 如果对于任意 n 和 $t_1, \cdots, t_n \in T$，有 $(X(t_1), \cdots, X(t_n)) \geqslant_{st}$ $(Y(t_1), \cdots, Y(t_n))$，则称随机过程 $\{X(t), t \in T\}$ 随机大于随机过程 $\{Y(t), t \in T\}$.

为了利用耦合来证明 $\{X(t), t \in T\}$ 随机大于 $\{Y(t), t \in T\}$，我们试图找到与 $\{X(t), t \in T\}$ 具有相同概率规律的随机过程 $\{X'(t), t \in T\}$ 和与 $\{Y(t), t \in T\}$ 具有相同概率规律的随机过程 $\{Y'(t), t \in T\}$，使得对于所有 t 有 $X'(t) \geqslant Y'(t)$.

我们的第一个结论给出了一个离散时间的马尔可夫链随机大于另一个的充分条件. 假设 $\boldsymbol{X} = \{X_n, n \geqslant 0\}$ 和 $\boldsymbol{Y} = \{Y_n, n \geqslant 0\}$ 是离散时间的马尔可夫链，它们的转移概率分别为 P_{ij} 和 Q_{ij}，我们的目标是确定这些转移概率的充分条件，使得只要 $X_0 \geqslant_{st} Y_0$，就有 $\{X_n, n \geqslant 0\} \geqslant_{st} \{Y_n, n \geqslant 0\}$. 为了说明我们的结论，令 $N_x(i)$ 是一个随机变量，其分布为马尔可夫链 $\boldsymbol{X}$ 从状态 i 到下一个状态的分布，$N_y(i)$ 是一个随机变量，其分布为马尔可夫链 $\boldsymbol{Y}$ 从状态 i 到下一个状态的分布，即

$$P(N_x(i) = k) = P_{ik}, \quad P(N_y(i) = k) = Q_{ik}.$$

命题 12.4 若对于所有 $i \geqslant j, X_0 \geqslant_{st} Y_0$ 且 $N_x(i) \geqslant_{st} N_y(j)$，则有 $\boldsymbol{X} \geqslant_{st} \boldsymbol{Y}$.

证明 假设命题的条件成立. 我们通过说明如何将两个马尔可夫链耦合，从而使 $X_n \geqslant Y_n$（对于每个 n）来证明结论. 由于 $X_0 \geqslant_{st} Y_0$，所以可以将它们耦合，从而使 $X_0 \geqslant Y_0$. 而根据命题的条件，我们有

$$X_1 =_{st} N_x(X_0) \geqslant_{st} N_y(Y_0) =_{st} Y_1.$$

因此，$X_1 \geqslant_{st} Y_1$，可以将它们耦合使得 $X_1 \geqslant Y_1$. 这样继续下去，就会发现存在这两个马尔可夫链的耦合，即对于每个 n 都有 $X_n \geqslant Y_n$，从而证明了结论. ■

推论 12.5 若对于所有 i, $X_0 \geqslant_{st} Y_0$ 且 $N_x(i) \geqslant_{st} N_y(i)$，并且 $N_x(i)$ 或 $N_y(i)$ 关于 i 随机递增，则有 $\boldsymbol{X} \geqslant_{st} \boldsymbol{Y}$.

证明 根据命题 12.4，只需证明对于所有 $i \geqslant j$ 有 $N_x(i) \geqslant_{st} N_y(j)$ 即可. 现在，假设对于所有 i 有 $N_x(i) \geqslant_{st} N_y(i)$，那么对于 $i \geqslant j$,

$$N_x(i) \uparrow_{st} i \Longrightarrow N_x(i) \geqslant_{st} N_x(j) \geqslant_{st} N_y(j),$$

而

$$N_y(i) \uparrow_{st} i \Longrightarrow N_x(i) \geqslant_{st} N_y(i) \geqslant_{st} N_y(j).$$

因此，命题 12.4 的条件得到满足，结论得证. ■

注 通过令两条链的转移概率相同，前文表明，如果 $N_x(i)$ 关于 i 随机递增，那么马尔可夫链 $\{X_n, n \geqslant 0\}$ 关于其初始状态随机递增.

我们曾经提到，生灭过程是一个具有整数状态的连续时间的马尔可夫链，一次转移总是使状态增加或减少 1. 令 $\boldsymbol{X} = \{X(t), t \geqslant 0\}$ 是这样一个过程，现在我们证明 $\boldsymbol{X}$ 关于其初始状态随机递增.

命题 12.6 $\{X(t), t \geq 0\}$ 关于其初始状态随机递增.

证明 假设 $\boldsymbol{X} = \{X(t), t \geq 0\}$ 和 $\boldsymbol{Y} = \{Y(t), t \geq 0\}$ 是独立的生灭过程, 它们具有相同的转移概率, 但 $X(0) > Y(0)$. 由于生灭过程是独立的, 而且时间是连续的, 因此要么这两个过程在某一时刻相等, 要么对于所有 t 有 $X(t) > Y(t)$. 结果就是, 如果令 T 为它们的值首次相等的时间, 那么

$$T = \begin{cases} \infty, & \text{若对于所有 } t \text{ 有 } X(t) > Y(t), \\ \min\{t : X(t) = Y(t)\}, & \text{其他情形.} \end{cases}$$

现在, 定义 $Z(t)$ 为

$$Z(t) = \begin{cases} X(t), & \text{若 } t \leq T, \\ Y(t), & \text{若 } t > T. \end{cases}$$

因为过程 $\boldsymbol{X}$ 和过程 $\boldsymbol{Y}$ 在时间 T 之后的延续具有相同的分布, 所以过程 $\boldsymbol{Z}$（在时间 T 之前遵循过程 $\boldsymbol{X}$, 在时间 T 之后遵循过程 $\boldsymbol{Y}$）与 $\boldsymbol{X}$ 具有相同的分布, 而且永远不会低于 $\boldsymbol{Y}$（见图 12–1）. 因此, $(\boldsymbol{Z}, \boldsymbol{Y})$ 是 $(\boldsymbol{X}, \boldsymbol{Y})$ 的耦合, 对于所有 t 有 $Z(t) \geq Y(t)$, 从而证明了 $\{X(t), t \geq 0\} \geq_{st} \{Y(t), t \geq 0\}$. ■

$$Z(t) = \begin{cases} X(t), & \text{若 } t \leq T, \\ Y(t), & \text{若 } t > T. \end{cases}$$

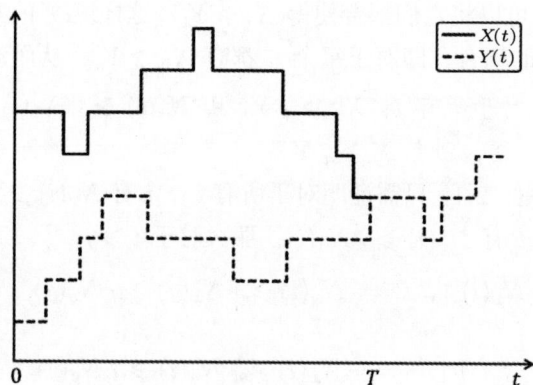

图 12–1

接下来我们证明, 如果生灭过程只有非负状态, 那么 $X(0) = 0$ 意味着 $X(t)$ 关于 t 随机递增.

命题 12.7 令 $\{X(t), t \geq 0\}$ 是一个具有非负状态的生灭过程. 若 $X(0) = 0$, 则 $X(t)$ 关于 t 随机递增.

证明 为了证明对于 $s > 0$, 有 $P(X(t+s) > j \mid X(0) = 0) \geqslant P(X(t) > j \mid X(0) = 0)$, 我们以 $X(s)$ 为条件, 得到

$$P(X(t+s) > j \mid X(0) = 0)$$

$$= \sum_{i=0}^{\infty} P(X(t+s) > j \mid X(0) = 0, X(s) = i) P(X(s) = i \mid X(0) = 0)$$

$$= \sum_{i=0}^{\infty} P(X(t+s) > j \mid X(s) = i) P(X(s) = i \mid X(0) = 0)$$

$$= \sum_{i=0}^{\infty} P(X(t) > j \mid X(0) = i) P(X(s) = i \mid X(0) = 0)$$

$$\geqslant \sum_{i=0}^{\infty} P(X(t) > j \mid X(0) = 0) P(X(s) = i \mid X(0) = 0) \quad (\text{根据命题 12.6}).$$

$$= P(X(t) > j \mid X(0) = 0) \sum_{i=0}^{\infty} P(X(s) = i \mid X(0) = 0)$$

$$= P(X(t) > j \mid X(0) = 0).$$ ■

12.4 最大耦合、总变差距离和耦合恒等式

若 X 的分布函数为 F, Y 的分布函数为 G, 我们称随机变量对 (X, Y) 为 F, G 耦合. 用 C 表示所有 F, G 耦合的集合, 我们称 $(\hat{X}, \hat{Y}) \in C$ 是最大 F, G 耦合, 如果

$$P(\hat{X} = \hat{Y}) = \max_{(X,Y) \in C} P(X = Y).$$

也就是说, $(\hat{X}, \hat{Y})$ 是最大 F, G 耦合, 如果在所有这样的耦合中, 它的变量最有可能相等.

命题 12.8 最大 F, G 耦合恒存在. 如果 $(\hat{X}, \hat{Y})$ 是最大 F, G 耦合, 那么下列说法成立:

(a) 若 F 和 G 是连续的, 其密度函数分别为 $F' = f$ 和 $G' = g$, 则有

$$P(\hat{X} = \hat{Y}) = \int_x m(x) \mathrm{d}x,$$

其中 $m(x) = \min(f(x), g(x))$;

(b) 若 F 和 G 是离散的, 其质量函数分别为 $\{p_i\}$ 和 $\{q_i\}$, 则有

$$P(\hat{X} = \hat{Y}) = \sum_i m(i),$$

其中 $m(i) = \min(p_i, q_i)$.

证明　为了证明 (a)，令 $p = \int_{-\infty}^{\infty} m(x)\mathrm{d}x$，以及

$$A = \{x : f(x) > g(x)\},$$

于是有

$$m(x) = \begin{cases} g(x), & \text{若 } x \in A, \\ f(x), & \text{若 } x \in A^{\mathrm{c}}, \end{cases}$$

现在，对于分布为 F 和 G 的任意随机变量 X 和 Y，

$$\begin{aligned} P(X = Y) &= P(X = Y \in A) + P(X = Y \notin A) \\ &\leqslant P(Y \in A) + P(X \notin A) \\ &= \int_A g(x)\mathrm{d}x + \int_{A^{\mathrm{c}}} f(x)\mathrm{d}x \\ &= \int_A m(x)\mathrm{d}x + \int_{A^{\mathrm{c}}} m(x)\mathrm{d}x \\ &= p. \end{aligned}$$

因此，对于任意 F, G 耦合，有 $P(X = Y) \leqslant p$. 为了证明等号对于最大耦合成立，我们找到一个 F, G 耦合 (X, Y) 满足 $P(X = Y) = p$ 即可. 为此，设 V_1、V_2、V_3、U 为独立随机变量，其密度函数分别为

$$\begin{aligned} f_{V_1}(x) &= \frac{m(x)}{p}, \\ f_{V_2}(x) &= \frac{f(x) - m(x)}{1 - p}, \\ f_{V_3}(x) &= \frac{g(x) - m(x)}{1 - p}, \\ f_U(x) &= 1, \quad 0 < x < 1. \end{aligned}$$

X 和 Y 的定义如下：

$$\begin{aligned} U \leqslant p &\implies X = Y = V_1, \\ U > p &\implies X = V_2, Y = V_3. \end{aligned}$$

因为 $P(V_2 = V_3) = 0$，所以

$$P(X = Y) = P(U \leqslant p) = p.$$

如果我们证明这个 (X, Y) 是一个 F, G 耦合，结论就出来了. 为了证明这一点，以 $U \leqslant p$ 和 $U > p$ 为条件，得到

$$f_X(x) = pf_{V_1}(x) + (1 - p)f_{V_2}(x) = m(x) + f(x) - m(x) = f(x).$$

同样，

$$f_Y(x) = pf_{V_1}(x) + (1 - p)f_{V_3}(x) = m(x) + g(x) - m(x) = g(x).$$

连续情况的证明就完成了. 离散情况的证明与之相同, 只是质量函数代替了密度函数, 和代替了积分. ∎

例 12.3 假设 X_1 和 X_2 为

$$X_i = \begin{cases} 1, & \text{以概率 } p_i, \\ 0, & \text{以概率 } 1-p_i, \end{cases}$$

其中 $p_1 > p_2$. 将 X_1 和 X_2 耦合的通常方法是令 U 为 $(0,1)$ 上的均匀随机变量, 并设

$$X_1 = 1 \iff U < p_i.$$

因为 $U < p_2 \Longrightarrow U < p_1$, 所以 $X_2 = 1 \Longrightarrow X_1 = 1$, 故 $X_1 \geqslant X_2$. 也许有人会问, 这是否是最大耦合? 要确定这件事, 我们应注意到, 若 $U < p_2$ 或 $U > p_1$, 则 $X = Y$. 由于这两个事件是互斥的 (因为 $p_1 > p_2$), 因此

$$P(X = Y) = P(U < p_2) + P(U > p_1) = p_2 + 1 - p_1.$$

我们有

$$\sum_j \min(P(X_1 = j), P(X_2 = j)) = \min(1-p_1, 1-p_2) + \min(p_1, p_2) = 1 - p_1 + p_2,$$

根据命题 12.8, 上述耦合确实是最大耦合. ∎

两个随机变量可能的耦合程度与它们在分布上的接近程度之间存在某种关系. 衡量两个随机变量 X 和 Y 的分布之间的距离有一个常用指标是**总变差距离**, 其定义如下:

$$\rho(X, Y) = \max_B |P(X \in B) - P(Y \in B)|.$$

下面我们将展示总变差距离与耦合之间的联系.

命题 12.9 (耦合恒等式) 如果 $(\hat{X}, \hat{Y})$ 是 (X, Y) 的最大耦合, 那么 $\rho(X, Y) = P(\hat{X} \neq \hat{Y})$.

证明 我们将在 X 和 Y 连续的假设下证明该结论, 设它们各自的密度函数为 f 和 g. 令 $m(x) = \min(f(x), g(x))$. 我们注意到

$$\rho(X, Y) = \max \left(\max_B (P(X \in B) - P(Y \in B)), \max_B (P(Y \in B) - P(X \in B)) \right).$$

令 $A = \{x : f(x) > g(x)\}$. 因为 $P(X \in B) - P(Y \in B)$ 当将 A 中的点加入 B 时增大, 而当将不在 A 中的点加入 B 时减小, 所以

$$\max_B (P(X \in B) - P(Y \in B)) = P(X \in A) - P(Y \in A).$$

同样,

$$\max_B (P(Y \in B) - P(X \in B)) = P(Y \in A^c) - P(X \in A^c)$$

$$= 1 - P(Y \in A) - 1 + P(X \in A)$$
$$= P(X \in A) - P(Y \in A).$$

因此,

$$\rho(X, Y) = P(X \in A) - P(Y \in A)$$
$$= 1 - P(X \notin A) - P(Y \in A)$$
$$= 1 - \int_{A^c} f(x)\mathrm{d}x - \int_A g(x)\mathrm{d}x$$
$$= 1 - \int_{A^c} m(x)\mathrm{d}x - \int_A m(x)\mathrm{d}x$$
$$= 1 - \int m(x)\mathrm{d}x$$
$$= 1 - P(\hat{X} = \hat{Y}),$$

其中最后一个等式用到了命题 12.8. ∎

12.5 耦合恒等式的应用

耦合恒等式通常可用于有效地限制总变差距离. 例如, 令 $(\hat{X}, \hat{Y})$ 为 (X, Y) 的最大耦合, 令 (X', Y') 为 (X, Y) 的任何其他耦合. 因为最大耦合中的变量相等的概率最大, 所以不相等的概率最小. 由此可知, 命题 12.9 意味着

$$\rho(X, Y) = P(\hat{X} \neq \hat{Y}) \leqslant P(X' \neq Y').$$

在马尔可夫链上的应用

考虑一个马尔可夫链 $\{X_n, n \geqslant 0\}$, 其状态空间为 S, 转移概率为 $P_{i,j}$. 回顾一下, 满足以下条件的非负值 π_j, $j \in S$ 称为马尔可夫链的一组平稳概率:

$$\pi_j = \sum_i \pi_i P_{i,j}, \quad j \in S, \qquad \sum_j \pi_j = 1.$$

命题 12.10 设 π_j, $j \in S$ 是马尔可夫链的一组平稳概率. 如果 $P(X_0 = j) = \pi_j$, $j \in S$, 那么对于所有 n 和 j, 有 $P(X_n = j) = \pi_j$.

证明 证明方法是对 n 进行归纳. 根据假设, 当 $n = 0$ 时结论为真. 假如对于所有 i 有 $P(X_{n-1} = i) = \pi_i$, 那么

$$P(X_n = j) = \sum_i P(X_n = j \mid X_{n-1} = i)P(X_{n-1} = i) = \sum_i P_{i,j}\pi_i = \pi_j,$$

结论得证. ∎

推论 12.11 如果 π_j, $j \in S$ 是马尔可夫链 $\{X_n, n \geqslant 0\}$ 的一组平稳概率, 那

么对于任意 n, 有

$$\pi_j = \sum_i \pi_i P_{i,j}^n.$$

证明 假设 $P(X_0 = i) = \pi_i$, $i \in S$, 那么

$$\pi_j = P(X_n = j) = \sum_i P(X_n = j \mid X_0 = i)P(X_0 = i) = \sum_i P_{i,j}^n \pi_i. \qquad \blacksquare$$

定义 12.5 若一个马尔可夫链的初始状态概率刚好是一组平稳概率, 就说这个马尔可夫链是平稳的.

命题 12.12 如果 π_j, $j \in S$ 是不可约马尔可夫链的一组平稳概率, 那么对于所有 j 有 $\pi_j > 0$.

证明 因为 $\pi_i \geqslant 0$ 并且 $\sum_i \pi_i = 1$, 所以至少对于一个 i 有 $\pi_i > 0$. 假设 $\pi_k > 0$, 为了证明对于所有 j 有 $\pi_j > 0$, 固定 j. 因为从 k 可以到达 j, 所以存在满足 $P_{k,j}^n > 0$ 的 n 值. 现在利用下式就能得到结论:

$$\pi_j = \sum_i \pi_i P_{i,j}^n \geqslant \pi_k P_{k,j}^n > 0. \qquad \blacksquare$$

命题 12.13 令 $\{X_n, n \geqslant 0\}$ 和 $\{Y_n, n \geqslant 0\}$ 为具有相同转移概率 $P_{i,j}$ 的马尔可夫链. 假设 X_0 具有任意分布, 而 $P(Y_0 = j) = \pi_j$, 其中 π_j, $j \in S$ 是链的一组平稳概率. 另外假设该链既是不可约的, 又是非周期的, 那么

$$\text{当 } n \to \infty \text{ 时}, \qquad \rho(X_n, Y_n) \to 0.$$

证明 设两条链是独立的, 定义

$$N = \min\{n : X_n = Y_n\},$$

而如果对于所有 n 有 $X_n \neq Y_n$, 则取 $N = \infty$. 然后定义

$$Z_n = \begin{cases} X_n, & \text{若 } n < N, \\ Y_n, & \text{若 } n \geqslant N. \end{cases}$$

因为对于任意 $k \geqslant 0$ 有 $Z_{N+k} =_{st} X_{N+k}$, 所以 $Z_n =_{st} X_n$. 因此, (Z_n, Y_n) 是 (X_n, Y_n) 的耦合, 根据耦合恒等式, 有

$$\rho(X_n, Y_n) \leqslant P(Z_n \neq Y_n) = P(N > n).$$

因而我们必须证明 $P(N > n) \to 0$ 或者 (根据概率作为集合函数的连续性) $P(N < \infty) = 1$. 我们现在要论证, 只需证明当 $\{X_n, n \geqslant 0\}$ 也具有平稳分布时, 即当 $P(X_0 = j) = \pi_j$, $j \in S$ 时, $P(N < \infty) = 1$ 即可. 为此, 假设 $P(X_0 = j) = \pi_j$, $j \in S$, 那么

$$P(N < \infty) = \sum_j P(N < \infty \,|\, X_0 = j)\pi_j.$$

因此, 如果对于某个 i 有 $P(N < \infty \,|\, X_0 = i) < 1$, 那么根据 $\pi_i > 0$, 由上式可推出

$$P(N < \infty) < \pi_i + \sum_{j \neq i} P(N < \infty \,|\, X_0 = j)\pi_j \leqslant \pi_i + \sum_{j \neq i} \pi_j = 1.$$

因此, 对于某个 i 有 $P(N < \infty \,|\, X_0 = i) < 1$ 意味着 $P(N < \infty) < 1$, 这表明 $P(N < \infty) = 1$ 意味着对于所有 i 有 $P(N < \infty \,|\, X_0 = i) = 1$.

于是我们假设 $P(X_0 = j) = \pi_j$, $j \in S$. 因为 $\{X_n, n \geqslant 0\}$ 和 $\{Y_n, n \geqslant 0\}$ 是独立的, 所以 $\{(X_n, Y_n), n \geqslant 0\}$ 也是马尔可夫链. 因为各个链都是不可约且非周期的, 所以可以证明二元链 $\{(X_n, Y_n), n \geqslant 0\}$ 也是不可约的. 根据独立性, 有

$$P\big((X_n, Y_n) = (i, j)\big) = P(X_n = i)P(Y_n = j) = \pi_i \pi_j > 0,$$

这表明链 $\{(X_n, Y_n)\}$ 不是暂态的. (回想一下, 如果一个状态是暂态, 那么处于该状态的极限概率为 0). 因此, 二元链是常返的, 最终会进入状态 (i, i) 的概率为 1, 这说明 $P(N < \infty) = 1$. ∎

注 (i) 因为

$$\begin{aligned}
\rho(X_n, Y_n) &= \max_B \big| P(X_n \in B) - P(Y_n \in B) \big| \\
&\geqslant \big| P(X_n = j) - P(Y_n = j) \big| \\
&= \big| P(X_n = j) - \pi_j \big|,
\end{aligned}$$

所以前文说明, 对于 X_0 的任意分布, 有

$$\pi_j = \lim_{n \to \infty} P(X_n = j).$$

(ii) 由前文可知, 最多只能有一组平稳概率.

(iii) 可以证明, 如果转移概率为 $P_{i,j}$ 的一个马尔可夫链是不可约且非周期的, 那么对于任意状态 i 和 j, 对于所有足够大的 n 都有 $P_{i,j}^n > 0$. 利用这一点, 很容易证明在命题 12.13 的证明中引入的二元链是不可约的. ∎

下一个命题利用耦合恒等式证明, 如果 $\{X_n, n \geqslant 0\}$ 和 $\{Y_n, n \geqslant 0\}$ 是具有相同转移概率的马尔可夫链, 那么 X_n 和 Y_n 之间的距离会随着 n 的增大而减小.

命题 12.14　如果 $\{X_n, n \geqslant 0\}$ 和 $\{Y_n, n \geqslant 0\}$ 是具有相同转移概率的马尔可夫链, 那么对于它们的初始状态 X_0 和 Y_0 的任意分布, 都有

$$\rho(X_n, Y_n) \text{ 随着 } n \text{ 的增大而减小}.$$

证明　固定 n, 设 $(\hat{X}_n, \hat{Y}_n)$ 为 (X_n, Y_n) 的最大耦合. 根据耦合恒等式, 注意到

$$\rho(X_n, Y_n) = P(\hat{X}_n \neq \hat{Y}_n).$$

假设 $\hat{X}_n$ 和 $\hat{Y}_n$ 是两个马尔可夫链在时刻 n 的状态，并假设这两个链从此时开始各自独立演化. 令

$$N = \min\{k \geqslant n : X_k = Y_k\}$$

为这两个链从 n 往后第一次处于相同状态的时刻（若从 n 往后这两个链永远不处于相同的状态，则设 $N = \infty$）. 另外，对于 $m \geqslant n$，定义

$$Z_m = \begin{cases} X_m, & \text{若 } m < N, \\ Y_m, & \text{若 } m \geqslant N. \end{cases}$$

注意，Z_m 与 X_m 具有相同的分布，所以对于 $m > n$，有

$$\rho(X_m, Y_m) \leqslant P(Z_m \neq Y_m) = P(N > m) \leqslant P(N > n) = P(\hat{X}_n \neq \hat{Y}_n) = \rho(X_n, Y_n). \quad \blacksquare$$

我们的下一个结论是利用耦合恒等式来限制独立但不一定同分布的伯努利随机变量之和的泊松近似.

命题 12.15 令 $X_1, \cdots, X_n$ 为独立的伯努利随机变量，并且

$$P(X_i = 1) = p_i = 1 - P(X_0 = 0), \quad i = 1, \cdots, n;$$

令 Y 为泊松随机变量，其均值为 $\sum_{i=1}^{n} p_i$，那么

$$\rho\left(\sum_{i=1}^{n} X_i, Y\right) \leqslant \sum_{i=1}^{n} p_i^2.$$

证明 令 Y_i 为泊松随机变量，其均值为 p_i，令 $(\hat{X}_i, \hat{Y}_i)$ 为 (X_i, Y_i) 的最大耦合，$i = 1, \cdots, n$. 这 n 个最大耦合 $(\hat{X}_i, \hat{Y}_i)$ 是独立的. 根据命题 12.8，有

$$\begin{aligned}
P(\hat{X}_i \neq \hat{Y}_i) &= 1 - P(\hat{X}_i = \hat{Y}_i) \\
&= 1 - \sum_{j} \min\big(P(X_i = j), P(Y_i = j)\big) \\
&= 1 - \sum_{j=0}^{1} \min\big(P(X_i = j), P(Y_i = j)\big) \\
&= 1 - \min\big(1 - p_i, e^{-p_i}\big) - \min\big(p_i, p_i e^{-p_i}\big) \\
&= p_i - p_i e^{-p_i},
\end{aligned}$$

这里用到了不等式 $e^{-p_i} \geqslant 1 - p_i$. 因为独立泊松随机变量之和也是泊松随机变量，所以 $\sum_{i=1}^{n} \hat{Y}_i$ 是均值为 $\sum_{i=1}^{n} p_i$ 的泊松随机变量. 因此，根据耦合恒等式，有

$$\rho\left(\sum_{i=1}^{n} X_i, Y\right) \leqslant P\left(\sum_{i=1}^{n} \hat{X}_i \neq \sum_{i=1}^{n} \hat{Y}_i\right).$$

因为 $\sum_{i=1}^{n} \hat{X}_i \neq \sum_{i=1}^{n} \hat{Y}_i$ 意味着对于某个 i 有 $\hat{X}_i \neq \hat{Y}_i$，所以由上式可得

$$\rho\left(\sum_{i=1}^{n} X_i, Y\right) \leqslant P\left(\text{对于某个 } i \text{ 有 } \hat{X}_i \neq \hat{Y}_i\right)$$

$$= P\left(\bigcup_{i=1}^{n}\left\{\hat{X}_i \neq \hat{Y}_i\right\}\right)$$

$$\leqslant \sum_{i=1}^{n} P\left(\hat{X}_i \neq \hat{Y}_i\right)$$

$$= \sum_{i=1}^{n} p_i\left(1 - \mathrm{e}^{-p_i}\right)$$

$$\leqslant \sum_{i=1}^{n} p_i^2,$$

其中最后一个不等式再次用到了 $\mathrm{e}^{-p_i} \geqslant 1 - p_i$. ■

接下来的两个例子分别涉及洗牌和一维对称随机游动.

例 12.4 在对一副编号为 1 到 k 的 k 张牌进行随机洗牌的过程中, 每个阶段都会随机选择 k 个位置中的一个, 任何一个位置都等可能地被选中, 处于该位置的牌会被移动到整副牌的顶部 (一个等价的描述是, 每个阶段都会随机选择 k 张牌中的一张, 这张牌会被移动到整副牌的顶部). 如果令 X_n 表示第 n 个阶段后的牌序, 那么 $\{X_n, n \geqslant 0\}$ 就是一个有 $k!$ 个状态的马尔可夫链. 根据对称性 (或者通过注意到该马尔可夫链是双随机的), 容易看到所有 $k!$ 个排序在极限情况下都具有相同的可能. 我们希望限制极限分布与 n 次洗牌后的状态分布之间的总变差距离.

因此, 令 X_n 表示当 X_0 具有任意一个分布时在时刻 n 的状态, 令 Y_n 表示当 Y_0 等可能地是 $k!$ 个排序中的任意一个时在时刻 n 的状态. 为了确定 $\rho(X_n, Y_n)$, 我们通过在每次洗牌时选择同一张牌 (而不是同一位置) 移到顶部, 来将 $\{X_n, n \geqslant 0\}$ 和 $\{Y_n, n \geqslant 0\}$ 耦合. 利用这个耦合, 从耦合恒等式得出

$$\rho(X_n, Y_n) \leqslant P(X_n \neq Y_n).$$

现在, 一旦一张牌被选中, 在两个链中它都会被移动到整副牌的顶部, 而且从那时起, 在两个链中它都处于相同的位置. 因此, 如果我们用 N 表示所有牌都至少被选中一次的洗牌次数, 那么从时刻 N 开始, 两副牌的排序将完全相同, 这表明 $P(X_n \neq Y_n) \leqslant P(N > n)$. 因此,

$$\rho(X_n, Y_n) \leqslant P(N > n).$$

在奖券收集问题中, $P(N > n)$ 是指需要收集超过 n 张奖券才能获得一整套奖券的概率, 其中 k 种奖券具有同样的可能. 为了找到 $P(N > n)$ 的界限, 令事件 A_i 表示第 i 张牌在前 n 次洗牌中没有被选中, 那么

$$P(N > n) = P\left(\bigcup_{i=1}^{k} A_i\right) \leqslant \sum_{i=1}^{k} P(A_i) = k\left(1 - \frac{1}{k}\right)^n.$$

因此, X_n 的分布会以指数速度收敛到等可能的极限分布. ■

下一个例子表明, 在一维对称随机游动中, 随着转移次数的增加, 初始值的影响将归零.

例 12.5 状态空间为所有整数的集合、转移概率为 $P_{i,i+1} = P_{i,i-1} = 1/2$ 的马尔可夫链称为对称随机游动. 如例 4.19 和第 4 章的习题 39 所示, 它是一个零常返的马尔可夫链, 所以它没有平稳概率. 令 $\{X_n\}$ 为 $X_0 = 0$ 的对称随机游动, 令 $\{Y_n\}$ 为 $Y_0 = 2k$ 的对称随机游动. 我们要证明

$$\rho(X_n, Y_n) \to 0.$$

为了证明上式, 令 $\{X_n, n \geqslant 0\}$ 和 $\{Y_n, n \geqslant 0\}$ 是独立的. 定义

$$N = \min\{n : X_n = Y_n\},$$

并设

$$Z_n = \begin{cases} X_n, & \text{若 } n < N, \\ Y_n, & \text{若 } n \geqslant N. \end{cases}$$

因为 $Z_n =_{st} X_n$, 所以根据耦合恒等式, 有

$$\rho(X_n, Y_n) \leqslant P(Z_n \neq Y_n) = P(N > n).$$

因此, 我们必须证明 $\lim_{n \to \infty} P(N > n) = 0$, 这相当于证明 $P(N < \infty) = 1$. 为此, 令

$$W_n = X_n - Y_n, \quad n \geqslant 0,$$

于是我们需要证明的是 $P(\text{对于某个 } n \text{ 有 } W_n = 0) = 1$. 因为

$$W_{n+1} - W_n = \begin{cases} -2, & \text{以概率 } 1/4, \\ 0, & \text{以概率 } 1/2, \\ 2, & \text{以概率 } 1/4, \end{cases}$$

所以如果我们忽略那些让它处于相同状态的转移, 那么 $\{W_n, n \geqslant 0\}$ 本身就是一个对称随机游动. 因此, $\{W_n, n \geqslant 0\}$ 是常返的, 这表明它最终等于 0 的概率为 1. ■

12.6 耦合与随机优化

随机优化问题通常有两种类型: 静态或动态. 当所有决策都在同一时间做出时, 就会产生静态问题; 当决策按时间顺序依次做出时, 就会产生动态问题. 耦

合在这两类随机优化问题中都有重要的应用. 在本节中, 我们将简要介绍耦合的潜在用途, 首先是在动态随机优化问题中, 然后是在静态随机优化问题中.

例 12.6 假设一个人要出售一项资产, 在每一时期都有一个对该资产的报价出现, 相继出现的报价是独立的, 并且具有已知的分布函数 F. 假设收到报价后, 决策者必须决定接受报价从而结束此事, 或者拒绝报价并等待下一份报价. 假设每次报价都会产生成本 c, 我们的目标是最大化期望净收益, 其中净收益是接受的价格减去 c 乘以资产售出前出现的报价次数.

令 V_F 表示当报价分布为 F 时的最大期望净收益. 假设我们想证明当 $F \leqslant G$ 时 $V_F \geqslant V_G$. 也就是说, 有两个问题, 且第一个问题中的报价随机大于第二个问题中的报价, 我们想证明第一个问题中的最大期望收益至少与第二个问题中的最大期望收益一样大. 为了通过耦合来证明这一点, 假设两个问题同时进行, 令 X_n 和 Y_n 表示第 n 个时期的报价, $n \geqslant 1$. 因为对于每个 n 有 $X_n \geqslant_{st} Y_n$, 所以我们可以将 $\{X_n, n \geqslant 1\}$ 和 $\{Y_n, n \geqslant 1\}$ 这两个序列耦合, 使得第一个序列是独立且具有相同分布 F 的随机变量序列, 第二个序列是独立且具有相同分布 G 的随机变量序列, 此外, 对于每个 n 有 $X_n \geqslant Y_n$. 假设在第二个问题中采用优化策略（报价为 Y 的值）, 而在第一个问题中, 只有当第二个问题中的报价被接受时, 决策者才接受报价. 因此, 如果在第二个问题中报价 Y_N 被接受, 那么第一个问题中的报价 X_N 将被接受. 这一策略称为 π. 因为 $X_N \geqslant Y_N$, 所以在第一个问题中采用策略 π 时获得的净收益至少与在第二个问题中采用针对它的优化策略时获得的净收益一样大. 取期望值说明, 在第一个问题中采用策略 π 时的期望净收益至少与第二个问题中的最大期望净收益一样大. 由于第一个问题中的最大期望净收益至少与采用策略 时的期望净收益一样大, 因此我们可以得出结论: $V_F \geqslant V_G$. ∎

例 12.7 考虑资产出售的一个问题, 在该问题中, 最初有 n 个物品待出售. 假设每一时期都有一组报价 $(Y_1, \cdots, Y_n)$ 出现, 它表示报价者对所有物品进行竞价, 并愿意为物品 i 支付金额 Y_i. 收到这样一组报价后, 决策者可以拒绝该报价, 也可以选择出售（尚未售出的）物品的任意子集 S, 并获得金额 $\sum_{i \in S} Y_i$. 假设每组报价是独立的, 并且具有已知的联合分布函数 F, 每一时期都会产生成本 c, 直到所有物品都被售出为止. 我们的目标是最大化期望净收益, 其中净收益是 n 个物品的售价之和减去 c 乘以售出所有物品所需的时期数.

这个模型的一个直观结论是, 如果当未售出物品的集合为 S, 且一组报价为 $(y_1, \cdots, y_n)$ 时, 按照优化策略应该出售物品 i, $i \in S$, 那么当未售出物品的集合为 S, $i \in S$, 且一组报价为 $(w_1, \cdots, w_n)$, 其中对于 $j = 1, \cdots, n$ 有 $w_j \geqslant y_j$ 时, 按照优化策略也应该出售物品 i. 也就是说, 如果出售物品 i 是最优选择, 那么在其他条件不变、报价更高的情况下，出售物品 i 也是最优选择. 然而，尽管这个结论很直观，证明它却不那么容易. 证明该结论的一种方法是首先建立不等式

$$V(S \cup T) + V(S \cap T) \geqslant V(S) + V(T), \tag{12.1}$$

其中 $V(U)$ 是当未出售物品的集合为 U 时的最大期望净额外收益. 为了用耦合方法证明不等式 (12.1)，我们稍微改变一下问题的描述: 假设有 n 类物品，一组报价 $(y_1, \cdots, y_n)$ 表示报价者愿意以价格 y_i 购买任意数量的类型 i 的物品，$i = 1, \cdots, n$. 考虑两个卖家要出售相同的 $|S| + |T|$ 个物品. 也就是说，$S \cap T$ 中的每类物品有两个，$S \cap T^c$ 中的每类物品有一个，$S^c \cap T$ 中的每类物品有一个. 假设这两个卖家都需要将物品分成两组，每组物品在不同的房间里进行出售. 每个房间中的每次报价都会产生成本 c，直到该房间里的所有物品都被售出为止. 假设第一个卖家将其物品分成两组，一组由 S 中每种类型的一个物品组成，另一组由 T 中每种类型的一个物品组成; 假设第二个卖家将其物品分成两组，一组由 $S \cup T$ 中每种类型的一个物品组成，另一组由 $S \cap T$ 中每种类型的一个物品组成. 将两个卖家收到的两组报价耦合，使它们完全相同. 假设第一个卖家根据自己的分组采用优化策略. 如果是这样，那么他从包含 S 中物品类型的这组物品中获得的期望净收益为 $V(S)$，从另一组物品中获得的期望净收益为 $V(T)$. 因此，采用优化策略给第一个卖家带来的期望净收益为 $V(S) + V(T)$. 假设第二个卖家总是与第一个卖家出售完全相同的物品，但是当他可以选择从哪一组出售该物品时 (例如，当第一个卖家的两组中都包含类型 i 的物品，而他决定只出售其中一个时)，第二个卖家就会从最初由 $S \cap T$ 中每种类型的一个物品组成的那一组中出售该类型的物品. 不难看出，当采用这一策略时，两个卖家出售 $|S| + |T|$ 个物品所获得的金额是相同的，并且要么第二个卖家与第一个卖家同时清空其中一个房间，要么第二个卖家早于第一个卖家清空其中一个房间. 因此，第二个卖家的净收益至少与第一个卖家的净收益一样大. 取期望值说明，第二个卖家的期望净收益至少为 $V(S) + V(T)$. 由于第二个卖家采用该策略时的期望收益不可能高于他的最大期望收益，即 $V(S \cup T) + V(S \cap T)$，因此不等式 (12.1) 成立. ∎

例 12.8 最初有 n 个空盒子，分别标记为 $1, \cdots, n$. 每个阶段都会出现一个球，每个球上附有一个二进制值的向量，例如 $(x_1, \cdots, x_n)$，其含义是: 如果 $x_i = 1$，球就有资格放进盒子 i; 如果 $x_i = 0$，球就没有资格放进盒子 i. 如果没有可以放球的空盒子，那么这个球就会被丢弃; 如果有可以放球的空盒子，那么就必须决定把球放进哪个盒子. 这个过程一直持续到所有盒子都不是空的为止. 令 N 表示直到没有空盒子为止所经历的阶段数. 假设每个新球独立地以概率 p_i 有资格放进盒子 i，$i = 1, \cdots, n$，那么我们要寻找的就是使 $E[N]$ 最小的策略.

不失一般性，假设我们给盒子编号，使得 $p_1 \leqslant p_2 \leqslant \cdots \leqslant p_n$. 因为在资格概率 p_i 较小的盒子 i 里放球是更难的，所以直观上，优化策略是把球放进有资格放进且编号最小的空盒子. 为了证明该结论，考虑并不总是做出上述选择的任何一个策略，并考虑它做出不同选择的一种情况. 也就是说，假设按照该策略（称为 π）把一个球放进盒子 j，而这个球本可以放进盒子 i，且 $i < j$. 我们将这个情景与把球放进盒子 i 的第二个情景进行比较. 在比较这两个情景时，我们将随后的所有资格向量耦合，并在第二个情景中采用一种策略，从而使第二个情景中的非空盒子数永远不会多于第一个情景中的非空盒子数. 我们必须注意，不能出现使得在第一个情景中可以把球放进盒子 i 而在第二个情景中却不可以把球放进盒子 j 的资格向量，因而不能将两个情景中的资格向量耦合，使其完全相同. 取而代之的是，令 $U_1, \cdots, U_n$ 为 $(0,1)$ 上的独立均匀随机变量，那么第一个情景中的资格向量 $\left(X_1^{(1)}, \cdots, X_n^{(1)}\right)$ 定义为

$$X_k^{(1)} = 1 \iff U_k \leqslant p_k, \quad k = 1, \cdots, n,$$

而第二个情景中的资格向量 $\left(X_1^{(2)}, \cdots, X_n^{(2)}\right)$ 为

$$X_k^{(2)} = 1 \iff U_k \leqslant p_k, \quad k \neq i, j,$$
$$X_i^{(2)} = 1 \iff U_j \leqslant p_i,$$
$$X_j^{(2)} = 1 \iff U_i \leqslant p_j,$$

因为 $p_i \leqslant p_j$，所以从上式可以得出 $X_i^{(1)} = 1 \implies X_j^{(1)} = 1$. 也就是说，如果球在第一个情景中有资格放进盒子 i，那么它在第二个情景中就有资格放进盒子 j. 现在，我们将两个情景中所做出的决策按如下方式耦合：如果在第一个情景中把球放进盒子 i，那么在第二个情景中就把球放进盒子 j；否则，在第一个情景中按照策略 π 把球放进哪个盒子，在第二个情景中就把球放进哪个盒子. 不难看出，所有盒子在第二个情景中至少与在第一个情景中一样快地被放满，这表明我们不需要考虑不总是把球放进有资格放进且编号最小的空盒子的策略，从而证明了总是把球放进有资格放进且资格概率最小的空盒子这一策略能使 $E[N]$ 最小化. 事实上，上述论证说明，这种策略不仅能使 $E[N]$ 最小化，而且能使 N 随机最小化——对于所有 k，它都能使 $P(N < k)$ 最大化.

下一个例子涉及静态优化问题.

例 12.9 考虑奖券收集问题，其中每张新奖券都独立地是 n 种类型中的一种，p_i 是它为类型 i 的概率，$\sum_{i=1}^n p_i = 1$. 我们继续收集奖券，直到每种类型至少有一张为止. 令 $N(p_1, \cdots, p_n)$ 为概率向量是 $(p_1, \cdots, p_n)$ 时所需的奖券数量，我们断言当 $p_i = 1/n$（$i = 1, \cdots, n$）时，$N(p_1, \cdots, p_n)$ 随机最小.

要证明上述结论, 首先假设 $n = 2$, 令 $p_1 = p$, $p_2 = 1 - p$. 因为如果前 m 张奖券的类型都相同, 那么 $N > m$, 所以有

$$P(N > m) = p^m + (1 - p)^m.$$

求导并令结果等于零, 得到

$$mp^{m-1} = m(1 - p)^{m-1},$$

也就是

$$\left(\frac{p}{1-p}\right)^{m-1} = 1,$$

这表明, 当 $p = 1 - p$ 时会出现最小值. 因此, 当 $n = 2$ 时结论成立. 现在考虑 $N(p_1, \cdots, p_n)$, 其中至少有两个 p_i 不相等, 比如 $p_1 \neq p_2$. 我们将证明, 对于任意 $m \geqslant n$, 有

$$P\big(N(p_1, p_2, p_3, \cdots, p_n) > m\big) \geqslant P\big(N(p_a, p_a, p_3, \cdots, p_n) > m\big),$$

其中 $p_a = \frac{p_1 + p_2}{2}$. 为了证明上式, 令 N_{p_1, p_2} 为直到类型 1 和类型 2 都至少有一张为止所需收集的类型 1 或类型 2 的奖券数量, 其中这两种类型的概率分别为 p_1 和 p_2. 令 N_{p_a, p_a} 为直到类型 1 和类型 2 都至少有一张为止所需收集的类型 1 或类型 2 的奖券数量, 其中这两种类型的概率均为 p_a. 另外, 令 N' 为直到类型 $3, \cdots, n$ 都至少有一张为止所需收集的类型 $3, \cdots, n$ 的奖券数量, 其中类型 $3, \cdots, n$ 的概率分别为 $p_3, \cdots, p_n$. 因为 N_{p_1, p_2} 是在有两种类型的奖券 (奖券类型的概率为 $\frac{p_i}{p_1 + p_2}$, $i = 1, 2$) 时收集一套完整的奖券所需的数量, N_{p_a, p_a} 是在这两种类型的概率均为 $1/2$ 时所需的数量, 所以根据 $n = 2$ 时的结果, 有 $N_{p_1, p_2} \geqslant_{st} N_{p_a, p_a}$. 因此, 我们将 N_{p_1, p_2} 和 N_{p_a, p_a} 耦合, 使得 $N_{p_1, p_2} \geqslant N_{p_a, p_a}$. 假设 N' 与 N_{p_1, p_2} 和 N_{p_a, p_a} 无关, 那么 $N(p_1, p_2, \cdots, p_n)$ 是直到至少有 N_{p_1, p_2} 张属于类型 1 或类型 2、N' 张属于类型 $3, \cdots, n$ 中的一种为止所需的奖券数量, 而 $N(p_a, p_a, \cdots, p_n)$ 是直到至少有 N_{p_a, p_a} 张属于类型 1 或类型 2、N' 张属于类型 $3, \cdots, n$ 中的一种为止所需的奖券数量. 由于 $N_{p_1, p_2} \geqslant N_{p_a, p_a}$, 因此能给出一个耦合使得 $N(p_1, p_2, \cdots, p_n) \geqslant N(p_a, p_a, \cdots, p_n)$, 这表明 $N(p_1, p_2, p_3, \cdots, p_n) \geqslant_{st} N(p_a, p_a, p_3, \cdots, p_n)$. 不断重复这一论证, 证得 $N(p_1, p_2, \cdots, p_n) \geqslant_{st} N(1/n, \cdots, 1/n)$. ∎

12.7 陈–斯坦的泊松近似界

令 $X_1, X_2, \cdots, X_n$ 是伯努利随机变量, 各自的均值为 $\lambda_1, \lambda_2, \cdots, \lambda_n$. 也就是说,

$$P(X_i = 1) = \lambda_i = 1 - P(X_i = 0), \quad i = 1, \cdots, n.$$

设 $W = \sum_{i=1}^{n} X_i$，令 $\lambda = E[W] = \sum_{i=1}^{n} \lambda_i$. 对于 Z 这个均值为 λ 的泊松随机变量，陈–斯坦方法通常能让我们找到 W 和 Z 之间的总变差距离

$$\rho(W, Z) = \max_A \left\{ \left| P(W \in A) - \sum_{i \in A} e^{-\lambda} \lambda^i / i! \right| \right\}$$

的界限. 这个方法的灵感在于，对于任意函数 f，

$$\begin{aligned}
E\big[Zf(Z)\big] &= \sum_{i=0}^{\infty} i f(i) e^{-\lambda} \lambda^i / i! \\
&= \sum_{i=1}^{\infty} f(i) e^{-\lambda} \lambda^i / (i-1)! \\
&= \lambda \sum_{j=0}^{\infty} f(j+1) e^{-\lambda} \lambda^j / j! \qquad （通过令 $j = i-1$） \\
&= \lambda E\big[f(Z+1)\big].
\end{aligned}$$

在前文的启发下，对于任意给定的集合 A，我们将定义一个函数 $f_A(j), j \geqslant 0$，使得

$$E\big[\lambda f_A(W+1) - W f_A(W)\big] = P(W \in A) - \sum_{i \in A} e^{-\lambda} \lambda^i / i!. \tag{12.2}$$

为此，令 $f_A(0) = 0$，然后用递归的方式定义 f_A：

$$\lambda f_A(j+1) = j f_A(j) + I\{j \in A\} - \sum_{i \in A} e^{-\lambda} \lambda^i / i!, \quad j \geqslant 0,$$

其中 $I\{j \in A\}$ 是事件 $j \in A$ 的示性函数. 因为上式对所有 $j \geqslant 0$ 都成立，所以

$$\lambda f_A(W+1) - W f_A(W) = I\{W \in A\} - \sum_{i \in A} e^{-\lambda} \lambda^i / i!.$$

对两边取期望即可得出式 (12.2).

我们陈述以下技巧性引理，但不给出证明.

引理 12.16　对于任意集合 A，有

$$\big| f_A(j) - f_A(i) \big| \leqslant \frac{1 - e^{-\lambda}}{\lambda} \big| j - i \big|. \tag{12.3}$$

要利用式 (12.2)，注意到

$$E\big[\lambda f_A(W+1)\big] = E\left[\sum_{i=1}^{n} \lambda_i f_A(W+1) \right] = \sum_{i=1}^{n} \lambda_i E\big[f_A(W+1)\big]. \tag{12.4}$$

此外，

$$\begin{aligned}
E\big[W f_A(W)\big] &= E\left[\sum_{i=1}^{n} X_i f_A(W) \right] = \sum_{i=1}^{n} E\big[X_i f_A(W)\big] \\
&= \sum_{i=1}^{n} \big(E\big[X_i f_A(W) \,\big|\, X_i = 1\big] \lambda_i + E\big[X_i f_A(W) \,\big|\, X_i = 0\big](1 - \lambda_i) \big)
\end{aligned}$$

$$= \sum_{i=1}^{n} E\big[f_A(W) \,\big|\, X_i = 1\big]\lambda_i \qquad\qquad (12.5)$$

$$= \sum_{i=1}^{n} E\left[f_A\left(1 + \sum_{j \neq i}^{n} X_j\right) \,\Bigg|\, X_i = 1 \right]\lambda_i$$

$$= \sum_{i=1}^{n} E\big[f_A(1 + V_i)\big]\lambda_i,$$

其中 V_i 是分布为在给定 $X_i = 1$ 时 $\sum_{j \neq i} X_j$ 的条件分布的任意随机变量. 也就是说, V_i 是使得

$$V_i =_{st} \sum_{j \neq i} X_j \,\big|\, X_i = 1$$

的任意随机变量. 因此, 由式 (12.4) 和式 (12.5) 可知

$$E\big[\lambda f_A(W+1) - W f_A(W)\big] = \sum_{i=1}^{n} \lambda_i \Big(E\big[f_A(W+1)\big] - E\big[f_A(1+V_i)\big] \Big)$$

$$= \sum_{i=1}^{n} \lambda_i E\big[f_A(W+1) - f_A(1+V_i)\big].$$

利用三角不等式, 对两边取绝对值, 得到

$$\Big| E\big[\lambda f_A(W+1) - W f_A(W)\big] \Big| \leqslant \sum_{i=1}^{n} \lambda_i \Big| E\big[f_A(W+1) - f_A(1+V_i)\big] \Big|$$

$$\leqslant \sum_{i=1}^{n} \lambda_i E\Big[\big| f_A(W+1) - f_A(1+V_i) \big| \Big]$$

$$\leqslant \frac{1 - e^{-\lambda}}{\lambda} \sum_{i=1}^{n} \lambda_i E\Big[\big| W - V_i \big| \Big],$$

其中第二个不等式用到了如下事实: 对于任意随机变量 Y 有 $\big|E[Y]\big| \leqslant E\big[|Y|\big]$. 最后一个不等式用到了引理 12.16.

因此, 我们已经证明了下面的定理.

定理 12.17 (陈–斯坦的泊松近似界定理) 令 $W = \sum_{j=1}^{n} X_j$, 其中 X_j 是均值为 λ_j 的伯努利随机变量, $j = 1, \cdots, n$; 令 Z 是均值为 $\lambda = \sum_{i=1}^{n} \lambda_i$ 的泊松随机变量. 那么对于任意一组随机变量 $V_i =_{st} \sum_{j \neq i} X_j \,|\, X_i = 1$ ($i = 1, \cdots, n$), 有

$$\rho(W, Z) \leqslant \frac{1 - e^{-\lambda}}{\lambda} \sum_{i=1}^{n} \lambda_i E\Big[\big| W - V_i \big| \Big].$$

例 12.10 如果 $X_1, \cdots, X_n$ 是独立的, 那么

$$V_i =_{st} \sum_{j \neq i} \big(X_j \,\big|\, X_i = 1 \big) =_{st} \sum_{j \neq i} X_j,$$

其中最后一个等式成立是因为 $\sum_{j\neq i} X_j$ 和 X_i 是独立的. 因此, 令 $V_i = \sum_{j\neq i} X_j$ 并应用陈–斯坦界, 得到

$$\rho(W, Z) \leqslant \frac{1-\mathrm{e}^{-\lambda}}{\lambda} \sum_{i=1}^{n} \lambda_i E\big[|W - V_i|\big] = \frac{1-\mathrm{e}^{-\lambda}}{\lambda} \sum_{i=1}^{n} \lambda_i E\big[|X_i|\big] = \frac{1-\mathrm{e}^{-\lambda}}{\lambda} \sum_{i=1}^{n} \lambda_i^2.$$

上述不等式比命题 12.15 中的不等式更强（后者指出 $\rho(W, Z) \leqslant \sum_{i=1}^{n} \lambda_i^2$）. 如果 $n = 100$ 且 $\lambda_i \equiv 0.1$, 那么命题 12.15 表明 $\rho(W, Z) \leqslant 1$, 而陈–斯坦界表明 $\rho(W, Z) \leqslant 0.1$. ∎

现在假设对于所有 i 有 $W \geqslant_{st} V_i$. 在这种情况下, 根据逆变换论证, 对于每个 $i = 1, \cdots, n$ 都存在一个耦合, 使得 $W \geqslant V_i$. 对于这个耦合, 有

$$E\big[|W - V_i|\big] = E[W - V_i] = E[W] - E[V_i] = \lambda - E[V_i].$$

因此, 关于陈–斯坦界, 我们有如下推论.

推论 12.18　如果对于所有 $i = 1, \cdots, n$ 有 $W \geqslant_{st} V_i$, 那么

$$\rho(W, Z) \leqslant \frac{1-\mathrm{e}^{-\lambda}}{\lambda} \sum_{i=1}^{n} \lambda_i\big(\lambda - E[V_i]\big) = \frac{1-\mathrm{e}^{-\lambda}}{\lambda} \left(\lambda^2 - \sum_{i=1}^{n} \lambda_i E[V_i]\right).$$

注　如果 $X_1, \cdots, X_n$ 之间存在负相关关系, 即知道 $X_i = 1$ 会降低 $X_j = 1$（$j \neq i$）的可能, 那么我们可以预期 $W \geqslant_{st} V_i$.

例 12.11　假设 k 个球独立地被分配到 n 个坛子中, 每个球在坛子 j 中的概率为 p_j, $\sum_{j=1}^{n} p_j = 1$. 令 X_j 为球在坛子 j 中的指示变量, 令 $W = \sum_{j=1}^{n} X_j$ 表示空坛子数. 因为坛子 i 中无球会降低坛子 j（$j \neq i$）中无球的概率, 所以直观上可以看出 $W \geqslant_{st} V_i$. 为了证明这一点, 我们来演示如何将 W 和 V_i 耦合, 从而使 $W \geqslant V_i$. 首先, 如前所述, 将球分配到坛子中. 令 W 表示空坛子数. 如果我们现在把坛子 i 中的任何一个球移到其他坛子中, 选择坛子 j（$j \neq i$）的概率为 $\frac{p_j}{1-p_i}$, 那么空坛子 j 的数量和 V_i 具有相同的分布. 因为重新分配最初放在坛子 i 中的球不会增加空坛子 j（$j \neq i$）的数量, 所以对于这种耦合有 $W \geqslant V_i$, 这表明 $W \geqslant_{st} V_i$. 由于

$$\lambda_i = E[X_i] = (1 - p_i)^k,$$
$$\lambda = \sum_{i=1}^{n} \lambda_i = \sum_{i=1}^{n} (1 - p_i)^k$$
$$E[V_i] = \sum_{j \neq i} E[X_j \,|\, X_i = 1] = \sum_{j \neq i} \left(1 - \frac{p_j}{1 - p_i}\right)^k,$$

因此从推论 12.18 得到

$$\rho(W, Z) \leqslant \frac{1 - e^{-\lambda}}{\lambda} \left(\lambda^2 - \sum_{i=1}^{n} \lambda_i \sum_{j \neq i} \left(1 - \frac{p_j}{1 - p_i} \right)^k \right),$$

其中 Z 是均值为 λ 的泊松随机变量. ■

例 12.12 假设在例 12.11 中，我们想知道一个坛子中至少有 m 个球的概率. 为此，令 N_i 为坛子 i 中球的数量，令 $X_i = I\{N_i \geqslant m\}$ 为坛子 i 中至少有 m 个球这一事件的指示变量. 令 $B(r, p)$ 代表一个参数为 r 和 p 的二项随机变量. 因为 N_i 是参数为 k 和 p_i 的二项随机变量，所以

$$\lambda_i = P(X_i = 1) = P(N_i \geqslant m) = P(B(k, p_i) \geqslant m), \quad i = 1, \cdots, n.$$

容易证明（见习题 10）$N_i \,|\, \{N_i \geqslant m\} \geqslant_{st} N_i$. （也就是说，当已知 $N_i \geqslant m$ 时，N_i 会随机增大.）因此，$X_i = 1$ 这一信息使得坛子 i 中球的数量随机增加，从而使其他坛子中球的数量随机减少，这样使得 $W \geqslant V_i$ 的耦合就有可能了. 事实上，这样的耦合确实可以通过将随机变量 N_i^* 和 N_i 耦合来实现，使得 $N_i^* \geqslant N_i$，前者具有参数为 k 和 p_i 的二项随机变量在给定它至少为 m 时的条件分布，后者是参数为 k 和 p_i 的二项随机变量. 现在考虑两个情景：在第一个情景中，将 N_i 个球放进坛子 i 中；在第二个情景中，将 N_i^* 个球放进坛子 i 中. 然后在两个情景中将 $n - N_i^*$ 个球分配给相同的坛子，每个球放进坛子 j（$j \neq i$）的概率为 $\frac{p_j}{1 - p_i}$. 最后在第一个情景中，以概率 $\frac{p_j}{1 - p_i}$ 将另外 $N_i^* - N_i$ 个球中的每一个放进坛子 j 中，$j \neq i$. 因为在第一个情景中，每个坛子 j（$j \neq i$）所容纳的球的数量至少和第二个情景中的一样多，所以第一个情景中至少容纳 m 个球的坛子的数量至少和第二个情景中至少容纳 m 个球的坛子 j（$j \neq i$）的数量一样多. 在第一个情景中，至少容纳 m 个球的坛子的数量与 W 具有相同的分布，而在第二个情景中，至少容纳 m 个球的坛子 j（$j \neq i$）的数量与 V_i 具有相同的分布，因此耦合表明 $W \geqslant_{st} V_i$. 现有

$$E[V_i] = \sum_{j \neq i} E[X_j \,|\, X_i = 1].$$

为了确定 $E[X_j \,|\, X_i = 1]$，我们以 N_i 为条件. 由此得出

$$E[X_j \,|\, X_i = 1] = E[X_j \,|\, N_i \geqslant m]$$

$$= \sum_{r=m}^{k} E[X_j \,|\, N_i = r] P(N_i = r \,|\, N_i \geqslant m)$$

$$= \sum_{r=m}^{k} P(N_j \geqslant m \,|\, N_i = r) P(B(k, p_j) = r \,|\, B(k, p_j) \geqslant m)$$

$$= \sum_{r=m}^{k} P\left(B\left(k-r, \frac{p_j}{1-p_i}\right) \geqslant m\right) P\left(B(k, p_i) = r \mid B(k, p_i) \geqslant m\right).$$

在 λ_i 很小的情况下，近似

$$E[X_j \mid X_i = 1] = E[X_j \mid N_i \geqslant m] \approx E[X_j \mid N_i = m] = P\left(B\left(k-m, \frac{p_j}{1-p_i}\right) \geqslant m\right)$$

应该相当精确. 因此，在所有 λ_i 都很小的这种情况下，根据推论 12.18,

$$E[V_i] \approx \sum_{j \neq i} P\left(B\left(k-m, \frac{p_j}{1-p_i}\right) \geqslant m\right)$$

给出误差界

$$\rho(W, Z) \leqslant \frac{1-\mathrm{e}^{-\lambda}}{\lambda}\left(\lambda^2 - \sum_{i=1}^{n} \lambda_i \sum_{j \neq i} P\left(B\left(k-m, \frac{p_j}{1-p_i}\right) \geqslant m\right)\right).$$

　　前文的一个应用是广义生日问题: 假设在 k 个人中，每个人的生日 j 都是独立的，概率为 p_j，$j = 1, \cdots, n$，我们感兴趣的是，这 k 个人中有 m 个人的生日相同的概率. 如果令 X_i ($i = 1, \cdots, n$) 为 k 个人中至少有 m 个人出生于第 i 天这一事件的指示变量，那么所求的概率为 $P(W > 0)$，其中 $W = \sum_{i=1}^{n} X_i$. 例如，设 $n = 365$，对于所有 i 有 $p_i = 1/365$，即 k 个人的生日是独立的，并且等可能地是 365 天中的任何一天，那么当 $m = 3$ 时，我们想求的是他们中有 3 个人的生日相同的概率. 因为 $\lambda_i = P(X_i = 1) = P(B(k, 1/365) \geqslant 3)$，所以当 $k = 88$ 时 $\lambda_i \approx 0.0018966$. 因此，若 W 是一年中至少有 3 个人过生日的天数，则根据泊松近似，W 近似是均值为 $\lambda = 365 \times 0.0018966 \approx 0.69226$ 的泊松随机变量. 因此，存在生日相同的 3 个人的概率的泊松近似为

$$P(W > 0) \approx 1 - \mathrm{e}^{-0.69226} \approx 0.49956.$$

利用 $E[V_i] \approx 364 P(B(85, 1/364) \geqslant 3) \approx 0.63006$，我们看到泊松近似的误差界为

$$\rho(W, Z) \leqslant \frac{1 - \mathrm{e}^{-0.69226}}{0.69226}\left(0.69226^2 - 0.69226 \times 0.63006\right) \approx 0.031.$$

[在第 2 章的习题 20 中已经证明 $P(W > 0) \approx 0.504$ (精确到小数点后 3 位).] ∎

　　如果 $X_1, \cdots, X_n$ 存在正相关关系，从而对于所有 i 有 $V_i \geqslant_{st} \sum_{j \neq i} X_j$，那么我们可以通过将 V_i 和 $X_1, \cdots, X_n$ 耦合使得 $V_i \geqslant \sum_{j \neq i} X_j$ 来实现陈-斯坦方法. 有了这样的耦合，就有

$$|V_i - W| = \left|V_i - \sum_{j \neq i} X_j - X_i\right|$$

$$\leqslant \left|V_i - \sum_{j \neq i} X_j\right| + |X_i| \quad (根据三角不等式)$$

$$= V_i - \sum_{j \neq i} X_j + X_i$$

$$= V_i - W + 2X_i,$$

这就得出

$$E\left[\left|V_i - W\right|\right] \leqslant E[V_i] - \lambda + 2\lambda_i.$$

利用这一点, 再结合陈–斯坦定理, 可以得出以下结论.

命题 12.19 如果对于所有 $i = 1, \cdots, n$ 有 $V_i \geqslant_{st} \sum_{j \neq i} X_j$, 那么

$$\rho(W, Z) \leqslant \frac{1 - \mathrm{e}^{-\lambda}}{\lambda} \left(\sum_i \lambda_i E[V_i] - \lambda^2 + 2 \sum_i \lambda_i^2 \right). \tag{12.6}$$

例 12.13 考虑由 m 个部件组成的某个系统, 其中部件 j 独立地以概率 q_j 发生故障, $j = 1, \cdots, m$. 令 $C_1, \cdots, C_n$ 为这个系统的子集, 其中任何一个子集都不包含另一个子集. 当且仅当至少有一个子集中的所有部件都失效, 系统失效. ($C_1, \cdots, C_n$ 称为系统的**最小割集**.) 设 X_k 是 C_k 中所有部件均失效这一事件的指示变量, $\lambda_k = E[X_k] = \prod_{j \in C_k} q_j$, 那么 $W \equiv \sum_{k=1}^n X_k > 0$ 意味着系统失效. 为了界定用均值为 $\lambda = \sum_{k=1}^n \lambda_k$ 的泊松分布来近似 W 的分布时所涉及的误差, 我们可以将 $X_1, \cdots, X_n$ 和 V_i 耦合, 使得 $V_i \geqslant \sum_{k \neq i} X_k$. 要得到这样的耦合, 首先设 $Y_1, \cdots, Y_m$ 是均值为 $q_1, \cdots, q_m$ 的独立伯努利随机变量, 之后设 $X_k = \prod_{j \in C_k} Y_j$, $k = 1, \cdots, n$. 另外, 设

$$Y_j^* = \begin{cases} Y_j, & \text{若 } j \notin C_i, \\ 1, & \text{若 } j \in C_i, \end{cases}$$

设 $X_k^* = \prod_{j \in C_k} Y_j^*$, $k = 1, \cdots, n$, 以及 $V_i = \sum_{k \neq i} X_k^*$. 因为对于所有 j 有 $Y_j^* \geqslant Y_j$, 所以对于所有 k 有 $X_k^* \geqslant X_k$, 从而得到使得 $V_i \geqslant \sum_{k \neq i} X_k$ 的耦合. ∎

习 题

1. 证明正态随机变量关于均值随机递增. 也就是说, 若 $N(\mu, \sigma)$ 是均值为 μ、方差为 σ^2 的正态随机变量, 证明当 $\mu_1 > \mu_2$ 时, $N(\mu_1, \sigma) \geqslant_{st} N(\mu_2, \sigma)$.

2. 如果 $\sigma_1 \neq \sigma_2$, 是否可能有 $N(\mu_1, \sigma_1) \geqslant_{st} N(\mu_2, \sigma_2)$?

3. 证明密度函数为
$$f(x) = \lambda \mathrm{e}^{-\lambda x} (\lambda x)^{n-1} / (n-1)!, \qquad x > 0$$
的伽马随机变量 (参数为 n 和 λ) 关于 n 随机递增, 关于 λ 随机递减.

4. 设 $N_i = \{N_i(t), t \geqslant 0\}$ 是一个更新过程, 其到达间隔分布为 F_i, $i = 1, 2$. 如果 $F_1 \leqslant F_2$, 证明 $N_1 \leqslant_{st} N_2$.

5. 设 $\boldsymbol{N}_i = \{N_i(t), t \geqslant 0\}$ 是一个非齐次泊松过程，其强度函数为 $\lambda_i(t)$，$i = 1, 2$. 假设对于所有 t 均有 $\lambda_1(t) \geqslant \lambda_2(t)$. 令 A_j（$j = 1, \cdots, n$）为实数的任意子集，对于 $i = 1, 2$，令 $N_i(A_j)$ 为过程 $\boldsymbol{N}_i$ 包含于 A_j 中的点的个数，$j = 1, \cdots, n$. 证明 $(N_1(A_1), \cdots, N_1(A_n)) \geqslant_{st} (N_2(A_1), \cdots, N_2(A_n))$.

6. 新元件在使用的第 i 天出现故障的概率为 p_i，$\sum_{i=1}^\infty p_i = 1$. 在一个时段内出现故障的元件会在下一个时段开始时被新元件取代. 令 A_n 表示在第 n 个时段开始时在用元件的年龄，即如果在用元件正处于使用的第 i 天，那么 $A_n = i$. 随机变量 A_n 可以解释为一个更新过程在时刻 n 的年龄，其中该过程的到达间隔的质量函数为 $\{p_i, i \geqslant 1\}$，而 $A_n = 1$ 表示在时刻 n 发生了更新.

   (a) 论证 $\{A_n, n \geqslant 1\}$ 是一个马尔可夫链，并给出其转移概率.

   (b) 设 $A_0 = 1$. 若 $\frac{p_i}{\sum_{j=1}^\infty p_j}$ 关于 i 递减，证明 A_n 关于 n 随机递增.

7. 如果 X 是一个正整数值随机变量，其质量函数为 $p_i = P(X = i)$，$i \geqslant 1$，那么函数
$$\lambda(i) = P(X = i \,|\, X \geqslant i)$$
   称为 X 的（离散）失败率函数.

   (a) 用 $\lambda(i)$（$i \geqslant 1$）表示 $P(X > n)$.

   (b) 如果 $\lambda(i)$ 关于 i 递增（递减），我们就说随机变量 X 具有递增（递减）失败率. 设 X_n^* 是一个随机变量，其分布为在给定 $X \geqslant n$ 时 $X - n$ 的条件分布，即
$$P(X_n^* = j) = P(X = n + j \,|\, X \geqslant n).$$
   证明 X 具有递增（递减）失败率，当且仅当 X_n^* 关于 n 随机递减（递增）.

8. 考虑两个更新过程：$\boldsymbol{N}_x = \{N_x(t), t \geqslant 0\}$ 和 $\boldsymbol{N}_y = \{N_y(t), t \geqslant 0\}$，其到达间隔分布是离散的，且分别具有失败率函数 $\lambda_x(i)$ 和 $\lambda_y(i)$. 对于任意时间点的集合 A，令 $N_x(A)$ 和 $N_y(A)$ 分别表示两个过程在 A 中的时间点发生更新的次数. 如果对于所有 i 有 $\lambda_x(i) \leqslant \lambda_y(i)$，并且 $\lambda_x(i)$ 或 $\lambda_y(i)$ 是递减的，证明对于任意 A 有 $N_x(A) \leqslant_{st} N_y(A)$.

9. 离散时间的生灭过程是一个马尔可夫链 $\{X_n, n \geqslant 0\}$，它具有形如 $P_{i,i+1} = p_i = 1 - P_{i,i-1}$ 的转移概率. 证明 $\{X_n, n \geqslant 0 \,|\, X_0 = i\}$ 关于 i 随机递增，或举出一个反例.

10. 如果 X_a 是一个随机变量，其分布是在给定 $X > a$ 时 X 的条件分布，证明对于每个 a 都有 $X_a \geqslant_{st} X$.

12.[①] 假设 $\{X_n, n \geqslant 0\}$ 和 $\{Y_n, n \geqslant 0\}$ 是独立的不可约马尔可夫链，其状态为 $0, 1, \cdots, m$，转移概率分别为 $P_{i,j}$ 和 $Q_{i,j}$.

   (a) 写出马尔可夫链 $\{(X_n, Y_n), n \geqslant 0\}$ 的转移概率.

   (b) 举出一个反例说明 $\{(X_n, Y_n), n \geqslant 0\}$ 不一定是不可约的.

13. 如果 X 和 Y 分别是质量函数为 p_i 和 q_i 的整数值离散随机变量，证明
$$\rho(X, Y) = \frac{1}{2} \sum_i |p_i - q_i|.$$

14. W 和 V_i 的定义见 12.7 节.

   (a) 证明 $\sum_{i=1}^n \lambda_i E[1 + V_i] = E[W^2]$.

---

① 原书中习题 11 有误，故删除. ——编者注

(b) 如果对于每个 $i = 1, \cdots, n$, 可以将 W 和 V_i 耦合, 使得 $W \geqslant V_i$, 证明
$$\rho(W, Z) \leqslant \frac{1 - \mathrm{e}^{-\lambda}}{\lambda} (\lambda - \mathrm{Var}(W)).$$

15. 抛掷一枚正面朝上的概率为 p 的硬币 $n + k$ 次. 令事件 R_k 表示至少出现一次连续抛出 k 次正面. 令 X_1 为第 $1, \cdots, k$ 次全部抛出正面的指示变量, 令 X_i 为第 $i - 1$ 次抛出反面、第 $i, \cdots, i + k - 1$ 次全部抛出正面的指示变量, $i = 2, \cdots, n + 1$.

(a) 证明 $P(R_k) = P(W > 0)$.

(b) 求 $P(W > 0)$ 的近似.

(c) 求该近似的误差界.

16. 证明: $\big| E[X] \big| \leqslant E \big[|X| \big]$.

17. 证明在例 12.12 中, 当 λ_i 很小时, $E[X_j \mid X_i = 1]$ 的近似 $E[X_j \mid N_i = m]$ 是一个上界, 即证明 $E[X_j \mid X_i = 1] \leqslant E[X_j \mid N_i = m]$.

18. 在人数为 101 的一个群体中, 每两个人独立地以 0.01 的概率成为朋友. 若 N_4 等于至少有 4 个朋友的人数, 求概率 $P(N_4 \geqslant 3)$ 的近似, 并给出其误差界.

带星号习题的答案

第 1 章习题（第 14 页）的答案

2. $S = \{(r,g),(r,b),(g,r),(g,b),(b,r),(b,g)\}$（$r$、$g$、$b$ 分别表示红、绿、蓝），其中，例如 (r,g) 表示第一次取到的弹球是红的，第二次是绿的. 每个结果的概率都是 1/6.

5. 3/4. 如果赢了，他只赢 1 美元；如果输了，他输 3 美元.

9. $F = E \cup FE^c$，由于 E 和 FE^c 互不相容，因此 $P(F) = P(E) + P(FE^c)$.

17. $P\{结束\} = 1 - P\{继续\} = 1 - [P(H,H,H) + P(T,T,T)]$.

均匀硬币：$P\{结束\} = 1 - \frac{1}{2} \times \frac{1}{2} \times \frac{1}{2} + \frac{1}{2} \times \frac{1}{2} \times \frac{1}{2} = \frac{3}{4}$.

有偏硬币：$P\{结束\} = 1 - \frac{1}{4} \times \frac{1}{4} \times \frac{1}{4} + \frac{3}{4} \times \frac{3}{4} \times \frac{3}{4} = \frac{9}{16}$.

19. $E = $ 事件"至少一个是 6".

$P(E) = $ 得到 E 的方式数/样本点的个数 $= \frac{11}{36}$.

$D = $ 事件"掷出的点数不同".

$P(D) = 1 - P(掷出的点数相同) = 1 - \frac{6}{36} = \frac{5}{6}$.

$P(E \mid D) = \frac{P(ED)}{P(D)} = \frac{10/36}{5/6} = \frac{1}{3}$.

25. (a) $P\{成对\} = P\{第二张扑克牌与第一张同名\} = \frac{3}{51}$.

(b) $P\{成对 \mid 不同花色\} = \dfrac{P\{成对，不同花色\}}{P\{不同花色\}} = \dfrac{P\{成对\}}{P\{不同花色\}} = \dfrac{3/51}{39/51} = \dfrac{1}{13}$.

27.
$$P(E_1) = 1, \qquad P(E_2 \mid E_1) = \frac{39}{51},$$

由于有 12 张牌在有黑桃 A 的那一堆中，而有 39 张牌不在有黑桃 A 的那一堆中.
$$P(E_3 \mid E_1 E_2) = \frac{26}{50},$$

由于有 24 张牌分别在有一个 A 的那两堆中，而有 26 张牌在另外两堆中.
$$P(E_4 \mid E_1 E_2 E_3) = \frac{13}{49}.$$

所以
$$P\{每一堆中有一张 A\} = \frac{39}{51} \times \frac{26}{50} \times \frac{13}{49}.$$

30. (a) $P\{乔治 \mid 恰有一次射中\} = \dfrac{P\{乔治，不是比尔\}}{P\{恰有一次射中\}}$

$\qquad = \dfrac{P\{乔治，不是比尔\}}{P\{乔治，不是比尔\} + P\{比尔，不是乔治\}}$

$\qquad = \dfrac{0.4 \times 0.3}{0.4 \times 0.3 + 0.7 \times 0.6} = \dfrac{2}{9}$.

(b) $P\{乔治 \mid 射中\} = \dfrac{P\{乔治，射中\}}{P\{射中\}} = \dfrac{P\{乔治\}}{P\{射中\}} = \dfrac{0.4}{1 - 0.3 \times 0.6} = \dfrac{20}{41}$.

32. 令 E_i = 事件 "第 i 个人选到自己的帽子".

P(没有人选到自己的帽子)

$= 1 - P(E_1 \cup E_2 \cup \cdots \cup E_n)$

$= 1 - \left[\sum_{i_1} P(E_{i_1}) - \sum_{i_1 < i_2} P(E_{i_1} E_{i_2}) + \cdots + (-1)^{n+1} P(E_1 E_2 \cdots E_n) \right]$

$= 1 - \sum_{i_1} P(E_{i_1}) + \sum_{i_1 < i_2} P(E_{i_1} E_{i_2}) - \sum_{i_1 < i_2 < i_3} P(E_{i_1} E_{i_2} E_{i_3}) + \cdots + (-1)^n P(E_1 E_2 \cdots E_n).$

令 $k \in \{1, 2, \cdots, n\}$.

$$P(E_{i_1} E_{i_2} \cdots E_{i_k}) = \frac{k \text{ 个特定的人选到自己的帽子的方法数}}{\text{排列所有帽子的总方法数}} = \frac{(n-k)!}{n!}.$$

在求和号 $\sum_{i_1 < i_2 < \cdots < i_k}$ 中的项数 = 从 n 个变量中选取 k 个变量的方法数 = $\binom{n}{k}$ = $\frac{n!}{k!(n-k)!}$. 于是

$$\sum_{i_1 < \cdots < i_k} P(E_{i_1} E_{i_2} \cdots E_{i_k}) = \sum_{i_1 < \cdots < i_k} \frac{(n-k)!}{n!} = \binom{n}{k} \frac{(n-k)!}{n!} = \frac{1}{k!}.$$

$$P(\text{没有人选到自己的帽子}) = 1 - \frac{1}{1!} + \frac{1}{2!} - \frac{1}{3!} + \cdots + (-1)^n \frac{1}{n!}$$

$$= \frac{1}{2!} - \frac{1}{3!} + \cdots + (-1)^n \frac{1}{n!}.$$

40. (a) F = 事件 "抛掷的是均匀硬币", U = 事件 "抛掷的是两面都是正面的硬币".

$$P(F \mid H) = \frac{P(H \mid F) P(F)}{P(H \mid F) P(F) + P(H \mid U) P(U)} = \frac{\frac{1}{2} \times \frac{1}{2}}{\frac{1}{2} \times \frac{1}{2} + 1 \times \frac{1}{2}} = \frac{\frac{1}{4}}{\frac{3}{4}} = \frac{1}{3}.$$

(b) $P(F \mid HH) = \frac{P(HH \mid F) P(F)}{P(HH \mid F) P(F) + P(HH \mid U) P(U)} = \frac{\frac{1}{4} \times \frac{1}{2}}{\frac{1}{4} \times \frac{1}{2} + 1 \times \frac{1}{2}} = \frac{\frac{1}{8}}{\frac{5}{8}} = \frac{1}{5}.$

(c) $P(F \mid HHT) = \frac{P(HHT \mid F) P(F)}{P(HHT \mid F) P(F) + P(HHT \mid U) P(U)} = \frac{P(HHT \mid F) P(F)}{P(HHT \mid F) P(F) + 0} = 1,$

这是因为均匀硬币是唯一可能出现反面的.

43. 令事件 B 表示芙洛有蓝眼睛基因. 因为约和乔两人都有一个蓝眼睛基因, 令 X 为芙洛的蓝眼睛基因数, 就得出

$$P(B) = P(X = 1 \mid X < 2) = \frac{1/2}{3/4} = \frac{2}{3}.$$

因此, 令事件 C 表示芙洛的女儿有蓝色眼睛, 我们有

$$P(C) = P(CB) = P(B) P(C \mid B) = 1/3.$$

45. 令 B_i = 事件 "取到的第 i 个球是黑球", R_i = 事件 "取到的第 i 个球是红球".

$$P(B_1 \mid R_2) = \frac{P(R_2 \mid B_1) P(B_1)}{P(R_2 \mid B_1) P(B_1) + P(R_2 \mid R_1) P(R_1)}$$

$$= \frac{\frac{r}{b+r+c} \cdot \frac{b}{b+r}}{\frac{r}{b+r+c} \cdot \frac{b}{b+r} + \frac{r+c}{b+r+c} \cdot \frac{r}{b+r}}$$

$$= \frac{rb}{rb + (r+c)r} = \frac{b}{b+r+c}.$$

48. 令 C 是事件 "随机选取的家庭拥有汽车", 令 H 是事件 "随机选取的家庭拥有房产".

$$P(CH^c) = P(C) - P(CH) = 0.6 - 0.2 = 0.4,$$

$$P(C^c H) = P(H) - P(CH) = 0.3 - 0.2 = 0.1,$$

由此可得答案为
$$P(CH^c) + P(C^cH) = 0.5.$$

第 2 章习题（第 73 页）的答案

4. (a) 1, 2, 3, 4, 5, 6.   (b) 1, 2, 3, 4, 5, 6.   (c) 2, 3, $\cdots$, 11, 12.   (d) $-5, 4, \cdots, 4, 5$.

11. $\binom{4}{2}\left(\frac{1}{2}\right)^2\left(\frac{1}{2}\right)^2 = \frac{3}{8}$.

16. $1 - (0.95)^{52} - 52(0.95)^{51}(0.05)$.

18. (a)
$$
\begin{aligned}
P(X_i = x_i, i = 1, \cdots, r-1 \mid X_r = j) &= \frac{P(X_i = x_i, i = 1, \cdots, r-1, X_r = j)}{P(X_r = j)} \\
&= \frac{\frac{n!}{x_1!\cdots x_{r-1}!j!}p_1^{x_1}\cdots p_{r-1}^{x_{r-1}}p_r^j}{\frac{n!}{j!(n-j)!}p_r^j(1-p_r)^{(n-j)}} \\
&= \frac{(n-j)!}{x_1!\cdots x_{r-1}!}\prod_{i=1}^{r-1}\left(\frac{p_i}{1-p_r}\right)^{x_i}.
\end{aligned}
$$

(b) 在给定 $X_r = j$ 时，$(X_1, \cdots, X_{r-1})$ 的条件分布是参数为 $n-j, \frac{p_i}{1-p_r}$ $(i = 1, \cdots, r-1)$ 的多项分布.

(c) 上述结论之所以正确，是因为给定 $X_r = j$，在不出现结果 r 的 $n-j$ 次试验中，每次试验出现结果 i 的概率是 $\frac{p_i}{1-p_r}$，$i = 1, \cdots, r-1$.

23. 为了使 X 等于 n，前 $n-1$ 次抛掷中必须有 $r-1$ 次正面，而且第 n 次抛出的必须是正面. 利用独立性，所求的概率是
$$\binom{n-1}{r-1}p^{r-1}(1-p)^{n-r} \times p.$$

27.
$$
\begin{aligned}
P\{\text{正面的数目相同}\} &= \sum_i P\{A = i, B = i\} \\
&= \sum_i \binom{k}{i}\left(\frac{1}{2}\right)^k\binom{n-k}{i}\left(\frac{1}{2}\right)^{n-k} \\
&= \sum_i \binom{k}{i}\binom{n-k}{i}\left(\frac{1}{2}\right)^n \\
&= \sum_i \binom{k}{k-i}\binom{n-k}{i}\left(\frac{1}{2}\right)^n = \binom{n}{k}\left(\frac{1}{2}\right)^n.
\end{aligned}
$$

另一种推理如下：
$$
\begin{aligned}
P\{\#(A\ \text{正面}) = \#(B\ \text{正面})\} &= P\{\#(A\ \text{反面}) = \#(B\ \text{正面})\} \quad (\text{因为硬币是均匀的}) \\
&= P\{k - \#(A\ \text{正面}) = \#(B\ \text{正面})\} \\
&= P\{\text{正面总数} = k\}.
\end{aligned}
$$

47. 如果试验 i 成功，令 X_i 为 1，否则令 X_i 为 0.

(a) 最大值是 0.6. 如果 $X_1 = X_2 = X_3$，那么
$$1.8 = E[X] = 3E[X_1] = 3P\{X_1 = 1\},$$
所以 $P\{X = 3\} = P\{X_1 = 1\} = 0.6$. 这是最大值，因为由马尔可夫不等式可得
$$P\{X \geqslant 3\} \leqslant E[X]/3 = 0.6.$$

(b) 最小值是 0. 对此构造一个 $P\{X = 3\} = 0$ 的概率场景, 令 U 是 $(0,1)$ 上的均匀随机变量, 并且定义

$$X_1 = \begin{cases} 1, & \text{若 } U \leqslant 0.6, \\ 0, & \text{其他}, \end{cases}$$

$$X_2 = \begin{cases} 1, & \text{若 } U \geqslant 0.4, \\ 0, & \text{其他}, \end{cases}$$

$$X_3 = \begin{cases} 1, & \text{若 } U \leqslant 0.3 \text{ 或 } U \geqslant 0.7, \\ 0, & \text{其他}. \end{cases}$$

容易看出

$$P\{X_1 = X_2 = X_3 = 1\} = 0.$$

49. $E\left[X^2\right] - (E[X])^2 = \mathrm{Var}(X) = E\left[(X - E[X])^2\right] \geqslant 0.$ 当 $\mathrm{Var}(X) = 0$, 即 X 是常数时, 等号成立.

64. 对于匹配问题, 令 $X = X_1 + \cdots + X_N$, 其中

$$X_i = \begin{cases} 1, & \text{若第 } i \text{ 个人选到自己的帽子}, \\ 0, & \text{其他情形}, \end{cases}$$

我们得到

$$\mathrm{Var}(X) = \sum_{i=1}^{N} \mathrm{Var}(X_i) + 2\sum_{i<j}\sum \mathrm{Cov}(X_i, X_j).$$

由于 $P\{X_i = 1\} = 1/N$, 因此

$$\mathrm{Var}(X_i) = \frac{1}{N}\left(1 - \frac{1}{N}\right) = \frac{N-1}{N^2}.$$

同时

$$\mathrm{Cov}(X_i, X_j) = E[X_i X_j] - E[X_i]E[X_j].$$

现在

$$X_i X_j = \begin{cases} 1, & \text{若第 } i \text{ 个人和第 } j \text{ 个人都选到自己的帽子}, \\ 0, & \text{其他情形}, \end{cases}$$

从而

$$E[X_i X_j] = P\{X_i = 1, X_j = 1\} = P\{X_i = 1\}P\{X_j = 1 \,|\, X_i = 1\} = \frac{1}{N}\frac{1}{N-1}.$$

因此

$$\mathrm{Cov}(X_i, X_j) = \frac{1}{N(N-1)} - \left(\frac{1}{N}\right)^2 = \frac{1}{N^2(N-1)}.$$

且

$$\mathrm{Var}(X) = \frac{N-1}{N} + 2\binom{N}{2}\frac{1}{N^2(N-1)} = \frac{N-1}{N} + \frac{1}{N} = 1.$$

66. 将事件 $X_i \in A_i$ $(i = 1, \cdots, n)$ 记为 B_i, 我们有

$$P(B_1 \cdots B_n) = P(B_1)\prod_{i=2}^{n} P(B_i \,|\, B_1 \cdots B_{i-1}) = P(B_1)\prod_{i=2}^{n} P(B_i).$$

71. 参见 5.2.3 节. 另一种方法是用矩母函数. n 个参数为 λ 的独立指数随机变量的和的矩母函数等于它们的矩母函数的乘积, 也就是 $[\lambda/(\lambda - t)]^n$. 而这正是参数为 n 和 λ 的伽马随机变量的矩母函数.

74. $E\left[e^{-uX}\right] = \sum_n e^{-un}e^{-\lambda}\lambda^n/n! = e^{-\lambda}\sum_n (\lambda e^{-u})^n/n! = e^{\lambda(e^{-u}-1)}$.

80. 令 X_i 表示均值为 1 的泊松随机变量, 那么

$$P\left\{\sum_{i=1}^{n} X_i \leqslant n\right\} = e^{-n}\sum_{k=0}^{n}\frac{n^k}{k!}.$$

因为对很大的 n, $\sum_{i=1}^{n}X_i - n$ 近似地服从均值为 0 的正态分布, 所以结论成立.

85. (a) 利用 $\mathrm{Var}(W/\sigma_W) = 1$, 结合和的方差公式, 得出

$$2 + 2\frac{\mathrm{Cov}(X,Y)}{\sigma_X\sigma_Y} \geqslant 0.$$

(b) 从 $\mathrm{Var}(X/\sigma_X - Y/\sigma_Y) \geqslant 0$ 出发, 按 (a) 中的方法进行推导.

(c) 两边平方可得这个不等式等价于

$$\mathrm{Var}(X+Y) \leqslant \mathrm{Var}(X) + \mathrm{Var}(Y) + 2\sigma_X\sigma_Y,$$

或用和的方差公式得到

$$\mathrm{Cov}(X,Y) \leqslant \sigma_X\sigma_Y,$$

这正是 (b) 的结论.

86. 将处理第 i 本书需要的时间记为 X_i. Z 为标准正态变量, 则

(a) $P\left(\sum_{i=1}^{40} X_i > 420\right) \approx P\left(Z > \frac{420-400}{\sqrt{9\times40}}\right)$,

(b) $P\left(\sum_{i=1}^{25} X_i < 240\right) \approx P\left(Z < \frac{240-250}{\sqrt{9\times25}}\right) = P(Z > 2/3)$.

第 3 章习题（第 146 页）的答案

2. 直观地, 第一次正面朝上似乎等可能地发生在试验 $1, \cdots, n-1$ 中的任意一次. 也就是说, 直观地

$$P\{X_1 = i \mid X_1 + X_2 = n\} = \frac{1}{n-1}, \quad i = 1, \cdots, n-1.$$

正式地,

$$\begin{aligned}
P\{X_1 = i \mid X_1 + X_2 = n\} &= \frac{P\{X_1 = i, X_1 + X_2 = n\}}{P\{X_1 + X_2 = n\}} \\
&= \frac{P\{X_1 = i, X_2 = n-i\}}{P\{X_1 + X_2 = n\}} \\
&= \frac{p(1-p)^{i-1}p(1-p)^{n-i-1}}{\binom{n-1}{1}p(1-p)^{n-2}p} \\
&= \frac{1}{n-1}.
\end{aligned}$$

在上面倒数第二个等式中, 计算分子时利用了 X_1 和 X_2 的独立性, 计算分母时利用了 $X_1 + X_2$ 服从负二项分布.

6.

$$\begin{aligned}
p_{X\mid Y}(1\mid 3) &= \frac{P\{X=1, Y=3\}}{P\{Y=3\}} \\
&= \frac{P\{1\ \text{白}, 3\ \text{黑}, 2\ \text{红}\}}{P\{3\ \text{黑}\}} \\
&= \frac{\frac{6!}{1!3!2!}\left(\frac{3}{14}\right)^1\left(\frac{5}{14}\right)^3\left(\frac{6}{14}\right)^2}{\frac{6!}{3!3!}\left(\frac{5}{14}\right)^3\left(\frac{9}{14}\right)^3} = \frac{4}{9}. \\
p_{X\mid Y}(0\mid 3) &= \frac{8}{27}. \\
p_{X\mid Y}(2\mid 3) &= \frac{2}{9}.
\end{aligned}$$

$$p_{X|Y}(3\,|\,3) = \frac{1}{27}.$$

$$E[X\,|\,Y=1] = \frac{5}{3}.$$

13. 给定 $X > 1$ 时 X 的条件密度是

$$f_{X\,|\,X>1}(X) = \frac{f(x)}{P\{X>1\}} = \frac{\lambda e^{-\lambda x}}{e^{-\lambda}}, \quad \text{当 } x > 1.$$

用分部积分法得

$$E[X\,|\,X>1] = e^{\lambda} \int_1^{\infty} x\lambda e^{-\lambda x}\mathrm{d}x = 1 + 1/\lambda.$$

最后的结果也可以由指数随机变量的无记忆性直接得到.

19.
$$\begin{aligned}
\int E[X\,|\,Y=y]f_Y(y)\mathrm{d}y &= \iint x f_{X\,|\,Y}(x\,|\,y)\mathrm{d}x f_Y(y)\mathrm{d}y \\
&= \iint x \frac{f(x,y)}{f_Y(y)}\mathrm{d}x f_Y(y)\mathrm{d}y \\
&= \int x \int f(x,y)\mathrm{d}y\mathrm{d}x \\
&= \int x f_X(x)\mathrm{d}x \\
&= E[X].
\end{aligned}$$

23. 令 X 表示正面首次出现的时间. 我们通过以 X 后的两次抛掷为条件得到 $E[N\,|\,X]$ 的一个方程:

$$E[N\,|\,X] = E[N\,|\,X,h,h]p^2 + E[N\,|\,X,h,t]pq + E[N\,|\,X,t,h]pq + E[N\,|\,X,t,t]q^2,$$

其中 $q = 1 - p$. 现在

$$E[N\,|\,X,h,h] = X + 1, \qquad\qquad E[N\,|\,X,h,t] = X + 1,$$
$$E[N\,|\,X,t,h] = X + 2, \qquad\qquad E[N\,|\,X,t,t] = X + 2 + E[N].$$

代入方程可得

$$E[N\,|\,X] = (X+1)(p^2 + pq) + (X+2)pq + (X+2+E[N])q^2.$$

取期望,并且利用 X 是均值为 $1/p$ 的几何随机变量的事实,我们得到

$$E[N] = 1 + p + q + 2pq + q^2/p + 2q^2 + q^2 E[N].$$

解出 $E[N]$ 得

$$E[N] = \frac{2 + 2q + q^2/p}{1 - q^2}.$$

38.
$$E[X] = E[E[X\,|\,Y]] = E[Y/2] = 1/4$$
$$\begin{aligned}
\mathrm{Var}(X) &= E[\mathrm{Var}(X\,|\,Y) + \mathrm{Var}(E[X\,|\,Y])] \\
&= E\left[Y^2/12\right] + \mathrm{Var}(Y/2) \\
&= 1/36 + 1/48 = 1/12.
\end{aligned}$$

41. 以是否有工人胜任为条件,然后利用对称性. 由此可得

$$P(1) = P(1\,|\,\text{有人胜任})P(\text{有人胜任}) = \frac{1}{n}\left[1 - (1-p)^n\right].$$

42. (a)
$$\begin{aligned}
E\left[e^{tX^2}\right] &= \frac{1}{\sqrt{2\pi}} \int_{-\infty}^{\infty} e^{tx^2} e^{-(x-\mu)^2/2}\mathrm{d}x \\
&= \frac{1}{\sqrt{2\pi}} \int_{-\infty}^{\infty} \exp\left\{-\left(x^2 - 2\mu x + \mu^2 - 2tx^2\right)/2\right\}\mathrm{d}x
\end{aligned}$$

$$= \frac{1}{\sqrt{2\pi}}e^{-\mu^2/2}\int_{-\infty}^{\infty}\exp\left\{-\left(x^2(1-2t)-2\mu x\right)/2\right\}dx.$$

因此令 $\sigma^2 = \frac{1}{1-2t}$, 得

$$E\left[e^{tX^2}\right] = \frac{1}{\sqrt{2\pi}}e^{-\mu^2/2}\int_{-\infty}^{\infty}\exp\left\{-\left(x^2-2\sigma^2\mu x\right)/2\sigma^2\right\}dx.$$

利用

$$x^2 - 2\sigma^2\mu x = \left(x-\sigma^2\mu\right)^2 - \mu^2\sigma^4,$$

我们有

$$E\left[e^{tX^2}\right] = e^{-\mu^2/2+\mu^2\sigma^2/2}\frac{1}{\sqrt{2\pi}}\int_{-\infty}^{\infty}\exp\left\{-\left(x-\sigma^2\mu\right)^2/2\sigma^2\right\}dx$$

$$= e^{-(1-\sigma^2)\mu^2/2}\frac{1}{\sqrt{2\pi}}\int_{-\infty}^{\infty}\exp\left\{-y^2/2\sigma^2\right\}dy$$

$$= \sigma e^{-(1-\sigma^2)\mu^2/2}$$

$$= (1-2t)^{-1/2}\exp\left\{-\left(1-\frac{1}{1-2t}\right)\mu^2/2\right\}$$

$$= (1-2t)^{-1/2}e^{\frac{t\mu^2}{1-2t}}.$$

(b) $E\left[\exp\left\{t\sum_{i=1}^{n}X_i^2\right\}\right] = \prod_{i=1}^{n}E\left[e^{tX_i^2}\right] = (1-2t)^{-n/2}\exp\left\{\frac{t}{1-2t}\sum_{i=1}^{n}\mu_i^2\right\}.$

(c)
$$\frac{d}{dt}(1-2t)^{-n/2} = n(1-2t)^{-n/2-1}.$$

$$\frac{d^2}{dt^2}(1-2t)^{-n/2} = 2n(n/2+1)(1-2t)^{-n/2-2}.$$

因此, 如果 χ_n^2 是自由度为 n 的卡方随机变量, 那么计算上式在 $t=0$ 的值可得

$$E[\chi_n^2] = n, \qquad \mathrm{Var}(\chi_n^2) = n^2 + 2n - n^2 = 2n.$$

(d) 以 K 为条件可得

$$E\left[e^{tW}\right] = \sum_{k=0}^{\infty}E\left[e^{tW}\mid K=k\right]e^{-\theta/2}(\theta/2)^k/k!$$

$$= \sum_{k=0}^{\infty}(1-2t)^{-(n+2k)/2}e^{-\theta/2}(\theta/2)^k/k!$$

$$= (1-2t)^{-n/2}e^{-\theta/2}\sum_{k=0}^{\infty}(1-2t)^{-k}(\theta/2)^k/k!$$

$$= (1-2t)^{-n/2}e^{-\theta/2}\sum_{k=0}^{\infty}\left(\frac{\theta}{2(1-2t)}\right)^k\bigg/k!$$

$$= (1-2t)^{-n/2}\exp\left\{-\frac{\theta}{2}+\frac{\theta}{2(1-2t)}\right\}$$

$$= (1-2t)^{-n/2}\exp\left\{\frac{t\theta}{1-2t}\right\}.$$

因为上式是参数为 n 和 θ 的非中心卡方随机变量的矩母函数, 而矩母函数唯一地确定了分布, 所以结果得证.

(e) 从前述可得

$$E[W\mid K=k] = E\left[\chi_{n+2k}^2\right] = n+2k,$$

$$\mathrm{Var}(W\mid K=k) = \mathrm{Var}\left(\chi_{n+2k}^2\right) = 2n+4k.$$

因此
$$E[W] = E[E[W \mid K]] = E[n + 2K] = n + 2E[K] = n + \theta,$$
由条件方差公式可得
$$\mathrm{Var}(W) = E[2n + 4K] + \mathrm{Var}(n + 2K) = 2n + 2\theta + 2\theta = 2n + 4\theta.$$

43. 对 $I = I\{Y \in A\}$ 有
$$E[XI] = E[XI \mid I = 1]P\{I = 1\} + E[XI \mid I = 0]P\{I = 0\} = E[X \mid I = 1]P\{I = 1\}.$$

47.
$$E\left[X^2 Y^2 \mid X\right] = X^2 E\left[Y^2 \mid X\right] \geqslant X^2 (E[Y \mid X])^2 = X^2.$$

不等式成立是由于对于任意随机变量 U, 都有 $E\left[U^2\right] \geqslant (E[U])^2$, 而且当以某个其他随机变量 X 为条件时, 这一性质仍然成立. 取期望于上式可得
$$E[(XY)^2] \geqslant E\left[X^2\right].$$
因为
$$E[XY] = E[E[XY \mid X]] = E[X E[Y \mid X]] = E[X].$$
所以就得到结果.

53.
$$\begin{aligned}
P\{X = n\} &= \int_0^\infty P\{X = n \mid \lambda\} \mathrm{e}^{-\lambda} \mathrm{d}\lambda \\
&= \int_0^\infty \frac{\mathrm{e}^{-\lambda} \lambda^n}{n!} \mathrm{e}^{-\lambda} \mathrm{d}\lambda \\
&= \int_0^\infty \mathrm{e}^{-2\lambda} \lambda^n \frac{\mathrm{d}\lambda}{n!} \\
&= \int_0^\infty \mathrm{e}^{-t} t^n \frac{\mathrm{d}t}{n!} \left(\frac{1}{2}\right)^{n+1}.
\end{aligned}$$

因为 $\int_0^\infty \mathrm{e}^{-t} t^n \mathrm{d}t = \Gamma(n+1) = n!$, 所以就得到所求结果.

58. (a) r/λ.

(b) $E\left[\mathrm{Var}(N \mid Y) + \mathrm{Var}(E[N \mid Y])\right] = E[Y] + \mathrm{Var}(Y) = \dfrac{r}{\lambda} + \dfrac{r}{\lambda^2}$.

(c) 用 $p = \dfrac{\lambda}{\lambda + 1}$ 可推出
$$\begin{aligned}
P(N = n) &= \int P(N = n \mid Y = y) f_Y(y) \mathrm{d}y \\
&= \int \mathrm{e}^{-y} \frac{y^n}{n!} \frac{\lambda \mathrm{e}^{-\lambda y} (\lambda y)^{r-1}}{(r-1)!} \mathrm{d}y \\
&= \frac{\lambda^r}{n!(r-1)!} \int \mathrm{e}^{-(\lambda+1)y} y^{n+r-1} \mathrm{d}y \\
&= \frac{\lambda^r}{n!(r-1)!(\lambda+1)^{n+r}} \int \mathrm{e}^{-x} x^{n+r-1} \mathrm{d}x \\
&= \frac{\lambda^r (n+r-1)!}{n!(r-1)!(\lambda+1)^{n+r}} \\
&= \binom{n+r-1}{r-1} p^r (1-p)^n.
\end{aligned}$$

(d) 当每次试验独立地以概率 p 成功时, 在第 r 次成功前的失败次数和 $X - r$ 同分布, 其中 X 等于直至第 r 次成功的试验次数, 是负二项随机变量. 因此
$$P(X - r = n) = P(X = n + r) = \binom{n+r-1}{r-1} p^r (1-p)^n.$$

60. (a) 直观地 $f(p)$ 对 p 递增，因为 p 越大，第一个玩越有利.

(b) 1.

(c) $1/2$，因为第一个玩的优势变成为 0.

(d) 以首次抛掷的结果为条件可得

$$f(p) = P\{第一个玩家赢 \mid 正面\}p + P\{第一个玩家赢 \mid 反面\}(1-p)$$
$$= p + [1 - f(p)](1-p).$$

所以

$$f(p) = \frac{1}{2-p}.$$

67. 证明 (a) 只要注意到在前 n 次抛掷中，连续 j 次抛出正面有两种相斥的情况. 要么在前 $n-1$ 次抛掷中连续 j 次抛出正面，要么在前 $n-j-1$ 次抛掷中没有连续 j 次抛出正面，且第 $n-j$ 次没有抛出正面，而从第 $n-j+1$ 次到第 n 次抛出的都是正面.

令事件 A 表示在前 n $(n \geqslant j)$ 次抛掷中连续 j 次抛出正面. 以首次出现非正面时的试验次数 X 为条件，得出

$$P_j(n) = \sum_k P(A \mid X = k)p^{k-1}(1-p)$$
$$= \sum_{k=1}^{j} P(A \mid X = k)p^{k-1}(1-p) + \sum_{k=j+1}^{\infty} P(A \mid X = k)p^{k-1}(1-p)$$
$$= \sum_{i=1}^{j} P_j(n-k)p^{k-1}(1-p) + \sum_{k=j+1}^{\infty} p^{k-1}(1-p)$$
$$= \sum_{i=1}^{j} P_j(n-k)p^{k-1}(1-p) + p^j.$$

73. 以超过 100 之前的点数和为条件. 在所有情况下，最可能的值是 101. （如果超过 100 之前的和是 98，那么最终的和等可能地是 101、102、103 或 104. 如果超过 100 之前的和是 95，那么最终的和肯定是 101. ）

93. (a) 由对称性可知，对于 $(T_1, \cdots, T_m)$ 的任意值，随机向量 $(I_1, \cdots, I_m)$ 等可能地是 $m!$ 个排列中的任意一个.

(b)
$$E[N] = \sum_{i=1}^{m} E[N \mid X = i]P\{X = i\}$$
$$= \frac{1}{m} \sum_{i=1}^{m} E[N \mid X = i]$$
$$= \frac{1}{m} \left(\sum_{i=1}^{m-1} \big(E[T_i] + E[N] \big) + E[T_{m-1}] \right),$$

其中最后的等式利用了 X 与 T_i 的独立性. 所以

$$E[N] = E[T_{m-1}] + \sum_{i=1}^{m-1} E[T_i].$$

(c) $E[T_i] = \sum_{j=1}^{i} \dfrac{m}{m+1-j}.$

(d) $E[N] = \sum_{j=1}^{m-1} \frac{m}{m+1-j} + \sum_{i=1}^{m-1} \sum_{j=1}^{i} \frac{m}{m+1-j}$

$\qquad = \sum_{j=1}^{m-1} \frac{m}{m+1-j} + \sum_{j=1}^{m-1} \sum_{i=j}^{m-1} \frac{m}{m+1-j}$

$\qquad = \sum_{j=1}^{m-1} \frac{m}{m+1-j} + \sum_{j=1}^{m-1} \frac{m(m-j)}{m+1-j}$

$\qquad = \sum_{j=1}^{m-1} \left(\frac{m}{m+1-j} + \frac{m(m-j)}{m+1-j} \right)$

$\qquad = m(m-1).$

97. 令 X 是参数为 p 的几何随机变量. 为了计算 $\mathrm{Var}(X)$, 我们利用条件方差公式, 以第一次试验的结果为条件. 如果第一次试验成功, 则令 $I=1$, 否则令 $I=0$. 如果 $I=1$, 那么 $X=1$. 因为常量的方差是 0, 所以

$$\mathrm{Var}(X \mid I = 1) = 0.$$

如果 $I=0$, 那么在 $I=0$ 下 X 的条件分布与参数为 p 的几何随机变量 (为了获得成功所需的附加试验次数) 加 1 (第一次试验) 的无条件分布相同. 因此由

$$\mathrm{Var}(X \mid I = 0) = \mathrm{Var}(X)$$

可得

$$E[\mathrm{Var}(X \mid I)] = \mathrm{Var}(X \mid I = 1) P\{I = 1\} + \mathrm{Var}(X \mid I = 0) P\{I = 0\} = (1 - p)\, \mathrm{Var}(X).$$

类似地,

$$E[X \mid I = 1] = 1, \quad E[X \mid I = 0] = 1 + E[X] = 1 + \frac{1}{p},$$

上式可以写成

$$E[X \mid I] = 1 + \frac{1}{p}(1 - I),$$

从而

$$\mathrm{Var}(E[X \mid I]) = \frac{1}{p^2}\,\mathrm{Var}(I) = \frac{1}{p^2} p(1 - p) = \frac{1 - p}{p}.$$

由条件方差公式可得

$$\mathrm{Var}(X) = E[\mathrm{Var}(X \mid I)] + \mathrm{Var}(E[X \mid I]) = (1 - p)\,\mathrm{Var}(X) + \frac{1 - p}{p},$$

因此

$$\mathrm{Var}(X) = \frac{1 - p}{p^2}.$$

第 4 章习题 (第 234 页) 的答案

1. $P_{01} = 1, \quad P_{10} = \frac{1}{9}, \quad P_{21} = \frac{4}{9}, \quad P_{32} = 1,$
$\qquad P_{11} = \frac{4}{9}, \quad P_{22} = \frac{4}{9},$
$\qquad P_{12} = \frac{4}{9}, \quad P_{23} = \frac{1}{9}.$

9. $P_{0,3}^{10} = 0.5078.$

16. 如果 P_{ij} 是 (严格地) 正的, 那么对于一切 n, P_{ji}^{n} 将是 0 (否则, i 和 j 将互通). 但是, 从 i 开始的过程至少有 P_{ij} 的正概率绝不返回 i. 这与 i 的常返性矛盾. 因此 $P_{ij} = 0$.

21. 转移概率是

$$P_{i,j} = \begin{cases} 1 - 3\alpha, & \text{若 } j = i, \\ \alpha, & \text{若 } j \neq i. \end{cases}$$

由对称性可得

$$P_{ij}^n = \frac{1}{3}(1 - P_{ii}^n), \quad j \neq i.$$

所以，我们用归纳法证明

$$P_{i,j}^n = \begin{cases} \frac{1}{4} + \frac{3}{4}(1 - 4\alpha)^n, & \text{若 } j = i, \\ \frac{1}{4} - \frac{1}{4}(1 - 4\alpha)^n, & \text{若 } j \neq i. \end{cases}$$

因为上式对于 $n = 1$ 正确，所以假定它对 n 成立. 为了完成归纳法证明，我们需要证明

$$P_{i,j}^{n+1} = \begin{cases} \frac{1}{4} + \frac{3}{4}(1 - 4\alpha)^{n+1}, & \text{若 } j = i, \\ \frac{1}{4} - \frac{1}{4}(1 - 4\alpha)^{n+1}, & \text{若 } j \neq i. \end{cases}$$

现在

$$\begin{aligned} P_{i,i}^{n+1} &= P_{i,i}^n P_{i,i} + \sum_{j \neq i} P_{i,j}^n P_{j,i} \\ &= \left(\frac{1}{4} + \frac{3}{4}(1 - 4\alpha)^n\right)(1 - 3\alpha) + 3\left(\frac{1}{4} - \frac{1}{4}(1 - 4\alpha)^n\right)\alpha \\ &= \frac{1}{4} + \frac{3}{4}(1 - 4\alpha)^n(1 - 3\alpha - \alpha) \\ &= \frac{1}{4} + \frac{3}{4}(1 - 4\alpha)^{n+1}. \end{aligned}$$

根据对称性，对于 $j \neq i$,

$$P_{ij}^{n+1} = \frac{1}{3}(1 - P_{ii}^{n+1}) = \frac{1}{4} - \frac{1}{4}(1 - 4\alpha)^{n+1}.$$

这就完成了归纳法.

在上式中，令 $n \to \infty$，或者利用这个转移概率矩阵是双随机的，或者只用对称性推理，我们得到 $\pi_i = 1/4$, $i = 1, 2, 3, 4$.

27. (a) 因为每一个个体在下一时段的状态只依赖于他当前的状态，而不依赖于更早时的状态，所以这是一个马尔可夫链.

(b) 如果 N 个个体中有 i 个目前是积极的，那么在下一时段积极的个体数是两个独立随机变量 R_i 与 B_i 之和，其中 R_i 是目前积极的 i 个个体中在下一时段依然积极的个体数，B_i 是目前消极的 $N - i$ 个个体中在下一时段变积极的个体数. 因为 R_i 是参数为 (i, α) 的二项随机变量，B_i 是参数为 $(N - i, 1 - \beta)$ 的二项随机变量，所以有

$$E[X_n \mid X_{n-1} = i] = i\alpha + (N - i)(1 - \beta) = N(1 - \beta) + (\alpha + \beta - 1)i.$$

因此，由

$$E[X_n \mid X_{n-1}] = N(1 - \beta) + (\alpha + \beta - 1)X_{n-1},$$

可得

$$E[X_n] = N(1 - \beta) + (\alpha + \beta - 1)E[X_{n-1}].$$

令 $a = N(1 - \beta)$, $b = \alpha + \beta - 1$, 由上式可得

$$\begin{aligned} E[X_n] &= a + bE[X_{n-1}] = a + b(a + bE[X_{n-2}]) \\ &= a + ba + b^2 E[X_{n-2}] = a + ba + b^2 a + b^3 E[X_{n-3}]. \end{aligned}$$

继续这样就得到

$$E[X_n] = a(1 + b + \cdots + b^{n-1}) + b^n E[X_0],$$

因此

$$E[X_n \mid X_0 = i] = a(1 + b + \cdots + b^{n-1}) + b^n i.$$

注意到,

$$\lim_{n \to \infty} E[X_n] = \frac{a}{1-b} = N\frac{1-\beta}{2-\alpha-\beta}.$$

(c) R_i 和 B_i 如前述定义,那么

$$P_{i,j} = P(R_i + B_i = j)$$

$$= \sum_k P(R_i + B_i = j \mid R_i = k)\binom{i}{k}\alpha^i(1-\alpha)^{i-k}$$

$$= \sum_k \binom{N-i}{j-k}(1-\beta)^{j-k}\beta^{N-i-j+k}\binom{i}{k}\alpha^i(1-\alpha)^{i-k},$$

其中若 $r < 0$ 或 $r > m$, 则 $\binom{m}{r} = 0$.

(d) 假设 $N = 1$. 用 1 代表积极,用 0 代表消极,极限概率满足

$$\pi_0 = \pi_0\beta + \pi_1(1-\alpha),$$

$$\pi_1 = \pi_0(1-\beta) + \pi_1\alpha,$$

$$\pi_0 + \pi_1 = 1.$$

求解可得

$$\pi_1 = \frac{1-\beta}{2-\alpha-\beta}, \quad \pi_0 = \frac{1-\alpha}{2-\alpha-\beta}.$$

现在考虑大小为 N 的总体. 因为在稳定状态每个个体将以概率 π_1 是积极的,又因为每一个个体的状态改变与其他个体是独立的,所以稳定状态下积极的个体数有参数为 (N, π_1) 的二项分布. 因此恰有 j 个体积极的长程时间比例是

$$\pi_j(N) = \binom{N}{j}\left(\frac{1-\beta}{2-\alpha-\beta}\right)^j\left(\frac{1-\alpha}{2-\alpha-\beta}\right)^{N-j}.$$

注意到稳定状态下积极的期望个体数是 $\frac{N(1-\alpha)}{2-\alpha-\beta}$, 与 (b) 中一致.

32. 这是以开的开关个数为状态的三状态马尔可夫链. 长程比例的方程组是

$$\pi_0 = \frac{9}{16}\pi_0 + \frac{1}{4}\pi_1 + \frac{1}{16}\pi_2, \quad \pi_1 = \frac{3}{8}\pi_0 + \frac{1}{2}\pi_1 + \frac{3}{8}\pi_2, \quad \pi_0 + \pi_1 + \pi_2 = 1.$$

求解可得

$$\pi_0 = \frac{2}{7}, \quad \pi_1 = \frac{3}{7}, \quad \pi_2 = \frac{2}{7}.$$

41. $e_j = \sum_{i=0}^{j-1} P(\text{从 } i \text{ 直接进入 } j) = \sum_{i=0}^{j-1} e_i P_{i,j}.$

$e_1 = 1/3,$

$e_2 = 1/3 + 1/3(1/3) = 4/9,$

$e_3 = 1/3 + 1/3(1/3) + 4/9(1/3) = 16/27,$

$e_4 = 1/3(1/3) + 4/9(1/3) + 16/27(1/3) = 37/81,$

$e_5 = 4/9(1/3) + 16/27(1/3) + 37/81(1/3) = 158/243.$

47. $\{Y_n, n \geqslant 1\}$ 是以 (i,j) 为状态的马尔可夫链.

$$P_{(i,j),(k,l)} = \begin{cases} 0, & \text{若 } j \neq k, \\ P_{jl}, & \text{若 } j = k, \end{cases}$$

其中 P_{jl} 是 $\{X_n\}$ 的转移概率.

$$\lim_{n\to\infty} P\{Y_n = (i,j)\} = \lim_{n\to\infty} P\{X_n = i, X_{n+1} = j\} = \lim_{n\to\infty}[P\{X_n = i\}P_{ij}] = \pi_i P_{ij}.$$

62. 容易验证平稳概率是 $\pi_i = \frac{1}{n+1}$. 因此回到出发位置的步数的期望是 $n+1$.

68. (a) $\sum_i \pi_i Q_{ij} = \sum_i \pi_j P_{ji} = \pi_j \sum_i P_{ji} = \pi_j.$

(b) 无论是跟踪时间向前方向的状态序列，还是跟踪时间向后方向，状态是 i 的时间比例
是一样的.

第 5 章习题（第 303 页）的答案

5. $P\{Y = n\} = P\{n-1 < X < n\} = e^{-\lambda(n-1)} - e^{-\lambda n} = (e^{-\lambda})^{n-1}(1 - e^{-\lambda}).$

7.
$$\begin{aligned}
P\{X_1 < X_2 \mid \min(X_1, X_2) = t\} &= \frac{P\{X_1 < X_2, \min(X_1, X_2) = t\}}{P\{\min(X_1, X_2) = t\}} \\
&= \frac{P\{X_1 = t, X_2 > t\}}{P\{X_1 = t, X_2 > t\} + P\{X_2 = t\, X_1 > t\}} \\
&= \frac{f_1(t)[1 - F_2(t)]}{f_1(t)[1 - F_2(t)] + f_2(t)[1 - F_1(t)]}.
\end{aligned}$$

分子分母同时除以 $[1 - F_1(t)][1 - F_2(t)]$ 就得到结果.（当然，f_i 和 F_i 是 X_i 的密度和分
布函数，$i = 1, 2$）. 为了使上面的推导严格，应该用 $\in (t, t+\varepsilon)$ 代替 "$=t$", 然后令 $\varepsilon \to 0$.

10. (a) $E[MX \mid M = X] = E[M^2 \mid M = X] = E[M^2] = \frac{2}{(\lambda+\mu)^2}.$

(b) 根据指数随机变量的无记忆性，给定 $M = Y$, X 的分布与 $M + X'$ 相同，其中 X'
是独立于 M 的速率为 λ 的指数随机变量. 所以
$$E[MX \mid M = Y] = E[M(M + X')] = E[M^2] + E[M]E[X'] = \frac{2}{(\lambda+\mu)^2} + \frac{1}{\lambda(\lambda+\mu)}.$$

(c) $E[MX] = E[MX \mid M = X]\dfrac{\lambda}{\lambda+\mu} + E[MX \mid M = Y]\dfrac{\mu}{\lambda+\mu} = \dfrac{2\lambda+\mu}{\lambda(\lambda+\mu)^2},$
所以
$$\text{Cov}(X, M) = \frac{\lambda}{\lambda(\lambda+\mu)^2}.$$

18. (a) $1/(2\mu)$.

(b) $1/(4\mu^2)$，因为一个指数随机变量的方差是其均值的平方.

(c) 和 (d) 由指数随机变量的无记忆性推出，$X_{(2)}$ 超出 $X_{(1)}$ 的量 A 是速率为 μ 的指数
随机变量，而且独立于 $X_{(1)}$. 所以
$$E[X_{(2)}] = E[X_{(1)} + A] = \frac{1}{2\mu} + \frac{1}{\mu},$$
$$\text{Var}(X_{(2)}) = \text{Var}(X_{(1)} + A) = \frac{1}{4\mu^2} + \frac{1}{\mu^2} = \frac{5}{4\mu^2}.$$

23. (a) $1/2$.

(b) $\left(\frac{1}{2}\right)^{n-1}$. 只要电池 1 在使用，而失效发生且不是电池 1 失效的概率是 $\frac{1}{2}$.

(c) $\left(\frac{1}{2}\right)^{n-i+1}$, $i > 1$.

(d) T 是 $n-1$ 个速率为 2μ 的独立指数随机变量（由于每次失效发生到下一次失效发生的时间是速率为 2μ 的指数随机变量）之和.

(e) 参数为 $n-1$ 和 2μ 的伽马分布.

36.
$$E[S(t)\,|\,N(t)=n] = sE\left[\prod_{i=1}^{N(t)} X_i\,\Big|\,N(t)=n\right] = sE\left[\prod_{i=1}^{n} X_i|N(t)=n\right]$$
$$= sE\left[\prod_{i=1}^{n} X_i\right] = s(E[X])^n = s(1/\mu)^n.$$

于是
$$E[S(t)] = s\sum_n (1/\mu)^n e^{-\lambda t}(\lambda t)^n/n! = se^{-\lambda t}\sum_n (\lambda t/\mu)^n/n! = se^{-\lambda t + \lambda t/\mu}.$$

由同样的推理可得
$$E\left[S^2(t)\,|\,N(t)=n\right] = s^2\left(E\left[X^2\right]\right)^n = s^2(2/\mu^2)^n,$$

从而
$$E\left[S^2(t)\right] = s^2 e^{-\lambda t + 2\lambda t/\mu^2}.$$

40. 最容易的方法是利用定义 5.3. 容易看出 $\{N(t), t \geqslant 0\}$ 也具有平稳和独立增量. 由于两个独立的泊松随机变量的和也是泊松随机变量, 因此 $N(t)$ 是均值为 $(\lambda_1 + \lambda_2)t$ 的泊松随机变量.

64. (a) 在给定 $N(t)$ 时, 每次到达在 $(0,t)$ 上均匀分布, 由此推出
$$E[X\,|\,N(t)] = N(t)\int_0^t (t-s)\frac{\mathrm{d}s}{t} = N(t)\frac{t}{2}.$$

(b) 令 $U_1, U_2, \cdots$ 是在 $(0,t)$ 上均匀分布的独立随机变量. 那么
$$\mathrm{Var}(X\,|\,N(t)=n) = \mathrm{Var}\left[\sum_{i=1}^{n}(t-U_i)\right] = n\,\mathrm{Var}(U_i) = n\frac{t^2}{12}.$$

(c) 由 (a) 和 (b) 与条件方差公式可得
$$\mathrm{Var}(X) = \mathrm{Var}\left(\frac{N(t)t}{2}\right) + E\left[\frac{N(t)t^2}{12}\right] = \frac{\lambda tt^2}{4} + \frac{\lambda tt^2}{12} = \frac{\lambda t^3}{3}.$$

79. 这是强度函数为 $p(t)\lambda(t)$, $t > 0$ 的非时齐泊松过程.

84. 如果首个大于 t 的 X 取值在 t 和 $t + \mathrm{d}t$ 之间, 那么就有一个记录, 其值在 t 和 $t + \mathrm{d}t$ 之间. 由此我们看到, 独立于所有小于 t 的记录值, 以概率 $\lambda(t)\mathrm{d}t$ 有一个记录值在 t 和 $t + \mathrm{d}t$ 之间, 其中 $\lambda(t)$ 是失败率函数
$$\lambda(t) = \frac{f(t)}{1 - F(t)}.$$

由上面可知, 记录值的计数过程有独立增量性, 我们可以得出结论（因为 X_i 都是连续的, 所以不能有多重记录值）, 它是一个强度函数为 $\lambda(t)$ 的非时齐泊松过程. 当 f 是指数密度时, 有 $\lambda(t) = \lambda$, 所以记录值的计数过程是速率为 λ 的普通泊松过程.

91. 首先注意
$$P\left\{X_1 > \sum_{i=2}^{n} X_i\right\} = P\{X_1 > X_2\}P\{X_1 - X_2 > X_3\,|\,X_1 > X_2\}$$
$$\times P\{X_1 - X_2 - X_3 > X_4|X_1 > X_2 + X_3\}\cdots$$
$$\times P\{X_1 - X_2 - \cdots - X_{n-1} > X_n\,|\,X_1 > X_2 + \cdots + X_{n-1}\}$$

$$= \left(\frac{1}{2}\right)^{n-1}. \quad （由无记忆性）$$

因此，

$$P\left\{M > \sum_{i=1}^{n} X_i - M\right\} = \sum_{i=1}^{n} P\left\{X_i > \sum_{j \neq i} X_j\right\} = \frac{n}{2^{n-1}}.$$

第 6 章习题（第 357 页）的答案

2. 令 $N_A(t)$ 是在状态 A 的有机体个数，$N_B(t)$ 是在状态 B 的有机体个数. 那么 $\{N_A(t), N_B(t)\}$ 是连续时间的马尔可夫链，具有

$$v_{\{n,m\}} = \alpha n + \beta m,$$
$$P_{\{n,m\},\{n-1,m+1\}} = \frac{\alpha n}{\alpha n + \beta m},$$
$$P_{\{n,m\},\{n+2,m-1\}} = \frac{\beta m}{\alpha n + \beta m}.$$

4. 令 $N(t)$ 为在时刻 t 服务站中的顾客数. 那么 $\{N(t)\}$ 是具有

$$\lambda_n = \lambda \alpha_n, \mu_n = \mu$$

的生灭过程.

7. (a) 是.

(b) 对于 $\boldsymbol{n} = (n_1, \cdots, n_i, n_{i+1}, \cdots, n_{k-1})$，令

$$S_i(\boldsymbol{n}) = (n_1, \cdots, n_i - 1, n_{i+1} + 1, \cdots, n_{k-1}), \quad i = 1, \cdots, k-2,$$
$$S_{k-1}(\boldsymbol{n}) = (n_1, \cdots, n_i, n_{i+1}, \cdots, n_{k-1} - 1),$$
$$S_0(\boldsymbol{n}) = (n_1 + 1, \cdots, n_i, n_{i+1}, \cdots, n_{k-1}).$$

那么

$$q_{\boldsymbol{n}, S_i(\boldsymbol{n})} = n_i \mu, \quad i = 1, \cdots, k-1,$$
$$q_{\boldsymbol{n}, S_0(\boldsymbol{n})} = \lambda.$$

11. (b) 根据提示利用无记忆性和 $j - (i-1)$ 个速率为 λ 的独立指数随机变量的最小值 ε_i 是速率为 $(j-i+1)\lambda$ 的指数随机变量这一事实.

(c) 由 (a) 和 (b) 可得

$$P\{T_1 + \cdots + T_j \leqslant t\} = P\left\{\max_{1 \leqslant i \leqslant j} X_i \leqslant t\right\} = (1 - \mathrm{e}^{-\lambda t})^j.$$

(d) 所有概率都以 $X(0) = 1$ 为条件，

$$\begin{aligned}
P_{1j}(t) &= P\{X(t) = j\} \\
&= P\{X(t) \geqslant j\} - P\{X(t) \geqslant j+1\} \\
&= P\{T_1 + \cdots + T_j \leqslant t\} - P\{T_1 + \cdots + T_{j+1} \leqslant t\}.
\end{aligned}$$

(e) i 个参数为 $p = \mathrm{e}^{-\lambda t}$ 的独立几何随机变量的和，是一个参数为 i 和 p 的负二项随机变量. 这是由于从初始总体 i 开始等价于有 i 个独立的尤尔过程，每个过程都从单个个体开始.

16. 令状态是

2，如果附着了一个可接受的分子；

0，如果没有附着分子；

1，如果附着了一个不可接受的分子.

那么这是一个生灭过程，具有平衡方程

$$\mu_1 P_1 = \lambda(1-\alpha)P_0,$$
$$\mu_2 P_2 = \lambda \alpha P_0.$$

因为 $\sum_{i=0}^{2} P_i = 1$，所以

$$P_2 = \left[1 + \frac{\mu_2}{\lambda \alpha} + \frac{1-\alpha}{\alpha}\frac{\mu_2}{\mu_1}\right]^{-1} = \frac{\lambda \alpha \mu_1}{\lambda \alpha \mu_1 + \mu_1 \mu_2 + \lambda(1-\alpha)\mu_2},$$

其中 P_2 是这个位点被一个可接受的分子占据的时间百分比. 这个位点被一个不可接受的分子占据的时间百分比是

$$P_1 = \frac{1-\alpha}{\alpha}\frac{\mu_2}{\mu_1}P_2 = \frac{\lambda(1-\alpha)\mu_2}{\lambda \alpha \mu_1 + \mu_1 \mu_2 + \lambda(1-\alpha)\mu_2}.$$

19. 有 4 个状态. 令状态 0 是没有机器发生故障；状态 1 是机器 1 发生故障，而机器 2 在运行；状态 2 是机器 1 在运行，而机器 2 发生故障；状态 3 是两个机器都发生故障. 平衡方程如下：

$$(\lambda_1 + \lambda_2)P_0 = \mu_1 P_1 + \mu_2 P_2,$$
$$(\mu_1 + \lambda_2)P_1 = \lambda_1 P_0,$$
$$(\lambda_1 + \mu_2)P_2 = \lambda_2 P_0 + \mu_1 P_3,$$
$$\mu_1 P_3 = \lambda_2 P_1 + \lambda_1 P_2,$$
$$P_0 + P_1 + P_2 + P_3 = 1.$$

这些方程很容易求解，而机器 2 发生故障的时间比例是 $P_2 + P_3$.

24. 我们令状态为在等待的出租车的数量. 那么我们得到一个 $\lambda_n = 1$, $\mu_n = 2$ 的生灭过程. 这是 M/M/1.

(a) 等待的出租车的平均数 $= \dfrac{1}{\mu - \lambda} = \dfrac{1}{2-1} = 1$.

(b) 到达的顾客搭到出租车的比例，是到达的顾客至少找到一辆在等待的出租车的比例. 这样的顾客的到达率是 $2(1-P_0)$. 所以这种到达者的比例是

$$\frac{2(1-P_0)}{2} = 1 - P_0 = 1 - \left(1 - \frac{\lambda}{\mu}\right) = \frac{\lambda}{\mu} = \frac{1}{2}.$$

28. 令 P_{ij}^x, v_i^x 为 $X(t)$ 的参数，P_{ij}^y, v_i^y 为过程 $Y(t)$ 的参数，令极限概率分别是 P_i^x, P_i^y. 由独立性可知马尔可夫链 $\{X(t), Y(t)\}$ 的参数为

$$v_{(i,l)} = v_i^x + v_l^y,$$
$$P_{(i,l)(j,l)} = \frac{v_i^x}{v_i^x + v_l^y}P_{ij}^x,$$
$$P_{(i,l)(i,k)} = \frac{v_l^y}{v_i^x + v_l^y}P_{lk}^y,$$

且

$$\lim_{t \to \infty} P\{(X(t), Y(t)) = (i,j)\} = P_i^x P_j^y.$$

因此，我们需要证明

$$P_i^x P_l^y v_i^x P_{ij}^x = P_j^x P_l^y v_j^x P_{ji}^x$$

（即从 (i,l) 到 (j,l) 的速率等于从 (j,l) 到 (i,l) 的速率）. 而这是由于在 $X(t)$ 中从 i 到 j 的速率等于从 j 到 i 的速率，即

$$P_i^x v_i^x P_{ij}^x = P_j^x v_j^x P_{ji}^x.$$

在看 (i,l) 和 (i,k) 时，其分析是类似的.

33. 首先假设等待厅有无限容量. 令 $X_i(t)$ 为在服务线 i ($i=1,2$) 的顾客数. 由于每个 M/M/1 过程 $\{X_i(t)\}$ 是时间可逆的, 因此由习题 28 推出, 向量过程 $\{(X_1(t), X_2(t)), t \geqslant 0\}$ 是时间可逆的马尔可夫链. 我们感兴趣的过程正是这个向量过程在状态集合 A 上的截断, 其中

$$A = \{(0,m) : m \leqslant 4\} \cup \{(n,0) : n \leqslant 4\} \cup \{(n,m) : nm > 0, n+m \leqslant 5\}.$$

因此, 服务线 1 有 n 个人且服务线 2 有 m 个人的概率是

$$P_{(n,m)} = k \left(\frac{\lambda_1}{\mu_1}\right)^n \left(1 - \frac{\lambda_1}{\mu_1}\right) \left(\frac{\lambda_2}{\mu_2}\right)^m \left(1 - \frac{\lambda_2}{\mu_2}\right)$$
$$= C \left(\frac{\lambda_1}{\mu_1}\right)^n \left(\frac{\lambda_2}{\mu_2}\right)^m, \qquad (n,m) \in A.$$

常数 C 由

$$\sum P_{n,m} = 1$$

确定, 其中的和求遍 A 中的 (n,m).

40. 时间可逆性方程是

$$P(i)\frac{v_i}{n-1} = P(j)\frac{v_j}{n-1},$$

推出解

$$P(j) = \frac{1/v_j}{\sum_{i=1}^n 1/v_i}.$$

因此, 这个链是时间可逆的, 且具有上面给出的长程比例.

50. (a) 矩阵 $\boldsymbol{P}^*$ 可以写成

$$\boldsymbol{P}^* = \boldsymbol{I} + \boldsymbol{R}/v,$$

所以 P_{ij}^{*n} 可取矩阵 $(\boldsymbol{I} + \boldsymbol{R}/v)^n$ 的 (i,j) 元素, 在 $v = n/t$ 时即可得出结果.

(b) 均匀化显示了 $P_{ij}(t) = E\left[P_{ij}^{*N}\right]$, 其中 N 是一个独立于转移概率为 P_{ij}^* 的马尔可夫链且均值为 vt 的泊松随机变量. 因为均值为 vt 的泊松随机变量的标准差是 $\sqrt{vt}$, 所以对于很大的值 vt, 此随机变量应该在 vt 附近. (例如, 因为均值为 10^6 的泊松随机变量的标准差是 10^3, 所以随机变量以高概率在 10^6 的 ± 3000 附近.) 因此, 对于固定的 i,j, 当 vt 很大时, 对在 vt 附近的值 m, P_{ij}^{*m} 的变化不应很大, 由此推出对于很大的 vt 有

$$E\left[P_{ij}^{*N}\right] \approx P_{ij}^{*n}, \quad \text{其中 } n = vt.$$

第 7 章习题 (第 419 页) 的答案

5. (a) 考虑一个速率为 λ 的泊松过程, 并且只要这个泊松过程中编号为 $r, 2r\ 3r, \cdots$ 的一个事件发生, 就说更新过程的一个事件发生. 于是

$$P\{N(t) \geqslant n\} = P\{\text{到 } t \text{ 为止有 } nr \text{ 个或更多泊松事件发生}\} = \sum_{i=nr}^{\infty} \frac{\mathrm{e}^{-\lambda t}(\lambda t)^i}{i!}.$$

(b) $E[N(t)] = \sum_{n=1}^{\infty} P\{N(t) \geqslant n\} = \sum_{n=1}^{\infty} \sum_{i=nr}^{\infty} \frac{\mathrm{e}^{-\lambda t}(\lambda t)^i}{i!}$

$$= \sum_{i=r}^{\infty} \sum_{n=1}^{[i/r]} \frac{\mathrm{e}^{-\lambda t}(\lambda t)^i}{i!} = \sum_{i=r}^{\infty} \left\lfloor \frac{i}{r} \right\rfloor \frac{\mathrm{e}^{-\lambda t}(\lambda t)^i}{i!}.$$

8. (a) 到 t 为止被替换的机器数构成一个更新过程. 如果新机器的寿命 $\geqslant T$, 则替换之间的时间等于 T; 如果新机器的寿命是 x, $x < T$, 则替换之间的时间等于 x. 因此,

$$E[\text{替换之间的时间}] = \int_0^T xf(x)\mathrm{d}x + T[1 - F(T)],$$

从而根据命题 7.1 就能得出结果.

(b) 到 t 为止已经发生故障的机器数构成一个更新过程. 在使用和发生故障之间的平均时间 $E[F]$ 可以通过以首台机器的寿命为条件来计算, 即 $E[F] = E\big[E[F \mid \text{首台机器的寿命}]\big]$. 现在

$$E[F \mid \text{首台机器的寿命是 } x] = \begin{cases} x, & \text{若 } x \leqslant T, \\ T + E[F], & \text{若 } x > T. \end{cases}$$

因此

$$E[F] = \int_0^T xf(x)\mathrm{d}x + (T + E[F])[1 - F(T)],$$

也就是

$$E[F] = \frac{\int_0^T xf(x)\mathrm{d}x + T[1 - F(T)]}{F(T)},$$

从而根据命题 7.1 就能得出结果.

18. 我们可以想象一个更新对应于一台机器故障, 且每次一台新的机器投入使用时, 它的寿命以概率 p 服从速率为 μ_1 的指数分布, 以概率 $1 - p$ 服从速率为 μ_2 的指数分布. 因此, 如果我们的状态是当前使用的机器的指数寿命分布的序号, 那么这是一个两状态的连续时间的马尔可夫链, 其强度率为

$$q_{1,2} = \mu_1(1 - p), q_{2,1} = \mu_2 p.$$

因此

$$P_{11}(t) = \frac{\mu_1(1 - p)}{\mu_1(1 - p) + \mu_2 p}\exp\big\{-[\mu_1(1 - p) + \mu_2 p]t\big\} + \frac{\mu_2 p}{\mu_1(1 - p) + \mu_2 p},$$

对其他的转移概率也有类似的表达式 ($P_{12}(t) = 1 - P_{11}(t)$, 而 $P_{22}(t)$ 类似, 只不过 $\mu_2 p$ 和 $\mu_1(1 - p)$ 互换位置). 现在以首台机器为条件, 得到

$$E[Y(t)] = pE[Y(t) \mid X(0) = 1] + (1 - p)E[Y(t) \mid X(0) = 2]$$

$$= p\left[\frac{P_{11}(t)}{\mu_1} + \frac{P_{12}(t)}{\mu_2}\right] + (1 - p)\left[\frac{P_{21}(t)}{\mu_1} + \frac{P_{22}(t)}{\mu_2}\right].$$

最后, 我们可以从

$$\mu[m(t) + 1] = t + E[Y(t)]$$

得到 $m(t)$, 其中

$$\mu = p/\mu_1 + (1 - p)/\mu_2$$

是平均到达间隔.

22. (a) 令 X 为 J 拥有一辆车的时间长度. 若到时刻 T 为止车发生故障, 则令 I 为 1, 否则 I 为 0. 于是有

$$E[X] = E[X \mid I = 1](1 - \mathrm{e}^{-\lambda T}) + E[X \mid I = 0]\mathrm{e}^{-\lambda T}$$

$$= \left(T + \frac{1}{\mu}\right)(1 - \mathrm{e}^{-\lambda T}) + \left(T + \frac{1}{\lambda}\right)\mathrm{e}^{-\lambda T}$$

$$= T + \frac{1 - \mathrm{e}^{-\lambda T}}{\mu} + \frac{\mathrm{e}^{-\lambda T}}{\lambda}.$$

$1/E[X]$ 是 J 购买新车的速率.

(b) 令 W 是购买一辆新车包含的全部费用. 那么, 对于首次发生故障的时刻 Y, 有

$$E[W] = \int_0^\infty E[W \mid Y = y]\lambda e^{-\lambda y}\mathrm{d}y$$

$$= C + \int_0^T r(1 + \mu(T-y) + 1)\lambda e^{-\lambda y}\mathrm{d}y + \int_T^\infty r\lambda e^{-\lambda y}\mathrm{d}y$$

$$= C + r\left(2 - e^{-\lambda T}\right) + r\int_0^T \mu(T-y)\lambda e^{-\lambda y}\mathrm{d}y.$$

J 的长程平均费用是 $E[W]/E[X]$.

30. $\dfrac{A(t)}{t} = \dfrac{t - S_{N(t)}}{t} = 1 - \dfrac{S_{N(t)}}{t} = 1 - \dfrac{S_{N(t)}}{N(t)}\dfrac{N(t)}{t}.$

由于 $S_{N(t)}/N(t) \to \mu$ (由强大数定律) 和 $N(t)/t \to 1/\mu$, 因此得出结果.

35. (a) 我们可以将这看成一个 M/G/∞ 系统, 其中卫星发射对应于顾客到达, 而 F 是服务分布. 因此

$$P\{X(t) = k\} = e^{-\lambda(t)}[\lambda(t)]^k/k!,$$

其中 $\lambda(t) = \lambda \int_0^t (1 - F(s))\mathrm{d}s$.

(b) 将这个系统看成交替更新过程, 如果至少有一颗卫星在轨道上, 那么系统处于开, 于是

$$\lim P\{X(t) = 0\} = \frac{1/\lambda}{1/\lambda + E[T]},$$

其中在一个循环中处于开的时间 T 正是我们感兴趣的量. 由 (a) 可得

$$\lim P\{X(t) = 0\} = e^{-\lambda\mu},$$

其中 $\mu = \int_0^\infty (1 - F(s))\mathrm{d}s$ 是一颗卫星在轨道上的平均时间. 因此

$$e^{-\lambda\mu} = \frac{1/\lambda}{1/\lambda + E[T]},$$

所以

$$E[T] = \frac{1 - e^{-\lambda\mu}}{\lambda e^{-\lambda\mu}}.$$

46. (a) $F_e(x) = \dfrac{1}{\mu}\int_0^x e^{-y/\mu}\mathrm{d}y = 1 - e^{-x/\mu}.$

(b) $F_e(x) = \dfrac{1}{c}\int_0^x \mathrm{d}y = \dfrac{x}{c},\ 0 \leqslant x \leqslant c.$

(c) 如果从你停车开始,停车管理员在一小时内出现,那么你将收到一张罚单. 根据例 7.27, 直到停车管理员出现的时间具有分布 F_e, 由 (b) 可知, 它是 $(0,2)$ 上的均匀分布. 于是, 所求概率是 1/2.

48. (a) 令 N_i 为乘坐第 i 辆公交车的乘客数. 若将 X_i 解释成在时刻 i 获得的报酬, 那么我们就有了一个更新报酬过程, 其第 i 个循环的长度为 N_i, 报酬为 $X_{N_1+\cdots+N_{i-1}+1} + \cdots + X_{N_1+\cdots+N_i}$. 因此 (a) 成立是因为 N 是首个循环的时刻, 而 $X_1 + \cdots + X_N$ 是首个循环的报酬.

(b) 以 $N(t)$ 为条件, 且利用在以 $N(t) = n$ 为条件时, n 个到达时间在 $(0,t)$ 上独立均匀分布. $S \equiv X_1 + \cdots + X_N$ 是这 n 个顾客中等待时间小于 x 的人数, 由此可得

$$E[S \mid T = t, N(t) = n] = \begin{cases} nx/t, & \text{若 } x < t, \\ n, & \text{若 } x > t. \end{cases}$$

也就是说,$E[S \mid T=t, N(t)] = N(t)\min(x,t)/t$. 取期望得到 $E[S \mid T=t] = \lambda\min(x,t)$.

(c) 由 (b) 可知 $E[S \mid T] = \lambda \min(x, T)$, 取期望就得到 (c).

(d) 根据 (a) 和 (c), 通过利用

$$E[\min(x, T)] = \int_0^\infty P\{\min(x, T) > t\}\mathrm{d}t = \int_0^x P\{T > t\}\mathrm{d}t,$$

并结合等式 $E[S] = \lambda E[T]$ 就得到 (d).

(e) 因为到达者的等待时间是直至下一辆公交车到达的时间, 所以由前面的结果可得 PASTA 结果, 即看到公交车到达的更新过程的超额寿命小于 x 的到达者的比例, 等于小于 x 的时间比例.

53. 将每个到达间隔想象由 n 个独立的阶段组成 (其中每个阶段都服从速率为 λ 的指数分布), 并考虑半马尔可夫过程, 它在任意时间的状态是当前到达间隔的阶段. 因此, 这个半马尔可夫过程从状态 1 到 2 到 3$\cdots$ 到 n 到 1, 等等. 此外, 在每个状态停留的时间有相同的分布. 于是, 这个半马尔可夫过程的极限概率是 $P_i = 1/n$, $i = 1, \cdots, n$. 为了计算 $\lim P\{Y(t) < x\}$, 我们以在时刻 t 的阶段为条件, 并且注意, 如果它是 $n - i + 1$, 这种情况发生的概率为 $1/n$, 那么直到更新发生的时间将是 i 个指数阶段的和, 于是它将服从参数为 i 和 λ 的伽马分布.

第 8 章习题 (第 491 页) 的答案

2. 这个问题可以用一个 M/M/1 排队系统来建模, 其中 $\lambda = 6$, $\mu = 8$. 平均费用率将是

每台机器每小时 10 美元 $\times$ 故障机器的平均台数.

故障机器的平均台数正是 L, 它可以通过式 (8.2) 计算得出:

$$L = \frac{\lambda}{\mu - \lambda} = \frac{6}{2} = 3.$$

因此, 平均费用率 $= 30$ 美元/小时.

8. 为了对 M/M/2 计算 W, 建立如下平衡方程组:

$$\lambda P_0 = \mu P_1, \qquad (每条服务线具有速率 \mu)$$

$$(\lambda + \mu)P_1 = \lambda P_0 + 2\mu P_2,$$

$$(\lambda + 2\mu)P_n = \lambda P_{n-1} + 2\mu P_{n+1}, \qquad n \geqslant 2.$$

这些方程的解为 $P_n = (\rho^n/2^{n-1})P_0$, 其中 $\rho = \lambda/\mu$. 由边界条件 $\sum_{n=0}^\infty P_n = 1$ 可得

$$P_0 = \frac{1 - \rho/2}{1 + \rho/2} = \frac{2 - \rho}{2 + \rho}.$$

现在我们有了 P_n, 所以可以计算 L, 从而由 $L = \lambda W$ 计算 W,

$$L = \sum_{n=0}^\infty n P_n = \rho P_0 \sum_{n=0}^\infty n \left(\frac{\rho}{2}\right)^{n-1} = 2P_0 \sum_{n=0}^\infty n \left(\frac{\rho}{2}\right)^n$$

$$= 2\frac{2 - \rho}{2 + \rho}\frac{\rho/2}{(1 - \rho/2)^2} \qquad [\text{ 见式 (8.7) 的推导 }]$$

$$= \frac{4\rho}{(2 + \rho)(2 - \rho)} = \frac{4\mu\lambda}{(2\mu + \lambda)(2\mu - \lambda)}.$$

根据 $L = \lambda W$, 我们有

$$W = W(\text{M/M/2}) = \frac{4\mu}{(2\mu + \lambda)(2\mu - \lambda)}.$$

根据式 (8.8), 服务速率为 2μ 的 M/M/1 排队系统有

$$W(\text{M/M/1}) = \frac{1}{2\mu - \lambda}.$$

我们假定这个 M/M/1 排队系统有 $2\mu > \lambda$, 从而排队系统是稳定的. 但是这样 $4\mu > 2\mu + \lambda$, 从而 $4\mu/(2\mu + \lambda) > 1$, 由此可得 $W(\mathrm{M/M/2}) > W(\mathrm{M/M/1})$. 直观解释为, 如果顾客到达 M/M/2 系统时, 系统空着, 那么有两条服务线是没有必要的, 不如只有一条更快的服务线. 现在, 令 $W_Q^1 = W_Q(\mathrm{M/M/1})$, $W_Q^2 = W_Q(\mathrm{M/M/2})$. 于是

$$W_Q^1 = W(\mathrm{M/M/1}) - 1/2\mu, \qquad W_Q^2 = W(\mathrm{M/M/2}) - 1/\mu.$$

所以

$$W_Q^1 = \frac{\lambda}{2\mu(2\mu - \lambda)}, \qquad [\text{ 由式 (8.8) }]$$

$$W_Q^2 = \frac{\lambda^2}{\mu(2\mu - \lambda)(2\mu + \lambda)}.$$

于是

$$W_Q^1 > W_Q^2 \iff \frac{1}{2} > \frac{\lambda}{(2\mu + \lambda)} \iff \lambda < 2\mu.$$

由于我们假定 $\lambda < 2\mu$ 以保证 M/M/1 的稳定性, 因此只要这种比较是可能的, 即只要 $\lambda < 2\mu$, 就有 $W_Q^2 < W_Q^1$.

13. 若有 n 个家庭和 m 辆出租车在等待, 且 $nm = 0$, 则令状态为 (n, m). 时间可逆性方程是

$$P_{(n-1,0)}\lambda = P_{(n,0)}\mu, \qquad n = 1, \cdots, N,$$

$$P_{(0,m-1)}\mu = P_{(0,m)}\lambda, \qquad m = 1, \cdots, M.$$

求解得到

$$P_{(n,0)} = (\lambda/\mu)^n P_{(0,0)}, \qquad n = 0.1, \cdots, N,$$

$$P_{(0,m)} = (\mu/\lambda)^m P_{(0,0)}, \qquad m = 0.1, \cdots, M,$$

其中

$$\frac{1}{P_{(0,0)}} = \sum_{n=0}^{N} (\lambda/\mu)^n + \sum_{m=1}^{M} (\mu/\lambda)^m.$$

(a) $\sum_{m=0}^{M} P_{(0,m)}$.

(b) $\sum_{n=0}^{N} P_{(n,0)}$.

(c) $\frac{\sum_{n=0}^{N} n P_{(n,0)}}{\lambda(1 - P_{(N,0)})}$.

(d) $\frac{\sum_{m=0}^{M} m P_{(0,m)}}{\mu(1 - P_{(0,M)})}$.

(e) $1 - P_{(N,0)}$.

当 $N = M = \infty$ 时, 时间可逆性方程变成

$$P_{(n-1,0)}\lambda = P_{(n,0)}(\mu + n\alpha), \qquad n \geqslant 1,$$

$$P_{(0,m-1)}\mu = P_{(0,m)}(\lambda + m\beta), \qquad m \geqslant 1.$$

求解得到

$$P_{(n,0)} = P_{(0,0)} \prod_{i=1}^{n} \frac{\lambda}{\mu + i\alpha}, \qquad n \geqslant 1,$$

$$P_{(0,m)} = P_{(0,0)} \prod_{i=1}^{m} \frac{\mu}{\lambda + i\beta}, \qquad m \geqslant 1.$$

其余和以上过程类似.

25. (a) $\lambda_1 P_{10}$.

(b) $\lambda_2(P_0 + P_{10})$.

(c) $\lambda_1 P_{10} / [\lambda_1 P_{10} + \lambda_2(P_0 + P_{10})]$.

(d) 这等于服务线 2 的顾客是类型 1 的比例乘以服务线 2 在忙的时间比例.（这是正确的，因为服务线 2 服务于一个顾客的时间并不依赖于他的类型.）于是由 (c) 可知，答案是

$$\frac{(P_{01} + P_{11})\lambda_1 P_{10}}{\lambda_1 P_{10} + \lambda_2 (P_0 + P_{10})}.$$

28. 现在的状态是 n（$n \geqslant 0$）和 n'（$n' \geqslant 1$），其中当系统中有 n 个人且服务线没有损坏时，状态是 n，当系统中有 n 个人且服务线处于损坏时，状态是 n'. 平衡方程组是

$$\lambda P_0 = \mu P_1,$$
$$(\lambda + \mu + \alpha)P_n = \lambda P_{n-1} + \mu P_{n+1} + \beta P_{n'}, \quad n \geqslant 1,$$
$$(\beta + \lambda)P_{1'} = \alpha P_1,$$
$$(\beta + \lambda)P_{n'} = \alpha P_n + \lambda P_{(n-1)'}, \quad n \geqslant 2,$$
$$\sum_{n=0}^{\infty} P_n + \sum_{n=1}^{\infty} P_{n'} = 1.$$

利用上式的解，

$$L = \sum_{n=1}^{\infty} n(P_n + P_{n'}),$$

从而

$$W = \frac{L}{\lambda_a} = \frac{L}{\lambda}.$$

32. 如果在一个顾客离开时系统忙着，那么直到下一次离开的时间是一次服务的时间. 如果在一个顾客离开时系统闲着，那么直到下一次离开的时间是直到下一次到达的时间加上一次服务的时间.

利用矩母函数，我们得到

$$E\left[e^{sD}\right] = \frac{\lambda}{\mu}E\left[e^{sD} \,\middle|\, 系统忙\right] + \left(1 - \frac{\lambda}{\mu}\right)E\left[e^{sD} \,\middle|\, 系统闲\right]$$
$$= \left(\frac{\lambda}{\mu}\right)\left(\frac{\mu}{\mu - s}\right) + \left(1 - \frac{\lambda}{\mu}\right)E\left[e^{s(X+Y)}\right],$$

其中 X 具有到达间隔的分布，Y 具有服务时间的分布，而且 X 和 Y 独立. 于是

$$E\left[e^{s(X+Y)}\right] = E\left[e^{sX}e^{sY}\right]$$
$$= E\left[e^{sX}\right]E\left[e^{sY}\right] \quad （由独立性）$$
$$= \left(\frac{\lambda}{\lambda - s}\right)\left(\frac{\mu}{\mu - s}\right),$$

所以

$$E\left[e^{sD}\right] = \left(\frac{\lambda}{\mu}\right)\left(\frac{\mu}{\mu - s}\right) + \left(1 - \frac{\lambda}{\mu}\right)\left(\frac{\lambda}{\lambda - s}\right)\left(\frac{\mu}{\mu - s}\right) = \frac{\lambda}{\lambda - s}.$$

由矩母函数的唯一性推出，D 具有参数为 λ 的指数分布.

40. 对于这 3 种规定，队列的长度与忙期的分布都是一样的，而等待时间的分布是不同的. 然而，均值是相同的. 因为所有的 L 是相同的，所以这可由 $W = L/\lambda$ 看出. 在先来先服务的规定下，等待时间的方差最小，而在后来先服务的规定下，等待时间的方差最大.

43. (a) 由泊松到达可知 $a_0 = P_0$. 假定在服务中的每个顾客每单位时间支付 1，式 (8.1) 的价格恒等式说明

$$在接受服务的平均顾客数 = \lambda E[S],$$

所以

$$1 - P_0 = \lambda E[S].$$

(b) 由于 a_0 是具有服务分布 G_1 的到达者比例，而 $1 - a_0$ 是具有服务分布 G_2 的到达者比例，因此随之得出结果.

(c) 我们有

$$P_0 = \frac{E[I]}{E[I] + E[B]}$$

和 $E[I] = 1/\lambda$，于是

$$E[B] = \frac{1 - P_0}{\lambda P_0} = \frac{E[S]}{1 - \lambda E[S]}.$$

现在，由 (a) 和 (b) 可知，我们有

$$E[S] = (1 - \lambda E[S])E[S_1] + \lambda E[S]E[S_2].$$

从而

$$E[S] = \frac{E[S_1]}{1 + \lambda E[S_1] + \lambda E[S_2]}.$$

代入 $E[B] = E[S]/(1 - \lambda E[S])$，就可得出结果.

(d) $a_0 = 1/E[C]$，由此可得

$$E[C] = \frac{E[S_1] + 1/\lambda - E[S_2]}{1/\lambda - E[S_2]}.$$

49. 通过将服务期间发生的任意损坏视作这次服务的一部分，我们看到这是一个 M/G/1 模型. 我们需要计算服务时间的前两个矩. 现在，一次服务时间是直至发生某事（完成一次服务，或者服务线损坏）的时间 T 加上任意附加时间 A. 于是

$$E[S] = E[T + A] = E[T] + E[A].$$

为了计算 $E[A]$，我们以发生的事件是完成一次服务，还是服务线损坏为条件. 由此可得

$$E[A] = E[A \mid 完成服务]\frac{\mu}{\mu + \alpha} + E[A \mid 服务线损坏]\frac{\alpha}{\mu + \alpha}$$

$$= E[A \mid 服务线损坏]\frac{\alpha}{\mu + \alpha} = \left(\frac{1}{\beta} + E[S]\right)\frac{\alpha}{\mu + \alpha}.$$

因为 $E[T] = \dfrac{1}{\alpha + \mu}$，所以我们得到

$$E[S] = \frac{1}{\alpha + \mu} + \left(\frac{1}{\beta} + E[S]\right)\frac{\alpha}{\mu + \alpha},$$

从而

$$E[S] = \frac{1}{\mu} + \frac{\alpha}{\mu\beta}.$$

我们还需要 $E[S^2]$：

$$E[S^2] = E[(T + A)^2] = E[T^2] + 2E[AT] + E[A^2] = E[T^2] + 2E[A]E[T] + E[A^2].$$

A 和 T 的独立性是由于首个事件的发生时间，独立于该事件是完成一次服务还是服务线损坏. 现在，

$$E[A^2] = E[A^2 \mid 服务线损坏]\frac{\alpha}{\mu + \alpha} = \frac{\alpha}{\mu + \alpha}E[(系统暂停的时间 + S^*)^2]$$

$$= \frac{\alpha}{\mu + \alpha}\left\{E[系统暂停的时间^2] + 2E[系统暂停的时间]E[S] + E[S^2]\right\}$$

$$= \frac{\alpha}{\mu + \alpha}\left\{\frac{2}{\beta^2} + \frac{2}{\beta}\left[\frac{1}{\mu} + \frac{\alpha}{\mu\beta}\right] + E[S^2]\right\}.$$

因此

$$E\left[S^2\right] = \frac{2}{(\mu+\beta)^2} + 2\left[\frac{\alpha}{\beta(\mu+\alpha)} + \frac{\alpha}{\mu+\alpha}\left(\frac{1}{\mu} + \frac{\alpha}{\mu\beta}\right)\right]$$
$$+ \frac{\alpha}{\mu+\alpha}\left\{\frac{2}{\beta^2} + \frac{2}{\beta}\left[\frac{1}{\mu} + \frac{\alpha}{\mu\beta}\right] + E\left[S^2\right]\right\}.$$

现在求解 $E\left[S^2\right]$. 所要的答案是

$$W_Q = \frac{\lambda E\left[S^2\right]}{2(1-\lambda E[S])}.$$

在上述内容中, S^* 是在服务线修复后的附加服务时间, 并且 S^* 与 S 有相同的分布. 上面也利用了指数随机变量的平方的期望是其期望的平方的两倍这个事实.

计算 S 的矩的另一种方法是用表达式

$$S = \sum_{i=1}^{N}(T_i + B_i) + T_{N+1},$$

其中 N 是一个顾客在服务期间遇到的损坏次数, T_i 是从第 i 次服务开始到一个事件发生的时间, 而 B_i 是第 i 次暂停的时间长度. 现在我们利用这样一个事实: 给定 N 时, 该表达式中的所有随机变量都是独立的指数随机变量, T_i 具有速率 $\mu+\alpha$, B_i 具有速率 β. 这就推出

$$E[S\mid N] = \frac{N+1}{\mu+\alpha} + \frac{N}{\beta}, \qquad \mathrm{Var}(S\mid N) = \frac{N+1}{(\mu+\alpha)^2} + \frac{N}{\beta^2}.$$

由于 $1+N$ 是均值为 $(\mu+\alpha)/\mu$ (且方差为 $\alpha(\mu+\alpha)/\mu^2$) 的几何随机变量, 因此

$$E[S] = \frac{1}{\mu} + \frac{\alpha}{\mu\beta},$$

而且, 利用条件方差公式,

$$\mathrm{Var}(S) = \left[\frac{1}{\mu+\alpha} + \frac{1}{\beta}\right]^2 \frac{\alpha(\alpha+\mu)}{\mu^2} + \frac{1}{\mu(\mu+\alpha)} + \frac{\alpha}{\mu\beta^2}.$$

56. S_n 是第 n 个顾客的服务时间, T_n 是第 n 个顾客和第 $n+1$ 个顾客到达之间的时间.

第 9 章习题 (第 534 页) 的答案

4. (a) $\phi(x) = x_1 \max(x_2, x_3, x_4)x_5$.

(b) $\phi(x) = x_1 \max(x_2x_4, x_3x_5)x_6$.

(c) $\phi(x) = \max(x_1, x_2x_3)x_4$.

6. 一个最小割集必须至少包含每个最小路集的一个分量. 有 6 个最小割集: $\{1,5\}$, $\{1,6\}$, $\{2,5\}$, $\{2,3,6\}$, $\{3,4,6\}$, $\{4,5\}$.

12. 最小路集是: $\{1,4\}$, $\{1,5\}$, $\{2,4\}$, $\{2,5\}$, $\{3,4\}$, $\{3,5\}$. 记 $q_i = 1 - p_i$, 可靠性函数是 $r(\boldsymbol{p}) = P\{$要么 1, 要么 2, 要么 3 运行$\}P\{$要么 4, 要么 5 运行$\} = (1-q_1q_2q_3)(1-q_4q_5)$.

17.
$$E\left[N^2\right] = E\left[N^2 \mid N > 0\right] P\{N > 0\}$$
$$\geqslant (E[N\mid N > 0])^2 P\{N > 0\}. \qquad (\text{由于 } E\left[X^2\right] \geqslant (E[X])^2)$$

于是

$$E\left[N^2\right] P\{N > 0\} \geqslant (E[N\mid N > 0]P\{N > 0\})^2 = (E[N])^2.$$

令 N 为其所有部件都运行的最小路集的个数. 那么 $r(\boldsymbol{p}) = P\{N > 0\}$. 类似地, 如果我们定义 N 为其所有部件都失效的最小割集的个数, 那么 $1 - r(\boldsymbol{p}) = P\{N > 0\}$. 在这两种情形下, 我们可以通过将 N 表示为指示 (即伯努利) 随机变量的和来计算 $E[N]$ 和 $E\left[N^2\right]$ 的表达式. 然后我们可以用不等式推出 $r(\boldsymbol{p})$ 的界.

22. (a) $\overline{F}_t(a) = P\{X > t+a \mid X > t\} = \dfrac{P\{X > t+a\}}{P\{X > t\}} = \dfrac{\overline{F}(t+a)}{\overline{F}(t)}$.

(b) 假设 $\lambda(t)$ 递增, 回忆

$$\overline{F}(t) = \mathrm{e}^{-\int_0^t \lambda(s)\mathrm{d}s}.$$

因此

$$\frac{\overline{F}(t+a)}{\overline{F}(t)} = \exp\left\{-\int_t^{t+a} \lambda(s)\mathrm{d}s\right\},$$

因为 $\lambda(t)$ 递增, 所以它关于 t 递减. 为了逆向证明, 假设 $\overline{F}(t+a)/\overline{F}(t)$ 关于 t 递减. 现在当 a 很小时, 有

$$\frac{\overline{F}(t+a)}{\overline{F}(t)} \approx \mathrm{e}^{-a\lambda(t)}.$$

因此, $\mathrm{e}^{-a\lambda(t)}$ 必须关于 t 递减, 从而 $\lambda(t)$ 递增.

25. 对于 $x \geqslant \zeta$, 因为 IFRA, 所以

$$1 - p = \overline{F}(\zeta) = \overline{F}\big(x(\zeta/x)\big) \geqslant \big[\overline{F}(x)\big]^{\zeta/x},$$

因此 $\overline{F}(x) \leqslant (1-p)^{x/\zeta} = \mathrm{e}^{-\theta x}$.

对于 $x \leqslant \zeta$, 因为 IFRA, 所以

$$\overline{F}(x) = \overline{F}\big(\zeta(x/\zeta)\big) \geqslant \big[\overline{F}(\zeta)\big]^{x/\zeta},$$

因此 $\overline{F}(x) \geqslant (1-p)^{x/\zeta} = \mathrm{e}^{-\theta x}$.

30. $r(\boldsymbol{p}) = p_1 p_2 p_3 + p_1 p_2 p_4 + p_1 p_3 p_4 + p_2 p_3 p_4 - 3 p_1 p_2 p_3 p_4$.

$$r(\mathbf{1} - \boldsymbol{F}(t)) = \begin{cases} 2(1-t)^2(1-t/2) + 2(1-t)(1-t/2)^2 - 3(1-t)^2(1-t/2)^2, & 0 \leqslant t \leqslant 1, \\ 0, & 1 \leqslant t \leqslant 2. \end{cases}$$

$$E[\text{寿命}] = \int_0^1 \left[2(1-t)^2\left(1-\frac{t}{2}\right) + 2(1-t)\left(1-\frac{t}{2}\right)^2 - 3(1-t)^2\left(1-\frac{t}{2}\right)^2\right]\mathrm{d}t = \frac{31}{60}.$$

第 10 章习题（第 569 页）的答案

1. $B(s) + B(t) = 2B(s) + B(t) - B(s)$. 现在, $2B(s)$ 是均值为 0、方差为 $4s$ 的正态随机变量, 而 $B(t) - B(s)$ 是均值为 0、方差为 $t - s$ 的正态随机变量. 因为 $B(s)$ 和 $B(t) - B(s)$ 独立, 所以 $B(s) + B(t)$ 是均值为 0、方差为 $4s + t - s = 3s + t$ 的正态随机变量.

3.
$$\begin{aligned}
E[B(t_1)B(t_2)B(t_3)] &= E\big[E[B(t_1)B(t_2)B(t_3) \mid B(t_1), B(t_2)]\big] \\
&= E\big[B(t_1)B(t_2)E[B(t_3) \mid B(t_1), B(t_2)]\big] \\
&= E[B(t_1)B(t_2)B(t_2)] \\
&= E\big[E\big[B(t_1)B^2(t_2) \mid B(t_1)\big]\big] \\
&= E\big[B(t_1)E\big[B^2(t_2) \mid B(t_1)\big]\big] \\
&= E\big[B(t_1)\big\{(t_2 - t_1) + B^2(t_1)\big\}\big] \qquad (*) \\
&= E\big[B^3(t_1)\big] + (t_2 - t_1)E[B(t_1)] \\
&= 0,
\end{aligned}$$

其中等式 $(*)$ 成立是因为, 对于给定的 $B(t_1)$, $B(t_2)$ 是均值为 $B(t_1)$、方差为 $t_2 - t_1$ 的正态随机变量. 此外, $E\big[B^3(t)\big] = 0$, 因为 $B(t)$ 是均值为 0 的正态随机变量.

5. $P\{T_1 < T_{-1} < T_2\}$

$= P\{$在击中 2 前击中 -1，在击中 -1 前击中 $1\}$

$= P\{$在击中 -1 前击中 $1\} \times P\{$在击中 2 前击中 -1 | 在击中 -1 前击中 $1\}$

$= \dfrac{1}{2} P\{$在上升 1 前下降 $2\}$

$= \dfrac{1}{2} \times \dfrac{1}{3} = \dfrac{1}{6}.$

倒数第二个等式是由于看布朗运动何时首先击中 1.

10. (a) $X(t) = X(s) + X(t) - X(s)$，利用独立增量性，我们看到，给定 $X(s) = c$，$X(t)$ 与 $c + X(t) - X(s)$ 同分布. 由平稳增量性可知，它与 $c + X(t - s)$ 同分布，从而是均值为 $c + \mu(t - s)$、方差为 $(t - s)\sigma^2$ 的正态随机变量.

(b) 用表示式 $X(t) = \sigma B(t) + \mu t$，其中 $\{B(t)\}$ 是标准布朗运动. 利用式 (10.4)，但是将 s 与 t 互换，我们看到，给定 $B(s) = (c - \mu s)/\sigma$ 时，$B(t)$ 的条件分布是均值为 $t(c - \mu s)/(\sigma s)$、方差为 $t(s - t)/s$ 的正态分布. 于是，给定 $X(s) = c, s > t$ 时，$X(t)$ 的条件分布是均值为

$$\sigma \left[\frac{t(c - \mu s)}{\sigma s} \right] + \mu t = \frac{(c - \mu s)t}{s} + \mu t、$$

方差为

$$\frac{\sigma^2 t(s - t)}{s}$$

的正态分布.

19. 因为知道 $Y(t)$ 的值等价于知道 $B(t)$，所以

$E[Y(t) | Y(u), 0 \leqslant u \leqslant s] = \mathrm{e}^{-c^2 t/2} E\left[\mathrm{e}^{cB(t)} \,\middle|\, B(u), 0 \leqslant u \leqslant s \right] = \mathrm{e}^{-c^2 t/2} E\left[\mathrm{e}^{cB(t)} \,\middle|\, B(s) \right].$

现在，给定 $B(s)$，$B(t)$ 的条件分布是均值为 $B(s)$、方差为 $t - s$ 的正态分布. 利用正态随机变量的矩母函数公式，我们看到

$$\mathrm{e}^{-c^2 t/2} E\left[\mathrm{e}^{cB(t)} \,\middle|\, B(s) \right] = \mathrm{e}^{-c^2 t/2} \mathrm{e}^{cB(s) + (t-s)c^2/2} = \mathrm{e}^{-c^2 s/2} \mathrm{e}^{cB(s)} = Y(s).$$

于是 $\{Y(t)\}$ 是一个鞅.

$$E[Y(t)] = E[Y(0)] = 1.$$

20. 由鞅停止定理可得

$$E[B(T)] = E[B(0)] = 0.$$

因为 $B(T) = 2 - 4T$，所以 $2 - 4E[T] = 0$，从而 $E[T] = \dfrac{1}{2}$.

24. 由鞅停止定理和习题 18 的结果推出

$$E[B^2(T) - T] = 0,$$

其中 T 是在这个问题中给出的停时，且

$$B(t) = \frac{X(t) - \mu t}{\sigma}.$$

因此

$$E\left[\frac{(X(T) - \mu T)^2}{\sigma^2} - T \right] = 0.$$

因此 $X(T) = x$，所以由上式可得

$$E\left[(x - \mu T)^2 \right] = \sigma^2 E[T].$$

但是，根据习题 21，$E[T] = x/\mu$，从而上式等价于
$$\mathrm{Var}(\mu T) = \sigma^2 \frac{x}{\mu}, \quad \text{从而} \quad \mathrm{Var}(T) = \sigma^2 \frac{x}{\mu^3}.$$

第 11 章习题（第 621 页）的答案

1. (a) 令 U 是一个随机数. 若 $\sum_{j=1}^{i-1} P_j < U < \sum_{j=1}^{i} P_j$，则从 F_i 模拟.（在上式中，当 $i = 1$ 时，$\sum_{j=1}^{i-1} P_j \equiv 0$.）

   (b) 注意
$$F(x) = \frac{1}{3} F_1(x) + \frac{2}{3} F_2(x),$$

   其中
$$F_1(x) = 1 - e^{2x}, \quad 0 < x < \infty,$$

$$F_2(x) = \begin{cases} x, & 0 < x < 1, \\ 1, & 1 < x. \end{cases}$$

   因此，利用 (a) 中的结果，令 U_1, U_2, U_3 是随机数，并且取
$$X = \begin{cases} \frac{-\ln U_2}{2}, & \text{若 } U_1 < \frac{1}{3}, \\ U_3, & \text{若 } U_1 > \frac{1}{3}. \end{cases}$$

   上面利用了 $\frac{-\ln U_2}{2}$ 是速率为 2 的指数随机变量.

3. 如果从 $N + M$ 个产品（其中有 N 个是可接受的）中，选取大小为 n 的随机样本，那么在样本中的可接受的产品数 X 满足
$$P\{X = k\} = \binom{N}{k} \binom{M}{n-k} \bigg/ \binom{N+M}{k}.$$
   为了模拟 X，注意如果
$$I_j = \begin{cases} 1, & \text{如果第 } j \text{ 次选取的产品是可接受的}, \\ 0, & \text{其他情形}, \end{cases}$$
   那么
$$P\{I_j = 1 \mid I_1, \cdots, I_{j-1}\} = \frac{N - \sum_{i=1}^{j-1} I_i}{N + M - (j-1)}.$$
   因此，我们可以通过生成随机数 $U_1, \cdots, U_n$ 来模拟 $I_1, \cdots, I_n$，然后取
$$I_j = \begin{cases} 1, & \text{如果 } U_j < \frac{N - \sum_{i=1}^{j-1} I_i}{N+M-(j-1)}, \\ 0, & \text{其他情形}, \end{cases}$$
   则 $X = \sum_{j=1}^{n} I_j$ 具有要求的分布.

   另一个方法是令
$$X_j = \begin{cases} 1, & \text{如果第 } j \text{ 个可接受的产品在样本中}, \\ 0, & \text{其他情形}, \end{cases}$$
   然后通过生成随机数 $U_1, \cdots, U_N$ 来模拟 $X_1, \cdots, X_N$，接着取
$$X_j = \begin{cases} 1, & \text{如果 } U_j < \frac{n - \sum_{i=1}^{j-1} X_i}{N+M-(j-1)}, \\ 0, & \text{其他情形}, \end{cases}$$
   则 $X = \sum_{j=1}^{N} X_j$ 具有要求的分布.

   当 $n \leqslant N$ 时，前一个方法更可取，而当 $N \leqslant n$ 时，后一个方法更可取.

6. 令

$$c(\lambda) = \max_x \left\{ \frac{f(x)}{\lambda \mathrm{e}^{-\lambda x}} \right\} = \frac{2}{\lambda \sqrt{2\pi}} \max_x \left[\exp\left\{ \frac{-x^2}{2} + \lambda x \right\} \right] = \frac{2}{\lambda \sqrt{2\pi}} \exp\left\{ \frac{\lambda^2}{2} \right\}.$$

所以

$$\frac{\mathrm{d}}{\mathrm{d}\lambda} c(\lambda) = \sqrt{2/\pi} \exp\left\{ \frac{\lambda^2}{2} \right\} \left[1 - \frac{1}{\lambda^2} \right].$$

因此，当 $\lambda = 1$ 时，$(\mathrm{d}/\mathrm{d}\lambda)c(\lambda) = 0$，而且容易验证它达到了 $c(\lambda)$ 的最小值.

16. (a) 它们可以按照定义的顺序进行模拟. 也就是说，首先生成随机变量 I_1，使得

$$P\{I_1 = i\} = \frac{w_i}{\sum_{j=1}^n w_j}, \quad i = 1, \cdots, n.$$

然后，如果 $I_1 = k$，那么生成 I_2 的值，其中

$$P\{I_2 = i\} = \frac{w_i}{\sum_{j \neq k} w_j}, \quad i \neq k,$$

等等. 然而，在 (b) 中给出的方法更为有效.

(b) 令 I_j 为第 j 小的 X_i 的下标.

23. 令 $m(t) = \int_0^t \lambda(s)\mathrm{d}s$，并且令 $m^{-1}(t)$ 是它的反函数，即 $m(m^{-1}(t)) = t$.

(a) $P\{m(X_1) > x\} = P\{X_1 > m^{-1}(x)\} = P\{N(m^{-1}(x)) = 0\} = \mathrm{e}^{-m(m^{-1}(x))} = \mathrm{e}^{-x}.$

(b) $P\{m(X_i) - m(X_{i-1}) > x \mid m(X_1), \cdots, m(X_{i-1}) - m(X_{i-2})\}$

$\quad = P\{m(X_i) - m(X_{i-1}) > x \mid X_1, \cdots, X_{i-1}\}$

$\quad = P\{m(X_i) - m(X_{i-1}) > x \mid X_{i-1}\}$

$\quad = P\{m(X_i) - m(X_{i-1}) > x \mid m(X_{i-1})\}.$

现在

$$P\{m(X_i) - m(X_{i-1}) > x \mid X_{i-1} = y\}$$

$$= P\left\{ \int_y^{X_i} \lambda(t)\mathrm{d}t > x \,\middle|\, X_{i-1} = y \right\}$$

$$= P\{X_i > c \mid X_{i-1} = y\} \quad \text{其中} \int_y^c \lambda(t)\mathrm{d}t = x$$

$$= P\{N(c) - N(y) = 0 \mid X_{i-1} = y\}$$

$$= P\{N(c) - N(y) = 0\}$$

$$= \exp\left\{ -\int_y^c \lambda(t)\mathrm{d}t \right\}$$

$$= \mathrm{e}^{-x}.$$

32. $\mathrm{Var}((X + Y)/2) = \frac{1}{4}\left[\mathrm{Var}(X) + \mathrm{Var}(Y) + 2\mathrm{Cov}(X, Y) \right] = \frac{\mathrm{Var}(X) + \mathrm{Cov}(X, Y)}{2}.$

现在，

$$\frac{\mathrm{Cov}(V, W)}{\sqrt{\mathrm{Var}(V)\,\mathrm{Var}(W)}} \leqslant 1$$

总是正确的，从而，当 X 和 Y 有相同的分布时，$\mathrm{Cov}(X, Y) \leqslant \mathrm{Var}(X)$.

人名索引

术语索引